嵌入式实时操作系统 μC/OS-II 经典实例—— 基于 STM32 处理器

（第 2 版）

刘波文　孙　岩　编著

U0245701

北京航空航天大学出版社

内容简介

本书紧紧围绕"μC/OS-II 系统设计"这一主题,立足实践解析了嵌入式实时操作系统 μC/OS-II 与嵌入式图形系统 μC/GUI 的设计与应用。本书主要以 ARM Cortex-M3 内核的 STM32F103 处理器、嵌入式实时操作系统 μC/OS-II 及嵌入式图形系统 μC/GUI 作为讲述对象。

全书共分为 20 章,所讲述的 18 个实例涵盖了最常用的外设以及最典型的应用,理论与实践指导性强。所有的实例都基于嵌入式实时操作系统 μC/OS-II 和嵌入式图形系统 μC/GUI,同时也都涉及硬件底层程序设计,软件设计架构均参照应用软件层、系统软件层、硬件抽象层、硬件外设驱动层次安排,通俗易懂。

本书可作为高校计算机、电子信息工程、自动化控制等相关专业本科生和研究生的嵌入式系统教材;也可供从事 ARM 技术和嵌入式实时操作系统 μC/OS-II 开发的科研人员、嵌入式爱好者和从业人员参考使用。本书更是第一线嵌入式系统高级开发人员学习研究和进行 ARM 相关应用课程培训的必备参考书。

图书在版编目(CIP)数据

嵌入式实时操作系统 μC/OS-II 经典实例:基于 STM 32 处理器 / 刘波文,孙岩编著. -- 2 版. -- 北京 :北京航空航天大学出版社,2014.5

ISBN 978 - 7 - 5124 - 1362 - 7

Ⅰ. ①嵌… Ⅱ. ①刘… ②孙… Ⅲ. ①实时操作系统 Ⅳ. ①TP316.2

中国版本图书馆 CIP 数据核字(2014)第 010453 号

嵌入式实时操作系统 μC/OS-II 经典实例——基于 STM32 处理器(第 2 版)

刘波文 孙 岩 编著

责任编辑 张 楠 王 松

*

北京航空航天大学出版社出版发行

北京市海淀区学院路 37 号(邮编 100191) http://www.buaapress.com.cn
发行部电话:(010)82317024 传真:(010)82328026
读者信箱:emsbook@gmail.com 邮购电话:(010)82316524
涿州市新华印刷有限公司印装 各地书店经销

*

开本:710×1 000 1/16 印张:52.5 字数:1 181 千字
2014 年 5 月第 2 版 2016 年 8 月第 2 次印刷 印数:4 001—6 000 册
ISBN 978 - 7 - 5124 - 1362 - 7 定价:108.00 元(含光盘 1 张)

若本书有倒页、脱页、缺页等印装质量问题,请与本社发行部联系调换。联系电话:(010)82317024

序

今天，8 位单片机在家用电器、工业设备、医疗保健、计算机外设等众多领域的应用已经非常普遍。随着集成电路设计技术和制造工艺的提高，32 位单片机的价格已经越来越逼近原来 8 位单片机的价格，有逐步替代 8 位单片机的趋势。按销售额计算，2009 年 32 位单片机的销售额已经与 8 位单片机持平，预计在未来 3～5 年中，8 位单片机的销售量将不再增长，而 32 位单片机将 2 倍于 8 位单片机的市场份额。

意法半导体（ST）公司是一家全球杰出的半导体供应商，同时也是通用单片机市场的领先者。为了适应市场的需求，ST 于 2007 年 6 月在众多主要的单片机厂商中，率先推出了以 ARM 的 32 位 Cortex-M3 为核心的单片机——STM32™ 系列产品，经过不到 5 年的时间已经陆续推出了 9 大系列、超过 250 种产品型号。

- STM32 F1 系列：超值型产品（STM32F100）；
- STM32 F1 系列：基本型产品（STM32F101）；
- STM32 F1 系列：USB 基本型产品（STM32F102）；
- STM32 F1 系列：增强型产品（STM32F103）；
- STM32 F1 系列：互联型产品（STM32F105/107）；
- STM32 F2 系列：高性能产品（STM32F205/215/207/217）；
- STM32 F4 系列：具 DSP 功能的高性能产品（STM32F405/415/407/417）；
- STM32 L1 系列：超低功耗型产品（STM32F151/152）；
- STM32 W 系列：2.4 GHz 射频产品（STM32W108）。

自从面世以来，STM32 系列产品就得到了业界的持续关注和广泛好评。STM32 以优越的性能、平易的价格和完美的兼容性，赢得了客户的青睐，得到了大量的应用。据 ARM 公司的统计，在 2007 年至 2011 年第一季度期间，STM32 系列产品的累积出货量，占全球以 Cortex-M 为核心的单片机产品的 45％。

本书以嵌入式实时操作系统 μC/OS-II 为主体，结合 μC/OS-II 在 STM32 上的实现，详细深入地讲述了很多实际项目案例，很好地把硬件电路设计与软件设计融合在一起讲解，为从事嵌入式实时操作系统和 STM32 产品开发的科研人员、设计工程师和高校师生提供了不少典型的应用实例，是一本不可多得的参考用书。

意法半导体将继续努力使自己成为 32 位单片机的领先者，同时不断地提供丰富的产品和最新的技术以满足广大用户不断增长的需求。

意法半导体有限公司大中华区
通用单片机和存储器产品部、应用部经理
梁平
2012 年 1 月

第 2 版前言

时间如白驹过隙,距 2012 年本书第 1 版的出版已有 2 年时间,期间我们收到了许多读者的反馈邮件,他们对本书的第 2 版提出了很多好的建议和意见,我们也通过网络书友会等方式广泛收集了大家对本书再版的一些好的提议。此外,我们也在最近的一年中积累了一些新的经验和构思,这些都为本书的第 2 版修订工作奠定了基础。

目前,市场上 STM32 系列微控制器相关书籍,一般只是基础入门教程,多数针对各种外设接口介绍编程设计,很少有一本书能够综合硬件编程设计、嵌入式实时操作系统 μC/OS-II、嵌入式图形系统 μC/GUI 软件设计集中讲述实际项目案例。本书为了解决这类问题,将重点深入到 μC/OS-II 与 μC/GUI 系统,结合大量经典项目案例来讲解如何在 μC/OS-II 与 μC/GUI 系统环境下构建应用实例。

本书第 2 版体系结构与层次更趋完整、基本概念走向清晰,易读易学。与第 1 版相比,第 2 版做了较大的修改与完善,本书第 2 版共包括 20 章,各章的主要内容安排如下:

第 1 章简述 STM32 处理器的主要产品线的性能、特点、框架结构,对 CMSIS 软件接口标准进行了基础性讲解。

第 2 章偏重实践,简述了嵌入式实时操作系统 μC/OS-II 的内核体系、结构和特点,把重点集中在 μC/OS-II 嵌入式系统移植,并通过 3 个实例分别在 μC/OS-II 系统中采用消息队列、信号量、邮箱机制,演示进程间的通信与同步。

第 3 章简述了 μC/GUI 图形系统的软件结构、相关控件及基本操作函数,集中讲述 μC/GUI 的系统移植,最后演示了如何在 μC/OS-II 系统架构下创建 μC/GUI 图形界面显示例程。

第 4 章首先简述 STM32 处理器的 RTC 模块的结构、工作流程,然后详细讲解了 RTC 模块相关寄存器及外设库函数,最后讲述在 μC/OS-II 系统环境下实现 μC/GUI 时钟显示界面的系统软件设计。

第 5 章先简述串行闪存芯片 SST25VF016B 器件操作、操作指令等,再讲述 FATFS 开源文件系统移植,最后讲述在 μC/OS-II、μC/GUI 系统框架下设计基于存储器的文件显示实例。

第 6 章采用 STM32 处理器的 GPIO 端口,在 μC/OS-II 系统创建 μC/GUI 界面,通过滑动条控制 LED 延时闪烁。

第 7 章先讲述 STM32 处理器 ADC 模块的功能结构、工作模式,再介绍 ADC 模块相关的寄存器及 ADC 外设库函数,最后详细讲解 A/D 采样-转换的系统软件设计。

第 8 章讲述液晶显示屏与触摸屏的系统软件设计,基于软硬件分层剥离、软件重组复用的层次架构,是全书的实例应用基础,演示了 2.4 寸、3.0 寸、4.3 寸液晶显示模块图形显示实例。

第 9 章是一个基于 SDIO 硬件接口的 MP3 音乐播放器系统设计实例。先对 STM32 处理器的 SDIO 接口的构成、寄存器功能、SDIO 外设库函数以及 VS1003 硬件等进行基础性介绍,再综合 SDIO 硬件驱动、VS1003 硬件驱动、FATFS 文件系统来讲解 SD 卡 MP3 播放器系统设计。

第 10 章讲述模拟 I^2C 总线协议实现 FM 数字收音机应用实例。首先简述 I^2C 总线协议,然后分别介绍 FM 数字立体声芯片 TEA5767 的功能结构、工作模式以及寄存器定义,最后详细讲述实例的系统软件编程。

第 11 章是一个基于 STM32 处理器 bxCAN 模块的 CAN 报文收发应用实例。首先介绍 CAN 总线协议,然后介绍 STM32 处理器的 bxCAN 模块的工作模式、收发操作流程、寄存器功能以及 CAN 外设库函数,最后详细讲述 CAN 总线收发系统软件设计,本章偏重于 μC/GUI 图形用户界面设计。

第 12 章是一个基于 μIP 协议栈的以太网通信的实例。首先介绍以太网 IEEE802.3 数据帧格式,然后概述以太网控制器 ENC28J60 芯片,最后详细讲述基于 μIP1.0 协议栈的以太网通信系统软件设计。本章将系统程序设计和 μIP 协议栈移植分开讲述。

第 13 章是一个基于 nRF24L01 的无线数据收发应用实例。首先讲述包括无线收发器 nRF24L01 的工作模式、操作指令、寄存器以及 SPI 外设库函数在内的基础知识点,然后分成主机和从机两个部分讲述无线数据收发软件设计。

第 14 章介绍基于 CC2530 芯片的 ZigBee 无线通信实例。首先简述 ZigBee 技术的协议体系结构、设备类型、网络拓扑,然后概述 ZigBee 芯片 CC2530 的功能结构以及硬件电路设计,最后详细讲解 ZigBee 无线收发应用实例的系统软件设计,软件设计重点侧重于 μC/GUI 图形用户界面设计。

第 15 章首先介绍 STM32 处理器 USB 模块的硬件结构、寄存器定义,然后将软件设计分成 USB 设备固件程序设计和 μC/OS-Ⅱ 系统软件设计两大部分进行详细讲解,侧重点也在 μC/GUI 系统任务。

第 16 章是一个 GPS 星历表系统设计实例,首先介绍 GPS 的工作原理、主要构成、NMEA183 标准语句,然后讲述 STM32 处理器的 USART 接口及外设库函数,最后详解在 μC/OS-Ⅱ 系统环境下创建 GPS 星历表显示界面。

第 17 章主要介绍通用定时器及系统编程设计,简述 STM32 处理器的定时器模块,详细介绍采用 PWM 控制减速电机及舵机的系统软件设计过程,并给读者预留了一个在 μC/OS-Ⅱ 系统构建 μC/GUI 图形用户界面实时控制电机驱动硬件的实践性设计题。

第 18 章主要介绍三轴加速度传感器 MMA7455L 的编程应用,介绍 MMA7455L 的工作模式、寄存器配置以及硬件电路设计,最后详细讲述 MMA7455L 的系统软件设计。

第 19 章是一个采用图像采集传感器 OV7670 的摄像头应用实例，仅在 μC/OS-Ⅱ 系统环境下实现实时图像显示。本章由应用软件层、系统软件层、硬件外设层自上而下讲述各层软件设计重点。

第 20 章简述了本书配套实例的的 STM32 硬件开发平台与配件，有助于读者对实验平台的了解。

通过 18 个章节的应用实例，详细深入地阐述了在 μC/OS-Ⅱ 系统和 μC/GUI 图形系统中的应用实例开发与应用。这些应用实例典型、类型丰富，覆盖面广，全部来自于实践并且调试通过，代表性和指导性强，是作者多年科研工作经验的总结。

本书主要特色

（1）实例丰富、技术新潮，精选了较典型的应用实例，所有应用实例系作者原创，实践指导性强；

（2）应用实例基于 μC/OS-Ⅱ 系统、μC/GUI 图形系统环境，软硬件分层剥离，软件复用、可移植性强；

（3）实例设计结构层次清晰，依照应用软件层、系统软件层、硬件抽象层、硬件外设驱动层次安排软件设计，易懂易学。

本书实例全部在配套的 STM32 硬件开发板上调试通过，该开发板很适合教学使用，同时也是很好的通用开发板。为促进读者更好地学习，加强互动，提供优惠购买图书配套开发板活动，有需要购买的读者可以上作者的淘宝网店（http://sortwell. taobao.com 或 http://shop68851802.taobao.com），同时网店也是开发板新版本发布、书籍相关咨询和交流的唯一渠道。

本书由刘波文，孙岩编写。由于涉及内容较多，知识有限，加之时间仓促，书中不足和错误之处在所难免，恳请专家和读者批评指正，也可以通过邮件（powenliu@yeah. net）联系作者本人。

刘波文

2013 年 12 月 21 日

于深圳

目 录

第**1**章

STM32 处理器与实验平台概述

STM32 系列 32 位闪存微控制器是 ST 公司基于 ARM Cortex™-M3/M4 内核专门为嵌入式应用开发领域而推出的。STM32 是一个完整的 32 位处理器系列产品,主要为 MCU 向 32 位架构提供低成本解决方案。受益于 Cortex-M3/M4 架构的增强型功能及性能改进的代码密度更高的 Thumb－2 指令集,STM32 系列处理器不仅大幅提升了中断响应速度,同时兼具业内最低的功耗,具有高集成度和易开发性的特点。

1.1 STM32 处理器概述

ST 公司是最早推出基于 ARM Cortex™－M3 内核的微控制器厂商之一。STM32 系列 32 位闪存微处理器产品得益于 Cortex-M3/M4 在架构上进行的多项改进,专门为要求高性能、低成本、低功耗的嵌入式应用领域设计。

STM32 系列的微处理器产品阵容非常强大,其主要产品的引脚、软件和外设相互兼容,应用灵活性达到很高水平。STM32 系列的主要产品线配置如图 1－1 所示。

STM32F 是 STM32 系列 32 位闪存微处理器的基础,按功能可以分为 STM32F1xx 系列和 STM32F2xx 系列,此外 2012 年又加入了 Cortex-M4 内核 STM32F3xx 系列和 STM32F4xx 系列;STM32L1xx 系列产品属于 EnergyLite™ 超低功耗产品线,是消费电子、工业应用、医疗仪器以及能源计量表等低功耗应用领域的首选微控制器。

1.1.1 STM32F1xx 系列

如果根据闪存容量来划分,STM32F1xx 系列包含多个子系列,分别是:STM32 小容量产品、STM32 中容量产品、STM32 大容量产品。如果按照功能划分,则 STM32F1xx 系列处理器主要包括 5 个产品线,这 5 个产品线相关型号的芯片之间引脚和软件都相互兼容,但集成的功能实现了差异化,能出色地满足工业、医疗和消费电

内核&外设架构	STM32系列产品配置								
通信外设 USART,SPI,I²C	F2xx 系列产品线—STM32F207/217 与 STM32F205/215								
多个通用定时器	120 MHz主频 Cortex-M3内核	最大 128 KB SRAM	最大 1 MB FLASH	2个USB2.0 OTG 全速/高速	三相马达控制定时器	2个CAN2.0B接口	SDIO 2个IIS音频摄像头接口	以太网接口 IEEE 1588	加密/哈希处理器与RNG
集成复位和欠压报警	F1xx 系列互联型产品线—STM32F105/STM32F107								
多个DMA通道	72 MHz主频 Cortex-M3内核	最大 64 KB SRAM	最大 256 KB FLASH	USB2.0 OTG 全速	三相马达控制定时器	2个CAN2.0B接口	2个IIS音频接口	以太网接口 IEEE 1588	
看门狗,实时时钟	F1xx 系列增强型产品线—STM32F103								
集成稳压器,PLL和时钟电路	72 MHz主频 Cortex-M3内核	最大 96 KB SRAM	最大 1 MB FLASH	USB全速设备	三相马达控制定时器	CAN2.0B接口	SDIO 2个IIS		
外部存储器接口(FSMC)	F1xx 系列 USB 基本型产品线—STM32F102								
双 12 位 DAC	48 MHz主频 Cortex-M3内核	最大 16 KB SRAM	最大 128 KB FLASH	USB全速设备					
多达 3 个 12 位 ADC	F1xx 系列基本型产品线—STM32F101								
主振荡器和 32 kHz 振荡器	36 MHz主频 Cortex-M3内核	最大 80 KB SRAM	最大 1 MB FLASH						
低速和高速内部 RC 振荡器	F1xx 系列超值型产品线—STM32F100								
-40℃~+85℃(或 105℃)工作温度范围	24 MHz主频 Cortex-M3内核	最大 32 KB SRAM	最大 512 KB FLASH		三相马达控制定时器	CEC			
2.0 V~3.6 V 或 2.0 V~3.6 V(L1和F2 系列)低电压	L1xx 系列—STM32L151/2								
内部温度传感器	32 MHz主频 Cortex-M3内核	最大 48 KB SRAM	最大 384 KB FLASH	USB全速设备	最大 12 KB 数据 EEPROM	LCD 8×40	比较器	BOR,MSI,Vscal	

注:

BOR:欠压复位(Brown-out reset)。

MSI:多个高速内部振荡器(Multi-speed internal oscillator)。

Vscal:电压扫描(Voltage scaling)。

RNG:随机数字发生器(Random number generator)。

CEC:消费类电子产品控制(Consumer electronics control)。

SDIO:安全数字输入/输出(Secure digital input/output)。

图 1-1　STM32 主产品线配置

子市场的各种应用需求。这 5 个产品线的型号分类及主要特点如下。

(1) 超值型系列 STM32F100xx。

24 MHz 最高主频,带马达控制和 CEC 功能。

(2) 基本型系列 STM32F101xx。

36 MHz 最高主频,具有高达 1 MB 的片上闪存。

(3) USB 基本型系列 STM32F102xx。

48 MHz 最高主频,带全速 USB 模块。

(4) 增强型系列 STM32F103xx。

72 MHz 最高主频,具有高达 1 MB 的片上闪存,兼具马达控制、USB 和 CAN 模块。

(5) 互联型系列 STM32F105/107xx。

72 MHz 最高主频,具有以太网 MAC、CAN 以及 USB 2.0 OTG 功能。

STM32F1xx 系列 32 位闪存处理器的内部功能模块组成图如图 1-2 所示。

注：

RTC：实时时钟（Real - time clock）。

AWU：从停止态自动唤醒（Auto wake_up from halt）。

PDR：掉电复位（Power - down reset）。

POR：上电复位（Power - on reset）。

PVD：可编程电压检测（Programmable voltage detector）。

ULP：超低功耗（Ultra - low - power）。

图 1-2　STM32F1xx 系列处理器内部模块组成图

1.1.2　STM32F2xx 系列

　　STM32F2xx 系列处理器结合了当前微控制器领域最先进的 90 nm 工艺和自适应实时闪存加速器（ART 加速器）以及多层总线矩阵。该系列产品能以 120 MHz 的主频在片上闪存运行，能获得 150 DMIPS 的运算效率，影响动态功耗的电流变化仅仅为 188 μA/MHz。STM32F2xx 系列处理器的主要特点如下。

　　● 120 MHz 最高主频；

- 拥有 ART 加速器;
- 高达 1 MB 的片上闪存;
- 具有以太网 MAC 接口;
- 具有 USB 2.0 高速 OTG 模块;
- 具有视频接口(Camera Interface);
- 具有硬件加密/哈希处理器模块。

目前推向市场的 STM32F2xx 系列 32 位闪存处理器主要有 4 款,分别是: STM32F215x,STM32F205x,STM32F217x、STM32F207x。STM32F2xx 系列微处理器区别于 STM32F1xx 系列最大的不同之处在于增加了 ART 加速器、多层 AHB 总线矩阵以及加密/哈希处理器等 3 个主要功能部件。STM32F2xx 系列微处理器内部功能模块组成图如图 1-3 所示,图 1-4 则详细列举了 STM32F21xx 型号完整的芯片内部结构图,通过图 1-4 可以看出该类型的处理器外设接口(注:部分接口引脚系复用)众多,功能强大。

注:

(1) 当 USB2.0 OTG 高速应用时,需要外接 PHY;

(2) 加密/哈希处理器(Cypto/HASH processor)仅适用于 STM32F217x 和 STM32F215x。

图 1-3　STM32F2xx 系列处理器内部模块组成图

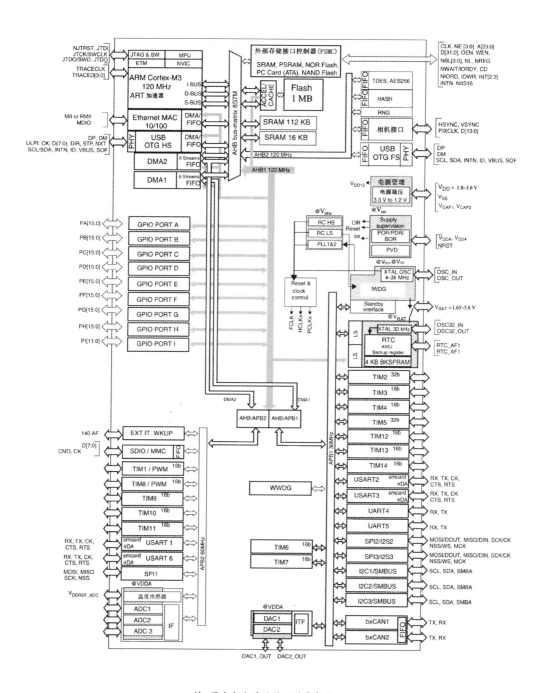

注:图中部分外设接口引脚复用。

图 1 - 4　STM32F21xx 器件的芯片内部结构图

1.1.3　STM32L1xx 系列

ST 公司的 STM32L1xx 系列基于 EnergyLite™ 超低功耗技术平台,采用独有的 130 nm 制造工艺,内嵌闪存采用了低功耗闪存技术,并对超低泄漏电流特性进行了深度优化。在工作模式和睡眠模式下,EnergyLite™ 超低功耗技术平台可以最大限度地提升能效,在应用系统运行过程中关闭闪存和 CPU,外设仍然保持工作状态;此外该平台还集成了直接访存(DMA)支持功能。

STM32L1xx 系列处理器具有 6 种超低功耗模式,使产品能够在任何设定时间以最低的功耗完成任务。这些可用模式分类及主要特点如下。

- 10.4 μA 低功耗运行模式;
  32 kHz 运行频率。
- 6.1 μA 低功耗睡眠模式;
  1 个计时器工作。
- 1.3 μA 停机模式;
  实时时钟(RTC)运行,保存上下文,保留 RAM 内容。
- 0.5 μA 停机模式;
  无实时时钟运行,保存上下文,保留 RAM 内容。
- 1.0 μA 待机模式;
  实时时钟运行,保存后备寄存器。
- 270 nA 待机模式;
  无实时时钟运行,保存后备寄存器。

STM32L1xx 系列在 STM32 基础上新增了低功耗运行和低功耗睡眠两个低功耗模式。通过利用超低功耗的稳压器和振荡器,微控制器可大幅度降低在低频下的工作功耗,稳压器不依赖电源电压即可满足电流要求。

STM32L1xx 还提供动态电压升降功能,这是一项成功应用多年的节能技术,可进一步降低芯片在中低频下运行时的内部工作电压。在正常运行模式下,闪存的电流消耗最低为 230 μA/MHz,STM32L1xx 的电流消耗/性能比最低 185 μA/DMIPS。

此外,STM32L1xx 电路的设计目的是以低电压实现高性能,有效延长电池供电设备的充电间隔。片上模拟功能的最低工作电源电压为 1.8 V,数字功能的最低工作电源电压为 1.65 V。在电池电压降低时,可以延长电池供电设备的工作时间。

图 1-5 所示的是 STM32F15x 器件的内部功能结构图。

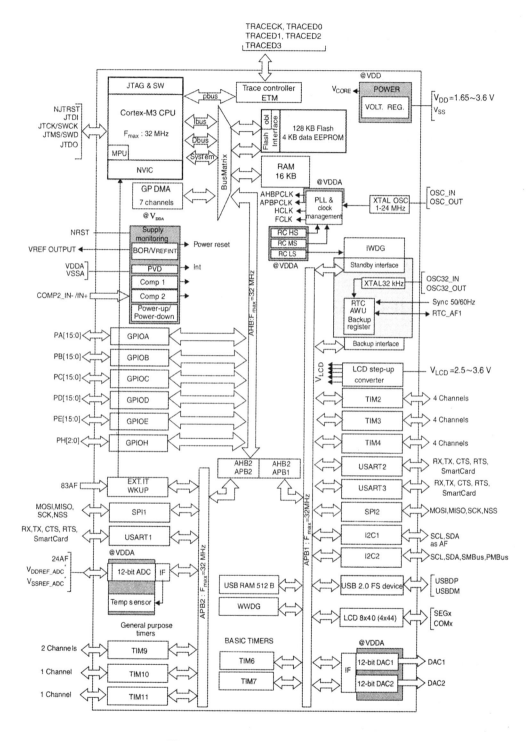

图 1 - 5　STM32F15x 器件内部结构图

1.1.4　STM32F3xx 系列

　　STM32F3xx 系列处理器基于 ARM Cortex-M4 内核(最大工作频率@72 MHz),综合了浮点运算能力、DSP 指令集以及灵活多样的模拟外设,这种 Cortex-M4 内核与数字信号处理器相结合的创新,可实现快速 12 位 5 Msps 转换速率、精确的 16 位 Σ-Δ 型 ADC、可编程增益放大器等功能,STM32F3xx 系列着重于解决混合信号控制应用,如三相电机控制器、生物识别技术和工业传感器输出或音频过滤器等。同时该系列处理器兼容 STM32F1xx 系列,易于用户替换。

　　目前规划中的 STM32F3xx 系列 32 位处理器的主要型号有 6 种,它们分别是:STM32F302x、STM32F303x、STM32F313x、STM32F372x、STM32F373x、STM32F383x。图 1-6 和图 1-7 分别列举了 STM32F302x 和 STM32F37x 型号完整的芯片内部结构图,通过这些内部结构框图可以看出它们的主要外设与接口配置。

1.1.5　STM32F4xx 系列

　　STM32F4xx 系列是 ST 公司 2012 年初推出的基于 ARM Cortex-M4 内核具有浮点运算能力的高性能处理器,也采用成熟的 90 纳米 NVM 工艺、自适应实时闪存加速器(ART 加速器)以及多层总线矩阵。该系列产品能以 168 MHz 的主频运行时,可达到 210 DMIPS 的处理能力,该系列产品兼容 STM32F2 系列产品,便于用户升级和扩展。

　　STM32F4xx 系列处理器的主要特点如下。

- 先进的 Cortex-M4 内核:
  - 浮点运算能力;
  - 增强的 DSP 处理指令;
  - 具备高性能数字信号处理器能力,集成 MCU、DSP、FPU 等诸多性能。
- 更多的存储空间:
  - 高达 1 MB 的片上闪存;
  - 高达 196 KB 的内嵌 SRAM;
  - 灵活外部存储器接口。
- 极致的运行速度,以 168 MHz 高速运行时可达到 210 DMIPS 的处理能力。
- 更高级的外设:
  - 照相机接口,速度可达可达 54 MB/s;
  - 加密/哈希硬件处理器:32 位随机数字发生器(RNG);
  - USB 高速 OTG 接口,速度可达 480 MB/s;
  - 带有日历功能的 32 位 RTC:<1 μA 的实时时钟,1 秒精度;
  - PWM 高速定时器:最大频率 168 MHz。

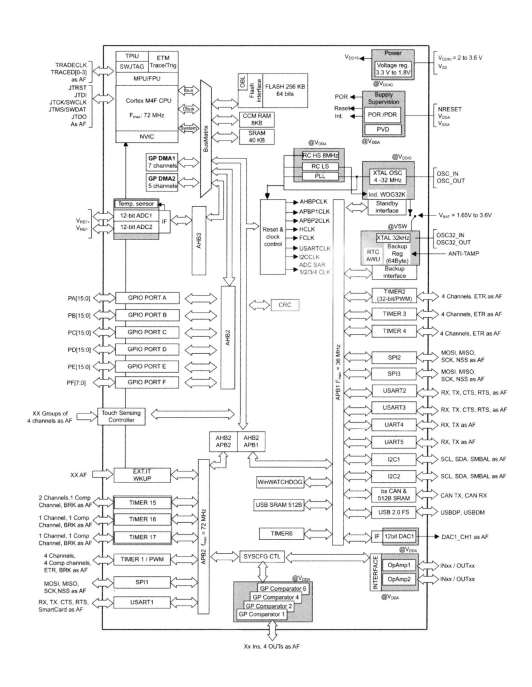

图 1 - 6　STM32F302x 芯片内部结构图

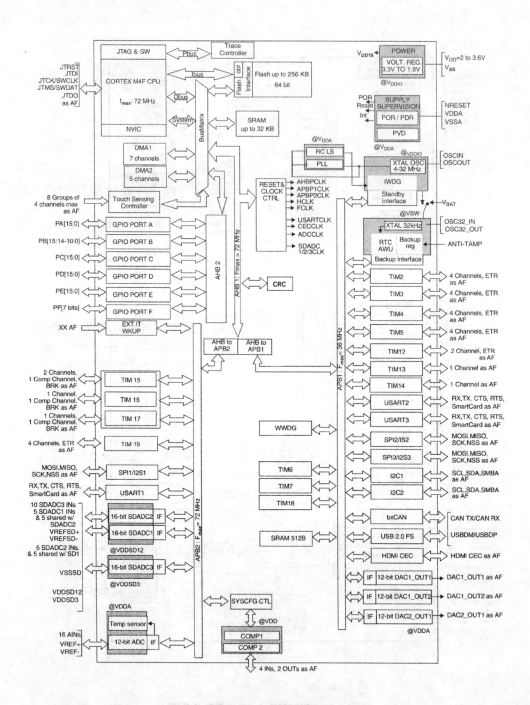

图 1-7　STM32F37x 芯片内部结构图

- 增强功能的接口：
  - 全双工 I^{2}S 接口；
  - 12 位 ADC：2.4 Msps 转换速率（交替模式时可达 7.2 Msps）；
  - 高速 USART 接口，可达 10.5 Mb/s；
  - 高速 SPI 接口，可达 37.5 Mb/s；
  - 带 FIFO 的 DMA 控制器；
  - 带重映射功能的 FSMC 接口。
- 自适应实时闪存加速器（ART 加速器），ART 技术使得程序零等待执行，提升了程序执行的效率。
- 多重 AHB 总线矩阵和多通道 DMA：支持程序执行和数据传输并行处理，数据传输速率。

STM32F4xx 系列 32 位处理器目前推向市场的主要有 4 款分别是：STM32F405x、STM32F407x、STM32F415x、STM32F417x。STM32F4xx 系列微处理器内部功能模块组成图如图 1-8 所示，图 1-9 则详细列举了 STM32F40xx 型号完整的芯片内部结构图，通过该图可以看出该类型处理器的外设配置与接口详情。

1. 高速功能需通过ULPI接口连接一个外部PHY　　2. 只适用于STM32F417x和STM32F415x

图 1-8　STM32F4xx 系列处理器内部功能模块组成

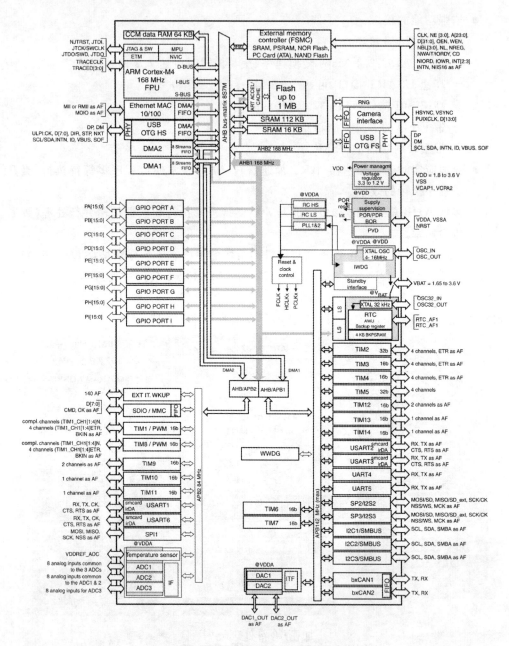

图 1 - 9 STM32F40xx 芯片内部结构图

1.2 CMSIS 软件接口标准

  CMSIS(Cortex Microcontroller Software Interface Standard,Cortex 微控制器软件接口标准)是 ARM 公司提出专门针对 Cortex-M 系列内核,并由集成此款内核的半

导体厂家等共同遵循的一套软件接口标准。它独立于供应商的 Cortex-M 处理器系列硬件抽象层,为芯片厂商和中间件供应商提供了连续的、简单的处理器软件接口,简化了软件复用,降低了 Cortex-M3 上操作系统的移植难度,有利于缩短微控制器开发入门者的学习时间和新产品开发的上市时间。

1.2.1　CMSIS 层与软件架构

CMSIS 层主要由 3 个基本功能层组成,如表 1 - 1 所列。

表 1 - 1　CMSIS 层的主要功能层

CMSIS 层组成	内核外设访问层(Core Periphral Access Layer)
	中间件访问层(Middleware Access Layer)
	设备外设访问层(Device Periphral Access Layer)

1. 内核外设访问层(CPAL)

该层由 ARM 负责实现。用来定义 Cortex-M 处理器内部的一些寄存器地址、内核寄存器、NVIC、调试子系统的访问接口以及特殊用途寄存器的访问接口(如 xPSR 等)。

由于对特殊用途寄存器的访问被定义成内联函数或是内嵌汇编的形式,所以 ARM 针对不同的编译器统一用_INLINE 来屏蔽差异,且该层定义的接口函数均是可重入的。

2. 中间件访问层(MWAL)

该层由 ARM 负责实现,但芯片厂商需要针对所生产的设备特性对该层进行更新。该层主要负责定义一些中间件访问的通用 API 函数,例如为 TCP/IP 协议栈、SD/MMC、USB 协议栈以及实时操作系统的访问与调试提供标准软件接口。

设备外设访问层(DPAL)

该层由芯片厂商负责实现。该层的实现方式与内核外设访问层类似,负责对硬件寄存器地址以及外设访问函数进行定义。该层也可调用内核外设访问层提供的接口函数,同时根据设备特性对异常向量表进行扩展,以处理相应外设的中断请求。

对一个 Cortex-M 微控制系统而言,CMSIS 通过以上三个功能层主要实现:

(1) 定义了访问外设寄存器和异常向量的通用方法;

(2) 定义了核内外设的寄存器名称和核异常向量的名称;

(3) 为 RTOS 核定义了与设备独立的接口,包括 Debug 通道。

这样芯片厂商就可专注于对其产品的外设特性进行差异化,并且消除他们对微控制器进行编程时需要维持的不同的、互相不兼容的标准需求,以达到低成本开发的目的。

一般来说,基于 CMSIS 标准的软件架构主要分为用户应用层、操作系统及中间件接口层、CMSIS 层、硬件外设寄存器层等,如图 1 - 10 所示。

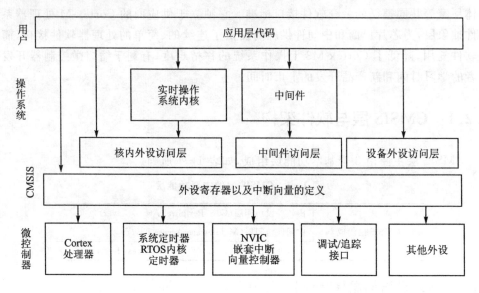

图 1 - 10 CMSIS 软件架构

1.2.2 CMSIS 文件结构

CMSIS 标准的文件结构如图 1 - 11 所示,下面将以 ST 公司 STM32F10x 为例,对其中各文件作简要介绍。

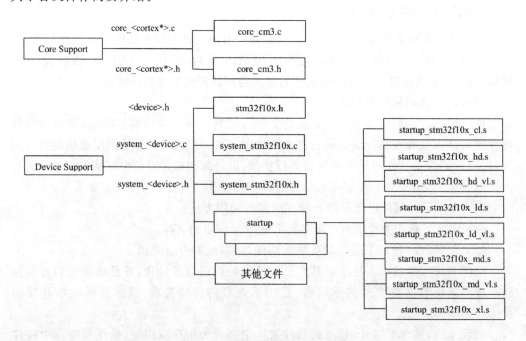

图 1 - 11 CMSIS 标准的文件结构

1. core_<cortex * >. c 和 core_<cortex * >. h

这两个文件是实现 Cortex-M 系列处理器 CMSIS 标准的 CPAL 层。对于 Cortex-M3 处理器这两个文件名分别为 core_cm3. c 和 core_cm3. h。其中,头文件 core_cm3. h 定义 Cortex-M3 内核外设的数据结构及其地址映射,另外它也提供一些访问 Cortex-M3 内核寄存器及外设的函数,这些函数定义为静态内联。core_cm3. c 则定义了一些访问 Cortex-M3 核内寄存器的函数,例如对 xPSR、MSP、PSP 等寄存器的访问;另外还将一些汇编语言指令也定义为函数。

CMSIS 目前支持 4 大主流的工具链,即 ARM RealView MDK(CC_ARM)、IAR EWARM (ICCARM)、Gnu Compiler Collection(GNUC)及 TASKING C Compiler for ARM(TASKING)。

在 core_cm3. c 文件中有如下定义。

```
#if defined ( __CC_ARM   )
    #define __ASM      __asm   /* ARM RealView MDK 开发工具 asm 关键字 */
    #define __INLINE   __inline /* ARM RealView MDK 开发工具 inline 关键字 */
#elif defined ( __ICCARM__ )
    #define __ASM      __asm   /* IAR 开发工具 asm 关键字 */
    #define __INLINE   inline  /* IAR 开发工具 inline 关键字,仅适用于高性能优化模式 */
#elif defined   ( __GNUC__   )
    #define __ASM      __asm   /* GCC 开发工具 asm 关键字 */
    #define __INLINE   inline   /* GCC 开发工具 inline 关键字 */
#elif defined   ( __TASKING__   )
    #define __ASM      __asm   /* TASKING 开发工具 asm 关键字 */
    #define __INLINE   inline  /* TASKING 开发工具 inline 关键字 */
```

2. <device>. h

<device>. h 由芯片厂商提供,是工程项目中 C 源程序的主要包含文件。其中 "device"是指处理器型号,如 STM32F10x 系列处理器对应的头文件是 stm32f10x. h。

下面以 stm32f10x. h 头文件为例来说明该文件主要包括内容:

(1) 异常与中断号定义

这部分提供所有内核及处理器定义的所有中断及异常的中断号(IRQn),STM32F10x 处理器的异常与中断号定义如下。

```
typedef enum IRQn
{
    /**** Cortex - M3 处理器异常号定义 ****/
    NonMaskableInt_IRQn      = -14, /* 非屏蔽中断 */
    MemoryManagement_IRQn    = -12, /* Cortex - M3 存储器管理中断 */
    BusFault_IRQn            = -11, /* Cortex - M3 总线故障中断 */
    UsageFault_IRQn          = -10, /* Cortex - M3 用法错误中断 */
```

```
SVCall_IRQn                = -5, /* Cortex - M3 系统服务调用中断 */
DebugMonitor_IRQn          = -4, /* Cortex - M3 调试监视器中断 */
PendSV_IRQn                = -2, /* Cortex - M3 可悬挂请求系统服务中断 */
SysTick_IRQn               = -1, /* Cortex - M3 系统滴答定时器中断 */
/**** STM32 控制器指定中断号定义 ****/
WWDG_IRQn                  = 0, /* 窗口看门狗定时器中断 */
PVD_IRQn                   = 1, /* 可编程电压检测(通过外部中断线检测)中断 */
TAMPER_IRQn                = 2, /* 篡改中断 */
RTC_IRQn                   = 3, /* RTC 全局中断 */
FLASH_IRQn                 = 4, /* FLASH 全局中断 */
RCC_IRQn                   = 5, /* RCC 全局中断 */
EXTI0_IRQn                 = 6, /* 外部中断线 0 中断 */
EXTI1_IRQn                 = 7, /* 外部中断线 1 中断 */
EXTI2_IRQn                 = 8, /* 外部中断线 2 中断 */
EXTI3_IRQn                 = 9, /* 外部中断线 3 中断 */
EXTI4_IRQn                 = 10, /* 外部中断线 4 中断 */
DMA1_Channel1_IRQn         = 11, /* DMA 通道 1 全局中断 */
DMA1_Channel2_IRQn         = 12, /* DMA 通道 2 全局中断 */
DMA1_Channel3_IRQn         = 13, /* DMA 通道 3 全局中断 */
DMA1_Channel4_IRQn         = 14, /* DMA 通道 4 全局中断 */
DMA1_Channel5_IRQn         = 15, /* DMA 通道 5 全局中断 */
DMA1_Channel6_IRQn         = 16, /* DMA 通道 6 全局中断 */
DMA1_Channel7_IRQn         = 17, /* DMA 通道 7 全局中断 */
/**** 各种容量类型的 STM32 微控制器中断号定义 ****/
ifdef STM32F10X_LD     /* STM32 低容量微控制器中断号定义 */
ADC1_2_IRQn                = 18, /* 低容量微控制器 ADC1 和 ADC2 全局中断 */
USB_HP_CAN1_TX_IRQn        = 19, /* USB 设备高优先级或 CAN 全局中断 */
    ...
USBWakeUp_IRQn             = 42 /* USB 设备外部中断线唤醒全局中断 */
# endif /* STM32F10X_LD */
# ifdef STM32F10X_HD   /* STM32 大容量微控制器中断号定义 */
ADC1_2_IRQn                = 18, /* 大容量微控制器 ADC1 和 ADC2 全局中断 */
    ...
DMA2_Channel4_5_IRQn       = 59 /* DMA2 通道 4 和 5 全局中断 */
# endif /* STM32F10X_HD */
```

(2) 芯片厂商实现处理器时 Cortex - M3 内核的配置

Cortex-M3 处理器在具体实现时,有些部件是可选、有些参数是可以设置的,例如 MPU、NVIC 优先级位等。在 stm32f10x.h 中需要先根据处理器的具体实现对以下参数做设置。

```
# ifdef STM32F10X_XL
# define __MPU_PRESENT            1 /* STM32 低容量型号提供 MPU */
```

```
#else
#define __MPU_PRESENT            0 /* 其他 STM32 型号不提供 MPU */
#endif /* STM32F10X_XL */
#define __NVIC_PRIO_BITS         4 /* 实现 NVIC 时优先级位的位数 */
#define __Vendor_SysTickConfig   0 /* 如果使用不同系统滴答时钟配置则定义为 1 */
```

（3）DPAL 层

该处提供所有处理器片上外设的定义，包含数据结构和片上外设的地址映射。一般数据结构的名称定义为"处理器或厂商缩写_外设缩写_TypeDef"，也有些厂家定义的数据结构名称为"外设缩写_TypeDef"。

例如，STM32F103 系列处理器的 ADC 模块寄存器组数据结构定义如下。

```
typedef struct
{
    __IO uint32_t SR;    /* ADC 状态寄存器 */
    __IO uint32_t CR1;   /* ADC 控制寄存器 1 */
    __IO uint32_t CR2;   /* ADC 控制寄存器 2 */
    __IO uint32_t SMPR1; /* ADC 采样时间寄存器 1 */
    __IO uint32_t SMPR2; /* ADC 采样时间寄存器 2 */
    __IO uint32_t JOFR1; /* ADC 注入通道数据偏移寄存器 1 */
    __IO uint32_t JOFR2; /* ADC 注入通道数据偏移寄存器 2 */
    __IO uint32_t JOFR3; /* ADC 注入通道数据偏移寄存器 3 */
    __IO uint32_t JOFR4; /* ADC 注入通道数据偏移寄存器 4 */
    __IO uint32_t HTR;   /* ADC 看门狗高阈值寄存器 */
    __IO uint32_t LTR;   /* ADC 看门狗低阈值寄存器 */
    __IO uint32_t SQR1;  /* ADC 规则序列寄存器 1 */
    __IO uint32_t SQR2;  /* ADC 规则序列寄存器 2 */
    __IO uint32_t SQR3;  /* ADC 规则序列寄存器 3 */
    __IO uint32_t JSQR;  /* ADC 注入序列寄存器 */
    __IO uint32_t JDR1;  /* ADC 注入数据寄存器 1 */
    __IO uint32_t JDR2;  /* ADC 注入数据寄存器 2 */
    __IO uint32_t JDR3;  /* ADC 注入数据寄存器 3 */
    __IO uint32_t JDR4;  /* ADC 注入数据寄存器 4 */
    __IO uint32_t DR;    /* ADC 规则数据寄存器 */
} ADC_TypeDef;
```

此外 stm32f10x.h 头文件还包括了大部分 STM32 处理器相关的定义，比如定义了芯片的类型（#if! defined (STM32F10X_LD)&&…语句）、是否包含标准外设库（#if!defined USE_STDPERIPH_DRIVER…语句）以及外部振荡器频率（#if!defined HSE_VALUE…语句）等等。

3. system_<device>.c 和 system_<device>.h

system_<device>.c 和 system_<device>.h 这两个文件是由 ARM 提供模板，各芯片厂商根据自己芯片的特性来实现。一般是提供处理器的系统初始化配置函数以及包含系统时钟频率的全局变量。

STM32F10x 处理器的 system_stm32f10x. c 和 system_stm32f10x. h 这两个文件中定义了函数 SystemInit()和函数 SystemCoreClockUpdate()和一个全局变量 SystemCoreClock 用于实现从用户程序调用,同时函数 SystemInit()也将调用函数 SetSysClock()进行时钟设置。

4. startup 文件

汇编文件 startup_<device>. s 是在 ARM 提供的启动文件模板基础上,由芯片厂商或开发工具提供商各自修订而成的,STM32F10x 系列处理器共有 8 种启动代码文件以对应不同 Flash 容量的芯片型号,表 1-2 列出了这些启动代码文件与芯片容量的对应关系。

表 1-2 启动代码文件与芯片容量对应关系

启动代码文件名称	对应关系
startup_stm32f10x_cl. s	STM32F10x 互联产品线(如 STM32F107 等)
startup_stm32f10x_hd. s	STM32F10x 大容量(容量≥256K)产品线
startup_stm32f10x_hd_vl. s	STM32F10x 大容量(容量≥256K)超值产品线
startup_stm32f10x_ld. s	STM32F10x 小容量(容量≤32K)产品线
startup_stm32f10x_ld_vl. s	STM32F10x 小容量(容量≤32K)超值产品线
startup_stm32f10x_md. s	STM32F10x 中容量(64K≤容量≤128K)产品线
startup_stm32f10x_md_vl. s	STM32F10x 中容量(64K≤容量≤128K)超值产品线
startup_stm32f10x_xl. s	STM32F10x 小容量(容量≤32K)基本产品线

启动代码文件里面一般定义了 STM32 处理器的堆栈大小、各种中断的名字以及入口函数名称,同时还有与启动相关的汇编代码。

下面以 startup_stm32f10x_hd. s 文件为例介绍启动代码文件的 3 种主要功能:

(1) 配置并初始化堆栈

该文件中对堆、栈初始化的代码如下。

```
/*****用户堆和栈初始化 ****/
            IF        :DEF:__MICROLIB
            EXPORT    __initial_sp
            EXPORT    __heap_base
            EXPORT    __heap_limit
            ELSE
            IMPORT    __use_two_region_memory
            EXPORT    __user_initial_stackheap
__user_initial_stackheap
            LDR       R0 , = Heap_Mem
            LDR       R1 , = (Stack_Mem + Stack_Size)
            LDR       R2 , = (Heap_Mem + Heap_Size)
            LDR       R3 , = Stack_Mem
```

```
        BX      LR
        ALIGN
        ENDIF
        END
```

该文件中对堆、栈配置的代码如下。

```
Stack_Size      EQU     0x00000400
                AREA    STACK, NOINIT, READWRITE, ALIGN = 3
Stack_Mem       SPACE   Stack_Size
__initial_sp
Heap_Size       EQU     0x00000200
                AREA    HEAP, NOINIT, READWRITE, ALIGN = 3
__heap_base
Heap_Mem        SPACE   Heap_Size
__heap_limit

                PRESERVE8
                THUMB
```

（2）定义中断向量表及中断处理函数

startup_stm32f10x_hd.s 文件定义的向量表如下。

```
; 向量表映射到地址 0(RESET)
                AREA    RESET, DATA, READONLY
                EXPORT  __Vectors
                EXPORT  __Vectors_End
                EXPORT  __Vectors_Size
__Vectors       DCD     __initial_sp                    ; 栈顶
                DCD     Reset_Handler                   ; 复位 Handler
                DCD     NMI_Handler                     ; NMI Handler
                DCD     HardFault_Handler               ; 硬件故障 Handler
                DCD     MemManage_Handler               ; MPU 故障 Handler
                DCD     BusFault_Handler                ; 总线故障 Handler
                DCD     UsageFault_Handler              ; 用法错误 Handler
                DCD     0                               ; 保留
                DCD     0                               ; 保留
                DCD     0                               ; 保留
                DCD     0                               ; 保留
                DCD     SVC_Handler                     ; 系统服务调用 Handler
                DCD     DebugMon_Handler                ; 调用监控器 Handler
                DCD     0                               ; 保留
                DCD     PendSV_Handler                  ; 可悬挂系统服务 Handler
                DCD     SysTick_Handler                 ; 系统滴答定时器 Handler
                ; 外部
                DCD     WWDG_IRQHandler                 ; 窗口看门狗
                ...
                DCD     DMA2_Channel4_5_IRQHandler      ; DMA2 通道 4/5 Handler
```

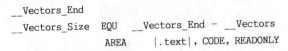
```
__Vectors_End
__Vectors_Size   EQU   __Vectors_End - __Vectors
                 AREA  |.text|, CODE, READONLY
```

所有相关中断处理函数均定义为弱函数,代码形式类似于下述列出的中断处理函数 NMI_Handler 代码。

```
NMI_Handler      PROC
                 EXPORT  NMI_Handler              [WEAK]
                 B       .
                 ENDP
```

除了 Reset_Handler 函数外,其他中断处理函数均为空白函数。这样所有中断处理函数的名称都已经被定义好了,实现时只需要用户在函数体内填写相关代码即可。

(3)引导__main()函数

汇编代码中的中断处理函数 Rest_Handler 可完成函数初始化并最终引导到应用程序的 main()函数,这个函数为非空白函数,它的详细代码如下。

```
; 复位处理函数
Reset_Handler    PROC
                 EXPORT  Reset_Handler            [WEAK]
                 IMPORT  __main
                 IMPORT  SystemInit
                 LDR     R0, = SystemInit
                 BLX     R0
                 LDR     R0, = __main
                 BX      R0
                 ENDP
```

1.2.3 基于 CMSIS 架构的示例

图 1-12 展示的是一个基于 SD 卡数码相框例程的工程项目文件结构示意图。该例程未搭载 RTOS 系统,但集成了 fatfs 文件系统和 tiny 图片解码系统这两个中间件。表 1-3 列出了该工程项目各文件基于 CMSIS 标准的层次分类,实际上由于该工程没有嵌入操作系统,所以只算是具备中间件的无操作系统程序。因此在该图示中没有添加系统软件层,但为什么可以将 fatfs 文件系统和 tiny 图片解码系统可以划分到中间件呢？主要原因是由于这两个软件的特点,既相对独立于硬件和软件,又能适合多种硬件应用和软件环境。

当然如果工程项目搭载了实时操作系统(如 μC/OS-II),其结构层次上需要加入系统软件层,甚至还可以把中间件层模糊地划分在一起,不过本例仅用于简单地说明 CMSIS 架构下的程序结构,为的是便于帮助大家更多理解该架构下的建立程序设计的概念,因此未再引入其他功能复杂的示例。

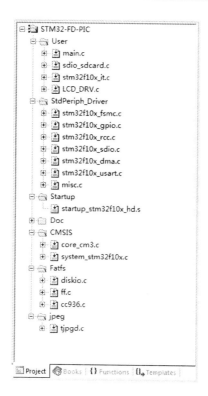

图 1 - 12 基于 SD 卡数码相框例程的工程项目文件

表 1 - 3 工程项目文件基于 CMSIS 标准的层次分类

用户应用层					
main. c					
中间件					
fatfs 文件系统			Tiny JPEG 图片解码系统		
diskio. c、ff. c、cc936. c 等			tjpgd. c		
diskio. h、ff. h、Integer. h、ffconf. h 等			tjpgd. h		
CMSIS 层					
Cortex-M3 内核外设访问层		STM32F10x 设备外设访问层			
core_cm3. c	core_cm3. h	启动代码 (startup_stm32f10x_hd. s)	stm32f10x. h	system_stm32f10x. c	system_stm32f10x. h
硬件外设层					异常中断处理
SD 卡硬件应用配置		LCD 控制器驱动			stm32f10x_it. c
sdio_sdcard. c		LCDDRV. C			
STM32F103 处理器其他通用外设模块驱动					
misc. c、stm32f10x_fsmc. c、stm32f10x_gpio. c、stm32f10x_rcc. c、stm32f10x_sdio. c、stm32f10x_dma. c、stm32f10x_usart. c					

第 **2** 章

嵌入式系统 μC /OS-II

嵌入式操作系统 μC/OS-II 移植与应用随着嵌入式系统的开发成为行业热点。在嵌入式应用中移植 μC/OS-II 系统,大大减轻了应用程序设计员的负担,不必每次从头开始设计软件,代码可重用率高。本章将详细介绍 μC/OS-II 系统的特点、内核架构、移植步骤与要点,并通过一个简单的应用实例演示 μC/OS-II 系统运行。

2.1 嵌入式系统 μC /OS-II 概述

μC/OS-II 是一种基于优先级的可抢占式的硬实时内核。它属于一个完整、可移植、可固化、可裁减的抢占式多任务内核,包含了任务调度、任务管理、时间管理、内存管理和任务间的通信和同步等基本功能。μC/OS-II 嵌入式系统可用于各类 8 位单片机、16 位和 32 位微控制器和数字信号处理器。

2.1.1 μC /OS-II 系统特点

嵌入式系统 μC/OS-II 源于 Jean J. Labrosse 在 1992 年编写的一个嵌入式多任务实时操作系统(RTOS),1999 年改写后命名为 μC/OS-II,并在 2000 年被美国航空管理局认证。μC/OS-II 系统具有足够的安全性和稳定性,可以运行在诸如航天器等对安全要求极为苛刻的系统之上。

μC/OS-II 系统是专门为计算机的嵌入式应用而设计的。μC/OS-II 系统中 90% 的代码是用 C 语言编写的,CPU 硬件相关部分是用汇编语言编写的。总量约 200 行的汇编语言部分被压缩到最低限度,便于移植到任何一种其他的 CPU 上。用户只要有标准的 ANSI 的 C 交叉编译器,有汇编器、连接器等软件工具,就可以将 μC/OS-II 系统嵌入到所要开发的产品中。μC/OS-II 系统具有执行效率高、占用空间小、实时性能优良和可扩展性强等特点,目前几乎已经移植到了所有知名的 CPU 上。μC/OS-II 系统的代码与体系结构如图 2-1 所示。

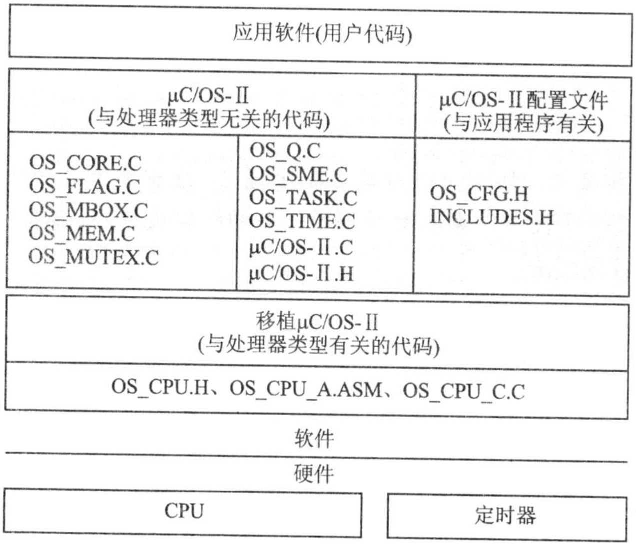

应用软件(用户代码)		
μC/OS-II (与处理器类型无关的代码)		μC/OS-II 配置文件 (与应用程序有关)
OS_CORE.C OS_FLAG.C OS_MBOX.C OS_MEM.C OS_MUTEX.C	OS_Q.C OS_SME.C OS_TASK.C OS_TIME.C μC/OS-II.C μC/OS-II.H	OS_CFG.H INCLUDES.H
移植μC/OS-II (与处理器类型有关的代码)		
OS_CPU.H、OS_CPU_A.ASM、OS_CPU_C.C		

软件

硬件

CPU	定时器

图 2 - 1　μC/OS-II 系统代码与体系结构

μC/OS-II 系统的主要特点如下:

(1) 开源性。

μC/OS-II 系统的源代码全部公开,用户可直接登录 μC/OS-II 的官方网站下载,网站上公布了针对不同微处理器的移植代码。用户也可以从有关出版物上找到详尽的源代码讲解和注释。这样使系统变得透明,极大地方便了 μC/OS-II 系统的开发,提高了开发效率。

(2) 可移植性。

绝大部分 μC/OS-II 系统的源码是用移植性很强的 ANSI C 语句写的,和微处理器硬件相关的部分是用汇编语言写的。汇编语言编写的部分已经压缩到最小限度,使得 μC/OS-II 系统便于移植到其他微处理器上。

μC/OS-II 系统能够移植到多种微处理器上的条件是,只要该微处理器有堆栈指针,有 CPU 内部寄存器入栈、出栈指令。另外,使用的 C 编译器必须支持内嵌汇编(in-line assembly)或者该 C 语言可扩展、可连接汇编模块,使得关中断、开中断能在 C 语言程序中实现。

(3) 可固化。

μC/OS-II 系统是为嵌入式应用而设计的,只要具备合适的软、硬件工具,μC/OS-II 系统就可以嵌入到用户的产品中,成为产品的一部分。

(4) 可裁剪。

用户可以根据自身需求只使用 μC/OS-II 系统中应用程序中需要的系统服务。这种可裁剪性是靠条件编译实现的。只要在用户的应用程序中(用 ♯ define constants 语句)定义那些 μC/OS-II 系统中的功能是应用程序需要的就可以了。

（5）抢占式。

μC/OS-II 系统是完全抢占式的实时内核。μC/OS-II 系统总是运行就绪条件下优先级最高的任务。

（6）多任务。

μC/OS-II 系统 2.8.6 版本可以管理 256 个任务，目前预留 8 个给系统，因此应用程序最多可以有 248 个任务。系统赋予每个任务的优先级是不相同的，μC/OS-II 系统不支持时间片轮转调度法。

（7）可确定性。

μC/OS-II 系统全部的函数调用与服务的执行时间都具有可确定性。也就是说，μC/OS-II 系统的所有函数调用与服务的执行时间是可知的。进而言之，μC/OS-II 系统服务的执行时间不依赖于应用程序任务的多少。

（8）任务栈。

μC/OS-II 系统的每一个任务有自己单独的栈，μC/OS-II 系统允许每个任务有不同的栈空间，以便压低应用程序对 RAM 的需求。使用 μC/OS-II 系统的栈空间校验函数，可以确定每个任务到底需要多少栈空间。

（9）系统服务。

μC/OS-II 系统提供很多系统服务，例如邮箱、消息队列、信号量、块大小固定的内存的申请与释放、时间相关函数等。

（10）中断管理，支持嵌套。

中断可以使正在执行的任务暂时挂起。如果优先级更高的任务被该中断唤醒，则高优先级的任务在中断嵌套全部退出后立即执行，中断嵌套层数可达 255 层。

2.1.2 μC/OS-II 系统内核

μC/OS-II 是典型的微内核实时操作系统，更严格地说 μC/OS-II 就是一个实时内核。它仅仅包含了任务调度，任务间的通信与同步，任务管理，时间管理，内存管理等基本功能。

1. 代码的临界段

代码的临界段也称为临界区，指处理时不可分割的代码。一旦这部分代码开始执行，则不允许任何中断打入。为确保临界段代码的执行，在进入临界段之前要关中断，而临界段代码执行完以后要立即开中断。

μC/OS-II 定义两个宏来关中断和开中断，以便避开不同 C 编译器厂商选择不同的方法来处理关中断和开中断。μC/OS-II 中的这两个宏调用分别是：OS_ENTER_CRITICAL() 和 OS_EXIT_CRITICAL()。因为这两个宏的定义取决于所用的微处理器类型，故在文件 OS_CPU.H 中可以找到相应的宏定义。每种微处理器都有自己的 OS_CPU.H 文件。

2. 任务

一个任务,也称作一个线程,是一个简单的程序,该程序可以认为 CPU 完全只属该程序自己。每个任务都是整个应用的某一部分,每个任务被赋予一定的优先级,有它自己的一套 CPU 寄存器和自己的栈空间。

3. 多任务

多任务运行实际上是靠 CPU 在许多任务之间转换、调度来实现的。CPU 轮流服务于一系列任务中的某一个。多任务运行很像前后台系统,但后台任务有多个。多任务运行使 CPU 的利用率得到最大的发挥,并使应用程序模块化。

在实时应用中,多任务化的最大特点是,开发人员可以将很复杂的应用程序层次化。使用多任务,应用程序将更容易设计与维护。

4. 任务状态

每个任务都是一个无限的循环。每个任务都处在以下 5 种状态中的 1 种状态下,这 5 种状态是:

(1) 休眠态。

休眠态相当于任务驻留在内存中,但还没有交给内核管理。通过调用任务创建函数 OSTaskCreate()或 OSTaskCreateExt()把任务交给内核。

(2) 就绪态。

就绪意味着任务已经准备好,且准备运行,但由于优先级比正在运行的任务的优先级低,所以暂时还不能运行。

当任务一旦建立,这个任务就进入就绪态准备运行。任务的建立可以是在多任务运行开始之前,也可以是动态地被一个运行着的任务建立。如果一个任务是被另一个任务建立的,而这个任务的优先级高于建立它的那个任务,则这个刚刚建立的任务将立即得到 CPU 的控制权。一个任务可以通过调用 OSTaskDel()返回到休眠态,或通过调用该函数让另一个任务进入休眠态。

调用 OSStart()可以启动多任务。OSStart()函数运行进入就绪态的优先级最高的任务。就绪的任务只有当所有优先级更高的任务转为等待状态,或者是被删除了,才能进入运行态。

(3) 运行态。

运行态的任务指该任务得到了 CPU 的控制权,正在运行中的任务状态。

正在运行的任务可以通过调用两个函数之一将自身延迟一段时间,这两个函数是 OSTimeDly()或 OSTimeDlyHMSM()。调用后,这个任务进入等待状态,等待这段时间过去,下一个优先级最高的、并进入了就绪态的任务立刻被赋予了 CPU 的控制权。

(4) 挂起态。

挂起状态也可以叫作等待事件态。正在运行的任务由于调用延时函数 OSTimeDly(),或等待事件信号量而将自身挂起。

(5) 被中断态。

发生中断时 CPU 提供相应的中断服务,原来正在运行的任务暂时停止运行,进入了被中断状态。

当所有的任务都在等待事件发生或等待延迟时间结束时,μC/OS-II 执行空闲任务(idle task),执行 OSTaskIdle()函数。图 2-2 表示 μC/OS-II 中一些函数提供的服务,这些函数使任务从一种状态变到另一种状态。

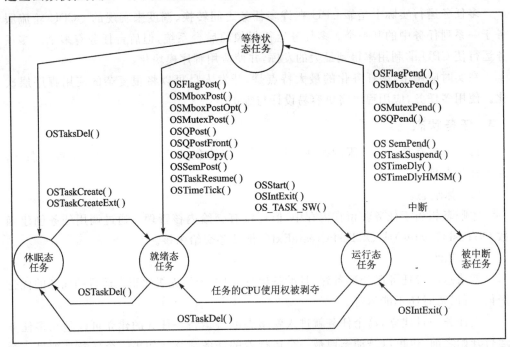

图 2-2 任务状态

5. 任务控制块(Task Control Blocks,OS_TCB)

在任务创建时内核会申请一个空白 OS_TCB。当任务的 CPU 使用权被剥夺时,μC/OS-II 用它来保存该任务的状态。当任务重新得到 CPU 使用权时,任务控制块能确保任务从当时被中断的那一点丝毫不差地继续执行。OS_TCB 全部驻留在 RAM 中。任务控制块是一个数据结构,这个数据结构(任务控制块数据结构如下程序代码所示)考虑到了各成员的逻辑分组。任务建立的时候,OS_TCB 就被初始化了,初始化时将创建的任务信息填入该 TCB 的各个字段。

```
typedef struct os_tcb {
    OS_STK          * OSTCBStkPtr;        /* 栈顶指针 */
    struct os_tcb   * OSTCBNext;         /* TCB 后项链表指针 */
    struct os_tcb   * OSTCBPrev;         /* TCB 前项链表指针 */
    INT16U          OSTCBDly;            /* 事件最长等待节拍数 */
    INT8U           OSTCBStat;           /* 任务状态 */
```

```
INT8U              OSTCBPrio;              /* 任务优先级 */
INT8U              OSTCBX;
INT8U              OSTCBY;
INT8U              OSTCBBitX;
INT8U              OSTCBBitY;              /* 用于加速任务位置计算变量 */
} OS_TCB;
```

OSTCBX,OSTCBY,OSTCBBitX,OSTCBBitY 4 个变量用于加速任务进入就绪态的过程或进入等待事件发生状态的过程。

6. 就绪表

μC/OS-II 系统的每个任务被赋予不同的优先级等级,从 0 级到最低优先级 OS_LOWEST_PR1O(包含 0 和 OS_LOWEST_PR1O 在内)。当 μC/OS-II 系统初始化的时候,最低优先级 OS_LOWEST_PR1O 总是被赋给空闲任务(idle task)。

注意:最多任务数目 OS_MAX_TASKS 和最低优先级数是没有关系的。用户应用程序可以只有 10 个任务,而仍然可以有 32 个优先级的级别(如果用户将最低优先级数设为 31 的话)。

μC/OS-II 系统的就绪任务登记在就绪表中。就绪表由两个变量 OSRdyGrp 和 OSRdyTbl[]构成。OSRdyGrp 是一个单字节整数变量,在 OSRdyGrp 中,任务按优先级分组,8 个任务为一组。OSRdyGrp 中的每一位表示 8 组任务中每一组中是否有进入就绪态的任务。OSRdyTbl[]是单字节整数数组,其元素个数定义为最低优先级除以 8 加 1,最多可有 8 个元素(字节)。任务进入就绪态时,就绪表 OSRdyTbl[]中的相应元素的相应位也置位。

任务就绪表的操作方法举例介绍如下,任务就绪表与就绪实例如图 2-3 所示。

(1) 登记一个新就绪表操作的典型指令段。

```
OSRdyGrp | = OSMapTbl[prio >> 3];
OSRdyTbl[prio >> 3] | = OSMapTbl[prio & 0x07];
```

(2) 删除不再处于就绪态任务的指令段。

```
if ((OSRdyTbl[prio >> 3] & = ~OSMapTbl[prio & 0x07]) == 0)
OSRdyGrp & = ~OSMapTbl[prio>>3];
```

(3) 从就绪表中找到具有最高优先级的任务。

```
y = OSUnMapTbl[OSRdyGrp];
x = OSUnMapTbl[OSRdyTbl[y]];
prio = (y<<3) + x;
```

7. 任务调度

任务调度是内核的主要职责之一,就是要决定该轮到哪个任务运行了。μC/OS-II 系统总是运行进入就绪态任务中优先级最高的那一个。确定哪个任务优先级最高,

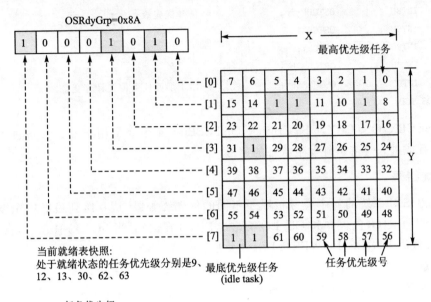

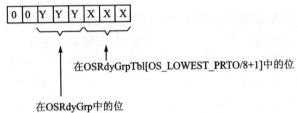

图 2 - 3　任务就绪表

下面该哪个任务运行了的工作是由调度器(Scheduler)完成的。

任务级的调度是由函数 OS_Sched()完成的。程序实现代码如下所示。

```
void OS_Sched (void)
{
    INT8U        y;
    OS_ENTER_CRITICAL();
    if ((OSIntNesting == 0) && (OSLockNesting == 0)) {
        /* 所有中断处理程序都已经执行而且没有上锁,则进行调度 */
        y = OSUnMapTbl[OSRdyGrp];
        OSPrioHighRdy = (INT8U)((y<<3) + OSUnMapTbl[OSRdyTbl[y]]);
        /* 计算最高优先级 */
        if (OSPrioHighRdy != OSPrioCur) {
            /* 如果最高优先级高于当前优先级,则进行调度 */
            OSTCBHighRdy = OSTCBPrioTbl[OSPrioHighRdy];
            OSCtxSwCtr ++ ;
            OS_TASK_SW();/* 执行上下文切换 */
        }
```

```
                 }
        OS_EXIT_CRITICAL();
}
```

　　函数 OS_Sched()的所有代码都属临界段代码,为缩短切换时间,OS_Sched()全部代码都可以用汇编语言写。为增加可读性,可移植性和将汇编语言代码最少化,OS_Sched()是用 C 写的。

8. 调度器上锁和解锁

　　调度器上锁用于禁止任务调度,需要使用 OSSchedlock()函数,直到任务完成后调用调度器开锁函数 OSSchedUnlock()为止。调用函数 OSSchedlock()的任务将保持对 CPU 的控制权,不管是否有优先级更高的任务进入了就绪态。函数 OSSchedlock()和函数 OSSchedUnlock()必须成对使用。调度器上锁和解锁函数程序实现代码如下介绍。

　　上锁函数程序清单:

```
void OSSchedLock (void)
{
if (OSRunning == TRUE)
{
OS_ENTER_CRITICAL();
OSLockNesting ++ ;
OS_EXIT_CRITICAL();
}
    }
```

　　解锁函数程序清单:

```
void OSSchedUnlock (void)
{
if (OSRunning == TRUE)
{
OS_ENTER_CRITICAL();
if (OSLockNesting > 0)
{
OSLockNesting -- ;
if ((OSLockNesting | OSIntNesting) == 0)
  {
OS_EXIT_CRITICAL();
OSSched();
}
else
{
OS_EXIT_CRITICAL();
```

```
        }
    }
    else
    {
    OS_EXIT_CRITICAL();
    }
        }
            }
```

9. 空闲任务

μC/OS-II 系统中总是会建立一个空闲任务,这个任务在没有其他任务进入就绪态时投入运行。这个空闲任务 OSTaskIdle()永远设为最低优先级,即 OS_LOWEST_PRIO。空闲任务 OSTaskIdle()什么也不做,只是在不停地给一个 32 位的名叫 OS-IdleCtr 的计数器加 1,统计任务使用这个计数器以确定现行应用软件实际消耗的 CPU 时间。

10. 中断处理

在 μC/OS-II 系统中,中断服务子程序要用汇编语言来写。如果用户使用的 C 语言编译器支持在线汇编语言的话,用户可以直接将中断服务子程序代码放在 C 语言的程序文件中。

中断服务子程序在执行前将被中断任务的执行现场保存在自用堆栈,中断服务子程序执行事件处理有两种方法:

(1) 通过 OSMBoxPost()、OSQPost()、OSSemPost()等函数去通知该处理中断的任务,让任务完成中断事件的处理;

(2) 由中断服务子程序本身完成事件处理。

在 μC/OS-II 系统中,中断处理服务程序的流程框架主要如下:

(1) 保存全部 CPU 寄存器;

(2) 调用 OSIntEnter 或 OSIntNesting 直接加 1;

(3) 执行用户代码做中断服务;

(4) 调用 OSIntExit();

(5) 恢复所有 CPU 寄存器;

(6) 执行中断返回指令。

进入中断函数 OSIntEnter()的实现代码如下所示。

```
void OSIntEnter (void)
{
    OS_ENTER_CRITICAL();
    OSIntNesting++;
    OS_EXIT_CRITICAL();
}
```

从中断服务中退出函数 OSIntExit()的实现代码如下所示。

```
void OSIntExit (void)
{OS_ENTER_CRITICAL();
if ((－－OSIntNesting | OSLockNesting) ＝＝ 0) {
OSIntExitY = OSUnMapTbl[OSRdyGrp];
OSPrioHighRdy = (INT8U)((OSIntExitY ＜＜ 3) +
                   OSUnMapTbl[OSRdyTbl[OSIntExitY]]);
     if (OSPrioHighRdy ! ＝ OSPrioCur) {
         OSTCBHighRdy = OSTCBPrioTbl[OSPrioHighRdy];
             OSCtxSwCtr＋＋ ;
             OSIntCtxSw();
}
}
OS_EXIT_CRITICAL();
  }
```

11. 时钟节拍

时钟节拍是一种特殊的中断,是操作系统的核心。它对任务列表进行扫描,判断是否有延时任务处于准备就绪状态,最后进行上下文切换。用户必须在多任务系统启动以后再开启时钟节拍器,也就是在调用 OSStart()之后。

μC/OS-II 系统中的时钟节拍服务是通过在中断服务子程序中调用 OSTimeTick()实现的。时钟节拍中断服务子程序 OSTickISR()的实现代码的说明如下文所示。这段代码必须用汇编语言编写,因为在 C 语言里不能直接处理 CPU 的寄存器。

```
void OSTickISR(void)
{
    保存处理器寄存器的值;
    调用 OSIntEnter()或是将 OSIntNesting 加 1;
    调用 OSTimeTick();
    调用 OSIntExit();
    恢复处理器寄存器的值;
    执行中断返回指令;
  }
```

时钟节拍函数 OSTimtick()的一个节拍服务实现代码如下所示。

```
void OSTimeTick (void)
{
    OS_TCB ＊ptcb;
    OSTimeTickHook();
    ptcb = OSTCBList;
    while (ptcb－＞OSTCBPrio ! ＝ OS_IDLE_PRIO) {
        OS_ENTER_CRITICAL();
```

```
            if (ptcb - >OSTCBDly ! = 0) {
                if ( -- ptcb - >OSTCBDly == 0) {
                    if (! (ptcb - >OSTCBStat & OS_STAT_SUSPEND))
                    {
                        OSRdyGrp      | = ptcb - >OSTCBBitY;
                        OSRdyTbl[ptcb - >OSTCBY] | = ptcb - >OSTCBBitX;
                    }
                    else
                    {
                        ptcb - >OSTCBDly = 1;
                    }
                }
            }
            ptcb = ptcb - >OSTCBNext;
            OS_EXIT_CRITICAL();
        }
        OS_ENTER_CRITICAL();
        OSTime ++ ;
        OS_EXIT_CRITICAL();
    }
```

12. µC/OS-II 嵌入式系统的初始化

在调用 µC/OS-II 系统的任何其他服务之前,µC/OS-II 系统都会要求用户首先调用系统初始化函数 OSIint()。函数 OSInit()建立空闲任务,这个任务总是处于就绪态的。空闲任务 OSTaskIdle()的优先级总是设成最低,即 OS_LOWEST_PRIO,此外µC/OS-II 还初始化了 4 个空数据结构缓冲区。

13. µC/OS-II 系统启动

多任务的启动是用户通过调用函数 OSStart()实现的。在启动 µC/OS-II 系统之前,用户至少要建立一个应用任务,其实现程序的代码如下所示。

```
void main(void)
{
OSInit();      / * 初始化 µC/OS-II 系统 * /
  …
  调用 OSTaskCreate()或 OSTaskCreateExt();
  …
  OSStart();    / * 开始多任务调度! 永不返回 * /
}
```

函数 OSStart()的实现代码如下所示。

```
if (OSRunning == FALSE) {
        y                = OSUnMapTbl[OSRdyGrp];
```

```
x              = OSUnMapTbl[OSRdyTbl[y]];
OSPrioHighRdy = (INT8U)((y << 3) + x);
OSPrioCur      = OSPrioHighRdy;
OSTCBHighRdy   = OSTCBPrioTbl[OSPrioHighRdy];
OSTCBCur       = OSTCBHighRdy;
OSStartHighRdy();
}
```

2.1.3　任务管理

在 μC/OS-II 系统中最多可以支持 64 个任务,分别对应优先级 0～63,其中 0 为最高优先级,63 为最低优先级。系统保留了 4 个最高优先级的任务和 4 个最低优先级的任务,所以用户可以使用的任务数有 56 个。

μC/OS-II 系统提供了任务管理的各种函数调用,包括创建任务、删除任务、改变任务的优先级、任务挂起和恢复等。系统初始化时会自动产生两个任务:一个是空闲任务,它的优先级最低,该任务仅给一个整型变量做累加运算;另一个是系统任务,它的优先级为次低,该任务负责统计当前 CPU 的利用率。

1. 建立任务

如果想让 μC/OS-II 系统管理用户的任务,用户必须先建立任务。用户可以通过以下两个函数之一来建立任务:OSTaskCreate()或 OSTaskCreateExt()。函数 OSTaskCreateExt()是 OSTaskCreate()的扩展版本,提供了一些附加的功能。

函数 OSTaskCreate()程序实现代码如下所示。

```
INT8U  OSTaskCreate (void ( * task)(void   * pd),  void * pdata, OS_STK  * ptos, INT8U prio)
{
    void   * psp;
    INT8U  err;
    if (prio > OS_LOWEST_PRIO) {   / * 检测分配给任务的优先级是否有效 * /
        return (OS_PRIO_INVALID);
    }
    OS_ENTER_CRITICAL();
    if(OSTCBPrioTbl[prio] == (OS_TCB * )0) { / * 要确保在规定的优先级上还没有建立任务 * /
        OSTCBPrioTbl[prio] = (OS_TCB * )1;  / * 放置非空指针,保留该优先级 * /
        OS_EXIT_CRITICAL();   / * 能重新允许中断 * /
        psp = (void * )OSTaskStkInit(task, pdata, ptos, 0); / * 调用 OSTaskStkInit * /
        err = OSTCBInit(prio, psp, (void * )0, 0, 0, (void * )0, 0);/ * 调用 OSTCBInit() * /
        if (err == OS_NO_ERR) {
            OS_ENTER_CRITICAL();
```

```
OSTaskCtr ++ ;

OSTaskCreateHook(OSTCBPrioTbl[prio]);

OS_EXIT_CRITICAL();

if (OSRunning) {

OSSched();

}
```

如果用 OSTaskCreateExt() 函数来建立任务会更加灵活,但会增加一些额外的开销。

2. 删除任务

删除任务,其实是将任务返回并处于休眠状态,并不是说任务的代码被删除了,只是任务的代码不再被 μC/OS-II 系统调用。通过调用函数 OSTaskDel() 就可以完成删除任务的功能。

3. 请求删除任务

如果任务 A 拥有内存缓冲区或信号量之类的资源,而任务 B 想删除该任务,如果强制删除,这些资源就可能由于没被释放而丢失。在这种情况下,用户可以让拥有这些资源的任务在使用完资源后,先释放资源,再删除自己。用户可以通过 OSTaskDelReq() 函数来完成该功能,不过发出删除请求的任务(任务 B)和要删除的任务(任务 A)都需要调用 OSTaskDelReq() 函数。

4. 改变任务的优先级

在用户建立任务的时候系统会分配给每个任务一个优先级。在程序运行期间,用户可以通过调用 OSTaskChangePrio() 函数来改变该任务的优先级。

5. 挂起任务与恢复任务

挂起任务可通过调用 OSTaskSuspend() 函数来完成,被挂起的任务只能通过调用 OSTaskResume() 函数来恢复。任务可以挂起自己或者其他任务。但函数 OSTask-Suspend() 不能挂起空闲任务,所以恢复任务时必须确认用户的应用程序不是在恢复空闲任务。

2.1.4　时间管理

μC/OS-II 系统的时间管理是通过定时中断来实现的。该定时中断一般为 10 ms 或 100 ms 发生一次,时间频率依靠用户对硬件系统的定时器编程来实现。中断发生的时间间隔是固定不变的,该中断也成为一个时钟节拍。μC/OS-II 系统要求用户在定时中断的服务程序中,调用系统提供的与时钟节拍相关的系统函数,例如中断级的任务切换函数和系统时间函数。

1. 任务延时函数

μC/OS-II 系统提供了一个任务延时的系统服务,申请该服务的任务可以延时一段时间。延时的长短是用时钟节拍的数目来确定的,通过调用 OSTimeDly() 函数来实现。调用该函数会使 μC/OS-II 进行一次任务调度,并且执行下一个优先级最高的就绪态任务。任务调用 OSTimeDly() 后,一旦规定的时间期满或者有其他的任务通过调用 OSTimeDlyResume() 取消了延时,它就会马上进入就绪状态。

注意:只有当该任务在所有就绪任务中具有最高的优先级时,它才会立即运行。

2. 按时分秒延时函数

如果用户的应用程序需要知道延时时间对应的时钟节拍数目,一种最有效的方法是调用 OSTimeDlyHMSM() 函数。用户可以按小时(h)、分(m)、秒(s)和毫秒(ms)定义时间。

与 OSTimeDly() 函数一样,调用 OSTimeDlyHMSM() 函数也会使 μC/OS-II 进行一次任务调度,并且执行下一个优先级最高的就绪态任务。任务调用 OSTimeDly-HMSM() 后,一旦规定的时间期满或者有其他的任务通过调用 OSTimeDlyResume() 取消了延时,它就会马上处于就绪态。同样,只有当该任务在所有就绪态任务中具有最高的优先级时,它才会立即运行。

3. 让延时任务结束延时

μC/OS-II 系统允许用户结束正处于延时期的任务。延时的任务可以不等待延时期满,而是通过其他任务取消延时来使自己处于就绪态。可以通过调用 OSTimeD-lyResume() 和指定要恢复的任务的优先级来完成。实际上,OSTimeDlyResume() 也可以唤醒正在等待事件的任务。

4. 系统时间

用户可以通过调用 OSTimeGet() 来获得该计数器的当前值;也可以通过调用 OS-TimeSet() 来改变该计数器的值。

2.1.5 任务之间的通信与同步

对一个多任务的操作系统来说,任务间的通信和同步是必不可少的。μC/OS-II 系统中提供了 4 种同步对象,分别是信号量、邮箱、消息队列和事件。所有这些同步对象都有创建、等待、发送、查询的接口用于实现进程间的通信和同步。

1. 事件控制块 ECB

所有的通信信号都被看成是事件(event),一个称为事件控制块(ECB, Event Control Block)的数据结构来表征每一个具体事件。ECB 的数据结构如下:

```
typedef struct {
```

```
    void      * OSEventPtr; /* 指向消息或消息队列的指针 */
    INT8U     OSEventTbl[OS_EVENT_TBL_SIZE]; /* 等待任务列表 */
    INT16U    OSEventCnt; /* 计数器(事件是信号量时) */
    INT8U     OSEventType; /* 事件类型:信号量、邮箱等 */
    INT8U     OSEventGrp; /* 等待任务组 */
    } OS_EVENT;
```

该数据结构中除了包含了事件本身的定义,如用于信号量的计数器,用于指向邮箱的指针,以及指向消息队列的指针数组等,还定义了等待该事件的所有任务的列表。其结构与 TCB 类似,使用两个链表,空闲链表与使用链表。

对于事件控制块进行的一些通用操作包括:

(1) 初始化一个事件控制块;

(2) 将一个任务置就绪态;

(3) 将一个任务置等待该事件发生的状态;

(4) 由于等待超时而将一个任务置就绪态。

μC/OS-II 系统将上面的操作通过 4 个系统函数 OSEventWaitListInit(),OSEventTaskRdy(),OSEventWait()和 OSEventTO()来实现。

2. 信号量

μC/OS-II 系统中信号量由两部分组成:信号量的计数值和等待该信号任务的等待任务表。信号量的计数值可以为二进制,也可以是其他整数。

信号量在多任务系统中用于:控制共享资源的使用权,标志事件的发生,使两个任务的行为同步。

在使用一个信号量之前,首先要建立该信号量,也即调用 OSSemCreate()函数。

对信号量的初始计数值赋值。该初始值为 0 到 65 535 之间的一个数。如果信号量是用来表示一个或者多个事件的发生,那么该信号量的初始值应设为 0;如果信号量是用于对共享资源的访问,那么该信号量的初始值应设为 1;如果该信号量是用来表示允许任务访问 n 个相同的资源,那么该初始值显然应该是 n,并把该信号量作为一个可计数的信号量使用。

μC/OS-II 系统提供了 5 个对信号量进行操作的函数,分别是 OSSemCreate(),OSSemPend(),OSSemPost(),OSSemAccept()和 OSSemQuery()函数;它们分别用来建立一个信号量,等待一个信号量,发送一个信号量,无等待地请求一个信号量,查询一个信号量的当前状态。

系统通过 OSSemPend()和 OSSemPost()来支持信号量的两种原子操作 P()和 V()。P()操作减少信号量的值,如果新的信号量的值不大于 0,则操作阻塞;V()操作增加信号量的值。

3. 邮 箱

邮箱是 μC/OS-II 系统中另一种通信机制,它可以使一个任务或者中断服务子程

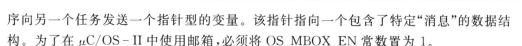

序向另一个任务发送一个指针型的变量。该指针指向一个包含了特定"消息"的数据结构。为了在 μC/OS-II 中使用邮箱,必须将 OS_MBOX_EN 常数置为 1。

使用邮箱之前,必须先建立该邮箱。该操作可以通过调用 OSMboxCreate() 函数来完成,并且要指定指针的初始值。一般情况下,这个初始值是 NULL,但也可以初始化一个邮箱,使其在最开始就包含一条消息。如果使用邮箱的目的是用来通知一个事件的发生,那么就要初始化该邮箱为 NULL;如果用户用邮箱来共享某些资源,那么就要初始化该邮箱为一个非 NULL 的指针,此时邮箱被当成一个二值信号量使用。

μC/OS-II 系统提供了 5 种对邮箱的操作,分别是 OSMboxCreate(),OSMboxPend(),OSMboxPost(),OSMboxAccept() 和 OSMboxQuery() 函数;它们分别用来建立一个邮箱,等待一个邮箱中的消息,发送一个消息到邮箱中,无等待地从邮箱中得到一个消息,查询一个邮箱的状态。

4. 消息队列

消息队列也是 μC/OS-II 中的一种通信机制,它可以使一个任务或者中断服务子程序向另一个任务发送以指针方式定义的变量。因具体的应用有所不同,每个指针指向的数据结构变量也有所不同。为了使用 μC/OS-II 的消息队列功能,需要将 OS_Q_EN 常数设置为 1,并且通过常数 OS_MAX_QS 来决定 μC/OS-II 支持的最多消息队列数。

在使用一个消息队列之前,必须先建立该消息队列。这可以通过调用 OSQCreate() 函数,并定义消息队列中的消息数来完成。μC/OS-II 提供了 7 个对消息队列进行操作的函数:OSQCreate(),OSQPend(),OSQPost(),OSQPostFront(),OSQAccept(),OSQFlush() 和 OSQQuery() 函数。

2.1.6　内存管理

在 ANSI C 中是使用 malloc 和 free 两个函数来动态分配和释放内存。但在嵌入式实时系统中,多次这样的操作会导致产生内存碎片,且由于内存管理算法的原因,malloc 和 free 的执行时间也是不确定的。

μC/OS-II 系统中把连续的大块内存按分区管理。每个分区中包含整数个大小相同的内存块,但不同分区之间的内存块大小可以不同。用户需要动态分配内存时,系统选择一个适当的分区,按块来分配内存。释放内存时将该块放回它以前所属的分区,这样能有效解决碎片问题,同时执行时间也是固定的。

μC/OS-II 系统对内存的管理通过 OSMemCreate(),OSMemGet(),OSMemPut(),OSMemQuery() 4 个函数完成,通过调用这些函数来创建一个内存分区,分配一个内存块,释放一个内存块,查询一个内存分区的状态。

2.2 如何在 STM32 处理器移植 μC/OS-II 系统

μC/OS-II 嵌入式系统移植,本书指的是 μC/OS-II 操作系统可以在 Cortex-M3 处理器 STM32 上运行。虽然 μC/OS-II 的大部分程序代码都是用 C 语言写的,但仍然需要用 C 语言和汇编语言完成一些与处理器相关的代码。由于 μC/OS-II 在设计之初就考虑了可移植性,因此 μC/OS-II 的移植工作量还是比较少的。

2.2.1 移植 μC/OS-II 满足的条件

要使 μC/OS-II 嵌入式系统能够正常运行,STM32 处理器必须满足以下要求。

(1) 处理器的 C 编译器能产生可重入码。

可重入型代码可以被一个以上的任务调用,而不必担心数据的破坏。或者说可重入型代码任何时刻都可以被中断,一段时间以后又可以运行,而相应数据不会丢失。

(2) 在程序中可以打开或者关闭中断。

在 μC/OS-II 中,打开或关闭中断主要通过 OS_ENTER_CRITICAL()或 OS_EXIT_CRITICAL 两个宏来进行的。这需要处理器的支持,在 Cortex-M3 处理器上,需要设计相应的中断寄存器来关闭或者打开系统的所有中断。

(3) 处理器支持中断,并且能产生定时中断(通常在 10~1 000 Hz 之间)。

μC/OS-II 中通过处理器的定时器中断来实现多任务之间的调度。Cortex-M3 处理器上有一个 systick 定时器,可用来产生定时器中断。

(4) 处理器支持能够容纳一定量数据的硬件堆栈。

对于一些只有 10 根地址线的 8 位控制器,芯片最多可访问 1 KB 存储单元,在这样的条件下移植是有困难的。

(5) 处理器有将堆栈指针和其他 CPU 寄存器存储和读出到堆栈(或者内存)的指令。

μC/OS-II 中进行任务调度时,会把当前任务的 CPU 寄存器存放到此任务的堆栈中,然后,再从另外一个任务的堆栈中恢复原来的工作寄存器,继续运行另外的任务。所以寄存器的入栈和出栈是 μC/OS-II 中多任务调度的基础。

2.2.2 初识 μC/OS-Ⅱ 嵌入式系统

μC/OS-Ⅱ 作为代码完全开放的实时操作系统,代码风格严谨、结构简单明了,非常适合初涉嵌入式操作系统的人员学习。

图 2-1 仅笼统的概括了 μC/OS-Ⅱ 的系统代码与文件结构,实际上这些文件的代码可将一个操作系统细分成最基本的一些特性,如任务调度、任务通信、内存管理、中断管理、定时管理等。表 2-1 列出了 μC/OS-Ⅱ 系统官方下载代码及 STM32 处理器对

应的移植代码,图 2-4 展示的是以 STM32 开发板为例与 μC/OS-Ⅱ系统搭建成的模块框架图。

表 2-1　μC/OS-Ⅱ系统源代码介绍

uCOS-II	Ports		官方移植到 Cortex-M3 处理器的移植文件
		os_cpu.h	定义数据类型、处理器相关代码、声明函数原型
		os_cpu.c	定义用户钩子函数,提供扩充软件功能的入口点
		os_dbg.c	内核调试数据和函数
		os_cpu_a.asm	与处理器相关汇编函数,主要是任务切换函数
	Source		μC/OS-Ⅱ系统的源代码文件
		ucos_ii.h	内部函数参数设置
		os_core.c	内核结构管理,uC/OS 的核心,包含了内核初始化,任务切换,事件块管理、事件标志组管理等功能
		os_flag.c	事件标志组
		os_mbox.c	消息邮箱
		os_mem.c	内存管理
		os_mutex.c	互斥信号量
		os_q.c	队列
		os_sem.c	信号量
		os_task.c	任务管理
		os_time.c	时间管理,主要是延时
		os_tmr.c	定时器管理,设置定时时间,时间到了就进行一次回调函数处理
uC-CPU	基于 micrium 官方评估板的 CPU 移植代码		
	os_cfg.h		μC/OS-Ⅱ的系统 2.8x 版本内核配置文件,μC/OS-II 是依靠编译时的条件编译来实现软件系统的裁剪性的,即把用户可裁剪的代码段写在 ♯if 和 ♯endif 预编译指令之间,在编译时根据 ♯if 预编译指令后面常数的值来确定是否该代码段进行编译
	cpu_a.asm		官方提供的 CPU 移植代码
	cpu.h		处理器配置头文件,配置标准数据类型、处理器字长、临界段配置等
	cpu_core.c		CPU 模板文件,包括 CPU_NameClr()、CPU_NameGet()、CPU_NameSet()、CPU_NameInit()等函数定义
	cpu_core.h		CPU 模板的头文件
	cpu_def.h		CPU 配置定义,含长定义和临界段模式宏定义
EXAMPLE CODE	评估板的应用程序及配置		
	app.c		用户程序,就是 main.c 文件
	app_vect.c		这个也是应用文件,是可选的
	app_cfg.h		STM32 处理器评估板应用配置文件
	includes.h		includes.h 是 STM32 处理器评估板应用配置文件,也是 μC/OS-II 的主头文件,在每个 *.C 文件中都要包含这个文件
uC-LIB	micrium 官方的一个库代码模块		

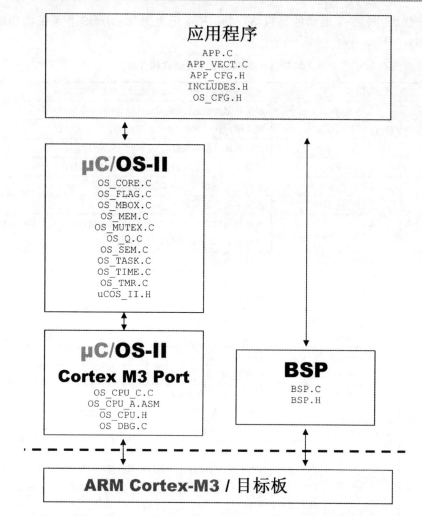

图 2-4 STM32 开发板与 μC/OS-Ⅱ 系统的模块框架图

在讲述如何进行 μC/OS-Ⅱ 嵌入式系统多任务实例设计前,我们需要先了解一下 μC/OS-Ⅱ 系统涉及的几个重要文件代码,这样对于从没接触过 μC/OS-Ⅱ 或者其他嵌入式系统的读者们,稍微了解一下 μC/OS-Ⅱ 系统的工作原理和各模块功能,就可以直接在 μC/OS-Ⅱ 系统架构上进行系统应用程序设计。

本节将参考图 2-4 展示的模块框架,一边针对 μC/OS-Ⅱ 系统涉及的几个重要文件代码介绍工作机制、结构及工作原理,一边插入 μC/OS-Ⅱ 系统移植要点介绍。

1. OS_CPU.H 文件

该头文件主要定义了数据类型、处理器堆栈数据类型字长、堆栈增长方向、任务切换宏和临界区访问处理。

● 全局变量

下列代码设置是否使用全局变量 OS_CPU_GLOBALS 和 OS_CPU_EXT。

```
# ifdef    OS_CPU_GLOBALS
# define   OS_CPU_EXT
# else                              //如果未定义 OS_CPU_GLOBALS
# define   OS_CPU_EXT    extern     //则用 OS_CPU_EXT 声明变量已经由外部定义
# endif
```

● 数据类型

μC/OS-Ⅱ系统为了保证可移植性，程序中没有直接使用 int，unsigned int 等定义，而是自己定义了一套数据类型例如 INT16U 表示 16 位无符号整型，INT32U 表示 32 位无符号整型，INT32S 表示 32 位有符号整型等，修改后数据类型定义代码如下。

```
typedef unsigned char     BOOLEAN; /*布尔型*/
typedef unsigned char     INT8U; /*8 位无符号整型*/
typedef signed   char     INT8S; /*8 位有符号整型*/
typedef unsigned short    INT16U; /*16 位无符号整型*/
typedef signed   short    INT16S; /*16 位有符号整型*/
typedef unsigned int      INT32U; /*32 位无符号整型*/
typedef signed   int      INT32S; /*32 位有符号整型*/
typedef float             FP32；/*单精度浮点型，一般未用到*/
typedef double            FP64；/*双精度浮点型，一般未用到*/
typedef unsigned int      OS_STK；/*堆栈数据类型 OS_STK 设置成 32 位*/
typedef unsigned int      OS_CPU_SR；/*状态寄存器(xPSR)为 32 位*/
```

此处需要指明的是当 OS_CRITICAL_METHOD 方法定义为 3 时将采用 OS_CPU_SR 数据类型。

● 临界段

临界段这个概念我们在 2.1.2 小节也作过介绍，它也称作关键代码段，它指的是一个小代码段，同一时刻只允许一个线程存取资源或代码区，在它能够执行前，它必须独占对某些共享资源的访问权。一旦线程执行进入了临界段，就意味着它获得了这些共享资源的访问权，那么在该线程处于临界段内的期间，其他同样需要独占这些共享资源的线程就必须等待，直到获得资源的线程离开临界段而释放资源。这是让若干行代码能够以原子操作方式来使用资源的一种方法。

μC/OS-Ⅱ是一个实时内核，需要关闭中断进入和开中断退出临界段。为此，μC/OS-II 系统定义了两个宏定义来开关中断，关中断采用 OS_ENTER_CRITICAL()宏定义和开中断采用 OS_EXIT_CRITICAL()宏定义。

```
# define   OS_CRITICAL_METHOD    3 //进入临界段的三种模式，一般选择第 3 种 3
# if OS_CRITICAL_METHOD == 3//选择进入第 3 种临界段模式，即设置为 3
# define   OS_ENTER_CRITICAL()   {cpu_sr = OS_CPU_SR_Save();}//进入临界段
# define   OS_EXIT_CRITICAL()    {OS_CPU_SR_Restore(cpu_sr);}//退出临界段
# endif
```

实际上，有 3 种开关中断的方法(在 cpu_define.h 头文件中定义)，它们分别是：

```
# define   CPU_CRITICAL_METHOD_INT_DIS_EN  1      /* 禁止/使能中断 */
# define  CPU_CRITICAL_METHOD_STATUS_STK   2     /* 中断状态弹/压栈 */
# define   CPU_CRITICAL_METHOD_STATUS_LOCAL 3   /* 保存/恢复中断状态 */
```

一般来说,需根据不同的处理器选用不同的方法。大部分情况下,选用第 3 种方法。

另外,两个汇编函数 OS_CPU_SR_Save()、OS_CPU_SR_Restore(),在后面的 os_cpu_a.asm 汇编代码文件中再作介绍。

● 栈生长方向

Cortex-M3 相关处理器使用的是"向下生长的满栈"模式,即栈生长方向是由高地址向低地址增长的。堆栈指针 SP 总是指向最后一个被压入堆栈的 32 位整数,在下一次压栈时,SP 先自减 4,再存入新的数值。所以将 OS_STK 数据类型定义为 32 位无符号整型,并将堆栈增长方向 OS_STK_GROWTH 设置为 1。

```
# define  OS_STK_GROWTH         1//代表堆栈方向是从高地址向低地址
```

● 任务切换宏

宏定义 OS_TASK_SW 用于执行任务切换。关于汇编函数 OSCtxSw(),在后面的 os_cpu_a.asm 汇编代码文件中再作介绍。

```
# define  OS_TASK_SW()          OSCtxSw()   //OSCtxSw 执行任务切换
```

● 函数原型

如果定义了进入临界段的模式为 3,就声明开中断和关中断函数。

```
# if OS_CRITICAL_METHOD == 3
OS_CPU_SR   OS_CPU_SR_Save(void);
void OS_CPU_SR_Restore(OS_CPU_SR cpu_sr);
# endif
```

从 2.77 版本开始,下面几个任务管理函数都移置在 os_cpu.h 头文件中。

```
void     OSCtxSw(void);        //用户任务切换
void     OSIntCtxSw(void);       //中断任务切换函数
void     OSStartHighRdy(void);//在操作系统第一次启动的时候调用的任务切换
void     OSPendSV(void);       //用户中断处理函数,目前版本为 OSPendSV
```

OSPendSV 的典型使用场合是在上下文切换时(在不同任务之间切换)。

2. OS_CPU.C 文件

移植 μC/OS-II 系统时,我们需要改写 10 个相当简单的 C 函数:9 个钩子函数和 1 个任务堆栈结构初始化函数。

```
void  OSInitHookBegin (void)          // 系统初始化函数开头的钩子函数
void  OSInitHookEnd (void)            // 系统初始化函数结尾的钩子函数
void  OSTaskCreateHook (OS_TCB * ptcb)   // 创建任务钩子函数
```

```
void    OSTaskDelHook (OS_TCB * ptcb)          // 删除任务钩子函数
void    OSTaskIdleHook (void)                  // 空闲任务钩子函数
void    OSTaskStatHook (void)                  // 统计任务钩子函数
        OS_STK * OSTaskStkInit (void ( * task)(void * p_arg), void * p_arg, OS_STK * ptos,
                        INT16U opt) // 任务堆栈结构初始化函数
void    OSTaskSwHook (void)                    // 任务切换钩子函数
void    OSTCBInitHook (OS_TCB * ptcb)          // 任务控制块初始化钩子函数
void    OSTimeTickHook (void)                  // 时钟节拍钩子函数
```

这 10 个简单的 C 函数中必须修改的函数是 OSTaskStkInit()，其余 9 个都是钩子函数，是必须声明的，但不是必须定义的，只是为了拓展系统功能而已。如果要用到这些钩子函数，需要在 os_cfg.h 中定义 OS_CPU_HOOKS_EN 为 1。

```
# define OS_APP_HOOKS_EN              1
```

● 钩子函数 OSInitHookBegin()

该函数由系统初始化函数 OSInit() 开始的时候调用，它可扩展额外的初始化功能代码。下面的示例中，当采用 os_tmr.c 模块（OS_TMR_EN 置 1）可在 os_cpu_c.c 中初始化全局变量 OSTmrCtr。

```
void    OSInitHookBegin (void)
{
# if OS_TMR_EN > 0      //当使用 OS_TMR.C 定时器管理模块
OSTmrCtr = 0;           //初始化系统节拍计数变量 OSTmrCtr 为 0
                        //每个时钟节拍 OSTmrCtr(全局变量,初始值为 0)增 1
# endif
}
```

● 钩子函数 OSTaskCreateHook()

该函数由 OSTaskCreate() 或 OSTaskCreateExt() 函数在任务建立的时候调用，该钩子函数可在任务创建的时候扩展代码。下面的示例中，我们调用应用任务建立钩子函数 App_TaskCreateHook()。如果 OS_APP_HOOKS_EN 设置为 0，即可通知编译器 ptcb 实际上未用到，避免出现编译警告。

```
void    OSTaskCreateHook (OS_TCB * ptcb)
{
    # if OS_APP_HOOKS_EN > 0 //如果有定义应用任务
        App_TaskCreateHook(ptcb); //调用应用任务创建钩子函数
        # else //否则,告诉编译器 ptcb 没用到
        (void)ptcb; / * 避免编译警告 * /
        # endif
        }
```

● 钩子函数 OSTaskSwHook()

该函数在发生上下文切换时被调用，该功能允许代码扩展，如测量一个任务执行时

间,当检测到上下文切换时,在端口引脚上输出一个脉冲。下面的示例中,我们调用应用任务切换钩子函数 App_TaskSwHook()。

```
void   OSTaskSwHook (void)
{
#if OS_APP_HOOKS_EN > 0
    App_TaskSwHook();//调用应用任务切换钩子函数
#endif
}
```

● 钩子函数 OSTimeTickHook()

该函数在 OSTimeTick()函数开始的时候被调用,用于扩展代码。下面的示例中,我们调用应用任务钩子函数 App_TimeTickHook()。

注:钩子函数 App_TimeTickHook()也用于决定计时是否更新 μC/OS-Ⅱ 的定时器,该动作由定时器信号量来完成。

```
void   OSTimeTickHook (void)
{
#if OS_APP_HOOKS_EN > 0
App_TimeTickHook();//应用软件时钟节拍钩子
#endif
#if OS_TMR_EN > 0 //如果有启动定时器管理
OSTmrCtr ++ ; //计时变量 OSTmrCtr 加 1
/ * 如果计时到了 * /
    if (OSTmrCtr >= (OS_TICKS_PER_SEC / OS_TMR_CFG_TICKS_PER_SEC)) {
        OSTmrCtr = 0;//计时清 0
        OSTmrSignal();//发送信号量 OSTmrSemSignal(初始值为 0),以便软件定时器
                      //扫描任务 OSTmr_Task 能请求到信号量而继续运行下去
    }
#endif
}
```

● 任务堆栈结构初始化函数 OSTaskStkInit()

通常,我们的任务都会按照下述的代码格式定义。

```
void MyTask (void * p_arg)
{
/ * 可选,例如处理 'p_arg'变量 * /
while (1) {
/ * 任务主体 * /
    }
}
```

典型的 ARM 编译器(Cortex-M3 也是这样)都会把这个函数的第一个参量传递到 R0 寄存器中。MyTask()代码在任务创建时,初始化堆栈结构,任务接收一个可选参

数'p_arg',这就是为什么任务创建时'p_arg'参数会传递到 R0 寄存器的缘由。

　　OSTaskStkInit 是由其他 OSTaskCreate() 或 OSTaskCreateExt() 函数创建用户任务时调用,要在开始时,在栈中模拟该任务好像刚被中断一样的假象。在 ARM 内核中,函数中断后,xPSR,PC,LR,R12,R3～R0 被自动保存到栈中的,R11～R4 如果需要保存,只能手工保存。为了模拟被中断后的场景,OSTaskStkInit() 的工作就是在任务自己的栈中保存 cpu 的所有寄存器。这些值里 R1-R12 都没什么意义,这里用相应的数字代号(如 R1＝0x01010101)主要是方便调试。初始化任务堆栈函数 OSTaskStkInit() 代码如下:

```
OS_STK * OSTaskStkInit(void ( * task)(void * p_arg), void * p_arg, OS_STK * ptos,
                       INT16U opt)
{
OS_STK * stk;
(void)opt; //'opt'没有用到,防止编译器警告
stk = ptos; //加载栈指针
/* 中断后 xPSR,PC,LR,R12,R3 - R0 被自动保存到栈中 */
* (stk) = (INT32U)0x01000000L;        /* xPSR 寄存器 */
* ( -- stk) = (INT32U)task;           /* 任务入口(PC) */
* ( -- stk) = (INT32U)0xFFFFFFFEL;    /* R14(LR)寄存器 */
* ( -- stk) = (INT32U)0x12121212L;    /* R12 寄存器 */
* ( -- stk) = (INT32U)0x03030303L;    /* R3 寄存器 */
* ( -- stk) = (INT32U)0x02020202L;    /* R2 寄存器 */
* ( -- stk) = (INT32U)0x01010101L;    /* R1 寄存器 */
* ( -- stk) = (INT32U)p_arg;          /* R0 寄存器 - 变量 */
/* 余下的寄存器要手动保存在堆栈 */
* ( -- stk) = (INT32U)0x11111111L;    /* R11 寄存器 */
* ( -- stk) = (INT32U)0x10101010L;    /* R10 寄存器 */
* ( -- stk) = (INT32U)0x09090909L;    /* R9 寄存器 */
* ( -- stk) = (INT32U)0x08080808L;    /* R8 寄存器 */
* ( -- stk) = (INT32U)0x07070707L;    /* R7 寄存器 */
* ( -- stk) = (INT32U) 0x06060606L;   /* R6 寄存器 */
* ( -- stk) = (INT32U) 0x05050505L;   /* R5 寄存器 */
* ( -- stk) = (INT32U) 0x04040404L;   /* R4 寄存器 */
return(stk);
}
```

　　也许大家会有下述疑问:

　　(1) 为什么程序是 * (-- stk)＝(INT32U)0x11111111L 的类似形式,而不是直接保存寄存器的值呢?

　　(2) 为什么程序是 * (-- stk)＝(INT32U)0x11111111L 的类似形式;而不是 * (＋＋stk)＝(INT32U)的形式呢?

　　原因其实很简单,第(1)种情况前面已经说过,任务没开始运行时,栈里保存的 R1

~R12 值都没什么意义的,这里仅仅是模拟中断的假象,R1~R12 可以是其他任意义的值。第(2)种情况是由于 Cortex—M3 的栈生长方向是由高地址向低地址增长的。

每个任务建立后初始化的堆栈结构示意如图 2-5 所示。

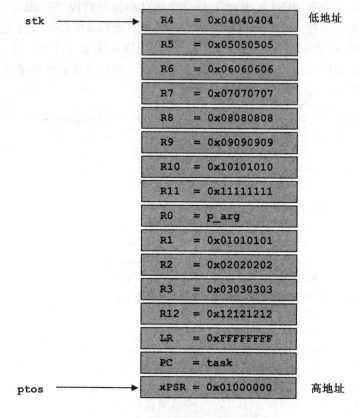

图 2-5　初始化后每个任务的堆栈结构

xPSR = 0x01000000L,xPSR 的 T 位(第 24 位)置 1,否则第一次执行任务时异常,PC 必须指向任务入口,R14 = 0xFFFFFFFEL,最低 4 位为 E,是一个非法值,其目的是不让使用 R14,即任务是不能返回的,R0 用于传递任务函数的参数,因此等于'p_arg'。

3. OS_CPU_A. ASM 文件

在汇编文件 OS_CPU_A. ASM 主要包括五个汇编函数和一个异常处理函数,这些函数由于需要保存/恢复寄存器,所以只能由汇编语言编写,不可由 C 语言实现。

● 函数 OS_CPU_SR_Save()

该函数执行中断屏蔽寄存器保存,然后禁止中断执行临界段模式 3(OS_CRITI-CAL_METHOD ♯3),该功能由 OS_ENTER_CRITICAL()宏定义调用。当函数返回时,R0 寄存器保存了 PRIMASK 寄存器中全局中断屏蔽优先级的状态用于禁止中断。

/ * OS_ENTER_CRITICAL() 里进入临界段调用,保存现场环境 * /

```
OS_CPU_SR_Save
MRS     R0, PRIMASK      ;读取 PRIMASK 到 R0(保存全局中断标志位,故障中断除外)
CPSID   I                ;PRIMASK = 1,关中断
BX      LR               ;返回,返回值保存在 R0.
```

注意:PRIMASK 是 Cortex-M3 处理器特殊功能寄存器中的全局中断屏蔽寄存器,通过 MSR 和 MRS 指令访问。

● 函数 OS_CPU_SR_Restore()

该函数由 OS_EXIT_CRITICAL()宏定义调用,用于恢复现场。

```
/ * OS_EXIT_CRITICAL()里退出临界段调用,恢复现场环境 * /
OS_CPU_SR_Restore
MSR  PRIMASK, R0 ;读取 R0 到 PRIMASK 中恢复全局中断标志位,通过 R0 传递参数.
BX   LR
```

● 函数 OSStartHighRdy()

函数 OSStartHighRdy()启动最高优先级任务,由 OSStart()函数调用,调用前必须先调用 OSTaskCreate 创建至少一个用户任务,否则系统会发生崩溃。

```
OSStartHighRdy
LDR   R0, = NVIC_SYSPRI2      ;设置 PendSV 异常优先级
                             ;装载系统异常优先级寄存器 PRI2
LDR   R1, = NVIC_PENDSV_PRI ;装载 PendSV 的可编程优先级(255)
STR   R1, [R0]               ;无符号字节寄存器存储, R1 是要存储的寄存器
MOVS  R0, # 0                ;初始化上下文切换,置 PSP = 0.
MSR PSP, R0
LDR R0, _OSRunning           ;OSRunning 为真.
MOVS  R1, # 1
STRB  R1, [R0]
LDR   R0, = NVIC_INT_CTRL    ;由上下文切换触发 PendSV 异常.
LDR   R1, = NVIC_PENDSVSET
STR   R1, [R0]
CPSIE I                      ;开总中断.
```

● 函数 OSCtxSw()

当任务放弃 CPU 使用权时,就会调用 OS_TASK_SW()函数,但在 Cortex-M3 中,任务切换的工作都被放在 PendSV 的中断处理程序中,以加快处理速度,因此 OS_TASK_SW()只需简单的悬挂(允许)PendSV 中断即可。当然,这样就只有当再次开中断的时候,PendSV 中断处理函数才能执行。OS_TASK_SW()函数是由 OS_Sched()函数(在 OS_CORE. C 中)调用。

```
/ * 任务级调度器 * /
void  OS_Sched(void)
{
```

```
# if OS_CRITICAL_METHOD == 3
        OS_CPU_SR  cpu_sr = 0;
# endif
    OS_ENTER_CRITICAL();   //保存全局中断标志,关中断
    if(OSIntNesting == 0)         /* 如果没中断服务运行 */
    {
        if(OSLockNesting == 0)    /* 调度器未上锁 */
        {
    /* 计算就绪任务里优先级最高的优先级,结果保存在 OSPrioHighRdy */
        OS_SchedNew();
    /* 如果得到的最高优先级就绪任务不等于当前,注:当前运行的任务也在就绪表里 */
            if(OSPrioHighRdy! = OSPrioCur)
            {
                OSTCBHighRdy = OSTCBPrioTbl[OSPrioHighRdy];//得到任务控制块指针
                # if OS_TASK_PROFILE_EN > 0
                    /* 统计任务切换到次任务的计数器加 1 */
                    OSTCBHighRdy - >OSTCBCtxSwCtr ++ ;
                # endif
                OSCtxSwCtr ++ ;//统计任务切换次数的计数器加 1
                OS_TASK_SW(); //悬起 PSV(即 PendSV)异常,进行任务切换
            }
        }
    }
    OS_EXIT_CRITICAL(); //恢复全局中断标志,退出临界段,开中断执行 PSV 服务
}
```

函数 OSCtxSw()是实现用户级的上下文任务切换,OS_TASK_SW()其实就是用宏定义包装的 OSCtxSw()(见 os_cpu. h),宏定义如下。

```
# define  OS_TASK_SW()           OSCtxSw()
```

在上述的 OS_Sched()函数中首先查询当前任务就绪队列中是否比当前运行任务优先级更高的任务,有则启动 OSCtxSw()进行任务切换。该函数会保存当前任务状态保存到任务堆栈中,然后将那个优先级更高的任务状态从其堆栈中恢复,并调度其运行,这也是通过触发一个 PendSV 异常实现的,当前任务状态的保存和那个最高优先级任务的状态恢复是在 PendSV 中断例程中实现的,函数 OSCtxSw()只要触发该异常,将工作模式从线程模式切换到异常模式即可,函数 OSCtxSw()实现的源代码如下:。

```
OSCtxSw                          ;挂起 PendSV 异常
LDR  R0, = NVIC_INT_CTRL        ;由上下文切换触发 PendSV 异常.
LDR  R1, = NVIC_PENDSVSET
STR  R1, [R0]
BX   LR
```

● 函数 OSIntCtxSw()

中断级任务切换函数 OSIntCtxSw()与 OSCtxSw()类似。若任务运行过程中产生了中断,且中断服务例程使得一个比当前被中断任务的优先级更高的任务就绪时,uC/OS-II 内核就会在中断返回之前调用函数 OSIntCtxSw()将自己从中断态调度到就绪态,另外一个优先级更高的就绪任务切换运行态。由于自身处于中断态,它在进入中断服务例程时任务状态已经被保存,所以不需要像任务级任务调度函数 OSCtxSw()那样保存当前任务状态。在这里,OSCtxSw 的代码是与 OSCtxSw 完全相同的。

```
OSIntCtxSw                          ;触发 PendSV 异常
LDR   R0, = NVIC_INT_CTRL          ;由上下文切换触发 PendSV 异常.
LDR   R1, = NVIC_PENDSVSET
STR   R1, [R0]
BX    LR
```

尽管这里的 SCtxSw()和 OSIntCtxSw()代码是完全一样的,但事实上,这两个函数的意义是不一样的。OSCtxSw()函数做的是任务之间的切换,例如任务因为等待某个资源或做延时,就会调用这个函数来进行任务调度,任务调度进行任务切换;OSIntCtxSw()函数则是中断退出时,如果最高优先级就绪任务并不是被中断的任务就会被调用,由中断状态切换到最高优先级就绪任务中,所以 OSIntCtxSw()又称中断级的中断任务。

由于调用 OSIntCtxSw()函数之前肯定发生了中断,所以无需保存 CPU 寄存器的值了。这里只不过由于 CM3 的特殊机制导致了在这两个函数中只要做触发 PendSV 中断即可,具体切换由 PendSV 中断服务来处理。

● 函数 OSPendSV()

函数 OSPendSV()是 Cortex-M3 处理器进入异常服务例程时,通过一次 PendSV 异常中断完成在任务上下文切换时的用户线程模式到特权模式的转换,自动压栈了 R0~R3,R12,LR(连接寄存器 R14),PSR(程序状态寄存器)和 PC(R15),并且在返回时自动弹出。此函数的代码(注:代码行前面用;号隔开的是系移植后未采用的代码)如下:

```
OSPendSV
;MRS    R3, PRIMASK               ;
;CPSID  I                         ;关中断
MRS     R0, PSP                    ;获得用户进程堆栈指针 PSP
CBZ     R0, OSPendSV_nosave        ;若是第一次则跳过寄存器保存
SUB     R0, R0, #0x20              ;跳过系统自动入栈的寄存器值
STM     R0, {R4 - R11}            ;将 R4～R11 保存到用户进程堆栈
LDR     R1, = OSTCBCur
LDR     R1, [R1]
STR     R0, [R1]                   ;栈底指针保存为当前任务控制块的堆栈指针
```

```
OSPendSV_nosave
    PUSH    {R14}                           ;保存 R14 异常返回值
    LDR     R0, = OSTaskSwHook              ;调用 OSTaskSwHook()函数
    BLX     R0
    POP     {R14}

    LDR     R0, = OSPrioCur                 ;获取就绪队列中的最高优先级
    LDR     R1, = OSPrioHighRdy
    LDRB    R2, [R1]
    STRB    R2, [R0]

    LDR     R0, = OSTCBCur
    LDR     R1, = OSTCBHighRdy              ;获取最高优先级任务控制块堆栈指针
    LDR     R2, [R1]
    STR     R2, [R0]                        ;当前任务控制块堆栈指针切换为最高优先级任务

    LDR     R0, [R2]                        ;R0 为新任务的进程堆栈栈底指针
    LDM     R0, {R4 – R11}                  ;从新任务堆栈中恢复 R4～R11
    ADDS    R0, R0, ♯0x20                   ;R0 指针移回到栈底
    MSR     PSP, R0                         ;用户进程堆栈指针指向新任务堆栈指针
    ORR     LR, LR, ♯0x04                   ;确保连接寄存器内容为合法返回地址
    ;MSR    PRIMASK, R3                     ;
    BX      LR                              ;例程返回,R0～R3 寄存器自动弹出
```

4. INCLUDES. H 文件

该头文件是应用程序相关的文件,µC/OS-II 的主头文件,在每个 ∗.C 文件中都要包含这个文件。也就是说在 ∗.C 文件的头文件应有 ♯include "includes.h"语句。

```
/ ∗ 标准功能头文件 ∗ /
♯ include    <stdio.h>
♯ include    <string.h>
♯ include    <ctype.h>
♯ include    <stdlib.h>
♯ include    <stdarg.h>
/ ∗ 与应用程序相关 ∗ /
♯ include    <stm32f10x_conf.h>
♯ include    <stm32f10x.h>
♯ include    "os_cfg.h"
♯ include    "app_cfg.h"
♯ include    "..\BSP\bsp.h"
/ ∗ 系统相关 ∗ /
♯ include    "..\uCOS – II\uC – CPU\cpu.h"
♯ include    "..\uCOS – II\uC – CPU\cpu_def.h"
```

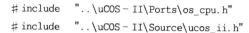

```
# include    "..\uCOS - II\Ports\os_cpu.h"
# include    "..\uCOS - II\Source\ucos_ii.h"
```

从文件的内容可看到,这个文件把工程项目中应包含的头文件都集中到了一起,使得开发者无须再去考虑项目中的每一个文件究竟应该需要或者不需要哪些头文件了。

5. OS_CFG. H 文件

头文件 OS_CFG. H 是系统功能配置文件。μC/OS-II 是依靠编译时的条件编译来实现软件系统的裁剪性的,即把用户可裁剪的代码段写在 ♯if 和 ♯endif 预编译指令之间,在编译时根据 ♯if 预编译指令后面常数的值来确定是否该代码段进行编译。

此外,配置文件 OS_CFG. H 还包括与项目相关的其他常数的设置。配置文件 OS_CFG. H 就是为用户设置常数值的文件。当然在这个文件中对所有配置常数事先都预制一些默认值,用户可根据需要对这些预设值进行修改。表 2-2 列出了 OS_CFG. H 文件参数配置项,其中配置值并非全部设置为系统默认值,由于需要修改它来达到剪裁系统功能的目,列出的都是本书所讲述实例的 μC/OS-Ⅱ 系统移植后需要配置的值。

表 2-2　OS_CFG. H 文件参数配置

分　类		配置宏	配置值	说　明
功能裁剪	任务管理	OS_TASK_CHANGE_PRIO_EN	1	改变任务优先级,是否包括代码 OSTaskChangePrio()
		OS_TASK_CREATE_EN	1	是否包括代码 OSTaskCreate()
		OS_TASK_CREATE_EXT_EN	1	是否包括代码 OSTaskCreateExt()
		OS_TASK_DEL_EN	1	是否包括代码 OSTaskDel()
		OS_TASK_PROFILE_EN	1	
		OS_TASK_QUERY_EN	1	获得有关任务的信息,是否包括代码 OSTaskQuery()
		OS_TASK_STAT_EN	1	使能(1)或禁止(0)统计任务
		OS_TASK_STAT_STK_CHK_EN	1	检测统计任务堆栈
		OS_TASK_SUSPEND_EN	1	是否包括任务挂起代码 OSTask
		_Suspend() 和 OSTaskResume()		
		OS_TASK_SW_HOOK_EN	1	是否包括代码 OSTaskSwHook()
	信号量集	OS_FLAG_EN	1	使能(1)或禁止(0)事件标志
		OS_FLAG_ACCEPT_EN	1	是否包含代码 OSFlagAccept()
		OS_FLAG_DEL_EN	1	是否包含代码 OSFlagDel()
		OS_FLAG_QUERY_EN	1	是否包含代码 OSFlagQuery()
		OS_FLAG_WAIT_CLR_EN	1	是否包含用于等待清除事件标志的代码

分　类		配置宏	配置值	说　明
功能裁剪	消息邮箱	OS_MBOX_EN	1	使能(1)或禁止(0)消息邮箱
		OS_MBOX_ACCEPT_EN	1	是否包括代码 OSMboxAccept()
		OS_MBOX_DEL_EN	1	是否包括代码 OSMboxDel()
		OS_MBOX_PEND_ABORT_EN	1	是否包括代码 OSMboxPendAbort()
		OS_MBOX_POST_EN	1	是否包括代码 OSMboxPost()
		OS_MBOX_POST_OPT_EN	1	是否包括代码 OSMboxPostOpt()
		OS_MBOX_QUERY_EN	1	是否包括代码 OSMboxQuery()
	内存管理	OS_MEM_EN	1	使能(1)或禁止(0)内存管理
		OS_MEM_QUERY_EN	1	是否包括代码 OSMemQuery()
	互斥信号量	OS_MUTEX_EN	0	使能(1)或禁止(0) 互斥信号量
		OS_MUTEX_ACCEPT_EN	1	是否包括代码 OSMutexAccept()
		OS_MUTEX_DEL_EN	1	是否包括代码 OSMutexDel()
		OS_MUTEX_QUERY_EN	1	是否包括代码 OSMutexQuery()
	队列	OS_Q_EN	0	使能(1)或禁止(0)队列
		OS_Q_ACCEPT_EN	1	是否包括代码 OSQAccept()
		OS_Q_DEL_EN	1	是否包括代码 OSQDel()
		OS_Q_FLUSH_EN	1	是否包括代码 OSQFlush()
		OS_Q_PEND_ABORT_EN	1	是否包括代码 OSQPendAbort()
		OS_Q_POST_EN	1	是否包括代码 OSQPost()
		OS_Q_POST_FRONT_EN	1	是否包括代码 OSQPostFront()
		OS_Q_POST_OPT_EN	1	是否包括代码 OSQPostOpt()
		OS_Q_QUERY_EN	1	是否包括代码 OSQQuery()
	信号量	OS_SEM_EN	1	使能(1)或禁止(0)信号量
		OS_SEM_ACCEPT_EN	1	是否包括代码 OSSemAccept()
		OS_SEM_DEL_EN	1	是否包括代码 OSSemDel()
		OS_SEM_PEND_ABORT_EN	1	是否包括代码 OSSemPendAbort()
		OS_SEM_QUERY_EN	1	是否包括代码 OSSemQuery()
		OS_SEM_SET_EN	1	是否包括代码 OSSemSet()
	时间管理	OS_TIME_DLY_HMSM_EN	1	是否包括代码 OSTimeDlyHMSM()
		OS_TIME_DLY_RESUME_EN	1	是否包括代码 OSTimeDlyResume()
		OS_TIME_GET_SET_EN	1	是否包括代码 OSTimeGet() 和 OS-TimeSet()
		OS_TIME_TICK_HOOK_EN	1	是否包括代码 OSTimeTickHook()
	定时器管理	OS_TMR_EN	0	使能(1)或禁止(0)定时器

分　类		配置宏	配置值	说　明
功能裁剪	其他	OS_APP_HOOKS_EN	1	应用钩子函数
		OS_CPU_HOOKS_EN	1	CPU 钩子函数
		OS_ARG_CHK_EN	0	使能(1)或禁止(0)参数检查
		OS_DEBUG_EN	0	使能(1)或禁止(0)调试变量
		OS_EVENT_MULTI_EN	1	是否含 OSEventPendMulti()
		OS_TICK_STEP_EN	1	使能节拍定时功能
		OS_SCHED_LOCK_EN	1	使能调度锁,是否包括代码 OSSched-Lock()、OSSchedUnlock()
常量设置	任务管理	OS_MAX_TASKS	10	应用任务的最大数量,须≥2
		OS_TASK_TMR_STK_SIZE	128	定时器任务堆栈容量
		OS_TASK_STAT_STK_SIZE	128	统计任务堆栈容量
		OS_TASK_IDLE_STK_SIZE	128	空闲任务堆栈容量
		OS_TASK_NAME_SIZE	16	决定任务名的长度
	信号量	OS_MAX_FLAGS	5	事件标志组的最大数量
		OS_FLAG_NAME_SIZE	16	决定事件标志组名的大小
		OS_FLAGS_NBITS	16	OS_FLAGS 数据类型的位数
	内存管理	OS_MAX_MEM_PART	5	内存块的最大数量
		OS_MEM_NAME_SIZE	16	决定内存块名称大小
	队列	OS_MAX_QS	4	队列控制块的最大数目
	定时器管理	OS_TMR_CFG_MAX	16	定时器的最大数量
		OS_TMR_CFG_NAME_SIZE	16	定时器名称的长度
		OS_TMR_CFG_WHEEL_SIZE	8	定时器的大小
		OS_TMR_CFG_TICKS_PER_SEC	10	定时器管理任务运行频率
	其他	OS_EVENT_NAME_SIZE	16	决定信号量、互斥信号量、邮箱、队列名字长度
		OS_LOWEST_PRIO	31	最低优先级
		OS_MAX_EVENTS	10	事件控制块的最大数量
		OS_TICKS_PER_SEC	100	节拍定时器每 1 s 定时次数

从上表可以看出,本章实例为了演示系统功能,未对系统功能进行大规模裁剪,一般的系统瘦身肯定视需要禁用信号量、互斥信号量、邮箱、队列、信号量集、定时器、内存管理,关闭调试模式,如果要对这些定义禁用的话,代码修改如下。

```
# define OS_FLAG_EN 0 //禁用信号量集
# define OS_MBOX_EN 0 //禁用邮箱
# define OS_MEM_EN 0 //禁用内存管理
# define OS_MUTEX_EN 0 //禁用互斥信号量
# define OS_Q_EN 0 //禁用队列
# define OS_SEM_EN 0 //禁用信号量
# define OS_TMR_EN 0 //禁用定时器
# define OS_DEBUG_EN 0 //禁用调试
```

除此之外,也可以把用不着应用软件的钩子函数、多重事件控制也禁掉。

```
# define OS_APP_HOOKS_EN 0
# define OS_EVENT_MULTI_EN 0
```

6. 文件 OS_DBG.C

该文件下包含一些 μC/OS-II 系统调试信息,移植时应根据编译器的不同修改配置,本章实例对应的配置修改如下。

```
# define OS_COMPILER_OPT __root 修改成 # define OS_COMPILER_OPT
```

7. 系统内核的各种服务文件

μC/OS-II 系统内核是以 C 语言函数的形式提供各种服务的,这些功能模块在不同的处理器之间移植时是无须修改的。

8. 文件 APP_CFG.H

头文件 app_cfg.h 是与应用程序相关的设置,如设置任务优先级、设置任务栈大小等,下述修改以本章下节的实例作为示例进行介绍。

```
/ * 任务优先级 * /
# define   APP_TASK_START_PRIO       2//启动任务优先级
# define   APP_TASK_USER_IF_PRIO     13//用户界面任务优先级 - 注:本章实例任务
# define   APP_TASK_KBD_PRIO         12//触摸屏任务优先级 - 注:本章实例任务
# define   Task_Com1_PRIO            4//串口通信任务优先级 - 注:本章实例任务
# define   Task_Led1_PRIO           7//LED1 闪烁任务优先级 - 注:本章实例任务
# define   Task_Led2_PRIO           8//LED2 闪烁任务优先级 - 注:本章实例任务
# define   Task_Led3_PRIO           9//LED3 闪烁任务优先级 - 注:本章实例任务
```

9. 文件 APP.C

这个文件用于创建用户任务,该文件具有规律性,主要架构包括如下几个函数:

● 创建任务函数 App_TaskCreate;

● 任务启动函数 App_TaskStart;

● 应用任务堆栈 OS_STK App_TaskStartStk[APP_TASK_START_STK_SIZE]及其他应用任务堆栈;

● 多任务启动函数 OSStart();

● 入口函数 main()。

当我们开始接触 μC/OS-II 的应用实例的 main() 函数时,很有趣地发现 μC/OS-II 的 main() 函数都是这样的一种结构,这也是 μC/OS-II 系统初始化的一种标准流程,后面我们还会细化一下 μC/OS-II 的主要流程。

```
void main()
{
    ...
```

```
OSInit();//初始化 μC/OS-II
BSP_Init();//硬件平台初始化
    …
OSTaskCreate(FirstTask1,……);//创建第 1 个用户任务
OSTaskCreate(SecondTask2,……);//创建第 2 个用户任务
    …
OSStart();//启动多任务管理
    …
}
```

10. 文件 BSP. C 和 BSP. H

我们也需要编写一个开发板初始化启动函数 BSP_Init(),包含系统及外设时钟、硬件接口初始化。对于本书配套的 STM32F103 处理器应用实例来说,BSP. C 文件的配置函数至少包括如下几个函数:

- void RCC_Configuration(void)//系统及外设时钟;
- void GPIO_Configuration(void)//GPIO 端口外设配置;
- void NVIC_Configuration(void)//中断向量配置;
- void OS_CPU_SysTickInit(void)//系统时钟节拍。

2.2.3　重提 μC /OS-II 嵌入式系统移植要点

μC/OS-II 在 Cortex-M3 内核 STM32 处理器移植过程中,用户需要修改的就是与处理器相关的代码,包括设置 OS_CPU. H 文件中与处理器和编译器相关的代码,用 C 语言编写 OS_CPU_C. C 文件中与操作系统相关的函数,用汇编语言编写 OS_CPU. ASM 文件中与处理器相关的函数,这 3 个文件中需要修改的内容在上一节用了大篇幅的文字进行过介绍。

很多读者在未动手进行 μC/OS-II 移植之前,总会看到移植好的例程在 uCOS-II 文件夹下面会包含有 Ports、Sources、uC-CPU、uC-LIB 四个子文件夹下的代码,虽然这些文件夹下都是源代码,究竟有什么用呢?通常的移植概念,一般都说只需改 os_cpu. h,os_cpu_a. asm 和 os_cpu_c. c 这 3 个文件就可以了,就没听说过有 Ports、Sources、uC-CPU、uC-LIB 这些的。其实这些文件夹下多半是官方公布的移植文件,而我们使用标准外设库提供的启动文件和固件库后,很多文件可以不用的,图 2 - 6 展示了这几个子文件夹下的代码对应关系。

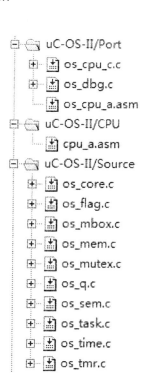

图 2 - 6　uCOS-II 子文件夹内容

2.2.4　细说 μC /OS-Ⅱ 系统运行流程

也许不少读者有这样的疑问,μC/OS-Ⅱ 嵌入式系统运行与我们所设计的裸机程序(无操作系统支持,俗称裸机,裸跑程序)到底有什么不同的呢?

下面我们将举例对裸机程序与 μC/OS-Ⅱ 系统程序的运行流程环节上不同点为大家释疑。先举一个 Systick 的裸机程序例子,变量及入口函数 main()的源代码如下:

```
...
static __IO uint32_t TimingDelay;              //变量,用于 Delay()函数
...
int main(void)                                 //主函数
{
    RCC_Configuration();                       //系统时钟设置及各外设时钟使能
    LED_Config();                              //LED 控制初始化
    if (SysTick_Config(72000))                 //时钟节拍中断时 1 ms 一次,用于定时
    {
        while (1);
    }
    while (1)
    {
        GPIO_SetBits(GPIOB, GPIO_Pin_5);       //LED1 亮
        Delay(500);                            //延时 500 ms
        GPIO_ResetBits(GPIOB, GPIO_Pin_5);     //LED1 灭
        Delay(500);                            //延时 500 ms
    }
}
```

图 2-7 展示的就是这个裸机程序的主函数程序运行流程图,相信大家都不陌生,裸机程序通过 while 或者 for 等循环语句执行各种用户功能函数,最终实现各种功能。

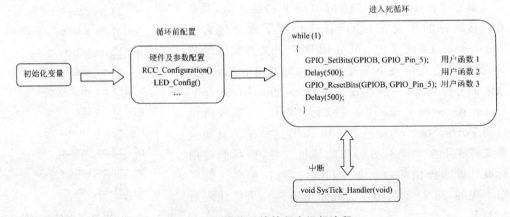

图 2-7　无操作系统的程序运行流程

下面我们再举一个 μC/OS-Ⅱ 系统下多任务调度的例子,APP.C 文件下的主要变量及入口函数 main()的源代码如下:

```
    ...
/ * 全局变量 * /
static   OS_STK App_TaskStartStk[APP_TASK_START_STK_SIZE];
static   OS_STK Task_Led1Stk[Task_Led1_STK_SIZE];
static   OS_STK Task_Led2Stk[Task_Led2_STK_SIZE];
    ...
/ * 函数 * /
static   void App_TaskCreate(void);
static   void App_TaskStart(void * p_arg);
static   void Task_Led1(void * p_arg);
static   void Task_Led2(void * p_arg);
    ...
/ * LED1 亮灭功能宏定义 * /
#define LED_LED1_ON()     GPIO_SetBits(GPIOB, GPIO_Pin_5 );   //LED1    亮
#define LED_LED1_OFF()    GPIO_ResetBits(GPIOB, GPIO_Pin_5 ); //LED1    灭
/ * LED2 亮灭功能宏定义 * /
#DEFINE led_led2_on()     gpio_sETbITS(gpiod, gpio_pIN_6 );   //LED2    亮
#define LED_LED2_OFF()    GPIO_ResetBits(GPIOD, GPIO_Pin_6 ); //LED2    灭
/ * 主函数 Main() * /
int main(void)
{
   CPU_INT08U os_err;
   //禁止 CPU 中断
   CPU_IntDis();
   // μC/OS - Ⅱ 初始化
   OSInit();
   //硬件平台初始化
   BSP_Init();
   //默认 LED 闪烁间隔 500ms
   milsec1 = 100,milsec2 = 200;//变量 1 为 LED1 延时和变量 2 为 LED2 延时
   //建立主任务
   os_err = OSTaskCreate((void ( * ) (void * )) App_TaskStart,//指向任务代码的指针
                         (void * ) 0,      //任务开始执行时,传递给任务的参数的指针
   //分配给任务的堆栈的栈顶指针    从顶向下递减
            (OS_STK * ) &App_TaskStartStk[APP_TASK_START_STK_SIZE - 1],
            (INT8U) APP_TASK_START_PRIO); //分配给任务的优先级
   //节拍计数
   OSTimeSet(0);
   OSStart();/ * 启动多任务 * /
   return (0);
```

```
}
/*启动任务*/
static  void App_TaskStart(void* p_arg)
{
    ...
    App_TaskCreate();
    while (1)
    {
        //1秒一次循环
        OSTimeDlyHMSM(0, 0, 1, 0);
    }
}
/*LED1 闪烁任务*/
static  void Task_Led1(void* p_arg)
{
    ...
}
/*LED2 闪烁任务*/
static  void Task_Led2(void* p_arg)
{
    ...
}
```

图 2-8 就是这个 μC/OS-II 嵌入式系统程序的运行流程图,在 μC/OS-II 系统中,通过不停产生定时器中断,或者任务放弃 CPU 控制权,然后进行任务调度,相当于不断循环执行不同的任务,最终实现各种功能,μC/OS-II 嵌入式系统归根到底,也就是一个支持任务切换的程序。由此可见,μC/OS-II 嵌入式系统程序与裸机程序主要区别在于多任务管理与任务调度,这种任务调度是 μC/OS-II 系统的一种内核服务,是区分裸机程序与多任务系统程序的最大特点,好的调度策略,能最大的发挥系统运行效率。

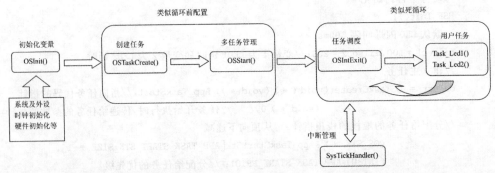

图 2-8 μC/OS-II 系统程序运行流程

从上面展示的 μC/OS-II 系统程序运行流程可以大致了解 μC/OS-II 系统的主要工作流程,相信大家已经基本了解 μC/OS-II 系统是怎样进行工作的。当大家看到 μC/

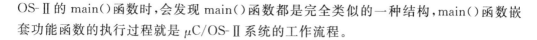

OS-Ⅱ的 main()函数时,会发现 main()函数都是完全类似的一种结构,main()函数嵌套功能函数的执行过程就是 μC/OS-Ⅱ系统的工作流程。

2.3　设计目标

本章在前面讲述的 μC/OS-Ⅱ系统移植基础上采用 STM32-V3 开发板(也可采用 STM32MINI 开发板)硬件实现多任务调度,演示三个 LED 灯间隔闪烁任务,在 μC/OS-Ⅱ系统中分别建立了主任务、串口 1 通信任务、LED1 闪烁任务、LED2 闪烁任务、LED3 闪烁任务。

STM32-V3 开发板上电后,LED1～LED3 会按照默认的 500 ms 间隔明暗闪烁,通过电脑端串口软件助手发出指令,设置 LED1、LED2、LED3 的闪烁间隔时间。

通过这个实验,可以学习 μC/OS-Ⅱ系统的任务建立、任务调度以及事件同步等内容。在该实验基础上再引入消息队列、信号量、邮箱通信机制的三个实验。

2.4　μC /OS-Ⅱ系统软件设计

本实例设计包括 μC/OS-Ⅱ系统基础应用实例、消息队列应用实例、信号量应用实例以及邮箱应用实例。后三个为通信机制应用实例在类似基础应用实例的软件架构上添加各自的同步对象实现类似功能,笼统的说,就是利用不同方法实现 LED 灯闪烁控制。

2.4.1　实例 1-μC /OS-Ⅱ系统基础应用

本实例是本书中第一个 μC/OS-Ⅱ系统演示实验,它在 μC/OS-Ⅱ系统中建立 5 个任务,驱动三个 LED,通过电脑端发送的串口指令来控制三个 LED 延时闪烁间隔,其主要软件设计包括 4 个部分:

(1) μC/OS-Ⅱ系统任务建立;

(2) 中断服务程序;

(3) 硬件平台初始化程序;

(4) 串口应用配置程序,包括串口参数与串口对应引脚配置。

μC/OS-Ⅱ系统相关的软件设计其结构一般都采用较固定的模式,需要设计的软件代码一般都层次清晰,很容易上手,本例的演示程序设计所涉及的软件结构如表 2-3 所列,主要程序文件及功能说明如表 2-4 所列。

1. μC/OS-Ⅱ系统任务建立

μC/OS-Ⅱ系统共创建了 5 个不同优先级的任务,分别是主任务 App_TaskStart()、串口通信任务 Task_Com1()、LED1 闪烁任务 Task_Led1()、LED2 闪烁任务 Task_

Led2()、LED3 闪烁任务 Task_Led3(),此外还有两个系统必备的任务:

● 空闲任务 OS_TaskIdle

用于不断的给变量 OSIdleCtr 进行加 1 操作,其优先级是最低的。

● 统计任务 OS_TaskStat

它用于计算 CPU 的使用情况,以百分比值体现,存储在变量 OS_CPU_Usage 中,优先级次低。

表 2-3 系统软件结构

应用软件层			
应用程序 app. c			
系统软件层			
操作系统			中断管理系统
μC/OS-Ⅱ系统			异常与外设中断处理模板
μC/OS-Ⅱ/Port os_cpu_c. c、os_dbg. c、 os_cpu_a. asm	μC/OS-Ⅱ/CPU cpu_a. asm	μC/OS-Ⅱ/Source os_core. c、os_flag. c、 os_task. c 等	stm32f10x_it. c
CMSIS 层			
Cortex-M3 内核外设访问层	STM32F10x 设备外设访问层		
core_cm3. c	core_cm3. h	启动代码 (stm32f10x_startup. s)	stm32f10x. h	system_stm- 32f10x. c	system_stm- 32f10x. h
硬件抽象层			
硬件平台初始化 bsp. c			
硬件外设层			
串口应用配置程序	通用模块驱动程序		
Com. c	misc. c、stm32f10x_gpio. c、stm32f10x_rcc. c、stm32f10x_usart. c 等		

表 2-4 程序设计文件功能说明

程序文件名称	程序文件功能说明
App. c	包括系统主任务、串口通信任务、LED1～LED3 闪烁任务及两个系统固有任务(统计任务和空闲任务)
stm32f10x_it. c	中断服务程序,本例包括两个功能函数:SysTickHandler()和 USART1_IRQHandler()
stm32f10x_startup. s	启动代码文件
bsp. c	硬件平台初始化程序,包括系统及外设时钟、串口 1、中断源、GPIO 端口的初始化与配置
stm32f10x_usart. c	通用模块驱动程序之 USART 模块库函数,由 Com. c 文件中的 USART_Config()函数调用

主程序集中在 main()入口函数,完成 μC/OS-Ⅱ系统初始化、硬件平台初始化、建立主任务、设置节拍计数器以及启动 μC/OS-Ⅱ系统,主要程序代码依序列出如下。

```
#define GLOBALS
#include "stdarg.h"
#include "includes.h"
#include "globals.h"
OS_EVENT * Com1_SEM;//串口通信信号量
OS_EVENT * Com1_MBOX;//串口 1 邮箱
void USART_OUT(USART_TypeDef * USARTx, uint8_t * Data,...);//串口输出
    int main(void)
    {
    CPU_INT08U os_err;
        /* 禁止所有中断 */
        CPU_IntDis();
        /* μC/OS-Ⅱ 系统初始化 */
        OSInit();
        /* 硬件平台初始化 */
        BSP_Init();
        /* 默认 LED1~LED3 闪烁间隔 500ms */
        milsec1 = 500,milsec2 = 500,milsec3 = 500;//延时 500ms 参数
        /* 向串口 1 发送开机显示字符,串口调试软件或超级终端显示字符 */
        USART_OUT(USART1,"… ");//向串口发送定义字符
        /* 建立主任务,优先级最高,建立此任务另外一个用途是为了方便统计任务 */
        os_err = OSTaskCreate((void ( * )(void * )) App_TaskStart,//指向任务代码的指针
        (void * )0,//任务开始执行时,传递给任务的参数的指针
        /* 分配给任务的堆栈的栈顶指针,自顶向下递减 */
        (OS_STK * ) &App_TaskStartStk[APP_TASK_START_STK_SIZE - 1],
        (INT8U) APP_TASK_START_PRIO);//分配给任务的优先级
        OSTimeSet(0);//μC/OS-Ⅱ 的节拍计数器清 0,节拍计数 0~4294967295
        OSStart();//启动 μC/OS-Ⅱ 系统内核
        return (0);
    }
```

开始任务创建调用 App_TaskStart() 函数来完成,再由该函数调用 App_TaskCreate() 建立其他任务。启动任务函数 App_TaskStart() 的实现代码如下。

```
static   void App_TaskStart(void * p_arg)
{
    (void) p_arg;
    /* 初始化 μC/OS-Ⅱ 系统时钟节拍 */
    OS_CPU_SysTickInit();
    /* 使能 μC/OS-Ⅱ 的统计任务 */
    #if (OS_TASK_STAT_EN > 0)
    /* 统计任务初始化函数 */
    OSStatInit();
    #endif
```

```
    /* 建立其他的任务 */
App_TaskCreate();
while (1)
{
    /* 1秒一次循环 */
    OSTimeDlyHMSM(0, 0,1, 0);
}
}
```

通过调用 App_TaskCreate()函数来建立其他任务,这些任务包括串口 1 通信任务、LED1～LED3 闪烁任务,该函数的功能代码如下。

```
static void App_TaskCreate(void)
{
    Com1_MBOX = OSMboxCreate((void *) 0);//建立串口 1 中断的邮箱
    //串口 1 接收及发送任务
    OSTaskCreateExt(Task_Com1,//指向任务代码的指针
    (void *)0, //任务开始执行时,传递给任务的参数的指针
    //分配给任务的堆栈的栈顶指针,从顶向下递减
    (OS_STK *)&Task_Com1Stk[Task_Com1_STK_SIZE - 1],
    Task_Com1_PRIO, //分配给任务的优先级
    Task_Com1_PRIO, //预备给后续版本的特殊标识符,在现行版本同任务优先级
    (OS_STK *)&Task_Com1Stk[0],//指向任务堆栈栈底的指针,用于堆栈的检验
    Task_Com1_STK_SIZE,//指定堆栈的容量,用于堆栈的检验
    (void *)0, //指向用户附加的数据域的指针,用来扩展任务的任务控制块
    //选项,指定是否允许堆栈检验,是否将堆栈清 0,任务是否要进行浮点运算等等. */
    OS_TASK_OPT_STK_CHK|OS_TASK_OPT_STK_CLR);
    //LED1 闪烁任务,定义与 Task_Com1 任务结构相同
    OSTaskCreateExt(Task_Led1,
    (void *)0,
    (OS_STK *)&Task_Led1Stk[Task_Led1_STK_SIZE - 1],
    Task_Led1_PRIO,
    Task_Led1_PRIO,
    (OS_STK *)&Task_Led1Stk[0],
    Task_Led1_STK_SIZE,
    (void *)0,
    OS_TASK_OPT_STK_CHK|OS_TASK_OPT_STK_CLR);
    //LED2 闪烁任务,定义与 Task_Com1 任务结构相同
    OSTaskCreateExt(Task_Led2,
    (void *)0,
    (OS_STK *)&Task_Led2Stk[Task_Led2_STK_SIZE - 1],
    Task_Led2_PRIO,
    Task_Led2_PRIO,(OS_STK *)&Task_Led2Stk[0],
    Task_Led2_STK_SIZE,
```

```
(void *)0,
OS_TASK_OPT_STK_CHK|OS_TASK_OPT_STK_CLR);
        //LED3 闪烁任务,定义与 Task_Com1 任务结构相同
OSTaskCreateExt(Task_Led3,
(void *)0,
(OS_STK *)&Task_Led3Stk[Task_Led3_STK_SIZE-1],
Task_Led3_PRIO,
Task_Led3_PRIO,
(OS_STK *)&Task_Led3Stk[0],
Task_Led3_STK_SIZE,
(void *)0,
OS_TASK_OPT_STK_CHK|OS_TASK_OPT_STK_CLR);
}
```

在 App_TaskCreate()函数中调用了 4 个其他任务函数,其中 Task_Com1()任务函数,它用于串口数据发送和接收处理任务,函数接收的是 LED1～LED3 的延时设置参数,格式＝L<1～3> <1～65535>F,如设置 LED1 的延时参数为 400 ms,那么指令格式为 L1 400F,串口接收到该指令格式即进行分段解析,提取出 LED 对象和延时参数。该函数的代码与说明如下。

```
/* 串口 1 通信任务 */
static   void Task_Com1(void * p_arg)
{
    INT8U err;
    unsigned char * msg;
    (void)p_arg;
    while(1){
    /* 等待串口接收指令成功的邮箱信息 */
    msg = (unsigned char *)OSMboxPend(Com1_MBOX,0,&err);
    if(msg[0] == 'L'&&msg[1] == 0x31){//解析 LED1 延时设置指令,格式 = L1 <1～65535>F
        milsec1 = atoi(&msg[3]);//LED1 的延时参数格式转化后赋值给 milsec1
        USART_OUT(USART1,"\r\n");//串口输出回车换行
        USART_OUT(USART1,"LED1: %d ms 间隔闪烁",milsec1);//将设置参数回传
    }
    else if(msg[0] == 'L'&&msg[1] == 0x32){//解析 LED2 延时设置指令,格式 = L2 <1～65535>F
        milsec2 = atoi(&msg[3]); //LED2 的延时参数格式转化后赋值给 milsec2
        USART_OUT(USART1,"\r\n");//串口输出回车换行
        USART_OUT(USART1,"LED2: %d ms 间隔闪烁",milsec2);//将设置参数回传
    }
    else if(msg[0] == 'L'&&msg[1] == 0x33){//解析 LED3 延时设置指令,格式 = L3 <1～65535>F
        milsec3 = atoi(&msg[3]);//LED3 的延时参数格式转化后赋值给 milsec3
        USART_OUT(USART1,"\r\n");//串口输出回车换行
```

```
    USART_OUT(USART1,"LED3：%d ms 间隔闪烁",milsec3);//将设置参数回传
      }
  }
}
int SendChar (int ch) {
/* 向串口写字符 */
  USART_SendData(USART1, (unsigned char) ch);
  while (!(USART1 -> SR & USART_FLAG_TXE));
  return (ch);
}
```

串口 1 通信任务函数 Task_Com1() 的数据输出由 USART_OUT() 函数实现,该函数是串口格式化输出函数,可格式化输出回车符、换行符、字符串、十进制。

```
void USART_OUT(USART_TypeDef * USARTx, uint8_t * Data,...){
    ...
while( * Data! = 0){ //判断是否到达字符串结束符
    if( * Data == 0x5c){   //'\'
        switch ( * ++ Data){
            /* "\r"    回车符       USART_OUT(USART1, "abcdefg\r") * /
              case 'r':   //回车符
                  USART_SendData(USARTx, 0x0d);
                  Data ++ ;
                  break;
            /* "\n"    换行符       USART_OUT(USART1, "abcdefg\r\n") * /
              case 'n'://换行符
                  USART_SendData(USARTx, 0x0a);
                  Data ++ ;
                  break;
            default:
                  Data ++ ;
                  break;
        }
    }
    else if( * Data == '%'){
        switch ( * ++ Data){
            /* "%s"    字符串        USART_OUT(USART1, "字符串是:%s","abcdefg") * /
              case 's': //字符串
                  s = va_arg(ap, const char * );
                  for ( ; * s; s++ ) {
                          USART_SendData(USARTx, * s);
                  while(USART_GetFlagStatus(USARTx, USART_FLAG_TC) == RESET);
                  }
                  Data ++ ;
```

```
                    break;
        / *  " % d"      十进制           USART_OUT(USART1, "a = % d",10) * /
            case 'd'://十进制
                d = va_arg(ap, int);
                itoa(d, buf, 10);
                for (s = buf; * s; s++ ) {
                    USART_SendData(USARTx, * s);
                while(USART_GetFlagStatus(USARTx, USART_FLAG_TC) == RESET);
                }
                Data++ ;
                break;
            default:
                Data++ ;
                break;
        }
    }
    else USART_SendData(USARTx, * Data++ );
    while(USART_GetFlagStatus(USARTx, USART_FLAG_TC) == RESET);
    }
}
```

也许大家会有疑问,从电脑端传送的串口设置指令参数是字符,若要赋值给 milsec1~ milsec3,那数值类型是不是要出错,答案就在这个格式转换函数 atoi(),它是 stdlib 自带的一个转换函数,由它负责对输入的参数进行类型转换。在 USART_OUT ()函数中也有个对应的负责输出参数转换的自定义函数 char * itoa(int value, char * string, int radix),由它负责输出时的整形数据转字符串。

余下的三个任务函数代码都用于 LED 闪烁任务,这三个其余任务函数的功能及代码段都很类似,本例仅列出 LED1 闪烁任务的实现代码。

```
/ * LED1 闪烁任务 * /
static   void Task_Led1(void * p_arg)
{
    (void) p_arg;
    while (1)
    {
        LED_LED1_ON();//LED1 点亮
        OSTimeDlyHMSM(0, 0, 0, milsec1); //根据 milsec1 赋值延时
        LED_LED1_OFF();//LED1 灭
        OSTimeDlyHMSM(0, 0, 0, milsec1); //根据 milsec1 赋值延时
    }
}
```

顺便提一下与应用程序相关的头文件 APP_CFG.H,该文件用于定义 APP.C 涉

及任务优先级、任务堆栈容量及其他设置。

```
/*任务优先级*/
#define  APP_TASK_START_PRIO        2//启动任务优先级
/*注:本章实例未用该任务,但此任务为本书后续章节最常用任务,所以顺便介绍*/
;#define  APP_TASK_USER_IF_PRIO      13//用户界面任务优先级
/*注:本章实例未用该任务,但此任务为本书后续章节最常用任务,所以顺便举例介绍*/
;#define  APP_TASK_KBD_PRIO          12//触摸屏任务优先级
#define  Task_Com1_PRIO             4//串口1任务优先级
#define  Task_Led1_PRIO             7//LED1任务优先级
#define  Task_Led2_PRIO             8//LED2任务优先级
#define  Task_Led3_PRIO             9//LED3任务优先级
/*任务堆栈容量*/
#define  APP_TASK_START_STK_SIZE    128//启动任务堆栈容量
/*注:本章实例未用该任务与堆栈,但本书后续章节最常用,所以顺便举例介绍*/
;#define  APP_TASK_KBD_STK_SIZE      256//触摸屏任务堆栈容量
#define  Task_Com1_STK_SIZE         256//串口1任务堆栈容量
/*注:本章实例未用该任务与堆栈,但本书后续章节最常用,所以顺便举例介绍*/
;#define  APP_TASK_USER_IF_STK_SIZE  512//用户界面任务堆栈容量
#define  Task_Led1_STK_SIZE         128//LED1任务堆栈容量
#define  Task_Led2_STK_SIZE         128//LED2任务堆栈容量
#define  Task_Led3_STK_SIZE         128//LED3任务堆栈容量
/*其他功能配置定义*/
#define  uC_CFG_OPTIMIZE_ASM_EN     DEF_ENABLED
#define  LIB_STR_CFG_FP_EN          DEF_DISABLED
```

2. 中断服务程序

本例包括两个中断处理功能函数:SysTickHandler()和 USART1_IRQHandler()。

● 函数 SysTickHandler()

该函数实现 µC/OS-II 系统时钟节拍,函数代码列出如下。

```
void SysTickHandler(void)
{
    OS_CPU_SR  cpu_sr;
    OS_ENTER_CRITICAL();//保存全局中断标志,关总中断
    OSIntNesting++;//中断嵌套
    OS_EXIT_CRITICAL();//恢复全局中断标志
    OSTimeTick();//判断延时的任务是否计时
    OSIntExit();//如果有更高优先级的任务就绪了,则执行一次任务切换
}
```

● 函数 USART1_IRQHandler()

该函数用于处理串口1的中断,这些中断处理函数从架构层次上讲都是类似的,必

须有 OS_ENTER_CRITICAL()、OS_EXIT_CRITICAL()、OSIntExit()等函数,唯一不同的是本函数加入了串口寄存器的标志位及数据的判读。添加的代码主要实现对电脑端的 LED 参数设置指令 L<1~3> <1~65535>F 的判读,函数代码列出如下。

```
void USART1_IRQHandler(void)
{
    unsigned int i;
    unsigned char msg[50];
    OS_CPU_SR   cpu_sr;
    OS_ENTER_CRITICAL(); //保存全局中断标志,关总中断
    OSIntNesting++;
    OS_EXIT_CRITICAL();//恢复全局中断标志
    //判断读寄存器是否非空
    if(USART_GetITStatus(USART1, USART_IT_RXNE) != RESET)
    {
    //将读寄存器的数据缓存到接收缓冲区里
            msg[RxCounter1++] = USART_ReceiveData(USART1);
    //判断起始标志
            if(msg[RxCounter1-1]=='L'){msg[0]='L'; RxCounter1=1;}
    //判断结束标志是否是"F"
        if(msg[RxCounter1-1]=='F')
        {
                for(i=0; i< RxCounter1; i++){
    //将接收缓冲器的数据转到发送缓冲区,准备转发
                    TxBuffer1[i]     = msg[i];
                }
    //接收缓冲区终止符
                TxBuffer1[RxCounter1] = 0;
                RxCounter1 = 0;
                OSMboxPost(Com1_MBOX,(void *)&msg);
            }
        }
        if(USART_GetITStatus(USART1, USART_IT_TXE) != RESET)
          {
          USART_ITConfig(USART1, USART_IT_TXE, DISABLE);
        }
    //在 os_core.c 文件里定义,如果有更高优先级的任务就绪了,则执行一次任务切换
        OSIntExit();
}
```

3. 启动代码

启动代码文件 stm32f10x_startup.s 采用的是以软件接口标准库 CMSIS 中的 st-artup_stm32f10x_hd.s(版本 V3.0.0)文件为蓝本,第一次进行 μC/OS-II 系统移植时,

是没有设置过 μC/OS-Ⅱ 系统对应的 SysTickHandler。

在 startup_stm32f10x_hd.s 文件中,PendSV 中断向量名为 PendSV_Handler,因此只需把所有出现 PendSV_Handler 的地方替换成 OSPendSV;而 SysTickHandler 对应的中断向量名为 SysTick_Handler,将对应位置替换成 SysTickHandler 即可。

4. STM32 硬件平台初始化程序

硬件平台的初始化程序,主要实现系统时钟、GPIO 端口、中断源等系统常用的初始化与配置,同时也对串口 1 参数进行了配置。

开发板硬件的初始化通过 BSP_Init() 函数调用各接口函数来实现,具体实现代码如下。

```
void BSP_Init(void)
{
    /* 系统时钟配置 72MHz */
    RCC_Configuration();
    GPIO_Configuration();//串口引脚配置
    /* 嵌套向量中断控制器,配置了串口 1 的抢占中断优先级别 */
    NVIC_Configuration();
    USART_Config(USART1,115200);//串口 1 波特率配置
}
```

● 函数 GPIO_Configuration()

该函数用于 GPIO 端口初始化,对驱动 LED 指示灯的 I/O 口进行了初始化,将端口配置为推挽上拉输出,端口速率配置为 50MHz;PA9、PA10 端口复用为串口 1 的 TX、RX 信号。通常,在配置某个端口时,首先应对它所在端口的时钟进行使能,否则无法配置成功,由于用到了端口 B、D、E,因此要对这几个端口的时钟进行使能,同时由于配置串口需复用 I/O 口,因此还要使能 AFIO(复用功能 IO)时钟。

```
void GPIO_Configuration(void)
{
    GPIO_InitTypeDef GPIO_InitStructure;
    RCC_APB2PeriphClockCmd(RCC_APB2Periph_GPIOD | RCC_APB2Periph_GPIOB , ENABLE);
    GPIO_InitStructure.GPIO_Pin = GPIO_Pin_5;     //LED1 引脚
    GPIO_InitStructure.GPIO_Mode = GPIO_Mode_Out_PP;
    GPIO_InitStructure.GPIO_Speed = GPIO_Speed_50MHz;
    GPIO_Init(GPIOB, &GPIO_InitStructure);
    GPIO_InitStructure.GPIO_Pin = GPIO_Pin_6|GPIO_Pin_3;//LED2? LED3 引脚
    GPIO_Init(GPIOD, &GPIO_InitStructure);
}
```

● 函数 NVIC_Configuration()

该函数用于配置串口 1 中断,主要代码列出如下。

```
void NVIC_Configuration(void)
{
  NVIC_InitTypeDef NVIC_InitStructure;
    ...
  /* 配置抢占式优先级 */
  NVIC_PriorityGroupConfig(NVIC_PriorityGroup_0);
  /* 设置串口 1 中断 */
  NVIC_InitStructure.NVIC_IRQChannel = USART1_IRQn;
  NVIC_InitStructure.NVIC_IRQChannelSubPriority = 0;
  NVIC_InitStructure.NVIC_IRQChannelCmd = ENABLE;
  NVIC_Init(&NVIC_InitStructure);
}
```

此外,还有一个功能函数需要说明,它就是 OS_CPU_SysTickInit()函数,该函数用于 μC/OS-Ⅱ系统时钟节拍的配置、产生 10ms 一次系统时钟节拍中断,其函数代码如下。

```
void OS_CPU_SysTickInit(void)
    {
        RCC_ClocksTypeDef   rcc_clocks;
        INT32U            cnts;
        RCC_GetClocksFreq(&rcc_clocks);
        cnts = (INT32U)rcc_clocks.HCLK_Frequency/OS_TICKS_PER_SEC;
        SysTick_Config(cnts);
    }
```

5. 串口 1 应用配置

文件 Com.c 中包括了一个单函数 USART_Config(),该函数用于串口 1 的应用配置,含复用 I/O 引脚定义、串口参数定义等。

```
void USART_Config(USART_TypeDef * USARTx,u32 baud)
{
  USART_InitTypeDef USART_InitStructure;
  GPIO_InitTypeDef GPIO_InitStructure;
  /* PA9,PA10 复用 I/O 口功能用于配置串口,因此使能 AFIO(复用功能 I/O)时钟 */
  RCC_APB2PeriphClockCmd(RCC_APB2Periph_GPIOA, ENABLE);
  RCC_APB2PeriphClockCmd(RCC_APB2Periph_USART1, ENABLE);
  RCC_APB2PeriphClockCmd(RCC_APB2Periph_AFIO, ENABLE);
    /* 串口 1 的 Rx 信号定义 */
  GPIO_InitStructure.GPIO_Pin = GPIO_Pin_10;//定义 PA10 引脚
  GPIO_InitStructure.GPIO_Mode = GPIO_Mode_IN_FLOATING; //浮空输入模式
  GPIO_Init(GPIOA, &GPIO_InitStructure);
  /* 串口 1 的 Tx 信号定义 */
  GPIO_InitStructure.GPIO_Pin = GPIO_Pin_9;//定义 PA09 引脚
```

```
    GPIO_InitStructure.GPIO_Speed = GPIO_Speed_50MHz;
    GPIO_InitStructure.GPIO_Mode = GPIO_Mode_AF_PP;//复用推挽输出
    GPIO_Init(GPIOA, &GPIO_InitStructure);
    USART_InitStructure.USART_BaudRate = baud;//速率 115200bps
    USART_InitStructure.USART_WordLength = USART_WordLength_8b;//数据位 8 位
    USART_InitStructure.USART_StopBits = USART_StopBits_1; //停止位 1 位
    USART_InitStructure.USART_Parity = USART_Parity_No; //无校验位
    USART_InitStructure.USART_HardwareFlowControl =
               USART_HardwareFlowControl_None; //无硬件流控
    /*收发模式*/
    USART_InitStructure.USART_Mode = USART_Mode_Rx | USART_Mode_Tx;
    /*配置串口参数函数*/
    USART_Init(USARTx, &USART_InitStructure);
    /*使能接收中断*/
    USART_ITConfig(USARTx, USART_IT_RXNE, ENABLE);
    /* 使能 USART1 外设 */
    USART_Cmd(USARTx, ENABLE);
}
```

从上述代码可看出本函数中嵌套了一些 USART 模块库函数和 GPIO 端口库函数,USART 模块的库函数我们在第 16 章将作详尽功能介绍,表 2 - 5 列出了这些被调用的库函数。

表 2 - 5 库函数调用列表

序 号	函 数	功能描述
1	USART_Init	指定的参数初始化 USART 外设
2	USART_Cmd	使能或者禁止指定的 USART 外设
3	USART_ITConfig	使能或者禁止指定 USART 外设的中断
4	GPIO_Init	指定的参数初始化 GPIO 端口外设

2.4.2 实例 2 -消息队列

上一个实例演示的是一个多任务运行实例,对于多任务的操作系统来说,任务间的通信和同步是必不可少的。本实例将基于同步对象-消息队列,通过建立一个消息队列,传送 3 个指针型变量给 Led1_Task 任务,经过判断,触发 3 个 LED 灯的闪烁控制。

本实例的 μC/OS-Ⅱ 系统建立任务,包含系统主任务、LED 闪烁任务(注意仅需建立一个 LED 闪烁任务)、空闲任务以及统计时间运行任务等。

首先通过事件控制块定义事件类型为消息队列,并定义了一个消息队列数组,代码如下。

```
OS_EVENT    * MsgQueue;
void * MsgQueueTbl[20];
```

由于仅建立两个任务,所以全局变量也仅两个,相应的任务函数与全局变量定义分别列出如下。

```
/ * 全局变量 * /
static   OS_STK App_TaskStartStk[APP_TASK_START_STK_SIZE];
static   OS_STK Task_Led1Stk[Task_Led1_STK_SIZE];
/ * 任务函数原型 * /
static   void App_TaskCreate(void);
static   void App_TaskStart(void * p_arg);
static   void Task_Led1(void * p_arg);
```

主程序集中在 main() 入口函数,完成 μC/OS-Ⅱ 系统初始化、硬件平台初始化、建立主任务、设置节拍计数器以及启动 μC/OS-Ⅱ 系统等。

开始任务的建立需调用 App_TaskStart() 函数,再由该函数调用 App_TaskCreate() 建立 Task_Led1() 任务,在建立该任务的同时使用 OSQCreate() 函数建立消息队列。

在启动任务 App_TaskStart() 函数使用消息队列操作函数 OSQPost() 发送指针型变量,这部分代码如下。

```
static   void App_TaskStart(void * p_arg)
{
    char one = '1';
    char two = '2';
    char three = '3';
    (void) p_arg;
    / * 初始化系统时钟节拍 * /
    OS_CPU_SysTickInit();
    / * 使能的统计任务 * /
    #if (OS_TASK_STAT_EN > 0)
    / * 统计任务初始化函数 * /
    OSStatInit();
    #endif
    / * 建立其他的任务 * /
    App_TaskCreate();
    while (1)
    {
        OSQPost(MsgQueue,(void * )&one);//消息队列发送操作
        OSTimeDlyHMSM(0, 0,1, 0);
        OSQPost(MsgQueue,(void * )&two); //消息队列发送操作
        OSTimeDlyHMSM(0, 0,0, 500);
        OSQPost(MsgQueue,(void * )&three); //消息队列发送操作
        OSTimeDlyHMSM(0, 0,1, 0);
```

```
    }
}
```

此时由 App_TaskCreate()建立的 Task_Led1()任务函数,利用消息队列等待函数 OSQPend()等待上述三次发送,经过识别,控制三个 LED 闪烁。

```
/ * LED 闪烁任务 * /
static void Task_Led1(void * p_arg)
{
    INT8U err;
    INT8U * msg;
    (void) p_arg;
    while (1)
    {
        msg = (INT8U * )OSQPend(MsgQueue,0,&err); //等待消息队列
        / * 消息队列识别,点亮 LED1 * /
        if( * msg == '1'){
            LED_LED1_ON();
            LED_LED2_OFF();
            LED_LED3_OFF();
        }
        / * 消息队列识别,点亮 LED2 * /
        else if( * msg == '2'){
            LED_LED2_ON();
            LED_LED1_OFF();
            LED_LED3_OFF();
        }
        / * 消息队列识别,点亮 LED3 * /
        else if( * msg == '3'){
            LED_LED3_ON();
            LED_LED1_OFF();
            LED_LED2_OFF();
        }
        OSTimeDlyHMSM(0, 0,0, 500);
    }
}
```

此外,特别强调一下,消息队列的使用机制也完全类似于变量先定义后使用的原则,消息队列的建立也是通过 App_TaskCreate()函数在建立其他任务时创建。

```
static void App_TaskCreate(void)
{
    MsgQueue = OSQCreate(&MsgQueueTbl[0],20); //建立消息队列
    / * LED1 闪烁任务 * /
    OSTaskCreateExt(Task_Led1,
```

```
    (void *)0,
    (OS_STK *)&Task_Led1Stk[Task_Led1_STK_SIZE - 1],
    Task_Led1_PRIO,
    Task_Led1_PRIO,
    (OS_STK *)&Task_Led1Stk[0],
    Task_Led1_STK_SIZE,
    (void *)0,
    OS_TASK_OPT_STK_CHK|OS_TASK_OPT_STK_CLR);
}
```

从代码可以看出,实例 2 与实例 1 相比,其硬件配置移除了串口,对应的串口 1 通信任务和中断处理也在例程中移除了;此外,最大不同之处就是实例 1 需建立三个 LED 闪烁任务来控制三个 LED,本例由于采用了消息队列,由启动任务向 LED 闪烁任务发送指针型变量,仅需建立一个 Task_Led1()任务函数即可达到类似的功能。

2.4.3　实例 3 –信号量

本实例将基于同步对象-信号量,通过建立 3 个信号量,由主任务延时发送,控制 3 个 LED 灯闪烁任务的响应。

本实例的 μC/OS-Ⅱ 系统任务,包含系统主任务 App_TaskStart()、LED1 闪烁任务 Task_Led1()、LED2 闪烁任务 Task_Led2()、LED3 闪烁任务 Task_Led3()、空闲任务以及统计时间运行任务等。

首先通过事件控制块定义事件类型为信号量,共定义了三个信号量,代码如下。

```
OS_EVENT * Led1_SEM;//定义 LED1 信号量
OS_EVENT * Led2_SEM;//定义 LED2 信号量
OS_EVENT * Led3_SEM;//定义 LED3 信号量
```

由于建立的任务为 4 个,所以全局变量也为 4 个,相应的任务函数与全局变量定义分别列出如下。

```
/* 全局变量 */
static  OS_STK App_TaskStartStk[APP_TASK_START_STK_SIZE];
static  OS_STK Task_Led1Stk[Task_Led1_STK_SIZE];
static  OS_STK Task_Led2Stk[Task_Led2_STK_SIZE];
static  OS_STK Task_Led3Stk[Task_Led3_STK_SIZE];
/* 任务函数原型 */
static  void App_TaskCreate(void);
static  void App_TaskStart(void * p_arg);
static  void Task_Led1(void * p_arg);
static  void Task_Led2(void * p_arg);
static  void Task_Led3(void * p_arg);
```

主程序集中在 main()入口函数,完成 μC/OS-Ⅱ系统初始化、硬件平台初始化、建立主任务、设置节拍计数器以及启动 μC/OS-Ⅱ系统等。

首先调用 App_TaskStart()函数启动任务,再由该函数调用 App_TaskCreate()建立 LED1 闪烁任务 Task_Led1()、LED2 闪烁任务 Task_Led2()、LED3 闪烁任务 Task_Led3()。

在启动任务 App_TaskStart()函数中使用信号量发送操作函数 OSSemPost()发出信号量,这部分代码如下。

```
static void App_TaskStart(void * p_arg)
{
    (void) p_arg;
    /* 初始化系统时钟节拍 */
    OS_CPU_SysTickInit();
    /* 使能的统计任务 */
    #if (OS_TASK_STAT_EN > 0)
    /* 统计任务初始化函数 */
    OSStatInit();
    #endif
    /* 建立其他的任务 */
    App_TaskCreate();
    while (1)
    {
      /* 1 秒一次循环 */
        OSSemPost(Led1_SEM);  //信号量发送操作
        OSTimeDlyHMSM(0, 0,0, 300);
        OSSemPost(Led2_SEM);  //信号量发送操作
        OSTimeDlyHMSM(0, 0,0, 500);
        OSSemPost(Led3_SEM);  //信号量发送操作
        OSTimeDlyHMSM(0, 0,0,350);
    }
}
```

当启动任务函数 App_TaskStart()发出信号量后,此时由 App_TaskCreate()建立的 LED1~LED3 闪烁任务函数 Task_Led1()、Task_Led2()、Task_Led3(),利用等待函数 OSSemPend()等待上述三次发送,控制三个 LED 闪烁。

注:OSSemPend()、OSSemPost()函数支持信号量两种原子操作 P()和 V()。

LED1~LED3 闪烁任务函数 Task_Led1()、Task_Led2()、Task_Led3()分别列出如下。

● 任务函数 Task_Led1()

/* LED1 闪烁任务 */
static void Task_Led1(void * p_arg)

```
{
    INT8U err;
    (void) p_arg;
    while (1)
    {
        OSSemPend(Led1_SEM,0,&err); //等待 LED1 信号量
        LED_LED1_ON(); //LED1 亮
        LED_LED2_OFF();//LED2 灭
        LED_LED3_OFF();//LED3 灭
        OSTimeDlyHMSM(0, 0,0, 200);
    }
}
```

● 任务函数 Task_Led2()

```
/ * LED2 闪烁任务 * /
static void Task_Led1(void * p_arg)
{
    INT8U err;
    (void) p_arg;
    while (1)
    {
        OSSemPend(Led2_SEM,0,&err); //等待 LED2 信号量
        LED_LED2_ON(); //LED2 亮
        LED_LED1_OFF();//LED1 灭
        LED_LED3_OFF();//LED3 灭
        OSTimeDlyHMSM(0, 0,0, 300);
    }
}
```

● 任务函数 Task_Led3()

```
/ * LED3 闪烁任务 * /
static void Task_Led3(void * p_arg)
{
    INT8U err;
    (void) p_arg;
    while (1)
    {
        OSSemPend(Led1_SEM,0,&err); //等待 LED3 信号量
        LED_LED3_ON(); //LED3 亮
        LED_LED1_OFF();//LED1 灭
        LED_LED2_OFF();//LED2 灭
        OSTimeDlyHMSM(0, 0,0, 200);
    }
```

}

此外,信号量的使用机制也完全类似于变量先定义后使用的原则,信号量的建立是通过 App_TaskCreate()函数在建立其他任务时创建。

```
static void App_TaskCreate(void)
{
    Led1_SEM = OSSemCreate(1); //建立 Led1 的信号量
    Led2_SEM = OSSemCreate(1); //建立 Led2 的信号量
    Led3_SEM = OSSemCreate(1); //建立 Led3 的信号量
    /* LED1 闪烁任务 */
    OSTaskCreateExt(Task_Led1,
            (void *)0,
            (OS_STK *)&Task_Led1Stk[Task_Led1_STK_SIZE - 1],
            Task_Led1_PRIO,
            Task_Led1_PRIO,
            (OS_STK *)&Task_Led1Stk[0],
            Task_Led1_STK_SIZE,
            (void *)0,
            OS_TASK_OPT_STK_CHK|OS_TASK_OPT_STK_CLR);
    /* LED2 闪烁任务 */
    OSTaskCreateExt(Task_Led2,
            (void *)0,
            (OS_STK *)&Task_Led2Stk[Task_Led2_STK_SIZE - 1],
            Task_Led2_PRIO,
            Task_Led2_PRIO,
            (OS_STK *)&Task_Led1Stk[0],
            Task_Led2_STK_SIZE,
            (void *)0,
            OS_TASK_OPT_STK_CHK|OS_TASK_OPT_STK_CLR);
    /* LED3 闪烁任务 */
    OSTaskCreateExt(Task_Led3,
            (void *)0,
            (OS_STK *)&Task_Led3Stk[Task_Led3_STK_SIZE - 1],
            Task_Led3_PRIO,
            Task_Led3_PRIO,
            (OS_STK *)&Task_Led3Stk[0],
            Task_Led3_STK_SIZE,
            (void *)0,
            OS_TASK_OPT_STK_CHK|OS_TASK_OPT_STK_CLR);
}
```

2.4.4　邮箱通信机制解析

通过上述实例 2、实例 3 的消息队列和信号量通信机制的讲解,相信大家对于这两种通信机制有了初步印象,现在我们开始讲述邮箱通信机制,大家可以回头看看实例 1 带下划线的粗字体部分,细心的读者一定会发现我们曾在实例 1 的 APP. C 头文件下定义了邮箱,并且项目中使用了邮箱通信机制。那么我们现在开始对消息队列和信号量通信机制已有初步认识的基础上再重温一下邮箱通信机制。

与信号量、消息队列的使用机制使用原则也是一样,必须先定义后使用,信号量的建立是通过 App_TaskCreate() 函数在建立其他任务时创建。下面我们开始讲述邮箱定义、创建、使用的完整流程。

（1）邮箱定义

```
/*首先定义事件控制块 ECB 的类型为邮箱*/
OS_EVENT * Com1_MBOX;
```

（2）邮箱建立,通过 OSMboxCreate() 函数建立

```
/*通过 App_TaskCreate()函数建立一个邮箱*/
static void App_TaskCreate(void)
{
    Com1_MBOX = OSMboxCreate((void * ) 0);//建立串口 1 中断的消息邮箱
    /*串口 1 通信任务*/
    OSTaskCreateExt(Task_Com1,…);
    /*LED1 闪烁任务*/
    OSTaskCreateExt(Task_Led1,
    /*LED2 闪烁任务*/
    OSTaskCreateExt(Task_Led2,…);
    /*LED3 闪烁任务*/
    OSTaskCreateExt(Task_Led3,…);
}
```

（3）通过 OSMboxPend() 函数等待接收邮箱的一个消息

```
/*串口 1 通信处理任务*/
static void Task_Com1(void * p_arg){
    INT8U err;
    unsigned char * msg;
    (void)p_arg;
    while(1){
        /*等待串口接收指令成功的邮箱*/
        msg = (unsigned char * )OSMboxPend(Com1_MBOX,0,&err);
        }
}
```

```
}
```

（4）中断服务子程序的 USART1_IRQHandler()函数调用 OSMboxPost()函数发送一条消息到邮箱

```
extern OS_EVENT * Com1_MBOX;
void USART1_IRQHandler(void)
{
unsigned int i;
    unsigned char msg[50];
OS_CPU_SR  cpu_sr;
    OS_ENTER_CRITICAL(); //保存全局中断标志,关总中断
    OSIntNesting++;
    OS_EXIT_CRITICAL();//恢复全局中断标志
    ...
    /*发送一个消息到邮箱*/
    OSMboxPost(Com1_MBOX,(void * )&msg);
    ...
    OSIntExit();
}
```

由此可见,不论信号量,邮箱,消息队列,它们都使用特定的操作函数,其通信机制均可以使一个任务或者中断服务程序向另外一个任务发送变量(或消息)等,都有定义、创建、等待、发送等过程用于实现进程间的通信和同步。

值得一提的是,信号量、邮箱、消息队列的应用,必须首先在 OS_CFG.H 头文件中找到对应的功能选项进行使能方可使用。

2.5　实例总结

本章详细介绍了嵌入式实时操作系统 μC/OS-II 的特点、内核以及内核结构,并步骤阐述了 μC/OS-II 的系统基于 Cortex-M3 内核 STM32F103 处理器的移植要点。

本章最后讲述了一个简单的 LED 闪烁实例设计,展示了如何在 μC/OS-II 的系统进行软件设计,其软件设计涉及层次结构又是怎么样的,并对该实例进行了深化,理论联系实际详细介绍了信号量、邮箱、消息队列的通信机制的原理与工作过程。本章作为全书嵌入式操作系统 μC/OS-II 软件设计实例的基础,请读者仔细体会。

2.6　实例操作演示

本演示实例在 STM32-V3 硬件开发板上运行后,通过串口通信助手软件或超级终端软件设置 3 个 LED 的闪烁间隔时间。按照串口通信助手软件的提示,可以设置任意一个 LED 灯的闪烁间隔。比如设置 LED1 的闪烁时间间隔为 100 ms,可以在字符

串输入框中输入 L1 100F,按发送,板子上的 LED1 灯将按照设置的 100 ms 间隔时间闪烁,依次类推,相关操作可对照图 2-9 所示进行。

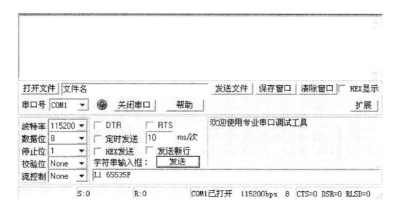

图 2-9　实例演示操作指南

同时 STM32-V3 开发板收到正确的设置指令后,会将该指令返回到串口通信助手软件,如图 2-10 所示。

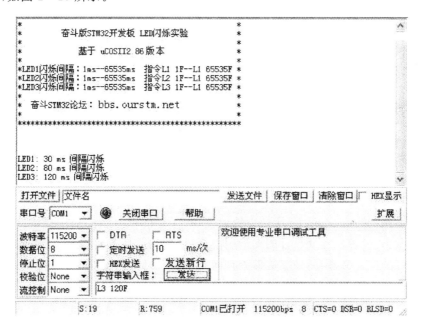

图 2-10　指令提示返回串口通信助手

第**3**章

嵌入式图形系统 μC /GUI

μC/OS-II 操作系统移植与应用随着嵌入式系统的开发成为行业热点,而嵌入式图形系统的开发也紧随着嵌入式系统 μC/OS-II 的深入而不断推陈出新。越来越多的产品(包括 PDA、娱乐消费电子、机顶盒等高端电子产品)开始要求图形操作界面显示,使得原先仅在军工、工业控制等领域中使用的图形系统 μC/GUI,受到越来越多的关注。本章将介绍 μC/GUI 的系统架构、各模块的功能实现函数、系统移植步骤等,并通过一个图形界面显示实例来演示如何在 μC/OS-II 系统中构建 μC/GUI 图形用户接口。

3.1 嵌入式图形系统 μC /GUI

嵌入式系统下的图形用户界面要求具备轻型、占用资源少、高性能、高可靠性、可移植、可配置等特点。μC/GUI 是美国 Micrium 公司出品的一款针对嵌入式系统的优秀图形用户界面软件。与 μC/OS-II 一样,μC/GUI 具有源码公开、可移植、可裁剪、稳定性和可靠性高的特点。μC/GUI 是为任何使用 LCD 图形显示的应用提供高效的独立于处理器及 LCD 控制器而设计的图形用户接口,适用单任务或是多任务系统环境。它有一个很好的颜色管理器,使它能够处理灰阶。μC/GUI 也可以提供一个可扩展的 2D 图形库和一个视窗管理器,在使用一个最小的 RAM 时能支持显示窗口。

3.1.1 μC /GUI 系统软件结构

μC/GUI 软件系统架构基于模块化设计,由不同的模块层组成,包括液晶驱动模块,内存设备模块,窗口系统模块,窗口控件模块,反锯齿模块和触摸屏及外围模块。各个模块包含了大量的功能实现函数,主要包括丰富的图形库,多窗口、多任务机制,窗口管理及丰富的窗口控件类(按钮、复选框、单/多行编辑框、列表框、进度条、菜单等),多字符集和多字体支持,多种常见图像文件支持,鼠标、触摸屏支持,灵活自由配制等。

μC/GUI 软件系统层次结构如图 3-1 所示。

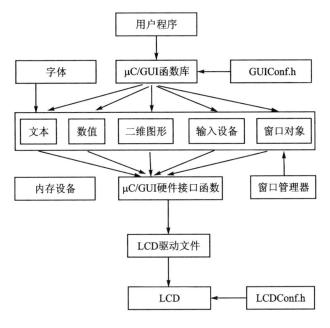

图 3-1　μC/GUI 软件系统层次结构

3.1.2　文本显示

在 μC/GUI 系统中显示字体是很容易的,仅需很少的函数支持就能让有效的字体进行文本显示。本节对文本显示相关的主要函数进行简单介绍。

1. 文本显示函数

(1) GUI_DispChar()。

该函数用在当前视窗使用当前字体在当前文本坐标处显示单个字符,这是显示字符的基本函数,所有其他显示的函数在输出单个字符时都会调用这个函数。输出字符是否有效取决于所选择的字体,如果在当前字体中该字符无效,则无法显示。

(2) GUI_DispCharAt()。

函数用在当前视窗使用当前字体在指定坐标处显示单个字符,如果在当前字体中该字符无效,则无法显示。

范例:在屏幕左上角显示一个大写"B"。

```
GUI_DispCharAt('B',0,0);/* 后面两个参数为指定坐标 */
```

(3) GUI_DispChars()。

函数用在当前视窗使用当前字体在当前文本坐标显示一个字符,并指定重复显示的次数,如果当前字体中该字符无效,则无法显示。

范例:在屏幕上显示一行"@@@@@@@@@@@@@@@@"。

```
GUI_DispChars('@', 16);/ * 前面是显示字符,后面是显示次数 * /
```

(4) GUI_DispString()。

函数用在当前视窗的当前坐标,使用当前字体显示字符串。

范例:在屏幕上显示"Hello"及在下一行显示"welcome"。

```
GUI_DispString("Hello");
GUI_DispString("\nWelcome");/ * 字符串可以包括控制字符"\n" * /
```

(5) GUI_DispStringAt()。

函数用在当前视窗,使用当前字体在指定坐标显示字符串。

范例:在屏幕上坐标(30,40)处显示"Position 30,40"。

```
GUI_DispStringAt("Position 30,40", 30, 40);/ * 显示文本 * /
```

(6) GUI_DispStringAtCEOL()。

该函数使用的参数与 GUI_DispStringAt()相一致,执行的操作也相同,即在指定坐标显示所给出的字符串。但是完成这步操作后,它会调用 GUI_DispCEOL 函数清除本行剩下部分内容直至行末。如果字符串覆盖了其他的字符串,同时该字符串长度比原先的字符串短的时候,使用该函数就会很方便。

(7) GUI_DispStringInRect()。

函数用在当前视窗,使用当前字体在指定坐标显示字符串,如果指定的矩形小于字符串面积,文本会被裁剪。

范例:在当前视窗的水平及垂直正中的坐标显示字符串"Text"。

```
GUI_RECT rClient;
GUI_GetClientRect(&rClient);
GUI_DispStringInRect("Text", &rClient, GUI_TA_HCENTER | GUI_TA_VCENTER);
```

(8) GUI_DispStringLen()。

函数用于在当前视窗,使用当前字体在指定坐标显示作为参数的字符串,并指定显示字符的数量。如果字符串的字符少于指定的数量,则用空格填满。如果多于指定的数量,则会显示指定数量的字符。

2. 文本的绘制模式

通常情况下,在当前坐标使用所选择的字体在选择视窗都是以正常文本模式显示,但在一些场合,需要改变文本绘制模式。μC/GUI 系统中提供 4 种标识,它们由一种默认值外加 3 种修改值组合应用。

文本的绘制模式是由 GUI_SetTextMode()函数实现,按照下述几种指定的参数组合设置文本模式。

(1) 正常文本。

文本正常显示,此时模式标识应指定为 GUI_TEXTMODE_NORMAL(相当于 0)。

(2) 反转文本。

文本反转显示,模式标识应指定为 GUI_TEXTMODE_REVERSE。通常是由黑色上显示白色转变成为在白色上显示黑色。

(3) 透明文本。

透明文本意思是文本显示在屏幕上可见的任何东西之上,但屏幕上原有的内容仍然能够看得见,与正常文本相比,背景色被擦除了。模式标识指定为 GUI_TEXT-MODE_TRANS,表示显示透明文本。

(4) 异或文本。

通常情况下,用白色绘制的文本显示是反转的。如果背景颜色是黑色,效果与正常模式显示文本是一样的;如果背景是白色,输出与反转文本一样;如果使用彩色,一个反转的像素由下式计算:

新像素颜色=颜色的值-实际像素颜色-1

(5) 透明反转文本。

作为透明文本,它不覆盖背景,作为反转文本,文本显示是反转的。文本通过指定标识 GUI_TEXTMODE_TRANS |GUI_TEXTMODE_REVERSE 来实现这种效果。

3.1.3　数值显示

μC/GUI 系统提供了二进制、十进制和十六进制输出函数,通过简单的函数调用就可以显示所需要结构的数值。

1. 显示二进制数值

(1) GUI_DispBin()。

该函数用在当前视窗的当前文本坐标,使用当前字体显示一个二进制数。

范例:显示二进制数"7",其结果为 000111。

```
U32 Input = 0x7;/*用于显示的数值,32 位*/
GUI_DispBin(Input,6);/*显示的数字的数量,包括首位 0*/
```

(2) GUI_DispBinAt()。

该函数用在当前视窗的指定的文本坐标处,使用当前字体显示一个二进制数。

范例:显示二进制输入状态。

```
/*第一个参数用于显示的数值,32 位;后面两个分别是 X,Y 坐标(以像素为单位)*/
GUI_DispBinAt(Input,0,0,8);
```

2. 显示十进制数值

(1) GUI_DispDec()。

该函数用在当前视窗的当前文本坐标,使用当前字体显示一个十进制数值,指定显示字符的数量,不支持首位为 0 的格式(如 0),如果数值为负,则会显示一个减号。

(2) GUI_DispDecAt()。

该函数用在当前视窗的指定文本坐标(坐标以像素为单位),使用当前字体显示十进制数值,指定显示字符的数量。

(3) GUI_DispDecMin()。

该函数用在当前视窗的当前文本坐标,使用当前字体显示十进制数值,无需指定长度,自动使用最小长度值。

(4) GUI_DispDecShift()。

该函数用在当前视窗的当前文本坐标,使用当前字体显示一个长型十进制数值(用小数点作分隔符),指定显示字符的数量及是否使用小数点,包括符号和小数点在内最多显示字符数量为 9。

3. 显示十六进制数值

(1) GUI_DispHex()。

该函数用在当前视窗的当前文本坐标,使用当前字体显示一个十六进制数值。

范例:显示一个 AD 转换器输入的数值。

```
/* 第一个参数用于显示的数值,32 位;后一个参数显示数字的数量 */
GUI_DispHex(Input, 4);
```

(2) GUI_DispHexAt()。

该函数用在当前视窗的指定的文本坐标处,使用当前字体显示一个十六进制数。

范例:在指定坐标显示一个 AD 转换器数值。

```
/* 第一个参数用于显示的数值,32 位;中间的参数是 XY 坐标;后一个参数显示数字的数量(包括首位 0) */
GUI_DispHexAt(Input, 0, 0, 4);
```

4. 显示浮点数值

(1) GUI_DispFloat()。

该函数用在当前视窗的当前文本坐标,使用当前字体显示一个浮点数,指定显示字符数量。它不支持首位为 0 的格式,小数点被当作一个字符处理,如果数值为负数,则会显示一个减号。

(2) GUI_DispFloatFix()。

该函数用在当前视窗的当前文本坐标,使用当前字体显示一个浮点数,指定总的显示字符的数量及小数点右边字符的数量,且不禁止首位为 0 的格式,如果数值为负,则显示减号。

(3) GUI_DispFloatMin()。

该函数用在当前视窗的当前文本坐标,使用当前字体显示一个浮点数,小数点右边十进制数的数量为一个最小值。该函数不支持首位为 0 的格式,如果数值为负,则显示减号。

（4）GUI_DispSFloatFix()。

该函数用在当前视窗的当前文本坐标,使用当前字体显示一个浮点数(包括符号),指定总的显示字符的数量及小数点右边字符的数量。该函数不禁止首位为 0 的格式,在数值的前面总会显示符号。

（5）GUI_DispSFloatMin()。

该函数用在当前视窗的当前文本坐标,使用当前字体显示一个浮点数(包括符号),小数点右边数字使用最小数量。该函数不支持首位为 0 的格式,且数值前面显示符号。

3.1.4　2D 图形库

μC/GUI 系统包括有一个完整的 2D 图形库,适合大多数场合下应用。μC/GUI 提供的函数既可以与裁剪区一道使用也可以脱离裁剪区使用,这些函数基于快速及有效率的算法建立。

1. 绘图模式

μC/GUI 系统支持两种绘图模式:NORMAL 模式和 XOR 模式。默认为 NORMAL 模式,即显示屏的内容被绘图所完全覆盖,用于绘点、线、区域、位图等;在 XOR 模式,当绘图覆盖在上面时,显示屏的内容反转显示。

选择指定的绘图模式由函数 GUI_SetDrawMode()实现。

范例:显示两个圆,其中第二个以 XOR 模式与第一个结合。

```
GUI_Clear();/*清除视窗*/
GUI_SetDrawMode(GUI_DRAWMODE_NORMAL);/*NORMAL 模式*/
GUI_FillCircle(120,64,40);/*填圆*/
GUI_SetDrawMode(GUI_DRAWMODE_XOR);/*XOR 模式*/
GUI_FillCircle(140,84,40); /*填圆*/
```

2. 基本绘图函数

基本绘图函数允许在显示屏上的任意位置进行点、水平与垂直线段以及形状的绘制,且可使用任意绘图模式。

（1）GUI_ClearRect()。

该函数用在当前视窗的指定位置通过向一个矩形区域填充背景色来清除它,函数原型如下。

```
/*x0 为左上角 X 坐标,y0 为左上角 Y 坐标,x1 为右下角 X 坐标,y1 为右下角 Y 坐标*/
void GUI_ClearRect(int x0, int y0, int x1, int y1);
```

（2）GUI_DrawPixel()。

该函数用在当前视窗的指定坐标绘一个像素点。

函数原型为：

```
void GUI_DrawPixel(int x, int y);/* x,y 为坐标,以像素点为单位 */
```

(3) GUI_DrawPoint()。

该函数用在当前视窗使用当前尺寸笔尖绘一个点。

函数原型为：

```
void GUI_DrawPoint(int x, int y);/* x,y 为坐标 */
```

(4) GUI_FillRect()。

该函数用在当前视窗指定的位置绘一个矩形填充区域,使用当前的绘图模式,通常表示在矩形内的所有像素都被设置,函数原型如下。

```
/* x0 为左上角 X 坐标,y0 为左上角 Y 坐标, x1 为右下角 X 坐标,y1 为右下角 Y 坐标 */
void GUI_FillRect(int x0, int y0, int x1, int y1);
```

(5) GUI_InvertRect()。

该函数用在当前视窗的指定位置绘一反相的矩形区域,函数原型如下。

```
/* x0 为左上角 X 坐标,y0 为左上角 Y 坐标, x1 为右下角 X 坐标,y1 为右下角 Y 坐标 */
void GUI_InvertRect(int x0, int y0, int x1, int y1);
```

3. 绘制位图

(1) GUI_DrawBitmap()。

该函数用在当前视窗的指定位置绘一幅位图,且位图数据必须定义为像素×像素,函数原型如下。

```
/* 第一个参数是指向需显示位图的指针; x 是位图在屏幕上位置的左上角 X 坐标 */
/* y 是位图在屏幕上位置的左上角 Y 坐标 */
void GUI_DrawBitmap(const GUI_BITMAP * pBM, int x, int y);
```

(2) GUI_DrawBitmapExp()。

该函数与 GUI_DrawBitmap 函数具有相同功能,但是带有扩展参数设置,函数原型如下。

```
void GUI_DrawBitmapExp( int x0, int y0,/* x,y 表示位图在屏幕位置左上角 X/Y 坐标 */
int XSize, int YSize,/* 表示水平/垂直方向像素的数量,有效范围:1~255 */
int XMul, int YMul,/* X/Y 轴方向比例因数 */
int BitsPerPixel,/* 每像素的位数 */
int BytesPerLine,/* 图形每行的字节数 */
const U8 * pData,/* 位图数据指针 */
const GUI_LOGPALETTE * pPal);/* GUI_LOGPALETTE 结构的指针 */
```

(3) GUI_DrawBitmapMag()。

该函数实现在屏幕上缩放一幅位图,函数原型如下。

```
void GUI_DrawBitmapMag( const GUI_BITMAP * pBM,/* 显示位图的指针 */
int x0, int y0,/* 位图在屏幕上位置的左上角 X/Y 坐标 */
int XMul, int YMul);/* X/Y 轴方向比例因子 */
```

（4）GUI_DrawStreamedBitmap()。

该函数从一个位图数据流的数据绘制一幅位图,函数原型如下。

```
void GUI_DrawStreamedBitmap (
/* 指向数据流的指针 */
const GUI_BITMAP_STREAM * pBMH,
/* 位图在屏幕上位置的左上角 X/Y 坐标 */
int x,int y);
```

4. 绘　线

绘图函数使用频率最高的是从一个点到另一个点的功能函数。

（1）GUI_DrawHLine()。

该函数用于在当前视窗从一个指定的起点到一个指定的终点,以一个像素厚度画一条水平线,函数原型如下。

```
void GUI_DrawHLine(int y, int x0, int x1);/* y 表 Y 轴坐标,x0/x1 表示起点/终点坐标 */
```

（2）GUI_DrawLine()。

该函数用于在当前视窗的指定始点到指定终点绘一条直线,函数原型如下。

```
/* x0/y0 为 X/Y 轴开始坐标;x1/y1 为 X/Y 轴结束坐标 */
void GUI_DrawLine(int x0, int y0, int x1, int y1);
```

（3）GUI_DrawLineRel()。

该函数在当前视窗从当前坐标到一个端点绘一条直线,需指定 X 轴距离和 Y 轴距离,函数原型如下。

```
void GUI_DrawLineRel(int dx, int dy);/* dx,dy 为到所绘直线 X/Y 轴方向的距离 */
```

（4）GUI_DrawLineTo()。

该函数用在当前视窗从当前坐标(X,Y)到一个端点绘一条直线,需指定端点的 X 轴,Y 轴坐标,函数原型如下。

```
void GUI_DrawLineTo(int x, int y);/* x,y 为终点的 X/Y 轴坐标 */
```

（5）GUI_DrawPolyLine()。

该函数在当前视窗中用直线连接一系列预先确定的点,函数原型如下。

```
/* pPoint 指向显示折线的指针;NumPoints 指定点的数量; x,y 为原点的 X/Y 轴坐标 */
void GUI_DrawPolyLine(const GUI_POINT * pPoint, int NumPoints, int x, int y);
```

（6）GUI_DrawVLine()。

该函数在当前视窗从指定的起点到指定的终点,以一个像素厚度画一条垂直线,函数原型如下。

```
/ * x 为 X 轴坐标;y0 起点的 Y 轴坐标;y1 终点的 Y 轴坐标 * /
void GUI_DrawVLine(int x, int y0, int y1);
```

5. 绘多边形

绘矢量符号时一般采用绘多边形函数。

(1) GUI_DrawPolygon()。

该函数用于在当前视窗中绘一个由一系列点定义的多边形的轮廓,函数原型如下。

```
/ * pPoint 指向显示的多边形的指针;NumPoints 指定点的数量;x,y 原点的 X/Y 轴坐标 * /
void GUI_DrawPolygon(const GUI_POINT * pPoint, int NumPoints, int x, int y);
```

(2) GUI_EnlargePolygon()。

该函数通过指定一个以像素为单位的长度,对多边形的所有边进行放大,函数原型如下。

```
void GUI_EnlargePolygon ( GUI_POINT * pDest,/ * 指向目标多边形的指针 * /
const GUI_POINT * pSrc,/ * 指向源多边形的指针 * /
int NumPoints,/ * 指定点的数量 * /
int Len);/ * 对多边形进行放大的长度(以像素为单位) * /
```

(3) GUI_FillPolygon()。

该函数在当前视窗中绘一个由一系列点定义的填充多边形,函数原型如下。

```
void GUI_FillPolygon(const GUI_POINT * pPoint,/ * 指向显示的填充多边形的指针 * /
int NumPoints, / * 指定点的数量 * /
int x, int y);/ * 原点的 X/Y 轴坐标 * /
```

(4) GUI_MagnifyPolygon()。

该函数通过指定一个比例因数对多边形进行放大,函数原型如下。

```
void GUI_MagnifyPolygon ( GUI_POINT * pDest,/ * 指向目标多边形的指针 * /
const GUI_POINT * pSrc,/ * 指向源多边形的指针 * /
int NumPoints,/ * 指定点的数量 * /
int Mag);/ * 放大比例因数 * /
```

(5) GUI_RotatePolygon()。

该函数按指定角度旋转多边形,函数原型如下。

```
void GUI_RotatePolygon( GUI_POINT * pDest,/ * 指向目标多边形的指针 * /
const GUI_POINT * pSrc, / * 指向源多边形的指针 * /
int NumPoints, / * 指定点的数量 * /
float Angle);/ * 多边形旋转的角度(以弧度为单位) * /
```

6. 绘　圆

(1) GUI_DrawCircle()。

该函数在当前视窗指定坐标以指定的尺寸绘制一个圆,函数原型如下。

```
/* x0,y0 在视窗中圆心的 X/Y 轴坐标(以像素为单位);r 为圆的半径,取 0~180 */
void GUI_DrawCircle(int x0, int y0, int r);
```

(2) GUI_FillCircle()。

该函数在当前视窗指定坐标以指定的尺寸绘制一个填充圆,函数原型如下。

```
void GUI_FillCircle(int x0, int y0, int r);
```

注:该函数的参数与 GUI_DrawCircle()是一样的,但它绘出的是实心圆。

7. 绘椭圆

(1) GUI_DrawEllipse()。

该函数在当前视窗的指定坐标以指定的尺寸绘一个椭圆,函数原型如下。

```
void GUI_DrawEllipse (int x0, /* 在视窗中圆心的 X 轴坐标(以像素为单位)*/
int y0, /* 在视窗中圆心的 Y 轴坐标(以像素为单位)*/
int rx, /* 椭圆的 X 轴半径,取 0~180 */
int ry); /* 椭圆的 Y 轴半径,取 0~180 */
```

(2) GUI_FillEllipse()。

该函数按指定的尺寸绘一个填充椭圆,函数原型如下。

```
void GUI_FillEllipse(int x0, int y0, int rx, int ry);
```

注:该函数的参数与 GUI_DrawEllipse()是一样的,但它绘出的是实心椭圆。

8. 绘制圆弧

绘制圆弧由 GUI_DrawArc()函数实现,该函数在当前视窗的指定坐标按指定尺寸绘一段圆弧。一段圆弧就是一个圆的一部分轮廓,函数原型如下。

```
void GL_DrawArc (int xCenter, /* 视窗中圆弧中心的水平方向坐标(以像素为单位)*/
int yCenter, /* 视窗中圆弧中心的垂直方向坐标(以像素为单位)*/
int rx, /* X 轴半径(像素)*/
int ry, /* Y 轴半径(像素)*/
int a0, /* 起始角度(度)*/
int a1); /* 终止角度(度)*/
```

注意:GUI_DrawArc()函数使用浮点库,处理的参数 rx/ry 不能超过 180,超过后会导致溢出错误。

3.1.5　字　体

μC/GUI 图形系统的目前版本提供 4 种字体:等宽位图字体,比例位图字体,带有 2 bpp(bit/pixel,位/像素)用于建立反混淆信息的比例位图字体,带有 4 bpp 用于建立反混淆信息的反混淆字体。

1. 字体选择

(1) GUI_GetFont()。

该函数用于返回当前选择字体的指针。

(2) GUI_SetFont()。

该函数用于设置当前文字输出的字体。

2. 字体相关函数

(1) GUI_GetCharDistX()。

该函数用于返回当前字体中指定字符的宽度(X 轴,以像素为单位),函数原型如下。

int GUI_GetCharDistX(U16 c);/＊c 需计算宽度的字符＊/

(2) GUI_GetFontDistY()。

该函数用于返回当前字体 Y 轴方向间距。函数返回值是当前选择字体入口 Y 轴方向距离数值,该返回值对于比例字体及等宽字体都有效。

注意:Y 轴方向间距是以像素为单位在两个文字相邻线之间的垂直距离。

(3) GUI_GetFontInfo()。

该函数用于返回一个包含字体信息的结构,函数原型如下。

```
typedef struct
    {
        U16 Flags;
        }GUI_FONTINFO;/＊ GUI_FONTINFO 结构定义 ＊/
```

成员变量使用以下数值:

```
GUI_FONTINFO_FLAG_PROP
GUI_FONTINFO_FLAG_MONO
GUI_FONTINFO_FLAG_AA
GUI_FONTINFO_FLAG_AA2
GUI_FONTINFO_FLAG_AA4
```

(4) GUI_GetFontSizeY()。

该函数用于返回当前字体的高度(Y 轴,以像素为单位),函数原型如下。

```
int GUI_GetFontSizeY(void);
```

注意:返回值是当前选择字体入口 Y 轴方向大小数值;该值小于或等于通过执行 GUI_GetFontDistY()获得的返回值,即 Y 轴方向间距。

(5) GUI_GetStringDistX()。

该函数用于返回一个使用当前字体文本的 X 轴尺寸,函数原型如下。

```
int GUI_GetStringDistX(const char GUI_FAR ＊s);/＊s 字符串的指针＊/
```

（6）GUI_GetYDistOfFont（）。

该函数用于返回一个特殊字体的 Y 轴间距,函数原型如下。

```
int GUI_GetYDistOfFont(const GUI_FONT * pFont);/* pFont 字体的指针 */
```

（7）GUI_GetYSizeOfFont（）。

该函数用于返回一个特殊字体的 Y 轴尺寸,函数原型如下。

```
int GUI_GetYSizeOfFont(const GUI_FONT * pFont); /* pFont 字体的指针 */
```

（8）GUI_IsInFont（）。

该函数用于估计一个指定的字符是否在一种特殊字体里面,函数原型如下。

```
char GUI_IsInFont(const GUI_FONT * pFont, /* pFont 字体的指针,如置 0,则使用当前选择字
体 */
U16 c);/* c 搜索的字符 */
```

3.1.6 颜 色

μC/GUI 图形系统支持黑、白、灰度以及彩色的显示屏。通过改变 LCD 配置,同一个用户程序可以用于不同类型的显示屏。

1. 预定义颜色

在 μC/GUI 图形系统中预定义了一些标准的颜色,如表 3 - 1 所列。

表 3 - 1   预定义颜色

定　义	颜　色	值
GUI_BLACK	黑	0x000000
GUI_BLUE	蓝	0xFF0000
GUI_GREEN	绿	0x00FF00
GUI_CYAN	青	0xFFFF00
GUI_RED	红	0x0000FF
GUI_MAGENTA	洋红	0x8B008B
GUI_BROW	褐	0x2A2AA5
GUI_DARKGRAY	深灰	0x404040
GUI_GRAY	灰	0x808080
GUI_LIGHTGRAY	浅灰	0xD3D3D3
GUI_LIGHTBLUE	淡蓝	0xFF8080
GUI_LIGHTGREEN	淡绿	0x80FF80
GUI_LIGHTCYAN	淡青	0x80FFFF
GUI_LIGHTRED	淡红	0x8080FF
GUI_LIGHTMAGENTA	淡洋红	0xFF80FF
GUI_YELLOW	黄	0x00FFFF
GUI_WHITE	白	0xFFFFFF

范例:将背景色设为洋红。

```
GUI_SetBkColor(GUI_MAGENTA);/*设置预定义颜色*/
GUI_Clear();/*清除*/
```

2. 基本颜色函数

(1) GUI_GetBkColor()。

该函数用于返回当前背景颜色。

(2) GUI_GetBkColorIndex()。

该函数用于返回当前背景颜色的索引,函数原型如下。

```
int GUI_GetBkColorIndex(void);/*返回值当前背景颜色的索引*/
```

(3) GUI_GetColor()。

该函数用于返回当前前景颜色。

(4) GUI_GetColorIndex()。

该函数用于返回当前前景颜色的索引,函数原型如下。

int GUI_GetColorIndex(void); /*返回值当前的前景色索引*/

(5) GUI_SetBkColor()。

该函数用于设置当前背景颜色,函数原型如下。

```
GUI_COLOR GUI_SetBkColor(GUI COLOR Color);/*Color 背景颜色,24 位 RGB 数值*/
```

(6) GUI_SetBkColorIndex()。

该函数用于设置当前背景颜色索引值,函数原型如下。

```
int GUI_SetBkColorIndex(int Index);/*Index 颜色索引值*/
```

(7) GUI_SetColor()。

该函数用于设置当前的前景颜色,函数原型如下。

```
void GUI_SetColor(GUI_COLOR Color); /*Color 前景颜色,24 位 RGB 数值*/
```

(8) GUI_SetColorIndex()。

该函数用于设置当前前景颜色索引,函数原型如下。

```
void GUI_SetColorIndex(int Index);/* Index 前景颜色的索引值*/
```

3. 索引色及全彩色转换

(1) GUI_Color2Index()。

该函数用于返回指定 RGB 颜色数值的索引值,函数原型如下。

```
int GUI_Color2Index(GUI_COLOR Color);/*Color 转换颜色的 RGB 值*/
```

(2) GUI_Index2Color()。

该函数用于返回一种指定索引颜色的 RGB 颜色值,函数原型如下。

```
int GUI_Index2Color(int Index);/* Index 转换颜色的索引值 */
```

3.1.7　存储设备

存储设备主要是为了防止显示屏在有对象重叠的绘图操作时闪烁。不使用存储设备时，绘图操作直接写屏，屏幕在绘图操作执行时更新，当更新重叠时会产生闪烁；使用一个存储设备的话，所有的操作在存储设备内执行，只有在所有的操作执行完毕后最终结果才显示在屏幕上，具有无闪烁的优点。

使用存储设备时通常需要按步骤调用如下的主要函数：

● 建立存储设备，使用 GUI_MEMDEV_Create()函数；
● 激活，使用 GUI_MEMDEV_Select()函数；
● 执行绘图操作；
● 将结果复制到显示屏，使用 GUI_MEMDEV_CopyToLCD()函数；
● 操作结束后，如不再需要存储设备可删除，使用 GUI_MEMDEV_Delete()函数。

3.1.8　视窗管理器

μC/GUI 系统中使用视窗管理器时，显示屏上显示的内容都可包括在一个窗口区域内，该区域作为一个绘制或显示对象的用户接口，其窗口可以任意调整大小，也可同时显示多个窗口。μC/GUI 的视窗管理器提供了一整套函数，能很容易地对许多窗口进行创建、移动、调整大小以及进行其他操作。

（1）WM_CreateWindow()。

函数用在一个指定位置创建一个指定尺寸的窗口，函数原型如下。

```
WM_HWIN WM_CreateWindow ( int x0, int y0,/* 左上角 X/Y 轴坐标 */
int width, int height,/* 窗口的 X/Y 轴尺寸 */
U8 Style,/* 窗口创建标识 */
WM_CALLBACK * cb,/* 回调函数的指针 */
int NumExtraBytes);/* 分配的额外字节数 */
```

（2）WM_CreateWindowAsChild()。

函数用于以子窗口的形式创建一个窗口，函数原型如下。

```
WM_HWIN WM_CreateWindowAsChild( int x0, int y0, /* 对父窗口左上角 X/Y 轴坐标 */
int width, int height, /* 窗口的 X/Y 轴尺寸 */
WM_HWIN h WinParent,/* 父窗口的句柄 */
U8 Style, /* 窗口创建标识 */
WM_CALLBACK * cb, /* 回调函数的指针 */
int NumExtraBytes); /* 分配的额外字节数 */
```

（3）WM_DeleteWindow()。

函数用于删除一个指定的窗口,如果指定的窗口有子窗口,在窗口本身被删除之前,这些子窗口自动被删除。

（4）WM_Exec()。

函数通过执行回调函数重绘无效窗口。

（5）WM_GetClientRect()。

函数用于返回活动窗口的客户区的坐标。

（6）WM_GetDialogItem()。

函数用于返回一个对话框项目(控件)的窗口句柄。

（7）WM_GetOrgX()和 WM_GetOrgY()。

这两个函数分别返回以像素为单位的指定窗口的客户区的原点的 X 轴或 Y 轴坐标。

（8）WM_GetWindowOrgX()和 WM_GetWindowOrgY()。

这两个函数分别返回以像素为单位的指定窗口客户区的原点的 X 轴或 Y 轴坐标。

（9）WM_GetWindowRect()。

该函数返回活动窗口的屏幕坐标。

（10）WM_GetWindowSizeX()和 WM_GetWindowSizeY()。

这两个函数分别返回指定窗口的 X 轴或 Y 轴的尺寸。

（11）WM_HideWindow()。

该函数隐藏一个指定的窗口。调用该函数后,窗口并不会立即显现"隐藏"效果,如果需要立即隐藏一个窗口的话,应当调用 WM_Paint ()函数重绘其他窗口。

（12）WM_InvalidateArea()。

该函数使显示屏的指定矩形区域无效,调用该函数将告诉视窗管理器指定的区域不要更新。

（13）WM_InvalidateRect()。

该函数使一个窗口的指定矩形区域无效。

（14）WM_InvalidateWindow()。

函数使一个指定的窗口无效,调用该函数告诉视窗管理器指定的窗口不更新。

（15）WM_MoveTo()。

该函数将一个指定的窗口移到某个位置,函数原型如下。

```
void WM_MoveTo(WM_HWIN h Win,/ * 窗口的句柄 * /
int dx, int dy);/ * 新的 X/Y 轴坐标 * /
```

（16）WM_MoveWindow()。

该函数把一个指定的窗口移动一段距离,函数原型如下。

```
void WM_MoveWindow(WM_HWIN h Win,/ * 窗口的句柄 * /
int dx, int dy);/ * 移动的水平/垂直距离 * /
```

（17）WM_Paint()。

该函数用于立即绘制或重绘一个指定窗口。

（18）WM_ResizeWindow()。

该函数用于改变一个指定窗口的尺寸,函数原型如下。

```
void WM_Resize Window(WM_HWIN hWin,/* 窗口的句柄 */
int XSize, int YSize);/* 窗口水平/垂直尺寸要修改的值 */
```

（19）WM_SelectWindow()。

该函数用于选择一个活动窗口用于绘制操作。

（20）WM_ShowWindow()。

该函数使一个指定窗口可见。

3.1.9　窗口对象

控件是具有对象性质的窗口,在视窗管理器中它们被称为控件。控件是构造用户接口的元素,在视窗管理器中按照功能的不同可以划分出多种控件。

1. 通用控件

（1）WM_EnableWindow()。

该函数能将控件状态激活(默认设置),函数原型如下。

```
void WM_EnableWindow(WM_Handle hObj);/*  控件的句柄 */
```

（2）WM_DisableWindow()。

该函数能将控件状态设置为禁止,函数原型如下。

```
void WM_DisableWindow(WM_Handle hObj);/*  控件的句柄 */
```

2. 按钮控件

（1）BUTTON_Create()。

该函数用于在一个指定位置,以指定的大小建立一个按钮控件,函数原型如下。

```
BUTTON_Handle BUTTON_Create( int x0,/*  按钮最左边的像素 */
int y0,/*  按钮最顶部的像素 */
int xsize, int ysize,/*按钮的水平/垂直尺寸 */
int ID,/* 返回的 ID */
int Flags);/*窗口建立标识 */
```

（2）BUTTON_CreateAsChild()。

该函数用于以子窗口的形式建立一个按钮。

（3）BUTTON_SetBitmap()。

该函数用于显示一个指定按钮时使用的位图,函数原型如下。

```
void BUTTON_SetBitmap( BUTTON_Handle hObj,/* 按钮的句柄 */
int Index,/* 位图的索引 */
const GUI_BITMAP * pBitmap);/* 位图指针 */
```

(4) BUTTON_SetBkColor()。

该函数用于设置按钮的背景颜色,函数原型如下。

```
void BUTTON_SetBkColor(BUTTON_Handle hObj, /* 按钮的句柄 */
int Index, /* 颜色索引 */
GUI_COLOR Color);/* 背景颜色 */
```

(5) BUTTON_SetFont()。

该函数用于设置按钮字体,函数原型如下。

```
void BUTTON_SetFont(BUTTON_Handle hObj, /* 按钮的句柄 */
const GUI_FONT * pFont);/* 字体指针 */
```

(6) BUTTON_SetState()。

该函数用于设置一个指定按钮的状态,函数原型如下。

```
void BUTTON_SetState(BUTTON_Handle hObj, /* 按钮的句柄 */
int State)/* 状态 */
```

(7) BUTTON_SetStreamedBitmap()。

该函数用于显示一个指定按钮对象时设置使用的位图数据流,函数原型如下。

```
void BUTTON_SetStreamedBitmap( BUTTON_Handle hObj,/* 按钮的句柄 */
int Index,/* 位图的索引 */
const GUI_BITMAP_STREAM * pBitmap);/* 位图数据流的指针 */
```

(8) BUTTON_SetText()。

该函数用于设置在按钮上显示的文本,函数原型如下。

```
void BUTTON_SetText(BUTTON_Handle hObj, /* 按钮的句柄 */
const char * s);/* 显示的文本 */
```

(9) BUTTON_SetText()。

该函数用于设置按钮文本的颜色,函数原型如下。

```
void BUTTON_SetTextColor(BUTTON_Handle hObj, /* 按钮的句柄 */
int Index, /* 颜色的索引 */
GUI_COLOR Color);/* 文本颜色 */
```

3. 复选框控件

多选项选择应用时采用的是复选框,复选框相关的主要函数介绍如下。

(1) CHECKBOX_Check()。

该函数用于将一个复选框设置为选中状态,函数原型如下。

```
void CHECKBOX_Check(CHECKBOX_Handle hObj);/* 复选框的句柄 */
```

（2）CHECKBOX_Create()。

该函数用于在一个指定位置,以指定的大小建立一个复选框的控件,函数原型如下。

```
CHECKBOX_Handle CHECKBOX_Create( int x0,/* 复选框最左边的像素 */
int y0, /* 复选框最顶端的像素 */
int xsize, int ysize, /* 复选框水平/垂直方向大小 */
WM_HWIN hParent, /* 父窗口的句柄 */
int ID, /* 返回的 ID 值 */
int Flags); /* 窗口创建标识 */
```

（3）CHECKBOX_IsChecked()。

该函数用于返回一个指定的复选框控件当前是否选中的状态,函数原型如下。

```
int CHECKBOX_IsChecked(CHECKBOX_Handle hObj); /* 复选框的句柄 */
```

（4）CHECKBOX_Uncheck()。

该函数用于设置一个指定的复选框状态为未选中,复选框一般默认此状态。

4. 文本编辑框控件

（1）EDIT_AddKey()。

该函数是键盘输入函数用于向一个指定编辑区输入内容,函数原型如下。

```
void EDIT_AddKey(EDIT_Handle hObj, /* 编辑区的句柄 */
int Key);/* 输入的字符 */
```

（2）EDIT_Create()。

该函数用于指定位置,以指定的大小创建一个文本编辑框控件,函数原型如下。

```
EDIT_Handle EDIT_Create(int x0,/* 编辑区最左边像素 */
int y0,/* 编辑区最顶部像素 */
int xsize, int ysize, /* 编辑框水平/垂直方向尺寸 */
int ID, /* 返回的 ID */
int MaxLen,/* 最大字符数量 */
int Flags);/* 窗口创建标识 */
```

（3）EDIT_GetDefaultFont()。

该函数用于设置文本编辑框控件的默认字体。

（4）EDIT_GetText()。

该函数用于获取指定编辑区的用户输入内容,函数原型如下。

```
void EDIT_GetText(EDIT_Handle hObj, /* 编辑区的句柄 */
char * sDest, /* 目标区的指针 */
int MaxLen);/* 目标区的大小 */
```

(5) EDIT_GetValue()。

该函数用于返回编辑区当前的数值,当前数值只有在编辑区是二进制、十进制或十六制模式时才有效。

(6) EDIT_SetBinMode()。

该函数用于启用编辑区的二进制编辑模式,函数原型如下。

```
void EDIT_SetBinMode(EDIT_Handle hObj, /* 编辑区的句柄 */
U32 Value, /* 修改的数值 */
U32 Min, /* 最小数值 */
U32 Max);/* 最大数值 */
```

(7) EDIT_SetBkColor()。

该函数用于设置编辑区背景颜色,函数原型如下。

```
void EDIT_SetBkColor(EDIT_Handle hObj, /* 编辑区的句柄 */
int Index, /* 须设置为 0 */
GUI_COLOR Color);/* 背景颜色 */
```

(8) EDIT_SetDecMode()。

该函数用于启用编辑区的十进制编辑模式,函数原型如下。

```
void EDIT_SetDecMode(EDIT_Handle hEdit,/* 编辑区的句柄 */
I32 Value,/* 修改的数值 */
I32 Min,/* 最小值 */
I32 Max,/* 最大值 */
int Shift,/* 如果大于 0 则指定小数点的位置 */
U8 Flags);/* 标识 */
```

(9) EDIT_SetDefaultFont()。

该函数用于设置编辑区的默认字体,函数原型如下。

```
void EDIT_SetDefaultFont(const GUI_FONT * pFont);/* 字体的指针 */
```

(10) EDIT_SetDefaultTextAlign()。

该函数用于设置编辑区默认文本的对齐方式,函数原型如下。

```
void EDIT_SetDefaultTextAlign(int Align);/* 默认文本的对齐方式 */
```

(11) EDIT_SetFont()。

该函数用于设置编辑区字体,函数原型如下。

```
void EDIT_SetFont(EDIT_Handle hObj, /* 编辑区的句柄 */
const GUI_FONT * pfont);/* 字体的指针 */
```

(12) EDIT_SetHexMode()。

该函数用于启用编辑区的十六进制编辑模式,函数原型如下。

```
void EDIT_SetHexMode(EDIT_Handle hObj,/* 编辑区的句柄 */
```

```
U32 Value, /* 修改的数值 */
U32 Min, /* 最小值 */
U32 Max);/* 最大值 */
```

(13) EDIT_SetMaxLen()。

该函数用于设置绘出的编辑区能编辑的字符长度,函数原型如下。

```
void EDIT_SetMaxLen(EDIT_Handle hObj,/* 编辑区的句柄 */
int MaxLen);/* 字符长度 */
```

(14) EDIT_SetText()。

该函数用于设置在编辑区中显示的文本,函数原型如下。

```
void EDIT_SetText(EDIT_Handle hObj, /* 编辑区的句柄 */
const char * s);/* 文本 */
```

(15) EDIT_SetTextAlign()。

该函数用于设置编辑区的文本对齐方式,函数原型如下。

```
void EDIT_SetTextAlign(EDIT_Handle hObj,/* 编辑区的句柄 */
int Align);/* 默认文本对齐方式 */
```

(16) EDIT_SetTextColor()。

该函数用于设置编辑区文本颜色,函数原型如下。

```
void EDIT_SetBkColor(EDIT_Handle hObj,/* 编辑区的句 */
int Index,/* 设为 0 */
GUI_COLOR Color);/* 颜色 */
```

(17) EDIT_SetValue()。

该函数用于设置编辑区当前的数值,只有在设置了二进制,十进制或十六进制编辑模式的情况下才有效,函数原型如下。

```
void EDIT_SetValue(EDIT_Handle hObj,/* 编辑区的句柄 */
I32 Value);/* 新的数值 */
```

(18) GUI_EditBin()。

该函数用于在当前光标位置编辑一个二进制数,函数原型如下。

```
U32 GUI_EditBin(U32 Value, /* 修改的数值 */
U32 Min, /* 最小值 */
U32 Max, /* 最大值 */
int Len, /* 长度 */
int xsize);/* 编辑区 X轴的尺寸 */
```

(19) GUI_EditDec()。

该函数用于在当前光标位置编辑一个十进制数,函数原型如下。

```
U32 GUI_EditDec ( I32 Value,/* 修改的数值 */
```

```
I32 Min, /* 最小值 */
I32 Max,/* 最大值 */
int Len, /* 长度 */
int xsize, /* 编辑区 X 轴的尺寸 */
int Shift,/*  如果>0 则指定十进制数小数点的位置 */
U8 Flags);/* 标识 */
```

(20) GUI_EditHex()。

该函数用于在当前光标位置编辑一个十六进制数,函数原型如下。

```
U32 GUI_EditHex(U32 Value, /* 修改的数值 */
U32 Min, /* 最小值 */
U32 Max, /* 最大值 */
int Len, /* 长度 */
int xsize);/* 编辑区 X 轴的尺寸 */
```

(21) GUI_EditString()。

该函数用于在当前光标位置编辑一个字符串,函数原型如下。

```
void GUI_EditString(char * pString,/* 字符串的指针 */
int Len, /* 长度 */
int xsize);/* 编辑区 X 轴的尺寸 */
```

5. 框架窗口控件

框架窗口控件给予应用程序一个类似 PC 应用程序一样的窗口外形,主要由一个环绕的框架、一个标题栏和一个用户区组成。

(1) FRAMEWIN_Create()。

该函数用于在一个指定位置以指定的尺寸创建一个框架窗口控件,函数原型如下。

```
FRAMEWIN_Handle FRAMEWIN_Create( const char * pTitle,/* 标题 */
WM_CALLBACK * cb, /* 保留 */
int Flags, /* 窗口创建标识 */
int x0, int y0, /* 框架窗口的 X/Y 轴坐标 */
int xsize, int ysize); /* 框架窗口的 X/Y 轴尺寸 */
```

(2) FRAMEWIN_CreateAsChild()。

该函数用于创建一个作为一个子窗口的框架窗口控件,函数原型如下。

```
FRAMEWIN_Handle FRAMEWIN_CreateAsChild ( int x0, int y0, /* 框架窗口 X/Y 轴坐标 */
int xsize, int ysize, /* 框架窗口的 X/Y 轴尺寸 */
WM_HWIN hParent,/* 父窗口的句柄 */
const char * pText,/* 显示文本 */
WM_CALLBACK * cb,/* 保留 */
int Flags); /* 窗口创建标识 */
```

(3) FRAMEWIN_GetDefaultBorderSize()。

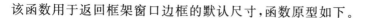

该函数用于返回框架窗口边框的默认尺寸,函数原型如下。

```
int FRAMEWIN_GetDefaultBorderSize(void);
```

(4) FRAMEWIN_GetDefaultCaptionSize()。

该函数用于返回框架窗口标题栏的默认高度,函数原型如下。

```
int FRAMEWIN_GetDefaultCaptionSize(void);
```

(5) FRAMEWIN_GetDefaultFont()。

该函数用于返回用于框架窗口标题的默认字体,函数原型如下。

```
const GUI_FONT * FRAMEWIN_GetDefaultFont(void);
```

(6) FRAMEWIN_SetActive()。

该函数用于设置框架窗口的状态,且标题栏的颜色根据状态改变,函数原型如下。

```
void FRAMEWIN_SetActive(FRAMEWIN_Handle hObj, / * 框架窗口的句柄 * /
int State);/ * 框架窗口的状态,0 表示不活动,1 表示活动 * /
```

(7) FRAMEWIN_SetClientColor()。

该函数用于设置客户区的颜色,函数原型如下。

```
void FRAMEWIN_SetClientColor(FRAMEWIN_Handle hObj, / * 框架窗口的句柄 * /
GUI_COLOR Color);/ * 颜色 * /
```

(8) FRAMEWIN_SetFont()。

该函数用于设置标题字体,函数原型如下。

```
void FRAMEWIN_SetFont(FRAMEWIN_Handle hObj,/ * 框架窗口的句柄 * /
const GUI_FONT * pfont);/ * 字体指针 * /
```

(9) FRAMEWIN_SetText()。

该函数用于设置标题文本,函数原型如下。

```
void FRAMEWIN_SetText(FRAMEWIN_Handle hObj, / * 框架窗口的句柄 * /
const char * s);/ * 标题文字 * /
```

(10) FRAMEWIN_SetTextColor()。

该函数用于设置标题文本的颜色,函数原型如下。

```
void FRAMEWIN_SetTextColor(FRAMEWIN_Handle hObj, / * 框架窗口的句柄 * /
GUI_COLOR Color);/ * 标题文字颜色 * /
```

6. 列表框控件

列表框控件主要用于在一个列表中选择一个选项。

(1) LISTBOX_Create()。

此函数用于在指定位置,以指定的尺寸创建一个列表框控件,函数原型如下。

```
LISTBOX_Handle LISTBOX_Create( const GUI_ConstString * ppText,/*字符串指针*/
int x0, int y0,/*列表框 X/Y 轴坐标*/
int xSize, int ySize,/*列表框 X/Y 轴尺寸*/
int Flags);/*窗口创建标识*/
```

(2) LISTBOX_CreateAsChild()。

此函数用于以一个子窗口的形式创建列表框控件,函数原型如下。

```
LISTBOX_Handle LISTBOX_CreateAsChild ( const GUI_ConstString * ppText, /*字符串指
针*/
HBWIN hWinParent,/*父窗口句柄*/
int x0, int y0, /*列表框相对于父窗口的 X/Y 轴坐标*/
int xSize, int ySize,/*列表框 X/Y 轴尺寸*/
int Flags); /*窗口创建标识*/
```

(3) LISTBOX_SetBackColor()。

此函数用于设置列表框背景颜色,函数原型如下。

```
void LISTBOX_SetBackColor(LISTBOX_Handle hObj, /*列表框的句柄*/
int Index, /*背景色索引*/
GUI_COLOR Color);/*背景颜色*/
```

(4) LISTBOX_SetFont()。

此函数用于设置列表框字体,函数原型如下。

```
void LISTBOX_SetFont(LISTBOX_Handle hObj, /*列表框的句柄*/
const GUI_FONT * pfont);/*字体指针*/
```

(5) LISTBOX_SetSel()。

此函数用于设置指定列表框选择的单元,函数原型如下。

```
void LISTBOX_SetSel(LISTBOX_Handle hObj, /*列表框的句柄*/
int Sel);/*选择的单元*/
```

(6) LISTBOX_SetTextColor()。

此函数用于设置列表框文本颜色,函数原型如下。

```
void LISTBOX_SetTextColor(LISTBOX_Handle hObj, /*列表框的句柄*/
int Index, /*颜色索引*/
GUI_COLOR Color);/*颜色*/
```

7. 进度条控件

进度条控制通常在可视化应用,一般用于指示事件的进度情况。

(1) PROGBAR_Create()。

此函数用于在一个指定位置,以指定的尺寸创建一个进度条,函数原型如下。

```
PROGBAR_Handle PROGBAR_Create(int x0, /*进度条最左边像素*/
```

```
int y0, /*进度条最顶部的像素*/
int xsize, int ysize, /*进度条水平/垂直方向的尺寸*/
int Flags);/*窗口创建标识*/
```

（2）PROGBAR_SetBarColor()。

此函数用于设置进度条的颜色,函数原型如下。

```
void PROGBAR_SetBarColor(PROGBAR_Handle hObj,/*进度条的句柄*/
int Index, /*索引值,0 表示左侧部分;1 表示右侧部分*/
GUI_COLOR Color);/*颜色(24 位 RGB 数值)*/
```

（3）PROGBAR_SetFont()。

此函数用于设置进度条中显示文本的字体,函数原型如下。

```
void PROGBAR_SetFont(PROGBAR_Handle hObj, /*进度条的句柄*/
const GUI_FONT * pFont);/*字体指针*/
```

（4）PROGBAR_SetMinMax()。

此函数用于设置进度条的最小数值和最大数值,函数原型如下。

```
void PROGBAR_SetMinMax(PROGBAR_Handle hObj,/*进度条的句柄*/
int Min,/*最小值,范围:-16 383<Min≤16 383 */
int Max);/*最大值,范围:-16 383<Min≤16 383 */
```

（5）PROGBAR_SetText()。

此函数用于设置进度条当中显示的文本,函数原型如下。

```
void PROGBAR_SetText(PROGBAR_Handle hObj, /*进度条的句柄*/
const char * s);/*显示文本,允许空指针*/
```

（6）PROGBAR_SetValue()。

此函数用于设置进度条的数值,函数原型如下。

```
void PROGBAR_SetValue(PROGBAR_Handle hObj, /*进度条的句柄*/
int v);/*数值*/
```

8. 单选按钮控件

单选按钮类似于复选框,都是用于选项的选择,所不同的是用户每次只能够选择一个选项。

（1）RADIO_Create()。

该函数用于在指定位置,以指定的大小创建一个单选按钮控件,函数原型如下。

```
RADIO_Handle RADIO_Create ( int x0, /*单选按钮最左侧像素*/
int y0,/*单选按钮最顶部像素*/
int xsize, int ysize,/*单选按钮水平/垂直尺寸*/
WM_HWIN hParent,/*父窗口句柄*/
int Id,/*返回 ID 值*/
```

```
int Flags,/* 窗口创建标识 */
unsigned Para);/* 参数 */
```

(2) RADIO_SetValue()。

该函数用于设置当前选择的按钮,函数原型如下。

```
void RADIO_SetValue(RADIO_Handle hObj,/* 单选按钮控件的句柄 */
int v);/* 设置的数值 */
```

9. 滚动条控件

滚动条用于滚动一个列表框,滚动条控件的主要函数如下。

(1) SCROLLBAR_Create()。

该函数用于在指定位置,以指定大小创建一个滚动条控件,函数原型如下。

```
SCROLLBAR_Handle SCROLLBAR_Create ( int x0, /* 滚动条最左侧像素 */
int y0,/* 滚动条最顶部像素 */
int xsize, int ysize,/* 滚动条水平/垂直尺寸 */
WM_HWIN hParent, /* 父窗口句柄 */
int Id,/* 返回的 ID 值 */
int WinFlags, /* 窗口创建标识 */
int SpecialFlags);/* 指定的创建标识 */
```

(2) SCROLLBAR_CreateAttached()。

该函数用于依附一个已存在的窗口创建一个滚动条,函数原型如下。

```
SCROLLBAR_Handle SCROLLBAR_CreateAttached(WM_HWIN hParent, /* 父窗口句柄 */ int Spe-
cialFlags); /* 指定的创建标识 */
```

(3) SCROLLBAR_SetNumItems()。

该函数用于设置滚动条的数量,函数原型如下。

```
void SCROLLBAR_SetNumItems(SCROLLBAR_Handle hObj, /* 滚动条控件的句柄 */
int NumItems);/* 滚动条数量 */
```

(4) SCROLLBAR_SetValue()。

该函数用于设置滚动条当前的值,函数原型如下。

```
void SCROLLBAR_SetValue(SCROLLBAR_Handle hObj, /* 滚动条控件的句柄 */
int v) ; /* 设置的数值 */
```

(5) SCROLLBAR_SetWidth()。

该函数用于设置滚动条的宽度,函数原型如下。

```
void SCROLLBAR_SetWidth(SCROLLBAR_Handle hObj, /* 滚动条控件的句柄 */
int Width); /* 设置宽度 */
```

10. 滑动条控件

滑动条控件通常通过使用一个滑动条来改变数值,主要功能函数如下。

（1）SLIDER_Create（）。

此函数用于在指定位置，以指定尺寸创建一个滑动条控件，函数原型如下。

```
SLIDER_Handle SLIDER_Create ( int x0,/* 滑动条最左侧像素 */
int y0,/* 滑动条最顶部像素 */
int xsize, int ysize,/* 滑动条水平/垂直尺寸 */
WM_HWIN hParent,/* 父窗口的句柄 */
int Id,/* 返回的 ID 值 */
int WinFlags,/* 窗口创建标识 */
int SpecialFlags);/* 特定的创建标识 */
```

（2）SLIDER_SetRange（）。

此函数用于设置滑动条的范围，函数原型如下。

```
void SLIDER_SetRange(SLIDER_Handle hObj,/* 滑动条控件的句柄 */
int Min, /* 最小值 */
int Max);/* 最大值 */
```

（3）SLIDER_SetValue（）。

此函数用于设置滑动条当前的数值，函数原型如下。

```
void SLIDER_SetValue(SLIDER_Handle hObj, /* 滑动条控件的句柄 */
int v);/* 设置的数值 */
```

（4）SLIDER_SetWidth（）。

此函数用于设置滑动条的宽度，函数原型如下。

```
void SLIDER_SetWidth(SLIDER_Handle hObj, /* 滑动条控件的句柄 */
int Width); /* 设置的宽度 */
```

11. 文本控件

文本控件用于显示一个对话框的文本区域以及消息提示等，主要函数如下。

（1）TEXT_Create（）。

此函数用于在指定位置，按指定大小创建一个文本控件，函数原型如下。

```
TEXT_Handle TEXT_Create ( int x0,/* 最左侧像素 */
int y0,/* 最顶部像素 */
int xsize, int ysize,/* 水平/垂直尺寸 */
int Id, /* 返回 ID 值 */
int Flags,/* 窗口创建标识 */
const char * s, /* 文本的指针 */
int Align);/* 文本对齐方式 */
```

（2）TEXT_SetDefaultFont（）。

此函数用于设置文本控件的默认字体，函数原型如下。

```
void TEXT_SetDefaultFont(const GUI_FONT * pFont);/* 默认字体的指针 */
```

(3) TEXT_SetFont()。

此函数用于设置指定文本控件的字体,函数原型如下。

```
void TEXT_SetFont(TEXT_Handle hObj, /* 文本控件的句柄 */
const GUI_FONT * pFont);/* 使用字体的指针 */
```

(4) TEXT_SetText()。

此函数用于设置指定文本控件的文本,函数原型如下。

```
void TEXT_SetText(TEXT_Handle hObj, /* 文本控件的句柄 */
const char * s);/* 显示的文本 */
```

3.1.10 对话框

对话框是 μC/GUI 中最常用的控件,它其实是一种包含一个或多个控件的窗口。对话框控件也包括消息框,它的主要功能函数如下。

(1) GUI_CreateDialogBox。

该函数用于建立一个非阻塞式的对话框,函数原型如下。

```
WM_HWIN GUI_CreateDialogBox (
/* 定义包含在对话框中所有控件的资源表的指针 */
const GUI_WIDGET_CREATE_INFO * paWidget,
int NumWidgets,/* 控件的数量 */
WM_CALLBACK * cb,/* 回调函数指针 */
WM_HWIN hParent,/* 父窗口的句柄 */
int x0, int y0);/* 对话框相对于父窗口的 X/Y 轴坐标 */
```

(2) GUI_ExecDialogBox。

该函数用于建立一个阻塞式的对话框,函数原型如下。

```
WM_HWIN GUI_ExecDialogBox (
/* 定义包含在对话框中所有控件的资源表的指针 */
const GUI_WIDGET_CREATE_INFO * paWidget,
int NumWidgets,/* 控件的数量 */
WM_CALLBACK * cb,/* 回调函数指针 */
WM_HWIN hParent,/* 父窗口的句柄 */
int x0, int y0);/* 对话框相对于父窗口的 X/Y 轴坐标 */
```

(3) GUI_EndDialog。

该函数用于结束(关闭)一个对话框,函数原型如下。

```
void GUI_EndDialog(WM_HWIN hDialog,/* 对话框的句柄 */
int r);/* 返回值 */
```

（4）GUI_MessageBox。

该函数是一个消息框函数，用于建立及显示一个消息框，函数原型如下。

```
void GUI_MessageBox(const char * sMessage, / * 显示消息 * /
const char * sCaption, / * 标题内容 * /
int Flags); / * 保留 * /
```

3.1.11　抗锯齿

锯齿现象是一种图形失真现象。μC/GUI 系统的抗锯齿是平滑的直线或曲线，它减少了锯齿现象，支持不同的抗锯齿质量，抗锯齿字体和高分辨率坐标。下面列出了μC/GUI 的抗锯齿软件包的主要功能函数。

1. 抗锯齿控制函数

（1）GUI_AA_DisableHiRes()。

该函数用于禁止高分辨率，函数原型 void GUI_AA_DisableHiRes(void)。

（2）GUI_AA_EnableHiRes()。

该函数用于启用高分辨率，函数原型 void GUI_AA_EnableHiRes(void)。

（3）GUI_AA_GetFactor()。

该函数用于返回当前的抗锯齿品质系数，函数原型 int GUI_AA_GetFactor (void)。

（4）GUI_AA_SetFactor()。

该函数用于设置当前的抗锯齿品质系数，函数原型如下。

```
void GUI_AA_SetFactor(int Factor); / * 新的抗锯齿系数 * /
```

2. 抗锯齿绘制函数

（1）GUI_AA_DrawArc()。

该函数用于在当前窗口的指定位置，使用当前画笔大小和画笔形状显示一段抗锯齿的圆弧，函数原型如下。

```
void GUI_AA_DrawArc(int x0, / * 中心的水平坐标 * /
int y0, / * 中心的垂直坐标 * /
int rx, / *  水平半径 * /
int ry,
int a0,
int a1);
```

（2）GUI_AA_DrawLine()。

该函数用于在当前窗口的指定位置，使用当前画笔大小及画笔形状显示一条抗锯齿的直线，函数原型如下。

```
void GUI_AA_DrawLine(int x0, int y0,/*起始 X/Y 轴坐标*/
int x1, int y1);/*终点 X/Y 轴坐标*/
```

(3) GUI_AA_DrawPolyOutline()。

该函数用于在当前窗口指定位置指定线宽,显示多边形的轮廓线,函数原型如下。

```
void GUI_AA_DrawPolyOutline ( const GUI_POINT * pPoint,/*多边形指针*/
int NumPoints,/*点的数量*/
int Thickness,/*轮廓的线宽*/
int x, int y);
```

(4) GUI_AA_FillCircle()。

该函数用于在当前窗口的指定位置显示一个填充和抗锯齿的圆,函数原型如下。

```
void GUI_AA_FillCircle(int x0,/*圆的中心水平坐标*/
int y0, /*圆的中心垂直坐标*/
int r);/*圆的半径*/
```

(5) GUI_AA_FillPolygon()。

该函数用于在当前窗口指定位置,填充一个抗锯齿多边形,函数原型如下。

```
void GUI_AA_FillPolygon(const GUI_POINT * pPoint, /*多边形的指针*/
int NumPoints,/*点的数量*/
int x,int y);/*原点 X/Y 轴坐标*/
```

3.1.12　输入设备

　　μC/GUI 图形系统提供了对鼠标、触摸屏、键盘等输入设备的支持,主要功能函数如下。

1. 鼠　标

这部分函数支持通用鼠标,适合任何类型的鼠标驱动程序。

(1) GUI_MOUSE_GetState()。

该函数用于返回鼠标的当前状态,如果当前鼠标被按下函数返回值为 1;如果未按下函数返回值为 0。函数原型如下。

```
int GUI_MOUSE_GetState(GUI_PID_STATE * pState);/*结构指针*/
```

(2) GUI_MOUSE_StoreState()。

该函数用于存储鼠标的当前状态,函数原型如下。

```
void GUI_MOUSE_StoreState(const GUI_PID_STATE * pState);
```

2. 触摸屏

(1) GUI_TOUCH_GetState()。

该函数用于返回触摸屏的当前状态,如果当前触摸屏被按下函数返回值为 1;如果未按下函数返回值为 0。函数原型如下。

```
int GUI_TOUCH_GetState(GUI_PID_STATE * pState);/*结构指针*/
```

(2) GUI_TOUCH_StoreState()。

该函数用于存储触摸屏的当前状态,函数原型如下。

```
void GUI_TOUCH_StoreState(int x int y);/*x,y分别表示 X/Y 轴坐标*/
```

3. 模拟触摸屏驱动函数

这部分函数主要处理模拟输入(如来自 A/D 转换器),对触摸屏进行去抖动和校准处理。

(1) GUI_TOUCH_Calibrate()。

该函数用于运行时更改刻度,函数原型如下。

```
int GUI_TOUCH_Calibrate(int Coord, /*用于 X 轴为 0,用于 Y 轴为 1*/
int Log0, /*逻辑值 0*/
int Log1, /*逻辑值 1*/
int Phys0,/*逻辑值 0 时 A/D 转换器的值*/
int Phys1);/*逻辑值 1 时 A/D 转换器的值*/
```

(2) GUI_TOUCH _Exec()。

该函数用于调用 TOUCH_X 函数对触摸屏进行轮询,以激活 X/Y 轴的测量,函数原型如下。

```
void GUI_TOUCH_Exec(void);
```

(3) GUI_TOUCH_SetDefaultCalibration()。

该函数用于将刻度复位为配置文件中默认设置值,函数原型如下。

```
void GUI_TOUCH_SetDefaultCalibration(void);
```

(4) TOUCH_X_ActivateX()和 TOUCH_X_ActivateY()。

这两个函数通过 GUI_TOUCH_Exec()调用,TOUCH_X_ActivateX ()函数用于 X 轴的电压测量;TOUCH_X_ActivateY()函数用于 Y 轴的电压测量。

(5) TOUCH_X_MeasureX()和 TOUCH_X_MeasureY()。

这两个函数通过 GUI_TOUCH_Exec()调用,分别用于返回 A/D 转换器的 X 和 Y 轴的测定值。

4. 键　盘

这部分函数主要包括键盘驱动层处理函数和键盘应用层处理函数。

(1) GUI_StoreKeyMsg()。

该函数用于指定键中存储一个状态消息,函数原型如下。

```
void GUI_StoreKeyMsg(int Key, /* 键码 */
int Pressed);/* 按键状态,1 为按下,0 为未按下 */
```

(2) GUI_SendKeyMsg()。

该函数用于向一个指定的按键发送状态消息。

(3) GUI_ClearKeyBuffer()。

该函数用于清除键缓冲区,函数原型如下。

```
void GUI_ClearKeyBuffer(void);
```

(4) GUI_GetKey()。

该函数用于返回键缓冲区的当前内容,函数原型如下。

```
int GUI_GetKey(void);
```

(5) GUI_StoreKey()。

该函数用于在缓冲区中存储一个键,函数原型如下。

```
void GUI_StoreKey(int Key);
```

(6) GUI_WaitKey()。

该函数用于等待一个键被按下,函数原型如下。

```
int GUI_WaitKey(void);
```

3.1.13   时间函数

(1) GUI_Delay()。

该函数用于延时一个指定时间,函数原型如下。

```
void GUI_Delay(int Period);/*  以节拍为单位的时间,直到函数将返回为止 */
```

(2) GUI_Exec()。

该函数用于执行回调函数(如重绘窗口),函数原型如下。

```
int GUI_Exec(void);
```

(3) GUI_GetTime()。

该函数用于返回当前的系统时间,函数原型如下。

```
int GUI_GetTime(void) ;/* 当前的系统时间(以节拍为单位) */
```

3.2   μC /GUI 系统移植

μC/GUI 是一种嵌入式应用中的图形支持系统。它可为任何使用 LCD 图形显示
的应用提供高效的独立于处理器及 LCD 控制器的图形用户接口,适用单任务或是多任

务系统环境,并适用于任意 LCD 控制器真实显示或虚拟显示,适应大多数的使用黑白或彩色 LCD 的应用。它提供非常好的允许处理灰度的色彩管理,还提供一个可扩展的 2D 图形库及占用极少 RAM 的窗口管理体系。

3.2.1 初识 μC/GUI 系统

μC/GUI 是由 100% 的标准 C 代码编写的,其系统设计架构由模块化构成,由不同的模块中的不同层组成,由一个 LCD 驱动层来包含所有对 LCD 的具体图形操作。上一节我们介绍了 μC/GUI 的各种系统模块、控件模块及外围功能函数,其实这些函数都封装在不同模块下的文件中,我们把这部分模块所包括的主要文件列出如表 3 - 2 所列,并进行了功能说明。

注意:有些单个文件封装多个功能函数,也有些文件比如 Core 文件夹下的部分文件是一个程序文件封装一个函数的。

表 3 - 2 μC/GUI 系统文件

文件目录	主要文件	说　明
	LCD 和触摸屏配置文件目录	
Config	LCDConf. h	LCD 配置文件
	GUIConf. h	GUI 配置文件
	GUITouch. Conf. h	触摸屏模块配置文件
	抗锯齿支持文件	
AntiAlias	GUIAAArc. C	支持抗锯齿的画弧例程
	GUIAACirle. C	支持抗锯齿的画圆例程
	GUIAALine. C	支持抗锯齿的画线例程
	GUIAAPoly. C	支持抗锯齿的绘制多边形例程
	GUIAAPolyOut. C	支持抗锯齿的绘制多边形外框例程
	用于彩色显示的色彩转换程序	
ConvertColor	LCD222. C	222 模式色彩转换例程
	LCDP555. C	555 模式(R:G:B)色彩转换例程
	LCDP565. C	565 模式(R:G:B)色彩转换例程
	用于黑白两色及灰度显示的色彩转换程序	
ConvertMono	LCDP0. C	用于 1/2/4/8 bpp 的色彩转换程序
	LCDP2. C	用于 2bpp 灰色 LCD 的色彩转换程序
	LCDP4. C	用于 4bpp 灰色 LCD 的色彩转换程序
	核心程序文件	
Core	GUI2DLib. C	2D 图形库文件(含画点、画线、画方、绘制多边形、填充等)
	GUI_Exec. C	μC/GUI 功能性运行函数,如更新窗口
	GUICore. C	核心程序,含 GUI_Init()、GUI_Clear()等函数

文件目录	主要文件	说　明
Core	GUITASK. C	支持操作系统的保存/恢复任务的上下文切换功能,含加锁函数 GUI_Unlock()、解锁函数 GUI_Lock()、任务初始化函数 GUITASK_Init()。 注:这几个函数调用的是高级函数
	LCD. C	GUI 与 LCD_L0 的接口
	LCD_API. C	LCD 的 API 函数
	GUI_ReadData. C	16 位/32 位数据读实现函数
	GUI_ReduceRect. C	GUI_ReduceRect()函数功能实现
	GUI_SetText. C	GUI_SetText()函数功能实现
	GUI_ALLOC_AllocInit. C	动态内存管理
	GUI_BMP. C	BMP 位图绘制功能
	GUI_CursorArrowL. C	箭头光标(大号)功能
	GUI_DispString. C	字符串显示功能
	GUI_DispStringInRect. C	框内显示字符串功能
	GUI_DrawBitmap. C	GUI_DrawBitmap()函数功能实现
	GUI_DrawHLine. C	画水平线 GUI_DrawHLine()函数功能实现
	GUI_DrawVLine. C	画垂直线 GUI_DrawVLine()函数功能实现
	GUI_DrawPolyLine. C	绘多边形线 GUI_DrawPolyline()函数功能实现
	GUI_FillPolygon. C	多边形填充例程
	GUI_FillRect. C	方形填充例程
	GUI_InitLUT. C	GUI 查询表初始化函数
	GUI_MOUSE. C	通用鼠标例程
	GUI_OnKey. c	存储按键消息
	GUI_SelectLCD. c	选择 LCD
	GUI_SetColor. c	设置背景色
	GUI_SetDefault. c	GUI 默认参数设置
	GUI_SetDrawMode. C	设置绘制模式
	GUI_SetFont. C	设置字体
	GUI_SetTextMode. C	设置文字模式
	GUITOUCH. C	触摸屏例程
	GUI_TOUCH_DriverAnalog. C	触摸屏模块配置文件
	GUI_WaitEvent. C	GUI_WaitEvent()函数功能实现
	GUI_WaitKey. C	GUI_WaitKey()函数功能实现
	GUIAlloc. C	动态内存管理相关函数实现

文件目录	主要文件	说　明
	GUI 演示例程（这部分是已经编完代码的各功能和控件演示例程）	
	GUIDEMO. c	封装了多个 GUI 演示例程
	MainTask. c	初始化 GUI 和调用 GUIDEMO_main() 代码
	GUIDEMO_Automotive. c	GUI 自动演示例程
	GUIDEMO_Bitmap4bpp. c	包含一个 4bpp 位图演示
	GUIDEMO_Bitmap. c	有无压缩位图绘制
	GUIDEMO_Circle. c	绘圆演示例程
	GUIDEMO_ColorBar. c	彩条绘制演示例程
	GUIDEMO_ColorList. c	彩色列表演示例程
	GUIDEMO_Cursor. c	光标演示例程
	GUIDEMO_Dialog. c	对话框演示例程
GUIDemo	GUIDEMO_Font. c	字体演示例程
	GUIDEMO_FrameWin. c	框架窗口控件演示例程
	GUIDEMO_Graph. c	多个图形绘制演示例程
	GUIDEMO_Intro. c	GUIDEMO_Intro() 函数功能实现
	GUIDEMO_LUT. c	查询表演示例程
	GUIDEMO_MemDevB. c	存储设备演示例程
	GUIDEMO_Messagebox. c	GUIDEMO_Messagebox() 函数演示例程
	GUIDEMO_Navi. c	导航例程演示
	GUIDEMO_Polygon. c	多边形演示例程
	GUIDEMO_ProgBar. c	进度条演示例程
	GUIDEMO_Speed. c	速度演示例程
	GUIDEMO_Touch. c	GUIDEMO_Touch() 触控功能演示例程
	GUIDEMO_WM. c	视窗管理演示例程
	有关字体的程序文件	
	F4x6. C	4×6 像素字体
	F6x8. C	6×8 像素字体
Font	F8x13. C	类似 courier 的等宽字体
	F8x15B. C	类似 system 的等宽粗字体
	AsciiLib_65k. c	ASCⅡ 字库，横向取模 8×16，彩屏显示应用
	HzLib_65k. c	GB2312 汉字库，横向取模 16×16，彩屏显示汉字应用
	图片支持文件	
JPEG	GUI_JPEG. c	GUI_JPEG_Draw() 功能实现
	Jcomapi. c	JPEG 压缩与解压缩功能实现
	Jdcolor. c	色彩空间转换程序
	…	…

文件目录	主要文件	说　明
	LCD 驱动代码文件	
LCDDriver	Ili932x. c	支持 ILI9320 和 ILI9325 驱动 IC 控制的 QVGA 显示屏
	Ili9320. c	ILI9320 驱动 LCD(其他类型 LCD 驱动也可修改后套用本文件内格式)
	Ili9320_api. c	μC/GUI 系统驱动接口 LCD 的 API 函数
	Ili9320_touch. c	LCD 移植触摸屏相关
	Ili9320_ucgui. c	μC/GUI 系统 LCD 相关驱动接口
	存储器的支持文件(这部分一般都是授权代码,仅作框架介绍)	
MemDev	GUIDEV. c	存储设备功能实现
	GUIDEV_1. c	1 位/像素存储设备功能实现
	GUIDEV_8. c	8 位/像素存储设备功能实现
	GUIDEV_16. c	16 位/像素存储设备功能实现
	GUIDEV_AA. c	支持抗锯齿的存储设备绘制功能实现
	GUIDEV_Auto. c	自动绑定存储设备功能实现
	GUIDEV_Banding. c	绑定存储设备功能实现
	GUIDEV_Clear. c	GUI_MEMDEV_Clear()函数功能实现
	GUIDEV_GetXSize. c	GUI_MEMDEV_GetXSize()函数功能实现
	GUIDEV_GetYSize. c	GUI_MEMDEV_GetYSize()函数功能实现
	GUIDEV_Write. c	GUI_MEMDEV_Write()函数功能实现等
	LCD 上层应用文件	
MultiLayer	LCD_1. c	多层应用之一
	LCD_2. c	多层应用之二
	LCD_3. c	多层应用之三
	LCD_4. c	多层应用之四
	视窗控制支持文件库	
Widget	BUTTON. c	按钮控件
	BUTTON_Bitmap. c	按钮支持位图
	BUTTON_BMP. c	按钮支持流图
	BUTTON_Create. c	建立一个按钮函数功能实现(含两种方式)
	BUTTON_CreateIndirect. c	从资源项目表中建立按钮的函数功能实现
	BUTTON_Default. c	按钮默认参数设置函数功能实现
	BUTTON_Get. c	获取按钮参数函数功能实现
	BUTTON_IsPressed. c	按下按钮函数功能实现
	BUTTON_SelfDraw. c	按钮自绘函数功能实现
	BUTTON_SetTextAlign. c	按钮文件显示对齐函数功能实现
	CHECKBOX. c	复选框控件
	CHECKBOX_Create. c	建立一个复选框函数功能实现

续表 3 - 2

文件目录	主要文件	说　明
Widget	CHECKBOX_CreateIndirect. c	从资源表项目中建立一个复选框函数功能实现
	CHECKBOX_Default. c	复选框默认参数设置函数功能实现
	CHECKBOX_GetState. c	获取复选框状态函数功能实现
	CHECKBOX_Image. c	复选框选中时位图显示函数功能实现
	CHECKBOX_IsChecked. c	返回复选框是否选中的状态函数功能实现
	CHECKBOX_SetBkColor. c	设置复选框背景色函数功能实现
	CHECKBOX_SetDefaultImage. c	设置复选框默认位图函数功能实现
	CHECKBOX_SetFont. c	设置复选框字体函数功能实现
	CHECKBOX_SetImage. c	设置复选框图片函数功能实现
	CHECKBOX_SetSpacing. c	复选框 CHECKBOX_SetSpacing()函数功能实现
	CHECKBOX_SetState. c	复选框 CHECKBOX_SetState()函数功能实现
	CHECKBOX_SetText. c	复选框文本设置函数功能实现
	CHECKBOX_SetTextAlign. c	复选框文本对齐函数功能实现
	CHECKBOX_SetTextColor. c	复选框文本颜色函数功能实现
	DIALOG. c	对话框控件
	DROPDOWN. c	下拉控件
	DROPDOWN_Create. c	建立一个下拉控件
	DROPDOWN_CreateIndirect. c	从资源表项目中建立一个下拉控件
	DROPDOWN_DeleteItem. c	下拉控件项目删除函数功能实现
	DROPDOWN_InsertString. c	下拉控件插入字符串函数功能实现
	DROPDOWN_ItemSpacing. c	下拉控件 DROPDOWN_Set/GetItem
	_Spacing()函数功能实现	
	DROPDOWN_SetAutoScroll. c	下拉控件设置自动滚动函数功能实现
	DROPDOWN_SetTextAlign. c	下拉控件文本对齐函数功能实现
	DROPDOWN_SetTextHeight. c	下拉控件设置文本高度函数功能实现
	EDIT. c	文本编辑框控件
	EDIT_Create. c	建立一个文本编辑框(含两个函数)
	EDIT_CreateIndirect. c	从资源项目表中建立一个文本编辑框
	EDIT_Default. c	文本编辑框设置默认参数功能实现
	EDIT_GetNumChars. c	获取文本编辑框的字符数目
	EDIT_SetCursorAtChar. c	在文本编辑框字符处设置光标
	EDIT_SetInsertMode. c	设置文本编辑框插入模式
	EDIT_SetpfAddKeyEx. c	在文本编辑框编辑区输入内容
	EDIT_SetpfUpdateBuffer. c	EDIT_SetpfUpdateBuffer()函数功能实现
	EDIT_SetSel. c	EDIT_SetSel()函数功能实现
	EDITBin. c	在文本编辑框当前光标位置编辑一个二进制数
	EDITDec. c	在文本编辑框当前光标位置编辑一个十进制数
	EDITFloat. c	在文本编辑框当前光标位置编辑一个浮点数

文件目录	主要文件	说　明
Widget	EDITHex. c	在文本编辑框当前光标位置编辑一个十六进制数
	FRAMEWIN. c	框架窗口控件
	FRAMEWIN__UpdateButtons. c	调整框架窗口位置和大小(须先重定义标题栏尺寸)
	FRAMEWIN_AddMenu. c	向框架窗口增加菜单
	FRAMEWIN_Button. c	向框架窗口增加按钮
	FRAMEWIN_ButtonClose. c	向框架窗口增加关闭按钮
	FRAMEWIN_ButtonMax. c	FRAMEWIN_AddMaxButton()函数实现
	FRAMEWIN_ButtonMin. c	FRAMEWIN_AddMinButton()函数实现
	FRAMEWIN_Create. c	建立一个框架窗口(含两种建立方式)
	FRAMEWIN_CreateIndirect. c	从资源表条目中创建一个框架窗口
	FRAMEWIN_Default. c	设置框架窗口默认参数
	FRAMEWIN_Get. c	获取框架窗口默认参数
	FRAMEWIN_IsMinMax. c	判断框架窗口是否为最大化或最小化
	FRAMEWIN_MinMaxRest. c	框架窗口最大化或最小化恢复
	FRAMEWIN_SetBorderSize. c	设置框架窗口边框尺寸
	FRAMEWIN_SetColors. c	设置框架窗口颜色(含标题栏背景色、文本颜色、客户区背景色等)
	FRAMEWIN_SetFont. c	设置框架窗口的标题文本字体
	FRAMEWIN_SetResizeable. c	定义框架窗口的尺寸可重定义
	FRAMEWIN_SetTitleHeight. c	设置框架窗口标题栏高度
	FRAMEWIN_SetTitleVis. c	设置框架窗口标题栏是否可见
	GUI_ARRAY. c	GUI 动态数组(含添加、释放、置换等功能)
	GUI_ARRAY_DeleteItem. c	删除动态数组 GUI_ARRAY_DeleteItem()函数功能实现
	GUI_ARRAY_InsertItem. c	插入动态数组 GUI_ARRAY_InsertItem()函数功能实现
	GUI_ARRAY_ResizeItem. c	重定义动态数组大小 GUI_ARRAY_Resize_Item()函数功能实现
	GUI_DRAW. c	GUI_DRAW__Draw()函数功能实现
	GUI_DRAW_BITMAP. c	GUI_DRAW_BITMAP_Create()函数功能
	GUI_DRAW_BMP. c	GUI_DRAW_BMP_Create()函数功能
	GUI_DRAW_Self. c	GUI_DRAW_SELF_Create()函数功能
	GUI_DRAW_STREAMED. c	GUI_DRAW_STREAMED_Create()函数功能
	GUI_EditBin. c	编辑一个二进制数 GUI_EditBin()函数功能
	GUI_EditDec. c	编辑一个十进制数 GUI_EditDec()函数功能
	GUI_EditFloat. c	编辑一个浮点数 GUI_EditFloat()函数功能
	GUI_EditHex. c	编辑一个十六进制数 GUI_EditHex()函数功能
	GUI_EditString. c	编辑一串字符 GUI_EditString()函数功能

文件目录	主要文件	说　明
Widget	GUI_HOOK. c	GUI 钩子程序(含添加、移除功能)
	HEADER. c	表头控件
	HEADER__SetDrawObj. c	HEADER_SetDrawObj()函数功能实现
	HEADER_Bitmap. c	HEADER_SetBitmap()函数功能实现
	HEADER_BMP. c	HEADER_SetBMP()函数功能实现
	HEADER_Create. c	建立一个表头控件
	HEADER_CreateIndirect. c	从资源表条目中建立一个表头
	HEADER_StreamedBitmap. c	HEADER_SetStreamedBitmap()函数功能实现
	LISTBOX. c	列表框控件
	LISTBOX_Create. c	创建一个列表框(含两种方式)
	LISTBOX_CreateIndirect. c	从资源表条目中建立一个列表框
	LISTBOX_Default. c	默认参数设置列表框
	LISTBOX_DeleteItem. c	删除列表框的一个项目(单元)
	LISTBOX_Font. c	设置列表框字体
	LISTBOX_GetItemText. c	获取列表框下项目的字体
	LISTBOX_GetNumItems. c	获取列表框下项目的数目
	LISTBOX_InsertString. c	在列表框插入字符串
	LISTBOX_ItemDisabled. c	禁止列表框下某个项目
	LISTBOX_ItemSpacing. c	LISTBOX_SetItemSpacing()函数功能实现
	LISTBOX_MultiSel. c	设置列表框下项目选项的多选
	LISTBOX_ScrollStep. c	设置浏览列表框每次的滚动条的拉动值
	LISTBOX_SetAutoScroll. c	设置列表框自动滚动
	LISTBOX_SetBkColor. c	设置列表框背景色
	LISTBOX_SetOwner. c	设置列表框的母体
	LISTBOX_SetOwnerDraw. c	LISTBOX_SetOwnerDraw()函数功能实现
	LISTBOX_SetScrollbarWidth. c	设置列表框滚动条宽度
	LISTBOX_SetString. c	设置列表框标题文本
	LISTBOX_SetTextColor. c	设置列表框文本颜色(前景色)
	LISTVIEW. c	列表视图控件
	LISTVIEW_Create. c	建立一个列表视图控件(含两种方法)
	LISTVIEW_CreateIndirect. c	从资源表项目中建立列表视图
	LISTVIEW_Default. c	默认参数设置列表视图
	LISTVIEW_DeleteColumn. c	删除列表视图的列
	LISTVIEW_DeleteRow. c	删除列表视图的行
	LISTVIEW_GetBkColor. c	获取列表视图的背景色
	LISTVIEW_GetFont. c	获取列表视图的字体
	LISTVIEW_GetHeader. c	获取列表视图的表头
	LISTVIEW_GetNumColumns. c	获取列表视图的列数

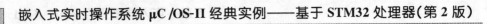

文件目录	主要文件	说　明
	LISTVIEW_GetNumRows. c	获取列表视图的行数
	LISTVIEW_GetSel. c	LISTVIEW_GetSel()函数功能实现
	LISTVIEW_GetTextColor. c	获取列表视图的字体颜色(前景色)
	LISTVIEW_SetBkColor. c	设置列表视图的背景色
	LISTVIEW_SetColumnWidth. c	设置列表视图的列宽
	LISTVIEW_SetFont. c	设置列表视图的字体
	LISTVIEW_SetGridVis. c	设置列表视图的网格是否可见
	LISTVIEW_SetItemColor. c	设置列表视图内条目的前景色和背景色
	LISTVIEW_SetItemText. c	设置列表视图内条目的文本
	LISTVIEW_SetLBorder. c	设置列表视图的左边框
	LISTVIEW_SetRBorder. c	设置列表视图的右边框
	LISTVIEW_SetRowHeight. c	设置列表视图的行高
	LISTVIEW_SetSel. c	设置列表视图的选中状态
	LISTVIEW_SetTextAlign. c	设置列表视图的文本对齐方式
	LISTVIEW_SetTextColor. c	设置列表视图的文本颜色(前景色)
	MENU. c	菜单控件
	MENU__FindItem. c	查找菜单条目 MENU_FindItem()函数功能实现
	MENU_Attach. c	MENU_Attach()函数功能实现
	MENU_CreateIndirect. c	从资源表项目中创建一个菜单
Widget	MENU_Default. c	默认参数设置菜单
	MENU_DeleteItem. c	删除菜单条目
	MENU_DisableItem. c	禁止菜单条目
	MENU_EnableItem. c	使能菜单条目
	MENU_GetItem. c	获取菜单条目
	MENU_GetItemText. c	获取菜单的条目文本
	MENU_GetNumItems. c	获取菜单的条目个数
	MENU_InsertItem. c	菜单内插入新条目
	MENU_Popup. c	设置弹出式菜单
	MENU_SetBkColor. c	设置菜单将背景色
	MENU_SetBorderSize. c	设置菜单边框尺寸
	MENU_SetFont. c	设置菜单标题字体
	MENU_SetItem. c	设置菜单的条目数
	MENU_SetTextColor. c	设置菜单的文本颜色(前景色)
	MESSAGEBOX. c	消息框控件
	MULTIEDIT. c	多文本编辑框控件
	MULTIEDIT_Create. c	建立一个多文本编辑框函数功能实现
	MULTIEDIT_CreateIndirect. c	从资源表条目中创建一个多文本编辑框
	MULTIPAGE. c	多页面控件

续表 3 - 2

文件目录	主要文件	说　明
Widget	MULTIPAGE_Create. c	创建一个多页面
	MULTIPAGE_CreateIndirect. c	从资源表条目中创建一个多页面
	MULTIPAGE_Default. c	默认参数设置一个多页面
	PROGBAR. c	进度条控件
	PROGBAR_Create. c	创建一个进度条
	PROGBAR_CreateIndirect. c	从资源表条目中创建一个进度条
	RADIO. c	单选按钮控件
	RADIO_Create. c	创建一个单选按钮
	RADIO_CreateIndirect. c	从资源表条目创建一个单选按钮
	RADIO_Default. c	默认参数设置单选按钮
	RADIO_Image. c	单选按钮图片修饰功能函数
	RADIO_SetBkColor. c	设置单选按钮背景色
	RADIO_SetDefaultImage. c	设置单选按钮默认图片
	RADIO_SetFont. c	设置单选按钮字体
	RADIO_SetGroupId. c	设置单选按钮组号
	RADIO_SetImage. c	RADIO_SetImage()函数功能实现
	RADIO_SetText. c	设置单选按钮的显示文本
	RADIO_SetTextColor. c	设置单选按钮的文本颜色(背景色)
	SCROLLBAR. c	滚动条控件
	SCROLLBAR_Create. c	创建一个滚动条
	SCROLLBAR_CreateIndirect. c	从资源表条目中创建一个滚动条
	SCROLLBAR_Defaults. c	默认参数设置滚动条
	SCROLLBAR_GetValue. c	返回滚动条当前值 SCROLLBARGetValue()函数实现
	SCROLLBAR_SetWidth. c	设置滚动条宽度
	SLIDER. c	滑动条控件
	SLIDER_Create. c	创建一个滑动条
	SLIDER_CreateIndirect. c	从资源表条目创建一个滑动条
	TEXT. c	文本控件
	TEXT_Create. c	建立一个文本
	TEXT_CreateIndirect. c	从资源表条目创建一个文本
	TEXT_SetBkColor. c	设置文本的背景色
	TEXT_SetFont. c	设置文本的字体
	TEXT_SetText. c	设置文本控件的文本
	TEXT_SetTextAlign. c	设置文本对齐方式
	TEXT_SetTextColor. c	设置文本颜色(前景色)
	WIDGET. c	窗口小部件(微件)核心程序
	WIDGET_Effect_3D. c	3D 效果相关程序

文件目录	主要文件	说　明
Widget	WIDGET_Effect_3D1L. c	1 层 3D 效果相关程序
	WIDGET_Effect_3D2L. c	2 层 3D 效果相关程序
	WIDGET_Effect_None. c	无特效程序
	WIDGET_Effect_Simple. c	简易效果程序
	WIDGET_FillStringInRect. c	WIDGET_FillStringInRect()函数实现
	WIDGET_SetEffect. c	WIDGET_SetEffect()效果设置函数实现
	WIDGET_SetWidth. c	WIDGET_SetWidth()宽度设置函数实现
	WINDOW. c	窗口控件
	WINDOW_Default. c	默认参数设置窗口控件
	视窗管理器	
WM	WM. c	视窗管理器室核心程序
	WM__GetFirstSibling. c	返回指定窗口的第一个子窗口的句柄
	WM__GetLastSibling. c	返回指定窗口的最后一个子窗口的句柄
	WM__GetPrevSibling. c	返回指定窗口的前一个子窗口的句柄
	WM__IsChild. c	以子窗口形式创建一个窗口
	WM__IsEnabled. c	视窗激活 WM__IsEnabled()函数功能实现
	WM__SendMessage. c	向一个指定窗口发送一个消息
	WM__UpdateChildPositions. c	更新指定子窗口的位置
	WM_BringToBottom. c	把指定窗口放到同体窗口下面(置底)
	WM_BringToTop. c	把指定窗口放到同体窗口上面(置顶)
	WM_EnableWindow. c	指定窗口使能或禁止(含三个函数)
	WM_GetBkColor. c	获取窗口背景色
	WM_GetClientRect. c	返回活动窗口的客户区的座标
	WM_GetClientWindow. c	返回活动窗口区的座标
	WM_GetDesktopWindow. c	返回桌面窗口的句柄区
	WM_GetFirstChild. c	返回指定窗口的第一个子窗口的句柄
	WM_GetParent. c	返回指定窗口的父窗口的句柄
	WM_Hide. c	隐藏指定的窗口
	WM_IsEnabled. c	窗口句柄有效
	WM_IsVisible. c	使一个指定窗口可见
	WM_IsWindow. c	确定一个指定句柄是否一个有效的窗口句柄
	WM_Move. c	把一个指定窗口移动一段距离
	WM_MoveChildTo. c	把一个指定的子窗口移动一段距离
	WM_OnKey. c	返回窗口按键信息
	WM_Paint. c	立即绘制或重绘一个指定窗口
	WM_ResizeWindow. c	改变一个指定窗口的尺寸
	WM_SetCallback. c	设置为视窗管理器执行的回调函数
	WM_SetCreateFlags. c	创建一个新的窗口时设置用作默认值的标志

续表 3 - 2

文件目录	主要文件	说　明
WM	WM_SetDesktopColor. c	设置桌面窗口的颜色
	WM_SetFocus. c	对指定子窗口设置取焦点（光标定位）
	WM_SetFocusOnNextChild. c	对指定窗口的下一个子窗口设置取焦点
	WM_SetFocusOnPrevChild. c	对指定窗口的前一个子窗口设置取焦点
	WM_SetScrollbar. c	指定窗口设置滚动条
	WM_SetScrollState. c	指定窗口滚动条的设置状态
	WM_SetSize. c	设置指定窗口尺寸（须调用 WM_Resize_Window 函数）
	WM_SetTrans. c	设置或清除 HAS 透明标志（含两操作函数）
	WM_SetTransState. c	HAS 透明标志状态（须调用 WM_SetTrans. c 文件两个函数）
	WM_SetUserClipRect. c	临时缩小当前窗口的剪切区为一个指定的矩形
	WM_SetXSize. c	设置指定窗口 X 尺寸
	WM_SetYSize. c	设置指定窗口 Y 尺寸
	WM_Show. c	指定窗口可见
	WM_Timer. c	WM_CreateTimer() 和 WM_DeleteTimer() 函数功能实现
	WM_TimerExternal. c	
	WM_UserData. c	设置或获取指定窗口的用户返回数据（含两个函数）
	WM_Validate. c	使一个指定窗口的矩形区域有效
	WM_ValidateWindow. c	使一个指定的窗口有效
	WMMemDev. c	使能或禁止用于重绘一个窗口的存储设备的使用（含两个函数）
	WMTouch. c	指定窗口支持触摸设备

3.2.2　细说 μC/GUI 系统移植

从上表可以看出 μC/GUI 系统大致架构，但实际上我们进行 μC/GUI 系统移植主要针对 Config 文件进行配置。μC/GUI 系统移植要点主要涉及 μC/GUI 系统接口及驱动配置文件，为了适应个性化的 LCD、LCD 控制器以及触摸屏硬件，主要需要修改表 3 - 3所列的 3 个文件，此外也对几个主要官方代码作了简单说明。

表 3 - 3　μC/GUI 系统移植文件

文件名	说　明
LCDConf. h	LCD 分辨率、控制器、每像素位、LCD 初始化函数定义
GUIConf. h	μC/GUI 功能模块和动态存储空间，默认字体设置等定义
GUITouchConf. h	触摸屏参数定义

1. 移植前 LCD 准备条件

μC/GUI 系统移植前必须先准备好可以正常运行的 LCD 应用驱动程序,即首先保证 LCD 驱动程序在无系统的环境下是可以正常工作的,这部分内容我们在后面的系统软件设计架构中归类为 μC/GUI 系统移植部分(文件名 lcd.c)。

正常运行的 LCD 应用驱动程序,主要涉及如下函数,这些函数可以保证一些基本操作如点操作、线操作等,方便移植的时候应用。当然我们也可以凭兴趣和应用需求增加一些其他种类的操作。

● 函数 lcd_Initializtion()

该函数是 LCD 的初始化函数,直接调用的是 LCD 控制器的硬件初始化函数。

```
void lcd_Initializtion()
{
    LCD_Init1();//初始化 LCD 控制器,LCD 控制器的硬件初始化函数
                //该功能函数位于 lcddrv.c 文件中,完成 LCD 控制器寄存器配置
}
```

● 函数 lcd_SetCursor()

该函数用于设置屏幕的座标,函数功能与注释如下。

```
/*****************************************************
*  名     称:void lcd_SetCursor(u16 x,u16 y)
*  功     能:设置屏幕座标
*  入口参数:x        行座标
*           y        列座标
*  出口参数:无
*  说     明:参数值作者做过修正,主要是为了提高速度
*  调用方法:lcd_SetCursor(10,10);
*****************************************************/
void lcd_SetCursor(u16 x,u16 y)
{
    *(__IO uint16_t *)(Bank1_LCD_C) = 0x200;
    *(__IO uint16_t *)(Bank1_LCD_D) = y;
    *(__IO uint16_t *)(Bank1_LCD_C) = 0x201;
    *(__IO uint16_t *)(Bank1_LCD_D) = 399 - x;
}
```

● 函数 lcd_SetWindows()

该函数用于设置窗口区域,通过设置行列起始座标完成设置。

```
/*****************************************************
*  名     称:void lcd_SetWindows(u16 StartX,u16 StartY,u16 EndX,u16 EndY)
*  功     能:设置窗口区域
*  入口参数:StartX        行起始座标
```

```
 *          StartY       列起始座标
 *          EndX         行结束座标
 *          EndY         列结束座标
 * 出口参数:无
 * 说      明:参数值作者做过修正,主要是为了提高速度
 * 调用方法:lcd_SetWindows(0,0,100,100);
 * * * * * * * * * * * * * * * * * * * * * * * * * * * * * * * * * * * * * * * * */
void lcd_SetWindows(u16 StartX,u16 StartY,u16 EndX,u16 EndY)
{
   * (__IO uint16_t * ) (Bank1_LCD_C) = 0x0210;
   * (__IO uint16_t * ) (Bank1_LCD_D) = StartY;
   * (__IO uint16_t * ) (Bank1_LCD_C) = 0x0211;
   * (__IO uint16_t * ) (Bank1_LCD_D) = EndX;
   * (__IO uint16_t * ) (Bank1_LCD_C) = 0x0212;
   * (__IO uint16_t * ) (Bank1_LCD_D) = 399 - StartX;
   * (__IO uint16_t * ) (Bank1_LCD_C) = 0x0213;
   * (__IO uint16_t * ) (Bank1_LCD_D) = EndY;
}
```

● 函数 lcd_GetPoint()

该函数用于获取指定座标的颜色值,由值由 lcd_ReadData()函数返回。

```
/ * * * * * * * * * * * * * * * * * * * * * * * * * * * * * * * * * * * * * * * * * *
 * 名      称:u16 lcd_GetPoint(u16 x,u16 y)
 * 功      能:获取指定座标的颜色值
 * 入口参数:x        行座标
 *          y        列座标
 * 出口参数:当前座标颜色值
 * 说      明:参数值作者做过修正,主要是为了提高速度
 * 调用方法:i = lcd_GetPoint(10,10);
 * * * * * * * * * * * * * * * * * * * * * * * * * * * * * * * * * * * * * * * * * */
u16 lcd_GetPoint(u16 x,u16 y)
{
   * (__IO uint16_t * ) (Bank1_LCD_C) = 0x0200;
   * (__IO uint16_t * ) (Bank1_LCD_D) = y;
   * (__IO uint16_t * ) (Bank1_LCD_C) = 0x0201;
   * (__IO uint16_t * ) (Bank1_LCD_D) = 399 - x;
   * (__IO uint16_t * ) (Bank1_LCD_C) = 0x0202;
   return (lcd_ReadData());
}
```

● 函数 lcd_SetPoint()

该函数用于在指定座标画点,函数代码如下。

```
/ * * * * * * * * * * * * * * * * * * * * * * * * * * * * * * * * * * * * * * * * * *
```

```
* 名      称:void lcd_SetPoint(u16 x,u16 y,u16 point)
* 功      能:在指定座标画点
* 入口参数:x        行座标
*           y        列座标
*           point    点的颜色
* 出口参数:无
* 说      明:参数值作者做过修正,主要是为了提高速度
* 调用方法:lcd_SetPoint(10,10,0x0fe0);
******************************************************************/
void lcd_SetPoint(u16 x,u16 y,u16 point)
{
    *(__IO uint16_t *)(Bank1_LCD_C) = 0x0200;
    *(__IO uint16_t *)(Bank1_LCD_D) = y;
    *(__IO uint16_t *)(Bank1_LCD_C) = 0x0201;
    *(__IO uint16_t *)(Bank1_LCD_D) = 399 - x;
    *(__IO uint16_t *)(Bank1_LCD_C) = 0x0202;
    *(__IO uint16_t *)(Bank1_LCD_D) = point;
}
```

● 函数 lcd_PutChar()

该函数在指定座标显示一个 8×16 点阵的 ASCII 字符。

```
/*****************************************************************
* 名      称:void lcd_PutChar(u16 x,u16 y,u8 c,u16 charColor,u16 bkColor)
* 功      能:在指定座标显示一个 8×16 点阵的 ASCII 字符
* 入口参数:x            行座标
*           y            列座标
*           charColor    字符的颜色
*           bkColor      字符背景颜色
* 出口参数:无
* 说      明:显示范围限定为可显示的 ascii 码
* 调用方法:lcd_PutChar(10,10,'a',0x0000,0xffff);
******************************************************************/
void lcd_PutChar(u16 x,u16 y,u8 c,u16 charColor,u16 bkColor)
{
    u16 i = 0;
    u16 j = 0;
    u8 tmp_char = 0;
    for (i = 0;i<16;i++)
    {
        tmp_char = ascii_8x16[((c - 0x20) * 16) + i];
        for (j = 0;j<8;j++)
        {
            if ((tmp_char >> 7 - j) & 0x01 == 0x01)
```

```
    {
        lcd_SetPoint(x + j,y + i,charColor); // 字符颜色
    }
    else
    {
        lcd_SetPoint(x + j,y + i,bkColor); // 背景颜色
    }
    }
  }
}
```

● 函数 lcd_BGR2RGB()

该函数用于(R:G:B)565 格式转换为(B:G:R)565 格式,为内部调用函数,函数代码如下。

```
/ * * * * * * * * * * * * * * * * * * * * * * * * * * * * * * * * * * * * * * * * * * * *
 * 名　　称:u16 lcd_BGR2RGB(u16 c)
 * 功　　能:RRRRRGGGGGGBBBBB 改为 BBBBBGGGGGGRRRRR 格式
 * 入口参数:c　　　　BRG 颜色值
 * 出口参数:RGB 颜色值
 * 说　　明:内部函数调用
 * 调用方法:
 * * * * * * * * * * * * * * * * * * * * * * * * * * * * * * * * * * * * * * * * * * * * /
u16 lcd_BGR2RGB(u16 c)
{
  u16   r, g, b;
  b = (c>>0)  & 0x1f;
  g = (c>>5)  & 0x3f;
  r = (c>>11) & 0x1f;
  return( (b<<11) + (g<<5) + (r<<0) );
}
```

● 函数 lcd_ReadData

该函数的作用是读取 LCD 控制器数据,调用的是 LCD 硬件函数,代码如下。

```
/ * * * * * * * * * * * * * * * * * * * * * * * * * * * * * * * * * * * * * * * * * * * *
 * 名　　称:u16 lcd_ReadData(void)
 * 功　　能:读取控制器数据
 * 入口参数:无
 * 出口参数:返回读取到的数据
 * 说　　明:内部函数
 * 调用方法:i = lcd_ReadData();
 * * * * * * * * * * * * * * * * * * * * * * * * * * * * * * * * * * * * * * * * * * * * /
u16 lcd_ReadData(void)
```

```
{
    u16 val = 0;
    val = LCD_RD_data();//调用 lcddrv.c 文件中的 FSMC 接口读显示区 16 位数据函数
                        //LCD 控制器硬件操作函数
    return val;
}
```

2. 修改 LCDConf.h 头文件

头文件 LCDConf.h 定义了 LCD 的大小、颜色,对应的 LCD 控制器以及与硬件相关 LCD 初始化函数。

配置 LCDConf.h 文件如下:

```
#ifndef LCDCONF_H
#define LCDCONF_H
#define LCD_XSIZE             (240)//配置 LCD 的水平分辨率
#define LCD_YSIZE             (320)//配置 LCD 的垂直分辨率
//LCD 控制器的名称,本书实例共有三种 LCD 控制器分别为 ILI9320? R61509V? ssd1963,
//因此此处可以将 9320 修改为对应的控制器名称,并需修改 μC/GUI 驱动接口中控制器
//名称,以保持定义统一
#define LCD_CONTROLLER        (9320)
#define LCD_BITSPERPIXEL      (16)//每个像素的位数
#define LCD_FIXEDPALETTE      (565)//调色板格式
#define LCD_SWAP_RB           (1)//激活红蓝基色交换
//#define LCD_SWAP_XY         (1)//激活 X/Y 镜像
/* LCD 控制器初始化函数 */
//硬件自带 LCD 初始化函数
//由于为屏蔽 LCD 控制器型号的差异后面的可统一为 lcd_ Initializtion()
#define LCD_INIT_CONTROLLER()  ili9320_Initializtion();
#endif /* LCDCONF_H */
#define Bank1_LCD_D    ((uint32_t)0x60020000)    /* 显示数据 RAM 地址 */
#define Bank1_LCD_C    ((uint32_t)0x60000000)    /* 显示寄存器 RAM 地址 */
```

3. 修改 GUIConf.h 头文件

GUIConf.h 文件是 μC/GUI 功能模块和动态存储空间(用于内存设备和窗口对象)大小,默认字体设置等基本 GUI 预定义控制的定义,配置文件如下:

```
#ifndef GUICONF_H
#define GUICONF_H
#define GUI_OS                 (1)   /* 多任务支持 */
#define GUI_SUPPORT_TOUCH      (1)   /* 支持触摸屏 */
#define GUI_SUPPORT_UNICODE (1)   /* Unicode 支持 */
#define GUI_DEFAULT_FONT  &GUI_Font6x8   /* GUI 默认字体 6×8 */
#define GUI_ALLOC_SIZE         5000    /* 动态内存的大小,值不可配置过大 */
```

```
# define GUI_WINSUPPORT            1    /* 窗口控件支持 */
# define GUI_SUPPORT_MEMDEV        1    /* 支持内存设备 */
# define GUI_SUPPORT_AA            1    /* 支持抗锯齿 */
# endif
```

4. 修改 GUITouchConf.h 文件

根据触摸屏及其控制芯片编制以下几个定义,配置文件如下,当然大家可以根据自己的实际情况。

```
# ifndef __GUITOUCH_CONF_H
# define __GUITOUCH_CONF_H
# define GUI_TOUCH_SWAP_XY        0//是否交换 X/Y,0 禁止,1 使能
# define GUI_TOUCH_MIRROR_X       0//是否镜像 X,0 禁止,1 使能
# define GUI_TOUCH_MIRROR_Y       0//是否镜像 Y,0 禁止,1 使能
# define GUI_TOUCH_AD_LEFT        3601//左
# define GUI_TOUCH_AD_RIGHT       393 //右
# define GUI_TOUCH_AD_TOP         273 //上
# define GUI_TOUCH_AD_BOTTOM      3671//下
# endif /* GUI_TOUCH_CONF_H */
```

5. μC/GUI 驱动接口文件

lcd_ucgui.c 和 lcd_api.c 这两个程序文件是 μC/GUI 系统的驱动接口。lcd_ucgui.c 文件中主要封装的是 LCD 编程调用函数,为了能使用 μC/GUI 系统,一般需要调用 GUI_Init() 函数进行初始化。但与硬件有关初始化既可以放在 GUI_Init() 函数中,也可以单独编写一个函数初始化,下面列出了主要函数。

● 函数 LCD_L0_Init()

本函数的作用就是调用了 LCD 控制器硬件初始化 lcd_Initializtion() 函数进行初始化。

```
int LCD_L0_Init(void)
{
  lcd_Initializtion();//初始化 LCD 控制器,LCD 控制器的硬件初始化函数
              //该功能函数位于 lcddrv.c 文件中,完成 LCD 控制器寄存器配置
  return 0;
}
```

● 函数 LCD_L0_SetPixelIndex()

该函数设置一个像素索引,函数代码如下。

```
//函数变更,移植时最初直接添加 lcd_SetPoint(x,y,PixelIndex)
//后由作者修改代码,主要是为了提高速度
void LCD_L0_SetPixelIndex(int x, int y, int PixelIndex)
{
```

```
    //lcd_SetPoint(x,y,PixelIndex);//原移植选项
    //为提高速度进行了变更,每种 LCD 变更都是不同的
    *(__IO uint16_t *)(Bank1_LCD_C) = 0x0200;
    *(__IO uint16_t *)(Bank1_LCD_D) = y;
    *(__IO uint16_t *)(Bank1_LCD_C) = 0x0201;
    *(__IO uint16_t *)(Bank1_LCD_D) = 399 - x;
    *(__IO uint16_t *)(Bank1_LCD_C) = 0x0202;
    *(__IO uint16_t *)(Bank1_LCD_D) = PixelIndex;
}
```

● 函数 LCD_L0_GetPixelIndex()

该函数用于获取一个像素,函数代码如下。

```
unsigned int LCD_L0_GetPixelIndex(int x, int y)
{
    return lcd_GetPoint(x,y);
}
```

● 函数 LCD_L0_XorPixel()

该函数对指定点颜色取反,函数代码如下。

```
void LCD_L0_XorPixel(int x, int y)
{
    LCD_PIXELINDEX Index = lcd_GetPoint(x,y);
    lcd_SetPoint(x,y,LCD_NUM_COLORS - 1 - Index);
}
```

● 函数 LCD_L0_DrawHLine()

该函数画水平线,函数代码如下。

```
void LCD_L0_DrawHLine (int x0, int y, int x1)
{
    GUI_Line(x0,y,x1,y,LCD_COLORINDEX);//直接填入的是 LCD_API 函数
}
```

● 函数 LCD_L0_DrawVLine()

该函数画垂直线,函数代码如下。

```
void LCD_L0_DrawVLine    (int x, int y0,   int y1)
{
    GUI_Line(x,y0,x,y1,LCD_COLORINDEX); //直接填入的是 LCD_API 函数
}
```

● 函数 LCD_L0_FillRect()

该函数用于填充矩形,函数代码如下。

```
void LCD_L0_FillRect(int x0, int y0, int x1, int y1) {
```

```
# if !LCD_SWAP_XY
    for (; y0 < = y1; y0 ++ ) {
        LCD_L0_DrawHLine(x0,y0, x1);//画水平线
    }
# else
    for (; x0 < = x1; x0 ++ ) {
        LCD_L0_DrawVLine(x0,y0, y1);//画垂直线
    }
# endif
}
```

● 函数 DrawBitLine16BPP()

该函数用于画 16bpp 图,函数代码如下。

```
void DrawBitLine16BPP( int x, int y, U16 const * p, int xsize)
{
    LCD_PIXELINDEX Index;
    if ((GUI_Context. DrawMode & LCD_DRAWMODE_TRANS) == 0)
    {
        //为提高速度进行了参数变更,每种 LCD 变更都是不同的,非用户开放代码
        * ( __IO uint16_t * ) (Bank1_LCD_C) = 3;
        * ( __IO uint16_t * ) (Bank1_LCD_D) = 0x1018;
        * ( __IO uint16_t * ) (Bank1_LCD_C) = 0x0210;
        * ( __IO uint16_t * ) (Bank1_LCD_D) = 0;
        * ( __IO uint16_t * ) (Bank1_LCD_C) = 0x0211;
        * ( __IO uint16_t * ) (Bank1_LCD_D) = 239;
        * ( __IO uint16_t * ) (Bank1_LCD_C) = 0x0212;
        * ( __IO uint16_t * ) (Bank1_LCD_D) = 0;
        * ( __IO uint16_t * ) (Bank1_LCD_C) = 0x0213;
        * ( __IO uint16_t * ) (Bank1_LCD_D) = 399;
        * ( __IO uint16_t * ) (Bank1_LCD_C) = 0x0200;
        * ( __IO uint16_t * ) (Bank1_LCD_D) = y;
        * ( __IO uint16_t * ) (Bank1_LCD_C) = 0x0201;
        * ( __IO uint16_t * ) (Bank1_LCD_D) = 399 - x;
        * ( __IO uint16_t * ) (Bank1_LCD_C) = 0x0202;
        for (;xsize > 0; xsize -- ,x ++ ,p ++ )
        {
            * ( __IO uint16_t * ) (Bank1_LCD_D) = * p;
        }
    }
    else
    {
        for (; xsize > 0; xsize -- , x ++ , p ++ )
        {
```

```
Index = * p;
if (Index)
{
  lcd_SetPoint(x + 0, y, Index);
}
}
}
}
```

除此之外,其他函数基本不再需要修改。前面在 lcdconf.h 头文件中特别强调过 LCD 控制器名称的定义要保持统一,主要是与下述的宏定义保持一致,避免导致函数调用出错。

#if (LCD_CONTROLLER == 9320)//LCD 控制器型号统一

lcd_api.c 文件中主要是 API 应用函数,可由 LCD 编程调用函数等调用,这部分代码也是官方代码,一般用户不必修改,这里将主要函数及功能简列如下。

● 函数 GUI_Color565()//将 RGB 颜色转换;
● 函数 GUI_Text()//指定座标显示文本;
● 函数 GUI_Line()//指定座标画直线;
● 函数 GUI_Circle()//在指定座标画圆,可填充;
● 函数 GUI_Rectangle()//指定区域画矩形,可填充颜色;
● 函数 GUI_Square()//指定区域画正方形,可填充颜色。

3.2.3 μC/GUI 系统的触摸屏驱动

当我们需要在 μC/GUI 系统中采用触摸屏功能时,就需要考虑到在 μC/GUI 系统下构建触摸屏驱动,将触摸屏硬件控制器传送的 XY 轴数据捕获,并对读数进行处理。

实际上当我们在正常运行的触摸屏控制器硬件底层上构建驱动时,只需要两个函数即可一对一的分别捕获 X/Y 轴数据。这两个函数说明如下。

● 函数 GUI_TOUCH_X_MeasureX()

该函数用于在 μC/GUI 系统下捕获 TPReadX()函数传送的触摸屏 X 轴数据(模数转换值),函数代码如下。

注:TPReadX()函数用于触摸屏硬件控制器读取 X 轴数据,我们将在第 8 章对这个硬件驱动函数进行介绍。

```
int GUI_TOUCH_X_MeasureX(void)
{
    unsigned char t = 0,t1,count = 0;
    unsigned short int databuffer[10] = {5,7,9,3,2,6,4,0,3,1};//数据组
    unsigned short temp = 0,X = 0;
  while(
```

```
                count<10)//循环读数 10 次
    {

        databuffer[count] = TPReadX();

        count ++ ;

    }
    if(count == 10)//一定要读到 10 次数据,否则丢弃
    {

        do//将数据 X 升序排列
        {

            t1 = 0;
            for(t = 0;t<count - 1;t ++ )
            {

                if(databuffer[t]>databuffer[t + 1])//升序排列
                {

                    temp = databuffer[t + 1];
                    databuffer[t + 1] = databuffer[t];
                    databuffer[t] = temp;
                    t1 = 1;

                }

            }
        }while(t1);
        X = (databuffer[3] + databuffer[4] + databuffer[5])/3;      求均值

    }
    return(X); //返回 X 轴数据

}
```

● 函数 GUI_TOUCH_X_MeasureY()

该函数用于在 μC/GUI 系统下捕获 TPReadY() 函数传送的触摸屏 Y 轴数据,函数代码如下。

注:TPReadY()函数用于触摸屏硬件控制器读取 Y 轴数据,我们将在第 8 章对这个硬件驱动函数进行介绍。

```
int GUI_TOUCH_X_MeasureY(void)
{

        unsigned char t = 0,t1,count = 0;
        unsigned short int databuffer[10] = {5,7,9,3,2,6,4,0,3,1};//数据组
        unsigned short temp = 0,Y = 0;
    while(
        count<10)//循环读数 10 次
    {

        databuffer[count] = TPReadY();

        count ++ ;

    }
```

```
        if(count == 10)//一定要读到 10 次数据,否则丢弃
        {
            do//将数据 Y 升序排列
            {
                t1 = 0;
                for(t = 0;t<count - 1;t ++ )
                {
                    if(databuffer[t]>databuffer[t + 1])//升序排列
                    {
                        temp = databuffer[t + 1];
                        databuffer[t + 1] = databuffer[t];
                        databuffer[t] = temp;
                        t1 = 1;
                    }
                }
            }while(t1);
            Y = (databuffer[3] + databuffer[4] + databuffer[5])/3;     求均值
        }
        return(Y); //返回 Y 轴数据
    }
```

3.2.4 在 μC/OS-Ⅱ 系统下支持 μC/GUI 系统

μC/GUI 系统可以在无操作系统状态下使用,也可以在 embOS 系统[①]、μC/OS-Ⅱ 系统下使用,本节将介绍在 μC/OS-Ⅱ 系统下使用 μC/GUI 系统。μC/GUI 系统提供了三种默认的支持文件,这三个文件作用如下:

(1) 文件 GUI_X.C,用于无操作系统环境;

(2) 文件 GUI_X_embOS.C,用于 embOS 系统环境;

(3) 文件 GUI_X_uCOS.C,用于 μC/OS-Ⅱ 系统环境。

如果应用于多任务系统环境我们需要先将 GUIconf.h 文件中的宏定义进行设置,将'GUI_OS'项置 1,以支持多任务,宏定义如下。

```
#define GUI_OS                (1)   /* 多任务支持 */
```

一般情况下,μC/GUI 系统在无操作系统环境下使用,可以自己定义延时函数,当运行于 μC/OS-Ⅱ 系统环境时,就直接调用 μC/OS-Ⅱ 系统的延时函数(或系统时钟节拍函数)。

● 函数 GUI_X_GetTime()

该函数调用 μC/OS-Ⅱ 系统时钟节拍获取函数 OSTimeGet()获取当前的系统时钟

---

① embOS 是一个优先级控制的多任务系统,是专门为各种微控制器应用于实时系统应用的嵌入式操作系统。

节拍,函数代码如下。

```
int GUI_X_GetTime(void)
{
    return ((int)OSTimeGet());
}
```

● 函数 GUI_X_Delay()

该函数调用 μC/OS-Ⅱ 系统的延时函数 OSTimeDly()实现延时功能,函数代码如下。

```
void GUI_X_Delay(int period)
{
    INT32U  ticks;
    ticks = (period * 1000)/OS_TICKS_PER_SEC;
    OSTimeDly((INT16U)ticks);
}
```

● 函数 GUI_X_ExecIdle()

该函数用于视窗管理器空闲时调用,函数代码如下。

```
void GUI_X_ExecIdle(void)
{
OSTimeDly(50);// 调用 μC/OS-Ⅱ 系统的延时函数 OSTimeDly()延时 50ms
}
```

由于采用 μC/GUI 系统采用 GUI_X 前缀的高级函数(硬件相关的),它们必须与所使用的实时内核相匹配,以构造 μC/GUI 任务或者线程保护。μC/GUI 系统共提供了 4 个与 μC/OS-Ⅱ 实时内核相匹配的接口函数。

● 函数 GUI_X_InitOS()

该函数用于建立资源信号量/互斥体,函数代码如下。

```
void GUI_X_InitOS (void)
{
    DispSem = OSSemCreate(1); //调用 μC/OS-Ⅱ 系统信号量函数建立一个互斥型信号量
    EventMbox = OSMboxCreate((void *)0);//调用 μC/OS-Ⅱ 系统邮箱函数建立一个邮箱
}
```

● 函数 GUI_X_Lock()

该函数是加锁函数,是典型的阻塞资源信号量/互斥体,用于锁定 μC/GUI 任务或者线程,函数代码如下。

```
void GUI_X_Lock(void)
{
    INT8U err;
    OSSemPend(DispSem,0,&err); //调用 μC/OS-Ⅱ 系统信号量函数等待 DispSem 信号量
```

}

该函数在访问显示屏或使用临界区的内部数据结构之前,由 μC/GUI 调用。它使用资源信号量/互斥体阻止其他线程进入同一临界区,直到调用 GUI_X_Unlock()函数,当使用一个实时操作系统时,通常需递增计数资源信号量。

● 函数 GUI_X_Unlock()

该函数是个解锁函数,是典型的取消资源信号量/互斥体,用于解锁 μC/GUI 任务或者线程,函数代码如下。

```
void GUI_X_Unlock(void)
{
    OSSemPost(DispSem);//调用 μC/OS - Ⅱ系统信号量函数发送 DispSem 信号量
}
```

该函数在访问显示屏或使用一个临界区内部数据以后,由 μC/GUI 调用。当使用一个实时操作系统时,通常须递减计数资源信号量。

● 函数 GUI_X_GetTaskId()

该函数用于返回当前任务的唯一标识符,函数代码如下。

```
U32 GUI_X_GetTaskId(void)
{
    //返回 μC/OS - Ⅱ系统当前运行任务控制块的任务优先级
    return ((U32)(OSTCBCur - >OSTCBPrio));
}
```

该函数与实时操作系统一起使用,只要对于每个使用 μC/GUI 的任务/线程来说,它是唯一的即可。

在 μC/GUI 系统提供了 2 个事件驱动接口函数,默认情况下,μC/GUI 需要定期检查事件,除非定义了一个等待函数且是一个会触发事件的函数,由此定义了 GUI_X_WaitEvent()函数,且该函数必须与 GUI_X_SignalEvent()函数结合一起使用才有意义。使用 GUI_X_WaitEvent()函数和 GUI_X_SignalEvent()函数的优点是在其等待输入时可将等待任务的 CPU 负载减少到最小。

● 函数 GUI_X_WaitEvent()

该函数是定义等待事件的函数,本函数为可选功能,仅通过宏 GUI_X_WAIT_E-VENT 或函数 GUI_SetWaitEventFunc() 使用,函数代码如下。

```
void GUI_X_WaitEvent(void)
{
    INT8U err;
    (void)OSMboxPend(EventMbox,0,&err);
}
```

● 函数 GUI_X_SignalEvent()

该函数是定义发送事件信号的函数,本函数为可选功能,仅通过宏 GUI_X_SIG-NAL_EVENT 或函数 GUI_SetSignalEventFunc()使用,函数代码如下。

```
void GUI_X_SignalEvent(void)
{
    (void)OSMboxPost(EventMbox,(void *)1);
}
```

此外还定义了一些键盘之类的接口功能函数,这些功能仅适用于部分控件,不是所有控件都适用的,因此这里仅简单列出相关的函数原型。

- 函数原型 static void CheckInit(void);
- 函数原型 void GUI_X_Init(void);
- 函数原型 int GUI_X_GetKey(void);
- 函数原型 int GUI_X_WaitKey(void);
- 函数原型 void GUI_X_StoreKey(int k)。

3.3　设计目标

本实例在 μC/GUI 系统移植基础上面,演示在 μC/OS-Ⅱ 系统下,如何创建 μC/GUI 图形用户界面程序,并通过任务调度,显示出三个指定 GIF 图片的动画效果画面。

3.4　系统软件设计

本实例移植的 μC/OS-Ⅱ 系统版本为 2.86, μC/GUI 图形系统的版本为 3.90。在 μC/GUI 系统中显示特定的动画图片一般需要使用 GIF 转换器将图片文件直接保存成"C"文件,供 μC/GUI 的函数调用。本节共显示三幅 GIF 动画,其信息分别保存在 Gifdata.c、Gifdata1.c、Gifdata2.c 三个文件。

完整的 GIF 动画演示系统软件设计主要涉及如下 6 个部分:

(1) μC/OS-Ⅱ 系统建立任务,包括系统主任务、μC/GUI 界面任务、触摸屏任务等,前一个任务为 μC/OS-Ⅱ 系统启动任务,俗称主任务,后两个任务则在 μC/OS-Ⅱ 系统环境下实现 μC/GUI 的图形用户界面与触摸屏控制;

(2) μC/GUI 系统移植及基于 μC/GUI 图形系统 3.90 演示 GIF 动画显示;

(3) 中断服务程序,包括一个系统时钟节拍处理函数 SysTickHandler,本例不重复介绍;

(4) 硬件平台初始化程序,包括调用系统时钟及外设时钟初始化、FSMC 液晶屏接口初始化、中断源配置、触摸屏 SPI 接口以及液晶屏控制器初始化函数等进行常用配置;

(5) 液晶屏接口应用配置程序,配置 FSMC 接口用于驱动液晶屏,详细的配置我们将在第 8 章详细介绍;

(6) LCD 控制器驱动程序,主要涉及寄存器参数配置,本例采用的 LCD 控制器为 R61509V,该控制器的驱动配置我们将在第 8 章详细介绍。

基于前面已经对 μC/GUI 图形系统的移植过程作了大篇幅介绍,本节不再对这部分移植过程作重复介绍,仅针对第(1)、(2)、(4)部分应用程序做详细介绍。本实例所涉及的软件结构如表 3-4 所列,主要程序文件及功能说明如表 3-5 所列。

表 3-4　系统软件结构

应用软件层				
应用程序 app.c				
系统软件层				
应用设计	μC/GUI 图形用户接口 MainTask.c	操作系统		中断管理系统
	GUI 图片演示例程 GUI_GIF.c			
	图片数据文件 GifData.c、GifData1.c、GifData3.c			
	μC/GUI 图形系统	μC/OS-Ⅱ 系统		异常与外设中断处理模板
	μC/GUI 驱动接口 lcd_ucgui.c、lcd_api.c	μC/OS-Ⅱ/Port	μC/OS-Ⅱ/CPU	μC/OS-Ⅱ/Source	stm32f10x_it.c
	μC/GUI 移植部分 lcd.c			
CMSIS 层				
Cortex-M3 内核外设访问层		STM32F10x 设备外设访问层		
core_cm3.c	core_cm3.h	启动代码 (stm32f10x_startup.s)	stm32f10x.h	system_stm32f10x.c	system_stm32f10x.h
硬件抽象层				
硬件平台初始化 bsp.c				
硬件外设层				
液晶屏接口应用配置程序	LCD 控制器驱动程序			
fsmc_sram.c	lcddrv.c			
其他通用模块驱动程序				
misc.c、stm32f10x_fsmc.c、stm32f10x_gpio.c、stm32f10x_rcc.c、stm32f10x_spi.c 等				

表 3-5　程序设计文件功能说明

程序文件名称	程序文件功能说明
App.c	包括系统主任务、μC/GUI 界面任务、触摸屏任务及系统固定的两个任务
MainTask.c	μC/GUI 系统图形界面演示程序
GUI_GIF.c	μC/GUI 图形系统下 GIF 图片显示的主要功能操作函数
stm32f10x_it.c	中断服务程序,本例调用函数 SysTickHandler() 用于系统时钟节拍
bsp.c	硬件平台初始化程序,包括系统时钟及外设时钟初始化、GPIO 端口配置、触摸屏 SPI 接口、FSMC 液晶屏接口初始化和配置等
GifData.c、GifData1.c、GifData3.c	图片格式文件,已经被转换成 .C 格式,并被保存于数组中调用

1. μC/OS-Ⅱ 系统建立任务

μC/OS-Ⅱ 系统共创建了三个不同优先级的主要任务,分别是主任务 App_Task-Start()、图形界面任务 AppTaskUserIF()、触摸屏任务 AppTaskKbd(),此外还有系统必备的另外两个任务。

μC/OS-Ⅱ 系统软件代码主要涉及主任务、图形用户界面任务、触摸屏任务等系统任务开始与建立。

主程序从 main() 函数入口,完成 μC/OS-Ⅱ 系统初始化、硬件平台初始化、建立主任务、设置节拍计数器以及启动 μC/OS-Ⅱ 系统等工作。虽然本例 μC/OS-Ⅱ 系统架构了 μC/GUI 图形系统,但主函数的调用并无差异之处。我们从下面列出这段代码也看不到任何不同点,稍后再解释图形系统用户接口的调用方式。

```
int main(void){
    CPU_INT08U os_err;
    /* 禁止所有中断 */
    CPU_IntDis();
    /* μC/OS-Ⅱ初始化 */
    OSInit();//初始化 μC/OS-Ⅱ 系统内核
    /* 板级初始化-硬件平台初始化 */
    SP_Init();
    /* 建立主任务 */
    os_err = OSTaskCreate((void ( * ) (void * )) App_TaskStart,
    (void * ) 0,
    (OS_STK * ) &App_TaskStartStk[APP_TASK_START_STK_SIZE - 1],
    (INT8U) APP_TASK_START_PRIO);
    OSTimeSet(0);        //设置节拍
    OSStart();//启动 μC/OS-Ⅱ 系统多任务
    Rerurn(0);
}
```

启动任务 App_TaskStart() 函数首先初始化 μC/OS-Ⅱ 系统节拍,然后使能 μC/OS-Ⅱ 系统统计任务,再由该函数调用 App_TaskCreate() 建立两个其他任务:

● OSTaskCreateExt(AppTaskUserIF,⋯用户界面任务);
● OSTaskCreateExt(AppTaskKbd,⋯触摸驱动任务)。

启动任务 App_TaskStart() 函数的实现代码列出如下。

```
static void App_TaskStart(void * p_arg)
{
    (void) p_arg;
    //初始化 μC/OS-Ⅱ 系统时钟节拍
    OS_CPU_SysTickInit();
    //使能 μC/OS-Ⅱ 系统的统计任务
    # if (OS_TASK_STAT_EN > 0)
```

```
OSStatInit();//统计任务初始化函数
#endif
App_TaskCreate();//建立其他的任务
while(1)
{
    LED_LED1_ON();//LED 点亮
    OSTimeDlyHMSM(0, 0, 0, 100);
    LED_LED1_OFF();//LED 熄灭
    OSTimeDlyHMSM(0, 0, 0, 100);
}
}
```

两个其他任务的创建由 App_TaskCreate() 函数实现,通过该函数分别创建了图形用户界面任务、触摸屏驱动任务,这个部分的实现代码如下。

```
static void App_TaskCreate(void)
{
    /*建立用户界面任务*/
    OSTaskCreateExt(AppTaskUserIF, //指向任务代码的指针
    (void *)0, //任务开始执行时,传递给任务的参数的指针
    /*分配给任务的堆栈的栈顶指针,从顶向下递减*/
    (OS_STK *)&AppTaskUserIFStk[APP_TASK_USER_IF_STK_SIZE - 1],
    APP_TASK_USER_IF_PRIO, //分配给任务的优先级
    APP_TASK_USER_IF_PRIO,//预备给以后版本的特殊标识符,在现行版本同任务优先级
    (OS_STK *)&AppTaskUserIFStk[0], //指向任务堆栈栈底的指针,用于堆栈的检验
    APP_TASK_USER_IF_STK_SIZE,//指定堆栈的容量,用于堆栈的检验
    (void *)0, //指向用户附加的数据域的指针,用来扩展任务的任务控制块
    /*选项,指定是否允许堆栈检验,是否将堆栈清 0,任务是否要进行浮点运算等*/
    OS_TASK_OPT_STK_CHK|OS_TASK_OPT_STK_CLR);
    /*建立触摸屏驱动任务*/
    OSTaskCreateExt(AppTaskKbd,
    (void *)0,
    (OS_STK *)&AppTaskKbdStk[APP_TASK_KBD_STK_SIZE - 1],
    APP_TASK_KBD_PRIO,
    APP_TASK_KBD_PRIO,
    (OS_STK *)&AppTaskKbdStk[0],
    APP_TASK_KBD_STK_SIZE,
    (void *)0,
    OS_TASK_OPT_STK_CHK|OS_TASK_OPT_STK_CLR);
}
```

图形用户界面任务和触摸屏驱动任务的功能实现函数分别是 AppTaskUserIF() 函数和 AppTaskKbd () 函数,在之前的程序代码中我们始终看不到在 μC/OS-II 系统下是否架构了 μC/GUI 图形系统的。这两个任务与传统的 μC/OS-II 系统最大的区别

点在于这两个任务既作为 μC/OS-Ⅱ 系统任务建立,同时又调用了 μC/GUI 系统下的功能实现函数,即用 μC/OS-Ⅱ 系统任务的方式支持 μC/GUI 系统的应用。

● 函数 AppTaskUserIF()

本函数既作为 μC/OS-Ⅱ 系统的用户界面任务,同时又构建了 μC/GUI 系统,首先调用 GUI 初始化函数 GUI_Init()执行 μC/GUI 图形系统初始化,再由 show()函数(注:该函数在本实例的 MainTask.c 文件中定义)完成 GIF 动画演示。

```
static void AppTaskUserIF (void * p_arg)
{
    (void)p_arg;
    GUI_Init();      //μC/GUI 图形系统初始化
    while(1)
    {
        if (time_req)
        {
            time_req = 0;
            show();//GIF 动画演示函数
        }
    }
}
```

GUI_Init()函数在 GUICore.c 文件中,用于初始化 GUI 内部数据结构与变量,该函数的代码如下。

```
int GUI_Init(void) {
    int r;
    GUI_DEBUG_LOG("\nGUI_Init()");
    /* 初始化系统全局变量 */
    GUI_DecChar = '.';
    GUI_X_Init();
    /* 初始化上下文 */
    _InitContext(&GUI_Context);
    GUITASK_INIT();//调用函数 GUI_X_InitOS()建立资源信号量/互斥体
    r = LCD_Init();
    #if GUI_WINSUPPORT
        WM_Init();
    #endif
    GUITASK_COPY_CONTEXT();
    return r;
}
```

● 函数 AppTaskKbd()

本函数作为 μC/OS-Ⅱ 系统的触摸屏坐标获取任务,同时又调用了 μC/GUI 系统下的触摸屏坐标值读取函数 GUI_TOUCH_Exec(),来获取坐标。

```
static void AppTaskKbd (void * p_arg)
    {
        (void)p_arg;
            while(1)
            {
                /* 延时 10ms 会读取一次触摸座标 */
                OSTimeDlyHMSM(0,0,0,10);
                GUI_TOUCH_Exec();//读取触摸屏座标值
            }
    }
```

本实例调用的 GUI_TOUCH_Exec()函数是在 GUI_TOUCH_DriverAnalog.c 文件中定义,该函数的源代码列出如下。

```
void GUI_TOUCH_Exec(void) {
    #ifndef WIN32
    static U8 ReadState;
    int x,y;
    /* 计算最大/最小值 */
    if (xyMinMax[GUI_COORD_X].Min < xyMinMax[GUI_COORD_X].Max) {
    xMin = xyMinMax[GUI_COORD_X].Min;
    xMax = xyMinMax[GUI_COORD_X].Max;
}
else {
    xMax = xyMinMax[GUI_COORD_X].Min;
    xMin = xyMinMax[GUI_COORD_X].Max;
    }
    if (xyMinMax[GUI_COORD_Y].Min < xyMinMax[GUI_COORD_Y].Max) {
    yMin = xyMinMax[GUI_COORD_Y].Min;
    yMax = xyMinMax[GUI_COORD_Y].Max;
}
else {
    yMax = xyMinMax[GUI_COORD_Y].Min;
    yMin = xyMinMax[GUI_COORD_Y].Max;
    }
    /* 读触摸屏状态机实现 */
    switch (ReadState) {
    case 0:
    yPhys = TOUCH_X_MeasureY();
    TOUCH_X_ActivateY();
    ReadState++;
    break;
    default:
    xPhys = TOUCH_X_MeasureX();
```

```
TOUCH_X_ActivateX();
/* 转换值放入逻辑值 */
#if !GUI_TOUCH_SWAP_XY /* 是否互换 X/Y? */
   x = xPhys;
   y = yPhys;
#else
   x = yPhys;
   y = xPhys;
#endif
if ((x < xMin) || (x > xMax)  || (y < yMin) || (y > yMax)) {
   _StoreUnstable(-1, -1);
} else {
   x = _AD2X(x);
   y = _AD2Y(y);
   _StoreUnstable(x, y);
}
/* 复位状态机 */
ReadState = 0;
break;
   }
 #endif /* WIN32 */
}
```

2. μC/GUI 系统 GIF 动画演示

　　刚才我们已经讲过在 μC/OS-Ⅱ 系统的用户界面任务建立函数 AppTaskUserIF()
中调用了 show() 函数执行 GUI 图形显示,GIF 动画演示就是通过该函数实现显示
功能。

```
void show(void)// GIF 显示调用程序
{
    static INT8U P5ms = 0;
    if (P5ms <19) P5ms ++;
    else P5ms = 0;
    switch (P5ms)
    {
        case 1:
            ShowGif(Data11, 0x4ac5, 0, 80);      //第一个 GIF 文件
            ShowGif(Data7, 25638, 100, 100);     //第二个 GIF 文件
            ShowGif(aaa2, 8000, 200, 0);         //第三个 GIF 文件
        break;
        default:
        break;
    }
```

}

从该函数中可以看出 show()函数中直接作用函数是 ShowGif()函数,它将三个 GIF 图片转换的 GIF 数据解码为对应像素显示到 LCD 显示屏上。

该函数首先获取 GIF 数据信息,然后利用 µC/GUI 系统的 GIF 相关操作函数,才 可将 GIF 数据完整解码,并显示。

```
void ShowGif(const void * Pgif, U32 NumBytes , int x0, int y0)// GIF 显示程序
{
    static U16 i = 0;
    GUI_GIF_INFO InfoGif1;
    GUI_GIF_IMAGE_INFO InfoGif2;
    GUI_GIF_GetInfo(Pgif, NumBytes, &InfoGif1);
    if(i < InfoGif1.NumImages)    {
        GUI_GIF_GetImageInfo(Pgif, NumBytes, &InfoGif2, i );
        if(!GUI_GIF_DrawEx(Pgif, NumBytes, x0, y0, i++ ))
        {
            SysDelay(InfoGif2.Delay * 2);
        }
    }
    else
    {
        i = 0;
    }
}
```

3. GIF 数据操作函数

GUI_GIF.c 文件中封装的是 µC/GUI 图形系统 GIF 图片显示相关的功能操作函数,本例主要调用三个功能函数,其功能与参数详细说明如下。

● 函数 GUI_GIF_GetInfo()

该函数返回已加载到存储器的 GIF 文件的相关信息,函数代码如下。

```
int GUI_GIF_GetInfo(const void * pGIF, U32 NumBytes, GUI_GIF_INFO * pInfo)
{
    const U8 * pSrc;
    pSrc = (const U8 * )pGIF;
    if (_GetGIFInfo(pSrc, NumBytes, pInfo))
    {
        return 1;
    }
    return 0;
}
```

该函数返回的是已加载到存储器的给定 GIF 文件的子图像的信息结构,包含子图

像的大小和数量等相关信息。其中参数 pGIF 指向 GIF 文件所在的存储器区域的起始位置;NumBytes 表示 GIF 文件的字节数;pInfo 指向此函数要填充的 GUI_GIF_INFO 结构。

● 函数 GUI_GIF_GetImageInfo()

该函数返回已加载到存储器的 GIF 文件给定子图像的相关信息,其函数代码如下。

```
int GUI_GIF_GetImageInfo(const void * pGIF, U32 NumBytes,
GUI_GIF_IMAGE_INFO * pInfo, int Index)
{
    const U8 * pSrc;
    pSrc = (const U8 *)pGIF;
    if (_GetImageInfo(pSrc, NumBytes, pInfo, Index))
    {
        return 1;
    }
    return 0;
}
```

其中参数 pGIF 指向 GIF 文件所在的存储器区域的起始位置;NumBytes 表示 GIF 文件的字节数;pInfo 指向该函数要填充的 GUI_GIF_IMAGE_INFO 结构;Index 表示子图像基于 0 的索引。

● 函数 GUI_GIF_DrawEx()

该函数用于绘制无需加载到存储器的 GIF 文件的第一个图像,即在 μC/GUI 用户界面的当前窗口中指定位置绘制不必加载到存储器的 GIF 文件,函数代码如下。

```
int GUI_GIF_DrawEx(const void * pGIF, U32 NumBytes, int x0, int y0, int Index)
{
    const U8 * pSrc;
    int Result, OldColorIndex;
    #if (GUI_WINSUPPORT)
    int Width, Height;
    GUI_RECT r;
    Width = GUI_GIF_GetXSize(pGIF);
    Height = GUI_GIF_GetYSize(pGIF);
    #endif
    GUI_LOCK();
    OldColorIndex = LCD_GetColorIndex();
    pSrc = (const U8 *)pGIF;
    #if (GUI_WINSUPPORT)
    WM_ADDORG(x0,y0);
    r.x1 = (r.x0 = x0) + Width - 1;
    r.y1 = (r.y0 = y0) + Height - 1;
```

```
WM_ITERATE_START(&r) {
    # endif
    Result = _DrawGIFImage(pSrc, NumBytes, x0, y0, Index);
    # if (GUI_WINSUPPORT)
    } WM_ITERATE_END();
# endif
LCD_SetColorIndex(OldColorIndex);
GUI_UNLOCK();
return Result;
}
```

其中参数 pGIF 指向 GIF 文件所在的存储器区域的起始位置;NumBytes 表示 GIF 文件的字节数;x0 表示显示器中位图左上角的 X 坐标位置;y0 表示显示器中位图左上角的 Y 坐标位置。

4. 硬件平台初始化程序

硬件平台初始化程序,它是一个板级初始化,主要包括系统时钟配置、FSMC 接口的初始化、SPI1 接口-触摸屏芯片初始化与配置、GPIO 端口配置等系统常用的配置。开发板硬件的初始化通过 BSP_Init()函数调用各接口功能函数实现,具体实现代码如下。

```
void BSP_Init(void)
{
    RCC_Configuration();//系统时钟初始化及端口外设时钟使能
    GPIO_Configuration();//LED1 状态的初始化
    tp_Config(); //SPI1 接口的触摸屏电路初始化
    FSMC_LCD_Init();//用于 LCD 显示屏的 FSMC 接口初始化
}
```

有关 BSP_Init()中涉及的接口函数,我们可以从其他的章节中查阅相关定义,这部分代码的架构都是固定的,对于采用同一个硬件平台的本书应用实例来说 tp_Config()函数、FSMC_LCD_Init()函数功能与代码都是完全相同的。

3.5　实例总结

本章综合介绍了嵌入式图形系统 μC/GUI 的软件结构、主要控件的功能函数及相关文件,集中讲述了 μC/GUI 系统在 STM32 处理器上移植过程,最后基于嵌入式操作系统 μC/OS-Ⅱ 与图形系统 μC/GUI 设计了一个 GIF 动画演示实例。

本章也是全书基于嵌入式系统 μC/OS-Ⅱ 环境下构建图形系统 μC/GUI 应用软件设计的基础,后续所有类似的图形用户接口设计实例都是在此基础上进行应用程序设计,大量的实例与软件设计都会采用到类似的结构。请大家记住在 μC/OS-Ⅱ 系统下构建用户界面任务以及触摸驱动任务的方法。

3.6　显示效果

本实例程序在 STM32-V3 硬件开发板运行后，GIF 动画显示效果如图 3 - 2 所示。

图 3 - 2　动画演示效果

第 4 章

实时时钟系统设计实例

对于单片机用户来说,实时时钟并不陌生,提及实时时钟系统设计,一般都会想到广泛采用的实时时钟集成芯片,如 MAXIM 公司 DS1302、NXP 公司的 PCF8583 等。但对于基于 ARM Cortex-M3 内核的 STM32 处理器来说,因其芯片内部已经集成了实时时钟控制器模块(RTC),若在嵌入式系统中实现实时电子时钟的设计,无须使用这些外围时钟芯片即可轻而易举地快速构建实时时钟系统。

4.1 RTC 简述

STM32 处理器的实时时钟模块(RTC)类似于一个独立的定时器。RTC 模块拥有一组连续计数的计数器,在相应软件配置下,可提供时钟日历的功能,修改计数器的值可以重新设置系统当前的时间和日期。STM32 处理器的 RTC 模块主要特征如下。

- 可编程的预分频系数:分频系数最高为 2^{20}。
- 32 位可编程计数器,可用于较长时间段的测量。
- 2 个分离的时钟:用于 APB1 接口的 PCLK1 和 RTC 时钟(RTC 时钟的频率必须小于 PCLK1 时钟频率的四分之一以上)。
- 3 种 RTC 的时钟源可选:
  —— HSE 时钟除以 128;
  —— LSE 振荡器时钟;
  —— LSI 振荡器时钟。
- 2 个独立的复位类型:
  —— APB1 接口由系统复位;
  —— RTC 核心(预分频器、闹钟、计数器和分频器)只能由备份区域复位。
- 3 个专门的可屏蔽中断:
  —— 闹钟中断,用来产生一个软件可编程的闹钟中断;
  —— 秒中断,用来产生一个可编程的周期性中断信号(最长可达 1 秒);

—— 溢出中断,指示内部可编程计数器溢出并回转为 0 的状态。

STM32 处理器的实时时钟模块结构示意图如图 4-1 所示,实时时钟模块由两个部分组成:

第一部分是 APB1 接口,用来连接 APB1 总线。此单元还包含一组 16 位寄存器,可通过 APB1 总线对其进行读写操作。

第二个部分是 RTC 模块的核心部分,由一组可编程计数器组成。它分成两个主要模块。第一个模块是 RTC 的预分频模块,它可编程产生最长为 1 秒的 RTC 时间基准 TR_CLK。RTC 的预分频模块包含了一个 20 位的可编程分频器(RTC 预分频器),如果在 RTC_CR 寄存器中设置了相应的允许位,则在每个 TR_CLK 周期中 RTC 产生一个中断(秒中断)。第二个模块是一个 32 位的可编程计数器,可被初始化为当前的系统时间。系统时间按 TR_CLK 周期累加并与存储在 RTC_ALR 寄存器中的可编程时间相比较,如果 RTC_CR 控制寄存器中设置了相应的允许位,比较匹配时将产生一个闹钟中断。

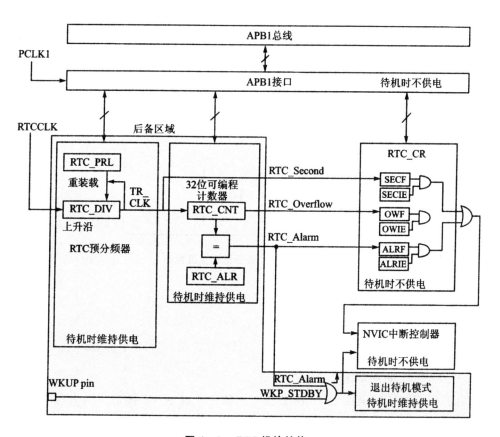

图 4-1 RTC 模块结构

4.1.1　RTC 复位过程

　　RTC 模块相关寄存器支持两种独立的复位类型,RTC_PRL、RTC_ALR、RTC_CNT 和 RTC_DIV 寄存器(寄存器相关介绍详见 4.1.3 小节)组成的 RTC 核心部件仅能通过备份域复位信号复位,其他的系统寄存器都由系统复位或电源复位。

　　备份区域拥有两个专门的复位(如图 4-2 所示),它们只影响备份区域。当以下两个事件之一发生时,产生备份区域复位:

　　(1) 软件复位,备份区域复位可由设置备份区域控制寄存器(RCC_BDCR)中的 BDRST 位产生;

　　(2) 在 V_{DD} 和 V_{BAT} 两者掉电的前提下,V_{DD} 或 V_{BAT} 上电将引发备份区域复位。

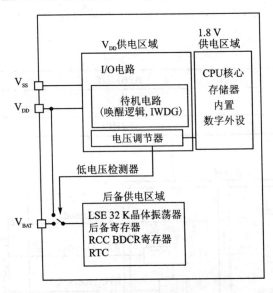

图 4-2　RTC 备份区域复位过程

4.1.2　RTC 寄存器操作

　　RTC 寄存器操作包括读操作、写操作、RTC 标志位设置,3 个部分。

1. RTC 寄存器读操作

　　由于 RTC 核心完全独立于 APB1 接口。软件通过 APB1 接口访问 RTC 的预分频值、计数器值和闹钟值时,相关寄存器只在与 APB1 时钟进行重新同步的 RTC 时钟的上升沿被更新。

　　如果 APB1 接口曾经被关闭或禁止,而 RTC 寄存器读操作又是刚刚重新开启 APB1 接口,则在第一次的内部寄存器更新之前,从 APB1 上读出的 RTC 寄存器数值可能会被破坏（通常读到0）；因此，若在读取RTC寄存器时，RTC的APB1接口曾经处于禁止状态，则软件首先必须等待RTC_CRL寄存器中的RSF位（寄存器同步标志）被硬件置'1'。

2. RTC寄存器写操作

RTC寄存器写操作之前必须设置RTC_CRL寄存器中的CNF位，使RTC进入配置模式后，才能写入RTC_PRL、RTC_CNT、RTC_ALR寄存器。此外，对RTC任意寄存器的写操作，都必须在前一次写操作结束后进行，通过查询RTC_CR寄存器中的RTOFF状态位，判断RTC寄存器是否处于更新中。当RTOFF状态位是'1'时，则可以进行RTC寄存器写操作。

RTC配置模式及写操作过程步骤如下。

（1）查询RTOFF位，直到RTOFF的值变为'1'；

（2）置CNF值为'1'，进入配置模式；

（3）对一个或多个RTC寄存器进行写操作；

（4）清除CNF标志位，退出配置模式；

（5）查询RTOFF，直至RTOFF位变为'1'以确认写操作已经完成。

注意：仅当CNF标志位被清除时，写操作才能进行，这个过程至少需要3个RTC-CLK时钟周期。

3. RTC标志的设置

在每一个RTC核心的时钟周期中，更改RTC计数器之前需要设置RTC秒标志（SECF）；在计数器到达0x0000之前的最后1个RTC时钟周期中，需要设置RTC溢出标志（OWF）；在计数器的值到达闹钟寄存器的值加1（RTC_ALR＋1）之前的RTC时钟周期中，需设置RTC_Alarm和RTC闹钟标志（ALRF）。

4.1.3　RTC寄存器描述

RTC核心共有6个寄存器组成，这些寄存器可以用半字（16位）或字（32位）的方式操作。各个寄存器的应用以及功能描述如下文中表4-1至表4-20所列。

（1）RTC控制寄存器高位（RTC_CRH）。

地址偏移量：0x00　　复位值：0x0000

表4-1　RTC控制寄存器高位

15	14	13	12	11	10	9	8	7	6	5	4	3	2	1	0
													OWIE	ALRIE	SECIE
													rw	rw	rw

表 4 – 2   RTC 控制寄存器高位功能描述

位	功能定义
15:3	保留,被硬件强制为 0
2	OWIE:允许溢出中断位 (Overflow interrupt enable) 0:屏蔽(不允许)溢出中断;1:允许溢出中断
1	ALRIE:允许闹钟中断 (Alarm interrupt enable) 0:屏蔽(不允许)闹钟中断;1:允许闹钟中断
0	SECIE:允许秒中断 (Second interrupt enable) 0:屏蔽秒中断;1:允许秒中断

(2) RTC 控制寄存器低位(RTC_CRL)。

偏移地址:0x04   复位值:0x0020

表 4 – 3   RTC 控制寄存器低位(RTC_CRL)

15	14	13	12	11	10	9	8	7	6	5	4	3	2	1	0
										RTOFF	CNF	RSF	OWF	ALRF	SECF
										r	rw	rc,w0	rc,w0	rc,w0	rc,w0

表 4 – 4   RTC 控制寄存器低位功能描述

位	功能定义
15:6	保留,被硬件强制为 0
5	RTOFF:RTC 操作关闭 (RTC operation OFF) RTC 模块利用该位来指示对其寄存器进行的最后一次操作的状态,指示操作是否完成。若此位为'0',则表示无法对任何的 RTC 寄存器进行写操作。此位为只读位。 0:上一次对 RTC 寄存器的写操作仍在进行;1:上一次对 RTC 寄存器的写操作已经完成
4	CNF:配置标志 (Configuration flag) 此位必须由软件置'1'以进入配置模式,从而允许向 RTC_CNT、RTC_ALR 或 RTC_PRL 寄存器写入数据。只有当此位在被置'1'并重新由软件清'0'后,才会执行写操作。 0:退出配置模式(开始更新 RTC 寄存器);1:进入配置模式
3	RSF:寄存器同步标志 (Registers synchronized flag) 当 RTC_CNT 寄存器和 RTC_DIV 寄存器由软件更新或清'0'时,此位由硬件置'1'。在 APB1 复位后,或 APB1 时钟停止后,此位必须由软件清'0'。要进行任何的读操作之前,用户程序必须等待这位被硬件置'1',以确保 RTC_CNT、RTC_ALR 或 RTC_PRL 已经被同步。 0:寄存器尚未被同步;1:寄存器已经被同步
2	OWF:溢出标志 (Overflow flag) 当 32 位可编程计数器溢出时,此位由硬件置'1'。如果 RTC_CRH 寄存器中 OWIE=1,则产生中断。此位只能由软件清'0'。对此位写'1'是无效的。0:无溢出;1:32 位可编程计数器溢出
1	ALRF:闹钟标志 (Alarm flag) 当 32 位可编程计数器达到 RTC_ALR 寄存器所设置的预定值,此位由硬件置'1'。如果 RTC_CRH 寄存器中 ALRIE=1,则产生中断。此位只能由软件清'0'。对此位写'1'是无效的。 0:无闹钟;1:有闹钟

位	功能定义
0	SECF：秒标志（Second flag） 当 32 位可编程预分频器溢出时，此位由硬件置'1'同时 RTC 计数器加 1。因此，此标志为 RTC 可编程计数器提供一个周期性的信号（通常为 1 秒）。如果 RTC_CRH 寄存器中 SECIE＝1，则产生中断。此位只能由软件清除。对此位写'1'是无效的。 0：秒标志条件不成立；1：秒标志条件成立

（3）RTC 预分频装载寄存器（RTC_PRLH/RTC_PRLL）。

预分频装载寄存器用来保存 RTC 预分频器的周期计数值，可分成高 16 和低 16 位寄存器。它们受 RTC_CR 寄存器的 RTOFF 位保护，仅当 RTOFF 值为'1'时允许进行写操作。

RTC 预分频装载寄存器高位（RTC_PRLH）。

● 偏移地址：0x08　复位值：0x0000

表 4 - 5　RTC 预分频装载寄存器高位(RTC_PRLH)

15	14	13	12	11	10	9	8	7	6	5	4	3	2	1	0
												PRL[19:16]			
												w	w	w	w

表 4 - 6　RTC 预分频装载寄存器高位功能描述

位	功能定义
15:4	保留，被硬件强制为 0
3:0	PRL[19:16]：RTC 预分频装载值高位（RTC prescaler reload value high） 根据以下公式，这些位用来定义计数器的时钟频率：$f_{TR\_CLK} = f_{RTCCLK}/(PRL[19:0]+1)$ 注：不推荐使用 0 值，因为无法正确的产生 RTC 中断和标志位

● RTC 预分频装载寄存器低位（RTC_PRLL）。

偏移地址：0x0C　复位值：0x8000

表 4 - 7　RTC 预分频装载寄存器低位(RTC_PRLL)

15	14	13	12	11	10	9	8	7	6	5	4	3	2	1	0
PRL[15:0]															
w	w	w	w	w	w	w	w	w	w	w	w	w	w	w	w

表 4 - 8　RTC 预分频装载寄存器低位功能描述

位	功能定义
15:0	PRL[15:0]：RTC 预分频装载值低位。 根据以下公式，这些位用来定义计数器的时钟频率：$f_{TR\_CLK} = f_{RTCCLK}/(PRL[19:0]+1)$

(4) RTC 预分频器因子寄存器(RTC_DIVH / RTC_DIVL)。

在 TR_CLK 的每个周期里,RTC 预分频器中计数器的值都会被重新设置为 RTC_PRL 寄存器的值。用户可通过读取 RTC_DIV 寄存器,以获得预分频计数器的当前值,而不用停止分频计数器的工作,从而保证测量更精确。此寄存器是只读寄存器,其值在 RTC_PRL 或 RTC_CNT 寄存器中的值发生改变后,由硬件重新装载。

● RTC 预分频器因子寄存器高位(RTC_DIVH)。

偏移地址:0x10   复位值:0x0000

表 4-9   RTC 预分频器因子寄存器高位

15	14	13	12	11	10	9	8	7	6	5	4	3	2	1	0
												RTC_DIV[19:16]			
												r	r	r	r

表 4-10   RTC 预分频器因子寄存器高位功能描述

位	功能定义
15:4	保留
3:0	RTC_DIV [19:16]:RTC 时钟分频器因子高位 (RTC clock divider high)

● RTC 预分频器因子寄存器低位(RTC_DIVL)。

偏移地址:0x14   复位值:0x8000

表 4-11   RTC 预分频器因子寄存器低位

15	14	13	12	11	10	9	8	7	6	5	4	3	2	1	0
RTC_DIV [15:0]															
r	r	r	r	r	r	r	r	r	r	r	r	r	r	r	r

表 4-12   RTC 预分频器因子寄存器低位功能描述

位	功能定义
15:0	RTC_DIV[15:0]:RTC 时钟分频器因子低位 (RTC clock divider low)

(5) RTC 计数器寄存器(RTC_CNTH / RTC_CNTL)。

RTC 核心有一个 32 位可编程的计数器,可通过两个 16 位的寄存器访问。计数器以预分频器产生的 TR_CLK 时间基准为参考进行计数。RTC_CNT 寄存器用来存放计数器的计数值,它们受 RTC_CR 中的位 RTOFF 写保护,仅当 RTOFF 值为'1'时,允许写操作。对寄存器(RTC_CNTH 或 RTC_CNTL)高 16 位或低 16 位写操作时,能够直接装载到可编程计数器,并且重新装载 RTC 预分频器。当进行读操作时,直接返回计数器内的计数值(系统时间)。

● RTC 计数器寄存器高位(RTC_CNTH)。

偏移地址:0x18   复位值:0x0000

表 4 - 13　　RTC 计数器寄存器高位

15	14	13	12	11	10	9	8	7	6	5	4	3	2	1	0
						RTC_CNT[31:16]									
rw	rw	rw	rw	rw	rw	rw	rw	rw	rw	rw	rw	rw	rw	rw	rw

表 4 - 14　　RTC 计数器寄存器高位功能描述

位	功能定义
31:16	RTC_CNT[31:16]:RTC 计数器高位 (RTC counter high) 可通过读 RTC_CNTH 寄存器来获得 RTC 计数器当前值的高位部分。 要对此寄存器进行写操作,必须先进入配置模式

● RTC 计数器寄存器低位(RTC_CNTL)。

偏移地址:0x1C　　复位值:0x0000

表 4 - 15　　RTC 计数器寄存器低位

15	14	13	12	11	10	9	8	7	6	5	4	3	2	1	0
						RTC_CNT[15:0]									
rw	rw	rw	rw	rw	rw	rw	rw	rw	rw	rw	rw	rw	rw	rw	rw

表 4 - 16　　RTC 计数器寄存器低位功能描述

位	功能定义
15:0	RTC_CNT[15:0]:RTC 计数器低位 可通过读 RTC_CNTL 寄存器来获得 RTC 计数器当前值的低位部分。 要对此寄存器进行写操作,必须先进入配置模式

(6) RTC 闹钟寄存器(RTC_ALRH/RTC_ALRL)。

当可编程计数器值与 RTC_ALR 中值相等时,即触发一个闹钟事件,并且产生 RTC 闹钟中断。此寄存器受 RTC_CR 寄存器中的 RTOFF 位写保护,仅当 RTOFF 值为'1'时,允许写操作。

● RTC 闹钟寄存器高位(RTC_ALRH)。

偏移地址:0x20　　复位值:0xFFFF

表 4 - 17　　RTC 闹钟寄存器高位

15	14	13	12	11	10	9	8	7	6	5	4	3	2	1	0
						RTC_ALR[31:16]									
w	w	w	w	w	w	w	w	w	w	w	w	w	w	w	w

表 4 - 18　　RTC 闹钟寄存器高位功能描述

位	功能定义
15:0	RTC_ALR[31:16]:RTC 闹钟值高位 (RTC alarm high) 此寄存器用来保存由软件写入闹钟时间的高位部分。 要对此寄存器进行写操作,必须先进入配置模式

● RTC 闹钟寄存器低位(RTC_ALRL)。

偏移地址:0x24   复位值:0xFFFF

表 4 – 19   RTC 闹钟寄存器低位

15	14	13	12	11	10	9	8	7	6	5	4	3	2	1	0
RTC_ALR[15:0]															
w	w	w	w	w	w	w	w	w	w	w	w	w	w	w	w

表 4 – 20   RTC 闹钟寄存器低位功能描述

位	功能定义
15:0	RTC_ALR[15:0]:RTC 闹钟值低位 (RTC alarm low) 此寄存器用来保存由软件写入闹钟时间的低位部分。 要对此寄存器进行写操作,必须先进入配置模式

4.1.4 备份寄存器描述

实际上,RTC 就相当于一个大的定时器,掉电之后所有信息都会丢失,因此我们需要找一个地方来存储这些信息,于是就使用到了备份寄存器。因为它掉电后仍然可以通过纽扣电池供电,所以能时刻保存这些数据,实时时钟系统设计过程中必然用到备份寄存器,这些寄存器及位功能描述如下文中表 4 – 21 至表 4 – 28 所列。

(1) 备份数据寄存器 x(BKP_DRx)(x = 1 … 42)。

地址偏移:0x04~0x28,0x40~0xBC   复位值:0x0000 0000

表 4 – 21   备份数据寄存器

15	14	13	12	11	10	9	8	7	6	5	4	3	2	1	0
D[15:0]															
rw	rw	rw	rw	rw	rw	rw	rw	rw	rw	rw	rw	rw	rw	rw	rw

表 4 – 22   备份数据寄存器功能描述

位	功能定义
15:0	D[15:0]:备份数据。 这些位可以被用来写入用户数据。 BKP_DRx 寄存器不会被系统复位、电源复位以及从待机模式唤醒所复位。 它们可以由备份域复位来复位或由侵入引脚事件复位(如果侵入检测引脚 TAMPER 功能被开启时)

(2) RTC 时钟校准寄存器(BKP_RTCCR)。

地址偏移:0x2C   复位值:0x0000 0000

表 4 - 23　RTC 时钟校准寄存器

15	14	13	12	11	10	9	8	7	6	5	4	3	2	1	0
						ASOS	ASOE	CCO				CAL[6:0]			
						rw	rw	rw	rw	rw	rw	rw	rw	rw	rw

表 4 - 24　RTC 时钟校准寄存器功能描述

位	功能定义
15:10	保留,始终为 0
9	ASOS:闹钟或秒输出选择(Alarm or second output selection) 当设置了 ASOE 位,ASOS 位可用于选择在 TAMPER 引脚上输出的是 RTC 秒脉冲还是闹钟脉冲信号。 0:输出 RTC 闹钟脉冲;1:输出秒脉冲。 注:该位只能被后备区的复位所清除
8	ASOE:允许输出闹钟或秒脉冲(Alarm or second output enable) 根据 ASOS 位的设置,该位允许 RTC 闹钟或秒脉冲输出到 TAMPER 引脚上。 输出脉冲的宽度为一个 RTC 时钟的周期,设置了 ASOE 位时不能开启 TAMPER 的功能。 注:该位只能被后备区的复位所清除
7	CCO:校准时钟输出(Calibration clock output) 0:无影响;1:可以在侵入检测引脚输出经 64 分频后的 RTC 时钟,当 CCO 位置'1'时,必须关闭侵入检测功能以避免检测到无用的侵入信号。 注:当 V_{DD} 供电断开时,该位被清除
6:0	CAL[6:0]:校准值(Calibration value) 校准值表示在每 2^{20} 个时钟脉冲内将有多少个时钟脉冲被跳过。这可以用来对 RTC 进行校准,以 $1\,000\,000/2^{20}$ ppm 的比例减慢时钟,RTC 时钟可以被减慢 0~121 ppm

(3) 备份控制寄存器(BKP_CR)。

偏移地址:0x30　复位值:0x0000 0000

表 4 - 25　备份控制寄存器

15	14	13	12	11	10	9	8	7	6	5	4	3	2	1	0
														TPAL	TPE
														rw	rw

表 4 - 26　备份控制寄存器功能描述

位	功能定义
15:2	保留,始终为 0
1	TPAL:侵入检测 TAMPER 引脚有效电平(TAMPER pin active level) 0:侵入检测 TAMPER 引脚上的高电平会清除所有数据备份寄存器(如果 TPE 位为'1'); 1:侵入检测 TAMPER 引脚上的低电平会清除所有数据备份寄存器(如果 TPE 位为'1')

位	功能定义
0	TPE:启动侵入检测 TAMPER 引脚(TAMPER pin enable) 0:侵入检测 TAMPER 引脚作为通用 I/O 口使用; 1:开启侵入检测引脚作为侵入检测使用

(4) 备份控制/状态寄存器(BKP_CSR)。

偏移地址:0x34 复位值:0x0000 0000

表 4-27 备份控制/状态寄存器

15	14	13	12	11	10	9	8	7	6	5	4	3	2	1	0
						TIF	TEF						TPIE	CTI	CTE
						r	r						rw	rw	rw

表 4-28 备份控制/状态寄存器

位	功能定义
15:10	保留,始终为 0
9	TIF:侵入中断标志(Tamper interrupt flag) 当检测到有侵入事件且 TPIE 位为'1'时,此位由硬件置'1'。通过向 CTI 位写'1'来清除此标志位(同时也清除了中断)。如果 TPIE 位被清除,则此位也会被清除。 0:无侵入中断;1:产生侵入中断。 **注意:**仅当系统复位或由待机模式唤醒后才复位该位
8	TEF:侵入事件标志(Tamper event flag) 当检测到侵入事件时此位由硬件置'1'。通过向 CTE 位写'1'可清除此标志位。 0:无侵入事件;1:检测到侵入事件。 **注:**侵入事件会复位所有的 BKP_DRx 寄存器。只要 TEF 为'1',所有的 BKP_DRx 寄存器就一直保持复位状态。当此位被置'1'时,若对 BKP_DRx 进行写操作,写入的值不会被保存
7:3	保留,始终读为 0
2	TPIE:允许侵入 TAMPER 引脚中断(TAMPER pin interrupt enable) 0:禁止侵入检测中断;1:允许侵入检测中断(BKP_CR 寄存器的 TPE 位也必须被置'1')。 **注:**① 侵入中断无法将系统内核从低功耗模式唤醒; ② 仅当系统复位或由待机模式唤醒后才复位该位
1	CTI:清除侵入检测中断(Clear tamper interrupt) 此位只能写入,读出值为'0'。 0:无效;1:清除侵入检测中断和 TIF 侵入检测中断标志
0	CTE:清除侵入检测事件(Clear tamper event) 此位只能写入,读出值为'0'。 0:无效;1:清除 TEF 侵入检测事件标志(并复位侵入检测器)

4.2 RTC 及相关外设库函数功能详解

为了便于用户的应用程序开发,ST 公司提供了一套功能完整的固件库,它由程

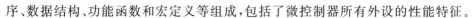

序、数据结构、功能函数和宏定义等组成,包括了微控制器所有外设的性能特征。

　　每个外设驱动都由一组 API(application programming interface,应用编程接口)驱动函数组成,这组函数覆盖了该外设所有功能。虽然用 API 函数编写代码的大小和执行速度可能不是最优的,但对大多数应用程序来说,用户可以直接使用,在时序和速度要求不是特别严格的场合,可以作为标准化程序设计。

4.2.1　RTC 外设库函数功能

　　本小节将针对 RTC 模块介绍与之相关的主要库函数的功能,各功能函数详细说明如表 4-29～表 4-44 所列。

1. 函数 RTC_ITConfig

表 4-29　函数 RTC_ITConfig

函数名	RTC_ITConfig
函数原形	void RTC_ITConfig(uint16_t RTC_IT, FunctionalState NewState)
功能描述	使能或者禁止指定的 RTC 中断
输入参数 1	RTC_IT:指定需使能或者禁止的 RTC 中断源,可以是表 4-29 中值的任何组合形式
输入参数 2	NewState:指定 RTC 中断的新状态,这个实际用于传递参数,可以取 ENABLE 或者 DISABLE
输出参数	无
返回值	无
先决条件	在使用本函数前必须先调用函数 RTC_WaitForLastTask(),等待标志位 RTOFF 被设置
被调用函数	无

表 4-30　RTC_IT 值

RTC_IT	描　述
RTC_IT_OW	溢出中断
RTC_IT_ALR	闹钟中断
RTC_IT_SEC	秒中断

2. 函数 RTC_EnterConfigMode

表 4-31　函数 RTC_EnterConfigMode

函数名	RTC_EnterConfigMode
函数原形	void RTC_EnterConfigMode(void)
功能描述	进入 RTC 配置模式,通过设置 RTC 控制寄存器低位(RTC_CRL)的配置标志(CNF)实现
输入参数	无

续表 4 – 31

函数名	RTC_EnterConfigMode
输出参数	无
返回值	无
先决条件	无
被调用函数	无

3. 函数 RTC_ExitConfigMode

表 4 – 32　函数 RTC_ExitConfigMode

函数名	RTC_ExitConfigMode
函数原形	void RTC_ExitConfigMode(void)
功能描述	退出 RTC 配置模式,通过将 RTC 控制寄存器低位(RTC_CRL)的配置标志(CNF)复位(即置 0)来实现
输入参数	无
输出参数	无
返回值	无
先决条件	无
被调用函数	无

4. 函数 RTC_GetCounter

表 4 – 33　函数 RTC_GetCounter

函数名	RTC_GetCounter
函数原形	uint32_t RTC_GetCounter(void)
功能描述	获取 RTC 计数器的值,返回值为 RTC 计数器寄存器高位和低位(RTC_CNTH 和 RTC_CNTL)的值
输入参数	无
输出参数	无
返回值	RTC 计数器的值
先决条件	无
被调用函数	无

5. 函数 RTC_SetCounter

表 4 – 34　函数 RTC_SetCounter

函数名	RTC_SetCounter
函数原形	void RTC_SetCounter(uint32_t CounterValue)
功能描述	设置 RTC 计数器的值,即设置 RTC 计数器寄存器高位和低位(RTC_CNTH 和 RTC_CNTL)的值

函数名	RTC_SetCounter
输入参数	CounterValue:新的 RTC 计数器值
输出参数	无
返回值	无
先决条件	在使用本函数前必须先调用函数 RTC_WaitForLastTask(),等待标志位 RTOFF 被设置
被调用函数	RTC_EnterConfigMode();RTC_ExitConfigMode()

6. 函数 RTC_SetPrescaler

表 4 – 35　函数 RTC_SetPrescaler

函数名	RTC_SetPrescaler
函数原形	void RTC_SetPrescaler(uint32_t PrescalerValue)
功能描述	设置 RTC 预分频的值,通过设置 RTC 预分频装载寄存器高位和低位(RTC_PRLH 和 RTC_PRLLL)的值
输入参数	PrescalerValue:新的 RTC 预分频值
输出参数	无
返回值	无
先决条件	在使用本函数前必须先调用函数 RTC_WaitForLastTask(),等待标志位 RTOFF 被设置
被调用函数	RTC_EnterConfigMode();RTC_ExitConfigMode()

7. 函数 RTC_ SetAlarm

表 4 – 36　函数 RTC_ SetAlarm

函数名	RTC_ SetAlarm
函数原形	void RTC_SetAlarm(uint32_t AlarmValue)
功能描述	设置 RTC 闹钟的值,通过设置 RTC 闹钟寄存器高/低位(RTC_ALRH/RTC_AL-RL)值实现
输入参数	AlarmValue:新的 RTC 闹钟值
输出参数	无
返回值	无
先决条件	在使用本函数前必须先调用函数 RTC_WaitForLastTask(),等待标志位 RTOFF 被设置
被调用函数	RTC_EnterConfigMode();RTC_ExitConfigMode()

8. 函数 RTC_GetDivider

表 4 – 37　函数 RTC_GetDivider

函数名	RTC_GetDivider
函数原形	uint32_t RTC_GetDivider(void)
功能描述	获取 RTC 预分频器的分频因子值,通过读取 RTC 预分频因子寄存器高/低位(RTC_DIVH/RTC_DIVL)值获得

续表 4 - 37

函数名	RTC_GetDivider
输入参数	无
输出参数	无
返回值	RTC 预分频器的分频因子值
先决条件	无
被调用函数	无

9. 函数 RTC_WaitForLastTask

表 4 - 38 函数 RTC_WaitForLastTask

函数名	RTC_WaitForLastTask
函数原形	void RTC_WaitForLastTask(void)
功能描述	等待最近一次对 RTC 寄存器的写操作完成,函数循环等待 RTC_CRL 寄存器的标志位 RTOFF 被设置,该函数在任意写操作 RTC 寄存器之前,必须调用
输入参数	无
输出参数	无
返回值	无
先决条件	无
被调用函数	无

10. 函数 RTC_WaitForSynchro

表 4 - 39 函数 RTC_WaitForSynchro

函数名	RTC_WaitForSynchro
函数原形	void RTC_WaitForSynchro(void)
功能描述	等待 RTC 寄存器(RTC_CNT, RTC_ALR ,RTC_PRL 等)与实时时钟模块的 APB 总线时钟同步,当 APB 总线复位或 APB 总线时钟停止后,读操作任意寄存器之前必须调用该函数,该函数针对 RTC_CRL 寄存器标志位 RSF(寄存器同步标志位)配置
输入参数	无
输出参数	无
返回值	无
先决条件	无
被调用函数	无

11. 函数 RTC_ GetFlagStatus

表 4 - 40 函数 RTC_ GetFlagStatus

函数名	RTC_ GetFlagStatus
函数原形	FlagStatus RTC_GetFlagStatus(uint16_t RTC_FLAG)

续表 4 - 40

函数名	RTC_ GetFlagStatus
功能描述	检查指定的 RTC 标志位是否设置
输入参数	RTC_FLAG:指定待检查的 RTC 标志位,取值范围见表 4-40
输出参数	无
返回值	Bitstatus:RTC_FLAG 的新状态(SET 或者 RESET)
先决条件	无
被调用函数	无

表 4 - 41 RTC_FLAG 值

RTC_FLAG	标志位描述
RTC_FLAG_RTOFF	RTC 操作关闭 标志位(RTOFF)
RTC_FLAG_RSF	寄存器已同步标志位(RSF)
RTC_FLAG_OW	溢出中断标志位(OWF)
RTC_FLAG_ALR	闹钟中断标志位(ALRF)
RTC_FLAG_SEC	秒中断标志位(SECF)

12. 函数 RTC_ClearFlag

表 4 - 42 函数 RTC_ClearFlag

函数名	RTC_ClearFlag
函数原形	void RTC_ClearFlag(uint16_t RTC_FLAG)
功能描述	清除 RTC 的待处理标志位
输入参数	RTC_FLAG:待清除的 RTC 标志位,取值范围可以是上表 4-40 中的任意组合形式 注意:对于 RTC_FLAG_RSF 标志位,只有在 APB 总线复位,或者 APB 总线时钟停止后,才可以清除
输出参数	无
返回值	无
先决条件	在使用本函数前必须先调用函数 RTC_WaitForLastTask(),等待标志位 RTOFF 被设置
被调用函数	无

13. 函数 RTC_GetITStatus

表 4 - 43 函数 RTC_GetITStatus

函数名	RTC_GetITStatus
函数原形	ITStatus RTC_GetITStatus(uint16_t RTC_IT)
功能描述	检查指定的 RTC 中断是否产生
输入参数	RTC_IT:待检查的 RTC 中断,该参数允许取表 4-29 中所列的值之一
输出参数	无

函数名	RTC_GetITStatus
返回值	Bitstatus：RTC_IT 的新状态(SET 或者 RESET)
先决条件	无
被调用函数	无

14. 函数 RTC_ClearITPendingBit

表 4 – 44　函数 RTC_ClearITPendingBit

函数名	RTC_ClearITPendingBit
函数原形	ITStatus RTC_GetITStatus(uint16_t RTC_IT)
功能描述	清除 RTC 的中断待处理位
输入参数	RTC_IT：待清除的 RTC 中断待处理位，该参数允许取表 4 – 29 中所列的值之一
输出参数	无
返回值	无
先决条件	在使用本函数前必须先调用函数 RTC_WaitForLastTask()，等待标志位 RTOFF 被设置
被调用函数	无

4.2.2　备份寄存器库函数功能

　　备份寄存器可用来存储 84 个字节的用户应用程序数据，它们处在备份域里，当 V_{DD} 电源被切断，他们仍然由 V_{BAT} 维持供电。当系统在待机模式下被唤醒、系统复位或电源复位时，它们也不会被复位，因此实时时钟模块利可用这些特性来管理侵入检测和 RTC 校准功能。本小节将对备份寄存器相关库函数作一些必要的介绍，如表 4 – 45～表 4 – 58 所列。

1. 函数 BKP_DeInit

表 4 – 45　函数 BKP_DeInit

函数名	BKP_DeInit
函数原形	void BKP_DeInit(void)
功能描述	将备份寄存器域的外设寄存器重设为复位值
输入参数	无
输出参数	无
返回值	无
先决条件	无
被调用函数	RCC_BackupResetCmd()函数

2. 函数 BKP_TamperPinLevelConfig

表 4 - 46　函数 BKP_TamperPinLevelConfig

函数名	BKP_TamperPinLevelConfig
函数原形	void BKP_TamperPinLevelConfig(uint16_t BKP_TamperPinLevel)
功能描述	设置侵入检测引脚的有效电平,需结合 BKP_CR 寄存器位 TPE(置 1)时配置 BKP_CR 寄存器位 TPAL
输入参数	BKP_TamperPinLevel:指定侵入检测引脚的有效电平,该参数允许取表 4 - 46 所列值之一
输出参数	无
返回值	无
先决条件	无
被调用函数	无

表 4 - 47　BKP_TamperPinLevel 值

BKP_TamperPinLevel	描　　述
BKP_TamperPinLevel	侵入检测引脚高电平有效
BKP_TamperPinLevel_Low	侵入检测引脚低电平有效

3. 函数 BKP_TamperPinCmd

表 4 - 48　函数 BKP_TamperPinCmd

函数名	BKP_TamperPinCmd
函数原形	void BKP_TamperPinCmd(FunctionalState NewState)
功能描述	使能或者禁止侵入检测引脚的功能,将配置 BKP_CR 寄存器位 TPE
输入参数	NewState:侵入检测引脚功能的新状态,这个参数可以取 ENABLE(TPE 位置 1)或者 DISABLE(TPE 位置 0)
输出参数	无
返回值	无
先决条件	无
被调用函数	无

4. 函数 BKP_ITConfig

表 4 - 49　函数 BKP_ITConfig

函数名	BKP_ITConfig
函数原形	void BKP_ITConfig(FunctionalState NewState)
功能描述	使能或者禁止侵入引脚中断,将配置 BKP_CR 寄存器位 TPIE
输入参数	NewState:侵入引脚中断的新状态,这个参数可以取 ENABLE 或者 DISABLE
输出参数	无

续表 4 - 49

函数名	BKP_ITConfig
返回值	无
先决条件	无
被调用函数	无

5. 函数 BKP_RTCOutputConfig

表 4 - 50   函数 BKP_RTCOutputConfig

函数名	BKP_RTCOutputConfig
函数原形	void BKP_RTCOutputConfig(uint16_t BKP_RTCOutputSource)
功能描述	选择在侵入引脚上输出的 RTC 输出源,需配置 BKP_RTCCR 寄存器对应位
输入参数	BKP_RTCOutputSource:指定 RTC 的输出源,该参数允许取表 4 - 50 所列值之一
输出参数	无
返回值	无
先决条件	调用该函数前必须禁用引脚的侵入检测功能
被调用函数	无

表 4 - 51   BKP_RTCOutputSource 值

BKP_RTCOutputSource	描　　述
BKP_RTCOutputSource_None	侵入引脚上无 RTC 输出
BKP_RTCOutputSource_CalibClock	侵入引脚上输出,其时钟频率为 RTC 时钟除以 64
BKP_RTCOutputSource_Alarm	侵入引脚上输出 RTC 闹钟脉冲
BKP_RTCOutputSource_second	侵入引脚上输出 RTC 秒脉冲

6. 函数 BKP_SetRTCCalibrationValue

表 4 - 52   函数 BKP_SetRTCCalibrationValue

函数名	BKP_SetRTCCalibrationValue
函数原形	void BKP_SetRTCCalibrationValue(uint8_t CalibrationValue)
功能描述	设置 RTC 时钟校准值,配置 BKP_RTCCR 寄存器 CAL[6:0]位
输入参数	CalibrationValue:RTC 时钟校准值,该参数允许取值范围为 0x0 到 0x7F
输出参数	无
返回值	无
先决条件	无
被调用函数	无

7. 函数 BKP_WriteBackupRegister

表 4 - 53   函数 BKP_WriteBackupRegister

函数名	BKP_WriteBackupRegister
函数原形	void BKP_WriteBackupRegister(uint16_t BKP_DR, uint16_t Data)

续表 4 - 53

函数名	BKP_WriteBackupRegister
功能描述	向指定备份数据寄存器(BKP_DR)中写入用户数据
输入参数 1	BKP_DR:指定的备份数据寄存器－BKP_DRx,x 可取值 1～42,即相应的寄存器号
输入参数 2	Data:待写入的数据
输出参数	无
返回值	无
先决条件	无
被调用函数	无

8. 函数 BKP_ReadBackupRegister

表 4 - 54　函数 BKP_ReadBackupRegister

函数名	BKP_ReadBackupRegister
函数原形	uint16_t BKP_ReadBackupRegister(uint16_t BKP_DR)
功能描述	从指定的备份数据寄存器中读出用户数据
输入参数	BKP_DR:指定的备份数据寄存器－BKP_DRx,x 可取值 1～42,即相应的寄存器号
输出参数	无
返回值	返回指定备份数据寄存器中的数据
先决条件	无
被调用函数	无

9. 函数 BKP_GetFlagStatus

表 4 - 55　函数 BKP_GetFlagStatus

函数名	BKP_GetFlagStatus
函数原形	FlagStatus BKP_GetFlagStatus(void)
功能描述	检查侵入引脚事件的标志位是否设置,将读取 BKP_ CSR 寄存器位 TEF
输入参数	无
输出参数	无
返回值	返回检查侵入引脚事件标志位的新状态(SET 或者 RESET)
先决条件	无
被调用函数	无

10. 函数 BKP_ClearFlag

表 4 - 56　函数 BKP_ClearFlag

函数名	BKP_ClearFlag
函数原形	void BKP_ClearFlag(void)
功能描述	清除侵入引脚事件的待处理标志位,需配置 BKP_CSR 寄存器位 CTE(置 1)

续表 4 - 56

函数名	BKP_ClearFlag
输入参数	无
输出参数	无
返回值	无
先决条件	无
被调用函数	无

11. 函数 BKP_GetITStatus

表 4 - 57　函数 BKP_GetITStatus

函数名	BKP_GetITStatus
函数原形	ITStatus BKP_GetITStatus(void)
功能描述	检查侵入引脚中断是否发生。需检测 BKP_CSR 寄存器 TIF
输入参数	无
输出参数	无
返回值	返回侵入引脚中断标志位的新状态(SET 或者 RESET)
先决条件	无
被调用函数	无

12. 函数 BKP_ClearITPendingBit

表 4 - 58　函数 BKP_ClearITPendingBit

函数名	BKP_ClearITPendingBit
函数原形	void BKP_ClearITPendingBit(void)
功能描述	清除侵入检测引脚的中断待处理位,将对 BKP_CSR 寄存器位 CTI 置 1
输入参数	无
输出参数	无
返回值	无
先决条件	无
被调用函数	无

4.3　设计目标

　　本例程基于 STM32 - V3 硬件开发板(也可适用于 STM32MINI 开发板)的硬件资源,构建了一个简易的实时时钟显示系统,能够分别显示年月日、星期以及当前时间,并通过 μC/GUI 界面上的功能按键设置和修改时钟,同时也可以通过串口远端设置时钟。

4.4　RTC 系统硬件构成

实时时钟系统的硬件实现其实很简单,只需要在 STM32 处理器外围配置两个晶振、一个纽扣电池、一块 LCD 液晶显示屏、一个用于连接 PC 的串口以及相应的电源供电电路即可。其主要硬件电路原理图如下介绍(液晶显示屏接口电路详见后续章节应用)。

1. 电源电路

RTC 硬件的外围电源供电主要分为两组,如图 4 - 3 所示。

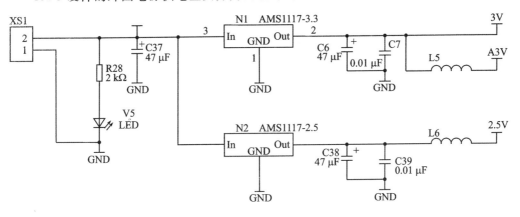

图 4 - 3　电源供电电路

2. STM32 处理器及外围电路

STM32 处理器及外围元件组成的硬件电路如图 4 - 4 所示。

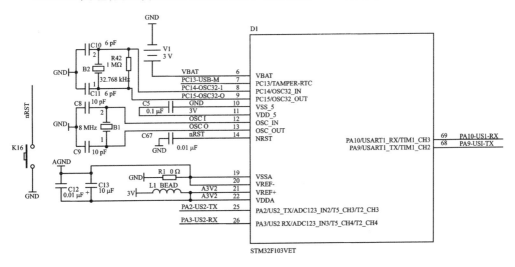

图 4 - 4　STM32 处理器及外围电路

3. RS232 串口电路

RS232 串口电路硬件原理图如图 4-5 所示。

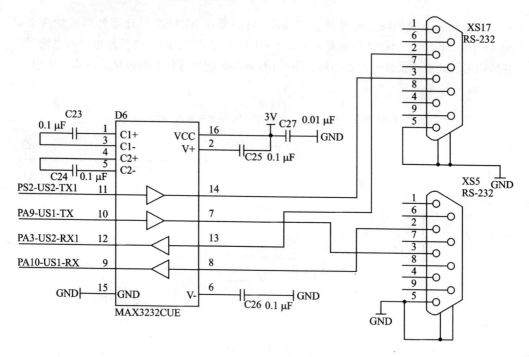

图 4-5   RS232 接口电路

4.5   系统软件设计

本实例的实时时钟系统的软件设计主要包括五个部分：

（1）μC/OS-II 系统建立任务，包括系统主任务、μC/GUI 界面任务、触摸屏任务、串口通信任务、秒更新任务等；

（2）μC/GUI 图形界面程序，实现了年月日、星期、时间等界面显示，并创建了功能按钮；

（3）中断服务程序，主要包括系统时钟节拍处理函数 SysTickHandler( )、RTC_IRQHandler 函数以及 USART1_IRQHandler( )函数；

（4）硬件平台初始化程序，包括系统时钟初始化、中断源配置、触摸屏以及显示接口初始化等常用配置，也包括 RTC 模块单元初始化及配置；

（5）RTC 模块单元的硬件程序，涉及到 RTC 模块单元的寄存器配置等。

本例程序设计所涉及的软件结构如表 4-59 所列，主要程序文件及功能说明如表 4-60 所列。

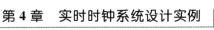

表 4-59 系统软件结构

应用软件层			
应用程序 app. c			
系统软件层			
μC/GUI 用户应用程序 Fun. c	操作系统		中断管理系统
μC/GUI 图形系统	μC/OS-Ⅱ系统		异常与外设中断处理模板
μC/GUI 驱动接口 lcd_ucgui. c,lcd_api. c	μC/OS-Ⅱ/Port	μC/OS-Ⅱ/ CPU	μC/OS-Ⅱ/ Source	stm32f10x_it. c
μC/GUI 移植部分 lcd. c			
CMSIS 层			
Cortex-M3 内核外设访问层	STM32F10x 设备外设访问层		
core_cm3. c	core_cm3. h	启动代码 (stm32f10x_startup. s)	stm32f10x. h	system_ stm32f10x. c	system_stm32f10x. h
硬件抽象层			
硬件平台初始化 bsp. c			
硬件外设层			
RTC 模块应用配置程序	液晶屏接口应用配置程序		LCD 控制器驱动程序
clock_ini. c	fsmc_sram. c		lcddrv. c
其他通用模块驱动程序			
misc. c、stm32f10x_fsmc. c、stm32f10x_gpio. c、stm32f10x_rcc. c、stm32f10x_rtc. c、stm32f10x_usart. c、stm32f10x_bkp. c、stm32f10x_pwr. c 等			

表 4-60 程序设计文件功能说明

程序文件名称	程序文件功能说明
App. c	包括系统主任务、μC/GUI 界面任务、触摸屏任务、串口通信任务、秒更新任务等等 7 个任务
stm32f10x_it. c	中断服务程序,本例共包括 3 个功能函数
Fun. c	μC/GUI 图形界面程序,主要显示年月日、星期、时间等信息
bsp. c	硬件平台初始化程序,包括系统时钟初始化、中断源配置、RTC 模块单元初始化及配置等
clock_ini. c	STM32 处理器 RTC 模块硬件程序,涉及到 RTC 模块单元的寄存器配置及模块初始化等功能
stm32f10x_rtc. c	通用模块驱动程序之实时时钟模块库函数
stm32f10x_bkp. c	通用模块驱动程序之备份寄存器库函数

1. μC/OS-Ⅱ系统任务

本例程在 μC/OS-Ⅱ系统中建立了 7 个任务,包括主任务、μC/GUI 界面任务、触摸屏任务、串口通信任务、秒更新任务以及 2 个系统任务(空闲任务、运行时间统计任务)。

主程序集中在 main()入口函数,完成 μC/OS-Ⅱ系统初始化、硬件平台初始化、建立主任务、设置节拍计数器以及启动 μC/OS-Ⅱ系统等。

开始任务建立通过调用 App_TaskStart()函数启动任务,再由该函数调用 App_TaskCreate()建立其他任务:

- OSTaskCreateExt(AppTaskUserIF,…用户界面任务);
- OSTaskCreateExt(AppTaskKbd,…触摸驱动任务);
- OSTaskCreateExt(Task_Com1,…串口 1 通信任务);
- OSTaskCreateExt(Clock_Updata,…秒更新任务)。

我们在第 3 章的时候着重讲述过,如何在 μC/OS-Ⅱ系统下架构实现 μC/GUI 图形显示的用户界面任务,这里我们要重复讲述一下用户界面任务的建立。AppTaskU-serIF()函数既作为 μC/OS-Ⅱ系统的用户界面任务,同时又在函数体内执行 μC/GUI 图形系统初始化,再调用 μC/GUI 系统下的界面显示程序主函数 Fun()。

注:主函数 Fun()在本实例的 Fun. c 文件中定义。

```
static void AppTaskUserIF (void * p_arg)
{
    (void)p_arg;
    GUI_Init();          //μC/GUI 系统初始化
    while(1)
    {
        Fun();           //调用 μC/GUI 系统下的界面显示主程序
    }
}
```

秒更新任务由 Clock_Updata()函数实现,并使用了信号量通信机制用于等待接收时钟更新信号量,函数实现代码如下文介绍。

```
void Clock_Updata(void * p_arg)
{
        unsigned int temp, ytemp;
        INT8U err;
        (void)p_arg;
        while(1){
        OSSemPend(Clock_SEM,0,&err);  //等待时钟更新信号量
        temp = Clock_count/86400;  //根据秒数,换算出天数
        ytemp = 1970;  //从 1970 年开始计算
        if(temp! = 0){
            while(temp> = 365) {
                if(ytemp % 4 == 0){  //是否闰年
                if(ytemp> = 366) temp - = 366;  //闰年的秒数
                    else {
                    ytemp ++ ;
```

```
                    break;
                 }
              }
                else temp - = 365; //非闰年
                ytemp + + ;
              }
        }
    Clock.Year = ytemp; //年
    ytemp = 0;
    while(temp> = 28) //超过了一个月
    {
              if((Clock.Year % 4 = = 0)&&ytemp = = 1) //闰年 2 月
          {
            if(temp> = 29)temp - = 29;      //闰年 2 月有 29 天
            else break;
          }
          else if((Clock.Year % 4! = 0)&&ytemp = = 1)//不是闰年 2 月
          {
            if(temp> = 28)temp - = 28;                //非闰年 2 月有 28 天
            else break;
          }else if
(ytemp = = 0||ytemp = = 2||ytemp = = 4||ytemp = = 6||ytemp = = 7||ytemp = = 9||ytemp = = 11)
                                                              //大月月份
          {
            if(temp> = 31)temp - = 31;
            else break;
          }
          else if(ytemp = = 3||ytemp = = 5||ytemp = = 8||ytemp = = 10) //小月月份
          {
            if(temp> = 30)temp - = 30;
            else break;
          }
            ytemp + + ;
        }
    Clock.Month = ytemp + 1;      //月份
    Clock.Day = temp + 1; //日
    temp = Clock_count % 86400; //得到秒钟数
    Clock.Hour = temp/3600; //计算出小时
    Clock.Min = (temp % 3600)/60; //计算出分钟
    Clock.Sec = (temp % 3600) % 60; //计算出秒钟
    Clock.Week = RTC_Week(Clock.Year,Clock.Month,Clock.Day);//计算出星期数
  }
}
```

在秒更新任务 Clock_Updata()函数中嵌套了计算星期数的算法函数 RTC_Week(),通过该函数来计算出当前日期的准确星期数。

```
unsigned char RTC_Week(unsigned int year,unsigned char month,unsigned char day)
{
    unsigned int tmp;
    unsigned char YH,YL;
    unsigned char week_M[12] = {0,3,3,6,1,4,6,2,5,0,3,5};
    YH = year/100;
    YL = year % 100;
    if (YH>19)YL + = 100;
    tmp = YL + YL/4;
    tmp = tmp % 7;
    tmp = tmp + day + week_M[month - 1];
    if (YL % 4 == 0&&month<3)tmp -- ;
    return(tmp % 7);
}
```

串口 1 通信任务由 Task_Com1()函数实现,该函数主要实现串口 1 数据的接收,并完成时钟设置指令格式的分段提取和解析工作,类似于我们在第 2 章介绍过的串口 1 通信任务,本例也采用了邮箱通信机制用于等待消息发送到邮箱,函数实现代码列出如下。

```
static void Task_Com1(void * p_arg){
    INT8U err;
    unsigned char * msg;
    unsigned long temp,tm;
    (void)p_arg;
    while(1){
    /* 等待串口接收指令成功的消息邮箱 */
    msg = (unsigned char * )OSMboxPend(Com1_MBOX,0,&err);//等待消息发送到邮箱
        if(msg[1] == 0x66){ /* 置时间命令 0x66 */
            /* 将接收到的修改时钟指令分段提取解析到当前时钟 */
            Clock1.Year = 2000 + msg[2];
            Clock1.Month = msg[3];
            Clock1.Day = msg[4];
            Clock1.Hour = msg[5];
            Clock1.Min = msg[6];
            Clock1.Sec = msg[7];
            tm = 0;
            for(temp = 1970; temp<Clock1.Year; temp ++ ){ /* 出自从 1970 年到当前年的秒数 */
                if(temp % 4 == 0) tm = tm + ((366 * 24) * 3600);
                else tm = tm + ((365 * 24) * 3600);
            }
```

```
        for(temp = 1; temp<Clock1.Month; temp ++){/*出自从 1 月到当前月的秒数*/
            if(temp % 4 == 0&&temp == 2) tm = tm + ((29 * 24) * 3600);
            else if(temp % 4! = 0&&temp == 2) tm = tm + ((28 * 24) * 3600);
            else if(temp == 4||temp == 6||temp == 9||temp == 11) tm = tm + ((30 * 24) *
3600);
            else tm = tm + ((31 * 24) * 3600);
        }
        tm = tm + (((Clock1.Day - 1) * 24) * 3600) + (Clock1.Hour * 3600) + (Clock1.Min *
60) + (Clock1.Sec);
        time_c = tm;
    RCC_APB1PeriphClockCmd(RCC_APB1Periph_PWR | RCC_APB1Periph_BKP, ENABLE);
        PWR->CR| = 1<<8;   //取消备份区写保护
        RTC_EnterConfigMode();//允许配置
        RTC_WaitForLastTask();//等待 RTC 寄存器写操作完成
        RTC_SetCounter(tm); //调用 RTC 计数值设置函数,改变当前值
        RTC_WaitForLastTask();//等待写寄存器完成
        }
    }
}
```

除了上述三个任务之外,启动任务函数 App_TaskStart()和触摸屏任务建立函数 AppTaskKbd()涉及的实现代码在各章节 μC/OS-Ⅱ 系统软件设计中大多数是完全类似的。

2. μC/GUI 图形界面程序

在 μC/OS-Ⅱ系统中用户界面任务建立函数 AppTaskUserIF()中调用了一个 Fun()函数执行 GUI 图形界面显示,该函数就是一个完整的图形界面应用程序。首先我们从用户界面实现函数 Fun()开始讲述本程序的设计要点。

μC/GUI 图形界面程序需要用到按钮和框架窗口控件,主要实现通过 μC/GUI 系统的按钮控件或由串口助手设置时钟参数的功能。

● 用户界面实现函数 Fun()

本函数通过调用 μC/GUI 框架窗口控件、按钮控件等分别建立了 3 个框架窗口、5 个按钮,并设置相关参数(如背景色、前景色、字体、文本等),大家可以从代码注释中发现本函数中用到的都是我们在第 3 章中介绍到的按钮、框架窗口控件以及各种基本功能函数。通过这些函数完成用户界面的构建,本函数完整的代码与注释详细列出如下文。

```
void Fun(void)
{
    WM_HWIN hWin1,hWin2,hWin3;
    unsigned char c,d;
    unsigned int temp;
```

```
unsigned long tm;
GUI_CURSOR_Show();
WM_SetCreateFlags(WM_CF_MEMDEV); /*自动使用存储设备*/
d = 1; c = 1;
GUI_SetBkColor(GUI_GRAY); //设置背景色
GUI_SetColor(GUI_WHITE);      //设置前景色
GUI_Clear();//清屏
curs = 0x00;
hWin2 = FRAMEWIN_Create("当前日期", 0, WM_CF_SHOW, 0, 0,319, 35);
/*建立框架窗口 2*/
FRAMEWIN_SetFont(hWin2, &GUI_FontHZ_FangSong_GB2312_24);
/*设置字体*/
hWin3 = FRAMEWIN_Create("当前时间",0, WM_CF_SHOW, 53, 100, 266, 35);
/*建立框架窗口 3*/
FRAMEWIN_SetFont(hWin3, &GUI_FontHZ_FangSong_GB2312_24);
/*设置字体*/
hWin1 = FRAMEWIN_Create("星期",0, WM_CF_SHOW, 0, 100, 52, 35);
/*建立框架窗口 1*/
FRAMEWIN_SetFont(hWin1, &GUI_FontHZ_FangSong_GB2312_24);
/*设置字体*/
FRAMEWIN_SetTextAlign(hWin1,GUI_TA_HCENTER);
/*框架窗口 1 文本中间对齐*/
FRAMEWIN_SetTextAlign(hWin2,GUI_TA_HCENTER);
/*框架窗口 2 文本中间对齐*/
FRAMEWIN_SetTextAlign(hWin3,GUI_TA_HCENTER);
/*框架窗口 3 文本中间对齐*/
//建立按键 F1 - F5
    _ahButton[0] = BUTTON_Create(0, 200, 64,40, GUI_KEY_F1 , WM_CF_SHOW | WM_CF_STAYONTOP
| WM_CF_MEMDEV);
    _ahButton[1] = BUTTON_Create(64, 200, 64,40, GUI_KEY_F2 , WM_CF_SHOW | WM_CF_STAYON-
TOP | WM_CF_MEMDEV);
    _ahButton[2] = BUTTON_Create(128, 200, 64,40, GUI_KEY_F3 , WM_CF_SHOW | WM_CF_STAYON-
TOP | WM_CF_MEMDEV);
    _ahButton[3] = BUTTON_Create(192, 200, 64,40, GUI_KEY_F4 , WM_CF_SHOW | WM_CF_STAYON-
TOP | WM_CF_MEMDEV);
    _ahButton[4] = BUTTON_Create(256, 200, 64,40, GUI_KEY_F5 , WM_CF_SHOW | WM_CF_STAYON-
TOP | WM_CF_MEMDEV);
    /*按键字体设置-仿宋体*/
    BUTTON_SetFont(_ahButton[0],&GUI_FontHZ_FangSong_GB2312_24);
    BUTTON_SetFont(_ahButton[1],&GUI_FontHZ_FangSong_GB2312_24);
    BUTTON_SetFont(_ahButton[2],&GUI_FontHZ_FangSong_GB2312_24);
    BUTTON_SetFont(_ahButton[3],&GUI_FontHZ_FangSong_GB2312_24);
    BUTTON_SetFont(_ahButton[4],&GUI_FontHZ_FangSong_GB2312_24);
```

```
/ * 按键背景色设置 * /
BUTTON_SetBkColor(_ahButton[0],0,GUI_GRAY);
BUTTON_SetBkColor(_ahButton[1],0,GUI_GRAY);
BUTTON_SetBkColor(_ahButton[2],0,GUI_GRAY);
BUTTON_SetBkColor(_ahButton[3],0,GUI_GRAY);
BUTTON_SetBkColor(_ahButton[4],0,GUI_GRAY);
/ * 按键前景色设置 * /
BUTTON_SetTextColor(_ahButton[0],0,GUI_WHITE);
BUTTON_SetTextColor(_ahButton[1],0,GUI_WHITE);
BUTTON_SetTextColor(_ahButton[2],0,GUI_WHITE);
BUTTON_SetTextColor(_ahButton[3],0,GUI_WHITE);
BUTTON_SetTextColor(_ahButton[4],0,GUI_WHITE);
num = 0;
while (d == 1)
{
   if(curs == 0){ / * 正常时钟显示模式 * /
     Clock1.Year = Clock.Year;
     Clock1.Month = Clock.Month;
     Clock1.Day = Clock.Day;
     Clock1.Hour = Clock.Hour;
     Clock1.Min = Clock.Min;
     Clock1.Sec = Clock.Sec;
}
key = GUI_GetKey();    //实时获得触摸按键的值
if(key == 40) num = 1;    //F1
else if(key == 41) num = 2;  //F2
else if(key == 42) num = 3;  //F3
else if(key == 43) num = 4;  //F4
else if(key == 44) num = 5;  //F5
switch(num){
    case 1:/ * F1 -- 修改或保存 * /
        if(curs == 0){
            curs = 1;
            WM_SetFocus(hWin2);
        }
        else{ / * 保存 * /
            curs = 0;
            tm = 0;
            for(temp = 1970; temp<Clock1.Year; temp ++ ){
/ * 算出自从 1970 年到当前年的秒数 * /
                if(temp % 4 == 0) tm = tm + ((366 * 24) * 3600);
                else tm = tm + ((365 * 24) * 3600);
            }
```

```
                for(temp = 1; temp<Clock1.Month; temp++){
    /*算出自从 1 月到当前月的秒数*/
                    if(temp % 4 == 0&&temp == 2) tm = tm + ((29 * 24) * 3600);
                    else if(temp % 4! = 0&&temp == 2) tm = tm + ((28 * 24) * 3600);
                    else if(temp == 4||temp == 6||temp == 9||temp == 11) tm = tm + ((30
* 24) * 3600);
                    else tm = tm + ((31 * 24) * 3600);
                }
                tm = tm + (((Clock1.Day - 1) * 24) * 3600) + (Clock1.Hour * 3600) +
(Clock1.Min * 60) + (Clock1.Sec);
                time_c = tm;
    RCC_APB1PeriphClockCmd(RCC_APB1Periph_PWR | RCC_APB1Periph_BKP, ENABLE);
                PWR->CR| = 1<<8;        //取消备份区写保护
                RTC_EnterConfigMode();//允许配置
                RTC_WaitForLastTask(); //等待 RTC 寄存器写操作完成
                RTC_SetCounter(tm);    //改变当前时钟
                RTC_WaitForLastTask(); //等待 RTC 寄存器写操作完成
                Clock.Year = Clock1.Year;
                Clock.Month = Clock1.Month;
                Clock.Day = Clock1.Day;
                Clock.Hour = Clock1.Hour;
                Clock.Min = Clock1.Min;
                Clock.Sec = Clock1.Sec;
            }
            c = 1;
            num = 0;
            break;
        case 2:    /*F2---递增键*/
            if(curs! = 0){
                if(curs == 0x01){    /*修改年*/
                    Clock1.Year++;
                    if(Clock1.Year == 2099) Clock1.Year = 1970;
                    if(Clock1.Month == 2&&Clock1.Year % 4! = 0x00){
                        if(Clock1.Day>28) Clock1.Day = 28;
                    }
                }
                else if(curs == 0x02){/*修改月*/
                    Clock1.Month++;
                    if(Clock1.Month>12) Clock1.Month = 1;
                    if(Clock1.Month == 2&&Clock1.Year % 4 == 0){
                        if(Clock1.Day>29) Clock1.Day = 29;
                    }
                    else if(Clock1.Month == 2&&Clock1.Year % 4! = 0){
```

```
                        if(Clock1.Day>28) Clock1.Day = 28;
                    }
                    else if(Clock1.Month == 4||Clock1.Month == 6||Clock1.Month == 9||
Clock1.Month == 11){
                        if(Clock1.Day>30) Clock1.Day = 30;
                    }
                }
                else if(curs == 0x03){ /* 修改日 */
                    Clock1.Day++ ;
                    if(Clock1.Day == 29){
                        if(Clock1.Month == 2&&Clock1.Year % 4! = 0) Clock1.Day = 1;
                    }
                    else if(Clock1.Day == 30){
                        if(Clock1.Month == 2) Clock1.Day = 1;
                    }
                    else if(Clock1.Day == 31){
                        if(Clock1.Month == 4||Clock1.Month == 6||Clock1.Month == 9||
Clock1.Month == 11) Clock1.Day = 1;
                    }
                    else if(Clock1.Day == 32) Clock1.Day = 1;
                }
                else if(curs == 4){ /* 修改小时 */
                    Clock1.Hour++ ;
                    if(Clock1.Hour == 24) Clock1.Hour = 0x01;
                }
                else if(curs == 5){/* 修改分钟 */
                    Clock1.Min++ ;
                    if(Clock1.Min == 60) Clock1.Min = 0;
                }
                else if(curs == 6){ /* 修改秒 */
                    Clock1.Sec++ ;
                    if(Clock1.Sec == 60)Clock1.Sec = 0;
                }
            }
            num = 0;
            c = 1;
            break;
        case 3: /* F3———递减键 */
            if(curs! = 0){
                if(curs == 0x01){/* 修改年 */
                    Clock1.Year-- ;
                    if(Clock1.Year == 1969) Clock1.Year = 2099;
                    if(Clock1.Month == 2&&Clock1.Year % 4! = 0x00){
```

```
                    if(Clock1.Day>28) Clock1.Day = 28;
                }
            }
            else if(curs == 0x02){ /*修改月*/
                Clock1.Month--;
                if(Clock1.Month == 0) Clock1.Month = 12;
                if(Clock1.Month == 2&&Clock1.Year % 4 == 0){
                    if(Clock1.Day>29) Clock1.Day = 29;
                }
                else if(Clock1.Month == 2&&Clock1.Year % 4! = 0){
                    if(Clock1.Day>28) Clock1.Day = 28;
                }
                else if(Clock1.Month == 4||Clock1.Month == 6||Clock1.Month == 9||
Clock1.Month == 11){
                    if(Clock1.Day>30) Clock1.Day = 30;
                }
            }
            else if(curs == 0x03){   /*修改日*/
                Clock1.Day--;
                if(Clock1.Day == 0){
                    if(Clock1.Month == 2&&Clock1.Year % 4! = 0) Clock1.Day = 28;
                    else if(Clock1.Month == 2) Clock1.Day = 29;
                    else if(Clock1.Month == 4||Clock1.Month == 6||Clock1.Month ==
9||Clock1.Month == 11) Clock1.Day = 30;
                    else Clock1.Day = 31;
                }
            }
            else if(curs == 4){     /*修改小时*/
                Clock1.Hour--;
                if(Clock1.Hour> = 24) Clock1.Hour = 23;
            }
            else if(curs == 5){     /*修改分钟*/
                Clock1.Min--;
                if(Clock1.Min> = 60) Clock1.Min = 59;
            }
            else if(curs == 6){     /*修改秒*/
                Clock1.Sec--;
                if(Clock1.Sec> = 60)Clock1.Sec = 59;
            }
        }
        c = 1;
        num = 0;
        break;
```

```
    case 5：    / * F5 ---左移 * /
        if(curs! = 0){    / * 移动光标 * /
            curs -- ;
            if(curs<1) curs = 6;
        }
        num = 0;
        c = 1;
        break;
    case 4：    / * F4 ---右移 * /
        if(curs! = 0){    / * 移动光标 * /
            curs ++ ;
            if(curs>6) curs = 1;
        }
        num = 0;
        c = 1;
        break;
    default：
        break;
}
if(c == 1){
    if(curs == 0){
        BUTTON_SetText(_ahButton[0], "修改");
        BUTTON_SetText(_ahButton[1], " ");
        BUTTON_SetText(_ahButton[2], " ");
        BUTTON_SetText(_ahButton[3], " ");
        BUTTON_SetText(_ahButton[4], " ");
    }
    else{
        BUTTON_SetText(_ahButton[0], "保存");
        BUTTON_SetText(_ahButton[1], "递增");
        BUTTON_SetText(_ahButton[2], "递减");
        BUTTON_SetText(_ahButton[3], "右移");
        BUTTON_SetText(_ahButton[4], "左移");
    }
    WM_ExecIdle();          //刷新屏幕
    clock_time_dis(60,146);    //显示时间
    clock_date_dis(15,45);    //显示日期
    clock_Week_dis(8,156);    //显示星期
    GUI_SetColor(GUI_WHITE);
    }
  }
}
```

从上述代码中,大家肯定会看到时间、日期、星期这三个显示功能函数,其作用,相信大家都能猜测到,下面列出这些函数的代码。

● 函数 clock_time_dis()

本函数用于时间显示,显示格式为时:分:秒,调用的还是 μC/GUI 系统的各种基本功能函数,本函数代码如下。

```
void clock_time_dis(unsigned int a, unsigned int b){
    GUI_SetFont(&GUI_FontD32);
    if(curs == 4){      /* 时 */
        if(flash == 1||num! = 0){
            GUI_SetColor(GUI_BLUE);
            GUI_DispDecAt(Clock1.Hour, a, b,2);
        }
        else if(flash == 0) {
            GUI_DispStringAt("  ", a, b);
        }
    }
    else{
        GUI_SetColor(GUI_WHITE);
        GUI_DispDecAt(Clock1.Hour, a, b,2);
    }
    GUI_SetColor(GUI_WHITE);
    GUI_DispCharAt(':', a + 60, b);
    if(curs == 5){      /* 分 */
        if(flash == 1||num! = 0){
            GUI_SetColor(GUI_BLUE);
            GUI_DispDecAt(Clock1.Min, a + 95, b,2);
        }
        else if(flash == 0) {
            GUI_DispStringAt("  ", a + 95, b);
        }
    }
    else{
        GUI_SetColor(GUI_WHITE);
        GUI_DispDecAt(Clock1.Min, a + 95, b,2);
    }
    GUI_SetColor(GUI_WHITE);
    GUI_DispCharAt(':', a + 155, b);
    if(curs == 6){ /* 秒 */
        if(flash == 1||num! = 0){
            GUI_SetColor(GUI_BLUE);
            GUI_DispDecAt(Clock1.Sec, a + 190, b,2);
        }
```

```
        else if(flash == 0) {
            GUI_DispStringAt("   ", a + 190, b);
        }
    }
    else{
        GUI_SetColor(GUI_WHITE);
        GUI_DispDecAt(Clock1.Sec, a + 190, b,2);
    }
}
```

● 函数 clock_date_dis()

本函数用于日期显示,显示格式为年:月:日,参数的设置仍然是通过 μC/GUI 系统下各种基本功能函数完成,该函数代码如下。

```
void clock_date_dis(unsigned int a, unsigned int b){
    GUI_SetFont(&GUI_FontD32); /* 设置字体 */
    if(curs == 1){      //年
        if(flash == 1||num! = 0){
            GUI_SetColor(GUI_BLUE);/* 设置颜色 */
            GUI_DispDecAt(Clock1.Year, a, b,4);      /* 十进制数据显示 */
        }
        else if(flash == 0) {
            GUI_DispStringAt("    ", a, b);
        }
    }
    else{
        GUI_SetColor(GUI_WHITE);
        GUI_DispDecAt(Clock1.Year, a, b,4);
    }
    GUI_SetColor(GUI_WHITE);
    GUI_DispCharAt('-', a + 110, b);/* 指定位置显示 */
    if(curs == 2){      /* 月 */
        if(flash == 1||num! = 0){
            GUI_SetColor(GUI_BLUE);
            GUI_DispDecAt(Clock1.Month, a + 145, b,2);
        }
        else if(flash == 0) {
            GUI_DispStringAt("  ", a + 145, b);
        }
    }
    else{
        GUI_SetColor(GUI_WHITE);
        GUI_DispDecAt(Clock1.Month, a + 145, b,2);
    }
    GUI_SetColor(GUI_WHITE);
    GUI_DispCharAt('-', a + 205, b);
```

```
    if(curs == 3){      /* 日 */
        if(flash == 1||num! = 0){
            GUI_SetColor(GUI_BLUE);
            GUI_DispDecAt(Clock1.Day, a + 240, b,2);
        }
        else if(flash == 0) {
            GUI_DispStringAt("    ", a + 240, b);
        }
    }
    else{
        GUI_SetColor(GUI_WHITE);
        GUI_DispDecAt(Clock1.Day, a + 240, b,2);
    }
}
```

● 函数 clock_Week_dis()

本函数用于星期显示,函数代码如下。

```
void clock_Week_dis(unsigned int a, unsigned int b){
    GUI_SetColor(GUI_WHITE);
    GUI_SetFont(&GUI_FontHZ_FangSong_GB2312_24); /* 设置仿宋字体 */
    if(Clock.Week == 1) GUI_DispStringAt("一", a, b);/* 指定位置显示字串 */
    else if(Clock.Week == 2) GUI_DispStringAt("二", a, b);
    else if(Clock.Week == 3) GUI_DispStringAt("三", a, b);
    else if(Clock.Week == 4) GUI_DispStringAt("四", a, b);
    else if(Clock.Week == 5) GUI_DispStringAt("五", a, b);
    else if(Clock.Week == 6) GUI_DispStringAt("六", a, b);
    else if(Clock.Week == 7) GUI_DispStringAt("日", a, b);
    }
```

也许大家都会有疑问,这里讲的都是如何使用 μC/GUI 系统的控件、基本功能函数构建用户界面的,时间值到底从哪里获取呢。大家先仔细阅读下述代码就会发现,年月日其实已经赋初值,并嵌套了硬件外设库函数实现一对一的修改,这些代码重复列出如下。

```
for(temp = 1970; temp<Clock1.Year; temp ++ ){…}
    …
time_c = tm;
RCC_APB1PeriphClockCmd(RCC_APB1Periph_PWR
| RCC_APB1Periph_BKP, ENABLE);
                PWR - >CR| = 1<<8;     //取消备份区写保护
                RTC_EnterConfigMode();//允许配置
                RTC_WaitForLastTask(); //等待 RTC 寄存器写操作完成
                RTC_SetCounter(tm);    //改变当前时钟
                RTC_WaitForLastTask(); //等待 RTC 寄存器写操作完成
                Clock.Year = Clock1.Year;
```

```
Clock.Month = Clock1.Month;
Clock.Day = Clock1.Day;
Clock.Hour = Clock1.Hour;
Clock.Min = Clock1.Min;
Clock.Sec = Clock1.Sec;
```

　　类似的代码我们还可以从串口 1 接收任务函数 Task_Com1()中看到，它们的功能也是相同的，只不过针对的是串口。

3. 中断服务程序

　　本例的中断处理程序涉及三个功能函数，其中一个是 SysTickHandler()函数，实现 μC/OS-Ⅱ 系统时钟节拍中断处理，另外两个分别是实时时钟模块中断处理函数和串口 1 中断处理函数。

　　● 函数 RTC_IRQHandler()

　　实时时钟模块的中断处理通过调用 RTC_IRQHandler()函数实现，并使用了信号量通信机制发送操作函数 OSSemPost()向 μC/OS-Ⅱ 系统秒更新任务 Clock_Updata() 发送时钟更新信号量，该函数的代码如下。

```
void RTC_IRQHandler(void)
{
    OS_CPU_SR cpu_sr;
    OS_ENTER_CRITICAL();//保存全局中断标志，关总中断
    OSIntNesting++; //中断嵌套标志
    OS_EXIT_CRITICAL(); //恢复全局中断标志
    if(RTC_GetITStatus(RTC_IT_SEC) != RESET) //读取秒中断状态
    {
        RTC_ClearITPendingBit(RTC_IT_SEC); //清除秒中断标志
        Clock_count = RTC_GetCounter(); //读取秒计数值
        OSSemPost(Clock_SEM); //发送出时钟更新信号量
    }
    /* 如果有更高优先级的任务就绪了，则执行一次任务切换 */
    OSIntExit();
}
```

　　● 函数 USART1_IRQHandler()

　　串口 1 的中断处理由 USART1_IRQHandler()函数完成，并使用了邮箱通信机制发送操作函数 OSMboxPost()向系统任务 Task_Com1()发送一个消息数据到邮箱，该函数的代码如下。

```
void USART1_IRQHandler(void)
{
    unsigned char msg[50];
    OS_CPU_SR cpu_sr;
    OS_ENTER_CRITICAL();//保存全局中断标志，关总中断
    OSIntNesting++; //中断嵌套标志
```

```
    OS_EXIT_CRITICAL();//恢复全局中断标志
    /*判断读寄存器是否非空*/
    if(USART_GetITStatus(USART1, USART_IT_RXNE) != RESET)  {
    /*将读寄存器的数据缓存到接收缓冲区里*/
        msg[RxCounter1++] = USART_ReceiveData(USART1);
        if(msg[0]!= 0xaa) {
            RxCounter1 = 0; //判断是否是同步头,不是的话,重新接收
        }
        if(RxCounter1>5){        //整体接收的字节超过 5 个字节
            /* 判断结束标志是否是 0xcc 0x33 0xc3 0x3c */
    if(msg[RxCounter1 - 4] == 0xcc&&msg[RxCounter1 - 3] == 0x33
&&msg[RxCounter1 - 2] == 0xc3&&msg[RxCounter1 - 1] == 0x3c)
            {
                msg[RxCounter1] = 0; //接收缓冲区终止符
                RxCounter1 = 0;
    /*将接收到的数据通过消息邮箱传递给串口 1 接收解析任务*/
                OSMboxPost(Com1_MBOX,(void *)&msg); //发送一个消息到邮箱
            }
        }
    }
    if(USART_GetITStatus(USART1, USART_IT_TXE) != RESET)
    {
        USART_ITConfig(USART1, USART_IT_TXE, DISABLE);
    }
    /*如果有更高优先级的任务就绪了,则执行一次任务切换*/
    OSIntExit();
}
```

4. 硬件平台初始化程序

本例的硬件平台初始化程序主要包括系统及外设时钟配置、FSMC 接口初始化、SPI1 接口-触摸屏芯片初始化与配置、GPIO 端口配置、串口 1 参数配置等系统常用的配置,也包括实时时钟模块初始化。开发板硬件的初始化通过 BSP_Init() 函数调用各接口功能函数实现,具体实现代码如下。

```
void BSP_Init(void)
{
    RCC_Configuration(); //系统时钟初始化
    NVIC_Configuration(); //中断源配置
    GPIO_Configuration();//GPIO 配置
    USART_Config(USART1,115200); //初始化串口 1 参数
    tp_Config();      //SPI1 触摸电路初始化
    clock_ini();      //实时时钟模块初始化
    FSMC_LCD_Init();//FSMC 接口初始化
}
```

本例的中断源配置，主要完成两个中断配置，即串口 1 中断、RTC 中断的使能与配置，由 NVIC_Configuration() 函数完成功能，该函数的代码如下。

```
void NVIC_Configuration(void)
{
    NVIC_InitTypeDef NVIC_InitStructure;
    NVIC_PriorityGroupConfig(NVIC_PriorityGroup_1);
    NVIC_InitStructure.NVIC_IRQChannel = USART1_IRQn;//设置串口 1 中断
    NVIC_InitStructure.NVIC_IRQChannelSubPriority = 0;
    NVIC_InitStructure.NVIC_IRQChannelCmd = ENABLE;
    NVIC_Init(&NVIC_InitStructure);
    /* 使能 RTC 中断 */
    NVIC_InitStructure.NVIC_IRQChannel = RTC_IRQn;//配置外部中断源(秒中断)
    NVIC_InitStructure.NVIC_IRQChannelPreemptionPriority = 0;
    NVIC_InitStructure.NVIC_IRQChannelSubPriority = 7;
    NVIC_InitStructure.NVIC_IRQChannelCmd = ENABLE;
    NVIC_Init(&NVIC_InitStructure);
}
```

5. RTC 实时时钟模块的应用配置程序

在硬件平台初始化函数 BSP_Init() 中调用的接口函数 clock_ini()，它的作用是 RTC 实时时钟模块应用配置，主要包含实时时钟模块参数配置和时钟配置，调用了通用模块 API 函数进行寄存器值配置。

● 函数 clock_ini()

本函数首先由 RTC_Configuration()clock_ini() 函数进行时钟初始化配置，然后依次完成设置 RTC 计数值，向备份数据寄存器(BKP_DR)中写入用户数据、使能中断等操作，完整的该函数功能代码如下。

```
void clock_ini(void){
    /* 判断保存在备份寄存器的 RTC 标志是否已经被配置过 */
    if(BKP_ReadBackupRegister(BKP_DR1) != 0xA2A2) {
    RTC_Configuration();//RTC 初始化
    RTC_SetCounter(20);
    /* RTC 设置后，将已配置标志写入备份数据寄存器 */
    BKP_WriteBackupRegister(BKP_DR1, 0xA2A2)   }
    else
    {
        if(RCC_GetFlagStatus(RCC_FLAG_PORRST) != RESET);//检查是否掉电重启
            else if(RCC_GetFlagStatus(RCC_FLAG_PINRST) != RESET); //检查是否复位
    RTC_WaitForSynchro(); //等待 RTC 寄存器被同步
    RTC_ITConfig(RTC_IT_SEC, ENABLE);//使能秒中断
    RTC_WaitForLastTask();//等待写寄存器完成
      }
    RCC_ClearFlag();
```

}

● 函数 RTC_Configuration()

本函数是 RTC 时钟初始化配置函数,需要配置 PWR、BKP 以及 RTC 时钟,且需要设置分频因子,该函数的详细配置过程说明如下代码。

```c
void RTC_Configuration(void)
{
    /* 使能 PWR 和 BKP 的时钟 */
    RCC_APB1PeriphClockCmd(RCC_APB1Periph_PWR
    | RCC_APB1Periph_BKP, ENABLE);
    /* 允许访问备份区域 */
    PWR_BackupAccessCmd(ENABLE);
    /* 复位备份域 */
    BKP_DeInit();
    #ifdef RTCClockSource_LSI
    /* 使能内部 RTC 时钟 */
    RCC_LSICmd(ENABLE);
    /* 等待 RTC 内部时钟就绪 */
    while(RCC_GetFlagStatus(RCC_FLAG_LSIRDY) == RESET)
    {
    }
    /* 选择 RTC 内部时钟为 RTC 时钟 */
    RCC_RTCCLKConfig(RCC_RTCCLKSource_LSI);
    #elif defined RTCClockSource_LSE
    /* 使能 RTC 外部时钟 */
    RCC_LSEConfig(RCC_LSE_ON);
    /* 等待 RTC 外部时钟就绪 */
    while(RCC_GetFlagStatus(RCC_FLAG_LSERDY) == RESET)
    {
    }
    /* 选择 RTC 外部时钟为 RTC 时钟 */
    RCC_RTCCLKConfig(RCC_RTCCLKSource_LSE);
    #endif
    /* 使能 RTC 时钟 */
    RCC_RTCCLKCmd(ENABLE);
    #ifdef RTCClockOutput_Enable
    /* 禁用 Tamper 引脚 */
    BKP_TamperPinCmd(DISABLE);
    /* 使能在 TAMPER 脚输出 RTC 时钟 */
    BKP_RTCCalibrationClockOutputCmd(ENABLE);
    #endif
    /* 等待 RTC 寄存器同步 */
    RTC_WaitForSynchro();
    /* 等待写 RTC 寄存器完成 */
    RTC_WaitForLastTask();
```

```
/* 使能 RTC 秒中断 */
RTC_ITConfig(RTC_IT_SEC, ENABLE);
/* 等待写 RTC 寄存器完成 */
RTC_WaitForLastTask();
/* 设置 RTC 预分频 */
#ifdef RTCClockSource_LSI
/* RTC 分频因子 = RTCCLK/RTC_PR = (32.000 KHz)/(31999 + 1) */
RTC_SetPrescaler(31999);
#elif defined RTCClockSource_LSE
/* RTC 分频因子 = RTCCLK/RTC_PR = (32.768 KHz)/(32767 + 1) */
RTC_SetPrescaler(32767);
#endif
/* 等待写 RTC 寄存器完成 */
RTC_WaitForLastTask();
}
```

6. 通用模块驱动程序

ST 公司针对所有外设都提供了通用模块的驱动程序,每种外设对应的功能函数都封装在一个 *.C 的文件名中,作为标准化程序调用。比如 stm32f10x_fsmc.c 文件封装的是 FSMC 接口库函数,stm32f10x_gpio.c 文件封装的是 GPIO 端口库函数,stm32f10x_usart.c 文件中封装的则是串口模块的库函数。

这部分库函数调用是很有规律性的,比如 GPIO_Configuration() 函数肯定要调用 GPIO 外设库函数,USART_Config() 函数会调用 USART 外设库函数,同理,当 NVIC_Configuration() 函数及其他以 STM32 处理器外设命名的相关配置函数都会调用对应的库函数,以简化硬件程序设计。

本实例中库函数调用最频繁的是 RTC 模块相关库函数与备份寄存器库函数,在 4.2 节已经针对性的进行过讲述,表 4-61 列出了本实例调用的库函数。

表 4-61　库函数调用列表

序　号	函数名
1	RTC_EnterConfigMode
2	RTC_WaitForLastTask
3	RTC_SetCounter
4	RTC_SetPrescaler
5	RTC_ITConfig
6	BKP_DeInit
7	BKP_ReadBackupRegister
8	BKP_WriteBackupRegister
9	BKP_TamperPinCmd
10	BKP_RTCCalibrationClockOutputCmd
11	RTC_WaitForSynchro

4.6　实例总结

本实例基于 STM32 处理器的 RTC 功能模块构建了嵌入式实时时钟显示系统。该实时时钟显示系统硬件架构相当简单,只需要在处理器外围配置晶振、纽扣电池以及液晶显示屏即可实现。

实时时钟系统的软件设计重点集中在 μC/OS-II 系统的任务建立,μC/GUI 图形系统的用户界面程序以及 STM32 处理器固件配置(如 RTC 寄存器、备份寄存器等)。本实例的 μC/GUI 用户界面使用了按钮和框架窗口两个控件,μC/GUI 系统多数情况下都需要调用这些控件来实现相应的功能,请读者熟知和巩固这类控件的用法。

4.7　显示效果

本例的程序在 STM32 - V3 硬件开发板上运行后,μC/GUI 界面显示的日期、时钟、星期数等显示效果如图 4 - 6 所示。

图 4 - 6　实时时钟实例演示效果图

第 **5** 章

串行 Flash 存储器应用实例

嵌入式系统开发过程中,有些设计面临数据存储的问题,需要使用外部的较大容量数据存储器将相关资料和数据进行长期保存。较大容量串行闪存的出现为解决嵌入式系统设计过程中大量数据的存储问题提供了一种解决方案。本例将基于串行 Flash 存储器 SST25VF016B 做深入地介绍与应用。

5.1　串行 Flash 存储器概述

SST25VF016B 是 Microchip 公司的一款四线制、兼容 SPI 接口、带有先进写保护机制、具备高速访问的 16 Mb(2 M×8 b)串行 Flash 存储器。该存储器具有如下主要特点:

- 2 MB(2 M×8 b)的存储空间。
- 2.7～3.6 V 单电源读/写操作。
- SPI 总线接口,兼容模式 0 和模式 3。
- 最大 50 MHz 高速时钟频率。
- 卓越的可靠性,每扇区擦写次数保证 10 万次、数据保存期限至少 100 年。
- 灵活的擦除能力。
    - ——4 KB 扇区整齐擦除;
    - ——32 KB 覆盖块整齐擦除;
    - ——64 KB 覆盖块整齐擦除。
- 快速擦除和字节编程。
    - ——整片擦除时间:28 ms(典型值);
    - ——扇区或块擦除时间:7 ms(典型值);
    - ——字节编程时间:7 μs(典型值)。
- 自动地址递增编程,容许在线编程编程操作。
- 写结束状态检测。
- 外置保持功能引脚,可以挂起串行时序而不选中设备。

● 两种写保护功能。

——通过使能/禁止状态寄存器的锁定(Lock - Down)功能实现写保护;

——通过状态寄存器的块保护位实现软件写保护。

该款器件主要适用于一体化打印机、PC 主板、机顶盒、数字电视、数码相机、图形卡等各种嵌入式系统的应用代码和数据存储需求。其内部逻辑方框图如图 5-1 所示。

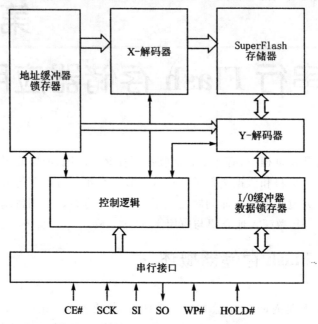

图 5-1 SST25VF016B 内部功能框图

SST25VF016B 的 SuperFlash 存储器阵列可组织成整齐的 4 KB 扇区擦除,并具有 32 KB 覆盖块或 64 KB 覆盖块擦除能力。

5.1.1 SST25VF016B 引脚功能描述

SST25VF016B 常用 SOIC-8 和 WSON-8 封装,其引脚排列示意如图 5-2 所示。其主要引脚功能描述如表 5-1 所列。

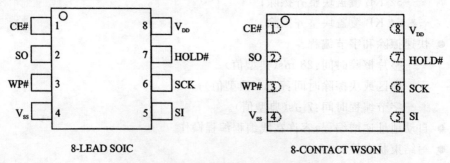

图 5-2 SST25VF016B 芯片引脚示意图

表 5-1　SST25VF016B 引脚功能定义

引脚字符	引脚功能描述
SCK	串行时钟信号输入(Serial Clock),命令、地址、输入数据都在串行时钟信号的上升沿锁存;输出数据则在串行时钟信号的下降沿移出
SI	串行数据输入(Serial Data Input),传送命令、地址、数据串行序列至器件,所有输入数据都在 SCK 上升沿锁存
SO	串行数据输出(Serial Data Output),串行数据序列移出器件,数据输出在 SCK 下降沿移出
CE#	片选,该引脚由高电平转低电平后有效。任意命令序列时,需维持为低电平
WP#	写保护引脚,用于使能或禁止状态寄存器的 BPL 位
HOLD#	控制端,无需复位即可暂停串行通信,低电平有效。在 HOLD 状态下,串行数据输出(Q)为高阻抗,时钟输入和数据输入无效
VDD	电源正端,2.7~3.6 V
VSS	电源地

5.1.2　器件操作

　　串行 Flash 存储器 SST25VF016B 的读写操作通过 SPI 串行外设接口进行,兼容 SPI 总线协议模式 0(0,0)和模式 3(1,1),SPI 总线由 4 条信号线构成:

- 片选信号(CE#)用于选中器件;
- 数据访问通过串行数据输入信号(SI);
- 数据串行移出通过串行数据输出信号(SO);
- 串行时钟信号(SCK)则提供时钟源。

　　注意:模式 0 和模式 3 "()"中的数字表示模式 0 或 3 时,总线待机或无数据传输时的 SCK 信号电平状态。

　　SPI 总线协议的模式 0(0,0)和模式 3(1,1)略有不同。它们的主要区别在于当总线处于待机状态或无数据传输时,SCK 信号电平不同。模式 0 时,SCK 信号为低电平;模式 3 时,SCK 信号为高电平。但两种模式时,串行数据输入(SI)采样都是在串行时钟信号的上升沿进行,串行数据输出驱动则在串行时钟信号的下降沿进行,即数据输入输出的方式是相同的。这两种模式完整的时序示意图如图 5-3 所示。

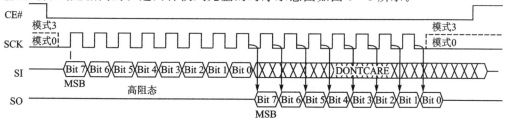

图 5-3　SPI 总线协议两种模式时序图

1. 暂停操作

SST25VF016B 芯片的 HOLD♯引脚用于暂停 Flash 存储器的串行通信序列且无须复位时钟序列。当激活 HOLD♯模式,片选信号 CE♯必须先置为低电平状态。当串行时钟信号 SCK 处于低电平状态且匹配 HOLD♯信号的下降沿时,暂停模式启动;当串行时钟信号 SCK 处于低电平状态且匹配 HOLD♯信号的上升沿时,暂停模式终止。暂停模式的工作时序如图 5-4 所示。

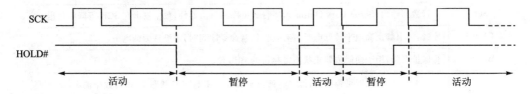

图 5-4　暂停模式工作时序图

如果 HOLD♯信号的下降沿未匹配串行时钟信号 SCK 的低电平状态,则器件在串行时钟信号 SCK 的下一个低电平状态到达后进入暂停模式。类似地,如果 HOLD♯信号的上升沿未匹配串行时钟信号 SCK 的低电平状态,则器件在串行时钟信号 SCK 的下一个低电平状态到达后终止暂停模式。

如果器件进入暂停模式,串行数据输入信号 SI 与串行时钟信号 SCK 可以为高电平或低电平,串行数据输出信号 SO 则进入高阻态。

如果片选信号 CE♯在暂停模式期间置高电平,器件的内部控制逻辑将复位,只要 HOLD♯信号为低电平,则维持暂停模式。如需唤醒器件通信,HOLD♯信号须置高电平,片选信号 CE♯则置低电平。

2. 写保护

SST25VF016B 器件提供软件写保护功能,写保护引脚 WP♯使能或禁止状态寄存器的锁定功能。状态寄存器的块保护位(BP3,BP2,BP1,BP0,BPL)为存储器阵列和状态寄存器提供写保护功能,块保护位详细功能如表 5-4 所列。

写保护引脚 WP♯使能状态寄存器位 BPL 锁定功能,当 WP♯置低电平时,写状态寄存器(WRSR)指令的执行由位 BPL 的值来决定(如表 5-2 所列);当 WP♯置高电平时,位 BPL 的锁定功能被禁止。

表 5-2　执行写状态寄存器指令的条件

WP♯	BPL	执行写状态寄存器指令
L	1	不允许
L	0	允许
H	×	允许

5.1.3 状态寄存器

状态寄存器用于任意读/写操作时闪存阵列是否可用的状态检测。如设备写使能状态,存储器的写保护状态等等。当内部擦除或编程操作时,状态寄存器仅支持读操作,以确定正在进行的操作结果。软件状态寄存器的位功能说明如表 5-3 所列。

表 5-3 状态寄存器位功能说明

位	位名称	功　能	上电默认值	读/写
0	BUSY	忙状态位。 1=正在进行内部写操作 0=无内部写操作	0	R
1	WEL	写使能锁存位。 1=器件存储器写使能 0=器件存储器未写使能	0	R
2	BP0	指示块写保护的当前级别(详见表 5-4)	1	R/W
3	BP1	指示块写保护的当前级别(详见表 5-4)	1	R/W
4	BP2	指示块写保护的当前级别(详见表 5-4)	1	R/W
5	BP3	指示块写保护的当前级别(详见表 5-4)	0	R/W
6	AAI	自动地址递增编程(AAI)状态位。 1=自动地址递增编程模式 0=字节编程模式	0	R
7	BPL	块保护锁。 1=BP3,BP2,BP1,BP0 为只读位 0=BP3,BP2,BP1,BP0 为读/写位	0	R/W

1. 忙状态位

忙状态位表示是否正在进行内部擦除或编程操作,置"1"表示器件正在进行一项操作而处于忙状态;置"0"表示器件就绪,可进行下一个有效的操作。

2. 写使能锁存位

写使能锁存位表示内部存储器写使能的状态,如果该位置"1",表示器件写使能;如果该位置"0",表示器件未写使能,不能够接受任意写(或编程、复位)操作指令。写使能锁存位在下述情况时会自动复位:

- 上电;
- 写禁止(WRDI)指令完成;
- 字节编程指令完成;
- 自动地址递增编程完成或到达未保护的内存地址的顶部;
- 扇区擦除指令完成;

- 块擦除指令完成;
- 片擦除指令完成;
- 写状态寄存器指令。

3. 自动地址递增状态位

自动地址递增状态位用于检测器件是否处于自动地址递增编程模式或字节编程模式,上电后默认状态是字节编程模式。

4. 块保护位

块保护位(BP3,BP2,BP1,BP0)定义了存储区的尺寸(详细尺寸定义如表 5-4 所列),用于软件保护以防止对存储器写(编程或擦除)等任意操作。只要保护信号 WP♯ 为高电平或块保护锁位 BPL 为"0",写状态寄存器(WRSR)指令即可用于对这 4 个块保护位编程。如所有的块保护位都为"0",就可以片擦除操作,器件上电后 4 个块保护位都置"1"。

表 5-4 软件状态寄存器块保护

保护级别	状态寄存器的块保护位				保护存储器地址
	BP3	BP2	BP1	BP0	16 Mb
无	×	0	0	0	无
上 1/32	×	0	0	1	1F0000H～1FFFFFH
上 1/16	×	0	1	0	1E0000H～1FFFFFH
上 1/8	×	0	1	1	1C0000H～1FFFFFH
上 1/4	×	1	0	0	180000H～1FFFFFH
上 1/2	×	1	0	1	100000H～1FFFFFH
全部块	×	1	1	0	000000H～1FFFFFH
全部块	×	1	1	1	000000H～1FFFFFH

5. 块保护锁

写保护信号 WP♯ 为低电平时,使能块保护锁定位。当块保护锁定位置"1",则可以禁止 4 个块保护位改变;当写保护信号 WP♯ 为高电平时,块保护锁定位不起作用。器件上电后该位默认置"0"。

5.1.4 SST25VF016B 指令集

指令用于读、写(擦除或编程)以及配置 SST25VF016B 器件,每条指令周期都是 8 位,包括命令(操作码)、数据、地址。指令优先执行顺序为字节编程、自动地址递增编程、扇区擦除、块擦除、写状态寄存器或片擦除指令。任意指令执行前必须先执行写使能指令,这是所有指令执行的前提条件。器件所有的指令集如表 5 - 5 所列。

表 5 - 5　器件 SST25VF016B 指令集

指　令	指令描述	操作码周期		地址周期	空周期	数据周期	最大频率
READ	读取存储数据	0000 0011	03H	3	0	1~∞	25 MHz
High Speed Read	高速读取存储数据	0000 1011	0BH	3	1	1~∞	80 MHz
4 KB Sector Erase	4 KB 存储阵列块擦除	0010 0000	20H	3	0	0	80 MHz
32 KB Block Erase	32 KB 存储块阵列擦除	0101 0010	52H	3	0	0	80 MHz
64 KB Block Erase	64 KB 存储块阵列擦除	1101 1000	D8H	3	0	0	80 MHz
Chip Erase	擦除所有存储区	0110 0000 或 1100 0111	60H 或 C7H	0	0	0	80 MHz
Byte Program	编程 1 个数据字节	0000 0010	02H	3	0	1	80 MHz
AAI Word Program	自动地址递增编程	1010 1101	ADH	3	0	2~∞	80 MHz
RDSR	读状态寄存器	0000 0101	05H	0	0	1~∞	80 MHz
EWSR	使能写状态寄存器	0101 0000	50H	0	0	0	80 MHz
WRSR	写状态寄存器	0000 0001	01H	0	0	1	80 MHz
WREN	写使能	0000 0110	06H	0	0	0	80 MHz
WRDI	写禁止	0000 0100	04H	0	0	0	80 MHz
RDID	读电子标签	1001 0000 或 1010 1011	90H 或 ABH	3	0	1~∞	80 MHz
JEDEC - ID	读器件标识符	1001 1111	9FH	0	0	3~∞	80 MHz
EBSY	在自动地址递增编程时使能串行数据输出引脚输出 RY/BY# 状态	0111 0000	70H	0	0	0	80 MHz
DBSY	在自动地址递增编程时禁止串行数据输出引脚输出 RY/BY# 状态	1000 0000	80H	0	0	0	80 MHz

1. 读数据指令及指令时序

当片选信号为低电平时,芯片被选中,读数据字节的指令操作码之后是 3 个字节地址(A23~A0),每个位在时钟上升沿被锁存,然后在串行数据输出引脚输出。读数据指令及串行数据输出时序图如图 5 - 5 所示。

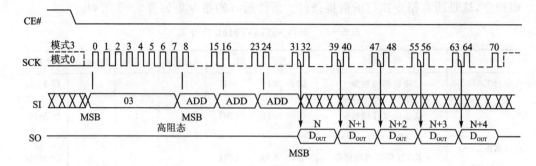

图 5 - 5　读数据指令及串行数据输出时序图

2. 高速读数据指令及指令时序

当片选信号为低电平时,芯片选中后,高速读取数据指令操作码之后是 3 个字节地址(A23~A0)和 1 个空字节。每个位在串行时钟上升沿被锁存,然后在串行数据输出引脚移出数据的每 1 位。高速读取数据指令及串行数据输出时序如图 5 - 6 所示。

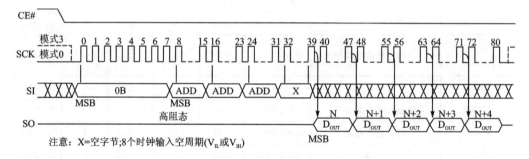

注意：X=空字节;8个时钟输入空周期(V_{IL}或V_{IH})

图 5 - 6　高速读取数据指令时序

3. 字节编程指令及指令时序

字节编程指令可以将数据写入选中的字节中。初始化编程前,选中的字节须处于擦除状态(FFH),字节编程指令对保护区域无效。该指令执行前,先要执行写使能(WREN)指令。字节编程指令时序如图 5 - 7 所示。

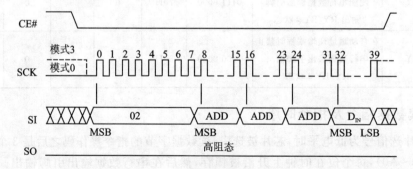

图 5 - 7　字节编程指令时序图

注:擦除状态(FFH),表示指定的存储区是空白的,未写入数据时的状态,后同。

4. 自动地址递增字编程指令及指令时序

自动地址递增(Auto Address Increment,AAI)字编程指令容许多字节数据编程而无须确认下一个连续地址位置。当多字节或整个存储器阵列编程时,这种指令能大大降低总的编程时间,但该指令指向一个受保护的存储区域时,则被忽略。

操作过程中共有 3 种方法可以确定自动地址递增字编程周期是否完成:

● 通过读串行输出的硬件检测方式;
● 通过查询软件状态寄存器的"BUSY"位的软件检测方式;
● 等待 T_{BP}。

初始化自动地址递增字编程时,所选择的地址必须处于擦除状态(FFH),当处于自动地址递增字编程序列时,只有下述指令有效。

● 软件写结束检测——AAI 字(ADH)、WRDI(04H)、RDSR(05H);
● 硬件写结束检测——AAI 字(ADH)、WRDI(04H)。

在自动地址递增字编程操作时,硬件写结束检测不需要像软件写结束检测方式一样轮询忙状态位。在自动地址递增编程过程中,一个 8 位命令(70H)可配置串行数据输出引脚 SO 用于指示闪存的忙状态,如图 5-8 所示。8 位命令(70H)须优先于 AAI 编程操作指令执行。当内部编程操作开始后,CE♯有效后,会立即将内部闪存状态驱动在 SO 引脚上,"0"表示器件忙状态,"1"表示器件就绪可用于下一条指令,释放 CE♯则会使 SO 引脚恢复成高阻态。

注:RY = READY,表示就绪;BY=BUSY,表示忙。下文同。

退出硬件写结束检测时,首先需执行 WRDI 指令(04H),复位写使能锁存位(WEL=0)和 AAI 位,然后执行 8 位 DBSY 指令(80H)禁止 RY/BY♯状态,完整的时序如图 5-9 和图 5-10 所示。

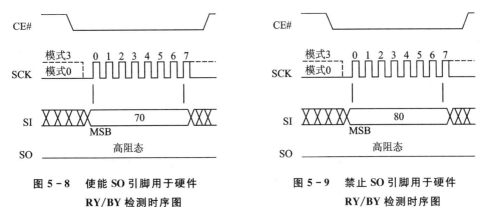

图 5-8　使能 SO 引脚用于硬件
　　　　RY/BY 检测时序图

图 5-9　禁止 SO 引脚用于硬件
　　　　RY/BY 检测时序图

软件写结束的检测方式一般只需要通过检测软件的状态寄存器的忙状态位即可,等待 T_{BP} 和软件写结束检测方式的自动地址递增字编程时序如图 5-11 所示。

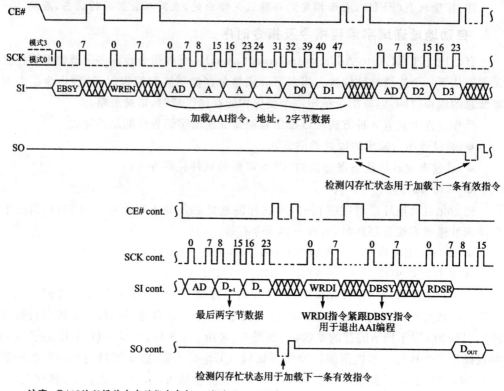

注意：①AAI编程操作中有效指令包括AAI指令和WRDI指令。
　　　②AAI编程时，用户须配置SO引脚去输出闪存忙状态。

图 5 - 10　硬件写结束检测方式的自动地址递增字编程时序图

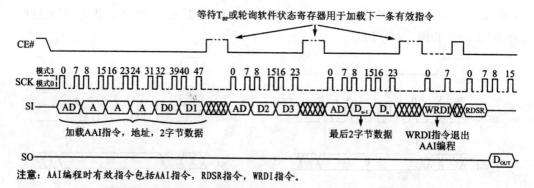

注意：AAI编程时有效指令包括AAI指令，RDSR指令，WRDI指令。

图 5 - 11　软件写结束检测方式的自动地址递增字编程时序图

5. 4 KB 存储阵列块擦除指令及指令时序

4 KB 存储阵列块擦除指令可将一个 4 KB 的扇区清空成"FFH"，但该指令对受保护区域无效，4 KB 存储阵列块擦除指令时序如图 5 - 12 所示。

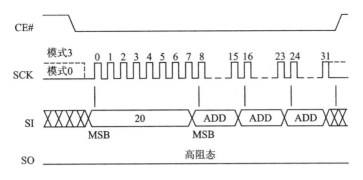

图 5 - 12　4 KB 扇区擦除指令时序图

6. 32 KB 存储块阵列擦除指令及指令时序

32 KB 存储块阵列擦除指令将选择 32 KB 块清空成"FFH",该指令对受保护区域无效,指令格式为一个 8 位指令(52H)、地址位[A23~A0]。地址位[AMS~A15, AMS 为地址的 MSB]用于确定块地址[BA_X],其余的地址可以为 V_{IL} 或 V_{IH}。CE♯信号在指令开始前为高电平。32 KB 存储块阵列擦除指令时序如图 5 - 13 所示。

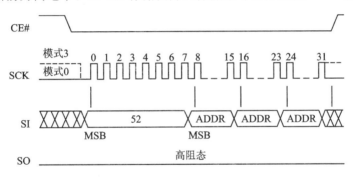

图 5 - 13　32 KB 块擦除指令时序图

7. 64 KB 存储块阵列擦除指令及指令时序

64 KB 存储块阵列擦除指令将选择 64 KB 块清空成"FFH",该指令对受保护区域无效,指令格式为一个 8 位指令(D8H)、地址位[A23~A0]。地址位[AMS~A15, AMS 为地址的 MSB]用于确定块地址[BA_X],其余的地址可以为 V_{IL} 或 V_{IH}。CE♯信号在指令开始前为高电平,用户可以轮询软件状态寄存器的忙状态位来确定块擦除周期是否完成。64 KB 存储块阵列擦除指令时序如图 5 - 14 所示。

8. 擦除所有存储区指令及指令时序

擦除所有存储区(片擦除)指令将器件的清空成"FFH",该指令对任意保护区域不起作用。指令格式为一个 8 位指令(60H 或 C7H),指令执行前 CE♯须为高电平,指令执行过程中 CE♯须一直维持为低电平,用户可轮询软件状态寄存器的忙状态位或等待 T_{CE} 确定片擦除指令周期是否完成。片擦除指令时序如图 5 - 15 所示。

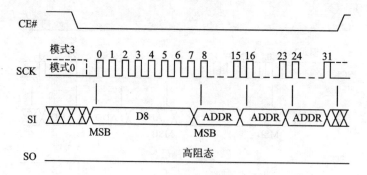

图 5-14　64KB 块擦除指令时序图

9. 读状态寄存器指令及指令时序

读状态寄存器指令容许读软件的状态寄存器位,状态寄存器的各位可以在任意时间甚至写(编程或擦除)操作时也可以被读取。执行写操作时,在任意指令发送前,首先必须查询状态寄存器的忙状态位,以确保指令可被器件接收。CE#须维持低电平直到读状态寄存器指令完成,指令时序如图 5-16 所示。

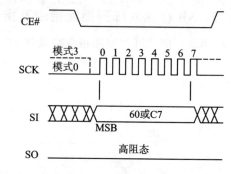

图 5-15　片擦除指令时序图

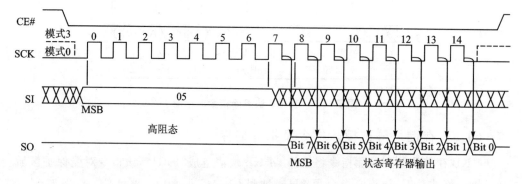

图 5-16　读状态寄存器指令时序图

10. 写使能指令及指令时序

写使能(WREN)指令将状态寄存器的写使能锁存位置"1"用于允许写操作,任意指令(写、编程和擦除操作等)发送前,必须首先发送写使能指令,同时也用于允许写状态寄存器(WRSR)指令执行。该指令时序如图 5-17 所示。

11. 写禁止指令及指令时序

写禁止指令将写使能锁存(WEL)位和 AAI 位复位为"0",用于禁止任意新产生的写操作,但该指令不终止正在进行的编程操作,写禁止指令时序如图 5-18 所示。

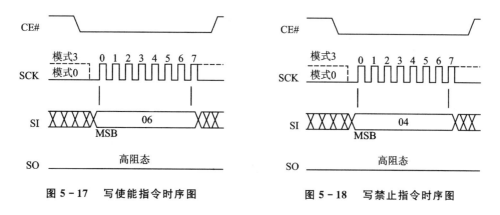

图 5-17　写使能指令时序图　　　　图 5-18　写禁止指令时序图

12. 使能写状态寄存器指令

使能写状态寄存器(EWSR)指令用于启用写状态寄存器(WRSR)指令以及打开或变更状态寄存器。如果发送写状态寄存器指令,必须紧随 EWSR 指令立即执行 WRSR 指令。指令时序如下文条目 13,"写状态寄存器指令及指令时序"所示。

13. 写状态寄存器指令及指令时序

写状态寄存器(WRSR)指令用于对状态寄存器的 5 个有效位(BP3,BP2,BP1,BP0,BPL)写新值。在 WRSR 指令序列未进入之前 CE♯须维持低电平,WRSR 指令执行后 CE♯则维持高电平,EWSR 或 WREN 以及 WRSR 指令组合时序如图 5-19 所示。

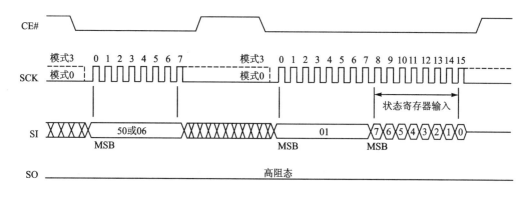

图 5-19　EWSR 或 WREN 以及 WRSR 指令组合时序图

14. 读半导体标签指令及指令时序

读半导体电子标签(JEDEC Read-ID)指令用于识别器件是否为 SST25VF016B 以及制造商是否为 SST。器件信息可由一条 8 位指令(9FH)读取,指令时序如图 5-20 所示,读取的数据内容格式如表 5-6 所列。

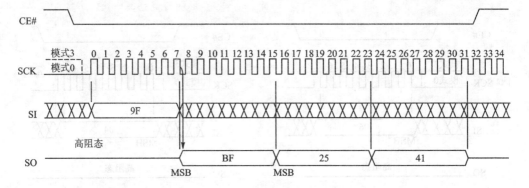

图 5-20　读半导体标识指令时序图

表 5-6　数据内容格式

制造商标识符(字节 1)	器件标识符	
	存储类型(字节 2)	存储容量(字节 3)
BFH	25H	41H

15. 读器件标识符指令及指令时序

读器件标识(RDID)指令可以读取 8 位长度的制造商产品识别码。指令时序如图 5-21 所示。器件标识码由两字组成,如表 5-7 所列。

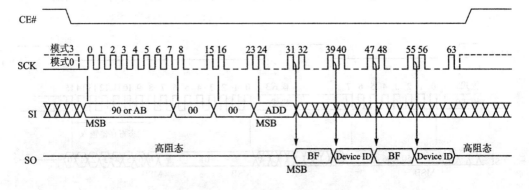

图 5-21　读器件标识符指令时序图

表 5-7　器件标识符内容

标识符内容	地　址	数　据
制造商标识符	00000H	BFH
器件标识符	00001H	41H

5.2　设计目标

本例程用开发板上的串行 FLASH 芯片 SST25VF016B 实现了一个文件系统 FATFS,能够支持 FAT 文件系统格式,通过创建图形用户界面 μC/GUI,在 μC/OS 实时内核的调度下,完成对于 TXT 类型文件列表的显示及通过操作打开相应 TXT 文件并显示文件部分内容。

5.3　硬件电路原理设计

本实例的硬件电路由微处理器 STM32F103 通过 SPI 接口与串行 Flash 存储器 SST25VF016B 连接。微处理器端口 PC4,PA5,PA6,PA7 分别与 SST25VF016B 的处片选信号 CE#、串行时钟信号 SCK、串行数据输出信号 SO、串行数据输入信号 SI 等功能引脚连接。本例中,WP# 引脚直接连接 3 V 电源,写保护功能未使用,其主要硬件电路原理图如图 5 - 22 所示。

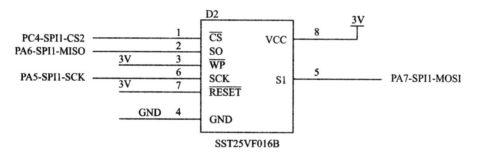

图 5 - 22　串行存储器的硬件电路原理图

5.4　μC/OS-II 系统软件设计

本例的串行 Flash 存储器应用实例的系统软件设计任务主要针对如下几个部分:

- μC/OS-II 系统建立任务,包括系统主任务、μC/GUI 图形用户接口任务、触摸屏任务等;
- μC/GUI 图形界面程序,主要实现了串行 Flash 存储器内 TXT 类型文件列表及文件内容显示等;
- 中断服务程序,本例仅有一个系统时钟节拍函数处理函数 SysTickHandler();
- 硬件平台初始化程序,包括系统时钟初始化及外设时钟使能、SPI 接口初始化、触摸屏接口初始化等;
- SST25VF016B 的应用配置及底层驱动函数,含各种写(擦除或编程)操作指令以及状态寄存器指令等;

● FATFS 文件系统的移植。

本例采用了开源的文件系统 FATFS0.08b,软件设计所涉及的系统软件结构如表 5-8 所列,主要程序文件及功能说明如表 5-9 所列。

表 5-8　系统软件结构

应用软件层				
应用程序 app.c				
系统软件层				
μC/GUI 用户应用程序 Fun.c	文件系统	操作系统		中断管理系统
μC/GUI 图形系统	FATFS	μC/OS-Ⅱ系统		异常与外设中断处理模板
μC/GUI 驱动接口 lcd_ucgui.c,lcd_api.c	diskio.c diskio.h ff.c 等	μC/OS-Ⅱ/ Port	μC/OS-Ⅱ/ CPU	stm32f10x_it.c
μC/GUI 移植部分 lcd.c			μC/OS-Ⅱ/ Source	
CMSIS 层				
Cortex-M3 内核外设访问层	STM32F10x 设备外设访问层			
core_cm3.c	core_cm3.h	启动代码 (stm32f10x_startup.s)	stm32f10x.h	system_ stm32f10x.c	system_stm32f10x.h
硬件抽象层				
硬件平台初始化 bsp.c				
硬件外设层				
SST25VF016B 闪存应用配置与驱动程序		液晶屏接口应用配置程序		LCD 控制器驱动程序
SPI_Flash.c		fsmc_sram.c		lcddrv.c
其他通用模块驱动程序				
misc.c,stm32f10x_fsmc.c,stm32f10x_gpio.c,stm32f10x_rcc.c,stm32f10x_spi.c,stm32f10x_usart.c 等				

表 5-9　程序设计文件功能说明

程序文件名称	程序文件功能说明
App.c	主程序,μC/OS-Ⅱ系统建立任务,包括系统主任务、μC/GUI 图形用户接口任务、触摸屏任务等
stm32f10x_it.c	本例实现 μC/OS-Ⅱ系统时钟节拍中断程序为 SysTickHandler()函数,本例省略介绍
Fun.c	μC/GUI 图形用户接口,包括对话框等控件创建以及文件内容显示功能的实现
bsp.c	硬件平台的初始化函数,包括系统时钟、SPI 接口(用于 SST25VF016B 通信的)、FSMC 接口、触摸屏接口等初始化配置
SPI_Flash.c	SST25VF016B 的应用配置与底层驱动函数,包括写(擦除或编程)操作及指令等
diskio.c	FATFS 文件系统模块的存储媒介底层接口,包括存储媒介读/写接口和磁盘驱动器的初始化、控制装置以及获取当前时间等
stm32f10x_spi.c	通用模块驱动程序之 SPI 模块库函数

5.4.1　系统相关软件设计

本小节针对 μC/OS-Ⅱ 系统任务、μC/GUI 图形用户接口、SST25VF016B 的应用配置与底层驱动函数、硬件平台的初始化配置等作介绍，FATFS 文件系统介绍如 5.4.2 小节介绍。

1. μC/OS-Ⅱ 系统任务

μC/OS-Ⅱ 系统建立任务，包含系统主任务、μC/GUI 图形用户接口任务、触摸屏任务、空闲任务以及统计时间运行任务，同时也是本例系统软件的主程序。

主程序集中在 main()入口函数，完成 μC/OS-Ⅱ 系统初始化、硬件平台初始化、建立主任务、设置节拍计数器以及启动 μC/OS-Ⅱ 系统等。

开始任务建立通过调用 App_TaskStart()函数来完成，再由该函数调用 App_TaskCreate()建立其他任务：

- OSTaskCreateExt(AppTaskUserIF，…用户界面任务)；
- OSTaskCreateExt(AppTaskKbd，…触摸驱动任务)。

这些任务函数都是 μC/OS-Ⅱ 系统常用的任务配置项，其原理与调用机制是完全类似的，本例省略介绍。

2. μC/GUI 图形界面程序

在 μC/OS-Ⅱ 系统中的用户界面任务建立函数 AppTaskUserIF()中调用 Fun()函数实现执行 μC/GUI 图形界面显示的功能，该函数就是一个完整的图形界面应用程序。首先我们从用户界面实现函数 Fun()开始讲述本程序的设计要点。

- 用户界面显示实现函数 Fun()

μC/GUI 图形界面程序主要包括建立对话框窗体、列表控件、按钮控件、多文件编辑控件以及相关字体、背景色、前景色等参数设置，详细代码如下。

```
void Fun(void) {
    unsigned short i = 0;
    GUI_CURSOR_Show();
    WM_SetCreateFlags(WM_CF_MEMDEV);/* 自动使用存储设备 */
    DesktopColorOld = WM_SetDesktopColor(GUI_BLUE);/* 自动更新桌面窗口 */
    /* 建立非阻塞式对话框窗体,包含了资源列表,资源数目,并指定回调函数 - 对话框 */
    hWin = GUI_CreateDialogBox(aDialogCreate, GUI_COUNTOF(aDialogCreate),
    _cbCallback, 0, 0, 0);
    /* 设置窗体字体 */
    FRAMEWIN_SetFont(hWin, pFont);
    /* 获得按钮控件的句柄 */
    _ahButton[0] = WM_GetDialogItem(hWin, GUI_ID_BUTTON0);
    _ahButton[1] = WM_GetDialogItem(hWin, GUI_ID_BUTTON1);
```

```
_ahButton[2] = WM_GetDialogItem(hWin, GUI_ID_BUTTON2);
_ahButton[3] = WM_GetDialogItem(hWin, GUI_ID_BUTTON3);
_ahButton[4] = WM_GetDialogItem(hWin, GUI_ID_BUTTON4);
//按键字体设置
BUTTON_SetFont(_ahButton[0],pFont);
BUTTON_SetFont(_ahButton[1],pFont);
BUTTON_SetFont(_ahButton[2],pFont);
BUTTON_SetFont(_ahButton[3],pFont);
BUTTON_SetFont(_ahButton[4],pFont);
//按键背景色设置
BUTTON_SetBkColor(_ahButton[0],0,GUI_GRAY); //按键背景颜色
BUTTON_SetBkColor(_ahButton[1],0,GUI_GRAY);
BUTTON_SetBkColor(_ahButton[2],0,GUI_GRAY);
BUTTON_SetBkColor(_ahButton[3],0,GUI_GRAY);
BUTTON_SetBkColor(_ahButton[4],0,GUI_GRAY);
//按键前景色设置
BUTTON_SetTextColor(_ahButton[0],0,GUI_WHITE);
BUTTON_SetTextColor(_ahButton[1],0,GUI_WHITE);
BUTTON_SetTextColor(_ahButton[2],0,GUI_WHITE);
BUTTON_SetTextColor(_ahButton[3],0,GUI_WHITE);
BUTTON_SetTextColor(_ahButton[4],0,GUI_WHITE);
//获得对话框里 GUI_ID_LISTBOX0 项目的句柄
listbox1 = WM_GetDialogItem(hWin, GUI_ID_LISTBOX0);
LISTBOX_SetFont(listbox1,pFont); //设置对话框里列表框的字体
//设置对话框里列表框-卷动方向为下拉
SCROLLBAR_CreateAttached(listbox1, SCROLLBAR_CF_VERTICAL);
/*将 SST25VF016B 根目录下的文件名增加到列表框里*/
while(file_num>0){
    LISTBOX_AddString(listbox1,str[i]);
  i++;
  file_num--;
}
/*在窗体上建立多文件编辑控件作为文件内容显示区*/
hmultiedit1 = MULTIEDIT_Create(5,90,310, 115, hWin,
GUI_ID_MULTIEDIT0,WM_CF_SHOW,MULTIEDIT_CF_AUTOSCROLLBAR_V,"",2500);
/*设置多文件编辑控件的字体*/
MULTIEDIT_SetFont(hmultiedit1,pFont);
/*设置多文件编辑控件的背景色*/
MULTIEDIT_SetBkColor(hmultiedit1,MULTIEDIT_CI_EDIT,GUI_LIGHTGRAY);
/*设置多文件编辑控件的字体颜色*/
MULTIEDIT_SetTextColor(hmultiedit1,MULTIEDIT_CI_EDIT,GUI_BLACK);
/*设置多文件编辑控件的文字回绕*/
MULTIEDIT_SetWrapWord(hmultiedit1);
```

```
/*设置多文件编辑控件的最大字符数*/
MULTIEDIT_SetMaxNumChars(hmultiedit1,2500);
/*设置多文件编辑控件的字符左对齐*/
MULTIEDIT_SetTextAlign(hmultiedit1,GUI_TA_LEFT);
/*设置多文件编辑控件为只读模式*/
MULTIEDIT_SetReadOnly(hmultiedit1,1);
while (1)
{
    WM_Exec();//显示刷新
}
}
```

上述代码中的 GUI_CreateDialogBox() 函数用于创建非阻塞式对话框窗体,参数 aDialogCreate 定义对话框中所要包含的小工具的资源表的指针(下面我们会陆续介绍资源表的定义方法);GUI_COUNTOF(aDialogCreate) 定义对话框中所包含的小工具的总数;参数 _cbCallback 代表应用程序特定回调函数(对话框过程函数)的指针;紧跟其后的一个参数表示父窗口的句柄(0 表示没有父窗口),最后两个参数表示 X/Y 座标位置,即对话框相对于父窗口的 X/Y 轴位置。

创建对话框窗体需要两个基本要素:资源表和对话框过程;前者定义所要包括的小工具,后者定义小工具的初始值及其行为。一旦具备这两个要素,则只需进行单个函数调用(GUI_CreateDialogBox() 或 GUI_ExecDialogBox())就能创建对话框。

对话框可以基于阻塞(使用 GUI_ExecDialogBox())或非阻塞(使用 GUI_Create-DialogBox())方式创建。必须首先定义一个资源表,以指定在对话框中所要包括的所有小工具。下面列出的代码说明了本例中创建资源表的方法。

```
/*定义指向 GUI_WIDGET_CREATE_INFO 结构的指针-资源表*/
static const GUI_WIDGET_CREATE_INFO aDialogCreate[] = {
/*建立窗体,大小是 320×240,原点在 0,0*/
{ FRAMEWIN_CreateIndirect, "STM32 开发板 SST25VF016B 文件系统实验", 0, 0, 0, 320, 240,
FRAMEWIN_CF_ACTIVE },
/*建立 LISTBOX 控件,小工具*/
{ LISTBOX_CreateIndirect,   "", GUI_ID_LISTBOX0,  3,5,310,60, 0, 0 },
/*建立按扭控件,小工具*/
{ BUTTON_CreateIndirect,"打开文件", GUI_ID_BUTTON0, 0, 188, 64, 30 },
{BUTTON_CreateIndirect,"上选择", GUI_ID_BUTTON1,64,188,64,30 },
{BUTTON_CreateIndirect,"下选择",GUI_ID_BUTTON2,128,188,64,30 },
{BUTTON_CreateIndirect,"内容上翻",GUI_ID_BUTTON3,192,188 ,64,30 },
{BUTTON_CreateIndirect,"内容下翻",GUI_ID_BUTTON4,256,188 ,64,30 },
};
```

对话框过程由窗体回调函数完成,一旦对话框得到初始化,则剩下的所有工作便是向对话框过程函数添加代码定义小工具的行为,从而使其能充分操作,所有操作完成之后,小工具就能够在对话框窗体显示和使用。

```c
static void _cbCallback(WM_MESSAGE * pMsg) {
    unsigned short a1 = 0;
    char a[255];
    int NCode, Id;
    switch (pMsg->MsgId) {
    case WM_NOTIFY_PARENT:
        Id = WM_GetId(pMsg->hWinSrc); /* 获得窗体部件的 ID */
        NCode = pMsg->Data.v; /* 动作代码 */
        switch (NCode) {
        case WM_NOTIFICATION_RELEASED://窗体部件动作被释放
            if (Id == GUI_ID_LISTBOX0){ //列表框的选择事件
                file_no = LISTBOX_GetSel(listbox1); //获得列表框的高亮条目的编号
            }
        else if (Id == GUI_ID_BUTTON0){ //F1 -- 打开文件
        //获得当前文件选择区的高亮条目的文件名
        LISTBOX_GetItemText(listbox1,file_no,a,255);
            res = f_open(&fsrc, a, FA_OPEN_EXISTING | FA_READ); //以读的方式打开文件
            a1 = 0;
        //因为可以一次读出 4096 字节,先清空数据缓冲区
        for(a1 = 0; a1<4096; a1++) buffer[a1] = 0;
            res = f_read(&fsrc, buffer, 2000, &br); //将文件内容读出到数据缓冲区
            f_close(&fsrc); //关闭文件
        //将内容显示到多文本编辑框里
        MULTIEDIT_SetText(hmultiedit1,(const char * )buffer);
            }
        else if (Id == GUI_ID_BUTTON1){ //F2 -- 列表框的高亮条上移
            if(file_no == 0) file_no = 0;
            else{
                file_no-- ;
                LISTBOX_DecSel(listbox1);
            }
        }
        else if (Id == GUI_ID_BUTTON2){ //F2 -- 列表框的高亮条下移
            if(file_no ==(file_num - 1)) file_no = file_num - 1;
            else{
                file_no++ ;
                LISTBOX_IncSel(listbox1);
            }
        }
        else if (Id == GUI_ID_BUTTON3){ //F2 -- 文本框的内容上翻
            if(curs_ofs<50)curs_ofs = 0;
```

```
        else curs_ofs = curs_ofs - 50;
        MULTIEDIT_SetCursorOffset(hmultiedit1,curs_ofs);
    }
    else if (Id == GUI_ID_BUTTON4){ //F2 -- 文本框的内容下翻
        if(curs_ofs>2000)curs_ofs = 2000;
        else curs_ofs = curs_ofs + 50;
        MULTIEDIT_SetCursorOffset(hmultiedit1,curs_ofs);
    }
    break;
    default:
    break;
    }
    break;
    default:
    WM_DefaultProc(pMsg);
    }
}
```

● 函数 OutPutFile()

本函数的作用是流文件输出,由 BSP_Init() 函数调用,对文件系统进行初始化,通过串口输出 SST25VF016 存储器根目录下的文件名,并把文件名保存于列表框控件中,以备 Fun() 函数显示,完整的变量定义、函数代码与功能注释列出如下。

```
#define _DF1S        0x81
/* FATFS 文件系统相关 */
FATFS fs; //逻辑驱动器的标志
FIL fsrc, fdst; //文件标志
BYTE buffer[4096];//文件内容缓冲区
FRESULT res; //FatFs 功能函数返回结果变量
UINT br, bw; //文件读/写计数器
/*输出流文件*/
void OutPutFile(void)
{
    unsigned short i = 0;
    FILINFO finfo;
    DIR dirs;
    char path[50] = {""}; //目录名为空,表示是根目录
    /* 开启长文件名功能时,要预先初始化文件名缓冲区的长度 */
    #if _USE_LFN
    static char lfn[_MAX_LFN * (_DF1S ? 2 : 1) + 1];
    finfo.lfname = lfn;
    finfo.lfsize = sizeof(lfn);
    #endif
```

```
USART_OUT(USART1,"…");//串口格式化输出
f_mount(0, &fs); //将文件系统设置到 0 区
if (f_opendir(&dirs, path) == FR_OK) //读取该磁盘的根目录
{
    while (f_readdir(&dirs, &finfo) == FR_OK) //循环依次读取文件名
    {
        if (finfo.fattrib & AM_ARC) //判断文件属性是否为存档型 TXT 文件一般都为存档型
        {
            if(!finfo.fname[0])  break; //如果是文件名为空表示到目录的末尾,退出
            if(finfo.lfname[0]){    //长文件名
            USART_OUT(USART1,"\r\n 文件名是:\n     % s\n",finfo.lfname);
                                                        //串口输出长文件名
            //将文件名暂存到数组里,以备 LISTBOX 调用
            strcpy(str[i],(const char * )finfo.lfname);
            i++;
            }
            else{
            //串口输出 8.3 格式文件名
            USART_OUT(USART1,"\r\n 文件名是:\n     % s\n",finfo.fname);
            //将文件名暂存到数组里,以备 LISTBOX 调用
            strcpy(str[i],(const char * )finfo.fname);
            i++;
            }
        }
    }
    file_num = i; //根目录下的文件总数
    }
}
```

3. 硬件平台初始化程序

本例的硬件平台初始化程序主要包括系统及外设时钟配置、FSMC 接口初始化、SPI1 接口一触摸屏芯片初始化与配置、用于 SST25VF016 闪存的 SPI 接口初始化与配置、GPIO 端口配置、串口 1 参数配置等系统常用的配置,也包括文件系统初始化以及初始化获取 SST25VF016 闪存存储器根目录下的文件名。开发板硬件的初始化通过 BSP_Init()函数调用各接口功能函数实现,具体实现代码如下。

```
void BSP_Init(void)
{
    RCC_Configuration();//系统时钟初始化
    GPIO_Configuration();//GPIO 配置
    USART_Config(USART1,115200); //初始化串口 1
    SPI_Flash_Init(); //用于 SST25VF016B 的 SPI1 接口初始化
```

```
    tp_Config(); //SPI1 触摸电路初始化
    FSMC_LCD_Init(); //FSMC 接口初始化
    /* 初始化文件系统,获得根目录下的文件名 */
    OutPutFile();
}
```

由于 SPI1 接口用于 SST25VF016B 闪存芯片通信,因此需要将片选信号拉至高电平,使能 SST25VF016B 闪存芯片以便 SPI 操作。

● 函数 GPIO_Configuration()

本函数用于 SST25VF016B 的片选信号引脚配置,函数代码如下。

```
void GPIO_Configuration(void)
{
    GPIO_InitStructure.GPIO_Pin = GPIO_Pin_4; //SST25VF016B SPI 片选
    GPIO_Init(GPIOC, &GPIO_InitStructure);
    GPIO_SetBits(GPIOC, GPIO_Pin_4); //SPI1 接口的 SST25VF016B 片选信号置高
}
```

4. SST25VF016B 的应用配置与底层驱动

这部分程序主要涉及到 SST25VF016B 的应用配置与底层驱动函数。我们首先介绍底层驱动函数,即各种针对 SST25VF016B 闪存的操作指令含写(编程或擦除)操作等。

● 函数 wen()

本函数是用于 SST25VF016B 闪存芯片的写使能,函数代码如下。

```
void wen(void){
    Select_Flash();
    SPI_Flash_SendByte(0x06);
    NotSelect_Flash();
}
```

● 函数 wdis()

本函数是用于 SST25VF016B 闪存芯片写禁止,函数代码如下。

```
void wdis(void){
    Select_Flash();
    SPI_Flash_SendByte(0x04);
    NotSelect_Flash();
    wip();
}
```

● 函数 wsr()

本函数是用于 SST25VF016B 闪存芯片的写状态,函数代码如下。

```
void wsr(void){
```

```
    Select_Flash();
    SPI_Flash_SendByte(0x50);
    NotSelect_Flash();
    Select_Flash();
    SPI_Flash_SendByte(0x01);
    SPI_Flash_SendByte(0x00);
    NotSelect_Flash();
    wip();
}
```

● 函数 wip ()

本函数是用于 SST25VF016B 闪存芯片的忙检测,函数代码如下。

```
void wip(void){
    unsigned char a = 1;
    while((a&0x01) == 1) a = rdsr();
}
```

● 函数 rdsr ()

本函数是用于读 SST25VF016B 闪存芯片的状态寄存器,函数代码如下。

```
unsigned char rdsr(void){
    unsigned char busy;
    Select_Flash();
    SPI_Flash_SendByte(0x05);
    busy = SPI_Flash_ReadByte();
    NotSelect_Flash();
    return(busy);
}
```

● 函数 SST25_R_BLOCK ()

本函数是用于 SST25VF016B 闪存芯片的块读操作,函数代码如下。

```
/* 入口参数:页,数组,长度 */
void SST25_R_BLOCK(unsigned long addr, unsigned char * readbuff,
unsigned int BlockSize){
    unsigned int i = 0;
    Select_Flash();
    SPI_Flash_SendByte(0x0b);
    SPI_Flash_SendByte((addr&0xffffff)>>16);
    SPI_Flash_SendByte((addr&0xffff)>>8);
    SPI_Flash_SendByte(addr&0xff);
    SPI_Flash_SendByte(0);
    while(i<BlockSize){
        readbuff[i] = SPI_Flash_ReadByte();
```

```
        i++;
    }
    NotSelect_Flash();
}
```

● 函数 SST25_W_BLOCK ()

本函数是用于 SST25VF016B 闪存芯片块写操作,函数代码如下。

```
/*入口参数:页,数组,长度*/
void SST25_W_BLOCK(uint32_t addr, u8 * readbuff, uint16_t BlockSize){
    unsigned int i = 0,a2;
    sect_clr(addr);//删除页
    wsr();
    wen();
    Select_Flash();
    SPI_Flash_SendByte(0xad);
    SPI_Flash_SendByte((addr&0xffffff)>>16);
    SPI_Flash_SendByte((addr&0xffff)>>8);
    SPI_Flash_SendByte(addr&0xff);
    SPI_Flash_SendByte(readbuff[0]);
    SPI_Flash_SendByte(readbuff[1]);
    NotSelect_Flash();
    i = 2;
    while(i<BlockSize){
    a2 = 120;
    while(a2>0) a2 -- ;
    Select_Flash();
    SPI_Flash_SendByte(0xad);
    SPI_Flash_SendByte(readbuff[i ++ ]);
    SPI_Flash_SendByte(readbuff[i ++ ]);
    NotSelect_Flash();
    }
    a2 = 100;
    while(a2>0) a2 -- ;
    wdis();
    Select_Flash();
    wip();
}
```

● 函数 sect_clr ()

本函数是用于 SST25VF016B 闪存芯片页擦除,函数代码如下。

```
void sect_clr(unsigned long a1){
    wsr();
    wen();
```

```
    Select_Flash();
    SPI_Flash_SendByte(0x20);
    SPI_Flash_SendByte((a1&0xffffff)>>16);
    SPI_Flash_SendByte((a1&0xffff)>>8);
    SPI_Flash_SendByte(a1&0xff);
    NotSelect_Flash();
    wip();
}
```

● 函数 FlashReadID ( )

本函数是读 SST25VF016B 闪存芯片读工厂码及型号的功能函数,函数代码如下。

```
void FlashReadID(void)
{
    Select_Flash();
    SPI_Flash_SendByte(0x90);
    SPI_Flash_SendByte(0x00);
    SPI_Flash_SendByte(0x00);
    SPI_Flash_SendByte(0x00);
    NotSelect_Flash();
}
```

SST25VF016B 的应用配置函数主要有三个,包括 SPI 接口总线发送/接收数据以及用于 SST25VF016B 闪存芯片通信的 SPI 接口初始化等操作。

● 函数 SPI_FLASH_Init ( )

本函数是用于 SST25VF016B 闪存芯片通信的串行外设接口初始化,并定义 SPI 接口的相关引脚和 SPI 接口相关参数,函数代码如下。

```
void SPI_Flash_Init(void)
{
    SPI_InitTypeDef SPI_InitStructure;
    GPIO_InitTypeDef GPIO_InitStructure;
    /* 使能 SPI1 时钟 */
    RCC_APB2PeriphClockCmd(RCC_APB2Periph_SPI1 ,ENABLE);
    /* 配置 SPI1 引脚: SCK, MISO 和 MOSI */
    GPIO_InitStructure.GPIO_Pin = GPIO_Pin_5 | GPIO_Pin_6 | GPIO_Pin_7;
    GPIO_InitStructure.GPIO_Speed = GPIO_Speed_50MHz;
    GPIO_InitStructure.GPIO_Mode = GPIO_Mode_AF_PP;
    GPIO_Init(GPIOA, &GPIO_InitStructure);
    /* 配置 PC4 为 SST25VF016B 的片选 */
    GPIO_InitStructure.GPIO_Pin = GPIO_Pin_4;
    GPIO_InitStructure.GPIO_Speed = GPIO_Speed_50MHz;
    GPIO_InitStructure.GPIO_Mode = GPIO_Mode_Out_PP;
    GPIO_Init(GPIOC, &GPIO_InitStructure);
```

```
/* SPI1 模式参数配置 */
SPI_InitStructure.SPI_Direction = SPI_Direction_2Lines_FullDuplex;//全双工模式
SPI_InitStructure.SPI_Mode = SPI_Mode_Master;//主模式
SPI_InitStructure.SPI_DataSize = SPI_DataSize_8b;//8 位数据
SPI_InitStructure.SPI_CPOL = SPI_CPOL_High;//CPOL 高电平
SPI_InitStructure.SPI_CPHA = SPI_CPHA_2Edge;//第二个脉冲沿开始捕获
SPI_InitStructure.SPI_NSS = SPI_NSS_Soft;//软件 NSS
SPI_InitStructure.SPI_BaudRatePrescaler = SPI_BaudRatePrescaler_8;//8 分频
SPI_InitStructure.SPI_FirstBit = SPI_FirstBit_MSB;//从最高有效位开始
SPI_InitStructure.SPI_CRCPolynomial = 7;
SPI_Init(SPI1, &SPI_InitStructure);
/* 使能 SPI1 */
SPI_Cmd(SPI1, ENABLE);
NotSelect_Flash();
}
```

● 函数 SPI_Flash_ReadByte()

本函数是用于从 SST25VF016B 闪存芯片读一个字节,函数代码如下。

```
u8 SPI_Flash_ReadByte(void)
{
    return (SPI_Flash_SendByte(Dummy_Byte));//实际上写的是一个伪字节,以产生时序
}
```

● 函数 SPI_Flash_SendByte()

本函数用于向 SPI 接口发送/接收一次数据,函数代码如下。

```
u8 SPI_Flash_SendByte(u8 byte)
{
    /* 循环,如数据寄存器非空 */
    /* SPI 外设接口的发送缓冲区空标志位未设置 */
    while(SPI_I2S_GetFlagStatus(SPI1, SPI_I2S_FLAG_TXE) == RESET);
    /* 通过 SPI1 外设接口发送一次数据,需将待发送数据写入 SPI_DR 寄存器 */
    SPI_I2S_SendData(SPI1, byte);
    /* 等待接收一字节 */
    /* SPI1 外设接口的接收缓冲区非空标志位未设置 */
    while(SPI_I2S_GetFlagStatus(SPI1, SPI_I2S_FLAG_RXNE) == RESET);
    /* 返回读到的数据 */
    /* 返回通过 SPI 外设接口接收到的数据 */
    return SPI_I2S_ReceiveData(SPI1);
}
```

5. 通用模块驱动程序

本实例中库函数较多的调用 SPI 模块相关库函数,表 5 - 10 列出了本实例调用的

SPI 外设库函数,表中所列函数的功能详解请参考第 13 章对应的库函数介绍。

表 5 - 10 库函数调用列表

序 号	函数名
1	SPI_Init
2	SPI_Cmd
3	SPI_I2S_GetFlagStatus
4	SPI_I2S_SendData
5	SPI_I2S_ReceiveData

5.4.2 FATFS 文件系统的移植

FATFS 是一个开源的文件系统模块,专门为小型的嵌入式系统而设计。FATFS 的编程遵守的是 ANSI C 格式语法标准,因此,它独立于硬件架构,在不做任何改变情况下就可以被移植到常用的微控制器中,如 8051,PIC,AVR,Z80,H8,ARM 等。FATFS 文件系统的主要特点:

- 分离缓冲的 FAT 结构和文件,适合快速访问多个文件;
- 支持多个驱动器和分区;
- 支持 Windows 兼容的 FAT 文件系统;
- 支持 8.3 格式的文件名及支持长文件名;
- 支持两种分区规则,Fdisk 和超级软盘。

1. FATFS 文件系统结构

FATFS 文件系统模块具有容易移植、功能强大、易于使用、完全免费和开源的优点,适用于小型嵌入式系统。FATFS 文件系统结构如图 5 - 23 所示。

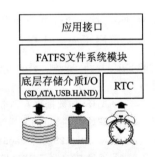

图 5 - 23 FATFS 文件系统结构图

FATFS 文件系统分为普通的 FATFS 和 Tiny FATFS 两种,两种的用法一样,仅仅使其包含不同的头文件即可,非常方便,本文主要介绍 Tiny - FATFS。

FATFS/TINY - FATFs 模块的应用接口提供下列功能:

- f_mount——登记或注销一个工作域;
- f_open——打开或创建文件;
- f_close——关闭一个文件;
- f_read——读文件;
- f_write——写文件;
- f_lseek——移动文件读/写指针,扩展文件大小;
- f_truncate——截断文件的大小;

- f_sync——刷新缓存的数据；
- f_opendir——打开一个目录；
- f_readdir——阅读目录项目；
- f_getfree——获取未用的簇；
- f_stat——获取文件状态；
- f_mkdir——创建一个目录；
- f_unlink——删除文件或目录；
- f_chmod——更改属性；
- f_utime——变更时间戳；
- f_rename——重命名/移动文件或目录；
- f_chdir——变更当前目录；
- f_chdrive——变更当前驱动盘；
- f_getcwd——检索当前目录；
- f_forward——直接转发文件数据流；
- f_mkfs——在驱动盘创建一个文件系统；
- f_fdisk——分割物理驱动盘；
- f_gets——读一个字符串；
- f_putc——写一个字符；
- f_puts——写一个字符串；
- f_printf——写一个格式化字串；
- f_tell——获取当前读/写指针；
- f_eof——测试文件结尾；
- f_size——获取文件大小；
- f_error——测试文件是否出错。

由于 FATFS 文件系统模块和存储介质 I/O 底层是完全分开的，需要一些函数访问物理介质，存储介质 I/O 接口提供如下功能函数：

- disk_initialize——初始化的磁盘驱动器；
- disk_status——获取磁盘状态；
- disk_read——读扇区；
- disk_write——写扇区；
- disk_ioctl——控制装置功能；
- get_fattime——获取当前时间。

2. FATFS 的程序文件移植

本例的 FATFS 文件系统的程序文件共有 6 个，文件功能说明如表 5 - 11 所列。

本例的 FATFS 文件系统的移植步骤主要分为 3 步：

（1）编写 SPI 接口代码，包括 SPI 接口初始化及配置，相关 GPIO 端口的功能配置,以及读/写一个 SPI 接口的字节等。

表 5 - 11　FATFS 程序文件说明

程序文件名称	程序文件功能说明
diskio. c	底层驱动的实现函数
diskio. h	底层驱动头文件
ff. c	文件系统的具体实现,定义有文件系统的实现函数
ff. h	文件系统实现头文件,定义有文件系统所需的数据结构
ffconf. h	头文件,文件系统配置
integer. h	头文件,仅实现数据类型重定义,增加系统的可移植性

(2) 在 SPI 接口读/写一个字节的基础上编写 SST25VF016B 的指令,以及读/写数据块代码。

(3) 最后编写存储介质 I/O 底层代码,主要涉及 6 个接口访问函数。

正确编写 diskio. c 的 6 个访问函数后,用户可以根据需要对整个文件系统进行全面地配置。

FATFS 文件系统的移植步骤中的第(1)、(2)步已经在 5.4.1 小节做过介绍,此处针对 diskio. c 文件中的 6 个接口函数做介绍。

(1) DSTATUS disk_initialize(BYTE drv)。

存储媒介初始化函数。由于存储媒介是串行闪存 SST25VF016B,所以实际上可以看成是对 SST25VF016B 的初始化。drv 是存储媒介质号,因仅支持一个存储媒介质,所以 drv 应恒为 0,执行无误返回 0,错误返回非 0。

(2) DSTATUS disk_status(BYTE drv)。

状态检测函数。检测是否支持当前的存储介质,对 Tiny - FATFS 来说,只要 drv 为 0,就默认为支持,然后返回 0。

(3) DRESULT disk_read(BYTE drv, BYTE * buff, DWORD sector, BYTE count)。

读扇区函数。在 SST25VF016B 读数据块函数的基础上编写, * buff 存储已经读取的数据,sector 是开始读的起始扇区,count 是需要读的扇区数,1 个扇区 4 096 个字节,执行无误返回 0,错误返回非 0。

(4) DRESULT disk_write(BYTE drv, const BYTE * buff, DWORD sector, BYTE count)。

写扇区函数。在 SST25VF016B 写数据块函数的基础上编写, * buff 存储要写入的数据,sector 是开始写的起始扇区 count 是需要写的扇区数。1 个扇区 4 096 个字节,执行无误返回 0,错误返回非 0。

(5) DRESULT disk_ioctl(BYTE drv,BYTE ctrl,VoiI * buff)。

存储介质控制函数。ctrl 是控制代码, * buff 存储或接收控制数据。可以在这个函数里编写自己需要的功能代码,比如获得存储介质的大小、检测存储媒介的是否上电以及存储介质的扇区数等。如果是简单的应用,也可以不用编写,返回 0 即可。

(6) DWORD get_fattime(Void)。

实时时钟函数。返回一个 32 位无符号整数,时钟信息包含在 32 位中,如果用不到实时时钟,也可以简单地返回一个数 0。

本例完整的 diskio.c 程序代码如下所述:

```c
# include  <string.h>
# include "diskio.h"
# include "stm32f10x.h"
/ * 外部函数,读 SST25VF016B 数据块函数 * /
extern void SST25_R_BLOCK(unsigned long addr,unsigned char * readbuff,
unsigned int BlockSize);
/ * 外部函数,写 SST25VF016B 数据块函数 * /
extern void SST25_W_BLOCK(uint32_t addr, u8 * readbuff, uint16_t BlockSize);
# define SST25_SECTOR_SIZE 4096//扇区大小
# define SST25_BLOCK_SIZE 512//块大小
/ * 存储媒介初始化函数 * /
DSTATUS disk_initialize (
    BYTE drv
)
{
    return 0;
}
/ * 状态检测函数 * /
DSTATUS disk_status (
    BYTE drv
)
{
    return 0;
}
/ * 读扇区函数 * /
DRESULT disk_read (
    BYTE drv,
    BYTE * buff,
    DWORD sector,
    BYTE count
)
{
    if(count == 1)
    {
        SST25_R_BLOCK(sector <<12,&buff[0],SST25_SECTOR_SIZE);//读串行闪存块函数
    }
    else
        {
```

```
    }
    return RES_OK;
}
/* 写扇区函数 */
#if _READONLY == 0
DRESULT disk_write (
    BYTE drv,
    const BYTE * buff,
    DWORD sector,
    BYTE count
)
{
    if(count == 1)
    {
SST25_W_BLOCK(sector<<12 ,(u8 * )&buff[0],SST25_SECTOR_SIZE);//写串行闪存块函数
    }
    else
        {
        }
    return RES_OK;
}
#endif /* _READONLY */
/* 存储介质控制函数 */
DRESULT disk_ioctl (
    BYTE drv,
    BYTE ctrl,
    void * buff
)
{
    DRESULT res = RES_OK;
    if (drv){ return RES_PARERR;}
    switch(ctrl)
    {
      case CTRL_SYNC:
          break;
    case GET_BLOCK_SIZE:
          * (DWORD * )buff = SST25_BLOCK_SIZE;
          break;
    case GET_SECTOR_COUNT:
          * (DWORD * )buff = SST25_BLOCK_SIZE;
          break;
    case GET_SECTOR_SIZE:
```

```
                * (WORD *)buff = SST25_SECTOR_SIZE;
            break;
        default:
            res = RES_PARERR;
            break;
    }

    return res;
}
/* 实时时钟函数,此处未用,返回 0 */
DWORD get_fattime(void){
    return 0;
}
```

正确配置完 diskio.c 程序代码后,移植任务也就完成大半了,接下的很少一部分工作就是对 Tiny-FATFS 系统进行配置,配置工作主要是修改 diskio.h 和 ffconf.h 头文件。

在头文件 diskio.h 中,使用者可以根据需要使能 disk_write 或 disk_ioctl 函数功能。如下代码可以将 disk_write 和 disk_ioctl 使能:

```
#define _READONLY      0      /* 0: 使能 disk_write 功能;1: 移除 disk_write 功能 */
#define _USE_IOCTL     1      /* 1: 使能 disk_ioctl 功能 */
```

在头文件 ffconf.h 中,使用者可以根据需要对整个文件系统进行全面的配置,本例的 ffconf.h 的文件代码与完整注释如下:

```
#define _FFCONF 8237      /* 版本号 */
/* 通过配置值来配置两种不同大小的文件系统,这里配置为 0:普通或 1:Tiny */
#define    _FS_TINY         0
/* 定义文件系统属性,如定义为 1 就不能修改,这样文件系统会大大缩小。0:读/写或 1:只读 */
#define _FS_READONLY      0
/* 该选项是用于过滤掉一些文件系统功能 */
/* 0:全功能 */
/* 1: f_stat, f_getfree, f_unlink, f_mkdir, f_chmod, f_truncate and f_rename 功能移除 */
/* 2: f_opendir 和 f_readdir 功能移除 8 */
/* 3: f_lseek 功能移除,其功能实现最小 */
#define _FS_MINIMIZE      0      /* 0~3 */
/* 是否使用字符串文件功能,0:禁用;1/2:使能 */
#define    _USE_STRFUNC      0
/* 是否使用 f_mkfs 功能,该功能使用需将_FS_READONLY 置 0,0:禁用;1:使能 */
#define    _USE_MKFS         0
/* 是否使用 f_forward 功能,该功能使用需将_FS_TINY 置 1,0:禁用;1:使能 */
#define    _USE_FORWARD      0
/* 是否使用快速检索功能,0:禁用;1:使能 */
#define    _USE_FASTSEEK     0
```

/＊代码页——简体中文＊/
#define _CODE_PAGE   936
/＊是否需要长文件名＊/
/＊0:禁用＊/
/＊1:启用长文件名——静态工作缓冲＊/
/＊2:启用长文件名——堆栈动态工作缓冲＊/
/＊3:启用长文件名——HEAP 动态工作缓冲＊/
#define _USE_LFN   1   /＊ 0~3 ＊/
#define _MAX_LFN   255   /＊ 最大文件名长度(12~255) ＊/
/＊长文件名编码标准,根据长文件名字符特性设置＊/
#define _LFN_UNICODE   0   /＊ 0:ANSI/OEM ;1:Unicode ＊/
/＊是否使用相对路径＊/
/＊0:禁用相对路径,移除相对路径功能＊/
/＊1:使用相对路径,f_chdrive()和 f_chdir()函数可用＊/
/＊2:使用相对路径,f_getcwd 函数可用＊/
#define _FS_RPATH   0   /＊ 0~2 ＊/
/＊逻辑驱动器的使用数目＊/
#define _VOLUMES   1
/＊定义每扇区的字节数＊/
#define   _MAX_SS   4 096   /＊ 可以为 512, 1 024, 2 048 或 4 096 ＊/
/＊定义分区＊/
#define   _MULTI_PARTITION   0   /＊ 0:一个分区,1:多分区 ＊/
/＊是否使用扇区擦除功能,0:禁用;1:使能＊/
#define   _USE_ERASE   0
/＊定义访问数据形式, 0:一个字节接一个字节访问;1:字访问＊/
#define _WORD_ACCESS   0
/＊同步选项, 0:禁用;1:使能＊/
#define _FS_REENTRANT   0
/＊超时周期的单位＊/
#define _FS_TIMEOUT   1000
/＊同步处理的类型＊/
/＊0:禁止同步＊/
/＊1:使能同步,用户提供同步句柄＊/
/＊须加 ff_req_grant, ff_rel_grant, ff_del_syncobj, ff_cre_syncobj 功能＊/
#define   _SYNC_t   HANDLE
/＊是否共享,0:禁用;大于或等于1:使能＊/
#define   _FS_SHARE   0   /＊ 0:Disable or ＞ = 1:Enable ＊/

5.5　实例总结

　　本例详细介绍了串行 Flash 存储器 SST25VF016B 的结构、写(编程或擦除)操作指令以及指令时序等。本例基于 STM32F103 微处理器的 SPI 串行外设接口与串行

Flash 存储器 SST25VF016B 构建了一个简单的串行存储器硬件系统,实现了 μC/OS-II 系统、μC/GUI 图形用户界面以及 FATFS 文件系统,并着重介绍了 FATFS 文件系统的移植步骤、要点以及主要修改函数。

　　备注:串行存储器内文件来源是通过 STM32F103 微处理的 USB 设备功能,将 2 MB 容量的 SST25VF016B 配置成 U 盘设备,从 PC 内拷贝文件。限于篇幅,本章未做介绍,请读者参考附带的实验示例。

5.6　显示效果

　　本例的程序在 STM32 – V3 硬件开发板上运行后,μC/GUI 界面显示效果如图 5 – 24 所示。

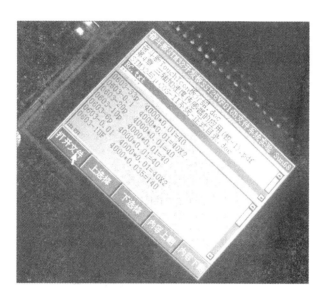

图 5 – 24　串行闪存 SST25VF016B 文件系统例程显示效果图

第6章

GPIO 接口应用实例

通用 I/O 接口(General Purpose Inputs/Outputs Interface,GPIO)是 STM32 系列微处理器中非常重要的一种接口,它们具有使用灵活、可配置性强等优点,在无操作系统及 μC/OS-II 系统开发案例中皆能广泛应用。

6.1　GPIO 接口应用概述

STM32 系列微控制器最多可达 7 个 GPIO 端口。任意 1 个 GPIO 端口包括 2 个 32 位配置寄存器(GPIOx_CRH 和 GPIOx_CRL)、2 个 32 位数据寄存器(输入数据寄存器 GPIOx_IDR 和输出数据寄存器 GPIOx_ODR)、1 个 32 位置位/复位寄存器(GPIOx_BSRR)、1 个 16 位复位寄存器(GPIOx_BRR)以及 1 个 32 位锁定寄存器(GPIOx_LCKR)。

任意一个 GPIO 端口的每一位都可以通过软件独立地配置成下述任一种模式:

- 输入浮空(Input floating);
- 输入上拉(Input pull – up);
- 输入下拉(Input pull – down);
- 模拟输入(Analog Input);
- 开漏输出 (Output open – drain);
- 推挽式输出(Output push – pull);
- 推挽式复用功能(Alternate function push – pull);
- 开漏复用功能(Alternate function open – drain)。

虽然 I/O 端口的每个位都可以被独立编程,但是 I/O 端口寄存器不允许以半字或字节访问,只能以 32 位字访问。

置位/复位寄存器 GPIOx_BSRR 和复位寄存器 GPIOx_BRR 允许读和修改任意 GPIO 的寄存器,在读和修改访问过程中产生中断请求(IRQ)时不会出现异常。

6.1.1 GPIO 端口功能

STM32 微处理器的 I/O 端口位的基本结构如图 6-1 所示,表 6-1 为端口位模式配置表。

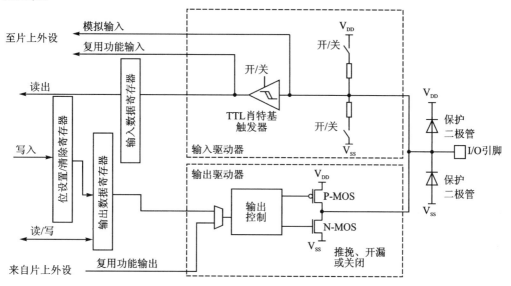

图 6-1 I/O 端口位的基本结构图

表 6-1 端口位模式配置表

配置模式		CNF1	CNF0	MODE1	MODE0	PxODR 寄存器
通用输出	推挽(Push - Pull)	0	0	01		0 或 1
	开漏(Open - Drian)		1	10		0 或 1
复用功能输出	推挽(Push - Pull)	1	0	11		不使用
	开漏(Open - Drian)		1	详细说明见表 6-2		不使用
输入	模拟输入	0	0	00		不使用
	浮空输入		1			不使用
	下拉输入	1	0			0
	上拉输入	1	0			1

表 6-2 输出模式位

MODE[1:0]	模式说明
00	保留
01	最大输出速度为 10 MHz
10	最大输出速度为 2 MHz
11	最大输出速度为 50 MHz

GPIO 在复位期间和刚复位后,复用功能未开启,I/O 端口被配置成浮空输入模式($CNFx[1:0]=01b,MODEx[1:0]=00b$)。

端口复位后,JTAG 接口引脚被置于输入上拉或下拉模式:
- PA15(JTDI)置于上拉模式;
- PA14(JTCK)置于下拉模式;
- PA13(JTMS)置于上拉模式;
- PB4(nJTRST)置于上拉模式。

当作为输出配置时,写到输出数据寄存器上的值(GPIOx_ODR)输出到相应的 I/O 引脚。可以以推挽模式或开漏模式使用输出驱动器,输入数据寄存器(置位是 GPIOx_IDR)在每个 APB2 时钟周期捕捉 I/O 引脚上的数据。所有 GPIO 引脚都有一个内部弱上拉和弱下拉,当配置为输入时,它们可以被激活也可以被断开。

1. 独立的位设置或位清除

当对 GPIOx_ODR 的个别位编程时,软件不需要禁止中断,在单次 APB2 写操作时,可以只更改一个或多个位。这是通过对"置位/复位寄存器"(位置是 GPIOx_BSRR,复位是 GPIOx_BRR)中想要更改的位写'1'来实现的。没被选择的位将不被更改。

2. 外部中断/唤醒线

所有 GPIO 端口都有外部中断能力,当需要使用外部中断线时,端口必须配置成输入模式。

3. 复用功能

STM32 微处理器的 GPIO 端口具有多种复用功能,使用默认的复用功能前必须对端口位配置寄存器编程:
- 复用的输入功能配置。

端口必须配置成输入模式(浮空、上拉或下拉)且输入引脚必须由外部驱动。
- 复用输出功能配置。

端口必须配置成复用功能输出模式(推挽或开漏)。
- 双向复用功能配置。

端口位必须配置复用功能输出模式(推挽或开漏)。这时,输入驱动器被配置成浮空输入模式。

4. I/O 软件重新映射

为使不同器件封装的外设 I/O 功能的数量达到最优,可以将一些复用功能的端口重新映射到其他引脚上面。可以通过软件来配置相应的寄存器完成这些重新映射。此时,复用功能就不再映射到它们原始定义的引脚上了。

5. GPIO 锁定机制

锁定机制允许冻结 I/O 配置。当在一个端口位上执行了锁定程序,在下一次复位之前,将不能再变更端口位的配置。

6.1.2　GPIO 端口配置

GPIO 端口位可以通过软件独立地配置出 8 种模式之一,但从功能上讲 GPIO 端口位配置模式则可分为输入配置、输出配置、模拟输入配置、复用配置等,本小节对这 4 种配置模式从结构上进行介绍。

1. 输入配置

当 I/O 端口配置为输入后,端口的输出驱动器将被禁止,施密特触发输入将被激活,并将根据输入配置(上拉、下拉或浮空)的不同、确定是否连接弱上拉或下拉电阻。

I/O 引脚上面的数据在每个 APB2 时钟周期被采样到输入数据寄存器,对输入数据寄存器的读操作可获得 I/O 端口状态。I/O 端口位的输入配置示意图如图 6 - 2 所示。

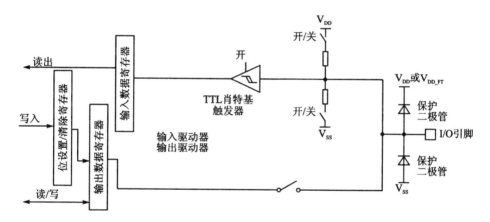

图 6 - 2　I/O 端口位的输入配置示意图

2. 输出配置

当 I/O 端口被配置为输出时,端口的输出驱动器被激活。如果设置为开漏模式则输出寄存器上的'0'激活 N - MOS,而输出寄存器置'1'将端口置于高阻状态(P - MOS 从不被激活);如是设置为推挽模式则输出寄存器上的'0'激活 N - MOS,而输出寄存器上的'1'将激活 P - MOS。此外在该配置时,施密特触发输入被激活,内部弱上拉或下拉电阻将被禁止连接。

I/O 脚上的数据在每个 APB2 时钟周期被采样到输入数据寄存器。在开漏模式时,对输入数据寄存器的读访问可获得 I/O 端口状态;在推挽式模式时,对输出数据寄存器的读访问得到最后一次写值。端口位的输出配置示意图如图 6 - 3 所示。

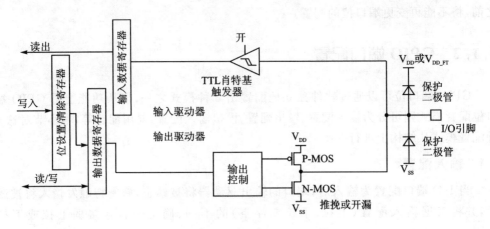

图 6-3　端口位的输出配置示意图

3. 复用功能配置

当 I/O 端口被配置为复用功能时,可配置成开漏或推挽式且开启输出驱动器,通过外设信号驱动输出驱动器,此外将施密特触发输入激活,弱上拉和下拉电阻连接禁止。

在每个 APB2 时钟周期,出现在 I/O 脚上的数据被采样到输入数据寄存器。开漏模式时,读输入数据寄存器时可获得 I/O 端口状态;在推挽模式时,读输出数据寄存器时可得到最后一次写值。

I/O 端口位的复用功能配置示意图如图 6-4 所示。复用功能 I/O 寄存器允许用户把一些复用功能重新映象到不同的引脚上,这时,复用功能将不再映射到它们原始定义所分配的引脚。

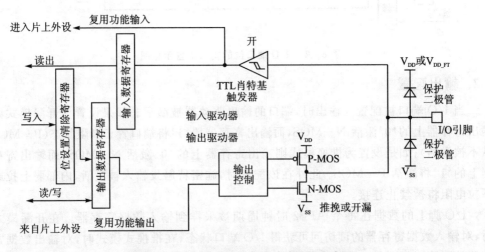

图 6-4　I/O 端口位的复用功能配置示意图

4. 模拟输入配置

当 I/O 端口被配置为模拟输入配置时,输出驱动器将被禁止,同时将禁止施密特触发输入,施密特触发输出值被强置为'0',实现了每个模拟 I/O 引脚上的零消耗,此外禁止连接弱上拉和下拉电阻,读取输入数据寄存器时其数值将为'0'。I/O 端口位的高阻抗模拟输入配置示意图如图 6-5 所示。

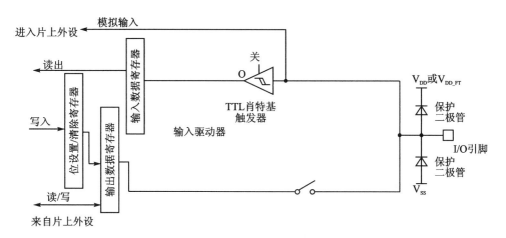

图 6-5　I/O 端口位的高阻抗模拟输入配置示意图

6.1.3　GPIO 寄存器描述

GPIO 端口的应用涉及 GPIO 一系列的寄存器配置,这些寄存器必须以字(32 位)的方式进行访问。本小节将对主要的寄存器及其位功能进行介绍,如表 6-3 至表 6-16 所列。

(1)端口配置寄存器低位(GPIOx_CRL)(x=A..G)。

偏移地址:0x00。复位值:0x4444 4444。

表 6-3　端口配置寄存器低位

31	30	29	28	27	26	25	24	23	22	21	20	19	18	17	16
CNF7[1:0]		MODE7[1:0]		CNF6[1:0]		MODE6[1:0]		CNF5[1:0]		MODE5[1:0]		CNF4[1:0]		MODE4[1:0]	
rw	rw	rw	rw	rw	rw	rw	rw	rw	rw	rw	rw	rw	rw	rw	rw
15	14	13	12	11	10	9	8	7	6	5	4	3	2	1	0
CNF7[1:0]		MODE7[1:0]		CNF6[1:0]		MODE6[1:0]		CNF5[1:0]		MODE5[1:0]		CNF4[1:0]		MODE4[1:0]	
rw	rw	rw	rw	rw	rw	rw	rw	rw	rw	rw	rw	rw	rw	rw	rw

表 6-4　端口配置寄存器低位功能描述

位	功能描述
31:30	CNFy[1:0]:端口 x 配置位(y=0…7)(Port x configuration bits)。
27:26	软件通过这些位配置相应的 I/O 端口,请参考表 6-1 端口位配置表。
23:22	在输入模式(MODE[1:0]＝00)时:
19:18	00:模拟输入模式。
15:14	01:浮空输入模式(复位后的状态)。
11:10	10:上拉/下拉输入模式。
7:6	11:保留。
3:2	在输出模式(MODE[1:0]＞00)时:
	00:通用推挽输出模式。
	01:通用开漏输出模式。
	10:复用功能推挽输出模式。
	11:复用功能开漏输出模式
29:28	MODEy[1:0]:端口 x 的模式位(y＝0…7)(Port x mode bits)。
25:24	软件通过这些位配置相应的 I/O 端口,请参考表 6-1 端口位配置表及表 6-2 输出模式位。
21:20	00:输入模式(复位后的状态)。
17:16	01:输出模式,最大速度 10 MHz。
13:12	10:输出模式,最大速度 2 MHz。
9:8	11:输出模式,最大速度 50 MHz
5:4	
1:0	

（2）端口配置寄存器高位(GPIOx_CRH)(x＝A..G)。

偏移地址:0x04。复位值:0x4444 4444。

表 6-5　端口配置寄存器高位

31	30	29	28	27	26	25	24	23	22	21	20	19	18	17	16
CNF15[1:0]		MODE15[1:0]		CNF14[1:0]		MODE14[1:0]		CNF13[1:0]		MODE13[1:0]		CNF12[1:0]		MODE12[1:0]	
rw	rw	rw	rw	rw	rw	rw	rw	rw	rw	rw	rw	rw	rw	rw	rw

15	14	13	12	11	10	9	8	7	6	5	4	3	2	1	0
CNF11[1:0]		MODE11[1:0]		CNF10[1:0]		MODE10[1:0]		CNF9[1:0]		MODE9[1:0]		CNF8[1:0]		MODE8[1:0]	
rw	rw	rw	rw	rw	rw	rw	rw	rw	rw	rw	rw	rw	rw	rw	rw

表 6 - 6　端口配置寄存器高位功能描述

位	功能描述
	CNFy[1:0]:端口 x 配置位(y = 8…15)(Port x configuration bits)。
	软件通过这些位配置相应的 I/O 端口,请参考表 6 - 1 端口位配置表。
31:30	在输入模式(MODE[1:0]=00)时:
27:26	00:模拟输入模式。
23:22	01:浮空输入模式(复位后的状态)。
19:18	10:上拉/下拉输入模式。
15:14	11:保留。
11:10	在输出模式(MODE[1:0]>00)时:
7:6	00:通用推挽输出模式。
3:2	01:通用开漏输出模式。
	10:复用功能推挽输出模式。
	11:复用功能开漏输出模式
29:28	
25:24	MODEy[1:0]:端口 x 的模式位(y=8…15)(Port x mode bits)。
21:20	软件通过这些位配置相应的 I/O 端口,请参考表 6 - 1 端口位配置表及表 6 - 2 输出模式位。
17:16	00:输入模式(复位后的状态)。
13:12	01:输出模式,最大速度 10 MHz。
9:8	10:输出模式,最大速度 2 MHz。
5:4	11:输出模式,最大速度 50 MHz
1:0	

（3）端口输入数据寄存器(GPIOx_IDR)(x=A..G)。

地址偏移:0x08。　　复位值:0x0000 xxxx。

表 6 - 7　端口输入数据寄存器

31	30	29	28	27	26	25	24	23	22	21	20	19	18	17	16

15	14	13	12	11	10	9	8	7	6	5	4	3	2	1	0
IDR15	IDR14	IDR13	IDR12	IDR11	IDR10	IDR9	IDR8	IDR7	IDR6	IDR5	IDR4	IDR3	IDR2	IDR1	IDR0
r	r	r	r	r	r	r	r	r	r	r	r	r	r	r	r

表 6 - 8　端口输入数据寄存器位功能描述

位	功能描述
31:16	保留,始终读为 0
15:0	IDRy[15:0]:端口输入数据(y = 0…15)(Port input data)。 这些位为只读位并只能以字的形式读出,读出的值为对应 I/O 状态

(4)端口输出数据寄存器(GPIOx_ODR)(x＝A..G)。

地址偏移:0C。复位值:0x0000 0000。

表 6－9　端口输出数据寄存器

31	30	29	28	27	26	25	24	23	22	21	20	19	18	17	16

15	14	13	12	11	10	9	8	7	6	5	4	3	2	1	0
ODR 15	ODR 14	ODR 13	ODR 12	ODR 11	ODR 10	ODR 9	ODR 8	ODR 7	ODR 6	ODR 5	ODR 4	ODR 3	ODR 2	ODR 1	ODR 0
rw	rw	rw	rw	rw	rw	rw	rw	rw	rw	rw	rw	rw	rw	rw	rw

表 6－10　端口输出数据寄存器位功能描述

位	功能描述
31:16	保留,始终读为 0
15:0	ODRy[15:0]:端口输入数据(y ＝ 0…15)(Port output data)。 这些位为可读写并只能以字的形式操作。 **注**:使用 GPIOx_BSRR(x ＝ A…G)可以分别地对各个 ODR 位进行独立的置位/复位

(5)端口位设置/复位寄存器(GPIOx_BSRR)(x＝A..G)。

地址偏移:0x10。复位值:0x0000 0000。

表 6－11　端口位设置/复位寄存器

31	30	29	28	27	26	25	24	23	22	21	20	19	18	17	16
BR15	BR14	BR13	BR12	BR11	BR10	BR9	BR8	BR7	BR6	BR5	BR4	BR3	BR2	BR1	BR0
w	w	w	w	w	w	w	w	w	w	w	w	w	w	w	w
15	**14**	**13**	**12**	**11**	**10**	**9**	**8**	**7**	**6**	**5**	**4**	**3**	**2**	**1**	**0**
BS15	BS14	BS13	BS12	BS11	BS10	BS9	BS8	BS7	BS6	BS5	BS4	BS3	BS2	BS1	BS0
w	w	w	w	w	w	w	w	w	w	w	w	w	w	w	w

表 6－12　端口位设置/复位寄存器位功能描述

位	功能描述
31:16	BRy:端口 x 位 y 复位(y ＝ 0…15)(Port x Reset bit y)。 这些位只能写入并只能以字的形式操作。 0:对对应的 ODRy 位不产生影响。 1:复位对应的 ODRy 位。 **注**:如果同时设置了 BSy 和 BRy 的对应位,BSy 位优先起作用
15:0	BSy:设置端口 x 的位 y(y ＝ 0…15)(Port x Set bit y)。 这些位只能写入并只能以字的形式操作。 0:对对应的 ODRy 位不产生影响 。 1:设置对应的 ODRy 位为 1

（6）端口位清除寄存器（GPIOx_BRR）（x＝A..G）。

地址偏移：0x14。　复位值：0x0000 0000。

表 6 - 13　端口位复位寄存器

31	30	29	28	27	26	25	24	23	22	21	20	19	18	17	16

15	14	13	12	11	10	9	8	7	6	5	4	3	2	1	0
BR15	BR14	BR13	BR12	BR11	BR10	BR9	BR8	BR7	BR6	BR5	BR4	BR3	BR2	BR1	BR0
w	w	w	w	w	w	w	w	w	w	w	w	w	w	w	w

表 6 - 14　端口位复位寄存器位功能描述

位	功能描述
31:16	保留
15:0	BRy：端口 x 的位 y 复位（y ＝ 0…15）（Port x Reset bit y）。 这些位只能写入，并只能以字的形式操作。 0：对应的 ODRy 位不产生影响。 1：对应的 ODRy 位复位

（7）端口配置锁定寄存器（GPIOx_LCKR）（x＝A..G）。

地址偏移：0x18。复位值：0x0000 0000。

表 6 - 15　端口配置锁定寄存器

31	30	29	28	27	26	25	24	23	22	21	20	19	18	17	16
															LCKK
															rw

15	14	13	12	11	10	9	8	7	6	5	4	3	2	1	0
LCK15	LCK14	LCK13	LCK12	LCK11	LCK10	LCK9	LCK8	LCK7	LCK6	LCK5	LCK4	LCK3	LCK2	LCK1	LCK0
rw	rw	rw	rw	rw	rw	rw	rw	rw	rw	rw	rw	rw	rw	rw	rw

表 6 - 16　端口配置锁定寄存器位功能描述

位	功能描述
31:17	保留
16	LCKK：锁键（Lock key）。 该位可随时读出，它只可通过锁键写入时序修改。 0：端口配置锁键位不激活。 1：端口配置锁键位被激活，下次系统复位前 GPIOx_LCKR 寄存器被锁住。 锁键的写入时序：写 1→写 0→写 1→读 0→读 1。 最后一个读可省略，但可以用来确认锁键已被激活。 注：在操作锁键的写入时序时，不能改变 LCK[15:0] 的值。操作锁键写入时序中的任何错误将不能中止锁键

位	功能描述
15:0	LCKy：端口 x 的锁位 y（y ＝ 0…15）(Port x Lock bit y)，这些位可读写但仅在 LCKK 位为 0 时写入。 0：端口的配置不锁定。 1：端口的配置锁定

6.2　GPIO 端口相关库函数功能详解

　　GPIO 端口库函数由一组 API(application programming interface，应用编程接口)驱动函数组成，这组函数覆盖了本外设所有功能。本小节将针对 GPIO 端口进行介绍与之相关的主要库函数的功能，各功能函数详细说明如表 6 - 17～表 6 - 42 所列。

1. 函数 GPIO_DeInit

表 6 - 17　函数 GPIO_DeInit

函数名	GPIO_DeInit
函数原形	void GPIO_DeInit(GPIO_TypeDef ＊ GPIOx)
功能描述	将 GPIOx 端口的外设寄存器重设为默认值
输入参数	GPIOx：x 可以是 A，B，C，D，E，F 或者 G 来选择 GPIO 外设 注：GPIO 端口数需根据器件型号定义
输出参数	无
返回值	无
先决条件	无
被调用函数	RCC_APB2PeriphResetCmd()

2. 函数 GPIO_AFIODeInit

表 6 - 18　函数 GPIO_AFIODeInit

函数名	GPIO_AFIODeInit
函数原形	void GPIO_AFIODeInit(void)
功能描述	将复用功能寄存器(重映射、事件控制和外部中断/事件控制器设置)重设为默认值
输入参数	无
输出参数	无
返回值	无
先决条件	无
被调用函数	RCC_APB2PeriphResetCmd()

3. 函数 GPIO_Init

表 6 - 19　函数 GPIO_Init

函数名	GPIO_Init
函数原形	void GPIO_Init(GPIO_TypeDef * GPIOx, GPIO_InitTypeDef * GPIO_InitStruct)
功能描述	根据结构体 GPIO_InitStruct 中指定的参数初始化 GPIOx 外设寄存器
输入参数 1	GPIOx：x 可以是 A,B,C,D,E,F 或者 G,用于选择 GPIO 端口
输入参数 2	GPIO_InitStruct：指向结构体 GPIO_InitTypeDef 的指针,包含了外设 GPIO 的配置信息（如引脚-GPIO_Pin、速度-GPIO_Speed、输出模式-GPIO_Mode 等)详见表 6 - 20～表 6 - 23
输出参数	无
返回值	无
先决条件	无
被调用函数	无

表 6 - 20　GPIO_Pin 值

GPIO_Pin	描　述	GPIO_Pin	描　述
GPIO_Pin_None	无引脚被选中	GPIO_Pin_8	选中引脚 8
GPIO_Pin_0	选中引脚 0	GPIO_Pin_9	选中引脚 9
GPIO_Pin_1	选中引脚 1	GPIO_Pin_10	选中引脚 10
GPIO_Pin_2	选中引脚 2	GPIO_Pin_11	选中引脚 11
GPIO_Pin_3	选中引脚 3	GPIO_Pin_12	选中引脚 12
GPIO_Pin_4	选中引脚 4	GPIO_Pin_13	选中引脚 13
GPIO_Pin_5	选中引脚 5	GPIO_Pin_14	选中引脚 14
GPIO_Pin_6	选中引脚 6	GPIO_Pin_15	选中引脚 15
GPIO_Pin_7	选中引脚 7	GPIO_Pin_ALL	选中全部引脚

表 6 - 21　GPIO_Speed 值

GPIO_Speed	描　述
GPIO_Speed_10MHz	最高输出速率 10 MHz
GPIO_Speed_2MHz	最高输出速率 2 MHz
GPIO_Speed_50MHz	最高输出速率 50 MHz

表 6 - 22　GPIO_Mode 值

GPIO_Speed	描　述
GPIO_Mode_AIN	模拟输入
GPIO_Mode_IN_FLOATING	浮空输入
GPIO_Mode_IPD	下拉输入
GPIO_Mode_IPU	上拉输入
GPIO_Mode_Out_OD	开漏输出
GPIO_Mode_Out_PP	推挽输出
GPIO_Mode_AF_OD	复用开漏输出
GPIO_Mode_AF_PP	复用推挽输出

表 6 - 23　GPIO_Mode 的索引和编码

GPIO 方向	索　引	模　式	设　置	模式代码
GPIO Input	0x00	GPIO_Mode_AIN	0X00	0X00
		GPIO_Mode_IN_FLOATING	0X04	0X04
		GPIO_Mode_IPD	0X08	0X28
		GPIO_Mode_IPU	0X08	0X48
GPIO Output	0x01	GPIO_Mode_OUT_OD	0X04	0X14
		GPIO_Mode_OUT_PP	0X00	0X10
		GPIO_Mode_AF_OD	0X0C	0X1C
		GPIO_Mode_AF_PP	0X08	0X18

4. 函数 GPIO_StructInit

表 6 - 24　函数 GPIO_StructInit

函数名	GPIO_StructInit
函数原形	void GPIO_StructInit(GPIO_InitTypeDef * GPIO_InitStruct)
功能描述	把 GPIO_InitStruct 中的每一个成员按默认参数值设置,成员列表如表 6 - 25 所列
输入参数	GPIO_InitStruct:指向结构 GPIO_InitTypeDef 的指针,待初始化,默认参数设置为 GPIO_Pin_All、GPIO_Speed_2MHz、GPIO_Mode_IN_FLOATING,如表 6 - 25 所列
输出参数	无
返回值	无
先决条件	无
被调用函数	无

表 6 - 25　GPIO_InitStruct 缺省值

成员	缺省值
GPIO_Pin	GPIO_Pin_All
GPIO_Speed	GPIO_Speed_2MHz
GPIO_Mode	GPIO_Mode_IN_FLOATING

5. 函数 GPIO_ReadInputDataBit

表 6 - 26　函数 GPIO_ReadInputDataBit

函数名	GPIO_ReadInputDataBit
函数原形	uint8_t GPIO_ReadInputDataBit(GPIO_TypeDef * GPIOx, uint16_t GPIO_Pin)
功能描述	读取指定端口引脚的输入
输入参数 1	GPIOx:x 可以是 A,B,C,D,E,F 或者 G,用于选择 GPIO 端口
输入参数 2	GPIO_Pin:待读取的端口位,该参数允许取值范围 GPIO_Pin_0…GPIO_Pin_15
输出参数	无
返回值	输入端口引脚值
先决条件	无
被调用函数	无

6. 函数 GPIO_ReadInputData

表 6 - 27　函数 GPIO_ReadInputData

函数名	GPIO_ReadInputData
函数原形	uint16_t GPIO_ReadInputData(GPIO_TypeDef * GPIOx)
功能描述	读取指定的 GPIO 端口输入数据,针对端口输入数据寄存器(GPIOxIDR)操作
输入参数	GPIOx:x 可以是 A,B,C,D 或者 E,来选择 GPIO 外设
输出参数	无
返回值	GPIO 端口的输入数据值
先决条件	无
被调用函数	无

7. 函数 GPIO_ReadOutputDataBit

表 6 - 28　函数 GPIO_ReadOutputDataBit

函数名	GPIO_ReadOutputDataBit
函数原形	uint8_tGPIO_ReadOutputDataBit(GPIO_TypeDef * GPIOx, uint16_tGPIO_Pin)
功能描述	读取指定 GPIO 端口引脚的输出
输入参数 1	GPIOx:x 可以是 A,B,C,D,E,F 或者 G,用于选择 GPIO 端口
输入参数 2	GPIO_Pin :待读取的端口引脚位,该参数允许取值范围 GPIO_Pin_0…GPIO_Pin_15
输出参数	无
返回值	输出端口引脚值
先决条件	无
被调用函数	无

8. 函数 GPIO_ReadOutputData

表 6 - 29　函数 GPIO_ReadOutputData

函数名	GPIO_ReadOutputData
函数原形	uint16_t GPIO_ReadOutputData(GPIO_TypeDef * GPIOx)
功能描述	读取指定的 GPIO 端口输出,针对端口输出数据寄存器(GPIOxODR)操作
输入参数	GPIOx:x 可以是 A,B,C,D,E,F 或者 G,用于选择 GPIO 端口
输出参数	无
返回值	GPIO 端口的输出数据值
先决条件	无
被调用函数	无

9. 函数 GPIO_SetBits

表 6 - 30   函数 GPIO_SetBits

函数名	GPIO_SetBits
函数原形	void GPIO_SetBits(GPIO_TypeDef * GPIOx, uint16_t GPIO_Pin)
功能描述	设置指定 GPIO 端口的引脚位,需针对端口位设置/复位寄存器(GPIOx_BSRR)操作
输入参数 1	GPIOx:x 可以是 A,B,C,D,E,F 或者 G,用于选择 GPIO 端口
输入参数 2	GPIO_Pin:待设置的引脚位,该参数允许取值范围 GPIO_Pin_0…GPIO_Pin_15,可任意组合取值
输出参数	无
返回值	无
先决条件	无
被调用函数	无

10. 函数 GPIO_ResetBits

表 6 - 31   函数 GPIO_ResetBits

函数名	GPIO_ResetBits
函数原形	void GPIO_ResetBits(GPIO_TypeDef * GPIOx, uint16_t GPIO_Pin)
功能描述	清除指定 GPIO 端口的引脚位,需针对端口位清除寄存器(GPIOx_BRR)操作
输入参数 1	GPIOx:x 可以是 A,B,C,D,E,F 或者 G,用于选择 GPIO 端口
输入参数 2	GPIO_Pin:待清除的引脚位,该参数允许取值范围 GPIO_Pin_0…GPIO_Pin_15,可组合取值
输出参数	无
返回值	无
先决条件	无
被调用函数	无

11. 函数 GPIO_WriteBit

表 6 - 32   函数 GPIO_WriteBit

函数名	GPIO_WriteBit
函数原形	void GPIO_WriteBit(GPIO_TypeDef * GPIOx, uint16_t GPIO_Pin, BitAction BitVal)
功能描述	设置或者清除指定 GPIO 端口的数据位,如果指定的数据位未清除,则写操作 GPIOx_BSRR 寄存器对应位,否则写操作 GPIOx_BRR 寄存器对应位
输入参数 1	GPIOx:x 可以是 A,B,C,D,E,F 或者 G,用于选择 GPIO 端口
输入参数 2	GPIO_Pin:待设置或者清除指的端口位,该参数允许取值范围 GPIO_Pin_0…GPIO_Pin_15
输入参数 3	BitVal:该参数指定了待写入的值,该参数必须取枚举 BitAction 的其中一个值,Bit_RESET:清除端口的数据位;Bit_SET:设置端口的数据位

函数名	GPIO_WriteBit
输出参数	无
返回值	无
先决条件	无
被调用函数	无

12．函数 GPIO_Write

表 6 – 33　函数 GPIO_Write

函数名	GPIO_Write
函数原形	void GPIO_Write(GPIO_TypeDef * GPIOx, uint16_t PortVal)
功能描述	向指定 GPIO 数据端口写入数据,直接操作端口输出数据寄存器(GPIOx_ODR)
输入参数 1	GPIOx:x 可以是 A,B,C,D,E,F 或者 G,用于选择 GPIO 端口
输入参数 2	PortVal:待写入端口输出数据寄存器的值
输出参数	无
返回值	无
先决条件	无
被调用函数	无

13．函数 GPIO_PinLockConfig

表 6 – 34　函数 GPIO_PinLockConfig

函数名	GPIO_PinLockConfig
函数原形	void GPIO_PinLockConfig(GPIO_TypeDef * GPIOx, uint16_t GPIO_Pin)
功能描述	锁定 GPIO 引脚配置寄存器,直接操作端口配置锁定寄存器(GPIOx_LCKR)
输入参数 1	GPIOx:x 可以是 A,B,C,D,E,F 或者 G,用于选择 GPIO 端口
输入参数 2	GPIO_Pin:待锁定的端口位,该参数允许取值范围 GPIO_Pin_0…GPIO_Pin_15 的任意组合
输出参数	无
返回值	无
先决条件	无
被调用函数	无

14．函数 GPIO_EventOutputConfig

表 6 – 35　函数 GPIO_EventOutputConfig

函数名	GPIO_EventOutputConfig
函数原形	void GPIO_EventOutputConfig(uint8_t GPIO_PortSource, uint8_t GPIO_PinSource)
功能描述	选择指定 GPIO 端口的某个引脚用作事件输出,需要操作事件控制寄存器(AFIO_EVCR)

函数名	GPIO_EventOutputConfig
输入参数 1	GPIO_PortSource：选择用作事件输出的 GPIO 端口，该参数允许取值范围详见表 6 – 36
输入参数 2	GPIO_PinSource：事件输出的引脚，该参数可以取 GPIO_Pin_0…GPIO_Pin_15
输出参数	无
返回值	无
先决条件	无
被调用函数	无

表 6 – 36　GPIO_PortSource 值

GPIO_PortSource	描　述
GPIO_PortSourceGPIOA	选择 GPIOA
GPIO_PortSourceGPIOB	选择 GPIOB
GPIO_PortSourceGPIOC	选择 GPIOC
GPIO_PortSourceGPIOD	选择 GPIOD
GPIO_PortSourceGPIOE	选择 GPIOE

15. 函数 GPIO_EventOutputCmd

表 6 – 37　函数 GPIO_EventOutputCmd

函数名	GPIO_EventOutputCmd
函数原形	void GPIO_EventOutputCmd(FunctionalState NewState)
功能描述	使能或者禁止事件输出
输入参数	NewState：事件输出的新状态，这个参数可以取 ENABLE 或者 DISABLE
输出参数	无
返回值	无
先决条件	无
被调用函数	无

16. 函数 GPIO_ PinRemapConfig

表 6 – 38　函数 GPIO_ PinRemapConfig

函数名	GPIO_ PinRemapConfig
函数原形	void GPIO_PinRemapConfig(uint32_t GPIO_Remap, FunctionalState NewState)
功能描述	改变指定引脚的映射，需操作复用重映射和调试 I/O 配置寄存器(AFIO_MAPR)
输入参数 1	GPIO_Remap：选择重映射的引脚，该参数允许取值范围详见表 6 – 39
输入参数 2	NewState：引脚重映射的新状态，这个参数可以取 ENABLE 或者 DISABLE
输出参数	无
返回值	无
先决条件	无
被调用函数	无

表 6 - 39　GPIO_Remap 值

GPIO_Remap	描　述
GPIO_Remap_SPI1	SPI1 复用功能映射
GPIO_Remap_I2C1	I²C1 复用功能映射
GPIO_Remap_USART1	USART1 复用功能映射
GPIO_Remap_USART2	USART2 复用功能映射
GPIO_PartialRemap_USART3	USART3 复用功能部分映射
GPIO_FullRemap_USART3	USART3 复用功能完全映射
GPIO_PartialRemap_TIM1	TIM1 复用功能部分映射
GPIO_FullRemap_TIM1	TIM1 复用功能完全映射
GPIO_PartialRemap1_TIM2	TIM2 复用功能部分映射 1
GPIO_PartialRemap2_TIM2	TIM2 复用功能部分映射 2
GPIO_FullRemap_TIM2	TIM2 复用功能完全映射
GPIO_PartialRemap_TIM3	TIM3 复用功能部分映射
GPIO_FullRemap_TIM3	TIM3 复用功能完全映射
GPIO_Remap_TIM4	TIM4 复用功能映射
GPIO_Remap1_CAN1	CAN1 复用功能映射 1
GPIO_Remap2_CAN1	CAN1 复用功能映射 2
GPIO_Remap_PD01	PD0 复用功能映射
GPIO_Remap_TIM5CH4_LSI	LSI 连接 TIM5 通道 4 输入捕获用于校准
GPIO_Remap_ADC1_ETRGINJ	ADC1 外部触发注入转换重新映射
GPIO_Remap_ADC1_ETRGREG	ADC1 外部触发规则转换重新映射
GPIO_Remap_ADC2_ETRGINJ	ADC2 外部触发注入转换重新映射
GPIO_Remap_ADC2_ETRGREG	ADC2 外部触发规则转换重新映射
GPIO_Remap_ETH	以太网复用功能重新映射(仅用于互连线路设备)
GPIO_Remap_CAN2	CAN2 复用功能重新映射(仅用于互连线路设备)
GPIO_Remap_SWJ_NoJTRST	除 JTRST 信号之外 SWJ 完全使能(JTAG - DP＋SW - DP)复用功能映射
GPIO_Remap_SWJ_JTAGDisable	JTAG - DP 禁止及 SW - DP 使能复用功能映射
GPIO_Remap_SWJ_Disable	SWJ 完全禁止(JTAG - DP＋SW - DP)复用功能映射
GPIO_Remap_SPI3	SPI3/I2S3 复用功能映射(仅用于互连线路设备),当使用本功能映射 SPI3/I2S3,SWJ 仅可配置为 GPIO_Remap_SWJ_NoJTRST
GPIO_Remap_TIM2ITR1_PTP_SOF	以太网 PTP 输出或 USB OTG 帧头连接至 TIM2 内部触发器 1 用于校准(仅用于互连线路设备)
GPIO_Remap_PTP_PPS	以太网 MAC 层 PPS_PTS 在 PB5 输出(仅用于互连线路设备)
GPIO_Remap_TIM15	TIM15 复用功能映射(仅用于 STM32 超值产品线)
GPIO_Remap_TIM16	TIM16 复用功能映射(仅用于 STM32 超值产品线)
GPIO_Remap_TIM17	TIM17 复用功能映射(仅用于 STM32 超值产品线)
GPIO_Remap_CEC	CEC 复用功能映射(仅用于 STM32 超值产品线)
GPIO_Remap_TIM1_DMA	TIM1 DMA 请求映射(仅用于 STM32 超值产品线)

续表 6-39

GPIO_Remap	描　述
GPIO_Remap_TIM9	TIM9 复用功能映射(仅用于 STM32 中低容量型号)
GPIO_Remap_TIM10	TIM10 复用功能映射(仅用于 STM32 中低容量型号)
GPIO_Remap_TIM11	TIM11 复用功能映射(仅用于 STM32 中低容量型号)
GPIO_Remap_TIM13	TIM13 复用功能映射(仅用于 STM32 中的高容量超值产品线和中低容量型号)
GPIO_Remap_TIM14	TIM14 复用功能映射(仅用于 STM32 中的高容量超值产品线和中低容量型号)
GPIO_Remap_FSMC_NADV	FSMC_NADV 复用功能映射(仅用于 STM32 中的高容量超值产品线和中低容量型号)
GPIO_Remap_TIM67_DAC_DMA	TIM6/7 以及 DAC_DMA 请求重新映射(仅用于 STM32 中的高容量超值产品线)
GPIO_Remap_TIM12	TIM12 复用功能映射(仅用于 STM32 中的高容量超值产品线)
GPIO_Remap_MISC	其他项功能重映射(如 DMA 通道 5 定位和 DAC 触发器重映射等,仅用于 STM32 中的高容量超值产品线)

17. 函数 GPIO_EXTILineConfig

表 6-40　函数 GPIO_EXTILineConfig

函数名	GPIO_EXTILineConfig
函数原形	void GPIO_EXTILineConfig(uint8_t GPIO_PortSource, uint8_t GPIO_PinSource)
功能描述	选择指定 GPIO 端口的某个引脚用作外部中断
输入参数 1	GPIO_PortSource:选择用作外部中断源的 GPIO 端口,该参数允许取值范围详见表 6-41
输入参数 2	GPIO_PinSource:待设置的外部中断引脚,该参数可以取值 GPIO_Pin_0⋯GPIO_Pin_15
输出参数	无
返回值	无
先决条件	无
被调用函数	无

表 6-41　GPIO_PortSource 值

GPIO_PortSource	描　述
GPIO_PortSourceGPIOA	选择 GPIO 端口 A
GPIO_PortSourceGPIOB	选择 GPIO 端口 B
GPIO_PortSourceGPIOC	选择 GPIO 端口 C
GPIO_PortSourceGPIOD	选择 GPIO 端口 D
GPIO_PortSourceGPIOE	选择 GPIO 端口 E
GPIO_PortSourceGPIOF	选择 GPIO 端口 F
GPIO_PortSourceGPIOG	选择 GPIO 端口 G

18. 函数 GPIO_ETH_MediaInterfaceConfig

表 6 - 42　函数 GPIO_ETH_MediaInterfaceConfig

函数名	GPIO_ETH_MediaInterfaceConfig
函数原形	void GPIO_ETH_MediaInterfaceConfig(uint32_t GPIO_ETH_MediaInterface)
功能描述	用于选择以太网介质接口,可通过该函数选择 MII 或 RMII 接口。 注意:该功能仅适用于互联型设备
输入参数	GPIO_ETH_MediaInterface:该参数可选择 GPIO_ETH_MediaInterface_MII 或 GPIO_ETH_MediaInterface_RMII 来设置以太网介质接口
输出参数	无
返回值	无
先决条件	无
被调用函数	无

6.3　设计目标

本实例采用 STM32 - V3 硬件开发平台,基于 μC/OS-II 系统,创建了 μC/GUI 界面,通过界面上的滑动条控制开发板上的 LED1～LED3 的闪烁间隔时间,范围为 50～5 000 ms。也可以通过串口调试助手软件发送串口指令来控制开发板上的 LED1～LED3 的闪烁间隔时间。

6.4　硬件原理

GPIO 接口硬件设计相对来说很简单,本实例的硬件直接使用 STM32F103 微处理器的 3 个 GPIO 驱动 LED,其硬件原理图如图 6 - 6 所示。

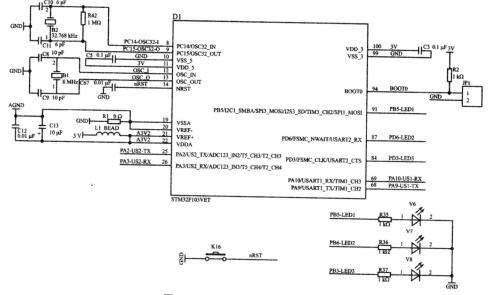

图 6 - 6　GPIO 接口硬件原理图

同时硬件电路需要配置 RS-232 通信接口,通过串口对驱动 LED 的延时闪烁参数进行设置,其硬件电路原理图如图 6-7 所示。

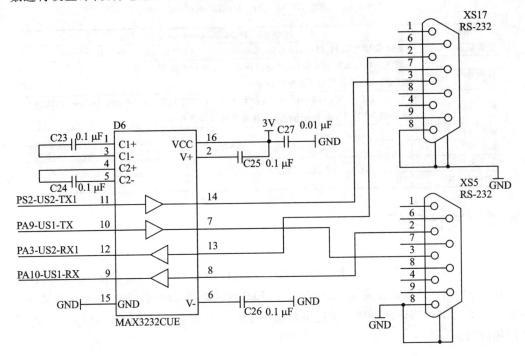

图 6-7　RS-232 通信接口电路示意图

6.5　系统软件

本实例在 μC/OS-Ⅱ 系统中建立 7 个系统任务,应用 GPIO 端口驱动三个 LED,通过 μC/GUI 图形界面设计控件来控制三个 LED 延时闪烁参数,同时设计了串口通信指令来配合设置 LED 参数,其主要软件设计包括 4 个部分:

(1) 7 个 μC/OS-Ⅱ 系统任务建立,包括系统主任务、图形界面任务、触摸屏任务、串口 1 通信任务以及 3 个 LED 闪烁任务等;

(2) μC/GUI 图形界面程序,主要创建了三个滑动条控制件用于控制三个 LED 灯闪烁延时参数;

(3) 中断服务程序,它包括两个中断处理函数,第一个是 μC/OS-Ⅱ 系统时钟节拍处理函数 SysTickHandler(),第二个是串口 1 中断处理函数 USART1_IRQHandler();

(4) 硬件平台初始化程序,主要涉及到硬件相关的初始化配置,如系统时钟配置、FSMC 接口与触摸屏配置、串口及参数配置、GPIO 端口配置等;

(5) GPIO 底层硬件驱动程序,涉及 GPIO 端口寄存器配置及初始化等功能。

当基于 μC/OS-Ⅱ 系统与 μC/GUI 图形系统进行软件设计时,如创建任务与相关应用,其软件结构都是较固定的模块化形式,需要设计的软件代码一般都层次清晰,很容易上手,本节的系统软件依然参照表6-43的系统软件结构层次,涉及的程序文件功能说明如表6-44所列。

表6-43 系统软件结构

应用软件层			
应用程序 app.c			
系统软件层			
μC/GUI 用户应用程序 Fun.c	操作系统		中断管理系统
μC/GUI 图形系统	μC/OS-Ⅱ系统		异常与外设中断处理模板
μC/GUI 驱动接口 lcd_ucgui.c、lcd_api.c	μC/OS-Ⅱ/Port	μC/OS-Ⅱ/CPU	μC/OS-Ⅱ/Source	stm32f10x_it.c
μC/GUI 移植部分 lcd.c			
CMSIS 层			
Cortex-M3 内核外设访问层	STM32F10x 设备外设访问层		
core_cm3.c	core_cm3.h	启动代码 (stm32f10x_startup.s)	stm32f10x.h	system_stm32f10x.c	system_stm32f10x.h
硬件抽象层			
硬件平台初始化 bsp.c			
硬件外设层			
液晶屏接口应用配置程序	LCD 控制器驱动程序	其他通用模块驱动程序	
fsmc_sram.c	lcddrv.c	misc.c、stm32f10x_fsmc.c、stm32f10x_gpio.c、stm32f10x_rcc.c、stm32f10x_usart.c、stm32f10x_exti.c 等	

表6-44 程序设计文件功能说明

程序文件名称	程序文件功能说明
App.c	包括系统主任务、μC/GUI 界面任务、触摸屏任务、串口1通信任务、LED1~LED3 闪烁任务等
Fun.c	μC/GUI 图形界面程序,主要创建了三个滑动条用于设置三个 LED 灯的延时参数等
stm32f10x_it.c	中断服务程序,本例共包括2个功能函数:SysTickHandler()和 USART1_IRQHandler()
bsp.c	硬件平台初始化程序,包括系统时钟初始化、中断源配置、GPIO 端口配置、FSMC 接口、触摸屏接口、串口初始化及参数配置等
stm32f10x_gpio.c	这个是 STM32 处理器自带的标准固件程序,涉及 GPIO 端口寄存器配置及初始化等功能

1. μC/OS-Ⅱ系统多个任务建立

本实例在 μC/OS-Ⅱ系统中共建立9个任务,分别是主任务 APP_TASK_START_PRIO、μC/GUI 界面任务 APP_TASK_USER_IF_PRIO、触摸屏任务 APP_TASK_KBD_PRIO、串口通信任务 Task_Com1_PRIO、3个 LED 闪烁任务、统计运行时间任务以及空闲任务。

主程序集中在 main()入口函数,完成 μC/OS-Ⅱ系统初始化、硬件平台初始化、建立主任务、设置节拍计数器以及启动 μC/OS-Ⅱ系统等。

启动任务由 App_TaskStart()函数来完成,再由该函数调用 App_TaskCreate()建立其他任务:

- OSTaskCreateExt(AppTaskUserIF,…用户界面任务);
- OSTaskCreateExt(AppTaskKbd,…触摸驱动任务);
- OSTaskCreateExt(Task_Com1,…串口 1 通信任务);
- OSTaskCreateExt(Task_Led1,…LED1 闪烁任务);
- OSTaskCreateExt(Task_Led2,…LED2 闪烁任务);
- OSTaskCreateExt(Task_Led3,…LED3 闪烁任务)。

本例由 App_TaskCreate()函数建立的用户界面任务 AppTaskUserIF 和触摸驱动任务 AppTaskKbd 我们在前面的章节做过较详细的介绍,特意强调的是我们在第 2 章讲述 μC/OS-Ⅱ系统下邮箱、消息队列、信号量通信机制时,反复的对串口 1 通信任务 Task_Com1、LED1 闪烁任务 Task_Led1、LED2 闪烁任务 Task_Led2、LED3 闪烁任务 Task_Led3 作过详细讲述,本例只简单回顾一下。

- 其他任务建立函数 App_TaskCreate()

本函数建立的 6 个其他任务及邮箱定义简列如下。

```
static void App_TaskCreate(void)
{
    Com1_MBOX = OSMboxCreate((void *) 0);//建立串口 1 中断的邮箱
    /* 建立用户界面任务 */
    OSTaskCreateExt(AppTaskUserIF,        //指向任务代码的指针
        …
    /* 建立触摸驱动任务 */
    OSTaskCreateExt(AppTaskKbd,
        …
    /* 串口 1 接收及发送任务 */
    OSTaskCreateExt(Task_Com1,
        …
    /* LED1 闪烁任务 */
    OSTaskCreateExt(Task_Led1,
        …
    /* LED2 闪烁任务 */
    OSTaskCreateExt(Task_Led2,
        …
    /* LED3 闪烁任务 */
    OSTaskCreateExt(Task_Led3,
        …

}
```

- 串口 1 通信任务函数 Task_Com1()

Task_Com1()任务函数，它用于串口数据发送和接收处理任务，函数接收的是 LED1～LED3 的延时设置参数，格式＝L<1～3> <1～65535>F，如设置 LED1 的延时参数为100ms，那么指令格式为 L1 100F，串口接收到该指令格式即进行分段解析，提取出 LED 对象和延时参数。同时使用了邮箱通信机制，采用 OSMboxPend() 函数等待一个消息发送到邮箱。该函数主要代码如下。

```
static void Task_Com1(void * p_arg){
    INT8U err;
    unsigned char * msg;
    (void)p_arg;
    while(1){
        /* 等待串口接收指令成功的信号量 */
        msg = (unsigned char * )OSMboxPend(Com1_MBOX,0,&err);
        //分段解析提取出 LED1 指令和延时参数
        if(msg[0] == 'L'&&msg[1] == 0x31){
            milsec1 = atoi(&msg[3]); //LED1 的延时毫秒
            ...  }
        //分段解析提取出 LED2 指令和延时参数
        else if(msg[0] == 'L'&&msg[1] == 0x32){
            ...  }
        //分段解析提取出 LED3 指令和延时参数
        else if(msg[0] == 'L'&&msg[1] == 0x33){
            ...  }

    }
```

LED1 闪烁任务、LED2 闪烁任务、LED3 闪烁任务分别通过 Task_Led1() 函数、Task_Led2() 函数、Task_Led3() 函数实现，这三个任务函数代码的类似，下面仅列出 Task_Led1() 函数代码。

● LED1 闪烁任务函数 Task_Led1()

```
static void Task_Led1(void * p_arg)
{
    (void) p_arg;
    while (1)
    {
        LED_LED1_ON();
        OSTimeDlyHMSM(0, 0, 0, milsec1);
        LED_LED1_OFF();
        OSTimeDlyHMSM(0, 0, 0, milsec1);
    }
}
```

LED1~LED3 这三个 LED 亮灭宏定义在 Demo. h 头文件中,实际上是由 GPIO 置位和复位函数直接将 GPIO 引脚电平置高/低电平的。

```
/ * LED1 由 PB5 驱动 * /
# define LED_LED1_ON()    GPIO_SetBits(GPIOB, GPIO_Pin_5 ); //LED1 亮
# define LED_LED1_OFF()   GPIO_ResetBits(GPIOB, GPIO_Pin_5 ); //LED1 灭
/ * LED2 由 PB6 驱动 * /
# define LED_LED2_ON()    GPIO_SetBits(GPIOD, GPIO_Pin_6 ); //LED2 亮
# define LED_LED2_OFF()   GPIO_ResetBits(GPIOD, GPIO_Pin_6 ); //LED2 灭
/ * LED3 由 PD3 驱动 * /
# define LED_LED3_ON()    GPIO_SetBits(GPIOD, GPIO_Pin_3 ); //LED3 亮
# define LED_LED3_OFF()   GPIO_ResetBits(GPIOD, GPIO_Pin_3 );//LED3 灭
```

2. 中断服务程序

本实例需要使用两个中断服务程序,分别是系统时钟节拍处理函数 SysTickHandler()、串口中断处理函数 USART1_IRQHandler(),串口中断处理函数调用 OSMboxPost()函数发送一条消息到邮箱,即可传递给另外一个任务完成进程间的通信与同步,这里也简述一下该函数的流程。

```
void USART1_IRQHandler(void)
{
    …
    unsigned char msg[50];
    OS_CPU_SR   cpu_sr;
    OS_ENTER_CRITICAL(); //保存全局中断标志,关总中断
    OSIntNesting ++ ;//用于中断嵌套
    OS_EXIT_CRITICAL();//恢复全局中断标志
    …
    / * 发送一个消息到邮箱 * /
    OSMboxPost(Com1_MBOX,(void * )&msg);
    …
    OSIntExit();
}
```

3. μC/GUI 图形界面程序

在 μC/OS-II 系统下,用户界面任务建立函数 AppTaskUserIF()直接调用 Fun()函数实现执行 μC/GUI 图形界面显示的功能,该函数就是本实例的可视化图形界面。

由于本例用户界面仍然采用了对话框窗体,我们首先回顾一下在第 5 章讲述的建立非阻塞式对话框窗体流程,它需要具备两个具备要素,一个是资源列表,另一个是对话框过程函数。本小节将 μC/GUI 图形界面程序仍然从 Fun()函数开始分成三大块进行讲述。首先我们从用户界面实现函数 Fun()开始讲述本程序的设计要点。

● 用户界面显示实现函数 Fun()

本函数采用的控件主要有文本控件、滑动条控件、文本编辑框控件、多文本编辑框控件、框架窗口控件等,利用 GUI_CreateDialogBox()函数创建对话框窗体。

```
void Fun(void) {
    unsigned char edit_cur;
    GUI_CURSOR_Show();
    /*建立窗体,包含了资源列表,资源数目,并指定回调函数*/
    hWin = GUI_CreateDialogBox(aDialogCreate, GUI_COUNTOF(aDialogCreate),
    _cbCallback, 0, 0, 0);
    /*设置窗体字体*/
    FRAMEWIN_SetFont(hWin, &GUI_FontComic24B_1);
    /*获得文本控件的句柄 */
    text0 = WM_GetDialogItem(hWin, GUI_ID_TEXT0);
    text1 = WM_GetDialogItem(hWin, GUI_ID_TEXT1);
    text2 = WM_GetDialogItem(hWin, GUI_ID_TEXT2);
    text3 = WM_GetDialogItem(hWin, GUI_ID_TEXT3);
    text4 = WM_GetDialogItem(hWin, GUI_ID_TEXT4);
    /*获得滑动条控件的句柄*/
    slider0 = WM_GetDialogItem(hWin, GUI_ID_SLIDER0);
    slider1 = WM_GetDialogItem(hWin, GUI_ID_SLIDER1);
    slider2 = WM_GetDialogItem(hWin, GUI_ID_SLIDER2);
    /*获得文本编辑框控件的句柄*/
    edit0 = WM_GetDialogItem(hWin, GUI_ID_EDIT0);
    edit1 = WM_GetDialogItem(hWin, GUI_ID_EDIT1);
    edit2 = WM_GetDialogItem(hWin, GUI_ID_EDIT2);
    /*设置文本控件的字体*/
    EDIT_SetFont(edit0,&GUI_FontComic18B_1);
    EDIT_SetFont(edit1,&GUI_FontComic18B_1);
    EDIT_SetFont(edit2,&GUI_FontComic18B_1);
    /*设置文本编辑框控件采用十进制范围 50－20000*/
    EDIT_SetDecMode(edit0,milsec1,50,2000,0,0);
    EDIT_SetDecMode(edit1,milsec2,50,2000,0,0);
    EDIT_SetDecMode(edit2,milsec3,50,2000,0,0);
    /*设置文本控件的字体*/
    TEXT_SetFont(text0,pFont);
    TEXT_SetFont(text1,pFont);
    TEXT_SetFont(text2,pFont);
    TEXT_SetFont(text3,pFont);
    TEXT_SetFont(text4,pFont);
    /*设置文本控件的字体颜色*/
    TEXT_SetTextColor(text0,GUI_WHITE);
    TEXT_SetTextColor(text1,GUI_WHITE);
    TEXT_SetTextColor(text2,GUI_WHITE);
```

```
TEXT_SetTextColor(text3,GUI_WHITE);
TEXT_SetTextColor(text4,GUI_WHITE);
/* 设置滑动条控件的取值范围 50～2000 */
SLIDER_SetRange(slider0,50,2000);
SLIDER_SetRange(slider1,50,2000);
SLIDER_SetRange(slider2,50,2000);
/* 设置滑动条控件的值 */
SLIDER_SetValue(slider0,milsec1);
SLIDER_SetValue(slider1,milsec2);
SLIDER_SetValue(slider2,milsec3);
/* 在窗体上建立多文本编辑框控件 */
  hmultiedit = MULTIEDIT_Create(5,230,230,80,hWin, GUI_ID_MULTIEDIT0,WM_CF_SHOW,
  MULTIEDIT_CF_AUTOSCROLLBAR_V,"",500);
/* 设置多文本编辑框控件的字体 */
MULTIEDIT_SetFont(hmultiedit,&GUI_FontHZ_SimSun_13);
/* 设置多文本编辑框控件的背景色 */
MULTIEDIT_SetBkColor(hmultiedit,MULTIEDIT_CI_EDIT,GUI_LIGHTGRAY);
/* 设置多文本编辑框控件的字体颜色 */
MULTIEDIT_SetTextColor(hmultiedit,MULTIEDIT_CI_EDIT,GUI_BLACK);
/* 设置多文本编辑框控件的文字回绕 */
MULTIEDIT_SetWrapWord(hmultiedit);
/* 设置多文本编辑框控件的最大字符数 */
MULTIEDIT_SetMaxNumChars(hmultiedit,500);
/* 设置多文本编辑框控件的字符左对齐 */
MULTIEDIT_SetTextAlign(hmultiedit,GUI_TA_LEFT);
/* 获得多文本编辑框里光标位置 */
edit_cur = MULTIEDIT_GetTextSize(hmultiedit);
/* 设置多文本编辑框控件光标位置 */
MULTIEDIT_SetCursorOffset(hmultiedit,edit_cur);
/* 设置多文本编辑框控件的文本内容 */
MULTIEDIT_AddText(hmultiedit,"奋斗 STM32 开发板 LED 闪烁实验");
while (1)
{
    if(rec_f == 1){          /* 全局变量 rec_f 代表串口有数据接收到 */
    rec_f = 0;
    /* 获得多文本编辑框控件内容的长度 */
    edit_cur = MULTIEDIT_GetTextSize(hmultiedit);
    if(edit_cur<500){ /* 显示区域字符长度小于 500 继续添加显示 */
        MULTIEDIT_SetCursorOffset(hmultiedit,edit_cur);
        /* 在内容的最后增加来自于串口的新的内容 */
        MULTIEDIT_AddText(hmultiedit,&TxBuffer1[0]);
    }
    else {/* 显示区域字符长度大于等于 500 清除显示区,继续重新显示 */
```

```
            MULTIEDIT_SetText(hmultiedit,&TxBuffer1[0]);
        }
        if(TxBuffer1[0] == 'L'&&TxBuffer1[1] == 0x31){    /* 读取串口接收到的信息 */
            milsec1 = atoi(&TxBuffer1[3]);                 /* LED1 的延时毫秒 */
            SLIDER_SetValue(slider0,milsec1);              /* 改变滑动条 0 的值 */
            EDIT_SetValue(edit0,milsec1);                  /* 改变文本编辑框 0 的值 */
        }
        else if(TxBuffer1[0] == 'L'&&TxBuffer1[1] == 0x32){/* 读取串口接收到的信息 */
            milsec2 = atoi(&TxBuffer1[3]);                 /* LED2 的延时毫秒 */
            SLIDER_SetValue(slider1,milsec2);              /* 改变滑动条 1 的值 */
            EDIT_SetValue(edit1,milsec2);                  /* 改变文本编辑框 1 的值 */
        }
        else if(TxBuffer1[0] == 'L'&&TxBuffer1[1] == 0x33){/* 读取串口接收到的信息 */
            milsec3 = atoi(&TxBuffer1[3]);                 /* LED3 的延时毫秒 */
            SLIDER_SetValue(slider2,milsec3);              /* 改变滑动条 2 的值 */
            EDIT_SetValue(edit2,milsec3);                  /* 改变文本编辑框 3 的值 */
        }
    }
    WM_Exec();  //屏幕刷新
    }
}
```

上述代码中的 GUI_CreateDialogBox( )函数用于创建非阻塞式对话框窗体,参数 aDialogCreate 定义对话框中所要包含的小工具的资源表的指针;GUI_COUNTOF (aDialog_Create)定义对话框中所包含的小工具的总数;参数_cbCallback 代表应用程序特定回调函数(对话框过程函数)的指针;紧跟其后的一个参数表示父窗口的句柄(0 表示没有父窗口),最后两个参数表示 X/Y 座标位置,即对话框相对于父窗口的 X/Y 轴位置。

● GUI_CreateDialogBox( )建立资源表

本函数用于建立资源表,定义指向了 GUI_WIDGET_CREATE_INFO 结构的指针,指定在对话框窗体中所要包括的所有控件。

```
/* 定义了对话框资源列表 */
static const GUI_WIDGET_CREATE_INFO aDialogCreate[] = {
    /* 建立窗体,大小是 240x320,原点在 0,0 */
    { FRAMEWIN_CreateIndirect,"LED Flash Config",0,0,0,240,320, FRAMEWIN_CF_ACTIVE },
    /* 建立文本控件,起点是窗体的 10,20,大小 180x30,文字左对齐 */
    { TEXT_CreateIndirect, "Led Flash Rate", GUI_ID_TEXT3,10,20,180,30, TEXT_CF_LEFT   },
    /* 建立文本控件,起点是窗体的 200,20,大小 39x30 ,文字左对齐 */
    { TEXT_CreateIndirect, "ms", GUI_ID_TEXT4, 200, 20, 39, 30, TEXT_CF_LEFT   },
    /* 建立文本编辑框控件,起点是窗体的 191,60,大小 47x25,文字右对齐,4 个字符宽度 */
    { EDIT_CreateIndirect,"", GUI_ID_EDIT0, 191, 60, 47,25, EDIT_CF_RIGHT, 4 },
```

```
    /*建立文本编辑框控件,起点是窗体的 191,110,大小 47x25,文字右对齐,4 个字符宽度 */
    { EDIT_CreateIndirect,"", GUI_ID_EDIT1,191, 110, 47, 25, EDIT_CF_RIGHT, 4 },
    /*建立文本编辑框控件,起点是窗体的 191,160,大小 47x25,文字右对齐,4 个字符宽度 */
    { EDIT_CreateIndirect,"", GUI_ID_EDIT2,191,160, 47,25, EDIT_CF_RIGHT, 4 },
    /*建立文本控件,起点是窗体的 5,60,大小 50x55,文字右对齐 */
    { TEXT_CreateIndirect,"Led1",GUI_ID_TEXT0, 5, 60, 50, 55, TEXT_CF_RIGHT },
    /*建立文本控件,起点是窗体的 5,110,大小 50x105,文字右对齐 */
    { TEXT_CreateIndirect,"Led2",GUI_ID_TEXT1, 5,110,50,105, TEXT_CF_RIGHT },
    /*建立文本控件,起点是窗体的 5,160,大小 50x155,文字右对齐 */
    { TEXT_CreateIndirect,"Led3",GUI_ID_TEXT2,5,160,50,155, TEXT_CF_RIGHT },
    /*建立滑动条控件,起点是窗体的 60,60,大小 130x25 */
    { SLIDER_CreateIndirect, NULL, GUI_ID_SLIDER0,60,60, 130, 25, 0, 0 },
    /*建立滑动条控件,起点是窗体的 60,110,大小 130x25 */
    { SLIDER_CreateIndirect, NULL,GUI_ID_SLIDER1, 60,110, 130, 25, 0, 0 },
    /*建立滑动条控件,起点是窗体的 60,160,大小 130x25 */
    { SLIDER_CreateIndirect,NULL,GUI_ID_SLIDER2, 60,160, 130, 25, 0, 0 },
};
```

● _cbCallback()函数作为起点添加动作代码

窗体回调函数 _cbCallback()作为对话框过程函数的起点,初始化后,需要添加动作代码。

```
static void _cbCallback(WM_MESSAGE * pMsg) {
    int NCode, Id;
    WM_HWIN hDlg;
    hDlg = pMsg->hWin;
    switch (pMsg->MsgId) {
      case WM_NOTIFY_PARENT:
      Id = WM_GetId(pMsg->hWinSrc);  /*获得窗体部件的 ID */
      NCode = pMsg->Data.v;  /*动作代码 */
      switch (NCode) {
        /* WM_NOTIFICATION_VALUE_CHANGED 为系统定义的通知代码 */
        /*此通知消息将在小工具的特定值已更改时发送 */
        case WM_NOTIFICATION_VALUE_CHANGED:  /*窗体部件的值被改变 */
          _OnValueChanged(hDlg, Id);
          break;
        default:
          break;
        }
      break;
    default:
    WM_DefaultProc(pMsg);
    }
```

}

在窗体回调函数一般添加的是动作代码,_OnValueChanged()函数也是一种动作代码。

● _OnValueChanged()函数

_OnValueChanged()函数作用是值被改变的动作代码,用于滑动条控件的值改变时,获取改变值,并重新设置,该函数的实现代码与注释如下。

```
static void _OnValueChanged(WM_HWIN hDlg, int Id) {
    if ((Id == GUI_ID_SLIDER0)) {            /* 滑动条 0 的值被改变 */
        milsec1 = SLIDER_GetValue(slider0);  /* 获得滑动条 0 的值 */
        EDIT_SetValue(edit0,milsec1);        /* 文本编辑框 0 的值被改变 */
    }
    else if ((Id == GUI_ID_SLIDER1)) {       /* 滑动条 1 的值被改变 */
        milsec2 = SLIDER_GetValue(slider1);  /* 获得滑动条 1 的值 */
        EDIT_SetValue(edit1,milsec2);        /* 文本编辑框 1 的值被改变 */
    }
    else if ((Id == GUI_ID_SLIDER2)) {       /* 滑动条 2 的值被改变 */
        milsec3 = SLIDER_GetValue(slider2);  /* 获得滑动条 2 的值 */
        EDIT_SetValue(edit2,milsec3);        /* 文本编辑框 2 的值被改变 */
    }
}
```

4. 硬件平台初始化程序

本例的硬件平台初始化程序主要包括系统及外设时钟配置、FSMC 接口初始化、SPI1 接口-触摸屏芯片初始化与配置、GPIO 端口配置、中断源配置、串口 1 参数配置等常用的配置。开发板硬件的初始化通过 BSP_Init()函数调用各接口功能函数实现,具体实现代码如下。

```
void BSP_Init(void)
{
    RCC_Configuration();            //系统时钟初始化及端口外设时钟使能
    NVIC_Configuration();           //中断源配置
    GPIO_Configuration();           //LED1～LED3 及背光驱动配置
    USART_Config(USART1,115200);    //串口 1 初始化
    tp_Config();                    //SPI1 触摸电路初始化
    FSMC_LCD_Init();                //FSMC 接口初始化
}
```

硬件平台初始化程序基本类似于前述章节介绍,本例回顾一下 GPIO 端口配置和串口 1 中断配置函数,这两个函数简单说明如下。

● GPIO_Configuration()函数

本函数配置四个 GPIO 分别驱动 LED1～LED3、液晶显示屏的背光,函数代码简

述如下。

```
void GPIO_Configuration(void)
{
    GPIO_InitTypeDef GPIO_InitStructure;
    / * 对控制 LED 指示灯的 I/O 口进行了初始化,将端口配置为推挽上拉输出,端口速度 * /
    / * 为 50MHz;PA9,PA10 端口复用为串口 1 的 TX,RX. * /
    / * 在配置某个端口时,首先应对它所在的端口的时钟进行使能,否则无法配置成功, * /
    / * 由于用到了端口 B,D,E,因此要对这几个端口的时钟进行使能,同时由于用到 * /
    / * 复用 IO 口功能用于配置串口,因此还要使能 AFIO(复用功能 IO)时钟. * /
    RCC_APB2PeriphClockCmd(RCC_APB2Periph_GPIOA | RCC_APB2Periph_GPIOB |
    RCC_APB2Periph_GPIOC | RCC_APB2Periph_GPIOD | RCC_APB2Periph_GPIOE , ENABLE);
    GPIO_InitStructure.GPIO_Pin = GPIO_Pin_5;        //LED1 驱动引脚
    GPIO_InitStructure.GPIO_Mode = GPIO_Mode_Out_PP;
    GPIO_InitStructure.GPIO_Speed = GPIO_Speed_50MHz;
    GPIO_Init(GPIOB, &GPIO_InitStructure);
    //背光,LED2,LED3 驱动引脚定义
    GPIO_InitStructure.GPIO_Pin = GPIO_Pin_13|GPIO_Pin_6|GPIO_Pin_3;
    GPIO_Init(GPIOD, &GPIO_InitStructure);
}
```

● NVIC_Configuration()函数

本函数设置串口 1 中断,该函数代码如下。

```
void NVIC_Configuration(void)
{
    NVIC_InitTypeDef NVIC_InitStructure;
    NVIC_PriorityGroupConfig(NVIC_PriorityGroup_0);
    NVIC_InitStructure.NVIC_IRQChannel = USART1_IRQn;//设置串口 1 中断
    NVIC_InitStructure.NVIC_IRQChannelSubPriority = 0;//子优先级 0
    NVIC_InitStructure.NVIC_IRQChannelCmd = ENABLE;
    NVIC_Init(&NVIC_InitStructure);
}
```

5. 通用模块驱动程序

本实例中 GPIO 端口驱动库函数在 6.2 节已经针对性的进行过讲述,表 6 - 45 简要地列出了本实例中被其他功能函数经常调用的库函数。

表 6 - 45 库函数调用列表

序 号	函数名
1	GPIO_Init
2	GPIO_SetBits
3	GPIO_ResetBits

6.6　实例总结

　　本章着重介绍了 STM32 微处理器的 GPIO 端口特性、模式配置、寄存器功能等。本章基于 μC/OS-II 与 μC/GUI 系统，设计了利用 GPIO 端口驱动 3 个 LED 闪烁的程序实例，可以直接通过 μC/GUI 界面设置每个 GPIO 端口的延时参数，也可以通过串口对其进行参数配置。

　　在本章的 μC/GUI 图形界面程序设计过程中，使用了框架窗口控件、文本控件、文本编辑框控件、滑动条控件、多文本编辑框控件。读者熟练掌握了这些控件，特别要强调的是对话框窗体的创建、资源表与对话框过程函数的动作代码定义过程，深入掌握这些机制，对今后 μC/GUI 的应用就可以逐步熟练起来。

6.7　操作演示

　　本例的程序在 STM32 - V3 硬件开发板上运行后，通过调节 μC/GUI 界面上面的滑动条来调节对应 LED 灯的闪烁时间，其操作演示如图 6 - 8 所示。

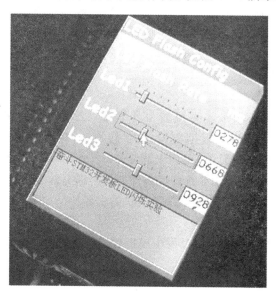

图 6 - 8　LED 闪烁实例操作演示图

第**7**章

ADC 转换应用实例

  ADC(Analog to Digital Converter)指的是模拟/数字转换器。现实领域中需要测量和控制的参数往往都是连续变化的模拟信号,例如温度、压力、声音、流量或者速度等,需要转换成更容易储存、处理并能够被计算机识别的数字形式,模/数转换器可以实现这个功能。模拟/数字转换器的工作过程俗称模/数转换(A/D 转换)。

  本章将基于 STM32 微处理器的片上集成模拟/数字转换器,介绍在 μC/OS-II 系统与 μC/GUI 图形用户接口下的 A/D 转换应用实例。

7.1 ADC 概述

  STM32 微控制器产品最多可配置 3 个内置 12 位分辨率的模拟/数字转换器(ADC)模块。它们属于逐次逼近型模拟/数字转换器,转换时间最快为 1 μs,每个模拟/数字转换器最多有 18 个通道,可用来测量 16 个外部模拟信号源和 2 个内部信号源,此外,还具有自校验功能,能够在环境条件变化时提高转换精度。

  STM32 微控制器的模拟/数字转换器模块的主要特征如下。

- 12 位分辨率;
- 转换结束、注入转换结束以及发生模拟看门狗事件时产生中断;
- 单次和连续转换模式;
- 从通道 0 到通道 $n(n=1\cdots15)$ 的自动扫描模式;
- 自动校准功能;
- 带内置数据一致性的数据对齐;
- 可以按通道分别编程采样时间;
- 规则转换和注入转换均有外部触发选项;
- 间断模式;
- 双重模式(带 2 个或以上 ADC 的处理器);
- ADC 转换典型时间为 1 μs;

- ADC 供电要求为 2.4 V 到 3.6 V；
- ADC 输入范围为 $V_{REF-} \leqslant V_{IN} \leqslant V_{REF+}$；
- 规则通道转换期间会产生 DMA 请求。

STM32 微控制器的 ADC 模块的内部功能结构框图如图 7-1 所示，ADC 模块的内部功能结构框图所列的引脚功能描述如表 7-1 所列。

表 7-1　ADC 模块引脚功能描述

引脚名称	信号类型	说　明
V_{REF+}	输入，模拟参考正极	ADC 使用的高端/正极参考电压，2.4 V$\leqslant V_{REF+} \leqslant V_{DDA}$
V_{DDA}(1)	输入，模拟电源	等效于 VDD 的模拟电源且：2.4 V$\leqslant V_{DDA} \leqslant V_{DD}$(3.6 V)
V_{REF-}	输入，模拟参考负极	ADC 使用的低端/负极参考电压，$V_{REF-} = V_{SSA}$
V_{SSA}(1)	输入，模拟电源地	等效于 V_{SS} 的模拟电源地
ADCx_IN[15:0]	模拟输入信号	16 个模拟输入通道

注(1)：V_{DDA} 和 V_{SSA} 应分别连接到 V_{DD} 和 V_{SS}。

7.1.1　ADC 模块功能

本节的模/数转换实例由于使用 STM32 微处理器内置的集成 ADC，在使用之前，需要详细介绍该模块的功能与应用。

1. ADC 开关控制

ADC 上电需要设置 ADC_CR2 寄存器的 ADON 位。当第一次设置 ADON 位时，它将 ADC 从掉电模式唤醒；ADC 上电延迟一段时间后，软件再次设置 ADON 位时启动转换。通过清除 ADON 位可以停止转换，并将 ADC 置于掉电模式。

2. ADC 时钟

ADCCLK 是由时钟控制器提供，并与 PCLK2（APB2 时钟）同步；此外复位和时钟控制器（RCC）为 ADC 时钟提供一个专用的可编程预分频器。

3. 通道选择

ADC 模块共有 16 个外部模拟输入通道，可以把转换分成两组，规则组和注入组；也可以任意多个通道以任意序列构成组转换。比如，能够以如下序列完成转换：通道 3→通道 8→通道 2→通道 2→通道 0→通道 2→通道 2→通道 15。

- 规则组由多达 16 个转换组成。规则通道以及转换序列在 ADC_SQRx 寄存器中定义。规则组转换的总数应写入 ADC_SQR1 寄存器的 L[3:0] 位中。
- 注入组由多达 4 个转换组成。注入通道以及转换序列在 ADC_JSQR 寄存器中选择。注入组里转换总数应写入 ADC_JSQR 寄存器的 L[1:0] 位中。

如果 ADC_SQRx 或 ADC_JSQR 寄存器在转换期间被更改，当前的转换被复位，

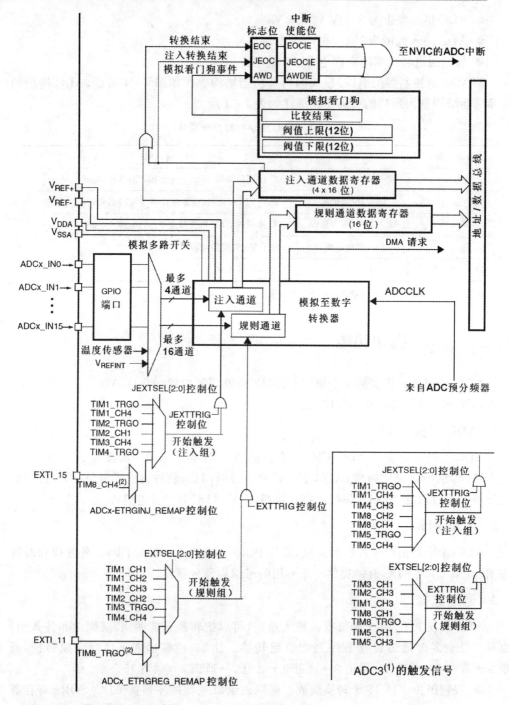

图 7 - 1　STM32 微处理器 ADC 模块功能框图

注释:

(1) ADC3 的规则转换和注入转换触发与 ADC1 和 ADC2 的不同;

(2) TIM8_CH4 和 TIM8_TRGO 及它们的重映射位只存在于 STM32 大容量产品中。

一个新的启动脉冲将发送到 ADC 以转换新选择的组。

4. 单次转换模式

单次转换模式下 ADC 模块仅执行一次转换。当 CONT 位置'0'时,该模式既可通过设置 ADC_CR2 寄存器的 ADON 位启动规则通道单次转换,也可通过外部触发启动规则通道或注入通道执行单次转换。

当被选择的通道执行单次转换后,根据规则通道或注入通道选择的不同会出现如下两种情况,然后 ADC 模式停止工作。

- 如果一个规则通道被转换:

  转换数据被储存在 16 位 ADC_DR 寄存器中;EOC(转换结束)标志被设置;如果设置了 EOCIE(转换结束中断使能)位,则产生中断。

- 如果一个注入通道被转换:

  转换数据被储存在 16 位的 ADC_JDR1 寄存器中;JEOC(注入转换结束)标志被设置;如果设置了 JEOCIE(注入转换结束中断使能)位,则产生中断。

5. 连续转换模式

在连续转换模式中,当前次 ADC 转换一结束马上就启动另一次转换。当 CONT 位置'1'时,该模式可通过外部触发或设置 ADC_CR2 寄存器 ADON 位来启动。

当被选择的通道执行连续转换后,根据规则通道或注入通道的选择的不同会出现如下两种情况,然后 ADC 模式停止工作。

- 如果一个规则通道被转换:

  转换数据被储存在 16 位的 ADC_DR 寄存器中;EOC(转换结束)标志被设置;如果设置了 EOCIE(转换结束中断使能),则产生中断。

- 如果一个注入通道被转换:

  转换数据被储存在 16 位的 ADC_JDR1 寄存器中;JEOC(注入转换结束)标志被设置;如果设置了 JEOCIE(注入转换结束中断使能)位,则产生中断。

6. ADC 工作时序

ADC 模块在开始精确转换前需要一个稳定时间 t_{STAB}。在开始 ADC 转换和 14 个时钟周期后,EOC(转换结束)标志被设置,16 位 ADC 数据寄存器保存转换结果,ADC 工作时序如图 7－2 所示。

7. 模拟看门狗

如果 ADC 模块转换的模拟电压值低于低阀值(LTR)或高于高阀值(HTR),模拟看门狗(AWD)状态位将被设置。阀值的编程是通过 ADC_HTR 和 ADC_LTR 寄存器的 12 个最低有效位设置,当设置 ADC_CR1 寄存器的 AWDIE(模拟看门狗中断使能)位时会产生一个中断。

阀值独立于由 ADC_CR2 寄存器 ALIGN 位选择的数据对齐模式。通过配置 ADC_CR1 寄存器,模拟看门狗可以使能 1 个或多个通道。模拟看门狗通道选择如表 7－2 所列。

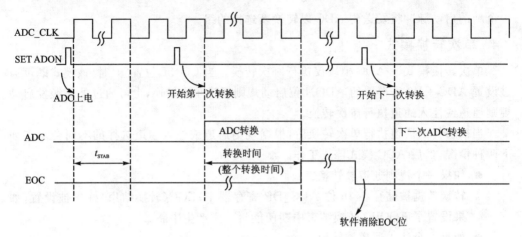

图 7-2　ADC 工作时序图

表 7-2　模拟看门狗通道选择

模拟看门狗监控的通道	ADC_CR1 寄存器控制位		
	AWDSGL 位	AWDEN 位	JAWDEN 位
无	x(任意值)	0	0
所有注入通道	0	0	1
所有规则通道	0	1	0
所有注入和规则通道	0	1	1
单一的(1)注入通道	1	0	1
单一的(1)规则通道	1	1	0
单一的(1)注入或规则通道	1	1	1

注(1)：由 AWDCH[4:0]位选择。

8. 扫描模式

扫描模式用于扫描一组模拟通道。该模式通过设置 ADC_CR1 寄存器 SCAN 位来选择。一旦该位被设置,ADC 扫描所有被 ADC_SQRX 寄存器选中的规则通道或 ADC_JSQR 选中的注入通道。在每组的每个通道上执行单次转换,转换结束后,同组的下一个通道被自动转换。如果设置了 CONT 位,转换不会在选中组的最后一个通道上停止,而是再次从选中组的第一个通道继续转换。如果设置了 DMA 位,在每次 EOC 后,DMA 控制器把规则组通道的转换数据传输到 SRAM 中,而注入通道组转换的数据总是存储在 ADC_JDRx 寄存器中。

9. 注入通道管理

(1) 触发注入。

清除 ADC_CR1 寄存器的 JAUTO 位,并且设置 SCAN 位,即可使用触发注入功

能,其主要操作步骤如下:

- 利用外部触发或通过设置 ADC_CR2 寄存器的 ADON 位,启动一组规则通道的转换。
- 如果在规则通道转换期间产生一个外部注入触发,当前转换被复位,注入通道序列被以单次扫描方式进行转换。
- 然后,恢复上次被中断的规则组通道转换。如果在注入转换期间产生一规则事件,注入转换不会被中断,但是规则组转换序列将在注入组转换序列结束后被执行。注入转换的工作时序如图 7-3 所示。

注:当使用触发的注入转换时,必须保证触发事件的间隔长于注入序列。例如,序列长度为 28 个 ADC 时钟周期(即 2 个具有 1.5 个时钟间隔采样时间的转换),触发之间最小的间隔必须是 29 个 ADC 时钟周期。

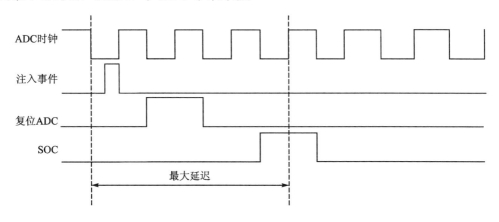

图 7-3　注入转换延时

(2) 自动注入。

如果设置了 JAUTO 位,在规则组通道之后,注入组通道被自动转换。使用这种方式可以在 ADC_SQRx 和 ADC_JSQR 寄存器设置多达 20 个转换序列用来转换。该模式必须禁止注入通道的外部触发。

如果除 JAUTO 位外还设置了 CONT 位,规则通道紧跟注入通道序列执行连续转换。当 ADC 时钟预分频系数为 4 至 8 时,从规则转换切换到注入序列或从注入转换切换到规则序列时,会自动插入 1 个 ADC 时钟间隔;当 ADC 时钟预分频系数为 2 时,则插入 2 个 ADC 时钟间隔。

注:不能同时使用自动注入和间断模式。

10. 间断模式

(1) 规则组。

此模式通过设置 ADC_CR1 寄存器 DISCEN 位激活。它可以用来执行一个由 n 次转换($n \leqslant 8$)构成的短序列,此转换是 ADC_SQRx 寄存器所选中转换序列的一部分,数值 n 由 ADC_CR1 寄存器 DISCNUM[2:0] 位给出。

当产生一个外部触发信号后,它可以启动 ADC_SQRx 寄存器中选中的下一轮 n 次转换,直到此序列所有的转换完成为止。总的序列长度由 ADC_SQR1 寄存器 L[3:0]位定义。

举例:$n=3$,被转换的通道$=0$、1、2、3、6、7、9、10。

第一次触发:转换的序列为 0、1、2。

第二次触发:转换的序列为 3、6、7。

第三次触发:转换的序列为 9、10,并产生 EOC(转换标志结束)事件。

第四次触发:转换的序列 0、1、2。

注意:当以间断模式转换一个规则组时,转换序列结束后不会自动发生翻转。当所有子组完成转换,下一次触发会启动第一个子组的转换。在上面的例子中,第四次触发重新转换第一子组的通道 0、1 和 2。

(2) 注入组。

此模式通过设置 ADC_CR1 寄存器 JDISCEN 位激活。在产生一个外部触发事件后,该模式将 ADC_JSQR 寄存器选中的序列按通道逐个转换。

当产生一个外部触发信号后,它可以启动 ADC_JSQR 寄存器选择的下一个通道的转换,直到序列中所有的转换完成为止。总的序列长度由 ADC_JSQR 寄存器的 JL[1:0]位定义。

举例:$n=1$,被转换的通道 $=$ 1、2、3。

第一次触发:通道 1 被转换。

第二次触发:通道 2 被转换。

第三次触发:通道 3 被转换,并且产生 EOC 和 JEOC 事件。

第四次触发:通道 1 被转换。

注意:

① 当所有注入通道完成转换,下次触发启动第 1 个注入通道的转换。在上述例子中,第 4 个触发重新转换第 1 个注入通道 1;

② 不能同时使用自动注入和间断模式;

③ 必须避免同时为规则组和注入组设置间断模式,间断模式只能作用于一组转换。

11. 校 准

ADC 模块内置有一个自校准模式,校准可大幅减小因内部电容器组变化而造成的准精度误差。在校准期间,每个电容器上都会计算出一个误差修正码(数值字),这个码用于消除在随后的转换中每个电容器上产生的误差。

设置 ADC_CR2 寄存器 CAL 位来启动校准,一旦校准结束,CAL 位被硬件复位,即可开始正常转换。建议在上电时执行一次 ADC 校准,校准阶段结束后,校准码储存在 ADC_DR 寄存器。校准的工作时序如图 7-4 所示。

注意：

① 建议在每次上电后执行一次校准；

② 启动校准前，ADC 必须处于关电状态（ADON＝'0'）超过至少两个 ADC 时钟周期。

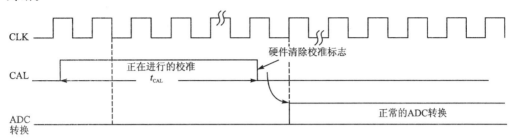

图 7 - 4　ADC 校准工作时序图

12. 数据对齐

ADC_CR2 寄存器 ALIGN 位用于选择转换后数据储存的对齐方式。数据可以选择左对齐或右对齐方式（分别如图 7 - 5 和图 7 - 6 所示）。注入组通道转换的数据值已经减去了在 ADC_JOFRx 寄存器中定义的偏移量，因此结果可以是一个负值，SEXT 位是扩展的符号值；对于规则组通道，不需减去偏移值，因此只有 12 个有效位。

注入组

SEXT	SEXT	SEXT	SEXT	D11	D10	D9	D8	D7	D6	D5	D4	D3	D2	D1	D0

规则组

0	0	0	0	D11	D10	D9	D8	D7	D6	D5	D4	D3	D2	D1	D0

图 7 - 5　数据右对齐示意图

注入组

SEXT	D11	D10	D9	D8	D7	D6	D5	D4	D3	D2	D1	D0	0	0	0

规则组

D11	D10	D9	D8	D7	D6	D5	D4	D3	D2	D1	D0	0	0	0	0

图 7 - 6　数据左对齐示意图

13. 逐个通道可编程采样时间

ADC 使用若干个 ADC_CLK 周期对输入电压采样，采样周期数目可以通过 ADC_SMPR1 和 ADC_SMPR2 寄存器中的 SMP[2:0] 位更改。每个通道可以分别以不同的时间采样。

总转换时间计算公式如下：

$$t_{CONV}＝采样时间＋12.5 个周期$$

例如：当 ADCCLK＝14 MHz，采样时间为 1.5 周期，则 $t_{CONV}＝1.5＋12.5＝14$ 周期$≈1\ \mu s$

14. 外部触发转换

转换可以由外部事件触发(例如定时器捕获,EXTI 线)。如果设置了 EXTTRIG 控制位,则外部事件就能够触发转换。EXTSEL[2:0]和 JEXTSEL[2:0]控制位允许应用程序选择 8 个可能的事件中的某一个,可以触发规则和注入组的采样。

ADC1 和 ADC2 用于规则通道及注入通道的外部触发分别如表 7-3 和表 7-4 所列;ADC3(部分 STM32 型号才有该 ADC)用于规则通道及注入通道的外部触发分别如表 7-5 和表 7-6 所列。

注意:当外部触发信号选中规则组或注入组转换时,只有信号上升沿可以启动转换。

表 7-3   ADC1 和 ADC2 用于规则通道的外部触发

触发源	连接类型	EXTSEL[2:0]
TIM1_CC1 事件	来自片上定时器的内部信号	000
TIM1_CC2 事件		001
TIM1_CC3 事件		010
TIM2_CC2 事件		011
TIM3_TRGO 事件		100
TIM4_CC4 事件		101
EXTI 线 11/TIM8_TRGO 事件[1]	外部引脚/来自片上定时器的内部信号	110
SWSTART	软件控制位	111

注(1):对于规则通道,选中 EXTI 线路 11 或 TIM8_TRGO 作为外部触发事件,可以分别通过设置 ADC1 和 ADC2 的 ADC1_ETRGREG_REMAP 位和 ADC2_ETRGREG_REMAP 位实现。

表 7-4   ADC1 和 ADC2 用于注入通道的外部触发

触发源	连接类型	EXTSEL[2:0]
TIM1_TRGO 事件	来自片上定时器的内部信号	000
TIM1_CC4 事件		001
TIM2_TRGO 事件		010
TIM2_CC1 事件		011
TIM3_CC4 事件		100
TIM4_TRGO 事件		101
EXTI 线 15/TIM8_CC4 事件[1]	外部引脚/来自片上定时器的内部信号	110
JSWSTART	软件控制位	111

注(1):对于注入通道,选中 EXTI 线路 15 或 TIM8_CC4 作为外部触发事件,可以分别通过设置 ADC1 和 ADC2 的 ADC1_ETRGINJ_REMAP 位和 ADC2_ETRGINJ_REMAP 位实现。

表 7 - 5　ADC3 用于规则通道的外部触发

触发源	连接类型	EXTSEL[2:0]
TIM3_CC1 事件		000
TIM2_CC3 事件		001
TIM1_CC3 事件		010
TIM8_CC1 事件	来自片上定时器的内部信号	011
TIM8_TRGO 事件		100
TIM5_CC1 事件		101
TIM5_CC3 事件		110
SWSTART	软件控制位	111

表 7 - 6　ADC3 用于注入通道的外部触发

触发源	连接类型	EXTSEL[2:0]
TIM1_TRGO 事件		000
TIM1_CC4 事件		001
TIM4_CC3 事件		010
TIM8_CC2 事件	来自片上定时器的内部信号	011
TIM8_CC4 事件		100
TIM5_TRGO 事件		101
TIM5_CC4 事件		110
JSWSTART	软件控制位	111

注:软件触发事件可以通过对寄存器 ADC_CR2 的 SWSTART 或 JSWSTART 位置'1'产生。规则
组的转换可以被注入触发中断。

15. DMA 请求

由于规则通道转换后的数据值储存在一个仅有的 ADC_DR 数据寄存器,所以当转换多个规则通道时需要使用 DMA,这可以避免已存储的数据丢失。只有在一个规则通道的转换结束才产生 DMA 请求,并将转换的数据从 ADC_DR 寄存器传送到用户指定的目的地址。

注:只有 ADC1 和 ADC3 拥有 DMA 功能。ADC2 转化的数据可以通过双 ADC 模式,利用 ADC1 的 DMA 功能传输。

16. ADC 双模式

当 STM32 微处理器具有 2 个或者 3 个 ADC 时,就可以使用 ADC 双模式,ADC 双模式的结构框图如图 7 - 7 所示。

在 ADC 双模式中,根据 ADC1_CR1 寄存器 DUALMOD[2:0]位所选的模式,转换

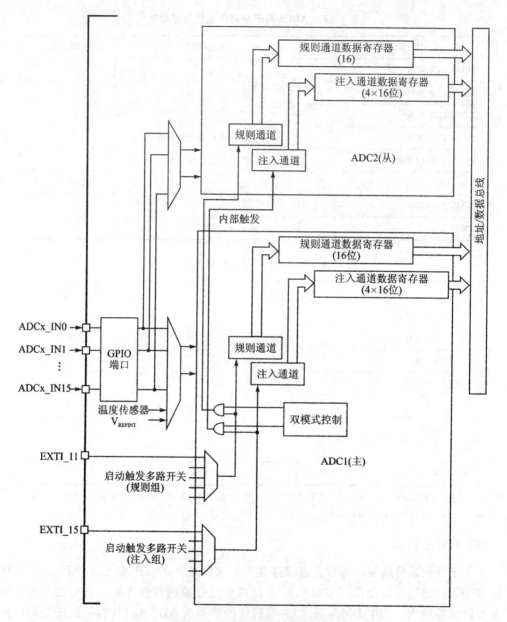

图 7-7　双 ADC 模式结构框图

的启动可以是 ADC1 主和 ADC2 从的交替触发或同步触发。

　　注意:在双 ADC 模式里,当转换配置成由外部事件触发时,用户必须将其设置成仅触发主 ADC,从 ADC 设置成软件触发,这样可以防止意外地触发从转换。但是,主/从 ADC 的外部触发必须同时被激活。

　　ADC 双模式共有 6 种可采用的的模式,分别如下:

　　● 同步注入模式;

- 同步规则模式；
- 快速交叉模式；
- 慢速交叉模式；
- 交替触发模式；
- 独立模式。

ADC 双模式中时，也可以用下列组合方式使用上面的模式，分别是：

- 同步注入模式＋同步规则模式；
- 同步规则模式＋交替触发模式；
- 同步注入模式＋交叉模式。

（1）同步注入模式。

此模式转换一个注入通道组。外部触发来自 ADC1 的注入组多路开关（由 ADC1_CR2 寄存器的 JEXTSEL[2:0]选择），它同时给 ADC2 提供同步触发，但不能让两个 ADC 在同一个通道上的采样时间重叠。

ADC1 或 ADC2 的转换结束时，转换的数据存储在每个 ADC 接口的 ADC_JDRx 寄存器；当所有 ADC1/ADC2 注入通道都被转换时，若任一 ADC 接口使能了中断就会产生 JEOC 中断。

图 7-8 所示的是在 4 个通道上的同步注入模式示例。

图 7-8　4 通道的同步注入模式示意图

（2）同步规则模式。

此模式在规则通道组上执行。外部触发来自 ADC1 的规则组多路开关（由 ADC1_CR2 寄存器的 EXTSEL[2:0]位选择），它同时给 ADC2 提供同步触发，但 2 个 ADC 在同一个通道上的采样时间不能重叠。

图 7-9 所示的是 16 个通道上的同步规则模式示例。

图 7-9　16 通道的同步规则模式示意图

（3）快速交叉模式。

此模式仅适用于规则通道组（通常为 1 个通道）。外部触发来自 ADC1 的规则通道多路开关。外部触发产生后，ADC2 立即启动并且使 ADC1 在延迟 7 个 ADC 时钟周期后启动。如果同时设置了 ADC1 和 ADC2 的 CONT 位，所选中的两个 ADC 规则通道将被连续地转换。

图 7-10 所示的是 1 个通道上连续转换模式下的快速交叉模式示例。

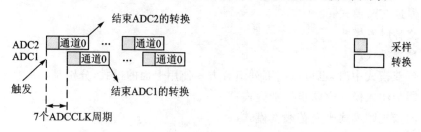

图 7-10 1 通道连续转换时快速交叉模式示意图

(4) 慢速交叉模式。

此模式只适用于规则通道组(只能为 1 个通道)。外部触发来自 ADC1 的规则通道多路开关。外部触发产生后,ADC2 立即启动并且 ADC1 在延迟 14 个 ADC 时钟周期后启动,在延迟第二次 14 个 ADC 周期后 ADC2 再次启动,如此循环。

注意:最大允许采样时间小于 14 个 ADCCLK 周期,以避免和下次转换重叠。

ADC1 产生 1 个 EOC 中断后(由 EOCIE 使能),产生 1 个 32 位的 DMA 传输请求(如果设置了 DMA 位),ADC1_DR 寄存器的 32 位数据被传输到 SRAM,ADC1_DR 的上半个字包含 ADC2 的转换数据,低半个字包含 ADC1 的转换数据。在 28 个 ADC 时钟周期后自动启动新的 ADC2 转换。在这个模式下不能设置 CONT 位,因为它将连续转换所选择的规则通道。图 7-11 所示的是在 1 个通道上的慢速交叉模式示例。

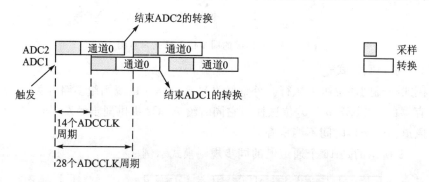

图 7-11 1 个通道的慢速交叉模式示意图

(5) 交替触发模式。

此模式只适用于注入通道组。外部触发源来自 ADC1 的注入通道多路开关。当第一个触发产生时,ADC1 上的所有注入组通道被转换,如果允许产生 JEOC 中断,在所有 ADC1 注入组通道转换后产生一个 JEOC 中断;当第二个触发到达时,ADC2 上的所有注入组通道被转换,如果允许产生 JEOC 中断,在所有 ADC2 注入组通道转换后产生一个 JEOC 中断;如此循环…当所有注入组通道都转换完后,如果又有另一个外部触发,交替触发处理从转换 ADC1 注入组通道重新开始。每个 ADC1 的注入通道组交替触发模式的示意图如图 7-12 所示。

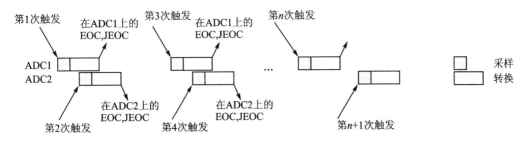

图 7 - 12　ADC1 的注入通道组交替触发模式示意图

如果 ADC1 和 ADC2 上同时使用了注入间断模式,当第一个触发产生时,ADC1 上的第一个注入通道被转换,如果允许产生 JEOC 中断,在所有 ADC1 注入组通道转换后产生一个 JEOC 中断;当第二个触发到达时,ADC2 上的第一个注入通道被转换,如果允许产生 JEOC 中断,在所有 ADC2 注入组通道转换后产生一个 JEOC 中断;如此循环……当所有注入组通道都转换完后,如果又有另一个外部触发,则重新开始交替触发过程。在间断模式下每个 ADC 上的 4 个注入通道交替触发模式示例如图 7 - 13 所示。

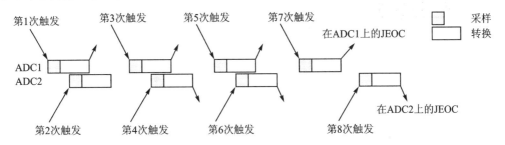

图 7 - 13　间断模式时 4 个注入通道交替触发模式示意图

(6)独立模式。

在此模式下,双 ADC 不可同步工作,每个 ADC 接口将独立工作。

(7)同步注入模式＋同步规则组合模式。

同步规则组转换可以被中断,以启动同步注入组转换。

注意:在同步注入模式＋同步规则组合模式中,必须转换具有相同时间长度的序列,或保证触发的间隔比 2 个序列中较长的序列长,否则当较长序列的转换还未完成时,具有较短序列的 ADC 转换可能会被重启。

(8)同步规则模式＋交替触发组合模式。

同步规则组转换可以被中断,以启动注入组交替触发转换。

图 7 - 14 所示的是一个同步规则转换被交替触发所中断。注入交替转换在注入事件到达后立即启动;如果规则转换已经在运行,为了在注入转换后确保同步,所有的 ADC(主和从)的规则转换都被停止,并在注入转换结束时同步恢复。

如果规则转换的注入转换期间触发事件发生在一个中断,这个触发事件将被忽略。图 7 - 15 示出了这种情况的操作。

(9)同步注入模式＋交叉触发组合模式。

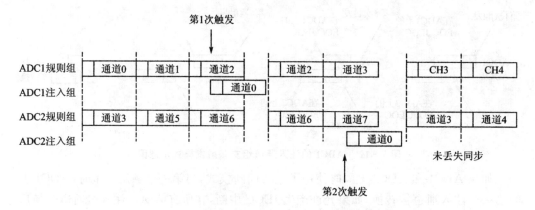

图 7-14 同步规则转换被交替触发中断示意图

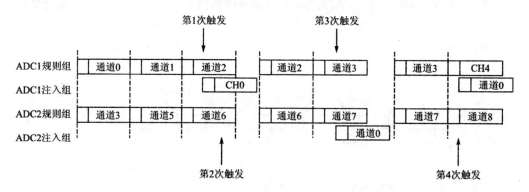

图 7-15 触发事件发生在注入转换期间示意图

在同步注入模式＋交叉触发组合模式时,一个注入事件可以中断一个交叉触发转换。这种情况下,交叉触发转换被中断,注入转换被启动,在注入序列转换结束时,交叉转换被恢复。图 7-16 所示的就是这种情况。

注意:当 ADC 时钟预分频系数设置为 4 时,交叉模式恢复后不会均匀地分配采样时间。采样间隔是 8 个 ADC 时钟周期与 6 个 ADC 时钟周期轮替,而不是均匀的 7 个 ADC 时钟周期。

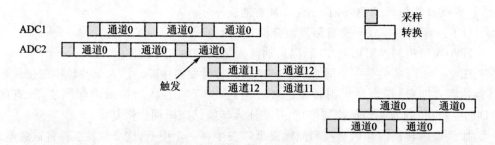

图 7-16 交叉触发的单通道转换被注入序列 CH11 和 CH12 中断示意图

17. ADC 中断

规则和注入组转换结束时能产生中断,当模拟看门狗状态位被设置时也能产生中断。它们都有独立的中断使能位。相关中断事件、事件标志与使能控制位如表 7－7 所列。

注:ADC1 和 ADC2 的中断映射在同一个中断向量上,而 ADC3 的中断有自己的中断向量。

ADC_SR 寄存器中有两个其他标志,但是它们没有相关联的中断:

● JSTRT(注入组通道转换启动);

● STRT(规则组通道转换启动)。

表 7－7　ADC 中断事件标志

中断事件	事件标志	使能控制位
规则组转换结束	EOC	EOCIE
注入组转换结束	JEOC	JEOCIE
设置了模拟看门狗状态位	AWD	AWDIE

7.1.2　ADC 寄存器功能描述

ADC 寄存器必须以字(32 位)的方式进行操作,ADC 相关寄存器配置方法和功能定义,本节将详细介绍,详见下述表 7－8 至表 7－35 所列。

(1) ADC 状态寄存器(ADC_SR)。

地址偏移:00。复位值:00000000。

表 7－8　ADC_SR 寄存器

31	…	5	4	3	2	1	0
			STRT	JSTRT	JEOC	EOC	AWD
			rc,w0	rc,w0	rc,w0	rc,w0	rc,w0

表 7－9　ADC_SR 寄存器定义功能说明

位	定义功能
31:5	保留,须保持为 0
4	STRT:规则通道开始标志(Regular channel Start flag)。 该位在规则通道转换开始时由硬件设置,由软件清除。 0:规则通道转换未开始;1:规则通道转换已开始

续表 7 - 9

位	定义功能
3	JSTRT:注入通道开始标志(Injected channel Start flag)。 该位在注入通道组开始时由硬件设置,由软件清除。 0:注入通道转换未开始;1:注入通道转换已开始
2	JEOC:注入通道转换结束标志(Injected channel end of conversion)。 该位在所有注入组转换结束时由硬件设置,由软件清除。 0:转换未完成;1:转换已完成
1	EOC:转换结束位(End of conversion)。 该位由硬件在(规则或注入)通道组转换结束时设置,由软件清除或读 ADC_DR 时清除。 0:转换未完成;1:转换已完成
0	AWD:模拟看门狗标志位(Analog watchdog flag)。 该位在转换的电压值超出了 ADC_LTR 和 ADC_HTR 寄存器定义的范围时由硬 件设置,由软件清除。 0:未发生模拟看门狗事件;1:已发生模拟看门狗事件

(2) ADC 控制寄存器 1(ADC_CR1)。

地址偏移:0x04。复位值为 0x0000 0000。

表 7 - 10   ADC_CR1 寄存器

31	...		24	23	22	21	20	19	18	17	16
				AWDEN	JAWDEN			DUALMOD[3:0]			
				rw	rw		rw	rw			

15	14	13	12	11	10	9	8	7	6	5	4	3	2	1	0
DISCNUM[2:0]			JDISC EN	DISC EN	JAUTO	AWD SGL	SCAN	JEOC IE	AWD IE	EOC IE	AWDCH[4:0]				
rw			rw	rw	rw	rw	rw	rw	rw	rw	rw				

表 7 - 11   ADC_CR1 寄存器位功能定义

位	功能定义说明
31:24	保留。必须保持为 0
23	AWDEN:在规则通道上开启模拟看门狗(Analog watchdog enable on regular channels),该位由软 件设置和复位。 0:规则通道上禁用模拟看门狗;1:规则通道上使用模拟看门狗
22	JAWDEN:在注入通道上开启模拟看门狗(Analog watchdog enable on injected channels), 该位由软件设置和复位。 0:注入通道上禁用模拟看门狗;1:注入通道上使用模拟看门狗

位	功能定义说明
21:20	保留。必须保持为 0
19:16	DUALMOD[3:0]:ADC 双模式选择(Dual mode selection)。 软件使用这些位选择操作以及组合操作模式。 0000:独立模式　　　　　　　　　　　0101:注入同步模式 0001:同步规则＋注入同步模式　　　　0110:同步规则模式 0010:同步规则＋交替触发模式　　　　0111:快速交替模式 0011:同步注入＋快速交替模式　　　　1000:慢速交替模式 0100:同步注入＋慢速交替模式　　　　1001:交替触发模式 **注**:在 ADC2 和 ADC3 中这些位为保留位。在双模式中,改变通道的配置会产生一个重启条件,这将导致同步丢失。建议在进行任何配置改变前关闭双模式
15:13	DISCNUM[2:0]:不连续(间断)模式通道计数(Discontinuous mode channel count),软件通过这些位定义在间断模式下,收到外部触发后转换规则通道的数目。 000:1 个通道　　　001:2 个通道　　　010:3 个通道　　　011:4 个通道 100:5 个通道　　　101:6 个通道　　　110:7 个通道　　　111:8 个通道
12	JDISCEN:注入通道上的间断模式(Discontinuous mode on injected channels)。 该位由软件设置和复位,用于开启或关闭注入通道组上的间断模式。 0:注入通道组上禁用间断模式;　　　1:注入通道组上使用间断模式
11	DISCEN:在规则通道上的间断模式(Discontinuous mode on regular channels)。 该位由软件设置和复位,用于开启或关闭规则通道组上的间断模式。 0:规则通道组上禁用间断模式;　　　1:规则通道组上使用间断模式
10	JAUTO:自动注入通道组转换(Automatic Injected Group conversion)。 该位由软件设置和复位,用于开启或关闭规则通道组转换结束后自动注入通道组转换。 0:关闭自动注入通道组转换;　　　1:开启自动注入通道组转换
9	AWDSGL:扫描模式中在单一通道上使用看门狗(Enable the watchdog on a single channel in scan mode)。该位由软件设置和复位,用于开启或关闭 AWDCH[4:0]位指定的通道上模拟看门狗功能。 0:在所有通道上使用模拟看门狗功能;　　　1:在单一通道上使用模拟看门狗功能
8	SCAN:扫描模式(Scan mode)。 该位由软件设置和复位,用于开启或关闭扫描模式。在扫描模式中,转换由 ADC_SQRx 或 ADC_JSQRx 寄存器选中的通道。 0:关闭扫描模式　　　1:开启扫描模式 **注**:如果分别设置了 EOCIE 或 JEOCIE 位,只在最后一个通道转换完毕后才会产生 EOC 或 JEOC 中断
7	JEOCIE:允许产生注入通道转换结束中断(Interrupt enable for injected channels)。 该位由软件设置和复位,用于禁止或允许所有注入通道转换结束后产生中断。 0:禁止 JEOC 中断;　　　1:允许 JEOC 中断(当硬件设置 JEOC 位时产生中断)
6	AWDIE:允许产生模拟看门狗中断(Analog watchdog interrupt enable)。 该位由软件设置和复位,用于禁止或允许模拟看门狗产生中断。在扫描模式下,如果看门狗检测到超范围的数值时,只有在设置了该位时扫描才会被中止。 0:禁止模拟看门狗中断;　　　1:允许模拟看门狗中断

位	功能定义说明
5	EOCIE:允许 EOC 中断(Interrupt enable for EOC)。 该位由软件设置和复位,用于禁止或允许转换结束后产生中断。 0:禁止 EOC 中断; 1:允许 EOC 中断(注:当硬件设置 EOC 位时产生中断)
4:0	AWDCH[4:0]:模拟看门狗通道选择位(Analog watchdog channel select bits)。 由软件设置和复位,用于选择模拟看门狗保护的输入通道。 00000:通道 ADC_IN0 00100:通道 ADC_IN4 01000:通道 ADC_IN8 01100:通道 ADC_IN12 00001:通道 ADC_IN1 00101:通道 ADC_IN5 01001:通道 ADC_IN9 01101:通道 ADC_IN13 00010:通道 ADC_IN2 00110:通道 ADC_IN6 01010:通道 ADC_IN10 01110:通道 ADC_IN14 00011:通道 ADC_IN3 00111:通道 ADC_IN7 01011:通道 ADC_IN11 01111:通道 ADC_IN15 10000:通道 ADC_IN16 10001:通道 ADC_IN17 其他所有值保留 注:ADC1 的模拟输入通道 16 和通道 17 在芯片内部分别连到了温度传感器和 V_{REFINT}。ADC2 的模拟输入通道 16 和通道 17 在芯片内部连到了 V_{SS}。ADC3 模拟输入通道 9、14、15、16、17 与 Vss 相连

(3) ADC 控制寄存器 2(ADC_CR2)。

地址偏移:0x08。复位值:0x0000 0000。

表 7 - 12   ADC_CR2 寄存器

31	...	24	23	22	21	20	19 18 17	16
			TS VREFE	SWSTART	JSWSTART	EXT TRIG	EXTSEL[2:0]	
			rw	rw	rw	rw	rw ... rw	

15	14 13 12	11	10 9	8	7 6 5 4	3	2	1	0
JEXITRIG	JEXITSEL[2:0]	ALIGN		DMA		RSTCAL	CAL	CONT	ADON
rw	rw ... rw	rw		rw		rw	rw	rw	rw

表 7 - 13   ADC_CR2 寄存器各位功能定义

位	功能定义
31:24	保留。必须保持为 0
23	TSVREFE:温度传感器和 V_{REFINT} 使能(Temperature sensor and V_{REFINT} enable)。 该位由软件设置和复位,用于开启或禁止温度传感器和 V_{REFINT} 通道。 0:禁止温度传感器和 V_{REFINT};1:开启温度传感器与 V_{REFINT}
22	SWSTART:开始转换规则通道(Start conversion of regular channels)。 由软件设置该位以启动转换,转换开始后硬件马上清除该位。如果在 EXTSEL[2:0]位中选择了 SWSTART 为触发事件,该位用于启动一组规则通道的转换。 0:复位状态; 1:开始转换规则通道
21	JSWSTART:开始转换注入通道(Start conversion of injected channels)。 由软件设置该位以启动转换,软件可以清除此位或转换开始后硬件马上清除该位。如果在 EXT-SEL[2:0]位中选择了 JSWSTART 为触发事件,该位用于启动一组注入通道的转换。 0:复位状态; 1:开始转换注入通道

续表 7－13

位	功能定义
20	EXTTRIG:规则通道的外部触发转换模式(External trigger conversion mode for regular channels)。该位由软件设置和复位,用于开启或禁止可以启动规则通道组转换的外部触发事件。 0:禁止外部触发事件转换;　　1:开启外部触发信号转换
19:17	EXTSEL[2:0]:选择启动规则通道组转换的外部事件(External event select for regular group) 这些位选择用于启动规则通道组转换的外部事件。 ADC1 和 ADC2 的触发分配如下。 000:定时器 1 的 CC1 事件;　　100:定时器 3 的 TRGO 事件 001:定时器 1 的 CC2 事件;　　101:定时器 4 的 CC4 事件 010:定时器 1 的 CC3 事件;　　110:EXTI 线 11/ TIM8_TRGO 事件 011:定时器 2 的 CC2 事件;　　111:SWSTART ADC3 的触发配置如下。 000:定时器 3 的 CC1 事件;　　100:定时器 8 的 TRGO 事件 001:定时器 2 的 CC3 事件;　　101:定时器 5 的 CC1 事件 010:定时器 1 的 CC3 事件;　　110:定时器 5 的 CC3 事件 011:定时器 8 的 CC1 事件;　　111:SWSTART
16	保留。必须保持为 0
15	JEXTTRIG:注入通道的外部触发转换模式(External trigger conversion mode for injected channels)。该位由软件设置和复位,用于开启或禁止可以启动注入通道组转换的外部触发事件。 0:禁止外部触发事件启动转换;　　1:开启外部触发事件启动转换
14:12	JEXTSEL[2:0]:选择启动注入通道组转换的外部事件(External event select for injected group)。这些位选择用于启动注入通道组转换的外部事件。 ADC1 和 ADC2 的触发分配如下。 000:定时器 1 的 TRGO 事件;　　100:定时器 3 的 CC4 事件 001:定时器 1 的 CC4 事件;　　101:定时器 4 的 TRGO 事件 010:定时器 2 的 TRGO 事件;　　110:EXTI 线 15/TIM8_CC4 事件 011:定时器 2 的 CC1 事件;　　111:JSWSTART ADC3 的触发配置如下。 000:定时器 1 的 TRGO 事件　　100:定时器 8 的 CC4 事件 001:定时器 1 的 CC4 事件　　101:定时器 5 的 TRGO 事件 010:定时器 4 的 CC3 事件　　110:定时器 5 的 CC4 事件 011:定时器 8 的 CC2 事件　　111:JSWSTART
11	ALIGN:数据对齐(Data alignment),该位由软件设置和复位。 0:右对齐;　　1:左对齐
10:9	保留。必须保持为 0
8	DMA:直接存储器访问模式。该位由软件设置和复位。 0:开启 DMA 模式;　　1:禁止 DMA 模式。 注:只有 ADC1 和 ADC3 能产生 DMA 请求
7:4	保留。必须保持为 0

续表 7－13

位	功能定义
3	RSTCAL：复位校准(Reset calibration)，该位由软件设置并由硬件清除，校准寄存器被初始化后该位将清除。 0：校准寄存器已初始化； 1：初始化校准寄存器。 注：如果正在进行转换时设置 RSTCAL，清除校准寄存器需要额外的周期
2	CAL：A/D 校准(A/D Calibration)。 该位由软件设置以开始校准并在校准结束后由硬件清除。 0：校准完成； 1：开始校准
1	CONT：连续转换(Continuous conversion)。 该位由软件设置和复位，如果设置了此位，则转换将连续进行直到该位被清除。 0：单次转换模式； 1：连续转换模式
0	ADON：开/关 A/D 转换器。 该位由软件设置和复位。当该位为'0'时，写入'1'将把 ADC 从掉电模式下唤醒；当该位为'1'时，写入'1'将启动转换。 0：关闭 ADC 转换/校准，并进入掉电模式； 1：开启 ADC 并启动转换。 注：如果在这个寄存器中与 ADON 一起还有其他位被改变，则转换不被触发。这是为了防止触发错误的转换

（4）ADC 采样时间寄存器 1(ADC_SMPR1)。

地址偏移：0x0C。复位值：0x0000 0000。

表 7－14   ADC 采样时间寄存器 1

31	...	24	23	22	21	20	19	18	17	16	15
			SMP17[2:0]			SMP16[2:0]			SMP15[2:0]		
			rw	...	rw	rw	...	rw	rw	...	rw

14	13	12	11	10	9	8	7	6	5	4	3	2	1	0
SMP14[2:0]			SMP13[2:0]			SMP12[2:0]			SMP11[2:0]			SMP10[2:0]		
rw	...	rw	rw	...	rw	rw	...	rw	rw	...	rw	rw	...	rw

表 7－15   ADC_SMPR1 寄存器各位功能定义

位	功能定义
31:24	保留。必须保持为 0

23:0	SMPx[2:0]：选择通道 x 的采样时间(Channel x Sample time selection)(x=17…10)。
	这些位用于独立地选择每个通道的采样时间。在采样周期中通道选择位必须保持不变。
	000：1.5 周期 100：41.5 周期
	001：7.5 周期 101：55.5 周期
	010：13.5 周期 110：71.5 周期
	011：28.5 周期 111：239.5 周期
	注：ADC1 的模拟输入通道 16 和通道 17 在芯片内部分别连到了温度传感器和 V_{REFINT}。
	    ADC2 的模拟输入通道 16 和通道 17 在芯片内部连到了 Vss。
	    ADC3 模拟输入通道 14、15、16、17 与 Vss 相连

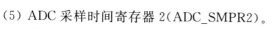

（5）ADC 采样时间寄存器 2（ADC_SMPR2）。

地址偏移：0x10。复位值：0x0000 0000。

表 7 - 16　ADC 采样时间寄存器 2

31 30	29 28 27	26 25 24	23 22 21	20 19 18	17 16 15
	SMP9[2:0]	SMP8[2:0]	SMP7[2:0]	SMP6[2:0]	SMP5[2:0]
	rw ⋯ rw	rw ⋯ rw	rw ⋯ rw	rw ⋯ rw	rw ⋯ rw
14 13 12	11 10 9	8 7 6	5 4 3	2 1 0	
SMP4[2:0]	SMP3[2:0]	SMP2[2:0]	SMP1[2:0]	SMP0[2:0]	
rw ⋯ rw	rw ⋯ rw	rw ⋯ rw	rw ⋯ rw	rw ⋯ rw	

表 7 - 17　ADC_SMPR2 寄存器各位功能定义

位	功能定义
31:30	保留。必须保持为 0
29:0	SMPx[2:0]:选择通道 x 的采样时间（Channel x Sample time selection）（x＝9⋯0）。 这些位用于独立地选择每个通道的采样时间。在采样周期中通道选择位必须保持不变。 000:1.5　周期　　100:41.5　　周期 001:7.5　周期　　101:55.5　　周期 010:13.5 周期　　110:71.5　　周期 011:28.5 周期　　111:239.5 周期 注：ADC3 模拟输入通道 9 与 Vss 相连

（6）ADC 注入通道数据偏移寄存器 x（ADC_JOFRx）（x＝1..4）。

地址偏移：0x14～0x20。复位值：0x0000 0000。

表 7 - 18　ADC 注入通道数据偏移寄存器

31	⋯	12	11	⋯	0
				JOFFSETx[11:0]	
			rw	⋯	rw

表 7 - 19　ADC 注入通道数据偏移寄存器位定义

位	功能定义
31:12	保留。必须保持为 0
11:0	JOFFSETx[11:0]:注入通道 x 的数据偏移。 当转换注入通道时，这些位定义用于从原始转换数据中减去的数值。转换的结果可以在 ADC_JDRx 寄存器中读出

（7）ADC 看门狗高阀值寄存器（ADC_HTR）。

地址偏移：0x24。复位值：0x0000 0000。

表 7 – 20   ADC 看门狗高阈值寄存器

31	...	12		11	...	0
					HT[11:0]	
				rw	...	rw

表 7 – 21   ADC 看门狗高阈值寄存器位定义

位	功能定义
31:12	保留。必须保持为 0
11:0	HT[11:0]:模拟看门狗高阈值。 这些位定义了模拟看门狗的阈值上限

(8) ADC 看门狗低阈值寄存器(ADC_LRT)。

地址偏移:0x28。复位值:0x0000 0000。

表 7 – 22   ADC 看门狗低阈值寄存器

31	...	12		11	...	0
					LT[11:0]	
				rw	...	rw

表 7 – 23   ADC 看门狗低阈值寄存器位定义

位	功能定义
31:12	保留。必须保持为 0
11:0	LT[11:0]:模拟看门狗低阈值。 这些位定义了模拟看门狗的阈值下限

(9) ADC 规则序列寄存器 1(ADC_SQR1)。

地址偏移:0x2C。复位值:0x0000 0000。

表 7 – 24   ADC 规则序列寄存器

31	...	24	23	22	21	20	19	18	17	16	15
				L[3:0]				SQ16[4:0]			
			rw	...	rw		rw	...	rw		

14	13	12	11	10	9	8	7	6	5	4	3	2	1	0
	SQ15[4:0]					SQ14[4:0]					SQ13[4:0]			
rw	...	rw			rw	...	rw			rw	...	rw		

表 7-25　ADC 规则序列寄存器位定义

位	功能定义
31:24	保留。必须保持为 0
23:20	L[3:0]:规则通道序列长度（Regular channel sequence length）。 这些位由软件定义在规则通道转换序列中的通道数目。 0000:1 个转换 0001:2 个转换 …… 1111:16 个转换
19:15	SQ16[4:0]:规则序列中的第 16 个转换（16th conversion in regular sequence）。 这些位由软件定义转换序列中的第 16 个转换通道的编号(0~17)
14:10	SQ15[4:0]:规则序列中的第 15 个转换
9:5	SQ14[4:0]:规则序列中的第 14 个转换
4:0	SQ13[4:0]:规则序列中的第 13 个转换

（10）ADC 规则序列寄存器 2（ADC_SQR2）。

地址偏移:0x30。复位值:0x0000 0000。

表 7-26　ADC 规则序列寄存器 2

31	30	29	28	27	26	25	24	23	22	21	20	19	18	17	16	15
		SQ12[4:0]					SQ11[4:0]					SQ10[4:0]				
		rw	...	rw			rw	...	rw			rw	...	rw		

14	13	12	11	10	9	8	7	6	5	4	3	2	1	0
SQ9[4:0]					SQ8[4:0]					SQ7[4:0]				
rw	...	rw			rw	...	rw			rw	...	rw		

表 7-27　ADC 规则序列寄存器 2 位功能定义

位	功能定义
31:30	保留。必须保持为 0
29:25	SQ12[4:0]:规则序列中的第 12 个转换。 这些位由软件定义转换序列中的第 12 个转换通道的编号
24:20	SQ11[4:0]:规则序列中的第 11 个转换
19:15	SQ10[4:0]:规则序列中的第 10 个转换
14:10	SQ9[4:0]:规则序列中的第 9 个转换
9:5	SQ8[4:0]:规则序列中的第 8 个转换
4:0	SQ7[4:0]:规则序列中的第 7 个转换

(11) ADC 规则序列寄存器 3(ADC_SQR3)。

地址偏移:0x34。复位值:0x0000 0000。

表 7 - 28   ADC 规则序列寄存器 3

31	30	29	28	27	26	25	24	23	22	21	20	19	18	17	16	15
		SQ6[4:0]					SQ5[4:0]					SQ4[4:0]				
		rw	...	rw			rw	...	rw			rw	...	rw		

14	13	12	11	10	9	8	7	6	5	4	3	2	1	0
SQ3[4:0]					SQ2[4:0]					SQ1[4:0]				
rw	...	rw			rw	...	rw			rw	...	rw		

表 7 - 29   ADC 规则序列寄存器 3 位功能定义

位	功能定义
31:30	保留。必须保持为 0
29:25	SQ6[4:0]:规则序列中的第 6 个转换。 这些位由软件定义转换序列中的第 6 个转换通道的编号
24:20	SQ5[4:0]:规则序列中的第 5 个转换
19:15	SQ4[4:0]:规则序列中的第 4 个转换
14:10	SQ3[4:0]:规则序列中的第 3 个转换
9:5	SQ2[4:0]:规则序列中的第 2 个转换
4:0	SQ1[4:0]:规则序列中的第 1 个转换

(12) ADC 注入序列寄存器(ADC_JSQR)。

地址偏移:0x38。复位值:0x0000 0000。

表 7 - 30   ADC 注入序列寄存器

31	...	22	21	20	19	18	17	16	15
			JL[1:0]		JSQ4[4:0]				
			rw	rw	rw	...	rw		

14	13	12	11	10	9	8	7	6	5	4	3	2	1	0
JSQ3[4:0]					JSQ2[4:0]					JSQ1[4:0]				
rw	...	rw			rw	...	rw			rw	...	rw		

表 7 - 31   ADC 注入序列寄存器位定义

位	功能定义
31:22	保留。必须保持为 0

续表 7 – 31

位	功能定义
21:20	JL[1:0]:注入通道序列长度（Injected sequence length）。 这些位由软件定义在规则通道转换序列中的通道数目。 00:1 个转换 01:2 个转换 10:3 个转换 11:4 个转换
19:15	SQ4[4:0]:规则序列中的第 4 个转换
14:10	SQ3[4:0]:规则序列中的第 3 个转换
9:5	SQ2[4:0]:规则序列中的第 2 个转换
4:0	SQ1[4:0]:规则序列中的第 1 个转换

（13）ADC 注入数据寄存器 x（ADC_JDRx）（x＝1..4）。

地址偏移:0x3C～0x48。复位值:0x0000 0000。

表 7 – 32　ADC 注入数据寄存器 x

31	...	16
	—	
15	...	0
	JDATA[15:0]	
r	...	r

表 7 – 33　ADC 注入数据寄存器 x 位功能定义

位	功能定义
31:16	保留。必须保持为 0
15:0	JDATA[15:0]:注入转换的数据（Injected data）。 这些位为只读,包含了注入通道的转换结果。数据是左对齐或右对齐

（14）ADC 规则数据寄存器（ADC_DR）。

地址偏移:0x4C。复位值:0x0000 0000。

表 7 – 34　ADC 规则数据寄存器

31	...	16
	ADC2DATA[15:0]	
r	...	r
15	...	0
	DATA[15:0]	
r	...	r

表 7 – 35   ADC 规则数据寄存器位功能定义

位	功能定义
31:16	ADC2DATA[15:0]:ADC2 转换的数据
15:0	JDATA[15:0]:规则转换的数据。 这些位为只读,包含了规则通道的转换结果,数据是左对齐或右对齐

7.1.3　ADC 误差种类

当使用 STM32 微处理器应用于模拟/数字转换实例中,因为该模拟/数字转换器是芯片内置的,所以干扰和影响因素很多,除了 ADC 自身因素引起的误差以外,电源噪声、模拟输入信号的噪声、模拟信号源阻抗的影响、温度的影响等与环境相关的因素也会引起 ADC 误差。

ADC 转换的精度影响到整个系统的质量和效率。通常,精度误差是以 LSB 为单位表示。电压的分辨率与参考电压相关。电压误差是按照 LSB 的倍数计算:1 LSB=$V_{REF}+/2^n$ 或 $V_{DD}/2^n$($n=12$,STM32 微处理器的 ADC 为 12 位分辨率)。

(1) 偏移误差。

偏移误差定义为从第一次实际的转换至第一次理想的转换之间的偏差。当 ADC 转换的数字输出从 0 变为 1 的时刻,发生了第一次转换。理想情况下,当模拟输入信号介于 0.5 LSB 至 1.5 LSB 表达的范围之内时,数字输出应该为 1;即理想情况下,第一次转换应该发生在输入信号为 0.5 LSB 时。

(2) 增益误差。

增益误差定义为最后一次实际转换与最后一次理想转换之间的偏差。

(3) 微分线性误差。

微分线性误差定义为实际步长与理想步长之间的最大差别。理想情况下,当模拟输入电压改变 1 LSB,应该在数字输出上同时产生一次改变。如果数字输出上的改变需要输入电压大于 1 LSB 的改变,则 ADC 具有微分线性误差。

(4) 积分线性误差。

积分线性误差是所有实际转换点与终点连线之间的最大差别。终点连线可以理解为在 A/D 转换曲线上,第一个实际转换与最后一个实际转换之间的连线。

(5) 总未调整误差。

总未调整误差定义为实际转换曲线和理想转换曲线之间的最大偏差。这个参数表示所有可能发生的误差,导致理想数字输出与实际数字输出之间的最大偏差。这是在对 ADC 的任何输入电压,在理想数值与实际数值之间所记录到的最大偏差。

7.2　ADC 模块相关库函数功能详解

ADC 模块相关库函数由一组 API(application programming interface,应用编程接口)驱动函数组成,这组函数覆盖了本外设所有功能。本小节将针对性地将各功能函数详细说明如表 7-36～表 7-82 所列。

1. 函数 ADC_DeInit

表 7-36　函数 ADC_DeInit

函数名	ADC_DeInit
函数原形	void ADC_DeInit(ADC_TypeDef * ADCx)
功能描述	将 ADCx 全部的外设寄存器重设为默认值
输入参数	ADCx:x 可以是 1、2 或者 3,用于选择 ADC 外设 ADC1、ADC2 或 ADC3(有些型号带有 ADC3 模块,下同)
输出参数	无
返回值	无
先决条件	无
被调用函数	RCC_APB2PeriphResetCmd ()

2. 函数 ADC_Init

表 7-37　函数 ADC_Init

函数名	ADC_Init
函数原形	void ADC_Init(ADC_TypeDef * ADCx, ADC_InitTypeDef * ADC_InitStruct)
功能描述	根据 ADC_InitStruct 中指定的参数初始化 ADCx 的外设寄存器 (注意:结构体中的 ADC_ExternalTrigConv 参数仅适用于规则组转换)
输入参数 1	ADCx:x 可以是 1、2 或者 3,用于选择 ADC 外设 ADC1、ADC2 或 ADC3
输入参数 2	ADC_InitStruct:指向结构 ADC_InitTypeDef 的指针,包含了指定外设 ADC 的配置信息,其主要成员详见表 7-42 左列,这些成员与参数见表 7-38～表 7-42
输出参数	无
返回值	无
先决条件	无
被调用函数	无

表 7-38　函数 ADC_Mode 定义

ADC_Mode	描　述
ADC_Mode_Independent	ADC1 和 ADC2 工作在独立模式
ADC_Mode_RegInjecSimult	ADC1 和 ADC2 工作在同步规则和同步注入模式
ADC_Mode_RegSimult_AlterTrig	ADC1 和 ADC2 工作在同步规则模式和交替触发模式

ADC_Mode	描　述
ADC_Mode_InjecSimult_FastInterl	ADC1 和 ADC2 工作在同步注入模式和快速交替模式
ADC_Mode_InjecSimult_SlowInterl	ADC1 和 ADC2 工作在同步注入模式和慢速交替模式
ADC_Mode_InjecSimult	ADC1 和 ADC2 工作在同步注入模式
ADC_Mode_RegSimult	ADC1 和 ADC2 工作在同步规则模式
ADC_Mode_FastInterl	ADC1 和 ADC2 工作在快速交替模式
ADC_Mode_SlowInterl	ADC1 和 ADC2 工作在慢速交替模式
ADC_Mode_AlterTrig	ADC1 和 ADC2 工作在交替触发模式

表 7 - 39　ADC_ExternalTrigConv 定义表

ADC_ExternalTrigConv	规则通道外部触发源描述
ADC_ExternalTrigConv_T1_CC1	选择定时器 1 的捕获比较 1 作为外部触发(适用于 ADC1 和 AD2)
ADC_ExternalTrigConv_T1_CC2	选择定时器 1 的捕获比较 2 作为外部触发(适用于 ADC1 和 AD2)
ADC_ExternalTrigConv_T2_CC2	选择定时器 2 的捕获比较 2 作为外部触发(适用于 ADC1 和 AD2)
ADC_ExternalTrigConv_T3_TRGO	选择定时器 3 的 TRGO 作为外部触发(适用于 ADC1 和 AD2)
ADC_ExternalTrigConv_T4_CC4	选择定时器 4 的捕获比较 4 作为外部触发(适用于 ADC1 和 AD2)
ADC_ ExternalTrigConv _ Ext _ IT11 _ TIM8_TRGO	选择外部中断线 11 事件及定时器 8 的 TRGO 作为外部触发(适用于 ADC1 和 AD2)
ADC_ExternalTrigConv_T1_CC3	选择定时器 1 的捕获比较 3 作为外部触发(适用于 ADC1、ADC2 和 AD3)
ADC_ExternalTrigConv_None	转换是由软件而不是外部触发启动(适用于 ADC1、ADC2 和 AD3)
ADC_ExternalTrigConv_T3_CC1	选择定时器 3 的捕获比较 1 作为外部触发(仅适用于 ADC3)
ADC_ExternalTrigConv_T2_CC3	选择定时器 2 的捕获比较 3 为外部触发(仅适用于 ADC3)
ADC_ExternalTrigConv_T8_CC1	选择定时器 8 的捕获比较 1 作为外部触发(仅适用于 ADC3)
ADC_ExternalTrigConv_T8_TRGO	选择定时器 8 的 TRGO 作为外部触发(仅适用于 ADC3)
ADC_ExternalTrigConv_T5_CC1	选择定时器 5 的捕获比较 1 作为外部触发(仅适用于 ADC3)
ADC_ExternalTrigConv_T5_CC3	选择定时器 5 的捕获比较 3 作为外部触发(仅适用于 ADC3)

表 7 - 40　ADC_DataAlign 定义表

ADC_DataAlign	数据对齐方式描述
ADC_DataAlign_Right	ADC 数据右对齐
ADC_DataAlign_Left	ADC 数据左对齐

3. 函数 ADC_StructInit

表 7 - 41　函数 ADC_StructInit

函数名	ADC_StructInit
函数原形	void ADC_StructInit(ADC_InitTypeDef * ADC_InitStruct)
功能描述	把 ADC_InitStruct 中的每一个参数按默认值填入,一般由函数 ADC_Init 调用

续表 7 – 41

函数名	ADC_StructInit
输入参数	ADC_InitStruct：指向结构 ADC_InitTypeDef 的指针，待初始化，默认参数见表 7 – 42
输出参数	无
返回值	无
先决条件	无
被调用函数	无

表 7 – 42　ADC_InitStruct 默认值

成员	默认值
ADC_Mode	ADC 采样模式，默认值为 ADC_Mode_Independent（独立模式）
ADC_ScanConvMode	定义模数转换工作在扫描模式（多通道）还是单次（单通道）模式。可以设置这个参数为 ENABLE 或者 DISABLE。默认值为：DISABLE（单通道转换）
ADC ＿ ContinuousConv-Mode	定义模数转换工作在连续还是单次模式。可以设置这个参数为 ENABLE 或者 DISABLE。默认值为 DISABLE（单次转换模式）
ADC_ExternalTrigConv	定义外部触发源来启动规则通道的模数转换，默认值为 ADC_ExternalTrig-Conv_T1_CC1（定时器 1 捕获比较 1 启动外部触发）
ADC_DataAlign	定义 ADC 数据向左边对齐还是向右边对齐，默认值为 ADC_DataAlign_Right（数据右对齐）
ADC_NbrOfChannel	定义规则转换序列的 ADC 通道的数目。这个数目的取值范围是 1 到 16，默认值为 1（规则组转换序列的通道数为 1 个通道）

4. 函数 ADC_Cmd

表 7 – 43　函数 ADC_Cmd

函数名	ADC_Cmd
函数原形	void ADC_Cmd(ADC_TypeDef ＊ ADCx, FunctionalState NewState)
功能描述	使能或者禁止指定的 ADC 外设
输入参数 1	ADCx：x 可以是 1、2 或者 3，用于选择 ADC 外设 ADC1、ADC2 或 ADC3
输入参数 2	NewState：ADCx 外设的新状态，这个参数可以取 ENABLE 或者 DISABLE，需要操作 ADC_CR2 寄存器位 ADON
输出参数	无
返回值	无
先决条件	无
被调用函数	无

5. 函数 ADC_DMACmd

表 7 – 44　函数 ADC_DMACmd

函数名	ADC_DMACmd
函数原形	ADC_DMACmd(ADC_TypeDef ＊ ADCx, FunctionalState NewState)

续表 7 - 44

函数名	ADC_DMACmd
功能描述	使能或者禁止指定的 ADC 外设的 DMA 请求
输入参数 1	ADCx:x 可以是 1 或者 3,用于选择 ADC 外设 ADC1 或 ADC3 (注意:ADC2 无 DMA 功能)
输入参数 2	NewState:ADC 外设 DMA 传输的新状态,这个参数可以取 ENABLE 或者 DISA-BLE,需操作 ADC_CR2 寄存器位 DMA
输出参数	无
返回值	无
先决条件	无
被调用函数	无

6. 函数 ADC_ITConfig

表 7 - 45 函数 ADC_ITConfig

函数名	ADC_ITConfig
函数原形	void ADC_ITConfig(ADC_TypeDef * ADCx, u16 ADC_IT, FunctionalState NewState)
功能描述	使能或者禁止指定 ADC 外设的中断
输入参数 1	ADCx:x 可以是 1、2 或者 3,用于选择 ADC 外设 ADC1、ADC2 或 ADC3
输入参数 2	ADC_IT:将要被使能或者禁止的指定 ADC 外设的中断源,该参数可取值范围详见表 7 - 46,需操作 ADC_CR1 寄存器各对应位
输入参数 3	NewState:指定 ADC 中断的新状态,这个参数可以取 ENABLE 或者 DISABLE
输出参数	无
返回值	无
先决条件	无
被调用函数	无

表 7 - 46 ADC_IT 定义表

ADC_IT	中断源描述
ADC_IT_EOC	规则通道转换结束中断
ADC_IT_AWD	模拟看门狗中断
ADC_IT_JEOC	注入通道转换结束中断

7. 函数 ADC_ResetCalibration

表 7 - 47 函数 ADC_ResetCalibration

函数名	ADC_ResetCalibration
函数原形	void ADC_ResetCalibration(ADC_TypeDef * ADCx)
功能描述	复位指定 ADC 外设的校准寄存器,需要操作 ADC_CR2 寄存器位 RSTCAL
输入参数	ADCx:x 可以是 1、2 或者 3,用于选择 ADC 外设 ADC1、ADC2 或 ADC3

函数名	ADC_ResetCalibration
输出参数	无
返回值	无
先决条件	无
被调用函数	无

8. 函数 ADC_ GetResetCalibrationStatus

表 7 - 48　函数 ADC_ GetResetCalibrationStatus

函数名	ADC_ GetResetCalibrationStatus
函数原形	FlagStatus ADC_GetResetCalibrationStatus(ADC_TypeDef * ADCx)
功能描述	获取指定 ADC 外设的校准寄存器的状态,直接返回 ADC_CR2 寄存器位 RSTCAL 的状态
输入参数	ADCx:x 可以是 1、2 或者 3,用于选择 ADC 外设 ADC1、ADC2 或 ADC3
输出参数	无
返回值	ADC 外设的校准寄存器的新状态(SET 或者 RESET)
先决条件	无
被调用函数	无

9. 函数 ADC_StartCalibration

表 7 - 49　函数 ADC_StartCalibration

函数名	ADC_StartCalibration
函数原形	void ADC_StartCalibration(ADC_TypeDef * ADCx)
功能描述	对指定 ADC 外设进行校准,需要操作 ADC_CR2 寄存器位 CAL
输入参数	ADCx:x 可以是 1、2 或者 3,用于选择 ADC 外设 ADC1、ADC2 或 ADC3
输出参数	无
返回值	无
先决条件	无
被调用函数	无

10. 函数 ADC_GetCalibrationStatus

表 7 - 50　函数 ADC_GetCalibrationStatus

函数名	ADC_GetCalibrationStatus
函数原形	FlagStatus ADC_GetCalibrationStatus(ADC_TypeDef * ADCx)
功能描述	获取指定 ADC 外设的校准状态,需读取 ADC_CR2 寄存器位 CAL 状态
输入参数	ADCx:x 可以是 1、2 或者 3,用于选择 ADC 外设 ADC1、ADC2 或 ADC3
输出参数	无
返回值	ADC 外设的校准位状态(SET 或者 RESET)

续表 7 - 50

函数名	ADC_GetCalibrationStatus
先决条件	无
被调用函数	无

11. 函数 ADC_SoftwareStartConvCmd

表 7 - 51　函数 ADC_SoftwareStartConvCmd

函数名	ADC_SoftwareStartConvCmd
函数原形	void ADC_SoftwareStartConvCmd(ADC_TypeDef * ADCx，FunctionalState NewState)
功能描述	使能或者禁止指定 ADC 外设的软件启动转换功能,需设置 ADC_CR2 寄存器位 EXT-TRIG 等
输入参数 1	ADCx:x 可以是 1、2 或者 3,用于选择 ADC 外设 ADC1、ADC2 或 ADC3
输入参数 2	NewState:指定 ADC 的软件启动转换新状态,这个参数可以取 ENABLE 或者 DISABLE
输出参数	无
返回值	无
先决条件	无
被调用函数	无

12. 函数 ADC_GetSoftwareStartConvStatus

表 7 - 52　函数 ADC_GetSoftwareStartConvStatus

函数名	ADC_GetSoftwareStartConvStatus
函数原形	FlagStatus ADC_GetCalibrationStatus(ADC_TypeDef * ADCx)
功能描述	获取 ADC 软件启动转换的状态,需读取 ADC_CR2 寄存器位 SWSTART 等
输入参数	ADCx:x 可以是 1、2 或者 3,用于选择 ADC 外设 ADC1、ADC2 或 ADC3
输出参数	无
返回值	ADC 软件转换启动的新状态(SET 或者 RESET)
先决条件	无
被调用函数	无

13. 函数 ADC_DiscModeChannelCountConfig

表 7 - 53　函数 ADC_DiscModeChannelCountConfig

函数名	ADC_DiscModeChannelCountConfig
函数原形	void ADC_DiscModeChannelCountConfig(ADC_TypeDef * ADCx, uint8_t Number)
功能描述	为选中的 ADC 外设规则组通道配置间断模式
输入参数 1	ADCx:x 可以是 1、2 或者 3,用于选择 ADC 外设 ADC1、ADC2 或 ADC3
输入参数 2	Number:指定间断模式规则组通道计数值。这个值范围为 1 到 8 通道,需操作 ADC_CR1 寄存器位 DISCNUM[2:0]

续表 7 - 53

函数名	ADC_DiscModeChannelCountConfig
输出参数	无
返回值	无
先决条件	无
被调用函数	无

14. 函数 ADC_DiscModeCmd

表 7 - 54 函数 ADC_DiscModeCmd

函数名	ADC_DiscModeCmd
函数原形	void ADC_DiscModeCmd(ADC_TypeDef * ADCx, FunctionalState NewState)
功能描述	使能或者禁止指定 ADC 外设的规则组通道的间断模式
输入参数 1	ADCx:x 可以是 1、2 或者 3,用于选择 ADC 外设 ADC1、ADC2 或 ADC3
输入参数 2	NewState:所选中的 ADC 外设的规则组通道上间断模式的新状态,需要操作 ADC_CR1 寄存器位 DISCEN,这个参数可以取 ENABLE 或者 DISABLE
输出参数	无
返回值	无
先决条件	无
被调用函数	无

15. 函数 ADC_RegularChannelConfig

表 7 - 55 函数 ADC_RegularChannelConfig

函数名	ADC_RegularChannelConfig
函数原形	void ADC_RegularChannelConfig(ADC_TypeDef * ADCx, uint8_t ADC_Channel, uint8_t Rank, uint8_t ADC_SampleTime)
功能描述	设置指定 ADC 外设的规则组通道及它们对应的转换序列和采样时间
输入参数 1	ADCx:x 可以是 1、2 或者 3,用于选择 ADC 外设 ADC1、ADC2 或 ADC3
输入参数 2	ADC_Channel:设置的 ADC 通道,该参数允许取值范围详见表 7 - 56
输入参数 3	Rank:规则组采样序列,需操作 ADC_SQR1、ADC_SQR2 或 ADC_SQR3 寄存器,取值范围 1 到 16
输入参数 4	ADC_SampleTime:指定 ADC 通道的采样时间值,需操作 ADC_SMPR1 和 ADC_SMPR2 寄存器,该参数允许取值范围如表 7 - 57 所列
输出参数	无
返回值	无
先决条件	无
被调用函数	无

表 7 - 56　ADC_Channel 值

ADC_Channel	描　述	ADC_Channel	描　述
ADC_Channel_0	选择 ADC 通道 0	ADC_Channel_9	选择 ADC 通道 9
ADC_Channel_1	选择 ADC 通道 1	ADC_Channel_10	选择 ADC 通道 10
ADC_Channel_2	选择 ADC 通道 2	ADC_Channel_11	选择 ADC 通道 11
ADC_Channel_3	选择 ADC 通道 3	ADC_Channel_12	选择 ADC 通道 12
ADC_Channel_4	选择 ADC 通道 4	ADC_Channel_13	选择 ADC 通道 13
ADC_Channel_5	选择 ADC 通道 5	ADC_Channel_14	选择 ADC 通道 14
ADC_Channel_6	选择 ADC 通道 6	ADC_Channel_15	选择 ADC 通道 15
ADC_Channel_7	选择 ADC 通道 7	ADC_Channel_16	选择 ADC 通道 16
ADC_Channel_8	选择 ADC 通道 8	ADC_Channel_17	选择 ADC 通道 17

表 7 - 57　ADC_SampleTime 值

ADC_SampleTime	描　述
ADC_SampleTime_1Cycles5	采样时间为 1.5 周期
ADC_SampleTime_7Cycles5	采样时间为 7.5 周期
ADC_SampleTime_13Cycles5	采样时间为 13.5 周期
ADC_SampleTime_28Cycles5	采样时间为 28.5 周期
ADC_SampleTime_41Cycles5	采样时间为 41.5 周期
ADC_SampleTime_55Cycles5	采样时间为 55.5 周期
ADC_SampleTime_71Cycles5	采样时间为 71.5 周期
ADC_SampleTime_239Cycles5	采样时间为 239.5 周期

16. 函数 ADC_ExternalTrigConvCmd

表 7 - 58　函数 ADC_ExternalTrigConvCmd

函数名	ADC_ExternalTrigConvCmd
函数原形	void ADC_ExternalTrigConvCmd (ADC_TypeDef * ADCx, FunctionalState NewState)
功能描述	使能或者禁止指定 ADC 外设通过外部触发启动转换的功能
输入参数 1	ADCx:x 可以是 1、2 或者 3,用于选择 ADC 外设 ADC1、ADC2 或 ADC3
输入参数 2	NewState :指定 ADC 外设的外部触发启动转换的新状态,需操作 ADC_CR2 寄存器位 EXTTRIG,这个参数可以取 ENABLE 或者 DISABLE
输出参数	无
返回值	无
先决条件	无
被调用函数	无

17. 函数 ADC_GetConversionValue

表 7-59 函数 ADC_GetConversionValue

函数名	ADC_GetConversionValue
函数原形	uint16_t ADC_GetConversionValue(ADC_TypeDef * ADCx)
功能描述	返回最近一次 ADCx 规则组的转换结果,需读取 ADC_DR 寄存器
输入参数	ADCx:x 可以是 1、2 或者 3,用于选择 ADC 外设 ADC1、ADC2 或 ADC3
输出参数	无
返回值	转换结果值
先决条件	无
被调用函数	无

18. 函数 ADC_GetDualModeConversionValue

表 7-60 函数 ADC_GetDuelModeConversionValue

函数名	ADC_GetDuelModeConversionValue
函数原形	uint32_t ADC_GetDualModeConversionValue()
功能描述	返回 ADC 双模式下最近一次 ADC1 和 ADC2 的转换结果
输入参数	无
输出参数	无
返回值	转换结果值
先决条件	无
被调用函数	无

19. 函数 ADC_AutoInjectedConvCmd

表 7-61 函数 ADC_AutoInjectedConvCmd

函数名	ADC_AutoInjectedConvCmd
函数原形	void ADC_AutoInjectedConvCmd(ADC_TypeDef * ADCx, FunctionalState NewState)
功能描述	使能或者禁止指定 ADC 外设在一次规则组转化后开始自动注入组转换
输入参数 1	ADCx:x 可以是 1、2 或者 3,用于选择 ADC 外设 ADC1、ADC2 或 ADC3
输入参数 2	NewState:指定 ADC 外设自动注入转换的新状态,需操作 ADC_CR1 寄存器位 JAUTO,这个参数可以取 ENABLE 或者 DISABLE
输出参数	无
返回值	无
先决条件	无
被调用函数	无

20. 函数 ADC_InjectedDiscModeCmd

表 7-62 函数 ADC_InjectedDiscModeCmd

函数名	ADC_InjectedDiscModeCmd
函数原形	void ADC_InjectedDiscModeCmd(ADC_TypeDef * ADCx, FunctionalState NewState)
功能描述	使能或者禁止指定 ADC 外设注入通道组的间断模式
输入参数 1	ADCx:x 可以是 1、2 或者 3,用于选择 ADC 外设 ADC1、ADC2 或 ADC3
输入参数 2	NewState:ADC 外设注入通道组上间断模式的新状态,需操作 ADC_CR1 寄存器位 JDISCEN,这个参数可以取 ENABLE 或者 DISABLE
输出参数	无
返回值	无
先决条件	无
被调用函数	无

21. 函数 ADC_ExternalTrigInjectedConvConfig

表 7-63 函数 ADC_ExternalTrigInjectedConvConfig

函数名	ADC_ExternalTrigInjectedConvConfig
函数原形	void ADC_ExternalTrigInjectedConvConfig(ADC_TypeDef * ADCx, uint32_t ADC_ExternalTrigConv)
功能描述	配置指定 ADC 外设通过外部触发启动注入通道组转换功能
输入参数 1	ADCx:x 可以是 1、2 或者 3,用于选择 ADC 外设 ADC1、ADC2 或 ADC3
输入参数 2	ADC_ExternalTrigConv:指定 ADC 触发源启动注入组转换,需要操作 ADC_CR2 寄存器位 JEXTSEL[2:0]等,该参数允许取值范围详见表 7-64(注意:配置的参数与规则组转换时有区别)
输出参数	无
返回值	无
先决条件	要求函数 ADC_ExternalTrigInjectedConvCmd 使能 ADC_CR2 寄存器位 JEXTTRIG 位,否则无效
被调用函数	无

表 7-64 ADC_ExternalTrigInjectedConv 值

ADC_ExternalTrigInjectedConv	注入通道转换的外部触发源选择
ADC_ExternalTrigInjecConv_T1_TRGO	选择定时器 1 的 TRGO 事件作为注入转换的外部触发源(适用于 ADC1、ADC2 和 ADC3)
ADC_ExternalTrigInjecConv_T1_CC4	选择定时器 1 的捕获比较 4 作为注入转换的外部触发源(适用于 ADC1、ADC2 和 ADC3)
ADC_ExternalTrigInjecConv_T2_TRGO	选择定时器 2 的 TRGO 事件作为注入转换的外部触发源(适用于 ADC1、ADC2)

续表 7 – 64

ADC_ExternalTrigInjectedConv	注入通道转换的外部触发源选择
ADC_ExternalTrigInjecConv_T2_CC1	选择定时器 2 的捕获比较 1 作为注入转换的外部触发源(适用于 ADC1、ADC2)
ADC_ExternalTrigInjecConv_T3_CC4	选择定时器 3 的捕获比较 4 作为注入转换的外部触发源(适用于 ADC1、ADC2)
ADC_ExternalTrigInjecConv_T4_ TRGO	选择定时器 4 的 TRGO 事件作为注入转换的外部触发源(适用于 ADC1、ADC2)
ADC_ExternalTrigInjecConv_ Ext_ IT15_ TIM8_CC4	选择外部中断线 15 或定时器 8 的捕获比较 4 事件作为注入转换的外部触发源(适用于 ADC1、ADC2)
ADC_ExternalTrigInjecConv_T4_CC3	选择定时器 4 的捕获比较 3 作为注入转换的外部触发源(仅适用于 ADC3)
ADC_ExternalTrigInjecConv_T8_CC2	选择定时器 8 的捕获比较 2 作为注入转换的外部触发源(仅适用于 ADC3)
ADC_ExternalTrigInjecConv_T8_CC4	选择定时器 8 的捕获比较 4 作为注入转换的外部触发源(仅适用于 ADC3)
ADC_ExternalTrigInjecConv_T5_TRGO	选择定时器 5 的 TRGO 事件作为注入转换的外部触发源(仅适用于 ADC3)
ADC_ExternalTrigInjecConv_T5_CC4	选择定时器 5 的捕获比较 4 作为注入转换的外部触发源(仅适用于 ADC3)
ADC_ExternalTrigInjecConv_None	注入转换由软件而非外部触发源启动(适用于 ADC1、ADC2、ADC3)

22. 函数 ADC_ExternalTrigInjectedConvCmd

表 7 – 65　函数 ADC_ExternalTrigInjectedConvCmd

函数名	ADC_ExternalTrigInjectedConvCmd
函数原形	void ADC_ExternalTrigInjectedConvCmd(ADC_TypeDef * ADCx, FunctionalState NewState)
功能描述	使能或者禁止指定 ADC 外设的外部触发源启动注入组转换功能
输入参数 1	ADCx:x 可以是 1、2 或者 3,用于选择 ADC 外设 ADC1、ADC2 或 ADC3
输入参数 2	NewState:指定 ADC 的外部触发启动注入转换的新状态,需要操作 ADC_CR2 寄存器位 JEXTTRIG,这个参数可以取 ENABLE 或者 DISABLE
输出参数	无
返回值	无
先决条件	无
被调用函数	无

23. 函数 ADC_SoftwareStartinjectedConvCmd

表 7-66 函数 ADC_SoftwareStartinjectedConvCmd

函数名	ADC_SoftwareStartinjectedConvCmd
函数原形	void ADC_SoftwareStartInjectedConvCmd(ADC_TypeDef * ADCx, FunctionalState NewState)
功能描述	使能或者禁止指定 ADC 外设的 软件启动注入组转换功能
输入参数 1	ADCx:x 可以是 1、2 或者 3,用于选择 ADC 外设 ADC1、ADC2 或 ADC3
输入参数 2	NewState:指定 ADC 外设的 软件触发启动注入转换的新状态,需要操作 ADC_CR2 寄存器的 JEXTTRIG、JSWSTART 位等,这个参数可以取 ENABLE 或者 DISABLE
输出参数	无
返回值	无
先决条件	无
被调用函数	无

24. 函数 ADC_GetSoftwareStartInjectedConvCmdStatus

表 7-67 函数 ADC_GetSoftwareStartInjectedConvCmdStatus

函数名	ADC_GetSoftwareStartInjectedConvCmdStatus
函数原形	FlagStatus ADC_GetSoftwareStartInjectedConvCmdStatus(ADC_TypeDef * ADCx)
功能描述	获取指定 ADC 外设的软件启动注入组转换状态,需要读取 ADC_CR2 寄存器的位 JSWSTART 状态
输入参数	ADCx:x 可以是 1、2 或者 3,用于选择 ADC 外设 ADC1、ADC2 或 ADC3
输出参数	无
返回值	ADC 软件触发启动注入转换的新状态,取值 SET 或 RESET
先决条件	无
被调用函数	无

25. 函数 ADC_InjectedChannleConfig

表 7-68 函数 ADC_InjectedChannleConfig

函数名	ADC_InjectedChannleConfig
函数原形	void ADC_InjectedChannelConfig(ADC_TypeDef * ADCx, uint8_t ADC_Channel, uint8_t Rank, uint8_t ADC_SampleTime)
功能描述	设置指定 ADC 外设的注入组通道以及它们对应的转换序列和采样时间
输入参数 1	ADCx:x 可以是 1、2 或者 3,用于选择 ADC 外设 ADC1、ADC2 或 ADC3
输入参数 2	ADC_Channel:被设置的 ADC 通道,该参数允许取值范围详见表 7-56
输入参数 3	Rank:注入组采样序列,需要操作 ADC_JSQR 寄存器,取值范围 1 到 4
输入参数 4	ADC_SampleTime:指定 ADC 通道的采样时间值,需要操作 ADC_SMPR1 和 ADC_SMPR2 寄存器等,该参数允许取值范围详见表 7-57

续表 7 - 68

函数名	ADC_InjectedChannleConfig
输出参数	无
返回值	无
先决条件	必须调用函数 ADC_InjectedSequencerLengthConfig 来确定注入转换通道的数目。特别是在通道数目小于 4 的情况下,需要正确配置每个注入通道的转换序列
被调用函数	无

26. 函数 ADC_InjectedSequencerLengthConfig

表 7 - 69　函数 ADC_InjectedSequencerLengthConfig

函数名	ADC_InjectedSequencerLengthConfig
函数原形	void ADC_InjectedSequencerLengthConfig(ADC_TypeDef * ADCx, uint8_t Length)
功能描述	设置注入组通道的转换序列长度
输入参数 1	ADCx:x 可以是 1、2 或者 3,用于选择 ADC 外设 ADC1、ADC2 或 ADC3
输入参数 2	Length:注入通道序列长度,需设置 ADC_JSQR 寄存器位 JL[1:0],这个参数取值范围 1 到 4
输出参数	无
返回值	无
先决条件	无
被调用函数	无

27. 函数 ADC_SetInjectedOffset

表 7 - 70　函数 ADC_SetInjectedOffset

函数名	ADC_SetInjectedOffset
函数原形	void ADC_SetInjectedOffset(ADC_TypeDef * ADCx, uint8_t ADC_InjectedChannel, uint16_t Offset)
功能描述	设置注入组通道的转换偏移值
输入参数 1	ADCx:x 可以是 1、2 或者 3,用于选择 ADC 外设 ADC1、ADC2 或 ADC3
输入参数 2	ADC_InjectedChannel:被设置转换偏移值的 ADC 注入通道,该参数允许取值范围详见表 7 - 71
输入参数 3	Offset:ADC 注入通道的转换偏移值,这个值是一个 12 位值,详见表 7 - 18 介绍
输出参数	无
返回值	无
先决条件	无
被调用函数	无

表 7-71　ADC_InjectedChannel 值

ADC_InjectedChannel	注入通道选择
ADC_InjectedChannel_1	选择注入通道 1
ADC_InjectedChannel_2	选择注入通道 2
ADC_InjectedChannel_3	选择注入通道 3
ADC_InjectedChannel_4	选择注入通道 4

28. 函数 ADC_GetInjectedConversionValue

表 7-72　函数 ADC_GetInjectedConversionValue

函数名	ADC_GetInjectedConversionValue
函数原形	uint16_t ADC_GetInjectedConversionValue(ADC_TypeDef * ADCx, uint8_t ADC_InjectedChannel)
功能描述	返回某个 ADC 外设的指定注入通道的转换结果值
输入参数 1	ADCx:x 可以是 1、2 或者 3,用于选择 ADC 外设 ADC1、ADC2 或 ADC3
输入参数 2	ADC_InjectedChannel:已转换的 ADC 注入通道,该参数允许取值范围详见表 7-71
输出参数	无
返回值	所选注入通道的转换结果值,返回值可从 ADC_JDRx(x=1…4)中读取
先决条件	无
被调用函数	无

29. 函数 ADC_AnalogWatchdogCmd

表 7-73　函数 ADC_AnalogWatchdogCmd

函数名	ADC_AnalogWatchdogCmd
函数原形	void ADC_AnalogWatchdogCmd(ADC_TypeDef * ADCx, u32 ADC_AnalogWatchdog)
功能描述	使能或者禁止指定 ADC 外设的单个/全部的规则组通道或注入组通道上的模拟看门狗
输入参数 1	ADCx:x 可以是 1、2 或者 3,用于选择 ADC 外设 ADC1、ADC2 或 ADC3
输入参数 2	ADC_AnalogWatchdog:ADC 模拟看门狗设置,需要操作 ADC_CR1 寄存器 AWDEN、JAWDENJ 和 AWDSGL 位,该参数允许取值范围详见表 7-74
输出参数	无
返回值	无
先决条件	无
被调用函数	无

表 7-74　ADC_AnalogWatchdog 值

ADC_AnalogWatchdog	描　述
ADC_AnalogWatchdog_SingleRegEnable	单个规则通道上设置模拟看门狗
ADC_AnalogWatchdog_SingleInjecEnable	单个注入通道上设置模拟看门狗
ADC_AnalogWatchdog_SingleRegorInjecEnable	单个规则通道或者注入通道上设置模拟看门狗

ADC_AnalogWatchdog	描　述
ADC_AnalogWatchdog_AllRegEnable	所有规则通道上设置模拟看门狗
ADC_AnalogWatchdog_AllInjecEnable	所有注入通道上设置模拟看门狗
ADC_AnalogWatchdog_AllRegAllInjecEnable	所有规则通道和注入通道上设置模拟看门狗
ADC_AnalogWatchdog_None	不设置模拟看门狗

30.　函数 ADC_AnalogWatchdongThresholdsConfig

表 7 - 75　函数 ADC_AnalogWatchdongThresholdsConfig

函数名	ADC_AnalogWatchdongThresholdsConfig
函数原形	void ADC_ AnalogWatchdogThresholdsConfig (ADC _ TypeDef ＊ ADCx, uint16 _ t HighThreshold, uint16_t LowThreshold)
功能描述	设置模拟看门狗的高/低阈值
输入参数 1	ADCx:x 可以是 1、2 或者 3,用于选择 ADC 外设 ADC1、ADC2 或 ADC3
输入参数 2	HignThreshold:模拟看门狗的高阈值,针对 ADC_HTR 寄存器值设置,这个参数是一个 12 位值
输入参数 3	LowThreshold:模拟看门狗的低阈值,针对 ADC_LTR 寄存器值设置,这个参数是一个 12 位值
输出参数	无
返回值	无
先决条件	无
被调用函数	无

31.　函数 ADC_AnalogWatchdongSingleChannelConfig

表 7 - 76　函数 ADC_AnalogWatchdongSingleChannelConfig

函数名	ADC_AnalogWatchdongSingleChannelConfig
函数原形	void ADC_AnalogWatchdogSingleChannelConfig (ADC_ TypeDef ＊ ADCx, uint8_t ADC_Channel)
功能描述	对单个 ADC 通道设置模拟看门狗
输入参数 1	ADCx:x 可以是 1、2 或者 3,用于选择 ADC 外设 ADC1、ADC2 或 ADC3
输入参数 2	ADC_Channel:需设置模拟看门狗的 ADC 通道,针对 ADC_CR1 寄存器 AWDCH[4: 0]位设置,该参数允许取值范围详见表 7 - 56
输出参数	无
返回值	无
先决条件	无
被调用函数	无

32. 函数 ADC_TampSensorVrefintCmd

表 7-77 函数 ADC_TampSensorVrefintCmd

函数名	ADC_TampSensorVrefintCmd
函数原形	void ADC_TempSensorVrefintCmd(FunctionalState NewState)
功能描述	使能或者禁止温度传感器和内部参考电压通道
输入参数	NewState:温度传感器和内部参考电压通道的新状态,针对 ADC_CR2 寄存器位 TS-VREFE 操作,这个参数可以取 ENABLE 或者 DISABLE
输出参数	无
返回值	无
先决条件	无
被调用函数	无

33. 函数 ADC_GetFlagStatus

表 7-78 函数 ADC_GetFlagStatus

函数名	ADC_GetFlagStatus
函数原形	FlagStatus ADC_GetFlagStatus(ADC_TypeDef * ADCx, uint8_t ADC_FLAG)
功能描述	检查指定 ADC 外设的标志位是否设置(置 1)
输入参数 1	ADCx;x 可以是 1、2 或者 3,用于选择 ADC 外设 ADC1、ADC2 或 ADC3
输入参数 2	ADC_FLAG:指定需检查的标志位,针对 ADC_SR 寄存器所有位,该参数详见表 7-79
输出参数	无
返回值	无
先决条件	无
被调用函数	无

表 7-79 ADC_FLAG 的值

ADC_AnalogWatchdog	ADC 状态寄存器(ADC_SR)标志位描述
ADC_FLAG_AWD	模拟看门狗标志位
ADC_FLAG_EOC	转换结束标志位
ADC_FLAG_JEOC	注入组转换结束标志位
ADC_FLAG_JSTRT	注入组转换开始标志位
ADC_FLAG_STRT	规则组转换开始标志位

34. 函数 ADC_ClearFlag

表 7-80 函数 ADC_ClearFlag

函数名	ADC_ClearFlag
函数原形	void ADC_ClearFlag(ADC_TypeDef * ADCx, uint8_t ADC_FLAG)

续表 7 - 80

函数名	ADC_ClearFlag
功能描述	清除指定 ADC 外设的待处理标志位
输入参数 1	ADCx:x 可以是 1,2 或者 3,用于选择 ADC 外设 ADC1、ADC2 或 ADC3
输入参数 2	ADC_FLAG:待处理的标志位,使用操作符"|"可以同时清除 1 个以上的标志位,该参数允许取值范围同表 7 - 79,并可组合取值
输出参数	无
返回值	无
先决条件	无
被调用函数	无

35. 函数 ADC_GetITStatus

表 7 - 81 函数 ADC_GetITStatus

函数名	ADC_GetITStatus
函数原形	ITStatus ADC_GetITStatus(ADC_TypeDef * ADCx, uint16_t ADC_IT)
功能描述	检查指定 ADC 外设中断是否发生
输入参数 1	ADCx:x 可以是 1,2 或者 3,用于选择 ADC 外设 ADC1、ADC2 或 ADC3
输入参数 2	ADC_IT:将要检查的中断源,对应的中断源屏蔽位详见表 7 - 46
输出参数	无
返回值	返回状态值,为 SET 或 RESET
先决条件	无
被调用函数	无

36. 函数 ADC_ClearITPendingBit

表 7 - 82 函数 ADC_ClearITPendingBit

函数名	ADC_ClearITPendingBit
函数原形	void ADC_ClearITPendingBit(ADC_TypeDef * ADCx, u16 ADC_IT)
功能描述	清除指定 ADC 外设 的中断待处理位
输入参数 1	ADCx:x 可以是 1,2 或者 3,用于选择 ADC 外设 ADC1、ADC2 或 ADC3
输入参数 2	ADC_IT :待清除的 ADC 中断待处理位,对应的中断源屏蔽位详见表 7 - 46
输出参数	无
返回值	无
先决条件	无
被调用函数	无

7.3 设计目标

本实例通过 STM32 - V3 硬件开发平台上面的两个 ADC 采样通道,对外部模拟信号源进行实时采样,基于 µC/OS-II 系统,通过系统任务调度,在 µC/GUI 图形界面创建两个窗体实时显示采样的数据值,并可通过串口发送获取的采样数据。

7.4 A/D 转换硬件电路设计

A/D 转换应用实例的硬件主要由两个部分组成,一个是由 STM32 微处理器组成的核心板(使用的是 STM32 - V3 开发平台),另一个是提供模拟信号输出的信号源。由于本例引出了 ADC 两个采样通道,需要采样两个模拟信号源。为了简化硬件产品的电路设计,本章将采用温湿度一体化变送器的两路独立输出信号为例进行 A/D 采样演示。

7.4.1 温湿度变送器简述

本实例的模拟信号源采用深圳加信安技术有限公司研发,由加拿大索特韦尔技术公司生产的温湿度一体化变送器 HS - 110B2C1D2。它是一款室内型温湿度双变送器(产品外观图如图 7 - 17 所示),湿度精度 2%,输出信号 0~5 V,温度量程 0~50 ℃,主要应用于楼宇及环境控制,同时也广泛应用于地铁站、火车站、大型运动场馆等场所的环境监测。

图 7 - 17 HS - 110 系列温湿度变送器外观图

HS - 110 系列温湿度双变送器将温度和湿度电路集成在一块电路板上,不仅使产品尺寸减小,同时具有更高的精度和可靠性,使用时只需要参照规格接上 24 V 交流或直流电源,即可直接将温度、湿度模拟电压信号引出。HS - 110 系列温湿度双变送器的规格参数如表 7 - 83 所列,温湿度双变送器两路模拟信号输出接线图如图 7 - 18 所示。

表 7 - 83　HS - 110 系列温湿度双变送器规格参数

湿度测量精度	±2%,±3%,±5%(5%~95% RH)
湿度传感器	热固聚合物电容
湿度测量范围	0~95% RH(无凝结)
温度测量精度	±0.1%量程
温度传感器	PT1000
温度补偿范围	−40~85 ℃
探头保护材料	60 µm HDPE 覆盖层
测量偏差	±1%满量程
线性度	±0.5% RH
响应时间	5 秒@25℃
稳定性	±1%@50% RH/5 年
输出信号(温湿度)	4~20 mA/0~5 V DC/0~10 V DC 可选(对应 0~100% RH 及温度量程)
电源	24 V AC/DC

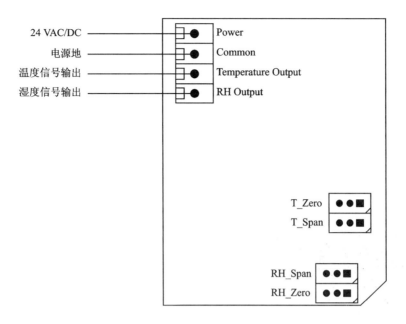

图 7 - 18　HS - 110 系列温湿度变送器信号输出接线图

7.4.2　硬件电路原理图

由 STM32 - V3 开发平台组成的 A/D 采样的硬件电路原理图,如图 7 - 19 所示。它直接使用 ADC 通道 IN10(PC0)、IN11(PC1)作为采样通道。

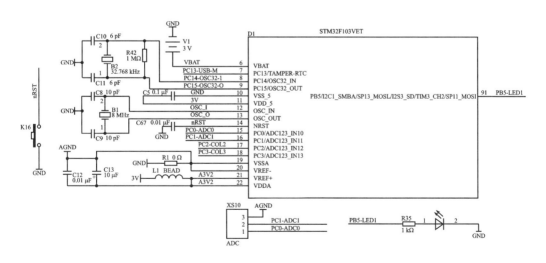

图 7 - 19　A/D 采样硬件电路原理图

7.5　A/D 转换实例系统软件设计

A/D 转换实例在 μC/OS-Ⅱ系统中建立 5 个主要任务,通过 μC/GUI 图形界面设计控件来实时显示 2 个 ADC 通道实时采样温湿度变送器模拟信号量的结果,并可通过串口传递采样结果,其软件设计主要包括 4 个部分:

(1) 5 个 μC/OS-Ⅱ系统多任务建立,包括系统主任务、μC/GUI 界面任务、触摸屏任务、LED1 闪烁任务、ADC 采样任务的建立;

(2) μC/GUI 图形界面程序,主要功能是创建了窗体 1 和窗体 2 分别实时显示 ADC1 的通道 10 和通道 12 的采样值;

(3) 中断服务程序,本例的中断处理函数主要有两个,分别提供系统时钟节拍中断处理和 DMA 通道 1 中断请求处理;

(4) 硬件平台初始化程序,包括系统及外设时钟初始化、中断源配置、GPIO 端口配置、串口初始化及参数配置等最常用的配置,也包括 ADC 模块与 DMA 相关配置。

本实例程序可通过 μC/GUI 图形用户界面实时显示 ADC 采样结果,同时也通过 RS232 串口发送采样数据。本例的系统软件结构如表 7 - 84 所列,涉及的程序文件功能说明如表 7 - 85 所列。

表 7 - 84　系统软件结构

应用软件层			
应用程序 app.c			
系统软件层			
μC/GUI 用户应用程序 Fun.c	操作系统		中断管理系统
μC/GUI 图形系统	μC/OS-Ⅱ系统		异常与外设中断处理模板
μC/GUI 驱动接口 lcd_ucgui.c, lcd_api.c	μC/OS-Ⅱ/Port	μC/OS-Ⅱ/CPU	μC/OS-Ⅱ/Source	stm32f10x_it.c
μC/GUI 移植部分 lcd.c			
CMSIS 层			
Cortex-M3 内核外设访问层	STM32F10x 设备外设访问层		
core_cm3.c	core_cm3.h	启动代码 (stm32f10x_startup.s)	stm32f10x.h	system_stm32f10x.c	system_stm32f10x.h
硬件抽象层			
硬件平台初始化 bsp.c			
硬件外设层			
液晶屏接口应用配置程序	LCD 控制器驱动程序	其他通用模块驱动程序	
fsmc_sram.c	lcddrv.c	stm32f10x_fsmc.c、stm32f10x_gpio.c、stm32f10x_rcc.c、stm32f10x_usart.c、stm32f10x_exti.c、stm32f10x_adc.c、stm32f10x_dma.c、stm32f10x_spi.c、misc.c 等	

表 7 - 85　程序设计文件功能说明

程序文件名称	程序文件功能说明
App. c	包括系统主任务、μC/GUI 界面任务、触摸屏任务、LED1 闪烁任务、ADC 采样任务等
Fun. c	μC/GUI 图形界面程序,通过创建窗体 1 和窗体 2 分别实时显示 ADC1 的通道 10 和通道 11 的采样值
stm32f10x_it. c	中断服务程序,本例包括 2 个功能函数:SysTickHandler() 和 DMAChannel1_IRQHandler()
bsp. c	硬件平台初始化程序,包括系统时钟初始化、中断源配置、SPI1 -触摸屏接口初始化、GPIO 端口配置、串口 1 初始化及参数配置、ADC 和 DMA 通道配置等
stm32f10x_adc. c	通用模块驱动程序之 ADC 模块库函数

1. μC/OS-Ⅱ系统任务的建立

本实例在 μC/OS-Ⅱ系统中建立了 5 个主要任务。这 5 个主要任务分别是主任务、图形用户界面任务、触摸屏任务、LED1 闪烁任务、ADC 采样任务。

主程序集中在 main()入口函数,完成 μC/OS-Ⅱ系统初始化、硬件平台初始化、建立主任务、设置节拍计数器以及启动 μC/OS-Ⅱ系统等。

启动主任务由 App_TaskStart()函数完成,再由该函数调用 App_TaskCreate()建立其他 4 个任务:

- OSTaskCreateExt(AppTaskUserIF,…用户界面任务);
- OSTaskCreateExt(AppTaskKbd,…触摸驱动任务);
- OSTaskCreateExt(Task_Led1,…LED1 闪烁任务);
- OSTaskCreateExt(Task_ADC,…ADC 采样任务)。

本例任务中除了用户界面任务 AppTaskUserIF()和触摸驱动任务 AppTaskKbd()是最常用的配置之外,还建立了其他 2 个任务,分别是 LED1 闪烁任务、ADC 采样任务。

- LED1 闪烁任务 Task_Led1()

LED1 闪烁任务由 Task_Led1()函数实现 LED1 延时 100ms 亮灭,该函数完整的代码如下。

```
static void Task_Led1(void * p_arg)
{
    (void) p_arg;
    while (1)
    {   /* 100ms 间隔 LED 闪烁 */
        Led_ON();//LED1 亮
        OSTimeDlyHMSM(0, 0, 0, 100);
        Led_OFF();//LED1 灭
        OSTimeDlyHMSM(0, 0, 0, 100);
    }
}
```

LED1 亮灭宏定义在 Demo. h 头文件中,实际上是由 GPIO 置位和复位函数直接将 GPIO 引脚电平置高/低电平的。

```
/*PB5 驱动 LED1*/
#define Led_ON()    GPIO_SetBits(GPIOB, GPIO_Pin_5);          //LED1 亮
#define Led_OFF()   GPIO_ResetBits(GPIOB, GPIO_Pin_5);        //LED1 灭
```

● ADC 采样任务 Task_ADC()

ADC 采样任务由 Task_ADC()函数实现,其中 itoa()函数将获取的 ADC 转换值转成字符串,并经调用 USART_OUT()函数后执行串口格式化输出,同时本任务也采用了信号量通信机制,使用 OSSemPend()函数等待一个信号量,该函数完整的代码如下。

```
static void Task_ADC(void * p_arg){
    INT8U err;
    (void)p_arg;
    while(1){
    /*采用信号量通信机制*/
    OSSemPend(ADC_SEM,0,&err);//等待 ADC 的信号量
    /*ADC1 通道 10 的数值转为字符串*/
    itoa(ADC_ConvertedValue1[0], ADC_STR1,10);
    /*ADC1 通道 11 的数值转为字符串*/
    itoa(ADC_ConvertedValue1[1], ADC_STR2,10);
    /*串口 1 输出通道 10 的数值*/
    USART_OUT(USART1, "\r\nADC1  通道 10：% s",ADC_STR1);
    /*串口 1 输出通道 11 的数值*/
    USART_OUT(USART1, "\r\nADC1  通道 11：% s",ADC_STR2);
    USART_OUT(USART1, "\r\n");
    }
}
```

在 ADC 采样任务实现函数 Task_ADC()中嵌套了一个格式转化函数 itoa(),我们再回顾一下第 2 章,该函数曾用于将整形值数据转化成字符串;USART_OUT()函数则是串口格式化输出函数,可格式化输出回车符、换行符、字符串、十进制。这两个功能函数在数据经串口格式化输出的应用场合中经常需要调用到。

2. 中断服务程序

本例的中断服务程序包括两个主要功能函数:第一个是系统时钟节拍中断处理函数 SysTickHandler();另一个是 DMA 通道 1 中断处理函数 DMAChannel1_IRQHandler(),这两个函数的详细代码分别列出如下。

● 函数 SysTickHandler()

本例的系统时钟节拍处理函数稍有不同之处,主要在于它设置了采样计时,并通过信号量发送函数 OSSemPost()向采样任务 Task_ADC()传递 ADC 采样信号量,这点明显区别于其他实例中省略介绍的系统时钟节拍处理函数。

```
/ * 时钟节拍 * /
void SysTickHandler(void)
{
        / * 系统时钟节拍为 10ms 一次,作为 μC/OS - Ⅱ系统的时钟节拍 * /
        OS_CPU_SR   cpu_sr;
        OS_ENTER_CRITICAL();//保存全局中断标志,关总中断
        OSIntNesting ++ ;
        OS_EXIT_CRITICAL();//恢复全局中断标志
        / * 判断延时的任务是否计时到 * /
        OSTimeTick();
        ADC_TIMEOUT ++ ;
        / * 1 秒采样一次 * /
        if(ADC_TIMEOUT>100){
        ADC_TIMEOUT = 0;
        ADC_R = 1;//设置界面显示用 ADC 采样完毕标志
        OSSemPost(ADC_SEM); //传送 ADC 采样信号量
        }
        OSIntExit();
}
```

● 函数 DMAChannel1_IRQHandler()

本函数用于 DMA 通道 1 的中断处理,当获取 DMA 通道 1 传输完成中断标志后,对 ADC 进行过采样。

```
/ * DMA 请求处理程序 * /
void DMAChannel1_IRQHandler(void)
{
    OS_CPU_SR   cpu_sr;
    OS_ENTER_CRITICAL();//保存全局中断标志,关总中断
    OSIntNesting ++ ;//中断嵌套
    OS_EXIT_CRITICAL(); //恢复全局中断标志
    if(DMA_GetITStatus(DMA1_IT_TC1)) //DMA 通道 1 传输完成中断标志
    {
        / * 对 ADC 进行过采样,保证精度 * /
        ADC_ConvertedValue1[0] = (ADC_ConvertedValue[40] + ADC_ConvertedValue[42]
        + ADC_ConvertedValue[44] + ADC_ConvertedValue[46] + ADC_ConvertedValue[48]
        + ADC_ConvertedValue[50] + ADC_ConvertedValue[52] + ADC_ConvertedValue[54]
        + ADC_ConvertedValue[56] + ADC_ConvertedValue[58])/10;
        ADC_ConvertedValue1[1] = (ADC_ConvertedValue[41] + ADC_ConvertedValue[33]
        + ADC_ConvertedValue[45] + ADC_ConvertedValue[47] + ADC_ConvertedValue[49]
        + ADC_ConvertedValue[51] + ADC_ConvertedValue[53] + ADC_ConvertedValue[55]
        + ADC_ConvertedValue[57] + ADC_ConvertedValue[59])/10;
        DMA_ClearITPendingBit(DMA1_IT_GL1); //清除中断标志
    }
```

```
        OSIntExit();
    }
```

3. μC/GUI 图形用户界面程序

在 μC/OS-II 系统下，用户界面任务建立函数 AppTaskUserIF()直接调用 Fun()
函数实现执行 μC/GUI 图形界面显示的功能。

由于本例用户界面仍然采用了对话框窗体，我们从 Fun()函数处开始分成两大块
进行讲述。首先我们从用户界面实现函数 Fun()开始讲述本程序的设计要点。

● 图形用户界面实现函数 Fun()

本函数采用的控件主要有文本控件、框架窗口控件等，利用 GUI_CreateDialogBox()
函数创建对话框窗体。通过窗体 1 和窗体 2 实时显示 2 个 ADC 通道的采样数值。

```
void Fun(void) {
    GUI_CURSOR_Show();//打开鼠标图形显示
    /*建立对话框时,包含了资源列表,资源数目*/
    /*建立 2 个对话框窗体*/
    hWin1 = GUI_CreateDialogBox(aDialogCreate1,
    GUI_COUNTOF(aDialogCreate1),0,0,0,0);
    hWin2 = GUI_CreateDialogBox(aDialogCreate2,
    GUI_COUNTOF(aDialogCreate2),0, 0, 0, 0);
    /*设置窗体字体*/
    FRAMEWIN_SetFont(hWin1,&GUI_FontComic18B_1);
    FRAMEWIN_SetFont(hWin2,&GUI_FontComic18B_1);
    /*设置文本框句柄*/
    text0 = WM_GetDialogItem(hWin1, GUI_ID_TEXT0);
    text1 = WM_GetDialogItem(hWin2, GUI_ID_TEXT1);
    text2 = WM_GetDialogItem(hWin1, GUI_ID_TEXT2);
    text3 = WM_GetDialogItem(hWin2, GUI_ID_TEXT3);
    /*设置文本框字体大小*/
    TEXT_SetFont(text0,&GUI_FontComic24B_1);
    TEXT_SetFont(text1,&GUI_FontComic24B_1);
    TEXT_SetFont(text2,&GUI_FontD32);
    TEXT_SetFont(text3,&GUI_FontD32);
    /*设置文本框字体颜色*/
    TEXT_SetTextColor(text0,GUI_LIGHTBLUE);
    TEXT_SetTextColor(text1,GUI_LIGHTBLUE);
    TEXT_SetTextColor(text2,GUI_LIGHTRED);
    TEXT_SetTextColor(text3,GUI_LIGHTRED);
    while (1)
    {
        if(ADC_R == 1){      /*1秒间隔采样*/
            ADC_R = 0;
```

```
        /* 文本框显示 */
        TEXT_SetText(text2,ADC_STR1);
        TEXT_SetText(text3,ADC_STR2);
    }
    WM_Exec();        //刷新屏幕
    }
}
```

上述代码中的 GUI_CreateDialogBox() 函数用于创建窗体，一共创建了两个窗体。

参数 aDialogCreate1/2 定义对话框中所要包含的资源表的指针；GUI_COUNTOF (aDialog_Create1/2) 定义对话框中所包含的小工具的总数；参数 0 代表无指针（不指定回调函数）；紧跟其后的一个参数表示父窗口的句柄（0 表示没有父窗口），最后两个参数表示 X/Y 座标位置，即对话框相对于父窗口的 X/Y 轴位置。

● GUI_CreateDialogBox() 建立资源表

本函数用于建立资源表，定义两个指向了 GUI_WIDGET_CREATE_INFO 结构的指针，指定在对窗体中所要包括的所有控件含框架窗口、文本控件。

```
/* 定义了对话框资源列表 */
static const GUI_WIDGET_CREATE_INFO aDialogCreate1[] = {
    /* 建立窗体 1,大小是 240×160,原点在 0,0 */
    {FRAMEWIN_CreateIndirect,"ADC1 Channel10 Demo",
                            0,0,0,240,160,FRAMEWIN_CF_ACTIVE },
    /* 建立 TEXT 控件,起点是窗体的 138,50,大小 95×35,文字右对齐 */
    { TEXT_CreateIndirect,"",GUI_ID_TEXT2,138,50,95,35,TEXT_CF_RIGHT },
    /* 建立 TEXT 控件,起点是窗体的 2,60,大小 130×55,文字右对齐 */
    { TEXT_CreateIndirect,"Channel-10:",GUI_ID_TEXT0,2,60,130,55,TEXT_CF_RIGHT },
};
static const GUI_WIDGET_CREATE_INFO aDialogCreate2[] = {
    /* 建立窗体 2,大小是 240×160,原点在 0,160 */
    {FRAMEWIN_CreateIndirect,"ADC1 Channel 11 Demo",
                            0,0,160,240,160,FRAMEWIN_CF_ACTIVE },
    /* 建立 TEXT 控件,起点是窗体的 138,50,大小 95×35,文字右对齐 */
    { TEXT_CreateIndirect,"",GUI_ID_TEXT3,138,50,95,35, TEXT_CF_RIGHT },
    /* 建立 TEXT 控件,起点是窗体的 2,60,大小 130×55,文字右对齐 */
    { TEXT_CreateIndirect,"Channel-11:",GUI_ID_TEXT1,2,60,130,55,TEXT_CF_RIGHT },
};
```

4. 硬件平台初始化

硬件平台初始化程序主要涉及系统时钟配置、FSMC 接口与触摸屏接口配置、串口配置、GPIO 端口配置、ADC 外设和 DMA 通道配置等。

开发板硬件的初始化通过 BSP_Init() 函数调用各接口函数实现，具体实现代码如下。

```
void BSP_Init(void)
{
    RCC_Configuration();//系统时钟初始化及端口外设时钟使能
    NVIC_Configuration();//中断源配置
    GPIO_Configuration();//状态 LED1 的初始化
    USART_Config(USART1,115200); //串口 1 初始化及参数配置
    tp_Config();        //用于触摸电路的 SPI1 接口初始化
    FSMC_LCD_Init();//FSMC 接口初始化
    ADC_Configuration();//ADC 初始化
}
```

下面我们对主要接口与配置函数进行介绍。

● 函数 RCC_Configuration()

本例中需要使能的系统及外设时钟主要有 GPIO 端口 A? B? C? D? E,DMA 通道以及 ADC1 外设模块。

```
void RCC_Configuration(void){
SystemInit();
RCC_APB2PeriphClockCmd(RCC_APB2Periph_GPIOA | RCC_APB2Periph_GPIOB |
RCC_APB2Periph_GPIOC | RCC_APB2Periph_GPIOD|
RCC_APB2Periph_GPIOE , ENABLE);//使能 GPIO 端口 A\B\C\D\E 外设时钟
RCC_AHBPeriphClockCmd(RCC_AHBPeriph_DMA1, ENABLE);//使能 DMA 时钟
RCC_APB2PeriphClockCmd(RCC_APB2Periph_ADC1, ENABLE);//使能 ADC1 模块时钟
}
```

● 函数 GPIO_Configuration()

GPIO 端口配置通过调用 GPIO_Configuration()函数实现 LED1 驱动端口配置,本例省略介绍。

● 函数 USART_Config()

本函数用于串口 1 引脚定义及参数配置,本例省略介绍。

● 函数 NVIC_Configuration()

本例通过中断源配置函数 NVIC_Configuration()开启 DMA 通道 1 中断,该函数的实现代码如下。

```
void NVIC_Configuration(void)
{
    NVIC_InitTypeDef NVIC_InitStructure;
    NVIC_PriorityGroupConfig(NVIC_PriorityGroup_0);
    /* 开启 DMA1_Channel1 中断 */
    NVIC_InitStructure.NVIC_IRQChannel = DMA1_Channel1_IRQn;
    NVIC_InitStructure.NVIC_IRQChannelPreemptionPriority = 1;
    NVIC_InitStructure.NVIC_IRQChannelSubPriority = 0;
```

```
    NVIC_InitStructure.NVIC_IRQChannelCmd = ENABLE;
    NVIC_Init(&NVIC_InitStructure);
}
```

● 函数 ADC_Configuration()

除了上述功能函数之外,本例最重要的一个功能函数是 ADC_Configuration(),用于实现 ADC 通道和 DMA 通道以及对应的寄存器功能配置,详细代码与注释列出如下。

```
void ADC_Configuration(void)
{
    ADC_InitTypeDef ADC_InitStructure;
    GPIO_InitTypeDef GPIO_InitStructure;
    DMA_InitTypeDef DMA_InitStructure;
    /* 使能 DMA 时钟 */
    RCC_AHBPeriphClockCmd(RCC_AHBPeriph_DMA1, ENABLE);
    /* 使能 ADC1 及 GPIOC 时钟 */
    RCC_APB2PeriphClockCmd(RCC_APB2Periph_ADC1 , ENABLE);
    /* DMA 通道 1 配置 */
    /* 使能 DMA */
    DMA_DeInit(DMA1_Channel1);
    /* DMA 通道 1 的地址 */
    DMA_InitStructure.DMA_PeripheralBaseAddr = ADC1_DR_Address;
    /* DMA 传送地址 */
    DMA_InitStructure.DMA_MemoryBaseAddr = (u32)&ADC_ConvertedValue;
    /* 传送方向 */
    DMA_InitStructure.DMA_DIR = DMA_DIR_PeripheralSRC;
    /* 传送内存大小,100 个 16 位 */
    DMA_InitStructure.DMA_BufferSize = 100;
    ]DMA_InitStructure.DMA_PeripheralInc = DMA_PeripheralInc_Disable;
    /* 传送内存地址递增 */
    DMA_InitStructure.DMA_MemoryInc = DMA_MemoryInc_Enable;
    /* ADC1 转换的数据是 16 位 */
    DMA_InitStructure.DMA_PeripheralDataSize = DMA_PeripheralDataSize_HalfWord;
    /* 传送的目的地址是 16 位宽度 */
    DMA_InitStructure.DMA_MemoryDataSize = DMA_MemoryDataSize_HalfWord;
    DMA_InitStructure.DMA_Mode = DMA_Mode_Circular;       //循环
    DMA_InitStructure.DMA_Priority = DMA_Priority_High;
    DMA_InitStructure.DMA_M2M = DMA_M2M_Disable;
    DMA_Init(DMA1_Channel1, &DMA_InitStructure);
    /* 允许 DMA1 通道 1 传输结束中断 */
    DMA_ITConfig(DMA1_Channel1,DMA_IT_TC, ENABLE);
    /* 使能 DMA 通道 1 */
```

```
    DMA_Cmd(DMA1_Channel1, ENABLE);
    /* 设置 AD 模拟输入端口为输入,共 2 路 AD 规则通道 */
    GPIO_InitStructure.GPIO_Pin = GPIO_Pin_0 | GPIO_Pin_1;
    GPIO_InitStructure.GPIO_Mode = GPIO_Mode_AIN;
    GPIO_Init(GPIOC, &GPIO_InitStructure);
    /* ADC 配置 */
    ADC_InitStructure.ADC_Mode = ADC_Mode_Independent;//ADC1 工作在独立模式
    /* 模数转换工作在扫描模式(多通道)还是单次(单通道)模式 */
    ADC_InitStructure.ADC_ScanConvMode = ENABLE;
    /* 模数转换工作在扫描模式(多通道)还是单次(单通道)模式 */
    ADC_InitStructure.ADC_ContinuousConvMode = ENABLE;
    /* 转换由软件而不是外部触发启动 */
    ADC_InitStructure.ADC_ExternalTrigConv = ADC_ExternalTrigConv_None;
    ADC_InitStructure.ADC_DataAlign = ADC_DataAlign_Right;//ADC 数据右对齐
    /* 规定了顺序进行规则转换的 ADC 通道的数目,这个数目的取值范围是 1 到 16 */
    ADC_InitStructure.ADC_NbrOfChannel = 2;
    ADC_Init(ADC1, &ADC_InitStructure);
    /******* ADC1 规则通道配置 *********/
    /* 通道 10 采样时间 55.5 周期 */
    ADC_RegularChannelConfig(ADC1, ADC_Channel_10, 1,
                             ADC_SampleTime_55Cycles5);
    /* 通道 11 采样时间 55.5 周期 */
    ADC_RegularChannelConfig(ADC1, ADC_Channel_11, 2,
                             ADC_SampleTime_55Cycles5);
    /* 使能 ADC1 DMA */
    ADC_DMACmd(ADC1, ENABLE);
    /* 使能 ADC1 */
    ADC_Cmd(ADC1, ENABLE);
    /* 初始化 ADC1 校准寄存器 */
    ADC_ResetCalibration(ADC1);
    /* 检测 ADC1 校准寄存器初始化是否完成 */
    while(ADC_GetResetCalibrationStatus(ADC1));
    /* 开始校准 ADC1 */
    ADC_StartCalibration(ADC1);
    /* 检测是否完成校准 */
    while(ADC_GetCalibrationStatus(ADC1));
    /* ADC1 转换启动 */
    ADC_SoftwareStartConvCmd(ADC1, ENABLE);
}
```

5. 通用模块驱动程序

本实例中 ADC 模块外设驱动库函数在 7.2 节已经针对性地介绍过,表 7-86 简要地列出了本实例中被其他功能函数经常调用的库函数。

表 7 - 86　库函数调用列表

序　号	函数名
1	ADC_Init
2	ADC_RegularChannelConfig
3	ADC_DMACmd
4	ADC_Cmd
5	ADC_ResetCalibration
6	ADC_GetResetCalibrationStatus
7	ADC_StartCalibration
8	ADC_SoftwareStartConvCmd

7.6　实例总结

本章讲述了 STM32 微处理器的 ADC 模块的结构与工作原理,着重介绍了 ADC 涉及的规则组、注入组、单次转换、连续转换、扫描模式、间断模式以及 ADC 双模式组合模式的应用。

本章最后基于 μC/OS-II 系统与 μC/GUI 图形用户接口设计了一个 A/D 转换程序实例,演示了 STM32F103 处理器的 IN10 和 IN11 通道对温湿度双变送器两个独立输出模拟信号的实时采样。

7.7　显示效果

本实例的软件在 STM32 - V3 硬件开发板上运行后,在两个 ADC 通道上接入模拟信号源。信号被采样和 ADC 转换后的结果显示如图 7 - 20 所示。

图 7 - 20　两通道 ADC 应用实例演示图

第 **8** 章

LCD 液晶显示屏与触摸屏系统设计实例

　　LCD 液晶显示屏与触摸屏在嵌入式系统的应用越来越普及。它们是非常简单、方便、自然的人机交互方式,目前广泛应用于便携式仪器、智能家电、掌上设备、消费类电子产品等领域。触摸屏与 LCD 液晶显示技术紧密结合,成为了主流配置。

　　本书所讲述的所有 μC/GUI 嵌入式图形系统实例都需要应用到 LCD 液晶显示屏和触摸屏,因此本章将对液晶显示屏与触摸屏在 μC/OS-II 系统和 μC/GUI 图形系统的设计做基础性介绍。

8.1　LCD 液晶显示屏概述

　　LCD 液晶显示屏是一种将液晶显示器件、连接件、集成电路、PCB 线路板、背光源以及结构件装配在一起的组件,英文名称叫"LCD Module",简称"LCM"。长期以来人们都习惯地称其为"液晶显示模块"。

8.1.1　LCD 液晶显示屏原理

　　液晶,它是一种在一定温度范围内呈现既不同于固态、液态,又不同于气态的特殊物质态。它既具有各向异性的晶体所特有的双折射性,又具有液体的流动性。

　　LCD 液晶显示器中的液晶体在外加交流电场的作用下排列状态会发生变化,呈不规则扭转形状,形成一个个光线的闸门,从而控制液晶显示器件背后的光线是否穿透,呈现明与暗或者透过与不透过的显示效果。这样,人们可以在 LCD 上看到深浅不一、错落有致的图像。LCD 显示器中的每个显示像素可以单独被电场控制,不同的显示像素按照控制信号的"指挥"便可以在显示屏上形成不的字符、数字及图形,即通过 LCD 显示屏上的电极控制液晶分子状态来达到显示目的。

8.1.2　LCD 液晶显示屏的分类

通常 LCD 液晶显示屏可以分为位段型液晶显示模块、字符型液晶显示模块、图形点阵型液晶显示模块 3 种类型。

1. 位段型液晶显示模块

位段型液晶显示模块是一种由位段型液晶显示器件与专用的集成电路组装成一体的功能部件。位段型液晶显示器件大多应用在便携、袖珍设备上。由于这些设备体积小,所以尽可能不将显示部分设计成单独的部件。

常见位段型液晶显示模块的每字为 8 段组成,即 8 字和 1 点,只能显示数字和部分字母。如果必须显示其他少量字符、汉字和其他符号,一般需要从厂家定做,可以将所要显示的字符、汉字和其他符号固化在指定的位置。

2. 字符型液晶显示模块

字符型液晶显示模块是由字符液晶显示器件与专用的行、列驱动器、控制器、必要的连接件以及结构件装配而成的,可以显示数字和西文字符。这种字符模块本身具有字符发生器,显示容量大,功能丰富。一般这种模块最少也可以显示 8 位 1 行或 16 位 1 行以上的字符。

字符型 LCD 一般有以下几种分辨率,8×1、16×1、16×2、16×4、20×2、20×4、40×2、40×4 等,其中 8(16、20、40)的意义为一行可显示的字符(数字)数,1(2、4)的意义是指显示行数。

3. 图形点阵型液晶显示模块

图形点阵型显示模块就是可以动态地显示字符和图片的 LCD。图形点阵液晶模块的点阵像素连续排列,行和列在排布中均没有空隔,不仅可以显示字符,同时可以显示连续、完整的图形。

显然,图形点阵型液晶显示模块是 3 种液晶显示模块中功能最全面也最为复杂的一种。选择图形点阵液晶模块时有 3 种类型可供选择:行列驱动型、行列驱动控制型及行列控制型。

(1) 行列驱动型。

这是一种必须外接专用控制器的模块,液晶显示模块生产时只装配了通用的行、列驱动器,这种驱动器实际上只有对像素的一般驱动输出端,一般只有 4 位以下的数据输入端、移位信号输入端、锁存输入端、交流信号输入端(如 HD44100、IID66100)等。这种模块必须外接控制电路(如 HD61830、SED1330 等)才能使用。

(2) 行列控制型。

这是一种内置控制器的图形点阵液晶显示模块,也是比较受欢迎的一种类型。这种液晶显示模块不仅装有如第一类的行、列驱动器,而且也装配有专用控制器。这种控制器是液晶驱动器与 MPU 的接口,它以最简单的方式受控于 MPU,接收并反馈 MPU 的各种信息,经过自己独立的信息处理实现对显示缓冲区的管理,并向驱动器提供所需要的各种信号、脉冲,操纵驱动器实现液晶显示模块的显示功能。

(3) 行列驱动控制型。

这类模块所用的驱动器具有 I/O 总线数据接口,可以将模块直接挂在 MPU 的总线上,省去了专用控制器,因此对整机系统降低成本有好处。对于像素数量不大,整机功能不多,对计算机软件的编程又很熟悉的用户非常适用,不过它会占用系统的部分资源。

8.2 触摸屏驱动原理简述

触摸屏技术在我国的应用时间不是太长,但是它已经成了继键盘、鼠标、手写板、语音输入后最为人们所接受的输入方式。利用这种技术,用户只要用手指轻轻地触碰显示屏上的图符或文字就能实现对主机操作,从而使人机交互更为直截了当。

触摸屏应用范围主要涉及到公共信息的查询,如电信局、税务局、银行、电力等部门的业务查询;城市街头的信息查询;此外还可广泛应用于政务办公、工业控制、军事指挥、电子游戏、点歌点菜、多媒体教学等。

8.2.1 电阻触摸屏工作原理

为了操作上的方便,人们用触摸屏来代替鼠标或键盘。工作时,我们必须首先用手指或其他物体触摸安装在显示器前端的触摸屏,然后系统根据手指触摸的图标或菜单位置来定位选择信息输入。

生活和工作中最为常见的触摸屏是电阻触摸屏和电容触摸屏,但以电阻触摸屏价格最为低廉,应用范围最广。

电阻触摸屏的屏体部分是一块多层复合薄膜,由一层玻璃或有机玻璃作为基层,表面涂有一层透明的导电层(ITO,氧化铟),上面再盖有一层外表面硬化处理、光滑防刮的塑料层,它的内表面也涂有一层 ITO,在两层导电层之间有许多细小(小于千分之一英寸)的透明隔离点把它们隔开绝缘(如图 8-1 所示)。

电阻式触摸屏利用压力感应进行控制,当手指接触屏幕,触摸时产生的压力使两层 ITO 导电层(两层分别对应 X/Y 轴,它们之间用细微透明绝缘颗粒绝缘)出现一个接触点,电阻发生变化。因其中一面导电层接通 Y 轴方向的均匀电压场 VCC(典型电压为 5 V),使得侦测层的电压由零变为非零,控制器侦测到这个接通后,进行 A/D 转换,并将得到的电压值与 VCC 相比,即可得到触摸点的 Y 轴坐标,同理得出 X 轴的坐标。这就是电阻技术触摸屏的基本原理。电阻式触摸屏工作时的导电层如图 8-2 所示。电阻屏根据引出线数多少,分为四线、五线等类型。

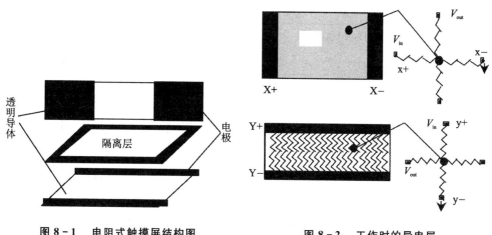

图 8-1   电阻式触摸屏结构图   图 8-2   工作时的导电层

8.2.2   触摸屏控制实现

目前在很多手持智能设备应用中,将触摸屏作为一个标准输入设备,对触摸屏的控制也有专用的控制芯片。触摸屏的控制芯片主要完成两个任务:一是完成电极电压的切换,二是采集接触点处的电压值并实现 A/D 转换。

如 8.2.1 小节所述,触摸屏控制芯片主要由触摸检测部件和触摸屏控制器组成。触摸检测部件安装在显示器屏幕前面,用于检测用户触摸位置,接受位置信号后送至触摸屏控制器;而触摸屏控制器的主要作用是从触摸点检测装置上接收触摸信息,并将它转换成触点坐标,再送给 MPU,同时它能接收 MPU 发来的命令并加以执行。

8.3   设计目标

本章基于 STM32 - V3 硬件开发平台(也可以使用 STM32MINI 硬件)安排了三个类似实例,在 2.4 寸、3.0 寸、4.3 寸液晶显示屏三种 LCD 驱动控制器的不相同情况下,如何采用相同的 μC/OS-Ⅱ系统与 μC/GUI 图形用户接口程序文件搭配不同液晶屏底层驱动,实现功能类似的图形显示演示,以实例形象地阐述了软硬件快速剥离实现程序移植、软件设计层次化搭建的优势。

8.4   硬件电路架构

本章的实例硬件电路由 STM32 微处理器的 FSMC 接口、液晶显示模块构成。三个实例硬件电路在 STM32 微处理器组成的主板及 FSMC 接口端是完全一样的,细微差别主要集中在液晶显示模块端是否有外置 SSD1963 控制器。2.4 寸与 3.0 寸液晶模块应用硬件结构图如图 8-3 所示,4.3 寸液晶模块上有外置 SSD1963 控制器,其应用硬件结构图如图 8 - 4 所示。

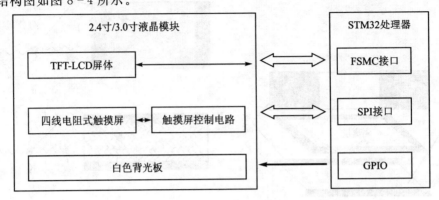

图 8 - 3　2.4 寸与 3.0 寸液晶模块应用硬件结构图

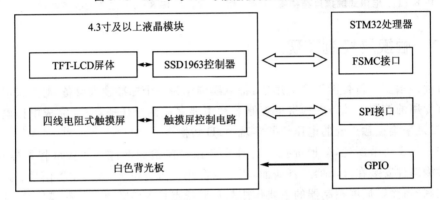

图 8 - 4　4.3 寸液晶模块应用硬件结构图

8.4.1　STM32 微处理器 FSMC 接口

STM32 开发平台采用 FSMC(灵活的静态存储器控制器)接口控制液晶显示模块。STM32 处理器的 FSMC 模块是个专用的接口模块,能够访问同步或异步存储器和 16 位 PC 存储器卡等外部设备。它的主要作用是:将 AHB 传输信号转换到适当的外部设备协议,满足访问外部设备的时序要求。

STM32 微处理器的 FSMC 接口模块具有下列主要功能。

- 具有静态存储器接口的器件包括:
　　——静态随机存储器(SRAM);
　　——只读存储器(ROM);
　　——NOR 闪存;
　　——PSRAM(4 个存储器块)。
- 两个 NAND 闪存块,支持硬件 ECC 并可检测多达 8 KB 数据。
- 16 位的 PC 卡兼容设备。

- 支持对同步器件的成组(Burst)访问模式,如 NOR 闪存和 PSRAM。
- 8 或 16 位数据总线。
- 每一个存储器块都有独立的片选控制。
- 每一个存储器块都可以独立配置。
- 时序可编程以支持各种不同的器件:
  ——等待周期可编程(多达 15 个周期);
  ——总线恢复周期可编程(多达 15 个周期);
  ——输出使能和写使能延迟可编程(多达 15 周期);
  ——独立的读写时序和协议,可支持宽范围的存储器和时序。
- PSRAM 和 SRAM 器件使用的写使能和字节选择输出。
- 将 32 位的 AHB 访问请求,转换到连续的 16 位或 8 位的,对外部 16 位或 8 位器件的访问。
- 具有 16 个字,每个字 32 位宽的写入 FIFO,允许在写入较慢存储器时释放 AHB 进行其他操作。在开始一次新的 FSMC 操作前,FIFO 要先被清空。

STM32 微处理器的 FSMC 接口模块包含 4 个部分:AHB 总线接口(包含 FSMC 配置寄存器),NOR 闪存和 PSRAM 控制器,NAND 闪存和 PC 卡控制器,外部设备接口。FSMC 接口模块的结构框图如图 8 - 5 所示。

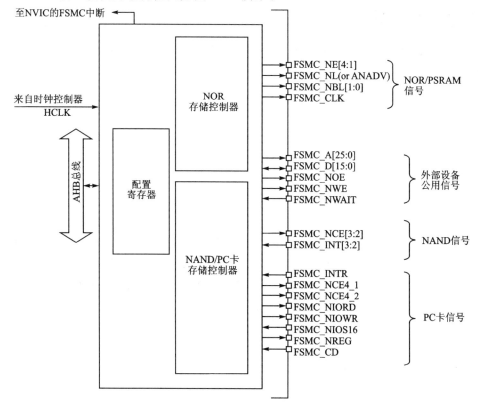

图 8 - 5　FSMC 接口结构框图

当 STM32 微处理器使用 FSMC 接口模块来控制 LCD 液晶显示模块时,其接口信号线用于驱动 LCD 的对应关系,如表 8-1 所列。

表 8-1　FSMC 接口与 LCD 液晶显示模块信号对应关系

FSMC 接口信号	LCD 接口信号	功能说明
FSMC [D0:D15]	D0~D15	FSMC 数据总线[D0:D15]与 LCD 接口 16 位数据总线对应
FSMC NEx	$\overline{CS}$	FSMC 接口片选信号,与 LCD 接口片选信号对应
FSMC NOE	$\overline{RD}$	FSMC 接口输出使能,与 LCD 接口读使能对应
FSMC NWE	$\overline{WR}$	FSMC 接口写使能,与 LCD 接口写使能对应
FSMC Ax	RS	FSMC 地址线,用于 LCD 寄存器和 RAM 选择

STM32 微处理器使用 FSMC 接口模块与 LCD 英特尔 8080(类似)接口示意图如图 8-6 所示。

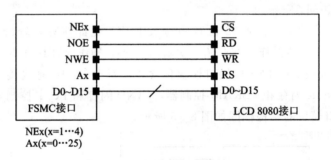

图 8-6　FSMC 接口模块与 LCD 英特尔 8080 接口示意图

8.4.2　触摸屏控制器

虽然 2.4 寸、3.0 寸、4.3 寸液晶显示屏使用的 LCD 驱动控制器不同,但所采用的触摸屏控制器却是完全相同,且触摸屏硬件电路独立于液晶屏,它们都采用触摸控制器 XPT2046。

XPT2046 是一款四线制触摸屏控制器,内含 12 位分辨率 125 kHz 转换速率逐步逼近型 A/D 转换器,同时包含了采样/保持、模数转换、串口数据输出等功能。XPT2046 功能框图如图 8-7 所示,它支持 1.5 V~5.25 V 范围的低电压 I/O 接口。XPT2046 能通过执行两次 A/D 转换查出被按的屏幕位置,片内集成有 1 个温度传感器,内部自带 2.5 V 参考电压可以用于辅助输入、温度测量和电池监测模式,此外,还可以测量加在触摸屏上的压力。

XPT2046 芯片功能主要特性如下。

● 具有四线制触摸屏接口;

● 具有触摸压力测量功能;

● 能直接测量电源电压(0~6 V);

● 低功耗(260 μA);

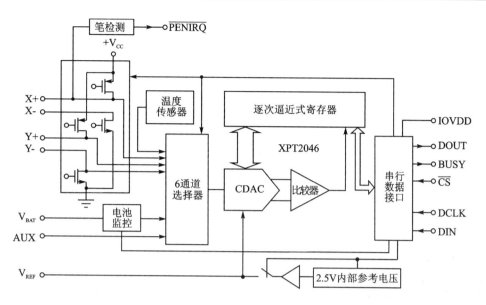

图 8 - 7　XPT2046 功能框图

- 可单电源工作,工作电压范围为 2.2～5.25 V;

- 支持 1.5～5.25 V 电平的数字 I/O 口;

- 内部自带＋2.5 V 参考电压源;

- 具有 125 kHz 的转换速率;

- 采用 3 线制 SPI 通信接口;

- 具有可编程的 8 位或 12 位的分辨率;

- 具有 1 路辅助模拟量输入;

- 具有自动省电功能;

- 封装小,节约电路面积,TSSOP - 16, QFN - 16(0.75 mm 厚度)和 VFBGA - 48;

- 全兼容 TSC2046,ADS7843/7846 和 AK4182。

XPT2046 最常用的封装 TSSOP - 16 引脚排列如图 8 - 8 所示,对应引脚功能定义如表 8 - 2 所列。

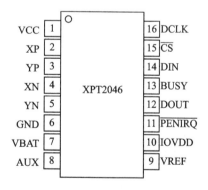

图 8 - 8　XPT2046 引脚排列图

表 8 - 2　XPT2046 芯片引脚功能定义

引脚号	引脚名	功能描述
1	VCC	供电电源
2,3	XP,YP	触摸屏正电极,内部 A/D 通道
4,5	XN,YN	触摸屏负电极

引脚号	引脚名	功能描述
6	GND	电源地
7	VBAT	电池监测输入端
8	AUX	1 个附加 A/D 输入通道
9	VREF	A/D 参考电压输入
10	IOVDD	数字电源输入端
11	$\overline{PENIRQ}$	笔接触中断输出,须接外拉电阻
12,14,16	DOUT,DIN,DCLK	数字串行接口,在时钟下降沿数据移出,上升沿数据移入
13	BUSY	忙指示,低电平有效
15	$\overline{CS}$	片选信号

8.4.3 硬件电路

根据实例的主板、触摸屏硬件电路相同、液晶屏显示模块电路不同的特点,本节将硬件电路分成 STM32 微处理器组成的主板及 FSMC 接口端、2.4 寸液晶显示模块、3.0 寸液晶显示模块、4.3 寸液晶显示模块、触摸屏控制电路等五个部分进行讲述。

1. STM32 微处理器主板端

STM32 处理器主板端的硬件电路原理图如图 8 - 9 所示,主板与液晶显示模块的接口如图 8 - 10 所示,该接口分别作为 FSMC 接口驱动 LCD 液晶屏体信号接口、触摸屏控制接口及背光驱动控制。

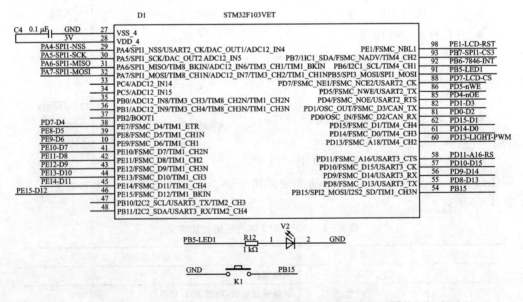

图 8 - 9 STM32 处理器接口电路图

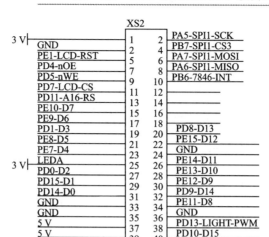

图 8 - 10　LCD 硬件接口电路

2. 2.4 寸液晶显示模块电路

2.4 寸液晶显示模块液晶屏采用 ILI9325 驱动控制器,分辨率为 240×320,白光驱动器 PT4402 驱动背光,硬件电路如图 8 - 11 所示。

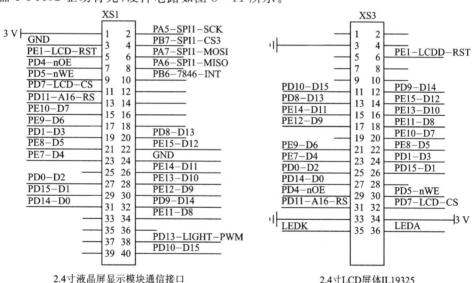

2.4寸液晶屏显示模块通信接口　　　　　2.4寸LCD屏体IL19325

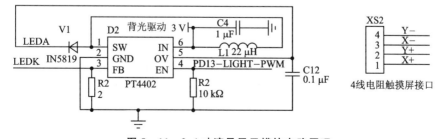

图 8 - 11　2.4 寸液晶显示模块电路原理

3. 3.0 寸液晶显示模块电路

3.0 寸液晶显示模块液晶屏采用 R61509V 驱动控制器,分辨率为 240×400,白光驱动器 PT4402 驱动背光,硬件电路如图 8-12 所示。

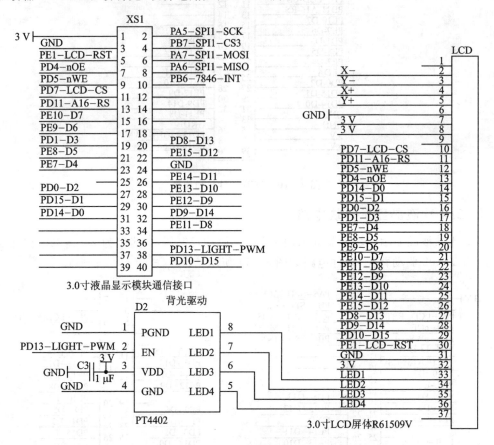

图 8-12 3.0 寸液晶显示模块电路原理

4. 4.3 寸液晶显示模块电路

4.3 寸液晶显示模块液晶屏采用外置 SSD1963 驱动控制器,分辨率为 272×480,背光驱动器 CAT4238 驱动背光,该液晶显示模块由 SSD1963 控制器、背光驱动、触摸屏控制电路及相关接口组成。这部分电路电路原理图分别如图 8-13～图 8-15 所示。

5. 触摸屏电路

2.4 寸、3.0 寸、4.3 寸液晶显示模块的触摸屏控制电路都是相同的,均以 XPT2046 为核心,触摸屏控制器使用 3 线制 SPI 接口与 STM32 微处理器的 SPI 接口通信,硬件电路原理图如图 8-16 所示。

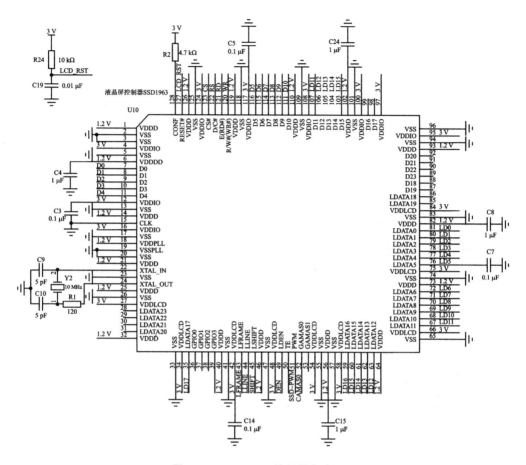

图 8 - 13　SSD1963 控制器电路原理

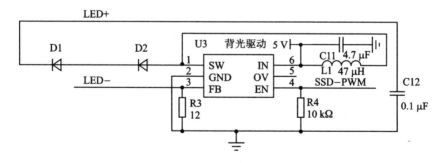

图 8 - 14　背光驱动电路原理

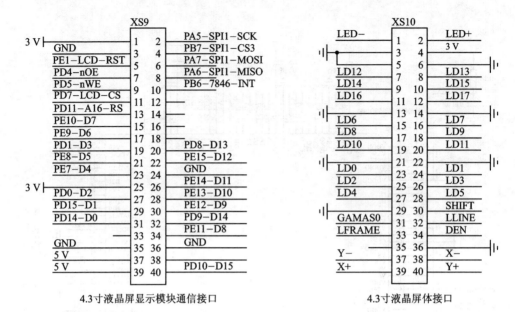

4.3寸液晶屏显示模块通信接口　　　　　4.3寸液晶屏体接口

图 8-15　接口电路原理

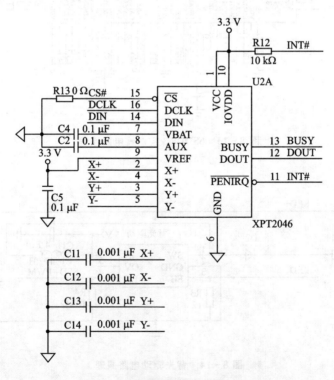

图 8-16　触摸屏控制器电路示意图

8.5　系统软件设计

本章的三种液晶显示模块图形演示实例的功能基本相同,且系统软件设计涉及的软件层次与架构也是完全类似的,除硬件外设层之外的上层大部分程序代码都可以无缝调用,它们主要包括六个部分:

(1) μC/OS-Ⅱ 系统建立任务,包括系统主任务、μC/GUI 界面任务、触摸屏任务等;

(2) μC/GUI 图形界面用户演示程序;

(3) 中断服务程序,提供一个系统时钟节拍处理函数 SysTickHandler();

(4) 硬件平台初始化程序,包括调用系统时钟及外设时钟初始化、FSMC 液晶屏接口初始化、中断源配置、触摸屏 SPI 接口以及液晶屏控制器初始化函数等进行常用配置;

(5) 液晶屏接口应用配置程序,配置 FSMC 接口用于驱动液晶屏;

(6) LCD 控制器驱动程序,主要涉及寄存器参数配置。

三个实例所涉及的软件结构如表 8-3 所列,主要程序文件及功能说明如表 8-4 所列。表 8-5 针对三个实例的程序文件,参照架构层次自顶向下列出了异同点。

表 8-3　系统软件结构

应用软件层			
应用程序 app. c			
系统软件层			
μC/GUI 演示程序 GUIDEMO. c	操作系统		中断管理系统
μC/GUI 图形系统	μC/OS-Ⅱ 系统		异常与外设中断处理模板
μC/GUI 驱动接口	μC/OS-Ⅱ/Port	μC/OS-Ⅱ/CPU	μC/OS-Ⅱ/Source	stm32f10x_it. c
lcd_ucgui. c,lcd_api. c			
μC/GUI 移植部分 lcd. c			
CMSIS 层			
Cortex-M3 内核外设访问层	STM32F10x 设备外设访问层		
core_cm3. c	core_cm3. h	启动代码 (stm32f10x_startup. s)	stm32f10x. h	system_stm32f10x. c	system_stm32f10x. h
硬件抽象层			
硬件平台初始化 bsp. c			
硬件外设层			
液晶屏接口应用配置程序	LCD 控制器驱动程序		
fsmc_sram. c	lcddrv. c		
其他通用模块驱动程序			
misc. c、stm32f10x_fsmc. c、stm32f10x_gpio. c、stm32f10x_rcc. c、stm32f10x_spi. c 等			

表 8-4　程序设计文件功能说明

程序文件名称	程序文件功能说明
App.c	包括系统主任务、μC/GUI 界面任务、触摸屏任务及系统固定的两个任务
stm32f10x_it.c	中断服务程序,本例调用函数 SysTickHandler()用于系统时钟节拍
GUIDEMO.c	μC/GUI 系统图形界面演示程序
bsp.c	硬件平台初始化程序,包括系统时钟及外设时钟初始化、GPIO 端口配置、触摸屏 SPI 接口、FSMC 液晶屏接口初始化和配置等
fsmc_sram.c	液晶屏接口应用配置程序,将 FSMC 接口定义成液晶屏通信接口,并配置相应引脚
lcddrv.c	LCD 控制器驱动程序,由于 2.4 寸液晶显示模块、3.0 寸液晶显示模块、4.3 寸液晶显示模块的 LCD 控制器型号是不同的,所以其对应的驱动配置也不相同
stm32f10x_spi.c	通用模块驱动程序之 SPI 库函数,通过 SPI 接口用于触摸屏控制器配置

表 8-5　三个实例主要程序文件异同

文件名	2.4 寸屏	3.0 寸屏	4.3 寸屏	软件层备注
app.c	相同	相同	相同	应用软件层之用户程序
GUIDEMO.c	相同	相同	相同	系统软件层之 GUI 应用
lcd_ucgui.c	相同	相同	相同	系统软件层之 GUI 接口,μC//GUI 内部函数
lcd_api.c	相同	相同	相同	系统软件层 GUI 接口,μC//GUI 内部函数
lcd.c	相同	相同	相同	系统软件层 GUI 移植部分
lcd.h	相同	相同	相同	系统软件层 GUI 移植部分
lcdconf.h	相似	相似	相似	系统软件层 GUI 移植部分,仅分辨率设置不同
stm32f10x_it.c	相同	相同	相同	系统软件层中断管理
bsp.c	相同	相同	相同	硬件抽象层之初始化
lcddrv.c	不同	不同	不同	硬件外设层之 LCD 控制器驱动,寄存器配置不同
fsmc_sram.c	相同	相同	相同	硬件外设层之液晶显示模块接口配置

8.5.1　2.4 寸液晶显示模块图形演示实例软件

　　2.4 寸液晶显示模块图形演示实例软件设计的讲述仍然参考表 8-3 所列的软件层次与架构,针对表 8-4 所列的主要程序文件进行介绍。

1.　μC/OS-II 系统任务的建立

　　μC/OS-II 系统软件代码主要涉及到主任务、图形用户界面任务、触摸屏任务等系统任务开始与建立。主程序从 main()函数入口,完成 μC/OS-II 系统初始化、硬件平台初始化、建立主任务、设置节拍计数器以及启动 μC/OS-II 系统等工作。

　　任务建立 App_TaskStart()函数首先初始化 μC/OS-II 系统节拍,然后使能 μC/

OS-Ⅱ系统统计任务,再由该函数调用 App_TaskCreate()建立其他任务:

- OSTaskCreateExt(AppTaskUserIF,…用户界面任务);
- OSTaskCreateExt(AppTaskKbd,…触摸驱动任务)。

由于在 μC/OS-Ⅱ系统环境下架构 μC/GUI 图形系统应用时,这两个任务都是最通用的系统任务,所以在其他章节一般省略了这两个任务的介绍,本节对这两个任务函数进行详细介绍。

- 函数 AppTaskUserIF()

用户界面任务调用 AppTaskUserIF (void * p_arg)函数,首先应用 GUI_Init()函数初始化图形用户界面,然后调用图形演示例程主函数 GUIDEMO_main()实现系统定义的图形随机演示,该函数实现代码详列如下文。

```
static void AppTaskUserIF (void * p_arg)
{
    (void)p_arg;
    GUI_Init();//μC/GUI 图形用户界面初始化
    while(1)
    {
        GUIDEMO_main();//调用图形用户界面主程序
    }
}
```

- 函数 AppTaskKbd()

触摸驱动任务函数 AppTaskKbd()嵌套函数 GUI_TOUCH_Exec()用于获取触摸屏座标,该函数实现代码如下。

```
static void AppTaskKbd (void * p_arg)
{
    (void)p_arg;
    while(1)
    {
        /* 延时 10 ms 会读取一次触摸座标 */
        OSTimeDlyHMSM(0,0,0,10); //延时
        /* 我们在第 3 章讲述 μC/GUI 图形系统移植时,专门讲述过该触摸屏驱动代码 */
        GUI_TOUCH_Exec();//获取座标
    }
}
```

2. μC/GUI 图形系统移植与图形用户界面程序

本例的 μC/GUI 图形用户界面程序通过调用 μC/GUI 图形系统自带的 GUI-DEMO.c 文件中 GUIDEMO_main()函数实现,这个功能函数是分为 GUIDEMO_LARGE 和 GUIDEMO_SMALL 两个版本,下述列出的是 GUIDEMO_SMALL 版本的代码,它创建了一个作为子窗口的框架窗口控件,并建立了两个按钮控件等,详细功

能见代码与注释。

```
void GUIDEMO_main(void) {
  # if GUI_WINSUPPORT
  int i;
  # endif
  # if GUI_WINSUPPORT
    # if LCD_NUM_DISPLAYS > 1
      FRAMEWIN_CreateAsChild(10, 10, 100, 100, WM_GetDesktopWindowEx(1), "Display 1",
NULL, WM_CF_SHOW);/* 创建了一个作为子窗口的框架窗口控件 */
      GUI_Delay(1000);
    # endif
    WM_SetCreateFlags(WM_CF_MEMDEV);  /* 建立存储设备 */
    _ButtonSizeX = 27;
    _ButtonSizeY = 14;
    _ahButton[0] = BUTTON_Create(LCD_GetXSize() - _ButtonSizeX * 2 - 5,
                                 LCD_GetYSize() - _ButtonSizeY - 3,
                                 _ButtonSizeX, _ButtonSizeY,
                                 'H', WM_CF_SHOW | WM_CF_STAYONTOP | WM_CF_MEMDEV);
                                    //以指定参数建立一个按钮控件
    _ahButton[1] = BUTTON_Create(LCD_GetXSize() - _ButtonSizeX - 3,
                                 LCD_GetYSize() - _ButtonSizeY - 3,
                                 _ButtonSizeX, _ButtonSizeY,
                                 'N', WM_CF_SHOW | WM_CF_STAYONTOP | WM_CF_MEMDEV);
                                    //以指定参数建立一个按钮控件
    BUTTON_SetFont(_ahButton[0], &GUI_Font8_ASCII);//设置按钮控件 1 字体
    BUTTON_SetFont(_ahButton[1], &GUI_Font8_ASCII); //设置按钮控件 2 字体
    BUTTON_SetText(_ahButton[0], "Stop");//设置按钮控件 1 显示文本
    BUTTON_SetText(_ahButton[1], "Next");//设置按钮控件 2 显示文本
    _UpdateCmdWin();
    WM_ExecIdle();
  # endif
  /* 显示 Intro */
  GUIDEMO_Intro();
  /* 运行单独的演示 */
  for (_iTest = 0; _apfTest[_iTest]; _iTest ++ ) {
    GUI_CONTEXT ContextOld;
    GUI_SaveContext(&ContextOld);
    _iTestMinor = 0;
    _UpdateCmdWin();
    ( * _apfTest[_iTest])();
    _CmdNext = 0;
    GUI_RestoreContext(&ContextOld);
```

```
    }
    /* 清除 */
    # if GUI_WINSUPPORT
      for (i = 0; i < countof(_ahButton); i++) {
        BUTTON_Delete(_ahButton[i]);
      }
    # endif
}
```

鉴于 μC/GUI 图形系统移植相关步骤已经在第 3 章中做过详细的介绍,且这部分都是 μC/GUI 内部函数,这里仅介绍如何参考液晶显示屏的分辨率对 lcdconf.h 文件做部分修改,不同的分辨率 LCD_XSIZE、LCD_YSIZE 设置值是不同的,针对配置 2.4 寸液晶显示屏所作的修改内容见注释。

```
    # ifndef LCDCONF_H
    # define LCDCONF_H
    /* 针对不同屏幕的水平分辨率进行设置 */
    # define LCD_XSIZE          (320) //配置 2.4 寸液晶显示屏水平分辨率
    /* 针对不同屏幕的垂直分辨率进行设置 */
    # define LCD_YSIZE          (240) //配置 2.4 寸液晶显示屏垂直分辨率
    # define LCD_CONTROLLER     (9320)//LCD 控制器芯片,需要结合另外一项统一定义
    # define LCD_BITSPERPIXEL   (16)   //位像素 16bpp
    # define LCD_FIXEDPALETTE   (565)
    # define LCD_SWAP_RB        (1)
```

3. 硬件平台初始化程序

硬件平台初始化程序主要包括系统时钟配置、FSMC 接口的 LCD 初始化、SPI1 接口-触摸屏芯片初始化与配置、GPIO 端口配置等系统常用的配置。

开发板硬件的初始化通过 BSP_Init()函数调用各接口功能函数实现,具体实现代码如下。

```
    void BSP_Init(void)
    {
        RCC_Configuration();//系统时钟初始化及端口外设时钟使能
        GPIO_Configuration();//LED1 状态的初始化
        tp_Config();      //SPI1 接口的触摸屏电路初始化
        FSMC_LCD_Init();//FSMC 接口的 LCD 初始化
    }
```

● 函数 GPIO_Configuration()

GPIO 引脚配置调用 GPIO_Configuration()函数实现 LED 驱动引脚配置,代码如下。

```
    void GPIO_Configuration(void)
```

```
{
    GPIO_InitTypeDef GPIO_InitStructure;
    /* 使能各端口时钟 */
    RCC_APB2PeriphClockCmd(RCC_APB2Periph_GPIOA| RCC_APB2Periph_GPIOB
    | RCC_APB2Periph_GPIOC|RCC_APB2Periph_GPIOD
    | RCC_APB2Periph_GPIOE , ENABLE);
    GPIO_InitStructure.GPIO_Pin = GPIO_Pin_5;      //LED1 驱动引脚
    GPIO_InitStructure.GPIO_Mode = GPIO_Mode_Out_PP;
    GPIO_InitStructure.GPIO_Speed = GPIO_Speed_50MHz;
    GPIO_Init(GPIOB, &GPIO_InitStructure);
}
```

● 函数 tp_Config()

触摸屏初始化配置调用 tp_Config()函数完成功能,该函数详细的代码如下。

```
void tp_Config(void)
{
    GPIO_InitTypeDef GPIO_InitStructure;
    SPI_InitTypeDef SPI_InitStructure;   /* SPI1 时钟使能 */
    RCC_APB2PeriphClockCmd(RCC_APB2Periph_SPI1,ENABLE);
    /* SPI1 接口 SCK(PA5)、MISO(PA6)、MOSI(PA7)配置 */
    GPIO_InitStructure.GPIO_Pin = GPIO_Pin_5 | GPIO_Pin_6 | GPIO_Pin_7;
    GPIO_InitStructure.GPIO_Speed = GPIO_Speed_50MHz; //速度 50MHz
    GPIO_InitStructure.GPIO_Mode = GPIO_Mode_AF_PP; //复用模式
    GPIO_Init(GPIOA, &GPIO_InitStructure);
    /* SPI1 接口触摸芯片的片选控制设置 PB7 */
    GPIO_InitStructure.GPIO_Pin = GPIO_Pin_7;
    GPIO_InitStructure.GPIO_Speed = GPIO_Speed_50MHz; //速度 50MHz
    GPIO_InitStructure.GPIO_Mode = GPIO_Mode_Out_PP; //推挽输出模式
    GPIO_Init(GPIOB, &GPIO_InitStructure);
    /* SPI1 总线配置 */
    SPI_InitStructure.SPI_Direction = SPI_Direction_2Lines_FullDuplex; //全双工
    SPI_InitStructure.SPI_Mode = SPI_Mode_Master;      //主模式
    SPI_InitStructure.SPI_DataSize = SPI_DataSize_8b; //8 位
    /* 时钟极性 CPOL,空闲状态时,SCK 保持低电平 */
    SPI_InitStructure.SPI_CPOL = SPI_CPOL_Low;
    /* 时钟相位 CPHA,数据采样从第一个时钟边沿开始 */
    SPI_InitStructure.SPI_CPHA = SPI_CPHA_1Edge;
    SPI_InitStructure.SPI_NSS = SPI_NSS_Soft;      //软件产生 NSS
    /* 波特率控制 SYSCLK/64 */
    SPI_InitStructure.SPI_BaudRatePrescaler = SPI_BaudRatePrescaler_128;
    SPI_InitStructure.SPI_FirstBit = SPI_FirstBit_MSB;//数据高位在前
    SPI_InitStructure.SPI_CRCPolynomial = 7; //CRC 多项式寄存器初始值为 7
    SPI_Init(SPI1, &SPI_InitStructure);
```

```
        /* SPI1 使能 */
        SPI_Cmd(SPI1,ENABLE);
}
```

除了上述功能函数之外，还有两个重要的功能函数，分别是 TPReadX（）和 TPReadY（）函数，这两个函数用于读取触摸屏 X 轴和 Y 轴的数据，第 3 章我们专门介绍过 μC/GUI 系统的触摸屏驱动（在 GUI_X_Touch. c 文件中），μC/GUI 系统触摸屏驱动就是直接调用了这两个函数来获取数据。

```
/****** 触摸屏 X 轴数据读出 ******/
u16 TPReadX(void)
{
    u16 x = 0;
    TP_CS();                       //选择 XPT2046
    SPI_WriteByte(0x90);           //设置 X 轴读取标志
    x = SPI_WriteByte(0x00);       //连续读取 16 位的数据
    x<< = 8;
    x + = SPI_WriteByte(0x00);
    TP_DCS();                      //禁止 XPT2046
    x = x>>3;                      //移位换算成 12 位的有效数据 0~4095
    return (x);
}
/****** 触摸屏 Y 轴数据读出 ******/
u16 TPReadY(void)
{
    u16 y = 0;
    TP_CS();                       //选择 XPT2046
    SPI_WriteByte(0xD0);           //设置 Y 轴读取标志
    y = SPI_WriteByte(0x00);       //连续读取 16 位的数据
    y<< = 8;
    y + = SPI_WriteByte(0x00);
    TP_DCS();                      //禁止 XPT2046
    y = y>>3;                      //移位换算成 12 位的有效数据 0~4095
    return (y);
}
```

4. FSMC 接口配置程序

fsmc_sram. c 文件中封装的是 LCD 接口配置程序，其功能为 STM32 微处理器的 FSMC 接口初始化及引脚配置，由一个单函数 FSMC_LCD_Init（）完成，该函数代码详解如下。

注：液晶显示模块接口综合了 LCD 接口、触摸屏接口等，fsmc_sram. c 仅配置的是 LCD 接口与背光驱动，而非定义包括触摸屏接口在内的全部液晶显示模块接口。

```
void FSMC_LCD_Init(void)
{
    FSMC_NORSRAMInitTypeDef   FSMC_NORSRAMInitStructure;
    FSMC_NORSRAMTimingInitTypeDef  p;
    GPIO_InitTypeDef  GPIO_InitStructure;
    RCC_AHBPeriphClockCmd(RCC_AHBPeriph_FSMC, ENABLE); //使能 FSMC 接口时钟
    GPIO_InitStructure.GPIO_Pin = GPIO_Pin_13; //背光控制
    GPIO_InitStructure.GPIO_Mode = GPIO_Mode_Out_PP; //通用推挽输出模式
    GPIO_InitStructure.GPIO_Speed = GPIO_Speed_50MHz; //输出模式最大速度 50 MHz
    GPIO_Init(GPIOD, &GPIO_InitStructure);
    GPIO_SetBits(GPIOD, GPIO_Pin_13); //打开背光
    GPIO_InitStructure.GPIO_Pin = GPIO_Pin_1; //LCD 显示模块复位脚
    GPIO_InitStructure.GPIO_Mode = GPIO_Mode_Out_PP; //通用推挽输出模式
    GPIO_InitStructure.GPIO_Speed = GPIO_Speed_50MHz; //输出模式最大速度 50MHz
    GPIO_Init(GPIOE, &GPIO_InitStructure);
    /***** 启用 FSMC 复用功能, 定义 FSMC D0 ---D15 及 nWE, nOE 对应的引脚 *****/
    /** 设置 PD.00(D2), PD.01(D3), PD.04(nOE), PD.05(nWE), PD.08(D13), PD.09(D14), ***/
    /****PD.10(D15),PD.14(D0), PD.15(D1) 为复用上拉 *****/
    GPIO_InitStructure.GPIO_Pin =
    GPIO_Pin_0 | GPIO_Pin_1 | GPIO_Pin_4
    | GPIO_Pin_5| GPIO_Pin_8 | GPIO_Pin_9
    | GPIO_Pin_10 | GPIO_Pin_14 | GPIO_Pin_15;
    GPIO_InitStructure.GPIO_Speed = GPIO_Speed_50MHz; //最大速度 50MHz
    GPIO_InitStructure.GPIO_Mode = GPIO_Mode_AF_PP; //复用模式
    GPIO_Init(GPIOD, &GPIO_InitStructure);
    /* 设置 PE.07(D4), PE.08(D5), PE.09(D6), PE.10(D7), PE.11(D8), PE.12(D9), PE.13(D10) */
    /***PE.14(D11), PE.15(D12)为复用上拉 ***/
    GPIO_InitStructure.GPIO_Pin =
    GPIO_Pin_7| GPIO_Pin_8 | GPIO_Pin_9
    | GPIO_Pin_10| GPIO_Pin_11 | GPIO_Pin_12
    | GPIO_Pin_13| GPIO_Pin_14 | GPIO_Pin_15;
    GPIO_Init(GPIOE, &GPIO_InitStructure);
    /* FSMC 接口 NE1 配置 PD7 */
    GPIO_InitStructure.GPIO_Pin = GPIO_Pin_7;
    GPIO_Init(GPIOD, &GPIO_InitStructure);
    /* FSMC 接口 RS 配置 PD11 - A16 */
    GPIO_InitStructure.GPIO_Pin = GPIO_Pin_11 ;
    GPIO_Init(GPIOD, &GPIO_InitStructure);
    p.FSMC_AddressSetupTime = 0x02;
    p.FSMC_AddressHoldTime = 0x00;
    p.FSMC_DataSetupTime = 0x05;
    p.FSMC_BusTurnAroundDuration = 0x00;
    p.FSMC_CLKDivision = 0x00;
```

```
            p.FSMC_DataLatency = 0x00;
            p.FSMC_AccessMode = FSMC_AccessMode_B;
            FSMC_NORSRAMInitStructure.FSMC_Bank = FSMC_Bank1_NORSRAM1;
            FSMC_NORSRAMInitStructure.FSMC_DataAddressMux = FSMC_DataAddressMux_Disable;
            FSMC_NORSRAMInitStructure.FSMC_MemoryType = FSMC_MemoryType_NOR;
            FSMC_NORSRAMInitStructure.FSMC_MemoryDataWidth = FSMC_MemoryDataWidth_16b;
            FSMC_NORSRAMInitStructure.FSMC_BurstAccessMode
             = FSMC_BurstAccessMode_Disable;
            FSMC_NORSRAMInitStructure.FSMC_WaitSignalPolarity
             = FSMC_WaitSignalPolarity_Low;
            FSMC_NORSRAMInitStructure.FSMC_WrapMode = FSMC_WrapMode_Disable;
            FSMC_NORSRAMInitStructure.FSMC_WaitSignalActive
             = FSMC_WaitSignalActive_BeforeWaitState;
            FSMC_NORSRAMInitStructure.FSMC_WriteOperation = FSMC_WriteOperation_Enable;
            FSMC_NORSRAMInitStructure.FSMC_WaitSignal = FSMC_WaitSignal_Disable;
            FSMC_NORSRAMInitStructure.FSMC_ExtendedMode = FSMC_ExtendedMode_Disable;
            FSMC_NORSRAMInitStructure.FSMC_WriteBurst = FSMC_WriteBurst_Disable;
            FSMC_NORSRAMInitStructure.FSMC_ReadWriteTimingStruct = &p;
            FSMC_NORSRAMInitStructure.FSMC_WriteTimingStruct = &p;
            FSMC_NORSRAMInit(&FSMC_NORSRAMInitStructure);
            /* 使能 FSMC BANK1_SRAM 模式 */
            FSMC_NORSRAMCmd(FSMC_Bank1_NORSRAM1, ENABLE);
        }
```

5. LCD 驱动控制器底层程序

lcddrv.c 程序文件封装了 2.4 寸 LCD 驱动控制器 ILI9325 底层程序,由函数 LCD
_Init1()完成对控制器的参数初始化,该函数首先对 LCD 复位引脚进行复位置位,然后
重复调用写寄存器数据函数 LCD_WR_CMD()完成寄存器参数表配置,详细代码
如下。

```
    void LCD_Init1(void)
    {   unsigned int i;
        GPIO_ResetBits(GPIOE, GPIO_Pin_1);//复位
        Delay(0xAFFf);
        GPIO_SetBits(GPIOE, GPIO_Pin_1 );     //置位
        Delay(0xAFFf);
        LCD_WR_CMD(0x00E3, 0x3008); //设置内部时序
        LCD_WR_CMD(0x00E7, 0x0012); //设置内部时序
        LCD_WR_CMD(0x00EF, 0x1231); //设置内部时序
        LCD_WR_CMD(0x0000, 0x0001); //启动时钟
        LCD_WR_CMD(0x0001, 0x0100); //设置 SS 和 SM 位
        LCD_WR_CMD(0x0002, 0x0700); //设置 1 行反向
        /**设置 GRAM 写入方向,BGR = 0,262K 色,1 transfers/pixel  **/
```

```
    LCD_WR_CMD(0x0003, 0x1030);
    LCD_WR_CMD(0x0004, 0x0000); //调整寄存器大小
    LCD_WR_CMD(0x0008, 0x0202); //设置后沿和前沿
    LCD_WR_CMD(0x0009, 0x0000); //设置 ISC[3:0]
    LCD_WR_CMD(0x000A, 0x0000); //FMARK 功能
    LCD_WR_CMD(0x000C, 0x0000); //RGB 接口设置
    LCD_WR_CMD(0x000D, 0x0000); //Frame marker 位置
    LCD_WR_CMD(0x000F, 0x0000); //RGB 接口极性
//上电时序
    LCD_WR_CMD(0x0010, 0x0000); // SAP, BT[3:0], AP, DSTB, SLP, STB
    LCD_WR_CMD(0x0011, 0x0007); // DC1[2:0], DC0[2:0], VC[2:0]
    LCD_WR_CMD(0x0012, 0x0000); // VREG1OUT
    LCD_WR_CMD(0x0013, 0x0000); // VDV[4:0]
    Delay(200);
    LCD_WR_CMD(0x0010, 0x1690); // SAP, BT[3:0], AP, DSTB, SLP, STB
// R11h = 0x0221 at VCI = 3.3V, DC1[2:0], DC0[2:0], VC[2:0]
    LCD_WR_CMD(0x0011, 0x0227);
    Delay(50); // Delay 50ms
    LCD_WR_CMD(0x0012, 0x001C); // 外部参考电压 = Vci;
    Delay(50); // 延时 50ms
// 当 R12 = 009D,R13 = 1200
    LCD_WR_CMD(0x0013, 0x1800);
// 当 R12 = 009D,R29 = 000C;VCM[5:0] = VCOMH
    LCD_WR_CMD(0x0029, 0x001C);
    LCD_WR_CMD(0x002B, 0x000D); // 帧速 = 91Hz
    Delay(50); // Delay 50ms
    LCD_WR_CMD(0x0020, 0x0000); // GRAM 水平地址
    LCD_WR_CMD(0x0021, 0x0000); // GRAM 垂直地址
// ----------调整伽马曲线 ----------//
    LCD_WR_CMD(0x0030, 0x0007);
    LCD_WR_CMD(0x0031, 0x0302);
    LCD_WR_CMD(0x0032, 0x0105);
    LCD_WR_CMD(0x0035, 0x0206);
    LCD_WR_CMD(0x0036, 0x0808);
    LCD_WR_CMD(0x0037, 0x0206);
    LCD_WR_CMD(0x0038, 0x0504);
    LCD_WR_CMD(0x0039, 0x0007);
    LCD_WR_CMD(0x003C, 0x0105);
    LCD_WR_CMD(0x003D, 0x0808);
// ----------------- 设置 GRAM 区域 ----------------//
    LCD_WR_CMD(0x0050, 0x0000); // 水平 GRAM 开始地址
    LCD_WR_CMD(0x0051, 0x00EF); // 水平 GRAM 结束地址
    LCD_WR_CMD(0x0052, 0x0000); // 垂直 GRAM 开始地址
```

```
    LCD_WR_CMD(0x0053, 0x013F); // 垂直 GRAM 结束地址
    LCD_WR_CMD(0x0060, 0xA700);
    LCD_WR_CMD(0x0061, 0x0001); // NDL,VLE, REV
    LCD_WR_CMD(0x006A, 0x0000);
//--------------- 局部显示控制 --------//
    LCD_WR_CMD(0x0080, 0x0000);
    LCD_WR_CMD(0x0081, 0x0000);
    LCD_WR_CMD(0x0082, 0x0000);
    LCD_WR_CMD(0x0083, 0x0000);
    LCD_WR_CMD(0x0084, 0x0000);
    LCD_WR_CMD(0x0085, 0x0000);
//------------- 面板控制 -------------//
    LCD_WR_CMD(0x0090, 0x0010);
    LCD_WR_CMD(0x0092, 0x0000);
    LCD_WR_CMD(0x0093, 0x0003);
    LCD_WR_CMD(0x0095, 0x0110);
    LCD_WR_CMD(0x0097, 0x0000);
    LCD_WR_CMD(0x0098, 0x0000);
    LCD_WR_CMD(0x0007, 0x0133); // 262K 色显示
    LCD_WR_CMD(32, 0);
    LCD_WR_CMD(33, 0x013F);
    *(__IO uint16_t *)(Bank1_LCD_C) = 34;
    for(i = 0;i<76800;i++)
    {
        LCD_WR_Data(0xffff);
    }
}
```

8.5.2　3.0 寸液晶显示模块图形演示实例软件

由于 2.4 寸、3.0 寸、4.3 寸液晶显示模块图形演示实例涉及的软件层次与架构也是完全类似的,除硬件外设层之外的上层大部分程序代码都可以无缝调用,本小节仅对 3.0 寸液晶显示模块图形演示实例的系统软件层 GUI 移植部分因分辨率设置不同而需修改的 lcdconf.h 文件和 LCD 控制器寄存器配置 lcddrv.c 文件进行重点讲述。

在 lcdconf.h 头文件中,3.0 寸的 LCD 分辨率为 240×400,因而其 LCD_XSIZE、LCD_YSIZE 值也需要作相应修改的,头文件的内容见下文。

```
# ifndef LCDCONF_H
# define LCDCONF_H
/* 针对不同屏幕的水平分辨率进行设置 */
# define LCD_XSIZE            (400) //配置 3.0 寸液晶显示屏水平分辨率
/* 针对不同屏幕的垂直分辨率进行设置 */
```

```
# define LCD_YSIZE            (240) //配置 3.0 寸液晶显示屏垂直分辨率
# define LCD_CONTROLLER       (R61509V)//LCD 控制器芯片
# define LCD_BITSPERPIXEL     (16)   //位像素 16bpp
# define LCD_FIXEDPALETTE     (565)
# define LCD_SWAP_RB          (1)
# define LCD_INIT_CONTROLLER()  lcd_Initializtion();//定义 LCD 控制器初始化函数
# endif / * LCDCONF_H * /
# define Bank1_LCD_D    ((uint32_t)0x60020000) //数据 ram
# define Bank1_LCD_C    ((uint32_t)0x60000000) //寄存器 ram
```

3.0 寸 LCD 驱动控制器 R61509V 底层驱动程序,仍然由同名函数 LCD_Init1()完成对 R61509V 控制器的参数初始化,该函数首先对 LCD 复位引脚进行复位置位,然后重复调用写寄存器数据函数 LCD_WR_CMD()完成寄存器参数表配置(注意:寄存器参数表配置是不同的),详细代码如下。

```
void LCD_Init1(void)
{    unsigned int i;
     GPIO_ResetBits(GPIOE, GPIO_Pin_1);
     Delay(0x1AFFf);
     GPIO_SetBits(GPIOE, GPIO_Pin_1 );       //液晶复位
     Delay(0x1AFFf);
     LCD_WR_CMD(0x0000, 0x00000);
     LCD_WR_CMD(0x0000, 0x00000);
     LCD_WR_CMD(0x0000, 0x00000);
     LCD_WR_CMD(0x0000, 0x00000);
     LCD_WR_CMD(0x0400, 0x06200);
     LCD_WR_CMD(0x0008, 0x00808);
     LCD_WR_CMD(0x0300, 0x00C00);//伽马
     LCD_WR_CMD(0x0301, 0x05A0B);
     LCD_WR_CMD(0x0302, 0x00906);
     LCD_WR_CMD(0x0303, 0x01017);
     LCD_WR_CMD(0x0304, 0x02300);
     LCD_WR_CMD(0x0305, 0x01700);
     LCD_WR_CMD(0x0306, 0x06309);
     LCD_WR_CMD(0x0307, 0x00C09);
     LCD_WR_CMD(0x0308, 0x0100C);
     LCD_WR_CMD(0x0309, 0x02232);
     LCD_WR_CMD(0x0010, 0x00016);//69.5Hz
     LCD_WR_CMD(0x0011, 0x00101);//
     LCD_WR_CMD(0x0012, 0x00000);//
     LCD_WR_CMD(0x0013, 0x00001);//
     LCD_WR_CMD(0x0100, 0x00330);//BT,AP
     LCD_WR_CMD(0x0101, 0x00237);//DC0,DC1,VC
```

```
LCD_WR_CMD(0x0103，0x00F00);//VDV
LCD_WR_CMD(0x0280，0x06100);//VCM
LCD_WR_CMD(0x0102，0x0C1B0);//VRH,VCMR,PSON,PON
LCD_WR_CMD(0x0001，0x00100);
LCD_WR_CMD(0x0002，0x00100);
LCD_WR_CMD(0x0003，0x01030);//显示方向模式寄存器,横向
LCD_WR_CMD(0x0009，0x00001);
LCD_WR_CMD(0x000C，0x00000);
LCD_WR_CMD(0x0090，0x08000);
LCD_WR_CMD(0x000F，0x00000);
LCD_WR_CMD(0x0210，0x00000);
LCD_WR_CMD(0x0211，0x000EF);
LCD_WR_CMD(0x0212，0x00000);
LCD_WR_CMD(0x0213，0x0018F);//400 = 18F
LCD_WR_CMD(0x0500，0x00000);
LCD_WR_CMD(0x0501，0x00000);
LCD_WR_CMD(0x0502，0x0005F);
LCD_WR_CMD(0x0401，0x00001);
LCD_WR_CMD(0x0404，0x00000);
LCD_WR_CMD(0x0007，0x00100);//BASEE
LCD_WR_CMD(0x0200，0x00000);
LCD_WR_CMD(0x0201，0x00000);
}
```

8.5.3　4.3 寸液晶显示模块图形演示实例软件

如 8.5.2 小节所述,由于 2.4 寸、3.0 寸、4.3 寸液晶显示模块图形演示实例涉及的软件层次与架构也是完全类似的,除硬件外设层之外的上层大部分程序代码都可以无缝调用,这部程序省略介绍。

在 lcdconf.h 头文件中,4.3 寸的 LCD 分辨率为 480×272,因而其 LCD_XSIZE、LCD_YSIZE 值也需要作相应修改的,修改后的头文件的内容见下文。

```
# ifndef LCDCONF_H
# define LCDCONF_H
/ * 针对不同屏幕的水平分辨率进行设置 * /
# define LCD_XSIZE         (480) //配置 4.3 寸液晶显示屏水平分辨率
/ * 针对不同屏幕的垂直分辨率进行设置 * /
# define LCD_YSIZE         (272) //配置 4.3 寸液晶显示屏垂直分辨率
# define LCD_CONTROLLER   (ssd1963)//LCD 控制器芯片
# define LCD_BITSPERPIXEL  (16)   //位像素 16bpp
# define LCD_FIXEDPALETTE  (565)
# define LCD_SWAP_RB       (1)
```

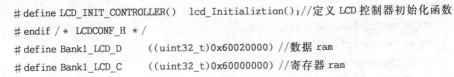

```
# define LCD_INIT_CONTROLLER()    lcd_Initializtion();//定义 LCD 控制器初始化函数
# endif /* LCDCONF_H */
# define Bank1_LCD_D    ((uint32_t)0x60020000) //数据 ram
# define Bank1_LCD_C    ((uint32_t)0x60000000) //寄存器 ram
```

4.3 寸液晶显示模块采用的是外置 SSD1963 控制器,该控制器的初始化与寄存器配置过程与前述的两种液晶屏略有差异。

对 SSD1963 控制器的参数初始化仍然由同名函数 LCD_Init1()完成,该函数首先对 LCD 复位引脚进行复位置位,然后交叉调用写寄存器地址函数 LCD_WR_REG()、写 16 位数据操作函数 LCD_WR_Data()等完成寄存器参数表配置,详细代码如下。

```
void LCD_Init1(void)
{
    GPIO_ResetBits(GPIOE, GPIO_Pin_1);//复位
    Delay(0xAFFFF);
    GPIO_SetBits(GPIOE, GPIO_Pin_1 );      //置位
    Delay(0xAFFFF);
    LCD_WR_REG(0x00E2); //PLL 倍频到 120 MHz,即 PLL = 10 * 36/3 = 120 MHz
    LCD_WR_Data(0x0023); //N = 0x36 若晶振为 6.5 MHz, 若为 10 MHz 则为 0x23
    LCD_WR_Data(0x0002);
    LCD_WR_Data(0x0004);
    LCD_WR_REG(0x00E0);
    LCD_WR_Data(0x0001);
    Delay(0xAFFF);
    LCD_WR_REG(0x00E0);
    LCD_WR_Data(0x0003); //PLL 使能,PLL 作为时钟
    Delay(0xAFFF);
    LCD_WR_REG(0x0001); //软件复位
    Delay(0xAFFF);
    LCD_WR_REG(0x00E6);
    LCD_WR_Data(0x0001);
    LCD_WR_Data(0x0033);
    LCD_WR_Data(0x0032);
    LCD_WR_REG(0x00B0); //设置 LCD 模式
    LCD_WR_Data(0x0000);
    LCD_WR_Data(0x0000);
    LCD_WR_Data((HDP>>8)&0X00FF); //设置 HDP
    LCD_WR_Data(HDP&0X00FF);
    LCD_WR_Data((VDP>>8)&0X00FF); //设置 VDP
    LCD_WR_Data(VDP&0X00FF);
    LCD_WR_Data(0x0000);
    LCD_WR_REG(0x00B4);//HSYNC 信号
    LCD_WR_Data((HT>>8)&0X00FF); //设置 HT
```

```
        LCD_WR_Data(HT&0X00FF);
        LCD_WR_Data((HPS>>8)&0X00FF); //设置 HPS
        LCD_WR_Data(HPS&0X00FF);
        LCD_WR_Data(HPW);        //设置 HPW
        LCD_WR_Data((LPS>>8)&0X00FF); //设置 HPS
        LCD_WR_Data(LPS&0X00FF);
        LCD_WR_Data(0x0000);
        LCD_WR_REG(0x00B6);//VSYNC 信号
        LCD_WR_Data((VT>>8)&0X00FF); //设置 VT
        LCD_WR_Data(VT&0X00FF);
        LCD_WR_Data((VPS>>8)&0X00FF); //设置 VPS
        LCD_WR_Data(VPS&0X00FF);
        LCD_WR_Data(VPW); //设置 VPW
        LCD_WR_Data((FPS>>8)&0X00FF); //设置 FPS
        LCD_WR_Data(FPS&0X00FF);
        LCD_WR_REG(0x00BA);
        LCD_WR_Data(0x000F);   //GPIO[3:0] 输出 1
        LCD_WR_REG(0x00B8);
        LCD_WR_Data(0x0007);   //GPIO3 = input, GPIO[2:0] = output
        LCD_WR_Data(0x0001);   //GPIO0 普通模式
        LCD_WR_REG(0x0036);
        LCD_WR_Data(0x0000);
        LCD_WR_REG(0x00F0); //16 位 - RGB565 模式
        LCD_WR_Data(0x0003);
        Delay(0xAFFF);
        LCD_clear();//清屏
        LCD_WR_REG(0x0029); //显示
        LCD_WR_REG(0x00BE); //设置 PWM 驱动背光
        LCD_WR_Data(0x0006);
        LCD_WR_Data(0x0080);
        LCD_WR_Data(0x0001);
        LCD_WR_Data(0x00f0);
        LCD_WR_Data(0x0000);
        LCD_WR_Data(0x0000);
        LCD_WR_REG(0x00d0);//设置动态背光控制配置
        LCD_WR_Data(0x000d);
}
```

　　在初始化配置函数 LCD_Init1()中嵌套调用了写 LCD 寄存器地址函数 LCD_WR_REG()、向 LCD 写 16 位数据操作函数 LCD_WR_Data()、LCD 清屏函数 LCD_clear(),下面重点讲述这三个被调用的函数代码。

　　● 函数 LCD_WR_REG()

　　该函数通过 FSMC 接口向 LCD 控制器写入寄存器地址,也就是说 SSD1963 参数配置时,要求先写入对应的寄存器地址,方可写入配置参数。函数代码如下。

```
void LCD_WR_REG(unsigned int index)
{
    * ( __IO uint16_t * ) (Bank1_LCD_C) = index;


}
```

● 函数 LCD_WR_Data()

该函数通过 FSMC 接口向 LCD 的指定地址(注:地址由 LCD_WR_REG 函数定义)写入 16 位数据,函数代码如下。

```
void LCD_WR_Data(unsigned int val)
{
    * ( __IO uint16_t * ) (Bank1_LCD_D) = val;
}
```

● 函数 LCD_clear()

LCD_clear()函数实现清屏功能,同初始化配置函数 LCD_Init1()一样,要求先写入对应的寄存器地址,方可写入配置参数,即同样嵌套了 LCD_WR_REG()、LCD_WR _Data()两个函数,该函数完整的代码如下。

```
void LCD_clear(void)
{
    unsigned int l = 480,w;
    LCD_WR_REG(0x002A);
    LCD_WR_Data(0);
    LCD_WR_Data(0);
    LCD_WR_Data(HDP>>8);
    LCD_WR_Data(HDP&0x00ff);
    LCD_WR_REG(0x002b);
    LCD_WR_Data(0);
    LCD_WR_Data(0);
    LCD_WR_Data(VDP>>8);
    LCD_WR_Data(VDP&0x00ff);
    LCD_WR_REG(0x002c);
    while(l--)
    {
        for(w = 0;w<272;w++)
        {
            LCD_WR_Data(0xf800);
        }
    }
}
```

8.6　实例总结

　　液晶显示屏与触摸屏的系统软件设计是本书实例的应用基础,本章特意抽取了 2.4 寸、3.0 寸、4.3 寸液晶显示模块图形演示实例,把液晶显示屏与触摸屏的工作原理、硬件、液晶屏驱动设计、系统软件设计层层铺开,进行综合性的讲述。

　　本章介绍的三个液晶显示模块图形演示实例,其功能是完全相同的,所涉及的系统软件层次与架构也是完全类似,除 LCD 控制器驱动配置应随硬件变动调整外,其他程序几乎不需要改动。其目的是想演示一下软硬件分层剥离、重组搭建的软件层次架构思路,这种分层结构特性体现了嵌入式系统设计的最大优势,大家可轻易地实现软件复用,可以将本书讲述的实例移植到不同尺寸不同控制器的液晶显示模块上,甚至可以很容易的把实例移植到客户化的开发板上。

8.7　显示效果

　　本例程序在硬件开发平台下载并运行后,本实例的 3.0 寸液晶显示模块的图形显示实例演示效果如图 8-17 所示。

图 8-17　图形显示实例演示效果

第9章

SDIO 接口应用实例——SD 卡与 MP3 播放器设计

SD 卡(Secure Digital Memory Card)是一种基于半导体快闪存储技术的新一代高速存储设备,具有高记忆容量、快速数据传输率、极大的移动灵活性以及很好的安全性等特点。多媒体/音视频播放器以及智能手持设备等经常采用大容量的 SD 卡来存储音乐或者视频文件。本章将基于 STM32F103 处理器的 SDIO 接口模块以及外围音频解码芯片等资源实现一个 SD 卡音乐播放器,它读取存储在 SD 卡里面的音频格式文件,并通过立体声音频解码芯片输出。

9.1 SDIO 应用概述

本例的 SDIO 接口应用涉及到 SD 卡与处理器的 SDIO 硬件接口,其中 SD 卡是存储介质,作为数据和文件的载体,处理器对数据和文件的读/写操作则通过 SDIO 接口完成。本节对这些部分做简单介绍。

9.1.1 SD 存储卡

SD 存储卡技术是基于 MMC 卡(MultiMedia Card)格式发展而来。在兼容 SD 存储卡基础上发展了 SDIO(SD Input/Output)卡,此兼容性包括机械,电子,电力,信号和软件,通常将 SD、SDIO 卡俗称 SD 存储卡。

目前市场上 SD 卡的品牌很多,诸如:SANDISK,Kingmax,Panasonic 和 Kingston。SD 卡作为一种新型的存储设备,具有以下特点:

- 高存储容量,最常用的容量:1 GB/2 GB/4 GB/8 GB/16 GB/32 GB。
- 内置加密技术,适应基于 SDMI 协议的著作版权保护功能。
- 高速数据传送,最大读写速率:10 MB/s。

● 体积轻小,便于携带,具有很强的抗冲击。

1. SD 存储卡物理结构与接口规范

SD 存储卡尺寸为 32 mm×24 mm×2.1 mm,相当于邮票大小,这样尺寸的存储卡用在数码相机、DV 机中还算合适,但如果用于尺寸空间要求严格的手机数码产品,SD 存储卡的尺寸则显得过分"庞大"。为了满足数码产品不断缩小存储卡体积的要求,SD 卡还逐渐演变出了 Mini SD 和 Micro SD 两种规格。它们与标准 SD 卡相比,外形上更加小巧。尽管 Mini SD 和 Micro SD 卡的外形大小及接口形状与原来的 SD 卡有所不同,但接口规范是兼容的。

(1) SD/SDIO 存储卡的物理结构。

SD/SDIO 存储卡的物理结构如图 9-1 所示。

(2) SD/SDIO 卡接口规范及引脚定义。

SDIO 版本 2.0 规范定义了两种类型的 SDIO 卡:全速卡和低速卡。

● 全速卡在 0～25 MHz 的时钟范围内支持 SPI 传输模式、1 位 SD 传输模式以及 4 位 SD 传输模式,其数据传输速率超过 10 MB/s。

● 低速 SDIO 卡仅需 SPI 和 1 位 SD 传输模式,但也可以支持 4 位传输模式。此外,低速的 SDIO 卡支持 0～400 kHz 的时钟范围。低速卡的用途主要是支持低速 I/O 硬件设备。比如,调制解调器、条形码扫描仪、GPS 接收机等。

SDIO 卡引脚分布示意图如图 9-2 所示。SDIO 卡接口一共有 9 个引脚,此外还有一个滑动开关用于写入保护,部分接口卡也会把此引脚引出。引脚功能定义如表 9-1 所列。

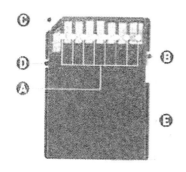

A:端子护板;B:写入保护开关;C:可确保正确
插入的楔形结构;D:凹口设计;E:导槽
图 9-1　SD 存储卡物理结构

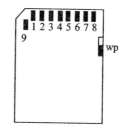

图 9-2　SDIO 卡引脚分布示意图

2. SD 存储卡总线协议

SD 存储卡的接口可以支持 SD 总线传输模式(简称 SD 模式)和 SPI 接口总线传输模式(简称 SPI 模式)两种操作模式,主机系统可以选择其中任一模式。SD 模式允许 4 位数据宽度的高速数据传输;SPI 模式允许使用简单通用的 SPI 外设接口,相对于 SD

模式来说传输速度较低。

表 9 - 1　SDIO 卡引脚功能定义

引 脚	SD 模式			SPI 模式		
	信　号	类　型	说　明	信　号	类　型	说　明
1	CD/DAT3	I/O/PP	卡检测/数据位 3	CS	I	片选
2	CMD	PP	命令/响应	DI	I	数据输入
3	V_{SS1}	S	电源地	V_{SS1}	S	电源地
4	V_{DD}	S	电源	V_{DD}	S	电源
5	CLK	I	时钟	SCLK	I	时钟
6	V_{SS2}	S	电源地	V_{SS2}	S	电源地
7	DAT0	I/O/PP	数据位 0	DO	O/PP	数据输出
8	DAT1	I/O/PP	数据位 1	RSV	—	保留
9	DAT2	I/O/PP	数据位 2	RSV	—	保留
wp	wp	I/PP	写保护	wp	I/PP	写保护

注：

S：电源。I：输入。O：输出上拉。PP：输入/输出上拉。

(1) SD 总线传输模式。

SD 传输模式允许 1 到 4 位数据信号设置。当上电后,SD 卡默认地使用 DAT0。初始化之后,主机可以改变数据宽度。SD 总线上的通信是以命令帧,反馈帧和数据帧进行的,这几种帧格式都包含起始位和停止位。

● 命令帧；

命令帧用来传输一个操作命令的令牌。

● 反馈帧；

反馈帧是从地址卡或者所有的连接卡发送给主机的,作为对接收到的命令帧作出应答的令牌。

● 数据帧；

数据帧用来在卡和主机之间进行真正的有用的数据传输,数据是通过数据链路进行传输的,SD 总线协议的数据传输是以数据块的方式进行的,数据块之后通常跟着CRC 校验码。

在协议中定义了数据传输的方式可以是单块和多块传输。多块传输在进行写卡操作时的速度比单块传输快得多。多块传输会在 CMD 信号上出现一个停止命令帧时中断传输。SD 传输模式下读操作的数据块传输时序图如图 9 - 3 所示。

写操作和读操作在时序上的不同在于数据线 DAT0 上多了一个写操作忙的信号。SD 传输模式下写操作时的数据块传输时序图如图 9 - 4 所示。

(2) SPI 接口总线传输模式。

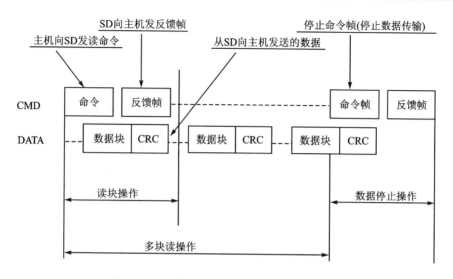

图 9 - 3　SD 模式读操作时的数据块传输时序

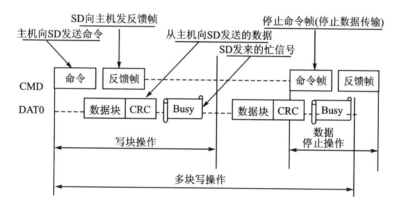

图 9 - 4　SD 模式写操作时的数据块传输时序

SPI 接口总线传输模式是一种通过 SPI 接口访问 SD 卡的兼容方式。SPI 标准仅定义了物理连接方式,并未定义独立的数据传输协议。SPI 接口总线传输方式使用与 SD 总线传输模式相同的命令集。

SPI 传输模式是面向字节的传输,其命令和数据块都是按 8 个 bit 为单位进行分组的。与 SD 总线传输协议相似,SPI 接口总线传输的信息也分为控制帧,反馈帧和数据帧,所有主机和卡之间的通信都由主机进行控制,主机通过拉低片选信号启动一个总线事务。

SPI 接口总线传输的反馈方式和 SD 总线传输模式协议相比有以下 3 个方面的不同:

● 被选中的卡必须时刻对命令帧做出响应;

● 使用两种新的响应结构(8 位或 16 位);

● 当卡获取数据出问题时,它将发出一个出错反馈帧通知主机,而不是使用超时检测的方式。

除了需要对命令帧做出反馈之外,在进行写卡操作期间,还需要对每一个发送到卡的数据块发一个专门的数据反馈令牌。

SPI 接口总线传输模式下读操作时的数据块传输时序图如图 9 - 5 所示。

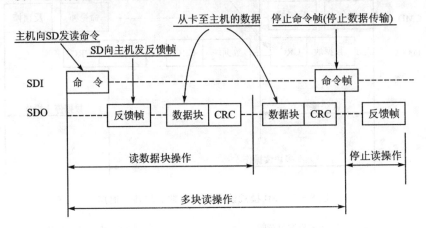

图 9 - 5 SPI 模式写操作时的数据块传输时序

一旦数据读取出现错误,卡就不会再传输数据,取而代之的是发送一个数据出错令牌给主机。数据读取出错时的处理时序如图 9 - 6 所示。

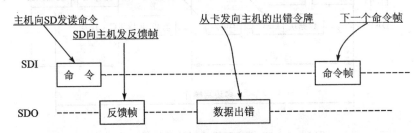

图 9 - 6 SPI 模式数据读取出错时的处理时序

在 SPI 模式中也支持单块和多块的数据写命令,卡从主机端接收到一个数据块之后,它就会发一个数据响应令牌给主机,如果接收的数据经校验无错,就把数据写入存储卡介质中;如果卡处于忙状态,它会持续发一个"工作忙"的令牌给主机。SPI 接口总线传输模式下写操作时的数据块传输时序图如图 9 - 7 所示。

9.1.2 SDIO 接口概述

STM32F103 处理器的 SDIO 接口模块为 AHB 外设总线和多媒体卡(MMC)、SD 存储卡、SDIO 卡和 CE - ATA 设备之间提供了互联接口。SDIO 接口的主要功能如下:

● 与多媒体卡系统规格 4.2 版本全兼容。

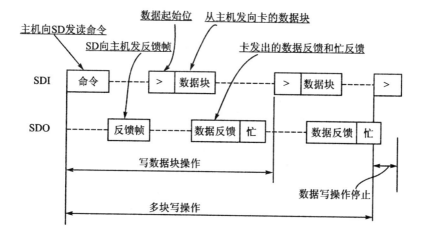

图 9 - 7　SPI 模式写操作时的数据块传输时序

- 支持 3 种不同的数据总线模式：1 位（默认）、4 位和 8 位。
- 与较早的多媒体卡系统规格版本全兼容（向前兼容）。
- 与 SD 存储卡规格 2.0 版本全兼容。
- 与 SDIO 卡规格 2.0 版本全兼容，支持两种不同的数据总线模式：1 位（默认）和 4 位。
- 完全支持 CE - ATA 功能（与 CE - ATA 数字协议版本 1.1 全兼容）。
- 8 位总线模式下数据传输速率可达 48 MHz。
- 数据和命令输出使能信号，用于控制外部双向驱动器。

STM32F103 处理器的 SDIO 接口模块包含两个部分，其功能框图如图 9 - 8 所示：

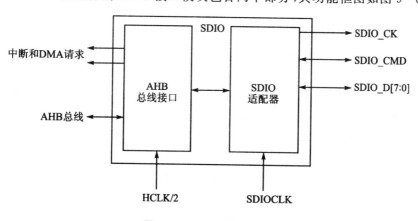

图 9 - 8　SDIO 功能框图

（1）SDIO 适配器模块。

它用于连接一组 SD/MMC 存储卡，实现所有 SD/MMC 及 SDIO 卡的相关功能，如时钟的产生、命令和数据的传送。它包含以下 5 个部分（SDIO 适配器结构框图如图 9 - 9 所示）：

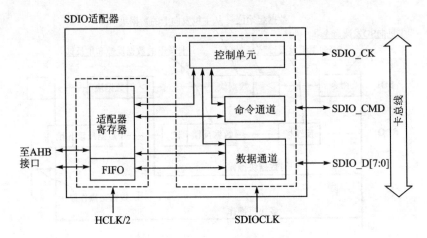

图 9 - 9   SDIO 适配器结构框图

- 适配器寄存器模块；
- 控制单元；
- 命令通道；
- 数据通道；
- 数据 FIFO。

(2) AHB 总线接口。

AHB 总线接口产生中断和 DMA 请求,并访问 SDIO 接口寄存器和数据 FIFO。它包含数据通道、寄存器译码器和中断/DMA 控制逻辑。

复位后,默认情况下 SDIO_D0 用于数据传输,初始化后主机可以改变数据总线的宽度。

如果一个 MMC 接到了总线上,则 SDIO_D0、SDIO_D[3:0]或 SDIO_D[7:0]可以用于数据传输;如果一个 SD 或 SDIO 卡接到了总线上,可以通过主机配置数据传输使用 SDIO_D0 或 SDIO_D[3:0],所有的数据线都工作在推挽模式。

注:MMC 版本 V3.31 和之前版本的协议只支持 1 位数据线,所以只能用 SDIO_D0。

SDIO_CK 信号线是 SD/SDIO、MMC 卡的时钟信号,每个时钟周期在命令和数据线上传输 1 位命令或数据。SDIO_CMD 信号线是 SD/SDIO、MMC 卡的双向命令/响应信号线。

STM32F103 处理器的 SDIO 模块使用两个时钟信号:

- SDIO 适配器时钟(SDIOCLK=HCLK);
- AHB 总线时钟(HCLK/2)。

注:对于 MMC 卡 V3.31 协议,时钟频率可以在 0 MHz 至 20 MHz 间变化;对于 MMC 卡 V4.0/4.2 协议,时钟频率可以在 0 MHz 至 48 MHz 间变化;对于 SD 或 SDIO 卡,时钟频率可以在 0 MHz 至 25 MHz 间变化。

1. SDIO 模块的命令格式

向卡发送命令或从卡接收响应都是通过 SDIO 适配器的命令通道单元。命令是用于开始一项操作,主机向一个指定的卡或所有的卡发出带地址的命令或广播命令(广播命令只适合于 MMC V3.31 或之前的版本),命令在 CMD 线上串行传送,所有命令的长度固定为 48 位。表 9 – 2 列出了 MMC 卡、SD 存储卡和 SDIO 卡上一般的命令格式。

表 9 – 2　命令格式

位	宽　度	数　值	说　明
47	1	0	开始位
46	1	1	传输位
[45:40]	6	—	命令索引
[39:8]	32	—	参数
[7:1]	7	—	CRC7
0	1	1	结束位

响应是由一个被指定地址的卡发送到主机,SDIO 支持两种响应类型:48 位短响应和 136 位长响应,两者响应格式分别如表 9 – 3 和表 9 – 4 所列。两种类型都有 CRC 错误检测。对于 MMC V3.31 或以前版本,所有的卡同时发送响应,响应是对先前接收到命令的一个应答。

注:如果响应不包含 CRC(如 CMD1 的响应),设备驱动应该忽略 CRC 失败状态。

表 9 – 3　短响应格式

位	宽　度	数　值	说　明
47	1	0	开始位
46	1	0	传输位
[45:40]	6	—	命令索引
[39:8]	32	—	参数
[7:1]	7	—	CRC7(或 1111111)
0	1	1	结束位

表 9 – 4　长响应格式

位	宽　度	数　值	说　明
135	1	0	开始位
134	1	0	传输位
[133:128]	6	111111	保留
[127:1]	127	—	CID 或 CSD(包含内部 CRC7)
0	1	1	结束位

2. SDIO 接口功能寄存器

设备通过 AHB 总线操作这些外设寄存器并与系统通信,SDIO 接口功能寄存器只能以字(32 位)的方式操作。各个寄存器的应用以及功能描述如表 9-5 至表 9-34 所列。

(1) SDIO 电源控制寄存器(SDIO_POWER)。

地址偏移:0x00。复位值:0x0000 0000。

表 9-5　SDIO 电源控制寄存器

31	...	2	1	0
			PWRCTRL	
			rw	rw

表 9-6　SDIO 电源控制寄存器位功能定义

位	功能定义
31:2	保留,始终保持为 0
1:0	PWRCTRL:电源控制位 (Power supply control bits)。 这些位用于定义卡时钟的当前功能状态。 00:电源关闭,卡的时钟停止。 01:保留。 10:保留的上电状态。 11:上电状态,卡的时钟开启

注意:写数据后的 7 个 HCLK 时钟周期内,不能写入这个寄存器。

(2) SDIO 时钟控制寄存器(SDIO_CLKCR)。

地址偏移:0x04。复位值:0x0000 0000。

表 9-7　时钟控制寄存器

31···15	14	13	12	11	10	9	8	7	6	5	4	3	2	1	0
	HWFC_EN	NEGEDGE	WIDBUS		BYPASS	PWRSAV	CLKEN	CLKDIV							
	rw	rw	rw	rw	rw	rw	rw	rw	rw	rw	rw	rw	rw	rw	rw

表 9-8　时钟控制寄存器位功能定义

位	功能定义
31:15	保留,始终保持为 0
14	HWFC_EN:硬件流控制使能。 0:关闭硬件流控制; 1:使能硬件流控制
13	NEGEDGE:SDIO_CK 相位选择位。 0:在主时钟 SDIOCLK 的上升沿产生 SDIO_CK。 1:在主时钟 SDIOCLK 的下降沿产生 SDIO_CK

续表 9-8

位	功能定义
12:11	WIDBUS:宽总线模式使能位。 00:默认总线模式,使用 SDIO_D0。 01:4 位总线模式,使用 SDIO_D[3:0]。 10:8 位总线模式,使用 SDIO_D[7:0]
10	BYPASS:时钟分频器旁路开/关位。 0:关闭旁路。驱动 SDIO_CK 输出信号之前,依据 CLKDIV 数值对 SDIOCLK 分频。 1:使能旁路。SDIOCLK 直接驱动 SDIO_CK 输出信号
9	PWRSAV:省电配置位。 为了省电,当总线为空闲时,设置 PWRSAV 位可以关闭 SDIO_CK 时钟输出。 0:始终输出 SDIO_CK。 1:仅在有总线活动时才输出 SDIO_CK
8	CLKEN:时钟使能位。 0:SDIO_CK 关闭。 1:SDIO_CK 使能
7:1	CLKDIV:时钟分频系数。 这个域定义了输入时钟(SDIOCLK)与输出时钟(SDIO_CK)间的分频系数: SDIO_CK 频率=SDIOCLK/[CLKDIV + 2]

(3) SDIO 参数寄存器(SDIO_ARG)。

地址偏移:0x08。复位值:0x0000 0000。

表 9-9　参数寄存器

31	...	0
	CMDARG	
rw	...	rw

表 9-10　参数寄存器位功能定义

位	功能定义
31:0	CMDARG:命令参数。命令参数是发送到卡中命令的一部分,如果一个命令包含一个参数,必须在写命令到命令寄存器之前加载这个寄存器

(4) SDIO 命令寄存器(SDIO_CMD)。

地址偏移:0x0C。复位值:0x0000 0000。

表 9-11　命令寄存器

31...15	14	13	12	11	10	9	8	7	6	5	...	0
	CE_ATACMD	nIEN	ENCMD compl	SDIO Suspend	CPSM EN	WAIT PEND	WAIT INT	WAIT RESP		CMDINDEX		
	rw	rw	rw	rw	rw	rw	rw	rw	rw	rw	...	rw

表 9 - 12　命令寄存器位功能定义

位	功能定义
31:15	保留,始终保持为 0
14	CE - ATACMD:CE - ATA 命令。 如果设置该位,命令通道状态机传送 CMD61
13	nIEN:不使能中断。 如果该位置 0,则使能 CE - ATA 设备的中断
12	ENCMDcompl:使能 CMD 完成。 如果设置该位,则使能命令完成信号
11	SDIOSuspend:SDIO 暂停命令。 如果设置该位,则将要发送的命令是一个暂停命令(只能用于 SDIO 卡)
10	CPSMEN:命令通道状态机(CPSM)使能位。 如果设置该位,则使能 CPSM
9	WAITPEND:CPSM 等待数据传输结束(CmdPend 内部信号)。 如果设置该位,则 CPSM 在开始发送一个命令之前等待数据传输结束
8	WAITINT:CPSM 等待中断请求。 如果设置该位,则 CPSM 关闭命令超时控制并等待中断请求
7:6	WAITRESP:等待响应位。 这 2 位指示 CPSM 是否需要等待响应,如果需要等待响应,则指示响应类型。 00:无响应,等待 CMDSENT 标志。 01:短响应,等待 CMDREND 或 CCRCFAIL 标志。 10:无响应,等待 CMDSENT 标志。 11:长响应,等待 CMDREND 或 CCRCFAIL 标志
5:0	CMDINDEX:命令索引 (Command index)。 命令索引是作为命令的一部分发送到卡中

注意:

① 写数据后的 7 个 HCLK 时钟周期内不能写入这个寄存器。

② 多媒体卡可以发送两种响应:48 位长的短响应,或 136 位长的长响应。SD 卡和 SDIO 卡只能发送短响应,参数可以根据响应的类型而变化,软件将根据发送的命令区分响应的类型。CE - ATA 设备只发送短响应。

(5) SDIO 命令响应寄存器(SDIO_RESPCMD)。

地址偏移:0x10。复位值:0x0000 0000。

表 9 - 13　命令响应寄存器

31	...	6	5	4	3	2	1	0
			RESPCMD					
			r	r	r	r	r	r

表 9 - 14　命令响应寄存器位功能定义

位	功能定义
31:6	保留,始终保持为 0
5:0	RESPCMD:响应的命令索引。 只读位,包含最后收到的命令响应中的命令索引

（6）SDIO 响应 1…4 寄存器（SDIO_RESPx）。

地址偏移:0x14 ＋ 4 * (x－1),其中 x＝1…4 。复位值:0x0000 0000。

表 9 - 15　响应寄存器 x(x＝1…4)位功能

位	功能说明
31:0	CARDSTATUSx:卡的 32 位状态信息,具体见表 9 - 15

根据响应状态,卡的状态信息长度是 32 位或 127 位。

表 9 - 16　响应寄存器 x(x＝1…4)位功能定义

寄存器	短响应	长响应
SDIO_RESP1	卡状态[31:0]	卡状态[127:96]
SDIO_RESP2	不用	卡状态[95:64]
SDIO_RESP3	不用	卡状态[63:32]
SDIO_RESP4	不用	卡状态[31:1]

注:总是先收到卡状态的最高位,SDIO_RESP3 寄存器的最低位始终为 0。

（7）SDIO 数据定时器寄存器（SDIO_DTIMER）。

地址偏移:0x24。复位值:0x0000 0000。

表 9 - 17　数据定时器寄存器

31	…	0
	DATATIME	
rw	…	rw

表 9 - 18　数据定时器寄存器位功能定义

位	功能定义
31:0	DATATIME:数据超时时间,以卡总线时钟周期为单位的数据超时时间

注意:在写入数据控制寄存器进行数据传输之前,必须先写入数据定时器寄存器和数据长度寄存器。

（8）SDIO 数据长度寄存器（SDIO_DLEN）。

地址偏移:0x28。复位值:0x0000 0000。

表 9 - 19   数据长度寄存器

31	...	25	24	...	0
			DATALENGTH		
			rw	...	rw

表 9 - 20   数据长度寄存器位功能定义

位	功能定义
31:25	保留,始终保持为 0
24:0	DATALENGTH:数据长度。 要传输的数据字节数目

注意:对于块数据传输,数据长度寄存器中的数值必须是数据块长度的倍数。在写入数据控制寄存器进行数据传输之前,必须先写入数据定时器寄存器和数据长度寄存器。

(9) SDIO 数据控制寄存器(SDIO_DCTRL)。

地址偏移:0x2C。复位值:0x0000 0000。

表 9 - 21   数据控制寄存器

31	...	12	11	10	9	8	7	6	5	4	3	2	1	0
			SDIOEN	RWMOD	RWSTOP	RWSTART	DBLOCKSIZE				DMAEN	DTMODE	DTDIR	DTEN
			rw	rw	rw	rw	rw	...	rw	rw	rw	rw	rw	rw

表 9 - 22   数据控制寄存器位功能定义

位	功能定义
31:12	保留,始终保持为 0
11	SDIOEN:SDIO 使能功能。 如果设置了该位,则 DPSM(数据通道状态机)执行 SDIO 卡特定的操作
10	RWMOD:读等待模式。 0:读等待控制停止 SDIO_D2。 1:读等待控制使用 SDIO_CK
9	RWSTOP:读等待停止。 0:如果 RWSTART 置 0,正在进行读等待。 1:如果 RWSTART 置 1,使能停止读等待
8	RWSTART:读等待开始。 设置该位,启动读等待操作

位	功能定义
7:4	DBLOCKSIZE:数据块长度。 当选择了块数据传输模式,该域定义数据块长度: 0000:块长度 = 2^0 = 1 字节　　1000:块长度 = 2^8 = 256 字节 0001:块长度 = 2^1 = 2 字节　　1001:块长度 = 2^9 = 512 字节 0010:块长度 = 2^2 = 4 字节　　1010:块长度 = 2^{10} = 1 024 字节 0011:块长度 = 2^3 = 8 字节　　1011:块长度 = 2^{11} = 2 048 字节 0100:块长度 = 2^4 = 16 字节　　1100:块长度 = 2^{12} = 4 096 字节 0101:块长度 = 2^5 = 32 字节　　1101:块长度 = 2^{13} = 8 192 字节 0110:块长度 = 2^6 = 64 字节　　1110:块长度 = 2^{14} = 16 384 字节 0111:块长度 = 2^7 = 128 字节　　1111:保留
3	DMAEN:DMA 使能位。 0:禁止 DMA。 1:使能 DMA
2	DTMODE:数据传输模式选择。 0:块数据传输。 1:流数据传输
1	DTDIR:数据传输方向选择。 0:控制器至卡。 1:卡至控制器
0	DTEN:数据传输使能位。 如果置该位为 1,则开始数据传输。根据方向位 DTDIR,DPSM 进入 Wait_S 或 Wait_R 状态。如果在传输的一开始就设置了 RWSTART 位,则 DPSM 进入读等待状态。不需要在数据传输结束后清除使能位,但必须更改 SDIO_DCTRL 以允许新的数据传输

注意:写数据后的 7 个 HCLK 时钟周期内不能写入这个寄存器。

(10) SDIO 数据计数器寄存器(SDIO_DCOUNT)。

地址偏移:0x30。复位值:0x0000 0000。

表 9-23　数据计数器寄存器

31	...	25	24	...	0
			DATACOUNT		
			r	...	r

表 9-24　数据计数器寄存器位功能定义

位	功能定义
31:25	保留,始终保持为 0
24:0	DATACOUNT:数据计数数值。 读操作这个寄存器时返回待传输的数据字节数,此时对寄存器写操作无效

注意:只能在数据传输结束时读这个寄存器。

(11) SDIO 状态寄存器(SDIO_STA)。

地址偏移:0x34。复位值:0x0000 0000。

该寄存器包含两类标志:

● 静态标志(位[23:22,10:0]):写入 SDIO 中断清除寄存器(见 SDIO_ICR),可以清除这些位。

● 动态标志(位[21:11]):这些位的状态变化根据它们对应的逻辑而变化(例如:FIFO 满和空标志变高或变低、随 FIFO 的数据写入变化)。

表 9 - 25　状态寄存器

31 …	24	23	22	21	20	19	18	17	16
		CEATAEND	SDIOIT	RXDAVL	TXDAVL	RXFIFOE	TXFIFOE	RXFIFOF	TXFIFOF
		r	r	r	r	r	r	r	r

15	14	13	12	11	10	9	8	7	6	5	4	3	2	1	0
RXFIF OHF	TXFIF OHE	RX ACT	TX ACT	CMD ACT	DBCK END	STBIT ERR	DATA END	CMDS ENT	CMDR END	RXOV ERR	TXUN DERR	DTME OUT	CTIME OUT	DCRC FAIL	CCRC FAIL
r	r	r	r	r	r	r	r	r	r	r	r	r	r	r	r

表 9 - 26　状态寄存器位功能定义

位	功能定义
31:24	保留,始终保持为 0
23	CEATAEND:在 CMD61 接到 CE - ATA 命令完成信号
22	SDIOIT:收到 SDIO 中断
21	RXDAVL:在接收 FIFO 中的数据可用
20	TXDAVL:在发送 FIFO 中的数据可用
19	RXFIFOE:接收 FIFO 空
18	TXFIFOE:发送 FIFO 空。 若使用了硬件流控制,当 FIFO 包含 2 个字时,TXFIFOE 信号变为有效
17	RXFIFOF:接收 FIFO 满。 若使用了硬件流控制,当 FIFO 还差 2 个字满时,RXFIFOF 信号变为有效
16	TXFIFOF:发送 FIFO 满
15	RXFIFOHF:接收 FIFO 半满,FIFO 中至少还有 8 个字
14	TXFIFOHE:发送 FIFO 半空,FIFO 中至少还可以写入 8 个字
13	RXACT:正在接收数据
12	TXACT:正在发送数据

位	功能定义
11	CMDACT:正在传输命令
10	DBCKEND:数据块已发送/接收（CRC 检测成功）
9	STBITERR:在宽总线模式,没有在所有数据信号上检测到起始位
8	DATAEND:数据结束（数据计数器,SDIO_DCOUNT＝0）
7	CMDSENT:命令已发送(不需要响应)
6	CMDREND:已接收到响应(CRC 检测成功)
5	RXOVERR:接收 FIFO 上溢错误
4	TXUNDERR:发送 FIFO 下溢错误
3	DTIMEOUT:数据超时
2	CTIMEOUT:命令响应超时,命令超时时间是一个固定的值,为 64 个 SDIO_CK 时钟周期
1	DCRCFAIL:已发送/接收数据块（CRC 检测失败）
0	CCRCFAIL:已收到命令响应（CRC 检测失败）

（12）SDIO 清除中断寄存器（SDIO_ICR）。

地址偏移:0x38。复位值:0x0000 0000。

表 9 - 27　清除中断寄存器

31	30	29	28	27	26	25	24	23	22	21	20	19	18	17	16
								CEATAENDC	SDIOITC						
								w	w						

15	14	13	12	11	10	9	8	7	6	5	4	3	2	1	0
					DBCK ENDC	STBIT ERRC	DATA ENDC	CMDS ENTC	CMDR ENDC	RXOV ERRC	TXUND ERRC	DTME OUTC	CTIME OUTC	DCRC FAIIC	CCRC FAIIC
					w	w	w	w	w	w	w	w	w	w	w

表 9 - 28　清除中断寄存器位功能定义

位	功能定义
31:24	保留,始终保持为 0
23	CEATAENDC:CEATAEND 标志清除位。 软件设置该位以清除 CEATAEND 标志
22	SDIOITC:SDIOIT 标志清除位。 软件设置该位以清除 SDIOIT 标志
21:11	保留,始终保持为 0

位	功能定义
10	DBCKENDC:DBCKEND 标志清除位。 软件设置该位以清除 DBCKEND 标志
9	STBITERRC:STBITERR 标志清除位。 软件设置该位以清除 STBITERR 标志
8	DATAENDC:DATAEND 标志清除位。 软件设置该位以清除 DATAEND 标志
7	CMDSENTC:CMDSENT 标志清除位。 软件设置该位以清除 CMDSENT 标志
6	CMDRENDC:CMDREND 标志清除位。 软件设置该位以清除 CMDREND 标志
5	RXOVERRC:RXOVERR 标志清除位。 软件设置该位以清除 RXOVERR 标志
4	TXUNDERRC:TXUNDERR 标志清除位。 软件设置该位以清除 TXUNDERR 标志
3	DTIMEOUTC:DTIMEOUT 标志清除位。 软件设置该位以清除 DTIMEOUT 标志
2	CTIMEOUTC:CTIMEOUT 标志清除位。 软件设置该位以清除 CTIMEOUT 标志
1	DCRCFAILC:DCRCFAIL 标志清除位。 软件设置该位以清除 DCRCFAIL 标志
0	CCRCFAILC:CCRCFAIL 标志清除位。 软件设置该位以清除 CCRCFAIL 标志

(13) SDIO 中断屏蔽寄存器(SDIO_MASK)。

地址偏移:0x3C。复位值:0x0000 0000。

表 9 - 29　中断屏蔽寄存器

31	30	29	28	27	26	25	24	23	22	21	20	19	18	17	16
								CEATA ENDIE	SDIOIT IE	RXDAV LIE	TXDAV LIE	RXFIFO EIE	TXFIFO EIE	RXFIFO FIE	TXFIFO FIE
								rw	rw	rw	rw	rw	rw	rw	rw

15	14	13	12	11	10	9	8	7	6	5	4	3	2	1	0
RXFIF OHEIE	TXFIF OHEIE	RXA CTIE	TXA CTIE	CMDA CTIE	DBCK ENDIE	STBITE RRIE	DATA ENDIE	CMDS ENTIE	CMDR ENDIE	RXOV ERRIE	TXUND ERRIE	DTME OUTIE	CTIME OUTIE	DCRC FAILIE	CCRC FAILIE
rw	rw	rw	rw	rw	rw	rw	rw	rw	rw	rw	rw	rw	rw	rw	rw

表 9 - 30　中断屏蔽寄存器位功能定义

位	功能定义
31:24	保留,始终保持为 0
23	CEATAENDIE:允许接收到 CE - ATA 命令完成信号产生中断。 由软件设置/清除该位,允许/关闭在收到 CE - ATA 命令完成信号产生中断功能。 0:收到 CE - ATA 命令完成信号时不产生中断。 1:收到 CE - ATA 命令完成信号时产生中断
22	SDIOITIE:允许 SDIO 模式中断已接收中断。 由软件设置/清除该位,允许/关闭 SDIO 模式中断已接收中断功能。 1:SDIO 模式中断已接收不产生中断。 0:SDIO 模式中断已接收产生中断
21	RXDAVLIE:接收 FIFO 中的数据有效产生中断。 由软件设置/清除该位,允许/关闭接收 FIFO 中的数据有效中断。 0:接收 FIFO 中的数据有效不产生中断。 1:接收 FIFO 中的数据有效产生中断
20	TXDAVLIE:发送 FIFO 中的数据有效产生中断。 由软件设置/清除该位,允许/关闭发送 FIFO 中的数据有效中断。 0:发送 FIFO 中的数据有效不产生中断。 1:发送 FIFO 中的数据有效产生中断
19	RXFIFOEIE:接收 FIFO 空产生中断。 由软件设置/清除该位,允许/关闭接收 FIFO 空中断。 0:接收 FIFO 空不产生中断。 1:接收 FIFO 空产生中断
18	TXFIFOEIE:发送 FIFO 空产生中断。 由软件设置/清除该位,允许/关闭发送 FIFO 空中断。 0:发送 FIFO 空不产生中断。 1:发送 FIFO 空产生中断
17	RXFIFOFIE:接收 FIFO 满产生中断。 由软件设置/清除该位,允许/关闭接收 FIFO 满中断。 0:接收 FIFO 满不产生中断。 1:接收 FIFO 满产生中断
16	TXFIFOFIE:发送 FIFO 满产生中断。 由软件设置/清除该位,允许/关闭发送 FIFO 满中断。 0:发送 FIFO 满不产生中断。 1:发送 FIFO 满产生中断
15	RXFIFOHFIE:接收 FIFO 半满产生中断。 由软件设置/清除该位,允许/关闭接收 FIFO 半满中断。 0:接收 FIFO 半满不产生中断。 1:接收 FIFO 半满产生中断

续表 9 - 30

位	功能定义
14	TXFIFOHE:发送 FIFO 半空产生中断。 由软件设置/清除该位,允许/关闭发送 FIFO 半空中断。 0:发送 FIFO 半空不产生中断。 1:发送 FIFO 半空产生中断
13	RXACTIE:正在接收数据产生中断。 由软件设置/清除该位,允许/关闭正在接收数据中断。 0:正在接收数据不产生中断。 1:正在接收数据产生中断
12	TXACTIE:正在发送数据产生中断。 由软件设置/清除该位,允许/关闭正在发送数据中断。 0:正在发送数据不产生中断。 1:正在发送数据产生中断
11	CMDACTIE:正在传输命令产生中断。 由软件设置/清除该位,允许/关闭正在传输命令中断。 0:正在传输命令不产生中断。 1:正在传输命令产生中断
10	DBCKENDIE:数据块传输结束产生中断。 由软件设置/清除该位,允许/关闭数据块传输结束中断。 0:数据块传输结束不产生中断。 1:数据块传输结束产生中断
9	STBITERRIE:起始位错误产生中断。 由软件设置/清除该位,允许/关闭起始位错误中断。 0:起始位错误不产生中断。 1:起始位错误产生中断
8	DATAENDIE:数据传输结束产生中断。 由软件设置/清除该位,允许/关闭数据传输结束中断。 0:数据传输结束不产生中断。 1:数据传输结束产生中断
7	CMDSENTIE:命令已发送产生中断。 由软件设置/清除该位,允许/关闭命令已发送中断。 0:命令已发送不产生中断。 1:命令已发送产生中断
6	CMDRENDIE:接收到响应产生中断。 由软件设置/清除该位,允许/关闭接收到响应中断。 0:接收到响应不产生中断。 1:接收到响应产生中断

位	功能定义
5	RXOVERRIE:接收 FIFO 上溢错误产生中断。 由软件设置/清除该位,允许/关闭接收 FIFO 上溢错误中断。 0:接收 FIFO 上溢错误不产生中断。 1:接收 FIFO 上溢错误产生中断
4	TXUNDERRIE:发送 FIFO 下溢错误产生中断。 由软件设置/清除该位,允许/关闭发送 FIFO 下溢错误中断。 0:发送 FIFO 下溢错误不产生中断。 1:发送 FIFO 下溢错误产生中断
3	DTIMEOUTIE:数据超时产生中断。 由软件设置/清除该位,允许/关闭数据超时中断。 0:数据超时不产生中断。 1:数据超时产生中断
2	CTIMEOUTIE:命令超时产生中断。 由软件设置/清除该位,允许/关闭命令超时中断。 0:命令超时不产生中断。 1:命令超时产生中断
1	DCRCFAILIE:数据块 CRC 检测失败产生中断。 由软件设置/清除该位,允许/关闭数据块 CRC 检测失败中断。 0:数据块 CRC 检测失败不产生中断。 1:数据块 CRC 检测失败产生中断
0	CCRCFAILIE:命令 CRC 检测失败产生中断。 由软件设置/清除该位,允许/关闭命令 CRC 检测失败中断。 0:命令 CRC 检测失败不产生中断。 1:命令 CRC 检测失败产生中断

(14) SDIO FIFO 计数器寄存器(SDIO_FIFOCNT)。

地址偏移:0x48。复位值:0x0000 0000。

表 9 - 31　FIFO 计数器寄存器

31	...	24	23	...	0
			FIFOCOUNT		
			r	...	r

表 9 - 32　FIFO 计数器寄存器位功能定义

位	功能定义
31:24	保留,始终保持为 0
23:0	FIFOCOUNT:将要写入 FIFO 或将要从 FIFO 读出数据字的数目

(15) SDIO FIFO 数据寄存器(SDIO_FIFO)。

地址偏移:0x80。复位值:0x0000 0000。

表 9 - 33　FIFO 数据寄存器

31	...	0
	FIFODATA	
rw	...	rw

表 9 - 34　FIFO 数据寄存器位功能定义

位	功能定义
31:0	FIFODATA:接收或发送 FIFO 数据。 数据占据 32 个 32 位的字,地址为: (SDIO 基址＋0x80)至(SDIO 基址＋0xFC)

9.2　SDIO 接口相关库函数功能详解

SDIO 接口相关库函数由一组 API(application programming interface,应用编程接口)驱动函数组成,这组函数覆盖了本外设所有功能。本小节将针对性地将各功能函数详细说明如表 9 - 34~表 9 - 88 所列。

1. 函数 SDIO_Delnit

表 9 - 34　函数 SDIO_Delnit

函数名	SDIO_Delnit
函数原形	void SDIO_DeInit(void)
功能描述	将 SDIO 接口的外设寄存器恢复成默认值,需复位 SDIO_POWER、SDIO_CLKCR、SDIO_ARG、SDIO->CMD、SDIO_DTIMER、SDIO_DLEN、SDIO_DCTRL、SDIO_ICR、SDIO_MASK 的寄存器值
输入参数	无
输出参数	无
返回值	无
先决条件	无
被调用函数	无

2. 函数 SDIO_Init

表 9 - 35　函数 SDIO_Init

函数名	SDIO_Init
函数原形	void SDIO_Init(SDIO_InitTypeDef * SDIO_InitStruct)
功能描述	使用结构体的指定参数来初始化 SDIO 外设,需配置 SDIO_CLKCR 寄存器

续表 9 - 35

函数名	SDIO_Init
输入参数	SDIO_InitStruct：指向 SDIO_InitTypeDef 结构体的指针，该结构体包含有 SDIO 外设配置参数，这些成员（详见表 9 - 43 左列）与参数选项详细列出如表 9 - 37～表 9 - 41 所列
输出参数	无
返回值	无
先决条件	无
被调用函数	无

表 9 - 36　SDIO_Clock_Edge 定义

SDIO_Clock_Edge	定义值描述
SDIO_ClockEdge_Rising	时钟的上升沿，即在主时钟 SDIOCLK 的上升沿产生 SDIO_CK
SDIO_ClockEdge_Falling	时钟的下降沿，即在主时钟 SDIOCLK 的下降沿产生 SDIO_CK

表 9 - 37　SDIO_Clock_Bypass 定义

SDIO_Clock_Bypass	定义值描述
SDIO_ClockBypass_Disable	使能时钟分频器旁路
SDIO_ClockBypass_Enable	禁止时钟分频器旁路

表 9 - 38　SDIO_Clock_Power_Save 定义

SDIO_Clock_Power_Save	定义值描述
SDIO_ClockPowerSave_Disable	省电配置位，禁止该位时始终输出 SDIO_CK
SDIO_ClockPowerSave_Enable	省电配置位，使能该位时仅在总线活动时输出 SDIO_CK

表 9 - 39　SDIO_Bus_Wide 定义

SDIO_Bus_Wide	定义值描述
SDIO_BusWide_1b	1 位宽度总线模式，使用 SDIO_D0
SDIO_BusWide_4b	4 位宽度总线模式，使用 SDIO_D[3:0]
SDIO_BusWide_8b	8 位宽度总线模式，使用 SDIO_D[7:0]

表 9 - 40　SDIO_Hardware_Flow_Control 定义

SDIO_Hardware_Flow_Control	定义值描述
SDIO_HardwareFlowControl_Disable	禁止硬件流控
SDIO_HardwareFlowControl_Enable	使能硬件流控

表 9 - 41　SDIO_ClockDiv 定义

SDIO_ClockDiv	定义值描述
00	时钟分频因子为 0
...	...
FF	时钟分频因子为 255

3. 函数 SDIO_StructInit

表 9 - 42　函数 SDIO_StructInit

函数名	SDIO_StructInit
函数原形	void SDIO_StructInit(SDIO_InitTypeDef * SDIO_InitStruct)
功能描述	设置 SDIO_InitStruct 的成员(变量)的默认值
输入参数	SDIO_InitStruct:指向 SDIO_InitTypeDef 结构体的指针,并进行参数初始化,默认值如表 9 - 43 所列
输出参数	无
返回值	无
先决条件	无
被调用函数	无

表 9 - 43　成员默认值

成员	默认参数
SDIO_ClockDiv	00
SDIO_ClockEdge	SDIO_ClockEdge_Rising
SDIO_ClockBypass	SDIO_ClockBypass_Disable
SDIO_ClockPowerSave	SDIO_ClockPowerSave_Disable
SDIO_BusWide	SDIO_BusWide_1b
SDIO_HardwareFlowControl	SDIO_HardwareFlowControl_Disable

4. 函数 SDIO_ClockCmd

表 9 - 44　函数 SDIO_ClockCmd

函数名	SDIO_ClockCmd
函数原形	void SDIO_ClockCmd(FunctionalState NewState)
功能描述	使能或禁止 SDIO 外设时钟,需设置 SDIO_CLKCR 寄存器位 CLKEN,置 0 为时钟关闭,置 1 为时钟使能
输入参数	无
输出参数	无
返回值	无
先决条件	无
被调用函数	无

5. 函数 SDIO_SetPowerState

表 9 - 45　函数 SDIO_SetPowerState

函数名	SDIO_SetPowerState
函数原形	void SDIO_SetPowerState(uint32_t SDIO_PowerState)

续表 9 - 45

函数名	SDIO_SetPowerState
功能描述	设置电源状态,需设置 SDIO_POWER 寄存器位 PWRCTL[位 1:0]
输入参数	SDIO_PowerState:电源控制位的设置值,可选 0x00、0x02、0x03 值之一
输出参数	无
返回值	无
先决条件	无
被调用函数	无

6. 函数 SDIO_GetPowerState

表 9 - 46　函数 SDIO_GetPowerState

函数名	SDIO_GetPowerState
函数原形	uint32_t SDIO_GetPowerState(void)
功能描述	获取 SDIO 外设的电源状态,需读取 SDIO_POWER 寄存器位 PWRCTL[即位 1:0]
输入参数	无
输出参数	SDIO_PowerState:电源控制位值作为返回值
返回值	无
先决条件	无
被调用函数	无

7. 函数 SDIO_ITConfig

表 9 - 47　函数 SDIO_ITConfig

函数名	SDIO_ITConfig
函数原形	void SDIO_ITConfig(uint32_t SDIO_IT, FunctionalState NewState)
功能描述	使能或禁止 SDIO 的相关中断
输入参数 1	SDIO_IT:指定需使能或禁止的中断源,需设置 SDIO_MASK 寄存器各位,它们可以是表 9 - 48 中的任意值组合形式
输入参数 2	NewState:指定 SDIO 中断的新状态,该参数可以是 ENABLE 或 DISABLE
输出参数	无
返回值	无
先决条件	无
被调用函数	无

表 9 - 48　SDIOIT 中断源

中断源	描　述
SDIO_IT_CCRCFAIL	命令 CRC 检测失败产生中断
SDIO_IT_DCRCFAIL	数据块 CRC 检测失败产生中断
SDIO_IT_CTIMEOUT	命令超时产生中断

续表 9 - 48

中断源	描　述
SDIO_IT_DTIMEOUT	数据超时产生中断
SDIO_IT_TXUNDERR	发送 FIFO 下溢错误产生中断
SDIO_IT_RXOVERR	接收 FIFO 上溢错误产生中断
SDIO_IT_CMDREND	接收到响应(命令响应)产生中断
SDIO_IT_CMDSENT	命令已发送产生中断
SDIO_IT_DATAEND	数据传输结束产生中断
SDIO_IT_STBITERR	起始位错误产生中断
SDIO_IT_DBCKEND	数据块传输结束产生中断
SDIO_IT_CMDACT	正在传输命令产生中断
SDIO_IT_TXACT	正在发送数据产生中断
SDIO_IT_RXACT	正在接收数据产生中断
SDIO_IT_TXFIFOHE	发送 FIFO 半空产生中断
SDIO_IT_RXFIFOHF	接收 FIFO 半满产生中断
SDIO_IT_TXFIFOF	发送 FIFO 满产生中断
SDIO_IT_RXFIFOF	接收 FIFO 满产生中断
SDIO_IT_TXFIFOE	发送 FIFO 空产生中断
SDIO_IT_RXFIFOE	接收 FIFO 空产生中断
SDIO_IT_TXDAVL	发送 FIFO 中的数据有效产生中断
SDIO_IT_RXDAVL	接收 FIFO 中的数据有效产生中断
SDIO_IT_SDIOIT	允许 SDIO 模式中断已接收中断
SDIO_IT_CEATAEND	允许接收到 CE－ATA 命令完成信号产生中断

8. 函数 SDIO_DMACmd

表 9 - 49　　函数 SDIO_DMACmd

函数名	SDIO_DMACmd
函数原形	void SDIO_DMACmd(FunctionalState NewState)
功能描述	使能或禁止 SDIO 的 DMA 请求,需设置 SDIO_DCTRL 寄存器位 DMAEN
输入参数	NewState:所选 SDIO 的 DMA 请求的新状态,该参数可以是 ENABLE 或 DISABLE
输出参数	无
返回值	无
先决条件	无
被调用函数	无

9. 函数 SDIO_SendCommand

表 9 - 50　　函数 SDIO_SendCommand

函数名	SDIO_SendCommand
函数原形	void SDIO_SendCommand(SDIO_CmdInitTypeDef * SDIO_CmdInitStruct)

续表 9 - 50

函数名	SDIO_SendCommand
功能描述	根据 SDIO_CmdInitStruct 指定参数初始化 SDIO 指令并发送,需操作 SDIO_ARG、SDIO_CMD 寄存器
输入参数	SDIO_CmdInitStruct:指向 SDIO_CmdInitTypeDef 结构体的指针,包含了 SDIO 指令的配置信息,成员(变量)详见表 9 - 57 左列,各成员的参数与定义分别如表 9 - 51～9 - 55 所列
输出参数	无
返回值	无
先决条件	无
被调用函数	无

表 9 - 51　SDIO_Argument 定义

SDIO_Argument	描述
命令参数	命令参数是发送到卡命令的一部分,当某个命令包含一个参数时,必须在写操作命令寄存器之前将命令参数值加载到 SDIO_ARG 寄存器

表 9 - 52　SDIO_CmdIndex 定义

SDIO_CmdIndex	描 述
索引值	(INDEX)＜ 0x40,命令索引也是作为命令的一部分发送到卡中

表 9 - 53　SDIO_Response 定义

SDIO_Response	参数定义
SDIO_Response_No	无响应
SDIO_Response_Short	短响应
SDIO_Response_Long	长响应

表 9 - 54　SDIO_Wait 定义

SDIO_Wait	参数定义
SDIO_Wait_No	无等待,超时使能
SDIO_Wait_IT	等待中断请求
SDIO_Wait_Pend	等待传送结束

表 9 - 55　SDIO_CPSM 定义

SDIO_CPSM	参数定义
SDIO_CPSM_Disable	禁止命令通道状态机
SDIO_CPSM_Enable	使能命令通道状态机

10. 函数 SDIO_CmdStructInit

表 9 - 56　函数 SDIO_CmdStructInit

函数名	SDIO_CmdStructInit
函数原形	void SDIO_CmdStructInit(SDIO_CmdInitTypeDef * SDIO_CmdInitStruct)
功能描述	将 SDIO_CmdInitStruct 的成员参数初始化成默认值,详见表 9 - 52
输入参数	SDIO_CmdInitStruct:指向 SDIO_CmdInitTypeDef 结构体的指针,成员(变量)设置成默认参数
输出参数	无
返回值	无
先决条件	无
被调用函数	无

表 9-57　成员默认值

成员	默认参数
SDIO_Argument	0x00
SDIO_CmdIndex	0x00
SDIO_Response	SDIO_Response_No
SDIO_Wait	SDIO_Wait_No
SDIO_CPSM	SDIO_CPSM_Disable

11. 函数 SDIO_GetCommandResponse

表 9-58　函数 SDIO_GetCommandResponse

函数名	SDIO_GetCommandResponse
函数原形	uint8_t SDIO_GetCommandResponse(void)
功能描述	获取最后一条接收指令(注:已响应的)的命令索引,需读取 SDIO_RESPCMD 寄存器位
输入参数	无
输出参数	无
返回值	返回最后一条已响应接收指令的命令索引值
先决条件	无
被调用函数	无

12. 函数 SDIO_GetResponse

表 9-59　函数 SDIO_GetResponse

函数名	SDIO_GetResponse
函数原形	uint32_t SDIO_GetResponse(uint32_t SDIO_RESP)
功能描述	最后一条指令时,从卡获取响应信息,需读取 SDIO_RESPx(x=1…4)寄存器值
输入参数	SDIO_RESP:指定响应寄存器,可以在 SDIO_RESP1(即响应寄存器 1)、SDIO_RESP2(即响应寄存器 2)、SDIO_RESP3(即响应寄存器 3)、SDIO_RESP4(即响应寄存器 4)中取值
输出参数	无
返回值	返回卡状态值,从最高位开始接收
先决条件	无
被调用函数	无

13. 函数 SDIO_DataConfig

表 9-60　函数 SDIO_DataConfig

函数名	SDIO_DataConfig
函数原形	void SDIO_DataConfig(SDIO_DataInitTypeDef * SDIO_DataInitStruct)
功能描述	根据 SDIO_DataInitStruct 的指定参数初始化 SDIO 的数据路径

续表 9 - 60

函数名	SDIO_DataConfig
输入参数	SDIO_DataInitStruct：指向 SDIO_DataInitTypeDef 结构体的指针，其包含了 SDIO 指令的配置信息，各成员与参数详见表 9 - 61～表 9 - 66
输出参数	无
返回值	无
先决条件	无
被调用函数	无

表 9 - 61　SDIO_DataTimeOut 值定义

SDIO_DataTimeOut	描　述
数据超时取值范围	0x00～0xFFFFFFFF（注：对应 SDIO_DTIMER 寄存器，以卡总线时钟周期为单位的数据超时时间）

表 9 - 62　SDIO_DataLength 定义

SDIO_DataLength	参数定义
取值范围	0x00～0x01FFFFFF（对应 SDIO_DLEN 寄存器，即要传输的数据字节个数）

表 9 - 63　SDIO_DataBlockSize 定义

SDIO_DataBlockSize	参数定义
SDIO_DataBlockSize_1b	块数据传输模式时的数据块长度为 1 字节
SDIO_DataBlockSize_2b	块数据传输模式时的数据块长度为 2 字节
SDIO_DataBlockSize_4b	块数据传输模式时的数据块长度为 4 字节
SDIO_DataBlockSize_8b	块数据传输模式时的数据块长度为 8 字节
SDIO_DataBlockSize_16b	块数据传输模式时的数据块长度为 16 字节
SDIO_DataBlockSize_32b	块数据传输模式时的数据块长度为 32 字节
SDIO_DataBlockSize_64b	块数据传输模式时的数据块长度为 64 字节
SDIO_DataBlockSize_128b	块数据传输模式时的数据块长度为 128 字节
SDIO_DataBlockSize_256b	块数据传输模式时的数据块长度为 256 字节
SDIO_DataBlockSize_512b	块数据传输模式时的数据块长度为 512 字节
SDIO_DataBlockSize_1024b	块数据传输模式时的数据块长度为 1K 字节
SDIO_DataBlockSize_2048b	块数据传输模式时的数据块长度为 2K 字节
SDIO_DataBlockSize_4096b	块数据传输模式时的数据块长度为 4K 字节
SDIO_DataBlockSize_8192b	块数据传输模式时的数据块长度为 8K 字节
SDIO_DataBlockSize_16384b	块数据传输模式时的数据块长度为 16K 字节

表 9 - 64　SDIO_TransferDir 定义

SDIO_TransferDir	参数定义
SDIO_TransferDir_ToCard	数据传输方向为从控制器至卡（SDIO_DCTRL 寄存器位 DTDIR 置 0）
SDIO_TransferDir_ToSDIO	数据传输方向为从卡至控制器（SDIO_DCTRL 寄存器位 DTDIR 置 1）

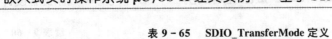
表 9 – 65   SDIO_TransferMode 定义

SDIO_TransferMode	参数定义
SDIO_TransferMode_Block	数据传输模式为块数据传输(SDIO_DCTRL 寄存器位 DTMODE 置 0)
SDIO_TransferMode_Stream	数据传输模式为流数据传输(SDIO_DCTRL 寄存器位 DTMODE 置 1)

表 9 – 66   SDIO_DPSM 定义

SDIO_DPSM	参数定义
SDIO_DPSM_Disable	数据通道状态机禁止(SDIO_DCTRL 寄存器位 SDIOEN 置 0)
SDIO_DPSM_Enable	数据通道状态机使能(SDIO_DCTRL 寄存器位 SDIOEN 置 1)

14. 函数 SDIO_DataStructInit

表 9 – 67   函数 SDIO_DataStructInit

函数名	SDIO_DataStructInit
函数原形	void SDIO_DataStructInit(SDIO_DataInitTypeDef * SDIO_DataInitStruct)
功能描述	将 SDIO_DataInitStruct 成员设置成默认值,成员默认初始化值详见表 9 – 68
输入参数	SDIO_DataInitStruct:指向需初始化参数的 SDIO_DataInitTypeDef 结构体指针
输出参数	无
返回值	无
先决条件	无
被调用函数	无

表 9 – 68   成员默认值

成员	默认参数	成员	默认参数
SDIO_DataTimeOut	0xFFFFFFFF	SDIO_TransferDir	SDIO_TransferDir_ToCard
SDIO_DataLength	0x00	SDIO_TransferMode	SDIO_TransferMode_Block
SDIO_DataBlockSize	SDIO_DataBlockSize_1b	SDIO_DPSM	SDIO_DPSM_Disable

15. 函数 SDIO_GetDataCounter

表 9 – 69   函数 SDIO_GetDataCounter

函数名	SDIO_GetDataCounter
函数原形	uint32_t SDIO_GetDataCounter(void)
功能描述	获取待传输的数据字节个数,需读操作 SDIO_DCOUNT 寄存器
输入参数	无
输出参数	无
返回值	返回剩余的需传输数据字节的数目
先决条件	仅在单次数据传输结束时调用该函数才有效
被调用函数	无

16. 函数 SDIO_ReadData

表 9 - 70　　函数 SDIO_ReadData

函数名	SDIO_ReadData
函数原形	uint32_t SDIO_ReadData(void)
功能描述	从接收 FIFO 缓冲区中读取一个数据字节,需读操作 SDIO_FIFO 寄存器
输入参数	无
输出参数	无
返回值	返回已读取的数据
先决条件	无
被调用函数	无

17. 函数 SDIO_WriteData

表 9 - 71　　函数 SDIO_WriteData

函数名	SDIO_WriteData
函数原形	void SDIO_WriteData(uint32_t Data)
功能描述	向发送 FIFO 写入一个 32 位的数据字,需写操作 SDIO_FIFO 寄存器
输入参数	Data:需写入的 32 位数据字
输出参数	无
返回值	无
先决条件	无
被调用函数	无

18. 函数 SDIO_GetFIFOCount

表 9 - 72　　函数 SDIO_GetFIFOCount

函数名	SDIO_GetFIFOCount
函数原形	uint32_t SDIO_GetFIFOCount(void)
功能描述	获取需写入 FIFO 或从 FIFO 读出 32 位数据字的剩余数目,需读操作 SDIO_FIFO-COUNT 寄存器
输入参数	无
输出参数	无
返回值	返回数据字的剩余个数
先决条件	无
被调用函数	无

19. 函数 SDIO_StartSDIOReadWait

表 9 – 73　函数 SDIO_StartSDIOReadWait

函数名	SDIO_StartSDIOReadWait
函数原形	void SDIO_StartSDIOReadWait(FunctionalState NewState)
功能描述	启动 SDIO 读等待操作,需设置 SDIO_DCTRL 寄存器位 RWSTART
输入参数	NewState:启动 SDIO 读等待操作的新状态,该参数可选 ENABLE 或者 DISABLE
输出参数	无
返回值	无
先决条件	无
被调用函数	无

20. 函数 SDIO_StopSDIOReadWait

表 9 – 74　函数 SDIO_StopSDIOReadWait

函数名	SDIO_StopSDIOReadWait
函数原形	void SDIO_StopSDIOReadWait(FunctionalState NewState)
功能描述	停止 SDIO 读等待操作,需设置 SDIO_DCTRL 寄存器位 RWSTOP
输入参数	NewState:停止 SDIO 读等待操作的新状态,该参数可选 ENABLE 或者 DISABLE
输出参数	无
返回值	无
先决条件	如果 RWSTART 置 0,RWSTOP 置 0 时,表示正在进行读等待;如果 RWSTART 置 1,RWSTOP 置 1 时,使能停止读等待功能
被调用函数	无

21. 函数 SDIO_SetSDIOReadWaitMode

表 9 – 75　函数 SDIO_SetSDIOReadWaitMode

函数名	SDIO_SetSDIOReadWaitMode
函数原形	void SDIO_SetSDIOReadWaitMode(uint32_t SDIO_ReadWaitMode)
功能描述	设置 SDIO 读等待的插入间隔参数,需操作 SDIO_DCTRL 寄存器位 RWMOD
输入参数	SDIO_ReadWaitMode:选取读等待模式,可选两种参数,详见表 9 – 76
输出参数	无
返回值	无
先决条件	无
被调用函数	无

表 9 – 76　SDIO_ReadWaitMode 参数定义

SDIO_ReadWaitMode 参数取值	描　述
SDIO_ReadWaitMode_CLK	读等待控制采用关闭 SDIOCLK 时钟的方式
SDIO_ReadWaitMode_DATA2	读等待控制采用 SDIO_DATA2 数据信号

22. 函数 SDIO_SetSDIOOperation

表 9 - 77　函数 SDIO_SetSDIOOperation

函数名	SDIO_SetSDIOOperation
函数原形	void SDIO_SetSDIOOperation(FunctionalState NewState)
功能描述	使能或禁止 SDIO 模式操作,需设置 SDIO_DCTL 寄存器位 SDIOEN (注意:使能该位则同时会让数据通道状态机执行 SDIO 卡的指定操作)
输入参数	NewState：SDIO 指定操作的新状态,该参数可选 ENABLE 或者 DISABLE
输出参数	无
返回值	无
先决条件	无
被调用函数	无

23. 函数 SDIO_SendSDIOSuspendCmd

表 9 - 78　函数 SDIO_SendSDIOSuspendCmd

函数名	SDIO_SendSDIOSuspendCmd
函数原形	void SDIO_SendSDIOSuspendCmd(FunctionalState NewState)
功能描述	使能或禁止 SDIO 模式挂起指令发送,需设置 SDIO_CMD 寄存器位 SDIOSUSPEND
输入参数	NewState：SDIO 模式暂停的新状态,该参数可选 ENABLE 或者 DISABLE
输出参数	无
返回值	无
先决条件	无
被调用函数	无

24. 函数 SDIO_CommandCompletionCmd

表 9 - 79　函数 SDIO_CommandCompletionCmd

函数名	SDIO_CommandCompletionCmd
函数原形	void SDIO_CommandCompletionCmd(FunctionalState NewState)
功能描述	使能或禁止 SDIO 指令完成信号,需设置 SDIO_CMD 寄存器位 ENCMDCOMPL
输入参数	NewState:指令完成信号的新状态,该参数可选 ENABLE 或者 DISABLE
输出参数	无
返回值	无
先决条件	无
被调用函数	无

25. 函数 SDIO_CEATAITCmd

表 9 - 80　函数 SDIO_CEATAITCmd

函数名	SDIO_CEATAITCmd
函数原形	void SDIO_CEATAITCmd(FunctionalState NewState)
功能描述	使能或禁止 CE－ATA 中断的指令,需设置 SDIO_CMD 寄存器位 nIEN
输入参数	NewState:CE－ATA 中断的新状态,该参数可选 ENABLE 或者 DISABLE
输出参数	无
返回值	无
先决条件	无
被调用函数	无

26. 函数 SDIO_SendCEATACmd

表 9 - 81　函数 SDIO_SendCEATACmd

函数名	SDIO_SendCEATACmd
函数原形	void SDIO_SendCEATACmd(FunctionalState NewState)
功能描述	使能或禁止 CE－ATA 指令发送,如果设置 SDIO_CMD 寄存器位 CE_ATACMD,命令通道状态机传送 CMD61 指令
输入参数	NewState:CE－ATA 指令的新状态,该参数可选 ENABLE 或者 DISABLE
输出参数	无
返回值	无
先决条件	无
被调用函数	无

27. 函数 SDIO_GetFlagStatus

表 9 - 82　函数 SDIO_GetFlagStatus

函数名	SDIO_GetFlagStatus
函数原形	FlagStatus SDIO_GetFlagStatus(uint32_t SDIO_FLAG)
功能描述	该函数用于校验指定的 SDIO 标志位(包括静态标志位和动态标志位)是否设置,通过读取 SDIO_STA 寄存器各位实现
输入参数	SDIO_FLAG:指定的 SDIO 标志位,可以是表 9 - 83 中所列值的任意组合形式
输出参数	无
返回值	返回 SDIO_FLAG 标志位的状态,即 SET 或 RESET
先决条件	无
被调用函数	无

表 9 - 83　　SDIO_FLAG 参数定义

SDIO_FLAG 参数	标志位描述
SDIO_FLAG_CCRCFAIL	已收到命令响应（CRC 检测失败）
SDIO_FLAG_DCRCFAIL	已发送/接收数据块（CRC 检测失败）
SDIO_FLAG_CTIMEOUT	命令响应超时
SDIO_FLAG_DTIMEOUT	数据超时
SDIO_FLAG_TXUNDERR	发送 FIFO 下溢错误
SDIO_FLAG_RXOVERR	接收 FIFO 上溢错误
SDIO_FLAG_CMDREND	已收到命令响应（CRC 检测成功）
SDIO_FLAG_CMDSENT	命令已发送（不需要响应）
SDIO_FLAG_DATAEND	数据结束（注：数据计数器寄存器 SDIO_DCOUNT ＝ 0）
SDIO_FLAG_STBITERR	在宽总线模式，在所有数据信号上没有检测到起始位
SDIO_FLAG_DBCKEND	已发送/接收数据块（CRC 检测成功）
SDIO_FLAG_CMDACT	正在传输命令
SDIO_FLAG_TXACT	正在发送数据
SDIO_FLAG_RXACT	正在接收数据
SDIO_FLAG_TXFIFOHE	发送 FIFO 半空
SDIO_FLAG_RXFIFOHF	接收 FIFO 半满
SDIO_FLAG_TXFIFOF	发送 FIFO 满
SDIO_FLAG_RXFIFOF	接收 FIFO 满
SDIO_FLAG_TXFIFOE	发送 FIFO 空
SDIO_FLAG_RXFIFOE	接收 FIFO 空
SDIO_FLAG_TXDAVL	发送 FIFO 中的数据可用
SDIO_FLAG_RXDAVL	接收 FIFO 中的数据可用
SDIO_FLAG_SDIOIT	收到 SDIO 中断
SDIO_FLAG_CEATAEND	CMD61 指令时，接收到 CE－ATA 命令完成信号

28. 函数 SDIO_ClearFlag

表 9 - 84　　函数 SDIO_ClearFlag

函数名	SDIO_ClearFlag
函数原形	void SDIO_ClearFlag(uint32_t SDIO_FLAG)
功能描述	该函数用于清除指定的 SDIO 标志位（指的是静态标志位），通过写操作 SDIO_ICR 寄存器各位实现
输入参数	SDIO_FLAG：待清除的指定 SDIO 静态标志位，可以是表 9 - 85 中所列值的任意组合形式
输出参数	无
返回值	无
先决条件	无
被调用函数	无

表 9-85　SDIO_FLAG 参数定义

SDIO_FLAG 参数	标志位描述
SDIO_FLAG_CCRCFAIL	已收到命令响应(CRC 检测失败)
SDIO_FLAG_DCRCFAIL	已发送/接收数据块(CRC 检测失败)
SDIO_FLAG_CTIMEOUT	命令响应超时
SDIO_FLAG_DTIMEOUT	数据超时
SDIO_FLAG_TXUNDERR	发送 FIFO 下溢错误
SDIO_FLAG_RXOVERR	接收 FIFO 上溢错误
SDIO_FLAG_CMDREND	已收到命令响应(CRC 检测成功)
SDIO_FLAG_CMDSENT	命令已发送(不需要响应)
SDIO_FLAG_DATAEND	数据结束(注:数据计数器寄存器 SDIO_DCOUNT = 0)
SDIO_FLAG_STBITERR	在宽总线模式,在所有数据信号上没有检测到起始位
SDIO_FLAG_DBCKEND	已发送/接收数据块(CRC 检测成功)
SDIO_FLAG_SDIOIT	收到 SDIO 中断
SDIO_FLAG_CEATAEND	CMD61 指令时,接收到 CE−ATA 命令完成信号

29. 函数 SDIO_GetITStatus

表 9-86　函数 SDIO_GetITStatus

函数名	SDIO_GetITStatus
函数原形	ITStatus SDIO_GetITStatus(uint32_t SDIO_IT)
功能描述	用于检查指定的 SDIO 中断是否产生,需读 SDIO_STA 寄存器的对应位
输入参数	SDIO_IT:待检查的指定 SDIO 中断源,可以是表 9-48 中所列的中断源之一
输出参数	无
返回值	返回待检查的 SDIO 中断源状态(SET 或 RESET)
先决条件	无
被调用函数	无

30. 函数 SDIO_ClearITPendingBit

表 9-87　函数 SDIO_ClearITPendingBit

函数名	SDIO_ClearITPendingBit
函数原形	void SDIO_ClearITPendingBit(uint32_t SDIO_IT)
功能描述	用于清除指定 SDIO 中断的待处理位,需写操作 SDIO_ICR 寄存器的对应位
输入参数	SDIO_IT:需清除指定 SDIO 的中断待处理位,可以是表 9-88 中所列值的任意组合形式
输出参数	无
返回值	无
先决条件	无
被调用函数	无

表 9 - 88　SDIOIT 中断待处理位

中断待处理位	描　　述
SDIO_IT_CCRCFAIL	命令响应已接收(CRC 检测失败)中断
SDIO_IT_DCRCFAIL	数据块已接收/发送(CRC 检测失败)中断
SDIO_IT_CTIMEOUT	命令响应超时中断
SDIO_IT_DTIMEOUT	数据超时中断
SDIO_IT_TXUNDERR	发送 FIFO 下溢错误中断
SDIO_IT_RXOVERR	接收 FIFO 上溢错误中断
SDIO_IT_CMDREND	命令响应已接收(CRC 校验成功)中断
SDIO_IT_CMDSENT	命令已发送(无需响应)中断
SDIO_IT_DATAEND	数据传输结束(数据计数器为 0)中断
SDIO_IT_STBITERR	宽总线模式时,所有数据信号上未检测到起始位中断
SDIO_IT_SDIOIT	SDIO 中断已接收中断
SDIO_IT_CEATAEND	CMD61 指令时,接收到 CE - ATA 命令完成信号

9.3　设计目标

本实例采用 STM32 - V3 硬件开发平台,利用板上的 SDIO 接口(接 TF 卡)和 MP3 解码器芯片构成了一个完整的 MP3 音乐播放器,并移植了 FATFS0.08b 文件系统。本实例基于 μC/OS-II 系统,在 μC/GUI 界面创建了一个 MP3 播放界面,实现了 MP3 的长文件名显示、播放进度条以及功能按键等。

9.4　硬件电路设计

本实例基于 STM32F103 处理器的 SDIO 模块构建 MP3 音乐播放器,整个硬件组成如图 9 - 10 所示,分为 3 个部分:

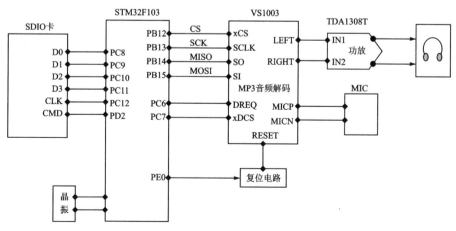

图 9 - 10　硬件电路组成

- STM32F103 处理器的 SDIO 模块部分,实现对 SD 卡(限于实验电路板尺寸,采用的是 Micro SD 存储卡)音乐文件的读取操作;
- 微处理器的 SPI2 接口与 MP3 音频解码器 VS1003 的硬件电路,实现数据流解码、输出以及麦克风信号输入;
- 双声道音乐输出播放,即音频功率放大输出电路。

9.4.1　VS1003 芯片概述

VS1003 是一款单芯片 MP3/WMA/MIDI 音频解码器和 ADPCM 编码器。它包含一个高性能,低功耗 DSP 处理器核,工作数据存储器为用户应用提供 5 KB 的指令 RAM 和 0.5 KB 的数据 RAM。VS1003 芯片具有串行的控制和数据接口,4 个常规用途的 GPIO 口,1 个 UART,也配置有 1 个高品质可变采样率的 ADC 和立体声 DAC,还有 1 个耳机放大器和共用缓冲器。

VS1003 通过串行输入总线来接收输入的比特流。它可以作为一个系统的从机,输入的比特流将被解码,并通过一个数字音量控制器传送至 18 位过采样的 DAC。解码通过串行总线控制。VS1003 芯片的内部功能框图如图 9-11 所示。

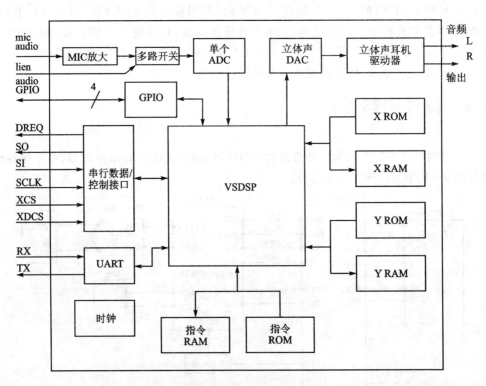

图 9 - 11　VS1003 功能框图

1. 引脚功能

　　VS1003 提供两种封装，分别是 LQFP - 48 和 BGA - 49。本例采用 LQFP - 48 封装，引脚分配分配示意图如图 9 - 12 所示，主要引脚功能描述如表 9 - 89 所列。

表 9 - 89　VS1003 引脚功能描述

引脚名称	序　号	引脚类型	功能描述
MICP	1	AI	同相差分话筒输入，自偏压
MICN	2	AI	反相差分话筒输入，自偏压
XRESET	3	DI	低电平有效，异步复位端
DGND0	4	DGND	处理器核与 I/O 地
CVDD0	5	CPWR	处理器核电源
IOVDD0	6	IOPWR	I/O 电源
CVDD1	7	CPEW	处理器核电源
DREQ	8	DO	数据请求，输入总线
GPIO2/DCLK	9	DIO	通用 I/O /串行数据总线时钟
GPIO3/SDATA	10	DIO	通用 I/O /串行数据总线数据
XDCS/BSYNC	13	DI	数据片选端/字节同步
IOVDD1	14	IOPWR	I/O 电源
VCO	15	DO	时钟压控振荡器 VCO
DGND1	16	DGND	处理器核与 I/O 地
XTALO	17	AO	晶振输出
XTALI	18	AI	晶振输入
IOVDD2	19	IOPWR	I/O 电源
DGND2	20	DGND	处理器核与 I/O 地
DGND3	21	DGND	处理器核与 I/O 地
DGND4	22	DGND	处理器核与 I/O 地
XCS	23	DI	片选输入，低电平有效
CVDD2	24	CPWR	处理器核电源
RX	26	DI	UART 接收口，不用时接 IOVDD
TX	27	DO	UART 发送口
SCLK	28	DI	串行总线的时钟
SI	29	DI	串行输入
SO	30	DO	串行输出
CVDD3	31	CPWR	处理器核电源

引脚名称	序 号	引脚类型	功能描述
TEST	32	DI	保留做测试,连接至 IOVDD
GPIO0/SPIBOOT	33	DIO	通用 I/O0/SPIBOOT,使用 100 kΩ 下拉电阻
AGND0	37	APWR	模拟地,低噪声参考地
AVDD0	38	APWR	模拟电源
RIGHT	39	AO	右声道输出
AGND1	40	APWR	模拟地
AGND2	41	APWR	模拟地
GBUF	42	AO	耳机共用缓冲器
AVDD1	43	APWR	模拟电源
RCAP	44	AIO	基准滤波电容
AVDD2	45	APWR	模拟电源
LEFT	46	AO	左声道输出
AGND3	47	APWR	模拟地
LINE IN	48	AI	线路输入

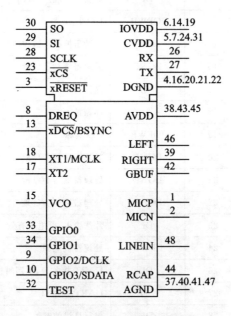

图 9 - 12　VS1003 引脚排列图

2. SPI 总线

　　SPI 总线同时应用于 VS1003 串行数据接口(SDI)和串行控制接口(SCI),SDI 和 SCI 引脚定义与功能说明如表 9 - 90 所列。

表 9 - 90　两种接口模式的引脚说明

SDI 引脚	SCI 引脚	功能说明
XDCS	XCS	片选输入低电平有效,高电平强制使串行接口进入待机模式,结束当前操作。高电平也强制使串行输出 SO 变成高阻态
SCK		串行时钟输入。串行时钟也使用内部的寄存器接口主时钟。SCK 可以被门控或是连续的。对任一情况,在 XCS 变为低电平后,SCK 上的第一个上升沿标志着第一位数据被写入
SI		串行输入。如果片选信号为低电平,SI 在 CLK 的上升沿上采样
—	SO	串行输出,在读操作时,数据在 SCK 的下降沿移出,在写操作时为高阻态

SPI 总线时序图如图 9 - 13 所示,参数如表 9 - 91 所列。

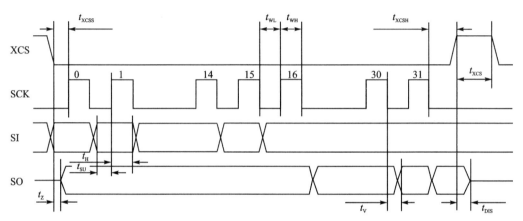

图 9 - 13　SPI 总线时序图

表 9 - 91　时序参数

符　号	最　小	最　大	单　位
t_{XCSS}	5	—	ns
t_{SU}	0	—	ns
t_H	2	—	CLKI 周期
t_Z	0	—	ns
t_{WL}	2	—	CLKI 周期
t_{WH}	2	—	CLKI 周期
t_V	2（＋ 25 ns）	—	CLKI 周期
t_{XCSH}	1	—	CLKI
t_{XCS}	2	—	CLKI 周期
t_{DIS}	—	10	ns

注:CLKI＝XTALI 晶振周期。

9.4.2　硬件电路原理图

将本例 SD 卡 MP3 音乐播放器完整的硬件电路分成 3 部分进行说明。

（1）SDIO 卡接口电路。

SDIO 卡接口电路采用的是 SD 宽 4 位传输模式,各有效信号都需要上拉,硬件电路如图 9-14 所示。

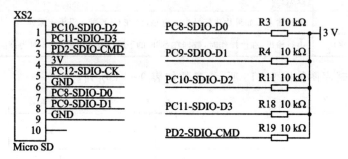

图 9-14　SDIO 卡接口电路

（2）MP3 音频解码电路。

MP3 音频解码电路包括 SPI2 总线接口电路、控制引脚电路、左右声道输出电路以及麦克风输入电路,该部分硬件电路如图 9-15 所示。

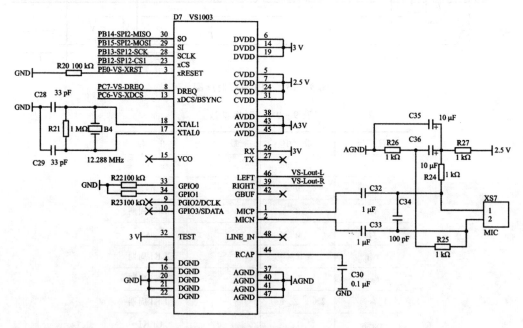

图 9-15　MP3 音频解码电路

（3）音频功率放大输出电路。

音频功率放大输出电路可以驱动 32 Ω 阻抗的耳机,其驱动芯片采用 TDA1308T,

功放电路原理如图 9-16 所示。

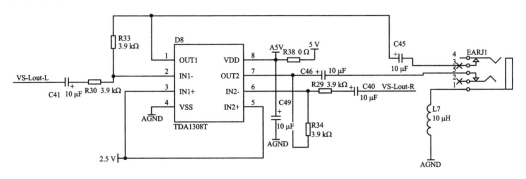

图 9-16 音频功率放大输出电路

9.5 μC/OS-II 系统软件设计

本例 SD 卡与 MP3 播放器应用实例的系统软件设计任务主要针对如下几个部分：

（1）μC/OS-II 系统建立任务，包括系统主任务、μC/GUI 图形用户接口任务、MP3 播放任务等。

（2）μC/GUI 图形界面程序，主要显示 SD 卡内的 MP3 文件列表以及文件播放速率、时长、进度等。

（3）中断服务程序，本例的中断处理函数为 SysTickHandler()。

（4）硬件平台初始化程序，包括系统时钟初始化、用于 MP3 播放器的 SPI2 接口初始化、SDIO 接口初始化、FSMC 与触摸屏接口初始化等。

（5）SD/SDIO 卡（本例用 Micro SD 卡代替）的上层驱动及应用函数，含寄存器操作、DMA 配置、命令发送等操作函数。

（6）VS1003 解码器的应用配置与底层驱动函数，含寄存器读写操作、SDI 和 SCI 接口初始化配置等。

（7）FATFS 文件系统的移植。

本例软件设计所涉及的系统软件结构如表 9-92 所列，主要程序文件及功能说明如表 9-93 所列。

表 9-92 MP3 播放器系统软件结构

应用软件层			
应用程序 app.c			
系统软件层			
μC/GUI 用户应用 程序 Fun.c	文件系统	操作系统	中断管理系统
μC/GUI 图形系统	FATFS	μC/OS-Ⅱ 系统	异常与外设中断 处理模板

续表 9 - 92

µC/GUI 驱动接口 lcd_ucgui. c,lcd_api. c	diskio. c diskio. h ff. c 等	µC/OS- Ⅱ/Port	µC/OS- Ⅱ/CPU	µC/OS- Ⅱ / Source	stm32f10x_it. c
µC/GUI 移植部分 lcd. c					

CMSIS 层				
Cortex-M3 内核外设访问层	STM32F10x 设备外设访问层		
core_cm3. c	core_cm3. h	启动代码 (stm32f10x_startup. s)	stm32f10x. h	system_ stm32f10x. c	system_stm32f10x. h

硬件抽象层
硬件平台初始化 bsp. c

硬件外设层			
SD 卡硬件驱动与 应用配置程序	VS1003 硬件驱动与 应用配置程序	液晶屏接口应用 配置程序	LCD 控制器 驱动程序
sdio_sdcard. c	vs1003. c	fsmc_sram. c	lcddrv. c

其他通用模块驱动程序
misc. c、stm32f10x_ fsmc. c、stm32f10x_ gpio. c、stm32f10x_ rcc. c、stm32f10x_ sdio. c、stm32f10x_ dma. c、 stm32f10x_spi. c 等

表 9 - 93 MP3 播放器程序设计文件功能说明

程序文件名称	程序文件功能说明
App. c	主程序,µC/OS-Ⅱ系统建立任务,包括系统主任务、µC/GUI 图形用户接口任务、MP3 播放任务、触摸屏任务等
Fun. c	µC/GUI 图形用户接口,包括文件列表框、按键、进度条等控件创建以及文件名列表显示等
stm32f10x_it. c	本例实现函数为 SysTickHandler(本例代码省略介绍)
sdio_sdcard. c	SDIO/SD 卡的上层驱动与应用配置函数,包括初始化配置、卡状态寄存器、卡命令传送、DMA 通道设置等操作
VS1003. c	VS1003 解码器的应用配置与底层驱动函数,含 SDI 和 SCI 接口初始化配置、读写 VS1003 寄存器操作、读或写字节操作等
bsp. c	硬件平台的初始化函数,包括系统时钟、SPI2 接口、SDIO 模块接口、FSMC 接口、触摸屏接口(SPI1)等初始化配置
diskio. c	FATFS 文件系统模块的存储媒介底层接口,包括存储媒介读/写接口和磁盘驱动器的初始化、控制装置以及获取当前时间等,重点为两个 SD 卡读写功能函数
stm32f10x_sdio. c	通用模块驱动程序之 SDIO 模块库函数,由 SDIO/SD 卡的上层驱动与应用函数调用,详见 9.2 节介绍
stm32f10x_spi. c	通用模块驱动程序之 SPI 外设库函数,由 VS1003 解码器的驱动函数调用

1. µC/OS-Ⅱ 系统任务

µC/OS-Ⅱ系统建立任务,包含系统主任务、µC/GUI 图形用户接口任务、触摸屏任务、MP3 播放器任务、空闲任务以及统计时间运行任务,同时也是本例系统软件的主程序。

主程序集中在 main()入口函数,完成 μC/OS-Ⅱ系统初始化、硬件平台初始化、建立主任务、设置节拍计数器以及启动 μC/OS-Ⅱ系统等。

启动任务由 App_TaskStart()函数完成的,并建立其余任务。其余任务的建立是由 App_TaskCreate()函数实现。

● 系统其他任务建立函数 App_TaskCreate()

本函数用于建立系统其他的几个任务,即实现用户界面任务、触摸屏驱动任务、MP3 播放任务,同时采用信号量通信机制,在函数内建立了 MP3 播放信号量,主要实现代码如下。

```
static void App_TaskCreate(void)
{
    MP3_SEM = OSSemCreate(0); //建立 MP3 播放信号量
    /*建立用户界面任务*/
    OSTaskCreateExt(AppTaskUserIF,
    (void *)0,
    (OS_STK *)&AppTaskUserIFStk[APP_TASK_USER_IF_STK_SIZE - 1],
    APP_TASK_USER_IF_PRIO,
    APP_TASK_USER_IF_PRIO,
    (OS_STK *)&AppTaskUserIFStk[0],
    APP_TASK_USER_IF_STK_SIZE,
    (void *)0,
    OS_TASK_OPT_STK_CHK|OS_TASK_OPT_STK_CLR);
    /*建立触摸驱动任务*/
    OSTaskCreateExt(AppTaskKbd,
    (void *)0,
    (OS_STK *)&AppTaskKbdStk[APP_TASK_KBD_STK_SIZE - 1],
    APP_TASK_KBD_PRIO,
    APP_TASK_KBD_PRIO,
    (OS_STK *)&AppTaskKbdStk[0],
    APP_TASK_KBD_STK_SIZE,
    (void *)0,
    OS_TASK_OPT_STK_CHK|OS_TASK_OPT_STK_CLR);
    /*建立 MP3 播放任务*/
    OSTaskCreateExt(Task_MP3,
    (void *)0,
    (OS_STK *)&Task_MP3Stk[APP_TASK_MP3_STK_SIZE - 1],
    APP_TASK_MP3_PRIO,
    APP_TASK_MP3_PRIO,
    (OS_STK *)&Task_MP3Stk[0],
    APP_TASK_MP3_STK_SIZE,
```

```
      (void * )0,
    OS_TASK_OPT_STK_CHK|OS_TASK_OPT_STK_CLR);
}
```

上述几个任务函数代码除 MP3 播放任务之外几乎每章都要涉及到调用,我们集中讲述 MP3 播放任务的建立。

● MP3 播放任务建立函数 Task_MP3()

该函数是本例的 MP3 播放功能实现函数,首先利用已经建立的 MP3 播放信号量,采用信号量操作函数 OSSemPend() 等待另外一个任务(或进程)发送信号量,以实现进程同步;再选中 VS1003 播放芯片,读取 SD 卡中的文件,并播放输出 MP3,该函数完整的功能代码列出如下。

```
static void Task_MP3(void * p_arg){
    INT8U err;
    unsigned short count,j;
    (void)p_arg;
    while(1)
    {OSSemPend(MP3_SEM,0,&err); //等待 MP3 播放信号量
        br = 1;
        XDCS_SET(0); //xDCS = 0,选择 VS1003 的数据接口
        for (;;) {
            res = f_read(&fsrc, buffer, sizeof(buffer), &br);//读文件 512 字节
            if(res == 0){
                count = 0;
                OSTimeDlyHMSM(0,0,0,20); //延时 20ms
                while(count<512){
                /ЪЪ根据 SD 卡介质的原因,文件每次只能读出 512 字节 * /
                    if(open_f == 0){
                        break; //停止播放
                    }
                    if(DREQ! = 0)
            {/ * VS1003 数据请求口线,每次为高后,可以通过 SPI2 接口写入 32 字节的音频数据 * /
                        for(j=0;j<32;j++)      //每次送 32 个数据
                        {
                            VS1003_WriteByte(buffer[count]); //写入音频数据
                            count ++ ;
                        }
                        mp3_step = mp3_step + 32; //播放进度
                    }
                    if (res || br == 0) break; //是否到文件尾
                }
            }
            if (res || br == 0) break; //是否到文件尾
```

```
      }
      count = 0;
      while(count<2048){
/ * 根据 VS1003 的特性,需要音乐文件的末尾发送一些个 0,保证下一个音频文件的播放 * /
            if(DREQ! = 0){
                for(j = 0;j<32;j + + ) //每次送 32 个数据
                {
                      VS1003_WriteByte(0);
                      count + + ;
                }
            }
      }
      XDCS_SET(1);
      f_close(&fsrc);
      open_f = 0;}
}
```

从上述代码结构中,可以看出在 MP3 播放任务中,既有 VS1003 播放器硬件设置,又涉及文件系统操作,该任务的实现流程体现的就是 SD 卡与 MP3 播放器设计实例的主要工作流程。

2. μC/GUI 图形界面程序

在 μC/OS-Ⅱ 系统下,用户界面任务建立函数 AppTaskUserIF( )直接调用 μC/GUI 系统的应用程序 Fun( )函数执行图形界面显示。

由于本例用户界面仍然采用了对话框窗体,我们从 Fun( )函数处开始分三大块进行讲述。首先我们从用户界面实现函数 Fun( )开始讲述本程序的设计要点。

● 图形用户界面函数 Fun( )

本函数采用的控件主要有文本控件、滑动条控件、按钮控件、列表框控件等并在列表框创建了滚动条,利用 GUI_CreateDialogBox( )函数创建对话框窗体。最终显示 SD 卡内的 MP3 文件列表以及文件播放速率、时长、进度等。

```
void Fun(void) {
    unsigned short i = 0,a;
    open_f = 0;
    GUI_CURSOR_Show();//打开鼠标的图形显示(光标)
    WM_SetCreateFlags(WM_CF_MEMDEV);/ * 自动使用存储器设备 *
    DesktopColorOld = WM_SetDesktopColor(GUI_BLUE);/ * 自动更新颜色 * /
    / * 建立窗体,包含了资源列表,资源数目,并指定对话框过程函数 - 窗体回调函数 * /
    hWin = GUI_CreateDialogBox(aDialogCreate, GUI_COUNTOF(aDialogCreate),
    _cbCallback, 0, 0, 0);
    / * 设置窗体字体 * /
    FRAMEWIN_SetFont(hWin, pFont);
```

```
/*获得文本控件的句柄*/
text0 = WM_GetDialogItem(hWin, GUI_ID_TEXT0);
text1 = WM_GetDialogItem(hWin, GUI_ID_TEXT1);
/*获得滑动条控件的句柄*/
slider0 = WM_GetDialogItem(hWin, GUI_ID_SLIDER0);
/*获得按钮控件的句柄*/
_ahButton[0] = WM_GetDialogItem(hWin, GUI_ID_BUTTON0);
_ahButton[1] = WM_GetDialogItem(hWin, GUI_ID_BUTTON1);
_ahButton[2] = WM_GetDialogItem(hWin, GUI_ID_BUTTON2);
_ahButton[3] = WM_GetDialogItem(hWin, GUI_ID_BUTTON3);
_ahButton[4] = WM_GetDialogItem(hWin, GUI_ID_BUTTON4);
//按钮字体设置
BUTTON_SetFont(_ahButton[0],pFont);
BUTTON_SetFont(_ahButton[1],pFont);
BUTTON_SetFont(_ahButton[2],pFont);
BUTTON_SetFont(_ahButton[3],pFont);
BUTTON_SetFont(_ahButton[4],pFont);
//按钮背景色设置－灰色
BUTTON_SetBkColor(_ahButton[0],0,GUI_GRAY);
BUTTON_SetBkColor(_ahButton[1],0,GUI_GRAY);
BUTTON_SetBkColor(_ahButton[2],0,GUI_GRAY);
BUTTON_SetBkColor(_ahButton[3],0,GUI_GRAY);
BUTTON_SetBkColor(_ahButton[4],0,GUI_GRAY);
//按键前景色设置－白色
BUTTON_SetTextColor(_ahButton[0],0,GUI_WHITE);
BUTTON_SetTextColor(_ahButton[1],0,GUI_WHITE);
BUTTON_SetTextColor(_ahButton[2],0,GUI_WHITE);
BUTTON_SetTextColor(_ahButton[3],0,GUI_WHITE);
BUTTON_SetTextColor(_ahButton[4],0,GUI_WHITE);
//获得对话框里 GUI_ID_LISTBOX0 项目的句柄
listbox1 = WM_GetDialogItem(hWin, GUI_ID_LISTBOX0);
LISTBOX_SetFont(listbox1,pFont); //设置对话框里列表框的字体
//对话框里列表框添加滚动条－卷动方向为垂直下拉
SCROLLBAR_CreateAttached(listbox1, SCROLLBAR_CF_VERTICAL);
//设置对话框里按钮 1 未被按下的字体颜色
BUTTON_SetBkColor(_ahButton[0],0,GUI_WHITE);
//设置对话框里按钮 2 未被按下的字体颜色
BUTTON_SetBkColor(_ahButton[1],0,GUI_WHITE);
//设置对话框里按钮 3 未被按下的字体颜色
BUTTON_SetBkColor(_ahButton[2],0,GUI_WHITE);
//设置对话框里按钮 4 未被按下的字体颜色
BUTTON_SetBkColor(_ahButton[3],0,GUI_WHITE);
//设置对话框里按钮 5 未被按下的字体颜色
```

```
BUTTON_SetBkColor(_ahButton[4],0,GUI_WHITE);
/* 将 SD 卡根目录下的 MP3 文件增加到列表框里 */
a = file_num;
while(a>0){
  LISTBOX_AddString(listbox1,str[i]);
i++;
a--;
}
while (1)
{
if(open_f == 0){
    /* 设置显示按钮使用的位图 */
    BUTTON_SetBMPEx(_ahButton[0],BUTTON_BI_UNPRESSED,&play_bt,15,3);
    BUTTON_SetBMPEx(_ahButton[1],BUTTON_BI_UNPRESSED,&prev_bt,15,3);
    BUTTON_SetBMPEx(_ahButton[2],BUTTON_BI_UNPRESSED,&next_bt,15,3);
    BUTTON_SetBMPEx(_ahButton[3],BUTTON_BI_UNPRESSED,&bk_bt,15,3);
    BUTTON_SetBMPEx(_ahButton[4],BUTTON_BI_UNPRESSED,&bk_bt,15,3);
}
else if(open_f == 1){
    /* 设置显示按钮使用的位图 */
    BUTTON_SetBMPEx(_ahButton[0],BUTTON_BI_UNPRESSED,&pause_bt,15,3);
    BUTTON_SetBMPEx(_ahButton[1],BUTTON_BI_UNPRESSED,&prev_bt,15,3);
    BUTTON_SetBMPEx(_ahButton[2],BUTTON_BI_UNPRESSED,&next_bt,15,3);
    BUTTON_SetBMPEx(_ahButton[3],BUTTON_BI_UNPRESSED,&stop_bt,15,3);
    BUTTON_SetBMPEx(_ahButton[4],BUTTON_BI_UNPRESSED,&fast_bt,15,3);
}
else if(open_f == 2){
    /* 设置显示按钮使用的位图 */
    BUTTON_SetBMPEx(_ahButton[0],BUTTON_BI_UNPRESSED,&play_bt,15,3);
    BUTTON_SetBMPEx(_ahButton[1],BUTTON_BI_UNPRESSED,&bk_bt,15,3);
    BUTTON_SetBMPEx(_ahButton[2],BUTTON_BI_UNPRESSED,&bk_bt,15,3);
    BUTTON_SetBMPEx(_ahButton[3],BUTTON_BI_UNPRESSED,&stop_bt,15,3);
    BUTTON_SetBMPEx(_ahButton[4],BUTTON_BI_UNPRESSED,&bk_bt,15,3);
}
OSTimeDlyHMSM(0, 0, 0, 100);//延时
SLIDER_SetValue(slider0,mp3_step);//播放进度条刷新
WM_Exec();//显示刷新}
}
```

上述代码中的 GUI_CreateDialogBox() 函数用于创建对话框窗体,参数 aDialogCreate 定义对话框中所要包含的小工具(指控件)的资源表的指针;GUI_COUNTOF(aDialogCreate)定义对话框中所包含的小工具的总数;参数 _cbCallback 代表应用程序特定回调函数(对话框过程函数)的指针,这里指定的是窗体回调函数;紧跟其后的

一个参数表示父窗口的句柄(0 表示没有父窗口),最后两个参数表示 X/Y 坐标位置,即对话框相对于父窗口的 X/Y 轴位置。

● GUI_CreateDialogBox()建立资源表

按照创建非阻塞式对话框窗体流程必须具备两个要素:一个是资源列表,另一个是对话框过程函数。先讲述第一个要素如何建立资源表。

该函数首先定义指向了 GUI_WIDGET_CREATE_INFO 结构的指针,然后指定在对话框窗体中所要包括的所有控件,详细的代码与过程如下文。

```
/*建立对话框资源列表*/
static const GUI_WIDGET_CREATE_INFO aDialogCreate[] = {
    //建立窗体,大小是 320X240,原点在 0,0
    { FRAMEWIN_CreateIndirect, "奋斗版 STM32 开发板 MP3 实验",0,0,0,
    320,240, FRAMEWIN_CF_ACTIVE },
    //建立文本框显示 MP3 播放速率
    { TEXT_CreateIndirect, "", GUI_ID_TEXT0, 5, 165,80, 20, TEXT_CF_LEFT },
    //建立文本框显示 MP3 文件播放时长
    { TEXT_CreateIndirect,"", GUI_ID_TEXT1, 230, 165, 70, 20, TEXT_CF_RIGHT },
    //建立 LISTBOX 控件显示文件列表
    { LISTBOX_CreateIndirect, "", GUI_ID_LISTBOX0, 3,5,310,130, 0, 0 },
    //建立滑动条控件显示播放进度
    { SLIDER_CreateIndirect, NULL, GUI_ID_SLIDER0, 5, 140, 300, 25, 0, 0 },
    //建立按扭控件
    { BUTTON_CreateIndirect,"", GUI_ID_BUTTON0,0,180,64,38 },
    { BUTTON_CreateIndirect,"", GUI_ID_BUTTON1,64,180,64,38 },
    { BUTTON_CreateIndirect,"",GUI_ID_BUTTON2,128,180,64,38 },
    { BUTTON_CreateIndirect,"",GUI_ID_BUTTON3,192,180 ,64,38},
    { BUTTON_CreateIndirect,"",GUI_ID_BUTTON4,256,180 ,64,38 },
};
```

从上面的代码可以看出创建了框架窗口、文本、列表框、按钮控件,这些小工具都必须从资源表项中创建,即创建方法是"控件名_CreateIndirect"。

● _cbCallback()函数作为起点添加动作代码

窗体回调函数_cbCallback()作为对话框过程函数的起点,初始化后,需要添加动作代码,因此在窗体回调函数一般添加的是动作执行代码,本例就是定义 MP3 播放相关的动作。

```
static void _cbCallback(WM_MESSAGE * pMsg) {
    unsigned short a1 = 0,count,j;
    unsigned int sld = 0;
    char a[255];
    int NCode, Id;
    switch (pMsg->MsgId) {
      case WM_NOTIFY_PARENT:
```

```
Id = WM_GetId(pMsg->hWinSrc); /*获得窗体部件的 ID */
NCode = pMsg->Data.v; /*动作代码 */
switch (NCode) {
  case WM_NOTIFICATION_RELEASED: //窗体部件动作被释放
    if (Id == GUI_ID_LISTBOX0){ //列表框的选择事件
      file_no = LISTBOX_GetSel(listbox1); //获得列表框的高亮条目的编号
    }
    else if (Id == GUI_ID_SLIDER0) { //滑动条 0 的值被改变
      mp3_step = SLIDER_GetValue(slider0); //获得滑动条 0 的值
      f_lseek(&fsrc,mp3_step); //将播放进度值定位到文件
    }
    else if (Id == GUI_ID_BUTTON0){ //F1--打开文件
      pub:;
      /*获得当前文件选择区的高亮条目的文件名 */
      LISTBOX_GetItemText(listbox1,file_no,a,255);
      if(open_f == 0){ //播放文件
      /*以读的方式打开选中的文 */
      res = f_open(&fsrc, a, FA_OPEN_EXISTING | FA_READ);
      /*读取文件开始的 512 字节 */
      res = f_read(&fsrc, buffer, sizeof(buffer), &br);
      /*获得 MP3 文件的信息 */
      /* V1 - MPEG 1,V2 - MPEG 2 与 MPEG 2.5 */
      /* L1 - Layer 1,L2 - Layer 2,L3 - Layer 3   */
if(buffer[0] == 0x49&&buffer[1] == 0x44&&buffer[2] == 0x33){//起始帧是 ID3 帧
        j = buffer[8] * 128 + buffer[9] + 10; //计算出数据帧头位置
        f_lseek(&fsrc,j); //定位到数据帧
    res = f_read(&fsrc, buffer, sizeof(buffer), &br); //读取 512 字节
        }
if(((buffer[1]&0x1e) == 0x1a) &&((buffer[2]&0xf0) == 0x10)){
        mp3_bitrate = 32; //32K 播放速率
        }
else if(((buffer[1]&0x1e) == 0x1a) &&((buffer[2]&0xf0) == 0x20)){
        mp3_bitrate = 40; //40K 播放速率
        }
else if(((buffer[1]&0x1e) == 0x1a) &&((buffer[2]&0xf0) == 0x30)){
        mp3_bitrate = 48; //48K 播放速率
        }
else if(((buffer[1]&0x1e) == 0x1a) &&((buffer[2]&0xf0) == 0x40)){
        mp3_bitrate = 56; //56K 播放速率
        }
else if(((buffer[1]&0x1e) == 0x1a) &&((buffer[2]&0xf0) == 0x50)){
        mp3_bitrate = 64; // 64K 播放速率
        }
```

```
        else if(((buffer[1]&0x1e) == 0x1a) &&((buffer[2]&0xf0) == 0x60)){
                mp3_bitrate = 80;  // 80K 播放速率
        }
        else if(((buffer[1]&0x1e) == 0x1a) &&((buffer[2]&0xf0) == 0x70)){
                mp3_bitrate = 96;  // 96K 播放速率
        }
        else if(((buffer[1]&0x1e) == 0x1a) &&((buffer[2]&0xf0) == 0x80)){
                mp3_bitrate = 112;  //112K 播放速率
        }
        else if(((buffer[1]&0x1e) == 0x1a) &&((buffer[2]&0xf0) == 0x90)){
                mp3_bitrate = 128;  //128K 播放速率
        }
        else if(((buffer[1]&0x1e) == 0x1a) &&((buffer[2]&0xf0) == 0xa0)){
                mp3_bitrate = 160;  //160K 播放速率
        }
        else if(((buffer[1]&0x1e) == 0x1a) &&((buffer[2]&0xf0) == 0xb0)){
                mp3_bitrate = 192;  //192K 播放速率
        }
        else if(((buffer[1]&0x1e) == 0x1a) &&((buffer[2]&0xf0) == 0xc0)){
                mp3_bitrate = 224;  //224K 播放速率
        }
        else if(((buffer[1]&0x1e) == 0x1a) &&((buffer[2]&0xf0) == 0xd0)){
                mp3_bitrate = 256;  //256K 播放速率
        }
        else if(((buffer[1]&0x1e) == 0x1a) &&((buffer[2]&0xf0) == 0xe0)){
                mp3_bitrate = 320;  // 320K 播放速率
        }
        fsize = f_size(&fsrc);  //获得文件的大小尺寸
        mp3_step = 0;  //初始化播放进度变量
        mp3_time_min = ((fsize)/(mp3_bitrate * 125))/60;  //获得播放时长的分钟数
        mp3_time_sec = ((fsize)/(mp3_bitrate * 125))%60;  //获得播放时长的秒数
        itoa(mp3_bitrate,bit_rate_str,10);  //转换十进制数为字符串
        strncat(bit_rate_str," K/S",4);  //拼凑成需要显示的字符串 -- 播放速率
        TEXT_SetText(text0,bit_rate_str);    //显示播放速率
        itoa(mp3_time_min,mp3_time_str1,10);  //转换十进制数为字符串
        strncat(mp3_time_str1,":",3);    //拼成需要显示的字符串
        itoa(mp3_time_sec,mp3_time_str2,10);   //转换十进制数为字符串
        strncat(mp3_time_str1,mp3_time_str2,2);  //拼成需要显示的字符串
        TEXT_SetText(text1,mp3_time_str1);  //显示播放时长
        /* 设置滑动条控件的取值范围 0 - fsize */
        SLIDER_SetRange(slider0,0,fsize);
        /* 设置滑动条控件的初始值 */
        SLIDER_SetValue(slider0,0);
```

```
        open_f = 1; //播放状态标志
        OSSemPost(MP3_SEM); //发送 MP3 播放信号量
    }
    else if(open_f == 1){      //暂停播放任务
        open_f = 2;
        OSTaskSuspend(APP_TASK_MP3_PRIO); //挂起任务
    }
    else if(open_f == 2){      //继续播放任务
        open_f = 1;
        OSTaskResume(APP_TASK_MP3_PRIO);//恢复任务
    }
}
else if (Id == GUI_ID_BUTTON1){ //F2 -- 列表框的高亮条上移
if(file_no! = 0){
    file_no -- ;
    LISTBOX_DecSel(listbox1);
    if(open_f! = 0){ //如果是非停止播放状态,播放上一首
        open_f = 0;
        goto pub;
    }
    }
}
else if (Id == GUI_ID_BUTTON2){ //F3 -- 列表框的高亮条下移
    if(file_no<(file_num - 1)){
    file_no ++ ;
    LISTBOX_IncSel(listbox1);
    if(open_f! = 0){ //如果是非停止播放状态,播放下一首
        open_f = 0;
        goto pub;
    }
    }
}
else if (Id == GUI_ID_BUTTON3){ //F4 -- 停止播放
if(open_f == 1||open_f == 2){ //停止播放
    open_f = 0;
    mp3_step = 0;
}
}
else if (Id == GUI_ID_BUTTON4){ //F5 -- 快进
    if(mp3_step<(fsize - 65536)){
        mp3_step = mp3_step + 65536;
        f_lseek(&fsrc,mp3_step); //定位快进进度到文件里
    }
```

```
            }
            break;
            default:
            break;
        }
        break;
        default:
        WM_DefaultProc(pMsg);//句柄消息的默认例程
        }
    }
```

大家可以从窗体回调函数动作代码中看出,该函数不但定义 MP3 播放相关的动作,还采用了信号量操作函数 OSSemPost()向 MP3 播放任务建立函数 Task_MP3()发送信号量,实现进程同步;同时通过定义的动作调用了 OSTaskSuspend()、OSTaskResume()函数直接对 MP3 播放任务(对应于内核的任务优先级 APP_TASK_MP3_PRIO)进行直接任务挂起和任务恢复操作。

● 函数 OutPutFile()

本函数的作用是流文件输出,由 BSP_Init()函数调用,对文件系统进行初始化,通过串口输出 SD 卡根目录下的文件名,并把文件名保存于列表框控件中,以备 Fun()函数显示,完整的变量定义、函数代码与功能注释列出如下。

```
/*显示 SD 卡内文件名*/
void OutPutFile(void){
    unsigned short i = 0;
    FILINFO finfo;
    DIR dirs;
    char path[50] = {""}; //目录名为空,表示是根目录
    char * result1;
    char EXT1[4] = ".mp3";
    /*开启长文件名功能时,要预先初始化文件名缓冲区的长度*/
    #if _USE_LFN
    static char lfn[_MAX_LFN * (_DF1S ? 2 : 1) + 1];
    finfo.lfname = lfn;
    finfo.lfsize = sizeof(lfn);
    #endif
    USART_OUT(USART1,"…");//串口 1 输出文件系统启动标志
    VS1003_start();//启动 VS1003 播放器硬件
    f_mount(0, &fs);      //将文件系统设置到 0 区
    if (f_opendir(&dirs, path) == FR_OK) //读取该磁盘的根目录
    {
    while (f_readdir(&dirs, &finfo) == FR_OK) //循环依次读取文件名
    {
        if (finfo.fattrib & AM_ARC) //判断文件属性
```

```
{
    if(!finfo.fname[0])      break;//如果是文件名为空表示到目录的末尾(退出
    if(finfo.lfname[0]){     //长文件名
        result1 = strstr(finfo.lfname,EXT1);     //判断是否是 mp3 后缀的文件名
    }
    else{//8.3格式文件名
        result1 = strstr(finfo.fname,EXT1);      //判断是否是 mp3 后缀的文件名
    }
    if(result1! = NULL){
    if(finfo.lfname[0]){     //长文件名
    USART_OUT(USART1,"\r\n文件名是:\n     % s\n",finfo.lfname);//输出长文件名
    strcpy(str[i],(const char *)finfo.lfname); //将文件名暂存到数组里,以备 LISTBOX 调用
        i++;
    }
        else{
//输出8.3格式文件名
USART_OUT(USART1,"\r\n文件名是:\n     % s\n",finfo.fname);
strcpy(str[i],(const char *)finfo.fname); //将文件名暂存到数组里,以备 LISTBOX 调用
        i++;
    }//文件建立及增加内容
    }
    }
    }
    file_num = i; //根目录下的文件总数
    }
}
```

3. 硬件平台初始化程序

本例的硬件平台初始化程序主要包括系统及外设时钟配置、FSMC 接口初始化、SPI1 接口-触摸屏芯片初始化与配置、GPIO 端口配置、串口 1 参数配置等系统常用的配置,也包括文件系统初始化、SD 卡初始化以及获取 SD 卡根目录下的文件名。开发板硬件的初始化通过 BSP_Init()函数调用各接口功能函数实现,具体实现代码如下。

```
void BSP_Init(void)
{
    RCC_Configuration();//系统及外设时钟初始化
    USART_Config(USART1,115200);//初始化串口 1 及参数配置
    SD_TEST();//SD 卡初始化
    tp_Config(); //SPI1 触摸电路初始化
    FSMC_LCD_Init();//FSMC 接口初始化
    SPI_VS1003_Init();//VS1003 初始化
    /* 初始化文件系统,获得根目录下的文件名 */
    OutPutFile();
```

}

下述这些硬件接口配置与初始化函数,我们之前的例子都讲述过,这里仅罗列一下,代码省略介绍。

- 函数 RCC_Configuration()
- 函数 USART_Config()
- 函数 tp_Config()
- 函数 FSMC_LCD_Init()

除此之外,还有三个比较重要的功能函数,它们分别是:

- SD 卡初始化函数 SD_TEST()
- MP3 播放器硬件初始化函数 SPI_VS1003_Init()
- Fatfs 文件系统初始化函数 OutPutFile()

在 μC/GUI 图形界面程序中,已经对 Fatfs 文件系统初始化函数 OutPutFile()进行过详细的介绍,本节将先对 SD 卡初始化函数进行介绍,MP3 播放器硬件初始化函数则放在下一小节进行介绍。

该函数用于 SD 卡测试,它调用的是 SD 卡上层应用函数(硬件相关的高级函数)完成测试功能。函数代码如下。

```
void SD_TEST(void){
    Status = SD_Init();
    Status = SD_GetCardInfo(&SDCardInfo);
    Status = SD_SelectDeselect((uint32_t)(SDCardInfo.RCA << 16));
    Status = SD_EnableWideBusOperation(SDIO_BusWide_4b);
    Status = SD_SetDeviceMode(SD_DMA_MODE);
    if (Status == SD_OK)
    {
        //从地址 0 开始读取 512 字节
        Status = SD_ReadBlock(Buffer_Block_Rx, 0x00, 512);
    }
    if (Status == SD_OK)
    {
        //返回成功的话,串口输出 SD 卡测试成功信息
        USART_OUT(USART1,"\r\nSD SDIO-4bit 模式 测试 TF 卡成功! \n ");
    }
}
```

4. SD 卡上层驱动与应用配置程序

SDIO/SD 卡的上层驱动与应用配置函数,包括 SD 卡初始化、配置 SDIO 接口引脚、上电序列、确认卡工作条件、开关 SDIO 总线,获取卡信息,SD 卡 DMA、中断、查询模式选择、读/写块(或多块)操作,以及命令超时,SD 模式选择等功能函数,主要实现函数如表 9-94 所列。

表 9 - 94　SD 卡上层应用函数列表

函　数	功能描述
void SD_LowLevel_DeInit(void)	用于关闭 SDIO 接口模块,含关闭时钟、AHB 时钟、掉电等
void SD_LowLevel_Init(void)	SDIO 底层接口初始化,配置系统时钟、DMA 时钟、AHB 时钟、功能引脚等
void SD_LowLevel_DMA_TxConfig()	DMA 发送配置,针对 DMA 通道 4 配置
void SD_LowLevel_DMA_RxConfig()	DMA 接收配置,针对 DMA 通道 4 配置
void SD_DeInit()	调用 SD_LowLevel_DeInit()函数,功能相同
SDTransferState SD_GetStatus(void)	获取当前 SD 数据传输状态
SDCardState SD_GetState(void)	获取 SD 卡错误代码及当前状态
uint8_t SD_Detect(void)	检测 SD 卡是否正确插入卡槽
SD_Error SD_PowerON(void)	获取卡操作电压以及控制时钟配置
SD_Error SD_PowerOFF(void)	将 SDIO 输出信号关闭,设置成掉电状态
SD_Error SD_InitializeCards(void)	初始化卡
SD_Error SD_GetCardInfo()	获取卡信息
SD_Error SD_EnableWideBusOperation()	使能宽总线模式操作,即 1 位、4 位、8 位(仅用于 MMC)
SD_Error SD_SetDeviceMode()	设置卡操作模式:查询、中断或 DMA
SD_Error SD_SelectDeselect()	选择或弃选卡
SD_Error SD_ReadBlock()	读取卡的一个数据块
SD_Error SD_ReadMultiBlocks()	读取卡的多个数据块(连续)
SD_Error SD_WriteBlock()	向卡写入一个数据块
SD_Error SD_WriteMultiBlocks()	向卡写入多个数据块(连续)
SDTransferState　SD _ GetTransferState (void)	获取当前数据传输状态,根据 TXACT 和 RXACT 标志判"忙"
SD_Error SD_StopTransfer(void)	停止正在进行的数据传输
SD_Error SD_Erase()	擦除卡内容
SD_Error SD_SendStatus()	返回当前卡的发送状态
SD_Error SD_ProcessIRQSrc(void)	中断请求处理
static SD_Error CmdError(void)	检查命令 CMD0 是否错误及错误代码
static SD_Error CmdResp7Error(void)	检查响应命令 R7 是否错误及错误代码
static SD_Error CmdResp1Error()	检查响应命令 R1 是否错误及错误代码
static SD_Error CmdResp3Error(void)	检查响应命令 R3 是否错误及错误代码
static SD_Error CmdResp2Error(void)	检查响应命令 R2 是否错误及错误代码
static SD_Error CmdResp6Error()	检查响应命令 R6 是否错误及错误代码
static SD_Error SDEnWideBus()	使能/禁止 SDIO 宽总线模式

注:sdio_sdcard.c 文件是面向 SD/SDIO 卡上层应用配置与驱动的函数集,stm32f10x_sdio.c 则是面向 STM32 处理器的外设(寄存器)驱动库函数。因此 sdio_sdcard.c 文件中的上层应用功能函数也需要调用 stm32f10x_sdio.c 在内的多种外设库函数,请读者注意不要将两个文件的概念互相混淆。

5. VS1003 解码器的应用配置与底层驱动程序

VS1003 的应用配置与底层驱动程序,含使能 SPI2 接口引脚与参数配置、读/写 VS1003 解码器数据字节、VS1003 寄存器配置以及播放模式、音量控制等。

● SPI_VS1003_Init()函数

本函数用于 MP3 播放器硬件 VS1003 的 SPI2 接口初始化,由 BSP_Init()函数调用。主要包括 SPI2 时钟使能、接口引脚配置、片选信号配置、SPI2 接口参数配置等。详细的代码如下。

```
void SPI_VS1003_Init(void)
{
    SPI_InitTypeDef SPI_InitStructure;
    GPIO_InitTypeDef GPIO_InitStructure;
    /* 使能 SPI2 时钟 */
    RCC_APB1PeriphClockCmd(RCC_APB1Periph_SPI2 ,ENABLE);
    /* 配置 SPI2 引脚:SCK, MISO 和 MOSI */
    GPIO_InitStructure.GPIO_Pin = GPIO_Pin_13 | GPIO_Pin_14 | GPIO_Pin_15;
    GPIO_InitStructure.GPIO_Speed = GPIO_Speed_50MHz;
    GPIO_InitStructure.GPIO_Mode = GPIO_Mode_AF_PP;
    GPIO_Init(GPIOB, &GPIO_InitStructure);
    /* 配置 PB12 为 VS1003B 的片选 */
    GPIO_InitStructure.GPIO_Pin = GPIO_Pin_12;
    GPIO_InitStructure.GPIO_Speed = GPIO_Speed_50MHz;
    GPIO_InitStructure.GPIO_Mode = GPIO_Mode_Out_PP;
    GPIO_Init(GPIOB, &GPIO_InitStructure);
    GPIO_InitStructure.GPIO_Pin = GPIO_Pin_0; //PE0 作为 VS1003 的复位信号
    GPIO_Init(GPIOE, &GPIO_InitStructure);
    GPIO_InitStructure.GPIO_Pin = GPIO_Pin_6; //PC6 驱动 VS1003 的 XDCS 引脚
    GPIO_Init(GPIOC, &GPIO_InitStructure);
    GPIO_InitStructure.GPIO_Mode = GPIO_Mode_IPD;
    GPIO_InitStructure.GPIO_Pin = GPIO_Pin_7; //PC7 作为 VS1003 的 DREQ 引脚
    /* SPI2 接口参数配置 /
    SPI_InitStructure.SPI_Direction = SPI_Direction_2Lines_FullDuplex;
    SPI_InitStructure.SPI_Mode = SPI_Mode_Master;//SPI 主模式
    SPI_InitStructure.SPI_DataSize = SPI_DataSize_8b; //8 位
    SPI_InitStructure.SPI_CPOL = SPI_CPOL_Low;//CPOL 为低
    SPI_InitStructure.SPI_CPHA = SPI_CPHA_1Edge;
    SPI_InitStructure.SPI_NSS = SPI_NSS_Soft;
    /* 由于 VS1003 的响应速度,SPI 速度还不能太快 */
    SPI_InitStructure.SPI_BaudRatePrescaler = SPI_BaudRatePrescaler_16;
    SPI_InitStructure.SPI_FirstBit = SPI_FirstBit_MSB; //高位在前
    SPI_InitStructure.SPI_CRCPolynomial = 7;
    SPI_Init(SPI2, &SPI_InitStructure);
```

```
/*使能 SPI2 接口*/
SPI_Cmd(SPI2, ENABLE);
}
```

● VS1003_ReadByte()函数

本函数用于从 VS1003 读出一个字节,函数代码如下。

```
u8 VS1003_ReadByte(void)
{
    /*判断 SPI2 发送缓冲区是否空*/
    while(SPI_I2S_GetFlagStatus(SPI2, SPI_I2S_FLAG_TXE) == RESET);
    SPI_I2S_SendData(SPI2, 0); //发送一个空字节
    /*判断是否接收缓冲区非空*/
    while(SPI_I2S_GetFlagStatus(SPI2, SPI_I2S_FLAG_RXNE) == RESET);
    return SPI_I2S_ReceiveData(SPI2); //返回接收到的数据
}
```

● VS1003_WriteByte ()函数

本函数用于向 VS1003 写入一个字节,函数代码如下。

```
u8 VS1003_WriteByte(u8 byte)
{
    /*判断 SPI2 发送缓冲区是否空*/
    while(SPI_I2S_GetFlagStatus(SPI2, SPI_I2S_FLAG_TXE) == RESET);
    SPI_I2S_SendData(SPI2, byte); //发送 8 位的数据
    /*判断是否接收缓冲区非空*/
    while(SPI_I2S_GetFlagStatus(SPI2, SPI_I2S_FLAG_RXNE) == RESET);
    return SPI_I2S_ReceiveData(SPI2); //返回接收到的数据
}
```

● VS1003_WriteReg()函数

本函数用于写 VS1003 寄存器,函数代码如下。

```
void VS1003_WriteReg(unsigned char add, unsigned char highbyte, unsigned char lowbyte)
{
    XDCS_SET(1);                            //xDCS = 1
    CS_SET(0);                              //xCS = 0
    VS1003_WriteByte(VS_WRITE_COMMAND);     //发送写寄存器命令
    VS1003_WriteByte(add);                  //发送寄存器的地址
    VS1003_WriteByte(highbyte);             //发送待写数据的高 8 位
    VS1003_WriteByte(lowbyte);              //发送待写数据的低 8 位
    CS_SET(1);                              //xCS = 1
}
```

● VS1003_ReadReg ()函数

本函数用于读 VS1003 寄存器,函数代码如下。

```
unsigned int VS1003_ReadReg(unsigned char add)
{
    unsigned int resultvalue = 0;
    XDCS_SET(1);//xDCS = 1
    CS_SET(0); //xCS = 0
    VS1003_WriteByte(VS_READ_COMMAND); //发送读寄存器命令
    VS1003_WriteByte((add)); //发送寄存器的地址
    resultvalue = (unsigned int )(VS1003_ReadByte() << 8);//读取高 8 位数据
    resultvalue |= VS1003_ReadByte();//读取低 8 位数据
    CS_SET(1); //xCS = 1
    return resultvalue;//返回 16 位寄存器的值
}
```

● VS1003_start()函数

本函数用于 VS1003 的初始参数与模式设置,函数代码如下。

```
void VS1003_start(void)
{
    RST_SET(0); //xRST = 0,复位 vs1003
    Delay(10000); //延时
    VS1003_WriteByte(0xff); //发送一个字节的无效数据,启动 SPI 传输
    XDCS_SET(1); //xDCS = 1
    CS_SET(1); //xCS = 1
    RST_SET(1); //xRST = 1
    Delay(10000); //延时
    VS1003_WriteReg(SPI_MODE,0x08,0x00); //进入 vs1003 的播放模式
    VS1003_WriteReg(3, 0x98, 0x00);//设置 vs1003 的时钟,3 倍频
    VS1003_WriteReg(5, 0xBB, 0x81);//采样率 48k,立体声
    VS1003_WriteReg(SPI_BASS, TrebleEnhanceValue, BassEnhanceValue);//设置重音
    VS1003_WriteReg(0x0b,0x00,0x00); //VS1003 音量
    while(DREQ == 0); //等待 DREQ 为高,表示能够接受音乐数据输入
}
```

6. FATFS 文件系统移植中的两个重要函数介绍

FATFS 文件系统移植步骤在第 4 章文件系统移植中作过详细介绍,区别在于如下两个函数:

● DRESULT disk_read(BYTE drv,BYTE * buff,DWORD sector,BYTE count)

读扇区函数。在读 SD 数据块函数的基础上编写,* buff 存储已经读取的数据,sector 是开始读的起始扇区,count 是需要读的扇区数,1 个扇区 512 个字节,执行无误返回 0,错误返回非 0。本例的函数代码如下:

```
DRESULT disk_read (
    BYTE drv,
```

```
    BYTE * buff,
    DWORD sector,
    BYTE count
  )
{
    if(count == 1)
    {
        SD_ReadBlock((u32 * )(&buff[0]),sector << 9 ,SECTOR_SIZE);//读 SD 数据块
    }
    return RES_OK;
}
```

● DRESULT disk_write(BYTE drv,const BYTE * buff,DWORD sector,BYTE count)

写扇区函数。在向 SD 写数据块函数的基础上编写，* buff 存储要写入的数据，sector 是开始写的起始扇区 count 是需要写的扇区数。1 个扇区 512 个字节,执行无误返回 0,错误返回非 0。本例的函数代码如下:

```
# if _READONLY == 0
DRESULT disk_write (
    BYTE drv,
    const BYTE * buff,
    DWORD sector,
    BYTE count
)
{
    if(count == 1)
    {
        SD_WriteBlock((u32 * )(&buff[0]),sector << 9 ,SECTOR_SIZE);//向 SD 写数据块
    }
    return RES_OK;
}
# endif
```

9.6　实例总结

本例详细介绍了 SD 卡协议规范、STM32F103 处理器 SDIO 接口的结构以及寄存器等,并通过处理器 SPI 接口及 GPIO 端口实现对 MP3 音乐解码器 VS1003 的控制,将 SDIO 接口、SPI 接口、MP3 音频解码器、外围功率放大电路有机结合,设计了一个功能完整的音乐播放器硬件。

本例的侧重点在于系统任务与图形用户界面设计,按照 μC/OS-Ⅱ 嵌入式系统层

次结构,本例依次将系统任务建立程序、图形用户接口程序、硬件平台 BSP/HAL 层初始化程序、以及硬件应用配置与底层驱动程序(含 SDIO 及 VS1003 驱动)分类介绍软件代码设计重点,最后在第 5 章的 FATFS 文件系统移植基础上对 SD 卡设备的数据块读/写的两个重要函数作了重点讲述。

限于篇幅,对 SD/SDIO 卡硬件相关的高级应用函数省略了介绍,由于这些高级应用函数仍然调用的是 stm32f10x_sdio.c 外设库函数,大家仍然可以通过对 SD/SDIO 外设库函数的解读,进一步掌握这些高级函数的用法。

9.7　显示效果

本实例软件在 STM32 - V3 硬件开发平台上下载并运行后,当 Micro SD 卡内有 MP3 文件时,能够实现 MP3 音乐播放器功能,完整的试验演示效果如图 9 - 17 所示。

图 9 - 17　MP3 播放演示效果

第 **10** 章

I²C 接口应用实例——FM 收音机设计

I²C(Inter - Integrated Circuit)总线协议依靠一种简单的双向连线连接具备 I²C 总线的器件,各器件都利用这两根线进行串行通信。自从 I²C 总线出现以后,在嵌入式系统中的应用越来越广泛。近年来,各家公司都设计制造了大量支持 I²C 总线的器件。本章将讲述如何通过 I²C 接口来控制数字收音机模块 TEA5767,并设计一个 FM 数字收音机系统的应用实例。

10.1 I²C 总线应用概述

I²C 总线是由 PHILIPS 公司推出的一种通信总线,它是一种具备总线裁决和高低速器件同步功能的高性能串行总线。它只有两根双向信号线,一根是数据线 SDA,另一根是时钟线 SCL。典型的 I²C 总线结构如图 10 - 1 所示。

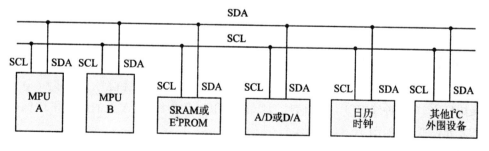

图 10 - 1 I²C 总线结构

10.1.1 I²C 总线拓扑

I²C 总线器件采用漏极开路工艺,总线上一定要通过上拉电阻接正电源,当总线空闲时,总线均为高电平。I²C 总线上拉如图 10‑2 所示。连到总线上的任一器件输出的低电平,都将使总线的信号变低,即各器件的 SDA 及 SCL 都是线"与"关系。每个接到 I²C 总线上的器件都有唯一的地址。主机与其他器件间的数据传送可以是由主机发送数据到其他器件,这时主机即为发送器。由总线上接收数据的器件则为接收器。在多主机系统中,可能同时有几个主机企图启动总线传送数据,为了避免混乱,I²C 总线要通过总线仲裁,以决定由哪一台主机控制总线。

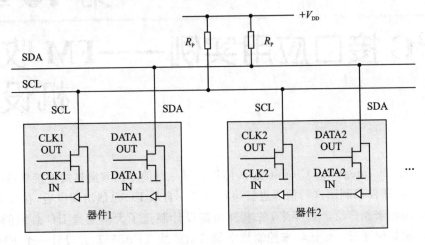

图 10‑2 I²C 总线上拉

10.1.2 I²C 总线的数据通信

I²C 总线实际上已经成为一个国际标准,在超过 100 种不同的 IC 器件上实现而且得到超过 50 家公司的许可。I²C 总线规范采用主/从双向通信,器件发送数据到总线上,则定义为发送器;器件接收数据则定义为接收器。主器件和从器件都可以工作于接收和发送状态。总线必须由主器件(通常为微控制器)控制。主器件产生串行时钟(SCL)控制总线的传输方向,并产生起始和停止条件。

1. 数据位的有效性

I²C 总线进行数据传送时,数据线 SDA 上的数据必须在时钟信号 SCL 为高电平期间保持稳定,在时钟线 SCL 上的信号为低电平期间,数据线 SDA 上的高电平或低电平状态才允许变化,如图 10‑3 所示。

2. 起始和停止条件

当主机启动一次通信时,SCL 为高电平,SDA 从高电平变成低电平,这个情况表示起始条件;主机停止一次通信时,SCL 为高电平,SDA 从低电平向高电平切换,此时表示停止条件,然后总线变成空闲状态。

起始和停止条件一般由主机产生,总线在起始条件后被认为处于忙的状态,在停止

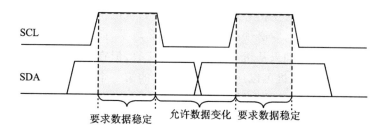

要求数据稳定　　允许数据变化　要求数据稳定

图 10 - 3　I²C 总线的位传送

条件的某段时间后总线被认为再次处于空闲状态,起始和停止条件状态示意图如图 10 - 4 所示。

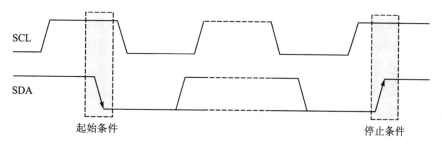

起始条件　　　　　　　　　　　　　　停止条件

图 10 - 4　起始和停止条件

连接到 I²C 总线上的器件,若具有 I²C 总线的硬件接口,则很容易检测到起始和终止信号。接收器收到一个完整的数据字节后,有可能需要完成一些其他工作,如处理内部中断服务等,可能无法立刻接收下一个字节,这时接收器件可以将 SCL 线拉成低电平,从而使主机处于等待状态,直到接收器件准备好接收下一个字节时,再释放 SCL 线使之为高电平,从而使数据传送可以继续进行。

3. 数据传输格式

(1) 字节传送与应答。

发送到 SDA 线上的每个字节必须为 8 位,每次传输可以发送的字节数量不受限制,每个字节后必须跟 1 个响应位(即 1 帧共有 9 位),如图 10 - 5 所示。

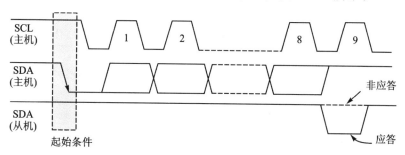

图 10 - 5　I²C 总线的数据传输

由于某种原因从机不对主机寻址信号应答时(如从机正在进行实时性的处理工作而无法接收总线上的数据),它必须将数据线置于高电平,而由主机产生一个停止条件以结束总线的数据传送。如果从机对主机进行了应答,但在数据传送一段时间后无法继续接收更多的数据时,从机可以通过对无法接收的第一个数据字节的"非应答"来通知主机,主机则应发出停止条件以结束数据传送。当主机接收数据时,它收到最后一个数据字节后,必须向从机发出一个结束传送的信号。这个信号是通过对从机的"非应答"来实现的。然后,从机释放 SDA 线,以允许主机产生终止条件。

(2) 数据帧格式。

I²C 总线上传送的数据信号是广义的,既包括地址信号,又包括真正的数据信号。在起始信号后必须传送一个从机的地址(7 位),第 8 位是数据的传送方向位(R/T),用"0"表示主机发送数据(T),"1"表示主机接收数据(R)。每次数据传送总是由主机产生的停止条件结束。但是,若主机希望继续占用总线进行新的数据传送,则可以不产生停止条件,马上再次发出起始条件对另一从机进行寻址。

在总线的 1 次数据传送过程中,可以有以下 3 种组合方式:

① 主机向从机发送数据,数据传送方向在整个传送过程中不变(见表 10-1):

表 10-1　数据帧格式 1

S	从机地址	0	A	数据	A	数据	A/Ā	P

② 主机在第一个字节后,立即从从机读数据(见表 10-2):

表 10-2　数据帧格式 2

S	从机地址	1	A	数据	A	数据	Ā	P

③ 在传送过程中,当需要改变传送方向时,起始信号和从机地址都被重复产生一次,但两次读/写方向位正好反相(见表 10-3):

表 10-3　数据帧格式 3

S	从机地址	0	A	数据	A/Ā	S	从机地址	1	A	数据	Ā	P

注:

① 表 10-1~表 10-3 中,有阴影部分表示数据由主机向从机传送,无阴影部分则表示数据由从机向主机传送。

② A 表示应答,Ā 表示非应答(高电平);S 表示起始条件信号,P 表示停止条件信号。

(3) 总线寻址。

I²C 总线的寻址在协议中有明确的规定:采用 7 位的寻址字节(寻址字节是起始条件后的第一个字节),寻址字节的位定义如表 10-4 所列。

表 10 - 4 从机地址定义

位	7	6	5	4	3	2	1	0
从机地址							R/$\overline{W}$

其中 D7～D1 位组成从机的地址。D0 位是数据传送方向位,D0 为"0"时表示主机向从机写数据;D0 为"1"时表示主机由从机读数据。主机发送地址时,总线上的每个从机都将这 7 位地址码与自己的地址进行比较,如果相同,则认为正被主机寻址,根据 R/$\overline{W}$ 位将自己确定为发送器或接收器。从机的地址由固定部分和可编程部分组成。在一个系统中可能希望接入多个相同的从机,从机地址中可编程部分决定了总线可接入该类器件的最大数目。比如一个从机的 7 位寻址位有 4 位是固定位,3 位是可编程位,这时仅能寻址 8 个同样的器件,即可以有 8 个同样的器件接入到该 I²C 总线系统中。

10.2 设计目标

本例程使用开发板上两个通用 I/O 端口模拟 I²C 总线接口实现对开发板上标配的数字 FM 收音机 TEA5767 模块的控制,通过创建图形用户界面 μC/GUI,在 μC/OS-II 实时内核的调度下,完成自动搜索频道以及将收音机音频信号输出,并实现自动保存搜索到的节目信息的功能。

10.3 硬件电路设计

本例 FM 数字收音机系统主要由 STM32F103 处理器的 GPIO 端口和 TEA5767 模块组成,其中 I²C 总线接口是由 2 个 GPIO 引脚来模拟的。整个硬件组成如图 10 - 6 所示,分为 3 个部分:

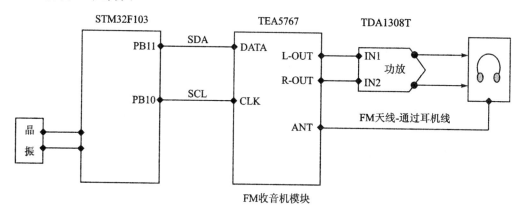

图 10 - 6 FM 收音机系统硬件组成

（1）STM32F103 处理器的模拟 I²C 总线接口部分,实现对 FM 收音机模块的读/写数据以及控制操作。

（2）由 TEA5767 组成的 FM 收音机硬件模块,即实现 FM 收音机的全部功能(如混频器、AGC 自动增益控制、中频放大器、中频限幅器、中频滤波器、鉴频器、低频静噪电路、搜索调谐电路、信号检测电路及频率锁定环路、音频输出电路等)。

（3）音频输出电路,即实现音频功率放大输出功能。

10.3.1　TEA5767 芯片概述

FM 收音机模块的核心器件采用 PHILIPS 公司的 TEA5767 数字立体声 FM 芯片。该芯片把所有的 FM 功能都集成到一个小尺寸封装内。芯片工作电压 2.5～5.0 V,典型值是 3 V;RF 接收频率范围是 76～108 MHz;(最强信号＋噪声)/噪声的值在 60 dB 左右;失真度约为 0.4%;双声道音频输出的电压范围 60～90 mV,带宽为 22.5 kHz。TEA5767 数字立体声 FM 芯片的内部功能框图如图 10-7 所示。

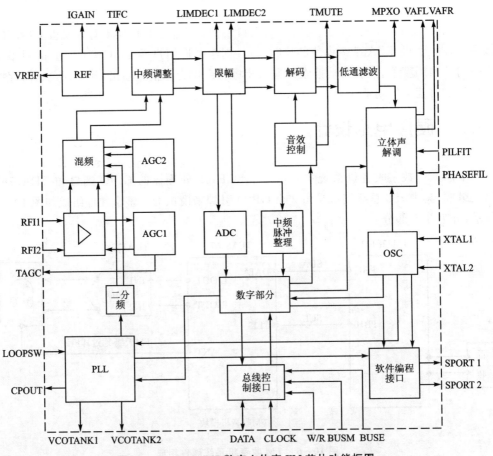

图 10-7　TEA5767 数字立体声 FM 芯片功能框图

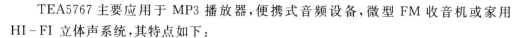

TEA5767 主要应用于 MP3 播放器,便携式音频设备,微型 FM 收音机或家用 HI－FI 立体声系统,其特点如下:

- 具有集成的高灵敏度低噪声射频输入放大器;
- 具有射频自动增益控制电路 RF AGC;
- 可选择 32.768 kHz 或 13 MHz 的晶体参考频率振荡器,也可使用外部 6.5 MHz 的参考频率;
- 总线可输出 7 位中频计数器;
- 总线可输出 4 位信号电平信息;
- 可以工作在 87.5~108 MHz 的欧美频段或 76~91 MHz 的日本频段,并且可预设接收日本 108 MHz 的电视音频信号;
- 射频具有自动增益控制功能,并且 LC 调谐振荡器只须固定片装电感;
- 内置的 FM 解调器可以省去外部鉴频器,并且 FM 的中频选择性可以在芯片内部完成;
- 集成锁相环调谐系统;
- 可以通过 I²C 总线或三线制串行数字接口来获取中频计数器值或接收的高频信号电平,以便进行自动调谐功能;
- SNC(立体声噪音抑制)、HCC(高频衰减控制)、静音处理等可以通过串行数字接口进行控制。

1. TEA5767 引脚功能

TEA5767 芯片的引脚分布图如图 10－8 所示,其引脚定义和功能说明如表 10－5 所列。

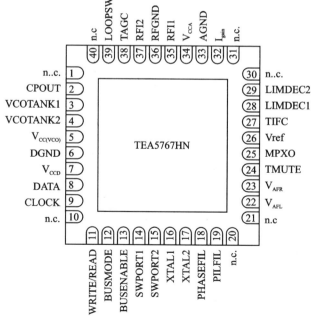

图 10－8　TEA5767 引脚排列图

2. TEA5767 接口总线模式

TEA5767 通过片外处理器总线控制实现数据写入读取、自动搜台、频带选择、超频带判断、中频计数、信号强度 ADC 输出等功能。处理器和 TEA5767 进行通信有两种方式,一种是 I²C 总线模式,另外一种是三线制总线模式,由外部引脚配置,如表 10 - 6 所列。

表 10 - 5　TEA5767 引脚功能定义

引　脚	定　义	引　脚	定　义
1	空脚	21	空脚
2	锁相环输出	22	左声道输出
3	压控振荡器输出 1	23	右声道输出
4	压控振荡器输出 2	24	软静音时间常数
5	压控振荡器正电源	25	检波输出
6	数字地	26	基准电压输出
7	数字电源	27	中频中心频率调整时间常数
8	总线数据信号	28	中频限幅器退耦端口 1
9	总线时钟信号	29	中频限幅器退耦端口 2
10	空脚	30	空脚
11	三线制总线时的读写控制信号	31	空脚
12	总线模式选择信号	32	中频滤波器增益控制电流
13	总线使能端	33	模拟地
14	软件编程端口 1	34	模拟电源
15	软件编程端口 2	35	射频输入 1
16	外接晶振端口 1	36	射频地
17	外接晶振端口 2	37	射频输入 2
18	相位检测环路滤波端口	38	高放 AGC 时间常数
19	导频检测低通滤波端口	39	锁相环开关输出
20	空脚	40	空脚

表 10 - 6　总线控制接口模式

总线名	引　脚	信号意义
BUSMODE	总线模式选择信号	1:三线制总线模式。0:I²C 总线
BUSENABLE	总线使能信号	1:使能;0:禁止

3. TEA5767 寄存器

TEA5767 的寄存器一共包含 1 个地址字节和 5 个有效字节,数据通信过程中的读写操作顺序为:地址字节→数据字节 1→数据字节 2→数据字节 3→数据字节 4→数据字节 5。

（1）寄存器的地址字节。

寄存器的地址字节格式如表 10 - 7 所列。

表 10 - 7　寄存器的地址字节

位	7	6	5	4	3	2	1	0
值	1	1	0	0	0	0	0	R/$\overline{W}$
位定义	地址字节							模　式

注：R/$\overline{W}$ = 0 为写模式；R/$\overline{W}$ = 1 为读模式。

写模式时，数据帧格式如表 10 - 8 所列；读模式时，数据帧格式如表 10 - 9 所列。

表 10 - 8　读模式数据帧格式

S	地址字节（写）	A	数据	A	P

表 10 - 9　写模式数据帧格式

S	地址字节（读）	A	数据

注：A 表示应答，S 表示起始条件信号，P 表示停止条件信号。

（2）写模式时，5 个数据字节格式及位功能描述，如表 10 - 10 所列。

表 10 - 10　写模式时数据字节格式

字节号	位　域	符　号	功能描述
数据字节 1	7	MUTE	如果 MUTE = 1，则左右声道被静音；MUTE = 0，左右声道正常工作
	6	SM	如果 SM = 1，则处于搜索模式；SM = 0，不处于搜索模式
	5:0	PLL[13:8]	设定用于搜索和预设可编程频率合成器的分频数 N 的高 6 位
数据字节 2	7:0	PLL[7:0]	设定用于搜索和预设可编程频率合成器的分频数 N 的低 8 位
数据字节 3	7	SUD	SUD = 1，向上搜台方式；SUD = 0，向下搜台方式
	6:5	SSL[1:0]	搜索停止等级设置，即设置所搜索频率的信号质量级别。 00：不允许设置等级；01：ADC 输出为 5 级→低； 10：ADC 输出为 7 级→中；11：ADC 输出为 10 级→高
	4	HLSI	高/低边带注入切换。 HLSI = 1，高边带低频注入；HLSI = 0，低边带低频注入
	3	MS	立体声/单声道：MS = 1，单声道；MS = 0，立体声
	2	ML	左声道静音：ML = 1，左声道静音并置立体声，ML = 0，左声道正常
	1	MR	右声道静音：MR = 1，右声道静音并置立体声，MR = 0，右声道正常
	0	SWP1	软件可编程端口 1：SWP1 = 1，端口 1 高电平；SWP1 = 0，端口 1 低电平

字节号	位 域	符 号	功能描述
数据字节 4	7	SWP2	软件可编程端口 2:SWP2=1,端口 2 高电平; SWP2=0,端口 2 低电平
	6	STBY	待机模式: STBY=1,处于待机模式, STBY=0,退出待机模式
	5	BL	波段制式: BL=1,日本调频制式; BL=0,美国/欧洲调频制式
	4	XTAL	如果 XTAL=1,那么 fxtal=32.768 kHz; 如果 XTAL=0,那么 fxtal=13 MHz
	3	SMUTE	软件静音:SMUTE=1,软静音打开; SMUTE=0,软静音关闭
数据字节 4	2	HCC	高频截止控制: HCC=1,高频截止控制打开, HCC=0,高频截止控制关闭
	1	SNC	立体声噪声消除: 如果 SNC=1,立体声噪音消除打开, 如果 SNC=0,立体声噪音消除关闭
	0	SI	搜索标志位:SI=1,SWPORT1 作为准备好标志输出引脚; SI=0,SWPORT1 作为软件可编程端口 1 用
数据字节 5	7	PLLREF	若 PLLREF=1,6.5 MHz 的锁相环参考频率启用; 若 PLLREF=0,6.5 MHz 的锁相环参考频率关闭
	6	DTC	若 DTC=1,去加重时间常数为 75 μs; 若 DTC=0,去加重时间常数为 50 μs
	5:0	—	备用位,目前没有使用

(3) 读模式下 5 个数据字节的格式及位功能描述,如表 10 - 11 所列。

表 10 - 11 读模式时数据字节格式

字节号	位 域	符 号	功能描述
数据字节 1	7	RF	准备好标志: RF=1,有一个频道被搜到或者一个制式已经符合;RF=0,没有频道被搜到
	6	BLF	波段极限标志: BLF=1,达到频带极限; BLF=0,未达到频带极限
	5:0	PLL[13:8]	PLL 锁台或预设后输出分频数 N 的高 6 位

字节号	位　域	符　号	功能描述
数据字节 2	7:0	PLL[7:0]	PLL 锁台或预设后输出分频数 N 的低 8 位
数据字节 3	7	STEREO	立体声标志位： STEREO=1,立体声接收；STEREO=0,单声道接收
	6:0	IF[6:0]	中频计数器结果
数据字节 4	7:4	LEV[3:0]	ADC 输出级别,即信号质量的级别
	3:1	CI[3:1]	芯片验证号
	0	—	该位内部置 0
数据字节 5	7:0	—	预留为扩展用,由内部置 0

10.3.2　硬件电路原理

本例 FM 数字收音机系统的硬件电路原理图主要分成两个部分进行说明。

（1）I²C 总线接口与 TEA5767 模块硬件连接。

STM32F103 处理器利用 PB10、PB11 两个端口来模拟 I²C 总线接口,实现对 FM 收音机模块的读/写数据以及控制操作,硬件电路如图 10 - 9 所示。

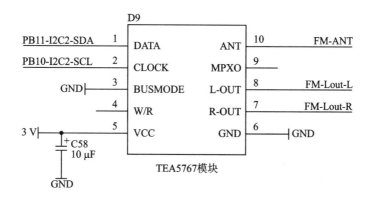

图 10 - 9　I²C 总线接口与 TEA5767 模块硬件电路

（2）音频输出电路。

双声道音频输出放大电路由 TDA1308T 集成芯片为核心组成功放电路,但该部分电路还有个额外的用途就是 TEA5767 收音机模块将 FM 天线接入耳机,并利用耳机的导线达到天线效果,详细电路如图 10 - 10 所示。

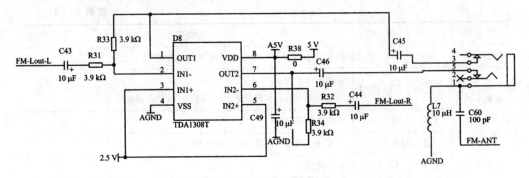

图 10-10　音频输出电路

10.4　µC/OS-II 系统软件设计

本例 FM 数字收音机系统应用实例能通过 STM32 处理器模拟 I^2C 总线接口实现对 TEA5767 收音机模块的控制,实现自动搜索台并将节目信息保存在串行闪存 SST25VF016B 中。其主要的软件设计任务按功能和层次可以划分为如下几个部分:

(1) µC/OS-II 系统建立任务,包括系统主任务、µC/GUI 图形用户接口任务、(按)键盘任务等。

(2) µC/GUI 图形界面程序,可以搜索 FM 有效节目并播放、并保存有效节目信息等。

(3) 中断服务程序,除系统时钟节拍中断处理函数之外,还有三个按键线路中断处理函数,通过邮箱通信机制与键盘处理任务实现同步。

(4) 硬件平台初始化程序,包括系统及外设时钟初始化、GPIO 端口配置和初始化、按键初始化、SST25VF016B 初始化、触摸屏以及 FSMC 显示接口初始化等。

(5) TEA5767 收音机的应用配置与底层驱动函数,含 I^2C 控制线配置、读/写操作、起始条件、停止条件以及应答状态的建立、发送/接收数据等功能函数。

(6) SST25VF016B 闪存的应用配置与底层驱动函数,含各种写(擦除或编程)操作指令以及状态寄存器指令等,通过调用 2 个最主要的功能函数 SST25_R_BLOCK() 和 SST25_W_BLOCK() 来实现读取和保存搜台的节目信息。

本例操作系统采用 µC/OS-II2.86a 版本,程序设计所涉及的系统软件结构如表 10-12 所列,主要程序文件及功能说明如表 10-13 所列。

表 10-12　系统软件结构

应用软件层		
应用程序 app.c		
系统软件层		
µC/GUI 用户应用程序 FM.c	操作系统	中断管理系统

μC/GUI 图形系统	μC/OS-Ⅱ 系统			异常与外设中断处理模板
μC/GUI 驱动接口 lcd_ucgui.c,lcd_api.c	μC/OS-Ⅱ/Port	μC/OS-Ⅱ/CPU	μC/OS-Ⅱ/Source	stm32f10x_it.c
μC/GUI 移植部分 lcd.c				
CMSIS 层				
Cortex-M3 内核外设访问层	STM32F10x 设备外设访问层			
core_cm3.c	core_cm3.h	启动代码 (stm32f10x_startup.s)	stm32f10x.h	system_stm32f10x.c	system_stm32f10x.h
硬件抽象层				
硬件平台初始化 bsp.c				
硬件外设层				
SST25VF016B 应用配置程序	TEA5767 收音机模块应用配置程序	液晶屏接口应用配置程序	LCD 控制器驱动程序
SPI_Flash.c	TEA5767.c	fsmc_sram.c	lcddrv.c
其他通用模块驱动程序				
misc.c,stm32f10x_fsmc.c,stm32f10x_gpio.c,stm32f10x_rcc.c,stm32f10x_spi.c,stm32f10x_exti.c 等				

表 10 - 13　程序设计文件功能说明

程序文件名称	程序文件功能说明
App.c	主程序,μC/OS-Ⅱ 系统建立任务,包括系统主任务、μC/GUI 图形用户接口任务、触摸屏任务、键盘任务等
stm32f10x_it.c	实现 μC/OS-Ⅱ 系统时钟节拍中断程序和 3 个按键中断程序
FM.c	μC/GUI 图形用户接口,包括搜索 FM 有效节目等控件创建、搜台节目信息显示界面,并实现节目信息自动保存功能
SPI_Flash.c	SST25VF016B 的应用配置与底层驱动函数,主要需调用两个功能函数等。这部分底层驱动函数在第 4 章做过详细介绍,本例仅列出读写扇区函数以及闪存所占用的 SPI 接口初始化配置函数
bsp.c	硬件平台的初始化函数,主要实现 GPIO 端口配置和初始化、键盘初始化等功能
TEA5767.c	TEA5767 收音机的应用配置与底层驱动函数,I²C 控制线配置,读/写操作,发送/接收数据等功能实现函数
stm32f10x_spi.c	通用模块驱动程序之 SPI 模块库函数,由 SPI_Flash.c 文件中的函数调用

1. μC/OS-Ⅱ 系统任务

μC/OS-Ⅱ 系统建立任务,包含系统主任务、μC/GUI 图形用户接口任务、触摸屏任务、键盘任务、空闲任务以及统计时间运行任务,同时也是本例系统软件的主程序。

主程序集中在 main()入口函数,完成 μC/OS-Ⅱ 系统初始化、硬件平台初始化、建立主任务、设置节拍计数器以及启动 μC/OS-Ⅱ 系统等。

开始任务建立由 App_TaskStart()函数来完成,再由该函数调用 App_TaskCreate()

建立 3 个其他任务:

- OSTaskCreateExt(AppTaskUserIF,…用户界面任务);
- OSTaskCreateExt(AppTaskKbd,…触摸驱动任务);
- OSTaskCreateExt(Task_Key,…键盘处理任务)。

除键盘处理任务之外,其他任务函数在各章节 μC/OS-Ⅱ系统设计中大多数是完全类似的,键盘处理任务函数是本例系统建立任务介绍的重点,主要实现 μC/GUI 界面上面的三个按键扫描及键值处理等功能,函数实现代码如下文介绍。

```
static void Task_Key(void * p_arg){
    char  * Rx_Key = 0;
    INT8U err;
    (void)p_arg;
    while(1){
    /*等待键盘处理信号,该邮箱在 App_TaskCreate()中声明.*/
        Rx_Key = (char * ) OSMboxPend(_itMBOX,0,&err);
        if( * Rx_Key == 1){                        //响应
        GPIO_ResetBits(GPIOC, GPIO_Pin_5);//进行键盘扫描
        GPIO_SetBits(GPIOC, GPIO_Pin_2);
        GPIO_SetBits(GPIOC, GPIO_Pin_3);
        GPIO_SetBits(GPIOE, GPIO_Pin_6);
        Delay(0x3f); //按键消抖
        if(GPIO_ReadInputDataBit(GPIOE,GPIO_Pin_2) == 0){ //F1 键被按下
            Delay(0xfff); //按键消抖
            if(GPIO_ReadInputDataBit(GPIOE,GPIO_Pin_2) == 0){//再次判别是否 F1 键按下
    /*界面上的按钮 1 被按下时的显示状态*/
    BUTTON_SetState(_ahButton[0],BUTTON_STATE_PRESSED|
    WIDGET_STATE_FOCUS);
                WM_ExecIdle();//界面刷新
    while(GPIO_ReadInputDataBit(GPIOE,GPIO_Pin_2) == 0);        //等待 F1 按键松开
    /*界面的按钮 1 显示恢复原来状态*/
    BUTTON_SetState(_ahButton[0],WIDGET_STATE_FOCUS);
        WM_ExecIdle();//界面刷新
                num = 1; //键值为 1
                goto n_exit; //退出键盘处理
            }
        }
        GPIO_ResetBits(GPIOC, GPIO_Pin_2); //进行键盘扫描
        GPIO_SetBits(GPIOC, GPIO_Pin_5);
        GPIO_SetBits(GPIOC, GPIO_Pin_3);
        GPIO_SetBits(GPIOE, GPIO_Pin_6);
        Delay(0x3f); //按键消抖
        if(GPIO_ReadInputDataBit(GPIOE,GPIO_Pin_2) == 0){ //F2 键被按下
```

```
                Delay(0xfff);//按键消抖
                if(GPIO_ReadInputDataBit(GPIOE,GPIO_Pin_2) == 0){//再次判别是否 F2 键按下
/ * 界面上的按钮 2 被按下时的显示状态 * /
BUTTON_SetState(_ahButton[1],BUTTON_STATE_PRESSED
|WIDGET_STATE_FOCUS);
                WM_ExecIdle();//界面刷新
while(GPIO_ReadInputDataBit(GPIOE,GPIO_Pin_2) == 0);    //等待 F2 按键松开
/ * 界面的按钮 2 显示恢复原来状态 * /
BUTTON_SetState(_ahButton[1],WIDGET_STATE_FOCUS);
                WM_ExecIdle();//界面刷新
                num = 2; //键值为 2
                goto n_exit;//退出键盘处理
                }
            }
        GPIO_ResetBits(GPIOC, GPIO_Pin_3); //进行键盘扫描
        GPIO_SetBits(GPIOC, GPIO_Pin_2);
        GPIO_SetBits(GPIOC, GPIO_Pin_5);
        GPIO_SetBits(GPIOE, GPIO_Pin_6);
        Delay(0x3f); //按键消抖
        if(GPIO_ReadInputDataBit(GPIOE,GPIO_Pin_2) == 0){//F3 键被按下
            Delay(0xfff);//按键消抖
            if(GPIO_ReadInputDataBit(GPIOE,GPIO_Pin_2) == 0){//再次判别是否 F3 键按下
/ * 界面上的按钮 3 被按下时的显示状态 * /
BUTTON_SetState(_ahButton[2],BUTTON_STATE_PRESSED|
WIDGET_STATE_FOCUS);
                WM_ExecIdle();//界面刷新
while(GPIO_ReadInputDataBit(GPIOE,GPIO_Pin_2) == 0);    //等待 F3 按键松开
/ * 界面的按钮 3 显示恢复原来状态 * /
BUTTON_SetState(_ahButton[2],WIDGET_STATE_FOCUS);
                WM_ExecIdle();//界面刷新
                num = 3; //键值为 3
        }
    }
    n_exit:;
        }
    }
}
```

　　键盘处理任务主要功能是按键扫描与键值误别,同时也采用邮箱通信机制,通过邮箱操作函数 OSMboxPend()等待另外一个任务或进程(注:本例信号量由中断处理程序发出)发送一个消息到邮箱,实现任务或进程间同步。

2. 中断处理程序

　　本例的中断处理程序涉及四个功能函数,其中一个是 SysTickHandler()函数,实现 μC/OS 时钟节拍中断处理;另外三个用于按键中断处理,它们分别对应于三个按键,

当按键按下后,采用邮箱通信机制,通过邮箱操作函数 OSMboxPost()函数发送一个消息到邮箱,实现与键盘处理任务的进程同步,这三个函数数的实现代码分别列出如下。

● EXTI9_5_IRQHandler()函数

本函数对应于按键 1,当检测到按键 1 被按下后,发送一个消息到邮箱,函数代码如下。

```
{
    OS_CPU_SR   cpu_sr;
    OS_ENTER_CRITICAL();//保存全局中断标志,关总中断
    OSIntNesting++;//中断嵌套标志
    OS_EXIT_CRITICAL();//恢复全局中断标志
    if(EXTI_GetITStatus(EXTI_Line5) != RESET) //判别是否有键按下
    {
        keymsg = 1;
        OSMboxPost(_itMBOX,(void *)&keymsg);//发送一个消息到邮箱
        EXTI_ClearITPendingBit(EXTI_Line5);//清除中断请求标志
    }
    OSIntExit();//如果有更高优先级的任务就绪了,则执行一次任务切换
}
```

● EXTI2_IRQHandler()函数

本函数对应于按键 2,当检测到按键 2 被按下后,发送一个消息到邮箱,函数代码如下。

```
void EXTI2_IRQHandler(void)
{
    OS_CPU_SR   cpu_sr;
    OS_ENTER_CRITICAL();//保存全局中断标志,关总中断
    OSIntNesting++;//中断嵌套标志
    OS_EXIT_CRITICAL();//恢复全局中断标志
    if(EXTI_GetITStatus(EXTI_Line2) != RESET) //键盘行线 2 被按下
    {
        keymsg = 1;
        OSMboxPost(_itMBOX,(void *)&keymsg);//发送一个消息到邮箱
        EXTI_ClearITPendingBit(EXTI_Line2);//清除中断标志
    }
    /* 如果有更高优先级的任务就绪了,则执行一次任务切换 */
    OSIntExit();
}
```

● EXTI3_IRQHandler()函数

本函数对应于按键 3,当检测到按键 3 被按下后,发送一个消息到邮箱,函数代码如下。

```
void EXTI3_IRQHandler(void)
{
    OS_CPU_SR cpu_sr;
    OS_ENTER_CRITICAL();//保存全局中断标志,关总中断
    OSIntNesting++ ; //中断嵌套标志
    OS_EXIT_CRITICAL();//恢复全局中断标志
    if(EXTI_GetITStatus(EXTI_Line3) != RESET)//判别是否有键按下
    {
        keymsg = 3;
        OSMboxPost(_itMBOX,(void *)&keymsg); //发送一个消息到邮箱
        EXTI_ClearITPendingBit(EXTI_Line3);//清除中断请求标志
    }
    OSIntExit(); //如果有更高优先级的任务就绪了,则执行一次任务切换
}
```

3. μC/GUI 图形界面程序

首先我们从用户界面实现函数 Fun()开始讲述本程序的设计要点。

● 用户界面显示函数 Fun()

本函数仅采用按钮控件,图形用户界面上的其他信息显示均采用 μC/GUI 基本操作函数实现功能,本函数是 μC/GUI 的主程序,功能包括搜索 FM 有效节目等控件创建、搜台节目信息显示、并能实现节目信息自动保存功能。详细的程序实现代码与程序注释如下。

```
void Fun(void)
{
    float a = 0;
    unsigned char sb,c = 1;
    int xCenter = LCD_GET_XSIZE() / 2;
    int key = 0;
    unsigned long i = 0,f1,f2,f3,f4;
    unsigned char ch1 = 0;
    FM_FREQ = 98800000;//初始频率
    PLL_HIGH = 0;
    PLL_LOW = 0;
    ch = 0;
    GUI_CURSOR_Show();//打开鼠标图形显示
    I2C_Write(Tx1_Buffer, Tea5767_WriteAddress1, 5); //写入 TEA5767 初始字节
    SetPLL();      //写入默认频率
    GUI_Clear();//清屏
    /* 读出曾经调谐的状态,即保存在串行闪存中的节目信息 */
    SST25_R_BLOCK(0,dat,4096);
    ch = dat[200];
```

```
/*如果没有调谐过－无节目信息保存,就设置初始频率*/
if(ch == 0||dat[201]! = 0x69){FM_FREQ = 98800000; ch1 = 0; ch = 0;}
else {
/*读出信道和频率*/
    ch1 = 1;
    for(i = 0; i<ch; i ++ ){
        f1 = dat[i * 4];
        f2 = dat[i * 4 + 1];
        f3 = dat[i * 4 + 2];
        f4 = dat[i * 4 + 3];
/*将保存的有效频率值计算出来*/
        fm_ch[i] = f1 * 0x1000000 + f2 * 0x10000 + f3 * 0x100 + f4;
    }
    FM_FREQ = fm_ch[0];
    GUI_SetFont(&GUI_FontHZ_hb24_32);
    GUI_DispStringAt("有效频率有: ", 80, 2);
    GUI_SetFont(&GUI_Font32B_ASCII);
    GUI_DispDecAt(ch, 260, 2,2);
}
GUI_SetBkColor(GUI_BLACK);//设置背景色为黑色
GUI_SetFont(&GUI_Font13HB_1); //设置字体
GUI_SetColor(GUI_WHITE); //设置字体颜色为白色
c = 1;
/*建立 3 个按钮*/
_ahButton[0]  = BUTTON_Create(0, 200, 106,40, GUI_KEY_F1 ,
                WM_CF_SHOW | WM_CF_STAYONTOP | WM_CF_MEMDEV);
_ahButton[1]  = BUTTON_Create(107, 200, 106,40,GUI_KEY_F2 ,
                WM_CF_SHOW | WM_CF_STAYONTOP | WM_CF_MEMDEV);
_ahButton[2]  = BUTTON_Create(214, 200, 106,40, GUI_KEY_F3 ,
                WM_CF_SHOW | WM_CF_STAYONTOP | WM_CF_MEMDEV);
/*设置按钮的字体、背景色、前景色*/
BUTTON_SetFont(_ahButton[0],&GUI_FontHZ_hb24_32);
BUTTON_SetFont(_ahButton[1],&GUI_FontHZ_hb24_32);
BUTTON_SetFont(_ahButton[2],&GUI_FontHZ_hb24_32);
BUTTON_SetBkColor(_ahButton[0],0,GUI_GRAY);
BUTTON_SetBkColor(_ahButton[1],0,GUI_GRAY);
BUTTON_SetBkColor(_ahButton[2],0,GUI_GRAY);
BUTTON_SetTextColor(_ahButton[0],0,GUI_WHITE);
BUTTON_SetTextColor(_ahButton[1],0,GUI_WHITE);
BUTTON_SetTextColor(_ahButton[2],0,GUI_WHITE);
BUTTON_SetText(_ahButton[0], "上一个");//按钮 1 名称
BUTTON_SetText(_ahButton[1], "搜索");//按钮 2 名称
BUTTON_SetText(_ahButton[2], "下一个");//按钮 3 名称
```

```
/*键盘列扫描线(PE2、PE3、PE4、PE5)置高 */
GPIO_SetBits(GPIOE, GPIO_Pin_2);
GPIO_SetBits(GPIOE, GPIO_Pin_3);
GPIO_SetBits(GPIOE, GPIO_Pin_4);
GPIO_SetBits(GPIOE, GPIO_Pin_5);
GUI_SetFont(&GUI_FontD48x64);
GUI_GotoXY(62,60);
a = FM_FREQ;
a = a/1000000;
GUI_DispFloatFix(a, 5, 1); //显示频率
while (1)
{
    key = GUI_GetKey();//实时获取触摸屏对 3 个按钮控件的反应
    if(key == 40) num = 1;
    else if(key == 41) num = 2;
    else if(key == 42) num = 3;
    switch(num){
        case 1: //第 1 个按键 F1 --- 播放上一个有效节目
            if(ch>0){
                num = 0;
                if( -- ch1 == 0) ch1 = ch;
                FM_FREQ = fm_ch[ch1 - 1];
                GUI_SetFont(&GUI_FontD48x64);
                GUI_GotoXY(62,60);
                a = FM_FREQ;
                a = a/1000000;
                GUI_DispFloatFix(a, 5, 1);
                rec_f = 0;
                SetPLL();      //设置频率
                GUI_DispStringAt(" ", 90, 156);
                /*读取 TEA5767 的状态 */
                I2C_ReadByte(Rx1_Buffer,5,Tea5767_ReadAddress1);
                sb = (Rx1_Buffer[3]>>4) * 15;//获取信号强度值
                i = 0;
                for(i = 0;i<sb;i ++ ){
                /*显示该节目频率的信号强度 */
                    GUI_Line(90 + i, 160, 90 + i, 185, GUI_WHITE);
                }
                c = 1;
            }
            break;
        case 2: //第 2 个按键 F2 --- 搜索有效 FM 频率
            num = 0;
```

```
GUI_SetFont(&GUI_FontHZ_hb24_32);
GUI_DispStringAt("有效频率有：", 80, 2);
GUI_DispStringAt("搜索 FM 节目", 90, 156);
Tx1_Buffer[0] = 0XF0;
rec_f = 2;      //搜索模式
FM_FREQ = 87500000;//搜索的开始频率
ch = 0;
while(1){
    fm_pub:;
    a = FM_FREQ;
    a = a/1000000;
    GUI_SetFont(&GUI_FontD48x64);
    GUI_GotoXY(62,60);
    GUI_DispFloatFix(a, 5, 1);
    /* 搜索完成后回到默认频率值 */
    if(FM_FREQ>108000000){FM_FREQ = 98800000; break;}
    FM_FREQ = FM_FREQ + 100000;      //100KHz 频率间隔递增
    SetPLL();
    Delay(0x0dffff);//延时后检测 TEA5767 的频率信息
    I2C_ReadByte(Rx1_Buffer,5,Tea5767_ReadAddress1);//获取节目信息
    /* 判断是否是有效 FM 节目频率 */
if((Rx1_Buffer[0]&0x3f)! = (Tx1_Buffer[0]&0x3f)||(Rx1_Buffer[1]! = Tx1_Buffer[1])
||(Rx1_Buffer[1]&0x80! = 0x80)||Rx1_Buffer[2]<50
||Rx1_Buffer[2]> = 56||(Rx1_Buffer[3]>>4)<7||(Rx1_Buffer[3]>>4)>14); //无效频率
            else {
                fm_ch[ch ++ ] = FM_FREQ; //有效节目
                GUI_SetFont(&GUI_Font32B_ASCII);
                GUI_DispDecAt(ch, 260, 2,2);
                goto fm_pub; //继续搜索下一个节目
            }
    }
    /* 没有搜索到有效节目,使用默认值 98.8MHz */
    if(ch == 0){FM_FREQ = 98800000; ch1 = 0;dat[201] = 0xff;}
    else {
    /* 所搜到有效节目频率,将当前频率改为搜索到的第一个有效节目频率 */
        ch1 = 1;
        FM_FREQ = fm_ch[0];
        dat[201] = 0x69;//设置保存标志
    }
    dat[200] = ch; //保存当前有效频率的数量
    for(i = 0; i<ch; i ++ ){
        dat[i * 4] = (u8)(fm_ch[i]>>24);
        dat[i * 4 + 1] = (u8)(fm_ch[i]>>16);
```

```
        dat[i * 4 + 2] = (u8)(fm_ch[i]>>8);
        dat[i * 4 + 3] = (u8)(fm_ch[i]);
    }
    /* 将搜索到的节目信息保存到 SST25VF016B 的 0 页 */
    SST25_W_BLOCK(0,dat,4096);
    GUI_SetFont(&GUI_FontD48x64);
    GUI_GotoXY(62,60);
    a = FM_FREQ;
    a = a/1000000;
    GUI_DispFloatFix(a, 5, 1);
    rec_f = 0;
    SetPLL();
    GUI_SetFont(&GUI_Font32B_ASCII);
    GUI_DispStringAt("  ", 90, 156);
    I2C_ReadByte(Rx1_Buffer,5,Tea5767_ReadAddress1);
    sb = (Rx1_Buffer[3]>>4) * 15;//读出该节目频率的信号强度
    i = 0;
    for(i = 0;i<sb;i ++){
    /* 显示该节目频率的信号强度 */
    GUI_Line(90 + i, 160, 90 + i, 185, GUI_WHITE);
    }
    c = 1;
    break;
case 3:    //第 3 个按键 F3 - - -播放下一个有效节目
    if(ch>0){
        num = 0;
        if( ++ ch1>ch) ch1 = 1;
        FM_FREQ = fm_ch[ch1 - 1];//调谐出有效频率
        GUI_SetFont(&GUI_FontD48x64);//设置大字体显示
        GUI_GotoXY(62,60);//设置显示座标
        a = FM_FREQ; //显示该频率
        a = a/1000000;
        GUI_DispFloatFix(a, 5, 1);
        rec_f = 0;//播放该频率
        SetPLL();
        GUI_DispStringAt(" ", 90, 156);
        /* 读出该节目频率的信号强度 */
        I2C_ReadByte(Rx1_Buffer,5,Tea5767_ReadAddress1);
        sb = (Rx1_Buffer[3]>>4) * 15;
        i = 0;
        for(i = 0;i<sb;i ++){
        /* 显示该节目频率的信号强度 */
        GUI_Line(90 + i, 160, 90 + i, 185, GUI_WHITE);
```

```
                    }
                        c = 1;
                }
                    break;
            default :break;
        }
        /* 界面构图 */
        if(c == 1){
            c = 0;
            GUI_SetColor(GUI_WHITE);
            GUI_SetFont(&GUI_Font32B_ASCII);
            GUI_SetTextMode(0);
            GUI_DispStringAt("CH", 0, 2);
            GUI_DispDecAt(ch1, 40, 2,2);
            GUI_Line(0, 35, 320 - 1, 35, GUI_WHITE);
            GUI_Line(0, 146, 320 - 1,146, GUI_WHITE);
            GUI_Line(0, 197, 320 - 1, 197, GUI_WHITE);
            GUI_Line(0, 96, 60, 96, GUI_WHITE);
            GUI_Line(60, 35, 60, 146, GUI_WHITE);
            GUI_SetFont(&GUI_Font32B_ASCII);
            GUI_DispStringAt("FM", 6, 58);
            GUI_DispStringAt("MHz", 0, 103);
            GUI_DispStringAt("Level", 0, 156);
        }
        WM_ExecIdle();//刷新
    }
}
```

从上述代码可以看出,本例图形界面程序的构建主要是调用 μC/GUI 系统的基本功能函数,相关的操作函数功能大家可以在第 3 章中查阅到,本章不再回顾这些基本函数的用法。

● 函数 SetPLL()

本函数针对 tea5767 收音模块设置 FM 频率,由 Fun()函数调用,函数代码如下。

```
void SetPLL(void)
{
    FM_PLL = (unsigned long)((4000 * (FM_FREQ/1000 + 225))/32768); //计算 PLL 值
    /* PLL 高字节值 -- 搜索模式静音 */
    if(rec_f == 2) PLL_HIGH = (unsigned char)(((FM_PLL >> 8)&0X3f)|0xc0);
    else PLL_HIGH = (unsigned char)((FM_PLL >> 8)&0X3f); //PLL 高字节值
    Tx1_Buffer[0] = PLL_HIGH; //I²C 第一字节值
    PLL_LOW = (unsigned char)FM_PLL; //PLL 低字节值
    Tx1_Buffer[1] = PLL_LOW;//I²C 第二字节值
```

```
    I2C_Write(Tx1_Buffer, Tea5767_WriteAddress1, 5); //写入 tea5767
}
```

上述代码 Tx1_Buffer[]中定义的 TEA5767 收音模块写状态寄存器的初值,可根据需要调用。该数组定义值如下。

```
uint8_t Tx1_Buffer[] = {0XF0,0X2C,0XD0,0X12,0X40};
```

同时也定义了 TEA5767 收音模块的读状态寄存器的初值,通过读取与比对 TEA5767 状态寄存器值,以判断 FM 信号强度,获取有效的节目信息。

```
uint8_t Rx1_Buffer[] = {0XF0,0X2C,0XD0,0X12,0X40};
```

4. 硬件平台初始化

硬件平台的初始化程序,主要实现 GPIO 端口配置和初始化、键盘初始化、中断源配置以及 TEA5767 收音机模块的初始化配置等功能,同时也包括系统时钟、μC/OS 系统节拍时钟初始化、FSMC 液晶显示接口、触摸屏接口等系统常用的配置。

开发板硬件的初始化通过 BSP_Init()函数调用各硬件接口功能函数实现,具体实现代码如下。

```
void BSP_Init(void)
{
    RCC_Configuration();//系统时钟初始化
    NVIC_Configuration(); //中断源配置
    GPIO_Configuration(); //GPIO 配置 - LED1 闪烁
    Key_Config();//键盘初始化,定义三个 GPIO 引脚作为按键
    SPI_Flash_Init();//SST25VF016B 闪存初始化配置,用于保存 FM 节目信息
    tp_Config(); //SPI1 接口触摸电路初始化
    I2C_FM_Init();//I²C 总线接口的 FM 模块控制配置
    FSMC_LCD_Init();//FSMC 接口液晶显示屏初始化
}
```

本例的硬件平台初始化程序涉及两个主要硬件接口功能函数,需要重点介绍,它们分别是:

● 按键配置函数 Key_Config()

按键初始化配置则由 Key_Config()函数实现,该函数定义了 PC5、PC2、PC3 对于按键 1、2、3,该函数的实现代码如下。

```
void Key_Config(void)
{
    GPIO_InitTypeDef GPIO_InitStructure;
    GPIO_InitStructure.GPIO_Speed = GPIO_Speed_50MHz;
    /* K1 配置按键中断线 PC5 */
    GPIO_InitStructure.GPIO_Pin = GPIO_Pin_5;
```

```
        GPIO_InitStructure.GPIO_Mode = GPIO_Mode_IPU;        //输入上拉
        GPIO_Init(GPIOC, &GPIO_InitStructure);
        /* K2 配置按键中断线 PC2 */
        GPIO_InitStructure.GPIO_Pin = GPIO_Pin_2;
        GPIO_InitStructure.GPIO_Mode = GPIO_Mode_IPU;        //输入上拉
        GPIO_Init(GPIOC, &GPIO_InitStructure);
        /* K3 配置按键中断线 PC3 */
        GPIO_InitStructure.GPIO_Pin = GPIO_Pin_3;
        GPIO_InitStructure.GPIO_Mode = GPIO_Mode_IPU;//输入上拉
        GPIO_Init(GPIOC, &GPIO_InitStructure);
    }
```

● 中断源配置函数 Key_Config()

通过本函数配置三个外部中断源用于检测按键 1~3 状态,这三个中断设置为下降沿触发,并赋于各自对应的子优先级。具体定义请见下面的代码注释。

```
    void NVIC_Configuration(void)
    {
        NVIC_InitTypeDef NVIC_InitStructure;
        EXTI_InitTypeDef EXTI_InitStructure;
        NVIC_PriorityGroupConfig(NVIC_PriorityGroup_1);
        /* 使能 EXTI9 - 5 中断 */
        NVIC_InitStructure.NVIC_IRQChannel = EXTI9_5_IRQn;        //外部中断 9 - 5
        NVIC_InitStructure.NVIC_IRQChannelPreemptionPriority = 0;        //抢占优先级 0
        NVIC_InitStructure.NVIC_IRQChannelSubPriority = 1;//子优先级 1
        NVIC_InitStructure.NVIC_IRQChannelCmd = ENABLE; //使能
        NVIC_Init(&NVIC_InitStructure);
        /* 使能 EXTI2 中断 */
        NVIC_InitStructure.NVIC_IRQChannel = EXTI2_IRQn;//外部中断 2
        NVIC_InitStructure.NVIC_IRQChannelPreemptionPriority = 0;//抢占优先级 0
        NVIC_InitStructure.NVIC_IRQChannelSubPriority = 2;//子优先级 2
        NVIC_InitStructure.NVIC_IRQChannelCmd = ENABLE;//使能
        NVIC_Init(&NVIC_InitStructure);
        NVIC_InitStructure.NVIC_IRQChannel = EXTI3_IRQn;//外部中断 3
        NVIC_InitStructure.NVIC_IRQChannelPreemptionPriority = 0;        //抢占优先级 0
        NVIC_InitStructure.NVIC_IRQChannelSubPriority = 0;//子优先级 0
        NVIC_InitStructure.NVIC_IRQChannelCmd = ENABLE;//使能
        NVIC_Init(&NVIC_InitStructure);
        //用于配置 AFIO 外部中断配置寄存器 AFIO_EXTICR1
        //用于选择 EXTI2 外部中断的输入源是 PC5
        /* 外部中断配置 AFIO -- ETXI9 - 5 */
        GPIO_EXTILineConfig(GPIO_PortSourceGPIOC, GPIO_PinSource5);
        //用于配置 AFIO 外部中断配置寄存器 AFIO_EXTICR1
        //用于选择 EXTI2 外部中断的输入源是 PC2
```

```
/*外部中断配置 AFIO--ETXI2 */
GPIO_EXTILineConfig(GPIO_PortSourceGPIOC, GPIO_PinSource2);
//用于配置 AFIO 外部中断配置寄存器 AFIO_EXTICR1
//用于选择 EXTI2 外部中断的输入源是 PC3
/*外部中断配置 AFIO--ETXI3 */
GPIO_EXTILineConfig(GPIO_PortSourceGPIOC, GPIO_PinSource3);
EXTI_InitStructure.EXTI_Line = EXTI_Line5;//PC5  作为按键 1 检测状态
EXTI_InitStructure.EXTI_Mode = EXTI_Mode_Interrupt;     //中断模式
EXTI_InitStructure.EXTI_Trigger = EXTI_Trigger_Falling;//下降沿触发
EXTI_InitStructure.EXTI_LineCmd = ENABLE;
EXTI_Init(&EXTI_InitStructure);
EXTI_InitStructure.EXTI_Line = EXTI_Line2;//PC2  作为按键 2 检测状态
EXTI_InitStructure.EXTI_Mode = EXTI_Mode_Interrupt;//中断模式
EXTI_InitStructure.EXTI_Trigger = EXTI_Trigger_Falling;//下降沿触发
EXTI_InitStructure.EXTI_LineCmd = ENABLE;
EXTI_Init(&EXTI_InitStructure);
EXTI_InitStructure.EXTI_Line = EXTI_Line3;//PC3  作为按键 3 检测状态
EXTI_InitStructure.EXTI_Mode = EXTI_Mode_Interrupt;     //中断模式
EXTI_InitStructure.EXTI_Trigger = EXTI_Trigger_Falling;//下降沿触发
EXTI_InitStructure.EXTI_LineCmd = ENABLE;
EXTI_Init(&EXTI_InitStructure);
}
```

5. TEA5767 收音机的应用配置与底层驱动

TEA5767 收音机的应用配置与底层驱动程序,含 I²C(软件模拟 I²C 总线)控制线配置,读/写操作,发送/接收数据等功能实现函数。

● 函数 FM_Configuration()

本例的 I²C 总线接口不是采用 STM32 处理器的硬件接口,而是通过配置 PB10、PB11 两个 GPI/O 引脚来软件模拟 I²C 总线接口以及工作时序,I²C 总线接口配置由 FM_Configuration()函数实现,具体代码如下。

```
/*I²C接口 FM 收音机模块 TEA5767 控制线的初始化 */
void FM_Configuration(void)
{
    GPIO_InitTypeDef GPIO_InitStructure;
    /* 配置 PB10,PB11 为 I2C 接口的 SCL SDA */
    GPIO_InitStructure.GPIO_Pin = GPIO_Pin_10 | GPIO_Pin_11;
    GPIO_InitStructure.GPIO_Speed = GPIO_Speed_50MHz;
    GPIO_InitStructure.GPIO_Mode = GPIO_Mode_IPU;
    GPIO_Init(GPIOB, &GPIO_InitStructure);
}
```

● 函数 I2C_FM_Init()

FM_Configuration()函数配置 I^2C 总线接口后,由硬件初始化函数 I2C_FM_Init() 直接调用该接口配置函数执行 FM 收音机模块 TEA5767 硬件初始化。

注意:本函数最终由板级初始化函数 BSP_Init()调用。

```
/*FM 初始化*/
void I2C_FM_Init(void)
{
    /*I²C 控制线配置*/
    FM_Configuration();
}
```

这里我们强调一下 I^2C 总线的控制线电平定义,这些定义在后面的 I^2C 软件协议模拟功能函数中很常见。

I^2C 总线接口的串行时钟线 SCL 和串行数据线 SDA 置高电平或置低电平有下列宏定义,均通过寄存器配置实现。

```
/* I²C 控制线的定义 */
/*串行时钟线 SCL->PB10*/
#define SCL_H        GPIOB->BSRR = GPIO_Pin_10      //PB10 置高电平
#define SCL_L        GPIOB->BRR  = GPIO_Pin_10 //PB10 置低电平
/*串行数据线 SDA->PB11*/
#define SDA_H        GPIOB->BSRR = GPIO_Pin_11//PB11 置高电平
#define SDA_L        GPIOB->BRR  = GPIO_Pin_11//PB10 置低电平
/*读操作时 SCL 和 SDA 定义*/
#define SCL_read     GPIOB->IDR   & GPIO_Pin_10
#define SDA_read     GPIOB->IDR   & GPIO_Pin_11
```

I^2C 总线接口数据通信主要分为从 I^2C 总线接口读或向 I^2C 总线接口写数据字节、I^2C 总线接口发送或接收数据字节以及 I^2C 总线接口延时等操作,这些操作由以下功能函数实现。

● I2C_ReadByte()

本函数用于从 I^2C 总线接口读数据字节,函数代码如下。

```
/* pBuffer--数组,length--读出的字节数,DeviceAddress--器件地址 */
bool I2C_ReadByte(u8 * pBuffer, u8 length, u8 DeviceAddress)
{
    if(!I2C_Start())return FALSE;
    I2C_SendByte(DeviceAddress); //器件地址
    if(!I2C_WaitAck()){I2C_Stop(); return FALSE;}
        while(length--)
        {
            * pBuffer = I2C_ReceiveByte();
            if(length == 1)I2C_NoAck();
            else I2C_Ack();
```

```
            pBuffer ++ ;
        }
    I2C_Stop();
    return TRUE;
}
```

● I2C_Write()函数

本函数用于向 I²C 总线接口写数据字节,函数代码如下。

```
/**pBuffer -- 待写入的数组,WriteAddr -- 器件地址,NumByteToWrite -- 写入的字节数 */
bool I2C_Write(uint8_t * pBuffer, uint8_t WriteAddr, uint8_t NumByteToWrite)
{
    if(!I2C_Start())return FALSE;
    I2C_SendByte(WriteAddr); //器件地址
    if(!I2C_WaitAck()){I2C_Stop(); return FALSE;}      //等待应答
        while(NumByteToWrite -- )
        {
            I2C_SendByte( * pBuffer);
            I2C_WaitAck();
            pBuffer ++ ;
        }
    I2C_Stop();
    return TRUE;
}
```

● I2C_SendByte()函数

本函数用于 I²C 总线接口发送数据字节,函数代码如下。

```
void I2C_SendByte(u8 SendByte) //数据从高位到低位//
{
    u8 i = 8;
    while(i -- )
    {
        SCL_L;
        I2C_delay();
      if(SendByte&0x80)
        SDA_H;
      else
        SDA_L;
        SendByte << = 1;
        I2C_delay();
        SCL_H;
        I2C_delay();
    }
    SCL_L;
```

}

● I2C_ReceiveByte()函数

本函数用于 I²C 总线接口接收数据字节,函数代码如下。

```
u8 I2C_ReceiveByte(void)//数据从高位到低位
{
    u8 i = 8;
    u8 ReceiveByte = 0;
    SDA_H;
    while(i--)
    {
        ReceiveByte<<=1;
        SCL_L;
        I2C_delay();
        SCL_H;
        I2C_delay();
        if(SDA_read)
        {
            ReceiveByte| = 0x01;
        }
    }
    SCL_L;
    return ReceiveByte;
}
```

● I2C_delay()函数

本函数是 I²C 总线接口控制延时函数,函数代码如下。

```
void I2C_delay(void)
{
    u8 i = 100;
    while(i)
    {
        i--;
    }
}
```

I²C 总线接口数据通信协议部分的条件状态主要包括 I²C 总线接口的起始条件、停止条件、应答、无应答、等待应答等,前述的主要操作函数如 I²C 总线接口读/写数据字节、I²C 总线接口发送/接收数据字节都需要设置这些条件状态来满足 I²C 总线通信规范,这些条件状态由以下功能函数实现。

● I2C_Start()-起始条件

I²C 总线接口起始条件的功能函数定义如下。

```
bool I2C_Start(void)
{
    SDA_H;//SDA 置高电平
    SCL_H; //SCL 置高低电平
    I2C_delay();
    if(!SDA_read)return FALSE; //SDA 线为低电平则总线忙,退出
    SDA_L; //SCL 置低电平
    I2C_delay();
    if(SDA_read) return FALSE; //SDA 线为高电平则总线出错,退出
    SDA_L;//SDA 置低电平
    I2C_delay();
    return TRUE;
}
```

● I2C_Stop()-停止条件

I²C 总线接口停止条件的功能函数定义如下。

```
void I2C_Stop(void)
{
    SCL_L;//SCL 置低电平
    I2C_delay();
    SDA_L;//SDA 置低电平
    I2C_delay();
    SCL_H;//SCL 置高电平
    I2C_delay();
    SDA_H;//SDA 置高电平
    I2C_delay();
}
```

● I2C_Ack()-应答

I²C 总线接口应答的功能函数定义如下。

```
void I2C_Ack(void)
{
    SCL_L; //SCL 置低电平
    I2C_delay();
    SDA_L; //SCL 置低电平
    I2C_delay();
    SCL_H; //SCL 置高电平
    I2C_delay();
    SCL_L; //SCL 置低电平
    I2C_delay();
}
```

● I2C_NoAck()-无应答

I^2C 总线接口无应答的功能函数定义如下。

```
void I2C_NoAck(void)
{
    SCL_L; //SCL 置低电平
    I2C_delay();
    SDA_H; //SDA 置高电平
    I2C_delay();
    SCL_H; //SCL 置高电平
    I2C_delay();
    SCL_L; //SCL 置低电平
    I2C_delay();
}
```

● I2C_WaitAck()-等待应答

I^2C 总线接口等待应答的功能函数定义如下。

```
bool I2C_WaitAck(void)          //返回为：= 1 有 ACK，= 0 无 ACK
{
    SCL_L; //SCL 置低电平
    I2C_delay();
    SDA_H; //SDA 置高电平
    I2C_delay();
    SCL_H; //SCL 置高电平
    I2C_delay();
    if(SDA_read)//读 SDA 数据
    {
        SCL_L; //SCL 置低电平
        return FALSE;
    }
    SCL_L; //SCL 置低电平
    return TRUE;
}
```

6. SST25VF016B 的应用配置与底层驱动

SST25VF016B 的应用配置与底层驱动程序，在第 5 章已经作过详细介绍，本例主要涉及到一个硬件接口配置函数和两个读写操作函数，本节回顾一下这三个函数。

● SPI_Flash_Init()函数

本函数最终由板级初始化函数 BSP_Init()调用，用于 SST25VF016 闪存芯片占用的 SPI1 接口的引脚配置与参数定义。

```
void SPI_Flash_Init(void)
{
    SPI_InitTypeDef SPI_InitStructure;
    GPIO_InitTypeDef GPIO_InitStructure;
    /* 使能 SPI1 时钟 */
```

```
RCC_APB2PeriphClockCmd(RCC_APB2Periph_SPI1 ,ENABLE);
/* 配置 SPI1 引脚：SCK, MISO 和 MOSI */
GPIO_InitStructure.GPIO_Pin = GPIO_Pin_5 | GPIO_Pin_6 | GPIO_Pin_7;
GPIO_InitStructure.GPIO_Speed = GPIO_Speed_50MHz;
GPIO_InitStructure.GPIO_Mode = GPIO_Mode_AF_PP;
GPIO_Init(GPIOA, &GPIO_InitStructure);
/* 配置 PC4 为 SST25VF016B 闪存的片选 */
GPIO_InitStructure.GPIO_Pin = GPIO_Pin_4;
GPIO_InitStructure.GPIO_Speed = GPIO_Speed_50MHz;
GPIO_InitStructure.GPIO_Mode = GPIO_Mode_Out_PP;
GPIO_Init(GPIOC, &GPIO_InitStructure);
/* SPI1 参数配置 */
SPI_InitStructure.SPI_Direction = SPI_Direction_2Lines_FullDuplex;
SPI_InitStructure.SPI_Mode = SPI_Mode_Master;
SPI_InitStructure.SPI_DataSize = SPI_DataSize_8b;
SPI_InitStructure.SPI_CPOL = SPI_CPOL_High;
SPI_InitStructure.SPI_CPHA = SPI_CPHA_2Edge;
SPI_InitStructure.SPI_NSS = SPI_NSS_Soft;
SPI_InitStructure.SPI_BaudRatePrescaler = SPI_BaudRatePrescaler_8;
SPI_InitStructure.SPI_FirstBit = SPI_FirstBit_MSB;
SPI_InitStructure.SPI_CRCPolynomial = 7;
SPI_Init(SPI1, &SPI_InitStructure);
/* 使能 SPI1 */
SPI_Cmd(SPI1, ENABLE);
/* 宏定义 #define NotSelect_Flash()  GPIO_SetBits(GPIOC, GPIO_Pin_4) */
NotSelect_Flash();
}
```

下面这两个功能函数在 µC/GUI 图形用户接口（由程序文件 FM. c 的 Fun() 函数调用）设计时分别用来将搜索到的节目信息保存到 SST25VF016B 的第 0 页以及将曾经调谐好的节目信息读出。

● SST25_R_BLOCK()—
该函数用于读 SST25VF016B 闪存的扇区操作，函数代码如下。

```
void SST25_R_BLOCK(unsigned long addr, unsigned char * readbuff,
unsigned int BlockSize){
    unsigned int i = 0;
    /* 宏定义 #define TP_DCS() GPIO_SetBits(GPIOB,GPIO_Pin_7) */
    TP_DCS();
    /* 宏定义 #define Select_Flash() GPIO_ResetBits(GPIOC, GPIO_Pin_4) */
    Select_Flash();
    SPI_Flash_SendByte(0x0b);
    SPI_Flash_SendByte((addr&0xffffff)>>16);
    SPI_Flash_SendByte((addr&0xffff)>>8);
    SPI_Flash_SendByte(addr&0xff);
    SPI_Flash_SendByte(0);
```

```
    while(i<BlockSize){
        readbuff[i] = SPI_Flash_ReadByte();
        i++;
    }
    NotSelect_Flash();
}
```

● SST25_W_BLOCK()函数

该函数用于写 SST25VF016B 闪存的扇区操作,函数代码如下。

```
void SST25_W_BLOCK(uint32_t addr, u8 * readbuff, uint16_t BlockSize){
    unsigned int i = 0,a2;
    sect_clr(addr); //删除页
    TP_DCS();//禁止触摸屏 SPI 接口的片选信号
    wsr();
    wen();
    Select_Flash();
    SPI_Flash_SendByte(0xad);
    SPI_Flash_SendByte((addr&0xffffff)>>16);
    SPI_Flash_SendByte((addr&0xffff)>>8);
    SPI_Flash_SendByte(addr&0xff);
    SPI_Flash_SendByte(readbuff[0]);
    SPI_Flash_SendByte(readbuff[1]);
    NotSelect_Flash();
    i = 2;
    while(i<BlockSize){
        a2 = 120;
        while(a2>0) a2--;
        Select_Flash();
        SPI_Flash_SendByte(0xad);
        SPI_Flash_SendByte(readbuff[i++]);
        SPI_Flash_SendByte(readbuff[i++]);
        NotSelect_Flash();
    }
    a2 = 100;
    while(a2>0) a2--;
    wdis();
    Select_Flash();
    wip();
}
```

7. 通用模块驱动程序

本实例中 SPI 模块库函数被 SPI_Flash.c 文件中的功能函数调用实现 SST25VF016B 初始化与参数配置等功能,表 10-14 列出了这些被调用函数,这些函数的功能详解请参考第 13 章对应的库函数介绍。

表 10 - 14　库函数调用列表

序　号	函数名
1	SPI_Init
2	SPI_Cmd
3	SPI_I2S_GetFlagStatus
4	SPI_I2S_SendData
5	SPI_I2S_ReceiveData

10.5　实例总结

　　本例详细介绍了 I²C 总线通信协议规范以及数字 FM 收音机模块 TEA5767 的读/写模式时的寄存器状态;通过 STM32F103 微处理器两个通用 I/O 端口,模拟出 I²C 总线接口实现对数字 FM 收音机模块 TEA5767 的控制;并基于板上的音频功放硬件资源,构建出了 FM 数字收音机硬件系统。

　　本例的侧重点在于系统任务与图形用户界面设计。本例按照 μC/OS-II 嵌入式系统层次结构,将系统任务建立程序、图形用户接口程序、中断处理程序、硬件平台 BSP/HAL 层初始化程序以及底层硬件应用配置与驱动程序分类,重点讲述了软件代码设计重点、要点以及主要功能函数。

10.6　显示效果

　　本例程软件在 STM32 - V3 硬件开发平台下载并运行后,FM 收音机实验演示效果如图 10 - 11 所示。

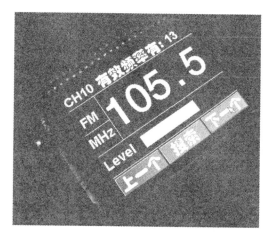

图 10 - 11　FM 收音机实验演示效果

第 **11** 章

CAN 总线应用实例

CAN 总线是一种开放式、数字化、多节点通信的控制系统局域网络,是当今自动化领域中最具有应用前景的现场总线技术之一,适用于分布式控制和实时控制的串行通信网络。由于 CAN 总线具有通信速率高、开放性好、报文短、纠错能力强、扩展能力强、系统架构成本低等特点,其使用越来越受到人们关注。本章将讲述如何应用 STM32 处理器的 bxCAN 模块以及外围 CAN 收发器在 μC/OS-II 嵌入式实时操作系统中实现 CAN 总线收发实例。

11.1 CAN 总线概述

控制器局域网 (Controller Area Network,CAN)是一种现场总线,主要用于各种过程检测及控制。CAN 总线最初是由德国 BOSCH 公司为汽车监测和控制而设计的,目前已逐步应用到其他工业控制中,并于 1993 年成为国际标准 ISO - 11898(高速应用)和 ISO - 11519(低速应用)。从此,CAN 总线协议作为一种技术先进、可靠性高、功能完善、成本合理的远程网络通信控制方式,被广泛应用到各个自动化控制系统中。比如,在汽车电子、自动控制、智能大厦、电力系统、安防监控等领域,CAN 总线都具有不可比拟的优越性。这些特性包括:

- 低成本;
- 极高的总线利用率;
- 很远的数据传输距离(长达 10 km);
- 高速的数据传输速率(高达 1 Mbps);
- 可根据报文的 ID 决定接收或屏蔽该报文;
- 可靠的错误处理和检错机制;
- 发送的信息遭到破坏后,可自动重发;
- 节点在错误严重的情况下具有自动退出总线的功能;
- 报文不包含源地址或目标地址,仅用标志符来指示功能信息、优先级信息。

11.1.1   CAN 总线网络拓扑

CAN 作为一个总线型网络,其网络拓扑结构如图 11-1 所示,理论上可以挂接无数个节点。CAN 总线具有在线增减设备的能力,即总线在不断电的情况下可以向网络中递增或递减节点数,通信波特率为 5 kbps～1 Mbps。在通信的过程中要求每个节点的波特率保持一致(误差不能超过 5%),否则会引起总线错误,从而导致节点的关闭,出现通信异常。

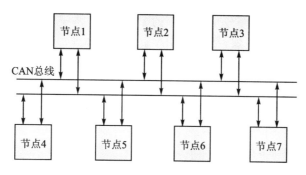

图 11-1   CAN 总线网络拓扑

CAN 是一种多主方式的串行通信总线,基本设计规范要求有高的位速率,高抗电磁干扰性,而且能够检测出产生的任何错误。当信号传输距离达到 10 km 时,CAN 仍可提供高达 50 kbps 的数据传输速率。

实际应用中,节点数目受网络硬件的电气特性所限制。例如,当使用 PHILIPS 公司的 P82C250 芯片作为 CAN 收发器时,一条总线最多可以容纳 110 个节点。

11.1.2   CAN 通信协议

CAN 通信协议主要描述设备之间的信息传递方式。CAN 层的定义与开放系统互连模型(OSI)一致。每一层与另一设备上相同的那一层通信。实际的通信发生在每一设备上相邻的两层,而设备只通过模型物理层的物理介质互连。CAN 的规范定义了模型的最下面两层:数据链路层和物理层。表 11-1 中列出了 OSI 开放式互连模型的各层。

由于 CAN 总线只定义了 OSI 中的物理层和数据链路层,因此对于不同的应用出现了不同的应用层协议,即应用层协议可以由 CAN 用户定义成适合特别工业领域的任何方案。

为了使不同厂商的产品能够相互兼容,世界范围内需要通用的 CAN 应用层通信协议。在过去的几十年中涌现出许多的协议,现在被广泛承认的 CAN 应用层协议主要有以下 3 种。

表 11 - 1 OSI 开放式互连模型

7	应用层	最高层。用户、软件、网络终端等之间用来进行信息交换,如:DeviceNet
6	表示层	将两个应用不同数据格式的系统信息转化为能共同理解的格式
5	会话层	依靠低层的通信功能来进行数据的有效传递
4	传输层	两通信节点之间数据传输控制,如:数据重发,数据错误修复等操作
3	网络层	规定了网络连接的建立、维持和拆除的协议,如:路由和寻址
2	数据链路层	规定了在介质上传输的数据位的排列和组织,如:数据校验和帧结构
1	物理层	规定通信介质的物理特性,如:电气特性和信号交换的解释

- 在欧洲等地占有大部分市场份额的 CANopen 协议,主要应用在汽车、工业控制、自动化仪表等领域,目前由 CIA 负责管理和维护;
- J1939 是 CAN 总线在商用车领域占有绝大部分市场份额的应用层协议,由美国机动车工程师学会发起,现已在全球范围内得到广泛地应用;
- DeviceNet 协议在美国等地占有相当大的市场份额,主要用于工业通信及控制和仪器仪表等领域。

11.1.3 CAN 总线信号特点

CAN 总线采用差分信号传输,通常情况下只需要两根信号线(CAN - H 和 CAN - L)就可以进行正常的通信。在干扰比较强的场合,还需要用到屏蔽地即 CAN - G,用于屏蔽干扰信号,CAN 协议推荐用户使用屏蔽双绞线作为 CAN 总线的传输线。在隐性状态下,CAN - H 与 CAN - L 的输入差分电压为 0 V(最大不超过 0.5 V),共模输入电压为 2.5 V。在显性状态下,CAN - H 与 CAN - L 的输入差分电压为 2 V(最小不小于 0.9 V),如图 11 - 2 所示。

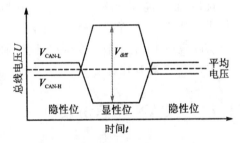

图 11 - 2 CAN 总线位电平特点

11.1.4 CAN 的位仲裁技术

CAN 的非破坏性位仲裁技术与一般的仲裁技术不同。在一般的仲裁技术中,当两个或两个以上的单元同时开始传送报文,会产生总线访问冲突时,所有报文都会避让等待,直到探测到总线处于空闲状态,才会把报文传输到总线上。这种机制会造成总线上机时的浪费,会使实时性大大降低,有时会造成重要信息被延误。

CAN 总线采用载波监听多路访问、逐位仲裁的非破坏性总线仲裁技术。在节点需要发送信息时,节点先监听总线是否空闲,只有节点监听到总线空闲时才能够发送数据,即载波监听多路访问方式。在总线出现两个以上的节点同时发送数据时,CAN 协议规定,按位进行仲裁,按照显性位优先级大于隐性位优先级的规则进行仲裁,最后高优先级的节点数据毫无破坏的被发送,其他节点停止发送数据(即逐位仲裁无破坏的传输技术)。这样能大大地提高总线的使用效率及实时性。

11.1.5　CAN 总线的帧格式

CAN 报文分为两个标准即 CAN2.0A 标准帧和 CAN2.0B 扩展帧,两个标准最大的区别在于 CAN2.0A 只有 11 位标识符,CAN2.0B 具有 29 位标识符。

CAN 协议的 2.0A 版本规定 CAN 控制器必须有一个 11 位的标志符。在 2.0B 版本中则规定了 CAN 控制器的标志符长度可以是 11 位或 29 位。遵循 CAN2.0B 协议的 CAN 控制器可以发送和接收 11 位标识符的标准格式报文或 29 位标识符的扩展格式报文。如果禁止 CAN2.0B,则 CAN 控制器只能发送和接收 11 位标识符的标准格式报文,而忽略扩展格式的报文结构,但不会出现错误。

根据识别符的长度不同,CAN 可分成两种不同的帧格式:
- 具有 11 位识别符的帧为标准帧;
- 含有 29 位识别符的帧为扩展帧。

1. 标准帧

CAN 标准帧信息为 11 个字节,包括两部分信息和数据部分。前 3 个字节为信息部分。如表 11-2 所列。

表 11-2　CAN 标准帧

字节号	7	6	5	4	3	2	1
字节 1	FF	RTR	X	X	DLC(数据长度)		
字节 2	(报文识别码)ID.10~ID.3						
字节 3	ID.2~ID.0			RTR			
字节 4	数据 1						
字节 5	数据 2						
字节 6	数据 3						
字节 7	数据 4						
字节 8	数据 5						
字节 9	数据 6						
字节 10	数据 7						
字节 11	数据 8						

说明:

① 字节 1 为帧信息。第 7 位 FF 表示帧格式,在标准帧中 FF0;第 6 位 RTR 表示帧的类型,RTR=0 表示为数据帧,RTR=1 表示为远程帧;最后 3 位为 DLC 表示在数据帧时实际的数据长度(0~8)。

② 字节 2~字节 3 为报文识别码 11 位有效。

③ 字节 4~字节 11 为数据帧的实际数据,远程帧时无效。

2. 扩展帧

CAN 扩展帧信息为 13 个字节,包括两部分——信息部分和数据部分,前 5 个字节为信息部分,如表 11-3 所列。

表 11-3　CAN 扩展帧

字节号	7	6	5	4	3	2	1
字节 1	FF	RTR	X	X	DLC(数据长度)		
字节 2	(报文识别码)ID. 28~ID. 21						
字节 3	ID. 20~ID. 13						
字节 4	ID. 12~ID. 5						
字节 5	ID. 4~ID. 0				X	X	X
字节 6	数据 1						
字节 7	数据 2						
字节 8	数据 3						
字节 9	数据 4						
字节 10	数据 5						
字节 11	数据 6						
字节 12	数据 7						
字节 13	数据 8						

说明:

① 字节 1 为帧信息。第 7 位 FF 表示帧格式,在扩展帧中 FF 为 1;第 6 位 RTR 表示帧的类型,RTR=0 表示为数据帧;RTR=1 表示为远程帧。最后 3 位为 DLC,3 表示在数据帧时实际的数据长度(0~8)。

② 字节 2~字节 5 为报文识别码其高 29 位有效。

③ 字节 6~字节 13 为数据帧的实际数据,远程帧时无效。

11.1.6　CAN 报文的帧类型

CAN 的报文传输与控制由以下 4 种不同的帧类型表示:

● 数据帧:数据帧将数据从一个节点的发送器传输到另一个节点的接收器。

● 远程帧:总线单元发出远程帧,请求发送具有同一识别符的数据帧。

● 错误帧:任何单元检测到总线错误就发出错误帧。

● 过载帧:过载帧(也称超载帧)用以在先行的和后续的数据帧(或远程帧)之间提供一段附加的延时。

1. 数据帧

数据帧由 7 个不同的位域组成:帧起始、仲裁场、控制场、数据场、CRC 场、应答场、帧结尾,如图 11-3 所示。

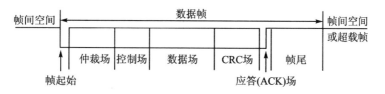

图 11-3　数据帧结构

(1) 帧起始。

它标志数据帧和远程帧的起始,由一个单独的"显性"位组成。只在总线空闲时,才允许站开始发送(信号)。所有的站必须同步于首先开始发送信息的站的帧起始前沿。

(2) 仲裁场。

仲裁场包括识别符和远程发送请求位(RTR),如图 11-4 所示。

图 11-4　仲裁场结构

识别符:识别符的长度为 11 位。这些位的发送顺序是从 ID.10 到 ID.0。最低位是 ID.0,最高的 7 位(ID.10 到 ID.4)必须不能全是"隐性"。

RTR 位:该位在数据帧里必须为"显性",而在远程帧里必须为"隐性"。

(3) 控制场。

控制场由 6 个位组成,包括数据长度代码和两个用于扩展用的保留位。所发送的保留位必须为"显性",接收器接收所有由"显性"和"隐性"组合位,如图 11-5 所示。

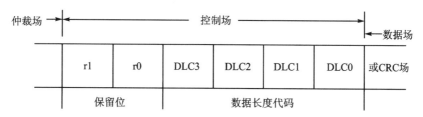

图 11-5　控制场结构

数据长度代码为 4 个位,指示了数据场中字节数量,在控制场里被发送,其定义如表 11-4 所列。

(4) 数据场。

数据场由数据帧中的发送数据组成。它可以为 0~8 个字节,每字节包含了 8 个位,从最高有效位开始发送。

表 11-4   数据长度代码含义

数据字节数	数据长度代码			
	DLC3	DLC2	DLC1	DLC0
0	d	d	d	d
1	d	d	d	r
2	d	d	r	d
3	d	d	r	r
4	d	r	d	d
5	d	r	d	r
6	d	r	r	d
7	d	r	r	r
8	r	d	d	d

注:d 表示"显性",r 表示"隐性"。

(5) CRC 场。

CRC 场包括 CRC 序列(CRC SEQUENCE),其后是 CRC 界定符(CRC DELIMIT-ER),如图 11-6 所示。

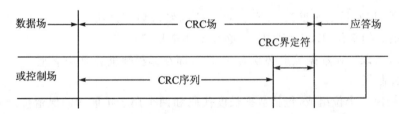

图 11-6   CRC 场结构

(6) 应答场。

应答场长度为 2 个位,包含应答间隙(ACK SLOT)和应答界定符(ACK DELIMI-TER),如图 11-7 所示。在应答场里,发送站发送两个"隐性"位。当接收器正确地接收到有效的报文,接收器就会在应答间隙(ACK SLOT)期间(发送 ACK 信号)向发送器发送一"显性"的位以示应答。

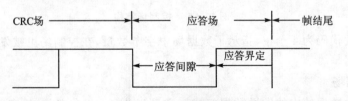

图 11-7   应答场结构

- 应答间隙:所有接收到匹配 CRC 序列(CRC SEQUENCE)的站会在应答间隙期间用一"显性"的位写入发送器的"隐性"位来作出回答。
- ACK 界定符:ACK 界定符是 ACK 场的第二个位,并且是一个必须为"隐性"的位。因此,应答间隙被两个"隐性"的位所包围,也就是 CRC 界定符和 ACK 界定符。

(7) 帧结尾。

每一个数据帧和远程帧均由一标志序列界定,这个标志序列由 7 个"隐性"位组成。

2. 远程帧

远程帧由 6 个不同的位域组成:帧起始、仲裁场、控制场、CRC 场、应答场、帧结尾,如图 11 - 8 所示。通过发送远程帧,用于某数据接收器通过其资源节点对不同的数据传送进行初始化设置。

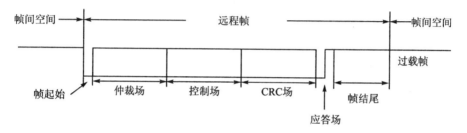

图 11 - 8　远程帧结构

远程帧的 RTR 位是"隐性"的,且没有数据场,数据长度代码的数值也是不受制约的。RTR 位的极性为"显性"表示所发送的帧是数据帧(RTR 位),为"隐性"则表示发送的是远程帧。

3. 错误帧

错误帧由两个不同的场组成。第一个场用作为不同站提供的错误标志(ERROR FLAG)的叠加。第二个场是错误界定符,如图 11 - 9 所示。

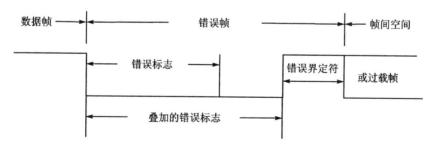

图 11 - 9　错误帧结构

错误标志有两种形式:主动错误标志(Active error flag)和被动错误标志(Passive error flag)。主动错误标志由 6 个连续的"显性"位组成;被动错误标志由 6 个连续的"隐性"位组成,除非被其他节点的"显性"位重写。错误界定符包括 8 个"隐性"的位。

4. 过载帧

过载帧包括两个位域:过载标志和过载界定符,如图 11-10 所示。有两种过载条件都会导致过载标志的传送:

(1) 接收器的内部条件(此接收器对于下一数据帧或远程帧需要有一延时);

(2) 间歇场期间检测到一"显性"位。

由过载条件(1)而引发的过载帧只允许起始于所期望的间歇场的第一个位时间开始;而由过载条件(2)引发的过载帧应起始于所检测到"显性"位之后的位。

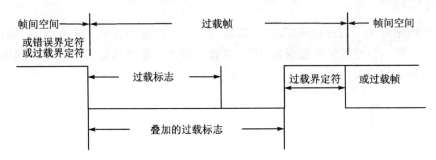

图 11-10 过载帧结构

过载标志由 6 个"显性"位组成,过载标志的所有形式和主动错误标志的一样。过载界定符包括 8 个"隐性"的位,过载界定符的形式和错误界定符的形式一样。过载标志被传送后,站就一直监视总线直到检测到一个从"显性"位到"隐性"位的发送(过渡形式),此时,总线上的每一个站完成了过载标志的发送,并开始同时发送 7 个以上的"隐性"位。

5. 帧间空间

数据帧(或远程帧)与其前面帧的隔离是通过帧间空间实现的,且无论其前面的帧为何类型(数据帧、远程帧、错误帧、过载帧)。所不同的是,过载帧与错误帧之前没有帧间空间,多个过载帧之间也不是由帧间空间隔离的。

帧间空间包括间歇场、总线空闲的位域。如果"被动错误"的站已作为前一报文的发送器时,则其帧空间除了间歇、总线空闲外,还包括称作挂起传送(SUSPEND TRANSMISSION)的场。

对于不是"被动错误"的站,或者此站已作为前一报文的接收器,其帧间空间如图 11-11 所示。

对于已作为前一报文发送器的"被动错误"的站,其帧间空间如图 11-12 所示。

● 间歇:间歇包括 3 个"隐性"位。间歇期间,所有的站均不允许传送数据帧或远程帧,唯一要做的是标示一个过载条件。

● 总线空闲:总线空闲的(时间)长度是任意的。只要总线被认定为空闲,任何等待发送信息的站就会访问总线。在发送其他信息期间,有报文被挂起,对于这样的报文,其传送起始于间歇之后的第一个位。总线上检测到的"显性"的位可

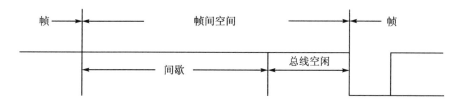

图 11 - 11　帧间空间结构 1

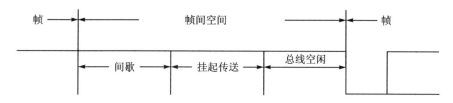

图 11 - 12　帧间空间结构 2

被解释为帧的起始。

● 挂起传送:"被动错误"的站发送报文后,站就在下一报文开始传送之前或总线空闲之前发出 8 个"隐性"的位跟随在间歇的后面。如果与此同时另一站开始发送报文(由另一站引起),则此站就作为这个报文的接收器。

11.2　STM32 处理器的 CAN 模块概述

STM32 处理器内置有控制器局域网(bxCAN)模块,bxCAN 是基本扩展控制器局域网(Basic Extended CAN)的缩写,它支持 CAN 2.0A 和 CAN 2.0B 两种协议标准。bxCAN 模块可以完全自动地接收和发送 CAN 报文;且完全支持标准标识符(11 位)和扩展标识符(29 位),STM32F103 处理器的 bxCAN 模块内部功能框图如图 11 - 13 所示。

● 支持 CAN 协议 2.0A 和 2.0B。
● 波特率最高可达 1 Mbps。
● 支持时间触发通信。
● 发送。
　　——3 个发送邮箱;
　　——发送报文的优先级可软件配置;
　　——发送帧开始的时间戳。
● 接收。
　　——3 级深度的 2 个接收 FIFO;
　　——可变的过滤器组,STM32F103 系列产品中有 14 个过滤器组。
● 标识符列表。
● FIFO 溢出处理方式可配置。

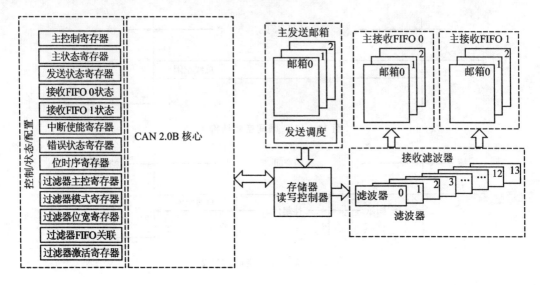

图 11 - 13　CAN 模块内部功能框图

- 接收帧起始的时间戳。
- 时间触发通信模式。
  - ——禁止自动重传模式；
  - ——16 位运行定时器。
  - ——可在最后 2 个数据字节发送时间戳。
- 管理。
  - ——可屏蔽中断；
  - ——邮箱占用单独 1 块地址空间,便于提高软件效率。

11.2.1　bxCAN 模块工作模式

　　STM32 处理器的 bxCAN 模块有 3 个主要的工作模式：初始化、正常和睡眠模式。在硬件复位后,bxCAN 模块工作在睡眠模式以节省功耗,同时 CANTX 引脚的内部上拉电阻被激活。软件通过对 CAN_MCR 寄存器的 INRQ 或 SLEEP 位置'1',可以请求 bxCAN 进入初始化或睡眠模式。一旦进入了初始化或睡眠模式,bxCAN 模块就对 CAN_MSR 寄存器的 INAK 或 SLAK 位置'1'来进行确认,同时内部上拉电阻被禁用。当 INAK 和 SLAK 位都为'0'时,bxCAN 就处于正常模式。在进入正常模式前,bx-CAN 必须跟 CAN 总线取得同步。为取得同步,bxCAN 要等待 CAN 总线达到空闲状态,即在 CANRX 引脚上监测到 11 个连续的隐性位。bxCAN 模块的工作模式状态切换如图 11 - 14 所示。

1. 初始化模式

　　软件初始化应该在硬件处于初始化模式时进行。设置 CAN_MCR 寄存器的 IN-

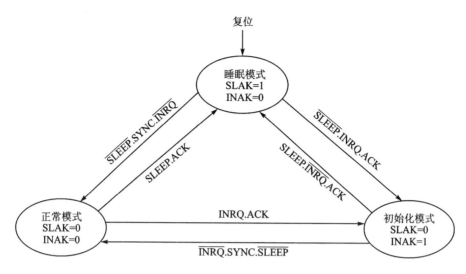

图 11-14　bxCAN 模块工作模式状态图

RQ 位为'1',请求 bxCAN 模块进入初始化模式,然后等待硬件对 CAN_MSR 寄存器的 INAK 位置'1'来进行确认。清除 CAN_MCR 寄存器的 INRQ 位为'0',请求 bx-CAN 模块退出初始化模式,当硬件对 CAN_MSR 寄存器的 INAK 位清'0',就确认了初始化模式的退出。

　　当 bxCAN 模块处于初始化模式时,则禁止报文的接收和发送,并且 CANTX 引脚输出隐性位(高电平)。初始化模式的进入,不会改变配置寄存器,软件对 bxCAN 的初始化,至少包括位时间特性(CAN_BTR)和控制(CAN_MCR)这两个寄存器。

2. 正常模式

　　在初始化完成后,软件应该让硬件进入正常模式,以便正常接收和发送报文。软件可以通过对 CAN_MCR 寄存器的 INRQ 位清'0'来请求从初始化模式进入正常模式,然后要等待硬件对 CAN_MSR 寄存器的 INAK 位置'1'的确认,在与 CAN 总线取得同步,即在 CANRX 引脚上监测到 11 个连续的隐性位(等效于总线空闲)后,bxCAN 模块才能正常接收和发送报文。

3. 睡眠模式

　　bxCAN 模块可工作在低功耗的睡眠模式。软件通过对 CAN_MCR 寄存器的 SLEEP 位置'1'来请求进入这一模式。在该模式下,bxCAN 模块的时钟停止了,但软件仍然可以访问邮箱寄存器。

　　当 bxCAN 模块处于睡眠模式,软件必须对 CAN_MCR 寄存器的 INRQ 位置'1'并且同时对 SLEEP 位清'0',才能进入初始化模式。

　　有两种方式可以唤醒 bxCAN 模块退出睡眠模式:一种是通过软件对 SLEEP 位清'1',另外一种则是通过硬件检测 CAN 总线的活动。

　　如果 CAN_MCR 寄存器的 AWUM 位为'1',一旦检测到 CAN 总线的活动,硬件就自动对 SLEEP 位清'0'来唤醒 bxCAN 模块;如果 CAN_MCR 寄存器的 AWUM 位为'0',软件必须在唤醒中断里对 SLEEP 位清'0'才能退出睡眠状态。

11.2.2 bxCAN 模块操作描述

本小节针对 STM32 处理器的 bxCAN 模块的主要操作与流程做些简单地介绍。

1. 发送处理

发送报文的流程为:应用程序选择 1 个空置的发送邮箱;设置标识符,数据长度和待发送数据;然后对 CAN_TIxR 寄存器的 TXRQ 位置'1'来请求发送;等 TXRQ 位置'1'后,邮箱就不再是空邮箱,而一旦邮箱不再为空,软件对邮箱寄存器就不再有写的权限;TXRQ 位置'1'后,邮箱马上进入挂号状态,并等待成为最高优先级的邮箱,一旦邮箱成为最高优先级的邮箱,其状态就变为预定发送状态;当 CAN 总线进入空闲状态,预定发送邮箱中的报文就马上被发送;一旦邮箱中的报文被成功发送后,它马上变为空置邮箱;硬件相应地对 CAN_TSR 寄存器的 RQCP 和 TXOK 位置'1'来表明一次成功发送。发送邮箱的状态切换示意图如图 11-15 所示。

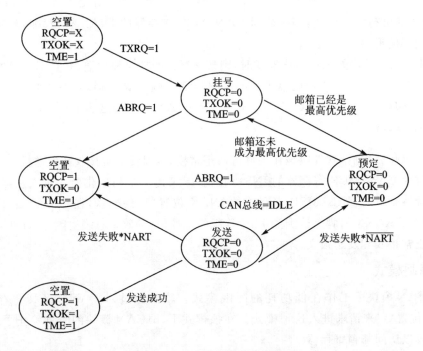

图 11-15　发送邮箱状态切换图

(1) 发送优先级。

发送优先级有两种决定方式,既可以由标识符决定,也可以由发送请求次序决定。

当有超过 1 个发送邮箱在挂号时,发送顺序由邮箱中报文的标识符决定。根据 CAN 协议,标识符数值最低的报文具有最高的优先级。如果标识符的值相等,那么邮箱号小的报文先被发送。

通过对 CAN_MCR 寄存器的 TXFP 位置'1',可以把发送邮箱配置为发送 FIFO。此时,发送的优先级由发送请求次序决定。

（2）中止。

通过对 CAN_TSR 寄存器的 ABRQ 位置'1',可以中止发送请求。邮箱如果处于挂号或预定发送状态,发送请求马上就被中止了。如果邮箱处于发送状态,那么中止请求可能导致两种结果:

- 如果邮箱中的报文被成功发送,那么邮箱变为空置邮箱,并且 CAN_TSR 寄存器的 TXOK 位被硬件置'1';
- 如果邮箱中的报文发送失败了,那么邮箱变为预定状态,然后发送请求被中止,邮箱变为空置邮箱且 TXOK 位被硬件清'0'。

（3）禁止自动重传模式。

禁止自动重传模式主要用于满足 CAN 标准中,时间触发通信选项的需求。通过对 CAN_MCR 寄存器的 NART 位置'1',来让硬件工作在该模式。处于此模式时,发送操作只会执行一次。如果发送操作失败了,不管是由于仲裁丢失或出错,硬件都不会再自动发送该报文。

在一次发送操作结束后,硬件认为发送请求已经完成,从而对 CAN_TSR 寄存器的 RQCP 位置'1',同时发送的结果反映在 TXOK、ALST 和 TERR 位上。

2. 时间触发通信模式

在时间触发通信模式时,CAN 模块的内部定时器被激活,并且被用于产生发送与接收邮箱的时间戳,分别存储在 CAN_RDTxR/CAN_TDTxR 寄存器中。内部定时器在每个 CAN 位时间累加。内部定时器在接收和发送的帧起始位的采样点位置被采样,并生成时间戳。

3. 接收处理

接收到的报文,都被存储在三级深度的 FIFO 邮箱中,FIFO 完全由硬件来管理,从而节省了 CPU 的处理负荷,并保证了数据的一致性,应用程序仅可通过读取 FIFO 输出邮箱来读取 FIFO 中最先收到的报文。

（1）FIFO 管理。

FIFO 从空状态开始,在接收到第一个有效的报文后,FIFO 状态变为挂号_1（也称为待定_1）,硬件相应地把 CAN_RFR 寄存器的 FMP[1:0]设置为'01'。软件通过读取 FIFO 输出邮箱来读出邮箱中的报文,然后通过对 CAN_RFR 寄存器的 RFOM 位设置'1'来释放邮箱,这样 FIFO 又变为空状态了。如果在释放邮箱的同时,又收到了一个有效的报文,那么 FIFO 仍然保留在挂号_1 状态,软件可以读取 FIFO 输出邮箱来读出新收到的报文。

如果应用程序不释放邮箱,在接收到下一个有效的报文后,FIFO 状态变为挂号_2,硬件相应地把 FMP[1:0]设置为'10'。重复上述的过程,第三个有效的报文把 FIFO

变为挂号_3 状态(FMP[1:0]=11)。此时,软件必须对 RFOM 位设置'1'来释放邮箱,以便 FIFO 可以有空间来存放下一个有效的报文;否则,下一个有效的报文到来时就会导致一个报文的丢失。

(2)溢出。

当 FIFO 处于挂号_3 状态(即 FIFO 的 3 个邮箱都是满状态时),下一个有效的报文就会导致溢出,并且将有一个报文会丢失。此时,硬件对 CAN_RFR 寄存器的 FOVR 位进行置'1'来表明溢出情况。至于哪个报文会被丢弃,取决对 FIFO 的两种设置:

- 如果禁用了 FIFO 锁定功能(CAN_MCR 寄存器的 RFLM 位被清'0'),那么 FIFO 中最后收到的报文就被新报文所覆盖。此时,最新收到的报文不会被丢弃掉。
- 如果启用了 FIFO 锁定功能(CAN_MCR 寄存器的 RFLM 位被置'1'),那么新收到的报文就被丢弃,软件可以读到 FIFO 中最早收到的 3 个报文。

(3)接收相关的中断。

接收处理过程中产生中断请求的条件主要分为 3 种情况:

- 一旦往 FIFO 存入一个报文,硬件就会将 FMP[1:0]位更新,如果 CAN_IER 寄存器的 FMPIE 位为'1',此时就会产生一个中断请求;
- 当 FIFO 变满时(即第 3 个报文被存入),CAN_RFR 寄存器的 FULL 位就被置'1',如果 CAN_IER 寄存器的 FFIE 位为'1',此时就会产生一个满中断请求;
- 在溢出的情况下,FOVR 位被置'1',如果 CAN_IER 寄存器的 FOVIE 位为'1',此时也会产生一个溢出中断请求。

4. 标识符过滤

在 CAN 协议里,报文的标识符不代表节点的地址,而是跟报文的内容相关的。因此,发送者以广播的形式把报文发送给所有的接收者。节点在接收报文时根据标识符的值来决定软件是否需要该报文,如果需要,就拷贝到 SRAM 里;如果不需要,报文就被丢弃且无需软件的干预。

STM32F103 处理器的 bxCAN 模块为应用程序提供了 14 个位宽可变的、可配置的过滤器组(13~0),以便于接收软件所需的报文,采用硬件过滤的做法节省了 CPU 开销。每个过滤器组 x 由 2 个 32 位寄存器 CAN_FxR0 和 CAN_FxR1 组成。

(1)可变位宽。

每个过滤器组的位宽都可以独立配置,以满足应用程序的不同需求。根据位宽的不同,每个过滤器组可提供:

- 1 个 32 位过滤器,包括:STDID[10:0]、EXTID[17:0]、IDE 和 RTR 位。
- 2 个 16 位过滤器,包括:STDID[10:0]、IDE、RTR 和 EXTID[17:15]位。

同时过滤器也可配置成屏蔽位模式或标识符列表模式,详见图 11-16 所示。

(2)屏蔽位模式。

在屏蔽位模式下,标识符寄存器和屏蔽寄存器一起,指定报文标识符的任何一位是

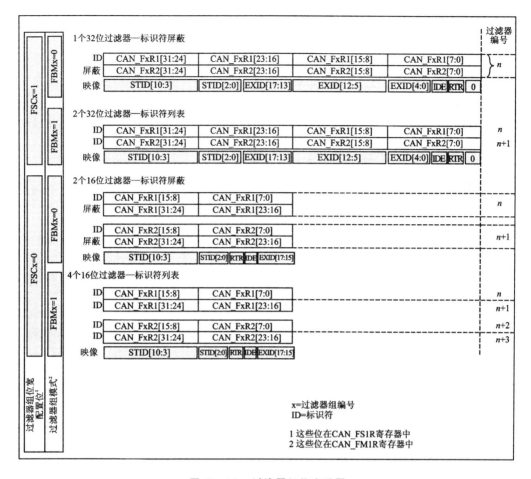

图 11-16　过滤器组位宽设置

否应该按照"必须匹配"或"不用关心"规则来处理。

（3）标识符列表模式。

在标识符列表模式下,屏蔽寄存器也被当作标识符寄存器用。因此,不是采用一个标识符加一个屏蔽位的方式,而是使用两个标识符寄存器。接收报文标识符的每一位都必须跟过滤器标识符相同。

（4）过滤器组位宽和模式设置。

过滤器组可以通过相应的 CAN_FMR 寄存器配置。在配置一个过滤器组前,必须通过清除 CAN_FAR 寄存器的 FACT 位,把它设置为禁用状态。通过设置 CAN_FS1R 的相应 FSCx 位,可以配置一个过滤器组的位宽,通过 CAN_FMR 的 FBMx 位,可以配置对应的屏蔽/标识符寄存器的标识符列表模式或屏蔽位模式。过滤器组模式设置一般遵循如下原则:

● 为了过滤出一组标识符,应该设置过滤器组工作在屏蔽位模式;

● 为了过滤出一个标识符,应该设置过滤器组工作在标识符列表模式;

● 应用程序不用的过滤器组,应该保持在禁用状态。

(5)过滤器匹配序号。

一旦收到的报文存入到了 FIFO 中,就可以被应用程序访问。通常情况下,报文中的数据会被拷贝到 SRAM 中;为了把数据拷贝到合适的位置,应用程序需要根据报文的标识符来辨别不同的数据。bxCAN 模块提供了过滤器匹配序号,以简化这一辨别过程。根据过滤器优先级规则,过滤器匹配序号和报文一起被存入邮箱中。因此每个收到的报文,都有与它相关联的过滤器匹配序号。

过滤器匹配序号可以通过下面两种方式来使用:

● 把过滤器匹配序号跟期望值进行比较;

● 把过滤器匹配序号当作一个索引来访问目标地址。

(6)过滤器优先级规则。

根据过滤器的不同配置,有可能一个报文标识符能通过多个过滤器的过滤。在这种情况下,存放在接收邮箱中的过滤器匹配序号,根据下列优先级规则来确定:

● 位宽为 32 位的过滤器,优先级高于位宽为 16 位的过滤器;

● 对于位宽相同的过滤器,标识符列表模式的优先级高于屏蔽位模式;

● 位宽和模式都相同的过滤器,优先级由过滤器号决定,过滤器号小的优先级高。

5. 报文存储

邮箱包含了所有跟报文有关的信息:标识符、数据、控制、状态和时间戳信息。它也是软件和硬件之间传递报文的接口。

(1)发送邮箱。

软件需要在一个空发送邮箱中,把待发送报文的各种信息设置好,然后再发出发送请求。发送的状态可通过查询 CAN_TSR 寄存器获知。

(2)接收邮箱。

在接收到一个报文后,软件可以通过访问接收邮箱来读取。一旦软件处理了报文,软件就应该对 CAN_RFxR 寄存器的 RFOM 位进行置'1'来释放该报文,以便为后面收到的报文留出存储空间。

6. 出错管理

CAN 协议描述的出错管理,完全由硬件通过发送错误计数器(CAN_ESR 寄存器里的 TEC 域),和接收错误计数器(CAN_ESR 寄存器里的 REC 域)来实现,其值根据错误的情况而增加或减少。错误状态切换示意图如图 11 - 17 所示。

11.2.3 bxCAN 模块的寄存器功能描述

应用程序配置 CAN 参数、请求发送报文、处理报文接收、管理中断、获取错误信息都是通过寄存器设置完成的。

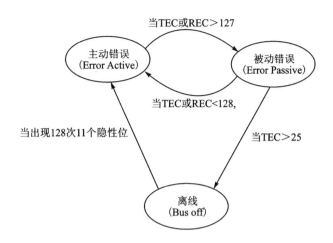

图 11 - 17　错误状态切换示意图

1. CAN 控制和状态寄存器

CAN 控制和状态相关寄存器及位功能定义,详见表 11 - 5～表 11 - 16 所列。

(1) CAN 主控制寄存器（CAN_MCR）。

地址偏移量：0x00。复位值：0x0001 0002。

表 11 - 5　CAN 主控制寄存器

31…17	16	15	14…8	7	6	5	4	3	2	1	0
	DBF	RESET		TTCM	ABOM	AWUM	NART	RFLM	TXFP	SLEEP	INRQ
	rw	rs		rw	rw	rw	rw	rw	rw	rw	rw

表 11 - 6　CAN 主控制寄存器位功能

位	功能定义
31:17	保留,始终保持为 0
16	DBF:调试冻结 0:在调试时,CAN 照常工作。 1:在调试时,冻结 CAN 的接收/发送,仍然可以正常地读写和控制接收 FIFO
15	RESET:bxCAN 模块软件复位。 0:本模块正常工作。 1:对 bxCAN 进行强行复位,复位后 bxCAN 进入睡眠模式。此后硬件自动对该位清'0'
14:8	保留,硬件强制为 0
7	TTCM:时间触发通信模式。 0:禁止时间触发通信模式。 1:允许时间触发通信模式

位	功能定义
6	ABOM:自动离线(Bus-Off)管理。 0:离线状态的退出过程是,软件对 CAN_MCR 寄存器的 INRQ 位进行置'1'随后清'0'后,一旦硬件检测到 128 次 11 位连续的隐性位,则退出离线状态。 1:一旦硬件检测到 128 次 11 位连续的隐性位,则自动退出离线状态
5	AWUM:自动唤醒模式。 0:睡眠模式通过清除 CAN_MCR 寄存器的 SLEEP 位,由软件唤醒。 1:睡眠模式通过检测 CAN 报文,由硬件自动唤醒。唤醒的同时,硬件自动对 CAN_MSR 寄存器的 SLEEP 和 SLAK 位清'0'
4	NART:禁止报文自动重传。 0:按照 CAN 标准,CAN 硬件在发送报文失败时会一直自动重传直到发送成功。 1:CAN 报文只被发送 1 次,不管发送的结果如何(成功、出错或仲裁丢失)
3	RFLM:接收 FIFO 锁定模式。 0:在接收溢出时 FIFO 未被锁定,当接收 FIFO 的报文未被读出,下一个收到的报文会覆盖原有的报文。 1:在接收溢出时 FIFO 被锁定,当接收 FIFO 的报文未被读出,下一个收到的报文会被丢弃
2	TXFP:发送 FIFO 优先级。 当有多个报文同时在等待发送时,该位决定这些报文的发送顺序。 0:优先级由报文的标识符来决定。 1:优先级由发送请求的顺序来决定
1	SLEEP:睡眠模式请求。 软件对该位置'1'可以请求 CAN 进入睡眠模式,一旦当前的 CAN 活动结束,CAN 就进入睡眠模式。 软件对该位清'0'使 CAN 退出睡眠模式。 当设置了 AWUM 位且在 CAN Rx 信号中检测出 SOF 位时,硬件对该位清'0';在复位后该位被置'1',即 CAN 在复位后处于睡眠模式
0	INRQ:初始化请求。 软件对该位清'0'可使 CAN 从初始化模式进入正常工作模式:当 CAN 在接收引脚检测到连续的 11 个隐性位后,CAN 就达到同步,并为接收和发送数据作好准备了。为此,硬件相应地对 CAN_MSR 寄存器的 INAK 位清'0'。 软件对该位置'1'可使 CAN 从正常工作模式进入初始化模式;一旦当前的 CAN 活动(发送或接收)结束,CAN 就进入初始化模式。相应地,硬件对 CAN_MSR 寄存器的 INAK 位置'1'

(2) CAN 主状态寄存器(CAN_MSR)。

地址偏移量:0x04。复位值:0x0000 0C02。

表 11-7　　CAN 主状态寄存器

31…12	11	10	9	8	7…5	4	3	2	1	0
	RX	SAMP	RXM	TXM		SLAKI	WKUI	ERRI	SLAK	INAK
	r	r	r	r		rc,w1	rc,w1	rc,w1	r	r

表 11 - 8　CAN 主状态寄存器位功能

位	功能定义
31:12	保留,始终保持为 0
11	RX:CAN 接收电平。 该位反映 CAN 接收引脚(CAN_RX)的实际电平
10	SAMP:上次采样值。 CAN 接收引脚的上次采样值(对应于当前接收位的值)
9	RXM:接收模式。 该位为'1'表示 CAN 当前为接收器
8	TXM:发送模式。 该位为'1'表示 CAN 当前为发送器
7:5	保留位,硬件强制为 0
4	SLAKI:睡眠应答中断。 当 SLKIE=1 时,一旦 CAN 进入睡眠模式硬件就对该位置'1',紧接着相应的中断被触发。 当设置该位为'1'时,如果设置了 CAN_IER 寄存器中的 SLKIE 位,将产生一个状态改变中断
3	WKUI:唤醒中断。 当 CAN 处于睡眠状态,一旦检测到帧起始位(SOF),硬件就置该位为'1';且当 CAN_IER 寄存器的 WKUIE 位为'1',即产生一个状态改变中断
2	ERRI:出错中断。 当检测到错误时,CAN_ESR 寄存器的某位被置'1',如果 CAN_IER 寄存器的相应中断使能位也被置'1'时,则硬件对该位置'1';如果 CAN_IER 寄存器的 ERRIE 位为'1',则产生状态改变中断
1	SLAK:睡眠模式应答。 该位由硬件置'1',指示软件 CAN 模块正处于睡眠模式
0	INAK:初始化应答。 该位由硬件置'1',指示软件 CAN 模块正处于初始化模式

（3）CAN 发送状态寄存器(CAN_TSR)。

地址偏移量：0x08。复位值：0x1C00 0000。

表 11 - 9　CAN 发送状态寄存器

31	30	29	28	27	26	25…24	23	22…20	19	18	17	16
LOW2	LOW1	LOW0	TME2	TME1	TME0	CODE[1:0]	ABRQ2		TERR2	ALST2	TXOK2	RQCP2
r	r	r	r	r	r	r…r	rs		rc,w1	rc,w1	rc,w1	rc,w1
15	14…12	11	10	9	8	7	6…4	3	2	1	0	
ABRQ		TERR1	ALST1	TXOK1	RQCP1	ABRQ0		TERR0	ALST0	TXOK0	RQCP0	
rs		rc,w1	rc,w1	rc,w1	rc,w1	rs		rc,w1	rc,w1	rc,w1	rc,w1	

表 11 - 10 CAN 发送状态寄存器位功能

位	功能定义
31	LOW2：邮箱 2 最低优先级标志。 当多个邮箱在等待发送报文,且邮箱 2 的优先级最低时,硬件对该位置'1'
30	LOW1：邮箱 1 最低优先级标志。 当多个邮箱在等待发送报文,且邮箱 1 的优先级最低时,硬件对该位置'1'
29	LOW0：邮箱 0 最低优先级标志。 当多个邮箱在等待发送报文,且邮箱 0 的优先级最低时,硬件对该位置'1'
28	TME2：发送邮箱 2 空。 当邮箱 2 中没有等待发送的报文时,硬件对该位置'1'
27	TME1：发送邮箱 1 空。 当邮箱 1 中没有等待发送的报文时,硬件对该位置'1'
26	TME0：发送邮箱 0 空。 当邮箱 0 中没有等待发送的报文时,硬件对该位置'1'
25:24	CODE[1:0]：邮箱号。 当有至少 1 个发送邮箱为空时,这 2 位表示下一个空的发送邮箱号; 当所有的发送邮箱都为空时,这 2 位表示优先级最低的那个发送邮箱号
23	ABRQ2：邮箱 2 请求中止。 软件对该位置'1',可以中止邮箱 2 的发送请求,当邮箱 2 的发送报文被清除时硬件对该位清'0'
22:20	保留位,硬件强制其值为 0
19	TERR2：邮箱 2 发送失败。 当邮箱 2 因为出错而导致发送失败时,对该位置'1'
18	ALST2：邮箱 2 仲裁丢失。 当邮箱 2 因为仲裁丢失而导致发送失败时,对该位置'1'
17	TXOK2：邮箱 2 发送成功。 0：上次发送尝试失败； 1：上次发送尝试成功
16	RQCP2：邮箱 2 请求完成。 当上次对邮箱 2 的请求(发送或中止)完成后,硬件对该位置'1'。 软件对该位写'1'可以对其清'0';当硬件接收到发送请求时也对该位清'0'
15	ABRQ1：邮箱 1 请求中止。 软件对该位置'1',可以中止邮箱 1 的发送请求,当邮箱 1 的发送报文被清除时硬件对该位清'0'。 如果邮箱 1 中没有等待发送的报文,则对该位置'1'没有任何效果
14:12	保留位,硬件强制其值为 0
11	TERR1：邮箱 1 发送失败。 当邮箱 1 因为出错而导致发送失败时,对该位置'1'
10	ALST1：邮箱 1 仲裁丢失。 当邮箱 1 因为仲裁丢失而导致发送失败时,对该位置'1'

位	功能定义
9	TXOK1：邮箱 1 发送成功。 每次在邮箱 1 进行发送尝试后，硬件对该位进行更新： 0：上次发送尝试失败。 1：上次发送尝试成功。 当邮箱 1 的发送请求被成功完成后，硬件对该位置'1'
8	RQCP1：邮箱 1 请求完成。 当上次对邮箱 1 的请求（发送或中止）完成后，硬件对该位置'1'。 软件对该位写'1'可以对其清'0'；当硬件接收到发送请求时也对该位清'0'
7	ABRQ0：邮箱 0 请求中止。 软件对该位置'1'可以中止邮箱 0 的发送请求，当邮箱 0 的发送报文被清除时硬件对该位清'0'。 如果邮箱 0 中没有等待发送的报文，则对该位置 1 没有任何效果
6:4	保留位，硬件强制其值为 0
3	TERR0：邮箱 0 发送失败。 当邮箱 0 因为出错而导致发送失败时，对该位置'1'
2	ALST0：邮箱 0 仲裁丢失。 当邮箱 0 因为仲裁丢失而导致发送失败时，对该位置'1'
1	TXOK0：邮箱 0 发送成功。 每次在邮箱 0 进行发送尝试后，硬件对该位进行更新： 0：上次发送尝试失败。 1：上次发送尝试成功。 当邮箱 0 的发送请求被成功完成后，硬件对该位置'1'
0	RQCP1：邮箱 0 请求完成。 当上次对邮箱 0 的请求（发送或中止）完成后，硬件对该位置'1'。 软件对该位写'1'可以对其清'0'；当硬件接收到发送请求时也对该位清'0'

（4）CAN 接收 FIFO 0 寄存器（CAN_RF0R）。

地址偏移量：0x0C。复位值：0x00。

表 11-11　CAN 接收 FIFO 0 寄存器

31	...	6	5	4	3	2	1	0
			RFOM0	FOVR0	FULL0		FMP0[1:0]	
			rs	rc,w1	rc,w1		r	r

表 11-12　CAN 接收 FIFO 0 寄存器位功能

位	功能定义
31:6	保留位，硬件强制为 0
5	RFOM0：释放接收 FIFO 0 输出邮箱。 软件通过对该位'1'来释放接收 FIFO 的输出邮箱。如果接收 FIFO 为空，那么对该位置'1'没有任何效果，即只有当 FIFO 中有报文时对该位置'1'才有意义；如果 FIFO 中有 2 个以上的报文，由于 FIFO 的特点，软件需要释放输出邮箱才能访问第 2 个报文

位	功能定义
4	FOVR0：FIFO 0 溢出。 当 FIFO 0 已满,又收到新的报文且报文符合过滤条件,硬件对该位置'1'
3	FULL0：FIFO 0 满。 当 FIFO 0 中有 3 个报文时,硬件对该位置'1'
2	保留位,硬件强制为 0
1:0	FMP0[1:0]：FIFO 0 报文数目。 FIFO 0 报文数目这 2 位反映了当前接收 FIFO 0 中存放的报文数目。 每当 1 个新的报文被存入接收 FIFO 0,硬件就对 FMP0 加 1。 每当软件对 RFOM0 位写'1'来释放输出邮箱,FMP0 就被减 1,直到其为 0

(5) CAN 接收 FIFO 1 寄存器(CAN_RF1R)。

地址偏移量:0x10。复位值:0x00。

表 11 – 13　CAN 接收 FIFO 1 寄存器

31	...	6	5	4	3	2	1	0
			RFOM1	FOVR1	FULL1		FMP1[1:0]	
			rs	rc,w1	rc,w1		r	r

表 11 – 14　CAN 接收 FIFO 1 寄存器位功能

位	功能定义
31:6	保留位,硬件强制为 0
5	RFOM1：释放接收 FIFO 1 输出邮箱。 软件通过对该位置'1'来释放接收 FIFO 的输出邮箱。如果接收 FIFO 为空,那么对该位置'1'没有任何效果,即只有当 FIFO 中有报文时对该位置'1'才有意义;如果 FIFO 中有 2 个以上的报文,由于 FIFO 的特点,软件需要释放输出邮箱才能访问第 2 个报文
4	FOVR1：FIFO 1 溢出。 当 FIFO 1 已满,又收到新的报文且报文符合过滤条件,硬件对该位置'1'
3	FULL1：FIFO 1 满。 当 FIFO 1 中有 3 个报文时,硬件对该位置'1'
2	保留位,硬件强制为 0
1:0	FMP1[1:0]：FIFO 0 报文数目。 FIFO 1 报文数目这 2 位反映了当前接收 FIFO 1 中存放的报文数目。 每当 1 个新的报文被存入接收 FIFO 1,硬件就对 FMP1 加 1。 每当软件对 RFOM0 位写'1'来释放输出邮箱,FMP0 就被减 1,直到其为 0

(6) CAN 中断使能寄存器(CAN_IER)

地址偏移量:0x14。复位值:0x0000 0000

表 11 - 15　CAN 中断使能寄存器

31	30	29	28	27	26	25	24	23	22	21	20	19	18	17	16
														SLKIE	WKUIE
														rw	rw

15	14	13	12	11	10	9	8	7	6	5	4	3	2	1	0
ERRIE				LECIE	BOFIE	EPVIE	EWGIE		FOVIE1	FFIE1	FMPIE1	FOVIE0	FFIE0	FMPIE0	TMEIE
rw				rw	rw	rw	rw		rw	rw	rw	rw	rw	rw	rw

表 11 - 16　CAN 中断使能寄存器位功能

位	功能定义
31:18	保留位,硬件强制为 0
17	SLKIE:睡眠中断使能 0:当 SLAKI 位被置'1'时,不产生中断;　　1:当 SLAKI 位被置'1'时,产生中断
16	WKUIE:唤醒中断使能 0:当 WKUI 位被置'1'时,不产生中断;　　1:当 WKUI 位被置'1'时,产生中断。
15	ERRIE:错误中断使能 0:当 CAN_ESR 寄存器有错误状态待处理时,不产生中断; 1:当 CAN_ESR 寄存器有错误状态待处理时,产生中断
14:12	保留位,硬件强制为 0
11	LECIE:上次错误代码中断使能 0:当检测到错误代码,硬件设置 LEC[2:0]时,不设置 ERRI 位; 1:当检测到错误代码,硬件设置 LEC[2:0]时,设置 ERRI 位为'1'
10	BOFIE:离线中断使能 0:当 BOFF 位被置'1'时,不设置 ERRI 位; 1:当 BOFF 位被置'1'时,设置 ERRI 位为'1'
9	EPVIE:被动错误中断使能 0:当 EPVF 位被置'1'时,不设置 ERRI 位; 1:当 EPVF 位被置'1'时,设置 ERRI 位为'1'
8	EWGIE:错误警告中断使能 0:当 EWGF 位被置'1'时,不设置 ERRI 位; 1:当 EWGF 位被置'1'时,设置 ERRI 位为'1'
7	保留位,硬件强制为 0
6	FOVIE1:FIFO 1 溢出中断使能 0:当 FIFO 1 的 FOVR 位被置'1'时,不产生中断; 1:当 FIFO 1 的 FOVR 位被置'1'时,产生中断
5	FFIE1:FIFO 1 满中断使能 0:当 FIFO 1 的 FULL 位被置'1'时,不产生中断; 1:当 FIFO 1 的 FULL 位被置'1'时,产生中断
4	FMPIE1:FIFO 1 消息待处理中断使能 0:当 FIFO 1 的 FMP[1:0]位为非 0 时,不产生中断; 1:当 FIFO 1 的 FMP[1:0]位为非 0 时,产生中断

续表 11 - 16

位	功能定义
3	FOVIE0：FIFO 0 溢出中断使能
	0：当 FIFO 0 的 FOVR 位被置'1'时,不产生中断;
	1：当 FIFO 0 的 FOVR 位被置'1'时,产生中断
2	FFIE0：FIFO 0 满中断使能
	0：当 FIFO 0 的 FULL 位被置'1'时,不产生中断;
	1：当 FIFO 0 的 FULL 位被置'1'时,产生中断
1	FMPIE0：FIFO 0 消息待处理中断使能
	0：当 FIFO 0 的 FMP[1:0]位为非 0 时,不产生中断;
	1：当 FIFO 0 的 FMP[1:0]位为非 0 时,产生中断
0	TMEIE：发送邮箱空中断使能
	0：当 RQCPx 位被置'1'时,不产生中断;
	1：当 RQCPx 位被置'1'时,产生中断

(7) CAN 错误状态寄存器(CAN_ESR)。

地址偏移量：0x18。复位值：0x0000 0000。

表 11 - 17　CAN 错误状态寄存器

31···24	23···16	15···7	6···4	3	2	1	0
REC[7:0]	TEC[7:0]		LEC[2:0]		BOFF	EPVF	WEGF
r ··· r	r ··· r		rw ··· rw		r	r	r

表 11 - 18　CAN 错误状态寄存器位功能

位	功能定义
31:24	REC[7:0]：接收错误计数器。 这个计数器按照 CAN 协议的故障界定机制的接收部分实现。按照 CAN 的标准,当接收出错时,根据出错的条件,该计数器加 1 或加 8;而在每次接收成功后,该计数器减 1,或当该计数器的值大于 127 时,设置它的值为 120。当该计数器的值超过 127 时,CAN 进入被动错误状态
23:16	TEC[7:0]：9 位发送错误计数器的低 8 位
15:7	保留位,硬件强制为 0
6:4	LEC[2:0]：上一次错误代码。 在检测到 CAN 总线上发生错误时,硬件根据出错情况设置。当报文被正确发送或接收后,硬件清除其值为'0'。 硬件没有使用错误代码 7,软件可以设置该值,从而可以检测代码的更新。 000：没有错误。 001：位填充错。 010：格式(Form)错。 011：确认(ACK)错。 100：隐性位错。 101：显性位错。 110：CRC 错。 111：由软件设置

位	功能定义
3	保留位,硬件强制为 0
2	BOFF:离线标志。 当进入离线状态时,硬件对该位置'1'。当发送错误计数器 TEC 溢出,即大于 255 时,CAN 进入离线状态
1	EPVF:被动错误标志。 当出错次数达到被动错误的阈值时,硬件对该位置'1'
0	EWGF:错误警告标志。 当出错次数达到警告的阈值时,硬件对该位置'1'

（8）CAN 位时序寄存器(CAN_BTR)

地址偏移量：0x1C。复位值：0x0123 0000。

注：当 CAN 处于初始化模式时,该寄存器只能由软件访问。

表 11 - 19　CAN 位时序寄存器

31	30	29	28	27	26	25	24	23	22	21	20	19	18	17	16
SILM	LBKM					SJW[1:0]			TS2[2:0]			TS1[3:0]			
rw	rw					rw	rw		rw	rw	rw	rw	rw	rw	rw
15	14	13	12	11	10	9	8	7	6	5	4	3	2	1	0
						BRP[9:0]									
						rw	rw	rw	rw	rw	rw	rw	rw	rw	rw

表 11 - 20　CAN 位时序寄存器位功能

位	功能定义
31	SILM:静默模式(用于调试) 0:正常状态;　　1:静默模式
30	LBKM:环回模式(用于调试) 0:禁止环回模式;　　1:允许环回模式
29:26	保留位,硬件强制为 0
25:24	SJW[1:0]:再同步补偿宽度（Resynchronization jump width） 为了再同步,该位域定义了 CAN 硬件在每位中可以延长或缩短多少个时间单位的上限。 $t_{RJW} = t_{CAN} \times (SJW[1:0]+1)$
23	保留位,硬件强制为 0
22:20	TS2[2:0]:时间段 2 (Time segment 2) 该位域定义了时间段 2 占用了多少个时间单位 $t_{BS2} = t_{CAN} \times (TS2[2:0]+1)$。 注意:该位对应于下节库函数功能详解说明中的相位缓冲段 BS2
19:16	TS1[3:0]:时间段 1 (Time segment 1) 该位域定义了时间段 1 占用了多少个时间单位 $t_{BS1} = t_{CAN} \times (TS1[3:0]+1)$ 注意:该位对应于下节库函数功能详解说明中的相位缓冲段 BS1

续表 11-20

位	功能定义
15:10	保留位,硬件强制为 0
9:0	BRP[9:0]:波特率分频器 (Baud rate prescaler) 该位域定义了时间单位(Tq)的时间长度 $Tq=(BRP[9:0]+1) \times t_{PCLK}$

2. CAN 邮箱寄存器

CAN 邮箱寄存器分为发送和接收邮箱寄存器,共有 3 个发送邮箱和 2 个接收邮箱,每个邮箱包含 4 个寄存器,详见图 11-18。每个接收邮箱为三级深度的 FIFO,并且只能访问 FIFO 中最先收到的报文。

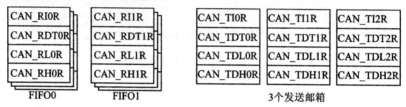

图 11-18　CAN 邮箱寄存器组

CAN 邮箱相关寄存器及位功能定义详见表 11-21～表 11-36 所列。

(1) 发送邮箱标识符寄存器 (CAN_TIxR) (x=0…2)。

地址偏移量:0x180,0x190,0x1A0。

复位值:0xXXXX XXXX。X=未定义位(除了第 0 位,复位时 TXRQ=0)。

表 11-21　发送邮箱标识符寄存器

31 … 21	20 … 3	2	1	0
STID[10:0]/EXID[28:18]	EXID[17:0]	IDE	RTR	TXRQ
rw … rw	rw … rw	rw	rw	rw

表 11-22　发送邮箱标识符寄存器位功能

位	功能定义
31:21	STID[10:0]/EXID[28:18]:标准标识符或扩展标识符。 这些位或是标准标识符,或是扩展身份标识的高字节
20:3	EXID[17:0]:扩展标识符。 扩展身份标识的低字节
2	IDE:标识符选择。 该位决定发送邮箱中报文使用的标识符类型。 0:使用标准标识符;　　1:使用扩展标识符
1	RTR:远程发送请求。 0:数据帧;　　1:远程帧
0	TXRQ:发送数据请求。 由软件对其置'1',来请求发送邮箱的数据。当数据发送完成,邮箱为空时,硬件对其清'0'

（2）发送邮箱数据长度和时间戳寄存器（CAN_TDTxR）（x＝0…2）。

地址偏移量:0x184,0x194,0x1A4。

复位值:未定义。

表 11 - 23　发送邮箱数据长度和时间戳寄存器

31 … 16	15…9	8	7…4	3 … 0
TIME[15:0]		TGT		DLC[3:0]
rw … rw		rw		rw … rw

表 11 - 24　发送邮箱数据长度和时间戳寄存器位功能

位	功能定义
31:16	TIME[15:0]:报文时间戳。 该域包含了,在发送该报文 SOF 的时刻,16 位定时器的值
15:9	保留位
8	TGT:发送时间戳。 只有在 CAN 处于时间触发通信模式,即 CAN_MCR 寄存器的 TTCM 位为'1'时,该位才有效。 0:不发送时间戳 TIME[15:0]。 1:发送时间戳 TIME[15:0]
7:4	保留位
3:0	DLC[15:0]:发送数据长度。 该域指定了数据报文的数据长度或者远程帧请求的数据长度。1 个报文包含 0 到 8 个字节数据, 而这由 DLC 决定

（3）发送邮箱低字节数据寄存器（CAN_TDLxR）（x＝0…2）。

地址偏移量:0x188,0x198,0x1A8。

复位值:未定义。

表 11 - 25　发送邮箱低字节数据寄存器

31 … 24	23 … 16	15 … 8	7 … 0
DATA3[7:0]	DATA2[7:0]	DATA1[7:0]	DATA0[7:0]
rw … rw	rw … rw	rw … rw	rw … rw

表 11 - 26　发送邮箱低字节数据寄存器位功能

位	功能定义	位	功能定义
31:24	DATA3[7:0]:数据字节 3。 报文的数据字节 3	15:8	DATA1[7:0]:数据字节 1。 报文的数据字节 1
23:16	DATA2[7:0]:数据字节 2。 报文的数据字节 2	7:0	DATA0[7:0]:数据字节 0。 报文的数据字节 0

(4) 发送邮箱高字节数据寄存器(CAN_TDHxR)(x=0···2)。

地址偏移量:0x18C,0x19C,0x1AC。

复位值:未定义位。

表 11 - 27　发送邮箱高字节数据寄存器

31 ··· 24	23 ··· 16	15 ··· 8	7 ··· 0
DATA7[7:0]	DATA6[7:0]	DATA5[7:0]	DATA4[7:0]
rw ··· rw	rw ··· rw	rw ··· rw	rw ··· rw

表 11 - 28　发送邮箱高字节数据寄存器位功能

位	功能定义
31:24	DATA7[7:0]:数据字节 7。 报文的数据字节 7
23:16	DATA6[7:0]:数据字节 6。 报文的数据字节 6
15:8	DATA5[7:0]:数据字节 5。 报文的数据字节 5
7:0	DATA4[7:0]:数据字节 4。 报文的数据字节 4

(5) 接收 FIFO 邮箱标识符寄存器(CAN_RIxR)(x=0···1)。

表 11 - 29　接收 FIFO 邮箱标识符寄存器

31 ··· 21	20 ··· 3	2	1	0
STID[10:0]/EXID[28:18]	EXID[17:0]	IDE	RTR	
r ··· r	r ··· r	r	r	

表 11 - 30　接收 FIFO 邮箱标识符寄存器位功能

位	功能定义
31:21	STID[10:0]/EXID[28:18]:标准标识符或扩展标识符。 这些位或是标准标识符,或是扩展身份标识的高字节
20:3	EXID[17:0]:扩展标识符。 扩展身份标识的低字节
2	IDE:标识符选择。 该位决定发送邮箱中报文使用的标识符类型。 0:使用标准标识符。 1:使用扩展标识符
1	RTR:远程发送请求。 0:数据帧。 1:远程帧
0	保留位

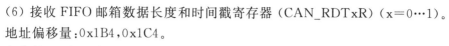

（6）接收 FIFO 邮箱数据长度和时间戳寄存器（CAN_RDTxR）（x＝0…1）。

地址偏移量：0x1B4,0x1C4。

复位值：未定义位。

表 11－31　接收 FIFO 邮箱数据长度和时间戳寄存器

31 … 16	15…8	7…4	3 … 0
TIME[15:0]	FMI[7:0]		DLC[3:0]
rw … rw			rw … rw

表 11－32　接收 FIFO 邮箱数据长度和时间戳寄存器位功能

位	功能定义
31:16	TIME[15:0]：报文时间戳。 该域包含了，在发送该报文 SOF 的时刻,16 位定时器的值
15:8	FMI[15:0]：过滤器匹配序号。 这里是存在邮箱中的信息传送的过滤器序号
8	TGT：发送时间戳。 只有在 CAN 处于时间触发通信模式,即 CAN_MCR 寄存器的 TTCM 位为'1'时,该位才有效。 0:不发送时间戳 TIME[15:0]。 1:发送时间戳 TIME[15:0]
7:4	保留位,硬件强制为 0
3:0	DLC[15:0]：接收数据长度。 该域表明接收数据帧的数据长度(0～8)。对于远程帧请求,数据长度 DLC 恒为 0

（7）接收 FIFO 邮箱低字节数据寄存器（CAN_RDLxR）（x＝0…1）。

地址偏移量：0x1B8,0x1C8。

复位值：未定义位。

表 11－33　接收 FIFO 邮箱低字节数据寄存器

31 … 24	23 … 16	15 … 8	7 … 0
DATA3[7:0]	DATA2[7:0]	DATA1[7:0]	DATA0[7:0]
r … r	r … r	r … r	r … r

表 11－34　接收 FIFO 邮箱低字节数据寄存器位功能

位	功能定义
31:24	DATA3[7:0]：数据字节 3。 报文的数据字节 3
23:16	DATA2[7:0]：数据字节 2。 报文的数据字节 2
15:8	DATA1[7:0]：数据字节 1。 报文的数据字节 1
7:0	DATA0[7:0]：数据字节 0。 报文的数据字节 0

(8) 接收 FIFO 邮箱高字节数据寄存器 (CAN_RDHxR)(x＝0⋯1)。

地址偏移量:0x1BC,0x1CC。

复位值:未定义位。

表 11 - 35　接收 FIFO 邮箱高字节数据寄存器

31 ⋯ 24	23 ⋯ 16	15 ⋯ 8	7 ⋯ 0
DATA7[7:0]	DATA6[7:0]	DATA5[7:0]	DATA4[7:0]
r ⋯ r	r ⋯ r	r ⋯ r	r ⋯ r

表 11 - 36　接收 FIFO 邮箱高字节数据寄存器位功能

位	功能定义
31:24	DATA7[7:0]:数据字节 7。 报文的数据字节 7
23:16	DATA6[7:0]:数据字节 6。 报文的数据字节 6
15:8	DATA5[7:0]:数据字节 5。 报文的数据字节 5
7:0	DATA4[7:0]:数据字节 4。 报文的数据字节 4

3. CAN 过滤器寄存器

CAN 过滤器相关寄存器及位功能描述详见表 11 - 37～表 11 - 40 所列。

(1) CAN 过滤器主控寄存器(CAN_FMR)。

地址偏移量:0x200。复位值:0x2A1C 0E01。

表 11 - 37　CAN 过滤器主控寄存器

31	⋯	1	0
			FINIT
			rw

表 11 - 38　CAN 过滤器主控寄存器位功能

位	功能定义
31:1	保留位,强制为复位值
0	FINIT:过滤器初始化模式。 针对所有过滤器组的初始化模式设置。 0:过滤器组工作在正常模式。1:过滤器组工作在初始化模式

（2）CAN 过滤器模式寄存器(CAN_FM1R)。

地址偏移量：0x204。复位值：0x0000 0000。

表 11 - 39　CAN 过滤器模式寄存器

31	...	28	27	...	0
				FBM[27:0]	
			rw	...	rw

表 11 - 40　CAN 过滤器模式寄存器位功能

位	功能定义
31:28	保留位,硬件强制为 0
27:0	FBMx(x=27…0)：过滤器模式。 过滤器组 x 的工作模式。 0：过滤器组 x 的 2 个 32 位寄存器工作在标识符屏蔽位模式。 1：过滤器组 x 的 2 个 32 位寄存器工作在标识符列表模式

（3）CAN 过滤器位宽寄存器(CAN_FS1R)

地址偏移量：0x20C。复位值：0x0000 0000。

表 11 - 41　CAN 过滤器位宽寄存器

31	30	29	28	27	26	25	24	23	22	21	20	19	18	17	16
				FSC27	FSC26	FSC25	FSC24	FSC23	FSC22	FSC21	FSC20	FSC19	FSC18	FSC17	FSC16
				rw	rw	rw	rw	rw	rw	rw	rw	rw	rw	rw	rw

15	14	13	12	11	10	9	8	7	6	5	4	3	2	1	0
FSC15	FSC14	FSC13	FSC12	FSC11	FSC10	FSC9	FSC8	FSC7	FSC6	FSC5	FSC4	FSC3	FSC2	FSC1	FSC0
rw	rw	rw	rw	rw	rw	rw	rw	rw	rw	rw	rw	rw	rw	rw	rw

表 11 - 42　CAN 过滤器位宽寄存器位功能

位	功能定义
31:28	保留位,硬件强制为 0
27:0	FSCx：过滤器位宽设置 过滤器组 x(13~0)的位宽。 0：过滤器位宽为 2 个 16 位； 1：过滤器位宽为单个 32 位。 注：位 27:14 只出现在互联型产品中,其他产品型号为保留位

（4）CAN 过滤器 FIFO 关联寄存器

地址偏移量：0x214。复位值：0x0000 0000。

表 11-43　CAN 过滤器 FIFO 关联寄存器

31	30	29	28	27	26	25	24	23	22	21	20	19	18	17	16
				FFA27	FFA26	FFA25	FFA24	FFA23	FFA22	FFA21	FFA20	FFA19	FFA18	FFA17	FFA16
				rw	rw	rw	rw	rw	rw	rw	rw	rw	rw	rw	rw
15	14	13	12	11	10	9	8	7	6	5	4	3	2	1	0
FFA15	FFA14	FFA13	FFA12	FFA11	FFA10	FFA9	FFA8	FFA7	FFA6	FFA5	FFA4	FFA3	FFA2	FFA1	FFA0
rw	rw	rw	rw	rw	rw	rw	rw	rw	rw	rw	rw	rw	rw	rw	rw

表 11-44　CAN 过滤器 FIFO 关联寄存器位功能

位	功能定义
31:28	保留位,硬件强制为 0
27:0	FFAx:过滤器位宽设置 报文在通过了某过滤器的过滤后,将被存放到其关联的 FIFO 中。 0:过滤器被关联到 FIFO0; 1:过滤器被关联到 FIFO1。 注:位 27:14 只出现在互联型产品中,其他型号产品为保留位

（5）CAN 过滤器激活寄存器（CAN_FA1R）

地址偏移量:0x21C。复位值:0x0000 0000。

表 11-45　CAN 过滤器激活寄存器

31	30	29	28	27	26	25	24	23	22	21	20	19	18	17	16
				FACT27	FACT26	FACT25	FACT24	FACT23	FACT22	FACT21	FACT20	FACT19	FACT18	FACT17	FACT16
				rw	rw	rw	rw	rw	rw	rw	rw	rw	rw	rw	rw
15	14	13	12	11	10	9	8	7	6	5	4	3	2	1	0
FACT15	FACT14	FACT13	FACT12	FACT11	FACT10	FACT9	FACT8	FACT7	FACT6	FACT5	FACT4	FACT3	FACT2	FACT1	FACT0
rw	rw	rw	rw	rw	rw	rw	rw	rw	rw	rw	rw	rw	rw	rw	rw

表 11-46　CAN 过滤器激活寄存器位功能

位	功能定义
31:28	保留位,硬件强制为 0
27:0	FACTx:过滤器激活(Filter active) 软件对某位设置'1'来激活相应的过滤器。 只有对 FACTx 位清'0',或对 CAN_FMR 寄存器的 FINIT 位设置'1'后,才能修改相应的过滤器寄存器 x(CAN_FxR[0:1])。 0:过滤器被禁用; 1:过滤器被激活。 注:位 27:14 只出现在互联型产品中,其他产品型号为保留位

（6）CAN 过滤器组 i 的寄存器 x（CAN_FiRx）

地址偏移量:0x240…0x31C。复位值:未定义

注意:① 互联产品中 i＝0..27,其他产品中 i＝0..13;x＝1..2;

② 在互联型产品中共有 14 组过滤器:i＝0..27;在其他产品中共有 14 组过滤器:i＝0..13。每组过滤器由 2 个 32 位的寄存器,CAN_FiR[2:1]组成。只有在 CAN_FAxR 寄存器相应的 FACTx 位清'0'或 CAN_FMR 寄存器的 FINIT 位为'1'时,才能修改相应的过滤器寄存器。

表 11 - 47　CAN 过滤器组 i 的寄存器

31	30	29	28	27	26	25	24	23	22	21	20	19	18	17	16
FB31	FB30	FB29	FB28	FB27	FB26	FB25	FB24	FB23	FB22	FB21	FB20	FB19	FB18	FB17	FB16
rw	rw	rw	rw	rw	rw	rw	rw	rw	rw	rw	rw	rw	rw	rw	rw
15	14	13	12	11	10	9	8	7	6	5	4	3	2	1	0
FB15	FB14	FB13	FB12	FB11	FB10	FB9	FB8	FB7	FB6	FB5	FB4	FB3	FB2	FB1	FB0
rw	rw	rw	rw	rw	rw	rw	rw	rw	rw	rw	rw	rw	rw	rw	rw

表 11 - 48　CAN 过滤器组 i 的寄存器位功能

位	功能定义
31:0	FB[31:0]:过滤器位(Filter bits) **标识符模式** 寄存器的每位对应于所期望的标识符的相应位的电平。 0:期望相应位为显性位; 1:期望相应位为隐性位。 **屏蔽位模式** 寄存器的每位指示是否对应的标识符寄存器位一定要与期望的标识符的相应位一致 0:不关心,该位不用于比较; 1:必须匹配,到来的标识符位必须与滤波器对应的标识符寄存器位相一致

11.3　CAN 外设相关库函数功能详解

CAN 外设相关库函数由一组 API(application programming interface,应用编程接口)驱动函数组成,这组函数覆盖了 bxCAN 模块所有功能。本小节将针对性地将各功能函数详细说明如表 11 - 49～表 11 - 114 所列。

1. 函数 CAN_DeInit

表 11 - 49　函数 CAN_DeInit

函数名	CAN_DeInit
函数原形	void CAN_DeInit(CAN_TypeDef * CANx)
功能描述	将指定 CAN 外设的全部寄存器重设为默认值
输入参数	CANx:x 可以是 1 或 2,用于选择 CAN 外设

续表 11 - 49

函数名	CAN_DeInit
输出参数	无
返回值	无
先决条件	无
被调用函数	RCC_APB1PeriphResetCmd()

2. 函数 CAN_Init

表 11 - 50　函数 CAN_Init

函数名	CAN_Init
函数原形	uint8_t CAN_Init(CAN_TypeDef * CANx, CAN_InitTypeDef * CAN_InitStruct)
功能描述	根据 CAN_InitStruct 中选定的参数初始化指定的 CAN 外设
输入参数 1	CANx:x 可以是 1 或 2,用于选择 CAN 外设
输入参数 2	CAN_InitStruct:指向 CAN_InitTypeDef 结构体的指针,包含了指定 CAN 外设的配置信息,这些分项参数及允许取值范围详列如表 11 - 51～表 11 - 61 所列
输出参数	无
返回值	InitStatus:返回常量,用于指示 CAN 初始化成功与否。成功则返回 CAN_InitStatus_Success,失败则返回 CAN_InitStatus_Failed 或
先决条件	无
被调用函数	无

表 11 - 51　CAN_Prescaler 值

CAN_Prescaler	描　述
取值范围	1～1024,用于指定时间单位量(time quantum,简称 Tq,为位时序中的最小时间单位)的长度

表 11 - 52　CAN_Mode 值

CAN_Mode	描　述
CAN_Mode_Normal	指定 CAN 操作模式,CAN 硬件工作在正常模式
CAN_Mode_Silent	指定 CAN 操作模式,CAN 硬件工作在静默模式
CAN_Mode_LoopBack	指定 CAN 操作模式,CAN 硬件工作在环回模式
CAN_Mode_Silent_LoopBack	指定 CAN 操作模式,CAN 硬件工作在静默环回模式

表 11 - 53　CAN_SJW 值

CAN_SJW[注]	描　述
CAN_SJW_1tq	CAN 再同步补偿宽度值为 1 个时间单位
CAN_SJW_2tq	CAN 再同步补偿宽度值为 2 个时间单位
CAN_SJW_3tq	CAN 再同步补偿宽度值为 3 个时间单位
CAN_SJW_4tq	CAN 再同步补偿宽度值为 4 个时间单位

注 :SJW 全称 reSynchronization Jump Width,指 CAN 再同步补偿宽度(位时序中的 4 个段之一),用于指定指定时间单位量的最大数目,因时钟频率偏差、传送延迟等,各单元有同步误差,CAN 硬件允许延长或缩短一定时间单位以便执行再同步,SJW 为补偿此误差的最大值,该参数可以取值 1Tq～4Tq。

表 11－54　CAN_BS1 值

CAN_BS1注	描　　述
CAN_BS1_1tq	相位缓冲段 1 为 1 个时间单位
…	…
CAN_BS1_16tq	相位缓冲段 1 为 16 个时间单位

注:BS1 全称 Phase Buffer Segment 1,指的是相位缓冲段 1(位时序中的 4 个段之一),当信号边沿不能被包含于 SS(Synchronization Segment,同步)段中时,可在此段进行补偿,可取值 1Tq～16Tq。

表 11－55　CAN_BS2 值

CAN_BS2注	描　　述
CAN_BS2_1tq	相位缓冲段 2 为 1 个时间单位
…	…
CAN_BS2_8tq	相位缓冲段 2 为 8 个时间单位

注:BS2 全称 Phase Buffer Segment 2,指的是相位缓冲段 2(位时序中的 4 个段之一),与 BS1 一起作用通过对相位缓冲段加减 SJW 吸收误差。由于各单元以各自独立的时钟工作,细微的时钟误差会累积起来,PBS 段可用于吸收此误差。可取值 1Tq～8Tq。

表 11－56　CAN_TTCM 值

CAN_TTCM	描　　述
值域设置	可选 ENABLE 或 DISABLE,用于使能或禁止时间触发通信模式,即针对 CAN_MCR 寄存器位 TTCM 设置

表 11－57　CAN_ABOM 值

CAN_ABOM	描　　述
值域设置	可选 ENABLE 或 DISABLE,用于使能或禁止自动离线(总线关闭态)管理,即针对 CAN_MCR 寄存器位 ABOM 设置

表 11－58　CAN_AWUM 值

CAN_AWUM	描　　述
值域设置	可选 ENABLE 或 DISABLE,用于使能或禁止自动唤醒模式,即针对 CAN_MCR 寄存器位 AWUM 设置

表 11－59　CAN_NART 值

CAN_NART	描　　述
值域设置	可选 ENABLE 或 DISABLE,用于使能或禁止有无报文自动重传模式,即针对 CAN_MCR 寄存器位 NART 设置

表 11－60　CAN_RFLM 值

CAN_RFLM	描　　述
值域设置	可选 ENABLE 或 DISABLE,用于使能或禁止接收缓冲区锁定模式,即针对 CAN_MCR 寄存器位 RFLM 设置

表 11 - 61　CAN_TXFP 值

CAN_TXFP	描　述
值域设置	可选 ENABLE 或 DISABLE,用于使能或禁止发送缓冲区优先级,即针对 CAN_MCR 寄存器位 TXFP 设置

3. 函数 CAN_FilterInit

表 11 - 62　函数 CAN_FilterInit

函数名	CAN_ FilterInit
函数原形	void CAN_FilterInit(CAN_FilterInitTypeDef * CAN_FilterInitStruct)
功能描述	根据 CAN_FilterInitStruct 中指定的参数初始化选定 CAN 外设的相关过滤器寄存器
输入参数	CAN_FilterInitStruct:指向结构 CAN_FilterInitTypeDef 的指针,包含了相关配置信息,这些参数及允许取值范围如下表 11 - 63～表 11 - 71 所列
输出参数	无
返回值	无
先决条件	无
被调用函数	无

表 11 - 63　CAN_FilterIdHigh 值

CAN_FilterIdHigh	描　述
值域设置	0x0000～ 0xFFFF,用于指定过滤器标识符高 16 位

表 11 - 64　CAN_FilterIdLow 值

CAN_FilterIdLow	描　述
值域设置	0x0000～ 0xFFFF,用于指定过滤器标识符低 16 位

表 11 - 65　CAN_FilterMaskIdHigh 值

CAN_FilterMaskIdHigh	描　述
值域设置	0x0000～ 0xFFFF,用于指定过滤器屏蔽符或标识符高 16 位

表 11 - 66　CAN_FilterMaskIdLow 值

CAN_FilterMaskIdLow	描　述
值域设置	0x0000～ 0xFFFF,用于指定过滤器屏蔽符或标识符低 16 位

表 11 - 67　CAN_FilterFIFOAssignment 值

CAN_FilterFIFOAssignment	描　述
CAN_FilterFIFO0	将 FIFO0 分配给过滤器
CAN_FilterFIFO1	将 FIFO1 分配给过滤器

表 11 - 68 CAN_FilterNumber 值

CAN_FilterNumber	描　述
值域设置	0～13,用于指定哪个过滤器将被初始化

表 11 - 69 CAN_FilterMode 值

CAN_FilterMode	描　述
CAN_FilterMode_IdMask	指定初始化的过滤器模式为标识符屏蔽模式
CAN_FilterMode_IdList	指定初始化的过滤器模式为标识符列表模式

表 11 - 70 CAN_FilterScale 值

CAN_FilterScale	描　述
CAN_FilterScale_Two16bit	指定过滤器为 2 个 16 位过滤器
CAN_FilterScale_One32bit	指定过滤器为 1 个 32 位过滤器

表 11 - 71 CAN_FilterActivation 值

CAN_FilterActivation	描　述
值域设置	可选 ENABLE 或 DISABLE,用于使能或禁止过滤器

4. 函数 CAN_StructInit

表 11 - 72 函数 CAN_StructInit

函数名	CAN_StructInit
函数原形	void CAN_StructInit(CAN_InitTypeDef * CAN_InitStruct)
功能描述	把 CAN_InitStruct 中的每一个参数按默认值填入,并初始化
输入参数	CAN_InitStruct:指向待初始化 CAN_InitTypeDe f 结构体的指针,该结构成员默认值如表 11 - 73 所列
输出参数	无
返回值	无
先决条件	无
被调用函数	无

表 11 - 73 CAN_InitStruct 结构体成员默认值

成　员	默认值	成　员	默认值
CAN_TTCM	DISABLE	CAN_Mode	CAN_Mode_Normal
CAN_ABOM	DISABLE	CAN_SJW	CAN_SJW_1tq
CAN_AWUM	DISABLE	CAN_BS1	CAN_BS1_4tq
CAN_NART	DISABLE	CAN_BS2	CAN_BS2_3tq
CAN_RFLM	DISABLE	CAN_Prescaler	1
CAN_TXFP	DISABLE		

5. 函数 CAN_SlaveStartBank

表 11 - 74　函数 CAN_SlaveStartBank

函数名	CAN_SlaveStartBank
函数原形	void CAN_SlaveStartBank(uint8_t CAN_BankNumber)
功能描述	为从 CAN 选择启动过滤器组(仅适用于互联型产品线型号)
输入参数	CAN_BankNumber:选择需启动的从过滤器组,取值范围 1~27
输出参数	无
返回值	无
先决条件	无
被调用函数	无

6. 函数 CAN - DBGFreeze

表 11 - 75　函数 CAN - DBGFreeze

函数名	CAN_DBGFreeze
函数原形	void CAN_DBGFreeze(CAN_TypeDef * CANx, FunctionalState NewState)
功能描述	使能或禁止 CAN 调试冻结功能,需设置 CAN_MCR 寄存器位 DBF
输入参数 1	CANx:x 可以是 1 或 2,用于选择 CAN 外设
输入参数 2	NewState:所选 CAN 外设的新状态(即参数的需设定状态),该参数可选 ENABLE 或 DISABLE
输出参数	无
返回值	无
先决条件	无
被调用函数	无

7. 函数 CAN_TTComModeCmd

表 11 - 76　函数 CAN_TTComModeCmd

函数名	CAN_TTComModeCmd
函数原形	void CAN_TTComModeCmd(CAN_TypeDef * CANx, FunctionalState NewState)
功能描述	使能或禁止 CAN 时间触发通信模式
输入参数 1	CANx:x 可以是 1 或 2,用于选择 CAN 外设
输入参数 2	NewState:时间触发通信模式的新状态,该参数可选 ENABLE 或 DISABLE。 当使能时,时间戳 TIME[15:0]值发送入 8 字节消息队列中的最后两个字节,TIME[7:0]为第 6 字节,TIME[15:8]为第 7 字节。 注意:为保证 2 字节的时间戳能够通过 CAN 总线发送,须将寄存器位 DLC 设置为 8
输出参数	无
返回值	无
先决条件	无
被调用函数	无

8. 函数 CAN_Transmit

表 11 - 77　函数 CAN_Transmit

函数名	CAN_Transmit
函数原形	uint8_t CAN_Transmit(CAN_TypeDef * CANx, CanTxMsg * TxMessage)
功能描述	开始一个消息的发送
输入参数 1	CANx:x 可以是 1 或 2,用于选择 CAN 外设
输入参数 2	TxMessage:指向 CanTxMsg 结构体的指针,该结构体包含配置的参数及允许取值范围详见表 11 - 78~表 11 - 83 所列
输出参数	无
返回值	transmit_mailbox:返回传送所使用的邮箱号。 如果没有空邮箱则返回 CAN_TxStatus_NoMailBox
先决条件	无
被调用函数	无

表 11 - 78　StdId 值

StdId	描　述
值域设置	0x00~0x7FF,用于指定标准标识符

表 11 - 79　ExtId 值

ExtId	描　述
值域设置	0x00~0x1FFFFFFF,用于指定扩展标识符

表 11 - 80　IDE 值

IDE	描　述
CAN_Id_Standard	为发送的消息指定标识符类型,使用标准标识符,需设置 CAN_TIxR 寄存器位 IDE
CAN_Id_Extended	为发送的消息指定标识符类型,使用扩展标识符,需设置 CAN_TIxR 寄存器位 IDE

表 11 - 81　RTR 值

RTR	描　述
CAN_RTR_Data	为发送的消息指定帧类型是数据帧,需设置 CAN_TIxR 寄存器位 RTR
CAN_RTR_Remote	为发送的消息指定帧类型是远程帧,需设置 CAN_TIxR 寄存器位 RTR

表 11 - 82　DLC 值

DLC	描　述
值域设置	0x0~0x8,用于指定发送的帧长度

表 11 - 83　　Data[8]值

Data[8]	描　述
值域设置	0x0～0xFF,包含了发送的数据

9. 函数 CAN_TransmitStatus

表 11 - 84　　函数 CAN_TransmitStatus

函数名	CAN_TransmitStatus
函数原形	uint8_t CAN_TransmitStatus(CAN_TypeDef * CANx, uint8_t TransmitMailbox)
功能描述	检查一个消息的发送状态,需组合检查 CAN_TSR 寄存器各状态位
输入参数 1	CANx:x 可以是 1 或 2,用于选择 CAN 外设
输入参数 2	TransmitMailbox:发送所使用的邮箱号
输出参数	无
返回值	State:如果发送消息操作成功返回 CAN_TxStatus_Ok,如果发送消息为待处理时则返回 CAN_TxStatus_Pending,操作失败则返回 CAN_TxStatus_Failed
先决条件	无
被调用函数	无

10. 函数 CAN_CancelTransmit

表 11 - 85　　函数 CAN_CancelTransmit

函数名	CAN_CancelTransmit
函数原形	void CAN_CancelTransmit(CAN_TypeDef * CANx, uint8_t Mailbox)
功能描述	取消一次发送请求,需设置 CAN_TSR 寄存器位 ABRQx(x=0,1,2)
输入参数 1	CANx:x 可以是 1 或 2,用于选择 CAN 外设
输入参数 2	Mailbox:邮箱号
输出参数	无
返回值	无
先决条件	发送在邮箱中待处理
被调用函数	无

11. 函数 CAN_Receive

表 11 - 86　　函数 CAN_Receive

函数名	CAN_Receive
函数原形	void CAN_Receive(CAN_TypeDef * CANx, uint8_t FIFONumber, CanRxMsg * RxMessage)
功能描述	接收一个消息
输入参数 1	CANx:x 可以是 1 或 2,用于选择 CAN 外设
输入参数 2	FIFO number:接收缓冲区号,可以选 CAN_FIFO0 或者 CAN_FIFO1

续表 11 - 86

函数名	CAN_Receive
输入参数 3	RxMessage：指向 CanRxMsg 结构体的指针，该结构体包含配置的参数及允许取值范围详见表 11 - 87～表 11 - 93 所列
输出参数	无
返回值	无
先决条件	无
被调用函数	无

表 11 - 87　StdId 值

StdId	描　述
值域设置	0x00～0x7FF，用于指定标准标识符

表 11 - 88　ExtId 值

ExtId	描　述
值域设置	0x00～0x1FFFFFFF，用于指定扩展标识符

表 11 - 89　IDE 值

IDE	描　述
CAN_Id_Standard	对接收的消息指定标识符类型，使用标准标识符，需设置 CAN_RIxR 寄存器位 IDE
CAN_Id_Extended	对接收的消息指定标识符类型，使用扩展标识符，需设置 CAN_RIxR 寄存器位 IDE

表 11 - 90　RTR 值

RTR	描　述
CAN_RTR_Data	为接收的消息指定帧类型是数据帧，需设置 CAN_RIxR 寄存器位 RTR
CAN_RTR_Remote	为接收的消息指定帧类型是远程帧，需设置 CAN_RIxR 寄存器位 RTR

表 11 - 91　DLC 值

DLC	描　述
值域设置	0x0～0x8，用于指定接收的帧长度

表 11 - 92　Data[8]值

Data[8]	描　述
值域设置	0x0～0xFF，包含了接收的数据

表 11 - 93　FMI 值

FMI	描　述
值域设置	0x0～0xFF，指定过滤器索引值（指的是存入邮箱中信息传送的过滤器序号）

12. 函数 CAN_FIFORelease

表 11 - 94   函数 CAN_FIFORelease

函数名	CAN_FIFORelease
函数原形	void CAN_FIFORelease(CAN_TypeDef * CANx, uint8_t FIFONumber)
功能描述	释放指定的 FIFO,视情况需设置 CAN_RF0R 寄存器位 RFOM0 或 CAN_RF1R 寄存器位 RFOM1
输入参数 1	CANx:x 可以是 1 或 2,用于选择 CAN 外设
输入参数 2	FIFO number:需释放的缓冲区号,可选 CAN_FIFO0 或者 CAN_FIFO1
输出参数	无
返回值	无
先决条件	无
被调用函数	无

13. 函数 CAN_MessagePending

表 11 - 95   函数 CAN_MessagePending

函数名	CAN_MessagePending
函数原形	uint8_t CAN_MessagePending(CAN_TypeDef * CANx, uint8_t FIFONumber)
功能描述	返回待处理消息的数量
输入参数 1	CANx:x 可以是 1 或 2,用于选择 CAN 外设
输入参数 2	FIFO number:接收缓冲区号,可选 CAN_FIFO0 或者 CAN_FIFO1
输出参数	无
返回值	message_pending:返回待处理消息的个数
先决条件	无
被调用函数	无

14. 函数 CAN_OperatingModeRequest

表 11 - 96   函数 CAN_OperatingModeRequest

函数名	CAN_OperatingModeRequest
函数原形	uint8_t CAN_OperatingModeRequest(CAN_TypeDef * CANx, uint8_t CAN_OperatingMode)
功能描述	发出选择 CAN 外设运行模式的请求,设置 CAN 的运行模式
输入参数 1	CANx:x 可以是 1 或 2,用于选择 CAN 外设
输入参数 2	CAN_OperatingMode:指定 CAN 运行模式,该参数取值范围详见表 11 - 97
输出参数	无
返回值	CAN_Mode_Status:返回请求的模式的状态,如 CAN 外设进入指定的运行模式则返回 CAN_ModeStatus_Success;如未能进入指定的运行模式则返回 CAN_ModeStatus_Failed。(注:需检测 CAN_MSR 寄存器位 INAK 和 SLAK 等状态)

续表 11 - 96

函数名	CAN_OperatingModeRequest
先决条件	无
被调用函数	无

表 11 - 97　CAN_OperatingMode 值

CAN_OperatingMode 值域	描　述
CAN_OperatingMode_Initialization	初始化模式
CAN_OperatingMode_Normal	正常模式
CAN_OperatingMode_Sleep	睡眠模式

15. 函数 CAN_Sleep

表 11 - 98　函数 CAN_Sleep

函数名	CAN_Sleep
函数原形	uint8_t CAN_Sleep(CAN_TypeDef * CANx)
功能描述	设置 CAN 进入低功耗(睡眠)模式
输入参数	CANx:x 可以是 1 或 2,用于选择 CAN 外设
输出参数	无
返回值	Sleepstatus:返回状态值。如果进入睡眠模式,则返回 CAN_Sleep_Ok,其他情况返回 CAN_Sleep_Failed
先决条件	无
被调用函数	无

16. 函数 CAN_WakeUp

表 11 - 99　函数 CAN_WakeUp

函数名	CAN_WakeUp
函数原形	uint8_t CAN_WakeUp(CAN_TypeDef * CANx)
功能描述	将指定 CAN 外设唤醒,退出睡眠模式
输入参数	CANx:x 可以是 1 或 2,用于选择 CAN 外设
输出参数	无
返回值	Wakeupstatus:返回状态值。如果退出睡眠模式(已唤醒),则返回 CAN_WakeUp_Ok,其他情况返回 CAN_WakeUp_Failed
先决条件	无
被调用函数	无

17. 函数 CAN_GetLastErrorCode

表 11 - 100　函数 CAN_GetLastErrorCode

函数名	CAN_GetLastErrorCode
函数原形	uint8_t CAN_GetLastErrorCode(CAN_TypeDef * CANx)

续表 11 - 100

函数名	CAN_GetLastErrorCode
功能描述	获取指定 CAN 外设的上一次错误状态代码(LEC),需操作 CAN_ESR 寄存器位 LEC[2:0]
输入参数	CANx:x 可以是 1 或 2,用于选择 CAN 外设
输出参数	无
返回值	Errorcode:返回错误代码常量。该参数值域范围详见表 11 - 101
先决条件	无
被调用函数	无

表 11 - 101   Errorcode 代码表

Errorcode 值域	描　　述
CAN_ERRORCODE_NoErr	没有错误
CAN_ERRORCODE_StuffErr	位填充错误
CAN_ERRORCODE_FormErr	格式错误
CAN_ERRORCODE_ACKErr	应答错误
CAN_ERRORCODE_BitRecessiveErr	隐性位错误
CAN_ERRORCODE_BitDominantErr	显性位错误
CAN_ERRORCODE_CRCErr	CRC 错误
CAN_ERRORCODE_SoftwareSetErr	软件设置错误

18. 函数 CAN_GetReceiveErrorCounter

表 11 - 102   函数 CAN_GetReceiveErrorCounter

函数名	CAN_GetReceiveErrorCounter
函数原形	uint8_t CAN_GetReceiveErrorCounter(CAN_TypeDef * CANx)
功能描述	获取指定 CAN 外设的接收错误计数器值,需读操作 CAN_ESR 寄存器位 REC[7:0]
输入参数	CANx:x 可以是 1 或 2,用于选择 CAN 外设
输出参数	无
返回值	counter:返回接收错误计数值
先决条件	无
被调用函数	无

19. 函数 CAN_GetLSBTransmitErrorCounter

表 11 - 103   函数 CAN_GetLSBTransmitErrorCounter

函数名	CAN_GetLSBTransmitErrorCounter
函数原形	uint8_t CAN_GetLSBTransmitErrorCounter(CAN_TypeDef * CANx)
功能描述	获取指定 CAN 外设的 9 位发送错误计数器值的低 8 位,需读操作 CAN_ESR 寄存器位 TEC[7:0]

函数名	CAN_GetLSBTransmitErrorCounter
输入参数	CANx:x 可以是 1 或 2,用于选择 CAN 外设
输出参数	无
返回值	counter:返回发送错误计数器值的低 8 位。
先决条件	无
被调用函数	无

20. 函数 CAN_ITConfig

表 11 - 104　函数 CAN_ITConfig

函数名	CAN_ITConfig
函数原形	void CAN_ITConfig(CAN_TypeDef * CANx, uint32_t CAN_IT, FunctionalState NewState)
功能描述	使能或者禁止指定 CAN 外设的中断,需设置 CAN_IER 寄存器位实现
输入参数 1	CANx:x 可以是 1 或 2,用于选择 CAN 外设
输入参数 2	CAN_IT:待使能或者禁止的 CAN 中断源,该参数允许取值范围详见表 11 - 105
输入参数 3	NewState:CAN 中断的新状态,这个参数可以取 ENABLE 或者 DISABLE
输出参数	无
返回值	无
先决条件	无
被调用函数	无

表 11 - 105　CAN_IT 值

CAN_IT	描　述	CAN_IT	描　述
CAN_IT_TME	发送邮箱空中断	CAN_IT_EWG	错误警告中断
CAN_IT_FMP0	FIFO0 消息待处理中断	CAN_IT_EPV	被动错误中断
CAN_IT_FF0	FIFO0 满中断	CAN_IT_BOF	离线(总线关闭)中断
CAN_IT_FOV0	FIFO0 溢出中断	CAN_IT_LEC	上次错误代码中断
AN_IT_FMP1	FIFO1 消息待处理中断	CAN_IT_ERR	错误中断
CAN_IT_FF1	FIFO1 满中断	CAN_IT_WKU	唤醒中断
CAN_IT_FOV1	FIFO1 溢出中断	CAN_IT_SLK	睡眠应答中断

21. 函数 CAN_GetFlagStatus

表 11 - 106　函数 CAN_GetFlagStatus

函数名	CAN_GetFlagStatus
函数原形	FlagStatus CAN_GetFlagStatus(CAN_TypeDef * CANx, uint32_t CAN_FLAG)
功能描述	检查指定 CAN 的标志位是否设置,该操作需要检测 CAN_TSR、CAN_RF0R、CAN_RF1R、CAN_MSR、CAN_ESR 等寄存器对应标志位

函数名	CAN_GetFlagStatus
输入参数 1	CANx:x 可以是 1 或 2,用于选择 CAN 外设
输入参数 2	CAN_FLAG:待检查的 CAN 标志位,该参数允许取值范围如表 11 - 107 所列
输出参数	无
返回值	Bitstatus:CAN_FLAG 的新状态,如果标志位被设置则返回 SET,其他则返回 RESET
先决条件	无
被调用函数	无

表 11 - 107　CAN_FLAG 值

CAN_FLAG	描　述	CAN_FLAG	描　述
CAN_FLAG_EWG	错误警告标志位	CAN_FLAG_FOV1	FIFO1 溢出标志位
CAN_FLAG_EPV	被动错误标志位	CAN_FLAG_FMP0	FIFO0 消息待处理标志位
CAN_FLAG_BOF	离线标志位	CAN_FLAG_FF0	FIFO0 满标志位
CAN_FLAG_RQCP0	邮箱 0 请求标志位	CAN_FLAG_FOV0	FIFO0 溢出标志位
CAN_FLAG_RQCP1	邮箱 1 请求标志位	CAN_FLAG_WKU	唤醒标志位
CAN_FLAG_RQCP2	邮箱 2 请求标志位	CAN_FLAG_SLAK	休眠应答标志位
CAN_FLAG_FMP1	FIFO1 消息待处理标志位	CAN_FLAG_LEC	上次错误代码标志位
CAN_FLAG_FF1	FIFO1 满标志位		

22. 函数 CAN_ClearFlag

表 11 - 108　函数 CAN_ClearFlag

函数名	CAN_ClearFlag
函数原形	void CAN_ClearFlag(CAN_TypeDef * CANx, uint32_t CAN_FLAG)
功能描述	清除指定 CAN 外设的待处理中断标志位,该操作需写操作清楚 CAN_TSR、CAN_RF0R、CAN_RF1R、CAN_MSR 等寄存器对应标志位
输入参数 1	CANx:x 可以是 1 或 2,用于选择 CAN 外设
输入参数 2	CAN_FLAG:待清除的待处理中断标志位,该参数允许取值范围见表 11 - 109
输出参数	无
返回值	无
先决条件	无
被调用函数	无

表 11 - 109　CAN_FLAG 值

CAN_FLAG	描　述	CAN_FLAG	描　述
CAN_FLAG_RQCP0	邮箱 0 请求标志位	CAN_FLAG_FF0	FIFO0 满标志位
CAN_FLAG_RQCP1	邮箱 1 请求标志位	CAN_FLAG_FOV0	FIFO0 溢出标志位
CAN_FLAG_RQCP2	邮箱 2 请求标志位	CAN_FLAG_WKU	唤醒标志位
CAN_FLAG_FF1	FIFO1 满标志位	CAN_FLAG_SLAK	休眠应答标志位
CAN_FLAG_FOV1	FIFO1 溢出标志位	CAN_FLAG_LEC	上次错误代码标志位

23. 函数 CAN_GetITStatus

表 11 - 110　函数 CAN_GetITStatus

函数名	CAN_GetITStatus
函数原形	ITStatus CAN_GetITStatus(CAN_TypeDef * CANx, uint32_t CAN_IT)
功能描述	检查指定 CAN 外设的中断是否发生
输入参数 1	CANx:x 可以是 1 或 2,用于选择 CAN 外设
输入参数 2	CAN_IT:待检查的 CAN 中断源,该参数允许取值范围详见表 11 - 111(注:取值范围同表 11 - 105)
输出参数	无
返回值	Itstatus:CAN_IT 的新状态,如果中断源被设置则返回 SET,其他则返回 RESET
先决条件	无
被调用函数	无

表 11 - 111　CAN_IT 值

CAN_IT	描　述	CAN_IT	描　述
CAN_IT_TME	发送邮箱空中断	CAN_IT_WKU	唤醒中断
CAN_IT_FMP0	FIFO0 消息待处理中断	CAN_IT_SLK	休眠应答中断
CAN_IT_FF0	FIFO0 满中断	CAN_IT_EWG	错误警告中断
CAN_IT_FOV0	FIFO0 溢出中断	CAN_IT_EPV	被动错误中断
CAN_IT_FMP1	FIFO1 消息待处理中断	CAN_IT_BOF	离线(总线关闭)中断
CAN_IT_FF1	FIFO1 满中断	CAN_IT_LEC	上次错误代码中断
CAN_IT_FOV1	FIFO1 溢出中断	CAN_IT_ERR	错误中断

24. 函数 CAN_ClearITPendingBit

表 11 - 112　函数 CAN_ClearITPendingBit

函数名	CAN_ClearITPendingBit
函数原形	void CAN_ClearITPendingBit(CAN_TypeDef * CANx, uint32_t CAN_IT)
功能描述	清除指定 CAN 外设的中断待处理标志位
输入参数 1	CANx:x 可以是 1 或 2,用于选择 CAN 外设
输入参数 2	CAN_IT:待清除的中断待处理标志位,该参数允许取值范围详见表 11 - 113
输出参数	无
返回值	无
先决条件	无
被调用函数	无

表 11 - 113　　CAN_IT 值

CAN_IT	描　述	CAN_IT	描　述
CAN_IT_TME	发送邮箱空中断	CAN_IT_SLK	休眠应答中断
CAN_IT_FF0	FIFO0 满中断	CAN_IT_EWG	错误警告中断
CAN_IT_FOV0	FIFO0 溢出中断	CAN_IT_EPV	被动错误中断
CAN_IT_FF1	FIFO1 满中断	CAN_IT_BOF	离线(总线关闭)中断
CAN_IT_FOV1	FIFO1 溢出中断	CAN_IT_LEC	上次错误代码中断
CAN_IT_WKU	唤醒中断	CAN_IT_ERR	错误中断

25. 函数 CheckITStatus

表 11 - 114　　函数 CheckITStatus

函数名	CheckITStatus
函数原形	static ITStatus CheckITStatus(uint32_t CAN_Reg, uint32_t It_Bit)
功能描述	检查指定 CAN 中断寄存器内容,以便确认是否产生中断 (注:该函数仅对指定中断寄存器作用,不同于指定 CANx 外设的方式)
输入参数 1	CAN_Reg:指定待检查的中断寄存器
输入参数 2	It_Bit:指定待检查的中断源标志位
输出参数	无
返回值	Pendingbitstatus:返回 CAN_IT 的状态,如果中断源被设置则返回 SET,其他则返回 RESET
先决条件	无
被调用函数	无

11.4　设计目标

本例程采用 STM32F103 处理器的 bxCAN 模块与 CAN 总线收发器 TJA1050 组建了完整功能的 CAN 总线硬件。基于 μC/OS-II 系统版本 2.86a 及 μC/GUI 版本 3.90 创建图形用户接口;建立了 7 档 CAN 通信速率点选框;创建了一个文本编辑框作为接收 CAN 通信报文;并建立了 5 个功能按钮,其中 4 个按钮作为测试报文数据发送,1 个按钮作为清除接收文本区。

该例程需要采用一对开发板进行测试。使用双绞线连接两块开发板的 CAN_H 和 CAN_L 端口,在图形用户界面上操作发送按钮,发送测试数据到对方设备上,对方设备的液晶显示屏显示出接收到的报文。

11.5　硬件电路设计

本例 CAN 总线收发硬件系统主要由 STM32F103 处理器的 bxCAN 模块和 CAN

总线收发器 TJA1050 组成,整个硬件组成如图 11 - 19 所示。

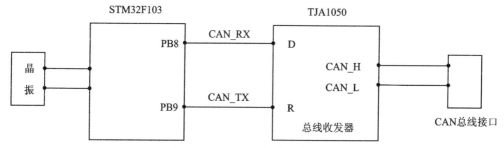

图 11 - 19　CAN 总线硬件组成

11.5.1　TJA1050 器件概述

　　TJA1050 是 PCA82C250 高速 CAN 总线收发器的后继产品,是 CAN 协议控制器和物理总线之间的接口,TJA1050 总线收发器的功能框图如图 11 - 20 所示。TJA1050 可以为总线提供不同的发送性能,为 CAN 控制器提供不同的接收性能。TJA1050 在以下方面作了重要的改进:

● CANH 和 CANL 理想配合,使电磁辐射减到更低;

● 在有不上电节点时,性能有所改进。

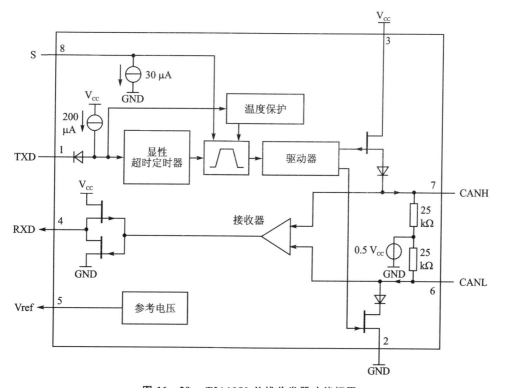

图 11 - 20　TJA1050 总线收发器功能框图

TJA1050 最初是应用在波特率范围在 60 kbps 到 1 Mbps 的高速自动化应用中。TJA1050 有一个电流限制电路,保护发送器的输出级,使由正或负电源电压意外造成的短路不会对 TJA1050 造成损坏。同时内置有一个温度保护电路,因为集成电路的发送器工作过程中会消耗大部分的功率,与发送器的连接点的温度超过大约 165℃时,会断开与发送器的连接,断开连接后其功率和温度会较低。但是此时器件的其他功能仍继续工作。当引脚 TXD 变高(电平),发送器由关闭状态复位,当总线短路时,尤其需要这个温度保护电路。

1. TJA1050 引脚功能

TJA1050 最常用的封装是 SOIC - 8,引脚排列如图 11 - 21 所示,引脚功能如表 11 - 115 所列。

表 11 - 115　TJA1050 引脚功能描述

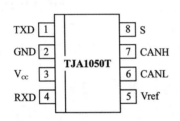

图 11 - 21　TJA1050 引脚排列图

名　称	引脚号	功能描述
TXD	1	发送数据输入
GND	2	接地
V_{CC}	3	电源
RXD	4	接收数据输入
V_{ref}	5	参考电压输出
CANL	6	低电平
CANH	7	高电平
S	8	选择进入高速模式还是静音模式

2. TJA1050 工作模式

TJA1050 有两种工作模式:高速模式或静音模式。通过引脚 S 来选择两种工作模式。

高速模式就是普通的工作模式,将引脚 S 接地可以进入这种模式。如果引脚 S 没有连接,高速模式就是默认的工作模式。

在静音模式中,发送器是禁止的,但集成电路的其他功能可以继续使用。将 S 引脚连接到 V_{CC} 可以进入这个模式。静音模式可以防止在 CAN 控制器不受控制时对网络通信造成堵塞。

当引脚 TXD 由于硬件或软件程序的错误而持久地为低电平时,"TXD 控制超时"定时器可以防止总线进入这种持久的低电平保持状态(即阻塞所有网络通信)。这个定时器是由引脚 TXD 的负跳变脉冲边沿触发。如果引脚 TXD 的低电平持续时间超过内部定时器的值,发送器会被禁止,使 CAN 总线进入隐性状态。定时器由引脚 TXD 的正跳变脉冲边沿复位。

11.5.2　硬件电路原理图

本例的硬件电路原理相当简单,直接将 STM32F103 处理器的 bxCAN 模块引脚 PB8 和 PB9 与 CAN 总线收发器 TJA1050 对应引脚连接即可,硬件电路原理图如图 11 - 22 所示。

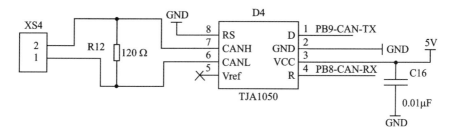

图 11 - 22　CAN 总线应用实例硬件电路图

11.6　μC/OS-II 系统软件设计

本例 CAN 总线收发应用实例通过 STM32 处理器 bxCAN 模块完成报文的一对一收发试验。报文通过其中一台硬件开发板的 μC/GUI 图形用户界面操作发送,报文接收则通过另外一台硬件开发板。其主要的软件设计任务按功能和层次可以划分为如下几个部分:

(1) μC/OS-II 系统建立任务,包括系统主任务、μC/GUI 图形用户接口任务、CAN 报文接收任务等。

(2) μC/GUI 图形界面程序,创建 7 档 CAN 通信速率的点选框,并建立了一个文本编辑框作为接收 CAN 通信报文以及 5 个功能按钮执行发送报文和清除报文等。

(3) 中断服务程序,本例的主要中断处理函数为 USB_LP_CAN_RX0_IRQHandler(),执行 CAN 总线接收的中断处理。

(4) 硬件平台初始化程序,包括系统及外设时钟初始化、CAN 模块单元以及寄存器配置和初始化、触摸屏以及 FSMC 显示接口初始化等。

(5) ST32F103 处理器 bxCAN 模块的底层驱动函数,含 bxCAN 模块初始化、报文发送和报文接收、标识符过滤、错误处理等功能函数。

本例操作系统采用 μC/OS-II 2.86a 版本,程序设计所涉及的系统软件结构如表 11 - 116 所列,主要程序文件及功能说明如表 11 - 117 所列。

1. μC/OS-II 系统任务

μC/OS-II 系统建立任务,包含系统主任务、μC/GUI 图形用户接口任务、触摸屏任务、CAN 报文接收任务、空闲任务以及统计时间运行任务,同时也是本例系统软件的主程序。

表 11 - 116   系统软件结构

应用软件层			
应用程序 app. c			
系统软件层			
μC/GUI 用户应用程序 Fun. c	操作系统		中断管理系统
μC/GUI 图形系统	μC/OS-Ⅱ系统		异常与外设 中断处理模板
μC/GUI 驱动接口 lcd_ucgui. c,lcd_api. c	μC/OS-Ⅱ/Port μC/OS-Ⅱ/CPU	μC/OS-Ⅱ/Source	stm32f10x_it. c
μC/GUI 移植部分 lcd. c			
CMSIS 层			
Cortex-M3 内核外设访问层	STM32F10x 设备外设访问层		
core_cm3. c core_cm3. h	启动代码 (stm32f10x_startup. s) stm32f10x. h	system_stm32f10x. c	system_stm32f10x. h
硬件抽象层			
硬件平台初始化 bsp. c			
硬件外设层			
bxCAN 模块驱动程序	液晶屏接口应用配置程序	LCD 控制器驱动程序	
stm32f10x_can. c	fsmc_sram. c	lcddrv. c	
其他通用模块驱动程序			
misc. c、stm32f10x_fsmc. c、stm32f10x_gpio. c、stm32f10x_rcc. c、stm32f10x_usart. c 等			

表 11 - 117   程序设计文件功能说明

程序文件名称	程序文件功能说明
App. c	主程序,μC/OS-Ⅱ系统建立任务,包括系统主任务、μC/GUI 图形用户接口任务、触摸屏任务、报文收发任务等
stm32f10x_it. c	实现 μC/OS 时钟节拍中断程序和 CAN 总线接收中断程序
Fun. c	μC/GUI 图形用户接口,创建 7 档 CAN 通信速率的点选框、一个文本编辑框作为接收 CAN 通信报文以及 5 个功能按钮执行发送报文和清除报文等
bsp. c	硬件平台的初始化函数,主要实现系统时钟源初始化、中断源配置、CAN 模块单元以及寄存器配置和初始化、触摸屏以及液晶显示屏接口初始化等功能
stm32f10x_can. c	通用模块驱动程序之 bxCAN 模块库函数,含 bxCAN 模块初始化、报文发送和报文接收、标识符过滤、错误处理等功能函数(完整库函数如 11.3 节介绍),本节仅对被 bsp. c 和 Fun. c 文件中的函数部分调用作简述

主程序集中在 main() 入口函数,完成 μC/OS-Ⅱ系统初始化、硬件平台初始化、建立主任务、设置节拍计数器以及启动 μC/OS-Ⅱ系统等。

启动任务由 App_TaskStart() 函数来完成,再调用 App_TaskCreate() 建立 3 个其他任务:

● OSTaskCreateExt(AppTaskUserIF,…用户界面任务);

● OSTaskCreateExt(AppTaskKbd,…触摸驱动任务);

● OSTaskCreateExt(Task_CAN,…CAN 报文接收任务)。

在函数 App_TaskCreate()内除了建立 3 个其他任务之外,还定义了一个邮箱,该邮箱用于 CAN 接收任务后面我们会提到该函数相关的操作函数。

● CAN 接收任务函数 Task_CAN()

除 CAN 报文接收任务之外,其他任务函数在各章节 μC/OS-Ⅱ系统设计中大多数是完全类似的,CAN 报文接收任务函数是本例的系统任务介绍的重点,函数实现代码如下文介绍。

```
static void Task_CAN(void * p_arg){
    INT8U err;
    unsigned char * msg;
    (void)p_arg;
    while(1){
        /* 等待 CAN 接收指令成功的邮箱信息 */
        msg = (unsigned char * )OSMboxPend(CAN_MBOX,0,&err);
        /* 为接收新报文时,清空掉接收缓冲区 */
        if(Rst_Buf_f == 1){
            memcpy(rx_buf, "", 128);
            Rst_Buf_f = 0;
        }
        strncat(rx_buf,msg,R_Len);       //多帧拼凑成需要显示的字符串
    }
}
```

我们采用了邮箱通信机制,由 CAN 报文接收任务使用邮箱操作函数 OSMbox-Pend()等待另外一个任务(或中断)或进程发送一个消息到邮箱,以实现任务或进程的同步,下面我们就会介绍到与之配对的邮箱发送函数 OSMboxPost()是怎么样发送一个消息到邮箱的。

2. 中断处理程序

本例的中断处理程序涉及两个功能函数,其中一个是 SysTickHandler()函数,实现 μC/OS-Ⅱ系统时钟节拍中断处理等功能;另外一个是 USB_LP_CAN_RX0_IRQHandler()函数,执行 CAN 接收报文中断处理功能。

● SysTickHandler()函数

本函数除实现系统时钟节拍处理之外,还增加了接收缓冲区的处理,详细代码如下。

```
void SysTickHandler(void)
{
    OS_CPU_SR   cpu_sr;
    OS_ENTER_CRITICAL();//保存全局中断标志,关总中断
```

```
    OSIntNesting++ ;
    OS_EXIT_CRITICAL();//恢复全局中断标志
    Rst_Buf++ ;
    if(Rst_Buf>= 20){
        Rst_Buf = 0;
        Rst_Buf_f = 1;
    }
    OSTimeTick(); /*判断延时的任务是否计时到*/
    OSIntExit(); //如果有更高优先级的任务就绪了,则执行一次任务切换
}
```

● USB_LP_CAN_RX0_IRQHandler()函数

本函数除了对接收 FIFO 邮箱标识符寄存器设置和接收 FIFO 邮箱数据寄存器设置之外,主要功能是当接收到消息后通过邮箱操作函数 OSMboxPost()发送一个消息到邮箱,实现与 μC/OS-Ⅱ系统下 CAN 接收任务同步。

```
void USB_LP_CAN_RX0_IRQHandler(void)
{
    CanRxMsg RxMessage;
    unsigned char msg[9];
    OS_CPU_SR   cpu_sr;
    OS_ENTER_CRITICAL(); //保存全局中断标志,关总中断
    OSIntNesting++ ;
    OS_EXIT_CRITICAL();//恢复全局中断标志
    /*接收 FIFO 邮箱标识符寄存器设置*/
    RxMessage.StdId = 0x00;//标准标识符或扩展标识符模式
    RxMessage.ExtId = 0x00;//扩展标识符选择
    RxMessage.IDE = 0;//标识符选择标准标识符
    RxMessage.DLC = 0;//发送数据长度
    RxMessage.FMI = 0;//过滤器匹配序号
    /*接收 FIFO 邮箱数据寄存器设置*/
    RxMessage.Data[0] = 0x00;
    RxMessage.Data[1] = 0x00;
    RxMessage.Data[2] = 0x00;
    RxMessage.Data[3] = 0x00;
    RxMessage.Data[4] = 0x00;
    RxMessage.Data[5] = 0x00;
    RxMessage.Data[6] = 0x00;
    RxMessage.Data[7] = 0x00;
    /*接收一个消息*/
    CAN_Receive(CAN1, CAN_FIFO0, &RxMessage);
    memcpy(msg, &RxMessage.Data[0],RxMessage.DLC);//清空接收文本缓冲区
    msg[RxMessage.DLC] = 0;
```

```
R_Len = RxMessage.DLC;
Rst_Buf = 0;
/ * 发出 CAN 接收指令成功的消息到邮箱 * /
OSMboxPost(CAN_MBOX,(void * )&msg);
/ * 如果有更高优先级的任务就绪了,则执行一次任务切换 * /
OSIntExit();
}
```

3. μC/GUI 图形界面程序

μC/GUI 图形界面程序基于 μC/GUI 版本 3.90 建立了点选框,可以选择 7 档 CAN 通信速率,创建了一个文本编辑框作为接收 CAN 通信报文,并建立了 5 个按钮,其中 4 个按钮作为测试报文数据发送,另外 1 个按钮作为清除接收文本区。

本例用户界面程序仍然分为创建对话框窗体、资源列表、对话框过程函数三大功能块介绍软件设计流程。

● 用户界面显示函数 Fun()

μC/GUI 图形界面程序的函数主要包括建立对话框窗体、按钮控件、单选按钮控件、文件编辑控件以及相关字体、背景色、前景色等参数设置,实现的功能是把 CAN 接收缓冲区的报文内容显示在文本编辑框内。

本函数利用 GUI_CreateDialogBox()函数创建对话框窗体,指定包含的资源表、资源数目以及回调函数。

```
const char * BT[] = {"CAN 总线按钮发送 1"," CAN 总线按钮发送 2",
" CAN 总线按钮发送 3"," CAN 总线按钮发送 4"};
WM_HWIN text0,text1,text2,text3,text4,text5;
WM_HWIN radio0,radio1;
WM_HWIN edit0;
WM_HWIN hWin;
GUI_COLOR DesktopColorOld;
const GUI_FONT * pFont = &GUI_FontHZ_SimSun_13;//字体设置
void Fun(void) {
    GUI_CURSOR_Show();//鼠标图形显示打开
    WM_SetCreateFlags(WM_CF_MEMDEV); / * 自动使用存储设备 * /
    DesktopColorOld = WM_SetDesktopColor(GUI_BLUE);
    / * 建立非阻塞式对话框窗体,包含了资源列表,资源数目,并指定回调函数 - 对话框 * /
    hWin = GUI_CreateDialogBox(aDialogCreate, GUI_COUNTOF(aDialogCreate),
    _cbCallback, 0, 0, 0);
    / * 设置窗体字体 * /
    FRAMEWIN_SetFont(hWin, pFont);
    / * 获得单选按钮控件的句柄 * /
    radio0 = WM_GetDialogItem(hWin, GUI_ID_RADIO0);
    radio1 = WM_GetDialogItem(hWin, GUI_ID_RADIO1);
```

```
RADIO_SetText(radio0, "1M bps", 0);
RADIO_SetText(radio0, "500K bps", 1);
RADIO_SetText(radio0, "250K bps", 2);
RADIO_SetText(radio0, "125K bps", 3);
RADIO_SetText(radio1, "100K bps", 0);
RADIO_SetText(radio1, "50K bps", 1);
RADIO_SetText(radio1, "20K bps", 2);
/* 将两个单选框合并到一个组里 */
RADIO_SetGroupId(radio0, 1);
RADIO_SetGroupId(radio1, 1);
/* 获得文本控件的句柄 */
text1 = WM_GetDialogItem(hWin, GUI_ID_TEXT1);
TEXT_SetFont(text1,pFont);//设置对话框里文本字体
/* 获得文本编辑框控件的句柄 */
/* 获得对话框里 GUI_ID_EDIT0 项目(编辑框-报文接收显示区)的句柄 */
edit0 = WM_GetDialogItem(hWin, GUI_ID_EDIT0);
EDIT_SetFont(edit0,pFont); //设置对话框里文本编辑框的字体
EDIT_SetText(edit0,(const char * )rx_buf);//设置对话框里文本编辑框的字符串
/* 获得按钮控件的句柄 */
_ahButton[0] = WM_GetDialogItem(hWin, GUI_ID_BUTTON0);
_ahButton[1] = WM_GetDialogItem(hWin, GUI_ID_BUTTON1);
_ahButton[2] = WM_GetDialogItem(hWin, GUI_ID_BUTTON2);
_ahButton[3] = WM_GetDialogItem(hWin, GUI_ID_BUTTON3);
_ahButton[4] = WM_GetDialogItem(hWin, GUI_ID_BUTTON4);
//按键字体设置
BUTTON_SetFont(_ahButton[0],pFont);
BUTTON_SetFont(_ahButton[1],pFont);
BUTTON_SetFont(_ahButton[2],pFont);
BUTTON_SetFont(_ahButton[3],pFont);
BUTTON_SetFont(_ahButton[4],pFont);
//按键背景色设置
BUTTON_SetBkColor(_ahButton[0],0,GUI_GRAY); //灰色
BUTTON_SetBkColor(_ahButton[1],0,GUI_GRAY);
BUTTON_SetBkColor(_ahButton[2],0,GUI_GRAY);
BUTTON_SetBkColor(_ahButton[3],0,GUI_GRAY);
BUTTON_SetBkColor(_ahButton[4],0,GUI_GRAY);
//按键前景色设置
BUTTON_SetTextColor(_ahButton[0],0,GUI_WHITE); //白色
BUTTON_SetTextColor(_ahButton[1],0,GUI_WHITE);
BUTTON_SetTextColor(_ahButton[2],0,GUI_WHITE);
BUTTON_SetTextColor(_ahButton[3],0,GUI_WHITE);
BUTTON_SetTextColor(_ahButton[4],0,GUI_WHITE);
while (1)
```

```
        {
            //将接收缓冲区的字符写入到接收字符编辑框内
            EDIT_SetText(edit0,(const char * )rx_buf);
            OSTimeDlyHMSM(0, 0, 0, 30);//延时
            WM_Exec(); //显示刷新
        }
    }
```

上述代码中的 GUI_CreateDialogBox( )函数用于创建非阻塞式对话框窗体,参数 aDialogCreate 定义对话框中所要包含的小工具的资源表的指针(下面我们会陆续介绍资源表的定义方法);GUI_COUNTOF(aDialogCreate)定义对话框中所包含的小工具的总数;参数_cbCallback 代表应用程序特定回调函数(对话框过程函数)的指针;紧跟其后的一个参数表示父窗口的句柄(0 表示没有父窗口),最后两个参数表示 X/Y 座标位置,即对话框相对于父窗口的 X/Y 轴位置(0,0)。

那么在构架了 μC/GUI 图形界面后,CAN 接收缓冲区的报文是如何显示在窗体的文本编辑区内的呢? 这里有一个文本编辑框文本设置操作,直接获取到的是接收缓冲区报文内容。

```
/ * 设置要在编辑字段中显示的文本 * /
EDIT_SetText(edit0,(const char * )rx_buf);//要显示的文本来自 rx_buf
```

● 资源表创建

本函数用于建立资源表,定义指向了 GUI_WIDGET_CREATE_INFO 结构的指针,指定在对话框窗体中所要包括的所有控件。

```
static const GUI_WIDGET_CREATE_INFO aDialogCreate[] = {
    //建立窗体,大小是 320×240,原点在 0,0
    { FRAMEWIN_CreateIndirect, "奋斗版 STM32 开发板 CAN 通信实验",0,0, 0,320,240,
    FRAMEWIN_CF_ACTIVE },
    //建立文本框显示
    {TEXT_CreateIndirect,"接收到的报文",GUI_ID_TEXT1,2,120,310,20, TEXT_CF_LEFT },
    //建立编辑框来显示接收到的文本
    { EDIT_CreateIndirect,"",GUI_ID_EDIT0, 0,140, 310,25, EDIT_CF_LEFT, 30 },
    //建立单选框来选择 CAN 通信速率
    { RADIO_CreateIndirect,"",GUI_ID_RADIO0,30,23, 100,80, RADIO_TEXTPOS_LEFT,4},
    {RADIO_CreateIndirect,"",GUI_ID_RADIO1,170,23,100,80, RADIO_TEXTPOS_LEFT,3},
    //建立按钮
    { BUTTON_CreateIndirect,"发送 1",GUI_ID_BUTTON0,0,180,64, 38 },
    {BUTTON_CreateIndirect,"发送 2",GUI_ID_BUTTON1,64,180,64,38 },
    {BUTTON_CreateIndirect,"发送 3",GUI_ID_BUTTON2,128,180,64, 38 },
    { BUTTON_CreateIndirect,"发送 4",GUI_ID_BUTTON3,192,180,64,38},
    { BUTTON_CreateIndirect,"清除",GUI_ID_BUTTON4,256,180 ,64,38 },
};
```

● _cbCallback()函数作为起点添加动作代码

窗体回调函数_cbCallback()作为对话框过程函数的起点,初始化后,需要添加动作代码。本例的动作代码主要功能是通过按键发出 CAN 测试报文,此外也包括 CAN 参数设置等,详细说明如下面的代码注释。

```
extern void CAN_Config(void);//外部引用函数,CAN 配置
static void _cbCallback(WM_MESSAGE * pMsg) {
    CanTxMsg TxMessage;
    uint8_t num = 0;
    unsigned short i,i1,Get_No;
    int NCode, Id;
    switch (pMsg->MsgId) {
        case WM_NOTIFY_PARENT:
        Id = WM_GetId(pMsg->hWinSrc); /*获得窗体部件的 ID*/
        NCode = pMsg->Data.v; /*动作代码*/
        switch (NCode) {
            case WM_NOTIFICATION_RELEASED: //窗体部件动作被释放
            if (Id == GUI_ID_BUTTON0){//F1--发送测试报文 1
                num = 0;
                pub:;
                memcpy(rx_buf, "", 128);//清空报文接收显示区
                i = 0;
                Tx_Size = strlen(BT[num]);//获得测试报文的长度
                while(Tx_Size>=8){//将测试报文分解为若干的 8 个字节的报文发送
                /*发送一帧报文*/
                TxMessage.StdId = 0x00;
                TxMessage.ExtId = 0x1234;//扩展 ID 0x1234
                TxMessage.IDE = CAN_ID_EXT;//扩展 ID 模式
                TxMessage.RTR = CAN_RTR_DATA;
                TxMessage.DLC = 8; //报文长度为 8 字节
                for(i1 = 0; i1<8; i1++){
                    TxMessage.Data[i1] = BT[num][i+i1];//填充
                }
                i = i+8;
                Tx_Size-=8;
                CAN_Transmit(CAN1, &TxMessage);//通过空闲的邮箱发送
                /*判断是否有空闲的邮箱*/
                }
                if(Tx_Size>0){ //发送最后的几个字节的报文
                /*发送一帧报文*/
                TxMessage.StdId = 0x00;
                TxMessage.ExtId = 0x1234;
                TxMessage.IDE = CAN_ID_EXT;
```

```
            TxMessage.RTR = CAN_RTR_DATA;
            TxMessage.DLC = Tx_Size;
            for(i1 = 0; i1<Tx_Size; i1++){
                TxMessage.Data[i1] = BT[num][i+i1];
            }
            CAN_Transmit(CAN1, &TxMessage);
        }
        /* 判断是否有空闲的邮箱 */
    }
    else if (Id == GUI_ID_BUTTON1){ //F2 -- 发送测试报文 2
        num = 1;
        goto pub;
    }
    else if (Id == GUI_ID_BUTTON2){ //F3 -- 发送测试报文 3
        num = 2;
        goto pub;
    }
    else if (Id == GUI_ID_BUTTON3){ //F4 -- 发送测试报文 4
        num = 3;
        goto pub;
    }
    else if (Id == GUI_ID_BUTTON4){ //F5 -- 清除接收报文区
        memcpy(rx_buf, "", 128);
    }
    else if (Id == GUI_ID_RADIO0){ //单选框 1 的变动
        Get_No = RADIO_GetValue(radio0); //获得速率选项
        if(Get_No == 0) CAN_BAUDRATE = 1000;//1Mbps
        else if(Get_No == 1) CAN_BAUDRATE = 500;//500Kbps
        else if(Get_No == 2) CAN_BAUDRATE = 250;//250Kbps
        else if(Get_No == 3) CAN_BAUDRATE = 125;//125Kbps
        CAN_Config();
    }
    else if (Id == GUI_ID_RADIO1){ //单选框 2 的变动
        Get_No = RADIO_GetValue(radio1);//获得速率表示值
        if(Get_No == 0) CAN_BAUDRATE = 100;//100Kbps
        else if(Get_No == 1) CAN_BAUDRATE = 50;//50Kbps
        else if(Get_No == 2) CAN_BAUDRATE = 20;    //20Kbps
        //else if(Get_No == 3) CAN_BAUDRATE = 10;//10Kbps
        CAN_Config();
    }
break;
default:
break;
```

```
    }
    break;
    default:
    WM_DefaultProc(pMsg);
    }
}
```

4. 硬件平台初始化

硬件平台的初始化程序,主要实现系统时钟初始化、中断源配置、CAN 模块单元以及寄存器配置等功能,同时也包括系统时钟、μC/OS 系统节拍时钟初始化、FSMC 接口、触摸屏接口等系统常用的配置。

开发板硬件的初始化通过 BSP_Init()函数调用各硬件接口功能函数实现,具体实现代码如下。

```
void BSP_Init(void)
{
    CAN_BAUDRATE = 1000; //初始 CAN 通信速率是 500bps
    Rst_Buf = 0;
    Rst_Buf_f = 0;
    RCC_Configuration(); //系统及外设时钟初始化
    NVIC_Configuration(); //中断源配置
    USART_Config(USART1,115200); //初始化串口 1 及参数
    tp_Config();     //SPI1 接口-触摸电路初始化
    FSMC_LCD_Init(); //FSMC 接口初始化
    CAN_Config();//CAN 外设初始化
    USART_OUT(USART1,"…"); //向串口 1 发送开机字符
}
```

本例的硬件平台初始化程序涉及三个主要硬件接口功能函数,需要重点介绍,它们分别列出如下。

● 系统时钟及外设时钟使能配置函数 RCC_Configuration()

通过 RCC_Configuration()函数将系统时钟配置为 72MHz 的同时也会将 CAN 模块的外设、GPIO 端口、串口外设等时钟使能,完成对系统及 CAN 等外设的时钟配置。

```
void RCC_Configuration(void){
    SystemInit();//系统初始化
    RCC_APB2PeriphClockCmd(RCC_APB2Periph_AFIO, ENABLE);//复用功能使能
    RCC_APB1PeriphClockCmd(RCC_APB1Periph_CAN1, ENABLE); //使能 CAN 外设时钟
    RCC_APB2PeriphClockCmd( RCC_APB2Periph_USART1 |RCC_APB2Periph_GPIOA
    | RCC_APB2Periph_GPIOB | RCC_APB2Periph_GPIOC | RCC_APB2Periph_GPIOD |
    RCC_APB2Periph_GPIOE, ENABLE);
}
```

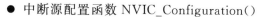

● 中断源配置函数 NVIC_Configuration()

CAN 模块的中断源配置则通过 NVIC_Configuration() 函数实现，该函数的实现代码如下。

```
void NVIC_Configuration(void)
{
    NVIC_InitTypeDef NVIC_InitStructure;
    NVIC_InitStructure.NVIC_IRQChannel = USB_LP_CAN1_RX0_IRQn;  //CAN1 RX0 中断
    NVIC_InitStructure.NVIC_IRQChannelPreemptionPriority = 0;  //抢占优先级 0
    NVIC_InitStructure.NVIC_IRQChannelSubPriority = 0;         //子优先级为 0
    NVIC_InitStructure.NVIC_IRQChannelCmd = ENABLE;
    NVIC_Init(&NVIC_InitStructure);
}
```

● CAN 模块配置与收发函数 CAN_Config()

CAN 模块端口的配置及引脚定义、CAN 模块单元设置、标识符过滤、过滤器组、FIFO 优先级以及发送和接收等功能都通过 CAN_Config() 函数实现，该函数主要涉及了 CAN 模块各外设寄存器的应用，也是硬件平台初始程序中最重要的函数，需要结合前面的 bxCAN 模块寄存器介绍来领会。

```
void CAN_Config(void)
{
    CAN_InitTypeDef         CAN_InitStructure;
    CAN_FilterInitTypeDef   CAN_FilterInitStructure;
    GPIO_InitTypeDef   GPIO_InitStructure;
    GPIO_PinRemapConfig(GPIO_Remap1_CAN1 , ENABLE);     //端口复用为 CAN1
    GPIO_InitStructure.GPIO_Pin = GPIO_Pin_8;     //PB8:CAN - RX
    GPIO_InitStructure.GPIO_Mode = GPIO_Mode_IPU; //输入上拉
    GPIO_Init(GPIOB, &GPIO_InitStructure);
    GPIO_InitStructure.GPIO_Pin = GPIO_Pin_9;     //PB9:CAN - TX
    GPIO_InitStructure.GPIO_Mode = GPIO_Mode_AF_PP; //复用模式
    GPIO_InitStructure.GPIO_Speed = GPIO_Speed_50MHz;
    GPIO_Init(GPIOB, &GPIO_InitStructure);
    /* CAN 寄存器初始化 */
    CAN_DeInit(CAN1);
    CAN_StructInit(&CAN_InitStructure);
    /* CAN 单元初始化 */
    CAN_InitStructure.CAN_TTCM = DISABLE;//MCR - TTCM 时间触发通信模式使能
    CAN_InitStructure.CAN_ABOM = DISABLE; //MCR - ABOM 自动离线管理
    CAN_InitStructure.CAN_AWUM = DISABLE;    //MCR - AWUM 自动唤醒模式
    /* MCR - NART 禁止报文自动重传,0 - 自动重传,1 - 报文只传一次 */
    CAN_InitStructure.CAN_NART = ENABLE;
/* MCR - RFLM 接收 FIFO 锁定模式,0 - 溢出时新报文会覆盖原有报文,1 - 溢出时,新报文丢弃 */
```

```
    CAN_InitStructure.CAN_RFLM = DISABLE;
/* MCR - TXFP 发送 FIFO 优先级,0 优先级取决于报文标示符,1 优先级取决于发送请求顺序 */
    CAN_InitStructure.CAN_TXFP = ENABLE;
    /* BTR - SILM/LBKMCAN 正常通信模式 */
    CAN_InitStructure.CAN_Mode = CAN_Mode_Normal;
    /* BTR - SJW 再同步补偿宽度 1 个时间单元 */
CAN_InitStructure.CAN_SJW = CAN_SJW_1tq;
    /* BTR - TS1  时间段 1  占用了 2 个时间单元 */
CAN_InitStructure.CAN_BS1 = CAN_BS1_2tq;
    /* BTR - TS1  时间段 2  占用了 3 个时间单元 */
CAN_InitStructure.CAN_BS2 = CAN_BS2_3tq;
    /* 波特率 1Mbps */
if(CAN_BAUDRATE == 1000)
/* BTR - BRP  波特率分频器,定义了时间单元的时间长度 36/(1 + 2 + 3)/6 = 1Mbps */
    CAN_InitStructure.CAN_Prescaler = 6;
  else if(CAN_BAUDRATE == 500) /* 500kbps */
    CAN_InitStructure.CAN_Prescaler = 12;
  else if(CAN_BAUDRATE == 250) /* 250kbps */
    CAN_InitStructure.CAN_Prescaler = 24;
  else if(CAN_BAUDRATE == 125) /* 125kbps */
    CAN_InitStructure.CAN_Prescaler = 48;
else if(CAN_BAUDRATE == 100) /* 100kbps */
    CAN_InitStructure.CAN_Prescaler = 60;
else if(CAN_BAUDRATE == 50) /* 50kbps */
    CAN_InitStructure.CAN_Prescaler = 120;
else if(CAN_BAUDRATE == 20) /* 20kbps */
    CAN_InitStructure.CAN_Prescaler = 300;
  CAN_Init(CAN1, &CAN_InitStructure);
/* CAN 过滤器初始化 */
CAN_FilterInitStructure.CAN_FilterNumber = 0;
/* FM1R 过滤器组 0 的工作模式 */
/* 0:过滤器组 x 的 2 个 32 位寄存器工作在标识符屏蔽位模式 */
/* 1:过滤器组 x 的 2 个 32 位寄存器工作在标识符列表模式 */
CAN_FilterInitStructure.CAN_FilterMode = CAN_FilterMode_IdMask;
/* FS1R  过滤器组 0(13~0)的位宽 */
/* 0:过滤器位宽为 2 个 16 位;1:过滤器位宽为单个 32 位 */
CAN_FilterInitStructure.CAN_FilterScale = CAN_FilterScale_32bit;
    /* 使能报文标示符过滤器按照标示符的内容进行比对过滤 */
    /* 扩展 ID 不是如下的就抛弃掉,是的话,会存入 FIFO0 */
//要过滤的 ID 高位
CAN_FilterInitStructure.CAN_FilterIdHigh = (((u32)0x1234<<3)&0xFFFF0000)>>16;
//要过滤的 ID 低位
    CAN_FilterInitStructure.CAN_FilterIdLow =
```

```
        (((u32)0x1234<<3)|CAN_ID_EXT|CAN_RTR_DATA)&0xFFFF;
    CAN_FilterInitStructure.CAN_FilterMaskIdHigh = 0xffff;
    CAN_FilterInitStructure.CAN_FilterMaskIdLow = 0xffff;
    /* FFAx :过滤器位宽设置 报文在通过了某过滤器的过滤后,将被存放到其关联的 FIFO 中 */
    /* 0:过滤器被关联到 FIFO0;1:过滤器被关联到 FIFO1 */
    CAN_FilterInitStructure.CAN_FilterFIFOAssignment = 0;
    /* FACTx :过滤器激活 软件对某位设置 1 来激活相应的过滤器,只有对 FACTx 位清 0 */
    /* 或对 CAN_FMR 寄存器的 FINIT 位设置 1 后,才能修改相应的过滤器寄存器 */
    /* (CAN_FxR[0:1] ,0:过滤器被禁用;1:过滤器被激活 */
    CAN_FilterInitStructure.CAN_FilterActivation = ENABLE;
    CAN_FilterInit(&CAN_FilterInitStructure);
    /* CAN FIFO0  接收中断使能 */
    CAN_ITConfig(CAN1, CAN_IT_FMP0, ENABLE);
}
```

5. bxCAN 的底层驱动

　　STM32F103 处理器的 bxCAN 模块底层驱动函数,主要涉及以 CAN 模块的初始化、过滤器配置、FIFO 优先级设置、CAN 模块发送、接收以及终止传输操作等功能函数,本例中下述功能函数由 bsp.c 和 Fun.c 文件中的函数调用,如表 11 - 118 所列。

表 11 - 118　bxCAN 模块被调用函数列表

序号	函　　数	功能描述
1	CAN_DeInit	将 CAN 模块的全部外设寄存器重置默认值
2	CAN_StructInit	将 CAN 模块按默认参数初始化
3	CAN_Init	CAN 模块初始化,按指定的参数如模式、FIFO 优先级等
4	CAN_FilterInit	CAN 模块过滤器按指定的参数设置
5	CAN_ITConfig	配置 CAN 模块中断
6	CAN_Transmit()	CAN 开始发送一个报文

11.7　实例总结

　　本例详细介绍了 CAN 总线通信协议规范以及 STM32F103 处理器的 bxCAN 模块的工作模式、各种操作处理流程以及 CAN 相关的主要寄存器功能。并通过处理器的 bxCAN 模块与 CAN 总线收发器 TJA1050 组成一个实现完整报文收发功能的 CAN 总线硬件。

　　本例的侧重点在于图形用户界面设计与硬件平台初始化,并针对这两个部分重点讲述了软件代码设计重点、要点以及主要功能函数。

11.8 显示效果

本例的 CAN 总线收发试验需要采用一对 STM32 - V3 硬件开发平台(也可以采用 STM32MINI 硬件),需要将两块开发板的 CAN 接口一对一连接,不可交叉接线。软件下载到开发板运行后,CAN 总线收发试验演示效果如图 11 - 23 所示。

图 11 - 23   CAN 总线收发实验演示效果

第 12 章

以太网应用实例

目前,随着互联网及其应用技术的迅速发展,网络技术在各类电子产品中的应用越来越广,更多的嵌入式设备需要网络接口,以方便与外部进行网络互联与通信。

现在大多数嵌入式处理器都提供了此类接口,但对于一些没有提供网络接口或者硬件接口资源紧张的嵌入式系统应用来说,可以通过 SPI 总线接口扩展以太网接口,这样既节省了处理器的硬件接口资源又满足了网络通信需要。本实例将介绍一款带 SPI 接口的独立以太网控制器 ENC28J60 芯片,它可以很方便地实现与嵌入式处理器的网络接口,实现扩展以太网口的功能。

12.1 以太网概述

以太网是局域网(Local Area Network,LAN)的主要联网技术,可实现局域网内的嵌入式器件与互联网的连接。嵌入式系统有了以太网连接功能,主控单元便可通过网络连接传输数据,并可通过遥控方式进行控制。以太网因其架构、性能、互操作性、可扩展性及开发简便,已成为嵌入式应用的标准通信技术。

12.1.1 以太网的网络传输介质

网络传输介质是指在通信网络中发送方和接收方传输信息的载体,常用的传输介质分为有线传输介质和无线传输介质两大类。

有线传输介质是指在两个通信网络设备之间实现的物理连接部分,它能将信号从一方传输到另一方。以太网比较常用的传输介质主要包括同轴电缆、双绞线、光纤 3 种。双绞线和同轴电缆传输电信号,光纤传输光信号。有线传输介质性能比较如表 12 − 1 所列。

1. 双绞线(Twisted − Pair)

双绞线是最常用的传输介质,双绞线芯一般是铜质的,具有良好的传导率,既可以用于传输模拟信号,也可以用于传输数字信号。

表 12-1 网络传输介质性能比较

网络传输介质	速率或频宽	传输距离	抗干扰性能	价 格	应 用
双绞线	10~1000 Mbps	几~十几 km	一般	低	模拟/数字传输
50 Ω 同轴电缆	10 Mbps	3 km 内	较好	略高于双绞线	基带数字信号
75 Ω 同轴电缆	500~750 MHz	100 km	较好	较高	模拟传输电视、数据及音频
光纤	几~几十 Gbps	30 km 以上	很好	较高	远距离传输

双绞线分为屏蔽双绞线(Shielded Twisted Pair,STP)和非屏蔽双绞线(Unshielded Twisted Pair,UTP)。非屏蔽双绞线用线缆外皮层作为屏蔽层,适用于网络流量不大的场合中。屏蔽双绞线是用铝箔将双绞线屏蔽起来,对电磁干扰(Electromagnetic Interference,EMI)具有较强的抵抗能力,适用于网络流量较大的高速网络协议应用,屏蔽双绞线结构示意图如图 12-1 所示。

电子工业协会(EIA)为无屏蔽双绞线订立

内导体芯线
绝缘
铝箔屏蔽
铜丝网屏蔽
塑料外套

图 12-1 屏蔽双绞线结构示意图

了标准,双绞线根据性能可分为 3 类、5 类、6 类和 7 类,3 类无屏蔽双绞线能够承载的频率带宽是 16 MHz,现在常用的为 5 类无屏蔽双绞线,其频率带宽为 100 MHz,能够可靠地运行 4 MB、ICME 和 16 MB 的网络系统。6 类、7 类双绞线分别可工作于 200 MHz 和 600 MHz 的频率带宽之上,且采用特殊设计的 RJ45 插座。当运行 100 Mbps 以上的以太网时,也可以使用屏蔽双绞线以提高网络在高速传输时的抗干扰特性。

现行双绞线电缆中一般包含 4 个双绞线对,表 12-2 所列的是 EIA/TIA T568A/B 标准线序。计算机网络使用 1-2、3-6 两组线对分别来发送和接收数据。

表 12-2 EIA/TIA T568A/ B 标准线序

脚位	1	2	3	4	5	6	7	8
T568A	白绿	绿	白橙	蓝	白蓝	橙	白棕	棕
T568B	白橙	橙	白绿	蓝	白蓝	绿	白棕	棕
绕对形式	同一绕对	与 6 同一绕对	同一绕对	与 3 同一绕对	同一绕对

2. 同轴电缆(Coaxial)

同轴电缆是由一对导体组成的,但它们是按"同轴"形式构成线对。同轴电缆以单根铜导体为内芯,外裹一层绝缘材料,外覆密集网状导体,最外面是一层保护性塑料。金属屏蔽层能将磁场反射回中心导体,同时也使中心导体免受外界干扰,故同轴电缆比双绞线具有更高的带宽和更好的噪声抑制特性。

同轴电缆结构如图 12-2 所示。最里层是内芯,向外依次是绝缘材料层、屏蔽层、塑料外皮,内芯和屏蔽层构成一对导体。

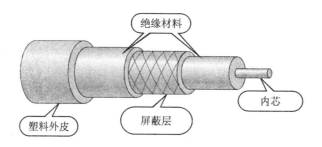

图 12-2　同轴电缆结构示意图

广泛使用的同轴电缆有两种:一种为 50 Ω(指沿电缆导体各点的电磁电压对电流之比)同轴电缆,用于数字信号的传输,即基带同轴电缆;另一种为 75 Ω 同轴电缆,用于宽带模拟信号的传输,即宽带同轴电缆。

3. 光　纤

光纤是光导纤维(Fiber Optic)的简称,光导纤维是软而细的、利用内部全反射原理来传导光束的传输介质。它由能传导光波的超细石英玻璃纤维外加保护层构成,多条光纤组成一束,就可构成一条光缆。光纤结构示意图如图 12-3 所示。光纤有单模和多模之分,单模(即 Mode,入射角)光纤多用于通信业;多模光纤多用于网络布线系统。

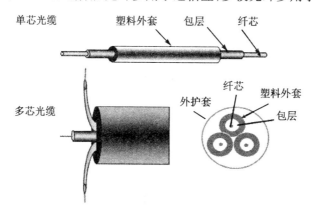

图 12-3　光纤结构示意图

光纤为圆柱状,由 3 个同芯部分组成:纤芯、包层和护套。每 1 路光纤包括两根,1根接收,1 根发送。用光纤作为网络介质的 LAN 技术主要是光纤分布式数据接口(Fiber-optic Data Distributed Interface,FDDI)。与同轴电缆比较,光纤可提供极宽的频带且功率损耗小、传输距离长(2 km 以上)、传输率高(可达数千 Mbps)、抗干扰性强(不会受到电子监听),是构建安全性网络的理想选择。

12.1.2　以太网数据帧格式

IEEE(Institute of Electrical and Electronics Engineers,美国电气和电子工程师协会)802.3 协议是最常用的以太网协议,嵌入式系统经常使用该标准。本例结合 SPI 总线接口独立以太网控制器 ENC28J60 芯片特性,参考 IEEE 802.3 标准作为以太网协议基础做简单介绍。

IEEE 802.3 标准的以太网物理传输帧的长度一般介于 64 字节与 1 518字节之间,它们由 5 个或 6 个不同的字段组成。这些字段分别是:目标地址、源地址、类型/长度字段、数据有效负载、可选的填充字段和循环冗余校验(CRC)字段。另外,当通过以太网介质发送数据包时,一个 7 字节的前导字段和 1 个字节的帧起始定界符将被附加到以太网数据包的开头。这些字段中除了地址字段和数据字段长度可变之外,其余字段的长度都是固定的。在双绞线上的以太网数据包传输格式如图 12 - 4 所示。

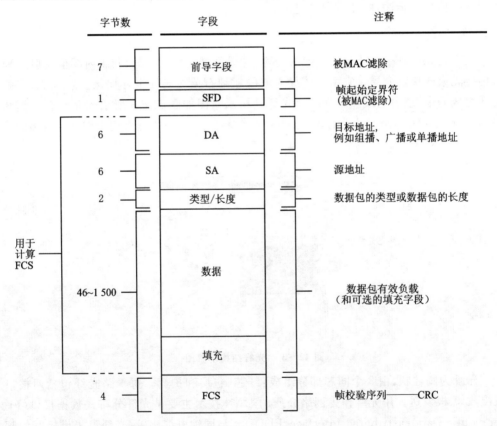

图 12 - 4　IEEE 802.3 协议以太网数据包格式

1. 前导字段/帧起始定界符

前导字段(Preamble,PR):相当于同步位,用于收发双方的时钟同步,同时也指明

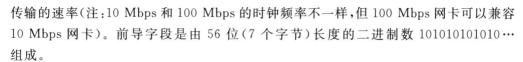

传输的速率(注:10 Mbps 和 100 Mbps 的时钟频率不一样,但 100 Mbps 网卡可以兼容 10 Mbps 网卡)。前导字段是由 56 位(7 个字节)长度的二进制数 101010101010… 组成。

帧起始定界符(Start Frame Delimiter,SFD):部分文献也称之为分隔符,为 8 位长度的 10101011,和同步位不同的是最后 2 位是 11 而不是 10,表示下面跟着的是真正的数据而不是同步时钟。

当使用 ENC28J60 发送数据时,将自动生成前导字段和帧起始定界符;当使用 ENC28J60 接收数据时,将自动从数据包剥离前导字段和帧起始定界符字节。

2. 目标地址

目标地址(Destination Address,DA):以太网的地址为 48 位(6 个字节)二进制地址,装有数据包发往的设备的 MAC 地址,表明该帧传输给哪个网卡。

如果 MAC 地址中第一个字节的最低有效位为 1,则该地址是组播目标地址。例如,01 - 00 - 00 - 00 - F0 - 00 和 33 - 45 - 67 - 89 - AB - CD 是组播地址,带有组播目标地址的数据包将被送达一组选定的以太网节点。

如果是保留的组播地址 FFFFFFFFFFFF,则是广播地址,广播地址的数据可以被任意网卡接收到。

如果 MAC 地址中第一个字节的最低有效位为 0,则该地址是单播地址,数据包将仅供具有该地址的节点使用。

ENC28J60 具有一个接收过滤器,它可以用来丢弃或接收具有组播、广播或单播目标地址的数据包。发送数据包时,主控制器负责将所需的目标地址写入发送缓冲器。

3. 源地址

源地址(Source Address,SA):源地址字段是一个 6 字节(48 位)的字段,装有创建该以太网数据包的节点的 MAC 地址,表明该帧的数据是哪个网卡发出的。

ENC28J60 的用户必须为每个控制器生成一个唯一的 MAC 地址,MAC 地址由两个部分组成。前 3 个字节称为组织唯一标识符(Organizationally Unique Identifier,OUI),由 IEEE 分配;后 3 个字节是由购买该标识符的公司所定义的地址字节。发送数据包时,主控制器必须将分配的源 MAC 地址写入发送缓冲器。

4. 类型/长度

类型字段(Type):它是 1 个 2 字节的字段,它定义该帧的数据包是属于什么类型的协议,不同协议的类型字段是不同的,如:
- 0800H 表示数据为 IP 包;
- 0806H 表示数据为 ARP 包;
- 814CH 表示数据为 SNMP 包;
- 8137H 表示数据为 IPX/SPX 包。

此外,如果该字段被填充的数值小于等于 05DCh (1 500),则该字段将被视为一个长度字段,它指定数据字段中非填充数据的长度。

5. 数据

数据(Data):该段数据长度可在 0 ~1 500 字节之间变化,但不能够超过 1 500 字节。因为以太网协议规定整个传输包的最大长度不能够超过 1 514 字节(其中 14 字节为 DA、SA、Type 的字段),超过上述范围的数据包是违反以太网标准的,它将被大多数以太网节点丢弃。

在 ENC28J60 的实际应用中,稍微需要提到的一点就是当超大帧使能位被置 1 (MACON3. HFRMEN=1)时,ENC28J60 也能够发送和接收超大规格的数据包。

6. 填充

填充(PAD):填充字段是一个长度可变的字段,当使用较小的数据有效负载时,添加该字段以满足 IEEE 802.3 规范的要求。

以太网数据包的目标、源、类型和填充字段加在一起不能小于 60 字节,再加上必须的 4 字节的 CRC 字段,数据包不能小于 64 字节,当数据段不足 46 字节时后面补 0(通常是补 0,也可以是其他值)。

当发送数据包时,ENC28J60 会自动产生 0 填充(如果 MACON3. PADCFG<2:0>位被配置为执行此操作)。否则,主控制器应该在发送数据包前为其添加填充字段。当主控制器命令发送大小不足的数据包时,ENC28J60 并不会阻止该操作。

当接收数据包时,ENC28J60 会自动拒绝小于 18 字节的数据包。18 字节或更大的数据包符合标准接收过滤条件,可被作为正常通信数据接收。

7. CRC 校验字段

帧校验序列字段(Frame Check Sequence,FCS):32 位的 CRC 校验。它包含一个行业标准的 32 位 CRC 值,该 CRC 值是通过对目标地址、源地址、类型、数据和填充字段中的数据进行计算得出,自动生成,自动校验,自动在数据段后面填入,而不需要软件管理。

当接收数据包时,ENC28J60 将检查每个传入数据包的 CRC。如果 ERXFCON. CRCEN 位置‘1’,将自动丢弃具有无效 CRC 的数据。如果 CRCEN 清零并且该数据包符合除 CRC 外所有其他的接收过滤条件,则该数据包将被写入接收缓冲器,主控制器将通过读取接收状态向量来确定该 CRC 是否有效。

当发送数据包时,ENC28J60 将自动生成一个有效的 CRC 并发送它(如果 MACON3. PADCFG<2:0>位被配置为执行此操作)。否则,必须由主控制器生成 CRC,并将它放在发送缓冲器中。鉴于计算 CRC 的复杂性,强烈建议对 PADCFG 位进行配置从而使 ENC28J60 自动生成 CRC 字段。

12.1.3　嵌入式系统中主要处理的以太网协议

传输控制协议/互连网协议 TCP/IP(Transmission Control Protocol/Internet Protocol)包含应用层、传输层、网络层、网络接口层等。每层均对应一个或几个传输协议，且相对于它的下层都作为一个独立的数据包实现。TCP/IP 参考模型分层和每层上的协议如表 12 - 3 所列。

表 12 - 3　TCP/IP 协议分层与协议竹簇

分层		每层上的协议
应用层		TELNET,FTP,SMTP,DNS
传输层		TCP,UDP
网络层		TP,ICMP,IGMP,ARP,RARP
网络接口层	数据链路层	Ethernet,ARPANET 等
	物理层	

1. ARP(地址解析协议)

网络层用 32 位的地址来标识不同的主机(即 IP 地址),而链路层使用 48 位的物理(MAC)地址来标识不同的以太网或令牌环网接口。只知道目的主机的 IP 地址并不能发送数据帧给它,必须知道目的主机网络接口的物理地址才能发送数据帧。

ARP 的功能就是实现从 IP 地址到对应物理地址的转换。源主机发送一份包含目的主机 IP 地址的 ARP 请求数据帧给网上的每个主机,称作 ARP 广播,目的主机的 ARP 收到这份广播报文后,识别出这是发送端在询问它的 IP 地址,于是发送一个包含目的主机 IP 地址及对应的物理地址的 ARP 回答给源主机。

为加快 ARP 协议解析数据,每台主机上都有一个 ARP cache 存放最近的 IP 地址到硬件地址之间的映射记录。其中每一项的生存时间(一般为 20 分钟),这样当在 ARP 的生存时间之内连续进行 ARP 解析的时候,不需反复发送 ARP 请求。

2. ICMP(网络控制报文协议)

ICMP 是 IP 层的附属协议,IP 层用它来与其他主机或路由器交换错误报文和其他重要控制信息,ICMP 报文是在 IP 数据包内部被传输的。在 Linux 或者 Windows 中,两个常用的网络诊断工具 ping 和 traceroute(Windows 下是 Tracert),其实就是 ICMP 协议。

3. IP(网际协议)

IP 工作在网络层,是 TCP/IP 协议族中最为核心的协议,IP 提供不可靠、无连接的数据包传送服务,其通信协议相对简单,效率较高。所有的 TCP、UDP、ICMP 及 IGMP 数据都以 IP 数据包格式传输(IP 封装在 IP 数据包中)。IP 数据包最长可达 65535 字节,其中报头占 32 位,还包含各 32 位的源 IP 地址和 32 位的目的 IP 地址。

TTL(time-to-live,生存时间字段)指定了 IP 数据包的生存时间(数据包可以经过的最多路由器数)。TTL 的初始值由源主机设置,一旦经过一个处理它的路由器,它的值就减去 1;当该字段的值为 0 时,数据包就被丢弃,并发送 ICMP 报文通知源主机重发。

不可靠(unreliable)的意思是：它不能保证 IP 数据包能成功地到达目的地。如果发生某种错误，IP 有一个简单的错误处理算法丢弃该数据包，然后发送 ICMP 消息报给信源端。任何要求的可靠性必须由上层来提供(如 TCP)。

无连接(connectionless)的意思是：IP 并不维护任何关于后续数据包的状态信息。每个数据包的处理是相互独立的。IP 数据包可以不按发送顺序接收。如果一信源向相同的信宿发送两个连续的数据包(先是 A，然后是 B)，每个数据包都是独立地进行路由选择，可能选择不同的路线，因此 B 可能在 A 到达之前先到达。

IP 的路由选择：源主机 IP 接收本地 TCP、UDP、ICMP、GMP 的数据，生成 IP 数据包，如果目的主机与源主机在同一个共享网络上，那么 IP 数据包就直接送到目的主机上。否则就把数据包发往一默认的路由器上，由路由器来转发该数据包。最终经过数次转发到达目的主机。IP 路由选择是逐跳(hop-by-hop)进行的。所有的 IP 路由选择只为数据包传输提供下一站路由器的 IP 地址。

4. TCP(传输控制协议)

TCP 协议是一个面向连接的可靠的传输层协议，它可提供可靠的字节流信道。TCP 为两台主机提供高可靠性的端到端数据通信。它所做的工作包括：

(1) 发送方把应用程序交给它的数据分成合适的小块，并添加附加信息(TCP 头)，包括顺序号，源、目的端口，控制、纠错信息等字段，称为 TCP 数据包。并将 TCP 数据包交给下面的网络层处理。

(2) 接受方确认接收到的 TCP 数据包，重组并将数据送往上层。

5. UDP(用户数据包协议)

UDP 协议是一种无连接不可靠的传输层协议，它提供不可靠的数据报传送信道。只是把应用程序传来的数据加上 UDP 头(包括端口号，段长等字段)，作为 UDP 数据包发送出去，但是并不保证它们能到达目的地，可靠性由应用层来提供。

因为该协议开销少，它与 TCP 协议相比，UDP 更适用于应用在低端的嵌入式领域中。很多场合如网络管理 SNMP，域名解析 DNS，简单邮件传输协议 SMTP，文件传输协议 FTP，大都使用 UDP 协议。

12.1.4 TCP/IP 网络协议栈的引入

嵌入式系统的硬件资源非常有限，因此必须使用小型协议栈。在 μC/OS-II 系统上引入了一些小型化的 TCP/IP 协议栈，这种协议栈有很多，LwIP 和 μIP 是其中最常用的两种。

1. LwIP 协议栈

LwIP 协议栈(LwIP 的含义是 Light Weight IP)是瑞典计算机科学院(Swedish Institute of Computer Science)开发的一套用于嵌入式系统的开放源代码轻型 TCP/IP

协议栈,但 LwIP 实现了较为完备的 IP,ICMP, UDP, TCP 协议,具有超时时间估算、快速恢复和重发、窗口调整等功能。

LwIP 协议栈 TCP/IP 实现的重点是在保持 TCP 协议主要功能的基础上减少处理和内存需求,因为 LwIP 使用无数据复制并经裁剪的 API,一般它只需要几十 KB 的 RAM 和 40 KB 左右的 ROM 就可以运行;同时 LwIP 可以移植到操作系统上,也可以在无操作系统的情况下独立运行。LwIP 在设计时就考虑到了将来的移植问题,它把所有与硬件、操作系统、编译器相关的部分独立出来,这使 LWIP 协议栈适合在低端嵌入式系统中使用。

LwIP 协议栈的特性如下:

- 支持多网络接口下的 IP 转发;
- 支持 ICMP 协议;
- 支持主机和路由器进行多播的 Internet 组管理协议(IGMP);
- 包括实验性扩展的 UDP(用户数据报协议);
- 包括阻塞控制,RTT 估算和快速恢复和快速转发的 TCP;
- 提供专门的内部回调接口(raw API)用;
- 支持 DNS;
- 支持 SNMP;
- 支持 PPP;
- 支持 ARP;
- 支持 IP fragment;
- 支持 DHCP 协议,可动态分配 IP 地址;
- 可选择的 Berkeley 接口 API(多线程情况下)。

2. μIP 协议栈

μIP 协议栈由瑞典计算机科学学院(网络嵌入式系统小组)的 Adam Dunkels 开发。其源代码由 C 语言编写,μIP 协议栈是一种免费的极小的 TCP/IP 协议栈,可以使用于由 8 位或 16 位微处理器构建的嵌入式系统。

μIP 协议栈去掉了完整的 TCP/IP 中不常用的功能,简化了通信流程,但保留了网络通信必须使用的 TCP/IP 协议集的四个基本协议:ARP 地址解析协议,IP 网际互联协议,ICMP 网络控制报文协议和 TCP 传输控制协议。

为了在 8 位和 16 位处理器上应用,μIP 协议栈在各层协议实现时采用下述针对性的方法,保持代码大小和存储器使用量最小。

(1)实现 ARP 地址解析协议时为了节省存储器,ARP 应答包直接覆盖 ARP 请求包;

(2)实现 IP 网络协议时对原协议进行了极大的简化,它没有实现分片和重组;

(3)实现 ICMP 网络控制报文协议时,只实现 echo(回响)服务;

(4)μIP 协议栈的 TCP 取消了发送和接收数据的滑动窗口。

12.2　设计目标

本例程基于 STM32 - V3 硬件开发平台的 SPI 接口的独立以太网控制器 ENC28J60 硬件资源,移植了 μIP - 1.0 协议栈,演示了开发板和 PC 间的 TCP 通信,自定义了一个简单的应用层通信协议。本例程能够实现如下 4 种功能。

(1) 通过 PC 端控制和驱动开发板的 LED 指示灯状态。

(2) 实现了一个简单的 TCP 服务器。

开发板工作在 TCP 服务器模式,PC 机工作在 TCP 客户端模式,通过在 PC 机运行网络调试助手软件,用户可以完成如下实验。

● ping 试验 (ICMP)。

点击 windows 开始→运行,执行 cmd 命令,然后在 DOS 窗口输入 ping 192.168. 1.15 可以看到如下结果:

Reply from 192.168.1.15：bytes＝32 time＜1ms TTL＝128

Reply from 192.168.1.15：bytes＝32 time＜1ms TTL＝128

Reply from 192.168.1.15：bytes＝32 time＜1ms TTL＝128

Reply from 192.168.1.15：bytes＝32 time＜1ms TTL＝128

● PC 机的 TCP 客户端控制开发板上的 LED 试验(TCP 服务器)。

运行网络调试助手软件,端口选择 1 200,服务器 IP 地址选择 192.168.1.15,协议类型选择 TCP 客户端,点击连接按钮,在命令输入窗口输入控制 LED 的命令字符串,然后点击发送,开发板上对应的 LED 灯会发生变化。

命令功能与对应的命令代码分别如下(末尾无 0x00 和回车字符)。

点亮 LED1:ledon 1

关闭 LED1:ledoff 1

点亮 LED2:ledon 2

关闭 LED2:ledoff 2

点亮 LED3:ledon 3

关闭 LED3:ledoff 3

● 在 LCD 上显示来自 TCP 客户端的报文信息。

(3) Web 网页控制开发板上的 LED 试验(Web 服务器)。

打开 IE 浏览器,在地址栏输入 http://192.168.1.15,可以看到基于 μIP 的 Web 测试页面,在对话框输入 1-3,点确定按钮,可以控制相应的 LED 点亮。网页内容则保存在 httpd - fsdata.c 的 data_index_html 数组里,是通过 amo 的编程小工具集转换的。

(4) UDP 服务器实验。

本地 UDP 端口默认是 2 000,远端 UDP 可以直接连接本地端口,并进行通信。

命令功能与对应的命令代码分别如下(末尾无 0x00 和回车字符)。

返回板子的信息:getname

点亮 LED1:ledon 1

关闭 LED1:ledoff 1

点亮 LED2:ledon 2

关闭 LED2:ledoff 2

点亮 LED3:ledon 3

关闭 LED3:ledoff 3

并在 LCD 上显示来自 UDP 客户端的报文信息。

12.3　硬件电路设计

本实例基于 STM32F103 处理器的 SPI 外设接口构建以太网通信硬件系统。整个硬件组成如图 12－5 所示,分为 3 个部分:

（1）STM32F103 处理器的 SPI 外设接口部分,配置 PA4～PA7 作为 SPI 通信接口;

（2）带 SPI 总线接口的独立以太网控制器 ENC28J60 组成的硬件电路,也是整个以太网通信硬件的核心电路;

（3）集成了网络隔离变压器的 RJ45 通信接口硬件电路,是以太网通信系统的数据流 I/O 部分。

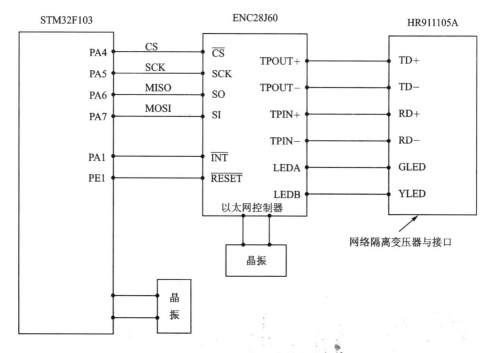

图 12－5　以太网硬件电路组成

12.3.1 以太网控制器 ENC28J60 概述

ENC28J60 是带有串行外设接口的独立以太网控制器,它可作为任何配备有 SPI 接口的控制器的以太网接口。ENC28J60 符合 IEEE 802.3 的全部规范,采用了一系列包过滤机制以对传入数据包进行限制。它还提供了一个内部 DMA 模块,以实现快速数据吞吐和硬件支持的 IP 校验和计算。ENC28J60 与主控制器的通信通过两个中断引脚和 SPI 接口来实现,数据传输速率高达 10 Mbps。两个专用的引脚用于连接 LED,进行网络活动状态指示。图 12-6 所示为 ENC28J60 的功能框图。ENC28J60 以太网控制器的主要特性如下:

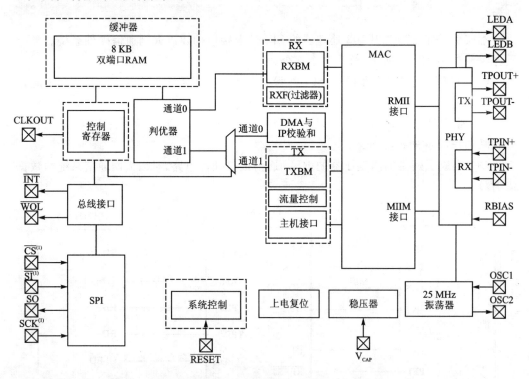

图 12-6 以太网控制器 ENC28J60 功能框图

- IEEE 802.3 兼容的以太网控制器;
- 集成 MAC 和 10 BASE-T PHY;
- 接收器和冲突抑制电路;
- 支持一个带自动极性检测和校正的 10BASE-T 端口;
- 支持全双工和半双工模式;
- 可编程在发生冲突时自动重发;
- 可编程填充和 CRC 生成;
- 可编程自动拒绝错误数据包;

● 最高速度可达 10 Mbps 的 SPI 接口;

● 具有两个用来表示连接、发送、接收、冲突和全/半双工状态的可编程 LED 输出引脚;

● 使用两个中断引脚的 7 个中断源;

● 带可编程预分频器的时钟输出引脚;

● 工作电压范围是 3.14~3.45 V;

● 兼容 TTL 电平输入;

● 温度范围:−40~+85 ℃(工业级),0~+70 ℃(商业级)(仅 SSOP 封装);

● 28 引脚 SPDIP、SSOP、SOIC 和 QFN 封装。

从上图的功能简化框图可以看出,ENC28J60 主要由 7 个主要部分组成:

1) SPI 接口——充当主控制器和 ENC28J60 之间通信通道。

2) 控制寄存器——用于控制和监视 ENC28J60。

3) 双端口 RAM 缓冲器——用于接收和发送数据包。

4) 判优器——当 DMA、发送和接收模块发出请求时对 RAM 缓冲器的访问进行控制。

5) 总线接口——对通过 SPI 接收的数据和命令进行解析。

6) 媒介存取控制层(Medium Access Control,MAC)模块——实现符合 IEEE 802.3 标准的 MAC 逻辑。

7) 物理层(PHY)模块——对双绞线上的模拟数据进行编码和译码。

独立以太网控制器 ENC28J60 如果按物理层和媒介存取控制层等模块划分则可以划分成为 3 个模块(如图 12 - 7 所示):缓冲器、介质访问控制器、物理层。

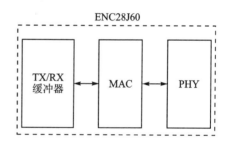

图 12 - 7　ENC28J60 功能模块示意图

缓冲器的主要特性如下:

● 8 KB 发送/接收数据包双端口 SRAM;

● 可配置发送/接收缓冲器大小;

● 硬件管理的循环接收 FIFO;

● 字节宽度的随机访问和顺序访问(地址自动递增);

● 用于快速数据传送的内部 DMA;

● 硬件支持的 IP 校验和计算。

媒介访问控制层(MAC)主要特性如下:

● 支持单播、组播和广播数据包。

● 可编程数据包过滤,并在以下事件的逻辑"与"和"或"结果为真时唤醒主机:

　　——单播目标地址;

　　——组播地址;

——广播地址；

——Magic Packet；

——由 64 位哈希表定义的组目标地址；

——多达 64 字节的可编程模式匹配。

● 环回模式。

物理层(PHY)主要特性如下：

● 整形输出滤波器；

● 环回模式。

1. 引脚功能

以太网控制器 ENC28J60 最常用的封装是 28 针的 SPDIP、SSOP、SOIC，其引脚排列示意图如图 12-8 所示，引脚功能定义如表 12-4 所列。

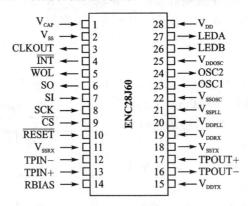

图 12-8　ENC28J60 引脚排列图

表 12-4　以太网控制器 ENC28J60 引脚功能

引脚名称	引脚号	引脚类型	功能说明
V_{CAP}	1	P	来自内部稳压器的 2.5 V 输出。必须将此引脚通过一个 $10~\mu F$ 的电容连接到 V_{SSTX}
V_{SS}	2	P	参考接地端
CLKOUT	3	O	可编程时钟输出引脚
$\overline{INT}$	4	O	INT 中断输出引脚
$\overline{WOL}$	5	O	LAN 中断唤醒输出引脚
SO	6	O	SPI 接口的数据输出引脚
SI	7	I	SPI 接口的数据输入引脚
SCK	8	I	SPI 接口的时钟输入引脚
$\overline{CS}$	9	I	SPI 接口的片选输入引脚
$\overline{RESET}$	10	I	低电平有效器件复位输入
V_{SSRX}	11	P	PHY RX 的参考接地端
TPIN−	12	I	差分信号输入

引脚名称	引脚号	引脚类型	功能说明
TPIN+	13	I	差分信号输入
RBIAS	14	I	PHY 的偏置电流引脚。必须将此引脚通过 2 kΩ(1%)的电阻连接到 V_{SSRX}
V_{DDTX}	15	P	PHY TX 的正电源端
TPOUT−	16	O	差分信号输出
TPOUT+	17	O	差分信号输出
V_{SSTX}	18	P	PHY TX 的参考接地端
V_{DDRX}	19	P	PHY RX 的正 3.3 V 电源端
V_{DDPLL}	20	P	PHY PLL 的正 3.3 V 电源端
V_{SSPLL}	21	P	PHY PLL 的参考接地端
V_{SSOSC}	22	P	振荡器的参考接地端
OSC1	23	I	振荡器输入
OSC2	24	O	振荡器输出
V_{DDOSC}	25	P	振荡器的正 3.3 V 电源端
LEDB	26	O	LEDB 驱动引脚
LEDA	27	O	LEDA 驱动引脚
V_{DD}	28	P	正 3.3 V 电源端

2. SPI 指令集

ENC28J60 所执行的操作完全依据外部主控制器通过 SPI 接口发出的命令。这些命令为一个或多个字节的指令,用于访问控制存储器和以太网缓冲区。指令至少包含一个 3 位操作码和一个用于指定寄存器地址或数据常量的 5 位参数。写和位域指令后还会有一个或多个字节的数据。ENC28J60 共有 7 条指令。表 12-5 列出了所有操作的命令代码。

表 12-5　ENC28J60 的 SPI 指令集

指令名称和助记符	字节 0		字节 1 和后面的字节
	操作码	参　数	数　据
读控制寄存器(RCR)	0 0 0	a a a a a	N/A
读缓冲器(RBM)	0 0 1	1 1 0 1 0	N/A
写控制寄存器(WCR)	0 1 0	a a a a a	d d d d d d d d
写缓冲器(WBM)	0 1 1	1 1 0 1 0	d d d d d d d d
位域置 1(BFS)	1 0 0	a a a a a	d d d d d d d d
位域清零(BFC)	1 0 1	a a a a a	d d d d d d d d
系统命令(软件复位)(SC)	1 1 1	1 1 1 1 1	N/A

注:a＝控制寄存器地址;d＝数据有效负载。

(1) 读控制寄存器的命令。

读控制寄存器(Read Control Register,RCR)命令允许主控制器随意读取 ETH、MAC 和 MII 寄存器,通过特殊的 MII 寄存器接口可以读取 PHY 寄存器的内容。

将 $\overline{CS}$ 引脚拉为低电平启动 RCR 命令。然后将 RCR 操作码和随后的 5 位寄存器地址(A4 到 A0)发送给 ENC28J60。5 位地址决定将使用当前存储区中 32 个控制寄存器中的哪一个。如果 5 位地址指向的是一个 ETH 寄存器,那么选定寄存器中的数据会立即开始从 SO 引脚移出,最高位在前,图 12-9 显示了这些寄存器的读取序列。

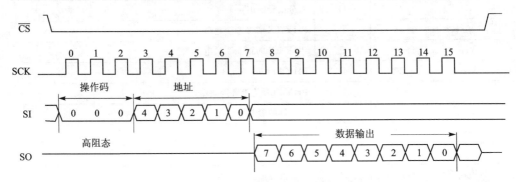

图 12-9 读控制寄存器的命令序列(ETH 寄存器)

如果地址指向了一个 MAC 或 MII 寄存器,则首先从 SO 引脚移出一个无效数据字节,随后 SO 引脚移出数据,最高位在前。通过拉高 CS 引脚的电平可结束 RCR 操作。图 12-10 给出了读 MAC 和 MII 寄存器的命令序列。

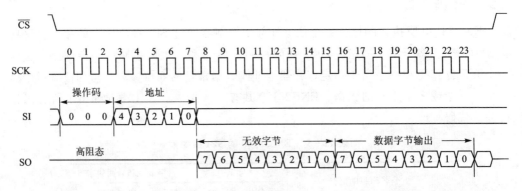

图 12-10 读控制寄存器的命令序列(MAC 和 MII 寄存器)

(2) 读缓冲存储器命令。

读缓冲存储器(Read Buffer Memory,RBM)命令允许主控制器从 8 KB 发送和接收缓冲存储器中读取字节。

如果 ECON2 寄存器中的 AUTOINC 位置 1,那么在读完每个字节的最后一位之后,ERDPT 指针将会自动地递增指向下一个地址。正常情况下,下一个地址为当前地址加 1。然而,如果读取了接收缓冲器中的最后一个字节(ERDPT = ERXND),则 ERDPT 指针将转而指向接收缓冲器的起始单元。这样主控制器可以从接收缓冲器中连续读取数据包,而无须跟踪何时需要折回。当读取地址 1FFFh 时,如果 AUTOINC 被置'1',且 ERXND 没有指向该地址时,则读指针将递增并折回到 0000h。

将$\overline{\text{CS}}$引脚拉为低电平启动 RBM 命令。然后将 RBM 操作码及随后的 5 位常量 1Ah 发送给 ENC28J60。在发送 RBM 命令和常量后,由 ERDPT 指向的存储器中的数据将从 SO 引脚移出,首先移出最高位。如果主控制器继续在 SCK 引脚提供时钟信号,而没有拉高$\overline{\text{CS}}$的电平,ERDPT 指向的字节将再次从 SO 引脚移出,同样首先移出最高位。当 AUTOINC 被使能时,使用该方式就可以连续地从缓冲存储器中顺序读取字节而无需多余的 SPI 命令。拉高$\overline{\text{CS}}$引脚电平可以结束 RBM 命令。

（3）写控制寄存器的命令。

写控制寄存器(Write Control Register,WCR)命令允许主控制器以任何次序写入 ETH、MAC 和 MII 控制寄存器。通过特殊的 MII 寄存器接口对 PHY 寄存器执行写操作。

将$\overline{\text{CS}}$引脚拉为低电平启动 WCR 命令。然后将 WCR 操作码及随后的 5 位地址 (A4~A0)发送给 ENC28J60。5 位地址决定要使用当前存储区中 32 个控制寄存器中的哪一个。在发送 WCR 命令和地址后,发送要实际写入的数据,首先发送最高位。在 SCK 的上升沿,数据被写入目标寄存器。拉高$\overline{\text{CS}}$引脚的电平可结束 WCR 操作。如果在装载 8 个位前,$\overline{\text{CS}}$线变为高电平,则将中止这个数据字节的写操作。字节写操作时序图如图 12-11 所示。

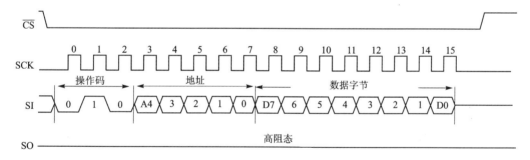

图 12-11　写控制寄存器的命令序列

（4）写缓冲器命令。

写缓冲存储器(Write Buffer Memory,WBM)命令允许主控制器将字节写入 8 KB 发送和接收缓冲存储器。

如果 ECON2 寄存器中的 AUTOINC 位置 1,那么在写完每个字节的最后一位之后,EWRPT 指针将会自动地递增指向下一个地址(当前地址加 1)。如果写入地址 1FFF 且 AUTOINC 置 1,则写指针加 1 指向 0000h。

将$\overline{\text{CS}}$引脚拉为低电平启动 WBM 命令。然后将 WBM 操作码及随后的 5 位常量 1Ah 送入 ENC28J60。在发送 WBM 命令和常量之后,由 EWRPT 指向的存储器中的数据将移入 ENC28J60,首先移入最高位。在接收到 8 个数据位后,如果 AUTOINC 位置 1,写指针将自动递增。主控制器可以继续在 SCK 引脚提供时种信号、在 SI 引脚发送数据同时保持$\overline{CS}$为低电平,从而可以连续写入存储器。当 AUTOINC 被使能时,以该方式就可以连续地向缓冲存储器写入字节而无需多余的 SPI 命令。拉高$\overline{CS}$引脚电平可结束 WBM 命令。关于写序列的详细说明,请参见图 12-12。

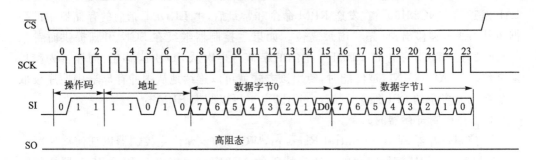

图 12-12　写缓冲存储器的命令序列

(5) 位域置 1 命令。

位域置 1(Bit Field Set,BFS)命令用于将 ETH 控制寄存器中最多 8 位置 1。注意此命令不能用于 MAC 寄存器、MII 寄存器、PHY 寄存器或缓冲存储器。BFS 命令使用提供的数据字节与给定地址寄存器的内容执行位逻辑或运算。

将$\overline{CS}$引脚拉为低电平启动 BFS 命令。然后发送 BFS 操作码及随后的 5 位地址(A4~A0)。5 位地址决定要使用当前存储区中的哪一个 ETH 寄存器。在发送 BFS 命令和地址后,应该发送包含位域置'1'信息的数据字节,首先发送最高位。在 SCK 引脚信号的上升沿会将所提供数据与指定寄存器内容做 D0 位的逻辑或运算。如果在装载 8 个位以前,$\overline{CS}$线变为高电平,则将中止这个数据字节的操作。拉高$\overline{CS}$引脚电平可结束 BFS 命令。

(6) 位域清零命令。

位域清零(Bit Field Clear,BFC)命令用于将 ETH 控制寄存器中最多 8 位清零。BFC 命令使用提供的数据字节与给定地址寄存器的内容进行逻辑位非与运算。比如:如果一个寄存器的内容是 F1h,对 17h 操作数执行了 BFC 命令,那么此寄存器内容将变为 E0h。

将$\overline{CS}$引脚拉为低电平启动 BFC 命令。然后发送 BFC 操作码及随后的 5 位地址(A4~A0)。5 位地址决定要使用当前存储区中的哪一个 ETH 寄存器。在发送 BFC 命令和地址之后,应该发送包含位域清零信息的数据字节,首先发送最高位。在 SCK 引脚信号的上升沿会将所提供的数据取反,并接着与指定寄存器的内容进行 D0 位的逻辑与运算。

拉高$\overline{CS}$引脚电平可结束 BFC 命令。如果在装载 8 个位前,$\overline{CS}$变为高电平,则将中止这个数据字节的操作。

注:此命令不能用于 MAC 寄存器、MII 寄存器、PHY 寄存器或缓冲存储器。

(7) 系统命令。

系统命令(System Command,SC)允许主控制器发送系统软复位命令。不像其他的 SPI 命令,SC 仅仅是个单字节命令并且不对任何寄存器进行操作。

将 $\overline{CS}$ 引脚拉为低电平启动 SC 命令。然后发送 SC 操作码及随后的 5 位软复位命令常量 1Fh。通过拉高 $\overline{CS}$ 引脚电平可结束 SC 操作。图 12 - 13 给出了系统命令序列的详细说明。

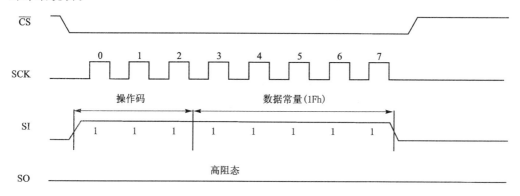

图 12 - 13   系统命令序列

12.3.2 硬件电路原理图

本章的以太网应用实例完整的硬件电路分成如下部分进行说明。

1. 以太网控制器 ENC28J60 及外围硬件电路

STM32F103 处理器通过 SPI 接口引脚 PA4~PA7 与以太网控制器 ENC28J60 实现数据通信,并通过 PA1 实现中断控制,PE1 完成系统硬件上电复位等,硬件电路如图 12 - 14 所示。

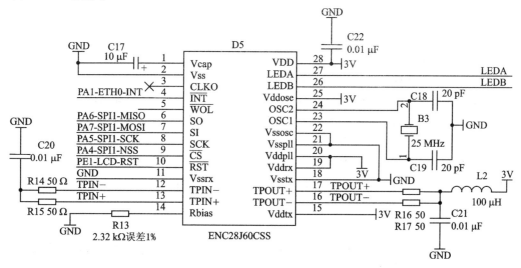

图 12 - 14   以太网控制器 ENC28J60 及外围硬件电路

2. 网络隔离变压器及 RJ45 接口硬件电路

HR911105A 是一款内置有网络隔离变压器、终端匹配电路以及两个反映 PHY 工作状态的 LED 指示灯的 RJ45 接口。该接口的硬件电路如图 12-15 所示。

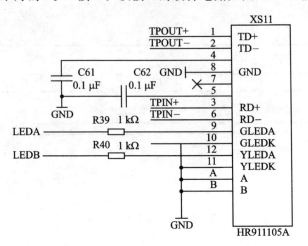

图 12-15　网络隔离变压器及 RJ45 接口硬件电路

12.4　系统软件设计

本例以太网应用实例的系统软件设计主要针对如下几个部分：

（1）μC/OS-II 系统建立任务。

包括系统主任务、μC/GUI 图形用户接口任务、网络处理任务等。

（2）μC/GUI 图形界面程序。

主要显示网络通信例程中的 TCP/UDP 连接状态以及 TCP/UDP 接收到的数据包等。

（3）中断服务程序。

本例的中断处理函数为 SysTickHandler()，这个中断处理函数与之前各章节的所讲述的功能稍有不同，由于 μIP 协议栈需要使用两个时钟，为 TCP 和 ARP 的定时器服务，因此有 0.5 s 和 10 s 两种定时器溢出中断处理。

（4）硬件平台初始化程序。

包括系统时钟初始化、SPI 接口初始化、GPIO 端口（用于驱动 LED 指示灯）初始化、FSMC 与触摸屏接口初始化等，同时也包括初始化 ENC28J60 网络设备以及 μIP 协议栈、配置 IP 地址、创建 HTTP/TCP 监听端口等。

（5）硬件底层驱动程序。

它包括两个部分，第一个部分则是 ENC28J60 以太网控制器所使用 SPI 总线接口相关的配置，比如 SPI 接口相关的 4 个功能引脚（SCK、MISO、MOSI、CS）端口配置、

SPI 接口时钟使能等；第二个部分则是 ENC28J60 以太网控制器的硬件底层驱动程序，读/写 ENC28J60 寄存器操作、PHY 寄存器设置、数据包收发、网卡硬件配置以及设置 IP 地址等等。

（6）μIP 协议栈移植与应用程序。

上层应用程序通过 μIP 协议栈的函数库实现与网络底层硬件交互通信，对于整个系统来说它内部的协议栈是透明的，仅需用户做极小部分的代码修改，当然用户需要自行添加上层应用程序。

本例软件设计所涉及的系统软件结构如表 12－6 所列；主要程序文件及功能说明如表 12－7 所列。

表 12－6　以太网应用实例的系统软件结构

应用软件层				
应用程序 app. c				
系统软件层				
μC/GUI 用户应用程序 Fun. c	TCP/IP 协议	操作系统		中断管理系统
μC/GUI 图形系统	上层应用程序	μC/OS-Ⅱ 系统		异常与外设中断处理模板
μC/GUI 驱动接口 lcd_ucgui. c, lcd_api. c	μIP 协议栈 1.0	μC/OS-Ⅱ / Port	μC/OS-Ⅱ / CPU	μC/OS-Ⅱ / Source	stm32f10x_it. c
μC/GUI 移植部分 lcd. c				
CMSIS 层				
Cortex-M3 内核外设访问层		STM32F10x 设备外设访问层		
core_cm3. c	core_cm3. h	启动代码 (stm32f10x_startup. s)	stm32f10x. h	system_ stm32f10x. c	system_stm32f10x. h
硬件抽象层				
硬件平台初始化 bsp. c				
硬件外设层				
ENC28J60 网络硬件底层及应用配置程序	SPI 接口应用配置	液晶屏接口应用配置程序	LCD 控制器驱动程序	
enc28j60. c	SPI. c	fsmc_sram. c	lcddrv. c	
其他通用模块驱动程序				
misc. c, stm32f10x_fsmc. c, stm32f10x_gpio. c, stm32f10x_rcc. c, stm32f10x_spi. c, stm32f10x_exti. c 等				

表 12－7　以太网系统程序设计文件功能说明

程序文件名称	程序文件功能说明
App. c	主程序，μC/OS-Ⅱ 系统建立任务，包括系统主任务、μC/GUI 图形用户接口任务、网络处理任务等
Fun. c	μC/GUI 图形用户接口，主要显示网络通信例程中的 TCP/UDP 连接状态、TCP/UDP 接收到的数据包、TCP/UDP 以及 Web 端口等

程序文件名称	程序文件功能说明
stm32f10x_it.c	本例 μC/OS-II 系统时钟节拍中断程序的实现函数 SysTickHandler,含 0.5s 和 10s 两种定时器溢出中断
SPI.c	含 SPI 接口相关的端口引脚配置、SPI 接口时钟使能以及 SPI 接口参数设置,该接口作为以太网控制器 ENC28J60 的通信接口
ENC28J60.c	ENC28J60 以太网控制器的硬件应用配置与底层驱动程序,主要包括读/写 ENC28J60 寄存器操作、MAC/PHY 寄存器设置、数据包收发、网卡硬件配置以及设置 IP 地址等功能实现函数
bsp.c	硬件平台初始化程序,包括系统时钟初始化、SPI 接口初始化、网络状态指示灯的 GPIO 端口初始化、触摸屏接口初始化等,同时也通过调用实现初始化 ENC28J60 网络设备以及 μIP 协议栈、配置 IP 地址、创建 HTTP/TCP 监听端口等功能
μIP 协议栈与应用	这部分包括 μIP 协议栈相关的函数库、上层应用程序、调用上层应用程序与系统底层驱动的应用接口函数

12.4.1 μC/OS-II 系统程序

本小节针对 μC/OS-II 系统任务、μC/GUI 图形用户接口、μC/OS-II 系统时钟节拍中断程序的实现函数 SysTickHandler、SPI 接口的应用配置、硬件平台的初始化作介绍,ENC28J60 以太网控制器的应用配置与底层驱动程序,本例将合并至 μIP 协议栈及应用程序(第 12.4.2 小节)作详细介绍。

1. μC/OS-II 系统任务

μC/OS-II 系统建立任务,包含系统主任务、μC/GUI 图形用户接口任务、触摸屏任务、网络处理任务、空闲任务以及统计时间运行任务,同时也是本例系统软件的主程序。

主程序集中在 main()入口函数,完成 μC/OS-II 系统初始化、硬件平台初始化、建立主任务、设置节拍计数器以及启动 μC/OS-II 系统等。

开始任务建立通过调用 App_TaskStart()函数来完成,再由该函数调用 App_TaskCreate()建立其他任务:

- OSTaskCreateExt(AppTaskUserIF,…用户界面任务);
- OSTaskCreateExt(AppTaskKbd,…触摸驱动任务);
- OSTaskCreateExt(Task_ETH,…网络处理任务)。

本例开始任务建立函数 App_TaskStart()与其他章节最大的不同之处在于增加了如下部分功能:

(1) 从网络设备读取一个 IP 数据包,返回数据长度;

(2) 定时查询 TCP 连接收发状态,ARP 表更新,网络接收完成传递信号量。

这两个增加的功能代码都在循环体 While(1)中,增加部分的代码如下所述。

```
while (1)
```

```
{
    uip_len = tapdev_read();//从网络设备读取一个 IP 包,返回数据长度
    if(uip_len>0) OSSemPost(ETH_SEM);//传递网络接收完成信号量
    eth_poll(); //定时查询 TCP 连接收发状态,ARP 表更新,并响应
    OSTimeDlyHMSM(0, 0, 0, 10);
}
```

由于系统启动任务(有时也称主任务)采用了信号量通信机制,所以使用了信号量操作函数 OSSemPost()向另外一个任务发出网络接收完成的信号量,以实现主任务与网络处理任务间的同步。

● eth_poll()函数

开始任务建立函数 App_TaskStart()调用本函数,该函数用于定时查询 TCP 连接与收发状态,ARP 表更新,并响应,详细的实现代码与注释如下。

```
void eth_poll(void){
    unsigned char i = 0;
    if(net_timeover05 == 1) /* 0.5 秒定时器超时 */
    {
        net_time05 = 0;
        net_timeover05 = 0; /* 复位 0.5 秒定时器 */
        /* 轮流处理每个 TCP 连接,UIP_CONNS 缺省是 10 个 */
        for(i = 0; i < UIP_CONNS; i++)
        {
            uip_periodic(i); /* 处理 TCP 通信事件 */
            /* 当上面的函数执行后,如果需要发送数据,则全局变量 uip_len > 0 */
            /* 需要发送的数据在 uip_buf,长度是 uip_len(这是 2 个全局变量) */
            if(uip_len > 0)
            {
                uip_arp_out(); //加以太网头结构,在主动连接时可能要构造 ARP 请求
                tapdev_send(); //发送数据到以太网(设备驱动程序)
            }
        }
#if UIP_UDP
        /* 轮流处理每个 UDP 连接,UIP_UDP_CONNS 缺省是 10 个 */
        for(i = 0; i < UIP_UDP_CONNS; i++)
        {
            uip_udp_periodic(i); /* 处理 UDP 通信事件 */
            /* 如果上面的函数调用导致数据应该被发送出去,全局变量 uip_len 设定值> 0 */
            if(uip_len > 0)
            {
                uip_arp_out(); //加以太网头结构,在主动连接时可能要构造 ARP 请求
                tapdev_send(); //发送数据到以太网(设备驱动程序)
            }
```

```
    }
 # endif
    /*每隔 10 秒调用 1 次 ARP 定时器函数,用于定期 ARP 处理*/
    /*ARP 表 10 秒更新一次,旧的条目会被抛弃**************/
    if (net_timeover10 == 1)
    {
        net_time10 = 0;
        net_timeover10 = 0; /*复位 10 秒定时器*/
        uip_arp_timer();
    }
   }
}
```

● 网络处理任务函数 Task_ETH()

除网络处理任务之外,其他任务代码在各章节 µC/OS-Ⅱ 系统设计中大多数是完全类似的,网络处理任务实现代码如下文介绍。

```
static void Task_ETH(void * p_arg){
    INT8U err;
    (void)p_arg;
    while(1){
        OSSemPend(ETH_SEM,0,&err); //等待接收完成信号量
        UipPro();//处理网络数据包
    }
}
```

由于网络处理任务采用了信号量通信机制,所以使用了信号量操作函数 OSSem-Pend()等待另外一个任务发出网络接收完成的信号量,以实现系统间任务的同步。

● UipPro()函数

网络处理任务函数 Task_ETH()中嵌套一个 UipPro()函数,该函数主要用于实现中断触发读取网络接收缓存等功能,实现代码和详细代码注释见下文。

```
void UipPro(void)
{
    ETH_INT = 1;
    if(ETH_INT == 1){      //当网络接收到数据时,会产生中断
        rep:;
        ETH_INT = 0;
        if(uip_len > 0)     //收到数据
        {
            /* 处理 IP 数据包(只有校验通过的 IP 包才会被接收)*/
            if(BUF - >type == htons(UIP_ETHTYPE_IP)) //确认是否为 IP 包吗
            {
                uip_arp_ipin();//去除以太网帧头,更新 ARP 表
```

```
            uip_input();//应用程序与底层之间处理函数用于 IP 包处理
            /*当上面的函数执行后,如果需要发送数据,则全局变量 uip_len > 0*/
            /*需要发送的数据在 uip_buf,长度是 2 个全局变量)*/
            if(uip_len > 0)//有带外响应数据
            {
                uip_arp_out();//加以太网帧头,在主动连接时可能要构造 ARP 请求
                tapdev_send();//发送数据到以太网(设备驱动程序)
            }
        }
        /*处理 arp 报文*/
        else if(BUF->type == htons(UIP_ETHTYPE_ARP))//确认是否为 ARP 请求包
        {
            /*如是 ARP 则响应,更新 ARP 表;如果是请求,构造回应数据包*/
            uip_arp_arpin();
            /*当上面的函数执行后,如果需要发送数据,则全局变量 uip_len > 0*/
            /*需要发送的数据在 uip_buf,长度是 uip_len(这是 2 个全局变量)*/
            if(uip_len > 0)//是 ARP 请求,要发送回应
            {
                tapdev_send();,//向以太网发送 ARP 回应
            }
        }
    }
}
    else{
/*防止大包造成接收死机,当没有产生中断,而 ENC28J60 中断信号始终为低说明接收死机*/
        if(ETH_rec_f == 0) goto rep;
    }
}
```

2. 中断处理程序

本实例的中断处理程序也是集中在 SysTickHandler,除了传统意义上为 μC/OS-Ⅱ系统提供时钟节拍中断之外,还包含了 0.5 秒和 10 秒定时器的溢出标志,该函数完全的代码如下。

```
void SysTickHandler(void)
{
    OS_CPU_SR cpu_sr;
    OS_ENTER_CRITICAL();//保存全局中断标志,关总中断/
    OSIntNesting ++ ;//中断嵌套
    OS_EXIT_CRITICAL(); //恢复全局中断标志
    if(net_time05 ++ > = 50){
        /*0.5 秒溢出标志*/
        net_time05 = 0;
```

```
        net_timeover05 = 1;
    }
    if(net_time10 ++ >= 1000){
        /* 10 秒溢出标志 */
        net_time10 = 0;
        net_timeover10 = 1;
    }
    OSTimeTick();//判断延时的任务是否计时到
    OSIntExit(); //任务切换
}
```

3. µC/GUI 图形界面程序

µC/GUI 图形用户接口,主要显示网络通信例程中的 TCP/UDP 连接状态、TCP/UDP 接收到的数据包内容、IP 地址、网关地址、子网掩码、TCP/UDP 端口地址、Web 端口地址以及 MAC 地址等。

本例用户界面程序仍然分为创建对话框窗体、资源列表、对话框过程函数三大功能块介绍软件设计流程。

● 用户界面显示函数 Fun()

µC/GUI 图形界面程序的函数主要包括建立对话框窗体、按钮控件、文本控件、多文件编辑控件以及相关字体、背景色、前景色等参数设置。本函数利用 GUI_CreateDialogBox()函数创建对话框窗体,指定包含的资源表、资源数目以及回调函数。最后实现 µC/GUI 图形用户接口上述介绍的相关内容显示。

```
extern unsigned char mymac[];//MAC 地址
WM_HWIN hWin,hmultiedit1,hmultiedit2;
WM_HWIN text0,text1,text2,text3,text4,text5,text6,text7,text8;
GUI_COLOR DesktopColorOld;
const GUI_FONT * pFont = &GUI_FontHZ_SimSun_13;
void Fun(void) {
    char s1[40] = "TCP - 来自";
    char s3[40] = "UDP - ";
    char s2[20],s4[20];
    char s5[40] = "Mac_Add: ";
    char s6[40] = "IP___Add: ";
    char s7[40] = "Route_IP: ";
    char s8[40] = "Net_Mask: ";
    /* 定义 TCP/UDP 服务状态标志 */
    ETH_TCP_R = 0; //TCP 服务器数据接收标志清除
    ETH_UDP_R = 0;//UDP 服务器数据接收标志清除
    TCP_S_Link = 0;//TCP 服务器连接标志
    UDP_S_Link = 0; //UDP 服务器连接标志
    GUI_CURSOR_Show();//打开鼠标光标显示
```

```
WM_SetCreateFlags(WM_CF_MEMDEV); /* 自动使用存储设备 */
DesktopColorOld = WM_SetDesktopColor(GUI_BLUE);
/* 建立窗体,包含了资源列表,资源数目,并指定回调函数 */
hWin = GUI_CreateDialogBox(aDialogCreate, GUI_COUNTOF(aDialogCreate),
                          _cbCallback, 0, 0, 0);
/* 设置窗体字体 */
FRAMEWIN_SetFont(hWin, pFont);
/* 获得文本控件的句柄 */
text0 = WM_GetDialogItem(hWin, GUI_ID_TEXT0);
text1 = WM_GetDialogItem(hWin, GUI_ID_TEXT1);
text2 = WM_GetDialogItem(hWin, GUI_ID_TEXT2);
text3 = WM_GetDialogItem(hWin, GUI_ID_TEXT3);
text4 = WM_GetDialogItem(hWin, GUI_ID_TEXT4);
text5 = WM_GetDialogItem(hWin, GUI_ID_TEXT5);
text6 = WM_GetDialogItem(hWin, GUI_ID_TEXT6);
text7 = WM_GetDialogItem(hWin, GUI_ID_TEXT7);
text8 = WM_GetDialogItem(hWin, GUI_ID_TEXT8);
/* 设置文本控件的字体 */
TEXT_SetFont(text0,&GUI_Font16B_ASCII);
TEXT_SetFont(text1,&GUI_Font16B_ASCII);
TEXT_SetFont(text2,&GUI_Font16B_ASCII);
TEXT_SetFont(text3,&GUI_Font16B_ASCII);
TEXT_SetFont(text4,pFont);
TEXT_SetFont(text5,pFont);
TEXT_SetFont(text6,pFont);
TEXT_SetFont(text7,pFont);
TEXT_SetFont(text8,pFont);
/* 设置文本控件的字体颜色 */
TEXT_SetTextColor(text0,GUI_BLACK);
TEXT_SetTextColor(text1,GUI_BLACK);
TEXT_SetTextColor(text2,GUI_BLACK);
TEXT_SetTextColor(text3,GUI_BLACK);
TEXT_SetTextColor(text4,GUI_WHITE);
TEXT_SetBkColor(text4,GUI_LIGHTBLUE);
TEXT_SetTextColor(text5,GUI_WHITE);
TEXT_SetBkColor(text5,GUI_LIGHTBLUE);
TEXT_SetTextColor(text6,GUI_WHITE);
TEXT_SetBkColor(text6,GUI_LIGHTBLUE);
TEXT_SetTextColor(text7,GUI_WHITE);
TEXT_SetBkColor(text7,GUI_LIGHTBLUE);
TEXT_SetTextColor(text8,GUI_WHITE);
TEXT_SetBkColor(text8,GUI_LIGHTBLUE);
/* 显示 MAC 地址 */
```

```
itoa(mymac[0],s2,10); strcat(s5,s2); strcat(s5,"-");//调用了格式转换函数 itoa()
itoa(mymac[1],s2,10); strcat(s5,s2); strcat(s5,"-"); //调用了格式转换函数 itoa()
itoa(mymac[2],s2,10); strcat(s5,s2); strcat(s5,"-");
itoa(mymac[3],s2,10); strcat(s5,s2); strcat(s5,"-");
itoa(mymac[4],s2,10); strcat(s5,s2); strcat(s5,"-");
itoa(mymac[5],s2,10); strcat(s5,s2);
TEXT_SetText(text3,s5);
/ * 显示 IP 地址 */
itoa(myip[0],s2,10);    strcat(s6,s2); strcat(s6,".");
itoa(myip[1],s2,10);    strcat(s6,s2); strcat(s6,".");
itoa(myip[2],s2,10);    strcat(s6,s2); strcat(s6,".");
itoa(myip[3],s2,10);    strcat(s6,s2);
TEXT_SetText(text0,s6);
/ * 显示网关地址 */
itoa(routeip[0],s2,10); strcat(s7,s2); strcat(s7,".");
itoa(routeip[1],s2,10); strcat(s7,s2); strcat(s7,".");
itoa(routeip[2],s2,10); strcat(s7,s2); strcat(s7,".");
itoa(routeip[3],s2,10); strcat(s7,s2);
TEXT_SetText(text1,s7);
/ * 显示子网掩码 */
itoa(netmask[0],s2,10); strcat(s8,s2); strcat(s8,".");
itoa(netmask[1],s2,10); strcat(s8,s2); strcat(s8,".");
itoa(netmask[2],s2,10); strcat(s8,s2); strcat(s8,".");
itoa(netmask[3],s2,10); strcat(s8,s2);
TEXT_SetText(text2,s8);
/ * 获得按钮控件的句柄 */
_ahButton[0] = WM_GetDialogItem(hWin, GUI_ID_BUTTON0);
_ahButton[1] = WM_GetDialogItem(hWin, GUI_ID_BUTTON1);
_ahButton[2] = WM_GetDialogItem(hWin, GUI_ID_BUTTON2);
_ahButton[3] = WM_GetDialogItem(hWin, GUI_ID_BUTTON3);
_ahButton[4] = WM_GetDialogItem(hWin, GUI_ID_BUTTON4);
//按键字体设置
BUTTON_SetFont(_ahButton[0],pFont);
BUTTON_SetFont(_ahButton[1],pFont);
BUTTON_SetFont(_ahButton[2],pFont);
BUTTON_SetFont(_ahButton[3],pFont);
BUTTON_SetFont(_ahButton[4],pFont);
//按键背景色设置
BUTTON_SetBkColor(_ahButton[0],0,GUI_GRAY); //按键背景颜色
BUTTON_SetBkColor(_ahButton[1],0,GUI_GRAY);
BUTTON_SetBkColor(_ahButton[2],0,GUI_GRAY);
BUTTON_SetBkColor(_ahButton[3],0,GUI_GRAY);
BUTTON_SetBkColor(_ahButton[4],0,GUI_GRAY);
```

//按键前景色设置

```
BUTTON_SetTextColor(_ahButton[0],0,GUI_WHITE);
BUTTON_SetTextColor(_ahButton[1],0,GUI_WHITE);
BUTTON_SetTextColor(_ahButton[2],0,GUI_WHITE);
BUTTON_SetTextColor(_ahButton[3],0,GUI_WHITE);
BUTTON_SetTextColor(_ahButton[4],0,GUI_WHITE);
BUTTON_SetTextColor(_ahButton[5],0,GUI_WHITE);
BUTTON_SetTextColor(_ahButton[6],0,GUI_WHITE);
```

/* 在窗体上建立多文本编辑框控件作为 TCP 接收显示区 */

```
hmultiedit1 = MULTIEDIT_Create(3,130,156,75,hWin, UI_ID_MULTIEDIT0,WM_CF_SHOW, MUL-
                               TIEDIT_CF_AUTOSCROLLBAR_V,"",500);
```

/* 在窗体上建立多文本编辑框控件作为 UDP 接收显示区 */

```
hmultiedit2 = MULTIEDIT_Create(160,130,158,75,hWin,GUI_ID_MULTIEDIT0,
        WM_CF_SHOW, MULTIEDIT_CF_AUTOSCROLLBAR_V,"",500);
```

/* 设置多文本编辑框控件的字体 */

```
MULTIEDIT_SetFont(hmultiedit1,pFont);
MULTIEDIT_SetFont(hmultiedit2,pFont);
```

/* 设置多文本编辑框控件的背景色 */

```
MULTIEDIT_SetBkColor(hmultiedit1,MULTIEDIT_CI_EDIT,GUI_LIGHTGRAY);
MULTIEDIT_SetBkColor(hmultiedit2,MULTIEDIT_CI_EDIT,GUI_LIGHTGRAY);
```

/* 设置多文本编辑框控件的字体颜色 */

```
MULTIEDIT_SetTextColor(hmultiedit1,MULTIEDIT_CI_EDIT,GUI_BLACK);
MULTIEDIT_SetTextColor(hmultiedit2,MULTIEDIT_CI_EDIT,GUI_BLACK);
```

/* 设置多文本编辑框控件的文字回绕 */

```
MULTIEDIT_SetWrapWord(hmultiedit1);
MULTIEDIT_SetWrapWord(hmultiedit2);
```

/* 设置多文本编辑框控件的最大字符数 */

```
MULTIEDIT_SetMaxNumChars(hmultiedit1,1500);
MULTIEDIT_SetMaxNumChars(hmultiedit2,1500);
```

/* 设置多文本编辑框控件的字符左对齐 */

```
MULTIEDIT_SetTextAlign(hmultiedit1,GUI_TA_LEFT);
MULTIEDIT_SetTextAlign(hmultiedit2,GUI_TA_LEFT);
while (1)
{
  key = GUI_GetKey();//实时获得触摸按键的值
  if(key == 0x170) num = 1;         //F1
  else if(key == 0x171) num = 2;    //F2
  else if(key == 0x172) num = 3;    //F3
  else if(key == 0x173) num = 4;    //F4
  else if(key == 0x174) num = 5;    //F5
  switch(num){
      case 1:    //F1 -- 清除 TCP 接收显示区
          MULTIEDIT_SetText(hmultiedit1,"");
```

```
                num = 0;
                break;
        case 4:  //F4 -- 清除 UDP 接收显示区
                MULTIEDIT_SetText(hmultiedit2,"");
                num = 0;
                break;
        default:
                break;
    }
    if(TCP_S_Link == 1){ //远端客户端和本地 TCP 服务器连接
        TCP_S_Link = 0;
        /* 显示 TCP 连接状态 */
        TEXT_SetTextColor(text4,GUI_GREEN);
        TCP_S_Link = 0;
        s1[8] = 0;
        itoa(rip[0],s2,10);  strcat(s1,s2); strcat(s1,".");
        itoa(rip[1],s2,10);  strcat(s1,s2); strcat(s1,".");
        itoa(rip[2],s2,10);  strcat(s1,s2); strcat(s1,".");
        itoa(rip[3],s2,10);  strcat(s1,s2);
        TEXT_SetText(text4,s1);
        MULTIEDIT_SetText(hmultiedit1,"");
    }
    else if(TCP_S_Link == 2){ //远端客户端和本地 TCP 服务器断开
        TCP_S_Link = 0;
        /* 显示 TCP 连接状态 */
        TEXT_SetTextColor(text4,GUI_WHITE);
        TEXT_SetText(text4,"TCP 客户端已经断开");
    }
    if(ETH_UDP_R == 1){ //远端客户端和本地 UDP 服务器连接
        ETH_UDP_R = 0;
        /* 显示 UDP 连接状态 */
        TEXT_SetTextColor(text5,GUI_GREEN);
        s3[4] = 0;
        itoa(rip[0],s4,10);  strcat(s3,s4); strcat(s3,".");
        itoa(rip[1],s4,10);  strcat(s3,s4); strcat(s3,".");
        itoa(rip[2],s4,10);  strcat(s3,s4); strcat(s3,".");
        itoa(rip[3],s4,10);  strcat(s3,s4); strcat(s3,":");
        itoa(rport,s4,10);  strcat(s3,s4);
        TEXT_SetText(text5,s3);
        MULTIEDIT_SetText(hmultiedit2,"");
        /* 显示接收到的 UDP 数据 */
        MULTIEDIT_SetText(hmultiedit2,Udp_buff);//获取 UDP 数据
    }
```

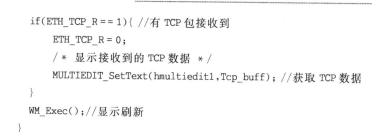

```
    if(ETH_TCP_R == 1){  //有 TCP 包接收到
        ETH_TCP_R = 0;
        / * 显示接收到的 TCP 数据 * /
        MULTIEDIT_SetText(hmultiedit1,Tcp_buff);  //获取 TCP 数据
    }
    WM_Exec();  //显示刷新
  }
}
```

大家也许会对 UDP 数据和 TCP 数据的接收与显示过程有疑问,其实这两个数组在 demo. h 头文件中定义,定义内容如下。

```
/ * 数组定义,用于 TCP/UDP 接收缓存区 * /
EXT unsigned char Tcp_buff[2000],Udp_buff[2000];
```

当 μIP 协议栈的上层应用程序接收到 UDP 数据包,复制到这个已经定义 UDP 接收缓存区 Udp_buff[],这样,我们就可以在图形用户界面上面看到这些数据包了。同理,当 μIP 协议栈的上层应用程序接收到 TCP 数据包,也复制到 TCP 接收缓存区 Tcp_buff[]。

上述代码中的 GUI_CreateDialogBox()函数用于创建非阻塞式对话框窗体,参数 aDialogCreate 定义对话框中所要包含的小工具的资源表的指针;GUI_COUNTOF(aDialog_Create)定义对话框中所包含的小工具的总数;参数_cbCallback 代表应用程序特定回调函数(对话框过程函数-窗体回调函数)的指针;紧跟其后的一个参数表示父窗口的句柄(0 表示没有父窗口),最后两个参数表示 X/Y 座标位置,即对话框相对于父窗口的 X/Y 轴位置(0,0)。

● 资源表创建

本函数定义指向了 GUI_WIDGET_CREATE_INFO 结构的指针,指定在对话框窗体中所要包括的所有控件,用于建立资源表。

```
static const GUI_WIDGET_CREATE_INFO aDialogCreate[] = {
  //建立窗体,大小是 320×240,原点 0,0
  { FRAMEWIN _ CreateIndirect, "STM32 开发板 - uIP1. 0 以太网实验",0,0,0,320,240,
FRAMEWIN_CF_ACTIVE },
  //建立 TEXT 控件
  {TEXT_CreateIndirect,"Mac__Add:",GUI_ID_TEXT3,5,6,210,20, TEXT_CF_LEFT|TEXT_CF_
VCENTER },
  { TEXT_CreateIndirect,"TCP 服务器未有连接",GUI_ID_TEXT4,0,90,156,18, TEXT_CF_LEFT|
TEXT_CF_VCENTER },
  { TEXT_CreateIndirect,"UDP 服务器未有连接",GUI_ID_TEXT5,161,90,159,18, TEXT_CF_LEFT
|TEXT_CF_VCENTER },
  { TEXT_CreateIndirect,"IP___Add:",GUI_ID_TEXT0,5,26,210,20, TEXT_CF_LEFT|TEXT_CF_
VCENTER},
```

```
        { TEXT_CreateIndirect,"Route_IP:",GUI_ID_TEXT1,5,46,210,20, TEXT_CF_LEFT|TEXT_CF_
VCENTER},
        { TEXT_CreateIndirect,"Net_Mask:",GUI_ID_TEXT2,5,66,210,20, TEXT_CF_LEFT|TEXT_CF_
VCENTER },
        { TEXT_CreateIndirect,"TCP 端口:1200",GUI_ID_TEXT6,220,26,100,20, TEXT_CF_LEFT|TEXT
_CF_VCENTER },
        { TEXT_CreateIndirect,"WEB 端口:80",GUI_ID_TEXT7,220,46,100,20, TEXT_CF_LEFT|TEXT_
CF_VCENTER },
        { TEXT_CreateIndirect,"UDP 端口:2000",GUI_ID_TEXT8,220,66,100,20, TEXT_CF_LEFT|TEXT
_CF_VCENTER },
        //建立按扭控件
        { BUTTON_CreateIndirect,"TCP 清除", GUI_ID_BUTTON0,0,188, 64, 30 },
        { BUTTON_CreateIndirect,"",GUI_ID_BUTTON1,64,188,64,30 },
        { BUTTON_CreateIndirect,"",GUI_ID_BUTTON2,128,188,64,30 },
        { BUTTON_CreateIndirect,"UDP 清除",GUI_ID_BUTTON3,192,188 ,64,30 },
        { BUTTON_CreateIndirect,"",GUI_ID_BUTTON4,256,188 ,64,30 },
    };
```

● _cbCallback()函数作为起点添加动作代码

窗体回调函数_cbCallback()作为对话框过程函数的起点,初始化后,需要添加动作代码。创建对话框后,所有资源表中的小工具(指 GUI_CreateDialogBox 函数建立的所有控件)都将可见。尽管这些小工具在屏幕上面可见,但它们是以"空"的形式出现的。这是因为对话框过程函数尚未包含初始化单个元素的代码。小工具的初始值、由它们所引起的行为以及它们之间的交互作用都需要在这个对话框过程中进行定义。

```
static void _OnValueChanged(WM_HWIN hDlg, int Id);//值变更动作函数
static void _cbCallback(WM_MESSAGE * pMsg) {
    int NCode, Id;
    WM_HWIN hDlg;
    hDlg = pMsg->hWin;//hWin 指向所有小工具的初始值等
    switch (pMsg->MsgId) {
    case WM_NOTIFY_PARENT:
        Id = WM_GetId(pMsg->hWinSrc); /* 获得窗体部件的 ID */
        NCode = pMsg->Data.v; /* 动作代码 */
        switch (NCode) {
          case WM_NOTIFICATION_VALUE_CHANGED: /* 窗体部件的值被改变 */
            _OnValueChanged(hDlg, Id);
            break;
          default:
            break;
        }
        break;
```

```
default:
    WM_DefaultProc(pMsg);
  }
}
```

4. 硬件平台初始化程序

硬件平台初始化程序,包括系统时钟初始化、SPI 接口初始化、网络状态指示灯的 GPIO 端口初始化、串口、FSMC 与触摸屏接口初始化等常用的配置,同时也通过调用实现初始化 ENC28J60 网络设备以及 μIP 协议栈、配置 IP 地址、创建 HTTP/TCP 监听端口等功能。

开发板硬件的初始化通过 BSP_Init() 函数调用各硬件接口功能函数实现,具体实现代码如下。

```
void BSP_Init(void)
{
    RCC_Configuration();//系统时钟初始化
    GPIO_Configuration();//GPIO 配置,网络状态 LED 驱动引脚
    USART_Config(USART1,115200);//初始化串口 1
    SPI1_Init();//ENC28J60 - SPI 接口初始化
    tp_Config();//SPI1 - 触摸电路接口初始化
    FSMC_LCD_Init();//FSMC 接口初始化
    /* 初始化网络设备以及 μIP 协议栈,配置 IP 地址 */
    InitNet();
    /* 创建一个 TCP 监听端口和 HTTP 监听端口,端口号为 1200,80 */
    uip_listen(HTONS(1200));
    uip_listen(HTONS(80));
}
```

● InitNet() 函数

开发板硬件的初始化函数 BSP_Init() 中嵌套了一个 InitNet() 函数,该函数用于初始化网络硬件、μIP 协议栈、配置本机 IP 地址等功能,也是硬件初始化程序中需要重点介绍的功能函数。

```
void InitNet(void)
{
    uip_ipaddr_t ipaddr;//IP 地址
    /* 配置 IP 地址 192.168.1.15 */
    myip[0] = 192; myip[1] = 168; myip[2] = 1; myip[3] = 15;
    /* 配置网关地址 192.168.1.1 */
    routeip[0] = 192; routeip[1] = 168; routeip[2] = 1; routeip[3] = 1;
    /* 配置子网掩码 255.255.255.0 */
    netmask[0] = 255; netmask[1] = 255; netmask[2] = 255; netmask[3] = 0;
    TCP_S_Link = 0; //TCP 服务器和客户端建立标志
```

```
tapdev_init();//ENC28J60 硬件设备初始化
USART_OUT(USART1,"uip_init\n\r");
uip_init();//μIP 协议栈初始化
USART_OUT(USART1,"uip ip address :
    % d, % d, % d, % d\r\n",myip[0],myip[1],myip[2],myip[3]);
uip_ipaddr(ipaddr, myip[0],myip[1],myip[2],myip[3]);        //设置 IP 地址
uip_sethostaddr(ipaddr);
USART_OUT(USART1,"uip route address :
    % d, % d, % d, % d\r\n",routeip[0],routeip[1],routeip[2],routeip[3]);
uip_ipaddr(ipaddr, routeip[0],routeip[1],routeip[2],routeip[3]);
                                               //设置默认路由器 IP 地址
uip_setdraddr(ipaddr);
USART_OUT(USART1,"uip net mask :
    % d, % d, % d, % d\r\n",netmask[0],netmask[1],netmask[2],netmask[3]);
uip_ipaddr(ipaddr, netmask[0],netmask[1],netmask[2],netmask[3]);//设置网络掩码
uip_setnetmask(ipaddr);
}
```

5. SPI 接口的硬件应用配置

这个 SPI 接口配置作为 ENC28J60 网络设备的通信接口,硬件配置主要实现 SPI 接口相关的端口引脚与参数配置。

如前所述 SPI1_Init()函数用于 ENC28J60 网络设备的 SPI 通信接口引脚定义、SPI 接口时钟使能和参数配置,函数代码如下。

```
void SPI1_Init(void)
{
    SPI_InitTypeDef SPI_InitStructure;
    GPIO_InitTypeDef GPIO_InitStructure;
    /* 使能 SPI1 时钟 */
    RCC_APB2PeriphClockCmd(RCC_APB2Periph_SPI1, ENABLE);
    /* 配置 SPI1 的 SCK,MISO MOSI */
    GPIO_InitStructure.GPIO_Pin = GPIO_Pin_5 | GPIO_Pin_6 | GPIO_Pin_7;
    GPIO_InitStructure.GPIO_Speed = GPIO_Speed_10MHz;
    GPIO_InitStructure.GPIO_Mode = GPIO_Mode_AF_PP; //复用功能
    GPIO_Init(GPIOA, &GPIO_InitStructure);
    /* 配置 SPI1 的 ENC28J60 片选 */
    GPIO_InitStructure.GPIO_Pin = GPIO_Pin_4;
    GPIO_InitStructure.GPIO_Speed = GPIO_Speed_10MHz;
    GPIO_InitStructure.GPIO_Mode = GPIO_Mode_Out_PP;
    GPIO_Init(GPIOA, &GPIO_InitStructure);
    GPIO_SetBits(GPIOA, GPIO_Pin_4);
```

```
/* SPI1 配置 */
SPI_InitStructure.SPI_Direction = SPI_Direction_2Lines_FullDuplex;
SPI_InitStructure.SPI_Mode = SPI_Mode_Master;
SPI_InitStructure.SPI_DataSize = SPI_DataSize_8b;
SPI_InitStructure.SPI_CPOL = SPI_CPOL_Low;
SPI_InitStructure.SPI_CPHA = SPI_CPHA_1Edge;
SPI_InitStructure.SPI_NSS = SPI_NSS_Soft;
SPI_InitStructure.SPI_BaudRatePrescaler = SPI_BaudRatePrescaler_64;
SPI_InitStructure.SPI_FirstBit = SPI_FirstBit_MSB;
SPI_InitStructure.SPI_CRCPolynomial = 7;
SPI_Init(SPI1, &SPI_InitStructure);
/* 使能 SPI1 */
SPI_Cmd(SPI1, ENABLE);
    ...
}
```

12.4.2　μIP 协议栈及应用程序

μIP 协议栈是一种免费的 TCP/IP 协议栈,可以使用于 8 位、16 位或 32 位微处理器构建的嵌入式系统,它由瑞典的 Adam Dunkels 开发,其源代码为 C 语言编写,并完全公开。目前最新版本是 μIP1.0,本实例移植和使用的版本也是基于此版本。

μIP 协议栈去掉了 TCP/IP 中不常用的功能,简化了流程,但保留了网络通信必备的协议,并保证了其代码的通用性和结构的稳定性。由于 μIP 协议栈专门为嵌入式系统而设计,因此还具有如下功能特点:

- 其硬件处理层、协议栈层和应用层共用一个全局缓存区,不存在数据的拷贝,且发送和接收都是依靠这个缓存区,极大的节省空间和时间;
- 支持多个主动连接和被动连接并发;
- 其源代码中提供一套实例程序:Web 服务器,Web 客户端,电子邮件发送程序(SMTP 客户端),Telnet 服务器,DNS 主机名解析程序等。通用性强,移植起来基本不用修改就可以通过;

对数据的处理采用轮循机制,不需要操作系统的支持。

1. μIP 协议栈的架构

μIP 协议栈为了具有最大的通用性,将底层硬件驱动和上层应用之外的所有协议集“打包”在一个“库”里,即 μIP 相当于一个函数代码库。它通过一系列接口函数的调用实现与上层应用程序和底层硬件之间的通信。正是由 μIP 协议栈通过接口实现底层硬件和上层应用“通信”的方式,使得移植到不同系统和实现不同的应用都很方便,很好地体现了 TCP/IP 协议平台无关性的特点。μIP 协议栈与系统底层和应用程序之间的

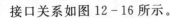
接口关系如图 12-16 所示。

2. μIP 协议栈与底层的接口

μIP 与系统底层的接口包含网络设备驱动接口和系统定时器接口两类。

(1) μIP 与网络设备驱动接口。

μIP 通过函数 uip_input()和全局变量 uip_buf、uip_len 来实现与设备驱动的接口。

● uip_buf 变量。

uip_buf 变量用于存放接收到的和要

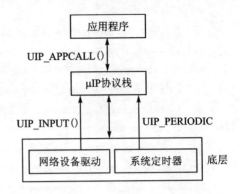

图 12-16 μIP 协议栈接口架构

发送的数据包,为了减少存储器的使用,接收数据包和发送数据包使用相同的缓冲区。

● uip_len 变量。

uip_len 变量表示接收发送缓冲区里的数据长度,通过判断 uip_len 的值是否为 0 来判断是否接收到新的数据,是否有数据要发送。当设备驱动接收到一个 IP 包并放到输入包缓存里(uip_buf)后,应该调用 uip_input()函数。

uip_input()函数是 μIP 协议栈的底层入口,由它处理收到的 IP 包。当 uip_input()返回,若有数据要发送,则发送数据包放在包缓冲区里,包的大小由全局变量 uip_len 指明。如果 uip_len 是 0,没有包要发送;如果 uip_len 大于 0 则调用网络设备驱动发送数据包。

(2) μIP 与系统定时器接口。

TCP/IP 协议要处理许多定时事件,比如数据包重发、ARP 表更新,所以需要系统定时器接口为所有 μIP 内部时钟事件提供计时。当周期计时激发,每一个 TCP 连接应该调用函数 uip_periodic()。TCP 的连接编号作为参数传递给函数 uip_periodic(),并检查参数指定的连接状态,如果需要重发则将重发数据放到包缓冲区(uip_buf)中并修改 uip_len 的值。当函数 uip_periodic()返回后,应该检查 uip_len 的值,若不为 0 则将 uip_buf 缓冲区中的数据包发送到网络上。

ARP 协议对于构建在以太网上的 TCP/IP 协议是必需的,但对于构建与其他网络接口上的 TCP/IP 则不是必需的。为了结构化的目的,μIP 将 ARP 协议作为一个可添加的模块单独实现。因此,ARP 表的定时更新要单独处理。当系统定时器对 ARP 表的更新进行定时,到达定时时间则调用函数 uip_arp_timer()对过期表项进行清除。

(3) 系统初始化函数。

除网络设备驱动和系统定时器接口之外,系统初始化时还需调用函数 uip_init(),该函数主要用于初始化 μIP 协议栈的侦听端口和默认所有连接是关闭的。

3. μIP 协议栈与应用程序的接口

应用程序作为单独的模块由用户实现,μIP 协议栈提供一系列接口函数供用户程序调用。用户须将应用层入口程序作为接口提供给 μIP 协议栈,定义为宏 UIP_APP-

CALL()。μIP 在接收到底层传来的数据包后,若需要送上层应用程序处理,它就调用 UIP_APPCALL()。μIP 提供给应用程序的接口函数,按功能可划分为很多种,其主要接口函数如下。

(1) 接收数据接口。

应用程序利用函数 uip_newdata()检测是否有新数据到达,全局变量 uip_appdata 指针指向实际数据,数据的大小通过 uip_datalen()函数获得。

(2) 发送数据接口。

应用程序通过函数 uip_send()发送数据,该函数采用两个参数:一个指针指向发送数据起始地址,另一个指明数据的长度。

(3) 重发数据接口。

应用程序通过测试函数 uip_rexmit()来判断是否需要重发数据,如果需要重发则调用函数 uip_send()重发数据包。

(4) 关闭连接接口。

应用程序通过调用函数 uip_close()关闭当前连接。

(5) 报告错误接口。

μIP 提供错误报告函数检测连接中出现的错误。应用程序可以使用两个测试函数 uip_aborted()和 uip_timedout()去测试那些错误情况。

(6) 轮询接口。

当连接空闲时,μIP 会周期性地轮询应用程序,判断是否有数据要发送,应用程序使用测试函数 uip_poll()去检查它是否被轮询过。

(7) 监听端口接口。

μIP 保持了一个监听已知 TCP 端口的列表。通过函数 uip_listen(),一个新的监听端口打开并添加到监听列表中。当在一个监听端口上接收到一个新的连接请求时,μIP 产生一个新的连接和调用该端口对应的应用程序。

(8) 打开连接接口。

在 μIP 里面通过使用 uip_connect()函数打开一个新连接。该函数打开一个新连接到指定的 IP 地址和端口,返回一个新连接的指针到 uip_conn 结构。如果没有空余的连接槽,函数返回空值。

(9) 数据流控制接口。

μIP 提供函数 uip_stop()和 uip_restart()用于 TCP 连接的数据流控制。应用程序可以通过函数 uip_stop()停止远程主机发送数据。当应用程序准备好接收更多数据,调用函数 uip_restart()通知远程终端再次发送数据。函数 uip_stopped()可以用于检查当前连接是否停止。

4. μIP 协议栈移植与应用程序设计

μIP 协议栈通用性相当强,移植起来基本不用修改就可以通过。本例的 μIP 协议栈移植与应用程序设计所涉及的文件及功能说明如表 12 - 8 所列。

表 12 - 8　μIP 协议栈移植与应用程序设计文件说明

架构层次	程序文件名称	程序文件功能说明
上层应用层	emc28j60_uip. c	μIP 接口函数,初始化 ENC28J60 网卡,完成 TCP 服务器(tcp_demo_appcall)和 HTTP 服务器程序(httpd_appcall)调用
	tcp_demo. c	上层应用程序,TCP 应用,LED 指示灯亮灭控制
	tcp_demo. h	头文件,定义了通信程序状态字,定义了 uip_tcp_appstate_t 数据类型,用户可以自行添加应用程序需要用到成员变量,而不需要变更结构体类型的名字,因为这个类型名会被 μIP 引用,还定义应用程序回调函数,这部分代码省略介绍
	udp_demo. c	上层应用程序,UDP 应用,LED 指示灯亮灭控制
μIP 协议栈	httpd. c	WEB 服务器程序,HTPP 数据分析与处理,Web 测试页面及 Web 页面控制 LED 指示灯亮灭
	uip_conf. h	头文件,用于配置全局缓冲区的大小、支持的最大连接数、侦听数等
系统底层	ENC28J60. c	在 ENC28J60 以太网控制器硬件基础上构建的网络设备驱动程序。包含对 ENC28J60 硬件的各种操作、网络设备硬件配置及初始化以及读取/发送数据包等功能函数
	enc28j60. h	头文件,ENC28J60 寄存器以及各功能操作函数定义,这部分代码省略介绍,读者需要配合 ENC28J60. c 文件中的程序注释进行阅读

(1) 上层应用程序

本例的上层应用程序主要包括 TCP 应用和 UDP 应用两个部分。

● TCP 应用

上层应用程序都是通过 UIP_APPCALL()调用的,此处定义 UIP_APPCALL 的宏等同于 tcp_demo_appcall,当 μIP 事件发生(例如,当一个 TCP 连接被创建时、有新的数据到达、数据已经被应答、数据需要重发等事件)时,UIP_APPCALL()函数就会被调用,且函数中嵌套了多个 μIP 提供给应用程序的接口函数,详细代码如下介绍。

```
void tcp_demo_appcall(void)
{
    if (uip_aborted())//当 TCP 连接异常终止时,调用此函数.
    {
        USART_OUT(USART1,"uip_aborted! \r\n");
        aborted();
    }
    if (uip_timedout())//当 TCP 连接超时时,调用此函数.
    {
        USART_OUT(USART1,"uip_timedout! \r\n");
        timedout();
    }
    if (uip_closed())//当 TCP 连接关闭时,调用此函数.
    {
```

```
        USART_OUT(USART1,"uip_closed! \r\n");
        closed();
        TCP_S_Link = 2;
    }
    if (uip_connected())//当 TCP 连接建立时,调用此函数.
    {
        USART_OUT(USART1,"uip_connected! \r\n");
        TCP_S_Link = 1;
        connected();
    }
    if (uip_acked())//当发送的 TCP 包成功送达时,调用此函数.
    {
        acked();
    }
    /* 接收到一个新的 TCP 数据包,准备需要发送数据 */
    if (uip_newdata())
    {
        newdata();
    }
    /* 当需要重发,新数据到达,数据包送达,连接建立时,通知 μIP 发送数据 */
    /* uip_rexmit()接口函数:重发数据接口 */
    /* uip_acked()接口函数:数据包送达接口 */
    /* uip_newdata()接口函数:接收数据接口 */
    /* uip_connected()接口函数:打开连接接口 */
    /* uip_poll()接口函数:轮询接口 */
    if (uip_rexmit() || uip_newdata() || uip_acked() || uip_connected() || uip_poll())
    {
        senddata();
    }
}
```

从上述代码,可以看出,UIP_APPCALL()依序调用下述接口函数,函数的调用过程即代表工作流程。

- uip_aborted()接口函数-当 TCP 连接异常终止时调用此函数
  本接口函数调用的是 static void aborted(void)函数。
- uip_timedout ()接口函数-当 TCP 连接超时调用此函数
  本接口函数调用的是 static void timedout(void)函数。
- uip_closed()接口函数-当 TCP 连接关闭时调用此函数
  本接口函数调用的是 static void closed(void)函数。
- uip_connected()接口函数-当一个 TCP 连接被创建时调用此函数

本接口函数调用的是 static void connected(void)函数,函数的详细代码与注释如下。

```
static void connected(void)
{
    /* uip_conn 结构体有一个"appstate"字段指向应用程序自定义的结构体    */
    /* 声明一个 s 指针,是为了便于使用.                                  */
    /* 不需要再单独为每个 uip_conn 分配内存,这个已经在 uip 中分配好了 */
    /* 在 uip.c 中 的相关代码如下:                                      */
    /*         struct uip_conn * uip_conn;                              */
    /*         struct uip_conn uip_conns[UIP_CONNS]; //UIP_CONNS 缺省 = 10 */
    /*    定义了 1 个连接的数组,支持同时创建几个连接                    */
    /*    uip_conn 是一个全局的指针,指向当前的 tcp 或 udp 连接          */
    struct tcp_demo_appstate * s = (struct tcp_demo_appstate * )&uip_conn->appstate;
    /* 获得客户端的 IP 地址 */
    rip[0] = uip_conn->ripaddr[0] % 0x100;
    rip[1] = uip_conn->ripaddr[0]/0x100;
    rip[2] = uip_conn->ripaddr[1] % 0x100;
    rip[3] = uip_conn->ripaddr[1]/0x100;
    memset(test_data, 0x55, 2048);
    s->state = STATE_CMD; //指令状态
    s->textlen = 0;
    s->textptr = "Connect STM32 - FD Board Success!";
    TCP_S_Link = 1;
    s->textlen = strlen((char * )s->textptr);
}
```

● uip_acked()函数-当发送的 TCP 包成功送达时调用此函数

本接口函数调用的是 static void acked(void)函数,函数的详细代码与注释如下。

```
static void acked(void)
{
    struct tcp_demo_appstate * s = (struct tcp_demo_appstate * )&uip_conn->appstate;
    switch(s->state)
    {
        case STATE_CMD:    /* 在命令状态 */
            s->textlen = 0;
            /* 只在命令状态打印调试信息避免发送测试时,影响通信速度 */
            USART_OUT(USART1,"uip_acked! \r\n");
            break;
        case STATE_TX_TEST:
            s->textptr = test_data;/* 连续发送 */
            s->textlen = 1400;
            break;
        case STATE_RX_TEST:
            s->textlen = 0;
            break;
```

```
        }
    }
```

● uip_newdata()接口函数-当接收到一个新 TCP 数据包调用此函数

当收到新的 TCP 包时,调用此函数,进行数据发送的准备工作,但是暂时不发送。
本接口函数调用的是 static void newdata(void)函数,函数代码如下。

```
static void newdata(void)
{
    struct tcp_demo_appstate * s = (struct tcp_demo_appstate * )&uip_conn->appstate;
    if (s->state == STATE_CMD)
    {
        USART_OUT(USART1,"uip_newdata! \r\n");
        ETH_TCP_R = 1; //接收到 TCP 包,复制到 TCP 接收缓存区
        strcpy(Tcp_buff,uip_appdata);
        TCP_Cmd(s);
    }
    else if (s->state == STATE_TX_TEST)      /* 上传测试状态 */
    {
        /* 在发送测试状态,如果收到 PC 机发送的任意数据,则退出测试状态 */
        if ((uip_len == 1) && (((uint8_t * )uip_appdata)[0] == 'A'))
        {
            ;/* 继续测试 */
        }
        else
        {
            /* 退到命令状态 */
            s->state = STATE_CMD;
            s->textlen = 0;
        }
    }
    else if (s->state == STATE_RX_TEST)      /* 下传测试状态 */
    {
        if ((uip_len == 4) && (memcmp("stop", uip_appdata, 4) == 0))
        {
            /* 退到命令状态 */
            s->state = STATE_CMD;
            s->textlen = 0;
        }
        else
        {
            s->textptr = uip_appdata;/* 向客户端发送收到的数据 */
            s->textlen = uip_len;
        }
    }
```

```
            }
        }
```

newdata()函数还包括一个 TCP_Cmd()函数,该函数用于解析 PC 端网络软件发送的指令,并进行相应处理,本例就此搭建了一个简单的 LED 指示灯驱动应用程序,根据解析判断是否点亮 LED 灯,下述代码演示了这个过程的实现。

```
void TCP_Cmd(struct tcp_demo_appstate * s)
{
    uint8_t led;
    /* 点亮 LED 语法:ledon n   (n:1 - 3) 例如:ledon 2 表示点亮 LED2 */
    if ((uip_len == 7) && (memcmp("ledon ", uip_appdata, 6) == 0))
    {
        led = ((uint8_t *)uip_appdata)[6]; /* 操作的 LED 序号 */
        if (led == '1')
        {
            LED1_ON();
            s->textptr = "Led 1 On!";
        }
        else if (led == '2')
        {
            LED2_ON();
            s->textptr = "Led 2 On!";
        }
        else if (led == '3')
        {
            LED3_ON();
            s->textptr = "Led 3 On!";
        }
        s->textlen = strlen((char *)s->textptr);
    }
    /* 关闭 LED 语法:ledoff n   (n:1 - 4) 例如:ledon 2 表示点亮 LED2 */
    else if ((uip_len == 8) && (memcmp("ledoff ", uip_appdata, 7) == 0))
    {
        led = ((uint8_t *)uip_appdata)[7]; /* 操作的 LED 序号 */
        if (led == '1')
        {
            LED1_OFF();
            s->textptr = "Led 1 off!";
        }
        else if (led == '2')
        {
            LED2_OFF();
            s->textptr = "Led 2 Off!";
        }
```

```
        }
        else if (led == '3')
        {
            LED3_OFF();
            s->textptr = "Led 3 Off!";
        }
        s->textlen = strlen((char *)s->textptr);
    }
    /* 发送数据测试 txtest      语法:txtest */
    else if ((uip_len == 6) && (memcmp("txtest", uip_appdata, 6) == 0))
    {
        s->state = STATE_TX_TEST;
        s->textptr = test_data;
        s->textlen = 1400;
    }
    /* 接收数据测试 rxtest      语法:rxtest */
    else if ((uip_len == 6) && (memcmp("rxtest", uip_appdata, 6) == 0))
    {
        s->state = STATE_RX_TEST;
        s->textptr = "Ok";
        s->textlen = 2;
    }
    else
    {
        s->textptr = "Unknow Command! \r\n";//未知指令
        s->textlen = strlen((char *)s->textptr);
    }
}
```

● senddata()函数-发送 TCP 数据调用此函数

本函数是 TCP 数据发送功能函数,本接口函数调用的是 static void senddata
(void)函数,函数代码如下。

```
static void senddata(void)
{
    struct tcp_demo_appstate * s = (struct tcp_demo_appstate * )&uip_conn->appstate;
    if (s->textlen > 0)
    {
        /* 这个函数将向网络发送 TCP 数据包,              */
        /* s->textptr:发送的数据包缓冲区指针      */
        /* s->textlen:数据包的大小(单位字节)    */
        uip_send(s->textptr, s->textlen);
    }
}
```

● UDP 应用

类似于 TCP 上层应用程序,UDP 数据包发送的应用也是通过 UIP_APPCALL() 调用的, UIP_APPCALL 宏定义在此处等同于 myudp_appcall 的功能,演示的也是驱动 LED 指示灯亮灭的应用,该函数的实现代码如下。

```
void myudp_appcall(void)
{
    /* uip_newdata()接口函数:接收数据接口 */
    if(uip_newdata())
    {
        /* 获取远端的 IP 地址及端口号 */
        rip[0] = uip_udp_conn->ripaddr[0]%0x100;
        rip[1] = uip_udp_conn->ripaddr[0]/0x100;
        rip[2] = uip_udp_conn->ripaddr[1]%0x100;
        rip[3] = uip_udp_conn->ripaddr[1]/0x100;
        rport = (((uip_udp_conn->rport)%0x100)<<8) + (uip_udp_conn->
        rport)/0x100;
        UDP_newdata();
    }
}
```

● UDP_newdata()函数

UDP 主函数中嵌套了 UDP_newdata()函数用于 UDP 数据包发送,这个功能函数完整的代码如下。

```
void UDP_newdata(void)
{
    char   * nptr;
    short len;
    len = uip_datalen(); //读取数据长度
    ETH_UDP_R = 1; //接收到 UDP 包,复制到 UDP 接收缓存区
    strcpy(Udp_buff,uip_appdata);
    nptr = (char *)uip_appdata; //取得数据起始指针
    if(len<4)myudp_send("Please check the command! \n",26); //指令信息长度错误
    else if(strncmp(nptr,"getname",7) == 0) myudp_send("…STM32 开发板\n",19);
    else if(strncmp(nptr,"ledon 1",7) == 0){//提取 LED1 亮指令
        LED1_ON();
        myudp_send("LED1  亮\n",8);// UDP 数据包发送 LED1 亮
    }
    else if(strncmp(nptr,"ledon 2",7) == 0){ //提取 LED2 亮指令
        LED2_ON();
        myudp_send("LED2  亮\n",8); // UDP 数据包发送 LED2 亮
    }
    else if(strncmp(nptr,"ledon 3",7) == 0){ //提取 LED3 亮指令
```

```
        LED3_ON();
        myudp_send("LED3  亮\n",8); // UDP 数据包发送 LED3 亮
    }
    else if(strncmp(nptr,"ledoff 1",8) == 0){ //提取 LED1 灭指令
        LED1_OFF();
        myudp_send("LED1  灭\n",8); // UDP 数据包发送 LED1 灭
    }
    else if(strncmp(nptr,"ledoff 2",8) == 0){ //提取 LED2 灭指令
        LED2_OFF();
        myudp_send("LED2  灭\n",8); // UDP 数据包发送 LED2 灭
    }
    else if(strncmp(nptr,"ledoff 3",8) == 0){ //提取 LED3 灭指令
        LED3_OFF();
        myudp_send("LED3  灭\n",8); // UDP 数据包发送 LED3 灭
    }
    else myudp_send("Unkown command! \n",16); //// UDP 数据包发送无效指令
}
```

从上述代码可以看出当接收到 UDP 包,复制到 UDP 接收缓存区,然后获取并比较指令信息,即相当于解析指令,指令对应的情况下由 myudp_send()函数发送 LED 灯的指令状态信息。

● myudp_send()函数

本函数用于 UDP 数据包发送,调用的是应用程序接口函数 uip_udp_send()发送 n 个数据。函数代码如下。

```
void myudp_send(char * str,short n)
{
    char    * nptr;
    nptr = (char *)uip_appdata;
    memcpy(nptr, str, n);
    uip_udp_send(n); //发送 n 个数据
}
```

(2) μIP 协议栈

移植 μIP 协议栈需要修改的程序并不多,本例需要修改的文件主要集中在 httpd.c 和 uip-conf.h。

μIP 协议栈中的程序文件 httpd.c 的主要功能是 Web 服务器端,对 HTTP 数据获取与分析以及处理,最终在 PC 端显示 Web 测试页面(注:Web 测试页面数据在 httpd-fsdata.c 文件中),通过测试页面驱动 LED 指示灯亮灭,下面列出了本实例中修改的函数代码,详细说明见程序注释。

● 初始化 Web 服务器

初始化 Web 服务器函数代码如下。

```
void httpd_init(void)
{
    uip_listen(HTONS(80));
}
```

● 函数 PT_THREAD(handle_output(struct httpd_state * s))

本函数用于输出网页,当浏览器有请求的时候,μIP 就会处理这些请求,函数过程详见注释。

```
static PT_THREAD(handle_output(struct httpd_state * s))
{
    char * ptr;
    PT_BEGIN(&s->outputpt);
    if(! httpd_fs_open(s->filename, &s->file)) {//打开 HTML 文件不成功
    httpd_fs_open(http_404_html, &s->file);
    strcpy(s->filename, http_404_html);
    PT_WAIT_THREAD(&s->outputpt,
            send_headers(s,       //向浏览器发送 404 失败页面
            http_header_404));
      PT_WAIT_THREAD(&s->outputpt,
            send_file(s));
      }
     else {       //打开 HTML 文件成功
    PT_WAIT_THREAD(&s->outputpt, send_headers(s, http_header_200));
    ptr = strchr(s->filename, ISO_period);
    if(ptr != NULL && strncmp(ptr, http_shtml, 6) == 0) { //判断文件后缀是否为 .SHTML
      PT_INIT(&s->scriptpt);
      PT_WAIT_THREAD(&s->outputpt, handle_script(s));
    }
    else {
      PT_WAIT_THREAD(&s->outputpt,send_file(s));
    }
    }
    PSOCK_CLOSE(&s->sout);
    PT_END(&s->outputpt);
}
```

● 函数 PT_THREAD(handle_input(struct httpd_state * s))

本函数对输入的 HTTP 数据进行分析,函数代码如下。

```
static PT_THREAD(handle_input(struct httpd_state * s))
{
    PSOCK_BEGIN(&s->sin);
    PSOCK_READTO(&s->sin, ISO_space);
```

```
if(strncmp(s->inputbuf, http_get, 4) != 0) {
/* 比较客户端浏览器输入的指令是否是申请 WEB 指令"GET" */
PSOCK_CLOSE_EXIT(&s->sin);
}
PSOCK_READTO(&s->sin, ISO_space);
if(s->inputbuf[0] != ISO_slash) {  //第一个数据是否是"/"
PSOCK_CLOSE_EXIT(&s->sin);
}
if(s->inputbuf[1] == ISO_space||s->inputbuf[1] == '?') {     //" "
/* 当"/"后为空白时,将"/index.html" 作为文件名 */
 strncpy(s->filename, http_index_html, sizeof(s->filename));
}
else {
s->inputbuf[PSOCK_DATALEN(&s->sin) - 1] = 0;
strncpy(s->filename, &s->inputbuf[0], sizeof(s->filename));
}
if(s->inputbuf[1] == '?'&&s->inputbuf[6] == 0x31) {
/* LED1 亮 LED2 LED3 灭 */
    LED1_ON;
  LED2_OFF;
  LED3_OFF;
}
else if(s->inputbuf[1] == '?'&&s->inputbuf[6] == 0x32) {
/* LED2 亮 LED1 LED3 灭 */
    LED2_ON;
  LED1_OFF;
  LED3_OFF;
}
else if(s->inputbuf[1] == '?'&&s->inputbuf[6] == 0x33) {
/* LED3 亮 LED1 LED2 灭 */
    LED3_ON;
  LED1_OFF;
  LED2_OFF;
}
s->state = STATE_OUTPUT;
while(1) {
PSOCK_READTO(&s->sin, ISO_nl);
if(strncmp(s->inputbuf, http_referer, 8) == 0) {          //"Referer:"
  s->inputbuf[PSOCK_DATALEN(&s->sin) - 2] = 0;
  /*      httpd_log(&s->inputbuf[9]); */
}
}
PSOCK_END(&s->sin);
```

}

● 函数 handle_connection()

本函数用于建立连接,对输入输出 HTTP 数据进行分析,函数代码如下。

```
static void handle_connection(struct httpd_state * s)
{
        handle_input(s);    //对获得的 http 数据进行分析
        if(s - >state == STATE_OUTPUT) {
            handle_output(s);//输出
    }
}
```

● 函数 httpd_appcall()

本函数用于 HTTP 服务器处理,函数代码如下。

```
void httpd_appcall(void)
{
    /* 读取连接状态 */
    struct httpd_state * s = (struct httpd_state * )&(uip_conn - >appstate);
    if(uip_closed() || uip_aborted() || uip_timedout()){//异常处理}
    else if(uip_connected()) {//已连接
    PSOCK_INIT(&s - >sin, s - >inputbuf, sizeof(s - >inputbuf) - 1);
    PSOCK_INIT(&s - >sout, s - >inputbuf, sizeof(s - >inputbuf) - 1);
    PT_INIT(&s - >outputpt);
    s - >state = STATE_WAITING;
    s - >timer = 0;
    handle_connection(s); //处理
    }
    else if(s != NULL) {
        if(uip_poll()) {
        ++s - >timer;
        if(s - >timer >= 20) {
        uip_abort();
        }
    } else {
    s - >timer = 0;
    }
    handle_connection(s);
    }
    else {
        uip_abort();
    }
}
```

此外,头文件 uip-conf.h 是个配置文件,可以配置全局缓冲区的大小、支持的最大连接数、侦听数、ARP 表大小等,本实例的配置值如下。

```
/*最大 TCP 连接数*/
#define UIP_CONF_MAX_CONNECTIONS    10
/*最大端口侦听数*/
#define UIP_CONF_MAX_LISTENPORTS    10
/*μIP 缓存大小*/
#define UIP_CONF_BUFFER_SIZE        4096
/*CPU 字节顺序*/
#define UIP_CONF_BYTE_ORDER   UIP_LITTLE_ENDIAN
/*日志开关*/
#define UIP_CONF_LOGGING            1
/*UDP 支持开关*/
#define UIP_CONF_UDP                1
/*UDP 校验和开关*/
#define UIP_CONF_UDP_CHECKSUMS      1
/*μIP 统计开关*/
#define UIP_CONF_STATISTICS         1
```

(3) 网络设备应用配置与底层驱动

网络设备应用配置与底层驱动程序主要包含对 ENC28J60 硬件寄存器读/写操作、读接收缓存区数据、发送缓存区写数据、网络设备硬件配置及初始化以及读取/发送网络数据包等操作。相关操作基本都涉及到了 ENC28J60 的寄存器设置,设置寄存器的函数代码占比重相当大,下面详细列出了相关函数代码与注释。

● 函数 enc28j60ReadOp()

本函数用于 ENC28J60 读寄存器操作,函数代码如下。

```
unsigned char enc28j60ReadOp(unsigned char op, unsigned char address)
{
    unsigned char dat = 0;
    /*引脚分派宏定义 #define ENC28J60_CSL()   GPIOA->BRR = ENC28J60_CS */
    ENC28J60_CSL();//片选使能
    dat = op | (address & ADDR_MASK);
    SPI1_ReadWrite(dat);
    dat = SPI1_ReadWrite(0xFF);
    if(address & 0x80)
    {
        dat = SPI1_ReadWrite(0xFF);
    }
    /*引脚分派宏定义 #define ENC28J60_CSL()   GPIOA->BSRR = ENC28J60_CS */
    ENC28J60_CSH();//释放片选信号
    return dat;
```

}

● 函数 enc28j60WriteOp( )

本函数用于 ENC28J60 写寄存器操作,函数代码如下。

```
void enc28j60WriteOp(unsigned char op, unsigned char address, unsigned char data)
{
    unsigned char dat = 0;
    ENC28J60_CSL();       //使能 ENC28J60 片选
    dat = op | (address & ADDR_MASK); // 3 位操作码,5 位参数
    SPI1_ReadWrite(dat); //SPI1 写
    dat = data;
    SPI1_ReadWrite(dat);//SPI1 写操作数据
    ENC28J60_CSH();        //禁止 ENC28J60 片选,完成操作
}
```

● 函数 enc28j60ReadBuffer( )

本函数用于 ENC28J60 读接收缓存数据,函数代码如下。

```
void enc28j60ReadBuffer(unsigned int len, unsigned char * data)
{
    ENC28J60_CSL();//片选使能
    // 读命令
    SPI1_ReadWrite(ENC28J60_READ_BUF_MEM);
    while(len)
    {
        len -- ;
        //读接收缓存数据
        * data = (unsigned char)SPI1_ReadWrite(0);
        data ++ ;
    }
    * data = '\0';
    ENC28J60_CSH();
}
```

● 函数 enc28j60WriteBuffer( )

本函数用于 ENC28J60 写发送缓存数据,函数代码如下。

```
void enc28j60WriteBuffer(unsigned int len, unsigned char * data)
{
    ENC28J60_CSL();
    // 确认写指令
    SPI1_ReadWrite(ENC28J60_WRITE_BUF_MEM);
    while(len)
    {
```

```
        len -- ;
        SPI1_ReadWrite( * data);
        data ++ ;
    }
    ENC28J60_CSH();//释放片选信号
}
```

● 函数 enc28j60SetBank()

本函数用于 ENC28J60 设置寄存器 BANK,函数代码如下。

```
void enc28j60SetBank(unsigned char address)
{
    if((address & BANK_MASK) != Enc28j60Bank)
    {
        enc28j60WriteOp(ENC28J60_BIT_FIELD_CLR,ECON1,(ECON1_BSEL1|ECON1_BSEL0));
        enc28j60WriteOp(ENC28J60_BIT_FIELD_SET,ECON1,
(address & BANK_MASK)>>5);
        Enc28j60Bank = (address & BANK_MASK);
    }
}
```

● 函数 char enc28j60Read()

本函数用于读取指定寄存器的数值,函数代码如下。

```
unsigned char enc28j60Read(unsigned char address)
{
    // 设置 bank
    enc28j60SetBank(address);
    //读操作
    return enc28j60ReadOp(ENC28J60_READ_CTRL_REG, address);
}
```

● 函数 enc28j60Write()

本函数用于向指定寄存器写入数值,函数代码如下。

```
void enc28j60Write(unsigned char address, unsigned char data)
{
    // 设置 bank
    enc28j60SetBank(address);
    // 写操作
    enc28j60WriteOp(ENC28J60_WRITE_CTRL_REG, address, data);
    }
```

● 函数 enc28j60PhyWrite()

本函数用于向指定 PHY 寄存器写入数值,函数代码如下。

```
void enc28j60PhyWrite(unsigned char address, unsigned int data)
{
    // 设置 PHY 寄存器地址
    enc28j60Write(MIREGADR, address);
    // 写 PHY 地址
    enc28j60Write(MIWRL, data);
    enc28j60Write(MIWRH, data>>8);
    // 等待 PHY 寄存器写入完成
    while(enc28j60Read(MISTAT) & MISTAT_BUSY);
}
```

● 函数 enc28j60clkout()

本函数用于设置 ENC28J60 时钟输出频率,函数代码如下。

```
void enc28j60clkout(unsigned char clk)
{
    //配置 clkout: 2 = 12.5MHz
    enc28j60Write(ECOCON, clk & 0x7);
}
```

● 函数 enc28j60Init()

本函数用于 ENC28J60 初始化,函数代码如下。

```
void enc28j60Init(unsigned char * macaddr)
{
    ENC28J60_CSH();      //ENC28J60 片选禁止
    /* ENC28J60 软件复位 */
    enc28j60WriteOp(ENC28J60_SOFT_RESET, 0, ENC28J60_SOFT_RESET);
    /* 在上电复位或 ENC28J60 从掉电模式恢复后,在发送数据包,使能接收数据包或允 */
    /* 许访问任何 MAC、MII 或 PHY 寄存器之前,须查询 CLKRDY 位. ***************/
    while(!(enc28j60Read(ESTAT) & ESTAT_CLKRDY));
    /* 设置接收缓冲区开始地址 */
    NextPacketPtr = RXSTART_INIT;
    enc28j60Write(ERXSTL, RXSTART_INIT&0xFF);
    enc28j60Write(ERXSTH, RXSTART_INIT>>8);
    enc28j60Write(ERXRDPTL, RXSTART_INIT&0xFF);
    enc28j60Write(ERXRDPTH, RXSTART_INIT>>8);
    enc28j60Write(ERXNDL, RXSTOP_INIT&0xFF);
    enc28j60Write(ERXNDH, RXSTOP_INIT>>8);
    enc28j60Write(ETXSTL, TXSTART_INIT&0xFF);
    enc28j60Write(ETXSTH, TXSTART_INIT>>8);
    enc28j60Write(ETXNDL, TXSTOP_INIT&0xFF);
    enc28j60Write(ETXNDH, TXSTOP_INIT>>8);
    //接收过滤器
    //UCEN:单播过滤器使能位
```

```
//当 ANDOR = 1 时:
//1 = 目标地址与本地 MAC 地址不匹配的数据包将被丢弃
//0 = 禁止过滤器
//当 ANDOR = 0 时:
//1 = 目标地址与本地 MAC 地址匹配的数据包会被接受
//0 = 禁止过滤器
//CRCEN:后过滤器 CRC 校验使能位
//1 = 所有 CRC 无效的数据包都将被丢弃
//0 = 不考虑 CRC 是否有效
//PMEN:格式匹配过滤器使能位
//当 ANDOR = 1 时:
//1 = 数据包必须符合格式匹配条件,否则将被丢弃
//0 = 禁止过滤器
//当 ANDOR = 0 时:
//1 = 符合格式匹配条件的数据包将被接受
//0 = 禁止过滤器
enc28j60Write(ERXFCON, ERXFCON_UCEN|ERXFCON_CRCEN|ERXFCON_PMEN);
enc28j60Write(EPMM0, 0x3f);
enc28j60Write(EPMM1, 0x30);
enc28j60Write(EPMCSL, 0xf9);
enc28j60Write(EPMCSH, 0xf7);
//bit 0 MARXEN:MAC 接收使能位
    //1 = 允许 MAC 接收数据包
    //0 = 禁止数据包接收
//bit 3 TXPAUS:暂停控制帧发送使能位
    //1 = 允许 MAC 发送暂停控制帧(用于全双工模式下的流量控制)
    //0 = 禁止暂停帧发送
//bit 2 RXPAUS:暂停控制帧接收使能位
    //1 = 当接收到暂停控制帧时,禁止发送(正常操作)
    //0 = 忽略接收到的暂停控制帧
enc28j60Write(MACON1, MACON1_MARXEN|MACON1_TXPAUS|MACON1_RXPAUS);
/* 将 MACON2 中的 MARST 位清零,使 MAC 退出复位状态 */
enc28j60Write(MACON2, 0x00);
//bit 7 - 5 PADCFG2:PACDFG0:自动填充和 CRC 配置位
    //111 = 用 0 填充所有短帧至 64 字节长,并追加一个有效的 CRC
    //110 = 不自动填充短帧
    //101 = MAC 自动检测具有 8100h 类型字段的 VLAN 协议帧,并自动填充到 64 字
    //节长.如果不是 VLAN 帧,则填充至 60 字节长.填充后还要追加一个有效的 CRC.
    //100 = 不自动填充短帧
    //011 = 用 0 填充所有短帧至 64 字节长,并追加一个有效的 CRC.
    //010 = 不自动填充短帧
    //001 = 用 0 填充所有短帧至 60 字节长,并追加一个有效的 CRC.
    //000 = 不自动填充短帧
```

//bit 4 TXCRCEN:发送 CRC 使能位

　　//1 = 不管 PADCFG 如何,MAC 都会在发送帧的末尾追加一个有效的 CRC.

　　//如果 PADCFG 规定要追加有效的 CRC,则必须将 TXCRCEN 置 1.

　　//0 = MAC 不会追加 CRC.

　　//检查最后 4 个字节.如果不是有效的 CRC 则报告给发送状态向量.

//bit 0 FULDPX:MAC 全双工使能位

　　//1 = MAC 工作在全双工模式下,PHCON1.PDPXMD 位必须置 1.

　　//0 = MAC 工作在半双工模式下,PHCON1.PDPXMD 位必须清零.

/* 由于 ENC28J60 不支持自动协商机制,所以对端的网络卡需要强制设置为全双工 */

enc28j60WriteOp(ENC28J60_BIT_FIELD_SET,MACON3, MACON3_PADCFG0

|MACON3_TXCRCEN|MACON3_FRMLNEN|MACON3_FULDPX);

//配置非背对背包间间隔寄存器的低字节 MAIPGL.大多数应用使用 12h

//如果使用半双工模式,应编程非背对背包间间隔

//配置非背对背包间间隔寄存器的高字节 MAIPGH.大多数应用使用 0Ch.

enc28j60Write(MAIPGL, 0x12);

enc28j60Write(MAIPGH, 0x0C);

//配置背对背包间间隔寄存器 MABBIPG.当使用全双工模式时,大多数应用使用 15h

//而使用半双工模式时则使用 12h.

enc28j60Write(MABBIPG, 0x15);

//最大帧长度 1500

enc28j60Write(MAMXFLL, MAX_FRAMELEN&0xFF);

enc28j60Write(MAMXFLH, MAX_FRAMELEN>>8);

enc28j60Write(MAADR5, macaddr[0]);

enc28j60Write(MAADR4, macaddr[1]);

enc28j60Write(MAADR3, macaddr[2]);

enc28j60Write(MAADR2, macaddr[3]);

enc28j60Write(MAADR1, macaddr[4]);

enc28j60Write(MAADR0, macaddr[5]);

if(enc28j60Read(MAADR5) == macaddr[0]){

　　USART_OUT(USART1,"MAADR5 = %d\r\n", enc28j60Read(MAADR5));

　　USART_OUT(USART1,"MAADR4 = %d\r\n", enc28j60Read(MAADR4));

　　USART_OUT(USART1,"MAADR3 = %d\r\n", enc28j60Read(MAADR3));

　　USART_OUT(USART1,"MAADR2 = %d\r\n", enc28j60Read(MAADR2));

　　USART_OUT(USART1,"MAADR1 = %d\r\n", enc28j60Read(MAADR1));

　　USART_OUT(USART1,"MAADR0 = %d\r\n", enc28j60Read(MAADR0));

}

//配置 PHY 为全双工,LEDB 为拉电流

enc28j60PhyWrite(PHCON1, PHCON1_PDPXMD);

　　//禁止环回

　　//半双工环回禁止位

　　//当 PHCON1.PDPXMD = 1 或 PHCON1.PLOOPBK = 1 时:此位可被忽略.

　　//当 PHCON1.PDPXMD = 0 且 PHCON1.PLOOPBK = 0 时:

　　//1 = 要发送的数据仅通过双绞线接口发出

//0 = 要发送的数据会环回到 MAC 并通过双绞线接口发出

enc28j60PhyWrite(PHCON2, PHCON2_HDLDIS);

　　//ECON1 寄存器

　　//寄存器 3 - 1 所示为 ECON1 寄存器,它用于控制 ENC28J60 的主要功能.

//ECON1 中包含接收使能,发送请求,DMA 控制和存储区选择位

enc28j60SetBank(ECON1);

// 使能中断

//EIE:以太网中断允许寄存器

//bit 7 INTIE:全局 INT 中断允许位

　　//1 = 允许中断事件驱动 INT 引脚

　　//0 = 禁止所有 INT 引脚的活动(引脚始终被驱动为高电平)

//bit 6 PKTIE:接收数据包待处理中断允许位

　　//1 = 允许接收数据包待处理中断

　　//0 = 禁止接收数据包待处理中断

enc28j60WriteOp(ENC28J60_BIT_FIELD_SET,EIE,

　　　　　　　　EIE_INTIE|EIE_PKTIE|EIE_RXERIE);

// enable packet reception

//bit 2 RXEN:接收使能位

　　//1 = 通过当前过滤器的数据包将被写入接收缓冲器

　　//0 = 忽略所有接收的数据包

enc28j60WriteOp(ENC28J60_BIT_FIELD_SET, ECON1, ECON1_RXEN);

　}

● 函数 enc28j60PacketSend()

本函数通过 ENC28J60 发送数据,函数代码如下。

```
void enc28j60PacketSend(unsigned int len, unsigned char * packet)
{
    //设置发送缓冲区地址写指针入口
    while((enc28j60Read(ECON1) & ECON1_TXRTS) ! = 0);
    enc28j60Write(EWRPTL, TXSTART_INIT&0xFF);
    enc28j60Write(EWRPTH, TXSTART_INIT>>8);
    //设置 TXND 指针,以对应给定的数据包大小
    enc28j60Write(ETXNDL, (TXSTART_INIT + len)&0xFF);
    enc28j60Write(ETXNDH, (TXSTART_INIT + len)>>8);
    // 写每包控制字节(0x00 表示使用 macon3 的设置)
    enc28j60WriteOp(ENC28J60_WRITE_BUF_MEM, 0, 0x00);
    // 将数据包复制到发送缓冲区
    enc28j60WriteBuffer(len, packet);
    // 在网络上发送发送缓冲区的内容
    enc28j60WriteOp(ENC28J60_BIT_FIELD_SET, ECON1, ECON1_TXRTS);
    // 复位发送逻辑的问题
    if( (enc28j60Read(EIR) & EIR_TXERIF) )
    {
```

```
        enc28j60SetBank(ECON1);
        enc28j60WriteOp(ENC28J60_BIT_FIELD_CLR, ECON1, ECON1_TXRTS);
        enc28j60WriteOp(ENC28J60_BIT_FIELD_CLR, ECON1, ECON1_TXRST);
    }
}
```

● 函数 enc28j60PacketReceive()

本函数用于从网络接收缓冲区获取一包,函数代码如下。

```
/* * 入口参数:maxlen:检索到的数据包的最大可接受的长度            */
/* *             Packet: 数据包的指针                             */
/* * 出口参数:如果一个数据包收到返回数据包长度,以字节为单位,否则为零 */
unsigned int enc28j60PacketReceive(unsigned int maxlen, unsigned char * packet)
{
    unsigned int rxstat;
    unsigned int len;
    //检查是否收到一个包
    if( enc28j60Read(EPKTCNT) == 0 ) //收到的以太网数据包长度
    {
        return(0);
    }
    // 设置接收缓冲器读指针
    enc28j60Write(ERDPTL, (NextPacketPtr));
    enc28j60Write(ERDPTH, (NextPacketPtr)>>8);
    // 读下一个包的指针
    NextPacketPtr  = enc28j60ReadOp(ENC28J60_READ_BUF_MEM, 0);
    NextPacketPtr |= enc28j60ReadOp(ENC28J60_READ_BUF_MEM, 0)<<8;
    // 读包的长度
    len  = enc28j60ReadOp(ENC28J60_READ_BUF_MEM, 0);
    len |= enc28j60ReadOp(ENC28J60_READ_BUF_MEM, 0)<<8;
    len - = 4; //删除 CRC 计数
    // 读接收状态
    rxstat  = enc28j60ReadOp(ENC28J60_READ_BUF_MEM, 0);
    rxstat |= enc28j60ReadOp(ENC28J60_READ_BUF_MEM, 0)<<8;
    // 限制检索的长度
    if (len>maxlen - 1)
    {
        len = maxlen - 1;
    }
    // 检查 CRC 和符号错误
    // ERXFCON.CRCEN 是默认设置。通常我们不需要检查
    if ((rxstat & 0x80) == 0)
    {
        //无效的
```

```
        len = 0 ;
    }
    else
    {
        // 从接收缓冲器中复制数据包
        enc28j60ReadBuffer(len, packet);
    }
    //RX 读指针移动到下一个接收到的数据包的开始位置
    //释放我们刚才读出过的内存
    enc28j60Write(ERXRDPTL, (NextPacketPtr));
    enc28j60Write(ERXRDPTH, (NextPacketPtr)>>8);
    //递减数据包计数器标志我们已经得到了这个包
    enc28j60WriteOp(ENC28J60_BIT_FIELD_SET, ECON2, ECON2_PKTDEC);
    return(len);
}
```

● 函数 tapdev_init( )

本函数用于配置网卡硬件,设置 IP 地址,函数代码如下。

```
void tapdev_init(void)
{
    etherdev_init();
}
```

● 函数 tapdev_read( )

本函数用于读取一包数据,函数代码如下。

```
/ * 出口参数:如果一个数据包收到返回数据包长度,以字节为单位,否则为零 * /
uint16_t tapdev_read(void)
{
    return enc28j60PacketReceive(1500,uip_buf);
}
```

● 函数 tapdev_send( )

本函数用于发送一包数据,函数代码如下。

```
void tapdev_send(void)
{
    enc28j60PacketSend(uip_len,uip_buf);
}
```

(4) 应用接口

emc28j60_uip.c 文件定义的是两个 μIP 接口函数,分别用于初始化 ENC28J60 网卡设备,最终完成 TCP 服务器(tcp_demo_appcall)和 HTTP 服务器程序(httpd_app-call)调用。

● 函数 etherdev_init()

本函数是 μIP 接口函数,用于初始化网卡设备。

```
void etherdev_init(void)
{
u8 i;
/ * 初始化 enc28j60 * /
enc28j60Init(mymac);//调用 enc28j60Init()函数用于 ENC28J60 初始化
//把 IP 地址和 MAC 地址写入各自的缓存区    ipaddr[] macaddr[]
//init_ip_arp_udp_tcp(mymac,myip,mywwwport);
for (i = 0; i < 6; i++)
{
        uip_ethaddr.addr[i] = mymac[i];
}
 //指示灯状态:0x476 is PHLCON LEDA(绿) = 链接状态, LEDB(红) = 收发状态
/PHLCON:PHY 模块 LED 控制寄存器
enc28j60PhyWrite(PHLCON,0x0476);
enc28j60clkout(2); // 时钟输出频率 12.5MHz
}
```

网卡设备的 MAC 地址定义如下。

```
unsigned char mymac[6] = {0x04,0x02,0x35,0x00,0x00,0x01}; //MAC 地址
```

● 函数 tcp_server_appcall()

本应用接口函数用于完成 TCP 服务器和 HTTP 服务器调用,函数代码如下。

```
void tcp_server_appcall(void){
    switch(uip_conn - >lport)
    {
        case HTONS(80):    //HTTP 服务器
            httpd_appcall();
            break;
        case HTONS(1200): //TCP 服务器
            tcp_demo_appcall();
            break;
    }
}
```

12.5   实例总结

本实例首先基于以太网控制器 ENC28J60 通信特点介绍了以太网协议的数据帧格式,然后陆续介绍了 ENC28J60 硬件结构与 SPI 接口指令集,最后基于 STM32F103 的 SPI 接口与以太网控制器 ENC28J60 完成了嵌入式处理器以太网通信系统硬件平台的

搭建。

　　本实例软件设计突出地介绍了两个部分：μC/OS-Ⅱ系统程序设计和 μIP 协议栈移植与应用程序设计。同时建议学习过程中也可按这两层进行分层剥离，逐步熟悉，以降低难度。μC/OS-Ⅱ系统程序设计部分重点讲述了能实现以太网网络通信任务的 μC/GUI 图形用户接口设计；μIP 协议栈移植与应用程序设计，则依照上层应用程序、μIP 协议栈、ENC28J60 网络设备硬件底层程序的层次来分别详细讲述，列出了重点函数和程序要点，由于 μIP 协议栈涉及的范围较大，本章仅在应用层面上进行了介绍，特别需要说明的是 ENC28J60 硬件底层程序涉及到了大量寄存器设置，这部分寄存器内容与功能未提前说明，本章依照程序流向，把涉及到的寄存器功能与位域进行了大篇幅的说明。

12.6　显示效果

　　本例程软件在 STM32 - V3 硬件开发平台下载并运行后，当网络接口与 PC 端接口连接后，试验演示效果如图 12 - 17 所示。

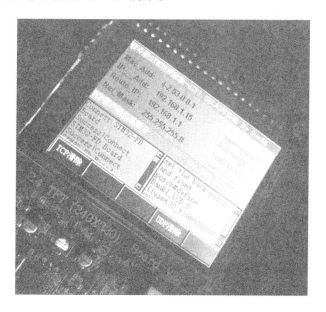

图 12 - 17　以太网实例演示效果

第 **13** 章

nRF24L01 无线数据收发实例

在一些嵌入式系统设备应用场合,数据传输与通信方式无法采用有线传送,短距离的无线数据传送则成为一种优先选择。由于短距离无线数据通信有不用布线、抗干扰能力强、可靠性高、使用灵活等特点,因此具有有线数据传输无法比拟的便捷性。

本实例将介绍基于 STM32F103 处理器与专用无线传输模块 nRF24L01 构建的短距离无线数据传输方案。在 μC/OS-II 系统中通过直观的 μC/GUI 图形用户界面操作,演示点对点无线数据收发通信。

13.1　无线收发器 nRF24L01 概述

本实例的无线收发器芯片选择 NORDIC 公司推出的一款工业级内置硬件链路层协议的单芯片无线收发器 nRF24L01。该芯片是一款工作于 2.4～2.5 GHz 世界通用 ISM 频段的单片无线收发器芯片。该芯片的主要特性如下。

- 真正的高斯频移键控(GFSK)单收发芯片。
- 内置链路层。
- 增强型 ShockBurst 模式。
- 自动应答及自动重发功能。
- 地址及 CRC 检验功能。
- 数据传输速率 1 Mbps 或 2 Mbps。
- SPI 接口数据速率 0～8 Mbps。
- 125 个可选工作频道。
- 很短的频道切换时间,并可用于跳频。
- 可接受 5 V 电平的输入。
- 低工作电压范围 1.9～3.6 V。
- 极低的电流消耗:
    ——发射模式下发射功率为 −6 dBm 时,电流消耗为 9.0 mA;

——接收模式时为电流消耗为 12.3 mA；

——省电模式和待机模式下电流消耗更低。

● QFN20 脚封装尺寸 4 mm×4 mm，易于使用。

无线收发器 nRF24L01 由频率合成器、增强型 ShockBurst 模式控制器、功率放大器、晶体振荡器、调制器解调器、寄存器、SPI 接口、电源管理等功能模块组成。它的内部结构功能框图如图 13-1 所示。

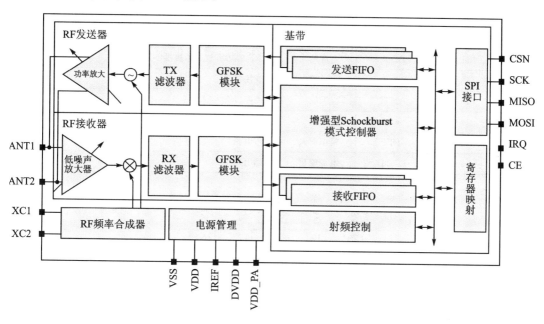

图 13-1　无线收发器 nRF24L01 功能框图

13.1.1　无线收发器 nRF24L01 引脚功能定义

无线收发器 nRF24L01 采用 QFN20 封装，其引脚排列如图 13-2 所示。

无线收发器 nRF24L01 共有 20 个引脚，主要由 SPI 总线接口、控制信号以及电源供电等功能引脚组成。功能输出功率、频道选择以及协议的设置可以通过 SPI 总线接口进行设置。无线收发器 nRF24L01 引脚功能定义如表 13-1 所列。

表 13-1　无线收发器 nRF24L01 引脚功能

引　脚	名　称	引脚功能	功能描述
1	CE	数字输入	RX 或 TX 模式选择
2	CSN	数字输入	SPI 片选信号
3	SCK	数字输入	SPI 时钟
4	MOSI	数字输入	从 SPI 数据输入引脚

引　脚	名　　称	引脚功能	功能描述
5	MISO	数字输出	从 SPI 数据输出引脚
6	IRQ	数字输出	可屏蔽中断脚
7,15,18	VDD	电源	电源+3 V
8,17,20	VSS	电源	接地 0 V
9	XC2	模拟输出	晶体振荡器 2
10	XC1	模拟输入	晶体振荡器 1/外部时钟输入引脚
11	VDD_PA	电源输出	给 RF 的功率放大器提供+1.8 V电源
12	ANT1	天线	天线接口 1
13	ANT2	天线	天线接口 2
14	VSS	电源	接地
16	IREF	模拟输入	参考电流
19	DVDD	电源输出	去耦电路电源正极端

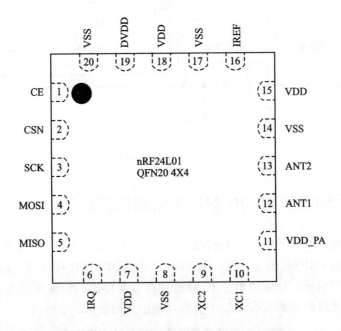

图 13 - 2　无线收发器 nRF24L01 引脚排列图

13.1.2　无线收发器 nRF24L01 工作模式设置

无线收发器 nRF24L01 主要有 4 种工作模式:发送模式、接收模式、待机模式和省电模式。通过控制引脚及寄存器的 PWR_UP 位和 PRIM_RX 位可以设置工作模式。4 种模式下引脚电平及寄存器位配置如表 13 - 2 所列。

表 13 - 2　　无线收发器 nRF24L01 工作模式设置

名　称		发送模式	接收模式	待机模式-1	待机模式-2	省电模式
寄存器位	PWR_UP	置1	置1	置1	置1	置0
	PRIM_RX	置0	置1	×	置0	×
控制引脚	CE	高电平>10 μs	高电平	低电平	高电平	×

1. 发送模式

当 CE 引脚为维持时间大于 10 μs 的高电平、寄存器 PWR_UP 位置'1'、PRIM_RX 置'0'时,无线收发器 nRF24L01 处于发送模式,数据在 TX FIFO 寄存器中;当 CE 信号翻转为'0'时,继续停留在发射模式,直至当前数据发送完毕。

当 CE=0 时,无线收发器 nRF24L01 返回到待机模式-1。当 CE=1 时,无线收发器 nRF24L01 的下一个动作取决于 TX FIFO 的状态:如果 TX FIFO 非空,则继续维持在发送模式;如果 TX FIFO 为空,则进入待机模式-2。

2. 接收模式

当 CE 引脚为高电平、寄存器 PWR_UP 位置'1'、PRIM_RX 置'1'、CE 信号为高电平时,无线收发器 nRF24L01 处于接收模式。

接收模式时,接收器将所有射频通道信号解调,不断将解调的数据传送到基带协议引擎,该基带协议引擎则不断地搜索有效数据包。如果一个有效的数据包被发现(通过匹配地址和有效的循环冗余),数据包的有效负载提交到 RX FIFO 的空隙,如果 RX FIFO 已满,则接收的数据包将被丢弃。

无线收发器 nRF24L01 停留在接收模式,直至外部处理器将它配置成待机模式-1 或省电模式。如果基带协议引擎的自动协议性能(增强 ShockBurst)被使能,为了执行协议,无线收发器 nRF24L01 可以进入其他的模式。

在接收模式时载波检测信号是有效的,当接收频率通道中检测到射频信号时,载波检测信号置高电平,该信号必须是频移键控(FSK)调制,其他的信号也可以被检测。

3. 待机模式

待机模式有两种状态:待机模式-1 和待机模式-2。

当配置寄存器(CONFIG)的 PWR_UP 位置'1'时,无线收发器 nRF24L01 进入待机模式-1。待机模式-1 用于最小化平均电流消耗,并维持短启动时间。该模式下晶振的一部分是活动的,当 CE=0 时,该模式也是无线收发器 nRF24L01 从接收模式或发送模式返回后的状态模式。

待机模式-2 与待机模式-1 相比主要不同之处就是时钟是活动的,其电流消耗要比待机模式-1 多。当 CE 保持为高电平,PTX 设备的 TX FIFO 为空即进入待机模式-2。如果有新的数据包上传到 TX FIFO,片上锁相环(PLL)起动,数据包将被发送。在待机模式期间寄存器内容保持不变,SPI 总线接口也是活动的。

4. 省电模式

在省电模式下,无线收发器 nRF24L01 各项功能都禁用以保持电流消耗最小。进入省电模式后,所有 SPI 接口获取的寄存器值都保持不变,且 SPI 接口也可以激活。省电模式由配置寄存器(CONFIG)中 PWR_UP 位置'0'来控制。

13.1.3 无线收发器 nRF24L01 的 SPI 接口指令设置

无线收发器 nRF24L01 的 SPI 接口由 SCK、MISO、MOSI、CSN 功能引脚组成。在待机和省电模式下,处理器通过 SPI 接口配置 nRF24L01 的工作参数;在发送和接收模式下,处理器通过 SPI 接口发送和接收数据。

当 CSN 为低电平时,SPI 接口开始等待第一条指令,任何一条新指令均由 CSN 的由高到低开始转换。nRF24L01 的命令分为读寄存器、写寄存器、读数据接收缓冲区、写发送数据缓冲区等。用于 SPI 接口的常见命令如表 13 - 3 所列。

表 13 - 3　SPI 接口指令

指令名称	指令格式	操　作
R_REGISTER	00A A AAA	读配置寄存器。AAAAA 指出读操作的寄存器地址
W_REGISTER	001 A AAA	写配置寄存器。AAAAA 指出写操作的寄存器地址,只能够在省电模式或待机模式下操作
R_RX_PAYLOAD	0110 0001	读 RX 有效数据:1~32 字节。读操作全部从字节 0 开始。当读 RX 有效数据完成后,FIFO 寄存器中有效数据被清除。应用于接收模式下
W_RX_PAYLOAD	1010 0000	写 TX 有效数据:1~32 字节。写操作从字节 0 开始。应用于发送模式
FLUSH_TX	1110 0001	清除 TX FIFO 寄存器,应用于发送模式下
FLUSH_RX	1110 0010	清除 RX FIFO 寄存器,应用于接收模式下。在传输应答信号过程中不应执行此指令,也就是说,若传输应答信号过程中执行了该指令将使得应答信号不能被完整地传输
REUSE_TX_PL	1110 0011	应用于发送端重新使用上一包发送的有效数据。当 CE=1 时,数据被不断重新发送。在发送数据包过程中必须禁止数据包的重使用功能
NOP	1111 1111	空操作。可用来读状态寄存器

通过 SPI 接口传入 nRF24L01 的 SPI 指令格式有两种形式:当为命令字时,由高到低位(每字节);当为数据字节时,由低字节到高字节,每一字节高位在前。

13.1.4 无线收发器 nRF24L01 寄存器功能描述

无线收发器 nRF24L01 所有的配置操作都通过配置寄存器来进行,且所有寄存器都是通过 SPI 接口进行配置的。表 13 - 4 所列的就是这些寄存器格式与位功能定义。

表 13－4　寄存器格式及功能定义

地　址	参　数	位	复位值	类　型	功能描述
00	CONFIG				配置寄存器
	保留	7	0	rw	默认为'0'
	MASK_RX_DR	6	0	rw	可屏蔽中断 RX_DR。1:IRQ 引脚不产生 RX_DR 中断。0:RX_DR 中断产生时 IRQ 引脚为低电平
	MASK_TX_DS	5	0	rw	可屏蔽中断 TX_DS。1:IRQ 引脚不产生 TX_DS 中断。0:TX_DS 中断产生时 IRQ 引脚为低电平
	MASK_MAX_RT	4	0	rw	可屏蔽中断 MAX_RT。1:IRQ 引脚不产生 MAX_RT 中断。0:MAX_RT 中断产生时 IRQ 引脚为低电平
	EN_CRC	3	1	rw	CRC 使能。如果 EN_AA 中任意一位为高,则 EN-CRC 强制为高
	CRCO	2	0	rw	CRC 模式。0:8 位 CRC 校验。1:16 位 CRC 校验
	PWR_UP	1	0	rw	1:上电；　0:掉电
	PRIM_RX	0	0	rw	1:接收模式;0:发送模式
01	ENAA (Enhanced Shockburst)				使能自动应答功能
	保留	7:6	00	rw	默认为'0'
	ENAA_P5	5	1	rw	数据通道 5 自动应答允许
	ENAA_P4	4	1	rw	数据通道 4 自动应答允许
	ENAA_P3	3	1	rw	数据通道 3 自动应答允许
	ENAA_P2	2	1	rw	数据通道 2 自动应答允许
	ENAA_P1	1	1	rw	数据通道 1 自动应答允许
	ENAA_P0	0	1	rw	数据通道 0 自动应答允许
02	EN_RXADDR				接收地址允许
	保留	7:6	00	rw	默认为'0'
	ERX_P5	5	0	rw	接收数据通道 5 允许
	ERX_P4	4	0	rw	接收数据通道 4 允许
	ERX_P3	3	0	rw	接收数据通道 3 允许
	ERX_P2	2	0	rw	接收数据通道 2 允许
	ERX_P1	1	1	rw	接收数据通道 1 允许
	ERX_P0	0	1	rw	接收数据通道 0 允许

地 址	参 数	位	复位值	类 型	功能描述
03	SETUP_AW				设置地址宽度(所有数据通道共享)
	保留	7:2	000000	rw	默认为'000000'
	AW	1:0	11	rw	接收/发送地址宽度。 '00':无效。 '01':3 字节宽度。 '10':4 字节宽度。 '11':5 字节宽度
04	SETUP_RETR				建立自动重发
	ARD	7:4	0000	rw	自动重发延时。 '0000':等待 250+86 μs。 '0001':等待 500+86 μs。 '0010':等待 750+86 μs。 '0011':等待 1000+86 μs。 … '1111':等待 4000+86 μs。 延时时间是指一个数据包发送完成到下一个数据包开始发送之间的时间间隔
	ARC	3:0	0011	rw	自动重发计数。 '0000':自动重发禁止。 '0001':自动重发一次。 … '1111':自动重发 15 次
05	RF_CH				射频通道
	保留	7	0	rw	默认为'0'
	RF_CH	6:0	0000010	rw	设置工作通道频率
06	RF_SETUP				射频设置寄存器
	保留	7:6	00	rw	默认为'00'
	RF_DR_LOW	5	0	rw	设置 RF 速率为 250 kbps,参考 RF_DR_HIGH 的值
	PLL_LOCK	4	0	rw	强制锁相环锁定,仅应用于测试模式

续表 13 - 4

地　址	参　　数	位	复位值	类　型	功能描述
	RF_DR_HIGH	3	1	rw	数据传输速率 [RF_DR_LOW，RF_DR_HIGH]： '00'：1 Mbps。 '01'：2 Mbps。 '10'：250 kbps。 '11'：保留
	RF_PWR	2:1	11	rw	发射功率： '00'：—18 dBm。 '01'：—12 dBm。 '10'：—6 dBm。 '11'：—0 dBm
	LNA_HCRR	0	1	rw	低噪声放大器增益，默认为'1'
07	STATUS				状态寄存器
	保留	7	0	rw	默认为'0'
	RX_DR	6	0	rw	数据就绪接收缓冲中断。当收到收数据包时。 写'1'清除中断
	TX_DS	5	0	rw	数据发出发送缓冲中断，如果工作在自动应答模式 下，只有当接收到应答信号后此位才置'1'。写'1' 清除中断
	MAX_RT	4	0	rw	重发次数溢出中断。写'1'清除中断。如果产生 MAX_RT中断，则必须先清除后才能够进行通信
	RX_P_NO	3:1	111	r	从接收缓冲读取到的有效载荷的数据通道号。 000~101：数据通道号。 110：未使用。 111：RX FIFIO 寄存器为空
	TX_FULL	0	0	r	TX FIFO 寄存器满标志。 '0'：TX FIFO 寄存器未满，仍有可用空间。 '1'：TX FIFO 寄存器空间满
08	OBSERVE_TX				发送检测寄存器
	PLOS_CNT	7:4	0000	r	数据包丢失计数器。当写 RF_CH 寄存器时该寄存 器复位，当丢失计数超 15 个后该寄存器重启
	ARC_CNT	3:0	0000	r	重发计数器。发送新数据包时该寄存器复位

地　址	参　数	位	复位值	类　型	功能描述
09	CD				载波检测
	保留	7:1	0000000	r	—
	CD	0	0	r	载波检测
0A	RX_ADDR_P0	39:0	0xE7E7 E7E7E7	rw	数据通道 0 接收地址。最大长度为 5 字节(先写低字节,所写字节数量由 SETUP_AW 设定)
0B	RX_ADDR_P1	39:0	0xC2C2 C2C2C2	rw	数据通道 1 接收地址。最大长度为 5 字节(先写低字节,所写字节数量由 SETUP_AW 设定)
0C	RX_ADDR_P2	7:0	0xC3	rw	数据通道 2 接收地址。最低字节可设置,高字节必须与 RX_ADDR_P1[39:8]相等
0D	RX_ADDR_P3	7:0	0xC4	rw	数据通道 3 接收地址。最低字节可设置,高字节必须与 RX_ADDR_P1[39:8]相等
0E	RX_ADDR_P4	7:0	0xC5	rw	数据通道 4 接收地址。最低字节可设置,高字节必须与 RX_ADDR_P1[39:8]相等
0F	RX_ADDR_P5	7:0	0xC6	rw	数据通道 5 接收地址。最低字节可设置,高字节必须与 RX_ADDR_P1[39:8]相等
10	TX_ADDR	39:0	0xE7E7 E7E7E7	rw	发送地址(先写低字节)。在增强 ShockBurst 模式下,设置 TX_ADDR_P0 与此地址相等来接收应答信号
11	RX_PW_P0				
	保留	7:6	00	rw	默认为'00'
	RX_PW_P0	5:0	000000	rw	接收数据通道 0 有效数据宽度(1~32 字节)。'0':通道不使用。'1':1 个字节数据宽度。'2':2 个字节数据宽度。 …… '32':32 个字节数据宽度
12	RX_PW_P1				
	保留	7:6	00	rw	默认为'00'
	RX_PW_P1	5:0	000000	rw	数据通道 1 接收的有效负载数据宽度(1~32 字节)。'0':通道不使用。'1':1 个字节数据宽度。'2':2 个字节数据宽度。 …… '32':32 个字节数据宽度

地　址	参　数	位	复位值	类　型	功能描述
13	RX_PW_P2				
	保留	7:6	00	rw	默认为'00'
	RX_PW_P2	5:0	000000	rw	数据通道 2 接收的有效负载数据宽度(1~32 字节)。 '0':通道不使用。 '1':1 个字节数据宽度。 '2':2 个字节数据宽度。 … '32':32 个字节数据宽度
14	RX_PW_P3				
	保留	7:6	00	rw	默认为'00'
	RX_PW_P3	5:0	000000	rw	数据通道 3 接收的有效负载数据宽度(1~32 字节)。'0':通道不使用。 '1':1 个字节数据宽度。 '2':2 个字节数据宽度。 … '32':32 个字节数据宽度
15	RX_PW_P4				
	保留	7:6	00	rw	默认为'00'
	RX_PW_P4	5:0	000000	rw	数据通道 4 接收的有效负载数据宽度(1~32 字节)。'0':通道不使用。 '1':1 个字节数据宽度。 '2':2 个字节数据宽度。 … '32':32 个字节数据宽度
16	RX_PW_P5				
	保留	7:6	00	rw	默认为'00'
	RX_PW_P5	5:0	000000	rw	数据通道 5 接收的有效负载数据宽度(1~32 字节)。'0':通道不使用。 '1':1 个字节数据宽度。 '2':2 个字节数据宽度。 … '32':32 个字节数据宽度

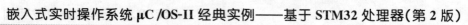

地 址	参 数	位	复位值	类 型	功能描述
17	FIFO_STATUS				FIFO 状态寄存器
	保留	7	0	rw	默认为'0'
	TX_REUSE	6	0	r	重使用最后一个发送数据包,当 CE 为高电平时,不断重复发送这个数据包。TX_REUSE 通过 SPI 指令 REUSE_TX_PL 设置,通过指令 W_TX_PALOAD 或 FLUSH_TX 复位
	TX_FULL	5	1	r	TX_FIFO 寄存器满标志。 '0':TX_FIFO 寄存器未满,仍有可用空间。 '1':TX_FIFO 寄存器满
	TX_EMPTY	4		r	TX_FIFO 寄存器空标志。 '0':TX_FIFO 寄存器有数据,非空。 '1':TX_FIFO 寄存器空
	保留	3:2	00	rw	默认为'00'
	RX_FULL	1	0	r	RX_FIFO 寄存器满标志。 '0':RX_FIFO 寄存器未满,仍有可用空间。 '1':RX_FIFO 寄存器满
	RX_EMPTY	0	1	r	RX_FIFO 寄存器空标志。 '0':RX_FIFO 寄存器有数据,非空。 '1':RX_FIFO 寄存器空
N/A	TX_PLD	255:0	x	w	由单独的 SPI 指令写发送数据负载寄存器 1~32 字节。这个寄存器作为一个三层的 FIFO。仅由发送模式使用
N/A	RX_PLD	255:0	x	r	由单独的 SPI 指令写接收数据负载寄存器 1~32 字节。这个寄存器作为一个三层的 FIFO。所有的接收通道共享该 FIFO
1C	DYNPD				使能动态负载数据长度
	保留	7:6	00	rw	默认状态为'00'
	DPL_P5	5	0	rw	使能动态数据长度通道5(需 EN_DPL 和 ENAA_P5)
	DPL_P4	4	0	rw	使能动态数据长度通道4(需 EN_DPL 和 ENAA_P4)
	DPL_P3	3	0	rw	使能动态数据长度通道3(需 EN_DPL 和 ENAA_P3)
	DPL_P2	2	0	rw	使能动态数据长度通道2(需 EN_DPL 和 ENAA_P2)
	DPL_P1	1	0	rw	使能动态数据长度通道1(需 EN_DPL 和 ENAA_P1)
	DPL_P0	0	0	rw	使能动态数据长度通道0(需 EN_DPL 和 ENAA_P0)

续表 13 - 4

地　址	参　数	位	复位值	类　型	功能描述
1D	FEATURE				特性寄存器
	保留	7:3	00000	rw	默认状态为'00000'
	EN_DPL	2	0	rw	使能动态负载长度
	EN_ACK_PAY	1	0	rw	使能负载具有应答信号
	EN_DYN_ACK	0	0	rw	使能 W_TX_PAYLOAD_NOACK 指令

注:地址 18~1B 仅用于测试

13.1.5　无线收发器 nRF24L01 读/写操作时序

无线收发器芯片 nRF24L01 在写配置寄存器之前,必须进入待机模式或省电模式。nRF24L01 读写操作时序分别如图 13-3 和图 13-4 所示。

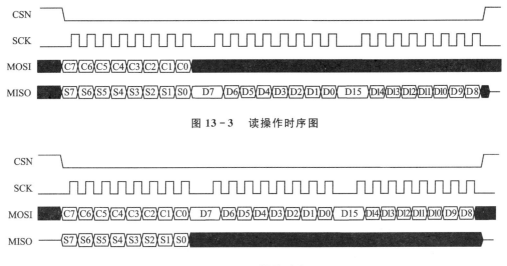

图 13-3　读操作时序图

图 13-4　写操作时序图

13.1.6　无线收发器 nRF24L01 数据包处理方式

无线收发器 nRF24L01 有两种处理包形式:ShockBurst 模式和增强 ShockBurst 模式。其数据包形式分别如表 13-5 和表 13-6 所列,数据包内容功能定义如表 13-7 所列。

表 13-5　ShockBurst 模式下兼容数据包形式

前导码	地址(3~5 字节)	数据(1~32 字节)	CRC 校验(0~2 字节)

表 13－6   增强型 ShockBurst 模式下的数据包形式

前导码	地址(3～5 字节)	9 位标志位	数据(0～32 字节)	CRC 校验(0/1/2 字节)

表 13－7   数据包功能定义

前导码	前导码用来检测 0 和 1。芯片在接收模式下除去前导码,在发送模式下加入前导码
地址	地址内容为接收机地址; 地址宽度可是 3～5 字节; 地址可以对接收通道及发送通道分别进行配置; 从接收的数据包中可自动除去地址
标志位	PID:数据包识别。其中两位用来指示当接收到新数据包后加 1;其他 7 位保留
数据	0～32 字节宽度 注:ShockBurst 模式数据(1～32 字节)
CRC	CRC 校验是可选的; 0～2 字节的 CRC 校验

1. ShockBurst 模式

在 ShockBurst 模式下,无线收发器 nRF24L01 可以与成本较低的低速处理器相连,信号则是由芯片内部的射频协议处理的。

在 ShockBurst 发送模式下 nRF24L01 自动生成前导码及 CRC 校验数据,发送完毕后 IRQ 通知处理器。nRF24L01 内部有 3 个不同的 RX FIFO 寄存器和 3 个不同的 TX FIFO 寄存器,6 个通道共享此寄存器。在省电模式及待机模式下,数据传输的过程中处理器可以随时访问 FIFO 寄存器。

2. 增强 ShockBurst 模式

无线收发器 nRF24L01 融进了增强型 ShockBurst 技术,使得双向通信协议变得简单。在一个典型的双向通信中,接收方在收到发射方的数据时,将会向发射方回传一个应答信号,若接收方未收到该数据,发射方在等待一定延迟时间后将自动重发此包数据(在自动重发功能开启的情况下),这些都不需要处理器的参与。

13.2   STM32 处理器 SPI 接口概述

在本书的应用例程当中,使用频率最高的就是 STM32 处理器的串行外设接口(SPI)。由于篇幅原因,前面的章节都未对该外设接口做详细介绍,本节将对 SPI 接口进行讲述。

STM32 处理器的 SPI 接口允许处理器与外部设备以半/全双工、同步、串行方式通信。此接口也可以配置成主模式,并为外部从设备提供串行通信时钟 SCK。SPI 接口的主要特征如下。

- 3 线全双工同步传输。
- 带或不带第三根双向数据线的双线单工同步传输。
- 8 或 16 位传输帧格式选择。
- 主或从操作。
- 支持多主模式。
- 8 个主模式波特率预分频系数(最大为 $f_{PCLK}/2$)。
- 从模式频率(最大为 $f_{PCLK}/2$)。
- 主模式和从模式的快速通信。
- 主模式和从模式下均可以由软件或硬件进行 NSS 管理:主/从操作模式的动态改变。
- 可编程的时钟极性和相位。
- 可编程的数据顺序,MSB 在前或 LSB 在前。
- 可触发中断的专用发送和接收标志。
- SPI 总线忙状态标志。
- 支持可靠通信的硬件 CRC。
  ——在发送模式下,CRC 值可以被作为最后一个字节发送;
  ——在全双工模式中对接收到的最后一个字节自动进行 CRC 校验。
- 可触发中断的主模式故障、过载以及 CRC 错误标志。
- 支持 DMA 功能的 1 字节发送和接收缓冲器,产生发送和接受请求。

SMT32 处理器 SPI 接口内部功能框图如图 13 – 5 所示。

通常 SPI 接口通过 4 个引脚与外部器件相连。

(1) MISO:主设备输入/从设备输出引脚。

该引脚在从模式下发送数据,在主模式下接收数据。

(2) MOSI:主设备输出/从设备输入引脚。

该引脚在主模式下发送数据,在从模式下接收数据。

(3) SCK:串口时钟,作为主设备的输出,从设备的输入。

(4) NSS:从设备选择。这是一个可选的引脚,用来选择主/从设备。它的功能是用来作为"片选引脚",让主设备可以单独地与特定从设备通信,避免数据线上的冲突。从设备的 NSS 引脚可以由主设备的一个标准 I/O 引脚来驱动。一旦被使能(SSOE 位),NSS 引脚也可以作为输出引脚,并在 SPI 处于主模式时拉低。此时,所有的 SPI 接口设备,如果它们的 NSS 引脚连接到主设备的 NSS 引脚,则会检测到低电平;如果它们被设置为 NSS 硬件模式,就会自动进入从设备状态。当配置为主设备、NSS 配置为输入引脚(MSTR=1,SSOE=0)时,如果 NSS 被拉低,则这个 SPI 设备进入主模式失败状态,即 MSTR 位被自动清除,此设备进入从模式。

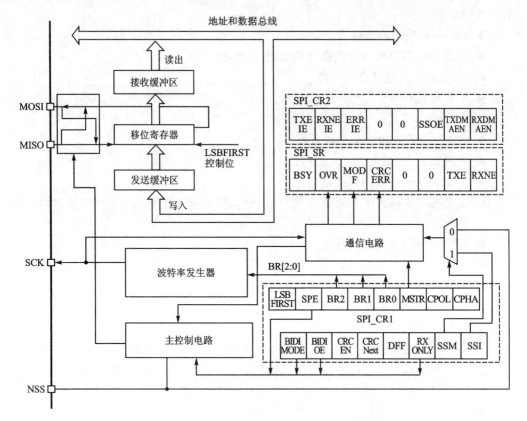

图 13 − 5　STM32 处理器的 SPI 接口功能框图

13.2.1　时钟信号的相位和极性

SPI_CR 寄存器的 CPOL 和 CPHA 位,能够组合成 4 种时序关系。

CPOL(时钟极性)位控制在没有数据传输时时钟的空闲状态电平,此位对主模式和从模式下的设备都有效。如果 CPOL 被清'0',SCK 引脚在空闲状态保持低电平;如果 CPOL 被置'1',SCK 引脚在空闲状态保持高电平。

如果 CPHA(时钟相位)位被置'1',SCK 时钟的第二个边沿(CPOL 位为 0 时就是下降沿,CPOL 位为'1'时就是上升沿)进行数据位的采样,数据在第二个时钟边沿被锁存。如果 CPHA 位被清'0',SCK 时钟的第一边沿(CPOL 位为'0'时就是下降沿,CPOL 位为'1'时就是上升沿)进行数据位采样,数据在第一个时钟边沿被锁存。

CPOL 时钟极性和 CPHA 时钟相位的组合选择数据捕捉的时钟边沿。图 13 − 6显示了 SPI 接口数据传输的 4 种 CPHA 和 CPOL 时序组合。

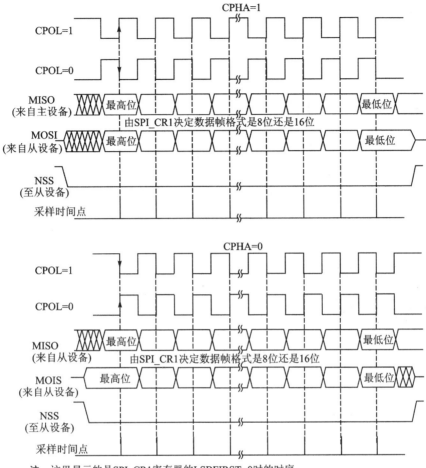

图 13 - 6　SPI 接口数据时钟时序图

13.2.2　配置 SPI 接口为主模式

本书中的实例应用中通常将 STM32 处理器的 SPI 接口配置成主模式。在配置 SPI 接口为主模式时,MOSI 引脚是数据输出,而 MISO 引脚是数据输入,SCK 脚产生串行时钟。主模式的配置步骤如下:

(1) 通过 SPI_CR1 寄存器的 BR[2:0] 位定义串行时钟波特率。

(2) 选择 CPOL 和 CPHA 位,定义数据传输和串行时钟间的相位关系(见上图 13 - 6 所示)。

(3) 设置 DFF 位来定义 8 位或 16 位数据帧格式。

(4) 配置 SPI_CR1 寄存器的 LSBFIRST 位定义帧格式。

(5) 如果需要 NSS 引脚工作在输入模式,硬件模式下,在整个数据帧传输期间应把 NSS 脚连接到高电平;在软件模式下,需设置 SPI_CR1 寄存器的 SSM 位和 SSI 位。如果 NSS 引脚工作在输出模式,则只需设置 SSOE 位。

(6) 必须设置 MSTR 位和 SPE 位(只当 NSS 脚被连到高电平,这些位才能保持置位)。

13.2.3　STM32 处理器 SPI 接口寄存器

STM32 处理器 SPI 接口相关寄存器可以用半字(16 位)或字(32 位)的方式操作。相关寄存器及位功能分别如表 13-8～表 13-21 所列。

1. SPI 控制寄存器-1(SPI_CR1)

地址偏移:0x00。复位值:0x0000。

表 13-8　SPI 控制寄存器 1

15	14	13	12	11	10	9	8	7	6	5 4 3	2	1	0
BIDI MODE	BIDI OE	CRC EN	CRC NEXT	DFF	RX ONLY	SSM	SSI	LSB FIRST	SPE	BR[2:0]	MSTR	CPOL	CPHA
rw	rw	rw	rw	rw	rw	rw	rw	rw	rw	rw	rw	rw	rw

表 13-9　SPI 控制寄存器-1 位功能定义

位	功能定义
15	BIDIMODE:双向数据模式使能。 0:选择"双线双向"模式。 1:选择"单线双向"模式
14	BIDIOE:双向模式下的输出使能。 和 BIDIMODE 位一起决定在"单线双向"模式下数据的输出方向。 0:输出禁止(只收模式)。 1:输出使能(只发模式)。 这个"单线"数据线在主设备端为 MOSI 引脚,在从设备端为 MISO 引脚
13	CRCEN:硬件 CRC 校验使能。 0:禁止 CRC 计算。 1:启动 CRC 计算 注:只有在禁止 SPI 时(SPE=0),才能写该位,否则出错。该位只能在全双工模式下使用
12	CRCNEXT:下一个发送 CRC。 0:数据位(无 CRC)。 1:下一个发送是 CRC
11	DFF:数据帧格式。 0:使用 8 位数据帧格式进行发送/接收。 1:使用 16 位数据帧格式进行发送/接收。 注:只有当 SPI 禁止(SPE=0)时,才能写该位,否则出错

续表 13 - 9

位	功能定义
10	RXONLY:只接收。 该位和 BIDIMODE 位一起决定在"双线双向"模式下的传输方向。在多个从设备的配置中,在未被访问的从设备上该位置 1,使得只有被访问的从设备有输出,从而不会造成数据线上数据冲突。 0:全双工(发送和接收)。 1:禁止输出(只接收模式)
9	SSM:软件从设备管理。 当 SSM 被置位时,NSS 引脚上的电平由 SSI 位的值决定。 0:禁止软件从设备管理。 1:启用软件从设备管理
8	SSI:内部从设备选择。 该位只在 SSM 位为'1'时有意义。它决定了 NSS 上的电平,在 NSS 引脚上的 I/O 操作无效
7	LSBFIRST:帧格式。 0:先发送 MSB。 1:先发送 LSB 注:当通信正在进行时,不能改变该位的值
6	SPE:SPI 使能。 0:禁止 SPI 设备。 1:开启 SPI 设备
5:3	BR[2:0]:波特率控制。 000:$f_{PCLK}/2$。001:$f_{PCLK}/4$。010:$f_{PCLK}/8$。011:$f_{PCLK}/16$ 100:$f_{PCLK}/32$。101:$f_{PCLK}/64$。110:$f_{PCLK}/128$。111:$f_{PCLK}/256$ 注:当通信正在进行的时候,不能修改这些位
2	MSTR:主设备选择。 0:配置为从设备。 1:配置为主设备 注:当通信正在进行的时候,不能修改该位
1	CPOL:时钟极性。 0:空闲状态时,SCK 保持低电平。 1:空闲状态时,SCK 保持高电平 注:当通信正在进行的时候,不能修改该位
0	CPHA:时钟相位。 0:第一个数据捕捉在第一个时钟切换沿。 1:第一个数据捕捉在第二个时钟切换沿 注:当通信正在进行的时候,不能修改该位

2. SPI 控制寄存器- 2(SPI_CR2)

地址偏移:0x04。复位值:0x0000。

表 13 - 10　SPI 控制寄存器- 2

15	...	8	7	6	5	4	3	2	1	0
			TXEIE	RXNEIE	ERRIE			SSOE	TXDMAEN	RXDMAEN
			rw	rw	rw			rw	rw	rw

表 13 - 11　SPI 控制寄存器- 2 位功能定义

位	功能定义
15:8	保留位,保持为 0
7	TXEIE:发送缓冲区空中断使能。 0:禁止 TXE 中断。 1:允许 TXE 中断,当 TXE 标志置位为'1'时产生中断请求
6	RXNEIE:接收缓冲区非空中断使能。 0:禁止 RXNE 中断。 1:允许 RXNE 中断,当 RXNE 标志置位时产生中断请求
5	ERRIE:错误中断使能。 当错误(CRCERR、OVR、MODF)产生时,该位控制是否产生中断。 0:禁止错误中断。 1:允许错误中断
4:3	保留位,保持为 0
2	SSOE:SS 输出使能。 0:禁止在主模式下 SS 输出,该设备可以工作在多主设备模式。 1:设备开启时,开启主模式下 SS 输出,该设备不能工作在多主设备模式
1	TXDMAEN:发送缓冲区 DMA 使能。 当该位被设置时,TXE 标志一旦被置位就发出 DMA 请求。 0:禁止发送缓冲区 DMA。 1:启动发送缓冲区 DMA
0	RXDMAEN:接收缓冲区 DMA 使能。 当该位被设置时,RXNE 标志一旦被置位就发出 DMA 请求。 0:禁止接收缓冲区 DMA。 1:启动接收缓冲区 DMA

3. SPI 状态寄存器(SPI_SR)

地址偏移:0x08。复位值:0x0002。

表 13 - 12　SPI 状态寄存器

15	...	8	7	6	5	4	3	2	1	0
			BSY	OVR	MODF	CRC ERR	UDR	CHSIDE	TXE	RXNE
			r	r	r	rc,w0	r	r	r	r

表 13 - 13　SPI 状态寄存器位功能

位	功能定义
15:8	保留位,保持为 0
7	BSY:忙标志。 0:SPI 不忙。 1:SPI 正忙于通信,或者发送缓冲非空。 该位由硬件置位或者复位
6	OVR:溢出标志。 0:没有出现溢出错误。 1:出现溢出错误。 该位由硬件置位,由软件序列复位
5	MODF:模式错误。 0:没有出现模式错误。 1:出现模式错误。 该位由硬件置位,由软件序列复位
4	CRCERR:CRC 错误标志。 0:收到的 CRC 值和 SPI_RXCRCR 寄存器中的值匹配。 1:收到的 CRC 值和 SPI_RXCRCR 寄存器中的值不匹配。 该位由硬件置位,由软件写'0'而复位
3	UDR:下溢标志位。 0:未发生下溢。 1:发生下溢。 该标志位由硬件置'1',由一个软件序列清'0' 注:在 SPI 模式下不使用
2	CHSIDE:声道。 0:需要传输或者接收左声道。 1:需要传输或者接收右声道 注:在 SPI 模式下不使用
1	TXE:发送缓冲为空。 0:发送缓冲非空。 1:发送缓冲为空
0	RXNE:接收缓冲非空。 0:接收缓冲为空。 1:接收缓冲非空

4. SPI 数据寄存器(SPI_DR)

地址偏移:0x0C。复位值:0x0000。

表 13 - 14　SPI 数据寄存器

15	14	13	12	11	10	9	8	7	6	5	4	3	2	1	0
							DR[15:0]								
rw	rw	rw	rw	rw	rw	rw	rw	rw	rw	rw	rw	rw	rw	rw	rw

表 13 - 15　SPI 数据寄存器位功能

位	功能定义
15:0	DR[15:0]:数据寄存器,待发送或者已经收到的数据。 数据寄存器对应两个缓冲区:一个用于写(发送缓冲),另外一个用于读(接收缓冲)。写操作将数据写到发送缓冲区;读操作将返回接收缓冲区里的数据

5. SPI CRC 多项式寄存器(SPI_CRCPR)

地址偏移:0x10。复位值:0x0007。

表 13 - 16　SPI CRC 多项式寄存器

15	14	13	12	11	10	9	8	7	6	5	4	3	2	1	0
							CRCPOLY[15:0]								
rw	rw	rw	rw	rw	rw	rw	rw	rw	rw	rw	rw	rw	rw	rw	rw

表 13 - 17　SPI CRC 多项式寄存器位功能

位	功能定义
15:0	CRCPOLY[15:0]:CRC 多项式寄存器。 该寄存器包含了 CRC 计算时用到的多项式。 其复位值为 0x0007,根据应用可以设置其他数值

6. SPI Rx CRC 寄存器(SPI_RXCRCR)

地址偏移:0x14。复位值:0x0000。

表 13 - 18　SPI Rx CRC 寄存器

15	14	13	12	11	10	9	8	7	6	5	4	3	2	1	0
							RxCRC[15:0]								
r	r	r	r	r	r	r	r	r	r	r	r	r	r	r	r

表 13 - 19　SPI Rx CRC 寄存器位功能

位	功能定义
15:0	RXCRC[15:0]:接收 CRC 寄存器位 15:0。 在启用 CRC 计算时,RXCRC[15:0]中包含了依据收到的字节计算的 CRC 数值。当在 SPI_CR1 的 CRCEN 位写入'1'时,该寄存器被复位。CRC 计算使用 SPI_CRCPR 中的多项式。 当数据帧格式被设置为 8 位时,仅低 8 位参与计算,并且按照 CRC8 的方法进行;当数据帧格式为 16 位时,寄存器中的所有 16 位都参与计算,并且按照 CRC16 的标准 注:当 BSY 标志为'1'时读该寄存器,可能读到不正确的数值

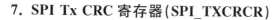

7. SPI Tx CRC 寄存器(SPI_TXCRCR)

地址偏移:0x18。复位值:0x0000。

表 13-20 SPI Tx CRC 寄存器

15	14	13	12	11	10	9	8	7	6	5	4	3	2	1	0
							TxCRC[15:0]								
r	r	r	r	r	r	r	r	r	r	r	r	r	r	r	r

表 13-21 SPI Tx CRC 寄存器位功能

位	功能定义
15:0	TxCRC[15:0]:发送 CRC 寄存器位 15:0。 在启用 CRC 计算时,TXCRC[15:0]中包含了依据将要发送的字节计算的 CRC 数值。当在 SPI_CR1 中的 CRCEN 位写入'1'时,该寄存器被复位。CRC 计算使用 SPI_CRCPR 中的多项式。 当数据帧格式被设置为 8 位时,仅低 8 位参与计算,并且按照 CRC8 的方法进行;当数据帧格式为 16 位时,寄存器中的所有 16 个位都参与计算,并且按照 CRC16 的标准 注:当 BSY 标志为'1'时读该寄存器,可能读到不正确的数值

8. SPI_I2S 配置寄存器(SPI_I2S_CFGR)

地址偏移:0x1C。复位值:0x0000。

表 13-23 SPI_I2S 配置寄存器

15	14	13	12	11	10	9	8	7	6	5	4	3	2	1	0
				I2SMOD	I2SE	I2SCFG		PCMSYNC		I2SSTD		CKPOL	DATLEN		CHLEN
				rw	rw	rw	rw	rw		rw	rw	rw	rw	rw	rw

表 13-24 SPI_I2S 配置寄存器位功能

位	功能定义
15:12	保留位,硬件强制为 0
11	I2SMOD:I²S 模式选择 0:选择 SPI 模式; 1:选择 I²S 模式。 注:该位只有在关闭了 SPI 或者 I²S 时才能设置
10	I2SE:I²S 使能 0:关闭 I2S; 1:I²S 使能。 注:在 SPI 模式下不使用
9:8	I2SCFG:I²S 模式设置 00:从设备发送; 01:从设备接收;

位	功能定义
9:8	10:主设备发送; 11:主设备接受。 注:该位只有在关闭了 I²S 时才能设置,在 SPI 模式下不使用
7	PCMSYNC:PCM 帧同步 0:短帧同步; 1:长帧同步。 注:该位只在 I2SSTD = 11 (使用 PCM 标准)时有意义,在 SPI 模式下不使用
6	保留位,硬件强制为 0
5:4	I2SSTD:I²S 标准选择 00:I²S 飞利浦标准; 01:MSB 对齐标准(左对齐); 10:LSB 对齐标准(右对齐); 11:PCM 标准。 注:为了正确操作,只有在关闭了 I²S 时才能设置该位,在 SPI 模式下不使用
3	CKPOL:稳态时钟极性 0:I²S 时钟稳态为低电平; 1:I²S 时钟稳态为高电平。 注:为了正确操作,该位只有在关闭了 I²S 时才能设置,在 SPI 模式下不使用
2:1	DATLEN:待传输数据长度 00:16 位数据长度; 01:24 位数据长度; 10:32 位数据长度; 11:不允许。 注:为了正确操作,该位只有在关闭了 I²S 时才能设置,在 SPI 模式下不使用
0	CHLEN:声道长度(即每个音频声道的数据位数) 0:16 位宽; 1:32 位宽。 只有在 DATLEN=00 时该位的写操作才有意义,否则声道长度都由硬件固定为 32 位。 注:为了正确操作,该位只有在关闭了 I²S 时才能设置,在 SPI 模式下不使用

9. SPI_I2S 预分频寄存器(SPI_I2SPR)

地址偏移:0x20。复位值:0x0002。

表 13 - 25   SPI_I2S 预分频寄存器

15	14	13	12	11	10	9	8	7	6	5	4	3	2	1	0
						MCKOE	ODD				I2SDIV				
						rw	rw	rw	rw	rw	rw	rw	rw	rw	rw

表 13 - 26　SPI_I2S 预分频寄存器位功能

位	功能定义
15:10	保留位,硬件强制为 0
9	MCKOE:主设备时钟输出使能 0:关闭主设备时钟输出; 1:主设备时钟输出使能。 注:为了正确操作,该位只有在关闭了 I²S 时才能设置,在 SPI 模式下不使用
8	ODD:奇系数预分频 0:实际分频系数=I2SDIV＊2; 1:实际分频系数=(I2SDIV＊2)+1。 注:为了正确操作,该位只有在关闭了 I²S 时才能设置,在 SPI 模式下不使用
7:0	I2SDIV:I²S 线性预分频 禁止设置 I2SDIV[7:0]=0 或者 I2SDIV[7:0]=1 注:为了正确操作,该位只有在关闭了 I²S 时才能设置,在 SPI 模式下不使用

13.3　SPI 接口相关库函数功能详解

SPI 外设接口相关库函数由一组 API(application programming interface,应用编程接口)驱动函数组成,这组函数覆盖了 SPI 外设接口所有功能;同时由于 STM32F1 系列大容量处理器的 SPI 外设接口与 I²S 音频接口共用,所以部分函数也可作用于 I²S 音频接口。本小节将针对性地将各功能函数详细说明如表 13 - 27～表 13 - 74 所列。

1. 函数 SPI_DeInit

表 13 - 27　函数 SPI_DeInit

函数名	SPI_I2S_DeInit
函数原形	void SPI_I2S_DeInit(SPI_TypeDef ＊ SPIx)
功能描述	将指定 SPI 的外设寄存器重设为默认值,该函数同样对于 I²S 接口也有效
输入参数	SPIx:x 可以是 1、2 或者 3,用于指定 SPI 外设
输出参数	无
返回值	无
先决条件	无
被调用函数	SPI1 调用 RCC_APB2PeriphResetCmd()函数; SPI2 与 SPI3 调用 RCC_APB1PeriphResetCmd()函数

2. 函数 SPI_Init

表 13 - 28   函数 SPI_Init

函数名	SPI_Init
函数原形	void SPI_Init(SPI_TypeDef * SPIx, SPI_InitTypeDef * SPI_InitStruct)
功能描述	根据 SPI_InitStruct 中指定的参数初始化某个 SPI 外设的寄存器,主要针对 SPI_CR1 寄存器位操作
输入参数 1	SPIx:x 可以是 1、2 或者 3,用于指定 SPI 外设
输入参数 2	SPI_InitStruct:指向结构体 SPI_InitTypeDef 的指针,包含了 SPI 外设的配置信息,这些参数及取值详细列出如表 13 - 29～表 13 - 37 所列
输出参数	无
返回值	无
先决条件	无
被调用函数	对 SPI1,RCC_APB2PeriphClockCmd() 对 SPI2,RCC_APB1PeriphClockCmd()

表 13 - 29   SPI_Direction 值

SPI_Direction	描述
SPI_Direction_2Lines_FullDuplex	根据 SPI_Direction 值域设置 SPI_CR1 寄存器位 BIDImode、BIDIOE、RxONLY,将 SPI 设置为双线双向全双工
SPI_Direction_2Lines_RxOnly	根据 SPI_Direction 值域设置 SPI_CR1 寄存器位 BIDImode、BIDIOE、RxONLY,将 SPI 设置为双线单向接收
SPI_Direction_1Line_Rx	根据 SPI_Direction 值域设置 SPI_CR1 寄存器位 BIDImode、BIDIOE、RxONLY,将 SPI 设置为单线双向接收
SPI_Direction_1Line_Tx	根据 SPI_Direction 值域设置 SPI_CR1 寄存器位 BIDImode、BIDIOE、RxONLY,将 SPI 设置为单线双向发送

表 13 - 30   SPI_Mode 值

SPI_Mode	描述
SPI_Mode_Master	设置 SPI_CR1 寄存器位 MSTR,用于指定 SPI 外设工作模式,将 SPI 设置为主模式
SPI_Mode_Slave	设置 SPI_CR1 寄存器位 MSTR,用于指定 SPI 外设工作模式,将 SPI 设置为从模式

表 13 - 31   SPI_DataSize 值

SPI_DataSize	描述
SPI_DataSize_16b	设置 SPI_CR1 寄存器位 DFF,SPI 收发采用 16 位数据帧结构
SPI_DataSize_8b	设置 SPI_CR1 寄存器位 DFF,SPI 收发采用 8 位数据帧结构

表 13 - 32　SPI_ SPI_CPOL 值

SPI_CPOL	描　述
SPI_CPOL_High	设置 SPI_CR1 寄存器位 CPOL,将时钟极性置高电平
SPI_CPOL_Low	设置 SPI_CR1 寄存器位 CPOL,将时钟极性置低电平

表 13 - 33　SPI_SPI_CPHA 值

SPI_CPHA	描　述
SPI_CPHA_2Edge	设置 SPI_CR1 寄存器位 CPHA 定义时钟相位,数据捕获设置为从第二个时钟沿开始
SPI_CPHA_1Edge	设置 SPI_CR1 寄存器位 CPHA 定义时钟相位,数据捕获设置为从第一个时钟沿开始

表 13 - 34　SPI_NSS 值

SPI_NSS	描　述
SPI_NSS_Hard	指定 NSS 信号由外部硬件引脚 NSS 来管理
SPI_NSS_Soft	指定 NSS 信号由软件管理,采用 SPI_CR1 寄存器位 SSI 位控制

表 13 - 35　SPI_BaudRatePrescaler 值

SPI_BaudRatePrescaler	描　述
SPI_BaudRatePrescaler2	设置 SPI_CR1 寄存器位 BR[2:0],指定收发时的波特率预分频值为 2
SPI_BaudRatePrescaler4	设置 SPI_CR1 寄存器位 BR[2:0],指定收发时的波特率预分频值为 4
SPI_BaudRatePrescaler8	设置 SPI_CR1 寄存器位 BR[2:0],指定收发时的波特率预分频值为 8
SPI_BaudRatePrescaler16	设置 SPI_CR1 寄存器位 BR[2:0],指定收发时的波特率预分频值为 16
SPI_BaudRatePrescaler32	设置 SPI_CR1 寄存器位 BR[2:0],指定收发时的波特率预分频值为 32
SPI_BaudRatePrescaler64	设置 SPI_CR1 寄存器位 BR[2:0],指定收发时的波特率预分频值为 64
SPI_BaudRatePrescaler128	设置 SPI_CR1 寄存器位 BR[2:0],指定收发时的波特率预分频值为 128
SPI_BaudRatePrescaler256	设置 SPI_CR1 寄存器位 BR[2:0],指定收发时的波特率预分频值为 256

表 13 - 36　SPI_FirstBit 值

SPI_FirstBit	描　述
SPI_FirstBit_MSB	设置 SPI_CR1 寄存器位 LSBFIRST,指定数据传输帧格式先从 MSB 位开始
SPI_FirstBit_LSB	设置 SPI_CR1 寄存器位 LSBFIRST,指定数据传输帧格式先从 LSB 位开始

表 13 - 37　SPI_CRCPolynomial 值

SPI_CRCPolynomial	描　述
值域定义	设置 SPI_CRCPR 寄存器位 CRCPOLY[15:0],用于配置 CRC 多项式定义

3. 函数 I2S_Init

表 13 - 38　函数 I2S_Init

函数名	I2S_Init
函数原形	void I2S_Init(SPI_TypeDef * SPIx, I2S_InitTypeDef * I2S_InitStruct)
功能描述	根据 I2S_InitStruct 中指定的参数初始化某个 SPI 外设(配置成 I²S 音频接口)的寄存器,主要针对 SPI_CR1 寄存器位操作
输入参数 1	SPIx:x 可以是 1、2 或者 3,用于指定 SPI 外设
输入参数 2	I2S_InitStruct:指向结构体 I2S_InitTypeDef 的指针,包含了将 SPI 外设设置成音频接口的配置信息,这些参数及取值详细列出如表 13 - 39~表 13 - 44 所列
输出参数	无
返回值	无
先决条件	无
被调用函数	无

表 13 - 39　I2S_Mode 值

I2S_Mode	描　述
I2S_Mode_SlaveTx	指定 I²S 操作模式为从模式发送
I2S_Mode_SlaveRx	指定 I²S 操作模式为从模式接收
I2S_Mode_MasterTx	指定 I²S 操作模式为主模式发送
I2S_Mode_MasterRx	指定 I²S 操作模式为主模式接收

表 13 - 40　I2S_Standard 值

I2S_Standard	描　述
I2S_Standard_Phillips	指定 I²S 音频接口的通信标准为 Phillips 标准
I2S_Standard_MSB	指定 I²S 音频接口的通信标准为 MSB 对齐标准
I2S_Standard_LSB	指定 I²S 音频接口的通信标准为 LSB 对齐标准
I2S_Standard_PCMShort	指定 I²S 音频接口的通信标准为 PCM 标准短帧结构
I2S_Standard_PCMLong	指定 I²S 音频接口的通信标准为 PCM 标准长帧结构

表 13 - 41　I2S_DataFormat 值

I2S_DataFormat	描　述
I2S_DataFormat_16b	指定 I²S 音频接口的通信数据格式为 16 位
I2S_DataFormat_16bextended	指定 I²S 音频接口的通信数据格式为 16 位扩展
I2S_DataFormat_24b	指定 I²S 音频接口的通信数据格式为 24 位
I2S_DataFormat_32b	指定 I²S 音频接口的通信数据格式为 32 位

表 13 - 42　I2S_MCLKOutput 值

I2S_MCLKOutput	描　述
I2S_MCLKOutput_Enable	使能 I²S 音频接口的 MCLK 时钟输出
I2S_MCLKOutput_Disable	禁止 I²S 音频接口的 MCLK 时钟输出

表 13 – 43　I2S_AudioFreq 值

I2S_AudioFreq	描　述
I2S_AudioFreq_192k	指定 I²S 音频接口采样频率为 192 kHz
I2S_AudioFreq_96k	指定 I²S 音频接口采样频率为 96 kHz
I2S_AudioFreq_48k	指定 I²S 音频接口采样频率为 48 kHz
I2S_AudioFreq_44k	指定 I²S 音频接口采样频率为 44 kHz
I2S_AudioFreq_32k	指定 I²S 音频接口采样频率为 32 kHz
I2S_AudioFreq_22k	指定 I²S 音频接口采样频率为 22 kHz
I2S_AudioFreq_16k	指定 I²S 音频接口采样频率为 16 kHz
I2S_AudioFreq_11k	指定 I²S 音频接口采样频率为 11 kHz
I2S_AudioFreq_8k	指定 I²S 音频接口采样频率为 8 kHz
I2S_AudioFreq_Default	指定 I²S 音频接口采样频率为默认值

表 13 – 44　I2S_CPOL 值

I2S_CPOL	描　述
I2S_CPOL_Low	指定 I²S 音频接口时钟线的空闲态极性为低电平
I2S_CPOL_High	指定 I²S 音频接口时钟线的空闲态极性为高电平

4. 函数 SPI_StructInit

表 13 – 45　函数 SPI_StructInit

函数名	SPI_StructInit
函数原形	void SPI_StructInit(SPI_InitTypeDef * SPI_InitStruct)
功能描述	把 SPI_InitStruct 中的每一个参数按默认值填入并初始化
输入参数	SPI_InitStruct:指向结构 SPI_InitTypeDef 的指针,待初始化,默认值如表 13 – 46 所列
输出参数	无
返回值	无
先决条件	无
被调用函数	无

表 13 – 46　SPI_InitStruct 默认值

成　员	默认值
SPI_Direction	SPI_Direction_2Lines_FullDuplex
SPI_Mode	SPI_Mode_Slave
SPI_DataSize	SPI_DataSize_8b
SPI_CPOL	SPI_CPOL_Low
SPI_CPHA	SPI_CPHA_1Edge
SPI_NSS	SPI_NSS_Hard
SPI_BaudRatePrescaler	SPI_BaudRatePrescaler_2
SPI_FirstBit	SPI_FirstBit_MSB
SPI_CRCPolynomial	7

5. 函数 I2S_StructInit

表 13 – 47　函数 I2S_StructInit

函数名	I2S_StructInit
函数原形	void I2S_StructInit(I2S_InitTypeDef * I2S_InitStruct)
功能描述	把 I2S _InitStruct 中的每一个参数按默认值填入并初始化
输入参数	I2S _InitStruct:指向结构 I2S _InitTypeDef 的指针,待初始化,默认值如表 13 – 48 所列
输出参数	无
返回值	无
先决条件	无
被调用函数	无

表 13 – 48　I2S_InitStruct 默认值

成　员	默认值
I2S_Mode	I2S_Mode_SlaveTx
I2S_Standard	I2S_Standard_Phillips
I2S_DataFormat	I2S_DataFormat_16b
I2S_MCLKOutput	I2S_MCLKOutput_Disable
I2S_AudioFreq	I2S_AudioFreq_Default
I2S_CPOL	I2S_CPOL_Low

6. 函数 SPI_ Cmd

表 13 – 49　函数 SPI_ Cmd

函数名	SPI_ Cmd
函数原形	void SPI_Cmd(SPI_TypeDef * SPIx, FunctionalState NewState)
功能描述	使能或者禁止指定的 SPI 外设,需设置 SPI_CR1 寄存器位 SPE
输入参数 1	SPIx:x 可以是 1、2 或者 3,用于指定 SPI 外设
输入参数 2	NewState:SPIx 外设新状态,这个实际上是用于传递参数,可以取 ENABLE 或者 DISABLE
输出参数	无
返回值	无
先决条件	无
被调用函数	无

7. 函数 I2S_Cmd

表 13 – 50　函数 I2S_Cmd

函数名	I2S_Cmd
函数原形	void I2S_Cmd(SPI_TypeDef * SPIx, FunctionalState NewState)
功能描述	使能或者禁止指定的 SPI 外设用于 I^{2}S 音频接口。需设置 SPI_I2S_CFGR 寄存器位 I2SE

函数名	I2S_Cmd
输入参数 1	SPIx：x 可以是 1、2 或者 3,用于指定需配置为 I²S 音频接口的 SPI 外设
输入参数 2	NewState：SPIx 外设新状态,这个实际上是用于传递参数,可以取 ENABLE 或者 DISABLE
输出参数	无
返回值	无
先决条件	无
被调用函数	无

8. 函数 SPI_I2S_ITConfig

表 13 - 51　函数 SPI_I2S_ITConfig

函数名	SPI_I2S_ITConfig
函数原形	void SPI_I2S_ITConfig(SPI_TypeDef * SPIx, uint8_t SPI_I2S_IT, FunctionalState NewState)
功能描述	使能或者禁止指定 SPI 外设/I²S 音频接口的中断源。需设置 SPI_CR2 寄存器对应位
输入参数 1	SPIx：x 可以是 1、2 或者 3,用于指定 SPI 外设。 注：2 或者 3 可用于 I²S 音频接口
输入参数 2	SPI_I2S_IT：待使能或者禁止的 SPI/I²S 中断源,该参数允许取值范围详见表 13 - 52 所列
输入参数 3	NewState：SPI/I²S 中断的新状态,这个参数可以取 ENABLE 或者 DISABLE
输出参数	无
返回值	无
先决条件	无
被调用函数	无

表 13 - 52　SPI_I2S_IT 值

SPI_IT	描　　述
SPI_I2S_IT_TXE	空发送缓冲区中断源。对应于 SPI_CR2 寄存器位 TXEIE 设置
SPI_I2S_IT_RXNE	接收缓冲区非空中断源。对应于 SPI_CR2 寄存器位 RXNEIE 设置
SPI_I2S_IT_ERR	错误中断源。对应于 SPI_CR2 寄存器位 ERRIE 设置

9. 函数 SPI_I2S_DMACmd

表 13 - 53　函数 SPI_I2S_DMACmd

函数名	SPI_I2S_DMACmd
函数原形	void SPI_I2S_DMACmd(SPI_TypeDef * SPIx, uint16_t SPI_I2S_DMAReq, FunctionalState NewState)

续表 13 - 53

函数名	SPI_I2S_DMACmd
功能描述	使能或者禁止指定 SPI 外设/I²S 音频接口的 DMA 传输请求,需设置 SPI_CR2 寄存器位 TXDMAEN 与 RXDMAEN
输入参数 1	SPIx:x 可以是 1、2 或者 3,用于指定 SPI 外设。 注:2 或者 3 可用于 I²S 音频接口
输入参数 2	SPI_I2S_DMAReq:待使能或者禁止的 SPI 外设/I²S 音频接口的 DMA 传输请求。 该参数允许取值范围详见表 13 - 54
输入参数 3	NewState:SPI 外设/I²S 音频接口 DMA 传输的新状态,这个参数可以取 ENABLE 或者 DISABLE
输出参数	无
返回值	无
先决条件	无
被调用函数	无

表 13 - 54　SPI_I2S_DMAReq 值

SPI_I2S_DMAReq	描　　述
SPI_I2S_DMAReq_Tx	发送缓冲区 DMA 传输请求
SPI_I2S_DMAReq_Rx	接收缓冲区 DMA 传输请求

10. 函数 SPI_I2S_SendData

表 13 - 55　函数 SPI_I2S_SendData

函数名	SPI_I2S_SendData
函数原形	void SPI_I2S_SendData(SPI_TypeDef * SPIx, uint16_t Data)
功能描述	通过 SPI 外设/I²S 音频接口发送一次数据,需将待发送数据写入 SPI_DR 寄存器
输入参数 1	SPIx:x 可以是 1、2 或者 3,用于指定 SPI 外设。 注:2 或者 3 可用于 I²S 音频接口
输入参数 2	Data:待发送的数据
输出参数	无
返回值	无
先决条件	无
被调用函数	无

11. 函数 SPI_I2S_ReceiveData

表 13 - 56　函数 SPI_I2S_ReceiveData

函数名	SPI_I2S_ReceiveData
函数原形	uint16_t SPI_I2S_ReceiveData(SPI_TypeDef * SPIx)
功能描述	通过 SPI 外设/I²S 音频接口接收数据,需读操作 SPI_DR 寄存器

函数名	SPI_I2S_ReceiveData
输入参数	SPIx:x 可以是 1、2 或者 3,用于指定 SPI 外设 注:2 或者 3 可用于 I²S 音频接口
输出参数	无
返回值	返回最近一次接收到的数据
先决条件	无
被调用函数	无

12. 函数 SPI_NSSInternalSoftwareConfig

表 13 - 57　函数 SPI_NSSInternalSoftwareConfig

函数名	SPI_NSSInternalSoftwareConfig
函数原形	void SPI_NSSInternalSoftwareConfig(SPI_TypeDef * SPIx, uint16_t SPI_NSSInternalSoft)
功能描述	为指定 SPI 外设的 NSS 信号(NSS 引脚采用软件控制)进行内部状态配置
输入参数 1	SPIx:x 可以是 1、2 或者 3,用于指定 SPI 外设
输入参数 2	SPI_NSSInternalSoft:指定 SPI 外设 NSS 信号的内部状态,该参数允许取值范围详见 表 13 - 58
输出参数	无
返回值	无
先决条件	无
被调用函数	无

表 13 - 58　SPI_NSSInternalSoft 值

SPI_NSSInternalSoft	描　述
SPI_NSSInternalSoft_Set	由软件设置 NSS 信号状态
SPI_NSSInternalSoft_Reset	由软件重置 NSS 信号状态

13. 函数 SPI_SSOutputCmd

表 13 - 59　函数 SPI_SSOutputCmd

函数名	SPI_SSOutputCmd
函数原形	void SPI_SSOutputCmd(SPI_TypeDef * SPIx, FunctionalState NewState)
功能描述	使能或者禁止指定 SPI 外设的 SS 输出。针对 SPI_CR2 寄存器位 SSOE 操作
输入参数 1	SPIx:x 可以是 1、2 或者 3,用于指定 SPI 外设
输入参数 2	NewState:SPI 外设 SS 输出的新状态,这个参数可以取 ENABLE 或者 DISABLE
输出参数	无
返回值	无
先决条件	无
被调用函数	无

14. 函数 SPI_DataSizeConfig

表 13 - 60   函数 SPI_DataSizeConfig

函数名	SPI_DataSizeConfig
函数原形	void SPI_DataSizeConfig(SPI_TypeDef * SPIx, uint16_t SPI_DataSize)
功能描述	设置指定 SPI 外设的数据长度
输入参数 1	SPIx:x 可以是 1、2 或者 3,用于指定 SPI 外设
输入参数 2	SPI_DataSize:SPI 外设的数据长度,参数允许取值范围详见表 13 - 61
输出参数	无
返回值	无
先决条件	一般情况下,函数 SPI_StructInit()按默认值初始化后,需先清除 SPI_CR1 寄存器 DFF 位,再对 DFF 位设置新值
被调用函数	无

表 13 - 61   SPI_DataSize 值

SPI_DataSize	描 述
SPI_DataSize_8b	设置数据帧长度为 8 位
SPI_DataSize_16b	设置数据帧长度为 16 位

15. 函数 SPI_ TransmitCRC

表 13 - 62   函数 SPI_ TransmitCRC

函数名	SPI_ TransmitCRC
函数原形	void SPI_TransmitCRC(SPI_TypeDef * SPIx)
功能描述	指定 SPI 外设发送 CRC,将 SPI_CR1 寄存器位 CRCNext 置 1
输入参数 1	SPIx:x 可以是 1、2 或者 3,用于指定 SPI 外设
输出参数	无
返回值	无
先决条件	无
被调用函数	无

16. 函数 SPI_ CalculateCRC

表 13 - 63   函数 SPI_ CalculateCRC

函数名	SPI_ CalculateCRC
函数原形	void SPI_CalculateCRC(SPI_TypeDef * SPIx, FunctionalState NewState)
功能描述	使能或者禁止指定 SPI 外设传输字节时 CRC 值校验。将设置 SPI_CR1 寄存器位 CRCEN
输入参数 I	SPIx:x 可以是 1、2 或者 3,用于指定 SPI 外设
输入参数 2	NewState:SPI 外设传输字节 CRC 值校验的新状态,这个参数可以取 ENABLE 或者 DISABLE

函数名	SPI_ CalculateCRC
输出参数	无
返回值	无
先决条件	无
被调用函数	无

17. 函数 SPI_ GetCRC

表 13 - 64　函数 SPI_ GetCRC

函数名	SPI_ GetCRC
函数原形	uint16_t SPI_GetCRC(SPI_TypeDef * SPIx, uint8_t SPI_CRC)
功能描述	返回指定 SPI 的 SPI_RXCRCR 寄存器或 SPI_TXCRCR 寄存器的 CRC 值
输入参数 1	SPIx:x 可以是 1、2 或者 3,用于指定 SPI 外设
输入参数 2	SPI_CRC:指定待读取的 SPI 外设 CRC 寄存器,该参数允许取值范围有两个,如表 13 - 65 所列
输出参数	无
返回值	Crcreg:所选 CRC 寄存器的值
先决条件	无
被调用函数	无

表 13 - 65　SPI_CRC 值

SPI_CRC	描　　述
SPI_CRC_Tx	选择发送 CRC 寄存器,即 SPI_TXCRCR 寄存器
SPI_CRC_Rx	选择接收 CRC 寄存器,即 SPI_RXCRCR 寄存器

18. 函数 SPI_GetCRCPolynomial

表 13 - 66　函数 SPI_GetCRCPolynomial

函数名	SPI_GetCRCPolynomial
函数原形	uint16_t SPI_GetCRCPolynomial(SPI_TypeDef * SPIx)
功能描述	返回指定 SPI 外设的 CRC 多项式寄存器(即 SPI_CRCPR)的值
输入参数	SPIx:x 可以是 1、2 或者 3,用于指定 SPI 外设
输出参数	无
返回值	CRC 多项式寄存器值
先决条件	无
被调用函数	无

19. 函数 SPI_BiDirectionalLineConfig

表 13-67　函数 SPI_BiDirectionalLineConfig

函数名	SPI_BiDirectionalLineConfig
函数原形	void SPI_BiDirectionalLineConfig(SPI_TypeDef * SPIx, uint16_t SPI_Direction)
功能描述	设置指定 SPI 外设在双向模式下的数据传输方向
输入参数 1	SPIx:x 可以是 1、2 或者 3,用于指定 SPI 外设
输入参数 2	SPI_Direction:指定双向模式下的数据传输方向,该参数允许取值范围有两个,如表 13-68 所列
输出参数	无
返回值	无
先决条件	无
被调用函数	无

表 13-68　SPI_CRC 值

SPI_Direction	描　述
SPI_Direction_Tx	选择发送方向,SPI_CR1 寄存器置值 0x4000
SPI_Direction_Rx	选择接收方向,SPI_CR1 寄存器置值 0xBFFF

20. 函数 SPI_I2S_GetFlagStatus

表 13-69　函数 SPI_I2S_GetFlagStatus

函数名	SPI_I2S_GetFlagStatus
函数原形	FlagStatus SPI_I2S_GetFlagStatus(SPI_TypeDef * SPIx, uint16_t SPI_I2S_FLAG)
功能描述	检查指定 SPI 外设/I²S 音频接口的标志位是否设置。需检查 SPI 状态寄存器(SPI_SR)对应位值
输入参数 1	SPIx:x 可以是 1、2 或者 3,用于指定 SPI 外设 注:2 或者 3 可用于 I²S 音频接口
输入参数 2	SPI_I2S_FLAG:指定待检查 SPI 外设/I²S 音频接口的标志位,该参数允许表 13-70 所列值之一
输出参数	无
返回值	Bitstatus:SPI_I2S_FLAG 的新状态,对应标志位设置时返回 SET,否则返回 RESET
先决条件	无
被调用函数	无

表 13-70　SPI_I2S_FLAG 值

SPI_I2S_FLAG	描　述
SPI_I2S_FLAG_TXE	SPI 外设/I²S 音频接口的发送缓冲区空标志位
SPI_I2S_FLAG_RXNE	SPI 外设/I²S 音频接口的接收缓冲区非空标志位
SPI_I2S_FLAG_BSY	SPI 外设/I²S 音频接口的忙状态标志位

SPI_I2S_FLAG	描　述
SPI_ I2S_FLAG_OVR	SPI 外设/I²S 音频接口的溢出标志位
SPI_FLAG_MODF	SPI 外设的模式故障标志位
SPI_FLAG_CRCERR	SPI 外设的 CRC 错误标志位
I2S_FLAG_UDR	I²S 音频接口的下溢错误标志位
I2S_FLAG_CHSIDE	I²S 音频接口的声道标志位

21. 函数 SPI_I2S_ClearFlag

表 13 - 71　函数 SPI_I2S_ClearFlag

函数名	SPI_I2S_ClearFlag
函数原形	void SPI_I2S_ClearFlag(SPI_TypeDef * SPIx, uint16_t SPI_I2S_FLAG)
功能描述	清除指定 SPI 外设/I²S 音频接口的待处理 CRC 错误标志位。 注：由于(PI_SR 寄存器其他位都为只读位,该函数仅对 SPI 状态寄存器位 CRCERR 操作时有效,写 0 清除
输入参数 1	SPIx：x 可以是 1、2 或者 3,用于指定 SPI 外设
输入参数 2	SPI_I2S_FLAG：待清除的 SPI 外设 CRC 错误标志位(SPI_FLAG_CRCERR)
输出参数	无
返回值	无
先决条件	无
被调用函数	无

22. 函数 SPI_I2S_GetITStatus

表 13 - 72　函数 SPI_I2S_GetITStatus

函数名	SPI_I2S_GetITStatus
函数原形	ITStatus SPI_I2S_GetITStatus(SPI_TypeDef * SPIx, uint8_t SPI_I2S_IT)
功能描述	检查指定 SPI 外设/I²S 音频接口的中断是否产生
输入参数 1	SPIx：x 可以是 1、2 或者 3,用于指定 SPI 外设 注：2 或者 3 可用于 I²S 音频接口
输入参数 2	SPI_I2S_IT：待检查 SPI 外设/I²S 音频接口的中断源,该参数取值见下表 13 - 73 所列值之一
输出参数	无
返回值	Bitstatus：SPI_I2S_FLAG 的新状态,对应中断产生时返回 SET,否则返回 RESET
先决条件	无
被调用函数	无

表 13 - 73　SPI_I2S_IT 值

SPI_I2S_IT	描　述
SPI_I2S_IT_TXE	SPI 外设/I²S 音频接口的发送缓冲区空中断
SPI_I2S_IT_RXNE	SPI 外设/I²S 音频接口的接收缓冲区非空中断
SPI_I2S_IT_OVR	SPI 外设/I²S 音频接口的溢出中断
SPI_IT_MODF	SPI 外设的模式故障中断
SPI_IT_CRCERR	SPI 外设的 CRC 错误中断
I2S_IT_UDR	I²S 音频接口的下溢错误中断

23. 函数 SPI_I2S_ClearITPendingBit

表 13 - 74　函数 SPI_I2S_ClearITPendingBit

函数名	SPI_I2S_ClearITPendingBit
函数原形	void SPI_I2S_ClearITPendingBit(SPI_TypeDef * SPIx, uint8_t SPI_I2S_IT)
功能描述	仅清除指定 SPI 外设的 CRC 错误中断待处理位
输入参数 1	SPIx:x 可以是 1、2 或者 3,用于指定 SPI 外设
输入参数 2	SPI_I2S_FLAG:待清除的 SPI 外设 CRC 错误中断待处理位(SPI_IT_CRCERR)
输出参数	无
返回值	无
先决条件	无
被调用函数	无

13.4　设计目标

本实例利用 STM32 - V3(或 STM32MINI、或 STM32TINY)开发板与 nRF24L01 无线传输模块组成点对点无线通信系统,演示收发一帧长度最长为 32 字节数据的试验。可以使用如下硬件搭配方案实现点对点无线数据传输演示。

● 终端设备 1。

终端设备 1 需要使用 STM32 - V3(或 STM32MINI)开发板,通过 SPI 接口连接 nRF24L01 无线传输模块,通过 μC/GUI 图形用户界面操作手动发送数据,自动接收它端数据。

● 终端设备 2。

终端设备 2 可以采用两种设备配置,一种是和终端设备 1 完全相同的硬件配置,也是通过 μC/GUI 图形用户界面操作数据发送;另一种是使用 STM32TINY 开发板虚拟成 USB 串口,PC 端通过串口软件助手或超级终端机输入发送数据,实现手动输入数据发送,自动接收它端数据功能。

试验的硬件搭配方案示意图如图 13 - 7 所示,图中仅列出了两个不同的终端硬件配置。

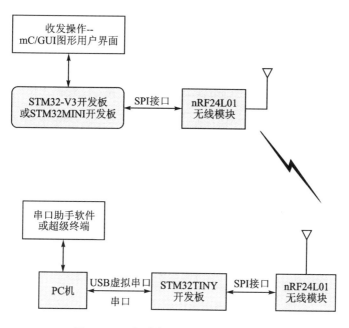

图 13 - 7　点对点无线数据传输示意图

13.5　硬件电路设计

本例的无线数据传输终端设备采用两种不同的硬件配置。终端设备 1 使用 STM32 - V3 开发板(下称主机),终端设备 2 采用 STM32TINY 开发板(下称从机)。主机和从机硬件电路组成示意图分别如图 13 - 8 和图 13 - 9 所示。

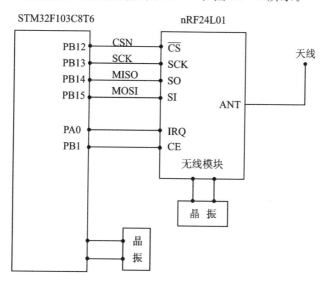

图 13 - 8　主机硬件电路组成

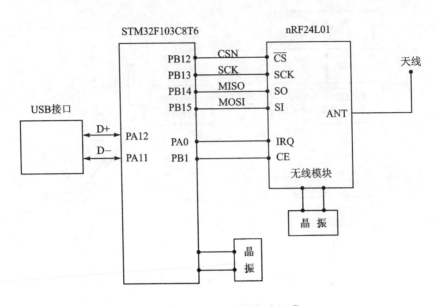

图 13-9　从机硬件电路组成

注:主机和从机角色实际不需要严格区分,本例只是为了便于说明才称之为主机和从机,应用上主机和从机都能够主动向对方发送数据,建立通信。

无线数据收发应用实例的硬件电路可分成主机硬件电路、从机硬件电路和外部无线收发器 nRF24L01 组成的无线模块 3 个部分。

1. 主机硬件电路

主机的处理器采用 STM32F103VET,通过 SPI 接口(由 PB0、PB13、PB14、PB15 构成)、中断与控制接口(PA0 和 PB1)与外部无线收发器 nRF24L01 组成的无线模块连接。这部分硬件接口示意图如图 13-10 所示。

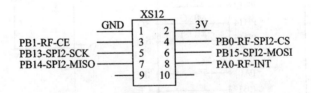

图 13-10　主机硬件的无线模块接口

2. 从机硬件电路

从机的处理器采用 STM32F103C8T6,通过 SPI 接口(由 PB12、PB13、PB14、PB15 构成)、中断与控制接口(PA0 和 PB1)与外部无线收发器 nRF24L01 组成的无线模块连接。从机处理器及外围元件电路原理如图 13-11 所示,USB 接口与无线模块接口电路原理如图 13-12 所示。

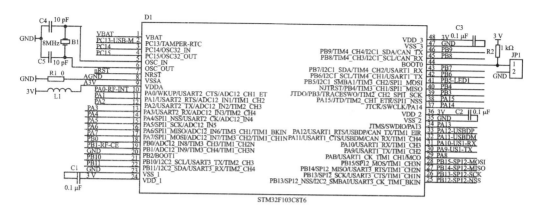

图 13－11　从机处理器及外围元件电路原理图

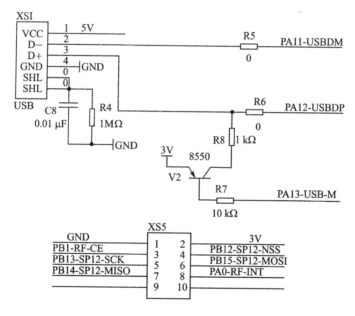

图 13－12　USB 接口与外部无线模块接口电路原理图

3. 无线模块

由无线收发器 nRF24L01 组成的无线模块,它采用外部接口分别与主机/从机接口连接。无线模块的硬件电路如图 13－13 所示。

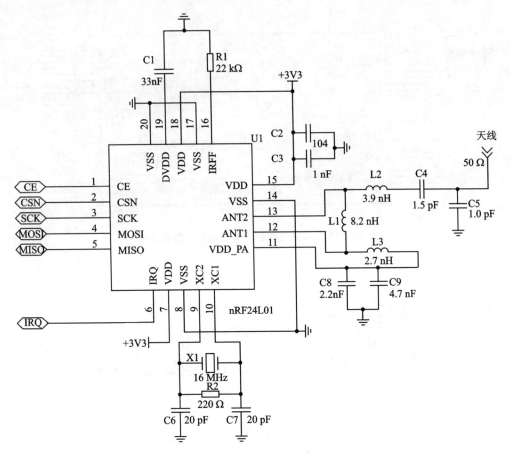

图 13 - 13　　无线模块硬件电路图

13.6　无线数据点对点通信软件设计

本例无线数据收发实例的软件设计根据硬件特点分成两大块。

（1）主机软件设计。

主机软件设计任务主要包括 μC/OS-II 系统软件、μC/GUI 图形界面接口、中断服务程序、硬件平台初始化程序和无线模块 NRF24L01 的硬件驱动程序。主机软件最大的特点就是涉及 μC/OS-II 系统和 μC/GUI 图形界面接口，而从机软件设计仅支持裸机应用。

（2）从机软件设计。

从机采用 STM32TINY 开发板，其软件设计部分都是裸机程序（无嵌入式实时操作系统 μC/OS-II），按结构可划分成 USB 协议核心库和应用层、nRF24L01 硬件配置、硬件中断处理程序以及主程序 main()等。

13.6.1　主机系统软件设计

主机系统软件设计主要针对如下几个部分。

（1）μC/OS-II 系统建立任务，包括系统主任务、μC/GUI 图形用户接口任务、触摸屏任务等。

（2）μC/GUI 图形界面程序，基于 μC/GUI 3.90 版本，使用了对话框、列表框、点选框、文本框、编辑框、按钮等控件，主要显示传输速率、数据发送状态、数据发送/接收文本、发送和接收功能键等。

（3）中断服务程序，主要有两个中断处理程序：一个是 μC/OS-II 系统时钟节拍中断程序，另一个是 EXTI0 中断程序。

（4）硬件平台初始化程序，包括系统时钟初始化、中断源配置、SPI 接口初始化、触摸屏接口初始化等常用配置，同时完成了 nRF24L01 的 6 通道发射地址的初始化。

（5）nRF24L01 硬件底层驱动及应用配置程序，包括 nRF24L01 的 SPI2 接口初始化、设置 nRF24L01 的接收模式、设置 nRF24L01 的发送模式、nRF24L01 寄存器读/写等功能。

主机系统软件设计所涉及的软件结构如表 13－75 所列；主要程序文件及功能说明如表 13－76 所列。

表 13－75　主机系统软件结构

应用软件层			
应用程序 app. c			
系统软件层			
μC/GUI 用户应用程序 Fun. c	操作系统		中断管理系统
μC/GUI 图形系统	μC/OS-Ⅱ 系统		异常与外设中断 处理模板
μC/GUI 驱动接口 lcd_ucgui. c、lcd_api. c	μC/OS-Ⅱ/Port	μC/OS-Ⅱ/CPU	μC/OS-Ⅱ/ Source	stm32f10x_it. c
μC/GUI 移植部分 lcd. c			
CMSIS 层			
Cortex-M3 内核外设访问层	STM32F10x 设备外设访问层		
core_cm3. c	core_cm3. h	启动代码 (stm32f10x_startup. s)	stm32f10x. h	system_stm32f10x. c	system_stm32f10x. h
硬件抽象层			
硬件平台初始化 bsp. c			
硬件外设层			
nRF24L01 模块底层驱动与应用配置程序	液晶屏接口应用配置程序		LCD 控制器驱动程序
NRF24L01. c	fsmc_sram. c		lcddrv. c
其他通用模块驱动程序			
misc. c、stm32f10x_fsmc. c、stm32f10x_gpio. c、stm32f10x_rcc. c、stm32f10x_spi. c、stm32f10x_exti. c 等			

表 13 - 76　主机系统程序设计文件功能说明

程序文件名称	程序文件功能说明
App.c	主程序,μC/OS-II 系统建立任务,包括系统主任务、μC/GUI 图形用户接口任务、触摸屏任务等
stm32f10x_it.c	μC/OS-II 系统时钟节拍中断函数 SysTickHandler 和外部中断处理函数 EXTI0_IRQHandler()
Fun.c	μC/GUI 图形用户接口,主要显示无线数据传输时的速率、数据发送状态、数据发送/接收内容、发送和接收功能按键等
NRF24L01.c	nRF24L01 的硬件底层驱动及应用配置程序,包括 nRF24L01 的 SPI2 接口初始化、设置 nRF24L01 的接收/发送模式以及 nRF24L01 寄存器读/写等功能
bsp.c	硬件平台初始化程序,除了包括常用配置之外,主要实现了 nRF24L01 的 6 个通道发射地址的初始化
stm32f10x_spi.c	通用模块库函数之 SPI 外设库函数,详见 13.3 节介绍

1. μC/OS-II 系统任务

μC/OS-II 系统建立任务,包含系统主任务、μC/GUI 图形用户接口任务、触摸屏任务、空闲任务以及统计时间运行任务,同时也是本例系统软件的主程序。

主程序的入口函数 main(),通过调用函数完成 μC/OS-II 系统初始化、硬件平台初始化、建立主任务、设置节拍计数器以及启动 μC/OS-II 系统等。

开始任务建立通过调用函数 App_TaskStart() 来完成,再由该函数申请 App_TaskCreate() 建立其他任务:

● OSTaskCreateExt(AppTaskUserIF,…用户界面任务);
● OSTaskCreateExt(AppTaskKbd,…触摸驱动任务)。

注:这部分代码与其他实例同名的任务实现函数代码是完全类似的。

2. 中断处理程序

中断处理程序有两个实现函数:一个是 μC/OS-II 系统时钟节拍中断处理函数 SysTickHandler(),该函数属于基本配置,本例也省略介绍;另一个是外部中断处理函数 EXTI0_IRQHandler(),这个函数通过 SPI 接口操作 nRF24L01 数据收发,详细代码与说明如下。

```
void EXTI0_IRQHandler(void)
{ unsigned char status;
    OS_CPU_SR cpu_sr;
    OS_ENTER_CRITICAL();//保存全局中断标志,关总中断
    OSIntNesting++ ;//中断嵌套
    OS_EXIT_CRITICAL();//恢复全局中断标志
    if(EXTI_GetITStatus(EXTI_Line0) != RESET) //判断是否产生了 EXTI0 中断
    {
        /*判断是否是 PA0 线变低*/
```

```
if(GPIO_ReadInputDataBit(GPIOA,GPIO_Pin_0) == 0){
/＊读取状态寄存器来判断数据接收状态＊/
status = SPI_Read(READ_REG1 + STATUS);
/＊判断是否接收到数据＊/
if(status & 0x40){
/＊从接收缓冲区里读出数据＊/
    SPI_Read_Buf(RD_RX_PLOAD,rx_buf,TX_PLOAD_WIDTH);
    if((status&0x0e)< = 0x0a){
        nrf_Pipe_r = (status&0x0e)>>1;　//读出是在哪个通道接收
    }
    else nrf_Pipe_r = 0;
    Rx_Succ = 1;　//读取数据完成标志
    /＊根据读出的接收通道号,将相应信息写入状态文本缓冲区 ＊/
    if(nrf_Pipe_r == 0) memcpy(status_buf,"Pipe 0 Recive OK!    ",20);
    else if(nrf_Pipe_r == 1) memcpy(status_buf,"Pipe 1 Recive OK!    ",20);
    else if(nrf_Pipe_r == 2) memcpy(status_buf,"Pipe 2 Recive OK!    ",20);
    else if(nrf_Pipe_r == 3) memcpy(status_buf,"Pipe 3 Recive OK!    ",20);
    else if(nrf_Pipe_r == 4) memcpy(status_buf,"Pipe 4 Recive OK!    ",20);
    else if(nrf_Pipe_r == 5) memcpy(status_buf,"Pipe 5 Recive OK!    ",20);
}
/＊发射达到最大重发次数＊/
else if((status &0x10)>0){
    SPI_RW_Reg(0xe1,0);　//清除发送缓冲区
    RX_Mode();//进入接收模式
    Rx_Succ = 1;//接收模式成功标志
    /＊根据发送通道,将相应信息写入状态文本缓冲区＊/
    if(nrf_Pipe == 0) memcpy(status_buf,"Pipe 0 NO ACK!    ",20);
    else if(nrf_Pipe == 1) memcpy(status_buf,"Pipe 1 NO ACK!    ",20);
    else if(nrf_Pipe == 2) memcpy(status_buf,"Pipe 2 NO ACK!    ",20);
    else if(nrf_Pipe == 3) memcpy(status_buf,"Pipe 3 NO ACK!    ",20);
    else if(nrf_Pipe == 4) memcpy(status_buf,"Pipe 4 NO ACK!    ",20);
    else if(nrf_Pipe == 5) memcpy(status_buf,"Pipe 5 NO ACK!    ",20);
}
/＊发射后收到应答＊/
else if((status &0x20)>0){
    SPI_RW_Reg(0xe1,0);//清除发送缓冲区
    RX_Mode();//进入接收模式
    Rx_Succ = 1;　//接收模式成功标志
    /＊根据发送通道,将相应信息写入状态文本缓冲区＊/
    if(nrf_Pipe == 0) memcpy(status_buf,"Pipe 0 Send OK!    ",20);
    else if(nrf_Pipe == 1) memcpy(status_buf,"Pipe 1 Send OK!    ",20);
    else if(nrf_Pipe == 2) memcpy(status_buf,"Pipe 2 Send OK!    ",20);
    else if(nrf_Pipe == 3) memcpy(status_buf,"Pipe 3 Send OK!    ",20);
```

```
            else if(nrf_Pipe == 4) memcpy(status_buf, "Pipe 4 Send OK!      ", 20);
            else if(nrf_Pipe == 5) memcpy(status_buf, "Pipe 5 Send OK!      ", 20);
        }
        SPI_RW_Reg(WRITE_REG1 + STATUS, status);//清除 07 寄存器标志
    }
    EXTI_ClearITPendingBit(EXTI_Line0); //清除 EXTI0 上的中断标志
}
OSIntExit();//优先级高的任务切换
}
```

3. μC/GUI 图形界面程序

μC/GUI 图形界面程序设计基于 μC/GUI3.90 版本,主要显示无线数据过程中的传输速率、数据发送状态、数据发送/接收文本、发送和接收功能按键等。

本程序主要集中在对话框资源列表、回调函数、用户界面处理与显示函数这三个功能,本例仍然分为创建对话框窗体、资源列表、对话框过程函数三大功能块介绍软件设计流程。

● 用户界面显示函数 Fun()

μC/GUI 图形界面程序的函数主要包括建立对话框窗体、单选按钮控件、按钮控件、列表框控件(附加滚动条)、文本控件、文件编辑控件以及相关字体、背景色、前景色等参数设置。本函数利用 GUI_CreateDialogBox()函数创建对话框窗体,指定包含的资源表、资源数目以及回调函数。

```
WM_HWIN hWin;
WM_HWIN hListBox[8];
WM_HWIN text1,text2,text3,text4,text5,text6,bt[2],edit1,edit2,slider0,rd0,list1;
GUI_COLOR DesktopColorOld;
const GUI_FONT * pFont = &GUI_FontComic24B_1;
const GUI_FONT * pFont18 = &GUI_FontComic18B_1;
void Fun(void) {
    GUI_CURSOR_Show();//打开鼠标图形显示
    /* 建立对话框时,包含了资源列表,资源数目,并且指定了用于动作响应的回调函数 */
    hWin = GUI_CreateDialogBox(aDialogCreate, GUI_COUNTOF(aDialogCreate),
    _cbCallback, 0, 0, 0);
    FRAMEWIN_SetFont(hWin, &GUI_FontComic18B_1);      //对话框字体设置
    FRAMEWIN_SetClientColor(hWin, GUI_BLACK); //对话框的窗体颜色是黑色
    /* 将长度为 32 字节的发送字符串拷贝到发送缓冲区 */
    memcpy(tx_buf, "1234567890abcdefghij! @#$%^&*()-=", 32);
    memcpy(rx_buf, "", 32); //将接收缓存区清空
    /* 获得对话框里 GUI_ID_TEXT0 项目(文本框 Send Text Area)的句柄 */
    text1 = WM_GetDialogItem(hWin, GUI_ID_TEXT0);
    /* 获得对话框里 GUI_ID_TEXT1 项目(文本框 Receive Text Area)的句柄 */
    text2 = WM_GetDialogItem(hWin, GUI_ID_TEXT1);
```

/＊获得对话框里 GUI_ID_TEXT2 项目(文本框 2M BPS)的句柄＊/

text3 = WM_GetDialogItem(hWin, GUI_ID_TEXT2);

/＊获得对话框里 GUI_ID_TEXT3 项目(文本框 1M BPS)的句柄＊/

text4 = WM_GetDialogItem(hWin, GUI_ID_TEXT3);

/＊获得对话框里 GUI_ID_TEXT5 项目(文本框 250K BPS)的句柄＊/

text6 = WM_GetDialogItem(hWin, GUI_ID_TEXT5);

/＊获得对话框里 GUI_ID_TEXT4 项目(状态字符文本框)的句柄＊/

text5 = WM_GetDialogItem(hWin, GUI_ID_TEXT4);

TEXT_SetFont(text1,pFont); //设置对话框里文本框发送文本的字体

TEXT_SetFont(text2,pFont); //设置对话框里文本框接收文本的字体

TEXT_SetFont(text3,pFont18);　　//设置对话框里文本框 2Mbps 的字体

TEXT_SetFont(text4,pFont18);　　//设置对话框里文本框 1Mbps 的字体

TEXT_SetFont(text6,pFont18);　　//设置对话框里文本框 250Kbps 的字体

TEXT_SetFont(text5,pFont); //设置对话框里状态字符文本框的字体

/＊设置对话框里文本框 Send Text Area 的字体颜色＊/

TEXT_SetTextColor(text1,GUI_GREEN);

/＊设置对话框里文本框接收文本的字体颜色＊/

TEXT_SetTextColor(text2,GUI_GREEN);

/＊设置对话框里文本框 2Mbps 的字体颜色＊/

TEXT_SetTextColor(text3,GUI_YELLOW);

/＊设置对话框里文本框 1Mbps 的字体颜色＊/

TEXT_SetTextColor(text4,GUI_YELLOW);

/＊设置对话框里文本框 250Kbps 的字体颜色＊/

TEXT_SetTextColor(text6,GUI_YELLOW);

/＊设置对话框里状态字符文本框的字体颜色＊/

TEXT_SetTextColor(text5,GUI_YELLOW);

/＊设置对话框里状态字符文本框的背景颜色＊/

TEXT_SetBkColor(text5,GUI_BLUE);

/＊获得对话框里 GUI_ID_EDIT1 项目(编辑框发送字符串显示区)的句柄＊/

edit1 = WM_GetDialogItem(hWin, GUI_ID_EDIT1);

/＊设置对话框里编辑框发送字符串显示区的字体＊/

EDIT_SetFont(edit1,pFont18);

/＊设置对话框里编辑框发送字符串显示区的字符串＊/

EDIT_SetText(edit1,(const char ＊)tx_buf);

/＊获得对话框里 GUI_ID_EDIT2 项目(编辑框接收字符串显示区)的句柄＊/

edit2 = WM_GetDialogItem(hWin, GUI_ID_EDIT2);

/＊设置对话框里编辑框接收字符串显示区的字体＊/

EDIT_SetFont(edit2,pFont18);

/＊设置对话框里编辑框接收字符串显示区的字符串＊/

EDIT_SetText(edit2,(const char ＊)rx_buf);

/＊获得对话框里 GUI_ID_BUTTON0 项目(按键 SEND)的句柄＊/

bt[0]= WM_GetDialogItem(hWin,GUI_ID_BUTTON0);

/＊获得对话框里 GUI_ID_BUTTON2 项目(按键 CLEAR)的句柄＊/

```
bt[1] = WM_GetDialogItem(hWin, GUI_ID_BUTTON2);
BUTTON_SetFont(bt[0],pFont);//设置对话框里按键 SEND 的字体
BUTTON_SetFont(bt[1],pFont);//设置对话框里按键 CLEAR 的字体
/*设置对话框里按键 SEND 未被按下的字体颜色*/
BUTTON_SetTextColor(bt[0],0,GUI_WHITE);
  /*设置对话框里按键 CLEAR 未被按下的字体颜色*/
BUTTON_SetTextColor(bt[1],0,GUI_WHITE);
nrf_Pipe = 0;      //nRF24L01 初始发射通道设置为 0
/*获得对话框里 GUI_ID_LISTBOX0 项目(列表框-通道选择)的句柄*/
list1 = WM_GetDialogItem(hWin, GUI_ID_LISTBOX0);
  /*设置对话框里列表框-通道选择里的条目*/
LISTBOX_SetText(list1, _apListBox);
  /*设置对话框里列表框-通道选择的字体*/
LISTBOX_SetFont(list1,pFont18);
  /*设置对话框里列表框-通道选择的焦点选择*/
LISTBOX_SetSel(list1,nrf_Pipe);
  /*设置对话框里列表框-通道选择的卷动方向为下拉*/
SCROLLBAR_CreateAttached(list1, SCROLLBAR_CF_VERTICAL);
  /*获得对话框里 GUI_ID_RADIO0 项目(点选框-速率选择)的句柄*/
rd0 = WM_GetDialogItem(hWin, GUI_ID_RADIO0);
nrf_baud = 0;      //nRF24L01 速率初始为 2Mbps
RADIO_SetValue(rd0,0);//设置对话框里点选框-速率选择的焦点选择
RX_Mode();//nRF24L01 进入接收模式
while (1)
{
if(Rx_Succ == 1){ //当 nRF24L01 接收到有效数据
    /*将接收缓冲区的字符写入到接收字符编辑框内*/
    EDIT_SetText(edit2,(const char *)rx_buf);
    /*将状态文本缓冲区的字符写入到状态文本框内*/
    TEXT_SetText(text5,(const char *)status_buf);
    Rx_Succ = 0;
}
WM_Exec();//刷新屏幕
  }
}
```

上述代码中的 GUI_CreateDialogBox() 函数用于创建非阻塞式对话框窗体,参数 aDialogCreate 定义对话框中所要包含的小工具的资源表的指针;GUI_COUNTOF (aDialog_Create) 定义对话框中所包含的小工具的总数;参数 _cbCallback 代表应用程序特定回调函数(对话框过程函数-窗体回调函数)的指针;紧跟其后的一个参数表示父窗口的句柄(0 表示没有父窗口),最后两个参数表示 X/Y 坐标位置,即对话框相对于父窗口的 X/Y 轴位置(0,0)。

那么在构架了完整的 μC/GUI 图形界面用于 nRF24L01 发送、接收显示以及参数选项后,收发到的无线数据是如何显示在窗体的文本编辑区内的呢?

我们在 demo.h 头文件中定义了两个缓冲区,一个用于发送缓冲区,一个用于接收缓冲区,这两个定义如下。

```
NRF_EXT unsigned char rx_buf[32];          //接收缓冲区
NRF_EXT unsigned char tx_buf[32];          //发送缓冲区
```

这里有两个文本编辑框文本设置操作,直接将获取到的缓冲区填入。发送缓冲区对应于文本编辑框 1,接收缓冲区对应于文本编辑框 2,我们回顾一下这段代码。

```
edit1 = WM_GetDialogItem(hWin, GUI_ID_EDIT1);      //获取文本控件 1 句柄
  EDIT_SetFont(edit1,pFont18);        //设置字体
  EDIT_SetText(edit1,(const char *)tx_buf); //发送缓冲区
edit2 = WM_GetDialogItem(hWin, GUI_ID_EDIT2); //获取文本控件 2 句柄
  EDIT_SetFont(edit2,pFont18);        //设置字体
  EDIT_SetText(edit2,(const char *)rx_buf); //接收缓冲区
```

特别强调一下,发送缓冲区和接收缓冲区初始设置情况,发送字符是一串默认字符串,通过 memcpy() 函数复制的,最后由 NRF24L01_TXBUF() 函数,将发送缓冲区的字符通过 nRF24L01 发送出去;接收缓冲区则清空。因此未收到无线数据之前,接收缓冲区是空白的,这段初始设置代码重述如下,大家也可以设置其他的默认字符串,但长度不过超过 32 字节。

```
/*将长度为 32 字节的发送字符串拷贝到发送缓冲区*/
memcpy(tx_buf, "1234567890abcdefghij! @#$ %^&*()-=", 32);
/*将接收缓冲区清空*/
memcpy(rx_buf, "", 32);
```

注意:对于对话框窗体来说,如果指定了资源列表与对话框过程函数,那这两个都是必不可少的要素,因此我们后面还会介绍如何实现这部分动作代码。

● 资源表创建

本函数定义指向了 GUI_WIDGET_CREATE_INFO 结构的指针,指定在对话框窗体中所要包括的所有控件,用于建立资源表。

前面我们强调过,框架窗口、按键控件、文本控件、文本编辑框控件、单选按键控件、列表框控件这些作为资源表所包括的小工具,它们都只能从资源表项中创建,即只能够以"控件名_CreateIndirect"的方式创建。

```
/*定义了对话框资源列表*/
static const GUI_WIDGET_CREATE_INFO aDialogCreate[] = {
    { FRAMEWIN_CreateIndirect, "NRF24L01", 0, 0, 0, 240, 320,
    FRAMEWIN_CF_ACTIVE },
    { BUTTON_CreateIndirect,"SEND",GUI_ID_BUTTON0, 0,236,120,55 },//发送按钮
```

```
    { BUTTON_CreateIndirect,"CLEAR",GUI_ID_BUTTON2,120,236,120,55 },//清除按钮
    {EDIT_CreateIndirect,"", GUI_ID_EDIT1,0,120, 230,35, EDIT_CF_LEFT, 50 },
    {EDIT_CreateIndirect,"",GUI_ID_EDIT2,0,190, 230,35, EDIT_CF_LEFT, 50 },
    {TEXT_CreateIndirect,"Send Text Area",GUI_ID_TEXT0,1,95,230,25, TEXT_CF_LEFT },
    {TEXT_CreateIndirect,"Receive Text Area ",
                                      GUI_ID_TEXT1,1,163,230,25,TEXT_CF_LEFT },
    {TEXT_CreateIndirect,"2Mbps",GUI_ID_TEXT2,23,2,140,25, TEXT_CF_LEFT },
    {TEXT_CreateIndirect,"1Mbps",GUI_ID_TEXT3,23,22,140,25,TEXT_CF_LEFT },
    {TEXT_CreateIndirect,"250Kbps",GUI_ID_TEXT5,23,42,140,25, TEXT_CF_LEFT },
    {TEXT_CreateIndirect, "",GUI_ID_TEXT4,0,60,240,25,TEXT_CF_LEFT },
    {RADIO_CreateIndirect,"Receive Mode",GUI_ID_RADIO0,3,13,40,55, RADIO_TEXTPOS_LEFT,3},
    {LISTBOX_CreateIndirect,"",GUI_ID_LISTBOX0,104,3,120,52, 0, 0 },
};
/ *定义了 nRF24L01 通道选择列表框的初始项目 * /
static const GUI_ConstString _apListBox[] = {
"Pipe 0", "Pipe 1","Pipe 2","Pipe 3","Pipe 4","Pipe 5", NULL};
```

● _cbCallback()函数作为起点添加动作代码

窗体回调函数_cbCallback()作为对话框过程函数的起点,初始化后,需要添加动作代码。创建对话框后,所有资源表中的小工具(指 GUI_CreateDialogBox 函数建立的所有控件)都将可见。但由于对话框过程函数尚未包含初始化单个元素的代码,所有小工具都是以"空"的形式出现的,因此需要在这个对话框过程函数中进行定义它们的初始值、动作代码。

```
static void _cbCallback(WM_MESSAGE * pMsg) {
    int NCode, Id;
    switch (pMsg->MsgId) {
    case WM_NOTIFY_PARENT: //通知父窗口有事件在窗口部件上发生
        Id = WM_GetId(pMsg->hWinSrc); //获得对话框窗口里发生事件的部件的 ID
        NCode = pMsg->Data.v; //动作代码
        switch (NCode) {
          case WM_NOTIFICATION_RELEASED: //窗体控件动作被释放
            if (Id == GUI_ID_BUTTON2) { //按键 CLEAR 被松开
              memcpy(status_buf, "", 20); //清空状态文本缓冲区
              memcpy(rx_buf, "", 32);     //清空接收文本缓冲区
              TEXT_SetText(text5,(const char * )status_buf); //清空状态文本框
              EDIT_SetText(edit2,(const char * )rx_buf); //清空接收字符编辑框
              memcpy(tx_buf, "", 32);     //清空发送文本缓冲区
              / *将发送字符缓冲区的字符通过 nRF24L01 发送出去 * /
              NRF24L01_TXBUF(tx_buf,32);
            }
            else if (Id == GUI_ID_BUTTON0) {//按键 SEND  被松开
```

```
    /*将 32 字节的文本拷贝到发送文本缓冲区*/
      memcpy(tx_buf, "1234567890abcdefghij! @ # $ % ^& * ( ) - = ", 32);
      memcpy(rx_buf, "", 32);          //清空接收文本缓冲区
      memcpy(status_buf, "", 20);//清空状态文本缓冲区
      EDIT_SetText(edit2,(const char *)rx_buf);//清空接收字符编辑框
    /*将发送字符缓冲区的字符通过 NRF24L01 发送出去*/
      NRF24L01_TXBUF(tx_buf,32);
      memcpy(tx_buf, "", 32);          //清空发送文本缓冲区
      TEXT_SetText(text5,(const char *)status_buf); //清空状态文本框
    }
    else if (Id == GUI_ID_RADIO0) { //NRF24L01 无线速率点选框点选动作完成
      nrf_baud = RADIO_GetValue(rd0); //获得速率表示值
      RX_Mode();//进入接收模式
    }
    else if (Id == GUI_ID_LISTBOX0){ //NRF24L01 无线通道选择动作
      nrf_Pipe = LISTBOX_GetSel(list1);//获得 NRF24LL01 无线通道表示值
      RX_Mode();//进入接收模式
    }
    break;
    default: break;
  }
  default:
  WM_DefaultProc(pMsg); //默认程序来处理消息
  break;
  }
}
```

通过在对话框过程函数中加入上述动作代码,整个图形用户界面上的所有控件不但可见,而且功能可用。

4. 硬件平台初始化

硬件平台初始化程序,包括系统时钟初始化、中断源配置、GPIO 端口配置、SPI 接口初始化、FSMC 与触摸屏接口初始化等常用配置,本例硬件平台初始化通过 BSP_Init() 函数完成了 nRF24L01 的 6 通道发射地址的初始化,这个功能的具体函数代码如下。

```
void BSP_Init(void)
{
    /*nRF24L01 的 6 通道发射地址的初始化*/
    TX_ADDRESS0[0] = 0x34; //通道 0　发射地址
    TX_ADDRESS0[1] = 0x43;
    TX_ADDRESS0[2] = 0x10;
    TX_ADDRESS0[3] = 0x10;
    TX_ADDRESS0[4] = 0x01;
```

```
    TX_ADDRESS1[0] = 0x01;      //通道 1  发射地址
    TX_ADDRESS1[1] = 0xE1;
    TX_ADDRESS1[2] = 0xE2;
    TX_ADDRESS1[3] = 0xE3;
    TX_ADDRESS1[4] = 0x02;
    TX_ADDRESS2[0] = 0x02;      //通道 2  发射地址
    TX_ADDRESS2[1] = 0xE1;
    TX_ADDRESS2[2] = 0xE2;
    TX_ADDRESS2[3] = 0xE3;
    TX_ADDRESS2[4] = 0x02;
    TX_ADDRESS3[0] = 0x03;      //通道 3  发射地址
    TX_ADDRESS3[1] = 0xE1;
    TX_ADDRESS3[2] = 0xE2;
    TX_ADDRESS3[3] = 0xE3;
    TX_ADDRESS3[4] = 0x02;
    TX_ADDRESS4[0] = 0x04;      //通道 4  发射地址
    TX_ADDRESS4[1] = 0xE1;
    TX_ADDRESS4[2] = 0xE2;
    TX_ADDRESS4[3] = 0xE3;
    TX_ADDRESS4[4] = 0x02;
    TX_ADDRESS5[0] = 0x05;      //通道 5  发射地址
    TX_ADDRESS5[1] = 0xE1;
    TX_ADDRESS5[2] = 0xE2;
    TX_ADDRESS5[3] = 0xE3;
    TX_ADDRESS5[4] = 0x02;
    RCC_Configuration();//系统时钟初始化及外设时钟使能
    GPIO_Configuration();//状态 LED1 的初始化
    SPI2_NRF24L01_Init();//用于 nRF24L01 通信的 SPI2 接口初始化
    NVIC_Configuration();//中断源配置
    tp_Config();      //SPI1 触摸电路接口初始化
    FSMC_LCD_Init();//FSMC 接口初始化
}
```

大部分的硬接口初始化与配置函数都介绍过,我们这里介绍一下中断源配置函数。

● NVIC_Configuration()函数

本例的中断源配置函数配置了 NRF24L01 的中断响应引脚、优先级并定义了中断触发沿等,详细的配置如下。

```
void NVIC_Configuration(void)
{
    /* 结构声明 */
    EXTI_InitTypeDef EXTI_InitStructure;
    NVIC_InitTypeDef NVIC_InitStructure;
```

```
    /* 优先级组 1 */
    NVIC_PriorityGroupConfig(NVIC_PriorityGroup_1);
    NVIC_InitStructure.NVIC_IRQChannel = EXTI0_IRQn;//NRF24L01 中断响应
    NVIC_InitStructure.NVIC_IRQChannelPreemptionPriority = 0;//抢占优先级 0
    NVIC_InitStructure.NVIC_IRQChannelSubPriority = 1;//子优先级为 1
    NVIC_InitStructure.NVIC_IRQChannelCmd = ENABLE;//使能
    NVIC_Init(&NVIC_InitStructure);
    /* PA0 作为该中断引脚 */
    GPIO_EXTILineConfig(GPIO_PortSourceGPIOA, GPIO_PinSource0);
    EXTI_InitStructure.EXTI_Line = EXTI_Line0;
    EXTI_InitStructure.EXTI_Mode = EXTI_Mode_Interrupt;//EXTI 中断
    EXTI_InitStructure.EXTI_Trigger = EXTI_Trigger_Falling;//下降沿触发
    EXTI_InitStructure.EXTI_LineCmd = ENABLE;//使能
    EXTI_Init(&EXTI_InitStructure);
}
```

5. nRF24L01 硬件底层驱动及应用配置

nRF24L01 硬件底层驱动及应用配置程序,主要包括 nRF24L01 的 SPI2 接口初始化、发送/接收模式设置以及涉及到 nRF24L01 的寄存器读/写操作等等功能,我们把这些主要函数列出如下。

● SPI2_NRF24L01_Init()函数

SPI2 接口初始化通过调用函数 SPI2_NRF24L01_Init(),完成驱动 nRF24L01 的 SPI2 接口相关的引脚、nRF24L01 相关的片选和中断控制引脚、SPI2 工作参数等配置,函数完整的初始化代码如下。

```
void SPI2_NRF24L01_Init(void)
{
    SPI_InitTypeDef SPI_InitStructure;
    GPIO_InitTypeDef GPIO_InitStructure;
    RCC_APB1PeriphClockCmd(RCC_APB1Periph_SPI2 ,ENABLE);//使能 SPI2 外设时钟
    /* 配置 SPI2 引脚: SCK, MISO and MOSI(PB13, PB14, PB15) */
    GPIO_InitStructure.GPIO_Pin = GPIO_Pin_13 | GPIO_Pin_14 | GPIO_Pin_15;
    GPIO_InitStructure.GPIO_Speed = GPIO_Speed_50MHz;
    GPIO_InitStructure.GPIO_Mode = GPIO_Mode_AF_PP;//复用功能(推挽)输出
    GPIO_Init(GPIOB, &GPIO_InitStructure);
    /* 配置 SPI2 - NRF24L01 片选 PB0 */
    GPIO_InitStructure.GPIO_Pin = GPIO_Pin_0;
    GPIO_InitStructure.GPIO_Speed = GPIO_Speed_50MHz;//输出模式最大速度 50MHz
    GPIO_InitStructure.GPIO_Mode = GPIO_Mode_Out_PP;//通用推挽输出模式
    GPIO_Init(GPIOB, &GPIO_InitStructure);
    /* 配置 NRF24L01 模式选择 PB1 */
    GPIO_InitStructure.GPIO_Pin = GPIO_Pin_1; //NRF24L01 模式 - CE
```

```
    GPIO_InitStructure.GPIO_Speed = GPIO_Speed_50MHz;//输出模式最大速度50MHz
    GPIO_InitStructure.GPIO_Mode = GPIO_Mode_Out_PP;//通用推挽输出模式
    GPIO_Init(GPIOB, &GPIO_InitStructure);
    /*配置NRF24L01中断信号产生连接到PA0 */
    GPIO_InitStructure.GPIO_Pin = GPIO_Pin_0;//NRF24L01-IRQ引脚
    GPIO_InitStructure.GPIO_Mode = GPIO_Mode_IPU;//上拉输入模式
    GPIO_Init(GPIOA, &GPIO_InitStructure);
    /* SPI2- NRF24L01的片选禁止 */
    /*宏定义设置#define NotSelect_NRF() GPIO_SetBits(GPIOB, GPIO_Pin_0) */
    NotSelect_NRF();
    /*SPI2接口参数配置 */
    SPI_InitStructure.SPI_Direction = SPI_Direction_2Lines_FullDuplex;//全双工
    SPI_InitStructure.SPI_Mode = SPI_Mode_Master;//主模式
    SPI_InitStructure.SPI_DataSize = SPI_DataSize_8b;//8位
    SPI_InitStructure.SPI_CPOL = SPI_CPOL_Low;//时钟极性-空闲状态时,SCK保持低电平
    /*时钟相位-数据采样从第一个时钟边沿开始 */
    SPI_InitStructure.SPI_CPHA = SPI_CPHA_1Edge;
    SPI_InitStructure.SPI_NSS = SPI_NSS_Soft;//软件配置产生NSS
    /*预分频值 SYSCLK/16 */
    SPI_InitStructure.SPI_BaudRatePrescaler = SPI_BaudRatePrescaler_16;
    SPI_InitStructure.SPI_FirstBit = SPI_FirstBit_MSB;//数据高位在前
    SPI_InitStructure.SPI_CRCPolynomial = 7;//CRC多项式寄存器初始值为7
    SPI_Init(SPI2, &SPI_InitStructure);
    /*使能SPI2接口 */
    SPI_Cmd(SPI2, ENABLE);
}
```

● MODE_CE()函数

当 nRF24L01 的 SPI2 接口初始化完成后,需要由函数 MODE_CE()实现对 nRF24L01 的控制引脚 CE 的设置,当 CE 为高电平时,nRF24L01 即为有效工作状态。

```
void MODE_CE(unsigned char a){
    if(a==1) GPIO_SetBits(GPIOB, GPIO_Pin_1);//置1:nRF24L01 收/发模式有效
    else GPIO_ResetBits(GPIOB, GPIO_Pin_1); //置0:关闭 nRF24L01
}
```

● SPI2_NRF_SendByte()函数

数据通信程序都是通过 SPI2 接口进行的,函数 SPI2_NRF_SendByte()主要实现通过 SPI2 接口发送一个字节的数据的功能,该函数是单个字节读/写操作、指定长度数据读/写操作的基础,函数代码如下。

```
unsigned char SPI2_NRF_SendByte(unsigned char byte)
{
    /*循环检测发送缓冲区是否是空 */
```

```
while(SPI_I2S_GetFlagStatus(SPI2, SPI_I2S_FLAG_TXE) == RESET);
/* 通过 SPI2 外设发出数据 */
SPI_I2S_SendData(SPI2, byte); //调用单字节数据发送函数
/* 等待接收数据,循环检查接收数据缓冲区 */
while(SPI_I2S_GetFlagStatus(SPI2, SPI_I2S_FLAG_RXNE) == RESET);
/* 返回读出的数据 */
return SPI_I2S_ReceiveData(SPI2);
}
```

当对 nRF24L01 寄存器进行单个字节读或写操作时,主要通过下述两个函数实现。

● SPI_Read()-从指定的 nRF24L01 寄存器读取单个字节

该函数通过 SPI2 接口从 nRF24L01 指定的寄存器读出一个字节,该函数由中断处理函数 EXTI0_IRQHandler()调用,代码如下。

```
unsigned char SPI_Read(BYTE reg)
{
    unsigned char Data;
    /* 宏定义设置♯define Select_NRF()  GPIO_ResetBits(GPIOB, GPIO_Pin_0) */
    Select_NRF();//选择 nRF24L01 片选
    /* 调用单字节数据发送函数,向指定 nRF24L01 寄存器发送单字节 */
    SPI2_NRF_SendByte(reg);
    Data = SPI2_NRF_SendByte(0);
    NotSelect_NRF();//禁止 nRF24L01 片选
    return (Data); //读出数据
}
```

● SPI_RW_Reg()-向指定的 nRF24L01 寄存器写单个字节

该函数通过 SPI2 接口将一个字节写入到 nRF24L01 指定的寄存器里面,代码如下。

```
unsigned char SPI_RW_Reg(unsigned char data1,unsigned char data2)
{
    unsigned int Data = 0;
    Select_NRF();//选择 nRF24L01 片选
    /* 调用单字节数据发送函数,向指定 nRF24L01 寄存器发送单字节 */
    Data = SPI2_NRF_SendByte(data1);
    SPI2_NRF_SendByte(data2);//写入数据
    NotSelect_NRF();//禁止 nRF24L01 片选
    return(Data); //返回 nRF24L01 写寄存器的状态信息
}
```

上述的读/写操作函数只能够对 nRF24L01 寄存器进行单个字节读或写操作,事实上,有时需要对 nRF24L01 寄存器进行指定的多字节数据读或写操作,则通过下述两个函数完成。

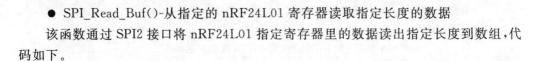

● SPI_Read_Buf()-从指定的 nRF24L01 寄存器读取指定长度的数据

该函数通过 SPI2 接口将 nRF24L01 指定寄存器里的数据读出指定长度到数组,代码如下。

```
unsigned char SPI_Read_Buf(BYTE reg, BYTE * pBuf, BYTE bytes)
{
    unsigned char status,i;//数据长度变量
    Select_NRF();//选择 nRF24L01 片选
    status = SPI2_NRF_SendByte(reg); //读出指定 nRF24L01 寄存器的状态信息
    for(i = 0; i<bytes; i++) //读出指定长度的数据
    {
        pBuf[i] = SPI2_NRF_SendByte(0);//多次调用单字节数据发送函数
    }
    NotSelect_NRF();//禁止 NRF24L01 片选
    return(status); //返回指定 NRF24L01 寄存器的状态信息
}
```

● SPI_Write_Buf()-向指定的 nRF24L01 寄存器写入指定长度的数据

该函数通过 SPI2 接口将数组中指定长度的数据写入 nRF24L01 指定寄存器里,代码如下。

```
unsigned char SPI_Write_Buf(BYTE reg, BYTE * pBuf, BYTE bytes)
{
    unsigned char status,byte_ctr;
    Select_NRF();//选择 NRF24L01 片选
    status = SPI2_NRF_SendByte(reg);      //指定 NRF24L01 寄存器
    for(byte_ctr = 0; byte_ctr<bytes; byte_ctr++) //写入指定长度的数据
    {
        SPI2_NRF_SendByte( * pBuf++);//多次调用单字节数据发送函数
    }
    NotSelect_NRF();//禁止 NRF24L01 片选
    return(status); //返回 NRF24L01 写寄存器的状态信息
}
```

除了上述这些功能函数之外,还有两个函数分别用于设置 nRF24L01 的发送模式和接收模式。

● TX_Mode()-设置发送模式

该函数用于设置 nRF24L01 的发送模式,涉及 6 个发射通道地址、射频频道 0、16 位 CRC、收发中断、增益 0dB 等等参数设置。

```
void TX_Mode(void){
    MODE_CE(0);//先置禁止模式
    / * 自动重发延时 500us + 86us,自动重发计数 10 次 * /
    SPI_RW_Reg(WRITE_REG1 + SETUP_RETR, 0x1a);
```

```
/*数据通道 0 发送地址,最大 5 个字节*/
if(nrf_Pipe == 0)
SPI_Write_Buf(WRITE_REG1 + TX_ADDR, TX_ADDRESS0, TX_ADR_WIDTH);
/*数据通道 1 发送地址,最大 5 个字节*/
else if(nrf_Pipe == 1)
SPI_Write_Buf(WRITE_REG1 + TX_ADDR, TX_ADDRESS1, TX_ADR_WIDTH);
/*数据通道 2 发送地址,最大 5 个字节*/
else if(nrf_Pipe == 2)
SPI_Write_Buf(WRITE_REG1 + TX_ADDR, TX_ADDRESS2, TX_ADR_WIDTH);
/*数据通道 3 发送地址,最大 5 个字节*/
else if(nrf_Pipe == 3)
SPI_Write_Buf(WRITE_REG1 + TX_ADDR, TX_ADDRESS3, TX_ADR_WIDTH);
/*数据通道 4 发送地址,最大 5 个字节*/
else if(nrf_Pipe == 4)
SPI_Write_Buf(WRITE_REG1 + TX_ADDR, TX_ADDRESS4, TX_ADR_WIDTH);
/*数据通道 0 发送地址,最大 5 个字节*/
else if(nrf_Pipe == 5)
SPI_Write_Buf(WRITE_REG1 + TX_ADDR, TX_ADDRESS5, TX_ADR_WIDTH);
/*将 0 通道的接收地址设置为 0 通道的发射地址*/
if(nrf_Pipe == 0)
SPI_Write_Buf(WRITE_REG1 + RX_ADDR_P0, TX_ADDRESS0, TX_ADR_WIDTH);
/*将 0 通道的接收地址设置为 1 通道的发射地址*/
else if(nrf_Pipe == 1)
SPI_Write_Buf(WRITE_REG1 + RX_ADDR_P0, TX_ADDRESS1, TX_ADR_WIDTH);
/*将 0 通道的接收地址设置为 2 通道的发射地址*/
else if(nrf_Pipe == 2)
SPI_Write_Buf(WRITE_REG1 + RX_ADDR_P0, TX_ADDRESS2, TX_ADR_WIDTH);
/*将 0 通道的接收地址设置为 3 通道的发射地址*/
else if(nrf_Pipe == 3)
SPI_Write_Buf(WRITE_REG1 + RX_ADDR_P0, TX_ADDRESS3, TX_ADR_WIDTH);
/*将 0 通道的接收地址设置为 4 通道的发射地址*/
else if(nrf_Pipe == 4)
SPI_Write_Buf(WRITE_REG1 + RX_ADDR_P0, TX_ADDRESS4, TX_ADR_WIDTH);
/*将 0 通道的接收地址设置为 5 通道的发射地址*/
else if(nrf_Pipe == 5)
SPI_Write_Buf(WRITE_REG1 + RX_ADDR_P0, TX_ADDRESS5, TX_ADR_WIDTH);
/*CONFIG 寄存器值配置,各位值如下*/
/*bit6 接收中断产生时,IRQ 引脚产生低电平*/
/*bit5 发送中断产生时,IRQ 引脚产生低电平*/
/*bit4 最大重复发送次数完成时,IRQ 引脚产生低电平*/
/*bit3 CRC 校验允许*/
/*bit2 16 位 CRC*/
/*bit1 上电*/
```

```
    /* bit0 发送模式 */
    SPI_RW_Reg(WRITE_REG1 + CONFIG, 0x0e);
    MODE_CE(1); //使能发送模式
}
```

● RX_Mode()-设置接收模式

该函数用于设置 nRF24L01 的接收模式,涉及 6 个接收通道地址、32 位数据宽度、接收自动应答、6 个接收通道使能、射频频道 0、16 位 CRC、收发中断、增益 0dB 等参数设置。

```
void RX_Mode(void)
{
    MODE_CE(0); //先置禁止模式
    /* 数据通道 0 接收地址,最大 5 个字节,此处接收地址和发送地址相同 */
    SPI_Write_Buf(WRITE_REG1 + RX_ADDR_P0, TX_ADDRESS0, TX_ADR_WIDTH);
    /* 数据通道 1 接收地址,最大 5 个字节,此处接收地址和发送地址相同 */
    SPI_Write_Buf(WRITE_REG1 + RX_ADDR_P1, TX_ADDRESS1, TX_ADR_WIDTH);
    /* 数据通道 2 接收地址,最大 5 个字节,高字节与 TX_ADDRESS1[39:8]相同 */
    /* 低字节同 TX_ADDRESS2[0] */
    SPI_Write_Buf(WRITE_REG1 + RX_ADDR_P2, TX_ADDRESS2, 1);
    /* 数据通道 3 接收地址,最大 5 个字节,高字节与 TX_ADDRESS1[39:8]相同 */
    /* 低字节同 TX_ADDRESS3[0] */
    SPI_Write_Buf(WRITE_REG1 + RX_ADDR_P3, TX_ADDRESS3, 1);
    /* 数据通道 4 接收地址,最大 5 个字节,高字节与 TX_ADDRESS1[39:8]相同 */
    /* 低字节同 TX_ADDRESS4[0] */
    SPI_Write_Buf(WRITE_REG1 + RX_ADDR_P4, TX_ADDRESS4, 1);
    /* 数据通道 5 接收地址,最大 5 个字节,高字节与 TX_ADDRESS1[39:8]相同 */
    /* 低字节同 TX_ADDRESS5[0] */
    SPI_Write_Buf(WRITE_REG1 + RX_ADDR_P5, TX_ADDRESS5, 1);
    /* 接收数据通道 0 有效数据宽度 32,范围 1 - 32 */
    SPI_RW_Reg(WRITE_REG1 + RX_PW_P0, TX_PLOAD_WIDTH);
    /* 接收数据通道 1 有效数据宽度 32,范围 1 - 32 */
    SPI_RW_Reg(WRITE_REG1 + RX_PW_P1, TX_PLOAD_WIDTH);
    /* 接收数据通道 2 有效数据宽度 32,范围 1 - 32 */
    SPI_RW_Reg(WRITE_REG1 + RX_PW_P2, TX_PLOAD_WIDTH);
    /* 接收数据通道 3 有效数据宽度 32,范围 1 - 32 */
    SPI_RW_Reg(WRITE_REG1 + RX_PW_P3, TX_PLOAD_WIDTH);
    /* 接收数据通道 4 有效数据宽度 32,范围 1 - 32 */
    SPI_RW_Reg(WRITE_REG1 + RX_PW_P4, TX_PLOAD_WIDTH);
    /* 接收数据通道 5 有效数据宽度 32,范围 1 - 32 */
    SPI_RW_Reg(WRITE_REG1 + RX_PW_P5, TX_PLOAD_WIDTH);
    /* 使能通道 0 - 通道 5,接收自动应答 */
    SPI_RW_Reg(WRITE_REG1 + EN_AA, 0x3f);
```

```
SPI_RW_Reg(WRITE_REG1 + EN_RXADDR, 0x3f); //接收通道 0～5 使能
SPI_RW_Reg(WRITE_REG1 + RF_CH, 0); //选择射频工作频道 0,范围 0～127
/* 0db, 2Mbps,射频寄存器,无线速率 bit5:bit3,发射功率 bit2-bit1 参数设置 */
/* bit5:bit3 值定义 00:1Mbps; 01:2Mbps; 10:250Kbps */
/* bit2:bit1 值定义 00:-18dB; 01:-12dB; 10:-6dB; 11:0dB */
if(nrf_baud == 0) SPI_RW_Reg(WRITE_REG1 + RF_SETUP, 0x0f);
/* 0db, 1Mbps 参数 */
else if(nrf_baud == 1) SPI_RW_Reg(WRITE_REG1 + RF_SETUP, 0x07);
/* 0db, 250Kbps 参数 */
else SPI_RW_Reg(WRITE_REG1 + RF_SETUP, 0x27);
/* CONFIG 寄存器值配置,各位值如下 */
/* bit6 接收中断产生时,IRQ 引脚产生低电平 */
/* bit5 发送中断产生时,IRQ 引脚产生低电平 */
/* bit4 最大重复发送次数完成时,IRQ 引脚产生低电平 */
/* bit3 CRC 校验允许 */
/* bit2 16 位 CRC */
/* bit1 上电 */
/* bit0 接收模式 */
    SPI_RW_Reg(WRITE_REG1 + CONFIG, 0x0f);
    MODE_CE(1); //使能接收模式
}
```

● NRF24L01_TXBUF()函数

本函数用于将保存在接收缓冲区的 32 字节的数据通过 nRF24L01 发送出去,参数 data_buffer 表示接收缓冲区,Nb_bytes 表示缓冲区接收到的字节数,当数据字节数小于 32,把有效载荷外的数据空间用 0 填满。该函数在 μC/GUI 用户界面显示程序中需要用到。

```
void NRF24L01_TXBUF(uint8_t * data_buffer, uint8_t Nb_bytes)
{
    uchar i = 0;
    MODE_CE(0); //NRF 模式控制
    SPI_RW_Reg(WRITE_REG1 + STATUS,0xff);//设置状态寄存器初始化
    SPI_RW_Reg(0xe1,0); //清除 TX FIFO 寄存器
    SPI_RW_Reg(0xe2,0);//清除 RX FIFO 寄存器
    TX_Mode(); //设置为发送模式
    delay_ms(10);
    if(Nb_bytes<32){//当发送的数据长度小于 32,把有效数据外的空间用 0 填满
        for(i = Nb_bytes;i<32;i++) data_buffer[i] = 0;
    }
    /* 发送 32 字节的缓存区数据到 NRF24L01 */
    SPI_Write_Buf(WR_TX_PLOAD, data_buffer, TX_PLOAD_WIDTH);
    MODE_CE(1); //保持 10$\mu$s 以上,将数据发送出去
}
```

6. 通用模块驱动程序

本书的应用实例中采用 SPI 外设作为通信接口的硬件有触摸屏、nRF24L01、SST25VF016B 闪存口、以太网控制器、MP3 播放器 VS1003 以及后面第 18 章要讲述的 MMA7455L 三轴加速度传感器,因此本章在 13.3 节列出了 SPI 外设函数,详细说明了这些功能函数。表 13-77 列出了本例被调用的 SPI 外设库函数。

表 13-77　库函数调用列表

序　号	函数名
1	SPI_Init
2	SPI_Cmd
3	SPI_I2S_GetFlagStatus
4	SPI_I2S_SendData
5	SPI_I2S_ReceiveData

13.6.2　从机软件设计

从机的软件设计全都是裸机程序(无嵌入式实时操作系统 μC/OS-Ⅱ),采用 STM32TINY 开发板,从整体功能上讲,它是一款 USB 虚拟串口硬件设备,能够实现如下三个功能:

(1) nRF24L01 与 USB 虚拟串口数据互传;

(2) 数据由 nRF24L01 向 RS-232 串口 1 传送;

(3) USB 虚拟串口与 RS-232 串口 1 数据互传。

从机软件设计所涉及的软件结构层次、程序文件及功能说明如表 13-25 所列。

表 13-78　软件层次与程序文件说明

应用层	
main. c	硬件主程序
hw_config. c	硬件配置层文件,包括系统时钟设置、USB 外设时钟、USB 模块启动等
NRF24L01. c	nRF24L01 硬件驱动,主要包括 nRF24L01 的 SPI2 接口初始化、发送/接收模式设置以及涉及到 nRF24L01 的寄存器读/写操作等,绝大部分函数都完全同上一节(12.5.1)主机端的硬件底层驱动,仅多了一个 USB_To_NRF_Send_Data()函数
stm32f10x_it. c	中断处理程序,包括外部中断 0 中断处理函数 EXTI0_IRQHandler()和串口 1 中断函数 USART1_IRQHandler()
usb_istr. c	提供了 USB_Istr()函数,用于处理所有的 USB 宏单元中断
usb_prop. c	USB_prop 模块实现了 USB 内核使用的 Device_Table、Device_Property、User_Standard_Requests 结构体
usb_pwr. c	USB_pwr 模块管理 USB 设备的电源,提供了 4 种函数:PowerOn();PowerOff();Suspend();Resume()
usb_endp. c	USB_endp 模块处理除端点 0(EP0)之外所有的 CTR 的正确传输程序
usb_desc. c	USB 设备描述符

usb 库内核
最新的 USB 库内核版本 V3.2.1,包括 usb_core.c、usb_int.c、usb_init.c、usb_reg.c、usb_mem.c、usb_sil.c 等,这部分内核程序一般不需要修改

固件库
STM32 处理器的各种外设等硬件资源固件库,如串口、SPI 接口、GPIO 端口、外部中断、系统时钟源、SDIO 接口、I²C 接口等

由于从机软件设计过程采用了 ST 公司发布的 USB 应用层及 USB 库内核,这些都是功能性模块,也是标准的 USB 库,不需要用户过多参与修改,本节仅针对部分需要修改的程序代码作重点介绍。

1. 从机主程序

从机主程序内容主要包括:初始化串口、初始化 USB、初始化 SPI2 及 nRF24L01 接口、中断源配置以及系统时钟配置等,这些都通过入口函数 main()调用。

```
int main(void)
{
  //配置系统时钟为 72MHz,并配置 USB 启动引脚
  Set_System();
  /* 嵌套向量中断配置 */
  NVIC_Configuration();
  GPIO_Configuration();//GPIO 端口配置
  /* SPI2 与 nRF24L01 接口初始化 */
  SPI2_NRF24L01_Init();
  /* USART1 初始化 */
  USART_Init1(USART1);
  /* 配置 USB 时钟 */
  Set_USBClock();
  /* USB 初始化 */
  USB_Init();
  /* 点亮 LED1 */
  GPIO_SetBits(GPIOB, GPIO_Pin_5);
  /* nRF24L01 设置为接收模式 */
  RX_Mode();
  while (1);
}
```

2. 硬件配置文件

硬件配置层文件,包括系统时钟设置、USB 外设时钟、USB 模块启动等,主要函数为 Set_System()和 Set_USBClock()。

● Set_System()函数

本函数用于系统时钟设置及 USB 启动引脚定义

```
void Set_System(void)
{ GPIO_InitTypeDef GPIO_InitStructure;
    /* 将系统时钟采用 PLL 倍频到 72MHz */
    SystemInit();
    /* 使能 PC 口的外设时钟 */
    RCC_APB2PeriphClockCmd(RCC_APB2Periph_GPIO_DISCONNECT, ENABLE);
    /* 配置 PC13 为 USB 自举引脚 */
    GPIO_InitStructure.GPIO_Pin = USB_DISCONNECT_PIN;//PC13 端口
    GPIO_InitStructure.GPIO_Speed = GPIO_Speed_50MHz;
    GPIO_InitStructure.GPIO_Mode = GPIO_Mode_Out_OD;//开漏输出
    GPIO_Init(USB_DISCONNECT, &GPIO_InitStructure);
}
```

● Set_USBClock()函数

本函数用于 USB 模块时钟设置,函数代码如下。

```
void Set_USBClock(void)
{
    /* 选择 USB 时钟的分频比:系统时钟/5 */
    RCC_USBCLKConfig(RCC_USBCLKSource_PLLCLK_1Div5);
    /* 使能 USB 外设时钟 */
    RCC_APB1PeriphClockCmd(RCC_APB1Periph_USB, ENABLE);
}
```

从机软件采用了 EP1 端点发送数据到 Host,使用 EP3 端点从 Host 接收数据,端点收发数据的实现通过 usb_endp.c 文件的下述两个函数实现。

● EP1_IN_Callback()函数

该函数将来自串口或者 NRF24L01 的数据通过 USB 端点 1 发送到 PC 的 USB 虚拟串口。

```
void EP1_IN_Callback (void)
{
    uint16_t USB_Tx_ptr;
    uint16_t USB_Tx_length;
    if (USB_Tx_State == 1)
    {
        if (USART_Rx_length == 0)
        {
            USB_Tx_State = 0;
        }
        else
        {
            if (USART_Rx_length > VIRTUAL_COM_PORT_DATA_SIZE){
```

```
        USB_Tx_ptr = USART_Rx_ptr_out;
        USB_Tx_length = VIRTUAL_COM_PORT_DATA_SIZE;
        USART_Rx_ptr_out + = VIRTUAL_COM_PORT_DATA_SIZE;
        USART_Rx_length - = VIRTUAL_COM_PORT_DATA_SIZE;
    }
    else
    {
        USB_Tx_ptr = USART_Rx_ptr_out;
        USB_Tx_length = USART_Rx_length;
        USART_Rx_ptr_out + = USART_Rx_length;
        USART_Rx_length = 0;
    }
    /* 将串口或者 NRF24L01 接收到的数据送到端点 1 的发送缓冲区内 */
    UserToPMABufferCopy(&USART_Rx_Buffer[USB_Tx_ptr],ENDP1_TXADDR, USB_Tx_length);
    SetEPTxCount(ENDP1, USB_Tx_length);
    SetEPTxValid(ENDP1);
    }
  }
}
```

● EP3_OUT_Callback()函数

该函数将 PC USB 虚拟串口来的数据通过串口 1 和 NRF24L01 发送出去。

```
void EP3_OUT_Callback(void)
{
    uint16_t USB_Rx_Cnt;
    /* 从端点 3 接收数据到缓冲区并更新接收数据长度计数器 */
    USB_Rx_Cnt = USB_SIL_Read(EP3_OUT, USB_Rx_Buffer);
    /* 将接收到的数据立即传送到串口 */
    USB_To_USART_Send_Data(USB_Rx_Buffer, USB_Rx_Cnt);
    /* 将接收到的数据立即传送到 NRF24L01 */
    USB_To_NRF_Send_Data(USB_Rx_Buffer, USB_Rx_Cnt);
    /* 在端点 3 上使能数据接收 */
    SetEPRxValid(ENDP3);
}
```

3. nRF24L01 硬件驱动

nRF24L01 硬件驱动,主要包括 nRF24L01 的 SPI2 接口初始化、发送/接收模式设置以及涉及到 nRF24L01 的寄存器读/写操作等,这个驱动的绝大部分函数都完全同上一节(13.6.1)主机端的硬件底层驱动,区别在于从机软件需要用到一个 USB_To_NRF_Send_Data()函数。

● USB_To_NRF_Send_Data()函数

本函数将保存在 USB 接收缓存区的 32 字节的数据通过 nRF24L01 发送出去,参数 data_buffer 表示 USB 接收缓冲区,参数 Nb_bytes 表示 USB 缓存接收到的字节数,当接收到的 USB 虚拟串口数据小于 32 个字节时,把有效载荷外的数据空间用 0 填满。

```
void USB_To_NRF_Send_Data(uint8_t * data_buffer, uint8_t Nb_bytes)
{
    uchar i = 0;
    MODE_CE(0);//nRF24L01 模式控制
    SPI_RW_Reg(WRITE_REG1 + STATUS,0xff); //设置状态寄存器初始化
    SPI_RW_Reg(0xe1,0); //清除 TX FIFO 寄存器
    SPI_RW_Reg(0xe2,0); //清除 RX FIFO 寄存器
    TX_Mode();//设置为发送模式
    delay_ms(1);//延时
    if(Nb_bytes<32){
    /* 当接收到的 USB 虚拟串口数据小于 32,把有效数据外的空间用 0 填满 */
    for(i = Nb_bytes;i<32;i++) data_buffer[i] = 0;
    }
    MODE_CE(0);
    //发送 32 字节的缓存区数据到 nRF24L01
    SPI_Write_Buf(WR_TX_PLOAD, data_buffer, TX_PLOAD_WIDTH);
    MODE_CE(1); //保持 10μs 以上,将数据发送出去
}
```

4. 中断处理程序

中断处理程序,主要包括两个中断处理函数。

● EXTI0_IRQHandler()-外部中断 0 处理函数

该函数是 nRF24L01 中断服务程序,实际功能是 nRF24L01 发送及接收中断响应程序,在该函数中完成接收最大帧长为 32 字节的无线数据,并将数据放到 USB 的发送缓冲区内,通过 USB 端点 1 发送给 PC 的虚拟串口以及串口 1 上。除实现无线转到串口的功能之外,该函数还完成了检测无线发射时是否收到远端应答的功能。函数完整的代码如下。

```
void EXTI0_IRQHandler(void){
    u8 i = 0;
    u8 status;
    if(EXTI_GetITStatus(EXTI_Line0) != RESET) //判断是否产生了 EXTI0 中断
    {
        if(GPIO_ReadInputDataBit(GPIOA,GPIO_Pin_0) == 0){ //判断是否是 PA0 线变低
        /* 读取状态寄存其来判断数据接收状态 */
        status = SPI_Read(READ_REG1 + STATUS);
            if(status & 0x40) // 判断是否接收到数据
            {
                GPIO_ResetBits(GPIOB, GPIO_Pin_5);
        /* 从接收缓冲区里读出数据 */
```

```
        SPI_Read_Buf(RD_RX_PLOAD,rx_buf,TX_PLOAD_WIDTH);
        for(i = 0; i<32; i++){ //向 USB 端点 1 的缓冲区里放置数据
            USART_Rx_Buffer[USART_Rx_ptr_in] = rx_buf[i];
            USART_Rx_ptr_in++;
        }
        /* 消除缓存溢出 */
        if(USART_Rx_ptr_in == USART_RX_DATA_SIZE)
        {
            USART_Rx_ptr_in = 0;
        }
        /* 将 USB 接收到的数据通过串口发送出去 */
        USB_To_USART_Send_Data(rx_buf, 32);
    }
    else if((status &0x10)>0){ //发射达到最大复发次数
        SPI_RW_Reg(0xe1,0); //清除发送缓冲区
        RX_Mode(); //进入接收模式
    }
    else if((status &0x20)>0){ //发射后收到应答
        GPIO_SetBits(GPIOB, GPIO_Pin_5);
        SPI_RW_Reg(0xe1,0); //清除发送缓冲区
        RX_Mode(); //进入接收模式
    }
    SPI_RW_Reg(WRITE_REG1 + STATUS, status); //清除 07 寄存器标志
    }
    EXTI_ClearITPendingBit(EXTI_Line0); //清除 EXTI0 上的中断标志
    }
}
```

● USART1_IRQHandler()-串口 1 中断函数
该函数是串口 1 中断服务程序,函数代码如下。

```
void USART1_IRQHandler(void)
{
    /* 检查接收缓冲区是否非空 */
    if (USART_GetITStatus(USART1, USART_IT_RXNE) != RESET)
    {
        USART_To_USB_Send_Data(); //向 USB 发送数据}
    /* 这段是为了避免 STM32 串口,第一个字节发不出去的 BUG */
    if(USART_GetITStatus(USART1, USART_IT_TXE) != RESET)
    {
        USART_ITConfig(USART1, USART_IT_TXE, DISABLE); //禁止发缓冲器空中断
    }
    /* 假如溢出条件满足,清除该标志,并恢复通信 */
    if (USART_GetFlagStatus(USART1, USART_FLAG_ORE) != RESET)
    {
```

```
    (void)USART_ReceiveData(USART1);
    }
}
```

13.7   实例总结

本实例涉及的内容比较多,硬件方面主要针对无线收发器 nRF24L01 做了详细地介绍;其次也对本书所讲述的实例中应用最多的 STM32 处理器 SPI 接口做了结构、功能上面的介绍;并列出了 SPI 接口操作时主要涉及的寄存器,同时也详细介绍了 SPI 外设相关的库函数,以方便读者在日后学习中能对 SPI 接口做更深入地应用。

软件设计方面则分成主机系统软件设计和从机软件设计两大部分。主机系统软件设计的重点是如何在 μC/OS-II 系统中创建 μC/GUI 图形用户显示界面程序,这当中涉及到了大量的控件应用;其次对 nRF24L01 硬件底层驱动及应用配置程序所涉及的功能函数一一列出,并详细做了重点与要点介绍。从机软件则是裸机程序,从整体上说属于 USB 虚拟串口设备,在此基础上实现 nRF24L01 数据传输。由于采用了 ST 公司官方标准 USB 库,仅在主程序 main.c、硬件配置文件 hw_config.c 及中断处理程序做少量的代码添加与修改即可。

13.8   显示效果

本例采用两个硬件开发平台实现点对点无线数据收发,主机端采用 STM32 - V3 硬件开发平台(也可以采用 STM32MINI 硬件),从机端采用 STM32TINY 硬件与 PC 端连接,无线收发实验演示效果如图 13 - 14 所示。

图 13 - 14   无线点对点收发实验演示效果

第 **14** 章
ZigBee 无线模块应用实例

ZigBee 技术是基于 IEEE 802.15.4 的无线传感网络,专注于低功耗、低成本、低开发难度的通信手段。自 2002 年 ZigBee 联盟成立,多家国际公司参与其标准的制定和应用推广,如今在智能家庭、工业控制、自动抄表、医疗监护、传感器网络应用和电信应用领域,它都有大量的应用。本例主要介绍基于 ZigBee 技术的概念、特点、体系结构及应用领域,并通过 μC/OS-II 系统创建 μC/GUI 界面,演示点对点无线数据收发通信。

14.1　ZigBee 技术概述

在工业控制、环境监测、商业监控、汽车电子、家庭数字控制网络等应用中,系统所传输的数据通常为小量的突发信号,即数据特征为数据量小,要求进行实时传送。如采用传统的无线技术,虽然能满足基本要求,但存在着设备的成本高、体积大和能源消耗较大等问题。针对这样的应用场合,人们希望利用具有成本低、体积小、能量消耗小和传输速率低的短距离无线通信技术。

ZigBee 技术就是在这种需求下产生的,它是具有成本低、体积小、能量消耗小和传输速率低特点的无线网络通信技术,其中文译名称为"紫蜂"技术。它是一种介于无线标准技术和蓝牙之间的技术提案,主要用于近距离无线连接。ZigBee 技术的主要特点如下。

- 低成本。

在低耗电待机模式下,两节普通 5 号干电池可使用 6 个月到 12 个月,免去了充电或者频繁更换电池的麻烦。这也是 ZigBee 的支持者所一直引以为豪的独特优势。由于 ZigBee 数据传输速率低、协议简单,所以大大降低了硬件成本。

- 经济传输速度。

数据传输速度在 250 kbps,可以使它应用于家电安防等控制领域。

- 网络拓扑。

ZigBee 具有组成星形、簇状和网状网络结构的能力。ZigBee 设备实际上具有无线网路自愈能力,能简单地覆盖广阔的范围。每个 ZigBee 网络最多可支持 65 535 个设备,也就是说,每个 ZigBee 设备可以与另外 65 534 台设备相连接。

14.1.1　ZigBee 协议的体系结构

ZigBee 技术是一组基于 IEEE 802.15.4 无线标准研制开发的有关组网、安全和应用软件方面的技术,其协议栈位于 IEEE 802.15.4 物理层及数据链路层规范之上。ZigBee 规范致力于利用 IEEE 802.15.4 所提供的特性。ZigBee 协议栈的示意图如图 14-1 所示。

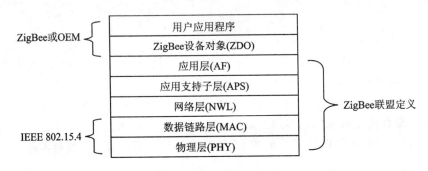

图 14-1　ZigBee 协议栈

1. IEEE 802.15.4 标准

IEEE 802.15.4 标准定义了物理层(PHY)及数据链路层(MAC)。

(1) 物理层(PHY)。

IEEE 802.15.4 的物理层定义了 2.4 GHz、868 MHz 及 915 MHz 3 种工作频段,它们都采用了 DSSS(Direct Sequence Spread Spectrum,直接序列扩频)。物理层数据服务从无线物理信道上收发数据,物理层管理服务维护一个由物理层相关数据组成的数据库。

(2) 数据链路层(MAC)。

IEEE 802.15.4 标准把数据链路层分成 LLC(LogicalLinkControl,逻辑链路控制)和 MAC(Media Access Control,媒介接入控制)两个子层。MAC 子层提供 MAC 层数据服务和 MAC 层管理服务。前者保证 MAC 协议数据单元在物理层数据服务中的正确收发,而后者从事 MAC 层的管理活动,并维护一个信息数据库。

2. ZigBee 协议

ZigBee 协议的最低两层(物理层和数据链路层)是由 IEEE 802.15.4 标准定义的,除此之外的相关层由 ZigBee 联盟定义,它定义了网络层(Network Layer)、应用层(Application Layer)以及各种应用产品的资料(Profile)。其中应用层提供应用支持子层(APS)和 ZigBee 设备对象(ZDO)等服务。

（1）物理层（PHY）。

物理层定义了物理无线信道与 MAC 层之间的接口，主要是在硬件驱动程序的基础上，实现数据传输和物理信道的管理，提供物理层数据服务和物理层管理服务。其主要职责包括：数据的发送与接收；物理信道的能量检测（Energy Detection，ED）；射频收发器的激活与关闭；空闲信道评估（Clear Channel Assessment，CCA）；链路质量指示（Link Quality Indication，LQI）；物理层属性参数的获取与设置。

（2）数据链路层（MAC）。

MAC 层定义了 MAC 层与网络层之间的接口，提供 MAC 层数据服务和 MAC 层管理服务。其主要职责包括：采用 CSMA－CA 机制来访问物理信道；协调器对网络的建立与维护；支持 PAN 网络的关联（Association）与取消关联（Disassociation）；协调器产生信标帧，普通设备根据信标帧与协调器同步；在两个 MAC 实体之间提供数据可靠传输；可选的保护时隙 GTS 支持；支持安全机制。

（3）网络层（NWL）。

网络层定义了网络层与应用层之间的接口，提供网络层数据服务和网络层管理服务。　网络层负责拓扑结构的建立和维护网络连接，主要功能包括：设备连接和断开网络时所采用的机制；在帧信息传输过程中所采用的安全性机制；设备的路由发现、维护和转交；创建一个新网络时为新设备分配短地址。

（4）应用层（AF）。

应用层定义了应用层与网络层之间的接口，主要由应用支持子层、ZigBee 设备配置层和用户应用程序组成，提供应用层数据服务和应用层管理服务。

14.1.2　ZigBee 协议设备类型

ZigBee 标准网络定义了 3 种设备类型（ZigBee Device Type），先了解这 3 种设备类型行为，是了解整个协议栈运作的很好的切入点。

（1）协调器（Coordinator）。

协调器负责启动整个网络。它也是网络的第一个设备，也是最为复杂的一个设备。用于发送网络信标、建立一个网络、管理网络节点、存储网络节点信息、寻找一对节点间的路由消息、不断地接收信息。协调器也可以用来协助建立网络中安全层和应用层的绑定。

（2）路由器（Router）。

路由器的功能主要用于扩展网络的物理地址。允许更多节点加入网络，也可以提供监视和控制功能。

（3）终端（End device）。

终端设备没有特定的维持网络结构的责任，它可以睡眠或者唤醒，因此它可以是一个电池供电的用户设备。

14.1.3 ZigBee 网络拓扑结构

ZigBee 网络的组网方式有 3 种网络结构:星形、簇状和网状。ZigBee 网络拓扑结构如图 14-2 所示,其中实心的节点(路由器节点和协调器节点)具有转发功能,由它们构建网络框架。

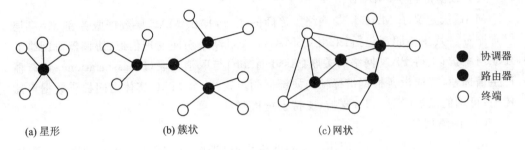

(a) 星形　　　　　　(b) 簇状　　　　　　　(c) 网状

图 14-2　ZigBee 网络拓扑结构

此外,如果直接使用 IEEE 802.15.4 标准的底层,还有两种方式,即点对点模式(P2P)和点对多点(P2M)模式,如图 14-3 所示。在实际应用中这种使用方式比较广泛,因为只需要点对点通信,程序开发简单。

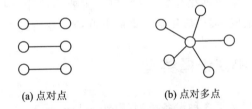

(a) 点对点　　　　　　　(b) 点对多点

图 14-3　点对点及点对多点示意图

14.1.4 ZigBee 技术应用领域

ZigBee 是一种高可靠的无线数据传输网络,类似于 CDMA 和 GSM 网络,ZigBee 数传模块类似于移动网络基站。通信距离从标准的 75 米到几百米、几千米,并且支持无线扩展。其主要应用领域有工业控制、智能交通、汽车应用、精确农业、家庭及楼宇自动化、医学、军事应用等。

(1) 工业自动化过程监控。

对工业自动化过程的综合监控有利于高效生产,减小成本,保证人员和设备安全。其应用的范围覆盖无线抄表系统,管线的流量检测,机器控制等,所采用的监控传感可以是温度传感器和专用的气体检测传感器。与有线传感器相比,除了便宜和灵活性之外,无线传感器还可以应用在有线传感器不方便使用的危险区域。

（2）商业楼宇自动化。

商业楼宇的智能控制可以节省大量的能源消耗,但是安装有线传感器和控制器在有些楼宇中是无法实现的,如果采无线传感器网络则问题迎刃而解,其应用范围主要包括:

- 测量温度和湿度;
- 控制加热器,通风器,空调单元,百叶窗和灯光;
- 检测烟,火探测器及其是否被遮住;
- 访问控制和提供安全性能。

（3）家居自动化。

将家庭设施通过无线网络连接起来,多年来一直是人们心中的一个梦想。无线网络可以控制每一个房间的温度和灯光,可以作为安全特性的检测烟雾传感器,甚至可以监视一些传统的家电,比如洗衣机的状态。在新建的房子中人们希望获得更高的能源效率,但是传统的有线连接的加热器,灯光控制和通风控制系统都非常复杂而且成本高昂,它们仅仅在一些昂贵的房子中得到部署。

在新的住宅建筑中,这样的无线系统可以以很低的成本和极低的功耗很容易地实现。升级一个基于新的工业标准的(IEEE 802.15.4 和 ZigBee)系统可以通过增加额外的传感器来轻易地完成。一个简单的系统就可以支持烟火检测,安全和访问,灯光和环境控制。

（4）农业设施。

在传统农业中,人们获取农田信息的方式都很有限,主要是通过人工测量,获取过程需要消耗大量的人力,而通过使用无线传感器网络可以有效降低人力消耗和对农田环境的影响,获取精确的作物环境和作物信息。其主要应用范围包括温室环境信息采集和控制,节水灌溉等。

（5）医学检测。

在医学检测仪器领域,通过应用 ZigBee 网络,可以准确而实时地监测病人的血压、体温和心跳等信息,从而减轻医生的工作负担,有助于医生对患者的监护和治疗。

14.2　设计目标

本例程采用一对 STM32 - V3 硬件开发平台(也可以用 STM32MINI 硬件)的串口资源与 ZigBee 无线模块,基于 μC/GUI 版本 3.90 建立了文本编辑框,用于显示串口接收到的 ZigBee 报文数据。创建了 4 个发送功能按钮,用于发送 4 组测试数据给 ZigBee 模块,演示了两个 ZigBee 模块间的协调器和路由器节点的通信,并能实时将接收的 ZigBee 模块数转发至另外一个串口。

14.3 ZigBee 硬件模块电路设计

本例的 ZigBee 无线通信硬件电路设计由两个部分组成。第一个部分是由 STM32 硬件开发板以及 USART2 收发器组成,这部分是采用现有的 STM32 - V3 或 STM32MINI 开发板。前面章节有对 RS - 232 串口硬件进行过介绍,本例将不再重复介绍这部分硬件电路。第二个部分则是由 ZigBee 芯片 CC2530 组成的无线模块,这部分是本节介绍的重点。完整的硬件组成结构如图 14 - 4 所示。

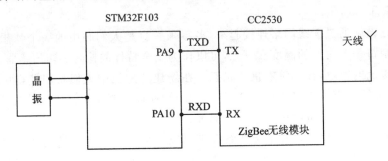

图 14 - 4   ZigBee 无线通信硬件组成

ZigBee 无线收发采用德州仪器的 CC2530 单芯片设计。本节将对 CC2530 芯片特点及功能做简要介绍。

14.3.1 CC2530 芯片简述

CC2530 是一款真正用于 IEEE 802.15.4,ZigBee 和 RF4CE 应用的片上系统解决方案。它能够以非常低的材料成本建立强大的网络节点。CC2530 集成了业界领先的 RF 收发器、增强工业标准的 8051 MCU,结合德州仪器的 ZigBee 协议栈(Z - Stack-TM),CC2530 能够提供一个完整的 ZigBee 解决方案。CC2530 根据内部 FLASH 容量的不同,共有 4 个版本:CC2530F32,CC2530F64,CC2530F128 和 CC2530F256。

CC2530 的主要特点如下:
- 完全符合 ZigBee 协议栈;
- 小体积 SMD 表贴封装;
- IEEE 802.15.4 标准物理层和 MAC 层;
- 单指令周期高性能 8051 微控制器内核;
- 15(最大 17)个数字/模拟 IO,8 通道 12 位 ADC 转换器;
- UART,SPI 和调试接口;
- 板载 32.768 kHz 实时时钟(RTC),4 个定时器;
- 高性能直接序列扩频(DSSS)射频收发器;
- 2.0~3.6 V 供电电压,超低功耗模式。

CC2530 芯片的功能模块大致分为 3 类:CPU 和相关存储器模块;外设、时钟和电源管理模块;无线模块。CC2530 芯片的功能结构图如图 14 - 5 所示。

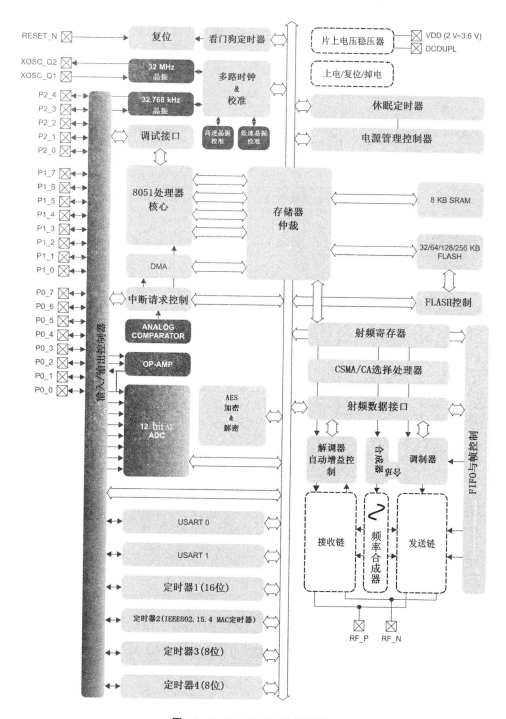

图 14 - 5　CC2530 芯片结构图

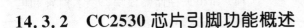

14.3.2 CC2530 芯片引脚功能概述

CC2530 芯片的引脚分布如图 14-6 所示,引脚功能描述如表 14-1 所列。

表 14-1 CC2530 芯片引脚功能描述

引脚名称	引脚号	引脚类型	功能描述
AVDD1	28	电源(模拟)	2～3.6 V 模拟电源连接
AVDD2	27	电源(模拟)	2～3.6 V 模拟电源连接
AVDD3	24	电源(模拟)	2～3.6 V 模拟电源连接
AVDD4	29	电源(模拟)	2～3.6 V 模拟电源连接
AVDD5	21	电源(模拟)	2～3.6 V 模拟电源连接
AVDD6	31	电源(模拟)	2～3.6 V 模拟电源连接
DCOUPL	40	电源(数字)	1.8 V 数字电源退耦,不需要外接电路
DVDD1	39	电源(数字)	2～3.6 V 数字电源连接
DVDD2	10	电源(数字)	2～3.6 V 数字电源连接
GND	—	接地	外露的芯片衬垫须连接到 PCB 的接地层
GND	1,2,3,4	未使用的引脚	连接到 GND
P0_0	19	数字 I/O	端口 0.0
P0_1	18	数字 I/O	端口 0.1
P0_2	17	数字 I/O	端口 0.2
P0_3	16	数字 I/O	端口 0.3
P0_4	15	数字 I/O	端口 0.4
P0_5	14	数字 I/O	端口 0.5
P0_6	13	数字 I/O	端口 0.6
P0_7	12	数字 I/O	端口 0.7
P1_0	11	数字 I/O	端口 1.0(20 mA 电流驱动能力)
P1_1	9	数字 I/O	端口 1.1(20 mA 电流驱动能力)
P1_2	8	数字 I/O	端口 1.2
P1_3	7	数字 I/O	端口 1.3
P1_4	6	数字 I/O	端口 1.4
P1_5	5	数字 I/O	端口 1.5
P1_6	38	数字 I/O	端口 1.6
P1_7	37	数字 I/O	端口 1.7

续表 14 - 1

引脚名称	引脚号	引脚类型	功能描述
P2_0	36	数字 I/O	端口 2.0
P2_1	35	数字 I/O	端口 2.1
P2_2	34	数字 I/O	端口 2.2
P2_3/XOSC32K_Q2	33	数字 I/O,模拟 I/O	端口 2.3/32.768 kHz 外部晶振引脚
P2_4/XOSC32K_Q1	32	数字 I/O,模拟 I/O	端口 2.4/32.768 kHz 外部晶振引脚
RBIAS1	30	模拟 I/O	用于连接提供基准电流的外接精密偏置电阻器
RESET_N	20	数字输入	复位,低电平有效
RF_N	26	RF I/O	接收时,负 RF 输入信号到 LNA; 发送时,来自 PA 的负 RF 输出信号
RF_P	25	RF I/O	接收时,正 RF 输入信号到 LNA; 发送时,来自 PA 的正 RF 输出信号
XOSC_Q1	22	模拟 I/O	32 MHz 晶体振荡器引脚 1,或外接时钟输入
XOSC_Q2	23	模拟 I/O	32 MHz 晶体振荡器引脚 2

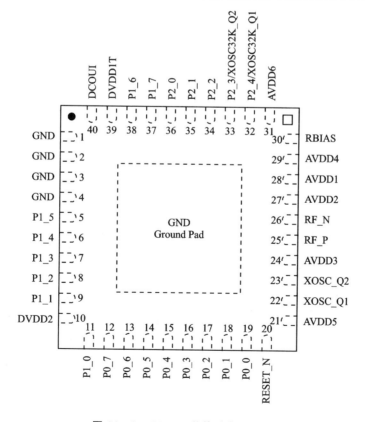

图 14 - 6　CC2530 芯片引脚分布图

14.3.3　CC2530 芯片的 USART 接口

CC2530 芯片的 USART0 和 USART1 是串行通信接口,它们能够分别运行于异步 UART 模式或者同步 SPI 模式。两个 USART 具有同样的功能,可以设置在单独的 I/O 引脚。

UART 模式提供异步串行接口,在 UART 模式下接口使用 2 线(RXD、TXD)或者附加有可选 RTS 和 CTS 的 4 线。

UART 模式的操作具有下列特点:

- 8 位或者 9 位负载数据;
- 奇校验、偶校验或者无奇偶校验;
- 配置起始位和停止位电平;
- 配置 LSB 或者 MSB 首先传送;
- 独立收发中断;
- 独立收发 DMA 触发;
- 奇偶校验和帧校验出错状态。

UART 模式提供全双工传送,接收器中的位同步不影响发送功能。传送一个 UART 字节包含 1 个起始位、8 个数据位、1 个作为可选项的第 9 位数据或者奇偶校验位再加上 1 个或 2 个停止位。

14.3.4　ZigBee 模块电路原理图及说明

CC2530EM 模块原理图如图 14-7 所示。本实例的 ZigBee 收发器模块采用已经

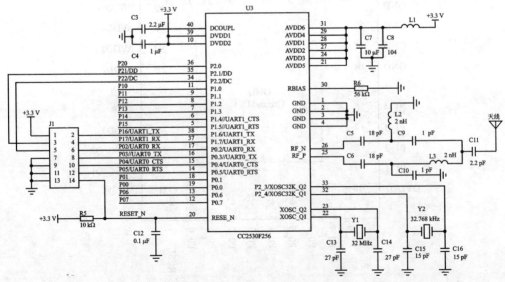

图 14-7　CC2530EM 模块原理图

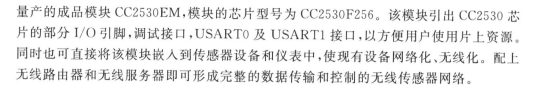

量产的成品模块 CC2530EM,模块的芯片型号为 CC2530F256。该模块引出 CC2530 芯片的部分 I/O 引脚,调试接口,USART0 及 USART1 接口,以方便用户使用片上资源。同时也可直接将该模块嵌入到传感器设备和仪表中,使现有设备网络化、无线化。配上无线路由器和无线服务器即可形成完整的数据传输和控制的无线传感器网络。

14.4　μC/OS-Ⅱ 系统软件设计

本例 ZigBee 无线收发应用实例通过 STM32 处理器的串口完成数据(报文)的一对一收发实验,测试数据通过其中一台硬件开发板的 μC/GUI 图形用户界面操作发送,测试数据的接收则通过另外一台硬件开发板。其主要的软件设计任务按功能和层次可以划分为如下几个部分:

(1) μC/OS-II 系统建立任务,包括系统主任务、μC/GUI 图形用户接口任务、串口 1 和串口 2 通信任务等;

(2) μC/GUI 图形界面程序,创建了一个文本显示框作为接收测试数据,并创建了 5 个功能按钮用于执行发送数据和清除数据等;

(3) 中断服务程序,本例的中断处理函数有三个,这三个功能函数分别为:SysTickHandler() 和 USART1_IRQHandler() 和 USART2_IRQHandler()。

(4) 硬件平台初始化程序,包括系统时钟初始化、串口单元以及寄存器配置和初始化、触摸屏以及显示接口初始化等等;

(5) STM32F103 处理器底层固件库函数,这部分是由 ST 公司提供的标准库函数,本例调用这些固件库用于完成系统时钟、液晶屏显示接口、SPI 接口(用于触摸屏)、串口等底层配置,本例仅对被调用的串口模块库函数作简述,其他则不作介绍。

本例操作系统采用 μC/OS-Ⅱ 2.86a 版本,程序设计所涉及的系统软件结构如表 14－12 所列,主要程序文件及功能说明如表 14－13 所列。

表 14－12　系统软件结构

应用软件层				
应用程序 app.c				
系统软件层				
μC/GUI 用户应用程序 Fun.c	操作系统			中断管理系统
μC/GUI 图形系统	μC/OS-Ⅱ 系统			异常与外设中断处理模板
μC/GUI 驱动接口 lcd_ucgui.c,lcd_api.c	μC/OS-Ⅱ/Port	μC/OS-Ⅱ/CPU	μC/OS-Ⅱ/Source	stm32f10x_it.c
μC/GUI 移植部分 lcd.c				
CMSIS 层				
Cortex-M3 内核外设访问层	STM32F10x 设备外设访问层			
core_cm3.c	core_cm3.h	启动代码 (stm32f10x_startup.s)	stm32f10x.h	system_stm32f10x.c	system_stm32f10x.h

续表 14 - 12

硬件抽象层		
硬件平台初始化 bsp.c		
硬件外设层		
USART 模块驱动程序	液晶屏接口应用配置程序	LCD 控制器驱动程序
stm32f10x_usart.c	fsmc_sram.c	lcddrv.c
其他通用模块驱动程序		
misc.c、stm32f10x_fsmc.c、stm32f10x_gpio.c、stm32f10x_rcc.c、stm32f10x_spi.c 等		

表 14 - 13　程序设计文件功能说明

程序文件名称	程序文件功能说明
App.c	主程序,μC/OS-II 系统建立任务,包括系统主任务、μC/GUI 图形用户接口任务、触摸屏任务、串口 1 和串口 1 数据通信任务等
Fun.c	μC/GUI 图形用户接口,创建一个文本编辑框作为接收 ZigBee 测试数据报文以及 5 个功能按钮执行发送报文和清除报文等
stm32f10x_it.c	本例有三个中断处理函数,用于处理系统时钟节拍、串口 1 与串口 2 中断
bsp.c	硬件平台的初始化函数,主要实现系统时钟初始化、中断源配置、串口以及工作参数配置和初始化、触摸屏以及 FSMC 接口初始化等功能
stm32f10x_usart.c	通用模块驱动程序之 USART 外设库函数

1. μC/OS-II 系统任务

　　μC/OS-II 系统建立任务,包含系统主任务、μC/GUI 图形用户接口任务、触摸屏任务、串口 1 和串口 2 数据通信任务、空闲任务以及统计时间运行任务,同时也是本例系统软件的主程序。

　　主程序集中在 main()入口函数,完成 μC/OS-II 系统初始化、硬件平台初始化、建立主任务、设置节拍计数器以及启动 μC/OS-II 系统等。

　　系统主任务由 App_TaskStart()函数来建立,再由该函数调用 App_TaskCreate()建立 4 个其他任务:

- OSTaskCreateExt(AppTaskUserIF,…用户界面任务);
- OSTaskCreateExt(AppTaskKbd,…触摸驱动任务);
- OSTaskCreateExt(Task_USART1,…串口 1 数据通信任务);
- OSTaskCreateExt(Task_USART2,…串口 2 数据通信任务)。

App_TaskCreate()建立 4 个其他任务同时,定义了两个邮箱。

```
/* 建立 USART1 接收任务的消息邮箱 */
USART1_MBOX = OSMboxCreate((void *) 0);
/* 建立 USART2 接收任务的消息邮箱 */
USART2_MBOX = OSMboxCreate((void *) 0);
```

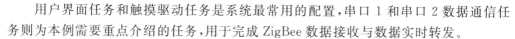

用户界面任务和触摸驱动任务是系统最常用的配置,串口 1 和串口 2 数据通信任务则为本例需要重点介绍的任务,用于完成 ZigBee 数据接收与数据实时转发。

● Task_Usart1()函数

USART1 接收任务采用了邮箱通信机制,使用邮箱操作函数 OSMboxPend()等待另外一个任务或进程发送消息到邮箱,以实现任务或进程同步。

```
static void Task_USART1(void * p_arg){
    INT8U err;
    unsigned char * msg;
    (void)p_arg;
    while(1){
        /* 等待 USART1 成功接收一帧的邮箱消息 */
        msg = (unsigned char * )OSMboxPend(USART1_MBOX,0,&err);
        memcpy(rx1_buf, msg, RxCount1 + 2);
        Tx_Size = strlen(rx1_buf); //获得测试数据的长度
        /* 向串口 2 发送一帧数据报文 */
        USART_OUTB(USART2,rx1_buf,Tx_Size);
        RxCount1 = 0;
    }
}
```

● Task_Usart2()函数

USART2 接收任务与 USART1 接收任务类似,均采用了邮箱通信机制,使用邮箱操作函数 OSMboxPend()等待另外一个任务或进程发送消息到邮箱,以实现任务或进程同步。

```
static void Task_USART2(void * p_arg){
    INT8U err;
    unsigned char * msg;
    (void)p_arg;
    while(1){
        /* 等待 USART2 成功接收一帧的邮箱消息 */
        msg = (unsigned char * )OSMboxPend(USART2_MBOX,0,&err);
        /* 将接收到的报文保存在显示缓存区里用于显示 */
        memcpy(rx_buf, msg, RxCount + 2);
        RxCount = 0;
    }
}
```

2. 中断处理程序

本例的中断处理程序涉及三个功能函数,其中一个是 SysTickHandler()函数,实现 μC/OS-Ⅱ 系统时钟节拍中断处理,本例的代码较之前讲述的内容稍微有所区别;另外两个是函数是 USART1_IRQHandler()和 USART2_IRQHandler(),分别用于执行串口 1 和串口 2 中断处理功能。

● SysTickHandler()函数

μC/OS-Ⅱ系统时钟节拍中断处理函数 SysTickHandler()与之前章节介绍的稍微有所不同,主要添加了串口 1 和串口 2 成帧标志,采用了邮箱通信机制,当串口 2 成帧标志有效时,使用邮箱操作函数 OSMboxPost()发送一个 USART2 接收成功的消息到邮箱;当串口 1 成帧标志有效时,使用邮箱操作函数 OSMboxPost()发送一个 US-ART1 接收成功的消息到邮箱。以实现任务间同步,详细代码如下。

```
void SysTickHandler(void)
{
    OS_CPU_SR cpu_sr;
    OS_ENTER_CRITICAL();//保存全局中断标志,关总中断
    OSIntNesting ++ ;
    OS_EXIT_CRITICAL();//恢复全局中断标志
    Rst_Buf ++ ;
    if(Rst_Buf> = 10){ //串口 2 的完整成帧标志
        Rst_Buf = 0; //串口 2 缓存延时复位
        /* 发送 USART2 接收成功的邮箱消息 */
        if(RxCount>0) OSMboxPost(USART2_MBOX,(void * )&rx_buf_t);
    }
    Rst1_Buf ++ ;
    if(Rst1_Buf> = 10){//串口 1 的完整成帧标志
        Rst1_Buf = 0; //串口 1 缓存延时复位
        /* 发送 USART1 接收成功的邮箱消息 */
        if(RxCount1>0) OSMboxPost(USART1_MBOX,(void * )&rx1_buf_t);
    }
    OSTimeTick();//判断延时的任务是否计时到
    OSIntExit();//如果有更高优先级的任务就绪了,则执行一次任务切换
}
```

● USART1_IRQHandler()函数

串口 1 中断处理功能函数的实现代码与说明列出如下。

```
void USART1_IRQHandler(void)
{
    OS_CPU_SR cpu_sr;
    OS_ENTER_CRITICAL();//保存全局中断标志,关总中断
    OSIntNesting ++ ;
    OS_EXIT_CRITICAL();//恢复全局中断标志
    /* 检查串口 1 的接收数据寄存器非空中断是否产生 */
    if(USART_GetITStatus(USART1, USART_IT_RXNE) ! = RESET)
    {
        /* 将读寄存器的数据缓存到接收缓冲区里 */
```

```
        rx1_buf_t[RxCount1] = USART_ReceiveData(USART1);
        RxCount1 ++ ;
        rx1_buf_t[RxCount1] = 0;
        Rst1_Buf = 0; //串口 1 缓存延时复位
    }
    /* 这段是为了避免 USART 第一个字节发不出去的 BUG */
    if(USART_GetITStatus(USART1, USART_IT_TXE) != RESET)
    {
        /* 禁止发送串口 1 数据寄存器空中断 */
        USART_ITConfig(USART1, USART_IT_TXE, DISABLE);
    }
    OSIntExit(); //如果有更高优先级的任务就绪了,则执行一次任务切换
}
```

● USART2_IRQHandler() 函数

串口 1 的中断处理函数和串口 2 的中断处理函数代码类似,函数代码与注释如下。

```
void USART2_IRQHandler(void)
{
    OS_CPU_SR cpu_sr;
    OS_ENTER_CRITICAL(); //保存全局中断标志,关总中断
    OSIntNesting ++ ;
    OS_EXIT_CRITICAL(); //恢复全局中断标志
    /* 检查串口 2 的接收数据寄存器非空中断是否产生 */
    if(USART_GetITStatus(USART2, USART_IT_RXNE) != RESET)
    {
        /* 将读寄存器的数据缓存到接收缓冲区里 */
        rx_buf_t[RxCount] = USART_ReceiveData(USART2);
        RxCount ++ ;
        rx_buf_t[RxCount] = 0;
        Rst_Buf = 0; //串口 2 缓存延时复位
    }
    /* 这段是为了避免 USART 第一个字节发不出去的 BUG */
    if(USART_GetITStatus(USART2, USART_IT_TXE) != RESET)
    {
        /* 禁止发送串口 2 数据寄存器空中断 */
        USART_ITConfig(USART2, USART_IT_TXE, DISABLE);
    }
    OSIntExit(); //如果有更高优先级的任务就绪了,则执行一次任务切换
}
```

3. μC/GUI 图形界面程序

μC/GUI 图形界面程序基于 μC/GUI 版本 3.90 建立了文本显示框接收 ZigBee 的

数据,并建立了 5 个按钮,其中 4 个按钮作为测试报文数据发送,另外 1 个按钮作为清除接收文本区。

本程序主要集中在对话框资源列表、回调函数、用户界面处理与显示函数这三个功能,本例仍然分为创建对话框窗体、资源列表、对话框过程函数三大功能块介绍软件设计流程。

● 用户界面显示函数 Fun()

μC/GUI 图形界面程序的函数主要包括建立对话框窗体、按钮控件、文本控件、多文本编辑控件以及相关字体、背景色、前景色等参数设置。本函数利用 GUI_CreateDialogBox()函数创建对话框窗体,指定包含的资源表、资源数目以及回调函数。

```c
/ * 外部函数定义 * /
extern void USART_OUT(USART_TypeDef * USARTx, uint8_t * Data,...);//串口输出函数
extern char * itoa(int value, char * string, int radix);//格式转换函数
/ * 用于串口 2 输出 zigbee 报文 * /
extern void USART_OUTB(USART_TypeDef * USARTx, uint8_t * Data,uint16_t Len);
/ * 定义 ZigBee 测试报文 * /
unsigned char * BT[] = {"ZigBee 通信测试一","ZigBee 通信测试二","ZigBee 通信测试三",
                "ZigBee 通信测试四"};
WM_HWIN text1;
WM_HWIN hWin,hmultiedit1;
GUI_COLOR DesktopColorOld;
const GUI_FONT * pFont = &GUI_FontHZ_SimSun_13;
void Fun(void) {
    GUI_CURSOR_Show();//打开鼠标图形显示
    WM_SetCreateFlags(WM_CF_MEMDEV);/ * 自动使用存储设备 * /
    DesktopColorOld = WM_SetDesktopColor(GUI_BLUE);
    / * 建立窗体,包含了资源列表,资源数目,并指定回调函数 * /
    hWin = GUI_CreateDialogBox(aDialogCreate, GUI_COUNTOF(aDialogCreate),
    _cbCallback, 0, 0, 0);
    / * 设置窗体字体 * /
    FRAMEWIN_SetFont(hWin, pFont);
    / * 在窗体上建立多文本编辑框控件,作为报文接收显示区 * /
    hmultiedit1 = MULTIEDIT_Create(3,40,310,154,hWin, GUI_ID_MULTIEDIT0,
                WM_CF_SHOW, MULTIEDIT_CF_AUTOSCROLLBAR_V,"",1500);
    / * 设置多文本编辑框控件的字体 * /
    MULTIEDIT_SetFont(hmultiedit1,pFont);
    / * 设置多文本编辑框控件的背景色 * /
    MULTIEDIT_SetBkColor(hmultiedit1,MULTIEDIT_CI_EDIT,GUI_LIGHTGRAY);
    / * 设置多文本编辑框控件的字体颜色 * /
    MULTIEDIT_SetTextColor(hmultiedit1,MULTIEDIT_CI_EDIT,GUI_BLACK);
    / * 设置多文本编辑框控件的文字回绕 * /
    MULTIEDIT_SetWrapWord(hmultiedit1);
```

```
/*设置多文本编辑框控件的最大字符数*/
MULTIEDIT_SetMaxNumChars(hmultiedit1,1500);
/*设置多文本编辑框控件的字符左对齐*/
MULTIEDIT_SetTextAlign(hmultiedit1,GUI_TA_LEFT);
/*获得文本控件的句柄*/
text1 = WM_GetDialogItem(hWin, GUI_ID_TEXT1);
//设置对话框里文本字体
TEXT_SetFont(text1,pFont);
/*获得按钮控件的句柄*/
_ahButton[0] = WM_GetDialogItem(hWin, GUI_ID_BUTTON0);
_ahButton[1] = WM_GetDialogItem(hWin, GUI_ID_BUTTON1);
_ahButton[2] = WM_GetDialogItem(hWin, GUI_ID_BUTTON2);
_ahButton[3] = WM_GetDialogItem(hWin, GUI_ID_BUTTON3);
_ahButton[4] = WM_GetDialogItem(hWin, GUI_ID_BUTTON4);
//按键字体设置
BUTTON_SetFont(_ahButton[0],pFont);
BUTTON_SetFont(_ahButton[1],pFont);
BUTTON_SetFont(_ahButton[2],pFont);
BUTTON_SetFont(_ahButton[3],pFont);
BUTTON_SetFont(_ahButton[4],pFont);
//按键背景色设置
BUTTON_SetBkColor(_ahButton[0],0,GUI_GRAY);
BUTTON_SetBkColor(_ahButton[1],0,GUI_GRAY);
BUTTON_SetBkColor(_ahButton[2],0,GUI_GRAY);
BUTTON_SetBkColor(_ahButton[3],0,GUI_GRAY);
BUTTON_SetBkColor(_ahButton[4],0,GUI_GRAY);
//按键前景色设置
BUTTON_SetTextColor(_ahButton[0],0,GUI_WHITE);
BUTTON_SetTextColor(_ahButton[1],0,GUI_WHITE);
BUTTON_SetTextColor(_ahButton[2],0,GUI_WHITE);
BUTTON_SetTextColor(_ahButton[3],0,GUI_WHITE);
BUTTON_SetTextColor(_ahButton[4],0,GUI_WHITE);
while (1)
{
MULTIEDIT_SetText(hmultiedit1,rx_buf);//显示接收缓存区的内容
OSTimeDlyHMSM(0, 0, 0, 10);//延时
WM_Exec();//显示刷新
}
}
```

上述代码中的 GUI_CreateDialogBox() 函数用于创建非阻塞式对话框窗体,参数 aDialogCreate 定义对话框中所要包含的小工具的资源表的指针;GUI_COUNTOF (aDialog_Create) 定义对话框中所包含的小工具的总数;参数 _cbCallback 代表应用程

序特定回调函数(对话框过程函数-窗体回调函数)的指针;紧跟其后的一个参数表示父窗口的句柄(0 表示没有父窗口),最后两个参数表示 X/Y 坐标位置,即对话框相对于父窗口的 X/Y 轴位置(0,0)。

那么在已构架完成的 μC/GUI 图形界面上如何显示接收到的 ZigBee 报文呢?大家可以看看函数体内的定义,很快会发现多文本编辑框显示内容来自于接收缓存区 rx_buf,下面重述一下这段代码。

```
while (1)
{
    MULTIEDIT_SetText(hmultiedit1,rx_buf); //显示接收缓存区的内容
    ...
}
```

对于窗体来说,如果指定了资源列表与对话框过程函数,那这两个都是必不可少的要素,资源表中建立的控件只有在对话框过程函数定义了动作代码才能够实现控件可见可用。

● 资源表创建

本函数定义指向了 GUI_WIDGET_CREATE_INFO 结构的指针,指定在对话框窗体中所要包括的所有控件,用于建立资源表。

资源表所包括的小工具,它们都只能从资源表项中创建,即只能够以"控件名_CreateIndirect"的方式创建。资源表创建后,在对话框窗体可见,但功能需要后续的窗体回调函数定义动作代码激活。

```
static const GUI_WIDGET_CREATE_INFO aDialogCreate[] = {
    //建立窗体,大小是 320×240,原点在 0,0.
    {FRAMEWIN_CreateIndirect, "奋斗版 STM32 开发板 ZigBee 通信实验", 0, 0, 0, 320, 240,
                        FRAMEWIN_CF_ACTIVE },
    //建立文本显示
    { TEXT_CreateIndirect,"USART2 接收到的报文",GUI_ID_TEXT1,2,5,310,20, TEXT_CF_LEFT },
    //建立按钮
    { BUTTON_CreateIndirect,"发送 1",GUI_ID_BUTTON0,0,180,64,38 },
    { BUTTON_CreateIndirect,"发送 2",GUI_ID_BUTTON1,64,180,64,38 },
    { BUTTON_CreateIndirect,"发送 3",GUI_ID_BUTTON2,128,180,64,38 },
    { BUTTON_CreateIndirect,"发送 4",GUI_ID_BUTTON3,192,180 ,64,38},
    { BUTTON_CreateIndirect,"清除",GUI_ID_BUTTON4,256,180 ,64,38 },
};
```

● _cbCallback()函数作为起点添加动作代码

窗体回调函数_cbCallback()作为对话框过程函数的起点,初始化后,需要添加动作代码。创建对话框过程函数后,所有资源表中包括的小工具(指 GUI_CreateDialogBox 函数建立的所有控件)实现了从外观可见到功能可用的过渡。本函数定义了 5 个按钮的动作代码,前 4 个用于发送 ZigBee 测试报文,测试报文由串口 2 完成发送;后 1

个用于清空文本显示区。

```
static void _cbCallback(WM_MESSAGE * pMsg) {
uint8_t num = 0;
int NCode, Id;
switch (pMsg->MsgId) {
    case WM_NOTIFY_PARENT:
    Id = WM_GetId(pMsg->hWinSrc); /*获得窗体控件的 ID*/
    NCode = pMsg->Data.v; /*动作代码*/
    switch (NCode) {
        case WM_NOTIFICATION_RELEASED: //窗体控件动作被释放
            if (Id == GUI_ID_BUTTON0){ //F1-- 发送测试报文 1
            num = 0;
            pub:;
            memcpy(rx_buf, "", 1500); //清空报文接收显示区
            Tx_Size = strlen(BT[num]); //获得测试报文的长度
            /*发送一帧报文*/
            USART_OUTB(USART2,&BT[num][0],Tx_Size);
            }
            else if (Id == GUI_ID_BUTTON1){ //F2-- 发送测试报文 2
                num = 1;
                goto pub;
            }
            else if (Id == GUI_ID_BUTTON2){ //F3-- 发送测试报文 3
                num = 2;
                goto pub;
            }
            else if (Id == GUI_ID_BUTTON3){ //F4-- 发送测试报文 4
                num = 3;
                goto pub;
            }
            else if (Id == GUI_ID_BUTTON4){ //F5-- 清除接收报文区
                memcpy(rx_buf, "", 1500);
            }
            break;
        default:
            break;
    }
    break;
    default:
    WM_DefaultProc(pMsg);
    }
}
```

4. 硬件平台初始化

硬件平台的初始化程序,主要实现系统时钟初始化、中断源配置、串口 1 和串口 2 以及工作参数配置等功能,同时也包括系统时钟、µC/OS-Ⅱ系统节拍时钟初始化、FSMC 与触摸屏接口等系统常用的配置。

开发板硬件的初始化通过 BSP_Init()函数调用各接口功能函数实现,具体实现代码如下。

```
void BSP_Init(void)
{
    Rst_Buf = 0;//串口 2 缓存延时复位
    Rst1_Buf = 0; //串口 1 缓存延时复位
    RCC_Configuration();//系统及外设时钟初始化
    NVIC_Configuration();//中断源配置
    USART1_Config(115200); //初始化串口 1
    USART2_Config(38400); //初始化串口 2
    tp_Config();        //触摸电路的 SPI1 接口初始化
    FSMC_LCD_Init();//FSMC TFT 接口初始化
    USART_OUT(USART1,"…"); //向串口 1 发送开机字符
}
```

大部分的硬接口初始化与配置函数都介绍过,我们这里介绍一下系统及外设时钟初始化配置、串口 2 配置、中断源配置函数。

● RCC_Configuration()函数

系统时钟配置通过 RCC_Configuration()函数实现,对 GPIO 端口、串口 1 和串口 2 等外设时钟进行了时钟使能配置,该函数的代码如下。

```
void RCC_Configuration(void){
    SystemInit();
    //复用功能使能
    RCC_APB2PeriphClockCmd(RCC_APB2Periph_AFIO, ENABLE);
    RCC_APB2PeriphClockCmd( RCC_APB2Periph_GPIOA|RCC_APB2Periph_GPIOB
                |RCC_APB2Periph_GPIOC | RCC_APB2Periph_GPIOD
                |RCC_APB2Periph_GPIOE, ENABLE);
    //使能串口 2 时钟
    RCC_APB1PeriphClockCmd( RCC_APB1Periph_USART2, ENABLE);
    //使能串口 1 时钟
    RCC_APB2PeriphClockCmd( RCC_APB2Periph_USART1 , ENABLE);
}
```

● NVIC_Configuration()函数

中断源配置通过 NVIC_Configuration()函数实现,主要完成串口 1 和串口 2 中断源、优先级等配置,该函数的代码如下。

```
void NVIC_Configuration(void)
{
    NVIC_InitTypeDef NVIC_InitStructure;
    NVIC_PriorityGroupConfig(NVIC_PriorityGroup_0);
    NVIC_InitStructure.NVIC_IRQChannel = USART1_IRQn;//设置串口 1 中断
    NVIC_InitStructure.NVIC_IRQChannelPreemptionPriority = 0;//抢占优先级 0
    NVIC_InitStructure.NVIC_IRQChannelSubPriority = 0;//子优先级为 0
    NVIC_InitStructure.NVIC_IRQChannelCmd = ENABLE;//使能
    NVIC_Init(&NVIC_InitStructure);
    NVIC_InitStructure.NVIC_IRQChannel = USART2_IRQn;//设置串口 2 中断
    NVIC_InitStructure.NVIC_IRQChannelPreemptionPriority = 0;//抢占优先级 0
    NVIC_InitStructure.NVIC_IRQChannelSubPriority = 1;//子优先级为 1
    NVIC_InitStructure.NVIC_IRQChannelCmd = ENABLE;//使能
    NVIC_Init(&NVIC_InitStructure);
}
```

● USART2_Config()函数

本例需要提到的两个串口配置函数 USART1_Config()和 USART2_Config(),用于串口 1 和串口 2 的参数配置,含波特率、数据位、停止位、校验位、流控等参数。这两个功能函数的内部代码功能除了引脚配置不相同之外,其他代码基本是类似的,由于前面章节的应用实例已经专门介绍过串口 1 的参数配置,所以本例仅列出串口 2 的功能函数代码。

```
void USART2_Config(u32 baud){
    GPIO_InitTypeDef GPIO_InitStructure;
    USART_InitTypeDef USART_InitStructure;
    GPIO_InitStructure.GPIO_Pin = GPIO_Pin_2;      //USART2 TX
    GPIO_InitStructure.GPIO_Mode = GPIO_Mode_AF_PP;//复用推挽输出
    GPIO_InitStructure.GPIO_Speed = GPIO_Speed_50MHz;
    GPIO_Init(GPIOA, &GPIO_InitStructure);//A 端口
    GPIO_InitStructure.GPIO_Pin = GPIO_Pin_3;      //USART2 RX
    GPIO_InitStructure.GPIO_Mode = GPIO_Mode_IN_FLOATING;//复用开漏输入
    GPIO_Init(GPIOA, &GPIO_InitStructure);
    USART_InitStructure.USART_BaudRate = baud;//波特率
    USART_InitStructure.USART_WordLength = USART_WordLength_8b;//数据位 8 位
    USART_InitStructure.USART_StopBits = USART_StopBits_1;//停止位 1 位
    USART_InitStructure.USART_Parity = USART_Parity_No;//无校验位
    USART_InitStructure.USART_HardwareFlowControl =
        USART_HardwareFlowControl_None; //无硬件流控
    //收发模式
    USART_InitStructure.USART_Mode = USART_Mode_Rx | USART_Mode_Tx;
    /* 初始化串口 2 */
    USART_Init(USART2, &USART_InitStructure);
```

```
    //使能接收数据寄存器非空中断
    USART_ITConfig(USART2, USART_IT_RXNE, ENABLE);
    //使能发送数据寄存器空中断
    USART_ITConfig(USART2, USART_IT_TXE, ENABLE);
    /*使能串口2*/
    USART_Cmd(USART2, ENABLE);
}
```

- ● USART_OUTB()函数

该函数用于窗体回调函数中定义动作代码,实现一帧报文发送的功能(ZigBee 报文采用串口 2 发送)。

```
void USART_OUTB(USART_TypeDef * USARTx, uint8_t * Data,uint16_t Len){
    uint16_t i;
    for(i = 0; i<Len; i++){
        USART_SendData(USARTx, Data[i]); //发送数据
        //等待串口传输完成标志为 0
        while(USART_GetFlagStatus(USARTx, USART_FLAG_TC) == RESET);
    }
}
```

5. 通用模块驱动程序

stm32f10x_usart.c 文件中封装的则是串口模块的库函数,表 14-14 列出了本例被调用的 USART 主要库函数,更详尽的 USART 库函数请参阅第 16 章(16.2.2 小节)。

表 14-14　库函数调用列表

序　号	函数名	功能描述
1	USART_Init	根据指定的参数初始化 USART 外设
2	USART_Cmd	使能或者禁止指定的 USART 外设
3	USART_ITConfig	使能或者禁止指定 USART 外设的中断

14.5　实例总结

本章主要介绍了 ZigBee 技术特点和组成以及 CC2530 模块的功能与应用。本例将硬件开发平台通过串口与 ZigBee 无线模块连接,演示了一对点对点 ZigBee 无线通信的试验。

需要注意,本例的 ZigBee 无线模块采用透传方式,即用户完全可以当它是透明的串口一样使用,不需要设计相关软件。本章稍微对 CC2530 芯片进行了一定的说明,如读者需要对 CC2530 进行更深入地研究,可以参考 CC2530 无线模块手册。

本章的系统软件设计重点在 μC/GUI 图形用户界面程序设计,创建了 1 个文本显

示框和 5 个功能按钮,这些都应用了相关控件,例程中给出了详细的代码与注释。

14.6　显示效果

　　本例的软件在两块相同硬件配置的 STM32 – V3 开发平台下载并运行后,实现 ZigBee 点对点无线数据通信。本例实验演示效果如图 14 – 8 所示。

图 14 – 8　ZigBee 无线通信实验演示效果

第15章

USB Joystick 应用实例

  USB(Universal Serial Bus,通用串行总线)是一种高使用频率的外围设备接口。USB 不仅使用简单,而且使用起来非常高效。许多不同种类的外围设备,例如鼠标、键盘、扫描仪、外接式硬盘、打印机等,都是可以通过 USB 接口来使用的,将外部设备连接到计算机上时,USB 接口是最优先的选择。本实例基于 STM32 处理器的 USB 模块讲述 HID 类设备的底层与 μC/GUI 界面应用。

15.1 USB 模块概述

  USB 模块为 PC 主机和 STM32 处理器之间提供了符合 USB 规范的通信连接。该 USB 模块同 PC 主机通信传输由硬件完成,传输通信包括根据 USB 规范实现令牌分组的检测、数据发送/接收的处理、握手分组等处理。USB 模块接口的主要特点如下:
- 符合 USB2.0 全速设备技术规范;
- 可配置 1 到 8 个 USB 端点;
- CRC(循环冗余校验)生成/校验,反向不归零(NRZI)编码/解码和位填充;
- 支持同步传输;
- 支持批量/同步端点的双缓冲区机制;
- 支持 USB 挂起/恢复操作;
- 帧锁定时钟脉冲生成 。

  STM32 处理器的 USB 模块功能框图如图 15 - 1 所示。USB 模块实现了标准 USB 接口的所有特性,它主要由以下部分组成:

  (1) 串行接口引擎 (SIE)。

  USB 模块的串行接口引擎,主要包括帧头同步域的识别、位填充、CRC 的产生和校验、PID 的验证/产生、握手分组处理等功能实现。

  它与 USB 收发器交互,利用分组缓冲接口提供的虚拟缓冲区存储局部数据,同时它也根据 USB 事件,和类似于传输结束或一个包正确接收等与端点相关事件生成信

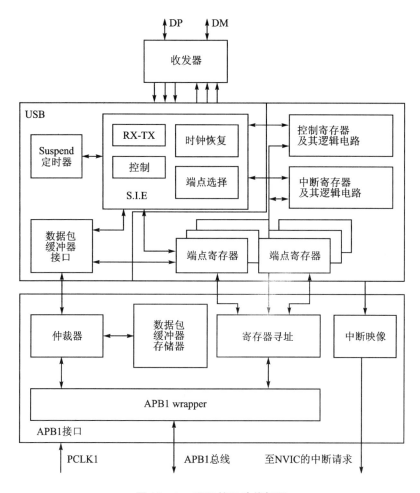

图 15 - 1　USB 接口功能框图

号,例如:帧起始(Start of Frame)、USB 复位、数据错误等信号用来产生中断。

（2）定时器。

定时器的主要功能是产生一个与帧开始报文同步的时钟脉冲,并在 3 ms 内没有数据传输的状态下检测出主机的全局挂起条件。

（3）分组缓冲器。

分组缓冲器主要用于管理那些用于发送和接收的临时本地内存单元。它根据串行接口引擎的要求分配合适的缓冲区,并定位到端点寄存器所指向的存储区地址。它在每个字节传输后,自动递增地址,直到数据分组传输结束。它也用于记录传输的字节数并防止缓冲区溢出。

（4）端点相关寄存器。

每个端点都有一个与之相关的寄存器,用于描述端点类型和当前状态。对于单向和单缓冲器端点,一个寄存器就可以用于实现两个不同的端点。一共 8 个寄存器,可以用于实现最多 16 个单向/单缓冲的端点或者 7 个双缓冲的端点或者这些端点的组合。

例如,可以同时实现 4 个双缓冲端点和 8 个单缓冲/单向端点。

(5) 控制寄存器。

这些寄存器包含整个 USB 模块的状态信息,用来触发诸如恢复、低功耗等 USB 事件。

(6) 中断寄存器。

这些寄存器包含中断屏蔽信息和中断事件的记录信息。配置和访问这些寄存器可以获取中断源,中断状态等信息,并能清除待处理中断的状态标志。

15.2 USB 寄存器

USB 模块的寄存器,可以用半字(16 位)或字(32 位)的方式操作,按功能主要分为以下 3 种类别:

● 通用类寄存器;

主要包括中断寄存器和控制寄存器。

● 端点类寄存器;

这类寄存器主要包括端点配置寄存器和状态寄存器。

● 缓冲区描述表类寄存器;

这类寄存器主要功能是用来确定数据分组存放地址。

15.2.1 通用寄存器

这组寄存器用于定义 USB 模块的工作模式,中断的处理,设备的地址和读取当前帧的编号。通用寄存器组相关的寄存器及位功能定义详见表 15-1 至表 15-10 所列。

1. USB 控制寄存器(USB_CNTR)

地址偏移:0x40。复位值:0x0003。

表 15-1　USB 控制寄存器

15	14	13	12	11	10	9	8	7	6	5	4	3	2	1	0
CTRM	PMA OVRM	ERRM	WKUPM	SUSPM	RESETM	SOFM	ESOFM				RESUME	FSUSP	LPMODE	PDWN	FRES
rw	rw	rw	rw	rw	rw	rw	rw				rw	rw	rw	rw	rw

表 15-2　USB 控制寄存器位功能定义

位	功能定义
15	CTRM:正确传输中断屏蔽位。 0:正确传输中断禁止。 1:正确传输中断使能,在中断寄存器的相应位被置'1'时产生中断

位	功能定义
14	PMAOVRM:分组缓冲区溢出中断屏蔽位。 0:PMAOVR 中断禁止。 1:PMAOVR 中断使能,在中断寄存器的相应位被置'1'时产生中断
13	ERRM:出错中断屏蔽位。 0:出错中断禁止。 1:出错中断使能,在中断寄存器的相应位被置'1'时产生中断
12	WKUPM:唤醒中断屏蔽位。 0:唤醒中断禁止。 1:唤醒中断使能,在中断寄存器的相应位被置'1'时产生中断
11	SUSPM:挂起中断屏蔽位。 0:挂起(SUSP)中断禁止。 1:挂起(SUSP)中断使能,在中断寄存器的相应位被置'1'时产生中断
10	RESETM:USB 复位中断屏蔽位。 0:USB RESET 中断禁止。 1:USB RESET 中断使能,在中断寄存器的相应位被置'1'时产生中断
9	SOFM:帧首中断屏蔽位。 0:SOF 中断禁止。 1:SOF 中断使能,在中断寄存器的相应位被置'1'时产生中断
8	ESOFM:期望帧首中断屏蔽位。 0:ESOF 中断禁止。 1:ESOF 中断使能,在中断寄存器的相应位被置'1'时产生中断
7:5	保留
4	RESUME:唤醒请求。 设置此位将向 PC 主机发送唤醒请求
3	FSUSP:强制挂起。 当 USB 总线上保持 3 ms 没有数据通信时,挂起中断会被触发,此时软件必须设置此位。 0:无效。 1:进入挂起模式
2	LP_MODE:低功耗模式。 此模式用于在 USB 挂起状态下降低功耗。 0:非低功耗模式。 1:低功耗模式。
1	PDWN:断电模式。 此模式用于彻底关闭 USB 模块。当此位被置位时,不能使用 USB 模块。 0:退出断电模式。 1:进入断电模式。
0	FRES:强制 USB 复位。 0:清除 USB 复位信号。 1:对 USB 模块强制复位,类似于 USB 总线上的复位信号

2. USB 中断状态寄存器(USB_ISTR)

地址偏移:0x44。复位值:0x0000。

表 15 - 3　USB 中断状态寄存器

15	14	13	12	11	10	9	8	7	6	5	4	3	2	1	0
CTR	PMAOVR	ERR	WKUP	SUSP	RESET	SOF	ESOF				DIR	EP_ID[3:0]			
r	rc,w0	rc,w0	rc,w0	rc,w0	rc,w0	rc,w0	rc,w0				r	r	r	r	r

表 15 - 4　USB 中断状态寄存器位功能定义

位	功能定义
15	CTR:正确的传输。 此位在端点正确完成一次数据传输后由硬件置位
14	PMAOVR:分组缓冲区溢出。 此位在微控制器长时间没有响应一个访问 USB 分组缓冲区请求时由硬件置位,在正常的数据传输中不会产生 PMAOVR 中断。 USB 模块通常在以下情况时置该位,且主机都会要求数据重传: (1) 在接收过程中一个 ACK 握手分组没有被发送。 (2) 在发送过程中发生了比特填充错误
13	ERR:出错。 在下列错误发生时硬件会置位此位。 (1) NANS,无应答,主机的应答超时。 (2) CRC,循环冗余校验码错误,数据或令牌分组中的 CRC 校验出错。 (3) BST,位填充错误。 (4) PID,数据或 CRC 中检测出位填充错误。 (5) FVIO,帧格式错误,收到非标准帧
12	WKUP:唤醒请求。 当 USB 模块处于挂起状态时,如果检测到唤醒信号,此位将由硬件置位
11	SUSP:挂起模块请求。 此位在 USB 线上超过 3 ms 没有信号传输时由硬件置位,用以指示一个来自 USB 总线的挂起请求
10	RESET:USB 复位请求。 此位在 USB 模块检测到 USB 复位信号输入时由硬件置位
9	SOF:帧首标志。 此位在 USB 模块检测到总线上的 SOF 分组时由硬件置位,标志一个新的 USB 帧的开始
8	ESOF:等待帧首标识位。 此位在 USB 模块未收到期望的 SOF 分组时由硬件置位。主机应该每毫秒都发送 SOF 分组,但如果 USB 模块没有收到,挂起定时器将触发此中断。如果连续发生 3 次 ESOF 中断,也就是连续 3 次未收到 SOF 分组,将产生 SUSP 中断。即使在挂起定时器未被锁定时发生 SOF 分组丢失,此位也会被置位

位	功能定义
7:5	保留
4	DIR:传输方向。 此位在完成数据传输产生中断后由硬件根据传输方向写入。 0:相应端点的 CTR_TX 位被置位,标志一个 IN 分组(数据从 USB 模块传输到 PC 主机)的传输完成。 1:相应端点的 CTR_RX 位被置位,标志一个 OUT 分组(数据从 PC 主机传输到 USB 模块)的传输完成。如果 CTR_TX 位同时也被置位,就标志同时存在挂起的 OUT 分组和 IN 分组
3:0	EP_ID[3:0]:端点标识。 此位在 USB 模块完成数据传输产生中断后由硬件根据请求中断的端点号写入。如果同时有多个端点的请求中断,硬件写入优先级最高的端点号。如果多个同优先级的端点请求中断,则根据端点号来确定优先级,即端点 0 具有最高优先级,端点号越小,优先级越高

3. USB 帧编号寄存器(USB_FNR)

地址偏移:0x48。复位值:0x0XXX,X 代表未定义数值。

表 15 - 5　USB 帧编号寄存器

15	14	13	12	11	10	9	8	7	6	5	4	3	2	1	0
RXDP	RXDM	LCK	LSOF[1:0]		FN[10:0]										
r	r	r	r	r	r	r	r	r	r	r	r	r	r	r	r

表 15 - 6　USB 帧编号寄存器位功能定义

位	功能定义
15	RXDP:D+状态位。 此位用于观察 USB D+数据线的状态,可在挂起状态下检测唤醒条件的出现
14	RXDM:D-状态位。 此位用于观察 USB D-数据线的状态,可在挂起状态下检测唤醒条件的出现
13	LCK:锁定位。 USB 模块在复位或唤醒序列结束后会检测 SOF 分组,如果连续检测到至少 2 个 SOF 分组,则硬件会置位此位。此位一旦锁定,帧计数器将停止计数,一直等到 USB 模块复位或总线挂起时再恢复计数
12:11	LSOF[1:0]:帧首丢失标志位。 当 ESOF 事件发生时,硬件会将丢失的 SOF 分组的数目写入此位,如果再次收到 SOF 分组,引脚会清除此位
10:0	FN[10:0]:帧编号。 此部分记录了最新收到的 SOF 分组中的 11 位帧编号。主机每发送一个帧,帧编号都会自加,这对于同步传输非常有意义。此部分发生 SOF 中断时更新

4. USB 设备地址寄存器(USB_DADDR)

地址偏移:0x4C。复位值:0x0000。

表 15-7 USB 设备地址寄存器

15	14	13	12	11	10	9	8	7	6	5	4	3	2	1	0
								EF	ADD[6:0]						
								rw	rw	rw	rw	rw	rw	rw	rw

表 15-8 USB 设备地址寄存器位功能定义

位	功能定义
15:8	保留
7	EF:USB 模块使能位。 此位在需要使能 USB 模块时由应用程序置位。 如果此位为'0',USB 模块将停止工作,忽略所有寄存器的设置,不响应任何 USB 通信
6:0	ADD[6:0]:设备地址。 此位记录了 USB 主机在枚举过程中为 USB 设备分配的地址值。 该地址值和端点地址(EA)必须和 USB 令牌分组中的地址信息匹配,才能在指定的端点进行正确的 USB 传输

5. USB 分组缓冲区描述表地址寄存器(USB_BTABLE)

地址偏移:0x50。复位值:0x0000。

表 15-9 USB 分组缓冲区描述表地址寄存器

15	14	13	12	11	10	9	8	7	6	5	4	3	2	1	0
BTABLE[15:3]															
rw	rw	rw	rw	rw	rw	rw	rw	rw	rw	rw	rw	rw			

表 15-10 USB 分组缓冲区描述表地址寄存器位功能定义

位	功能定义
15:3	BTABLE[15:3]:缓冲表。 此位记录分组缓冲区描述表的起始地址。 分组缓冲区描述表用来指示每个端点的分组缓冲区地址和大小,按 8 字节对齐(即最低 3 位为 000)。每次传输开始时,USB 模块读取相应端点所对应的分组缓冲区描述表获得缓冲区地址和大小信息
2:0	保留位,由硬件置为'0'

15.2.2 端点寄存器

端点寄存器的数量由 USB 模块所支持的端点数目决定。USB 模块最多支持 8 个双向端点。每个 USB 设备必须支持一个控制端点,控制端点的地址(EA 位)必须为 0。不同的端点必须使用不同的端点号,否则端点的状态不定。每个端点都有与之对应的 USB_EpnR 寄存器,用于存储该端点的各种状态信息。

端点寄存器组相关的寄存器及位功能定义详见表 15 - 11 至表 15 - 12 所列。

1. USB 端点 n 寄存器(USB_EPnR),n=[0⋯7]

地址偏移:0x00 至 0x1C。复位值:0x0000。

表 15 - 11　USB 端点 n 寄存器 n=[0⋯7]

15	14	13	12	11	10	9	8	7	6	5	4	3	2	1	0
CTR_RX	DTOG_RX	STAT_RX[3:0]		SETUP	EPTYPE[1:0]		EP_KIND	CTR_TX	DTOG_TX	STAT_TX[1:0]		EA[3:0]			
rc,w0	t	t	t	r	rw	rw	rw	rc,w0	t	t	t	rw	rw	rw	rw

当 USB 模块收到 USB 总线复位信号,或 CTLR 寄存器的 FRES 位置位时,USB 模块将会复位。该寄存器除了 CTR_RX 和 CTR_TX 位保持不变以处理紧随的 USB 传输外,其他位都被复位。每个端点对应一个 USB_EPnR 寄存器,其中 n 为端点地址,即端点 ID 号。

对于此类寄存器应避免执行读出→修改→写入操作,因为在读和写操作之间,硬件可能会设置某些位,而这些位又会在写入时被修改,导致应用程序错过相应的操作。因此,这些位都有一个写入无效的值,建议用 Load 指令修改这些寄存器,以免应用程序修改了不需要修改的位。

表 15 - 12　USB 端点 n 寄存器,n=[0..7]位功能定义

位	功能定义
15	CTR_RX:正确接收标志位。 此位在正确接收到 OUT 或 SETUP 分组时由硬件置位,应用程序只能对此位清零。 如果 CTRM 位已置位,相应的中断会产生。收到的是 OUT 分组还是 SETUP 分组可以通过 SET-UP 位确定,以 NAK 或 STALL 结束的分组和出错的传输不会导致此位置位,因为没有真正传输数据。此位应用程序可读可写,但只有写'0'有效,写'1'无效
14	DTOG_RX:用于数据接收的数据翻转位。 对于非同步端点,此位由硬件设置,用于标记希望接收的下一个数据分组的 Toggle 位(0=DATA0,1=DATA1)。在接收到 PID(分组 ID)正确的数据分组之后,USB 模块发送 ACK 握手分组,并翻转此位。 对于控制端点,硬件在收到 SETUP 分组后清除此位。 对于双缓冲端点,此位还用于支持双缓冲区的交换。 对于同步端点,由于仅发送 DATA0,因此此位仅用于支持双缓冲区的交换而不需进行翻转。同步传输不需要握手分组,因此硬件在收到数据分组后立即设置此位。 此位应用程序可读可写,但写'0'无效,写'1'可以翻转此位

位	功能定义
13:12	STAT_RX[1:0]:用于数据接收的状态位。 此位用于指示端点当前的状态,表 15 - 13 列出了端点的所有状态。当一次正确的 OUT 或 SETUP 数据传输完成后(CTR_RX=1),硬件会自动设置此位为 NAK 状态,使应用程序有足够的时间在处理完当前传输的数据后,响应下一个数据分组。 对于双缓冲批量端点,由于使用特殊的传输流量控制策略,因此根据使用的缓冲区状态控制传输状态。 对于同步端点,由于端点状态只能是有效或禁用,因此硬件不会在正确的传输之后设置此位。如果应用程序将此位设为 STALL 或者 NAK,USB 模块相应的操作是未定义的。 此位应用程序可读可写,但写'0'无效,写'1'翻转此位
11	SETUP:SETUP 分组传输完成标志位。 此位在 USB 模块收到一个正确的 SETUP 分组后由硬件置位,只有控制端点才使用此位。在接收完成后(CTR_RX=1),应用程序需要检测此位以判断完成的传输是否是 SETUP 分组。为了防止中断服务程序在处理 SETUP 分组时下一个令牌分组修改了此位,只有 CTR_RX 为 0 时,此位才可以被修改,CTR_RX 为'1'时不能修改。此位应用程序只读
10:9	EP_TPYE[1:0]:端点类型位。 此位用于指示端点当前的类型,所有的端点类型都在表 15 - 14 中列出。所有的 USB 设备都必须包含一个地址为'0'的控制端点,如果需要可以有其他地址的控制端点。只有控制端点才会有 SETUP 传输,其他类型的端点无视此类传输。SETUP 传输不能以 NAK 或 STALL 分组响应,如果控制端点在收到 SETUP 分组时处于 NAK 状态,USB 模块将不响应分组,就会出现接收错误。如果控制端点处于 STALL 状态,SETUP 分组会被正确接收,数据会被正确传输,并产生一个正确传输完成的中断。控制端点的 OUT 分组安装普通端点的方式处理。 批量端点和中断端点的处理方式非常类似,仅在对 EP_KIND 位的处理上有差别
8	EP_KIND:端点特殊类型位 (Endpoint kind),如表 15 - 15 所列。 DBL_BUF:应用程序设置此位能使能批量端点的双缓冲功能。 STATUS_OUT:应用程序设置此位表示 USB 设备期望主机发送一个状态数据分组,此时,设备对于任何长度不为 0 的数据分组都响应 STALL 分组。此功能仅用于控制端点,有利于提供应用程序对于协议层错误的检测。如果 STATUS_OUT 位被清除,OUT 分组可以包含任意长度的数据
7	CTR_TX:正确发送标志位。 此位由硬件在一个正确的 IN 分组传输完成后置位。如果 CTRM 位已被置位,会产生相应的中断。应用程序需要在处理完该事件后清除此位。在 IN 分组结束时,如果主机响应 NAK 或 STALL 则此位不会被置位,因为数据传输没有成功。 此位应用程序可读可写,但写'0'有效,写'1'无效
6	DTOG_RX:发送数据翻转位。 对于非同步端点,此位用于指示下一个要传输的数据分组的 Toggle 位(0=DATA0,1=DATA1)。在一个成功传输的数据分组后,如果 USB 模块接收到主机发送的 ACK 分组,就会翻转此位。对于控制端点,USB 模块会在收到正确的 SETUP PID 后置位此位。 对于双缓冲端点,此位还可用于支持分组缓冲区交换。 对于同步端点,由于只传送 DATA0,因此该位只用于支持分组缓冲区交换。由于同步传输不需要握手分组,因此硬件在接收到数据分组后即设置该位。 此位应用程序可读可写,但写'0'无效,写'1'翻转此位

位	功能定义
5:4	STAT_TX[1:0]:用于发送数据的状态位。 此位用于标识端点的当前状态,表 15 - 16 列出了所有的状态。应用程序可以翻转这些位来初始化状态信息。在正确完成一次 IN 分组的传输后(CTR_TX＝1),硬件会自动设置此位为 NAK 状态,保证应用程序有足够的时间准备好数据响应后续的数据传输。 对于双缓冲批量端点,由于使用特殊的传输流量控制策略,是根据缓冲区的状态控制传输的状态的。 对于同步端点,由于端点的状态只能是有效或禁用,因此硬件不会在数据传输结束时改变端点的状态。如果应用程序将此位设为 STALL 或者 NAK,则 USB 模块后续的操作是未定义的。 此位应用程序可读可写,但写'0'无效,写'1'翻转此位
3:0	EA[3:0]:端点地址。 应用程序必须设置此 4 位,在使能一个端点前为它定义一个地址

2. 收发状态编码,端点类型编码及端点特殊类型

接收状态编码、发送状态编码、端点类型编码以及端点特殊类型详细定义详见表 15 - 13 至表 15 - 16 所列。

表 15 - 13   接收状态编码

STAT_RX[1:0]	描 述
00	DISABLED:端点忽略所有的接收请求
01	STALL:端点以 STALL 分组响应所有的接收请求
10	NAK:端点以 NAK 分组响应所有的接收请求
11	VALID:端点可用于接收

表 15 - 14   端点类型编码

EP_TYPE[1:0]	描 述
00	BULK:批量端点
01	CONTROL:控制端点
10	ISO:同步端点
11	INTERRUPT:中断端点

表 15 - 15   端点特殊类型定义

EP_TYPE[1:0]		EP_KIND 意义
00	BULK	DBL_BUF:双缓冲端点
01	CONTROL	STATUS_OUT
10	ISO	未使用
11	INTERRUPT	未使用

表 15－16　发送状态编码

STAT_TX[1:0]	描　述
00	DISABLED：端点忽略所有的发送请求
01	STALL：端点以 STALL 分组响应所有的发送请求
10	NAK：端点以 NAK 分组响应所有的发送请求
11	VALID：端点可用于发送

15.2.3　缓冲区描述表

虽然缓冲区描述表位于分组缓冲区内,但仍可将它看作是特殊的寄存器,用以配置 USB 模块和微控制器内核共享的分组缓冲区的地址和大小。由于 APB1 总线按 32 位寻址,所以所有的分组缓冲区地址都使用 32 位对齐的地址,而不是 USB_BTABLE 寄存器和缓冲区描述表所使用的地址。

以下介绍两种地址表示方式:一种是应用程序访问分组缓冲区时使用的,另一种是相对于 USB 模块的本地地址。供应用程序使用的分组缓冲区地址需要乘以 2 才能得到缓冲区在微控制器中的真正地址。分组缓冲区的首地址为 0x4000 6000。

缓冲区描述表相关的寄存器及位功能定义详见表 15－17 至表 15－23 所列。

1. 发送缓冲区地址寄存器 n(USB_ADDRn_TX)

地址偏移:[USB_BTABLE] + n×16。

USB 本地地址:[USB_BTABLE] + n×8。

表 15－17　发送缓冲区地址寄存器 n

15	14	13	12	11	10	9	8	7	6	5	4	3	2	1	0
						ADDRn_TX[15:1]									—
rw	rw	rw	rw	rw	rw	rw	rw	rw	rw	rw	rw	rw	rw	rw	—

表 15－18　发送缓冲区地址寄存器 n 位功能定义

位	功能定义
15:1	ADDRn_TX[15:1]:发送缓冲区地址。 此位记录了收到下一个 IN 分组时,需要发送的数据所在的缓冲区起始地址
0	分组缓冲区的地址必须按字对齐,所以此位必须为'0'

2. 发送数据字节数寄存器 n(USB_COUNTn_TX)

地址偏移:[USB_BTABLE] + n×16 + 4。

USB 本地地址:[USB_BTABLE] + n×8 + 2。

表 15-19　发送数据字节数寄存器 n

15	14	13	12	11	10	9	8	7	6	5	4	3	2	1	0
						COUNTnTX[9:0]									
						rw	rw	rw	rw	rw	rw	rw	rw	rw	rw

表 15-20　发送数据字节数寄存器 n 位功能定义

位	功能定义
15:10	由于 USB 模块支持的最大数据分组为 1 023 个字节,所以 USB 模块忽略这些位
9:0	COUNTn_TX[9:0]:发送数据字节数。 此位记录了收到下一个 IN 分组时要传输的数据字节数

　　双缓冲区和同步 IN 端点有两个 USB_COUNTn_TX 寄存器:分别为 USB_COUNTn_TX_1 和 USB_COUNTn_TX_0,内容如表 15-21 所列。

表 15-21　双缓冲与同步 IN 端点的两个 USB_CONTn_TX 寄存器

31	30	29	28	27	26	25	24	22	22	21	20	19	18	17	16
						COUNTnTX[25:16]									
						rw	rw	rw	rw	rw	rw	rw	rw	rw	rw
15	14	13	12	11	10	9	8	7	6	5	4	3	2	1	0
						COUNTnTX[9:0]									
						rw	rw	rw	rw	rw	rw	rw	rw	rw	rw

3. 接收数据字节数寄存器 n(USB_COUNTn_RX)

　　地址偏移:[USB_BTABLE] + n×16 + 12。

　　USB 本地地址:[USB_BTABLE] + n×8 + 6。

表 15-22　接收数据字节数寄存器 n

15	14	13	12	11	10	9	8	7	6	5	4	3	2	1	0
						ADDRn_RX[15:1]									—
rw	rw	rw	rw	rw	rw	rw	rw	rw	rw	rw	rw	rw	rw	rw	—

表 15-23　接收数据字节数寄存器 n 位功能定义

位	功能定义
15:1	ADDRn_RX[15:1]:接收缓冲区地址。 此位记录了收到下一个 OUT 或者 SETUP 分组时,用于保存数据的缓冲区起始地址
0	分组缓冲区的地址按字对齐,所以此位必须为'0'

15.3 设计目标

本例程采用 STM32 - V3 硬件开发平台(也兼容 STM32MINI 硬件),在 μC/GUI 图形用户界面建立了 4 个方向的按键,将硬件平台接入 USB 接口,点击按键,以 HID 类设备的方式传送 4 个方向的键值,在 PC 上模拟鼠标的移动。

15.4 硬件电路设计

本例的硬件电路较简单,硬件电路设计只需要连接 USB 相关的 3 条信号线即可完成本例的试验。本例 USB 差分信号对采用了 STM32F103 处理器的 PA11(D-信号线)和 PA12(D+信号线)功能引脚,PC13 引脚则用于控制与 USB HOST 端的信号连接与断开。详细的硬件电路原理如图 15 - 2 所示。

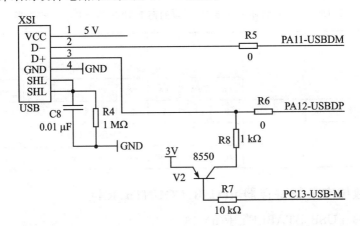

图 15 - 2   USB 接口硬件电路原理图

15.5 软件设计

本例 USB Joystick 设备应用实例的软件设计,从整体功能上讲,通过点击 μC/GUI 图形显示界面上的功能按键来模拟 Joystick,它实现的是一个模拟 USB Joystick 设备,为了便于功能来讲述软件设计,特地按功能分成两大块来讲述:

(1) USB Joystick 设备固件代码设计。

这部分软件设计基于 ST 公司发布的 USB 库 3.3 版本以及 ST 固件库 3.50 版本,只需要做少量的硬件配置代码修改即可架构出一个完整功能的 USB Joystick 设备。

(2) μC/OS-II 系统软件设计。

这部分软件主要涉及到模拟 USB Joystick 设备过程中的 μC/OS-II 系统任务调度、μC/GUI 图形界面接口、中断服务程序、硬件平台初始化程序等。这部分软件设计

的最大特点就是涉及 μC/OS-II 系统和 μC/GUI 图形界面接口应用。

15.5.1　USB Joystick 设备固件代码设计

本例的 USB Joystick 设备固件代码设计主要基于 ST 公司发布的 USB 内核库文件和固件库文件,相关的程序文件及功能说明如表 15-24 所列。

表 15-24　软件层次与程序文件说明

应用层	
hw_config. c	USB 硬件配置层文件,包括系统时钟设置、USB 外设时钟、USB 模块启动等
usb_istr. c	提供了 USB_Istr()函数,用于处理所有的 USB 宏单元中断
usb_prop. c	USB_prop 模块用于上层协议处理(比如 HID 协议,大容量存储设备协议),包括了 USB 内核使用的 Device_Table、Device_Property、User_Standard_Requests 3 个结构体。本例调用该文件主要用于实现 USB Joystick 设备相关的协议处理
usb_pwr. c	USB_pwr 模块管理 USB 设备的电源,提供了 4 种函数:PowerOn()、PowerOff()、Suspend()、Resume()
usb_endp. c	USB_endp 模块处理除端点 0(EP0)之外的所有 CTR 的正确传输程序
usb_desc. c	USB 设备描述符定义,实现具体设备的相关描述符定义和处理,本例实现 USB 标准设备描述符,USB 配置描述符,USB Joystick 设备配置描述符,Joystick 报表描述符等
USB 库内核	
ST 公司发布的 USB 库内核版本 V3.3,包括 usb_core. c、usb_int. c、usb_init. c、usb_reg. c、usb_mem. c、usb_sil. c 等,这部分内核程序一般不需要修改	
usb_core. c	USB 总线处理的核心协议文件
usb_int. c	用于端点正确传输(CTR)的数据输入输出中断处理
usb_init. c	用于 USB 设备的初始化
usb_reg. c	用于 USB 模块相关的寄存器配置,多数寄存器在 15.2 节中做过了介绍
usb_mem. c	用于 USB 的缓冲区操作
usb_sil. c	简化接口层用于全局初始化和端点读/写操作
固件库	
ST 公司发布的 STM32 处理器的各种外设等硬件资源固件库,如 SPI 接口、GPIO 端口、外部中断、系统时钟源、FSMC 接口等	

由于 USB Joystick 设备固件设计过程采用了 ST 公司发布的 USB 应用层及 USB 库内核文件,这些都是功能性很完整的模块,也是标准的 USB 库,不需要用户过多地修改。

本节仅针对硬件配置层文件 hw_config. c 程序代码做重点介绍,该文件是 USB Joystick 设备固件设计中重点修改文件,主要包括 USB 接入/断开软件设置、断开 USB 引脚配置、按键检测、键值发送等功能函数,分别列出如下。

(1) USB_Cable_Config()——软件设置 USB 接入/断开。

该函数用软件来模拟配置 USB 成接入或断开状态,实现该功能需要配置 PC13 引脚置位或复位,函数代码如下。

```
void USB_Cable_Config (FunctionalState NewState)
{
  if (NewState ! = DISABLE)
  {
    GPIO_ResetBits(GPIOC, GPIO_Pin_13);//PC13 引脚复位
  }
  else
  {
    GPIO_SetBits(GPIOC, GPIO_Pin_13); //PC13 引脚置位
  }
}
```

(2) USB_Disconnect_Config()——断开 USB 设备。

该函数用于将 USB 设备断开与否,类似于上一个函数,也是通过配置 PC13 引脚来实现该功能的。

```
void USB_Disconnect_Config(void)
{
  GPIO_InitTypeDef GPIO_InitStructure;
  / * 使能 GPIO 端口时钟 * /
  RCC_APB2PeriphClockCmd(RCC_APB2Periph_GPIOC, ENABLE);
  / * PC13 引脚用于 USB 上拉功能  /
  GPIO_InitStructure.GPIO_Pin = GPIO_Pin_13;
  GPIO_InitStructure.GPIO_Speed = GPIO_Speed_50MHz;
  GPIO_InitStructure.GPIO_Mode = GPIO_Mode_Out_OD;
  GPIO_Init(GPIOC, &GPIO_InitStructure);
}
```

(3) Joystick_Send()——发送键值。

该函数可根据检测到的键值,然后向 USB 设备的端点 1 发送信息,函数的完整代码如下。

```
void Joystick_Send(u8 Keys)
{
  u8 Mouse_Buffer[4] = {0, 0, 0, 0};
  s8 X = 0, Y = 0,BUTTON = 0;
  switch (Keys)//键值行为定义
  {
    case RIGHT://右键
      X + = CURSOR_STEP;//光标向右移动一步
```

```
        break；
      case LEFT://左键
        X - = CURSOR_STEP;//光标向左移动一步
        break；
      case UP://上键
        Y - = CURSOR_STEP；光标向上移动一步
        break；
      case DOWN://下键
        Y + = CURSOR_STEP；光标向下移动一步
        break；
       case LEFT_BUTTON://保留功能,本例未用
        BUTTON = BUTTON|0x01;
        break；
       case RIGHT_BUTTON://保留功能,本例未用
        BUTTON = BUTTON|0x02;
        break；
      default：
        return；
    }
    /* 准备缓冲区用于发送 */
    Mouse_Buffer[0] = BUTTON;
    Mouse_Buffer[1] = X;
    Mouse_Buffer[2] = Y;
    /* 复位控制令牌通知上层传送正在进行 */
    PrevXferComplete = 0;
    /* 将鼠标值复制到 USB 端点 1 的发送缓存区 */
    UserToPMABufferCopy(Mouse_Buffer, GetEPTxAddr(ENDP1), 4);
    if(Mouse_Buffer[0]! = 0)
    {
      Mouse_Buffer[0] = 0;
      UserToPMABufferCopy(Mouse_Buffer, GetEPTxAddr(ENDP1), 4);
    }
    /* 使能端点 1 发送 */
    SetEPTxValid(ENDP1);
}
```

特别提一下键值是在 hw_config.h 头文件中定义的,这几个键值宏定义清单列出如下。

```
#define DOWN                1
#define LEFT                2
#define RIGHT               3
#define UP                  4
#define LEFT_BUTTON         5//保留功能
```

```
# define RIGHT_BUTTON        6//保留功能
# define CURSOR_STEP         6
```

除了硬件配置文件之外,还有一个需要特别指出的函数,它就是 USB 设备初始化程序文件 usb_init.c 中的主要功能实现函数 USB_Init(),即用于实现 USB 设备的初始化,该函数在 15.5.2 节的硬件平台初始化函数 BSP_Init()被调用。

● USB_Init()函数

本函数代码清单列出如下。

```
void USB_Init(void)
{
    pInformation = &Device_Info;
    pInformation - >ControlState = 2;
    pProperty = &Device_Property;
    pUser_Standard_Requests = &User_Standard_Requests;
    / * USB 设备初始化 * /
    pProperty - >Init();
}
```

15.5.2　μC/OS-Ⅱ系统软件设计

本例程的 μC/OS-Ⅱ系统软件设计主要包括如下四个部分:

(1) μC/OS-Ⅱ系统建立任务,包括系统主任务、μC/GUI 图形用户接口任务、触摸屏任务等;

(2) μC/GUI 图形界面程序,基于 μc/GUI3.90 版本,创建了 4 个方向的功能按键,以 HID 类传送键值;

(3) 中断服务程序,主要包括有三个中断处理程序:一个用于 μC/OS-Ⅱ系统时钟节拍中断处理,另外两个分别是 USB 高低优先级中断请求处理;

(4) 硬件平台初始化程序,包括系统时钟初始化、中断源配置、SPI 接口及触摸屏接口初始化等常用配置,同时完成了 USB 设备的初始化;

本例系统设计所涉及的完整软件结构(含 15.5.1 小节介绍的 USB 固件设计)如表 15-25 所列,主要程序文件及功能说明如表 15-26 所列。

1. μC/OS-Ⅱ系统任务

μC/OS-Ⅱ系统建立任务,包含系统主任务、μC/GUI 图形用户接口任务、触摸屏任务、空闲任务以及统计时间运行任务,同时也是本例系统软件的主程序。

主程序集中在 main()入口函数,完成 μC/OS-Ⅱ系统初始化、硬件平台初始化、建立主任务、设置节拍计数器以及启动 μC/OS-Ⅱ系统等。

主任务由 App_TaskStart()函数启动,再调用 App_TaskCreate()建立 2 个其他任务:

- OSTaskCreateExt(AppTaskUserIF,…用户界面任务);
- OSTaskCreateExt(AppTaskKbd,…触摸驱动任务)。

表 15 - 25　系统软件结构

应用软件层			
应用程序 app. c			
系统软件层			
μC/GUI 用户应用程序 Fun. c	操作系统		中断管理系统
μC/GUI 图形系统	μC/OS-Ⅱ 系统		异常与外设中断处理模板
μC/GUI 驱动接口 lcd_ucgui. c,lcd_api. c	μC/OS-Ⅱ/Port　μC/OS-Ⅱ/CPU	μC/OS-Ⅱ/Source	stm32f10x_it. c
μC/GUI 移植部分 lcd. c			
CMSIS 层			
Cortex-M3 内核外设访问层	STM32F10x 设备外设访问层		
core_cm3. c　core_cm3. h	启动代码 (stm32f10x_startup. s)　stm32f10x. h	system_stm32f10x. c	system_stm32f10x. h
硬件抽象层			
硬件平台初始化 bsp. c			
硬件外设层			
USB HID 应用层	液晶屏接口应用配置程序		LCD 控制器驱动程序
hw_config. c、usb_desc. c、usb_endp. c 等,如表 12 - 24 所列	fsmc_sram. c		lcddrive. c
USB 库内核			
usb_core. c、USB_Init、usb_int. c、usb_regs. c 等,如表 12 - 24 所列			
其他通用模块驱动程序			
misc. c、stm32f10x_fsmc. c、stm32f10x_gpio. c、stm32f10x_rcc. c、stm32f10x_spi. c 等			

表 15 - 26　系统程序设计文件功能说明

程序文件名称	程序文件功能说明
App. c	主程序,μC/OS-Ⅱ系统建立任务,包括系统主任务、μC/GUI 图形用户接口任务、触摸屏任务等
Fun. c	μC/GUI 图形用户接口,主要创建了四个方向的功能按键,并在功能按键被按下后发送键值等
stm32f10x_it. c	μC/OS-Ⅱ系统时钟节拍中断函数 SysTickHandler、USB 高优先级中断请求处理函数 USB_HP_CAN_TX_IRQHandler() 以及 USB 低优先级中断请求处理函数 USB_LP_CAN_TX_IRQHandler()
bsp. c	硬件平台初始化程序,除了包括常用配置之外,主要实现了 USB 设备的初始化

这些任务函数都是 μC/OS-Ⅱ 系统常用的配置,在各章节 μC/OS-Ⅱ 系统设计中大多数是完全类似的,其函数实现代码基本相同,本例省略介绍。

2. 中断处理程序

中断处理程序有三个实现函数:一个是 μC/OS-II 系统时钟节拍中断处理函数 SysTickHandler(),该函数属于基本配置,本例省略介绍;另外两个分别用于处理 USB 高低优先级中断请求,本节重点介绍一下这两个中断处理函数。

● USB_HP_CAN_TX_IRQHandler()-USB 高优先级中断请求处理

该函数用于 USB 高优先级中断请求处理,如正确传输(CTR)数据处理,函数的功能代码列出如下。

```
void USB_HP_CAN_TX_IRQHandler(void)
{
    OS_CPU_SR cpu_sr;
    OS_ENTER_CRITICAL();//保存全局中断标志,关总中断
    OSIntNesting++;
    OS_EXIT_CRITICAL();//恢复全局中断标志
    CTR_HP();//调用正确传输中断服务程序
    OSIntExit();//如果有更高优先级的任务就绪了,则执行一次任务切换
}
```

从上述代码可以看到,本函数嵌套了 CTR_HP()函数,这个函数用于高优先级端点正确传输中断服务,函数代码清单列出如下。

```
void CTR_HP(void)
{
    uint32_t wEPVal = 0;
    while (((wIstr = _GetISTR()) & ISTR_CTR) != 0) {
        _SetISTR((uint16_t)CLR_CTR); /* 清 CTR 标志 */
        /* 提取最高优先级端点个数 */
        EPindex = (uint8_t)(wIstr & ISTR_EP_ID);
        /* 处理相关端点的注册 */
        wEPVal = _GetENDPOINT(EPindex);
        if ((wEPVal & EP_CTR_RX) != 0)
        {
            /* 清中断标志 */
            _ClearEP_CTR_RX(EPindex);
            /* 调用 OUT 服务功能 */
            (* pEpInt_OUT[EPindex - 1])();
        }
        else if ((wEPVal & EP_CTR_TX) != 0)
        {
            /* 清中断标志 */
            _ClearEP_CTR_TX(EPindex);
            /* 调用 IN 服务功能 */
            (* pEpInt_IN[EPindex - 1])();
```

```
        }
    }
}
```

● USB_LP_CAN_RX0_IRQHandler()-USB 低优先级中断请求处理

该函数用于 USB 低优先级中断请求处理,比如用于处理 USB 宏单元中断,函数的功能代码列出如下。

```
void USB_LP_CAN_RX0_IRQHandler(void)
{
    OS_CPU_SR cpu_sr;
    OS_ENTER_CRITICAL();//保存全局中断标志,关总中断
    OSIntNesting ++ ;
    OS_EXIT_CRITICAL();//恢复全局中断标志
    USB_Istr();//USB_Istr()函数用于处理所有的 USB 宏单元中断
    OSIntExit();//如果有更高优先级的任务就绪了,则执行一次任务切换
}
```

3. μC/GUI 图形界面程序

μC/GUI 图形界面程序设计基于 μc/GUI3.90 版本,创建了四个方向的功能按键,当某个功能按键被按下后调用 Joystick_Send()函数将键值发送出去。本例仍然分为创建对话框窗体、资源列表、对话框过程函数三大功能块介绍软件设计流程。

● 用户界面显示函数 Fun()

μC/GUI 图形界面程序的函数主要包括建立对话框窗体、按钮控件以及相关字体、背景色、前景色等参数设置。本函数利用 GUI_CreateDialogBox()函数创建对话框窗体,指定包含的资源表、资源数目以及回调函数。

```
WM_HWIN hWin;//句柄
GUI_COLOR DesktopColorOld;//颜色
const GUI_FONT * pFont = &GUI_Font32B_ASCII;//字体
void Fun(void) {
    GUI_CURSOR_Show();//打开鼠标图形显示
    WM_SetCreateFlags(WM_CF_MEMDEV); /* 自动使用存储设备 */
    DesktopColorOld = WM_SetDesktopColor(GUI_BLUE);
    /* 建立窗体,包含了资源列表,资源数目,并指定回调函数 */
    hWin = GUI_CreateDialogBox(aDialogCreate, GUI_COUNTOF(aDialogCreate),
        _cbCallback, 0, 0, 0);
    /* 设置窗体字体 */
    FRAMEWIN_SetFont(hWin, pFont);
    /* 获得按钮控件的句柄 */
    _ahButton[0] = WM_GetDialogItem(hWin, GUI_ID_BUTTON0);
    _ahButton[1] = WM_GetDialogItem(hWin, GUI_ID_BUTTON1);
    _ahButton[2] = WM_GetDialogItem(hWin, GUI_ID_BUTTON2);
```

```
    _ahButton[3] = WM_GetDialogItem(hWin, GUI_ID_BUTTON3);
//按键字体设置
BUTTON_SetFont(_ahButton[0],pFont);
BUTTON_SetFont(_ahButton[1],pFont);
BUTTON_SetFont(_ahButton[2],pFont);
BUTTON_SetFont(_ahButton[3],pFont);
//按键背景色设置
BUTTON_SetBkColor(_ahButton[0],0,GUI_GRAY);
BUTTON_SetBkColor(_ahButton[1],0,GUI_GRAY);
BUTTON_SetBkColor(_ahButton[2],0,GUI_GRAY);
BUTTON_SetBkColor(_ahButton[3],0,GUI_GRAY);
//按键前景色设置
BUTTON_SetTextColor(_ahButton[0],0,GUI_WHITE);
BUTTON_SetTextColor(_ahButton[1],0,GUI_WHITE);
BUTTON_SetTextColor(_ahButton[2],0,GUI_WHITE);
BUTTON_SetTextColor(_ahButton[3],0,GUI_WHITE);
while (1)
{
    OSTimeDlyHMSM(0, 0, 0, 10);//延时
    WM_Exec();//显示刷新
}
}
```

上述代码中的 GUI_CreateDialogBox()函数用于创建窗体,参数 aDialogCreate 定义对话框中所要包含的小工具的资源表的指针;GUI_COUNTOF(aDialogreate)定义对话框中所包含的小工具的总数;参数 _cbCallback 代表应用程序特定回调函数(对话框过程函数-窗体回调函数)的指针;紧跟其后的一个参数表示父窗口的句柄(0 表示没有父窗口),最后两个参数表示 X/Y 座标位置,即对话框相对于父窗口的 X/Y 轴位置(0,0)。

● 资源表创建

本函数定义指向了 GUI_WIDGET_CREATE_INFO 结构的指针,指定在对话框窗体中所要包括的小工具(指控件),用于建立资源表。

资源表所包括的小工具,只能从资源表项中创建,即只能够以"控件名_CreateIndirect"的方式创建。

```
/*定义窗体和按钮*/
static const GUI_WIDGET_CREATE_INFO aDialogCreate[] = {
    //建立窗体,大小是 320×240,原点在 0,0.
    { FRAMEWIN_CreateIndirect, "Mouse", 0, 0,0, 320, 240, FRAMEWIN_CF_ACTIVE },
    //建立按钮
    { BUTTON_CreateIndirect, "Left", GUI_ID_BUTTON0,23, 70, 80 , 60 },
    { BUTTON_CreateIndirect,"Right",GUI_ID_BUTTON1,205,70,80, 60 },
    { BUTTON_CreateIndirect,"Up",GUI_ID_BUTTON2,115,3,80, 60 },
```

```
    { BUTTON_CreateIndirect,"Down",GUI_ID_BUTTON3,115,135 ,80,60},
};
```

● cbCallback()函数作为起点添加动作代码

窗体回调函数_cbCallback()作为对话框过程函数的起点,初始化后,需要添加动作代码。本例创建对话框过程函数后,定义用于四个按键确认及键值发送的动作代码。

```
static void _cbCallback(WM_MESSAGE * pMsg) {
    int NCode, Id;
    switch (pMsg->MsgId) {
        case WM_NOTIFY_PARENT:
        Id = WM_GetId(pMsg->hWinSrc); /*获得窗体部件的 ID*/
        NCode = pMsg->Data.v; /*动作代码 */
        switch (NCode) {
            case WM_NOTIFICATION_RELEASED: //窗体控件动作被释放
            if (Id == GUI_ID_BUTTON0){ //LEFT 键
                Joystick_Send(LEFT);//发送左键值
            }
            else if (Id == GUI_ID_BUTTON1){//RIGHT 键
                Joystick_Send(RIGHT);//发送右键值
            }
            else if (Id == GUI_ID_BUTTON2){ //UP 键
                Joystick_Send(UP);//发送向上键值
            }
            else if (Id == GUI_ID_BUTTON3){//DOWN 键
                Joystick_Send(DOWN);//发送向下键值
            }
            break;
            default:
            break;
        }
        break;
        default:
        WM_DefaultProc(pMsg);
    }
}
```

4. 硬件平台初始化程序

硬件平台初始化程序,包括系统时钟及外设时钟初始化、中断源配置、USB 模块初始化、SPI 接口初始化及触摸屏接口初始化等常用配置。

开发板硬件的初始化通过 BSP_Init()函数调用各接口函数实现,具体实现代码如下。

```
void BSP_Init(void)
{
    RCC_Configuration();            //系统时钟初始化
    USB_Disconnect_Config();        //设置 USB 连接控制线
    NVIC_Configuration();           //中断源配置
    USB_Init();                     //USB 初始化
    tp_Config();                    //触摸电路的 SPI1 接口初始化
    FSMC_LCD_Init();                //FSMC 接口初始化
}
```

硬件平台初始化程序调用的函数基本类似于前述章节介绍,其中系统及外设时钟配置函数和中断源配置函数则与其他章节略有不同,这两个功能函数的详细实现代码如下。

● RCC_Configuration()-系统及外设时钟配置

该函数用于配置系统时钟、USB 模块的外设时钟、GPIO 端口外设时钟等,该函数的实现代码如下。

```
void RCC_Configuration(void){
    SystemInit();
    RCC_APB2PeriphClockCmd(RCC_APB2Periph_AFIO, ENABLE); //复用功能使能
    RCC_APB2PeriphClockCmd( RCC_APB2Periph_GPIOA|RCC_APB2Periph_GPIOB
                        |RCC_APB2Periph_GPIOC | RCC_APB2Periph_GPIOD |
                        RCC_APB2Periph_GPIOE, ENABLE);
    RCC_USBCLKConfig(RCC_USBCLKSource_PLLCLK_1Div5);//USB 时钟分频系数
    RCC_APB1PeriphClockCmd(RCC_APB1Periph_USB, ENABLE);//APB1 时钟使能
}
```

● NVIC_Configuration()-中断源配置

本例前述的中断处理程序中定义了两个中断请求处理函数,它们分别是 USB 高优先级中断请求处理函数和 USB 低优先级中断请求处理函数,这两个的中断源配置就是通过调用函数 NVIC_Configuration()完成配置的,该中断源配置函数的实现代码如下。

```
void NVIC_Configuration(void)
{
    NVIC_InitTypeDef NVIC_InitStructure;
    NVIC_PriorityGroupConfig(NVIC_PriorityGroup_0);
    /* USB 低优先级中断请求 */
    NVIC_InitStructure.NVIC_IRQChannel = USB_LP_CAN1_RX0_IRQn;
    NVIC_InitStructure.NVIC_IRQChannelPreemptionPriority = 1; //抢占优先级 1
    NVIC_InitStructure.NVIC_IRQChannelSubPriority = 1;     //子优先级为 1
    NVIC_InitStructure.NVIC_IRQChannelCmd = ENABLE;
    NVIC_Init(&NVIC_InitStructure);
    /* USB 高优先级中断请求 */
    NVIC_InitStructure.NVIC_IRQChannel = USB_HP_CAN1_TX_IRQn;
    NVIC_InitStructure.NVIC_IRQChannelPreemptionPriority = 1;//抢占优先级 1
    NVIC_InitStructure.NVIC_IRQChannelSubPriority = 0;     //子优先级为 0
    NVIC_InitStructure.NVIC_IRQChannelCmd = ENABLE;
```

```
    NVIC_Init(&NVIC_InitStructure);
}
```

15.6　实例总结

本章首先对 STM32 处理器的 USB 模块的功能及特点做了简单地介绍,然后列出了 USB 设备编程设计过程中所涉及的寄存器,以方便读者在日后学习中能对 USB 模块做更深入地应用。

软件设计方面则分成 USB Joystick 设备固件程序设计和 μC/OS-II 系统软件设计两大部分。μC/OS-II 系统软件设计的重点是如何在 μC/GUI 图形用户界面建立 4 个方向的功能按键,并调用键值发送函数将键值发送,当中涉及到的功能函数被全部列出,并做了详细介绍。

USB Joystick 固件设计过程,由于采用了 ST 公司官方标准 USB 库,仅在硬件配置文件 hw_config.c 及中断处理程序做少量的代码添加与修改即可。

15.7　显示效果

本实例的软件编译通过后,在 STM32 - V3 硬件开发平台(也可以用于 STM32MINI 硬件)完成下载并运行,实例演示的显示效果如图 15 - 3 所示。将硬件开发平台接入 PC 机的 USB 接口,并重启后,即可完整演示 USB Joystick 功能。

图 15 - 3　USB Joystick 实例演示效果

第 **16** 章

GPS 通信系统设计

GPS(Global Position System)即全球卫星定位系统,它是为高精度导航和定位而研制的一种无线电导航定位系统,是集无线电导航、定位和定时于一体的多功能系统。GPS 系统具有全球、全天候工作,定位精度高,功能多,应用广的特点。通过 GPS 接收模块可以实现精确地自主定位,特别适合于在船舶远洋导航、个人旅游导航及野外探险终端、汽车自主导航、工程机械控制、地面车辆跟踪和城市智能交通管理等方面应用。

本章将采用 GPS 接收模块,讲述如何在 μC/OS-II 嵌入式操作系统中通过 μC/GUI 图形用户接口显示 GPS 导航信息的应用实例。

16.1　GPS 系统应用概述

当前全球有 4 大卫星定位系统,分别是美国的全球卫星导航定位系统 GPS、俄罗斯的格罗纳斯 GLONASS 系统、欧洲在建的"伽利略"系统和我国的北斗系统。

16.1.1　GPS 系统工作原理

GPS 系统的基本原理是测量出已知位置的卫星到用户接收机之间的距离,然后综合多颗卫星的数据就可知道接收机的具体位置。要达到这一目的,需要每颗 GPS 卫星时刻发布其位置和时间数据信号的导航电文,用户接收机可以测算出每颗卫星的信号到接收机的时间延迟,根据信号传输的速度就可以计算接收机到卫星的距离。同时收集到至少 4 颗卫星数据时,就可以计算出三维坐标、速度和时间等参数。

按定位方式,GPS 定位分为单点定位和相对定位(差分定位)。单点定位就是根据一台用户接收机的观测数据来确定用户接收机所处位置的方式,它只能采用伪距观测,可用于车船等的导航定位。相对定位(差分定位)是根据两台以上用户接收机的观测数据来确定观测点之间的相对位置的方法,它既可采用伪距观测量也可采用相位观测量,大地测量或工程测量均应采用相对观测值进行相对定位。

在 GPS 观测量中包含了卫星和接收机的钟差、大气传播延迟、多路径效应等误差，在定位计算时还要受到卫星广播星历误差的影响，在进行相对定位时大部分公共误差被抵消或削弱，因此定位精度将大大提高。

16.1.2　GPS 系统构成

GPS 卫星定位系统可以向全球各地全天候地提供三维位置、三维速度等信息。它由 3 部分构成。一是地面控制部分，由主控站、地面天线、监测站及通信辅助系统组成。二是空间部分，由 24 颗卫星组成，分布在 6 个轨道平面。三是用户设备部分，由 GPS 接收机和卫星天线等组成。

（1）太空部分。

GPS 的空间部分是由 24 颗工作卫星组成，它位于距地表 20 ～200 km 的上空，均匀分布在 6 个轨道面上（每个轨道面 4 颗），轨道倾角为 55°。此外，还有 4 颗备份卫星在轨运行。这些卫星的分布状态使得在全球任何地方、任何时间都可观测到 4 颗以上的卫星。这些卫星不间断地给全球用户发送位置和时间广播数据。GPS 卫星产生两组电码，一组称为 C/A 码（Coarse/Acquisition Code，11 023 MHz），一组称为 P 码（Procise Code，10 123 MHz）。P 码因频率较高，不易受干扰，故定位精度高。C/A 码人为采取措施而刻意降低精度后，主要开放给民间使用。目前我们对 GPS 系统的应用都是在 C/A 码民用部分。

（2）地面控制部分。

地面控制部分主要由主控站，监测站和地面控制站组成。监测站均配装有精密的铯钟和能够连续测量到所有可见卫星的信号接收机。监测站将取得的卫星观测数据，包括电离层和气象数据，经过初步处理后，传送到主控站。主控站从各监测站收集跟踪数据，计算出卫星的轨道和时钟参数，然后将结果送到 3 个地面控制站。地面控制站在每颗卫星运行至上空时，把这些导航数据及主控站指令注入到卫星。这种注入对每颗 GPS 卫星每天一次，并在卫星离开注入站作用范围之前进行最后的注入。如果某地面站发生故障，那么在卫星中预存的导航信息还可用一段时间，但导航精度会逐渐降低。

（3）用户设备部分。

用户设备部分由 GPS 信号接收机、数据处理软件及相应的用户设备组成。其主要功能是能够捕获到卫星所发出的信号，并利用这些信号进行导航定位等工作。当接收机捕获到跟踪的卫星信号后，即可测量出接收天线至卫星的伪距离和距离的变化率，解调出卫星轨道参数等数据。根据这些数据，接收机中的微处理计算机就可按定位解算方法进行定位计算，计算出用户所在地理位置的经纬度、高度、速度、时间等信息。

16.1.3　GPS 模块输出信号分析

本例采用了 SiRF 公司的 Star－III 模块，该模块的输出信号是根据 NMEA（National Marine Electronics Association)0183 格式标准输出的。输出信息主要包括位置测定系统定位资料 GPGGA,偏差信息和卫星状态 GPGSA,导航系统卫星相关资料 GPGSV,最起码的 GNSS 信息 GPRMC 等部分。下面将主要对这些例句信息进行分析。

(1) GGA 位置测定系统定位资料。

定位后的卫星定位信息(Global Positioning System Fix Data)卫星时间、位置、和相关信息。

信息示例:

$GPGGA,063740.998,2234.2551,N,11408.0339,E,1,08,00.9,00053.1,M,−2.1,M,,*7B

$GPGGA,161229.487,3723.2475,N,12158.3416,W,1,07,1.0,9.0,M, , , ,0000 * 18

GPGGA 信息说明如表 16-1 所列。

表 16-1　GPGGA 信息说明

名　称	数　值	单　位	说　明
信息代码	$GPGGA		GGA 信息标准码
格林威治时间	063740.998		时时分分秒秒.秒秒秒
纬度	2234.2551		度度分分.秒秒秒秒
南/北极	N		N:北极。S:南极
经度	11408.0339		度度度分分.秒秒秒秒
东/西经	E		E:东半球。W 西半球
定位代码	1		1 表示定位代码是有效的
使用中的卫星数	08		
水平稀释精度	00.9		0.5～99.9 m
海拔高度	00053.1	米	
单位	M	米	
偏差修正使用区间	−2.1	米	
单位	M	米	
校验码	*7B		

(2) GSA 方向及速度(Course Over Ground and Ground Speed)。

信息示例:

$GPGSA,A,3,06,16,14,22,25,01,30,20,,,,,01.6,00.9,01.3 * 0D

$GPGSA,A,3,07,02,26,27,09,04,15, , , , , ,1.8,1.0,1.5 * 33

GPGSA 信息说明如表 16-2 所列。

(3) GSV 导航系统卫星相关资料。

GNSS 天空范围内的卫星(GNSS Satellites in View)即可见卫星数、伪码乱码数值、卫星仰角等)。

表 16 - 2　GPGSA 信息说明

名　称	数　值	单　位	说　明
信息代码	$ GPGSA		GSA 信息标准码
自动/手动选择 2 维/3 维形式	A		MM=手动选择;A=自动控制
可用的模式	3		2=2 维模式;3=3 维模式
接收到信号的卫星编号	06,16,14,22,25,01,30,20		收到信号的卫星的编号
位置精度稀释	01.6		
水平精度稀释	00.9		
垂直精度稀释	01.3		
校验码	* 0D		

信息示例:

$ GPGSV,2,1,08,06,26,075,44,16,50,227,47,14,57,097,44,22,17,169,41 * 70

$ GPGSV,2,1,07,07,79,048,42,02,51,062,43,26,36,256,42,27,27,138,42 * 71

GPGSV 信息说明如表 16 - 3 所列。

表 16 - 3　GPGSV 信息说明

名　称	数　值	单　位	说　明
信息代码	$ GPGSV		GSV 信息标准码
GPGSV 信息被分割的数目	2		信息被分割成 2 部分
信息被分割后的序号	1		1
接收到的卫星数目	08		1
卫星的编号	06、16、14、22		卫星编号分别是 6、16、14、22,下面的信息也是以列的形式对应
卫星的仰角	26、50、57、17	度	正上方 90 度,范围 0~90 度
卫星的方位角	075、227、097、169	度	正北方是 0 度,范围 0~360 度
信号强度	44、47、44、41	dB	范围 0~99,如果输出 null 表示未用
校验码	* 70		

（4）RMC 最起码的 GNSS 信息（Recommended Minimum Specific GNSS Data）。主要是卫星的时间、位置方位、速度等。

信息示例:

　$ GPRMC,063740.998,A,2234.2551,N,11408.0339,E,000.0,276.0,150805,002.1,W * 7C

　$ GPRMC,161229.487,A,3723.2475,N,12158.3416,W,0.13,309.62,120598,,* 10

GPRMC 信息说明如表 16 - 4 所列。

表 16 - 4   GPRMC 信息说明

名　称	数　值	单　位	说　明
信息代码	$ GPRMC		RMC 信息起始码
格林威治时间/标准定位时间 UTC	063741.998		时时分分秒.秒秒秒
状态	A		A=信息有效;V=信息无效
纬度	2234.2551		度度秒秒.秒秒秒秒
南/北维	N		N=北纬;S=南纬
经度	11408.0338		度度度秒秒.秒秒秒秒
东/西经	E		E=东经;W=西经
对地速度	000.0		
对地方向	276.0		
日期	150805		日日月月年年
磁极变量	002.1		
度数			
检验码	W * 7C		

（5）经、纬度的地理位置（GLL）。

主要包括的经纬度的地理位置信息。

信息示例：

$ GPGLL,3723.2475,N,12158.3416,W,161229.487,A * 2C

GPGLL 信息说明如表 16 - 5 所列。

表 16 - 5   GPGLL 信息说明

名　称	数　值	单　位	说　明
信息代码	$ GPGLL		GLL 信息起始码
纬度	3723.2475		度度分分.分分分分
北半球或南半球指示器	N		北半球(N)或南半球(S)
经度	12158.3416		度度度分分.分分分分
东半球或西半球	W		东半球(E)或西半球(W)
标准定准时间	161229.487		时时分分秒秒
状态	A		A=状态可用;V=状态不可用

16. 2 STM32 处理器 USART 接口概述

STM32 处理器 USART 接口是一个全双工通用同步/异步串行收发器（Universal Synchronous/Asynchronous Receiver/Transmitter），该接口是一个高度灵活的串行通信设备，在 STM32F103 处理器则配置了两个这样的 USART 接口，该接口的主要特性如下。

- 全双工的,异步通信。
- NRZ 标准格式。
- 分数波特率发生器系统。
  - ——发送和接收共用的可编程波特率,最高达 4.5 Mbps;
- 可编程数据字长度(8 位或 9 位)。
- 可配置的停止位——支持 1 或 2 个停止位。
- LIN(局域互联网)主发送同步断开符的能力以及 LIN 从检测断开符的能力。
  - ——当 USART 硬件配置成 LIN 时,生成 13 位断开符;检测 10/11 位断开符。
- 发送方为同步传输提供时钟。
- IrDA SIR 编码器解码器。
- 智能卡模拟功能。
  - ——智能卡接口支持 ISO7816 - 3 标准里定义的异步智能卡协议;
  - ——智能卡用到的 0.5 和 1.5 个停止位。
- 单线半双工通信。
- 可配置的使用 DMA 的多缓冲器通信。
  - ——在 SRAM 里利用集中式 DMA 缓冲接收/发送字节。
- 单独的发送器和接收器使能位。
- 检测标志。
  - ——接收缓冲器满;
  - ——发送缓冲器空;
  - ——传输结束标志。
- 校验控制。
  - ——发送校验位;
  - ——对接收数据进行校验。
- 4 个错误检测标志。
  - ——溢出错误;
  - ——噪音错误;
  - ——帧错误;
  - ——校验错误。
- 10 个带标志的中断源。
  - ——CTS 改变;
  - ——LIN 断开符检测;
  - ——发送数据寄存器空;
  - ——发送完成;
  - ——接收数据寄存器满;
  - ——检测到总线为空闲;
  - ——溢出错误;

——帧错误；

——噪音错误；

——校验错误。

● 多处理器通信——如果地址不匹配,则进入静默模式。

● 从静默模式中唤醒(通过空闲总线检测或地址标志检测)。

● 两种唤醒接收器的方式:地址位(MSB,第 9 位),总线空闲。

STM32 处理器的 USART 接口过 3 个引脚与其他设备连接在一起(如图 16-1 所示,USART 接口的功能框图所示)。任何 USART 接口双向通信至少需要两个脚。

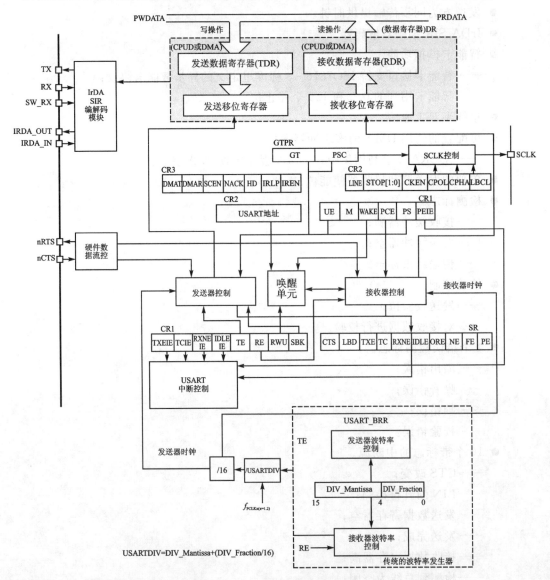

图 16-1 USART 接口功能框图

● 接收数据输入(RX)。

接收数据串行输入,通过过采样技术来区别数据和噪音,从而恢复数据。

● 发送数据输出(TX)。

发送数据串行输出。当发送器被禁止时,输出引脚恢复到它的 I/O 端口配置。当发送器被激活,并且不发送数据时,TX 引脚处于高电平。在单线和智能卡模式里,此 I/O 口被同时用于数据的发送和接收。

16.2.1　STM32 处理器 USART 接口寄存器

STM32 处理器 USART 接口相关寄存器可以用半字(16 位)或字(32 位)的方式操作,相关寄存器及位功能分别如表 16-6～表 16-19 所列。

1. USART 状态寄存器(USART_SR)

地址偏移:0x00。复位值:0x00C0。

表 16-6　USART 状态寄存器

31	30	29	28	27	26	25	24	23	22	21	20	19	18	17	16

15	14	13	12	11	10	9	8	7	6	5	4	3	2	1	0
						CTS	LBD	TXE	TC	RXNE	IDLE	ORE	NE	FE	PE
						rc,w0	rc,w0	r	rc,w0	rc,w0	r	r	r	r	r

表 16-7　USART 状态寄存器位功能

位	功能定义
31:10	保留位,硬件强制为 0
9	CTS:CTS 标志 如果设置了 CTSE 位,当 nCTS 输入变化状态时,该位被硬件置高。由软件将其清零。如果 USART_CR3 中的 CTSIE 为'1',则产生中断。 0:nCTS 状态线上没有变化; 1:nCTS 状态线上发生变化。 注:UART4 和 UART5 上不存在这一位
8	LBD:LIN 断开检测标志 当探测到 LIN 断开时,该位由硬件置'1',由软件清'0'(向该位写 0)。如果 USART_CR3 中的 LBDIE = 1,则产生中断。 0:没有检测到 LIN 断开; 1:检测到 LIN 断开。 注意:若 LBDIE=1,当 LBD 为'1'时要产生中断

位	功能定义
7	TXE:发送数据寄存器空 当 TDR 寄存器中的数据被硬件转移到移位寄存器的时候,该位被硬件置位。如果 USART_CR1 寄存器中的 TXEIE 为 1,则产生中断。对 USART_DR 的写操作,将该位清零。 0:数据还没有被转移到移位寄存器; 1:数据已经被转移到移位寄存器。 注意:单缓冲器传输中使用该位
6	TC:发送完成 当包含有数据的一帧发送完成后,并且 TXE＝1 时,由硬件将该位置'1'。如果 USART_CR1 中的 TCIE 为'1',则产生中断。由软件序列清除该位(先读 USART_SR,然后写入 USART_DR)。TC 位也可以通过写入'0'来清除,只有在多缓存通信中才推荐这种清除程序。 0:发送还未完成; 1:发送完成
5	RXNE:读数据寄存器非空 当 RDR 移位寄存器中的数据被转移到 USART_DR 寄存器中,该位被硬件置位。如果 USART_CR1 寄存器中的 RXNEIE 为 1,则产生中断。对 USART_DR 的读操作可以将该位清零。RXNE 位也可以通过写入 0 来清除,只有在多缓存通信中才推荐这种清除程序。 0:数据没有收到; 1:收到数据,可以读出
4	IDLE:监测到线路空闲 当检测到线路空闲时,该位被硬件置位。如果 USART_CR1 中的 IDLEIE 为'1',则产生中断。由软件序列清除该位(先读 USART_SR,然后读 USART_DR)。 0:没有检测到线路空闲; 1:检测到线路空闲。 注意:IDLE 位不会再次被置置高直到 RXNE 位被置起(即又检测到一次线路空闲)
3	ORE:过载(溢出)错误 当 RXNE 仍然是'1'的时候,当前被接收在移位寄存器中的数据,需要传送至 RDR 寄存器时,硬件将该位置位。如果 USART_CR1 中的 RXNEIE 为'1'的话,则产生中断。由软件序列将其清零(先读 USART_SR,然后读 USART_CR)。 0:没有过载错误; 1:检测到过载错误。 注意:该位被置位时,RDR 寄存器中的值不会丢失,但是移位寄存器中的数据会被覆盖。如果设置了 EIE 位,在多缓冲器通信模式下,ORE 标志置位会产生中断的
2	NE:噪声错误标志 在接收到的帧检测到噪音时,由硬件对该位置位。由软件序列对其清玲(先读 USART_SR,再读 USART_DR)。 0:没有检测到噪声; 1:检测到噪声。 注意:该位不会产生中断,因为它和 RXNE 一起出现,硬件会在设置 RXNE 标志时产生中断。在多缓冲区通信模式下,如果设置了 EIE 位,则设置 NE 标志时会产生中断

位	功能定义
1	FE:帧错误 当检测到同步错位、过多的噪声或者断开符时,该位被硬件置位。由软件序列将其清零(先读 USART_SR,再读 USART_DR)。 0:没有检测到帧错误; 1:检测到帧错误或者 break 符。 注意:该位不会产生中断,因为它和 RXNE 一起出现,硬件会在设置 RXNE 标志时产生中断。如果当前传输的数据既产生了帧错误,又产生了过载错误,硬件还是会继续该数据的传输,并且只设置 ORE 标志位。在多缓冲区通信模式下,如果设置了 EIE 位,则设置 FE 标志时会产生中断
0	PE:校验位错误 在接收模式下,如果出现奇偶校验错误,硬件对该位置位。由软件序列对其清零(依次读 US-ART_SR 和 USART_DR)。在清除 PE 位前,软件必须等待 RXNE 标志位被置'1'。如果 USART_CR1 中的 PEIE 为'1',则产生中断。 0:没有奇偶校验错误; 1:奇偶校验错误

2. USART 数据寄存器(USART_DR)

地址偏移:0x04。复位值:不确定。

表 16 - 8　USART 数据寄存器

31	30	29	28	27	26	25	24	23	22	21	20	19	18	17	16

15	14	13	12	11	10	9	8	7	6	5	4	3	2	1	0
							\multicolumn{9}{c}{DR[8:0]}								
							rw	rw	rw	rw	rw	rw	rw	rw	rw

表 16 - 9　USART 数据寄存器位功能

位	功能定义
31:9	保留位,硬件强制为 0
8:0	DR[8:0]:数据值 包含了发送或接收的数据。由于它是由两个寄存器组成的,一个给发送用(TDR),一个给接收用(RDR),该寄存器兼具读和写的功能。 当使能校验位(USART_CR1 中 PCE 位被置位)进行发送时,写到 MSB 的值(根据数据的长度不同,MSB 是第 7 或者第 8 位)会被后来的校验位该取代;当使能校验位进行接收时,读到的 MSB 位是接收到的校验位

3. USART 波特率寄存器(USART_BRR)

地址偏移:0x08。复位值:0x0000。

表 16 - 10　　USART 波特率寄存器

31	30	29	28	27	26	25	24	23	22	21	20	19	18	17	16

15	14	13	12	11	10	9	8	7	6	5	4	3	2	1	0
DIV_Mantissa[11:0]												DIV_Fraction[3:0]			
rw	rw	rw	rw	rw	rw	rw	rw	rw	rw	rw	rw	rw	rw	rw	rw

表 16 - 11　　USART 波特率寄存器位功能

位	功能定义
31:16	保留位,硬件强制为 0
15:4	DIV_Mantissa[11:0]:USARTDIV 的整数部分 这 12 位定义了 USART 分频器除法因子(USARTDIV)的整数部分
3:0	DIV_Fraction[3:0]:USARTDIV 的小数部分 这 4 位定义了 USART 分频器除法因子(USARTDIV)的小数部分

4. USART 控制寄存器 1(USART_CR1)

地址偏移:0x0C。复位值:0x0000。

表 16 - 12　　USART 控制寄存器 1

31	30	29	28	27	26	25	24	23	22	21	20	19	18	17	16

15	14	13	12	11	10	9	8	7	6	5	4	3	2	1	0
		UE	M	WAKE	PCE	PS	PEIE	TXEIE	TCIE	RXNEIE	IDLEIE	TE	RE	RWU	SBK
		rw	rw	rw	rw	rw	rw	rw	rw	rw	rw	rw	rw	rw	rw

表 16 - 13　　USART 控制寄存器 1 位功能

位	功能定义
31:14	保留位,硬件强制为 0
13	UE:USART 使能 当该位被清零,在当前字节传输完成后 USART 的分频器和输出停止工作,以减少功耗。该位由软件设置和清零。 0:USART 分频器和输出被禁止;　　1:USART 模块使能
12	M:字长 该位定义了数据字的长度,由软件对其设置和清零。 0:一个起始位,8 个数据位,n 个停止位;　　1:一个起始位,9 个数据位,n 个停止位。 注意:在数据传输过程中(发送或者接收时),不能修改这个位
11	WAKE:唤醒方法 这位决定了把 USART 唤醒的方法,由软件对该位设置和清零。 0:被空闲总线唤醒;　　1:被地址标记唤醒

位	功能定义
10	PCE:校验控制使能 用该位选择是否进行硬件校验控制(对于发送来说就是校验位的产生;对于接收来说就是校验位的检测)。当使能了该位,在发送数据的最高位(如果 M＝1,最高位就是第 9 位;如果 M＝0,最高位就是第 8 位)插入校验位;对接收到的数据检查其校验位。软件对它置'1'或清'0'。一旦设置了该位,当前字节传输完成后,校验控制才生效。 0:禁止校验控制;　　1:使能校验控制
9	PS:校验选择 当校验控制使能后,该位用来选择是采用偶校验还是奇校验。软件对它置'1'或清'0'当前字节传输完成后,该选择生效。 0:偶校验;　　1:奇校验
8	PEIE:PE 中断使能 该位由软件设置或清除。 0:禁止产生中断;　　1:当 USART_SR 中的 PE 为'1'时,产生 USART 中断
7	TXEIE:发送缓冲区空中断使能 该位由软件设置或清除。 0:禁止产生中断;　　1:当 USART_SR 中的 TXE 为'1'时,产生 USART 中断
6	TCIE:发送完成中断使能 该位由软件设置或清除。 0:禁止产生中断;　　1:当 USART_SR 中的 TC 为'1'时,产生 USART 中断
5	RXNEIE:接收缓冲区非空中断使能 该位由软件设置或清除。 0:禁止产生中断;　　1:当 USART_SR 中的 ORE 或者 RXNE 为'1'时,产生 USART 中断
4	IDLEIE:IDLE 中断使能 该位由软件设置或清除。 0:禁止产生中断;　　1:当 USART_SR 中的 IDLE 为'1'时,产生 USART 中断
3	TE:发送器使能 该位使能发送器。该位由软件设置或清除。 0:禁止发送;　　1:使能发送。 注意:1. 在数据传输过程中,除了在智能卡模式下,如果 TE 位上有个 0 脉冲(即设置为'0'之后再设置为'1'),会在当前数据字传输完成后,发送一个"前导符"(线路空闲)。 2. 当 TE 被设置后,在真正发送开始之前,有一个比特时间的延迟
2	RE:接收器使能 该位由软件设置或清除。 0:禁止接收;　　1:使能接收,并开始检索 RX 引脚上的起始位

续表 16 - 13

位	功能定义
1	RWU:接收器唤醒 该位用来决定是否把 USART 置于静默模式。该位由软件设置或清除。当唤醒序列到来时,硬件也会将其清零 0:接收器处于正常工作模式;　　1:接收器处于静默模式。 注意:1. 在把 USART 置于静默模式(设置 RWU 位)之前,USART 要已经先接收了一个数据字节。否则在静默模式下,不能被空闲总线检测唤醒。 2. 当配置成地址标记检测唤醒(WAKE 位=1),在 RXNE 位被置位时,不能用软件修改 RWU 位
0	SBK:发送断开帧 使用该位来发送断开字符。该位可以由软件设置或清除。操作过程应该是软件设置位它,然后在断开帧的停止位时,由硬件将该位复位。 0:没有发送断开字符;　　1:将要发送断开字符

5. USART 控制寄存器 2(USART_CR2)

地址偏移:0x10。复位值:0x0000。

表 16 - 14　　USART 控制寄存器 2

31	30	29	28	27	26	25	24	23	22	21	20	19	18	17	16

15	14	13	12	11	10	9	8	7	6	5	4	3	2	1	0
	LINEN	STOP[1:0]		CLKEN	CPOL	CPHA	LBCL		LBDIE	LBDI		ADD[3:0]			
	rw	rw	rw	rw	rw	rw	rw		rw	rw		rw	rw	rw	rw

表 16 - 15　　USART 控制寄存器 2 位功能

位	功能定义
31:15	保留位,硬件强制为 0
14	LINEN:LIN 模式使能 该位由软件设置或清除。 0:禁止 LIN 模式;　　1:使能 LIN 模式。 在 LIN 模式下,可以用 USART_CR1 寄存器中的 SBK 位发送 LIN 同步断开符(低 13 位),以及检测 LIN 同步断开符
13:12	STOP:停止位 这 2 位用来设置停止位的位数。 00:1 个停止位;　　01:0.5 个停止位;　　10:2 个停止位;　　11:1.5 个停止位; 注:UART4 和 UART5 不能用 0.5 停止位和 1.5 停止位
11	CLKEN:时钟使能 该位用来使能 CK 引脚。 0:禁止 CK 引脚;　　1:使能 CK 引脚。 注:UART4 和 UART5(对应处理器如果有的话)上不存在这一位

位	功能定义
10	CPOL:时钟极性 在同步模式下,可以用该位选择 SLCK 引脚上时钟输出的极性。和 CPHA 位一起配合来产生需要的时钟/数据的采样关系。 0:非传输窗口时 CK 引脚上保持低电平;　　　　1:非传输窗口时 CK 引脚上保持高电平。 注:UART4 和 UART5 上不存在这一位
9	CPHA:时钟相位 在同步模式下,可以用该位选择 SLCK 引脚上时钟输出的相位。 0:在时钟的第一个边沿进行数据捕获;　　　　1:在时钟的第二个边沿进行数据捕获。 注:UART4 和 UART5 上不存在这一位
8	LBCL:最后一位时钟脉冲 在同步模式下,使用该位来控制是否在 CK 引脚上输出最后发送的那个数据字节(MSB)对应的时钟脉冲。 0:最后一位数据的时钟脉冲不从 CK 输出;　　　　1:最后一位数据的时钟脉冲会从 CK 输出。 注意: 1.最后一个数据位就是第 8 或者第 9 个发送的位(根据 USART_CR1 寄存器中的 M 位所定义的 8 或者 9 位数据帧格式)。 2.UART4 和 UART5 上不存在这一位
7	保留位,硬件强制为 0
6	LBDIE:LIN 断开符检测中断使能 断开符中断屏蔽(使用断开分隔符来检测断开符)。 0:禁止中断;　　　　1:只要 USART_SR 寄存器中的 LBD 为'1'就产生中断
5	LBDL:LIN 断开符检测长度 该位用来选择是 11 位还是 10 位的断开符检测。 0:10 位的断开符检测;　　　　1:11 位的断开符检测
4	保留位,硬件强制为 0
3:0	ADD[3:0]:本设备的 USART 节点地址 该位域给出本设备 USART 节点的地址。 这是在多处理器通信下的静默模式中使用的,使用地址标记来唤醒某个 USART 设备

6. USART 控制寄存器 3(USART_CR3)

地址偏移:0x14。复位值:0x0000。

表 16 − 16　USART 控制寄存器 3

31	30	29	28	27	26	25	24	23	22	21	20	19	18	17	16

15	14	13	12	11	10	9	8	7	6	5	4	3	2	1	0
					CTSIE	CTSE	RTSE	DMAT	DMAR	SCEN	NACK	HDSEL	IRLP	IREN	EIE
					rw	rw	rw	rw	rw	rw	rw	rw	rw	rw	rw

表 16 - 17　USART 控制寄存器 3 位功能

位	功能定义
31:11	保留位,硬件强制为 0
10	CTSIE:CTS 中断使能 0:禁止中断;　　1:USART_SR 寄存器中的 CTS 为'1'时产生中断。 注:UART4 和 UART5(如果某些型号处理器有的话)上不存在这一位
9	CTSE:CTS 使能 0:禁止 CTS 硬件流控制; 1:CTS 模式使能,只有 nCTS 输入信号有效(拉成低电平)时才能发送数据。如果在数据传输的过程中,nCTS 信号变成无效,那么发完这个数据后,传输就停止下来。如果当 nCTS 为无效时,往数据寄存器里写数据,则要等到 nCTS 有效时才会发送这个数据。 注:UART4 和 UART5 上不存在这一位
8	RTSE:RTS 使能 0:禁止 RTS 硬件流控制; 1:RTS 中断使能,只有接收缓冲区内有空余的空间时才请求下一个数据。当前数据发送完成后,发送操作就需要暂停下来。如果可以接收数据了,将 nRTS 输出置为有效(拉至低电平)。 注:UART4 和 UART5 上不存在这一位
7	DMAT:DMA 使能发送 该位由软件设置或清除。 0:禁止发送时的 DMA 模式。　　1:使能发送时的 DMA 模式; 注:UART4 和 UART5 上不存在这一位
6	DMAR:DMA 使能接收 该位由软件设置或清除。 0:禁止接收时的 DMA 模式。　　1:使能接收时的 DMA 模式; 注:UART4 和 UART5 上不存在这一位
5	SCEN:智能卡模式使能 该位用来使能智能卡模式 0:禁止智能卡模式;　　1:使能智能卡模式。 注:UART4 和 UART5 上不存在这一位
4	NACK:智能卡 NACK 使能 0:校验错误出现时,不发送 NACK;　　1:校验错误出现时,发送 NACK。 注:UART4 和 UART5 上不存在这一位
3	HDSEL:半双工选择 选择单线半双工模式 0:不选择半双工模式;　　1:选择半双工模式
2	IRLP:红外低功耗 该位用来选择普通模式还是低功耗红外模式。 0:通常模式;　　1:低功耗模式
1	IREN:红外模式使能 该位由软件设置或清除。 0:禁止红外模式;　　1:使能红外模式

续表 16 - 17

位	功能定义
0	EIE:错误中断使能 在多缓冲区通信模式下,当有帧错误、过载或者噪声错误时(USART_SR 中的 FE＝1,或者 ORE＝1,或者 NE＝1)产生中断。 0:禁止中断;　　　1:只要 USART_CR3 中的 DMAR＝1,并且 USART_SR 中的 FE＝1,或者 ORE＝1,或者 NE＝1,则产生中断

7. USART 保护时间和预分频寄存器(USART_GTPR)

地址偏移:0x18。复位值:0x0000。

表 16 - 18　USART 保护时间和预分频寄存器

31	30	29	28	27	26	25	24	23	22	21	20	19	18	17	16

15	14	13	12	11	10	9	8	7	6	5	4	3	2	1	0
GT[7:0]								PSC[7:0]							
rw	rw	rw	rw	rw	rw	rw	rw	rw	rw	rw	rw	rw	rw	rw	rw

表 16 - 19　USART 保护时间和预分频寄存器位功能

位	功能定义
31:16	保留位,硬件强制为 0
15:8	GT[7:0]:保护时间值 该位域规定了以波特时钟为单位的保护时间。在智能卡模式下,需要这个功能。当保护时间过去后,才会设置发送完成标志。 注:UART4 和 UART5 上不存在这一位
7:0	PSC[7:0]:预分频器值 - 在红外(IrDA)低功耗模式下: PSC[7:0]＝红外低功耗波特率 对系统时钟分频以获得低功耗模式下的频率: 时钟源被寄存器中的值(仅 8 位有效值)分频 00000000:保留-不要写入该值; 00000001:对时钟源 1 分频; 00000010:对时钟源 2 分频; …… - 在红外(IrDA)的正常模式下:PSC 只能设置为 00000001 - 在智能卡模式下: PSC[4:0]:预分频值 对系统时钟进行分频,给智能卡提供时钟。 寄存器中给出的值(低 5 位有效)乘以 2 后,作为对时钟的分频因子 00000:保留-不要写入该值;源 00001:对时钟源进行 2 分频;

续表 16 - 19

位	功能定义
7:0	00010:对时钟源进行 4 分频; 00011:对时钟源进行 6 分频; …… 注意: 1.位[7:5]在智能卡模式下没有意义; 2.UART4 和 UART5 上不存在这一位

16.2.2　USART 接口相关库函数功能详解

　　USART 接口相关库函数由一组 API(application programming interface,应用编程接口)驱动函数组成,这组函数覆盖了该接口(含 LIN、智能卡及 IrDA 等兼容接口)所有功能。本小节将针对性地将各功能函数详细说明如表 16 - 20~表 16 - 69 所列。

1. 函数 USART_DeInit

表 16 - 20　函数 USART_DeInit

函数名	USART_DeInit
函数原形	void USART_DeInit(USART_TypeDef * USARTx)
功能描述	将指定 USART 或 UART 外设寄存器重设为默认值
输入参数	USARTx:x 可以是指 USART1、USART2、USART3 或是 UART4、UART5,用于选择 USART 或 UART 外设。 注:本书配套开发板使用的处理器仅有 USART1 和 USART2,部分 STM32F1 型号有 UART4 和 UART5
输出参数	无
返回值	无
先决条件	无
被调用函数	对于 USART1 调用 RCC_APB2PeriphResetCmd()函数; 其他的 USART 外设则调用函数 RCC_APB1PeriphResetCmd()

2. 函数 USART_Init

表 16 - 21　函数 USART_Init

函数名	USART_Init
函数原形	void USART_Init(USART_TypeDef * USARTx, USART_InitTypeDef * USART_InitStruct)
功能描述	根据 USART_InitStruct 指定的参数初始化某个 USART 外设。需配置 USART_CR1、USART_CR2、USART_CR3、USART_BRR 等寄存器

函数名	USART_Init
输入参数 1	USARTx:x 可以是指 USART1、USART2、USART3 或是 UART4、UART5,用于选择 US-ART 或 UART 外设
输入参数 2	USART_InitStruct :指向结构 USART_InitTypeDef 的指针,包含了 USART 外设的配置信息。这些参数与取值范围详见下表 16 - 22~表 16 - 27
输出参数	无
返回值	无
先决条件	无
被调用函数	无

表 16 - 22　USART_BaudRate 定义

USART_BaudRate	描　述
分频器因子(USARTDIV)整数部分取值	对应 USART_BRR 寄存器位[15:4]
分频器因子(USARTDIV)小数部分取值	对应 USART_BRR 寄存器位[3:0]

表 16 - 23　USART_WordLength 定义

USART_WordLength	描　述
USART_WordLength_8b	指定发送/接收时每帧数据长度为 8 位
USART_WordLength_9b	指定发送/接收时每帧数据长度为 9 位

表 16 - 24　USART_StopBits 定义

USART_StopBits	描　述
USART_StopBits_1	指定传输 1 个停止位
USART_StopBits_0.5	指定传输 0.5 个停止位
USART_StopBits_2	指定传输 2 个停止位
USART_StopBits_1.5	指定传输 1.5 个停止位

表 16 - 25　USART_Parity 定义

USART_Parity	描　述
USART_Parity_No	指定校验模式为无校验
USART_Parity_Even	指定校验模式为偶校验
USART_Parity_Odd	指定校验模式为奇校验

表 16 - 26　USART_Mode 定义

USART_Mode	描　述
USART_Mode_Tx	用于使能或禁止发送或接收模式,该值使能发送器(对应 USART_SR 寄存器位 TE 置 1)
USART_Mode_Rx	用于使能或禁止发送或接收模式,该值使能接收器(对应 USART_SR 寄存器位 RE 置 1)

表 16 - 27 USART_HardwareFlowControl 定义

USART_HardwareFlowControl	描　述
USART_HardwareFlowControl_None	无硬件流控制
USART_HardwareFlowControl_RTS	RTS 使能
USART_HardwareFlowControl_CTS	CTS 使能
USART_HardwareFlowControl_RTS_CT S	RTS 和 CTS 使能

3. 函数 USART_StructInit

表 16 - 28 函数 USART_StructInit

函数名	USART_StructInit
函数原形	void USART_StructInit(USART_InitTypeDef * USART_InitStruct)
功能描述	将 USART_InitStruct 中的每一个参数按默认值初始化
输入参数	USART_InitStruct :指向结构体 USART_InitTypeDef 的指针,待初始化的默认值如表 16 - 29 所列
输出参数	无
返回值	无
先决条件	无
被调用函数	无

表 16 - 29 USART_InitStruct 参数默认值

成　员	默认值
USART_BaudRate	9600
USART_WordLength	USART_WordLength_8b
USART_StopBits	USART_StopBits_1
USART_Parity	USART_Parity_No
USART_HardwareFlowControl	USART_HardwareFlowControl_None
USART_Mode	USART_Mode_Rx | USART_Mode_Tx
USART_HardwareFlowControl	USART_HardwareFlowControl_None

4. 函数 USART_ClockInit

表 16 - 30 函数 USART_ClockInit

函数名	USART_ClockInit
函数原形	void USART_ClockInit(USART_TypeDef * USARTx, USART_ClockInitTypeDef * USART_ClockInitStruct)
功能描述	根据 USART_ClockInitStruct 中的指定参数初始化 USART 外设时钟。需配置 USART _CR2 寄存器
输入参数 1	USARTx:x 可以是指 USART1、USART2、USART3 或是 UART4、UART5,用于选择 USART 或 UART 外设。 注意:智能卡和同步模式不可用于 USART4 和 USART5(如果有这些外设的话)

续表 16 - 30

函数名	USART_ClockInit
输入参数 2	USART_ ClockInitStruct：指向结构体 USART_ClockInitTypeDef 的指针，包含了指定 USART 外设的配置信息。这些参数与取值范围详见表 16-31～表 16-34
输出参数	无
返回值	无
先决条件	无
被调用函数	无

表 16 - 31　USART_CLOCK 定义

USART_CLOCK	描　述
USART_Clock_Enable	时钟禁止，即对 USART_CR2 寄存器 CLKEN 位置 0
USART_Clock_Disable	时钟使能，即对 USART_CR2 寄存器 CLKEN 位置 1

表 16 - 32　USART_CPOL 定义

USART_CPOL	描　述
USART_CPOL_High	指定时钟极性，线路空闲时 CK 引脚上保持高电平。即对 USART_CR2 寄存器 CPOL 位置 1
USART_CPOL_Low	指定时钟极性，线路空闲时 CK 引脚上保持低电平。即对 USART_CR2 寄存器 CPOL 位置 0

表 16 - 33　USART_CPHA 定义

USART_CPHA	描　述
USART_CPHA_1Edge	指定时钟相位，与 USART_CR2 寄存器 CPOL 位一起配合来产生需要的时钟/数据的采样关系，取该值时则在时钟第一个边沿进行数据捕获。即对 USART_CR2 寄存器 CPHA 位置 0
USART_CPHA_2Edge	指定时钟相位，与 USART_CR2 寄存器 CPOL 位一起配合来产生需要的时钟/数据的采样关系，取该值时则在时钟第二个边沿进行数据捕获。即对 USART_CR2 寄存器 CPHA 位置 1

表 16 - 34　USART_LastBit 定义

USART_LastBit	描　述
USART_LastBit_Disable	指定最后一位数据的时钟脉冲不从 CK 输出，即对 USART_CR2 寄存器 LBCL 位置 0
USART_LastBit_Enable	指定最后一位数据的时钟脉冲从 CK 输出，即对 USART_CR2 寄存器 LBCL 位置 1

5. 函数 USART_ClockStructInit

表 16 – 35　函数 USART_ClockStructInit

函数名	USART_ClockStructInit
函数原形	void USART_ClockStructInit(USART_ClockInitTypeDef * USART_ClockInitStruct)
功能描述	将 USART_ClockInitStruct 中的每一个参数设置默认值,即初始化 USART_CR2 寄存器对应位
输入参数	USART_ ClockInitStruct:指向结构体 USART_ClockInitTypeDef 的指针,参数默认值如表 16 – 36 所列
输出参数	无
返回值	无
先决条件	无
被调用函数	无

表 16 – 36　USART_ClockInitStruct 参数默认值

成　员	默认值
USART_Clock	USART_Clock_Disable
USART_CPOL	USART_CPOL_Low
USART_CPHA	USART_CPHA_1Edge
USART_LastBit	USART_LastBit_Disable

6. 函数 USART_ Cmd

表 16 – 37　函数 USART_ Cmd

函数名	USART_ Cmd
函数原形	void USART_Cmd(USART_TypeDef * USARTx, FunctionalState NewState)
功能描述	使能或者禁止指定的 USART 或 UART 外设。需设置 USART_CR1 寄存器的 UE 位值
输入参数 1	USARTx:x 可以是指 USART1、USART2、USART3 或是 UART4、UART5,用于选择 USART 或 UART 外设
输入参数 2	NewState:USART 外设的新状态,这个参数可以取 ENABLE(USART_CR1 寄存器位 UE 置 1)或者 DISABLE(USART_CR1 寄存器位 UE 置 0)
输出参数	无
返回值	无
先决条件	无
被调用函数	无

7. 函数 USART_ITConfig

表 16 - 38　函数 USART_ITConfig

函数名	USART_ITConfig
函数原形	void USART_ITConfig(USART_TypeDef * USARTx, uint16_t USART_IT, FunctionalState NewState)
功能描述	使能或者禁止指定 USART 或 UART 外设的中断
输入参数 1	USARTx:x 可以是指 USART1、USART2、USART3 或是 UART4、UART5,用于选择 USART 或 UART 外设
输入参数 2	USART_IT :使能或者禁止的 USART 中断源,该参数允许取表 16 - 39 所列值之一
输入参数 3	NewState:USART 外设中断的新状态,这个参数可以取 ENABLE 或者 DISABLE
输出参数	无
返回值	无
先决条件	无
被调用函数	无

表 16 - 39　USART_IT 值

USART_IT	中断源描述
USART_IT_CTS	CTS 改变中断(注:不可用于 UART4 和 UART5)
USART_IT_LBD	LIN 断开检测中断
USART_IT_TXE	发送数据寄存器空中断
USART_IT_TC	传输完成中断
USART_IT_RXNE	接收数据寄存器非空中断
USART_IT_IDLE	监测到线路空闲中断
USART_IT_PE	校验错误中断
USART_IT_ERR	错误中断

8. 函数 USART_ DMACmd

表 16 - 40　函数 USART_ DMACmd

函数名	USART_ DMACmd
函数原形	void USART _ DMACmd (USART _ TypeDef * USARTx, uint16 _ t USART _ DMAReq, FunctionalState NewState)
功能描述	使能或者禁止指定 USART 或 UART 外设的 DMA 请求 注:DMA 模式不适用于 UART5,但高容量 STM32F10x 产品线除外
输入参数 1	USARTx:x 可以是指 USART1、USART2、USART3 或是 UART4、UART5,用于选择 USART 或 UART 外设
输入参数 2	USART_DMAreq :指定的 DMA 请求,该参数可以表 16 - 41 所列的任意组合形式取值
输入参数 3	NewState:DMA 请求的新状态,这个参数可以取 ENABLE 或者 DISABLE

续表 16 - 40

函数名	USART_ DMACmd
输出参数	无
返回值	无
先决条件	无
被调用函数	无

表 16 - 41　USART_DMA_Requests 值

USART_DMA_Requests	描　述
USART_DMAReq_Tx	DMA 发送器请求,即设置 USART_CR3 寄存器位 DMAT
USART_DMAReq_Rx	DMA 接收器请求,即设置 USART_CR3 寄存器位 DMAR

9. 函数 USART_SetAddress

表 16 - 42　函数 USART_SetAddress

函数名	USART_SetAddress
函数原形	void USART_SetAddress(USART_TypeDef * USARTx, uint8_t USART_Address)
功能描述	设置 USART 节点的地址。需配置 USART_CR2 寄存器位[3:0]
输入参数 1	USARTx:x 可以是指 USART1、USART2、USART3 或是 UART4、UART5,用于选择 USART 或 UART 外设
输入参数 2	USART_Address :指示 USART 节点的地址
输出参数	无
返回值	无
先决条件	无
被调用函数	无

10. 函数 USART_WakeUpConfig

表 16 - 43　函数 USART_WakeUpConfig

函数名	USART_WakeUpConfig
函数原形	void USART_WakeUpConfig(USART_TypeDef * USARTx, uint16_t USART_WakeUp)
功能描述	选择指定 USART 或 UART 外设的唤醒方式。对 USART_CR1 寄存器位 WAKE 设置
输入参数 1	USARTx:x 可以是指 USART1、USART2、USART3 或是 UART4、UART5,用于选择 USART 或 UART 外设
输入参数 2	USART_WakeUp :USART 的唤醒方式。该参数允许取表 16 - 44 所列值之一
输出参数	无
返回值	无
先决条件	无
被调用函数	无

表 16 - 44   USART_WakeUp 值

USART_WakeUp	描　述
USART_WakeUp_IdleLine	由监测到线路空闲唤醒,即 USART_CR1 寄存器位 WAKE 置 0
USART_WakeUp_AddressMark	由地址标记唤醒,即 USART_CR1 寄存器位 WAKE 置 1

11. 函数 USART_ReceiverWakeUpCmd

表 16 - 45   函数 USART_ReceiverWakeUpCmd

函数名	USART_ReceiverWakeUpCmd
函数原形	void USART_ReceiverWakeUpCmd(USART_TypeDef * USARTx, FunctionalState Newstate)
功能描述	指定的 USART 或 UART 外设接收器是否配置成静默模式。针对 USART_CR1 寄存器位 RWU 设置
输入参数 1	USARTx:x 可以是指 USART1、USART2、USART3 或是 UART4、UART5,用于选择 USART 或 UART 外设
输入参数 2	NewState:USART 静默模式的新状态,这个参数可以取 ENABLE(USART_CR1 寄存器位 RWU 置 0 时,接收器处于正常工作模式)或者 DISABLE(USART_CR1 寄存器位 RWU 置 1 时,接收器处于静默模式)
输出参数	无
返回值	无
先决条件	无
被调用函数	无

12. 函数 USART_LINBreakDetectiLengthConfig

表 16 - 46   函数 USART_LINBreakDetectiLengthConfig

函数名	USART_LINBreakDetectiLengthConfig
函数原形	void USART_LINBreakDetectLengthConfig(USART_TypeDef * USARTx, uint16_t USART_LINBreakDetectLength)
功能描述	设置 USART 或 UART 外设 LIN 断开符检测长度,需设置 USART_CR2 寄存器位 LBDL
输入参数 1	USARTx:x 可以是指 USART1、USART2、USART3 或是 UART4、UART5,用于来选择 USART 或 UART 外设
输入参数 2	USART_LINBreakDetectLength:LIN 断开符检测长度。该参数允许取值详见表 16 - 47
输出参数	无
返回值	无
先决条件	无
被调用函数	无

表 16 - 47 USART_LINBreakDetectLength 值

USART_LINBreakDetectLength	描　述
USART_LINBreakDetectLength_10b	10 位断开符检测长度,即对 USART_CR2 寄存器位 LBDL 置 0
USART_LINBreakDetectLength_11b	11 位断开符检测长度,即对 USART_CR2 寄存器位 LBDL 置 1

13. 函数 USART_LINCmd

表 16 - 48　函数 USART_LINCmd

函数名	USART_LINCmd
函数原形	void USART_LINCmd(USART_TypeDef * USARTx, FunctionalState Newstate)
功能描述	使能或者禁止指定 USART 或 UART 外设的 LIN 模式,需对 USART_CR2 寄存器位 LINEN 设置
输入参数 1	USARTx:x 可以是指 USART1、USART2、USART3 或是 UART4、UART5,用于选择 USART 或 UART 外设
输入参数 2	NewState:USART 或 UART 外设 LIN 模式的新状态,这个参数可以取 ENABLE(对 USART_CR2 寄存器位 LINEN 置 1)或者 DISABLE(对 USART_CR2 寄存器位 LINEN 置 0)
输出参数	无
返回值	无
先决条件	无
被调用函数	无

14. 函数 USART_ SendData

表 16 - 49　函数 USART_ SendData

函数名	USART_ SendData
函数原形	void USART_SendData(USART_TypeDef * USARTx, uint16_t Data)
功能描述	通过指定 USART 或 UART 外设发送一个数据
输入参数 1	USARTx:x 可以是指 USART1、USART2、USART3 或是 UART4、UART5,用于选择 USART 或 UART 外设
输入参数 2	Data:待发送的数据,数据存储于 USART_DR 寄存器[8:0]
输出参数	无
返回值	无
先决条件	无
被调用函数	无

15. 函数 USART_ReceiveData

表 16 - 50　函数 USART_ReceiveData

函数名	USART_ ReceiveData
函数原形	uint16_t USART_ReceiveData(USART_TypeDef * USARTx)
功能描述	返回 USART 或 UART 外设最近一次接收到的数据
输入参数	USARTx:x 可以是指 USART1、USART2、USART3 或是 UART4、UART5,用于来选择 USART 或 UART 外设
输出参数	无
返回值	返回 USART_DR 寄存器[8:0]最近一次接收到的数据
先决条件	无
被调用函数	无

16. 函数 USART_SendBreak

表 16 - 51　函数 USART_SendBreak

函数名	USART_SendBreak
函数原形	void USART_SendBreak(USART_TypeDef * USARTx)
功能描述	透过指定 USART 或 UART 外设发送断开字符,需对 USART_CR1 寄存器位 SBK 置 1
输入参数	USARTx:x 可以是指 USART1、USART2、USART3 或是 UART4、UART5,用于选择 USART 或 UART 外设
输出参数	无
返回值	无
先决条件	无
被调用函数	无

17. 函数 USART_SetGuardTime

表 16 - 52　函数 USART_SetGuardTime

函数名	USART_SetGuardTime
函数原形	void USART_SetGuardTime(USART_TypeDef * USARTx, uint8_t USART_Guard-Time)
功能描述	设置指定 USART 外设的防护时间,需设置 USART_GTPR 寄存器位[15:8]值
输入参数 1	USARTx:x 可以是指 USART1、USART2、USART3,用于选择 USART 外设
输入参数 2	USART_GuardTime:指定的防护时间(注:以波特率时钟为单位),即对应 USART_GT-PR 寄存器位 GT[7:0]
输出参数	无
返回值	无
先决条件	无
被调用函数	无

18. 函数 USART_SetPrescaler

表 16 – 53　函数 USART_SetPrescaler

函数名	USART_SetPrescaler
函数原形	void USART_SetPrescaler(USART_TypeDef * USARTx, uint8_t USART_Prescaler)
功能描述	设置用于 USART 或 UART 外设的系统时钟预分频值。需设置 USART_GTPR 寄存器位[7:0]值。 注:该功能用于 UART4 和 UART5 的 IrDA 模式
输入参数 1	USARTx:x 可以是指 USART1、USART2、USART3 或是 UART4、UART5,用于选择 USART 或 UART 外设
输入参数 2	USART_Prescaler:系统时钟预分频,对应 USART_GTPR 寄存器 PSC[7:0]
输出参数	无
返回值	无
先决条件	无
被调用函数	无

19. 函数 USART_SmartCardCmd

表 16 – 54　函数 USART_SmartCardCmd

函数名	USART_SmartCardCmd
函数原形	void USART_SmartCardCmd(USART_TypeDef * USARTx, FunctionalState Newstate)
功能描述	使能或者禁止指定 USART 外设的智能卡模式,需对 USART_CR3 寄存器位 SCEN 进行设置。 注:不可用于 UART4、UART5 外设
输入参数 1	USARTx:x 可以是指 USART1、USART2、USART3,用于选择 USART 外设
输入参数 2	NewState:USART 外设智能卡模式的新状态,这个参数可以取 ENABLE(对 USART_CR3 寄存器位 SCEN 置 1)或者 DISABLE(对 USART_CR3 寄存器位 SCEN 置 0)
输出参数	无
返回值	无
先决条件	无
被调用函数	无

20. 函数 USART_SmartCardNackCmd

表 16 – 55　函数 USART_SmartCardNackCmd

函数名	USART_SmartCardNackCmd
函数原形	void USART_SmartCardNACKCmd(USART_TypeDef * USARTx, FunctionalState Newstate)
功能描述	使能或者禁止指定 USART 外设发送 NACK(无应答字符),需对 USART_CR3 寄存器位 NACK 进行设置。 注:不可用于 UART4、UART5 外设

函数名	USART_SmartCardNackCmd
输入参数 1	USARTx：x 可以是指 USART1、USART2、USART3，用于选择 USART 外设
输入参数 2	NewState：NACK 发送的新状态，这个参数可以取 ENABLE(对 USART_CR3 寄存器位 NACK 置 1)或者 DISABLE(对 USART_CR3 寄存器位 NACK 置 0)
输出参数	无
返回值	无
先决条件	无
被调用函数	无

21. 函数 USART_HalfDuplexCmd

表 16－56　　函数 USART_HalfDuplexCmd

函数名	USART_HalfDuplexCmd
函数原形	void USART_HalfDuplexCmd(USART_TypeDef * USARTx, FunctionalState New-state)
功能描述	使能或者禁止 USART 或 UART 外设的单线半双工模式，需对 USART_CR3 寄存器位 HDSEL 进行设置
输入参数 1	USARTx：x 可以是指 USART1、USART2、USART3 或是 UART4、UART5，用来选择 USART 或 UART 外设
输入参数 2	NewState：USART 或 UART 外设半双工模式的新状态，这个参数可以取 ENABLE(对 US-ART_CR3 寄存器位 HDSEL 置 1)或者 DISABLE(对 USART_CR3 寄存器位 HDSEL 置 0)
输出参数	无
返回值	无
先决条件	无
被调用函数	无

22. 函数 USART_OverSampling8Cmd

表 16－57　　函数 USART_OverSampling8Cmd

函数名	USART_OverSampling8Cmd
函数原形	void USART_OverSampling8Cmd(USART_TypeDef * USARTx, FunctionalState NewState)
功能描述	使能或者禁止指定 USART 或 UART 外设的 8 倍过采样模式(保留功能)。 注：该函数用于 STM32L 系列产品，使能时将 USART_CR1 寄存器置 0x8000，即每位数据判读 8 次；禁止时将 USART_CR1 寄存器置 0x7FFF。某些寄存器功能位[15:14]在 STM32F 系列产品中为保留位
输入参数 1	USARTx：x 可以是指 USART1、USART2、USART3 或是 UART4、UART5，用于选择 USART 或 UART 外设
输入参数 2	NewState：USART 外设的 8 倍过采样模式的新状态，这个参数可以取 ENABLE 或者 DISABLE

续表 16 – 57

函数名	USART_OverSampling8Cmd
输出参数	无
返回值	无
先决条件	该函数需在调用 USART_Init()函数前调用,以获取正确的波特率分频值
被调用函数	无

23. 函数 USART_OneBitMethodCmd

表 16 – 58　函数 USART_OneBitMethodCmd

函数名	USART_OneBitMethodCmd
函数原形	void USART_OneBitMethodCmd(USART_TypeDef * USARTx, FunctionalState New-State)
功能描述	使能或者禁止指定 USART 或 UART 外设的位采样模式(保留功能)。 注:该函数用于 STM32L 系列产品,使能时将 USART_CR3 寄存器置 0x0800;禁止时将 USART_CR3 寄存器置 0xF7FF。某些寄存器功能位在 STM32F 系列产品中为保留位
输入参数 1	USARTx:x 可以是指 USART1、USART2、USART3 或是 UART4、UART5,用于选择 USART 或 UART 外设
输入参数 2	NewState:USART 外设的位数据采样方法的新状态,这个参数可以取 ENABLE 或者 DISABLE
输出参数	无
返回值	无
先决条件	无
被调用函数	无

24. 函数 USART_IrDAConfig

表 16 – 59　函数 USART_IrDAConfig

函数名	USART_IrDAConfig
函数原形	void USART_IrDAConfig(USART_TypeDef * USARTx, uint16_t USART_IrDAMode)
功能描述	将指定 USART 或 UART 外设是否配置 IrDA 低功耗模式
输入参数 1	USARTx:x 可以是指 USART1、USART2、USART3 或是 UART4、UART5,用于选择 USART 或 UART 外设
输入参数 2	USART_IrDAMode:指定的 IrDA 模式,该参数允许取值范围如表 16 – 60 所列
输出参数	无
返回值	无
先决条件	无
被调用函数	无

表 16 - 60   USART_IrDAMode 值

USART_IrDAMode	描　述
USART_IrDAMode_LowPower	IrDA 低功耗模式,需对 USART_CR3 寄存器位 IRLP 置 1
USART_IrDAMode_Normal	IrDA 正常和模式,需对 USART_CR3 寄存器位 IRLP 置 0

25. 函数 USART_IrDACmd

表 16 - 61   函数 USART_IrDACmd

函数名	USART_IrDACmd
函数原形	void USART_IrDACmd(USART_TypeDef * USARTx, FunctionalState Newstate)
功能描述	在指定 USART 或 UART 外设上禁止或使能 IrDA 接口模式,需对 USART_CR3 寄存器位 IREN 设置
输入参数 1	USARTx:x 可以是指 USART1、USART2、USART3 或是 UART4、UART5,用于来选择 USART 或 UART 外设
输入参数 2	NewState:USART 或 UART 外设 IrDA 模式的新状态,这个参数可以取 ENABLE(对 US-ART_CR3 寄存器位 IREN 置 1)或者 DISABLE(对 USART_CR3 寄存器位 IREN 置 0)
输出参数	无
返回值	无
先决条件	无
被调用函数	无

26. 函数 USART_ GetFlagStatus

表 16 - 62   函数 USART_ GetFlagStatus

函数名	USART_ GetFlagStatus
函数原形	FlagStatus USART_GetFlagStatus(USART_TypeDef * USARTx, uint16_t USART_FLAG)
功能描述	检查某个 USART 或 UART 外设指定标志位是否设置
输入参数 1	USARTx:x 可以是指 USART1、USART2、USART3 或是 UART4、UART5,用于来选择 USART 或 UART 外设
输入参数 2	USART_FLAG:待检查的标志位,该参数允许取表 16 - 63 所列值之一
输出参数	无
返回值	Bitstatus:如果指定 USART_FLAG 已经设置则返回 SET,否则返回 RESET
先决条件	无
被调用函数	无

表 16 - 63　　USART_FLAG 值

USART_ FLAG	标志位描述
USART_ FLAG _CTS	CTS 改变标志位(注:不可用于 UART4 和 UART5)
USART_ FLAG_LBD	LIN 断开检测标志位
USART_ FLAG_TXE	发送数据寄存器空标志位
USART_ FLAG_TC	传输完成标志位
USART_ FLAG_RXNE	接收数据寄存器非空标志位
USART_ FLAG_IDLE	监测到线路空闲标志位
USART_FLAG_ORE	溢出错误标志位
USART_FLAG_NE	噪声错误标志位
USART_FLAG_FE	帧错误标志位
USART_FLAG_PE	奇偶错误标志位

27. 函数 USART_ ClearFlag

表 16 - 64　　函数 USART_ ClearFlag

函数名	USART_ ClearFlag
函数原形	void USART_ClearFlag(USART_TypeDef * USARTx, uint16_t USART_FLAG)
功能描述	清除指定 USART 或 UART 外设的待处理标志位。该函数可清除 USART_SR 寄存器部分标志位。 注:该寄存器某些标志位是由软件序列(如 PE、NE、FE、ORE、TC 及 IDLE)、读操作(如 RXNE)或写操作(如 TXE)清除的
输入参数 1	USARTx:x 可以是指 USART1、USART2、USART3 或是 UART4、UART5,用于选择 USART 或 UART 外设
输入参数 2	USART_FLAG:待清除的标志位,该参数允许取值范围详见表 16 - 65
输出参数	无
返回值	无
先决条件	无
被调用函数	无

表 16 - 65　　USART_FLAG 值

USART_ FLAG	标志位描述
USART_ FLAG _CTS	CTS 改变标志位(注:不可用于 UART4 和 UART5)
USART_ FLAG _LBD	LIN 断开检测标志位
USART_ FLAG _TC	传输完成标志位
USART_ FLAG _RXNE	接收数据寄存器非空标志位

28. 函数 USART_ GetITStatus

表 16 - 66　函数 USART_ GetITStatus

函数名	USART_ GetITStatus
函数原形	ITStatus USART_GetITStatus(USART_TypeDef * USARTx, uint16_t USART_IT)
功能描述	检查指定 USART 或 UART 外设的某个中断是否产生
输入参数 1	USARTx：x 可以是指 USART1、USART2、USART3 或是 UART4、UART5,用于选择 USART 或 UART 外设
输入参数 2	USART_IT：指定待检查的中断源,该参数可取表 16 - 67 所列值之一
输出参数	无
返回值	Bitstatus；如果指定 USART_IT 已经设置则返回 SET,否则返回 RESET
先决条件	无
被调用函数	无

表 16 - 67　USART_IT 值

USART_IT	描　述
USART_IT_CTS	CTS 改变中断(不适用于 UART4 和 UART5 外设)
USART_IT_LBD	LIN 断开符监测中断
USART_IT_TXE	发送数据寄存器空中断
USART_IT_TC	发送完成中断
USART_IT_RXNE	接收数据寄存器非空中断
USART_IT_IDLE	监测线路空闲中断
USART_IT_ORE	溢出错误中断
USART_IT_NE	噪声错误中断
USART_IT_FE	帧错误中断
USART_IT_PE	奇偶校验错误中断

29. 函数 USART_ ClearITPendingBit

表 16 - 68　函数 USART_ ClearITPendingBit

函数名	USART_ ClearITPendingBit
函数原形	void USART_ClearITPendingBit(USART_TypeDef * USARTx, uint16_t USART_IT)
功能描述	清除指定 USART 或 UART 外设的中断待处理位。该函数仅可清除部分中断待处理位
输入参数 1	USARTx：x 可以是指 USART1、USART2、USART3 或是 UART4、UART5,用于来选择 USART 或 UART 外设
输入参数 2	USART_IT：指定需清除的中断待处理位,该参数取值范围详见表 16 - 69
输出参数	无
返回值	无
先决条件	无
被调用函数	无

表 16 - 69　USART_ IT 值

USART_ IT	描　述
USART_IT_CTS	CTS 改变中断(不适用于 UART4 和 UART5 外设)
USART_IT_LBD	LIN 断开符监测中断
USART_IT_TC	发送完成中断
USART_ IT_RXNE	接收数据寄存器非空中断

16.3　设计目标

本例采用 STM32 - V3 硬件开发板的 USART2 接口与 SiRF 公司 Star - Ⅲ型号的 GPS 接收模块,基于 μC/OS-II 系统的任务调度,在 μC/GUI 图形显示界面中显示 GPS 接收模块捕获到的 GPS 星历表信息,并可通过串口将接收到的数据发送出去。

例程中需要使用串口 1 和串口 2,它们的各自分工是:

(1)串口 2 接收并图形显示 GPS 卫星星历图及 GPS 位置及状态信息,其接收速率为 9 600 bps。

(2)串口 1 将接串口 2 接收到的 GPS 信息传送出去,传输速率 115 200 bps,可用串口调试助手软件监控。

16.4　硬件电路

本例的 GPS 通信系统硬件电路由两个部分组成。第一部分是由 STM32F103 处理器 USART 接口组成的;另一部分则是由 GPS 接收模块与 USART2 组成的 GPS 通信模块。GPS 通信系统硬件组成如图 16 - 2 所示。

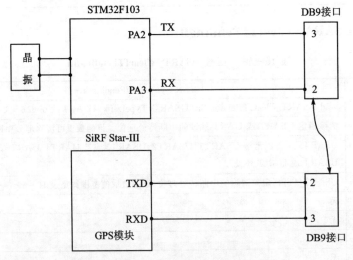

图 16 - 2　GPS 通信系统硬件组成

1. STM32F103 处理器 USART 接口

STM32F103 处理器 USART 接口是由处理器的 PA2、PA3、PA9、PA10 引脚与 DB9 接口组成,这部分电路原理图如图 16 - 3 所示。

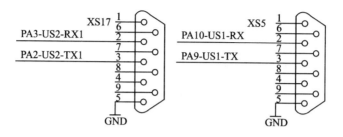

图 16 - 3　STM32F103 处理器 USART 接口

2. GPS 通信模块

GPS 通信模块是由 Star - Ⅲ 接收模块与 DB9 接口组成,这部分硬件电路原理图如图 16 - 4 所示。

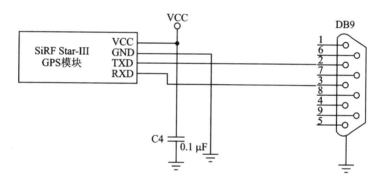

图 16 - 4　GPS 通信模块电路原理图

16.5　系统软件设计

本例 GPS 通信应用实例的系统软件设计主要针对如下几个部分:

(1) μC/OS-Ⅱ 系统建立任务,包括系统主任务、μC/GUI 图形用户接口任务、GPS 标准 NMEA0183 语句解析任务等。

(2) μC/GUI 图形界面程序,主要显示捕获到的 GPS 的星历表、经纬度、高程、航速信息等。

(3) 中断服务程序,本例包括两个中断处理函数,其中一个是系统时钟节拍处理函数 SysTickHandler(),另外一个是 USART2 中断处理函数 USART2_IRQHandler()。

(4) 硬件平台初始化程序,包括系统时钟初始化、USART 接口初始化、GPIO 端口初始化、触摸屏接口初始化等常用配置,同时也包括对 USART 接口进行了工作参数设置等。

(5) USART 接口的硬件底层驱动程序,主要涉及 USART 接口的各寄存器配置、USART 接口初始化、USART 接口时钟初始化、发送数据、接收数据等操作,这一部分由库函数提供。

本例软件设计所涉及的软件结构如表 16-70 所列,主要程序文件及功能说明如表 16-71 所列。

表 16-70　GPS 通信应用实例的系统软件结构

应用软件层			
应用程序 app.c			
系统软件层			
μC/GUI 用户应用程序 Fun.c	操作系统		中断管理系统
μC/GUI 图形系统	μC/OS-Ⅱ系统		异常与外设中断处理模板
μC/GUI 驱动接口 lcd_ucgui.c,lcd_api.c	μC/OS-Ⅱ/Port	μC/OS-Ⅱ/CPU	μC/OS-Ⅱ/Source	stm32f10x_it.c
μC/GUI 移植部分 lcd.c			
CMSIS 层			
Cortex-M3 内核外设访问层	STM32F10x 设备外设访问层		
core_cm3.c	core_cm3.h	启动代码 (stm32f10x_startup.s)	stm32f10x.h	system_stm32f10x.c	system_stm32f10x.h
硬件抽象层			
硬件平台初始化 bsp.c			
硬件外设层			
USART 模块驱动程序	液晶屏接口应用配置程序		LCD 控制器驱动程序
stm32f10x_usart.c	fsmc_sram.c		lcddrv.c
其他通用模块驱动程序			
misc.c、stm32f10x_fsmc.c、stm32f10x_gpio.c、stm32f10x_rcc.c、stm32f10x_spi.c、stm32f10x_exti.c 等			

表 16-71　GPS 通信系统程序设计文件功能说明

程序文件名称	程序文件功能说明
App.c	主程序,μC/OS-Ⅱ系统建立任务,包括系统主任务、μC/GUI 图形用户接口任务、GPS 标准 NMEA0183 语句解析等
stm32f10x_it.c	本例包括 μC/OS-Ⅱ系统时钟节拍中断程序的实现函数 SysTickHandler() 和 USART2 中断处理函数 USART2_IRQHandler()
Fun.c	μC/GUI 图形用户接口,显示捕获到的 GPS 的星历表、位置、状态信息等
bsp.c	硬件平台初始化程序,包括系统时钟初始化、USART 接口初始化、GPIO 端口初始化、触摸屏接口初始化以及 USART 参数配置等
stm32f10x_usart.c	USART 接口的硬件底层驱动程序,主要涉及到 USART 接口的寄存器配置、USART 接口初始化、发送数据、接收数据等操作,这部分为库函数,详见 16.2.2 小节

1. μC/OS-Ⅱ系统任务

μC/OS-Ⅱ系统建立任务,包含系统主任务、μC/GUI 图形用户接口任务、触摸屏任务、GPS 标准 NMEA0183 语句解析任务、空闲任务以及统计时间运行任务,同时也是本例系统软件的主程序。

主程序的入口函数 main(),通过调用函数完成 μC/OS-Ⅱ系统初始化、硬件平台初始化、建立主任务、设置节拍计数器以及启动 μC/OS-Ⅱ系统等。

系统主任务由函数 App_TaskStart() 来启动,再由该函数申请 App_TaskCreate() 建立 3 个其他任务:

- OSTaskCreateExt(AppTaskUserIF,…用户界面任务);
- OSTaskCreateExt(AppTaskKbd,…触摸驱动任务);
- OSTaskCreateExt(Task_NMEA,…GPS 标准 NMEA0183 语句解析任务)

用户界面任务和触摸驱动任务这两个任务是系统常用配置,GPS 标准 NMEA0183 语句解析任务建立的代码段如下。

```
static void App_TaskCreate(void)
{
    NMEA_MBOX = OSSemCreate(1); //建立 NMEA 指令解析的信号量
        …
    / * 建立 GPS 标准 NMEA0183 语句解析任务 * /
    OSTaskCreateExt(Task_NMEA,
                    (void * )0,
                    (OS_STK * )&Task_NMEAStk[Task_NMEA_STK_SIZE - 1],
                    Task_NMEA_PRIO,
                    Task_NMEA_PRIO,
                    (OS_STK * )&Task_NMEAStk[0],
                    Task_NMEA_STK_SIZE,
                    (void * )0,
                    OS_TASK_OPT_STK_CHK|OS_TASK_OPT_STK_CLR);
}
```

从上述代码中可以看出,该函数中定义了一个信号量 NMEA_MBOX。

- Task_NMEA()函数

实现 GPS 标准 NMEA0183 语句解析任务功能的通过调用 Task_NMEA()函数来完成,该函数实际解析了四条标准语句:GPGGA;GPGSV;GPGSA;GPGGA。并采用了信号量通信机制,使用信号量操作函数 OSSemPend()等待另外一个任务或进程发送 NMEA 指令解析成功的信号量,以实现任务或进程间同步。

```
static void Task_NMEA(void * p_arg){
    INT8U err;
    (void)p_arg;
    while(1){
```

```
OSSemPend(NMEA_MBOX,0,&err);  //等待 GPS 信号量
/* 将串口 1 接收的 GPS 数据转发到串口 2 */
USART_OUT(USART1,&TxBuffer1[0],Rec_Len);
/* 解析 GPS 标准 NMEA0183 语句 —— GPGGA */
if(TxBuffer1[3] == 'R'&& TxBuffer1[4] == 'M'&&TxBuffer1[5] == 'C') GPRMC_DAT();
/* 解析 GPS 标准 NMEA0183 语句 —— GPGSV */
else if(TxBuffer1[3] == 'G'&& TxBuffer1[4] == 'S'&&TxBuffer1[5] == 'V') GPGSV_DAT();
/* 解析 GPS 标准 NMEA0183 语句 —— GPGSA */
else if(TxBuffer1[3] == 'G'&& TxBuffer1[4] == 'S'&&TxBuffer1[5] == 'A') GPGSA_DAT();
/* 解析 GPS 标准 NMEA0183 语句 —— GPGGA */
else if(TxBuffer1[3] == 'G'&& TxBuffer1[4] == 'G'&&TxBuffer1[5] == 'A') GPGGA_DAT();
if(flash_led == 0){flash_led = 1; LED_LED1_ON();}  //1 秒间隔的 LED 闪烁
else {flash_led = 0; LED_LED1_OFF();}
    }
}
```

Task_NMEA(void * p_arg)函数中则嵌套了四条 GPS 标准 NMEA0183 语句解析处理所对应的协议解析处理函数 GPRMC_DAT()、GPGSV_DAT()、GPGSA_DAT ()、GPGGA_DAT()。这四个对应语句的协议解析处理函数的实现代码分别列出如下。

● GPRMC_DAT()函数

本函数用于 GPRMC 语句解析,函数代码如下。

```
void GPRMC_DAT(void){
    unsigned char i,i1 = 0,uf = 0;
    float l_g;
    for(i = 0;i<Rec_Len;i ++ ){
        if(TxBuffer1[i] == 0x2c){        //判断是否是逗号
            i1 ++ ;
            uf = 0;
        }
        if(i1 == 1&&uf == 0){  //GPRMC 时间
            Hour = (TxBuffer1[i + 1] - 0x30) * 10 + (TxBuffer1[i + 2] - 0x30) + 8;  //时
            Min = (TxBuffer1[i + 3] - 0x30) * 10 + (TxBuffer1[i + 4] - 0x30);        //分
            Sec = (TxBuffer1[i + 5] - 0x30) * 10 + (TxBuffer1[i + 6] - 0x30);        //秒
            i = i + 6;
            uf = 1;
        }
        else if(i1 == 2&&uf == 0){  //GPRMC 状态有效性
        if(TxBuffer1[i + 1] == 'A')        GPS_VA = 1;  //成功定位
        else GPS_VA = 0;//定位未成功
        i ++ ;
        uf = 1;
```

```
        }
        else if(i1 == 3&&uf == 0){//GPRMC  纬度
            if(TxBuffer1[i + 1] == 0x2c) weidu = 0;
            else {
                /*计算出纬度值的整数部分*/
                weidu = ((TxBuffer1[i + 1] - 0x30) * 10 + (TxBuffer1[i + 2] - 0x30) +
                    (((((TxBuffer1[i + 3] - 0x30) * 10) + (TxBuffer1[i + 4] - 0x30))/
                    0.6) * 0.01)) * 3600;
                /*计算出纬度值的小数部分*/
                l_g = (((TxBuffer1[i + 6] - 0x30) * 1000) + ((TxBuffer1[i + 7] - 0x30) * 100) +
                    ((TxBuffer1[i + 8] - 0x30) * 10) + (TxBuffer1[i + 9] - 0x30)) * 0.006;
                weidu = weidu + l_g; //最终的纬度值例如 34.xxxx
                i = i + 9;
            }
            uf = 1;
        }
        else if(i1 == 4&&uf == 0){//GPRMC  纬度      南北半球标示
            if(TxBuffer1[i + 1] == 0x2c) jingdu_dir = 0;
            else if(TxBuffer1[i + 1] == 'N') weidu_dir = 0; //北纬
            else if(TxBuffer1[i + 1] == 'S') weidu_dir = 1; //南纬
            i ++ ;
            uf = 1;
        }
        else if(i1 == 5&&uf == 0){//GPRMC  经度
            if(TxBuffer1[i + 1] == 0x2c) jingdu = 0;
        else{
            /*计算出经度值的整数部分*/
            jingdu = ((TxBuffer1[i + 1] - 0x30) * 100 + (TxBuffer1[i + 2] - 0x30) * 10 +
            (TxBuffer1[i + 3] - 0x30) + (((((TxBuffer1[i + 4] - 0x30) * 10) + (TxBuffer1[i
            + 5] - 0x30))/0.6) * 0.01)) * 3600;
            /*计算出经度值的小数部分*/
            l_g = (((TxBuffer1[i + 7] - 0x30) * 1000) + ((TxBuffer1[i + 8] - 0x30) * 100) +
            ((TxBuffer1[i + 9] - 0x30) * 10) + (TxBuffer1[i + 10] - 0x30)) * 0.006;
            jingdu = jingdu + l_g; //最终的经度值例如 107.xxxx
            i = i + 10;
        }
        uf = 1;
    }
    else if(i1 == 6&&uf == 0){ //GPRMC  经度      东西半球
        if(TxBuffer1[i + 1] == 0x2c) jingdu_dir = 0;
        else if(TxBuffer1[i + 1] == 'E') jingdu_dir = 0; //东经
        else if(TxBuffer1[i + 1] == 'W') jingdu_dir = 1;//西经
        i ++ ;
```

```
                uf = 1;
            }
            else if(i1 == 7&&uf == 0){//GPRMC  地面速度
                uf = 1;
            }
            else if(i1 == 8&&uf == 0){ //GPRMC  速度方向
                uf = 1;
            }
            else if(i1 == 9&&uf == 0){ //GPRMC  日期
                Day = (TxBuffer1[i + 1] - 0x30) * 10 + (TxBuffer1[i + 2] - 0x30);      //日
                Mouth = (TxBuffer1[i + 3] - 0x30) * 10 + (TxBuffer1[i + 4] - 0x30);     //月
                Year = (TxBuffer1[i + 5] - 0x30) * 10 + (TxBuffer1[i + 6] - 0x30);     //年
            i = i + 6;
            uf = 1;
            }
        }
}
```

● GPGSV_DAT()函数

本函数用于 GPGSV 语句的解析,函数代码如下。

```
void GPGSV_DAT(void){
    unsigned char i,i1 = 0,no = 0,uf = 0,gsv_no = 0;
    for(i = 0;i<Rec_Len;i ++ ){
        if(TxBuffer1[i] == 0x2c){
            i1 ++ ;
            uf = 0;
        }
        if(i1 == 1&&uf == 0){      //GPGSV 语句数
            uf = 1;
        }
        else if(i1 == 2&&uf == 0){//GPGSV  语句号 0 - 2
            gsv_no = TxBuffer1[i + 1] - 0x31;
            i ++ ;
            uf = 1;
        }
        else if(i1 == 3&&uf == 0){//卫星数
            star_num = (TxBuffer1[i + 1] - 0x30) * 10 + (TxBuffer1[i + 2] - 0x30);
            i = i + 2;
            uf = 1;
        }
        else if((i1 == 4||i1 == 8||i1 == 12||i1 == 16)&&uf == 0){ //卫星 序号 00 - 32
            no = i1/4;
            / * 无序号 * /
```

```
        if(TxBuffer1[i + 1] == 0x2c||TxBuffer1[i + 1] == '*') star_info[(no - 1) +
        gsv_no * 4][0] = 0xff;
        /*序号值*/
        else star_info[(no - 1) + gsv_no * 4][0] = (TxBuffer1[i + 1] - 0x30) * 10 +
        (TxBuffer1[i + 2] - 0x30);
        uf = 1;
    }
    else if((i1 == 5||i1 == 9||i1 == 13||i1 == 17)&&uf == 0){ //卫星,序号,仰角,
    00 - 90
        /*无仰角*/
        if(TxBuffer1[i + 1] == 0x2c||TxBuffer1[i + 1] == '*') star_info[(no - 1) +
        gsv_no * 4][1] = 0xff;
        /*有效的仰角值*/
        star_info[(no - 1) + gsv_no * 4][1] = (TxBuffer1[i + 1] - 0x30) * 10 + (Tx-
        Buffer1[i + 2] - 0x30);
        uf = 1;
    }
    else if((i1 == 6||i1 == 10||i1 == 14||i1 == 18)&&uf == 0){     //卫星,序号,
    方位角,00 - 359
        /*无方位角*/
        if(TxBuffer1[i + 1] == 0x2c||TxBuffer1[i + 1] == '*') star_info[(no - 1) +
        gsv_no * 4][2] = 0xff;
        /*有效的方位角值*/
        else star_info[(no - 1) + gsv_no * 4][2] = (TxBuffer1[i + 1] - 0x30) * 100 +
            (TxBuffer1[i + 2] - 0x30) * 10 + (TxBuffer1[i + 3] - 0x30);
        uf = 1;
    }
    else if((i1 == 7||i1 == 11||i1 == 15||i1 == 19)&&uf == 0){     //卫星,序号,
    信号强度,00 - 99
        /*无信号强度*/
        if(TxBuffer1[i + 1] == 0x2c||TxBuffer1[i + 1] == '*') star_info[(no - 1) +
        gsv_no * 4][3] = 0xff;
        /*有效的信号强度*/
        else star_info[(no - 1) + gsv_no * 4][3] = (TxBuffer1[i + 1] - 0x30) * 10 +
        (TxBuffer1[i + 2] - 0x30);
        uf = 1;
        }
    }
  }
}
```

● GPGSA_DAT()函数

本函数用于 GPGSA 语句解析,函数代码如下。

```
void GPGSA_DAT(void){
```

```
unsigned char i,i1 = 0,uf = 0;
for(i = 0;i<Rec_Len;i ++ ){
    if(TxBuffer1[i] == 0x2c){//协议里的数据间隔符 - 逗号
        i1 ++ ;
        uf = 0;
    }
    if(i1 == 1&&uf == 0){//GPGSA 模式:M = 手动;A = 自动.
        uf = 1;
    }
    else if(i1 == 2&&uf == 0){ //定位型式 1 = 未定位;2 = 二维定位;3 = 三维定位.
        GPS_3D = TxBuffer1[i + 1] - 0x30;
        i ++ ;
        uf = 1;
    }
    else if((i1 == 3||i1 == 4||i1 == 5||i1 == 6||i1 == 7||i1 == 8||i1 == 9||i1
== 10||i1 == 11||i1 == 12||i1 == 13||i1 == 14)&&uf == 0){ //有效信号的卫星
编号
        if(TxBuffer1[i + 1] == 0x2c) star_run[i1 - 3] = 0x2c;
        else star_run[i1 - 3] = (TxBuffer1[i + 1] - 0x30) * 10 + (TxBuffer1[i + 2] - 0x30);
        i = i + 2;
        uf = 1;
    }
}
}
```

● GPGGA_DAT()函数

本函数用于 GPGGA 语句解析,函数代码如下。

```
void GPGGA_DAT(void){
    unsigned char i,i1 = 0,uf = 0;
    for(i = 0;i<Rec_Len;i ++ ){
        if(TxBuffer1[i] == 0x2c){ //协议里的数据间隔符 - 逗号
            i1 ++ ;
            uf = 0;
        }
        if(i1 == 1&&uf == 0){
            uf = 1;
        }
        else if(i1 == 9&&uf == 0){//GPS 测量的海拔高度
            if(TxBuffer1[i + 1] == 0x2c) GPS_ATLI = 0;//如果此处是逗号。标示无效
            else GPS_ATLI = atoi(&TxBuffer1[i + 1]);//海拔值
            uf = 1;
        }
    }
```

```
}
```

● USART_OUT()函数

本函数用于串口输出，用于输出一定长度的数组，该函数的具体代码如下。

```
void USART_OUT(USART_TypeDef * USARTx, uint8_t * Data,uint16_t Len){
    uint16_t i;
    for(i = 0; i<Len; i++){
        USART_SendData(USARTx, Data[i]);
        while(USART_GetFlagStatus(USARTx, USART_FLAG_TC) == RESET);
    }
}
```

2. 中断处理程序

本实例的中断处理程序集中在 SysTickHandler()和 USART2_IRQHandler()两个函数，第一个函数为 μC/OS-Ⅱ 系统提供时钟节拍中断，第二个函数则实现 USART2接口的数据收发及中断处理，该函数完整的代码段如下。

```
void USART2_IRQHandler(void)
{
    unsigned int i;
    OS_CPU_SR cpu_sr;
    OS_ENTER_CRITICAL(); //保存全局中断标志,关总中断
    OSIntNesting++; //中断嵌套标志
    OS_EXIT_CRITICAL(); //恢复全局中断标志
    /*检查接收数据寄存器非空中断是否产生*/
    if(USART_GetITStatus(USART2, USART_IT_RXNE) != RESET)
    {
        /*将接收数据寄存器的数据存到接收缓冲区里*/
        RxBuffer1[RxCounter1++] = USART_ReceiveData(USART2);
        /*判断起始标志*/
        if(RxBuffer1[RxCounter1-1] == '$'){RxBuffer1[0] = '$'; RxCounter1 = 1;}
        /*判断结束标志是否是 0x0d 0x0a*/
        if(RxBuffer1[RxCounter1-1] == 0x0a)
        {
            /*将接收缓冲器的数据转到发送缓冲区,准备转发*/
            for(i = 0; i< RxCounter1; i++) TxBuffer1[i] = RxBuffer1[i];
            rec_f = 1; //接收成功标志
            Rec_Len = RxCounter1;
            RxCounter1 = 0;
            /*接收完成,传送信号量*/
            OSSemPost(NMEA_MBOX);
        }
    }
```

```
    OSIntExit(); //如有更高优先级的任务就绪了,则执行一次任务切换
}
```

串口 2 中断处理程序采用了信号量通信机制,在串口 2 接收数据完成后,使用信号量操作函数 OSSemPost()发出 NMEA 解析信号量,通知 GPS 标准 NMEA0183 语句解析任务开始执行 NMEA0183 语句解析,实现了串口 2 中断程序与 NMEA0183 语句解析任务之间的同步。

3. μC/GUI 图形界面程序

μC/GUI 图形用户接口,主要功能是接收并图形显示 GPS 卫星星历表及 GPS 位置及状态信息。这部分程序主要包括两个函数。

● 用户界面显示函数 Fun()

图形用户界面上的显示内容均采用 μC/GUI 基本操作函数实现功能,本函数是 μC/GUI 的主程序,主要完成 GPS 卫星星历表及 GPS 位置及状态信息的显示,用户界面上面显示信息来源 GPS 标准 NMEA0183 语句解析得到的数据,经过算法计算和构图,最终显示在液晶显示屏上,详细的程序实现代码与程序注释如下。

```
void Fun(void) {
    unsigned char i2 = 0,sec_t;
    long z;
    GUI_CURSOR_Show();//打开鼠标图形显示
    GUI_Clear();      //清屏
    GUI_SetFont(&GUI_FontHZ_SimSun_21);    //设置汉字字体
    GUI_SetColor(GUI_YELLOW);    //设置颜色
    GUI_DispStringAt("时间:", 0, 2);    //在 0,2 位置显示"时间"
    GUI_SetBkColor(GUI_BLACK);    //设置背景色
    GUI_SetFont(&GUI_Font13HB_1);//设置字体
    GUI_SetColor(GUI_WHITE);//设置字体颜色
    sec_t = Sec;
    star_num_t = 0;
    while (1)
        {
        if(sec_t! = Sec){ //间隔一秒进行一次刷新测试
            sec_t = Sec;
        }
        GUI_SetColor(GUI_WHITE); //设置颜色
        GUI_SetFont(&GUI_FontHZ_SimSun_21);    //设置汉字字体
        GUI_SetTextMode(0);//设置文本模式
        GUI_DispStringAt("20", 50, 2);//在 50,2 位置显示"20"
        GUI_DispDecAt(Year, 70, 2,2);//在 70,2 位置显示年值 00 - 99,宽度 2 个数值
        GUI_DispStringAt(" - ", 90, 2); //在 90,2 位置显示" - "
        GUI_DispDecAt(Mouth, 100, 2,2); //在 100,2 位置显示月值 01 - 12,宽度 2 个数值
```

```
GUI_DispStringAt(" - ", 120, 2);//在 120,2 位置显示" - "
GUI_DispDecAt(Day, 130, 2,2);//在 130,2 位置显示日值 01 - 31,宽度 2 个数值
GUI_DispDecAt(Hour, 160, 2,2);//在 160,2 位置显示时值 00 - 23,宽度 2 个数值
GUI_DispStringAt(":", 180, 2); //在 180,2 位置显示":"
GUI_DispDecAt(Min, 190, 2,2);//在 190,2 位置显示分值 00 - 59,宽度 2 个数值
GUI_DispStringAt(":", 210, 2); //在 210,2 位置显示":"
GUI_DispDecAt(Sec, 220, 2,2);//在 220,2 位置显示秒值 00 - 59,宽度 2 个数值
GUI_Line(0, 24, 239, 24, GUI_WHITE); //从 0,24 到 239,24 画线
GUI_SetColor(GUI_LIGHTGRAY); //设置颜色
GUI_DrawCircle(119, 140, 90);//在 119,140 处画半径 90 的圆
GUI_DrawCircle(119, 140, 45);//在 119,140 处画半径 45 的圆
/* 从 29,140 到 209,140 画线 */
GUI_Line(29, 140, 209, 140, GUI_LIGHTGRAY);
/* 从 119,50 到 119,230 画线 */
GUI_Line(119, 50, 119, 230, GUI_LIGHTGRAY);
GUI_SetColor(GUI_YELLOW); //设置颜色
/* 指定位置写字符 */
GUI_DispStringAt("东", 210, 130);
GUI_DispStringAt("西", 6, 130);
GUI_DispStringAt("高程:", 1, 29);
GUI_DispStringAt("航速:", 130, 29);
GUI_DispDecAt(GPS_ATLI, 60, 29,5);
GUI_DispStringAt("经度", 1, 280);
GUI_DispStringAt("纬度", 1, 300);
GUI_SetColor(GUI_WHITE); //设置颜色
/* 计算并显示出经度的度值 */
z = jingdu/3600;
GUI_DispDecAt(z, 58, 280,3);
GUI_DispStringAt("°", 90, 280);
/* 计算并显示出经度的分值 */
z = jingdu * 100;
z = (z % 360000)/6000;
GUI_DispDecAt(z, 110, 280,2);
GUI_DispStringAt("'", 130, 280);
/* 计算并显示出经度的秒值 */
z = jingdu * 100;
z = ((z % 360000) % 6000)/100;
GUI_DispDecAt(z, 150, 280,2);
GUI_DispStringAt(".", 170, 280);
z = jingdu * 100;
z = ((z % 360000) % 6000) % 1000 % 100;
GUI_DispDecAt(z, 180, 280,2);
GUI_DispStringAt(""", 200, 280);
```

```
/* 计算并显示出纬度的度值 */
z = weidu/3600;
GUI_DispDecAt(z, 68, 300,2);
GUI_DispStringAt("°", 90, 300);
/* 计算并显示出纬度的分值 */
z = weidu * 100;
z = (z % 360000)/6000;
GUI_DispDecAt(z, 110, 300,2);
GUI_DispStringAt("'", 130, 300);
/* 计算并显示出纬度的秒值 */
z = weidu * 100;
z = ((z % 360000) % 6000)/100;
GUI_DispDecAt(z, 150, 300,2);
GUI_DispStringAt(".", 170, 300);
z = weidu * 100;
z = ((z % 360000) % 6000) % 1000 % 100;
GUI_DispDecAt(z, 180, 300,2);
GUI_DispStringAt("”", 200, 300);
GUI_DrawCircle(16, 210, 15); //在 16,210 处画半径 15 的圆
/* 根据 GPS 定位情况显示状态 */
if(GPS_3D == 1) GUI_DispStringAt("No", 5, 200);
else if(GPS_3D == 2) GUI_DispStringAt("2D", 5, 200);
else if(GPS_3D == 3) GUI_DispStringAt("3D", 5, 200);
/* 根据卫星数量来显示星图 */
for(i2 = 0; i2<star_num; i2++){
    /* 与上一次的星值比较,不一样就局部清除 */
    if(star_info_t[i2][0]! = star_info[i2][0]||star_info_t[i2][1]! = star_in-
    fo[i2][1]||
    star_info_t[i2][2]! = star_info[i2][2]||star_info_t[i2][3]! = star_info
    [i2][3]){
        /* 先清除原先该颗卫星的在图形的标示 */
        star_gra(star_info_t[i2][1],star_info_t[i2][0],star_info_t[i2][2],
        star_info_t[i2][3],1);
        /* 更新位置信息 */
        star_info_t[i2][0] = star_info[i2][0];
        star_info_t[i2][1] = star_info[i2][1];
        star_info_t[i2][2] = star_info[i2][2];
        star_info_t[i2][3] = star_info[i2][3];
        /* 重新画该颗卫星的图示 */
        star_gra(star_info[i2][1],star_info[i2][0],star_info[i2][2],star_in-
        fo[i2][3],0);}
    /* 在指定位置标示有信号强度的卫星序号 */
    GUI_SetFont(&GUI_Font6x8);
```

```
GUI_DispDecAt(star_info[i2][0], (i2 * 19) + 8, 260,2);
GUI_Line(0, 232, 0, 269, GUI_WHITE);
GUI_Line(0, 269, 239, 269, GUI_WHITE);
if(star_info[i2][3]! = 0xff){ //如果有信号强度,就显示出来数值.
    GUI_FillRect((i2 * 19) + 8, 234,(i2 * 19) + 20, 257);
    GUI_DispDecAt(star_info[i2][3], (i2 * 19) + 8, 240,2);
}
else{//没有信号强度,就用背景色清除显示
    GUI_SetColor(GUI_BLACK);
    GUI_FillRect((i2 * 19) + 8, 234,(i2 * 19) + 20, 257);
    GUI_SetColor(GUI_WHITE);
}
}
/* 假如接收的卫星数小于 12,就清除其余(12 - 接收卫星数)的位置标示信息 */
for(i2 = star_num; i2<12; i2 + + ){
    if(star_num<star_num_t){
        star_gra(star_info_t[i2][1],star_info_t[i2][0],star_info_t[i2][2],
        star_info_t[i2][3],1);}
    GUI_SetFont(&GUI_Font6x8);
    GUI_DispStringAt("    ", (i2 * 19) + 8, 260);
    GUI_SetColor(GUI_BLACK);
    GUI_FillRect((i2 * 19) + 8, 234,(i2 * 19) + 20, 257);
    GUI_SetColor(GUI_WHITE);
    if(i2 = = star_num_t) star_num_t = star_num;
}
WM_ExecIdle();//刷新屏幕
}
}
```

● star_gra()函数

本函数用于卫星位置图形显示,其中参数 a 表示仰角,参数 d 表示卫星序号,参数 b 表示方位角,参数 f 表示信号强度,参数 c 代表画图条件(1 清除,0 画图)。函数代码与注释如下。

```
void star_gra(u16 a,u16 d,u16 b,u16 f,unsigned char c){
    unsigned char i,i1,i2;
    float e;
    int temp_a,temp_b;
    e = b;
    /* 计算出仰角的位置 */
    temp_a = (90 - (abs(a))) * sin(e/57.3);
    temp_b = (90 - (abs(a))) * sin((90 - e)/57.3);
    i1 = abs(temp_a);
```

```
i = abs(temp_b);
/* 卫星在图形坐标系的第一象限 */
if(b< = 90){
    if(140 - i<30) i = 30;//判断是否超出大圆的边界
    else i = 140 - i;
    for(i2 = 0;i2<12;i2 ++ ){
        if(star_run[i2] == d){ //判断该颗卫星是否有效
            i2 = 12;
            GUI_SetColor(GUI_LIGHTRED);//设置为红色
        }
        else if(f! = 0xff){ //有信号强度值
            i2 = 12;
            GUI_SetColor(GUI_GREEN); //设置为绿色
        }
    }
    GUI_SetFont(&GUI_Font8x8); //设置字体
    GUI_DispDecAt(d, (120 + i1) - 8, i - 3,2);//将这个卫星的序号显示出来
    if(c == 0) GUI_DrawCircle(120 + i1, i, 10);//如果画图条件为 0 画个园
    else{//如果画图条件为 1  用背景色填充圆,相当于清除
        GUI_SetColor(GUI_BLACK);
        GUI_FillCircle(120 + i1, i, 13);
    }
    GUI_SetColor(GUI_WHITE);
}
/* 卫星在图形坐标系的第二象限 */
else if(b>90&&b< = 180){
    if(140 + i>230) i = 230; //判断是否超出大圆的边界
    else i = 140 + i;
    for(i2 = 0;i2<12;i2 ++ ){
        if(star_run[i2] == d){ //判断该颗卫星是否有效
            i2 = 12;
            GUI_SetColor(GUI_LIGHTRED); //设置为红色
        }
        else if(f! = 0xff){ //有信号强度值
            i2 = 12;
            GUI_SetColor(GUI_GREEN); //设置为绿色
        }
    }
    GUI_SetFont(&GUI_Font8x8);//设置字体
    GUI_DispDecAt(d, (120 + i1) - 8, i - 3,2);//将这个卫星的序号显示出来
    if(c == 0) GUI_DrawCircle(120 + i1, i, 10);//如果画图条件为 0 画个园
    else{//如果画图条件为 1用背景色填充圆,相当于清除
        GUI_SetColor(GUI_BLACK);
```

```
            GUI_FillCircle(120 + i1, i, 13);
        }
        GUI_SetColor(GUI_WHITE);
    }
/* 卫星在图形坐标系的第三象限 */
    else if(b>180&&b< = 270){
        if(140 + i>230) i = 230; //判断是否超出大圆的边界
        else i = 140 + i;
        if(120 - i1<30) i1 = 30;
        else i1 = 120 - i1;
        for(i2 = 0;i2<12;i2 ++ ){
            if(star_run[i2] == d){//判断该颗卫星是否有效
                i2 = 12;
                GUI_SetColor(GUI_LIGHTRED);//设置为红色
            }
            else if(f! = 0xff){//有信号强度值
                i2 = 12;
                GUI_SetColor(GUI_GREEN); //设置为绿色
            }
        }
        GUI_SetFont(&GUI_Font8x8); //设置字体
        GUI_DispDecAt(d, i1 - 8, i - 3,2); //将这个卫星的序号显示出来
        if(c == 0) GUI_DrawCircle(i1, i, 10); //如果画图条件为 0 画个圆
        else{ //如果画图条件为 1 用背景色填充圆,相当于清除
            GUI_SetColor(GUI_BLACK);
            GUI_FillCircle(i1, i, 13);
        }
        GUI_SetColor(GUI_WHITE);
    }
/* 卫星在图形坐标系的第四象限 */
    else if(b>270&&b< = 360){
        if(140 - i<30) i = 30; //判断是否超出大圆的边界
        else i = 140 - i;
        if(120 - i1<30) i1 = 30;
        else i1 = 120 - i1;
        for(i2 = 0;i2<12;i2 ++ ){
            if(star_run[i2] == d){ //判断该颗卫星是否有效
                i2 = 12;
                GUI_SetColor(GUI_LIGHTRED); //设置为红色
            }
            else if(f! = 0xff){ //有信号强度值
                i2 = 12;
                GUI_SetColor(GUI_GREEN); //设置为绿色
```

```
            }
        }
        GUI_SetFont(&GUI_Font8x8); //设置字体
        GUI_DispDecAt(d, i1-8, i-3,2);//将这个卫星的序号显示出来
        if(c ==0) GUI_DrawCircle(i1, i, 10); //如果画图条件为 0 画个园
        else{//如果画图条件为 1 用背景色填充圆,相当于清除
            GUI_SetColor(GUI_BLACK);
            GUI_FillCircle(i1, i, 13);
        }
        GUI_SetColor(GUI_WHITE);
    }
}
```

4. 硬件平台初始化程序

硬件平台初始化程序,包括系统时钟初始化、中断源配置、USART 接口初始化、GPIO 端口初始化、触摸屏接口初始化等常用的配置,同时也实现了 USART 接口工作参数配置。

开发板硬件的初始化通过 BSP_Init()函数调用各接口功能函数实现,具体实现代码如下。

```
void BSP_Init(void)
{
    RCC_Configuration();//系统时钟初始化及端口外设时钟使能
    GPIO_Configuration();//状态 LED1 的初始化
    NVIC_Configuration();//中断源配置
    USART_Config(USART1,115200);//串口 1 配置
    USART_Config(USART2,9600);//串口 2 配置
    tp_Config(); //用于触摸电路的 SPI1 接口初始化
    FSMC_LCD_Init();//FSMC 接口初始化
}
```

大部分硬件接口初始化配置函数,我们在以前的章节中作过介绍,这里仅列出中断源配置函数 NVIC_Configuration(),该函数设置串口 2 中断及优先级,函数代码如下。

```
void NVIC_Configuration(void)
{
    NVIC_InitTypeDef NVIC_InitStructure;
    NVIC_PriorityGroupConfig(NVIC_PriorityGroup_0);
    NVIC_InitStructure.NVIC_IRQChannel = USART2_IRQn;//设置串口 2 中断
    NVIC_InitStructure.NVIC_IRQChannelSubPriority = 0; //子优先级 0
    NVIC_InitStructure.NVIC_IRQChannelCmd = ENABLE;
    NVIC_Init(&NVIC_InitStructure);
}
```

5. USART 模块底层驱动

串口底层程序这里指的是固件函数库中的文件 stm32f10x_usart.c,这部分代码,用户一般不需要修改。由于本书的大部分应用实例都采用了串口,而本章 GPS 通信实例,则硬件对象就是串口,所以我们安排在 16.2.2 小节列出了 USART 完整的库函数。表 16 - 72 列出了本例中被其他功能函数调用的主要库函数明细。

表 16 - 72　库函数调用列表

序　号	函　　数	功能描述
1	USART_Init	指定的参数初始化 USART 外设
2	USART_Cmd	使能或者禁止指定的 USART 外设
3	USART_ITConfig	使能或者禁止指定 USART 外设的中断

16.6　实例总结

本章介绍了 GPS 全球卫星定位系统的系统组成、工作原理以及 GPS 模块的 NMEA0183 格式标准输出语句。同时也对 STM32 处理器的 USART 接口相关库函数功能进行了详细介绍与说明。在 μC/OS-II 系统中实现了获取 GPS 的星历表以及位置状态信息,并通过 μC/GUI 图形界面显示出来。

本例的软件设计任务重点包括 4 条 NMEA0183 格式标准输出语句的协议解析算法,以及 μC/GUI 图形界面程序设计。

16.7　显示效果

将 GPS 模块加电接入 STM32 硬件开发平台的串口后,运行软件,GPS 通信实验的演示效果如图 16 - 5 所示。

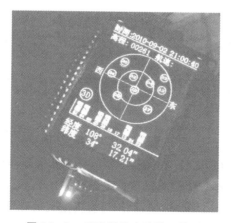

图 16 - 5　GPS 通信实验演示效果

第 **17** 章

智能小车驱动设计

目前智能小车在学习和竞赛上应用十分广泛,但作为小车主要部件的电机、电机驱动电路以及控制器的实现则较为麻烦,后两个因素成为制作的主要障碍。本例集中应用了 STM32F103 处理器的几个硬件资源与外围电机驱动与控制器件,构建智能小车驱动硬件系统。基于 μC/OS-II 系统及 μC/GUI 图形用户接口执行对智能小车的可视化控制。

17.1 智能小车应用系统概述

智能小车主要应用于车模、船模、航模、机器人等控制领域,一般由舵机、减速电机以及相应的驱动电路、感应检测单元、控制器等构成。本例偏重于讲述控制器硬件及控制器系统软件设计,对智能小车车体、转向机构以及动力驱动机构的设计则省略介绍。图 17-1 列出一个简单的智能小车系统的单元构成。

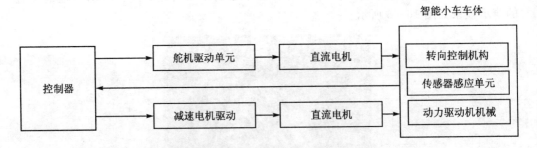

图 17-1 智能小车硬件构成

舵机驱动单元主要由直流减速电机、H 桥驱动电路等硬件单元电路构成。图 17-2 列出了舵机驱动单元完整的 H 桥驱动硬件电路。

直流减速电机的驱动则比较简单,利用可变占空比的脉宽调制(PWM)信号再加上驱动三极管,便可驱动并调节减速电机的速度。

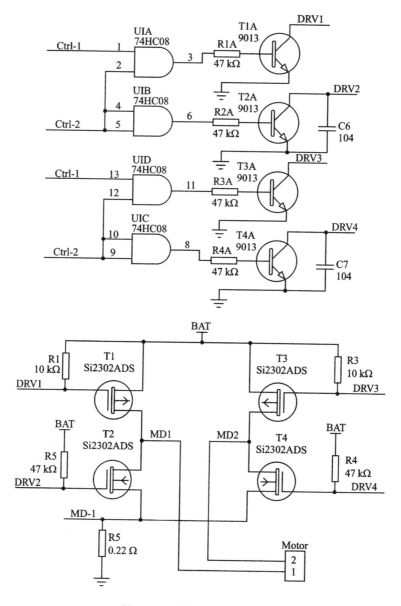

图 17 - 2　舵机 H 桥驱动电路

　　控制器主要完成舵机的控制逻辑与角度参数、减速电机的速度控制等,具有多个定时器资源的控制器则成为首选。

17.2　STM32 处理器通用定时器概述

　　本例的智能小车驱动控制器采用 STM32F103 处理器,因为其内部定时器资源丰富,本节将对 STM32F103 处理器的定时器做简单介绍。

　　STM32 处理器的通用定时器由一个可编程预分频器驱动的 16 位自动装载计数器构成。它适用于多种场合,包括测量输入信号的脉冲长度(输入捕获)或者产生输出波形(输出比较和 PWM)。使用定时器预分频器和 RCC 时钟控制器预分频器,脉冲长度和波形周期可以在几个微秒到几个毫秒间调整。每个定时器都是完全独立的,没有互相共享任何资源。它们可以一起同步操作。STM32 处理器的通用定时器的功能框图如图 17 - 3 所示,它共有 TIM2、TIM3、TIM4、TIM5,4 个定时器,其主要特点如下。

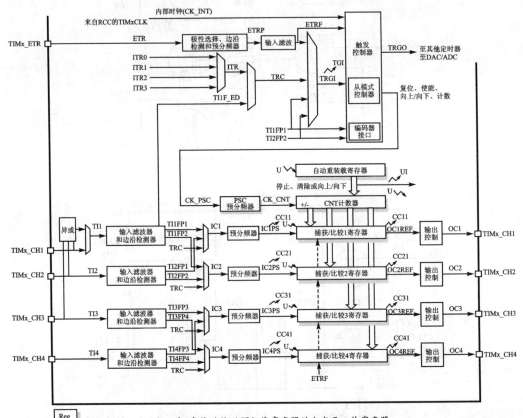

图 17 - 3　通用定时器功能框图

- 16 位向上、向下、向上/向下自动装载计数器。
- 16 位可编程(可以实时修改)预分频器,计数器时钟频率的分频系数为 1~65 536 之间的任意数值。
- 4 个独立通道:
　　——输入捕获;
　　——输出比较;
　　——PWM 生成(边缘或中间对齐模式);

　　——单脉冲模式输出。
- 使用外部信号控制定时器。
- 如下事件发生时产生中断/DMA：
　　—— 更新，计数器向上溢出/向下溢出，计数器初始化（通过软件或者内部/外部触发）；
　　——触发事件（计数器启动、停止、初始化或者由内部/外部触发计数）；
　　——输入捕获；
　　——输出比较。
- 支持针对定位的增量（正交）编码器和霍尔传感器电路。
- 触发输入可作为外部时钟。

17.2.1　时基单元

　　可编程通用定时器的主要部分是时基单元，它由 1 个 16 位计数器和与其相关的自动装载寄存器组成。这个计数器可以向上计数、向下计数或者向上向下双向计数。此计数器时钟由预分频器分频得到。计数器、自动装载寄存器和预分频器寄存器可以由软件读写，在计数器运行时仍可以读写。时基单元包含 3 个部分如下：
- 计数器寄存器（TIMx_CNT）；
- 预分频器寄存器（TIMx_PSC）；
- 自动装载寄存器（TIMx_ARR）。

17.2.2　PWM 模式

　　脉冲宽度调制模式可以产生一个由 TIMx_ARR 寄存器确定频率、由 TIMx_CCRx 寄存器确定占空比的信号。

　　在 TIMx_CCMRx 寄存器中的 OCxM 位写入‘110’（PWM 模式 1）或‘111’（PWM 模式 2），能够独立地设置每个 OCx 输出通道产生一路 PWM。必须设置 TIMx_CCM-Rx 寄存器 OCxPE 位以使能相应的预装载寄存器，最后还要设置 TIMx_CR1 寄存器的 ARPE 位，（在向上计数或中心对称模式中）使能自动重装载的预装载寄存器。

17.3　设计目标

　　本章设计了两个实例，首先采用 STM32MINI（也可以更换到 STM32V3 平台）开发板作为智能小车平台的控制器，利用 STM32F103 处理器的定时器 2 和定时器 3 实现智能小车的慢速直行、快速直行、转弯、倒行等功能。相关的参数设置通过 μC/GUI 图形界面程序设置，智能小车的运行状态和命令设置可由串口监控和解析。

　　此外考虑到实验的便利性，我们在此章追加了简单的电机驱动板，用于直接演示定时器 3 的四个通道输出 PWM 信号控制直流电机正转、反转、停止。这个实例我们只给出了功能完整的硬件应用配置与底层驱动代码,作为如何自行在 μC/OS-Ⅱ系统下设计 μC/GUI 图形用户界面控制硬件设备的实例思考题,请大家在系统软件设计结构框架下,遵循前面所讲的 μC/OS-Ⅱ系统下构建 μC/GUI 图形用户界面的一般设计步骤完成设计。

17.4　硬件电路设计

实例 1 的硬件电路基于 STM32MINI 开发板,其硬件电路只需要引出相关引脚与智能小车驱动板连接即可,当然大家只需要轻微的硬件引脚调整就可以用于 STM32V3 开发板。该驱动板可以驱动一个舵机用于转向,驱动一个减速电机用于行进。控制连接如下(注:PWM2 未接,作为保留功能)。相关引出引脚的完整功能如表 17-1 所列。

智能小车的状态控制由 CTRL1、CTRL2、CTRL3 三个引脚组成,其控制的逻辑真值表如表 17-2 所列。

表 17-1　STM32MINI 开发板引脚功能

引脚名	功能定义
PC6	PWM1,减速电机控制 1
PC7	PWM2,减速电机控制 2
PB10	PWM 输出信号,舵机控制
PB12	CTRL1,检测信号,低电平刹车
PB13	CTRL3,舵机控制逻辑
PB15	CTRL2,舵机控制逻辑

表 17-2　逻辑真值表

CTRL1	CTRL2	CTRL3	智能小车状态
×	0	0	刹车
PWM	0	1	反转
PWM	1	0	正转
0	1	1	惰行
1	1	1	刹车

实例 2 外围硬件采用的是电机驱动板,利用全桥驱动芯片 IR2110S 或半桥驱动芯片 IR3103S(驱动芯片可二选一)构建的一个 H 桥式驱动电路。

电路得名于"H 桥式驱动电路"主要是沿革于它的形状酷似字母 H。4 个三极管组成 H 的 4 条垂直腿,而电机就是 H 中的横杠。

如图 17-4 所示,H 桥式电机驱动电路包括 4 个三极管和一个电机。要使电机运转,必须导通对角线上的一对三极管。根据不同三极管对的导通情况,电流可能会从左至右或从右至左流过电机,从而控制电机的转向。

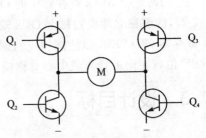

图 17-4　H 桥式驱动电路示意图

当 Q1 管和 Q4 管导通时,电流就从电源正极经 Q1 从左至右穿过电机,然后再经 Q4 回到电源负极,电流将从左至右流过电机,从而驱动电机按特定方向(假设按顺时针,正方向)。正转的示意图如图 17-5 所示。

当三极管 Q2 和 Q3 导通时,电流将从右至左流过电机,从而驱动电机沿另一方向转动,反转的示意图如图 17-6 所示。

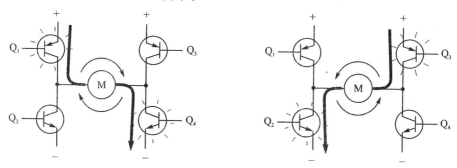

图 17-5 H 桥电路驱动电机顺时针转动示意图 图 17-6 H 桥电路驱动电机逆时针转动示意图

本例的驱动管采用的是 NMOS 管 IRF2807,由于 STM32F103 处理器的 I/O 引脚无法直接驱动 NMOS 管,所以前端加了全桥或半桥驱动芯片,实例 2 电机驱动板原理图如图 17-7 所示。

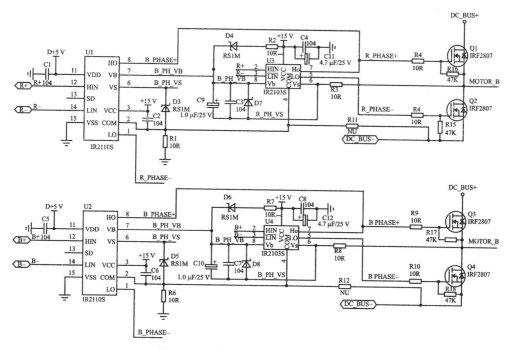

图 17-7 电机驱动板硬件电路原理图

17.5 应用实例软件设计

本节实例软件设计分成两个应用实例,其中智能小车设计实例基于 μC/OS-Ⅱ 系统和 μC/GUI 图形系统,电机驱动应用实例则作为本书的例题,由读者在完整的硬件应用程序环境下架构 μC/OS-Ⅱ 系统和 μC/GUI 图形系统实现控制。

17.5.1 智能小车驱动实例系统软件设计

本例智能小车驱动设计实例的系统软件设计主要针对如下几个部分:

(1) μC/OS-Ⅱ系统建立任务,包括系统主任务、μC/GUI 图形用户接口任务、触摸屏任务、串口 1 通信任务等;

(2) μC/GUI 图形界面程序,创建了三个滑动条控件和多个按钮控件来控制减速电机和舵机等;

(3) 中断服务程序,本例有三个中断处理函数,一个是 SysTickHandler() 函数为 μC/OS-Ⅱ系统节拍时钟,本例省略介绍;另外两个分别是外部中断处理函数 EXTI15_10_IRQHandler() 和串口 1 中断处理函数 USART1_IRQHandler()。

(4) 硬件平台初始化程序,包括系统时钟初始化、中断源配置、SPI 接口及触摸屏接口初始化、GPIO 端口初始化、USART 接口初始化等常用配置,同时也包括舵机控制初始化、减速电机控制初始化等;

(5) 定时器 2 和定时器 3 硬件底层驱动,用于 PWM 输出、2 路减速电路以及 1 路舵机的控制等功能;

(6) 串行闪存 SST25VF016B 硬件应用配置与底层函数,本例使用了 SST25_R_BLOCK()、SST25_W_BLOCK()、和 sect_clr() 三个函数及一个初始化函数 SPI_Flash_Init()。

本例软件设计所涉及的系统软件结构如表 17 - 3 所列,主要程序文件及功能说明如表 17 - 4 所列。

表 17 - 3   智能小车驱动设计实例的软件结构

应用软件层			
应用程序 app. c			
系统软件层			
μC/GUI 用户应用程序 Fun. c	操作系统		中断管理系统
μC/GUI 图形系统文件	μC/OS-Ⅱ 系统		异常与外设中断处理模板
μC/GUI 系统驱动接口 lcd_ucgui. c,lcd_api. c	μC/OS-Ⅱ/Port μC/OS-Ⅱ/CPU μC/OS-Ⅱ/Source		stm32f10x_it. c
μC/GUI 系统移植部分 lcd. c			
CMSIS 层			
Cortex-M3 内核外设访问层	STM32F10x 设备外设访问层		
core_cm3. c core_cm3. h	启动代码 (stm32f10x_startup. s)	stm32f10x. h system_stm32f10x. c	system_stm32f10x. h
硬件抽象层			
硬件平台初始化 bsp. c			

硬件外设层			
定时器模块应用与 驱动程序	SST25VF016B 驱动与 应用配置	液晶屏接口 应用配置程序	LCD 控制器驱动程序
stm32f10x_tim. c	spi_flash. c	fsmc_sram. c	lcddrv. c
其他通用模块驱动程序			
misc. c、stm32f10x_fsmc. c、stm32f10x_gpio. c、stm32f10x_rcc. c、stm32f10x_spi. c、stm32f10x_exti. c、 stm32f10x_usart. c 等			

表 17 - 4　智能小车驱动设计程序文件功能说明

程序文件名称	程序文件功能说明
App. c	主程序,μC/OS-Ⅱ系统建立任务,包括系统主任务、μC/GUI 图形用户接口任务、串口 1 通信任务等
Fun. c	μC/GUI 图形用户接口,创建了三个滑动条控件和多个按钮控件来控制减速电机和 舵机运行参数
stm32f10x_it. c	包括三个中断处理函数:SysTickHandler()、EXTI15_10_IRQHandler()和串口 1 中 断处理函数 USART1_IRQHandle()
bsp. c	硬件平台初始化程序,包括系统时钟初始化、中断源配置、USART 接口初始化、舵机 控制初始化、减速电机控制初始化等
tim. c	定时器 2 和定时器 3 硬件配置,用于 2 路减速电机和 1 路舵机控制
spi_flash. c	SST25VF016B 的底层驱动,主要用于减速电机、舵机的设置参数读取、写入操作以及 硬件接口的初始化

1. μC/OS-Ⅱ系统任务

μC/OS-Ⅱ系统建立任务,包含系统主任务、μC/GUI 图形用户接口任务、触摸屏任务、串口 1 通信任务、空闲任务以及统计时间运行任务,同时也是本例系统软件的主程序。

主程序集中在 main()入口函数,完成 μC/OS-Ⅱ系统初始化、硬件平台初始化、建立主任务、设置节拍计数器以及启动 μC/OS-Ⅱ系统等。

启动任务由 App_TaskStart()函数来完成,再调用 App_TaskCreate()函数建立 2 个其他任务:

- OSTaskCreateExt(AppTaskUserIF,…用户界面任务);
- OSTaskCreateExt(AppTaskKbd,…触摸驱动任务);
- OSTaskCreateExt(Task_Com1,…建立串口 1 收发任务)。

App_TaskCreate()函数建立的用户界面任务和触摸屏任务均为系统最常用配置,代码与其他章节实例完全类似,本节的串口 1 通信任务是介绍重点。除建立了这 3 个任务之外,App_TaskCreate()函数还定义了一个邮箱,意味着后述将采用邮箱通信机制,该定义列出如下。

```
Com1_MBOX = OSMboxCreate((void * ) 0);       //建立串口 1 中断的邮箱
```

● 串口 1 通信任务函数 Task_Com1 ()

本任务采用了邮箱通信机制,使用邮箱操作函数 OSMboxPend()等待另外的任务或进程发出一个同步消息到邮箱。同步后串口 1 通信任务才开始解析命令,根据命令分类(如表 17-5 所示)进行电机参数提取,解析并计算后存入 SST25VF016 闪存,有些参数则是直接用于配置电机运行状态的。

表 17-5   命令参数的设置分类

命令参数值		对应的指令解析位所代表的具体意义				
位 0	位 1	位 2	位 3	位 4	位 5	位 6
0	0	舵机转向角度	减速电机 1 转速	减速电机 1 转向	减速电机 2 转速	减速电机 2 转向
0	1	舵机转向角度				
0	2	减速电机 1 的转速				
0	3	减速电机 1 的转向				
0	4	减速电机 2 的转速				
0	5	减速电机 2 的转向				
0	6	位 2=0,刹车 位 2=1,正转 位 2=2,反转 位 2=3,惰行				
0	0x10	位 2=0,停止 位 2=1,启动(根据控制端决定正反转)				

由此可见串口 1 通信任务的主要作用是从邮箱中接收消息,然后从消息中提取参数,并对电机运行状态进行设置等,函数代码清单列出如下。

```
static void Task_Com1(void * p_arg){
    TIM_OCInitTypeDef TIM2_OCInitStructure;
    TIM_OCInitTypeDef TIM3_OCInitStructure;
    INT8U err;
    unsigned char * msg;
    (void)p_arg;
    while(1){
        /* 等待串口接收指令的消息邮箱 */
        msg = (unsigned char * )OSMboxPend(Com1_MBOX,0,&err);//等待一个消息发送到邮箱
        /* 根据消息类型 00 提取参数设置 */
        if(msg[1] == 0){ //电机参数设置命令 00
            jd1 = msg[2]; //舵机转向角度 0-180 代表实际的 -90---90,90 代表中间 0
            PWM1 = msg[3];//减速电机 1 的转速
            DIR1 = msg[4]; //减速电机 1 的转向
```

```
            PWM2 = msg[5];//减速电机 2 的转速
            DIR2 = msg[6];//减速电机 2 的转向
            jd1t = jd1;//角度值
            PWM1t = PWM1;//PWM1 占空比参数
            PWM2t = PWM2;//PWM2 占空比参数
            CCR3_Val = 1125 + jd1 * 25;//计算出舵机 TIM2 - CC3 配置的占空比参数
            CCR1_Val = 180 * PWM1;//计算出减速电机 1 TIM3 - CC1 配置的占空比参数
            CCR2_Val = 180 * PWM2;//计算出减速电机 2 TIM3 - CC2 配置的占空比参数
            /* 参数存入闪存 */
            SST25_buffer[0] = jd1t;
            SST25_buffer[1] = PWM1;
            SST25_buffer[2] = PWM2;
            sect_clr(0);//扇区擦除
            SST25_W_BLOCK(0,SST25_buffer,4096);//将参数写到 0 页
        }
        /* 根据消息类型 01 提取参数设置 */
        else if(msg[1] == 1){ //舵机转向角度设置 01
            jd1 = msg[2];//舵机转向角度 0 - 180 代表实际的 - 90 - - - 90,90 代表中间 0
            jd1t = jd1;
            CCR1_Val = 1125 + jd1 * 25;//计算出舵机 TIM2 - CC3 配置的占空比参数
            SST25_buffer[0] = jd1t;
            sect_clr(0);
            /* 参数保存 */
            SST25_W_BLOCK(0,SST25_buffer,4096);//将参数写到 0 页
        }
        /* 根据消息类型 02 提取参数设置 */
        else if(msg[1] == 2){ //减速电机 1 转速设置　02
            PWM1 = msg[2];//减速电机 1 的转速
            PWM1t = PWM1;
            CCR2_Val = 180 * PWM1t;//减速电机 1 的转速
            SST25_buffer[1] = PWM1;
            sect_clr(0);
            /* 参数保存 */
            SST25_W_BLOCK(0,SST25_buffer,4096);//将参数写到 0 页
        }
        /* 根据消息类型 03 提取参数设置 */
        else if(msg[1] == 3){ //减速电机 1 转向设置 03
            DIR1 = msg[2];//减速电机 1 的转向
        }
        /* 根据消息类型 04 提取参数设置 */
        else if(msg[1] == 4){ //减速电机 2 转速设置 04
            PWM2 = msg[2];//减速电机 2 的转速
            PWM2t = PWM2;
```

```
        /* 参数保存 */
        CCR3_Val = 180 * PWM2t;//减速电机 2 的转速
        SST25_buffer[2] = PWM2;
        sect_clr(0);//扇区擦除
        SST25_W_BLOCK(0,SST25_buffer,4096);//将参数写到 0 页
}
/* 根据消息类型 05 提取参数设置 */
else if(msg[1] == 5){//减速电机 1 转向设置    05
        DIR2 = msg[2]; //减速电机 2 的转向
}
/* 根据消息类型 06 需要组合位 2 和位 3 的值提取参数设置 */
else if(msg[1] == 6){ //减速电机 1 运转状态设置    06
        /* 位 2 = 0 */
        if(msg[2] == 0) {//刹车
            MOTOR_ST = 1;
        }
        /* 位 2 = 1 或位 2 = 1 */
        else if(msg[2] == 1||msg[2] == 2) {      //正转/反转
            MOTOR_ST = 0;
        }
        /* 位 2 = 3 */
        else if(msg[2] == 3) { //惰行
            MOTOR_ST = 2;
        }
}
/* 根据消息类型的位 1 = 0x10 组合位 2 值提取参数直接对定时器进行配置 */
else if(msg[1] == 0x10){ //启动/停止 07
        /* 位 2 = 0 */
        if(msg[2] == 0) {//停止
            TIM2_OCInitStructure.TIM_OutputState = TIM_OutputState_Disable;
            TIM_OC3Init(TIM2, &TIM2_OCInitStructure);
            TIM_OC3PreloadConfig(TIM2, TIM_OCPreload_Disable);
            TIM_Cmd(TIM2,ENABLE);
            TIM3_OCInitStructure.TIM_OutputState = TIM_OutputState_Disable;
            TIM_OC2Init(TIM3, &TIM3_OCInitStructure);
            TIM_OC2PreloadConfig(TIM3, TIM_OCPreload_Disable);
            TIM3_OCInitStructure.TIM_OutputState = TIM_OutputState_Disable;
            TIM_OC1Init(TIM3, &TIM3_OCInitStructure);
            TIM_OC1PreloadConfig(TIM3, TIM_OCPreload_Disable);
            TIM_Cmd(TIM3,ENABLE);
        }
        /* 位 2 = 1 */
        else if(msg[2] == 1) { //启动
```

```
            MOTOR_ST = 0;
            if(DIR1 == 0){        //减速电机 1 反转
                CTRL2_0;
                CTRL3_1;
            }
            else {//减速电机 1 正转
                CTRL2_1;
                CTRL3_0;
            }
            CCR1_Val = 1125 + jd1 * 25;
            CCR2_Val = 180 * PWM1;
            CCR3_Val = 180 * PWM2;
            TIM3_OCInitStructure.TIM_Pulse = CCR3_Val;
            TIM3_OCInitStructure.TIM_OutputState = TIM_OutputState_Enable;
            TIM_OC2Init(TIM3, &TIM3_OCInitStructure);
            TIM_OC2PreloadConfig(TIM3, TIM_OCPreload_Disable);
            TIM3_OCInitStructure.TIM_Pulse = CCR2_Val;
            TIM3_OCInitStructure.TIM_OutputState = TIM_OutputState_Enable;
            TIM_OC1Init(TIM3, &TIM3_OCInitStructure);
            TIM_OC1PreloadConfig(TIM3, TIM_OCPreload_Disable);
            TIM_Cmd(TIM3,ENABLE);
            TIM2_OCInitStructure.TIM_Pulse = CCR1_Val;
            TIM2_OCInitStructure.TIM_OutputState = TIM_OutputState_Enable;
            TIM_OC3Init(TIM2, &TIM2_OCInitStructure);
            TIM_OC3PreloadConfig(TIM2, TIM_OCPreload_Disable);
            TIM_Cmd(TIM2,ENABLE);
        }
    }
}
}
```

2. 中断处理程序

中断处理程序,除 μC/OS-Ⅱ 系统节拍时钟函数 SysTickHandler()之外,还有外部中断处理函数 EXTI15_10_IRQHandler()和串口 1 中断处理函数 USART1_IRQHandle(),这两个函数将作重点介绍。

● USART1_IRQHandle()函数

串口 1 中断处理程序采用了信号量通信机制,接收数据完成后,使用信号量操作函数 OSSemPost()函数发送一个消息到邮箱,通知串口 1 通信任务开始执行消息参数解析及电机运行状态配置等,实现了串口 1 中断与串口 1 通信任务之间的同步。

```
void USART1_IRQHandler(void)
{
```

```
unsigned char msg[50];
OS_CPU_SR cpu_sr;
OS_ENTER_CRITICAL();//保存全局中断标志,关总中断
OSIntNesting ++ ;//中断嵌套标志
OS_EXIT_CRITICAL();//恢复全局中断标志
/ * 检测接收数据寄存器非空中断标志是否产生 * /
if(USART_GetITStatus(USART1, USART_IT_RXNE) ! = RESET)
{
    / * 接收数据寄存器内数据存到接收缓冲区里 * /
    msg[RxCounter1 ++ ] = USART_ReceiveData(USART1);
    if(msg[0]! = 0xaa) {
        RxCounter1 = 0;//判断是否是同步头,不是的话,重新接收
    }
    / * 整体接收的字节超过 5 个字节 * /
    if(RxCounter1>5){
    / * 判断结束标志是否是 0xcc 0x33 0xc3 0x3c * /
    if(msg[RxCounter1 - 4] == 0xcc&&msg[RxCounter1 - 3] == 0x33&&
        msg[RxCounter1 - 2] == 0xc3&&msg[RxCounter1 - 1] == 0x3c)
        {
            msg[RxCounter1] = 0; //接收缓冲区终止符
            RxCounter1 = 0;
            / * 将接收到的数据通过消息邮箱传递给串口 1 接收解析任务 * /
            OSMboxPost(Com1_MBOX,(void * )&msg);
        }
    }
}
if(USART_GetITStatus(USART1, USART_IT_TXE) ! = RESET)
{
    / * 发送数据寄存器空中断禁止 * /
    USART_ITConfig(USART1, USART_IT_TXE, DISABLE);
}
OSIntExit(); //如果有更高优先级的任务就绪了,则执行一次任务切换
}
```

● EXTI15_10_IRQHandler()函数

外部中断处理函数 EXTI15_10_IRQHandler(),函数代码如下。

```
void EXTI15_10_IRQHandler(void)
{
    OS_CPU_SR cpu_sr;
    OS_ENTER_CRITICAL();  //保存全局中断标志,关总中断
    OSIntNesting ++ ;
    OS_EXIT_CRITICAL();        //恢复全局中断标志
    / * 判断外部 EXTI12 中断是否产生 * /
```

```
if(EXTI_GetITStatus(EXTI_Line12) != RESET)
{
    /* 判断是否是检测信号线变低 */
    if(GPIO_ReadInputDataBit(GPIOB,GPIO_Pin_12) == 0){
    /* 如果检测信号变低则刹车 */
    CTRL2_0;//刹车
    CTRL3_0;
    }
    /* 清除外部中断请求标志 */
    EXTI_ClearITPendingBit(EXTI_Line12);
}
OSIntExit();//如有更高优先级任务就绪了,则执行一次任务切换
}
```

3. μC/GUI 图形界面程序

μC/GUI 图形用户接口,创建了三个滑动条控件和多个按钮控件来设置减速电机和舵机运行参数,并能够实现参数保存功能。

本例仍然分为创建对话框窗体、资源列表、对话框过程函数三大功能块介绍软件设计流程。

● 用户界面显示函数 Fun()

μC/GUI 图形界面程序的函数主要包括建立对话框窗体、按钮控件、文本控件、滑动条控件、文本编辑框控件以及相关字体、背景色、前景色等参数设置。本函数利用 GUI_CreateDialogBox() 函数创建对话框窗体,指定包含的资源表、资源数目以及回调函数。

```
/* 外部引用函数,读 SST25VF016B 的扇区 0 */
extern void SST25_R_BLOCK(unsigned long addr, unsigned char * readbuff,
unsigned int BlockSize);
/* 外部引用函数,用于将参数写入 SST25VF016B 的扇区 0 */
extern void SST25_W_BLOCK(uint32_t addr, u8 * readbuff, uint16_t BlockSize);
/* 外部引用函数,指定扇区擦除 */
extern void sect_clr(unsigned long a1);
/* 值改变函数定义,用于窗体回调函数内的动作代码 */
static void _OnValueChanged(WM_HWIN hDlg, int Id);
WM_HWIN hWin;
WM_HWIN text0,text1,text2,text3,edit0,edit1,edit2,slider0,slider1,slider2;
GUI_COLOR DesktopColorOld;
const GUI_FONT * pFont = &GUI_FontHZ_SimSun_24;//字体设置
void Fun(void) {
    /* 外部函数用于 TIM2 和 TIM3 配置 */
    extern TIM_TimeBaseInitTypeDef TIM2_TimeBaseStructure;
    extern TIM_OCInitTypeDef TIM2_OCInitStructure;
```

```
extern TIM_TimeBaseInitTypeDef TIM3_TimeBaseStructure;
extern TIM_OCInitTypeDef TIM3_OCInitStructure;
/ * 打开鼠标光标显示 * /
GUI_CURSOR_Show();
WM_SetCreateFlags(WM_CF_MEMDEV); / * 自动使用存储设备 * /
DesktopColorOld = WM_SetDesktopColor(GUI_BLUE);
/ * 建立窗体,包含了资源列表,资源数目,并指定回调函数 * /
hWin = GUI_CreateDialogBox(aDialogCreate, GUI_COUNTOF(aDialogCreate),
_cbCallback, 0, 0, 0);
/ * 设置窗体字体 * /
FRAMEWIN_SetFont(hWin, pFont);
/ * 读出舵机及减速电机的设置参数,这些参数已在串口 1 通信任务保存 * /
SST25_R_BLOCK(0,SST25_buffer,4096);
/ * * * * * * * *分别从 SST25VF016B 闪存中提取参数,并设置 * * * * * * * * /
/ * 获取舵机的转向角度 * /
jd1 = SST25_buffer[0];
/ * 获取减速电机 1 的速度参数 * /
PWM1 = SST25_buffer[1];
/ * 获取减速电机 2 的速度参数 * /
PWM2 = SST25_buffer[2];
MOTOR_ST = 0; //正常状态.
/ * 参数越界处理 * /
if(jd1>180) jd1 = 90;
if(PWM1>100) PWM1 = 100;
if(PWM2>100) PWM2 = 100;
jd1t = jd1;
PWM1t = PWM1;
PWM2t = PWM2;
/ * 计算实际参数 * /
CCR3_Val = 1125 + jd1 * 25; //舵机 TIM2 - CC3 的占空比参数
CCR1_Val = 180 * PWM1; //减速电机 1 TIM3 - CC1 的占空比参数
CCR2_Val = 180 * PWM2; //减速电机 2 TIM3 - CC2 的占空比参数
/ * 获得文本控件的句柄 * /
text0 = WM_GetDialogItem(hWin, GUI_ID_TEXT0);
text1 = WM_GetDialogItem(hWin, GUI_ID_TEXT1);
text2 = WM_GetDialogItem(hWin, GUI_ID_TEXT2);
text3 = WM_GetDialogItem(hWin, GUI_ID_TEXT3);
/ * 获得滑动条控件的句柄 * /
slider0 = WM_GetDialogItem(hWin, GUI_ID_SLIDER0);
slider1 = WM_GetDialogItem(hWin, GUI_ID_SLIDER1);
slider2 = WM_GetDialogItem(hWin, GUI_ID_SLIDER2);
/ * 获得文本编辑框控件的句柄 * /
edit0 = WM_GetDialogItem(hWin, GUI_ID_EDIT0);
```

```
edit1 = WM_GetDialogItem(hWin, GUI_ID_EDIT1);
edit2 = WM_GetDialogItem(hWin, GUI_ID_EDIT2);
/*设置文本编辑框控件的字体*/
EDIT_SetFont(edit0,&GUI_FontComic18B_1);
EDIT_SetFont(edit1,&GUI_FontComic18B_1);
EDIT_SetFont(edit2,&GUI_FontComic18B_1);
/*设置文本编辑框控件采用十进制,范围0~180,标示-90~90度的角度*/
EDIT_SetDecMode(edit0,jd1,0,180,0,0);
EDIT_SetDecMode(edit1,PWM1,0,100,0,0);
EDIT_SetDecMode(edit2,PWM2,0,100,0,0);
/*设置文本编辑框控件的字体*/
TEXT_SetFont(text0,pFont);
TEXT_SetFont(text1,pFont);
TEXT_SetFont(text2,pFont);
/*设置文本编辑框控件的字体颜色*/
TEXT_SetTextColor(text0,GUI_WHITE);
TEXT_SetTextColor(text1,GUI_WHITE);
TEXT_SetTextColor(text2,GUI_WHITE);
TEXT_SetTextColor(text3,GUI_WHITE);
/*设置滑动条控件的取值范围0~180*/
SLIDER_SetRange(slider0,0,180);
SLIDER_SetRange(slider1,0,100);
SLIDER_SetRange(slider2,0,100);
/*设置滑动条控件的值*/
SLIDER_SetValue(slider0,jd1);
SLIDER_SetValue(slider1,PWM1);
SLIDER_SetValue(slider2,PWM2);
/*在屏幕下建立5个按键*/
_ahButton[0] = BUTTON_Create(0,200,64,40,GUI_KEY_F1,WM_CF_SHOW
                | WM_CF_STAYONTOP | WM_CF_MEMDEV);
_ahButton[1] = BUTTON_Create(64, 200, 64,40, GUI_KEY_F2 , WM_CF_SHOW
                | WM_CF_STAYONTOP | WM_CF_MEMDEV);
_ahButton[2] = BUTTON_Create(128, 200, 64,40, GUI_KEY_F3 , WM_CF_SHOW
                | WM_CF_STAYONTOP | WM_CF_MEMDEV);
_ahButton[3] = BUTTON_Create(192, 200, 64,40, GUI_KEY_F4 , WM_CF_SHOW
                | WM_CF_STAYONTOP | WM_CF_MEMDEV);
_ahButton[4] = BUTTON_Create(256, 200, 64,40, GUI_KEY_F5, WM_CF_SHOW
                | WM_CF_STAYONTOP | WM_CF_MEMDEV);
/*获得按钮控件的句柄*/
_ahButton[5] = WM_GetDialogItem(hWin, GUI_ID_BUTTON0);
_ahButton[6] = WM_GetDialogItem(hWin, GUI_ID_BUTTON1);
/*设置按钮控件的状态颜色*/
BUTTON_SetBkColor(_ahButton[5],0,GUI_GRAY);
```

```
BUTTON_SetBkColor(_ahButton[5],1,GUI_WHITE);
BUTTON_SetBkColor(_ahButton[6],0,GUI_GRAY);
BUTTON_SetBkColor(_ahButton[6],1,GUI_WHITE);
BUTTON_SetFont(_ahButton[5],pFont);
BUTTON_SetFont(_ahButton[6],pFont);
//按键字体设置
BUTTON_SetFont(_ahButton[0],pFont);//GUI_Font16_ASCII
BUTTON_SetFont(_ahButton[1],pFont);//GUI_Font16_ASCII
BUTTON_SetFont(_ahButton[2],pFont);//GUI_Font16_ASCII
BUTTON_SetFont(_ahButton[3],pFont);//GUI_Font16_ASCII
BUTTON_SetFont(_ahButton[4],pFont);//GUI_Font16_ASCII
//按键背景色设置
BUTTON_SetBkColor(_ahButton[0],0,GUI_GRAY);
BUTTON_SetBkColor(_ahButton[1],0,GUI_GRAY);
BUTTON_SetBkColor(_ahButton[2],0,GUI_GRAY);
BUTTON_SetBkColor(_ahButton[3],0,GUI_GRAY);
BUTTON_SetBkColor(_ahButton[4],0,GUI_GRAY);
//按键前景色设置
BUTTON_SetTextColor(_ahButton[0],0,GUI_WHITE);
BUTTON_SetTextColor(_ahButton[1],0,GUI_WHITE);
BUTTON_SetTextColor(_ahButton[2],0,GUI_WHITE);
BUTTON_SetTextColor(_ahButton[3],0,GUI_WHITE);
BUTTON_SetTextColor(_ahButton[4],0,GUI_WHITE);
BUTTON_SetTextColor(_ahButton[5],0,GUI_WHITE);
BUTTON_SetTextColor(_ahButton[6],0,GUI_WHITE);
curs = 0;
while (1)
{

/* 检测信号线未变低 */
if(GPIO_ReadInputDataBit(GPIOB,GPIO_Pin_12) == 1){
    if(DIR1 == 0&&MOTOR_ST == 0){ //减速电机 1 反转
        CTRL2_0;
        CTRL3_1;
    }
    else if(DIR1 == 1&&MOTOR_ST == 0){      //减速电机 1 正转
        CTRL2_1;
        CTRL3_0;
    }
}
key = GUI_GetKey();//实时获得触摸按键的值
if(key == 40) num = 1;      //F1
else if(key == 41) num = 2;     //F2
else if(key == 42) num = 3;     //F3
```

```
else if(key == 43) num = 4;      //F4
else if(key == 44) num = 5;      //F5
else if(key == 0x170) num = 6;   //DIR1－－减速电机转动方向
else if(key == 0x171) num = 7;   //DIR2－－减速电机转动方向
switch(num){
    case 1: //F1－－修改参数,会使所有电机停止运转
        if(curs == 0){
            curs = 1;
            SLIDER_SetValue(slider0,jd1);
            SLIDER_SetValue(slider1,PWM1);
            SLIDER_SetValue(slider2,PWM2);
            /*停止各电机的运转*/
            TIM2_OCInitStructure.TIM_OutputState = TIM_OutputState_Disable;
            TIM_OC3Init(TIM2, &TIM2_OCInitStructure);
            TIM_OC3PreloadConfig(TIM2, TIM_OCPreload_Disable);
            TIM_Cmd(TIM2,ENABLE);
            TIM3_OCInitStructure.TIM_OutputState = TIM_OutputState_Disable;
            TIM_OC2Init(TIM3, &TIM3_OCInitStructure);
            TIM_OC2PreloadConfig(TIM3, TIM_OCPreload_Disable);
            TIM3_OCInitStructure.TIM_OutputState = TIM_OutputState_Disable;
            TIM_OC1Init(TIM3, &TIM3_OCInitStructure);
            TIM_OC1PreloadConfig(TIM3, TIM_OCPreload_Disable);
            TIM_Cmd(TIM3,ENABLE);
        }
        else{   //F2   保存修改设置
            curs = 0;
            jd1 = jd1t;
            PWM1 = PWM1t;
            PWM2 = PWM2t;
            SST25_buffer[0] = jd1t;
            SST25_buffer[1] = PWM1;
            SST25_buffer[2] = PWM2;
            sect_clr(0);//清 0 扇区
            //将参数写到 SST25VF016B 闪存的 0 扇区
            SST25_W_BLOCK(0,SST25_buffer,4096);
        }
        num = 0;
        break;
    case 2:    //F3   增加键
        if(curs! = 0){
            if(curs == 1){//修改舵机的转向角度 0－180(标示－90－－90),90 为中间位置 0
                jd1t ++;
                /*角度值最大值为 180*/
```

```
        if(jd1t>180) jd1t = 180;
        /*将角度值作为滑动条 0 当前值*/
        SLIDER_SetValue(slider0,jd1t);
        /*将角度值作为文本 0 当前值*/
        EDIT_SetValue(edit0,jd1t);
    }
    else if(curs == 2){ //修改减速电机 1 转速,0~100,值越大速度越快
        PWM1t ++ ;
        /*PWM1 最大值为 100*/
        if(PWM1t>100) PWM1t = 100;
        /*将 PWM1 值作为滑动条 1 当前值*/
        SLIDER_SetValue(slider1,PWM1t);
        /*将 PWM1 值作为文本 1 当前值*/
        EDIT_SetValue(edit1,PWM1t);
    }
    else if(curs == 3){ //修改减速电机 1 转速,0~100,值越大速度越快
        PWM2t ++ ;
        /*PWM2 最大值为 100*/
        if(PWM2t>100) PWM2t = 100;
        /*将 PWM2 值作为滑动条 2 当前值*/
        SLIDER_SetValue(slider2,PWM2t);
        /*将 PWM2 值作为文本 2 当前值*/
        EDIT_SetValue(edit2,PWM2t);
    }
}
num = 0;
break;
case 3: //F4 - - 减少键
    if(curs! = 0){
        if(curs ==1){ //修改舵机的转向角度 0~180(标示 - 90~90),90 为中间位置 0
            jd1t -- ;
            /*若角度值递减后翻转,则归 0*/
            if(jd1t == 0xff) jd1t = 0;
            /*将角度值作为滑动条 0 当前值*/
            SLIDER_SetValue(slider0,jd1t);
            /*将角度值作为文本 0 当前值*/
            EDIT_SetValue(edit0,jd1t);
        }
        else if(curs ==2){ //修改减速电机 1 转速,0~100,值越大速度越快
            PWM1t -- ;
            /*若 PWM1 值递减后翻转,则归 0*/
            if(PWM1t == 0xff) Freq2t = 0;
            /*将 PWM1 值作为滑动条 1 当前值*/
```

```
            SLIDER_SetValue(slider1,PWM1t);
            /* 将 PWM1 值作为文本 1 当前值 */
            EDIT_SetValue(edit1,PWM1t);
        }
        else if(curs == 3){ //修改减速电机 1 转速,0~100,值越大速度越快
            PWM2t-- ;
            /* 若 PWM2 值递减后翻转,则归 0 */
            if(PWM2t == 0xff) PWM2t = 0;
            /* 将 PWM2 值作为滑动条 2 当前值 */
            SLIDER_SetValue(slider2,PWM2t);
            /* 将 PWM2 值作为文本 2 当前值 */
            EDIT_SetValue(edit2,PWM2t);
        }
    }
    num = 0;
    break;
case 5:
    if(curs == 0){ //启动
        MOTOR_ST = 0;
        if(DIR1 == 0){        //减速电机 1 反转
            CTRL2_0;
            CTRL3_1;
        }
        else {//减速电机 1 正转
            CTRL2_1;
            CTRL3_0;
        }
        /* 设置 3 路 PWM 输出 */
        CCR3_Val = 1125 + jd1 * 25;
        CCR1_Val = 180 * PWM1;
        CCR2_Val = 180 * PWM2;
        TIM3_OCInitStructure.TIM_Pulse = CCR2_Val;
        TIM3_OCInitStructure.TIM_OutputState = TIM_OutputState_Enable;
        TIM_OC2Init(TIM3, &TIM3_OCInitStructure);
        TIM_OC2PreloadConfig(TIM3, TIM_OCPreload_Disable);
        TIM3_OCInitStructure.TIM_Pulse = CCR1_Val;
        TIM3_OCInitStructure.TIM_OutputState = TIM_OutputState_Enable;
        TIM_OC1Init(TIM3, &TIM3_OCInitStructure);
        TIM_OC1PreloadConfig(TIM3, TIM_OCPreload_Disable);
        TIM_Cmd(TIM3,ENABLE);
        TIM2_OCInitStructure.TIM_Pulse = CCR3_Val;
        TIM2_OCInitStructure.TIM_OutputState = TIM_OutputState_Enable;
        TIM_OC3Init(TIM2, &TIM2_OCInitStructure);
```

```
                    TIM_OC3PreloadConfig(TIM2, TIM_OCPreload_Disable);
                    TIM_Cmd(TIM2,ENABLE);
                }
            else if(curs! = 0){ //ESC
                curs = 0;
                /* 把角度、PWM1、PWM2 值分别作为滑动条 0~2 的当前值 */
                SLIDER_SetValue(slider0,jd1);
                SLIDER_SetValue(slider1,PWM1);
                SLIDER_SetValue(slider2,PWM2);
                /* 把角度、PWM1、PWM2 值分别作为文本 0~2 的当前值 */
                EDIT_SetValue(edit0,jd1);
                EDIT_SetValue(edit1,PWM1);
                EDIT_SetValue(edit2,PWM2);
            }
            num = 0;
            break;
        case 4:      //> -- 右移
            if(curs! = 0){ //移动光标
                curs ++ ;
                if(curs>3) curs = 1;
            }
            num = 0;
            break;
        case 6://DIR1 -- 减速电机 1 转动方向
            if(DIR1  == 0) DIR1 = 1;
            else DIR1 = 0;
            num = 0;
            break;
        case 7: //DIR2 -- 减速电机 2 转动方向
            if(DIR2  == 0) DIR2 = 1;
            else DIR2 = 0;
            num = 0;
            break;
        default:
            break;
        }
    if(curs == 0){
        BUTTON_SetText(_ahButton[0], "修改");
        BUTTON_SetText(_ahButton[1], "");
        BUTTON_SetText(_ahButton[2], "");
        BUTTON_SetText(_ahButton[3], "");
        BUTTON_SetText(_ahButton[4], "启动");
    }
```

```
else{
    BUTTON_SetText(_ahButton[0], "保存");
    BUTTON_SetText(_ahButton[1], "递增");
    BUTTON_SetText(_ahButton[2], "递减");
    BUTTON_SetText(_ahButton[3], "右移");
    BUTTON_SetText(_ahButton[4], "ESC");
}
if(DIR1 == 0) BUTTON_SetText(_ahButton[5], "反");//DIR1
else BUTTON_SetText(_ahButton[5], "正");
if(DIR2 == 0) BUTTON_SetText(_ahButton[6], "反");//DIR2
else BUTTON_SetText(_ahButton[6], "正");
if(curs == 1) WM_SetFocus(edit0);
else if(curs == 2) WM_SetFocus(edit1);
else if(curs == 3) WM_SetFocus(edit2);
/*把角度、PWM1、PWM2值赋给当前值*/
SLIDER_SetValue(slider0,jd1t);
SLIDER_SetValue(slider1,PWM1t);
SLIDER_SetValue(slider2,PWM2t);
/*把角度、PWM1、PWM2值赋给当前值*/
EDIT_SetValue(edit0,jd1t);
EDIT_SetValue(edit1,PWM1t);
EDIT_SetValue(edit2,PWM2t); //刷新频率
WM_Exec();
    }
}
```

　　上述代码中的 GUI_CreateDialogBox( )函数用于创建窗体,参数 aDialogCreate 定义对话框中所要包含的小工具的资源表的指针;GUI_COUNTOF(aDialogreate)定义对话框中所包含的小工具的总数;参数_cbCallback 代表应用程序特定回调函数(对话框过程函数-窗体回调函数)的指针;紧跟其后的一个参数表示父窗口的句柄(0 表示没有父窗口),最后两个参数表示 X/Y 坐标位置,即对话框相对于父窗口的 X/Y 轴位置(0,0)。

　　主函数 Fun( )代码中的底层硬件设置比较多,由于这部分代码可以很明显地与 µC/GUI 系统下的代码风格区分,因此在构建图形用户界面过程中很容易就可识别出来,并领会出图形用户界面与底层硬件的交互。交互的主要目的主要用于设置减速电机和舵机运行参数。

　　● 资源表创建

　　本函数定义指向了 GUI_WIDGET_CREATE_INFO 结构的指针,指定在对话框窗体中所要包括的小工具(指控件),用于建立资源表。资源表所包括的小工具主要包括框架窗体、按钮控件、文本控件、滑动条控件、文本编辑框控件,均以"控件名_CreateIndirect"的方式创建。这些小工具一旦在资源表中完成创建,即可在图形界面上实

现可见。

```
static const GUI_WIDGET_CREATE_INFO aDialogCreate[] = {
    //建立框架窗体,大小是 320×240,原点在 0,0.
    { FRAMEWIN_CreateIndirect,"电机设置",0,0,0,320,200,FRAMEWIN_CF_ACTIVE },
    //建立文本控件,起点是窗体的 5,10,大小 50×40,文字右对齐.
    { TEXT_CreateIndirect,"电机",GUI_ID_TEXT3,5,10,50,40,TEXT_CF_RIGHT },
    //建立文本编辑框控件,起点是窗体的 200,40,大小 47×25,文字右对齐 4 个字符宽度.
    { EDIT_CreateIndirect,"",GUI_ID_EDIT0,200,40,47,25,EDIT_CF_RIGHT, 4 },
    //建立文本编辑框控件,起点是窗体的 200,80,大小 47×25,文字右对齐 4 个字符宽度.
    { EDIT_CreateIndirect,"",GUI_ID_EDIT1,200,80,47,25,EDIT_CF_RIGHT, 4 },
    //建立文本编辑框控件,起点是窗体的 200,120,大小 47×25,文字右对齐 4 个字符宽度.
    { EDIT_CreateIndirect,"",GUI_ID_EDIT2,200,120,47,25,EDIT_CF_RIGHT,4 },
    //建立文本控件,起点是窗体的 5,40,大小 10×25,文字右对齐.
    { TEXT_CreateIndirect,"1",GUI_ID_TEXT0,5,40,10,25, TEXT_CF_RIGHT },
    //建立文本控件,起点是窗体的 5,80,大小 10×25,文字右对齐.
    { TEXT_CreateIndirect,"2",GUI_ID_TEXT1,5,80,10,25,TEXT_CF_RIGHT },
    //建立文本控件,起点是窗体的 5,120,大小 10×25,文字右对齐.
    { TEXT_CreateIndirect,"3",GUI_ID_TEXT2,5,120,10,25,TEXT_CF_RIGHT },
    //建立滑动条控件,起点是窗体的 15,40,大小 170×25.
    { SLIDER_CreateIndirect,NULL,GUI_ID_SLIDER0,15,40,170,25,0,0 },
    //建立滑动条控件,起点是窗体的 15,80,大小 170×25.
    { SLIDER_CreateIndirect,NULL,GUI_ID_SLIDER1,15,80,170,25,0,0 },
    //建立滑动条控件,起点是窗体的 15,120,大小 170×25.
    { SLIDER_CreateIndirect,NULL,GUI_ID_SLIDER2,15,120,170,25,0,0 },
    //建立按扭控件,起点是窗体的 270,80,大小 40×30.
    { BUTTON_CreateIndirect,"正",GUI_ID_BUTTON0,270,80,40,30 },
    //建立按扭控件,起点是窗体的 270,120,大小 40×30.
    { BUTTON_CreateIndirect,"正",GUI_ID_BUTTON1,270,120,40,30 },
};
```

● cbCallback()函数作为起点添加动作代码

窗体回调函数_cbCallback()作为对话框过程函数的起点,初始化后,需要添加动作代码。代码添加后,在资源表中完成创建的那些小工具,即可在图形界面上实现可用。本例创建的对话框过程函数,其动作代码由_OnValueChanged()函数定义。

```
static void _cbCallback(WM_MESSAGE * pMsg) {
    int NCode, Id;
    WM_HWIN hDlg;
    hDlg = pMsg->hWin;//句柄指针
    switch (pMsg->MsgId) {
        case WM_NOTIFY_PARENT://通知父窗口
        Id = WM_GetId(pMsg->hWinSrc); /* 获得窗体控件的 ID */
        NCode = pMsg->Data.v; /* 动作代码 */
```

```
        switch (NCode) {
            case WM_NOTIFICATION_VALUE_CHANGED: /*窗体部件的值被改变 */
            _OnValueChanged(hDlg, Id);
            break;
            default:
            break;
        }
        break;
        default:
        WM_DefaultProc(pMsg);
    }
}
```

● _OnValueChanged()函数

对话框过程函数的动作代码由本函数定义,主要功能就是根据三个滑动条和文本编辑框的调整,获取正确的角度值、PWM1 值、PWM2 值,并据此参数设置好定时器 3 个通道的占空比参数,实现电机运行状态。

```
static void _OnValueChanged(WM_HWIN hDlg, int Id) {
    if (curs! = 0&&(Id == GUI_ID_SLIDER0)) {//滑动条 0 的值被改变
    jd1t = SLIDER_GetValue(slider0);//获得滑动条 0 的值
    EDIT_SetValue(edit0,jd1t);//文本编辑框 0 的值被改变
    curs = 1;
    CCR3_Val = 1125 + jd1t * 25;//TIM2 - CC3(通道 3)的占空比参数:舵机 - 90~90 度控制
    }
    else if (curs! = 0&&(Id == GUI_ID_SLIDER1)) {//滑动条 1 的值被改变
    PWM1t = SLIDER_GetValue(slider1);//获得滑动条 1 的值
    EDIT_SetValue(edit1,PWM1t);//文本编辑框 1 的值被改变
    curs = 2;
    CCR1_Val = 180 * PWM1t; //TIM3 - CC1(通道 1)的占空比参数
    }
    else if (curs! = 0&&(Id == GUI_ID_SLIDER2)) {//滑动条 2 的值被改变
    PWM2t = SLIDER_GetValue(slider2);//获得滑动条 2 的值
    EDIT_SetValue(edit2,PWM2t); //文本编辑框 2 的值被改变
    curs = 3;
    CCR2_Val = 180 * PWM2t;//TIM3 - CC2(通道 2)的占空比参数
    }
}
```

4. 硬件平台初始化

硬件平台初始化程序,主要包括系统及外设时钟初始化、中断源配置、串口 1 初始化与参数配置、用于 SST25VF106B 闪存通信的 SPI 接口及用于触摸屏的 SPI 接口初始化、1 路舵机控制初始化、2 路减速电机控制初始化等配置。

开发板硬件的初始化通过 BSP_Init()函数调用各接口函数实现,具体实现代码如下。

```
void BSP_Init(void)
{
    RCC_Configuration();    //系统及外设时钟初始化
    NVIC_Configuration();   //中断源配置
    GPIO_Configuration();   //GPIO 配置
    USART_Config(USART1,115200); //初始化串口 1,配置参数
    SPI_Flash_Init();       //SST25VF016 闪存控制初始化
    tp_Config();            //触摸电路初始化
    FSMC_LCD_Init();//FSMC 接口初始化
    time_ini();//1 路舵机控制初始化
    time_pwm_ini();//2 路减速电机控制初始化
}
```

硬件平台初始化程序调用的函数基本类似于大部分章节,这里介绍中断源配置函数。

● 中断源配置函数 NVIC_Configuration()

中断源配置函数 NVIC_Configuration()分别配置了串口 1 中断、定时器 2 中断以及外部碰撞信号- PB12 引脚的中断,该函数的详细代码如下。

```
void NVIC_Configuration(void)
{
    NVIC_InitTypeDef NVIC_InitStructure;
    NVIC_PriorityGroupConfig(NVIC_PriorityGroup_1);
    NVIC_InitStructure.NVIC_IRQChannel = USART1_IRQn;//设置串口 1 中断
    NVIC_InitStructure.NVIC_IRQChannelSubPriority = 0;
    NVIC_InitStructure.NVIC_IRQChannelCmd = ENABLE;
    NVIC_Init(&NVIC_InitStructure);
    NVIC_InitStructure.NVIC_IRQChannel = TIM2_IRQn ;//配置定时器中断
    NVIC_InitStructure.NVIC_IRQChannelPreemptionPriority = 0;
    NVIC_InitStructure.NVIC_IRQChannelSubPriority = 6;
    NVIC_InitStructure.NVIC_IRQChannelCmd = ENABLE;
    NVIC_Init(&NVIC_InitStructure);
    /* 配置检测到碰撞信号中断 -- PB12 */
    NVIC_InitStructure.NVIC_IRQChannel = EXTI15_10_IRQn;
    NVIC_InitStructure.NVIC_IRQChannelPreemptionPriority = 0;
    NVIC_InitStructure.NVIC_IRQChannelSubPriority = 5;
    NVIC_InitStructure.NVIC_IRQChannelCmd = ENABLE;
    NVIC_Init(&NVIC_InitStructure);
}
```

5. 定时器硬件配置

本例的 2 路减速电机和 1 路舵机的速度控制都是分别通过调整定时器 2 和定时器 3 固定频率输出信号的占空比参数来实现的,主要涉及如下两个功能函数。这两个硬件接口函数由 BSP_Init()调用。

● time_pwm_ini()-2 路减速电机的设置

该函数最大可用于 2 路(注:1 路保留)减速电机占空比设置,使用了定时器 3 的两个通道,函数代码与详细代码注释如下。

```
/* ---------------------- 2 路减速电机的设置 ------------------
 * PWM1:PC6 用 TIM3 的 CH1 通道控制,频率 125Hz,占空比 0% ---100%;代表速度
 * PWM2:PC7 用 TIM3 的 CH2 通道控制,频率 125Hz,占空比 0% ---100%;代表速度
 * CTRL2:PB15
 * CTRL3:PB13
 * 检测信号:PB12
 ***************************************************************/
void time_pwm_ini(void){
  GPIO_InitTypeDef GPIO_InitStructure;
  /* 减速电机的方向控制线 CTRL3,CTRL2 */
  GPIO_InitStructure.GPIO_Pin = GPIO_Pin_13|GPIO_Pin_15;
  GPIO_InitStructure.GPIO_Mode = GPIO_Mode_Out_PP;
  GPIO_InitStructure.GPIO_Speed = GPIO_Speed_50MHz;
  GPIO_Init(GPIOB, &GPIO_InitStructure);
  GPIO_InitStructure.GPIO_Mode = GPIO_Mode_IPU ;
  GPIO_InitStructure.GPIO_Pin = GPIO_Pin_12; //小车受到阻挡的检测信号
  GPIO_Init(GPIOB, &GPIO_InitStructure);
  CTRL2_0;//初始为刹车状态
  CTRL3_0;
  CCR1_Val = 18000;
  CCR2_Val = 18000;
  /* 使能 TIM3 时钟 */
  RCC_APB1PeriphClockCmd(RCC_APB1Periph_TIM3, ENABLE);
  GPIO_InitStructure.GPIO_Pin = GPIO_Pin_6 |GPIO_Pin_7 ;
  /* PC6,PC7 为复用功能,TIM3-CH1 TIM3-CH2 */
  GPIO_InitStructure.GPIO_Mode = GPIO_Mode_AF_PP;
  GPIO_InitStructure.GPIO_Speed = GPIO_Speed_50MHz;
  GPIO_Init(GPIOC, &GPIO_InitStructure);
  GPIO_PinRemapConfig(GPIO_FullRemap_TIM3 , ENABLE); //复用功能配置
  TIM_DeInit(TIM3);
  /* 分频系数 31 */
  TIM3_TimeBaseStructure.TIM_Prescaler = 31;
  TIM3_TimeBaseStructure.TIM_CounterMode = TIM_CounterMode_Up;
  TIM3_TimeBaseStructure.TIM_Period = 18000; //确定频率 125Hz
```

```
FREQ = (7200000/31 + 1)/18000;
TIM3_TimeBaseStructure.TIM_ClockDivision = 0x0;
TIM3_TimeBaseStructure.TIM_RepetitionCounter = 0x0;
TIM_TimeBaseInit(TIM3,&TIM3_TimeBaseStructure);
/* TIM3 通道配置成 PWM 模式 */
TIM3_OCInitStructure.TIM_OCMode = TIM_OCMode_PWM2;//PWM 模式 2
TIM3_OCInitStructure.TIM_OutputState = TIM_OutputState_Disable;//输出禁止
TIM3_OCInitStructure.TIM_OutputNState = TIM_OutputNState_Disable; //互补禁止
TIM3_OCInitStructure.TIM_Pulse = CCR1_Val; //确定第 1 路输出的占空比
TIM_OC1Init(TIM3,&TIM3_OCInitStructure); //PWM1 输出通道是 TIM3 - CH1
TIM3_OCInitStructure.TIM_Pulse = CCR2_Val;//确定第 2 路输出的占空比
TIM_OC2Init(TIM3,&TIM3_OCInitStructure);//PWM2 输出通道是 TIM3 - CH2
/* 自动输出使能,断点,死区时间和锁定配置 */
TIM3_BDTRInitStructure.TIM_OSSRState = TIM_OSSRState_Enable;
TIM3_BDTRInitStructure.TIM_OSSIState = TIM_OSSIState_Enable;
TIM3_BDTRInitStructure.TIM_LOCKLevel = TIM_LOCKLevel_1;
TIM3_BDTRInitStructure.TIM_DeadTime = 0x75;
TIM3_BDTRInitStructure.TIM_Break = TIM_Break_Disable;//刹车禁止
TIM3_BDTRInitStructure.TIM_BreakPolarity = TIM_BreakPolarity_High;
TIM3_BDTRInitStructure.TIM_AutomaticOutput = TIM_AutomaticOutput_Enable;
TIM_BDTRConfig(TIM3,&TIM3_BDTRInitStructure);
/* 定时器 3 使能 */
TIM_Cmd(TIM3,ENABLE);
}
```

● time_ini()-一路舵机的设置

该函数用于一路舵机的旋转角度设置,通过调整定时器 2 的通道 PWM 输出信号的占空比来实现的,该函数完整的代码与代码功能注释如下。

```
/* -------------------- 一路舵机的设置 --------------------
* PWM: PB10 用 TIM2 的 CH3 通道控制,频率 50Hz,占空比 2.5% - - -12.5%;
* 代表旋转角 * 度 - 90 - - -90 度
************************************************************/
void time_ini(void){
 GPIO_InitTypeDef GPIO_InitStructure;
 RCC_APB1PeriphClockCmd(RCC_APB1Periph_TIM2, ENABLE);
 RCC_APB1PeriphClockCmd(RCC_APB1Periph_TIM3, ENABLE);
 /* 舵机角度 - 90 - - 90 度,对应正脉冲 0.5~2.5ms ,0 度为 1.5ms ,频率为 50Hz,
 * - 90 度的 CCR1_VAL = 1125 */
 CCR3_Val = 1125 + jd1 * 25;
 /* PB10 复用为 TIM2 的第 3 路输出 */
 GPIO_InitStructure.GPIO_Pin = GPIO_Pin_10;
 GPIO_InitStructure.GPIO_Mode = GPIO_Mode_AF_PP;
 GPIO_InitStructure.GPIO_Speed = GPIO_Speed_50MHz;
```

```
GPIO_Init(GPIOB, &GPIO_InitStructure);
/*定时器 2 引脚重定义使能
GPIO_PinRemapConfig(GPIO_FullRemap_TIM2 , ENABLE);
TIM_DeInit(TIM2);
TIM2_TimeBaseStructure.TIM_Prescaler = 31; //分频系数 31
TIM2_TimeBaseStructure.TIM_CounterMode = TIM_CounterMode_Up;
/*确定频率 50Hz FREQ = (7200000/31 + 1)/45000*/
TIM2_TimeBaseStructure.TIM_Period = 45000;
TIM2_TimeBaseStructure.TIM_ClockDivision = 0x0;
TIM2_TimeBaseStructure.TIM_RepetitionCounter = 0x0;
TIM_TimeBaseInit(TIM2,&TIM2_TimeBaseStructure);
TIM2_OCInitStructure.TIM_OCMode = TIM_OCMode_PWM2; //PWM 模式 2
TIM2_OCInitStructure.TIM_OutputState = TIM_OutputState_Disable; //输出禁止
TIM2_OCInitStructure.TIM_OutputNState = TIM_OutputNState_Disable; //互补禁止
TIM2_OCInitStructure.TIM_Pulse = CCR3_Val; //确定第 3 路输出的占空比
TIM2_OCInitStructure.TIM_OCPolarity = TIM_OCPolarity_Low;
TIM2_OCInitStructure.TIM_OCNPolarity = TIM_OCNPolarity_Low;
TIM2_OCInitStructure.TIM_OCIdleState = TIM_OCIdleState_Set;
TIM2_OCInitStructure.TIM_OCNIdleState = TIM_OCIdleState_Reset;
TIM_OC3Init(TIM2,&TIM2_OCInitStructure); //输出通道是 TIM2 - CH3
/* 自动输出使能,断点,死区时间,锁定配置*/
TIM2_BDTRInitStructure.TIM_OSSRState = TIM_OSSRState_Enable;
TIM2_BDTRInitStructure.TIM_OSSIState = TIM_OSSIState_Enable;
TIM2_BDTRInitStructure.TIM_LOCKLevel = TIM_LOCKLevel_1;
TIM2_BDTRInitStructure.TIM_DeadTime = 0x75;
TIM2_BDTRInitStructure.TIM_Break = TIM_Break_Disable; //刹车禁止
TIM2_BDTRInitStructure.TIM_BreakPolarity = TIM_BreakPolarity_High;
TIM2_BDTRInitStructure.TIM_AutomaticOutput = TIM_AutomaticOutput_Enable;
TIM_BDTRConfig(TIM2,&TIM2_BDTRInitStructure);
/*定时器 2 使能*/
TIM_Cmd(TIM2,ENABLE);
}
```

6. SST25VF016B 的底层驱动

SST25VF016B 的底层驱动,主要用于减速电机和舵机的设置参数保存于扇区 0 时的读取、写入以及扇区擦除操作,以及 SST25VF016B 闪存 SPI 外设接口的初始化。主要涉及到四个功能函数,前面一个由 BSP_Init()函数调用,后面三个由图形用户界面主函数 Fun()调用:

● 函数 SPI_Flash_Init()-SST25VF016B 闪存接口初始化

● sect_clr()-扇区擦除;

● SST25_R_BLOCK()-读扇区操作,块大小 4096 字节,用于读取已保存设置的

参数;
- SST25_W_BLOCK-写扇区操作,块大小 4096 字节,用于向扇区 0 写入要保存的设置参数。

17.5.2　电机驱动实例

本实例是一个实践性实例,我们只给出了功能完整的硬件应用配置与底层驱动代码,大家需要自行在 μC/OS-Ⅱ系统下设计 μC/GUI 图形用户界面来控制电机的驱动。

表 17-6 列出了本实例的架构,阴影部分是移植到 μC/OS-Ⅱ系统、μC/GUI 系统需要涉及的软件设计架构,为了说明方便,我们把硬件程序 main()放置在 BSP 层之下。

表 17-6　电机驱动实例软件结构

用户应用程序	
系统软件	
图形用户接口 μC/GUI	
μC/OS-Ⅱ系统	
BSP/HAL 硬件平台初始化	
硬件应用程序 main.c	
硬件外设应用配置	
直流电机驱动控制	LED 应用配置
pwm_output.c	led.c

1. 主程序 main.c

主程序包括一个 main()入口函数,分别调用系统时钟配置函数、LED 应用配置函数、定时器 PWM 初始化配置函数等实现功能,完整的代码清单列出如下。

```
unsigned int Ccr = 0; //占空比初值
int main(void)
{
    /* 配置系统时钟为 72MHz */
    SystemInit();//系统时钟初始化
    LED_GPIO_Config();//LED 应用配置
    /*定时器 3 的 PWM 波输出初始化,并使能定时器 3 的 PWM 输出 */
    TIM3_PWM_Init();
    MOTORUN(STOP,0);//电机停止
    while (1)
    {
        LED1( ON );    // LED 指示开始正转
        for(Ccr = 0;Ccr<90;Ccr = Ccr + 10){
            //正转一段时间
            MOTORUN(FORWARD,Ccr);
```

```
        Delay(0xFFFFFF);
    }
    LED1( OFF );        // LED1 灭
    MOTORUN(STOP,0);//电机停止一段时间
    LED2( ON );//LED2 指示停止
    Delay(0xFFFFFF);
    LED2( OFF );//LED2 灭
    LED3( ON );//LED3 指示反转
    for(Ccr = 0;Ccr<90;Ccr = Ccr + 10){ //反转一段时间
        MOTORUN(BACKWARD,Ccr);
        Delay(0xFFFFFF);
    }
    LED3( OFF ); //LED3 灭
    }
}
```

2. 直流电机驱动控制

pwm_output.c 文件的主要功能涉及到直流电机控制,主要包括引脚配置、时钟使能、定时器模式配置、H 桥驱动调制等。下面列出了这几个主要功能函数。

● TIM3_GPIO_Config()函数

本函数主要功能为定时器引脚输出配置、时钟使能等,代码清单列出如下。

```
static void TIM3_GPIO_Config(void)
{
    GPIO_InitTypeDef GPIO_InitStructure;
    / * TIM3 时钟使能 * /
    //PCLK1 经过 2 倍频后作为 TIM3 的时钟源等于 36MHz
    RCC_APB1PeriphClockCmd(RCC_APB1Periph_TIM3, ENABLE);
    / * GPIOA 和 GPIOB 时钟使能 * /
    RCC_APB2PeriphClockCmd(RCC_APB2Periph_GPIOA
    | RCC_APB2Periph_GPIOB, ENABLE);
    / * GPIOA 配置 TIM3 通道 1 和 2 为复用上拉 * /
    GPIO_InitStructure.GPIO_Pin = GPIO_Pin_6 | GPIO_Pin_7;
    GPIO_InitStructure.GPIO_Mode = GPIO_Mode_AF_PP;//复用推挽输出
    GPIO_InitStructure.GPIO_Speed = GPIO_Speed_50MHz;
    GPIO_Init(GPIOA, &GPIO_InitStructure);
    / * GPIOB 配置 TIM3 通道 3 和 4 为复用上拉 * /
    GPIO_InitStructure.GPIO_Pin = GPIO_Pin_0 | GPIO_Pin_1;
    GPIO_Init(GPIOB, &GPIO_InitStructure);
}
```

● TIM3_Mode_Config()函数

本函数配置 TIM3 输出的 PWM 信号的模式,如周期、极性、占空比,代码清单列出

如下。

```
static void TIM3_Mode_Config(void)
{
    TIM_TimeBaseInitTypeDef TIM_TimeBaseStructure;
    TIM_OCInitTypeDef TIM_OCInitStructure;
    /* PWM 信号电平跳变值 */
    u16 CCR1_Val = 0;
    u16 CCR2_Val = 0;
    u16 CCR3_Val = 0;
    u16 CCR4_Val = 0;
    /* --------------------------------------------------------------
    TIM3 配置产生 4 个占空比不同的 PWM 信号
    TIM3CLK = 36 MHz,预分频值 = 0x0,TIM3 计数器时钟 = 36 MHz
    TIM3 ARR 寄存器 = 999 => TIM3 频率 = TIM3 计数器时钟/(ARR + 1)
    TIM3 频率 = 36 kHz.
    TIM3 通道 1 占空比 = (TIM3_CCR1/ TIM3_ARR) * 100 = 50 %
    TIM3 通道 2 占空比 = (TIM3_CCR2/ TIM3_ARR) * 100 = 37.5 %
    TIM3 通道 3 占空比 = (TIM3_CCR3/ TIM3_ARR) * 100 = 25 %
    TIM3 通道 4 占空比 = (TIM3_CCR4/ TIM3_ARR) * 100 = 12.5 %
    -------------------------------------------------------------- */
    /* 时基配置 */
    //当定时器从 0 计数到 9999,即为 10000 次,为一个定时周期 10ms,电机调制频率 100Hz
    TIM_TimeBaseStructure.TIM_Period = 10000 - 1;
    //设置预分频:36 分频,即为 1MHz
    TIM_TimeBaseStructure.TIM_Prescaler = 36 - 1;
    TIM_TimeBaseStructure.TIM_ClockDivision = 0;       //设置时钟分频系数:不分频
    //向上计数模式
    TIM_TimeBaseStructure.TIM_CounterMode = TIM_CounterMode_Up;
    TIM_TimeBaseInit(TIM3, &TIM_TimeBaseStructure);
    /* 通道 1 的 PWM1 模式配置 */
    TIM_OCInitStructure.TIM_OCMode = TIM_OCMode_PWM1;//配置为 PWM 模式 1
    TIM_OCInitStructure.TIM_OutputState = TIM_OutputState_Enable;
    //设置跳变值,当计数器计数到这个值时,电平发生跳变
    TIM_OCInitStructure.TIM_Pulse = CCR1_Val;
    //当定时器计数值小于 CCR1_Val 时为高电平
    TIM_OCInitStructure.TIM_OCPolarity = TIM_OCPolarity_High;
    TIM_OC1Init(TIM3, &TIM_OCInitStructure);       //使能通道 1
    TIM_OC1PreloadConfig(TIM3, TIM_OCPreload_Enable);
    /* 通道 2 的 PWM1 模式配置 */
    TIM_OCInitStructure.TIM_OutputState = TIM_OutputState_Enable;
    //设置通道 2 的电平跳变值,输出另外一个占空比的 PWM
    TIM_OCInitStructure.TIM_Pulse = CCR2_Val;
```

```
    TIM_OC2Init(TIM3, &TIM_OCInitStructure);      //使能通道 2
    TIM_OC2PreloadConfig(TIM3, TIM_OCPreload_Enable);
    /* 通道 3 的 PWM1 模式配置 */
    TIM_OCInitStructure.TIM_OutputState = TIM_OutputState_Enable;
    //设置通道 3 的电平跳变值,输出另外一个占空比的 PWM
    TIM_OCInitStructure.TIM_Pulse = CCR3_Val;
    TIM_OC3Init(TIM3, &TIM_OCInitStructure);      //使能通道 3
    TIM_OC3PreloadConfig(TIM3, TIM_OCPreload_Enable);
    /* 通道 4 的 PWM1 模式配置 */
    TIM_OCInitStructure.TIM_OutputState = TIM_OutputState_Enable;
    //设置通道 4 的电平跳变值,输出另外一个占空比的 PWM
    TIM_OCInitStructure.TIM_Pulse = CCR4_Val;
    TIM_OC4Init(TIM3, &TIM_OCInitStructure);      //使能通道 4
    TIM_OC4PreloadConfig(TIM3, TIM_OCPreload_Enable);
    TIM_ARRPreloadConfig(TIM3, ENABLE);//使能 TIM3 重载寄存器 ARR
    //使能定时器 3
    TIM_Cmd(TIM3, ENABLE);
}
```

● TIM3_PWM_Init()函数

本函数 TIM3 输出 PWM 信号初始化,由主程序 main()函数调用。

```
void TIM3_PWM_Init(void)
{
    TIM3_GPIO_Config();
    TIM3_Mode_Config();
}
```

● MOTORUN()函数

本函数设置 H 桥的驱动方式,也是由主程序 main()函数调用,函数代码清单列出如下。

```
void MOTORUN(unsigned int a,unsigned int speed)//speed 0 - 100 速度比
{
    switch(a){
        case STOP:   TIM_SetCompare1(TIM3,0);      //所有桥关闭
                     TIM_SetCompare2(TIM3,0);
                     TIM_SetCompare3(TIM3,0);
                     TIM_SetCompare4(TIM3,0);
                     break;
        case FORWARD:TIM_SetCompare1(TIM3,speed * 100);//正上桥调制
                     TIM_SetCompare2(TIM3,0);
                     TIM_SetCompare3(TIM3,0);
                     TIM_SetCompare4(TIM3,10000 - 1);//负下桥始终开启
```

```
            break;
case BACKWARD: TIM_SetCompare1(TIM3,0);        //正上桥始终关闭
               TIM_SetCompare2(TIM3,10000 - 1);//正下桥始终开启
               TIM_SetCompare3(TIM3,speed * 100);//负上桥调制
               TIM_SetCompare4(TIM3,0); //负下桥关闭
               break;
    default :
    //自行添加
    break;
    }
}
```

3. LED 应用配置

Led.c 文件包括了一下 LED_GPIO_Config()配置函数,用于 LED 应用配置,此处省略不在一一介绍。

4. μC/OS-Ⅱ 系统下构建 μC/GUI 图形用户界面的一点建议

请大家在系统软件设计结构框架下,遵循前面所讲的 μC/OS-Ⅱ 系统下构建 μC/GUI 图形用户界面的一般设计步骤完成设计。

一般来说 μC/OS-Ⅱ 系统已经有完全现成的框架套用,主要实施集中在 μC/GUI 图形用户界面程序,大家可以试着从对话框窗体创建,建立资源表,实现对话框过程函数,添加动作代码的方式,逐步在 μC/GUI 图形用户界面上实现在对电机驱动板的可视化控制。

17.6　实例总结

本例简单介绍了一下智能小车的硬件构成,并基于需要应用的 STM32 处理器的定时器单元做了概述,整个重点主要集中到软件设计部分,重点讲述了智能小车的 μC/GUI 图形用户界面程序设计、舵机与减速电机的功能控制。μC/GUI 图形用户界面程序设计过程中应用了多个控件,用于智能小车速度、角度等参数控制,并通过调用读/写扇区函数实现修改参数的读取与保存。舵机与减速电机的功能控制主要集中在 STM32 处理器的定时器 2 和定时器 3 的应用,这部分程序在文中作了详细的注释。

最后本章给出了一下电机驱动应用程序,它是一个裸机程序,作为本书 μC/OS-Ⅱ 系统下构建 μC/GUI 图形用户界面实例的一个系统软件设计实践,大家可以试着在此基础上实现 μC/OS-Ⅱ 系统、μC/GUI 图形系统软件设计。

17.7　显示效果

本例基于 STM32MINI 硬件开发平台的相关硬件资源,在 μC/OS-II 系统及

μC/GUI图形用户接口执行对智能小车的可视化控制,软件下载并运行后,智能小车实验演示效果如图 17－8 所示。

图 17－8　智能小车实验演示效果

第 **18** 章

三轴加速度传感器应用

近年来,应用于工业、军事、汽车制造、医疗仪器仪表等领域的 MEMS(微机电系统)传感器已经开始大规模进入消费类电子产品市场,覆盖从游戏机到手机,从笔记本电脑到数字家电等行业领域。MEMS 传感器能提供方向、敲击、双击、摇晃、倾斜、自由落体和震动等检测功能。低成本、小尺寸、低功耗、高性能的传感器已掀起消费电子产品新的设计和消费浪潮。本实例基于 STM32 处理器详细讲述 MEMS 三轴加速度传感器在嵌入式实时操作系统 μC/OS-II 中的实例化应用。

18.1 三轴加速度传感器应用概述

MEMS(微机电系统)就是在一个硅基板上集成了机械和电子元器件的微小机构。通过对电子部分使用半导体工艺和对机械部分使用微机械工艺将其直接蚀刻到一片晶圆中或者增加新的结构层,并在封装芯片中集成数字信号处理电路及数据通信接口等来制作完整的 MEMS 产品。

目前用 MEMS 做成的传感器按照输出信号特性可分为模拟式输出传感器和数字式输出传感器;按照输出座标轴数则可分成单轴、双轴和三轴传感器。典型的 MEMS 三轴加速度传感器基本架构如图 18-1 所示。

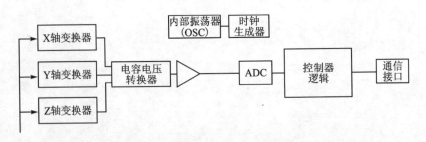

图 18-1 三轴加速度传感器基本架构

18.1.1　三轴加速度传感器 MMA7455L 概述

本实例设计采用 Freescale 公司的 MMA7455L 三轴加速度传感器。MMA7455L 是一款数字输出、低功耗的电容式硅微加速度传感器,重力加速度范围 ±2 g/±4 g/± 8 g,支持 SPI 和 I²C 接口总线协议,能方便地与外部处理器通信。三轴加速度传感器 MMA7455L 的主要特点如下:

- Z 轴自测。
- 低压操作:2.4～3.6 V。
- 用户指定寄存器用于偏置校准。
- 可编程阈值中断输出。
- 运动识别具有级别检测(冲击、震动、自由落体)。
- 脉冲检测具有单脉冲或双脉冲识别。
- 灵敏度:10 位模式,2 g 和 8 g 范围时可达 64 LSB/g。
- 8 位模式的可选灵敏度(±2 g、±4 g、±8 g)。
- 可靠的设计、高抗震性(5 000 g)。
- 环保型产品,符合 RoHS 标准。
- 低成本。

MMA7455L 三轴加速度传感器由两部分组成:重力感应单元和信号调理电路,其功能框图如图 18-2 所示。重力感应单元是机械结构,它是用半导体技术、由多晶硅半导体材料制成,并且是密封的,信号调理电路由图 18-2 中的电流-电压转换器(I/V)、信号放大、数模转换、温度补偿、控制逻辑、振荡器、时钟发生器以及自检等电路组成,完成重力感应单元测量的电容值到电压输出的转换。

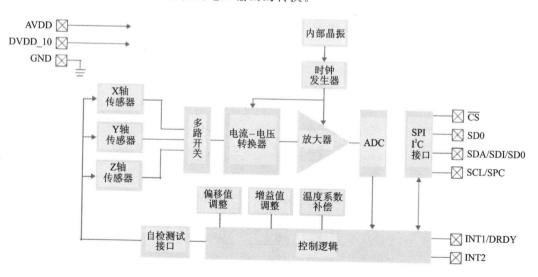

图 18-2　三轴加速度传感器 MMA7455L 功能框图

重力感应单元的等效电路如图 18-3 所示,它相当于在两个固定的电容极板中间放置一个可移动的极板。当有加速度作用于系统时,中间极板偏离静止位置。用中间极板偏离静止位置的距离测量加速度值,中间极板与其中一个固定极板的距离增加,同时与另一个固定极板的距离减少,且距离变化值相等。距离的变化使得两个极板间的电容改变,电容值的计算公式是:

$$C=Ae/D$$

其中 A 是极板的面积,D 是极板间的距离,e 是电介质常数。

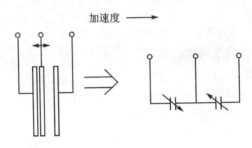

图 18-3 重力感应单元等效电路

信号调理电路将重力感应单元测量的 2 个电容值转换成加速度值,并使加速度与输出电压成正比。当测量完毕后在 INT1/INT2 输出高电平,用户可以通过 I²C 或 SPI 接口读取 MMA7455L 内部寄存器的值,判断运动的方向。自检单元用于保证重力感应单元和加速传感器芯片内部电路工作正常,使输出电压成比例。

18.1.2 MMA7455L 的引脚功能描述

三轴加速度传感器 MMA7455L 封装为 LGA14,其引脚排列如图 18-4 所示,详细的引脚功能定义如表 18-1 所列。

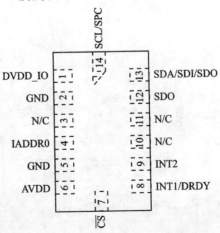

图 18-4 MMA7455L 引脚排列图

表 18 - 1　三轴加速度传感器 MMA7455L 引脚排列

引脚号	引脚名称	I/O	功能描述
1	DVDD_IO	I	数字部分电源
2	GND	I	电源地
3	N/C	I	未连接,浮空或连接到地
4	IADDR0	I	I²C 地址 0 位
5	GND	I	电源地
6	AVDD	I	模拟部分电源
7	$\overline{CS}$	I	0:SPI 接口使能。 1:I²C 接口使能
8	INT1/DRDY	O	中断 1,数据就绪
9	INT2	O	中断 2
10	N/C	I	未连接,浮空或连接到地
11	N/C	I	未连接,浮空或连接到地
12	SDO	O	SPI 串行接口数据输出
13	SDA/SDI/SDO	I/O	I²C 接口的 SDA 引脚,SPI 接口的 SDI 引脚,3 线接口的 SDO 引脚
14	SCL/SPC	I	I²C 接口的 SCL 时钟引脚,SPI 接口的 CLK 串行时钟引脚

18.1.3　MMA7455L 的工作模式及相关寄存器功能配置

MMA7455L 加速度传感器的自检功能、重力感应选择功能以及 4 个工作模式的配置都是通过模式控制寄存器($16)配置的,其寄存器位功能定义详见表 18 - 2 所列。本小节就 4 种工作模式的主要寄存器设置做简单介绍。

表 18 - 2　模式控制寄存器($16)位功能定义

位	D7	D6	D5	D4	D3	D2	D1	D0
功能	—	DRPD	SPI3W	STON	GLVL[1]	GLVL[0]	MODE[1]	MODE[0]
默认值	0	0	0	0	0	0	0	0

1. 自检功能

MMA7455L 加速度传感器提供了自检功能,可在任意时间内用来校验加速度计的机械和电气部件完整性。该功能可用于硬盘驱动器保护系统,确保产品的生命周期。

自检功能由模式控制寄存器($16)初始化,通过访问该寄存器位'self - test',静电强制每个轴产生偏转,Z 轴调整可偏转 1 g。自检程序确保加速度计的机械(重力感

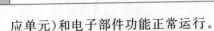

应单元)和电子部件功能正常运行。

2. 重力感应选择功能

重力感应选择(g-Select)功能即加速度测量灵敏度选择功能,用于使能 3 个轴加速度测量范围的选择。也是通过模式控制寄存器($16)位 GLVL[1:0](寄存器位 GLVL 值定义详见表 18-3 所列)控制 2 g,4 g,8 g 的加速度测量灵敏度。

表 18-3 寄存器位 GLVL[1:0]值定义

GLVL[1:0]	重力感应范围	灵敏度
00	8 g	16 LSB/g
01	2 g	64 LSB/g
10	4 g	32 LSB/g
11	—	—

3. 待机模式的寄存器配置

三轴加速度传感器 MMA7455L 有 4 种工作模式,其工作模式由模式控制寄存器($16)位 MODE[1:0]控制,如表 18-4 所列。

表 18-4 MMA7455L 的工作模式

MODE[1:0]	工作模式
00	待机模式
01	测量模式
10	级别检测模式
11	脉冲检测模式

MMA7455L 加速度传感器为适应电池供电产品的应用提供了待机模式。当进入待机模式时,传感器的输出关闭,电流消耗部件都被关闭,其工作电流显著地下降至 2.5 μA。待机模式下,寄存器的读或写操作需要通过 I²C/SPI 接口,但是在待机模式时不能够执行新的测量。

4. 测量模式的寄存器配置

当进入测量模式时,所有的 3 个轴连续测量被使能,可以读取 X、Y、Z 测量值。脉冲和阈值中断在该模式下无效。2 g,4 g,8 g 重力感应范围内可选择用 8 位数据表示,8 g 重力感应范围也可选择用 10 位数据表示。

测量模式下,当采样率是 125 Hz 时,选择 62.5 Hz 滤波器;当采样率是 250 Hz 时,选择 125 Hz 滤波器。

当 3 个轴测量都完成后,一个逻辑高电平输出至 DRDY 引脚,指示"测量数据就绪",DRDY 引脚一直保持高电平直到 3 个输出值寄存器当中任意一个被读出,DRDY

状态可通过状态寄存器($09)位 DRDY 监控。如果前一个数据未被读取之前下一个测量数据被写入,则状态寄存器的位 DOVR 被设置。默认状态下,所有的 3 个轴都被使能,也可单独将 X 轴、Y 轴或 Z 轴禁用,这种方式用于检测某个使能轴的绝对信号、正信号或负信号输出,同时也可以用于当 X 轴、Y 轴或 Z 轴大于阈值时的运动检测,当 X&Y&Z('&'符号表示逻辑与关系)小于阈值时的自由落体检测。

注:状态寄存器位 DOVR 仅用于测量模式,级别检测模式和脉冲检测模式不可用。

5. 级别检测模式的寄存器配置

级别检测模式时,用户只能够使用级别中断来访问 X、Y、Z 测量数据。级别检测机制没有与之相关的定时器,一旦达到了设定的加速度级别,中断引脚将变为高电平,并保持高电平直到中断引脚被清除(详见分配,清除,检测中断介绍)。

默认状态下,所有的 3 个轴都被使能,且检测范围仅限于 8 g。也可将 X、Y 或 Z 轴禁止,这种方式用于检测某个使能轴的绝对信号、正信号或负信号输出,同时也可以用于当 X 轴、Y 轴或 Z 轴大于阈值时的运动检测,当 X&Y&Z('&'符号表示逻辑与关系)小于阈值时的自由落体检测。

(1) 控制寄存器 1($18)设置检测 X、Y、Z 轴。

该寄存器允许用户定义检测多少个轴。默认状态下所有的 3 个轴都被使能,也可通过写'1'来禁止。控制寄存器 1($18)位功能定义如表 18-5 所列,控制寄存器 1($18)配置检测 X、Y、Z 轴相关位功能描述如表 18-6 所列。

表 18-5　控制寄存器($18)位功能定义

位	D7	D6	D5	D4	D3	D2	D1	D0
功能	DFBW	THOPT	ZDA	YDA	XDA	INTREG[1]	INTREG[0]	INTPIN
默认值	0	0	0	0	0	0	0	0

表 18-6　控制寄存器 1($18)配置检测 X、Y、Z 轴相关位功能描述

寄存器 $18	位	功能描述	默认值
ZDA	5	写'1'来禁止 Z 轴,默认值'0'使能 Z 轴	0
YDA	4	写'1'来禁止 Y 轴,默认值'0'使能 Y 轴	0
XDA	3	写'1'来禁止 X 轴,默认值'0'使能 X 轴	0

(2) 控制寄存器 2($19)设置运动检测(逻辑或条件)或自由落体检测(逻辑与条件)。

控制寄存器 2($19)位'LDPL'可用于配置运动检测的逻辑或条件及自由落体检测的逻辑与条件。控制寄存器 2($19)位功能定义如表 18-7 所列,位'LDPL'相关设置功能描述如表 18-8 所列。

表 18 - 7　控制寄存器 2($19)位功能定义

位	D7	D6	D5	D4	D3	D2	D1	D0
功能	—	—	—	—	—	DRVO	PDPL	LDPL
默认值	0	0	0	0	0	0	0	0

表 18 - 8　位'LDPL'相关设置功能描述

寄存器 $19	位	功能描述	默认值
LDPL	0	0:级别检测极性为正极性,检测条件是所有 3 轴逻辑或。 X 或 Y 或 Z>阈值;||X||或||Y||或||Z||>阈值 1:级别检测极性为负极性,检测条件是所有 3 轴逻辑与。 X 与 Y 与 Z<阈值;||X||与||Y||与||Z||<阈值	0

(3) 控制寄存器 1($18)设置阈值为整数或绝对值。

控制寄存器 1($18)的位'THOPT'用于设置阈值是绝对值,或是带正负号的阈值,控制寄存器 1($18)的位'THOPT'功能描述如表 18 - 9 所列。

表 18 - 9　控制寄存器 1($18)的位'THOPT'设置功能描述

寄存器 $18	位	功能描述	默认值
THOPT	6	0:阈值的绝对值,即无符号数值。 1:阈值的正负值,即有符号数值	0

(4) 级别检测阈限值设置。

当检测到一个事件时,中断引脚(INT1 和 INT2)拉至高电平,中断引脚的定义是由控制寄存器 1($18)设置的,检测状态则由检测源寄存器($0A)监控。级别检测阈值则寄存器($1A)定义,该寄存器的位功能定义如表 18 - 10 所列。

表 18 - 10　级别检测阈限值设置($1A)位功能定义

位	D7	D6	D5	D4	D3	D2	D1	D0
功能	LDTH[7]	LDTH[6]	LDTH[5]	LDTH[4]	LDTH[3]	LDTH[2]	LDTH[1]	LDTH[0]
默认值	0	0	0	0	0	0	0	0

LDTH[7:0]:级别检测阈值的数值,如控制寄存器 1($18)的位 THOPT=0,它是无符号 7 位数值,且 LDTH[7]须为 0;如 THOPT=1,它是有符号的 8 位数值。

运动和自由落体条件时阈值检测,使用如下 4 种案例进行介绍。

● 案例 1。

运动检测,整数值:X>阈值或 Y>阈值或 Z>阈值(或表示逻辑或关系)。

寄存器($18)位 THOPT=1;寄存器($19)位 LDPL=0;阈值设置为 3 g,其数值为 47 个计数时(16 个计数/g)。设置寄存器($1A)位 LDTH=$2F,阈值检测条件示意图如图 18 - 5 所示。

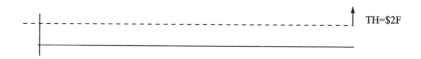

图 18-5　案例 1 阈值检测条件

● 案例 2。

运动检测,绝对值: | |X| | >阈值或 | |Y| | >阈值或 | |Z| | >阈值(或表示逻辑或关系)。

寄存器($18)位 THOPT=0;寄存器($19)位 LDPL=0;阈值设置为 3g,其数值为 47 个计数时(16 个计数/g)。设置寄存器($1A)位 LDTH=$2F,阈值检测条件示意图如图 18-6 所示。

图 18-6　案例 2 阈值检测条件

● 案例 3。

自由落体检测,整数值:X<阈值与 Y<阈值与 Z<阈值(与表示逻辑与关系)。

寄存器($18)位 THOPT=1;寄存器($19)位 LDPL=1;阈值设置为 0.5 g,其数值为 7 个计数(16 个计数/g)。设置寄存器($1A)位 LDTH=$07,阈值检测条件示意图如图 18-7 所示。

图 18-7　案例 3 阈值检测条件

● 案例 4。

自由落体检测,绝对值: | |X| | <阈值与 | |Y| | <阈值与 | |Z| | <阈值(与表示逻辑与关系)。

寄存器($18)位 THOPT=0;寄存器($19)位 LDPL=1;阈值设置为 ±0.5 g,其数值为 7 个计数(16 个计数/g)。设置寄存器($1A)位 LDTH=$07,阈值检测条件示意图如图 18-8 所示。

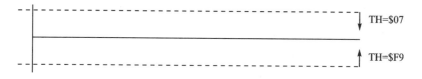

图 18-8　案例 4 阈值检测条件

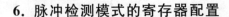

6. 脉冲检测模式的寄存器配置

在脉冲检测模式下,包括测量、级别检测、脉冲检测模式所有的功能都可以激活。两个中断引脚(INT1 和 INT2)都可用于级别检测和脉冲检测。脉冲检测具有几个与之相关的时序,可以检测单脉冲或双脉冲,也可以检测自由落体。中断引脚可以分配用于检测一个中断的第一个脉冲或其他中断的第二个脉冲。

默认状态下,所有的 3 个轴都被使能,且检测范围仅限于 8 g,也可将 X 或 Y 或 Z 轴禁止。这种方式用于运动检测和自由落体检测。

(1) 控制寄存器 1(＄18)脉冲检测模式禁止 X、Y、Z 轴。

脉冲检测模式下,设置控制寄存器 1(＄18)禁止 X、Y、Z 轴。通过向 ZDA、YDA、XDA 位写'1'来禁止,与级别检测模式下配置相同(见表 18－6 所列)。

(2) 控制寄存器 2(＄19)设置运动检测(逻辑或条件)或自由落体检测(逻辑与条件)。

控制寄存器 2(＄19)位'PDPL'可用于配置运动检测的逻辑或条件及自由落体检测的逻辑与条件。'PDPL'位相关配置功能描述如表 18－11 所列。

表 18－11　位'PDPL'设置功能描述

寄存器 ＄19	位	功能描述	默认值
PDPL	1	0:级别检测极性为正极性,检测条件是所有 3 轴逻辑或。 1:级别检测极性为负极性,检测条件是所有 3 轴逻辑与	0

7. 分配、清除、检测中断相关寄存器配置

本小节主要介绍分配、清除、检测中断相关寄存器功能设置。

(1) 分配中断引脚。

中断引脚的分配由控制寄存器 1(＄18)位 INTREG[1:0]设置,位 INTREG[1:0]与中断引脚组合有 3 种状态,其组合状态功能描述如表 18－12 所列。

表 18－12　组合状态功能描述

INTREG[1:0]	寄存器位"INT1"	寄存器位"INT2"
00	级别检测	脉冲检测
01	脉冲检测	级别检测
10	单脉冲检测	单脉冲或双脉冲检测

位 INTREG[1:0]相关设定值含义如下。

● 00:当 INT2 检测脉冲时,INT1 检测级别。

● 01:当 INT2 检测级别时,INT1 检测脉冲。

● 10:INT1、INT2 检测单脉冲,当延时时间大于 0 时,INT2 仅检测双脉冲。

（2）清除中断引脚。

清除中断引脚由中断锁存复位寄存器（＄17）设置，其寄存器位功能定义如表 18 - 13 所列，相关位功能描述如表 18 - 14 所列。

表 18 - 13　中断锁存复位寄存器（＄17）位功能定义

位	D7	D6	D5	D4	D3	D2	D1	D0
功能	—	—	—	—	—	—	CLR_INT2	CLR_INT1
默认值	0	0	0	0	0	0	0	0

表 18 - 14　中断锁存复位寄存器（＄17）相关位设置功能描述

寄存器 ＄17	位	功能描述	默认值
CLR_INT2	1	1：清除 INT2。 0：不清除 INT2	0
CLR_INT1	0	1：清除 INT1。 0：不清除 INT1	0

（3）检测中断。

检测中断状态通过检测源寄存器（＄0A）监控，它是个只读寄存器。检测源寄存器（＄0A）位功能定义如表 18 - 15 所列，相关位功能描述如表 18 - 16 所列。

表 18 - 15　检测源寄存器（＄0A）位功能定义

位	D7	D6	D5	D4	D3	D2	D1	D0
功能	LDX	LDY	LDZ	PDX	PDY	PDZ	INT2	INT1

表 18 - 16　检测源寄存器（＄0A）相关位功能描述

寄存器 ＄0A	位	功能描述	默认值
LDX	7	1：在 X 轴检测到级别检测事件。 0：在 X 轴未检测到级别检测事件	0
LDY	6	1：在 Y 轴检测到级别检测事件。 0：在 Y 轴未检测到级别检测事件	0
LDZ	5	1：在 Z 轴检测到级别检测事件。 0：在 Z 轴未检测到级别检测事件	0
PDX	4	1：在 X 轴检测到第一个脉冲。 0：在 X 轴未检测到第一个脉冲	0
PDY	3	1：在 Y 轴检测到第一个脉冲。 0：在 Y 轴未检测到第一个脉冲	0
PDZ	2	1：在 Z 轴检测到第一个脉冲。 0：在 Z 轴未检测到第一个脉冲	0

寄存器 $0A	位	功能描述	默认值
INT2	1	1：检测到控制寄存器 1（ $18）位 INTREG[1:0]中断分配。 0：未检测到控制寄存器 1（ $18）位 INTREG[1:0]中断分配	0
INT1	0	1：检测到控制寄存器 1（ $18）位 INTREG[1:0]中断分配。 0：未检测到控制寄存器 1（ $18）位 INTREG[1:0]中断分配	0

8. 用户寄存器列表

三轴加速度传感器 MMA7455L 共有 32 个用户寄存器，按地址 $00～ $1F 顺序排列。完整的寄存器集如表 18 - 17 所列。

表 18 - 17　用户寄存器集

地　址	寄存器名	功　能	位 7	位 6	位 5	位 4	位 3	位 2	位 1	位 0
$00	XOUTL	X 输出低 8 位	XOUT[7]	XOUT[6]	XOUT[5]	XOUT[4]	XOUT[3]	XOUT[2]	XOUT[1]	XOUT[0]
$01	XOUTH	X 输出高 2 位	—	—	—	—	—	—	XOUT[9]	XOUT[8]
$02	YOUTL	Y 输出低 8 位	YOUT[7]	YOUT[6]	YOUT[5]	YOUT[4]	YOUT[3]	YOUT[2]	YOUT[1]	YOUT[0]
$03	YOUTH	Y 输出高 2 位	—	—	—	—	—	—	YOUT[9]	YOUT[8]
$04	ZOUTL	Z 输出低 8 位	ZOUT[7]	ZOUT[6]	ZOUT[5]	ZOUT[4]	ZOUT[3]	ZOUT[2]	ZOUT[1]	ZOUT[0]
$05	ZOUTH	Z 输出高 2 位	—	—	—	—	—	—	ZOUT[9]	ZOUT[8]
$06	XOUT8	8 位 X 输出	XOUT[7]	XOUT[6]	XOUT[5]	XOUT[4]	XOUT[3]	XOUT[2]	XOUT[1]	XOUT[0]
$07	YOUT8	8 位 Y 输出	YOUT[7]	YOUT[6]	YOUT[5]	YOUT[4]	YOUT[3]	YOUT[2]	YOUT[1]	YOUT[0]
$08	ZOUT8	8 位 Z 输出	ZOUT[7]	ZOUT[6]	ZOUT[5]	ZOUT[4]	ZOUT[3]	ZOUT[2]	ZOUT[1]	ZOUT[0]
$09	STATUS	状态寄存器	—	—	—	—	—	PERR	DOVR	DRDY
$0A	DETSRC	检测源寄存器	LDX	LDY	LDZ	PDX	PDY	PDZ	INT2	INT1
$0B	TOUT	温度输出值	TMP[7]	TMP[6]	TMP[5]	TMP[4]	TMP[3]	TMP[2]	TMP[1]	TMP[0]
$0C	保留									
$0D	I2CAD	I²C 设备地址	I2CDIS	DAD[6]	DAD[5]	DAD[4]	DAD[3]	DAD[2]	DAD[1]	DAD[0]
$0E	USRINF	用户信息	UI[7]	UI[6]	UI[5]	UI[4]	UI[3]	UI[2]	UI[1]	UI[0]
$0F	WHOAMI	用户识别标识	ID[7]	ID[6]	ID[5]	ID[4]	ID[3]	ID[2]	ID[1]	ID[0]
$10	XOFFL	X 偏移值低 8 位	XOFF[7]	XOFF[6]	XOFF[5]	XOFF[4]	XOFF[3]	XOFF[2]	XOFF[1]	XOFF[0]
$11	XOFFH	X 偏移值高 3 位	—	—	—	—	—	XOFF[10]	XOFF[9]	XOFF[8]
$12	YOFFL	Y 偏移值低 8 位	YOFF[7]	YOFF[6]	YOFF[5]	YOFF[4]	YOFF[3]	YOFF[2]	YOFF[1]	YOFF[0]
$13	YOFFH	Y 偏移值高 3 位	—	—	—	—	—	YOFF[10]	YOFF[9]	YOFF[8]
$14	ZOFFL	Z 偏移值低 8 位	ZOFF[7]	ZOFF[6]	ZOFF[5]	ZOFF[4]	ZOFF[3]	ZOFF[2]	ZOFF[1]	ZOFF[0]
$15	ZOFFH	Z 偏移值高 3 位	—	—	—	—	—	ZOFF[10]	ZOFF[9]	ZOFF[8]

地 址	寄存器名	功 能	位 7	位 6	位 5	位 4	位 3	位 2	位 1	位 0
\$16	MCTL	模式控制	—	DRPD	SPI3W	STON	GLVL[1]	GLVL[0]	MOD[1]	MOD[0]
\$17	INTRST	中断锁存复位	—	—	—	—	—	—	CLRINT2	CLRINT1
\$18	CTL1	控制 1	DFBW	THOPT	ZDA	YDA	XDA	INTRG[1]	INTRG[0]	INTPIN
\$19	CTL2	控制 2	—	—	—	—	—	DRVO	PDPL	LDPL
\$1A	LDTH	级别检测阈值限值	LDTH[7]	LDTH[6]	LDTH[5]	LDTH[4]	LDTH[3]	LDTH[2]	LDTH[1]	LDTH[0]
\$1B	PDTH	脉冲检测阈值限值	PDTH[7]	PDTH[6]	PDTH[5]	PDTH[4]	PDTH[3]	PDTH[2]	PDTH[1]	PDTH[0]
\$1C	PW	脉冲周期值	PD[7]	PD[6]	PD[5]	PD[4]	PD[3]	PD[2]	PD[1]	PD[0]
\$1D	LT	延时值	LT[7]	LT[6]	LT[5]	LT[4]	LT[3]	LT[2]	LT[1]	LT[0]
\$1E	TW	第二个脉冲的时间窗口	TW[7]	TW[6]	TW[5]	TW[4]	TW[3]	TW[2]	TW[1]	TW[0]
\$1F	保留		—	—	—	—	—	—	—	—

18.1.4 数字通信接口

三轴加速度传感器 MMA7455L 支持 I^2C 接口和 SPI 接口,用户直接通过 I^2C 或 SPI 接口与 MMA7455L 通信,读取 MMA7455L 内部寄存器的值(即测量的结果)。$\overline{CS}$ 用于选择通信接口模式,当 $\overline{CS}$ 为低电平时,选择 SPI 接口,当 $\overline{CS}$ 为高电平时,则选择 I^2C 接口。

1. I^2C 接口及时序

当设备地址为 \$1D 时,三轴加速度传感器 MMA7455L 仅工作于从设备模式,只支持从设备角色,并支持多字节读/写操作,设备协议不支持高速模式、“10 位寻址”及开始字节。

(1) 单字节读。

8 位(1 字节)命令在 SCL 下降沿开始传输,经过 8 个时钟周期后发送命令。注意,一旦数据被接收,返回的数据将按最高有效位在前的格式发送。I^2C 接口单字节读操作时序图如图 18 - 9 所示。

(2) 单字节写。

I^2C 接口单字节写操作时序图如图 18 - 10 所示。

(3) 多字节读。

I^2C 接口多字节读操作时序图如图 18 - 11 所示。

(4) 多字节写。

I^2C 接口多字节写操作时序图如图 18 - 12 所示。

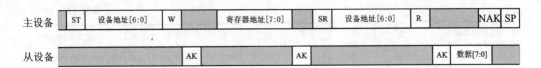

注:图中字符含义如下,后续其他图中类似字符含义同。

① ST 表示启动条件(start condition);

② SP 表示停止条件(stop condition);

③ AK 表示应答(acknowledge);

④ NAK 表示无应答(not acknowledge)。

图 18 - 9   I²C 接口单字节读操作时序图

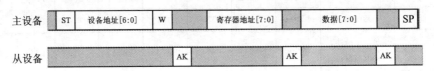

图 18 - 10   I²C 接口单字节写操作时序图

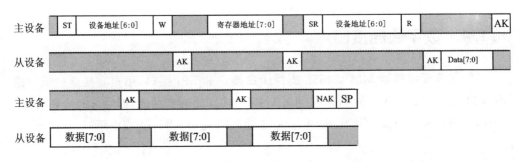

图 18 - 11   I²C 接口多字节读操作时序图

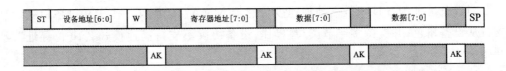

图 18 - 12   I²C 接口多字节写操作时序图

2. SPI 接口及时序

SPI 接口由 2 条控制线和 2 条数据线组成:$\overline{CS}$、SPC、SDI、SDO。SDI、SDO 分别是 SPI 接口的串行数据输入引脚和串行数据输出引脚,SDI 和 SDO 数据在 SPI 时钟有效时使能,其数据在 SPI 时钟上升沿捕获。

在多字节读/写操作的情况下,读/写寄存器命令在 16 个时钟脉冲(或 8 的倍数)内完成。

(1) 单字节读。

SPI 接口读操作由 1 位读/写、6 位地址及 1 个无关位组成。SPI 接口四线制和三线制单字节读操作时序图分别如图 18 - 13 和图 18 - 14 所示。

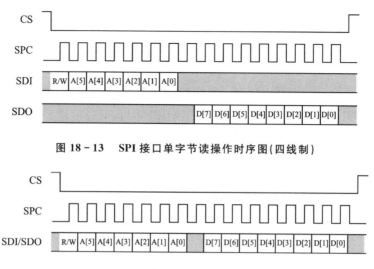

图 18 - 13　SPI 接口单字节读操作时序图(四线制)

图 18 - 14　SPI 接口单字节读操作时序图(三线制)

(2) 单字节写。

为了执行写 8 位寄存器操作,需要 1 个由 8 位组成的命令写入到 MMA7745L,写命令用最高有效位(写=0,读=1)指示 MMA7745L 寄存器的写操作,紧跟在后面的分别是 6 位地址及 1 个无关位,其写操作时序图如图 18 - 15 所示。

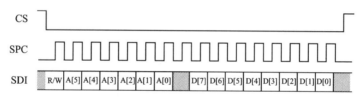

图 18 - 15　SPI 接口单字节写操作时序图(三线制)

18.2　设计目标

本实例利用 STM32 - V3(或 STM32MINI)开发板与外部 MMA7455L 三轴加速度传感器模块,基于 μC/OS-II 系统 3.86 版本和图形用户接口 μC/GUI 3.90a 版本,创建 3 个窗体分别实时显示 X 轴、Y 轴、Z 轴加速度采样值。

18.3　硬件电路设计

本实例的电路设计比较简单,通过 STM32 - V3 硬件开发平台的 SPI 接口(由 PB0、PB13、PB14、PB15 构成)、GPIO 端口(PA0 和 PB1)与外部三轴加速度 MMA7455L 模块连接。这部分硬件接口如图 18 - 16 所示。

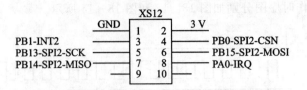

图 18-16 硬件开发平台的 SPI 接口

MMA7455L 三轴加速度模块兼容 I²C 和 SPI 接口,通过模块上面的电阻 R1 和 R2 短路或断开来切换通信接口,本例为 SPI 接口模式。MMA7455L 三轴加速度模块硬件原理图如图 18-17 所示。

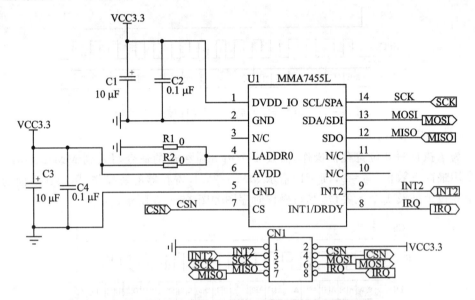

图 18-17 MMA7455L 三轴加速度模块硬件原理图

18.4 系统软件设计

本例以太网应用实例的系统软件设计主要分为如下几个部分:

(1) μC/OS-II 系统建立任务,包括系统主任务、μC/GUI 图形用户接口任务、触摸屏任务、三轴加速度传感器采样任务等。

(2) μC/GUI 图形界面程序,创建了 3 个窗体控件用来实时显示 X、Y、Z 轴采样值等。

(3) 中断服务程序,函数 SysTickHandler()为系统节拍时钟,本例省略介绍。

(4) 硬件平台初始化程序,包括系统时钟初始化、SPI 接口初始化、GPIO 端口初始化、触摸屏接口初始化等常用配置,也包括调用 MMA7455L_Startup()函数来实现 MMA7455L 模式配置。

(5) 三轴加速度传感器 MMA7455L 的应用配置与底层驱动程序,包括 SPI2 接口初始化、MMA7455L 模式设置、MMA7455L 寄存器读/写操作等功能。

本例软件设计所涉及的软件结构如表 18－18 所列,主要程序文件及功能说明如表 18－19 所列。

表 18－18　三轴加速度传感器应用实例的软件结构

应用软件层			
应用程序 app. c			
系统软件层			
μC/GUI 用户应用程序 Fun. c	操作系统		中断管理系统
μC/GUI 图形系统	μC/OS-Ⅱ系统		异常与外设中断处理模板
μC/GUI 驱动接口 lcd_ucgui. c,lcd_api. c	μC/OS-Ⅱ/Port　μC/OS-Ⅱ/CPU	μC/OS-Ⅱ/Source	stm32f10x_it. c
μC/GUI 移植部分 lcd. c			
CMSIS 层			
Cortex-M3 内核外设访问层	STM32F10x 设备外设访问层		
core_cm3. c　core_cm3. h	启动代码 (stm32f10x_startup. s)	stm32f10x. h　system_stm32f10x. c	system_stm32f10x. h
硬件抽象层			
硬件平台初始化 bsp. c			
硬件外设层			
三轴加速度模块底层驱动与应用配置	液晶屏接口应用配置程序		LCD 控制器驱动程序
MMA7455L. c	fsmc_sram. c		lcddrv. c
其他通用模块驱动程序			
misc. c、stm32f10x_fsmc. c、stm32f10x_gpio. c、stm32f10x_rcc. c、stm32f10x_spi. c、stm32f10x_usart. c 等			

表 18－19　三轴加速度传感器应用程序设计文件功能说明

程序文件名称	程序文件功能说明
App. c	主程序,μC/OS-Ⅱ系统建立任务,包括系统主任务、μC/GUI 图形用户接口任务、三轴加速度传感器采样任务等
stm32f10x_it. c	本例 μC/OS-Ⅱ系统时钟节拍中断程序的实现函数 SysTickHandler()
Fun. c	μC/GUI 图形用户接口,创建了三个窗体控件用来实时显示 XYZ 轴采样值等
bsp. c	硬件平台初始化程序,包括系统时钟初始化、SPI 接口初始化、GPIO 端口初始化、触摸屏接口初始化等,同时调用 MMA7455L_Startup()函数启动三轴加速度设置
MMA7455. c	三轴加速度传感器 MMA7455L 的应用配置与底层驱动程序,包括 SPI2 接口初始化、MMA7455L 启动设置、两个 MMA7455L 寄存器读/写操作函数
stm32f10x_spi. c	通用模块驱动程序之 SPI 模块库函数
stm32f10x_gpio. c	通用模块驱动程序之 GPIO 端口库函数

1. μC/OS-Ⅱ系统任务

μC/OS-Ⅱ系统建立任务,包含系统主任务、μC/GUI 图形用户接口任务、触摸屏任

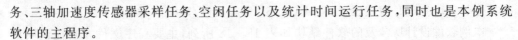

务、三轴加速度传感器采样任务、空闲任务以及统计时间运行任务,同时也是本例系统软件的主程序。

主程序集中在 main()入口函数,完成 μC/OS-Ⅱ 系统初始化、硬件平台初始化、建立主任务、设置节拍计数器以及启动 μC/OS-Ⅱ 系统等。

开始任务建立由 App_TaskStart()函数来完成,再由该函数调用 App_TaskCreate()建立其他 3 个任务:

- OSTaskCreateExt(AppTaskUserIF,…用户界面任务);
- OSTaskCreateExt(AppTaskKbd,…触摸驱动任务);
- OSTaskCreateExt(Task_MMA7455L,…三轴加速度传感器采样任务)。

用户界面任务和触摸驱动任务是 μC/OS-Ⅱ 系统中两个最常见的任务,本例的系统其他任务建立仅详细讲述三轴加速度传感器采样任务 Task_MMA7455L()。

三轴加速度传感器采样任务主要实现读取三轴加速度传感器 MMA7455L 的 X 轴、Y 轴、Z 轴数据的功能,通过调用 Task_MMA7455L(void * p_arg)实现,函数原型如下。

```
static void Task_MMA7455L(void * p_arg){
    INT8U err;
    (void)p_arg;
    while(1){
        /*判断是否是 PA0 线变高－－表示转换已完成*/
        if(GPIO_ReadInputDataBit(GPIOA,GPIO_Pin_0) ==1){
            MMA7455L_X = SPI_Read(XOUT8);//采样 X 轴的 8 位数值
            MMA7455L_Y = SPI_Read(YOUT8);//采样 Y 轴的 8 位数值
            MMA7455L_Z = SPI_Read(ZOUT8);//采样 Z 轴的 8 位数值
            itoa(MMA7455L_X, X_STR,10);//X 轴的数值转为字符串
            itoa(MMA7455L_Y, Y_STR,10);//Y 轴的数值转为字符串
            itoa(MMA7455L_Z, Z_STR,10);//Z 轴的数值转为字符串
        }
        OSTimeDlyHMSM(0,0,0,30); //30ms 周期采样
    }
}
```

在三轴加速度传感器采样任务实现函数 Task_MMA7455L()中嵌套了一个格式转化函数 itoa(),该函数曾用于将整形值数据转化成字符串。

本例将获取的 X、Y、Z 轴采样值转换成字符串,然后显示到图形用户界面上,后面大家会发现到这段代码的作用。

2. μC/GUI 图形界面程序

在 μC/OS-Ⅱ 系统下,用户界面任务建立函数 AppTaskUserIF()直接调用 Fun()函数实现执行 μC/GUI 图形界面显示的功能。

由于本例用户界面仍然采用了对话框窗体,我们从 Fun()函数处开始分成两大块进行讲述。首先我们从用户界面实现函数 Fun()开始讲述本程序的设计要点。

- 图形用户界面实现函数 Fun()

本函数采用的控件主要有文本控件、框架窗口控件等,利用 GUI_CreateDialogBox()
函数创建了 3 个对话框窗体。通过窗体 1、窗体 2 和窗体 3 实时显示 MA7455L 加速度
传感的 X、Y、Z 通道的采样数值。

```
void Fun(void) {
    GUI_CURSOR_Show();//打开鼠标图形显示
    /＊建立对话框时,包含了资源列表,资源数目，＊/
    //建立 3 个窗体
    hWin1 = GUI_CreateDialogBox(aDialogCreate1,GUI_COUNTOF(aDialogCreate1), 0, 0, 0, 0);
    hWin2 = GUI_CreateDialogBox(aDialogCreate2, GUI_COUNTOF(aDialogCreate2),0, 0, 0, 0);
    hWin3 = GUI_CreateDialogBox(aDialogCreate3, GUI_COUNTOF(aDialogCreate3),0, 0, 0, 0);
    //设置窗体字体
    FRAMEWIN_SetFont(hWin1,&GUI_FontComic18B_1);
    FRAMEWIN_SetFont(hWin2,&GUI_FontComic18B_1);
    FRAMEWIN_SetFont(hWin3,&GUI_FontComic18B_1);
    //设置文本框句柄
    text0 = WM_GetDialogItem(hWin1, GUI_ID_TEXT0);
    text1 = WM_GetDialogItem(hWin2, GUI_ID_TEXT1);
    text2 = WM_GetDialogItem(hWin3, GUI_ID_TEXT2);
    text3 = WM_GetDialogItem(hWin1, GUI_ID_TEXT3);
    text4 = WM_GetDialogItem(hWin2, GUI_ID_TEXT4);
    text5 = WM_GetDialogItem(hWin3, GUI_ID_TEXT5);
    //设置文本框字体大小
    TEXT_SetFont(text0,&GUI_FontComic24B_1);
    TEXT_SetFont(text1,&GUI_FontComic24B_1);
    TEXT_SetFont(text2,&GUI_FontComic24B_1);
    TEXT_SetFont(text3,&GUI_FontD32);
    TEXT_SetFont(text4,&GUI_FontD32);
    TEXT_SetFont(text5,&GUI_FontD32);
    //设置文本框字体颜色
    TEXT_SetTextColor(text0,GUI_LIGHTBLUE);
    TEXT_SetTextColor(text1,GUI_LIGHTBLUE);
    TEXT_SetTextColor(text2,GUI_LIGHTBLUE);
    TEXT_SetTextColor(text3,GUI_LIGHTRED);
    TEXT_SetTextColor(text4,GUI_LIGHTRED);
    TEXT_SetTextColor(text5,GUI_LIGHTRED);
    while (1)
    {
        TEXT_SetText(text3,X_STR);//X 轴数据转换值
        TEXT_SetText(text4,Y_STR); //Y 轴数据转换值
        TEXT_SetText(text5,Z_STR); //Z 轴数据转换值
        WM_Exec();//刷新屏幕
        OSTimeDlyHMSM(0, 0, 0, 200);
    }
}
```

上述代码中的 GUI_CreateDialogBox()函数用于创建窗体,一共创建了三个窗体。

参数 aDialogCreate1～3 分别定义对话框中所要包含的资源表的指针;GUI_COU-NTOF(aDialog_Create1～32)定义对话框中所包含的小工具的总数;参数 0 代表无指针(不指定回调函数);紧跟其后的一个参数表示父窗口的句柄(0 表示没有父窗口),最后两个参数表示 X/Y 坐标位置,即对话框相对于父窗口的 X/Y 轴位置(0,0)。

● GUI_CreateDialogBox()建立资源表

本函数用于建立资源表,定义三个指向了 GUI_WIDGET_CREATE_INFO 结构的指针,指定在对窗体中所要包括的所有控件含框架窗口、文本控件。

```
/*定义了对话框资源列表,建立三个窗体*/
/*定义了对话框资源列表 1,资源数*/
static const GUI_WIDGET_CREATE_INFO aDialogCreate1[] = {
    //建立窗体 1-X 轴,大小是 240×160,原点在 0,0.
    {FRAMEWIN_CreateIndirect, "X-Axis Value", 0,0, 0, 240, 106,
    FRAMEWIN_CF_ACTIVE },
    //建立 TEXT 控件,起点是窗体的 138,50,大小 95×35,文字右对齐.
    { TEXT_CreateIndirect,"",GUI_ID_TEXT3,138,30,95,35,
    TEXT_CF_RIGHT },
    //建立 TEXT 控件,起点是窗体的 2,60,大小 130×55,文字右对齐.
    { TEXT_CreateIndirect,"X-Axis:",GUI_ID_TEXT0,2,40,130,55,
    TEXT_CF_RIGHT },
    };
    /*定义了对话框资源列表 2*/
    static const GUI_WIDGET_CREATE_INFO aDialogCreate2[] = {
    //建立窗体 2-Y 轴,大小是 240×160,原点在 0,160.
    { FRAMEWIN_CreateIndirect,"Y-Axis Value",0,0,106,240,106,
    FRAMEWIN_CF_ACTIVE },
    //建立 TEXT 控件,起点是窗体的 138,50,大小 95×35,文字右对齐.
    {TEXT_CreateIndirect,"",GUI_ID_TEXT4,138,30,95,35,
    TEXT_CF_RIGHT },
    //建立 TEXT 控件,起点是窗体的 2,60,大小 130×55,文字右对齐.
    { TEXT_CreateIndirect,"Y-Axis:",GUI_ID_TEXT1,2,40,130,55,
    TEXT_CF_RIGHT },
    };
    /*定义了对话框资源列表 3*/
    static const GUI_WIDGET_CREATE_INFO aDialogCreate3[] = {
    //建立窗体 3-Z 轴,大小是 240×160,原点在 0,160.
    { FRAMEWIN_CreateIndirect,"Z-Axis Value",0,0,212,240,108,
    FRAMEWIN_CF_ACTIVE },
    //建立 TEXT 控件,起点是窗体的 138,50,大小 95×35,文字右对齐.
    {TEXT_CreateIndirect,"",GUI_ID_TEXT5,138,30,95,35,
    TEXT_CF_RIGHT },
    //建立 TEXT 控件,起点是窗体的 2,60,大小 130×55,文字右对齐.
    { TEXT_CreateIndirect,"Z-Axis:",GUI_ID_TEXT2,2,40,130,55,
```

```
    TEXT_CF_RIGHT },
};
```

从上述代码,大家可以发现不论框架控件还是文本控件,它们都只能够从资源表条目中创建,即创建文本控件只能用 TEXT_CreateIndirect() 函数,创建框架控件只能用 FRAMEWIN_CreateIndirect() 函数。

也许大家又会有疑问,上面两个函数都是用于定义对话框窗体,那么 MA7455L 加速度传感器的 X、Y、Z 轴的采样值如何显示在该图形用户界面上呢? 大家看看 Fun() 函数循环体内的这行代码,就明白图形用户界面是如何获取 X、Y、Z 轴采样值的。

```
while (1)
{
    TEXT_SetText(text3,X_STR);//X 轴数据转换值
    TEXT_SetText(text4,Y_STR); //Y 轴数据转换值
    TEXT_SetText(text5,Z_STR); //Z 轴数据转换值
    WM_Exec();//刷新屏幕
    OSTimeDlyHMSM(0, 0, 0, 200);
}
```

这个三轴数据转换值在头文件 Demo.h 中定义,来源于三轴加速度传感器采样任务所获取到 X、Y、Z 轴的采样值,再由格式转化函数 itoa(),将 X、Y、Z 轴采样值转换成字符串。

```
EXT unsigned char X_STR[4];          //整数转字符串变量
EXT unsigned char Y_STR[4];          //整数转字符串变量
EXT unsigned char Z_STR[4];          //整数转字符串变量
```

3. 硬件平台初始化

硬件平台初始化程序,包括系统时钟初始化、SPI 接口初始化、GPIO 端口初始化、触摸屏接口初始化等常用的配置,同时调用 MMA7455L_Startup() 函数启动对三轴加速度传感器的寄存器配置。

开发板硬件的初始化通过 BSP_Init() 函数调用各接口函数实现,具体实现代码如下。

```
void BSP_Init(void)
{
    RCC_Configuration();//系统时钟初始化及端口外设时钟使能
    GPIO_Configuration();//状态 LED1 的初始化
    SPI2_MMA7455L_Init();//SPI2 接口及 MMA7455L 初始化
    tp_Config();      //SPI1 触摸电路初始化
    FSMC_LCD_Init();//FSMC 接口初始化
    MMA7455L_Startup(); //MMA7455L 的寄存器配置
}
```

4. MMA7455L 底层驱动与应用配置

三轴加速度传感器 MMA7455L 的底层驱动与应用配置,包括 SPI2 接口初始化、MMA7455L 启动设置、两个 MMA7455L 寄存器读/写操作函数和一个数据发送操作函数。

SPI2 接口初始化通过调用函数 SPI2_MMA7455L_Init(),来完成 SPI2 接口相关的 4 个引脚、三轴加速度传感器的中断引脚(INT1 和 INT2)、SPI2 工作参数等配置,该函数完整的实现代码如下。

```
void SPI2_MMA7455L_Init(void)
{
  SPI_InitTypeDef SPI_InitStructure;
  GPIO_InitTypeDef GPIO_InitStructure;
  RCC_APB1PeriphClockCmd(RCC_APB1Periph_SPI2 ,ENABLE); //使能 SPI2 外设时钟
  /* 配置 SPI2 接口引脚:SCK, MISO and MOSI(PB13, PB14, PB15) */
  GPIO_InitStructure.GPIO_Pin = GPIO_Pin_13 | GPIO_Pin_14 | GPIO_Pin_15;
  GPIO_InitStructure.GPIO_Speed = GPIO_Speed_50MHz;
  GPIO_InitStructure.GPIO_Mode = GPIO_Mode_AF_PP; //复用功能(推挽)输出 SPI2
  GPIO_Init(GPIOB, &GPIO_InitStructure);
  /* 配置 SPI2 MMA7455L 片选 - PB0 */
  GPIO_InitStructure.GPIO_Pin = GPIO_Pin_0;
  GPIO_InitStructure.GPIO_Speed = GPIO_Speed_50MHz; //输出模式最大速度 50MHz
  GPIO_InitStructure.GPIO_Mode = GPIO_Mode_Out_PP; //通用推挽输出模式
  GPIO_Init(GPIOB, &GPIO_InitStructure);
  /* 配置 MMA7455L 状态输出 2 - PB1 */
  GPIO_InitStructure.GPIO_Pin = GPIO_Pin_1; //MMA7455L - INT2
  GPIO_InitStructure.GPIO_Mode = GPIO_Mode_IPU;//上拉输入模式
  GPIO_Init(GPIOB, &GPIO_InitStructure);
  /* 配置 MMA7455L 状态输出 1 - PA0 */
  GPIO_InitStructure.GPIO_Pin = GPIO_Pin_0;     //MMA7455L - INT1
  GPIO_InitStructure.GPIO_Mode = GPIO_Mode_IPD;//上拉输入模式
  GPIO_Init(GPIOA, &GPIO_InitStructure);
  //禁止 SPI2 MMA7455L 的片选
  NotSelect_MMA();
  /* SPI2 接口参数配置 */
  SPI_InitStructure.SPI_Direction = SPI_Direction_2Lines_FullDuplex; //全双工
  SPI_InitStructure.SPI_Mode = SPI_Mode_Master;//主模式
  SPI_InitStructure.SPI_DataSize = SPI_DataSize_8b; //8 位
  /* 时钟极性,空闲状态时,SCK 保持低电平 */
  SPI_InitStructure.SPI_CPOL = SPI_CPOL_Low;
  /* 时钟相位数据采样从第一个时钟边沿开始 */
  SPI_InitStructure.SPI_CPHA = SPI_CPHA_1Edge;
  SPI_InitStructure.SPI_NSS = SPI_NSS_Soft;//软件产生 NSS
  /* 波特率控制:SYSCLK/16 */
  SPI_InitStructure.SPI_BaudRatePrescaler = SPI_BaudRatePrescaler_32;
  SPI_InitStructure.SPI_FirstBit = SPI_FirstBit_MSB;//数据高位在前
  SPI_InitStructure.SPI_CRCPolynomial = 7; //CRC 多项式寄存器初始值为 7
  SPI_Init(SPI2, &SPI_InitStructure);
```

```
/* 使能 SPI2 接口 */
SPI_Cmd(SPI2, ENABLE);
}
```

特别强调一下 MMA7455L 的片选信号，它是在 demo.h 头文件下的宏定义，直接通过 GPIO 引脚复位/置位操作函数对 PB0 引脚置高/低电平。

```
//MMA7455L 的片选信号置低电平
#define Select_MMA()     GPIO_ResetBits(GPIOB, GPIO_Pin_0)
//MMA7455L 的片选信号置低电平
#define NotSelect_MMA()  GPIO_SetBits(GPIOB, GPIO_Pin_0)
```

当 MMA7455L 占用的 SPI2 接口初始化完成后，由函数 MMA7455L_Startup() 实现对 MMA7455L 的内部寄存器赋值，完成 MMA7455L 工作模式等功能设置，主要对下列五个寄存器进行了设置：

- 模式控制寄存器(MCTL)；
- 控制寄存器 1(CTL1)；
- 控制寄存器 2(CTL2)；
- X 轴偏移值(XOFFL)；
- Y 轴偏移值(YOFFL)。

MMA7455L 寄存器赋值函数的实现代码列出如下。

```
void MMA7455L_Startup(void){
    SPI_RW_Reg(MCTL, 0x05); //值 b01000101,2g 测量模式,数据就绪信号不输出
    SPI_RW_Reg(CTL1, 0x82); //值 b00000000
    SPI_RW_Reg(CTL2, 0x00); //值 b00000000
    SPI_RW_Reg(XOFFL,0x20); //校正 X 值
    SPI_RW_Reg(YOFFL,0x3f); //校正 Y 值
}
```

处理器与 MMA7455L 之间的数据通信都是通过 SPI2 接口进行的，这里有一个通过 SPI2 接口实现单字节数据发送/接收的功能函数 SPI2_MMA_SendByte()，该函数是单字节读/写操作 MMA7455L 寄存器的基础，读/写 MMA7455L 的寄存器时都需要调用到该函数，函数代码如下。

```
unsigned char SPI2_MMA_SendByte(unsigned char byte)
{
    /* 循环检测发送缓冲区是否是空 */
    while(SPI_I2S_GetFlagStatus(SPI2, SPI_I2S_FLAG_TXE) == RESET);
    /* 通过 SPI2 外设接口发出数据 */
    SPI_I2S_SendData(SPI2, byte);
    /* 等待接收数据,循环检查接收数据缓冲区 */
    while(SPI_I2S_GetFlagStatus(SPI2, SPI_I2S_FLAG_RXNE) == RESET);
    /* 返回读出的数据 */
    return SPI_I2S_ReceiveData(SPI2);
}
```

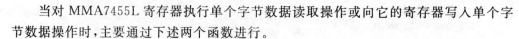

当对 MMA7455L 寄存器执行单个字节数据读取操作或向它的寄存器写入单个字节数据操作时,主要通过下述两个函数进行。

● SPI_Read()-读取 MMA7455L 寄存器

该函数将从 MMA7455L 指定的寄存器里读出一个字节,函数代码如下。

```
unsigned char SPI_Read(unsigned char reg)
{
    unsigned char Data;
    Select_MMA();                              //选择 MMA7455L 片选
    /* 指定 MMA7455L 寄存器,调用了 SPI2_MMA_SendByte()函数 */
    SPI2_MMA_SendByte(reg<<1);
    Data = SPI2_MMA_SendByte(0);               //读出数据
    NotSelect_MMA();                           //禁止 MMA7455L 片选
    return (Data);
}
```

● SPI_RW_Reg()-向 MMA7455L 寄存器写入

该函数通过 SPI2 接口将单个字节数据写入到指定 MMA7455L 的寄存器,函数代码如下。

```
unsigned char SPI_RW_Reg(unsigned char data1,unsigned char data2)
{
    unsigned int Data = 0;
    Select_MMA();                              //选择 MMA7455L 片选
    /* 指定 MMA7455L 寄存器,调用了 SPI2_MMA_SendByte()函数 */
    Data = SPI2_MMA_SendByte(0x80 + (data1<<1));
    SPI2_MMA_SendByte(data2);                  //写入数据
    NotSelect_MMA();                           //禁止 MMA7455L 片选
    return(Data);                              //返回 MMA7455L 写寄存器的状态信息
}
```

5. 通用模块驱动程序

stm32f10x_spi.c 文件封装的是 SPI 接口库函数,这部分函数主要由触摸屏接口配置、三轴加速度传感器等程序调用;stm32f10x_gpio.c 文件封装的是 GPIO 端口库函数,凡是需要设置 STM32 处理器引脚功能时,如果不想自行编制函数实现功能的话,都会调用该部分的库函数,也就是说 GPIO 库函数是程序设计中必不可少的部分。表 18-20 列出了本实例被调用的大部分库函数。

表 18-20 库函数调用列表

序　号	函数名
1	SPI_Init
2	SPI_Cmd
3	SPI_I2S_SendData
4	SPI_I2S_ReceiveData
5	SPI_I2S_GetFlagStatus
6	GPIO_Init
7	GPIO_SetBits

18.5　实例总结

本实例详细介绍了 MEMS 三轴加速度传感器 MMA7455L 工作原理,功能结构以及各种工作模式涉及的寄存器配置等,基于 STM32F103 处理器的 SPI 接口实现了实时采样 MMA7455L 传感器的三轴输出值。通过 μC/OS-II 嵌入式系统的任务调度,在 μC/GUI 图形用户界面实时显示了 MMA7455L 的 X 轴、Y 轴、Z 轴的加速度采样值输出。

系统软件的重点主要集中在 μC/GUI 图形用户界面和 MMA7455L 底层驱动程序的设计。μC/GUI 图形用户显示界面设计过程中应用了对话框窗体并使用了文本和框架窗体控件。MMA7455L 底层驱动与应用配置程序则主要涉及寄存器值的配置。

18.6　显示效果

将三轴加速度传感器 MMA7455L 模块插入 STM32 – V3 硬件开发平台的外置 SPI 接口,本实例的软件在开发平台下载并运行后,三轴加速度传感器实验演示效果如图 18 – 18 所示。

图 18 - 18　三轴加速度传感器实验演示效果

第 **19** 章

CMOS 摄像头系统应用实例

近年来,随着行业的增速和新应用领域的出现,图像与视频系统的开发商、集成商及其用户越来越多,应用领域遍及城市监控、交通、能源、公安、电信、军事和医疗保健行业。本章将采用 CMOS 摄像头,在 μC/OS-Ⅱ 嵌入式实时系统架构一种简易的视频监控显示系统。

19.1 CMOS 摄像头应用概述

CMOS 摄像头实际上是一个图像传感器,也是组成视频监控应用系统的核心部件。本实例先从图像采集传感器 OV7670 的架构与原理开始讲述。

OV7670 是 Omni Vision 公司生产的彩色 CMOS 图像传感器,体积小、工作电压低,提供单片 VGA 摄像头和影像处理器的所有功能,由 SCCB(串行相机控制总线接口)控制,可以输出整帧、子采样、取窗口等方式的各种分辨率 8 位影响数据。该产品 VGA 图像最高达到 30 帧/秒。用户可以完全控制图像质量、数据格式和传输方式。所有图像处理功能过程包括伽玛曲线、白平衡、饱和度、色度等都可以通过 SCCB 接口编程。OmmiVision 图像传感器应用独有的传感器技术,通过减少或消除光学或电子缺陷(如固定背景噪声、拖尾、浮散等),提高图像质量,得到清晰稳定的彩色图像。OV7670 图像传感器的主要功能与特性如下:

- 高灵敏度适合低照度应用;
- 低电压适合嵌入式应用;
- 标准的 SCCB 接口,兼容 I²C 接口;
- 输出格式支持 RawRGB,RGB(GRB4:2:2,RGB565/555/444),YUV(4:2:2)和 YCbCr(4:2:2);
- 支持 VGA、CIF 及 CIF 图像尺寸;
- 采样方式采用 VarioPixel 技术;
- 自动成像控制功能包括:自动曝光控制、自动增益控制、自动白平衡、自动带通滤波器、自动黑电平校准；

● 成像品质控制包括色饱和度、色相、伽马、锐度（边缘增强）和抗模糊；

● ISP 具有消除噪声和坏点修正功能；

● 支持 LED 和闪光灯模式；

● 支持图像缩放；

● 镜头阴影校正；

● 闪烁（50/60 Hz）自动检测；

● 饱和度自动调节（UV 调整）；

● 边缘增强自动调节；

● 自动降噪调节。

19.1.1　图像采集传感器组成

OV7670 图像采集传感器组件由 640×480 有效像素的图像传感器感光阵列（共有 656×488 个像素，在 YUV 的模式的有效像素为 640×480 个）、模拟信号处理器、模数转换器、测试图象发生器、数字信号处理器、视频接口、串行相机控制总线接口、时序发生器和图象缩放器等组成。OV7670 功能框图如图 19 - 1 所示。

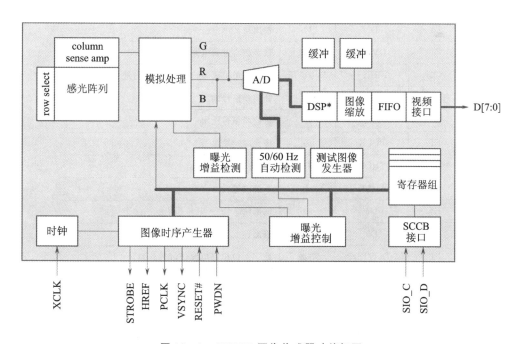

图 19 - 1　OV7670 图像传感器功能框图

19.1.2　OV7670 引脚功能描述

OV7670 图像传感器采用 24 引脚 CSP2 封装,引脚功能如表 19-1 所列。

表 19-1　OV7670 引脚功能描述

引脚号	引脚名称	类　型	功能描述
A1	AVDD	电源	模拟电路电源
A2	SIO_D	I/O	串行相机控制总线接口数据线
A3	SIO_C	I/O	串行相机控制总线接口时钟线
A4	D1	O	输出位 1
A5	D3	O	输出位 3
B1	PWDN	I	掉电模式选择,高电平有效,内置下拉电阻 0:普通模式 1:掉电模式
B2	VREF2	参考电压	内部参考电压—通过 1Mf 电容对地连接
B3	AGND	电源	模拟地
B4	D0	O	输出位 0
B5	D2	O	输出位 2
C1	DVDD	电源	数字核心逻辑电路电源 1.8(1±10%)V
C2	VREF1	参考电压	内部参考电压,通过 1μF 电容对地连接
D1	VSYNC	O	帧同步信号输出
D2	HREF	O	行同步信号输出
E1	PCLK	O	像素时钟输出
E2	STROBE	O	LED/闪光控制输出
E3	XCLK	I	系统时钟输入
E4	D7	O	输出位 7
E5	D5	O	输出位 5
F1	DOVDD	电源	数字 I/O 电路电源(1.7～3.0V)
F2	RESET	I	寄存器值复位 0:复位模式 1:正常模式
F3	DOGND	电源	数字 I/O 电路电源地
F4	D6	O	输出 6
F5	D4	O	输出位 4

19.1.3 OV7670相关时序概述

OV7670图像传感器的控制均通过SSCB总线完成,SSCB总线时序如图19-2所示,同时图19-3~图19-10分别列出了行时序、VGA帧时序、QVGA帧时序、CIF帧时序、QCIF帧时序、RGB565输出时序、RGB555输出时序、RGB444输出时序等示意图。

1. 串行相机控制总线接口时序图

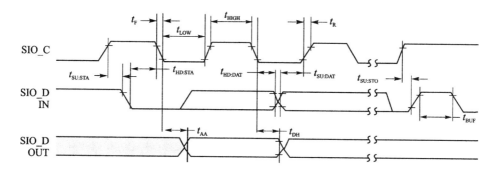

图19-2 串行相机控制总线接口时序图

2. 行时序图

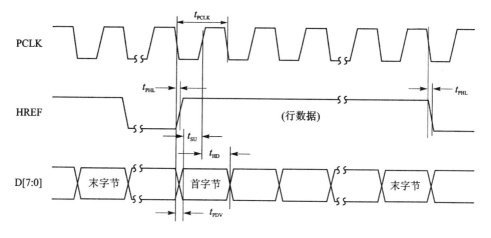

图19-3 行时序图

3. VGA 帧时序图

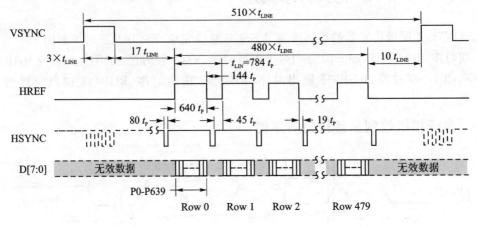

图 19 - 4　VGA 帧时序图

4. QVGA 帧时序图

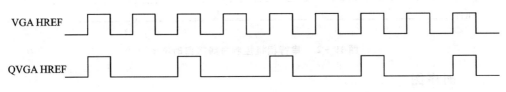

图 19 - 5　QVGA 帧时序图

5. CIF 帧时序图

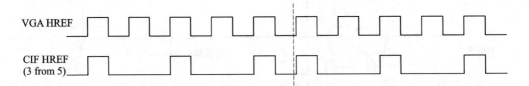

图 19 - 6　CIF 帧时序图

6. QCIF 帧时序图

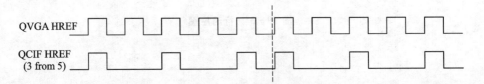

图 19 - 7　QCIF 帧时序图

7. RGB565 输出时序图

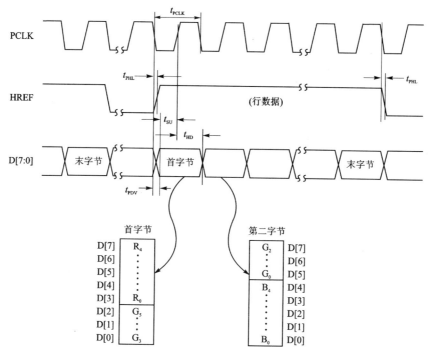

图 19 - 8　RGB565 输出时序图

8. RGB555 输出时序图

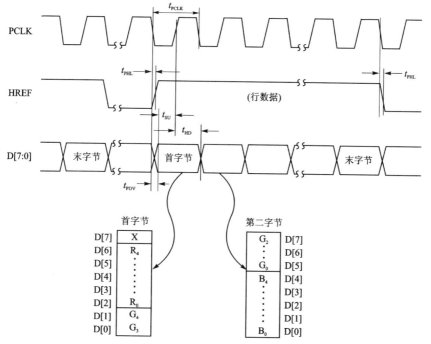

图 19 - 9　RGB555 输出时序图

9. RGB444 输出时序图

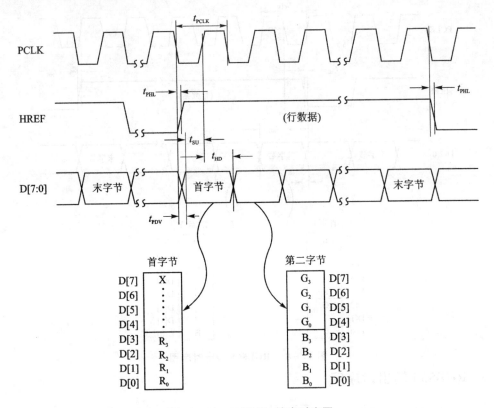

图 19 - 10 RGB444 输出时序图

19.1.4 OV7670 寄存器配置概述

OV7670 功能配置需要通过地址 0x00~0xC9 的寄存器来控制。本小节简单介绍 OV7670 图像传感器的相关寄存器功能,该配置表如表 19 - 2 所列。

表 19 - 2 OV7670 寄存器配置表

寄存器地址(Hex)	寄存器名	默认值(Hex)	读/写类型	功能描述
00	GAIN	00	RW	AGC(自动增益控制)增益设置 位[7:0]:AGC[7:0]低 8 位;AGC 高 2 位[9:8]见 0x03 寄存器的 VERF[7:6])。 范围:[00]~[FF]
01	BLUE	80	RW	AWB(自动白平衡)蓝色通道增益控制 范围:[00]~[FF]

寄存器地址（Hex）	寄存器名	默认值（Hex）	读/写类型	功能描述
02	RED	80	RW	AWB(自动白平衡)红色通道增益控制 范围:[00]~[FF]
03	VREF	00	RW	场帧控制 位[7:6]:用于 AGC 高 2 位[9:8]; 位[5:4]:保留; 位[3:2]:场帧控制的帧尾的低两位(高 8 位在 VSTOP[7:0]中; 位[1:0]:场帧控制的帧头低两位(高 8 位在 VSTRT[7:0]中
04	COM1	00	RW	通用控制 1 位[7]:保留; 位[6]:CCIR656 格式; 0:禁止 1:使能。 位[5:2]:保留; 位[1:0]:AEC 的低 2 位即 AEC[1:0]。 注: AEC[15:10]位赋值在寄存器 AECHH 中;AEC[9:2]位赋值在寄存器 AECH
05	BAVE	00	RW	U/B 的均衡电平,随芯片输出格式自动更新
06	GbAVE	00	RW	Y/Gb 的均衡电平,随芯片输出格式自动更新
07	AECHH	00	RW	曝光值 - AEC(自动曝光控制)高 6 位 位[7:6]:保留; 位[5:0]:AEC 位[15:10]
08	RAVE	00	RW	V/R 的均衡电平,随芯片输出格式自动更新
09	COM2	01	RW	通用控制 2 位[7:5]:保留; 位 4:软件休眠模式; 位[3:2]:保留; 位[1:0]:输出驱动能力控制。 00:1×;01:2×;10:3×;11:4×
0A	PID	76	R	PID 高 8 位
0B	VER	73	R	PID 低 8 位
0C	COM3	00	RW	通用控制 3 位[7]:保留; 位[6]:输出数据高位和低位交换; 位[5]:在省电模式期间输出时钟三态(即高阻态); 0:三态;1:非三态。 位[4]:在省电模式期间输出数据三态;

寄存器地址(Hex)	寄存器名	默认值(Hex)	读/写类型	功能描述
0C	COM3	00	RW	0:三态;1:非三态。 位[3]:缩放使能; 　0:禁止;1:使能,如果 COM7 位[5:3]设成预定格式那么 COM14 位[3]必须设置为 1,即手动调节。 位[2]:DCW 使能; 　0:禁止; 　1:使能-如果 COM7 位[5:3]设成预定格式那么 COM14 位[3]必须设置为 1,即手动调节。 位[3:0]:保留
0D	COM4	00	RW	通用控制 4 位[7:6]:保留; 位[5:4]:均衡选项(须与 COM17 位[7:6]的设置一致); 00:全窗口;01:半窗口;10:1/4 窗口;11:1/4 窗口。 位[3:0]:保留
0E	COM5	01	RW	通用控制 5 位[7:0]:保留
0F	COM6	43	RW	通用控制 6 位[7]:光学黑线(即未感光,也称暗电流)输出选项 0:在光学黑线输出时禁止行同步信号 1:在光学黑线输出时使能行同步信号。 位[6:2]:保留; 位[1]:当格式变化时,复位所有时序; 0:不复位;1:复位。 位[0]:保留
10	AECH	40	RW	曝光值高 8 位 位[7:0]:对应于 AEC 位[9:2](AEC 位[15:10]在寄存器 AECHH 中,AEC 位[1:0]在寄存器 COM1 中)
11	CLKRC	80	RW	内部时钟 位[7]:保留; 位[6]:直接使用外部时钟(没有预分频); 位[5:0]:内部时钟分频; F(内部时钟分频)=F(输入时钟)/(位[5:0]+1); 位取值范围:[00000]~[11111]
12	COM7	00	RW	通用控制 7 位[7]:SCCB 寄存器复位; 0:不复位;1:复位所有寄存器至默认值。

寄存器 地址 （Hex）	寄存器名	默认值 （Hex）	读/写 类型	功能描述
12	COM7	00	RW	位[6]:保留； 位[5]:输出格式-选择 CIF； 位[4]:输出格式-选择 QVGA； 位[3]:输出格式-选择 QCIF； 位[2]:输出格式-选择 RGB(需组合配置,见下方)； 位[1]:彩条； 0:禁止;1:使能。 位[0]:输出格式-Raw RGB(需组合配置,见下方) 表格如下
13	COM8	8F	RW	通用控制 8 位[7]:使能快速 AGC/AEC 算法 位[6]:AEC 步长限制 0:步长受限与场消隐(垂直回扫);1:不限制步长。 位[5]:条纹过滤器打开/关闭-为打开条纹过滤器,寄存器 0x9D 或者 0x9E 要设成非零值。 0:关;1:开。 位[4:3]:保留； 位[2]:AGC 使能； 位[1]:AWB 使能； 位[0]:AEC 使能
14	COM9	4A	RW	通用控制 9 位[7]:保留； 位[6:4]:自动增益上限-最大 AGC 值； 000:2×； 001:4×； 010:8×； 011:16×； 100:32×； 101:64×； 110:128×； 111:不允许。 位[3:1]:保留； 位[0]:AGC/AEC 功能冻结

内嵌表格（COM7 功能描述中）：

模式	COM7[2]	COM7[0]
YUV	0	0
RGB	0	1
Bayer RAW	1	0
Processed Bayer RAW	1	1

寄存器地址(Hex)	寄存器名	默认值(Hex)	读/写类型	功能描述
15	COM10	00	RW	通用控制 10 位[7]:保留; 位[6]:由 HREF 信号改变为 HSYNC 信号(注:HREF 和 HSYNC 为同一个信号线,仅输出方式不一样); 位[5]:PCLK 输出选项; 0:PCLK 连续输出;1:PCLK 在行消隐期间无输出。 位[4]:PCLK 反相; 位[3]:HREF 反相; 位[2]:垂直同步信号(VSYNC)选项; 0:在 PCLK 的下降沿 VSYNC 改变; 1:在 PCLK 的上升沿 VSYNC 改变。 位[1]:VSYNC 负有效; 位[0]:HSYNC 负有效
16	RSVD	XX	–	保留功能
17	HSTART	11	RW	输出格式-行帧头高 8 位(低 3 位在位 HREF[2:0]中)
18	HSTOP	61	RW	输出格式-行帧尾高 8 位(低 3 位在位 HREF[5:3]中)
19	VSTRT	03	RW	输出格式-场帧头高 8 位(低 2 位在位 VREF[1:0]中)
1A	VSTOP	7B	RW	输出格式-场帧尾高 8 位(低 2 位在位 VREF[3:2]中)
1B	PSHFT	00	RW	数据格式-像素延迟选择(为位 D[7:0]相对于 HREF 延迟多少个像素时钟周期)。 范围:[00]无延迟~[FF]256 个像素延时
1C	MIDH	7F	R	厂商识别字节-高(只读=0x7F)
1D	MIDL	A2	R	厂商识别子字-低(只读=0xA2)
1E	MVFP	01	RW	水平镜像/竖直翻转使能 位[7:6]:保留; 位[5]:水平镜像使能; 0:正常;。1:镜像 位[4]:竖直翻转使能; 0:正常;1:翻转。 位[3]:保留; 位[2]:消除黑斑使能; 位[1:0]:保留
1F .	LAEC	00	RW	保留

寄存器地址（Hex）	寄存器名	默认值（Hex）	读/写类型	功能描述
20	ADCCTR0	04	RW	ADC 控制 位[7:4]:保留; 位[3]:ADC 范围调整; 0:1×范围; 1:1.5×范围。 位[2:0]:ADC 参考调整; 000:0.8×; 100:1×; 111:1.2×
21	ADCCTR1	02	RW	位[7:0]:保留
22	ADCCTR2	01	RW	位[7:0]:保留
23	ADCCTR3	00	RW	位[7:0]:保留
24	AEW	75	RW	AGC/AEC -稳定操作区域(上限)
25	AEB	63	RW	AGC/AEC -稳定操作区域(下限)
26	VPT	D4	RW	AGC/AEC 快速模式操作区域 位[7:4]:快速模式控制区上限; 位[3:0]:快速模式控制区下限
27	BBIAS	80	RW	B 通道信号输出偏置(仅当 COM6[3]=1 时有效) 位[7]:偏置调整方向; 0:偏置增;1:偏置减。 位[6:0]:10 位范围的偏置值
28	GbBIAS	80	RW	Gb 通道信号输出偏置(仅当 COM6[3]=1 时有效) 位[7]:偏置调整方向; 0:偏置增;1:偏置减。 位[6:0]:10 位范围的偏置值
29	RSVD	XX	—	保留功能
2A	EXHCH	00	RW	插入空像素数的最高有效位的个数 位[7:4]:4 个最高有效位的空像素数插入水平(行)方向; 位[3:2]:HSYNC 下降沿延迟 2 个最高有效位; 位[1:0]:HSYNC 上升沿延迟 2 个最高有效位
2B	EXHCL	00	RW	插入空像素数的最低有效位的个数 8 个最低有效位的空像素数插入水平(行)方向
2C	RBIAS	80	RW	R 通道信号输出偏置(仅当 COM6[3]=1 时有效) 位[7]:偏置调整方向; 0:偏置增;1:偏置减。 位[6:0]:10 位范围的偏置值

寄存器地址(Hex)	寄存器名	默认值(Hex)	读/写类型	功能描述
2D	ADVFL	00	RW	垂直(场)方向插入空行的最低有效位个数(一位表示一行)
2E	ADVFH	00	RW	垂直(场)方向插入空行的最高有效位个数(一位表示一行)
2F	YAVE	00	RW	Y/G 通道的平均值
30	HSYST	08	RW	HSYNC 上升沿延迟(低 8 位)
31	HSYEN	30	RW	HSYNC 下降沿延迟(低 8 位)
32	HREF	80	RW	行同步信号控制 位[7:6]:行同步信号沿距数据输出的偏移值; 位[5:3]:行同步结束信号的低 3 位(高 8 位在 HSTOP); 位[2:0]:行同步开始信号的低 3 位(高 8 位在 HSTART)
33	CHLF	08	RW	感光阵列电流控制 位[7:0]:保留
34	ARBLM	11	RW	感光阵列参考电压控制 位[7:0]:保留
35—36	RSVD	XX	–	保留功能
37	ADC	3F	RW	ADC 控制 位[7:0]:保留
38	ACOM	01	RW	ADC 和模拟共模控制 位[7:0]:保留
39	OFON	00	RW	ADC 偏移控制 位[7:0]:保留
3A	TSLB	0D	RW	行缓冲测试选项 位[7:6]:保留; 位[5]:负片使能; 0:正常;1:负片。 位[4]:UV 输出数据。 0:使用正常的 UV 输出。 1:使用固定的 UV 值,通过设定 MANU 和 MANV 做为输出代替片内输出。 位[3]:输出顺序(由寄存器 COM13 位[0]一起决定); | TSLB 位[3]	COM13[0]	输出顺序
---	---	---
0	0	YUYV
0	1	YVYU
1	0	UYVY
1	1	VYUY	 位[2:1]:保留; 位[0]:自动输出窗口。

寄存器 地址 （Hex）	寄存器名	默认值 （Hex）	读/写 类型	功能描述
3A	TSLB	0D	RW	0:分辨率改变后,传感器不会自动设置窗口,后端处理器能立即调整窗口; 1:分辨率改变后,传感器立即自动设置窗口,在下一个垂直同步脉冲后,后端处理器必须调整输出窗口
3B	COM11	00	RW	通用控制 11 位[7]:夜晚模式; 0:禁止;1:使能-帧率自动降低,最小帧率受限于 COM11 位[6:5]中设定,ADVFH 和 ADVHL 自动更新。 位[6:5]:夜晚模式的最小帧率 00:帧率和普通模式一样; 01:普通模式的 1/2 帧率; 10:普通模式的 1/4 帧率; 11:普通模式的 1/8 帧率; 位[4]:50/60Hz 闪频自动检测; 0:禁止 50/60H 自动侦测; 1:使能 50/60H 自动侦测。 位[3]:条纹滤波器值选择(仅当 COM11 当[4]＝0 有效); 0:选择 BD60ST 位[7:0]作为条纹滤波器的值; 1:选择 BD50ST 位[7:0]作为条纹滤波器的值。 位[2]:保留; 位[1]:光线太强时,曝光时间可以小于条纹滤波器的限制; 为[0]:保留
3C	COM12	68	RW	普通控制 12 位[7]:HERF 选项 0:在 VSYNC 为低时没有 HREF; 1:HREF 总存在。 位[6:0]:保留
3D	COM13	88	RW	普通控制 13 位[7]:伽马使能 位[6]:UV 饱和度电平-UV 自动调整,结果被存入 SATCTR 位[3:0]; 位[5:1]:保留; 位[0]:UV 交换位置(和寄存器 TSLB 位[3]一起作用)
3E	COM14	00	RW	普通控制 14 位[7:5]:保留 位[4]:DCW 和缩减 PCLK 使能 0:正常的 PCLK; 1:DCW 和缩小 PCLK 由 COM14[2:0]和

寄存器地址(Hex)	寄存器名	默认值(Hex)	读/写类型	功能描述
3E	COM14	00	RW	SCALING_PCLK_DIV 位[3:0]控制; 位[3]:手动缩减使能应用于预定义尺寸的模式如 CIF,QCIF,QVGA; 0:缩放参数不能手动调节; 1:缩放参数能手动调节。 位[2:0]:PCLK 分频(仅当 COM14[4]=1 时有效) 000:除以 1 001:除以 2 010:除以 4 011:除以 8 100:除以 16 101~111:不允许
3F	EDGE	00	RW	边缘增强调整 位[7:5]:保留; 位[4:0]:边缘增强系数
40	COM15	C0	RW	通用控制 15 位[7:6]:数据格式-全范围输出使能 0x:输出范围:[10]到[F0]; 10:输出范围:[01]到[FE]; 11:输出范围:[00]到[FF]。 位[5:4]:RGB555/565 选项(在 COM7[2]=1 和 COM7[0]=0 时有效) x0:一般 RGB 输出; 01:RGB565,在 RGB444 位[1]为低时有效; 11:RGB565,在 RGB444 位[1]为低时有效; 位[3:0]:保留
41	COM16	08	RW	通用控制 16 位[7:6]:保留; 位[5]:针对 YUV 输出的边缘增强阈值自动调整(调整的结果存在寄存器 EDGE 位[4:0]中,变化范围由 REG75 位[4:0]和 REG76 位[4:0]控制); 0:禁止;1:使能。 位[4]:噪声抑制阈值自动调整(调整的结果存在寄存器 DNSTH 中,变化范围由 REG77 位[7:0]控制); 0:禁止;1:使能。 位[3]:AWB 增益使能; 位[2]:保留; 位[1]:色彩矩阵双重系数使能; 0:原始的矩阵;1:原始矩阵效果加倍。 位[0]:保留

续表 19 - 2

寄存器地址（Hex）	寄存器名	默认值（Hex）	读/写类型	功能描述
42	COM17	00	RW	通用控制 17 位[7:6]:AEC 窗口值必须与 COM4 位[5:4]设置相同； 00:普通;01:1/2;10:1/4;11:1/4。 位[5:4]:保留； 位[3]:数字信号处理器彩条输出； 0:禁止;1:允许。 位[2:0]:保留
43	AWBC1	14	RW	保留功能
44	AWBC2	F0	RW	保留功能
45	AWBC3	45	RW	保留功能
46	AWBC4	61	RW	保留功能
47	AWBC5	51	RW	保留功能
48	AWBC6	79	RW	保留功能
49—4A	RSVD	XX	–	保留功能
4B	REG4B	00	RW	寄存器 4B 位[7:1]:保留； 位[0]:UV 均衡使能
4C	DNSTH	00	RW	噪声抑制强度
4D—4E	RSVD	XX	–	保留功能
4F	MTX1	40	RW	色彩矩阵系数 1
50	MTX2	34	RW	色彩矩阵系数 2
51	MTX3	0C	RW	色彩矩阵系数 3
52	MTX4	17	RW	色彩矩阵系数 4
53	MTX5	29	RW	色彩矩阵系数 5
54	MTX6	40	RW	色彩矩阵系数 6
55	BRIGHT	00	RW	亮度控制
56	CONTRAS	40	RW	对比度控制
57	CONTRAS-CENTER	80	RW	对比度中心
58	MTXS	1E	RW	色彩矩阵系数 6~1 的符号 位[7]:自动对比度中心使能 0:禁止,中心由寄存器 CONTRAST - CENTER 设置； 1:使能,寄存器 CONTRAST - CENTER 被自动更新 位[6]:保留； 位[5:0]:色彩矩阵系数符号。 0:+;1:-

寄存器 地址 (Hex)	寄存器名	默认值 (Hex)	读/写 类型	功能描述
59－61	RSVD	XX	—	AWB 控制
62	LCC1	00	RW	镜头补偿选项 1－相对光学中心的补偿中心 X 轴坐标
63	LCC2	00	RW	镜头补偿选项 2－相对光学中心的补偿中心 Y 轴坐标
64	LCC3	50	RW	镜头补偿选项 3－ 当 LCC5 位[2]＝1 时,G 通道的补偿系数有效;当 LCC5 位[2]＝0 时, R,G,B 通道补偿系数有效
65	LCC4	30	RW	镜头补偿选项 4－未设置补偿时的圆截面半径
66	LCC5	00	RW	镜头补偿选项 5 位[7:3]:保留; 位[2]:镜头补偿选择。 0:R,G 和 B 通道补偿由寄存器 LCC3 设定; 1:R,G 和 B 通道补偿由三个寄存器 LCC6,LCC3,LCC7 分别设定
67	MANU	80	RW	手动调整 U 值(仅当寄存器 TSLB 位[4]＝1 时有效)
68	MANV	80	RW	手动调整 V 值(仅当寄存器 TSLB 位[4]＝1 时有效)
69	GFIX	00	RW	固定增益控制 位[7:6]:Gr 通道的固定增益值; 00:1×;01:1.25×;10:1.5×;11:1.75×。 位[5:4]:Gb 通道的固定增益值; 00:1×;01:1.25×;10:1.5×;11:1.75×。 位[3:2]:R 通道的固定增益值; 00:1×;01:1.25×;10:1.5×;11:1.75×。 位[1:0]:B 通道的固定增益值。 00:1×;01:1.25×;10:1.5×;11:1.75×
6A	GGAIN	00	RW	G 通道 AWB 增益
6B	DBLV	0A	RW	位[7:6]:PLL 控制; 00:旁路 PLL; 01:输入时钟×4; 10:输入时钟×6; 11:输入时钟×8。 位[5]:保留; 位[4]:稳压器控制; 0:使能;1:旁路。 位[3:0]:保留
6C	AWBCTR3	02	RW	AWB 控制 3
6D	AWBCTR2	55	RW	AWB 控制 2
6E	AWBCTR1	C0	RW	AWB 控制 1

续表 19 – 2

寄存器 地址 （Hex）	寄存器名	默认值 （Hex）	读/写 类型	功能描述
6F	AWBCTR0	9A	RW	AWB 控制 0
70	SCALING_ XSC	3A	RW	位[7]:测试图案 0 （注:它与测试图案 1,即寄存器 SCALING_YSC 对应位一起工作）。 对应 SCALING_XSC 位[7]:SCALING_YSC 位[7]的测试输出图案: 00:无测试图案输出; 01:移位 1; 10:八色彩条; 11:渐变城灰色的彩条。 位[6:0]:水平缩放系数
71	SCALING_ YSC	35	RW	位[7]:测试图案 1 （注:它与测试图案 0,即寄存器 SCALING_XSC 对应位一起工作）。 测试图案(SCALING_XSC[7],SCALING_YSC[7]): 对应 SCALING_XSC 位[7]:SCALING_YSC 位[7]的测试输出图案: 00:无测试图案输出; 01:移位 1; 10:八色彩条; 11:渐变城灰色的彩条。 位[6:0]:垂直缩放系数
72	SCALING_ DCWCTR	11	RW	DCW 控制 位[7]:垂直均衡计算选项 0:舍弃;1:四舍五入。 位[6]:垂直降抽样(注:downsampling 在图像处理的作用是缩减分辨率和采样速率等)选项; 0:舍弃;1:四舍五入。 位[5:4]:垂直降抽样速率; 00:无垂直降抽样; 01:垂直降抽样 2 取 1(即二分之一); 10:垂直降抽样 4 取 1; 11:垂直降抽样 8 取 1; 位[3]:水平均衡计算选项; 0:舍弃;1:四舍五入。 位[2]:水平降抽样选项; 0:舍弃;1:四舍五入。 位[1:0]:水平降抽样率; 00:无水平降抽样; 01:水平降抽样 2 取 1(即二分之一); 10:水平降抽样 4 取 1; 11:水平降抽样 8 取 1

寄存器地址(Hex)	寄存器名	默认值(Hex)	读/写类型	功能描述
73	SCALING_PCLK_DIV	00	RW	数字信号处理器缩放控制的 PCLK 时钟分频 位[7:4]:保留; 位[3]:DSP 缩放控制的 PCLK 时钟分频旁路; 0:时钟分频使能; 1:时钟分频旁路。 位[2:0]:DSP 缩放控制的时钟分频(仅在 COM14 位[3]=1 时有效),应该与 COM14 位[2:0]设同样的值; 000:1 分频; 001:2 分频; 010:4 分频; 011:8 分频; 100:16 分频; 101～111:不允许
74	REG74	00	RW	寄存器 74 位[7:5]:保留; 位[4]:手动调整数字增益功能设置位; 0:VREF 位[7:6]控制数字增益(自动); 1:REG74 位[1:0]控制数字增益(手动)。 位[3:2]:保留; 位[1:0]:数字增益手动控制。 00:旁路; 01:1×; 10:2×; 11:4×
75	REG75	0F	RW	寄存器 75 位[7:5]:保留 位[4:0]:边缘增强下限
76	REG76	01	RW	寄存器 76 位[7]:黑点校正使能; 0:禁止;1:使能。 位[6]:白点校正使能; 0:禁止;1:使能。 位[5]:保留; 位[4:0]:边缘增强上限
77	REG77	10	RW	寄存器 77 位[7:0]:噪声抑制偏移值设置

续表 19 - 2

寄存器地址（Hex）	寄存器名	默认值（Hex）	读/写类型	功能描述
78－79	RSVD	XX	—	保留功能
7A	SLOP	24	RW	伽马曲线最高斜率-计算公式： 斜率[7:0]＝[0x100－GAM15 位[7:0]]×(4/3)
7B	GAM1	04	RW	伽马曲线第 1 段输入端点 0x04 输出值
7C	GAM2	07	RW	伽马曲线第 2 段输入端点 0x08 输出值
7D	GAM3	10	RW	伽马曲线第 3 段输入端点 0x10 输出值
7E	GAM4	28	RW	伽马曲线第 4 段输入端点 0x20 输出值
7F	GAM5	36	RW	伽马曲线第 5 段输入端点 0x28 输出值
80	GAM6	44	RW	伽马曲线第 6 段输入端点 0x30 输出值
81	GAM7	52	RW	伽马曲线第 7 段输入端点 0x38 输出值
82	GAM8	60	RW	伽马曲线第 8 段输入端点 0x40 输出值
83	GAM9	6C	RW	伽马曲线第 9 段输入端点 0x48 输出值
84	GAM10	78	RW	伽马曲线第 10 段输入端点 0x50 输出值
85	GAM11	8C	RW	伽马曲线第 11 段输入端点 0x60 输出值
86	GAM12	9E	RW	伽马曲线第 12 段输入端点 0x70 输出值
87	GAM13	BB	RW	伽马曲线第 13 段输入端点 0x90 输出值
88	GAM14	D2	RW	伽马曲线第 14 段输入端点 0xB0 输出值
89	GAM15	E5	RW	伽马曲线第 16 段输入端点 0xD0 输出值
8A－8B	RSVD	XX	—	保留功能
8C	RGB444	00	RW	RGB444 格式设置 位[7:2]:保留 位[1]:RGB444 使能(仅在 COM15 位[4]＝1 时有效); 0:禁止;1:使能。 位[0]:RGB444 输出格式。 0:xR GB;1:RG Bx
8D－91	RSVD	XX	—	保留功能
92	DM_LNL	00	RW	空行低 8 位
93	DM_LNH	00	RW	空行高 8 位
94	LCC6	50	RW	镜头补偿选项 6(仅在 LCC5 位[2]＝1 时有效)
95	LCC7	50	RW	镜头补偿选项 7(仅在 LCC5 位[2]＝1 时有效)
96－9C	RSVD	XX	—	保留功能
9D	BD50ST	99	RW	设置 50Hz 条纹过滤器的值(仅在 COM8 位[5]＝1 和 COM11 位[3]＝1 时有效)
9E	BD60ST	7F	RW	设置 60Hz 条纹过滤器的值(仅在 COM8 位[5]＝1 和 COM11 位[3]＝1 时有效)
9F	HAECC1	C0	RW	基于直方图(注:Histogram 也叫柱状图,是一种统计报告图,由一系列高度不等的纵向条纹表直方图)的 AEC/AGC 的控制 1

寄存器地址(Hex)	寄存器名	默认值(Hex)	读/写类型	功能描述
A0	HAECC2	90	RW	基于直方图的 AEC/AGC 的控制 2
A1	RSVD	XX	—	保留功能
A2	SCALING_PCLK_DELAY	02	RW	像素时钟延迟 位[7]:保留; 位[6:0]:缩放时钟输出延时
A3	RSVD	XX	—	保留功能
A4	NT_CTRL	00	RW	帧率控制 位[7:4]:保留; 位[3]:自动帧率调整控制; 0:双倍曝光时间;1:帧率减半。 位[2]:保留; 位[1:0]:帧率调整的分界点。 00:在 2×增益点插入空行; 01:在 4×增益点插入空行; 10:在 8×增益点插入空行
A5	BD50MAX	0F	RW	50Hz 条纹过滤器步长限制
A6	HAECC3	F0	RW	基于直方图的 AEC/AGC 的控制 3
A7	HAECC4	C1	RW	基于直方图的 AEC/AGC 的控制 4
A8	HAECC5	F0	RW	基于直方图的 AEC/AGC 的控制 5
A9	HAECC6	C1	RW	基于直方图的 AEC/AGC 的控制 6
AA	HAECC7	14	RW	自动曝光值控制方式选择 位[7]:AEC(自动曝光控制)公式选择; 0:基于平均值的 AEC 算法; 1:基于直方图的 AEC 算法。 位[6:0]:保留
AB	BD60MAX	0F	RW	60Hz 条纹过滤器步长限制
AC	STR-OPT	00	RW	寄存器 AC 位[7]:闪光灯使能 位[6]:开 LED 灯时输出帧的 R/G/B 增益由 STR_R/STR_G/STR_B 三个寄存器控制; 位[5:4]:氙灯模式选项; 00:1 排;01:2 排;10:3 排;11:4 排。 位[3:2]:保留; 位[1:0]:模式选择。 00:氙灯;01:LED1;1×:LED2
AD	STR_R	80	RW	打开 LED 闪光灯输出时 R 增益

寄存器地址（Hex）	寄存器名	默认值（Hex）	读/写类型	功能描述
AE	STR_G	80	RW	打开 LED 闪光灯输出时 G 增益
AF	STR_B	80	RW	打开 LED 闪光灯输出时 B 增益
B0	RSVD	XX	—	保留功能
B1	ABLC1	00	RW	自动黑电平控制 位[7:3]:保留; 位[2]:自动黑电平校正(ABLC)功能设置; 0:禁止;1:使能。 位[1:0]:保留
B2	RSVD	XX	—	保留功能
B3	THL_ST	80	RW	自动黑电平校正目标值
B4	RSVD	XX	—	保留
B5	THL_DLT	04	RW	自动黑电平校正稳定范围
B6—BD	RSVD	XX	—	保留功能
BE	AD-CHB	00	RW	B 通道黑电平补偿 位[7]:保留; 位[6]:符号位(+/−); 位[5:0]:B 通道黑电平补偿值
BF	AD-CHR	00	RW	R 通道黑电平补偿 位[7]:保留; 位[6]:符号位; 位[5:0]:B 通道黑电平补偿值。
C0	AD-CHGb	00	RW	Gb 通道黑电平补偿 位[7]:保留; 位[6]:符号位; 位[5:0]:Gb 通道黑电平补偿值
C1	AD-CHGr	00	RW	Gb 通道黑电平补偿 位[7]:保留; 位[6]:符号位; 位[5:0]:Gb 通道黑电平补偿值
C2—C8	RSVD	XX	—	保留
C9	SATCTR	C0	RW	饱和度控制 位[7:4]:UV 饱和度控制最小值; 位[3:0]:UV 饱和度控制结果

注意:默认寄存器设置参数表是无法正常工作的,要使 OV7670 正常工作,必须对一些关键寄存器值进行配置。

从上表可看出 OV7670 图像传感器内部相关寄存器很多,加之厂商对寄存器定义不断修正,参数表的配置会很繁琐。一般来说,用户重点关注如下几个方面的参数配置即可,其他如有不熟悉可采用默认参数:

- 串行相机控制总线（SCCB）
- 行场同步信号及像素时钟 PCLK
- 模拟信号包括自动增益控制和自动白平衡控制(蓝色/红色增益控制)
- 数字信号处理包括伽玛、彩色矩阵及锐度控制
- 图像传感器输出格式控制

具体地来说,用户使用 OV7670 图像传感器的过程中,寄存器参数配置主要是对 OV7670 图像传感器内部寄存器的初始化、对其行场同步信号、输入时钟倍频数、开窗 及图像输出格式、亮度和对比度等设置。

OV7670 寄存器的配置方法如下:

首先,发送 OV7670 的写地址 0x42,然后发送写数据目标寄存器地址和数据,从而 初始化写操作;通过发送 OV7670 的读地址 0x43,完成对读操作的初始化,从而实现对 OV7670 摄像头的初始化配置。

19.2　设计目标

本实例利用 STM32-V3(或 STM32MINI)开发板与外部 OV7670 摄像头模块,基 于 μC/OS-Ⅱ系统 2.86 版本创建图像显示任务,实时捕获视频并把图像数据投送到液 晶屏显示。

19.3　硬件电路设计

本实例的电路设计比较简单,通过 STM32-V3 硬件开发平台的 GPIO 接口与外部 OV7670 摄像头模块。这部分硬件接口示意图如图 19－11 所示。

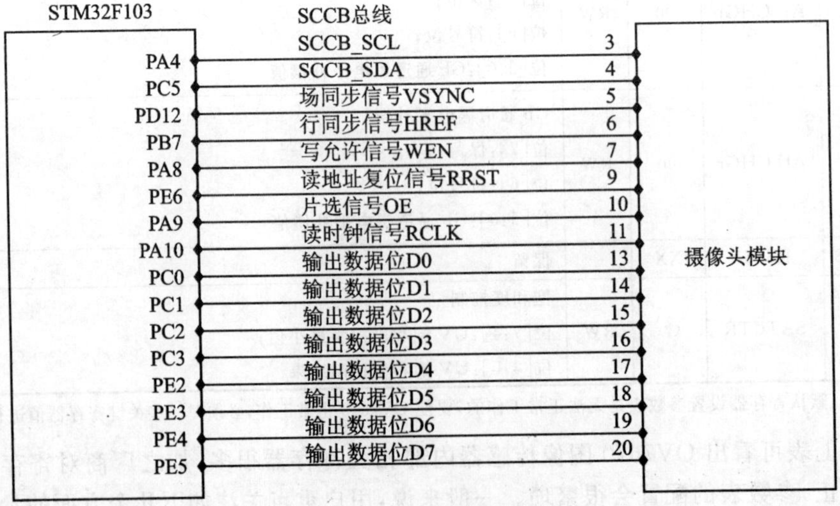

STM32F103	SCCB总线		
	SCCB_SCL	3	
PA4	SCCB_SDA	4	
PC5	场同步信号VSYNC	5	
PD12	行同步信号HREF	6	
PB7	写允许信号WEN	7	
PA8	读地址复位信号RRST	9	
PE6	片选信号OE	10	
PA9	读时钟信号RCLK	11	摄像头模块
PA10	输出数据位D0	13	
PC0	输出数据位D1	14	
PC1	输出数据位D2	15	
PC2	输出数据位D3	16	
PC3	输出数据位D4	17	
PE2	输出数据位D5	18	
PE3	输出数据位D6	19	
PE4	输出数据位D7	20	
PE5			

图 19－11　硬件电路结构

1. STM32F103 处理器接口

从上图可在看出利用 PC0～P3、PE2～PE5 端口接收 8 位图像数据,摄像头模块的 SIO_D 与 SIO_C 引脚与 STM32F103 处理器的模拟 I²C 接口引脚 PA4、PC5 相连。

2. 摄像头模块

OV7670 摄像头模块主电路与接口原理图分别如图 19-12 和图 19-13 所示。

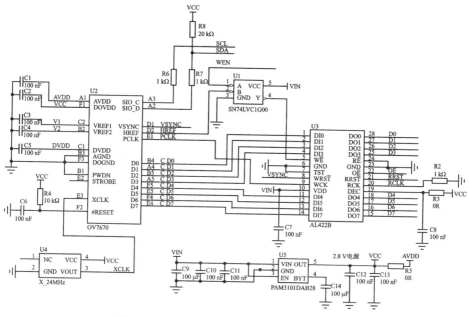

图 19-12　OV7670 摄像头模块主电路原理图

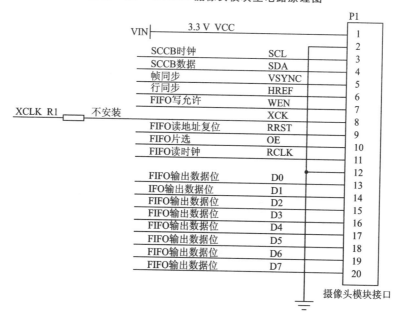

图 19-13　OV7670 摄像头模块接口原理图

OV7670 摄像头模块带 380KB 大容量的 FIFO 动态存储芯片 AL422B,非常适合 STM32F103 处理器直接通过 I/O 采集图象数据。

19.4 系统软件设计

本例摄像头系统应用实例的系统软件设计主要针对如下几个部分:

(1) μC/OS-II 系统建立任务,包括系统主任务、OV7670 摄像头图像显示任务等, 并建立 OV7670 图像传感器帧同步信号量;

(2) 中断服务程序,包括两个中断处理函数。其中函数 SysTickHandler()为系统 节拍时钟,函数 EXTI15_10_IRQHandler()用于检测场同步 VSYNC 信号中断,发出帧 同步信号量;

(3) 硬件平台初始化程序,包括系统时钟及外设时钟初始化、GPIO 端口初始化、液 晶屏接口初始化、液晶屏控制器初始化函数调用等常用配置;

(4) OV7670 图像传感器的寄存器参数配置、OV7670 图像传感器初始化、处理器 端的摄像头模块接口引脚应用配置程序等;

(5) OV7670 图像传感器 SCCB 兼容 I²C 总线模拟与引脚配置;

(6) 液晶显示模块底层驱动与应用配置,同时也包括图像显示功能函数。

本例软件设计所涉及的软件结构如表 19 - 3 所列,主要程序文件及功能说明如 表 19 - 4 所列。

表 19 - 3 摄像头系统应用实例的软件结构

应用软件层				
应用程序 app. c				
系统软件层				
操作系统				中断管理系统
μC/OS-II 系统				异常与外设中断 处理模板
μC/OS-II /Port os_cpu_c. c、 os_dbg. c、 os_cpu_a. asm	μC/OS-II /CPU cpu_a. asm	μC/OS-II /Source os_core. c、os_flag. c、os_mbox. c、os_mem. c、os_mutex. c、os_q. c、os_sem. c、os_task. c、os_time. c、os_tmr. c		stm32f10x_it. c
CMSIS 层				
Cortex-M3 内核外设访问层		STM32F10x 设备外设访问层		
core_cm3. c	core_cm3. h	启动代码 (stm32f10x_startup. s)	stm32f10x. h	system_stm32f10x. c system_stm32f10x. h
硬件抽象层				
硬件平台初始化 bsp. c				
硬件外设层				

OV7670 摄像头模块底层 驱动与应用配置	SCCB 引脚定义与 协议模拟	液晶屏接口应用 配置程序	LCD 控制器 驱动程序
ov7670. c	SCCB. c	fsmc_sram. c	LCDDRV. c
其他通用模块驱动程序			
misc. c、stm32f10x_fsmc. c、stm32f10x_gpio. c、stm32f10x_rcc. c、stm32f10x_exti. c 等			

表 19 - 4　摄像头系统应用实例主要程序文件功能说明

程序文件名称	程序文件功能说明
App. c	主程序,μC/OS-Ⅱ 系统建立任务,包括系统主任务、OV7670 摄像头图像显示任务及其他两个系统固有任务,外加一个信号量等
stm32f10x_it. c	μC/OS-Ⅱ 系统节拍时钟函数 SysTickHandler() 和用于检测场同步 VSYNC 信号中断,发出帧同步信号量函数 EXTI15_10_IRQHandler()
bsp. c	硬件平台初始化程序,包括调用系统及外设时钟、其他本例必备硬件接口等初始化函数
SCCB. c	SCCB 总线兼容 I²C 协议模拟与 SCCB 总线两引脚定义
ov7670. c	OV7670 底层驱动与应用配置,含 OV7670 寄存器参数配置、OV7670 初始化实现函数、处理器端的摄像头模块接口引脚定义、中断源配置等
LCDDRV. c	LCD 控制器驱动程序

1. μC/OS-Ⅱ 系统任务

　　μC/OS-Ⅱ 系统建立任务,包含系统主任务、OV7670 摄像头图像显示任务、空闲任务以及统计时间运行任务,同时也是本例系统软件的主程序。

　　主程序集中在 main() 入口函数,完成 μC/OS-Ⅱ 系统初始化、硬件平台初始化、建立主任务、设置节拍计数器以及启动 μC/OS-Ⅱ 系统等。

　　开始任务建立通过调用 App_TaskStart() 函数来完成,再由该函数调用 App_TaskCreate() 建立 OV7670 摄像头图像显示任务,同时摄像头视频显示任务采用了信号量通信机制,使用信号量操作函数 OSSemPend() 等待另外一个任务或中断发送信号量。

```
/ * 定义 OV7670 帧同步信号量 * /
OS_EVENT *  OV7670_SEM;
/ * OV7670 摄像头视频显示任务 * /
static   void Task_OV7670(void *  p_arg)
{
    INT8U err;
    uint32_t count;
    uint16_t CMOS_Data;
    (void) p_arg;
    LCD_WR_CMD(0x0003,0x1018);  //图像显示方向为左下起,行递增,列递减
    LCD_WR_CMD(0x0210, 0);      //水平显示区起始地址 0 - 239
```

```
LCD_WR_CMD(0x0211, 239); //水平显示区结束地址 0-239
LCD_WR_CMD(0x0212, 40); //垂直显示区起始地址 0-399
LCD_WR_CMD(0x0213, 359); //垂直显示区结束地址 0-399
while (1)
{
    OSSemPend(OV7670_SEM,0,&err); //等待 OV7670 帧同步信号量
    LCD_WR_CMD(0x200, 0); //水平显示区起始地址
    LCD_WR_CMD(0x201, 359); //垂直显示区起始地址
    LCD_WR_REG(0x0202);      //写数据到显示区
    FIFO_RRST_L();
    FIFO_RCLK_L();
    FIFO_RCLK_H();
    FIFO_RRST_H();
    FIFO_RCLK_L();
    FIFO_RCLK_H();
    for(count = 0; count < 76800; count++)
    {
        FIFO_RCLK_L();
        CMOS_Data = ((GPIOC->IDR<<8) & 0x0f00)|((GPIOE->IDR<<10) & 0xf000);
        FIFO_RCLK_H();
        FIFO_RCLK_L();
        CMOS_Data |= (((GPIOC->IDR) & 0x000f))|((GPIOE->IDR<<2) & 0x00f0);
        FIFO_RCLK_H();
        /* 将 FIFO 中的 16 位数据写入显示区 */
        *(__IO uint16_t *)(Bank1_LCD_D) = CMOS_Data;
    }
    Vsync = 0;
}
}
```

2. 中断处理程序

本实例中断处理有两个功能函数,其中一个是 µC/OS-Ⅱ 系统时钟节拍函数 SysTickHandler();另一个是 EXTI15_10_IRQHandler() 函数,其作用是当检测到场同步信号 VSYNC(注:外部中断信号)时发送帧同步信号量,采用了信号量通信机制,使用信号量操作函数 OSSemPost()向另外一个任务发出信号量,并根据检测信号设置 FIFO 写允许信号(WEN)电平,该函数的实现代码如下。

```
void EXTI15_10_IRQHandler(void)
{
    OS_CPU_SR  cpu_sr;
    OS_ENTER_CRITICAL(); /* 保存全局中断标志,关总中断 */
    OSIntNesting++;
```

```
OS_EXIT_CRITICAL();        /* 恢复全局中断标志 */
if ( EXTI_GetITStatus(EXTI_LINE_VSYNC_CMOS) ! = RESET )
{
    if( Vsync == 0 )//检测 Vsync 下降沿时,第一次产生中断,表示 OV7670 开始输出一帧图像
    {
        FIFO_WE_H();//将 FIFO 写允许信号 WEN 置高电平
        Vsync = 1;
        FIFO_WE_H();//置高电平时,图像数据会自动写入 FIFO
    }
    else if( Vsync == 1) //检测 Vsync 上升沿时,
    {
        FIFO_WE_L();//将 FIFO 写允许信号 WEN 置低电平
        OSSemPost(OV7670_SEM);//发出帧同步信号量
    }
    EXTI_ClearITPendingBit(EXTI_LINE_VSYNC_CMOS);//清中断待处理标准位
}
OSIntExit();
}
```

3. 硬件平台初始化

　　硬件平台初始化程序,它调用各硬件接口的功能函数,含系统及外设时钟初始化、FSMC 总线接口配置、液晶屏初始化、摄像头数据引脚、片选引脚、写允许信号引脚配置以及 OV7670 图像传感器寄存器初始化。BSP_Init()函数代码如下。

```
void BSP_Init(void)
{
    /* 系统时钟配置 - 72MHz */
    RCC_Configuration();//系统时钟设置及外设时钟使能
    FSMC_LCD_Init();      // FSMC 总线接口配置
    LCD_Init();        //液晶初始化
    lcd_wr_zf(64,16,280,32,0x0000,1,&zf3[0]); //显示字符串
    Delay(10000000);
    FIFO_GPIO_Configuration();//摄像头引脚定义
    FIFO_CS_L();//FIFO 片选信号
    FIFO_WE_H();//FIFO 写允许信号
    while( 1 ! = Sensor_Init() );// OV7670 图像传感器寄存器初始化
}
```

4. SCCB 总线协议模拟与引脚定义

　　对摄像头工作参数的配置需要 SCCB 总线(兼容 I^2C 总线)完成,因此进行系统软件设计时,首先必须设置 SCCB 兼容程序,进而通过 SCCB 兼容程序配置摄像头参数。

　　本实例用 2 个 GPIO 引脚模拟 I^2C 总线协议来兼容 SCCB,这部分功能函数主要包

括 I²C 控制线配置,读/写操作,起始条件、停止条件以及应答状态的建立,发送/接收数据等等功能函数(如表 19-5 所列),它们与第 10 章《I²C 接口应用实例》的 10.4 节做过详细介绍模拟的 I²C 总线协议函数(见表 19-5)类似,本节将省略这部分类似的功能函数。SCCB 重点功能函数如下述三个函数。

表 19-5 I²C 总线协议功能函数

序　号	函数原型	功能描述
1	static int I2C_Start(void)	起始条件
2	static void I2C_Stop(void)	停止条件
3	static void I2C_Ack(void)	应答状态建立
4	static void I2C_NoAck(void)	无应答状态建立
5	static int I2C_WaitAck(void)	等待应答
6	static void I2C_SendByte(uint8_t SendByte)	发送数据
7	static int I2C_ReceiveByte(void)	接收数据
8	int I2C_WriteByte(uint16_t WriteAddress, uint8_t SendByte , uint8_t DeviceAddress)	写操作
9	int I2C_ReadByte(uint8_t * pBuffer, uint16_t length, uint8_t ReadAddress, uint8_t DeviceAddress)	读操作
10	static void I2C_delay(void)	延时

● I2C_Configuration()函数

该函数将 GPIO 引脚 PA4 和 PC5 分别配置成 I²C_SCL 和 I²C_SDA 引脚,详细代码如下。

```
void I2C_Configuration(void)
{
    GPIO_InitTypeDef GPIO_InitStructure;
    /* 配置 I²C 引脚:PA4->SCL */
    GPIO_InitStructure.GPIO_Pin = GPIO_Pin_4 ;
    GPIO_InitStructure.GPIO_Speed = GPIO_Speed_50MHz;
    GPIO_InitStructure.GPIO_Mode = GPIO_Mode_Out_PP ;//
    GPIO_Init(GPIOA, &GPIO_InitStructure);
    /* 配置 I²C 引脚:PC5->SDA */
    GPIO_InitStructure.GPIO_Pin = GPIO_Pin_5;
    GPIO_InitStructure.GPIO_Speed = GPIO_Speed_50MHz;
    GPIO_InitStructure.GPIO_Mode = GPIO_Mode_Out_PP ;
    GPIO_Init(GPIOC, &GPIO_InitStructure);
}
```

● I2C_IN()函数

该函数配置 SDA 的输入模式,即 GPIO 引脚的输入参数设置,函数代码如下。

```
void I2C_IN(void)
{
    GPIO_InitTypeDef GPIO_InitStructure;
    GPIO_InitStructure.GPIO_Pin = GPIO_Pin_5;
    GPIO_InitStructure.GPIO_Speed = GPIO_Speed_50MHz;
    GPIO_InitStructure.GPIO_Mode = GPIO_Mode_IPU ;
    GPIO_Init(GPIOC, &GPIO_InitStructure);
}
```

● I2C_OUT()函数

该函数配置 SDA 的输入模式,即 GPIO 引脚的输出参数设置,函数代码如下。

```
void I2C_OUT(void)
{
    GPIO_InitTypeDef GPIO_InitStructure;
    GPIO_InitStructure.GPIO_Pin = GPIO_Pin_5;
    GPIO_InitStructure.GPIO_Speed = GPIO_Speed_50MHz;
    GPIO_InitStructure.GPIO_Mode = GPIO_Mode_Out_PP ;//
    GPIO_Init(GPIOC, &GPIO_InitStructure);
}
```

5. OV7670 底层驱动与应用配置

OV7670 底层驱动与应用配置,包括 OV7670 图像传感器的寄存器参数配置、OV7670 初始化实现函数、摄像头模块连接接口引脚定义、中断源配置。

● OV7670 图像传感器寄存器配置

OV7670 图像传感器寄存器参数表,通过 OV7670_Reg[OV7670_REG_NUM][2]二维数组函数完成初始化,参数表配置细项如下。

```
/* 以下为 OV7670 图像传感器 QVGA RGB565 参数,部分参数省略,详见代码文件 */
    ...
{0x40, 0x10},//输出格式 RGB565
{0x12, 0x14},//输出格式 - 选择 QVGA
{0x32, 0x80},//行同步信号控制
{0x13, 0xe0},//使能快速 AGC/AEC 算法,不限步长,条纹过滤器开
{0x00, 0x00},//AGC 增益为默认值
{0x14, 0x00},//AGC/AEC 功能冻结
{0x1e, 0x07},//水平镜像/竖直翻转未使能
{0x3c, 0x78},//HREF 行同步信号
{0x6b, 0x40},//PLL 时钟控制 × 6
{0x4f, 0x80},//帧率控制
{0x55, 0x00},//亮度控制
{0x56, 0x45},//对比度控制
{0x57, 0x80},//对比度中心
```

```
  ...
);
```

● OV7670 摄像头初始化

OV7670 摄像头初始化是通过 SCCB 配置完成的,函数 Sensor_Init 的主要功能是复位 SCCB 寄存器(设置寄存器地址 0x12)、读 PID。该函数嵌套了 I2C_Configuration()、I2C_WriteByte()、I2C_ReadByte()三个 I²C 总线操作函数。

```c
int Sensor_Init(void)
{
  uint16_t i = 0;
  uint8_t Sensor_IDCode = 0;
  I2C_Configuration();
  if(0 == I2C_WriteByte(0x12, 0x80 , ADDR_OV7670)) /* 设置 0x12 寄存器,复位 SCCB */
  {
     return 0 ;
  }
  Delay(1500);

  if( 0 == I2C_ReadByte( &Sensor_IDCode, 1, 0x0b, ADDR_OV7670 ))/* 读 ID */
  {
     return 0;     /* 错误 */
  }
  if(Sensor_IDCode == OV7670)      /* ID = OV7670 */
  {
     for( i = 0 ; i < OV7670_REG_NUM ; i++ )
     {
       if( 0 == I2C_WriteByte(OV7670_Reg[i][0], OV7670_Reg[i][1] , ADDR_OV7670))
       {
          return 0;
       }
     }
  }
  else/* 无 ID */
  {
     return 0;
  }
  return 1; //初始化成功
}
```

● 连接摄像头模块的接口引脚定义

函数 FIFO_GPIO_Configuration()定义了 STM32F103 处理器连接 OV7670 摄像头模块的引脚,引脚对应关系见函数注释。

```
void FIFO_GPIO_Configuration(void)
{
  GPIO_InitTypeDef GPIO_InitStructure;
  /* FIFO_RCLK 信号：PA10 引脚 */
  GPIO_InitStructure.GPIO_Pin = GPIO_Pin_10;
  GPIO_InitStructure.GPIO_Mode = GPIO_Mode_Out_PP;
  GPIO_InitStructure.GPIO_Speed = GPIO_Speed_50MHz;
  GPIO_Init(GPIOA, &GPIO_InitStructure);
  /* FIFO_RRST：PE6 引脚 */
  GPIO_InitStructure.GPIO_Pin = GPIO_Pin_6;
  GPIO_Init(GPIOE, &GPIO_InitStructure);
  /* FIFO_CS 信号：PA9 引脚 */
  GPIO_InitStructure.GPIO_Pin = GPIO_Pin_9;
  GPIO_Init(GPIOA, &GPIO_InitStructure);
  /* FIFO_WEN 信号：PA8 引脚 */
  GPIO_InitStructure.GPIO_Pin = GPIO_Pin_8;
  GPIO_Init(GPIOA, &GPIO_InitStructure);
  /* FIFO D[0-3]信号：PC0~PC3 引脚 */
  GPIO_InitStructure.GPIO_Pin = GPIO_Pin_0|GPIO_Pin_1|GPIO_Pin_2|GPIO_Pin_3;
  GPIO_InitStructure.GPIO_Mode = GPIO_Mode_IN_FLOATING;
  GPIO_InitStructure.GPIO_Speed = GPIO_Speed_50MHz;
  GPIO_Init(GPIOC, &GPIO_InitStructure);
  /* FIFO D[4-7]信号：PE2~PE5 引脚 */
  GPIO_InitStructure.GPIO_Pin = GPIO_Pin_2|GPIO_Pin_3|GPIO_Pin_4|GPIO_Pin_5;
  GPIO_InitStructure.GPIO_Mode = GPIO_Mode_IN_FLOATING;
  GPIO_InitStructure.GPIO_Speed = GPIO_Speed_50MHz;
  GPIO_Init(GPIOE, &GPIO_InitStructure);
  /* FIFO_VSYNC 信号：PD12 引脚 */
  GPIO_InitStructure.GPIO_Pin = GPIO_Pin_12;
  GPIO_InitStructure.GPIO_Mode    = GPIO_Mode_IPU;
  GPIO_InitStructure.GPIO_Speed = GPIO_Speed_50MHz;
  GPIO_Init(GPIOD, &GPIO_InitStructure);
}
```

● 中断源配置

中断源配置函数 NVIC_Configuration()用于选择外部中断输入源,作为摄像头帧同步信号检测,每检测一帧,FIFO 即接收完成,该函数完成的代码与注释如下文。

```
void NVIC_Configuration(void)
{
    NVIC_InitTypeDef NVIC_InitStructure;
    EXTI_InitTypeDef EXTI_InitStructure;
    /* 配置抢占式优先级 */
    NVIC_PriorityGroupConfig(NVIC_PriorityGroup_1);
```

```
/*外部中断4*/
NVIC_InitStructure.NVIC_IRQChannel = EXTI15_10_IRQn;
NVIC_InitStructure.NVIC_IRQChannelPreemptionPriority = 0;//抢占优先级0
NVIC_InitStructure.NVIC_IRQChannelSubPriority = 0;      //子优先级0
NVIC_InitStructure.NVIC_IRQChannelCmd = ENABLE; //使能
NVIC_Init(&NVIC_InitStructure);
/*用于配置AFIO外部中断配置寄存器AFIO_EXTICR1*/
/*用于选择EXTI4外部中断的输入源是PD12*/
//外部中断配置AFIO--ETXI12
GPIO_EXTILineConfig(GPIO_PortSourceGPIOD, GPIO_PinSource12);
/*PD12作为摄像头帧同步检测,检测一帧FIFO接收完成*/
EXTI_InitStructure.EXTI_Line = EXTI_Line12;
EXTI_InitStructure.EXTI_Mode = EXTI_Mode_Interrupt;//中断模式
EXTI_InitStructure.EXTI_Trigger = EXTI_Trigger_Falling;      //下降沿触发
EXTI_InitStructure.EXTI_LineCmd = ENABLE;
EXTI_Init(&EXTI_InitStructure);
}
```

6. 液晶显示模块底层驱动与应用配置

本实例3寸液晶显示屏(驱动控制芯片 R61509)初始化函数 LCD_Init()首先需调用函数 GPIO_ResetBits()和函数 GPIO_SetBits()分别进行硬件复位置位,然后再逐一调用写寄存器数据函数 LCD_WR_CMD()完成各寄存器参数配置,该函数简要代码如下。

```
void LCD_Init(void)
{
    unsigned int i;
    GPIO_ResetBits(GPIOE, GPIO_Pin_1); //硬件复位
    Delay(0x1AFFf);
    GPIO_SetBits(GPIOE, GPIO_Pin_1 );//硬件置位
    Delay(0x1AFFf);
        ...
    LCD_WR_CMD(0x200, 0);
    LCD_WR_CMD(0x201, 0);
    *(__IO uint16_t *)(Bank1_LCD_C) = 0x202; //准备写数据显示区
    for(i = 0;i<96000;i++)
    {
        LCD_WR_Data(0xffff); //用黑色清屏
    }
    color1 = 0;
}
```

此外还有一个很重要的写字符串功能函数 lcd_wr_zf(),它在 BSP_Init()函数中调

用,用于在指定座标显示一串字符透明叠加在背景图片上,下面将该函数实现代码作重
点介绍。

```
/*********************************************************
*    名      称:lcd_wr_zf(u16 StartX, u16 StartY, u16 X, u16 Y, u16 Color, u8 Dir, u8 *chr)
*    功      能:LCD 写字符子程序,在指定座标显示一串字符透明叠加在背景图片上
*    入口参数:StartX      行起始座标          0-239
*              StartY      列起始座标          0-399
*              X           长(为 8 的倍数)     0-400
*              Y           宽                  0-240
*              Color       颜色                0-65535
*              Dir         图像显示方向
*              chr         字符串指针
*    出口参数:无
*    说      明:字符取模格式为单色字模,横向取模,字节正序    取模软件:ZIMO3
*    调用方法:lcd_wr_zf(0,0,100,100,(u16 *)demo);
*********************************************************/
void lcd_wr_zf(u16 StartX, u16 StartY, u16 X, u16 Y, u16 Color, u8 Dir, u8 *chr)
{    unsigned int temp = 0,num,R_dis_mem = 0,Size = 0,x = 0,y = 0,i = 0;
    //图像显示方向为右下起,行递减,列递增,AM = 0, I/D[1:0] = 00,<--
    if(Dir == 2) LCD_WR_CMD(0x0003,0x1010);
    //图像显示方向为右上起,行递减,列递增,AM = 1,I/D[1:0] = 10,V
    else if(Dir == 3) LCD_WR_CMD(0x0003,0x1028);
    if(Dir == 0){
        //图像显示方向为左上起,行递增,列递增,AM = 0,I/D[1:0] = 11, -->
        LCD_WR_CMD(0x0003,0x1030);
        LCD_WR_CMD(0x0210, StartX); //水平显示区起始地址 0-239
        LCD_WR_CMD(0x0211, StartX+X-1); //水平显示区结束地址 0-239
        LCD_WR_CMD(0x0212, StartY); //垂直显示区起始地址 0-399
        LCD_WR_CMD(0x0213, StartY+Y-1); //垂直显示区结束地址 0-399
        LCD_WR_CMD(0x0200, StartX); //水平显示区地址
        LCD_WR_CMD(0x0201, StartY); //垂直显示区地址
        LCD_WR_REG(0x0202); //准备写数据显示区
        Size = X*Y; //字符串或字符占用的像素尺寸
        while(i<Size){
            temp = *chr++; //一个字节代表 8 个像素,因此加 1 代表索引到下 8 个像素
            for(num = 0; num<8; num++){        //数组的每个字节代表了 8 个像素
                if((temp&0x80)>0){
                    //对字节的各位进行判断,为 1 的用带入参数的 16 位颜色值标示,写入
                    到像素位置
                    LCD_WR_Data(Color);
                }
                else{
```

```
                    LCD_WR_CMD(0x0200, StartX + x); //水平显示区地址
                    LCD_WR_CMD(0x0201, StartY + y); //垂直显示区地址
                    LCD_WR_REG(0x0202); //准备读数据显示区
                    //读取背景色,为叠加产生透明效果作准备
                    R_dis_mem = LCD_RD_data();
                    //对字节的各位进行判断,为 0 的用当前背景像素 16 位颜色值标示
                    LCD_WR_Data(R_dis_mem);
                }
                temp = temp<<1; //字节各位的移出
                x++;
                //计算像素递增为当前的 x 和 y,为当前像素读背景颜色做准备
                if(x>=X){x=0; y++;}
                i++;
            }
        }
    }
    else if(Dir == 1){
        //图像显示方向为左下起,行递增,列递减,AM = 1,I/D[1:0] = 01,A
        LCD_WR_CMD(0x0003,0x1018);
        LCD_WR_CMD(0x0210, StartY); //水平显示区起始地址 0 - 239
        LCD_WR_CMD(0x0211, StartX + Y - 1); //水平显示区结束地址 0 - 239
        LCD_WR_CMD(0x0212, 399 - (StartX + X - 1)); //垂直显示区起始地址 0 - 399
        LCD_WR_CMD(0x0213, 399 - StartX); //垂直显示区结束地址 0 - 399
        LCD_WR_CMD(0x0200, StartY); //水平显示区地址
        LCD_WR_CMD(0x0201, 399 - StartX); //垂直显示区地址
        LCD_WR_REG(0x0202); //准备写数据显示区
        Size = X * Y; //字符串或字符占用的像素尺寸
        while(i<Size){
            temp = * chr++; //一个字节代表 8 个像素,因此加 1 代表索引到下 8 个像素
            for(num = 0; num<8; num++){     //数组的每个字节代表了 8 个像素
                if((temp&0x80)>0){
                    //对字节的各位进行判断,为 1 的用带入参数的 16 位颜色值标示,写入
                    到像素位置
                    LCD_WR_Data(Color);
                }
                else{
                    LCD_WR_CMD(0x0200, StartY + y); //水平显示区地址
                    LCD_WR_CMD(0x0201, 399 - (StartX + x)); //垂直显示区地址
                    LCD_WR_REG(0x0202); //准备读数据显示区
                    //读取背景色,为叠加产生透明效果作准备
                    R_dis_mem = LCD_RD_data();
                    //对字节的各位进行判断,为 0 的用当前背景像素 16 位颜色值标示
                    LCD_WR_Data(R_dis_mem);
```

```
            }
        temp = temp<<1;  //字节各位的移出
        x++;
        //计算像素递增为当前的 x 和 y,为当前像素读背景颜色做准备
        if(x>=X){x=0;y++;}
        i++;
        }
    }
}
}
```

19.5　实例总结

　　本实例基于嵌入式实时系统 μC/OS-Ⅱ,配置 OV7670 摄像头图像采集模块搭建了一个低开发成本的嵌入式视频监控系统。

　　实例从硬件着手,较大篇幅的介绍了 OV7670 图像传感器的寄存器参数配置,要想让摄像头模块正常工作,熟悉寄存器参数是必不可少的关键步骤。软件设计讲述则从上至下,层层相扣,由应用软件层、系统软件层、向硬件寄存器外设层延伸,各层软件代码设计讲述较均衡。

19.6　演示效果

　　将 OV7670 摄像头模块插入 STM32-V3 硬件开发平台的 GPIO 接口,本实例的软件编译成功后,在开发平台下载并运行后,实验演示效果如图 19-14 所示。

图 19-14　实例演示效果图

第 20 章

STM32 处理器实验平台概述

本书的实验案例基于三款配套的 STM32 实验平台(本书前续各章实例也称之为开发板),分别是 STM32MINI 开发平台、STM32-V3 开发平台以及 STM32TINY 开发平台。这些开发平台都秉承了 STM32 处理器好学易用、容易扩展的特点,具有丰富的硬件接口,能够支持大量的实验例程,支持 μC/OS-Ⅱ 操作系统,适用于设计移动手持设备类产品、消费电子和工业控制设备的开发。

20.1 STM32MINI 开发平台

STM32MINI 开发平台基于 ST 公司的 STM32F103VET6 处理器,封装 TQFP100。STM32MINI 开发平台的实物图如图 20-1 所示,该开发平台的硬件接口及配置特点如下。

图 20-1　STM32MINI 开发平台实物图

- 1 个 JTAG 调试接口；
- 1 个电源 LED(橙色)，1 个状态 LED(蓝色)；
- 1 个 RS232 接口(公座)，支持 3 线 ISP；
- 1 个 USB2.0 SLAVE 模式接口(可作供电接口，也作 USB 数据通信接口)；
- 1 个 Micro SD(TF)卡插座，接口采用 SDIO 4 位模式，
- 1 个 2.4 寸 TFT 液晶屏(240×320)接口，并带四线制电阻触摸屏。
- 1 个 SPI 总线接口 SST25VF016B 的串行 Flash 存储器；
- 1 个功能按键；
- 1 个 RTC 后备电池座带电池；
- 其他 GPIO 端口全部引出。

20.2　STM32-V3 开发平台

　　STM32-V3 开发平台也基于 ST 公司的 STM32F103VET6 处理器，与 STM32MINI 开发平台相比硬件接口有所增加，在 STM32MINI 开发平台上增加了 CAN 接口、音频解码器、收音模块、以太网网络接口等。STM32-V3 开发平台的实物图 如图 20 - 2 所示，该开发平台的硬件接口及配置特点如下。

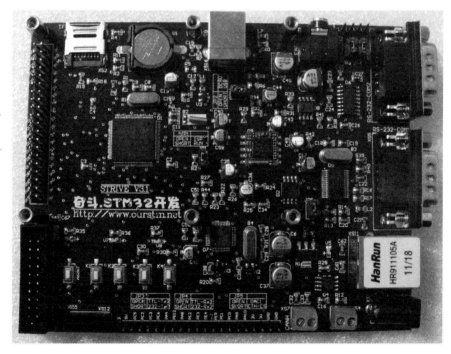

图 20 - 2　STM32-V3 开发平台的实物图

- 1 个 JTAG 调试接口；
- 1 个电源 LED(橙色)，3 个状态 LED(蓝色)；

- 2 个 RS232 接口,其中 UART1 支持 3 线 ISP;
- 1 个 TTL 异步通信接口;
- 1 个 CAN 总线接口;
- 1 个 USB2.0 SLAVE 模式接口;
- 1 个 Micro SD(TF)卡插座,接口采用 SDIO 4 位方式;
- 1 个 TFT 液晶屏接口;
- 1 个 SPI 总线接口的 SST25VF016B 串行存储器;
- 1 个 RTC 后备电池座带电池
- 1 个 SPI 接口的 ENC28J60 网络接口;
- 1 个 I^2C 接口的 FM 收音模块;
- 1 个 SPI 接口控制的 VS1003 MP3 音频解码电路;
- 1 个语音输入接口;
- 1 个 SPI 接口模式的 2.4G 无线数据收发器 nRF24L01 模块接口;
- 2 路 AD 输入接口,用于两路外部模拟信号的 A/D 转换;
- 1 路 DA 输出接口;
- 2 路 PWM 接口;
- 4 个用户按键。

20.3 STM32TINY 开发平台

STM32TINY 开发平台选用了 STM32F103C8BT 作为主处理器,该处理器属于 STM32F103 系列的中容量芯片,具有 64 KB 容量的片内 FLASH 和 20KB 容量的 SRAM,QFP48 封装。STM32TINY 开发平台的实物图如图 20-3 所示。

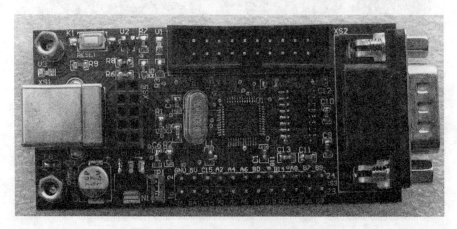

图 20-3 STM32TINY 开发平台的实物图

该开发平台主要作为 2.4G 无线通信模块 nRF24L01 的 USB 虚拟串口转接器,通过串口线或者 USB 数据线和 PC 机连接,可以收发帧长度为 32 字节的无线数据包,具有点对多点(1 对 6)的无线数据传输能力,可用于物联网技术的应用扩展开发,同时也是一块最小系统的开发板,其硬件接口配置特点如下。

- 1 个状态 LED,1 个电源 LED;
- 1 个 RS232 接口(公座),支持 3 线 ISP;
- 1 个 USB2.0 从模式接口(该连接头既作为供电接口,又作为 USB 通信接口);
- 1 个 SPI 方式的 2.4G 无线 nRF24L01 模块接口;
- 1 个复位按键;
- 1 个 20PIN 的 JTAG 接口;
- 其他 GPIO 端口全部引出。

20.4　液晶显示屏配件

本书的实例可由 STM32MINI 开发平台、STM32-V3 开发平台任意搭配 2.4 寸、3.0 寸以及 4.3 寸液晶显示模块来实现。

20.4.1　2.4 寸液晶显示模块

本书配套的 2.4 寸液晶显示模块实物如图 20 - 4 所示,该液晶显示模块特点如下:

- 液晶屏采用 ILI9325 驱动控制器;
- 分辨率 240×320;
- 数据接口 16 位;
- 恒流白光驱动器 PT4402 驱动背光,背光亮暗可由 PWM 模式控制;
- 带 SPI 接口的 XPT2046N 触摸屏控制器;
- 四线制电阻触摸屏。

图 20 - 4　2.4 寸液晶显示模块

20.4.2　3.0 寸液晶显示模块

本书配套的 3.0 寸液晶显示模块实物如图 20-5 所示,该液晶显示模块特点如下:
- 液晶屏采用 R61509V 驱动控制器;
- 分辨率 240×400;
- 16 位数据接口;
- 恒流白光驱动器 PT4402 驱动背光;
- 带 SPI 接口的 XPT2046N 触摸屏控制器;
- 四线制电阻触摸屏。

图 20-5　3.0 寸液晶显示模块

20.4.3　4.3 寸液晶显示模块

4.3 寸液晶显示模块实物如图 20-6 所示,该液晶显示模块特点如下:
- 液晶屏采用外置 SSD1963 驱动控制器;
- 分辨率 272×480;
- 16 位数据接口;
- 恒流背光驱动器 CAT4238 驱动背光;
- 带 SPI 接口的 XPT2046N 触摸屏控制器;
- 四线制电阻触摸屏。

图 20 - 6　4.3 寸液晶显示模块

20.5　电机开发板套件

电机开发板套件实物图如图 20 - 7 所示,该开发板主要实现有刷直流电机、步进电机、无刷直流电机驱动功能,也可作为永磁同步电机控制器。

目前提供的是精简版的驱动方案,同时开发板上面也已经预留了各种功能:

(1) 电流保护硬件电路

● R 相正向过流;

● B 相正向过流;

● Y 相正向过流;

● 母线过流;

● 刹车过流。

(2) 电压保护硬件电路

● 母线过压;

● 母线欠压。

(3) 超温报警检测电路,支持 LM35DZ 精密温度传感器和 NTC 热敏电阻

（4）电流取样硬件电路

- 支持三电阻对三相电流取样；
- 支持单电阻电流取样；
- 支持两相霍尔传感器电流取样。

（5）支持速度编码器

（6）具有光电隔离刹车电路

图 20－7　电机开发板套件实物图

参考文献

[1] 邵贝贝译. 嵌入式实时操作系统 μC/OS-II[M]. 2 版. 北京:北京航空航天大学出版社,2003.

[2] 魏洪兴等. 嵌入式系统设计师教程[M]. 北京:清华大学出版社,2006.

[3] 王田苗,魏洪兴. 嵌入式系统设计与实例开发[M]. 3 版. 北京:清华大学出版社,2008.

[4] 李宁. 基于 MDK 的 STM32 处理器开发应用[M]. 北京:北京航空航天大学出版社,2008.

[5] 戴佳,戴卫恒,刘波文. 51 单片机程序设计与实例精讲[M]. 2 版. 北京:电子工业出版社,2008.

[6] 刘波文. ARM Cortex-M3 应用开发实例详解[M]. 北京:电子工业出版社,2011.

[7] 刘波文,刘向宇,黎胜容. 51 单片机 C 语言应用开发三位一体实战精讲[M]. 北京:北京航空航天大学出版社,2011.

[8] 刘波文,黎胜容. ARM 嵌入式项目开发三位一体实战精讲[M]. 北京:北京航空航天大学出版社,2011.

[9] ST Microelectronics. RM0008 Reference Manual. 2011.